LEHRBUCH DER PFLANZENPHYSIOLOGIE

VON

Dr. S. KOSTYTSCHEW

ORDENTLICHES MITGLIED DER RUSSISCHEN AKADEMIE DER
WISSENSCHAFTEN · PROFESSOR DER UNIVERSITÄT LENINGRAD

ERSTER BAND

CHEMISCHE PHYSIOLOGIE

MIT 44 TEXTABBILDUNGEN

Springer-Verlag Berlin Heidelberg GmbH
1926

ISBN 978-3-642-89975-1   ISBN 978-3-642-91832-2 (eBook)
DOI 10.1007/978-3-642-91832-2

ALLE RECHTE VORBEHALTEN.

Vorwort.

Eine jede exakte Wissenschaft erfährt in einem bestimmten Entwicklungsstadium die wichtige Umgestaltung, welche ihre weitere Evolution bedingt. Eine derartige Umwandlung der Mathematik und Mechanik hat in den Jahren stattgefunden, wo EULER, LAGRANGE, LAPLACE und andere Schöpfer der mathematischen Analyse wirksam waren. Die allgemeine Chemie wurde durch die Entdeckungen LAVOISIERS umgestaltet, für die organische Chemie bedeutete die Mitte des XIX. Jahrhunderts, wo die grundlegenden Synthesen ausgeführt wurden und die zusammenhängende Klassifikation der organischen Verbindungen entstand, eine Epoche von „Sturm und Drang".

Ganz allmählich trat dieselbe Epoche für die Pflanzenphysiologie ein. Die Zeiten der Heldentaten sind vorüber und die Umgestaltung der exakten Wissenschaften findet heutzutage ohne solchen Umsturz der Grundbegriffe statt, den z. B. LAVOISIER bewirkt hatte; trotzdem sind auch zu unserer Zeit rasche Evolutionen der einzelnen Wissenschaftszweige zu verzeichnen. Für die neueren bemerkenswerten Fortschritte der chemischen Pflanzenphysiologie waren die letzten Errungenschaften der physikalischen und biologischen Chemie ausschlaggebend. Diese Erfolge haben die Bearbeitung solcher Probleme ermöglicht, welche die Grundlage der Physiologie bilden und dennoch vor etwa 25 Jahren unangreifbar waren. Erst im XX. Jahrhundert wurde das Wesen der wichtigsten biochemischen Vorgänge zum Gegenstand der experimentellen Forschung. Darin besteht eigentlich die Umgestaltung der chemischen Pflanzenphysiologie. Wie groß die Evolution der Leitgedanken und das im Verlaufe der letzten 25 Jahre erworbene wertvolle Tatsachenmaterial auf dem Gebiete der chemischen Pflanzenphysiologie sind, erhellt aus dem Vergleich des Inhaltes des ersten Teils des vorliegenden Buches mit den entsprechenden Kapiteln der „Pflanzenphysiologie" von W. PFEFFER (1897). Dieser Vergleich zeigt, daß von der damaligen Wissenschaft nunmehr ein kaum zu erkennendes Gerüst erhalten geblieben ist und unzählige neue Probleme aufgetaucht sind.

Die so raschen Fortschritte der chemischen Physiologie haben sich selbst in den neueren Lehrbüchern nicht immer genügend ausgeprägt. Es erscheint indes als sehr wichtig, daß der junge Nachwuchs der Pflanzenphysiologen den ihm bevorstehenden Aufgaben gewachsen ist. In erster Linie muß der chemische Dilletantismus überwunden werden, der in älteren Zeiten allen Biologen in mehr oder weniger hohem Grade eigen war und bisweilen auch heutzutage hervortritt. Der gegenwärtige Arbeiter auf dem Gebiete der chemischen Pflanzenphysiologie

muß zugleich ein geschulter Chemiker sein. Die Nichterfüllung dieser
Forderung könnte schließlich eine Monopolisierung der wichtigsten Probleme der Biochemie der Pflanzen durch Nichtbotaniker zur Folge
haben, was selbstverständlich besser ausgeblieben wäre, da Nichtbotaniker
ihrerseits in anderweitigen Beziehungen eine notwendige Vorbildung
nicht immer besitzen.

Das vorliegende Buch verfolgt den Zweck, namentlich die gegenwärtig so wichtige chemische Seite der physiologischen Vorgänge in den
Vordergrund zu stellen. Im Zusammenhange damit ist dieses Buch vorwiegend auf methodologischer Grundlage basiert. Die Methoden sind
allerdings nur vom theoretischen Standpunkte aus dargestellt, doch
findet man in der zitierten Literatur alle notwendigen Anweisungen
zur unmittelbaren experimentellen Arbeit. Das historische Moment
tritt in diesem Buche nicht so deutlich hervor, wie es sonst oft der
Fall war. Es scheint nämlich, daß die Pflanzenphysiologie nunmehr
eine zu umfangreiche Wissenschaft geworden ist, um historisch dargelegt zu werden. Nur zwei Abschnitten, nämlich der Photosynthese
und den Gärungen hat der Verfasser kurze historische Umrisse voraus-
geschickt, in Anbetracht der darin enthaltenen lehrreichen Angaben.
Ein jeder Teil des Buches beginnt mit einem einleitenden Kapitel,
wo die physikalisch-chemischen Grundlagen des betreffenden Abschnitts
der Pflanzenphysiologie in aller Kürze dargestellt sind.

Der Verfasser setzt voraus, daß die Grundlagen der organischen
Chemie dem Leser bereits bekannt sind. Der Inhalt des ersten Teils
dieses Buches liefert denn auch einen schlagenden Beweis dafür, daß
eine gewisse chemische Vorbildung für die Pflanzenphysiologen unentbehrlich geworden ist. Das Buch ist möglichst kurz gefaßt. Inwieweit
es gelungen ist, bei einer etwas konspektiven Darlegung Mißverständnissen vorzubeugen, mag der Leser beurteilen.

Der Verfasser ersucht, ihn brieflich auf Lücken oder Irrtümer aufmerksam zu machen. Alle derartigen Hinweise werden mit bestem Dank
entgegengenommen werden.

Leningrad, im Februar 1925.

S. Kostytschew.

Inhaltsverzeichnis.

Einleitung.

Die Physiologie ist eine Wissenschaft, deren Aufgabe es ist, die
äußeren Lebenserscheinungen der Organismen zu erforschen. Ihrem
Grundwesen nach stellt die Physiologie eine einheitliche Wissenschaft
dar, da die hauptsächlichsten Lebensvorgänge aller Organismen einen
durchaus allgemeingültigen Charakter haben. Die Einteilung der allgemeinen Physiologie in zwei gesonderte Zweige, nämlich in Physiologie der Pflanzen und Physiologie der Tiere, hindert uns also nicht
daran, eine ganze Reihe von grundlegenden Lebenserscheinungen für
solche Vorgänge zu halten, die sowohl für die Pflanze, als auch für
das Tier in gleichem Grade notwendig sind.

Zwischen den besonders typischen Vertretern der Tier- und der
Pflanzenwelt lassen sich jedoch einige wichtige biochemische Gegen-
sätze erkennen. Die Tiere ernähren sich vorwiegend von kompliziert
gebauten organischen Stoffen, indem sie dieselben in einfachere chemische Verbindungen zerlegen; die Pflanzen ernähren sich dagegen
vorwiegend von den einfachsten anorganischen Stoffen, die sie synthetisch assimilieren. Es ist selbstverständlich im Auge zu behalten, daß
die soeben gemachte Unterscheidung nichts anderes als ein allgemeines
Schema ist, da verschiedene Synthesen auch in Tierzellen zustandekommen und mannigfaltige Spaltungen der organischen Stoffe auch
in Pflanzenzellen zu verzeichnen sind. Obige Antithese zwischen der
Pflanzen- und der Tierwelt bezieht sich sozusagen auf die Resultante
der gesamten Stoffumwandlungen, die unter Anteilnahme der biologischen Vorgänge zustande kommen.

Der Körper der höheren Tiere ist komplizierter gebaut als der der
höheren Pflanzen; durch die größere Kompliziertheit wird im tierischen
Organismus eine vollkommenere Arbeitsteilung erreicht. Infolgedessen
ist es bequemer, die Funktionen der einzelnen Organe und Gewebe
an den Tieren zu studieren, wogegen die allgemeinen Lebenserscheinungen leichter an den Pflanzen zu verfolgen sind, da in den Pflanzen
die grundlegenden Vorgänge in einer viel einfacheren Form vorliegen,
als es in den Tierorganen der Fall ist.

Schon vor langer Zeit hat DESCARTES auf eine Analogie zwischen
Organismen einerseits und verschiedenen Maschinen bzw. Mechanismen
anderseits hingewiesen. Ein lebender Organismus ist in der Tat zweckmäßig gebaut; mit anderen Worten: es liegt der Struktur der Lebewesen gleichsam ein Plan zugrunde, laut welchem die Funktionen
des betreffenden Lebewesens seinen Körperbau bedingen (CUVIER).
Selbstverständlich ist die Struktur auch der einfachsten Lebewesen
bedeutend komplizierter als die der Maschinen oder der Fabriken,

d. h. eines Systems von Maschinen. Ein lebender Organismus bewirkt denn auch gleich einer Fabrik verschiedene chemische und mechanische Leistungen, vermag aber außerdem sich zu entwickeln, seine Gewebe und Organe zu erneuern und, was als besonders beachtenswert erscheint, sich zu vermehren, mit anderen Worten, Organismen zu erzeugen, die ihm selbst ähnlich sind. Diese Fähigkeiten sind keiner noch so komplizierten Fabrik eigen.

Trotzdem ist die Analogie zwischen Lebewesen und chemischen Fabriken als weitgehend zu bezeichnen. Dieselbe kann uns helfen, die allgemeinen Aufgaben der Pflanzenphysiologie zu präzisieren. Die Physiologie bestrebt sich, die Lebenserscheinungen auf die allgemeinen Gesetze der Chemie und Physik zurückzuführen, d. h. letzten Endes sämtliche chemischen Vorgänge im Organismus durch eindeutige chemische Gleichungen auszudrücken, die Energieumwandlungen aber und die ganze vitale Architektonik auf Grund der physikalischen Gesetze durchsichtig zu machen. Es bedarf kaum der Erwähnung, daß die genannten Ziele noch durchaus nicht erreicht sind, doch ist der Umstand hervorzuheben, daß die chemische Physiologie der Pflanzen bereits große Fortschritte zu verzeichnen hat und namentlich im Verlaufe der letzten Jahre eine schnelle Entwicklung aufweist.

Auf Grund des soeben Dargelegten teilen wir die Pflanzenphysiologie in zwei große Abschnitte ein, nämlich in die chemische und die physikalische Pflanzenphysiologie. Die chemische Physiologie befaßt sich mit den Ernährungsfragen im weiteren Sinne des Wortes, d. h. mit der Assimilation verschiedener Nährstoffe und mit deren Verarbeitung im Pflanzenkörper. Die physikalische Physiologie verfolgt folgende Ziele:

1. Die Klarlegung des Mechanismus der Stoffaufnahme und Stoffwanderung.

2. Die Klarlegung des Mechanismus des Wachstums und der inneren Ausgestaltung.

3. Die Klarlegung des Mechanismus der Bewegungen der Pflanze.

In einigen Lehrbüchern der Pflanzenphysiologie ist der erste Abschnitt der physikalischen Physiologie mit der gesamten chemischen Physiologie zu einem einheitlichen Abschnitt der „Pflanzenernährung" zusammengeschmolzen. Im vorliegenden Buche ist es nicht der Fall und zwar auf Grund folgender Erwägung. Die biochemischen Untersuchungen unterscheiden sich scharf von den Untersuchungen auf dem Gebiete der physikalischen Physiologie durch ihre methodische Seite, die in allen experimentellen Wissenschaften von vorherrschender Bedeutung ist; deshalb ist auch das vorliegende Buch auf methodologischer Grundlage verfaßt.

Man nennt oft die chemische Pflanzenphysiologie „Biochemie der Pflanzen", da sie in ihrem gegenwärtigen Zustande in der Tat nichts anderes ist als ein spezieller Abschnitt der allgemeinen Chemie, und zwar befaßt sie sich nur mit Fragen der Stoffverwandlungen in der Pflanze, die lediglich als ein Substrat der genannten Stoffverwandlungen angesehen wird. Die Struktur des Pflanzenkörpers wird in der chemischen Pflanzenphysiologie wenig berücksichtigt, da sie mit den für die chemische Physiologie aktuellen Fragen nicht viel zu tun hat. Die gegenwärtige chemische Physiologie ist denn auch den Fragen der Energieausbeutung und der Energieumwandlungen bei den physiologischen Stoffumsätzen noch nicht gewachsen. Es ist jedoch im Auge zu behalten, daß die Physiologie im wahren Sinne des Wortes den Eigenschaften des Organismus als eines komplizierten Apparates Rechnung tragen muß. Auch die physikalische Pflanzenphysiologie erforscht zwar die maschinenartige Struktur der Pflanze, hat aber in vielen grundlegenden Fragen den Anschluß an die reine Physik verloren und erfüllt also die Aufgaben der wahren Physiologie nicht in vollem Maße. Die physikalische Physiologie beschränkt sich meistens darauf, daß sie kompliziertere Lebensvorgänge auf solche einfachere Vorgänge zurückführt, die an und für sich durch die allgemeinen physikalischen Gesetze in erschöpfender Weise nicht erklärt werden können.

Trotz alledem ist die wissenschaftliche Arbeit auf den beiden Gebieten der Pflanzenphysiologie fruchtbar und vielversprechend. Wird es z. B. endlich möglich sein, die Eigenschaften der Pflanze als eines komplizierten Apparates zu erforschen, so wird eine derartige Untersuchung sich auf eine feste chemische Grundlage stützen. So wird die Pflanzenatmung, die Energiequelle der Pflanzen, gegenwärtig nur rein chemisch studiert; es bleibt vorläufig dahingestellt, auf welche Weise die chemische Energie der Kohlenhydratverbrennung in den Vorgängen des Wachstums und der Gewebedifferenzierung Verwendung findet. Eine Erforschung der genannten Energieumwandlungen wird aber erst dann möglich sein, wenn die chemische Seite des Atmungsvorganges klar gelegt sein wird. In gleicher Weise wird auf dem Gebiete der physikalischen Physiologie eine durchaus notwendige vorbereitende Arbeit geleistet. Gelingt es endlich, z. B. die einfachste Art der Reizbewegungen auf Grund der mechanischen und physikalischen Gesetze genau zu analysieren, so kann dieser Erfolg nur in dem Augenblick allgemeine Bedeutung gewinnen, in dem alle komplizierteren Arten der Pflanzenbewegungen bereits als Kombinationen der einfachsten Bewegungen erkannt worden sind.

Die chemische Pflanzenphysiologie ist bedeutend vollständiger als die physikalische Physiologie bearbeitet worden. Dies hat seinen Grund darin, daß die chemische Pflanzenphysiologie von hervorragender Bedeutung für Landwirtschaft, Medizin und einige technische Betriebe ist. Infolgedessen hat eine ganze Armee von Agrikulturchemikern, Pharmazeuten, Brauern usw. auf dem Gebiete der chemischen Pflanzenphysiologie mitgewirkt, und der größte Teil der Errungenschaften der chemischen Pflanzenphysiologie ist nicht Botanikern vom Fach, sondern, namentlich in früheren Zeiten, den oben erwähnten Fachleuten zu verdanken.

Die Inhaltsanordnung im vorliegenden Buch ist folgendermaßen aufgebaut: Der erste Teil umfaßt die chemische Physiologie. Vor allem wird die Assimilation der für die Pflanze notwendigen Elemente dargelegt, dann folgt die Beschreibung der Verwandlungen der assimilierten Nährstoffe im Zusammenhange mit den verschiedenen Lebensbedürfnissen der Pflanze. Schließlich werden die Energie liefernden biochemischen Vorgänge behandelt. Wie bereits oben angedeutet, sind alle die genannten Vorgänge als chemische Reaktionen aufgefaßt. Eine eingehende Besprechung der physiologischen Bedeutung der spezifischen Zell- und Gewebestrukturen fehlt vollkommen: die gesamte Pflanze wird als ein eigenartiges Medium betrachtet. Nach der Ansicht des Verfassers ist es nur bei einer derartigen Darlegung möglich, eine zusammenhängende Beschreibung der biochemischen Vorgänge in der Pflanze zu geben. Diese Darstellungsweise macht das Buch auch den reinen Chemikern zugänglich, was insofern wichtig ist, als die neueren Errungenschaften der chemischen Pflanzenphysiologie auch für die verschiedenen Gebiete der allgemeinen Chemie eine große Bedeutung erlangt haben. Andererseits kann eine Schematisierung der Pflanzenstruktur bei der Betrachtung der rein chemischen Seite der Lebensvorgänge wohl ungezwungen durchgeführt werden. Die Kenntnis der planmäßigen Pflanzenstruktur ist gewiß für das Verständnis der Koordinierung verschiedener biochemischer Vorgänge unerläßlich; was nun das chemische Wesen der physiologischen Vorgänge anbelangt, so gibt es keine Angaben darüber, daß dasselbe durch die architektonischen Anpassungen[1]) in irgendwelcher Weise beeinflußt werden könnte. Diese Annahme wäre auch von vornherein höchst unwahrscheinlich.

Im zweiten Teil des Buches wird hingegen die Organisation des Pflanzenkörpers und die Struktur der einzelnen Pflanzengewebe im Zusammenhange mit den dort zu erörternden Fragen in den Vordergrund gerückt. Die physikalische Pflanzenphysiologie zerfällt in drei Abschnitte: 1. Stoffaufnahme und Stoffwanderung. 2. Wachstum, Korrelationen und Gewebedifferenzierung. 3. Bewegungen der Pflanzen. Da die Fragen der Vererbung und der Variabilität zur Zeit einen besonderen Wissenschaftszweig bilden, so werden dieselben nur insofern besprochen, als es für das richtige Verständnis der anderen angrenzenden Probleme unerläßlich ist.

---

¹) Die Grenzflächenerscheinungen sind freilich Vorgänge, die nur von bestimmten Phasen (S. 6), nicht aber von bestimmten Strukturen abhängen.

Erstes Kapitel

Die Grundlagen der chemischen Pflanzenphysiologie.

Die Aufgaben und der gegenwärtige Zustand der chemischen Pflanzenphysiologie. Wie bereits in der Einleitung erwähnt, ist die chemische Physiologie der Gegenwart bestrebt, alle physiologischen Stoffumwandlungen auf allgemeine, begreifliche chemische Reaktionen zurückzuführen. Erst nach Erreichen dieses Zieles wird eine Erforschung der physiologischen Bedeutung der Stoffumwandlungen ermöglicht werden. Aber auch in derart vereinfachter Form war die genannte Aufgabe lange Zeit unerfüllbar; erst neuerdings sind Verhältnisse eingetreten, welche eine unmittelbare Bearbeitung der einschlägigen Fragen gestatten. Es hatte früher den Anschein, als ob die wichtigsten Stoffumwandlungen in den Organismen mit den Grundgesetzen der Chemie und der Physik gar nicht im Einklang ständen. So stößt z. B. die wichtige Frage der Bodenernährung der Pflanzen sofort auf folgende scheinbar paradoxe Tatsache: verschiedene Salze sind im Bodenwasser und in Pflanzensäften nicht in dem Verhältnisse löslich, wie es auf Grund der theoretischen Chemie zu erwarten wäre. Dasselbe kann man ebenfalls in der tierischen Biochemie beobachten: in Milch und Blut findet man Salze gelöst, die in Wasser sehr wenig löslich sind, wogegen beim Ausfällen der Eiweißstoffe aus diesen Flüssigkeiten auch die leicht löslichen Salze teilweise mitgerissen werden. Eine andere dem Anscheine nach paradoxe Tatsache besteht darin, daß bei der Atmung der Tiere und Pflanzen solche Stoffe zu Kohlensäure und Wasser oxydiert werden, welche außerhalb des Organismus nur bei sehr hoher Temperatur verbrennen. Auch die Synthese von hochmolekularen Stoffen vollzieht sich in den Organismen unter Bedingungen, welche vom chemischen Standpunkte aus als theoretisch unbegreiflich erschienen.

Infolge einer großen Anzahl analoger Schwierigkeiten verdiente die sogenannte „chemische Pflanzenphysiologie" bis zum Anfange des laufenden Jahrhunderts ihren Namen nicht. Von einer chemischen Erforschung des Wesens der biochemischen Vorgänge konnte nämlich nicht die Rede sein, so daß die experimentelle Forschung sich mit nebensächlichen Aufgaben befassen mußte, und zwar mit dem Studium des Einflusses von verschiedenen Außenfaktoren auf biochemische Vorgänge. Schlagen wir ein beliebiges Handbuch der Pflanzenphysiologie vom Ende des XIX. oder gar vom Anfang des XX. Jahrhunderts auf, so finden wir den sogenannten „chemischen Teil" des Buches mit Beschreibungen der Einwirkung verschiedener, oft nebensächlicher Außenfaktoren auf die physiologischen Funktionen erfüllt. Was nun den eigentlichen Chemismus der Stoffumwandlungen anbelangt, welcher allein den wahren Inhalt der chemischen Physiologie bilden sollte, so finden wir darüber höchstens nur einige beiläufige Bemerkungen. Dieser abnorme Sachverhalt rief aber die Bearbeitung einiger speziellen Abschnitte der physikalischen Chemie, eines natürlichen Sprößlings der Physiologie, ins Leben, was wiederum die Erforschung einer ganzen Reihe von Tatsachen, die anfangs erst geheimnisvoll und unbegreiflich erschienen, zur Folge hatte. Außerdem wandten die Biochemiker ihre besondere Aufmerksamkeit den komplizierten chemischen Reaktionen zu, um darin Zwischenstufen festzustellen, durch die der chemische Charakter der genannten Vorgänge begreiflich wird.

Allerdings hat man derlei Arbeiten erst vor kurzem eingeleitet, und es ist auf diesem Gebiete vorläufig noch verhältnismäßig wenig geleistet worden. Wichtig ist aber der Umstand, daß diese Aufgabe als experimentell erfüllbar zu bezeichnen ist; infolgedessen bleibt der endgültige Erfolg nur eine Frage der Zeit! Das immer wachsende Interesse für die physiologische Chemie der Pflanzen, die in den letzten Jahren immer häufigere Bearbeitung der biochemischen Fragen sind hervorgerufen durch die Möglichkeit, den Charakter der Arbeitsmethoden auf diesem Gebiete gründlich zu verändern, und endlich, ohne Umschweife diejenigen Fragen, welche den Kern der chemischen Pflanzenphysiologie bilden, in Angriff zu nehmen.

Zu einer kurzen, konspektiven Wiedergabe der physikalisch-chemischen Grundlagen übergehend, deren Berücksichtigung das Fortschreiten unserer Wissenschaft so gefördert hat, ist noch die Energie und der unerschütterliche Glaube an den endgültigen Erfolg derjenigen wissenschaftlichen Arbeiter hervorzuheben, welche sich nicht in den Bann des vernichtenden Skeptizismus begaben, der mit höhnischem Lächeln von der Eitelkeit unserer Bemühungen, uns in verwickelten Rätseln der Natur zurechtzufinden, spricht, und auf der Nichtigkeit unserer „vorübergehenden" wissenschaftlichen Errungenschaften beharrt. Diese ungesunde Richtung hat leider nicht wenige junge Arbeitskräfte von der exakten Wissenschaft abgeschreckt, doch zeigt uns ein Rückblick in die Entwicklung der exakten Wissenschaften klar und bestimmt, daß die allerschwersten Probleme gelöst werden konnten, als man zur mächtigen Waffe der wissenschaftlichen Forschung, d. i. zur experimentellen Methode zu greifen imstande war.

Die heterogenen Systeme und die Grenzflächenerscheinungen. Unter einem homogenen System versteht man in der Chemie ein physikalisch gleichartiges Gebilde, wie z. B. eine wässerige Lösung verschiedener Stoffe oder ein Gasgemenge.

Im Gegensatz dazu nennt man „heterogen" ein System, welches aus verschiedenen durch Grenzflächen voneinander getrennten Teilen besteht. Die einzelnen gegeneinander angrenzenden Teile des Systems nennt man „Phasen". So bildet die wässerige Lösung verschiedener

Stoffe mit der gegen dieselbe angrenzenden Luft ein heterogenes System, welches aus einer flüssigen und einer gasförmigen Phase besteht. Die Eigentümlichkeiten der heterogenen Systeme äußern sich hauptsächlich in den Grenzflächen, welche die einzelnen Phasen voneinander trennen, und welche den Spielraum besonderer Erscheinungen, der sogenannten „Grenzflächenerscheinungen", bilden. Je mehr die Grenzflächen in einem heterogenen System entwickelt sind, desto größere Bedeutung kommt den Grenzflächenerscheinungen zuteil.

In einem heterogenen System ist jede Grenzfläche der Sitz einer besonderen Kraft — der Oberflächenspannung, die in elementaren Lehrbüchern der Physik besprochen wird. Die Größe der Oberflächenspannung kann auf Grund der Steighöhen der Flüssigkeiten in Capillarröhren so dargestellt werden: $\gamma = \dfrac{r \cdot h \cdot s}{2}$, wo r der Radius der Capillarröhre, h die Steighöhe und s das spezifische Gewicht der Flüssigkeit ist. Daher bezeichnet man auch die physikalische Chemie der Grenzflächenerscheinungen als Capillarchemie.

Zur Bestimmung der Oberflächenspannung zieht man gegenwärtig eine einfachere Methode vor; man ermittelt die Tropfenzahl in einem bekannten Flüssigkeitsvolumen, da das Volumen eines Tropfens zu der Oberflächenspannung und dem Durchmesser der Capillare in einem direkten Verhältnis steht. Für diese Bestimmungen ist der einfache Apparat gebräuchlich, den man als Stalagmometer bezeichnet. Er stellt eine kalibrierte gebogene Capillare mit abgeschliffener Abtropffläche dar. Man kann auch in einer kalibrierten Capillare das Volumen der einzelnen ausfließenden Tropfen bestimmen. Dieser dem Stalagmometer im allgemeinen analoge Apparat wird als Viscostagonometer bezeichnet. Nimmt man die Oberflächenspannung des Wassers gleich 100 an, so wird die Oberflächenspannung der zu untersuchenden Flüssigkeit nach der Formel: $\gamma_1 = \dfrac{Z S_1}{Z_1}$ berechnet, wobei Z und Z_1 die Zahl der Tropfen in gleichen Volumina des Wassers und der betreffenden Flüssigkeit und S_1 das spezifische Gewicht der Flüssigkeit sind.

Für den Physiologen ist das Theorem von GIBBS-THOMSON[1]) von Belang; es lautet so, daß die gelösten Substanzen, welche die Oberflächenspannung des Lösungsmittels erniedrigen, in die Oberfläche hineingehen. Diese Konzentrationszunahme bezeichnet man als Adsorption. Somit werden Substanzen, welche die Oberflächenspannung erniedrigen, positiv adsorbiert, diejenigen aber, welche die Oberflächenspannung erhöhen, negativ adsorbiert. Schüttelt man eine Lösung von Amylalkohol in Wasser tüchtig durch, so bildet sich ein reichlicher Schaum. Sammelt man diesen Schaum und bestimmt darin den Alkoholgehalt, so kann man sich davon vergewissern, daß die Alkoholkonzentration im Schaum größer ist, als in der ursprünglichen Lösung. Der Amylalkohol erhöht in der Tat bedeutend die Oberflächenspannung des Wassers. Eine Lösung von Eiweiß in Wasser gibt einen bleibenden Schaum, wobei die Oberfläche stark zunimmt und der Schaum nach längerem Stehen zu einer festen Phase erstarrt:

---

[1]) GIBBS, J. W.: Thermodynamische Studien S. 258. 1892. — THOMSON, J. J.: Application of dynamics to physics and chemistry S. 191 u. 251.

Die Konzentration des Eiweißes an der Oberfläche wird so hoch, daß Eiweiß sich aus der Lösung ausscheidet. Das Eiweiß erniedrigt ebenfalls die Oberflächenspannung des Wassers.

Die Adsorption stellt einen reversiblen Vorgang dar. Die Menge der an der Oberfläche der Lösung adsorbierten Substanz steht zu der gelösten Substanzmenge in einem bestimmten Verhältnis. Dieses Gleichgewicht kann man sich ähnlich dem chemischen Gleichgewicht der reversiblen Reaktionen denken, d. h. man kann annehmen, daß es eintritt, wenn in einer Zeiteinheit die Menge der in die Oberfläche hineingehenden Substanz gleich derjenigen der von der Oberfläche in die Flüssigkeit diffundierenden Substanz ist. Um nun das Verhältnis der adsorbierten zur gelösten Substanz bei verschiedenen Konzentrationen der letzteren festzustellen, muß man unbedingt bei konstanter Temperatur arbeiten, da Temperaturschwankungen auf die Adsorption stark einwirken. Man erhält dann eine bestimmte Kurve, die sogenannte Adsorptionsisotherme (Abb. 1).

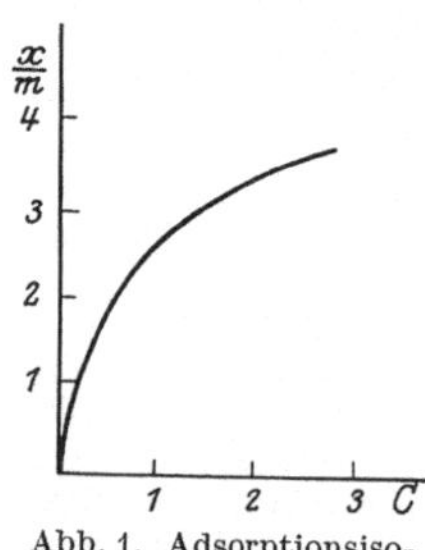
Abb. 1. Adsorptionsisotherme (nach FREUNDLICH).

Aus der Abbildung ist ersichtlich, daß die Adsorption bei niedrigen Konzentrationen relativ stärker ist, als bei hohen Konzentrationen[3]) der Lösung. Nach dem Erreichen einer bestimmten Konzentration hört die Adsorptionszunahme plötzlich auf; diese Erscheinung nennt man Sättigung der Oberfläche. Graphisch ist sie daran zu erkennen, daß die Kurve in eine Gerade übergeht, die parallel der Abszisse läuft.

Die Abhängigkeit der Adsorption von der Konzentration der zu adsorbierenden Substanz wird auch durch folgende empirische Formel ausgedrückt:

$$\frac{x}{m} = a c^{\frac{1}{n}}.$$

Darin bedeutet $\frac{x}{m}$ die Adsorptionsintensität, d. h. die Menge der adsorbierten Substanz, auf die Oberflächeneinheit des Adsorbens berechnet: a ist eine für die zu untersuchende Substanz charakteristische Konstante, c ist die Konzentration der Substanz in der Lösung, $\frac{1}{n}$ ist eine andere Konstante[4]). Logarithmiert man die Adsorptionsisotherme, so erhält man die Gleichung einer Geraden:

---

[1]) BENSON: Americ. journ. of physic. chem. Bd. 7, S. 532. 1903. — DONNAN and BARKER: Proc. of the roy. soc. of London (A), Bd. 85, S. 557. 1911.

[2]) RAMSDEN: Zeitschr. f. physikal. Chem. Bd. 47, S. 343. 1904. — METCALF: Ebenda Bd. 52, S. 1. 1905 und viele andere.

[3]) FREUNDLICH: Capillarchemie 1909. — Ders: Zeitschr. f. physikal. Chem. Bd. 57, S. 385. 1907 u. a.

[4]) a bedeutet die Adsorptionsintensität der gegebenen Substanz bei $c = 1$, d. h. ihre Menge, welche durch eine Einheit der anderen Phase bei einer Konzentration gleich 1 adsorbiert ist, $\frac{1}{n}$ ist der Koeffizient der Krümmung der Adsorptionsisotherme. Derselbe ist gewöhnlich nicht größer als 0,7 und nicht kleiner als 0,1.

$$\log \frac{x}{m} = \frac{1}{n} \log c + \log \alpha.$$

Trägt man daher auf der Abszisse die Logarithmen der Variablen c, auf der Ordinate die entsprechenden Logarithmen der Variablen $\frac{x}{m}$ ab, so erhält man eine gerade Linie (Abb. 2), falls der zu untersuchende Vorgang tatsächlich Adsorption ist.

Dieser Umstand kann als Hilfsmittel bei experimentellen Untersuchungen dienen.

Die Erfahrung lehrt, daß verschiedene Substanzen nicht gleich stark adsorbierbar sind. Substanzen, welche stark adsorbiert werden, nennt man oberflächenaktiv, diejenigen aber, welche schwach adsorbiert werden, heißen ober-

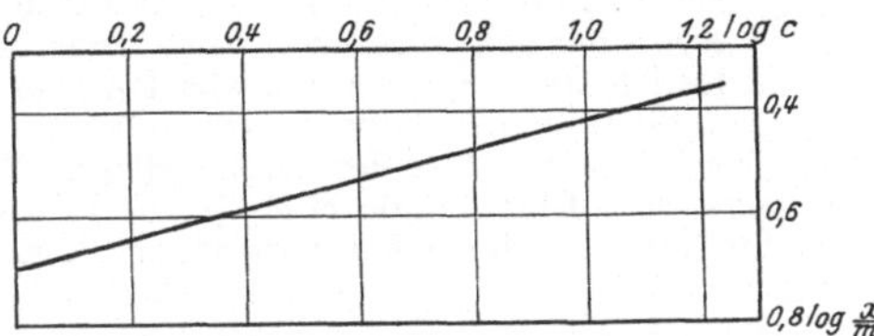

Abb. 2.   Logarithmierte Adsorptionsisotherme
(nach MORAWITZ).

flächeninaktiv. Die Grenzflächenerscheinungen sind an der Grenze einer Flüssigkeit und der Luft verhältnismäßig schwach ausgeprägt, da diese Oberfläche schwach entwickelt ist, wenn sich kein Schaum gebildet hat. Die genannten Erscheinungen sind dagegen oft viel stärker an der Grenze einer flüssigen und einer festen Phase, besonders wenn letztere zerstäubt und in der Flüssigkeit fein verteilt ist. Auch zwei nicht mischbare Flüssigkeiten können eine feine Emulsion mit enormer Grenzflächenentwicklung bilden. Es ist längst bekannt, daß fein gepulverte, stark poröse Körper, wie z. B. Kohle, beim Schütteln mit wässerigen Lösungen verschiedene Substanzen stark adsorbieren. Die Kohle adsorbiert außerdem stark die Gase. Die Bedeutung des adsorbierenden Körpers wird allerdings nicht allein durch die Grenzflächenentwicklung bestimmt: auch seine spezifische Natur spielt dabei, allem Anscheine nach, ebenfalls eine allerdings noch nicht klargelegte Rolle.

Von großer Wichtigkeit ist der Umstand, daß verschiedene Stoffe sich gegenseitig aus der Oberfläche verdrängen können, wobei die relativen Mengen und die Oberflächenaktivitäten der betreffenden Stoffe ausschlaggebend sind[1]). Die Adsorption der Elektrolyte ist auf die Adsorption der einzelnen Ionen zurückzuführen; letztere werden nicht gleich stark adsorbiert, und zwar hat man gefunden, daß folgende Reihenfolgen der Adsorptionsintensitäten innehalten:

Für Anionen: $SO_4 < HPO_4$; $Cl < Br < NO_3 < J < CSN < OH$,
„   Kationen: Na, K, Rb, Cs, $NH_4 < Ca$, $Mg < Zn < Al < Hg$, Ag, H.

Die Adsorption eines Elektrolytes setzt sich also aus der des Kations und des Anions additiv zusammen, doch ist infolge der starken elektrischen Ladung der Ionen ihre gegenseitige Anziehungskraft so groß[2]), daß es nicht möglich ist, zwei entgegengesetzt geladene Ionen durch Adsorption voneinander in chemisch bestimmbaren Mengen zu trennen. Ein stark adsorbierbares Kation zieht wegen der starken elektrostatischen Zugkraft ein schwach adsorbierbares Anion mit, und

---

[1]) MICHAELIS u. RONA: Biochem. Zeitschr. Bd. 15, S. 196. 1908. — RONA u. v. TOTH: Ebenda Bd. 64, S. 288. 1914. — FREUNDLICH u. POSER; Kolloidchem. Beihefte Bd. 6, S. 297. 1914.

[2]) Ein Grammäquivalent der Ionen trägt eine Ladung von 95 540 Kulonen.

umgekehrt. Nur in dem Falle, wo das Adsorbens selbst lösliche Ionen abspalten kann, wird die Adsorption unter Umständen von einem Ionenaustausch begleitet.

Die kolloiden Stoffe können die Oberflächenspannung stark herabsetzen. Weiter unten wird dargelegt werden, daß Kolloide in zwei Gruppen einzuteilen sind; in hydrophobe (suspensoide) und hydrophile (emulsoide) Kolloide. Erstere sind eigentlich unlöslich; ihre Lösung stellt ein heterogenes System dar; daher sind die hydrophoben Kolloide oberflächeninaktiv; dagegen sind hydrophile Kolloide löslich und oft so stark adsorbierbar, daß sie an der Oberfläche der Flüssigkeit oder an der Grenzfläche von zwei nicht mischbaren Flüssigkeiten eine gallertartige Haut bilden (siehe oben). Möglicherweise beruht darauf die bemerkenswerte Eigenschaft eines jeden Protoplasmas nach dem Austritt aus der Zellmembran oder nach dauernder Plasmolyse eine Oberflächenhaut zu erzeugen.

Mit der Adsorption sind die sogenannten elektrokinetischen Erscheinungen eng verbunden. Sie bestehen im folgenden:

Leitet man einen elektrischen Strom durch Wasser, in welchem viele kleine feste Teilchen suspendiert sind, so wandern alle diese Teilchen zu einem Pole, und zwar meistens zur Anode. Dies ist die sogenannte Kataphorese[1]). Macht man dagegen bei einer starken Grenzflächenentwicklung die feste Phase unbeweglich (Wandungen eines porösen Tongefäßes, oder ein beliebiger feinporöser Körper), so wird im Potentialgefälle das Wasser in Bewegung gesetzt; es verschiebt sich zu dem entsprechenden Pole also meistens zur Katode. Diese Erscheinung wird als „Elektroosmose"[2]) bezeichnet; sie spielt wahrscheinlich eine wichtige physiologische Rolle und wird als „anomale Osmose" im zweiten Teile dieses Buches besprochen werden. Die Kataphorese und die Elektroosmose zeigen, daß die feste und die flüssige Phase entgegengesetzt geladen sind.

Für die Geschwindigkeit der Kataphorese gilt folgende Gleichung:

$$V = \frac{\varphi \cdot E \cdot D}{4\pi\eta},$$

worin φ der Potenzialsprung an der Grenze der festen und der flüssigen Phase, E das Potenzialgefälle im Strome, D die Dielektrizitätskonstante der Flüssigkeit und η die Konstante der inneren Reibung ist. Bemerkenswert ist hierbei der Umstand, daß die Geschwindigkeit der Kataphorese von der Teilchengröße nicht abhängt.

Die Ladung der festen Teilchen und des Wassers kann von zweierlei Ursachen herrühren. Erstens sind Stoffe mit einer höheren Dielektrizitätskonstante gewöhnlich positiv geladen gegen Stoffe mit einer niedrigeren Dielektrizitätskonstante[3]). Das Wasser besitzt eine sehr hohe Dielektrizitätskonstante, daher sind die meisten anderen Körper gegen das Wasser negativ geladen. Eine zweite, wichtigere, Ursache besteht darin, daß man es praktisch nie mit absolut reinem Wasser zu tun hat; es ist darin immer eine gewisse Menge von Elektrolyten

---

[1]) G. Wiedemann: Pogg. Ann. d. Physik Bd. 87, S. 321. 1852. — Quincke: Ebenda Bd. 113, S. 593. 1861.

[2]) Perrin: Cpt. rend. hebdom. des séances de l'acad. des sciences Bd. 136, S. 1388. 1903; Bd. 137, S. 513. 1903. — Ders.: Journ. de chim. phys. Bd. 2, S. 601. 1904; Bd. 3, S. 50. 1905.

[3]) Coehn, A.: Wiedemanns Ann. Bd. 64, S. 217. 1898. — Ders. u. Raydt: Ann. d. Physik Bd. 30, S. 777. 1909.

gelöst; selbst winzige Spuren dieser Stoffe üben aber eine große Wirkung sowohl auf die Elektroosmose, als auch auf die Kataphorese aus[1]); Elektrolyte mit einer bestimmten Ladung können gar eine anomale Wanderung der festen Teilchen zur Katode und des Wassers zur Anode hervorrufen, was auf die Umladung der festen Teilchen und des Wassers zurückzuführen ist. Auf diese Weise ist die Ladung der festen Teilchen und des Wassers von Ionen bedingt. Eine Erklärung der auf den ersten Blick paradoxen Einwirkungen der Elektrolyte auf elektrokinetische Erscheinungen besteht in folgendem[2]):

Wie bereits oben angegeben, ist die Adsorption der Elektrolyte eine additive Erscheinung, da sie aus der Adsorption der Anionen und der Kationen zusammengesetzt ist. Gewöhnlich wird ein Ion stärker als das andere adsorbiert; quantitativ kann dieser Unterschied nicht direkt durch chemische Analyse festgestellt werden, da die Adsorption nach elektrischen Äquivalenten erfolgt und das stärker adsorbierbare Ion, infolge der elektrostatischen Anziehungskraft, das andere, schwächer adsorbierbare Ion an das Adsorbens mitschleppt (siehe oben); infolgedessen ist der Unterschied zwischen der Menge der adsorbierten Anionen und Kationen so gering, daß man ihn nur durch äußerst empfindliche elektrometrische Methoden feststellen kann, da das im Überschuß festgehaltene Ion dem Adsorbens eine Ladung verleiht; ein Nachweis dieser Ladung gelingt nur deshalb, weil die elektrischen Ionenladungen außerordentlich stark sind[3]). Das Potentialgefälle zwischen festen Körpern und Wasser betrifft gewöhnlich nur einige Hundertstel Volt.

Die Entstehung der Ladung fester Körper kann auch eine andere sein. Viele Substanzen sind z. B. schwache Basen oder Säuren und, da es absolut unlösliche Körper nicht gibt, so scheiden die im Wasser suspendierten festen Teilchen H- oder OH-Ionen in die Lösung ab; das zweite Ion, das komplexe oder kolloide Eigenschaften besitzt, bleibt aber adsorbiert.

Zum Schluß wäre noch zu erwähnen, daß die Adsorption in reiner Form — eine physikalische Erscheinung ist, und als eine chemische Reaktion zwischen dem Adsorbens und dem adsorbierten Stoffe nicht angesehen werden darf. Wir wissen bereits (S. 8), daß eine Zunahme der adsorbierten Substanzmenge nur bei Erhöhung der Konzentration des in Lösung enthaltenen Stoffes stattfindet; bei einer chemischen Reaktion im heterogenen System sind aber andere Regelmäßigkeiten zu verzeichnen: so erfolgt eine Zunahme der in Form von $CaCO_3$ übergegangenen CO_2-Menge bei der CO_2-Bindung durch festes Calciumoxyd auch unter konstant bleibender CO_2-Konzentration[4]). Andererseits ist aber in manchen Fällen keine scharfe Grenze zwischen Adsorption und chemischer Verbindung zu ziehen, da beide Erscheinungen auf elektrostatische Kräfte zurückzuführen sind.

Der allgemeine Begriff der Kolloide. Der größte Teil der physiologischen Stoffumwandlungen geht in sogenannten kolloiden Medien vonstatten. GRAHAM[5]), der sich als erster mit Kolloidchemie befaßte,

---

[1]) PERRIN: a. a. O.; vgl. auch LARGUIER DES BANCELS: Cpt. rend. hebdom. des séances de l'acad. des sciences Bd. 149, S. 316. 1909. — BARRAT und HARRIS: Zeitschr. f. Elektrochem. Bd. 18, S. 221. 1912. — GYEMANT: Kolloidzeitschr. Bd. 28, S. 103. 1921.

[2]) FREUNDLICH: Zeitschr. f. physikal. Chem. Bd. 73, S. 385. 1910. — Ders. u. SCHUCHT: Ebenda Bd. 85, S. 641. 1913. — DONNAN and RIDSDALE ELLIS: Ebenda Bd. 80, S. 597. 1912. — KRUYT: Kolloidzeitschr. Bd. 22, S. 81. 1918.

[3]) Die experimentellen Beweise der Richtigkeit einer solchen Anschauung über die Einwirkung der Elektrolyten auf die Kataphorese sind recht verschiedenartig, doch ist es unmöglich, sie hier anzuführen. Näheres über diese Fragen findet man in den Handbüchern der physikalischen Chemie.

[4]) LE CHATELIER: Cpt. rend. hebdom. des séances de l'acad. des sciences Bd. 102, S. 1243. 1886.

[5]) GRAHAM: Liebigs Ann. d. Chem. Bd. 121, S. 1. 1861.

trennte scharf die „Krystalloide", d. i. Stoffe von krystallinischer Struktur, die leicht durch Membranen (wie z. B. Tierblase, Pergamentpapier u. a.) diffundieren, von Kolloiden — amorphen und schwerdiffundierenden Stoffen. Gegenwärtig spricht man eher von einem „krystallinischen" und „kolloiden" Zustande einer jeden Substanz, da ein und derselbe Stoff, je nach dem Lösungsmittel, der Konzentration und den anderen Verhältnissen, oft sowohl im krystallinischen, als im kolloiden Zustande vorkommt[1]). Da aber viele Stoffe von hohem Molekulargewicht sich fast immer im kolloiden Zustande befinden, so sind sie praktisch mit vollem Recht als „Kolloide" zu bezeichnen.

Vom heutigen Standpunkte aus unterliegt es keinem Zweifel, daß in einer kolloiden Lösung sich größere Teilchen befinden, als in einer echten Lösung. Stoffe von hohem Molekulargewicht haben eine Neigung zur Bildung von Molekülkomplexen, so daß einerseits eine Lösung einzelner Moleküle der betreffenden Substanz vorliegt, — andererseits befinden sich aber in der Lösung Molekülklümpchen, welche unter Umständen eine derartige Größe erreichen, daß man sie mit Hilfe verschiedener Kunstgriffe direkt erkennen kann. Der äußerste Fall wird eintreten, wenn alle in der Lösung befindlichen Teilchen ohne weiteres als mit der umgebenden Flüssigkeit nicht gleichartige Gebilde erkannt werden können (heterogenes System), indes das charakteristische Merkmal einer echten Lösung darin besteht, daß es nicht möglich ist, die physikalische Ungleichartigkeit der Flüssigkeit festzustellen. Sind alle in der Flüssigkeit suspendierten festen Teilchen (disperse Phase) direkt im Mikroskop bei den stärksten Vergrößerungen sichtbar, so ist ihr Durchmesser nicht kleiner als 150 $\mu\mu$[2]); in diesem Falle kann von einer Lösung nicht die Rede sein; wir haben es dann mit einer im Wasser suspendierten Trübung zu tun. Sind die in der Flüssigkeit suspendierten Teilchen im gewöhnlichen Mikroskop nicht sichtbar, so können sie doch oft im Ultramikroskop erkannt werden. Solche Teilchen bezeichnet man als Submikronen; im Ultramikroskop können noch Teilchen von 4 $\mu\mu$ gesehen werden.

Dem Prinzip[3]) des Ultramikroskops liegt das sogenannte „TYNDALL-Phänomen" zugrunde: bringt man die zu untersuchende Flüssigkeit in ein durchsichtiges Glasgefäß und beobachtet man sie von oben im Mikroskop, während man von der Seite ein horizontales Lichtbündel hindurchsendet, so wird das Licht durch die in der Flüssigkeit suspendierten Teilchen zerstreut; von einem jeden einzelnen Teilchen wird ins Mikroskop ein teilweise polarisierter Lichtkegel abgebeugt. Auf

---

[1]) WEIMARN, P.: Zeitschr. f. Kolloidchem. Bd. 2, S. 76. 1907; Bd. 8, S. 24. 1911. — Ders.: Zeitschr. f. physikal. Chem. Bd. 76, S. 212. 1911. — OSTWALD, WO.: Kolloidchem. Beihefte Bd. 4, S. 1. 1912.

[2]) Mikron oder 0,001 mm wird durch das Zeichen μ und ein Mikromikron oder 0,001 Mikron (d. i. 1 Milliontel mm) durch $\mu\mu$ ausgedrückt.

[3]) SIEDENTOPF u. ZSIGMONDY: Drud. Ann. Bd. 10, S. 1. 1903. — ZSIGMONDY: Zur Erkenntnis der Kolloide 1905. — COTTON et MOUTON: Cpt. rend. hebdom. des séances de l'acad. des sciences Bd. 136, S. 1657. 1903.

diese Weise beobachten wir im Mikroskop helle Beugungsscheibchen (Kegelschnitte), deren Durchmesser bedeutend größer ist, als derjenige der das Licht abbeugenden Teilchen. Hieraus ergibt sich, daß das Ultramikroskop in seiner jetzigen Konstruktion keine richtige Vorstellung von der Form der zu beobachtenden Teilchen geben kann. Die Flüssigkeit, in der das Ultramikroskop keine leuchtenden Teilchen aufweist, nennt man optisch leer. Die echten Lösungen der Stoffe von nicht hohem Molekulargewicht sind immer optisch leer, es wurde jedoch darauf hingewiesen, daß Verbindungen von hohem Molekulargewicht, wie z. B. Rohrzucker oder Raffinose in schwachem Maße das „TYNDALL-Phänomen" zeigen[1]).

Unter einer kolloiden Lösung versteht man entweder ein „mikroheterogenes System", welches aus einer flüssigen Phase und äußerst kleinen darin suspendierten festen Teilchen besteht, oder eine echte Lösung so hochmolekularer Verbindungen, daß diese Lösung an heterogene Systeme erinnert.

Im ersten Falle haben wir es mit „Suspensoiden" oder hydrophoben, in zweiten Falle mit „Emulsoiden" oder hydrophilen Kolloiden zu tun. Die wichtigsten Unterschiede zwischen diesen beiden Kategorien der kolloiden Zustände bestehen im folgenden:

Erstens bildet sich nach dem Austrocknen einer Lösung von hydrophoben Kolloiden ein Niederschlag, der nach Zusatz des Lösungsmittels nicht wieder in Lösung übergeht; der ausgeschiedene Niederschlag eines hydrophilen Kolloiden kann dagegen wieder leicht in Lösung gebracht werden, wenn er nur chemisch unverändert geblieben ist. Dieser Umstand hängt davon ab, daß hydrophobe Kolloide eine „Scheinlösung" oder ein mikroheterogenes System bilden, und folglich, keine Affinität zum Lösungsmittel haben. Hydrophile Kolloide liefern dagegen, wenigstens teilweise, molekulare Lösungen; daher wird durch Zusatz des Lösungsmittels immer eine disperse Phase erzeugt. Unter diesem Ausdruck versteht man den Zustand einer feinen Verteilung eines Stoffes im anderen. Bei den hydrophoben Kolloiden, zu denen hauptsächlich anorganische Gele, wie z. B. $Fe(OH)_3$, und Sulfide zu zählen sind, entspricht der Dispersionszustand nicht demjenigen der molekularen Lösung; bei den hydrophilen Kolloiden, zu denen Eiweißkörper, hochmolekulare Kohlenhydrate, Lecithine und andere physiologisch wichtige Stoffe gehören, muß man den Dispersionszustand, auf Grund des osmotischen Drucks, oft dem Zustand einer echten (molekularen) Lösung[2]) gleichstellen; unter dem Einfluß verschiedener Einwirkungen erhalten jedoch die hydrophilen Kolloide oft die Eigenschaften der hydrophoben.

Ein anderer wichtiger Unterschied zwischen den hydrophoben und hydrophilen Kolloiden besteht darin, daß Lösungen der hydrophilen Kolloide eine bedeutende innere Reibung oder Viscosität aufweisen,

---

[1]) LOBRY DE BRUYN et WOLFF: Recueil des travaux chim. des Pays-Bas Bd. 19, S. 251. 1900; Bd. 23, S. 155. 1904.

[2]) HÜFNER u. GANSSER: Arch. f. Physiol. S. 209. 1907. — BLITZ, W.: Zeitschr. f. physikal. Chem. Bd. 91, S. 705. 1916. — SÖRENSEN: Ebenda Bd. 106, S. 1. 1919.

und ihre Oberflächenspannung bedeutend niedriger ist, als diejenige des reinen Lösungsmittels. Im Gegenteil unterscheidet sich die Viscosität und die Oberflächenspannung der Lösungen von hydrophoben Kolloiden fast gar nicht von denjenigen des Lösungsmittels[1]. Auch diese Eigenschaften lassen sich durch die gegenwärtigen Begriffe über Kolloide erklären. Es ist bereits oben erwähnt worden, daß die Oberflächenspannung durch die gelösten Substanzen oft herabgesetzt wird, doch befinden sich die hydrophoben Kolloide nicht im Zustande einer molekularen Lösung; daher können sie nicht auf die Oberflächenspannung einwirken. Was nun die innere Reibung anbelangt, so ist es eine Reibung der Teilchen des gelösten Körpers an den Teilchen des Lösungsmittels. Die hydrophoben Kolloide liefern keine echte Lösung und erhöhen daher auch nicht die innere Reibung; ihre Teilchen sind gegen die umgebende flüssige Phase scharf abgegrenzt. Die hydrophilen Kolloide sind dagegen gelöst und ihre Teilchen ziehen eine große Anzahl Wasserteilchen an, so daß die disperse Phase einen großen Prozentgehalt des gesamten Flüssigkeitsvolumens einnimmt, z. B. 88 vH. in einer 9,5 proz. Caseinlösung[2]. Man kann annehmen, daß die großen gequollenen Kolloidpartikel sich aneinander vorbeischieben und hierbei deformiert werden; bei Überwindung der inneren Reibung müssen also im vorliegenden Falle die elastischen Kräfte mit in Rechnung gebracht werden[3]. Auf Grund all dieser Tatsachen nimmt man an, daß die „Lösung" eines hydrophoben Kolloids einer Suspension (feine Verteilung eines festen Stoffes in einer Flüssigkeit), diejenige eines hydrophilen Kolloids einer Emulsion (Mischung von zwei Flüssigkeiten), ähnlich sind.

Die Eigenschaften der hydrophoben Kolloide. Wie bereits erwähnt, gehören in diese Kategorie die für den Physiologen weniger wichtigen Substanzen, wie z. B. Oxyde und Sulfide einiger Metalle und edle Metalle in fein zerstäubtem Zustande. Doch sind gerade bei den hydrophoben Kolloiden alle kolloiden Eigenschaften besonders scharf ausgeprägt und die hydrophilen Kolloide verhalten sich unter gewissen Umständen den hydrophoben analog; daher muß die Beschreibung der letzteren vorangehen.

Die hydrophoben Kolloide zeigen in deutlicher Form das „TYNDALL-Phänomen", weichen von den allgemeinen osmotischen Gesetzen[4] ab und diffundieren nicht durch solche Membranen, wie z. B. Kollodium,

---

[1] LINDER and PICTON: Journ. of the chem. soc. (London) Bd. 67. S. 63. 1895. — ZLOBICKI: Bull. de l'acad. des sciences de Cracovie S. 488. 1906. — FRIEDLÄNDER: Zeitschr. f. physikal. Chem. Bd. 38, S. 385. 1901. — WOUDSTRA: Ebenda Bd. 63, S. 619. 1908.

[2] HATSCHEK: Kolloid-Zeitschr. Bd. 12, S. 238. 1913.

[3] HATSCHEK: Kolloid-Zeitschr. Bd. 8, S. 34. 1911. — HESS, W. R.: Ebenda Bd. 27, S. 154. 1920. — ROTHLIN: Biochem. Zeitschr. Bd. 98, S. 34. 1919. — LOEB, J.: Journ. of gen. physiol. Bd. 3 u. 4. 1920—21.

[4] DUCLAUX: Cpt. rend. des séances de l'acad. des sciences Bd. 140, S. 1544. 1905.

Pergament, tierische Blase usw., welche die Elektrolyte leicht durchlassen. Äußerst interessant sind diejenigen Fälle, in denen das Kolloid ionisiert ist, wobei ein Ion in die Lösung übergeht, das andere aber im kolloiden Zustande verbleibt. Die überraschenden osmotischen Erscheinungen, welche sich dabei abspielen, werden im zweiten Teile dieses Buches unter dem Namen „DONNANs Gleichgewichte" näher besprochen werden.

Auf der schweren Filtrierbarkeit der Kolloide beruht die sogenannte „Ultrafiltration", welche eine Trennung der gelösten Kolloide vom Dispersionsmittel ermöglicht. Zu diesem Zweck werden „Ultrafilter" auf folgende Weise dargestellt: Man tränkt Filtrierpapier mit Kollodium, Gelatine sowie anderen ähnlichen Substanzen[1] und härtet es danach mit Wasser.

Auf diese Weise ist es gelungen, die Kolloide nach der Größe ihrer Teilchen zu klassifizieren, da man die Filter mit Poren von verschiedener Weite herstellen und also Kolloidgemische in ihre Komponenten zerlegen kann. Natürlich hängt die Filtrierbarkeit der Kolloide durch Ultrafilter nicht nur von der Größe der Teilchen, sondern auch von den Adsorptionserscheinungen und der Quellung ab. Letztere wird weiter unten besprochen werden.

Infolge der großen Dispersion der Kolloide bildet ihre Lösung ein heterogenes System mit großer Phasengrenzfläche, und es kommen darin die Adsorptionserscheinungen sehr deutlich zum Vorschein. Die ungleiche Adsorption der einzelnen Ionen durch die Kolloidteilchen bedingt eine elektrische Ladung der letzteren[2], daher tritt beim Durchleiten des elektrischen Stromes die Erscheinung der Kataphorese[3] in kolloiden Lösungen deutlich hervor. Beim Ausflocken der Kolloide aus der Lösung, wird eine große Menge von adsorbierten Elektrolyten und anderen Beimischungen mitgerissen, infolgedessen sind kolloide Stoffe in reinem Zustande sehr schwer darzustellen.

Die gebräuchlichste Trennungsmethode der Kolloide von den adsorbierten Stoffen ist die sogenannte „Dialyse". Die kolloide Lösung wird in einen Sack aus Pergamentpapier, Kollodium oder Tierblase (Abb. 35, S. 355) hineingetan, wobei man die Oberfläche der Wandungen nach Möglichkeit größer macht und den Sack nicht ganz voll mit Lösung füllt, da nach beendeter Dialyse das Flüssigkeitsniveau meistens etwas steigt. Alsdann hängt man den Sack in einem geräumigen Gefäße auf und beläßt ihn im Wasserstrome. Der obere Teil des Sackes muß natürlich oberhalb des Wasserniveaus im Gefäße bleiben. Die

---

[1] BECHHOLD: Zeitschr. f. physikal. Chem. Bd. 60, S. 257. 1907; Bd. 64. S. 328. 1908. — ZSIGMONDY: Zeitschr. f. angew. Chem. Bd. 26, S. 447. 1913. — Ders. u. BACHMANN: Zeitschr. f. anorg. Chem. Bd. 103, S. 119. 1918. — OSTWALD, Wo.: Kolloidzeitschr. Bd. 22, S. 72 u. 143. 1918.

[2] LINDER and PICTON: Journ of the chem. soc. (London) Bd. 67, S. 63. 1905; siehe auch BARUS u. SCHNEIDER: Zeitschr. f. physikal. Chem. Bd. 8, S. 278. 1891.

[3] WHITNEY and BLAKE: Journ. of the Americ. chem. soc. Bd. 26, S. 1339. 1904 und viele andere.

durch die Membran diffundierenden Stoffe werden aus dem Sack herausgewaschen; daher sinkt allmählich ihre Konzentration in der Lösung. Wir wissen aber bereits, daß die Adsorption ein Zustand des beweglichen Gleichgewichts ist und vollkommen von der Konzentration des betreffenden Stoffes in der flüssigen Phase abhängt. Ist diese Konzentration beinahe gleich 0, so erreicht auch die Adsorption nur einen minimalen Wert. Nach mehrtägiger Dialyse im Strome von Leitungswasser empfiehlt es sich zum Schluß die Lösung gegen destilliertes Wasser zu dialysieren; sonst bleibt immer eine gewisse Menge der Beimischungen adsorbiert.

Setzt man der Lösung eines hydrophoben Kolloids eine gewisse Menge von Elektrolyten hinzu, so wird die Ladung der Kolloidteilchen schwächer[1]) (wie wir es bereits bei der Betrachtung der Adsorption von Elektrolyten durch die in der Flüssigkeit suspendierten Teilchen gesehen haben); bei vollständiger Entladung oder in der Nähe dieses „isoelektrischen" Punktes wird die Lösung unstabil und das Kolloid fällt aus[2]). Diese wichtige Tatsache hat eine große physiologische Bedeutung; es ist nämlich wohl denkbar, daß die koordinierte Zusammenwirkung der biochemischen Vorgänge im Plasma, und also mithin die gesamte planmäßige Regulierung der Lebensvorgänge durch die Veränderungen des heterogenen Mediums, worin alle diese Vorgänge zustande kommen, bewirkt wird, indem die Plasmakolloide ihre Eigenschaften beständig modifizieren und unter Umständen sich als typische hydrophobe Kolloide verhalten. Es ist daher von großem Interesse, die Einwirkung der Elektrolyte auf die Kolloide etwas eingehender zu betrachten.

Die erste äußerst wichtige Regel besteht darin, daß das Ausflocken der negativ geladenen Kolloide durch Kationen hervorgerufen wird[3]), da namentlich Kationen eine Entladung dieser Kolloide hervorrufen. Die zweite Gesetzmäßigkeit besteht darin, daß die Fällungskraft der Ionen eine Funktion ihrer Wertigkeit ist[4]). Dies wird durch folgende Tabelle erläutert.

Die Ausflockung gleicher Mengen des negativ geladenen Kolloids As_2S_3 wird durch folgende Elelektrolytmengen bewirkt (in 0,001 Mol. pro Liter).

Einwertige Metalle	Zweiwertige Metalle	Dreiwertige Metalle
NaCl 51,0	$MgCl_2$ 0,717	$AlCl_3$ 0,093
KNO_3 50,0	$CaCl_2$ 0,649	$Al(NO_3)_3$ . . . 0,095
KCl 49,5	$SrCl_2$ 0,635	YCl_3 0,073
LiCl 58,4	$Ba(NO_3)_2$ . . . 0,687	$^1/_2 Ce_2(SO_4)_3$ . . 0,092
NH_4Cl 42,3	$ZnCl_2$ 0,685	

[1]) Selbstverständlich adsorbiert ein Kolloid die entgegengesetzt geladenen Ionen mit größerer Intensität.

[2]) HARDY: Journ. of physiol. Bd. 24, S. 301. 1899; Zeitschr. f. physikal. Chem. Bd. 33, S. 385. 1900.

[3]) HARDY: a. a. O.: Journ. of physiol. Bd. 33, S. 251. 1905.

[4]) FREUNDLICH: Zeitschr. f. physikal. Chem. Bd. 44, S. 135. 1903; Bd. 73, S. 385. 1910. — Ders. u. SCHUCHT: Ebenda Bd. 80, S. 564. 1912. — MINES: Journ. of physiol. Bd. 42, S. 309. 1911.

Beide Regelmäßigkeiten lassen sich gut erklären, wenn man laut obiger Darlegung annimmt, daß die Wirkung der Elektrolyte auf ihre Adsorption zurückzuführen ist. Da nur einzelne Ionen adsorbiert werden, so muß freilich, ein Kolloid Ionen mit entgegengesetzter Ladung im Überschuß adsorbieren, und infolgedessen seine eigene Ladung neutralisieren. Wir wissen aber, daß die ungleiche Adsorption der einzelnen Ionen quantitativ keinen hohen Grad erreicht, da die entgegengesetzt geladenen Ionen sich gegenseitig an die Oberfläche mitschleppen. Daher kann ein negativ geladenes Kolloid nur einen geringen Überschuß von Kationen adsorbieren, weshalb die chemische Wertigkeit eines jeden Kations große Bedeutung erlangt; man muß nämlich im Auge behalten, daß wir es bei allen Einwirkungen der Ionen auf Kolloide mit einem sehr niedrigen Potenzial zu tun haben. Allerdings existieren außer diesen theoretischen Erwägungen auch direkte experimentelle Beweise zugunsten des Zusammenhanges zwischen der Elektrolytwirkung und Ionenadsorption[1]).

Zum Schluß drängt sich unwillkürlich die theoretische Frage auf: warum wird das Kolloid bei Entladung ausgeflockt? Diese Frage kann gegenwärtig nur hypothetisch beantwortet werden; die wahrscheinlichste Erklärung besteht in folgendem[2]): Zwischen den Ultramikronen existiert eine Anziehungskraft, die in Verbindung mit der Brownschen Bewegung, welche die einzelnen Teilchen fortwährend in die gegenwärtige Anziehungssphäre bringt, eine Ausflockung des Kolloids zur Folge haben soll. Daß dies in Wirklichkeit nicht geschieht, ist dadurch zu erklären, daß der Anziehungskraft eine elektrische Abstoßungskraft der gleichsinnig geladenen Kolloidteilchen entgegenwirkt. Je schwächer also die Ladung, desto weniger stabil ist eine kolloide Lösung.

Bemerkenswert ist der Umstand, daß bei einem Überschuß des Elektrolyten oder bei Einwirkung anderer Salze auf das Kolloidgerinnsel letzteres wieder in Lösung übergeht, aber hierbei seine Eigenschaften verändert. Dieser Vorgang wird Peptisation genannt; dieselbe hat, allem Anschein nach, eine wichtige physiologische Bedeutung. Die Peptisation wird auf eine Umladung des Kolloids zurückgeführt. Es ist eine wiederholte Ausflockung und nachfolgende Peptisation des Kolloids möglich, indem bald das eine, bald das andere Ion im Überschuß adsorbiert wird[3]). In analoger Weise entsteht ein Niederschlag beim Zusammentreffen von zwei entgegengesetzt geladenen Kolloiden[4]); hierbei ist eine nachträgliche Peptisation durch Umladung der dispersen Phase ebenfalls möglich[5]). Die Teilchen des einen Kolloids werden nämlich vom anderen Kolloid umhüllt: im Ultramikroskop kann man diesen Vorgang an verschieden

---

[1]) Freundlich: Kolloid-Zeitschr. Bd. 1, S. 321. 1907. — Ders.: Zeitschr. f. physikal. Chem. Bd. 73, S. 385. 1910. — Ders. u. Schucht: Ebenda Bd. 85, S. 641. 1913. — Jshizaka: Ebenda Bd. 83, S. 97. 1913. — Gann: Kolloidchem. Beih. Bd. 8, S. 64. 1916.

[2]) v. Smoluchowski: Kolloid-Zeitschr. Bd. 21, S. 98. 1917. — Zsigmondy: Zeitschr. f. physikal. Chem. Bd. 92, S. 600. 1918. — Westgren u. Reitstötter: Ebenda Bd. 92, S. 750. 1918.

[3]) Powis: Zeitschr. f. physikal. Chem. Bd. 89, S. 91. 1915. — Kruyt: Kolloid-Zeitschr. Bd. 22, S. 81. 1918. — Ders. u. van der Speck: Ebenda Bd. 25, S. 1. 1919.

[4]) Linder and Picton: Journ. of chem. soc. Bd. 71, S. 572. 1897. — Henri u. Mitarb.: Cpt. rend. des séances de la soc. de biol. Bd. 55, S. 1666. 1903 u. a.

[5]) Billiter: Zeitschr. f. physikal. Chem. Bd. 51, S. 129. 1905. — Buxton, Shaffer und Teague: Ebenda Bd. 57, S. 47 u. 64. 1906.

gefärbten Kolloiden direkt beobachten[1]). Äußerst bemerkenswert ist der Umstand, daß die Ausflockung eines Kolloids durch die anderen bedeutend vollkommener ist, wenn man schnell große Mengen des Fällungsmittels zusetzt; beim allmählichen Zusatz des Fällungsmittels scheint sich das gelöste Kolloid an dasselbe zu gewöhnen und wird daher nicht ausgeflockt. Eine erschöpfende Erklärung derartiger Erscheinungen ist noch nicht gegeben. In diesem Zusammenhang sei an die sogenannte „Agglutination" oder Phasentrennung in echten Suspensionen (in der Flüssigkeit fein suspendierten Niederschlägen) erinnert. Hierbei werden die bei der Kataphorese zur Anode wandernden Teilchen durch positiv geladene Teilchen ausgeflockt und vice versa. Theoretisch und praktisch interessant ist der Vorgang der Agglutination der Bakterien aus dem flüssigen Medium. Die Bakterienkörper werden durch ein besonderes Kolloid — das sogenannte Agglutinin — gebunden. In Wahrheit besteht dieser Vorgang aus zwei Teilstufen; Auf der ersten Stufe werden die vorwiegend aus hydrophilen Kolloiden (Eiweißstoffen) bestehenden Bakterien durch das Agglutinin umhüllt und auf diese Weise in Klümpchen eines hydrophoben Kolloids verwandelt: auf der zweiten Stufe wird das hydrophobe Kolloid durch die vorhandenen Elektrolyte ausgeflockt. Bei vollkommener Abwesenheit von Salzen findet zwar wohl eine Adsorption des Agglutinins statt, doch fallen die Bakterien nicht als Niederschlag aus[2]).

Die Eigenschaften der hydrophilen Kolloide. Es ist bereits oben erwähnt worden, daß die hydrophilen Kolloide, zu denen Eiweißkörper, Lecithine und andere wichtige Komponenten des Protoplasmas gehören, sich manchmal in molekularer Lösung befinden und daher die Oberflächenspannung herabsetzen, die innere Reibung dagegen erhöhen. Infolgedessen zeigen sie nur undeutlich das „TYNDALL-Phänomen" und weisen manchmal einen den allgemeinen Gesetzen der Osmose entsprechenden osmotischen Druck auf. Vom physiologischen Standpunkt aus ist die Quellung der hydrophilen Kolloide sehr interessant. Dieser Vorgang wird oft als „Absorption" bezeichnet und muß von der „Adsorption" scharf unterschieden werden, da er mit der letzteren nichts zu tun hat.

Bei hohen Konzentrationen verschiedener gelöster Stoffe steigt der osmotische Druck in bedeutend größerem Verhältnis, als man es nach der Theorie der Lösungen erwarten dürfte. Die hydrophilen Kolloide entwickeln einen außerordentlich hohen osmotischen Druck, wenn das Verhältnis zwischen den Mengen des Kolloids und des Wassers ein solches ist, daß die Mischung einen festen oder gallertartigen Körper bildet; in diesem Falle spricht man nicht von einer Lösung des Kolloids im Wasser, sondern, umgekehrt, von einer Lösung des Wassers im Kolloid. Diese Erscheinung bezeichnet man als Quellung. Auf diese Weise wäre es kaum richtig, den osmotischen Druck vom Quellungsdruck prinzipiell zu unterscheiden. Wir dürfen vielmehr annehmen, daß auch die gelösten Teilchen der hydrophilen Kolloide gequollen sind und also große Wassermengen festhalten. Daher ist das ganze System einer Emulsion (Gemenge von zwei nicht mischbaren Flüssigkeiten) ähnlich. Vgl. S. 14). Es ist einleuchtend, daß man es im vorliegenden Falle nicht mit einer Grenzflächenerscheinung, wie etwa bei der

---

[1]) MICHAELIS u. PINCUSSOHN: Biochem. Zeitschr. Bd. 2, S. 251. 1906.
[2]) BORDET: Ann. de l'inst. Pasteur Bd. 13, S. 225. 1899.

Adsorption, sondern mit einer gleichmäßigen Verteilung des Wassers zwischen den Kolloidteilchen zu tun hat[1]).

Wenn man ein hydrophiles Kolloid in trockenem Zustande mit Wasser benetzt, so rufen namentlich die ersten Portionen des eingesogenen Wassers einen enormen Druck hervor[2]). Während der osmotische Druck flüssiger Lösungen nur in Ausnahmefällen 100 Atmosphären erreicht, wurden bei der Quellung der Stärke Drucke von über 2000 Atmosphären gemessen! Wie der Zusatz einer geringen Wassermenge zur wasserfreien Schwefelsäure oder zum wasserfreien Alkohol Wärmeentwicklung und Volumenverminderung hervorruft, so wird auch die Quellung eines trockenen hydrophilen Kolloids von Kontraktion und bedeutender Wärmetönung[3]) begleitet. Diese Erscheinungen lassen sich auf Grund der Hydrattheorie der Lösungen in befriedigender Weise erklären (siehe unten).

Die mächtigen Quellungskräfte scheinen eine wichtige Rolle bei den Vorgängen des Wachstums und des Saftsteigens in der Pflanze zu spielen. Es sind Felsensprengungen und Heben von enormen Lasten durch quellende Pflanzenorgane verzeichnet worden. Die Einwirkung von Säuren, Alkalien und Salzen auf den osmotischen Druck und die Quellung der hydrophilen Kolloide bietet, auf Grund der neueren Forschungen, ebenfalls großes Interesse dar. Diese Erscheinungen werden im zweiten Teile des Buches näher besprochen werden.

Ebenso wie hydrophobe Kolloide werden auch die hydrophilen unter der Einwirkung der Elektrolyte ausgeflockt, haben sich aber die hydrophilen Kolloide nicht vorerst in die hydrophoben verwandelt (was übrigens nicht selten der Fall ist), so sind die Fällungsverhältnisse der hydrophilen Kolloide ganz eigenartig. Die Koagulation der hydrophoben Kolloide ist eine Folge der elektrischen Entladung; daher wird sie bereits durch geringe Elektrolytmengen hervorgerufen; die Ausscheidung der hydrophilen Kolloide aus ihren Lösungen erfordert dagegen große Salzmengen und wird „Aussalzen" genannt. Auch außerhalb des Gebiets der Kolloidchemie ist das Aussalzen eine sehr verbreitete Erscheinung: es ist bekannt, daß unter der Einwirkung der Neutralsalze die Wasserlöslichkeit sowohl von Alkohol, Äther und anderen organischen Stoffen, als auch von verschiedenen Gasen herabgesetzt wird.

Die Veränderungen der Löslichkeit der oberflächenaktiven Substanzen, zu denen auch die hydrophilen Kolloide zu zählen sind, kann man bequem mit Hilfe des Stalagmometers (S. 7) messen. Überhaupt ist die Verminderung der Löslichkeit eines hydrophilen Kolloids von einer Veränderung aller derjenigen Eigenschaften begleitet, welche Funktionen der größeren oder geringeren Löslichkeit sind, und zwar nimmt die Oberflächenspannung zu, die innere Reibung

---

[1]) Katz, J. R.: Zeitschr. f. Elektrochem. Bd. 17, S. 800. 1911; Kolloidchem. Beih. Bd. 9, S. 1. 1918.

[2]) Reinke, J.: Hanst. botan. Abh. Bd. 4, S. 1. 1879. — Rodewald: Zeitschr. f. physikal. Chem. Bd. 24, S. 206. 1897. — Ders. u. Kattein: Ebenda Bd. 33, S. 586. 1900.

[3]) Katz, J. R.: a. a. O.; vgl. auch Wiedemann u. Lüdeking: Wiedem. Ann. d. Physik Bd. 25, S. 145. 1885.

wird aber geringer; die Gallertbildung (die bei den Kolloiden oft vorkommt) wird befördert[1]); die Quellung und der osmotische Druck (die auf Grund des vorstehend Dargelegten im Grunde eine und dieselbe Erscheinung darstellen) werden herabgesetzt[2]). Auf diese Weise läßt sich die Einwirkung der Elektrolyte nach der Veränderung einer jeden der genannten Eigenschaften, welche als Funktionen der Löslichkeit anzusehen sind, erkennen: die Resultate bleiben in allen Fällen gleichlautend.

Die wichtigste Schlußfolgerung aus derartigen Bestimmungen ist die folgende; Eine jede Elektrolytwirkung ist auf Ionenwirkungen zurückzuführen. Bei den Versuchen mit Eiweißstoffen haben die Kationen der Salze eine geringere Bedeutung als die Anionen. Letztere ordnen sich in bestimmter Reihenfolge, der abnehmenden Aussalzungskraft gemäß[3]), die äußersten rechten Glieder der Reihe setzen die Löslichkeit der Eiweißkolloide nicht herab; es scheint vielmehr, daß sie in entgegengesetzter Richtung wirksam sind.

$$SO_4, \text{ Weinsäure, Citronensäure} > \text{Essigsäure} > Cl > Br > NO_3 > J > CNS.$$

Die Kationen bilden ebenfalls eine allerdings weniger ausgeprägte Reihe; so z. B. salzen die Alkalimetalle in folgender Reihenfolge aus:

$$Li > Cs > Na > Rb > K.$$

Das Aussalzen der Eiweisstoffe und der anderen hydrophilen Kolloide stellt einen reversiblen Vorgang dar: nach der Entfernung des Elektrolyten durch Dialyse oder Herabsetzung seiner Konzentration durch starke Verdünnung geht das Kolloid wieder in Lösung über, ohne seine Eigenschaften zu verändern.

Es ist ausdrücklich zu betonen, daß die ungleiche Wirkung verschiedener Ionen sich nicht einzig und allein in der Aussalzung von Kolloiden äußert; dieselben sogenannten „lyotropen" Reihen sind beim Aussalzen verschiedener anderer Stoffe aus ihren wässerigen Lösungen bemerkbar[4]).

Eine Erklärung der Löslichkeitsverminderung verschiedener Stoffe unter dem Einfluß von Elektrolyten ist auf Grund der van 't Hoffschen Theorie der Lösungen nicht möglich; diese Tatsachen stehen überhaupt mit dem Henry-Daltonschen Gesetz im Widerspruch. Als bedeutend fruchtbarer erweist sich im vorliegenden Falle die Mendelejewsche Hydratheorie, welche auf der Affinität verschiedener Körper zum Wasser und Bildung der wasserhaltigen komplexen Verbindungen beruht. Eine Zeitlang wurden solche Ansichten als überholt und veraltet perhorresziert; zur Zeit ist aber die Hydratheorie von Jones und anderen Chemikern neu bearbeitet worden[5]). Diese Theorie schließt auch die gleichzeitige Existenz der van 't Hoffschen Theorie nicht aus. So läßt sich z. B. die anomal starke Gefrierpunktserniedrigung der konzentrierten Lösungen vieler Salze, welche in schreiendem Widerspruch zur van 't Hoffschen

---

[1]) Pascheles: Pflügers Arch. f. d. ges. Physiol. Bd. 71, S. 333. 1898. — Pauli u. Rona: Hofmeisters Beitr. Bd. 2, S. 1. 1902. — v. Schroeder: Zeitschr. f. physikal. Chem. Bd. 45, S. 75. 1903. — Traube u. Köhler: Internat. Zeitschr. f. physikal.-chem. Biol. Bd. 2, S. 42. 1915. — Höber: Pflügers Arch. f. d. ges. Physiol. Bd. 166, S. 602. 1917.

[2]) Lillie, R. S.: Americ. journ. of physiol. Bd. 20, S. 127. 1907. — Moor and Roaf; Biochem. journ. Bd. 2, S. 34. 1907. — Roaf; Quart. journ. of exp. physiol. Bd. 3, S. 75. 1910.

[3]) Hofmeister, F.: Arch. f. exp. Pathol. Bd. 25, S. 13. 1888; Bd. 28, S. 210. 1891. — Spiro: Hofmeisters Beitr. Bd. 5, S. 276. 1904. — Loeb behauptet, daß diese Ionenreihen nur auf experimentellen Fehlern beruhen und in Wirklichkeit nicht existieren, einem derartigen Schluß widerspricht aber eine Menge von experimentell festgestellten Tatsachen; vgl. Loeb, J.: Journ. of gen. physiol. Bd. 1, S. 559. 1919; Bd. 3, S. 85. 1920; Bd. 3, S. 391. 1921.

[4]) Setschenow: Zeitschr. f. physikal. Chem. Bd. 4, S. 117. 1889. — v. Euler: Ebenda Bd. 31, S. 360. 1899; Bd. 49, S. 303. 1904 und viele andere.

[5]) Jones: Zeitschr. f. physikal. Chem. Bd. 49, S. 385. 1904; Bd. 52, S. 231. 1905. — Washburn: Journ. of Americ. chem. soc. Bd. 31, S. 322. 1909. — Remy: Zeitschr. f. physikal. Chem. Bd. 89, S. 529. 1914.

Theorie steht, nach Jones Theorie leicht erklären; infolge der Hydratbildung verringert sich die Menge des Lösungsmittels und die Lösung wird in Wahrheit konzentrierter, als man es nach der theoretischen Berechnung erwarten sollte. Aus demselben Grunde werden Eiweissstoffe und andere hydrophile Kolloide ausgesalzen: die Salze binden eine große Anzahl von Wassermolekülen, und das Kolloid befindet sich dann in einer übersättigten Lösung.

Es ist nicht möglich, hier auf weitere Einzelheiten der modernen Hydrattheorie einzugehen. Es sei nur erwähnt, daß die ungleiche Anziehungskraft verschiedener Ionen vom Standpunkt der Hydrattheorie aus sich auf folgende Weise erklären läßt. Auf Grund der gegenwärtigen Vorstellungen von der Struktur der Atome muß die Affinität der Ionen zum Wasser in einem direkten Verhältnis zum Atomradius stehen[1]). Auf diese Weise erhält man folgende Reihenfolge des Wasseranziehungsvermögens

$$SO_4 > Cl > Br > J,$$

was der lyotropen Reihe entspricht.

Es gibt aber noch eine andere Erklärung der Existenz der lyotropen Reihe, die allerdings nur auf die Aussalzung der Eiweißstoffe anwendbar ist. Sie beruht auf der Fähigkeit der Aminosäuren, komplexe Verbindungen mit Mineralsalzen zu bilden. Der Affinitätsgrad der Salze zu Aminosäuren entspricht der Reihenfolge in den lyotropen Reihen[2]).

Alle obigen Auseinandersetzungen über die Einwirkung der Salze auf die Löslichkeit der hydrophilen Kolloide beziehen sich auf neutrale Lösungen. In Gegenwart von geringen Säuren- und Alkalienmengen haben einige Kolloide, z. B. Eiweißstoffe, die Eigenschaften der hydrophoben Kolloide, indem sie eine bestimmte Ladung tragen. Daher scheiden die neutralen Salze in schwach saurer oder alkalischer Lösung Eiweiß viel leichter aus, als bei neutraler Reaktion[3]), und der Niederschlag löst sich nach Entfernung des Salzes nicht wieder auf.

Die lyotrope Reihe bleibt zwar erhalten, doch ist der Umstand bemerkenswert, daß bei saurer Reaktion die Reihenfolge der Ionen derjenigen bei alkalischer Reaktion entgegengesetzt ist. So sind z. B. beim Ausfällen des Eiweißes aus Tannenkeimlingen folgende Resultate erhalten worden[4]):

Bei saurer Reaktion: $NaCl < NaBr < NaNO_3 < NaJ$
„ alkalischer „ $NaCl > NaBr > NaNO_3, NaJ.$

Die beiden letzten Salze scheiden bei alkalischer Reaktion überhaupt kein Eiweiß aus.

Manchmal hat bloß eine Konzentrationsänderung der Salze Umkehrung der lyotropen Reihe zur Folge.

Andererseits erinnert die Einwirkung der Schwermetallsalze auf hydrophile Kolloide an die Einwirkung aller Salze auf hydrophobe Kolloide; als aktiver Faktor dient immer nur das Kation, und der Niederschlag kann nicht ohne Veränderung der wichtigsten Eigenschaften des betreffenden Kolloids wieder in Lösung gebracht werden[5]).

---

[1]) Fajans: Naturwissenschaften Bd. 9, S. 729. 1921.

[2]) Pfeiffer, P. u. v. Modelski: Zeitschr. f. physiol. Chem. Bd. 81, S. 329. 1912; Bd. 85, S. 1. 1913. — Pfeiffer, P. u. Würgler: Ebenda Bd. 97, S. 128. 1916.

[3]) Pauli: Hofmeisters Beitr. Bd. 5, S. 27. 1903.

[4]) Posternak: Ann. de l'inst. Pasteur Bd. 15, S. 85. 1901. — Pauli: a. a. O. — Höber: Hofmeisters Beitr. Bd. 11, S. 35. 1907. — Pauli u. Falek: Biochem. Zeitschr. Bd. 47, S. 269. 1912 und viele andere.

[5]) Pauli: Hofmeisters Beitr. Bd. 6, S. 233. 1905; Bd. 7, S. 531. 1906. — Porges u. Neubauer: Biochem. Zeitschr. Bd. 7, S. 152. 1907. — Galeotti: Zeitschr. f. physiol. Chem. Bd. 40, S. 492. 1904.

Die elektrische Ladung der Kationen spielt auch hier, ebenso wie bei der Ausflockung der hydrophoben Kolloide, die Hauptrolle. Nichtelektrolyte wirken wenig auf die hydrophoben Kolloide ein; viele von ihnen (Alkohol, Aceton u. a.) fällen aber die hydrophilen Kolloide aus. Bei diesem Vorgang spielt die Oberflächenaktivität des Fällungsmittels eine Hauptrolle; die oberflächenaktiven organischen Stoffe befördern im allgemeinen das Erstarren der Lösungen zu Gallerten, indem sie die Löslichkeit des Kolloids herabsetzen; die oberflächeninaktiven Stoffe wirken im entgegengesetzten Sinne.

Oben wurde wiederholt die Gallertbildung in kolloiden Lösungen erwähnt. Dieser äußerst eigenartige Vorgang hat wahrscheinlich eine große physiologische Bedeutung, ist aber von der Kolloidchemie noch nicht endgültig aufgehellt. Diejenigen Kolloide, welche die innere Reibung der Lösungen stark erhöhen, haben eine besondere Neigung zur Gallertbildung. Es ist wohl ratsam, die Gallertbildung wiederum vom Standpunkte der Hydrattheorie der Lösungen aus zu betrachten. Die kolloiden Moleküle lagern so große Wassermengen an, daß der größte Teil des Lösungsmittels hierbei in Anspruch genommen wird, und es bildet sich nicht nur eine Lösung des Kolloids in Wasser, sondern auch gleichzeitig eine Lösung des Wassers im Kolloid; eine Kombination dieser beiden Phasen ergibt die Gallerte. Durch Salzwirkung wird die Gallertbildung, je nach der spezifischen Wirkung verschiedener Ionen entweder befördert oder gehemmt[1]). Früher war die Annahme vorherrschend, daß den Gallerten eine bestimmte maschen- oder wabenartige Struktur eigen sei, doch ist in der letzten Zeit dargetan worden, daß die Gallerte oft ebenso homogen ist, wie die Lösung, aus welcher sie hervorging[2]). Und zwar scheiden sich namentlich aus konzentrierten Lösungen ohne vorläufige Entmischung homogene Gallerten aus, da in diesem Falle das gesamte Wasser zur Hydratbildung verbraucht wird. Es existieren aber auch andere Gallerten, welche an eine krystallinische Masse erinnern, deren Poren vom Lösungsmittel gefüllt sind[3]). Zwischen den beiden extremen Fällen der Gallertbildung sind noch verschiedenartige Übergänge zu verzeichnen.

Interessante Einwirkungen üben verschiedene Kolloide aneinander, wenn das eine Kolloid hydrophil, das andere aber hydrophob ist. Es wurde bereits oben erwähnt, daß ein hydrophiles Kolloid manchmal an der Oberfläche des hydrophoben adsorbiert und letzterer dann nicht ausgeflockt wird: die Teilchen des hydrophoben Kolloids sind von einer Schicht des hydrophilen Kolloids umhüllt und auf diese Weise vor dem Ausflocken durch Elektrolyte geschützt. Das hydrophobe Kolloid hat also die Eigenschaften des hydrophilen erhalten. In derartigen Fällen wird das hydrophile Kolloid als „Schutzkolloid"[4]) be-

---

[1]) KOSTYTSCHEW, S.: Zeitschr. f. physiol. Chem. Bd. 39, S. 545. 1903. — SAMEC: Kolloidchem. Beih. Bd. 3, S. 1. 1912.

[2]) MENZ: Zeitschr. f. physikal. Chem. Bd. 66, S. 129. 1908. — v. WEIMARN, P.: Kolloid-Zeitschr. Bd. 4, S. 133. 1909; Bd. 6, S. 277. 1910. — BACHMANN: Ebenda Bd. 9, S. 312. 1911. — Ders.: Zeitschr. f. anorg. Chem. Bd. 73, S. 125. 1912. — ZSIGMONDY: Kolloid-Zeitschr. Bd. 11, S. 145. 1912.

[3]) BACHMANN: a. a. O. — FLADE: Zeitschr. f. anorg. Chem. Bd. 82, S. 173. 1913. — STÜBEL: Pflügers Arch. f. d. ges. Physiol. Bd. 156, S. 374. 1914.

[4]) BECHHOLD: Zeitschr. f. physikal. Chem. Bd. 48, S. 385. 1904.

zeichnet. Die Schutzkolloide können selbst eine echte pulverartige Suspension in der Lösung zurückhalten; so gehen z. B. die in Wasser schwer löslichen Calciumsalze in Lösung über, wenn sie von einer Schicht des hydrophilen Kolloids umhüllt sind[1]). Man nimmt an, daß Calciumphosphat sich namentlich in diesem Zustande in der Milch befindet.

Die Schutzwirkung des Kolloids wird quantitativ durch diejenige Kolloidmenge in Milligrammen gemessen, die eben noch nicht ausreicht, den Farbenumschlag von rotem Golsol in violett nach Zusatz einer bestimmten Menge 10 proz. Chlornatriumlösung zu verhindern (Goldzahl).

Obgleich die Grundzüge der Capillarchemie und die Eigenschaften der kolloiden Lösungen hier möglichst kurz und konspektiv abgefaßt sind, muß ihre große Bedeutung für das richtige Verständnis der verschiedenen chemischen Vorgänge in lebenden Geweben selbst Laien klar sein. Die lebende Zelle stellt ein heterogenes System mit enormer Oberflächenentwicklung dar: kolloide Stoffe sind im Protoplasma in überwiegender Menge enthalten. Kein Wunder, daß die älteren Forscher, welche keine Ahnung von den hier dargelegten neueren Errungenschaften der physikalischen Chemie hatten, auf jedem Schritt immer neue scheinbar paradoxe Tatsachen zu verzeichnen hatten, da sie zur Erklärung biochemischer Vorgänge keine anderen Gesetze anwenden konnten, als die für wässerige Lösungen krystallinischer Stoffe gültigen. Wenn auch jetzt die Resultate der Kolloidchemie in der Physiologie den festen Boden noch nicht genügend gefaßt haben, so kann man doch ohne ihre nähere Kenntnis die moderne wissenschaftliche Literatur nicht mehr beherrschen.

Die molekulare Asymmetrie und deren physiologische Bedeutung. Wie bekannt, erwies es sich als notwendig, zur Erklärung aller Isomerieerscheinungen bei organischen Verbindungen die Vorstellung der räumlichen Anordnung der Atome im Molekül zu entwickeln, wobei vollkommen befriedigende Resultate erzielt werden, wenn man sich das Kohlenstoffatom im Zentrum eines Tetraeders und die vier Valenzen des Kohlenstoffs nach den vier Ecken des Tetraeders gerichtet denkt, in denen die vier Atome oder Atomgruppen gelegen sind[2]). Aus Abb. 3 ersieht man deutlich, daß, wenn nur zwei von den vier an den Ecken des Tetraeders sich befindenden Gruppen identisch sind, dieser Umstand die Existenz einer Symmetrieebene bedingt, welche das Molekül in zwei ganz gleiche Hälften teilt. Diese Symmetrieebene zieht durch

---

[1]) Pauli u. Samec: Biochem. Zeitschr. Bd. 17, S. 235. 1909.
[2]) van 't Hoff, J. H.: La chimie dans l'espace 1875. — Le Bel: Bull. de la soc. chim. de France (2), Bd. 22, S. 337. 1874; (3), Bd. 3, S. 788. 1890; Bd. 7, S. 613. 1892. — Ders.: Cpt. rend. hebdom. des séances de l'acad. des sciences Bd. 114, S. 304. 1892. Nach den neuesten Ansichten bleiben die einzelnen Atome und Atomengruppen im Molekül nicht unbeweglich, so daß die Ecken des Tetraeders nur den Gleichgewichtszentren entsprechen, um welche sich die periodischen Bewegungen der Atome oder Atomengruppen vollziehen.

die Seitenkante ac und die Mitte der Flächen abb und bbc; sind umgekehrt alle vier Gruppen verschiedenartig, so kann im Molekül keine Symmetrieebene vorhanden sein. Daher wird ein Kohlenstoffatom, welches mit vier verschiedenen Gruppen verbunden ist, „asymmetrisch" genannt und in den Formeln mit einem Sternchen angezeigt.

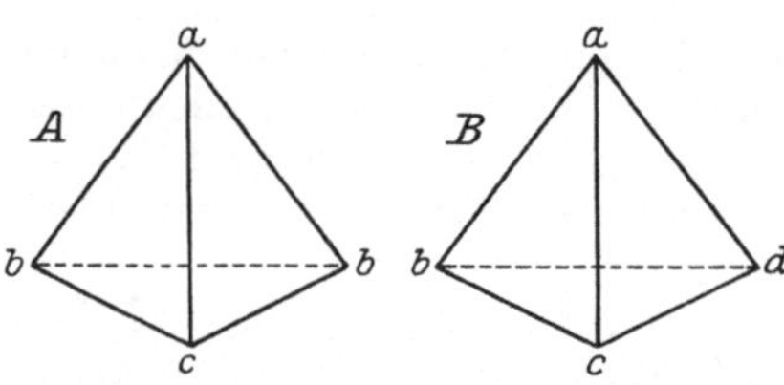

Abb. 3. A symmetrisches Kohlenstofftetraeder. Die Symmetrie ist durch die Identität der beiden Flächen abc rechts und links bedingt. B asymmetrisches Kohlenstofftetraeder. Alle vier mit dem c-Atom verbundenen Gruppen sind ungleich; deshalb existiert keine Symmetrieebene im Tetraeder.

Wenn man das symmetrische Tetraeder $abbc$ im Spiegel betrachtet, so erblickt man eine mit dem Original vollkommen identische Abbildung; wenn man aber das asymmetrische Tetraeder $abcd$ im Spiegel beobachtet, so erblickt man eine mit dem Original nicht identische Abbildung: was im Original rechts liegt, findet sich im Spiegelbild links und umgekehrt.

Solche „Spiegelbilder" trifft man oft in der Natur. Die rechte Hand ist ein Spiegelbild der linken und umgekehrt, eine Schraube mit rechter Windung ist ein Spiegelbild einer Schraube mit linker Windung usw. Die bahnbrechenden Arbeiten L. PASTEURS[1]) haben dargetan, daß Spiegelbilder auch unter den organischen Verbindungen zu finden sind, und zwar existieren sämtliche asymmetrischen Moleküle in zwei verschiedenen Modifikationen; alle Eigenschaften dieser Körper sind oft identisch, nur mit Ausnahme der Drehungsrichtung der Polarisationsebene des Lichts. Verbindungen mit einem asymmetrischen Kohlenstoffatom sind optisch aktiv, d. i., sie drehen die Polarisationsebene des Lichtes auf eine bestimmte Anzahl Grade, selbst in gelöstem Zustande. Dies ist eine wichtige Konstante der asymmetrischen Moleküle[2]).

Die eine optisch isomere Substanz dreht die Polarisationsebene nach rechts, die andere — genau um ebensoviel Grade — nach links. Die erste bezeichnet man mit d, die zweite mit l[3]). Die Kombination beider Stoffe in gleichem molekularen Verhältnisse ist „optisch inaktiv" und

---

[1]) PASTEUR, L.: Ann. de chim. et de physique (3), Bd. 28, S. 56. 1850. — Ders.: Liebigs Ann. d. Chem. Bd. 88, S. 213. 1853. — Ders.: Cpt. rend. hebdom. des séances de l'acad. des sciences Bd. 46, S. 616. 1858; Bd. 51, S. 298. 1860 u. v. a.

[2]) Es existieren auch optisch-aktive Verbindungen, welche kein asymmetrisches Kohlenstoffatom enthalten. Diese seltenen Fälle haben keine Bedeutung für die Biochemie und werden hier nicht besprochen. Die sich für Einzelheiten der Stereoisomerie Interessierenden können ausführlichere Angaben in den Werken von WERNER, A.: Lehrbuch der Stereochemie 1904; VAN 'T HOFF: Dix années dans l'histoire d'une théorie 1887; MEYER, V.: Ber. d. dtsch. chem. Ges. Bd. 23, S. 567. 1890 finden.

[3]) Nicht immer entspricht die Drehungsrichtung diesen Bezeichnungen. Ist z. B. mit einem rechtsdrehenden Körper A ein linksdrehender Körper B genetisch verbunden, so wird letzterer als d, und der rechtsdrehende Stoff als l bezeichnet. Außer der Drehungsrichtung unterscheiden sich die optischen Isomere voneinander im festen Zustande durch ihre krystallinische Form: die

weist keine Drehung der Polarisationsebene auf. Sie wird mit dem Zeichen „*dl*" dargestellt und kann entweder ein einfaches Gemenge oder eine komplexe chemische Verbindung sein (wie z. B. die Traubensäure, die optisch inaktive Form der Weinsäure); in diesem Falle wird die Substanz „racemisch" genannt.

Bis jetzt haben wir im Molekül nur ein asymmetrisches Kohlenstoffatom angenommen. Eine Substanz dieser Art ist z. B. die Milchsäure:

$$\text{CH}-\underset{\underset{\text{OH}}{|}}{\overset{\overset{\text{H}}{|}}{\text{C}}}-\text{COOH}$$

Sind mehrere asymmetrische Kohlenstoffatome im Molekül vorhanden, so können neue Fälle der räumlichen Isomerie eintreten. Stellen wir uns zwei miteinander verbundene asymmetrische Kohlenstoffatome vor; das eine von ihnen sei durch die drei freigebliebenen Valenzen mit den Gruppen a, b und c, das zweite aber mit den Gruppen d, e und f verbunden. Theoretisch müssen dann folgende räumliche Atomenanordnungen im Molekül möglich sein (Abb. 4).

Es ist klar, daß Abbildungen 1 und 2 die uns bekannten optischen Spiegelbilder, oder, wie man sie der Kürze halber nennt, Enantioisomere sind. Sie unterscheiden sich voneinander nur durch die Richtung der Drehung der Polarisationsebene des Lichtes; für andere chemische Unterschiede gibt es auch keinen Grund. Messen wir z. B. die Entfernungen der Gruppe c von den anderen Gruppen, so ergibt sich, daß in dieser Beziehung zwischen Struktur I und Struktur II keine Unterschiede zu verzeichnen sind; folglich ist die chemische Spannung sowohl in I als in II von derselben Größe. Es müssen daher auch die chemischen Eigenschaften der beiden Stoffe identisch sein. Dasselbe

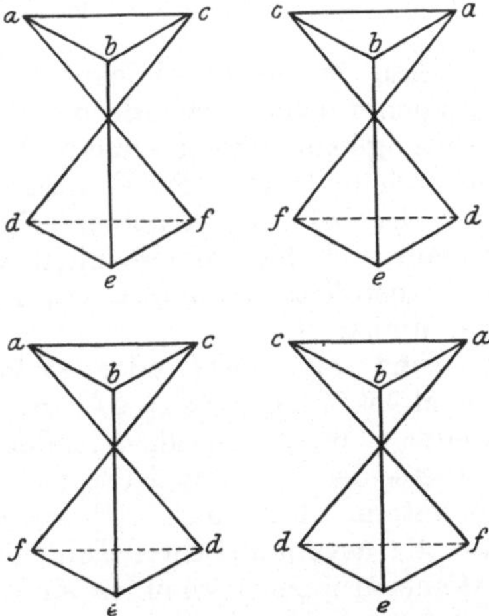

Abb. 4. Schematische Struktur der Diaisomere und der Enantioisomere (Erklärung im Text).

betrifft auch im gleichen Sinne die Abb. 3 und 4; sie stellen ebenfalls Enantioisomere dar. Zwischen beiden Paaren (I, II) und (III, IV) macht sich dagegen schon ein größerer Unterschied bemerkbar; der Abstand zwischen den einzelnen Gruppen des oberen und des unteren Tetraeders

asymmetrischen Krystalle der d- und l-Körper sind immer Spiegelbilder, doch entspricht nicht immer die Lage der hemyedrischen Flächen dem Drehungszeichen, wie es bereits Pasteur betont hat.

(z. B. zwischen *c* und *f*) ist in beiden Figurenpaaren nicht derselbe; infolgedessen müssen auch die chemischen Eigenschaften der genannten Stoffe Unterschiede aufweisen, was auch experimentell festgestellt werden kann. Derartige Isomere nennt man **Diaisomere**; sie unterscheiden sich voneinander durch verschiedene chemische Eigenschaften und die Größe des Drehungswinkels der Polarisationsebene.

Die Stereoisomere der zyklischen Verbindungen sind im Prinzip ebenso konstruiert (cis- und trans-Formen); wir wollen sie hier nicht speziell beschreiben.

Zwecks Vereinfachung stellt man sich die Stereoisomere gewöhnlich als Projektionsbilder dar, wie es leicht beim Vergleich der Figuren der Abbildung 4 mit den folgenden Projektionsformeln zu ersehen ist; in letzteren sind die Kohlenstoffatome nicht dargestellt und durch Kreuze $\times$ ersetzt:

$$
\begin{array}{cccc}
e & e & e & e \\
| & | & | & | \\
d-\times-f & f-\times-d & d-\times-f & f-\times-d \\
| & | & | & | \\
a-\times-c & c-\times-a & c-\times-a & a-\times-c \\
| & | & | & | \\
b & b & b & b \\
\text{I} & \text{II} & \text{III} & \text{IV}
\end{array}
$$

Sind in einem Molekül *n* asymmetrische und mit verschiedenen Atomengruppen verbundene Kohlenstoffatome enthalten, so ist die Zahl der möglichen Stereoisomere 2 *n*; sind dagegen einige an Kohlenstoff gebundene Atome oder Gruppen miteinander identisch, so vermindert sich die Zahl der Isomere. Es ist selbstverständlich, daß es für die Gesamtzahl der Isomere nicht von Belang ist, ob alle asymmetrische Kohlenstoffatome unmittelbar miteinander oder durch Zwischenglieder verbunden sind.

Sind also zwei oder mehrere asymmetrische Kohlenstoffatome im Molekül enthalten, so entstehen außer den Enantioisomeren die weiter voneinander abstehenden Diastereoisomere. Dies ist der erste Unterschied von den Körpern mit nur einem asymmetrischen Kohlenstoffatom. Ein anderer Unterschied ist in dem Falle zu verzeichnen, wo die asymmetrischen Kohlenstoffatome mit vollkommen identischen Atomengruppen verbunden sind. So sind z. B. für Weinsäure mit zwei asymmetrischen Kohlenstoffatomen folgende Fälle der räumlichen Anordnung möglich:

$$
\begin{array}{cccc}
\text{COOH} & \text{COOH} & \text{COOH} & \text{COOH} \\
| & | & | & | \\
\text{HO}-\times-\text{H} & \text{H}-\times-\text{OH} & \text{H}-\times-\text{OH} & \text{HO}-\times-\text{H} \\
| & | & | & | \\
\text{H}-\times-\text{OH} & \text{HO}-\times-\text{H} & \text{H}-\times-\text{OH} & \text{HO}-\times-\text{H} \\
| & | & | & | \\
\text{COOH} & \text{COOH} & \text{COOH} & \text{COOH} \\
\text{I} & \text{II} & & \\
& & \multicolumn{2}{c}{\text{III}}
\end{array}
$$

Die Figuren I und II sind „Spiegelbilder" oder Enantioisomere, die Figuren IIIa und IIIb stellen aber eine und dieselbe optisch inaktive Substanz dar, da die optische Drehung der beiden Tetraeder innerhalb des Moleküls in entgegengesetzten Richtungen stattfindet. Stellt man alle Figuren auf den Kopf, so erweist sich, daß Figuren I und II keinerlei Veränderungen aufweisen, was aber Figur III anbelangt, so verwandelt sich IIIa in IIIb, und umgekehrt. Auf diese Weise sind IIIa und IIIb nichts anderes als zwei verschiedene Darstellungsarten einer und derselben Projektionsformel; der Gegenstand und sein Spiegelbild sind identisch; dies kann aber, wie oben erwähnt, nur beim Vorhandensein einer Symmetrieebene vorkommen. Obwohl ein jeder Kohlenstoff an und für sich asymmetrisch ist, hat dennoch das Molekül eine Symmetrieebene, welche auf der Abbildung durch den Punktierstrich angezeigt wird, daher ist die betreffende Substanz optisch inaktiv.

Die Stereoisomerie spielt eine hervorragende Rolle bei der Pflanzenernährung. Wie PASTEUR gefunden hat, sind alle physiologisch wichtigen Substanzen asymmetrisch; das Protoplasma selbst besteht nur aus optisch aktiven asymmetrischen Stoffen und erzeugt selbst nur solche Stoffe. Nach PASTEUR ist das ganze Leben ein Resultat der Wirkung asymmetrischer Kräfte. Für die Organismen sind die Unterschiede nicht nur zwischen Diaisomeren, sondern auch zwischen den Enantioisomeren oft bedeutsamer, als diejenigen zwischen Substanzen von verschiedener chemischer Zusammensetzung, z. B. den benachbarten Gliedern einer homologen Reihe. Die Hefe verwandelt leicht große Mengen von d-Glucose in Alkohol und Kohlendioxyd, ist aber nicht imstande, verschiedene Diaisomere der Glucose, und gar auch ihr Spiegelbild, nämlich die l-Glucose, zu vergären; dagegen wird d-Fructose von Hefe angegriffen, obgleich dieser Zucker eine von der Glucose und ihren Stereoisomeren abweichende Struktur besitzt. Keine lebende Zelle ist imstande, Eiweißstoffe aus optischen Isomeren der in der Natur vorhandenen Aminosäuren aufzubauen; viele Schimmelpilze und Bakterien kommen auf d-Weinsäure und l-Apfelsäure gut aus, sind aber bei Ernährung mit optischen Antipoden dieser Säuren nicht zum guten Wachstum zu bringen, und ziehen sogar Stoffe von ganz anderer Zusammensetzung vor. Aus diesen Befunden ist der Schluß zu ziehen, daß optische Isomere sich voneinander nicht nur durch die Drehung der Polarisationsebene unterscheiden, sondern auch durch andere für uns zurzeit unbekannte Eigenschaften, denen eine wichtige biologische Bedeutung zukommt.

Wie PASTEUR richtig betont hat, kann das Lebensrätsel nicht gelöst werden, bevor wir eine erschöpfende Kenntnis des Wesens der asymmetrischen Kräfte und der räumlichen Isomerie erlangen; es ist auch wohl möglich, daß ohne diese Kenntnisse selbst eine Aufhellung der Fermentwirkungen nicht gelingen kann (s. unten), da die Fermente optischen Isomeren gegenüber sehr empfindlich sind. Mit den Fermentwirkungen sind aber alle wichtigen physiologischen Stoffumwandlungen verbunden. Daß in der Natur ausschließlich optisch aktive Stoffe entstehen, ist um so merkwürdiger, als man dieselben im Laboratorium nur unter bestimmten, streng einzuhaltenden, Bedingungen darstellen kann.

Dies ist aber durchaus begreiflich, da die Synthese der asymmetrischen Verbindungen ihrem Wesen nach nichts anderes ist als eine Verwandlung von $A\,(abbc)$ in $B\,(abcd)$ (Abb. 3). Aus der Abbildung ist ersichtlich, daß beide Gruppen b gegenüber den übrigen Teilen des Moleküls eine vollständig identische Lage einnehmen und sich in gleichen Abständen von dem Kohlenstoffatom und den übrigen Gruppen befinden. Daher ist auch kein Grund vorhanden, daß die eine der Gruppen b durch die Gruppe d in einer größeren Anzahl Moleküle ersetzt wird als die andere Gruppe. Man muß vielmehr nach der Wahrscheinlichkeitstheorie annehmen, daß sowohl die rechte als die linke isomere Substanz in gleichen Mengen entstehen und daß ihr Gemisch eine inaktive dl-Substanz bildet. Diese theoretische Annahme wird, in der Tat, durch eine große Menge experimenteller Ergebnisse bestätigt: bei einer Synthese außerhalb der lebenden Zelle wurden aus symmetrischen Stoffen immer nur die dl-inaktiven asymmetrischen Substanzen erhalten.

Doch gelingt es, aus derartigen Mischungen eine, oder manchmal gar beide optisch aktive Substanzen durch geeignete Kunstgriffe zu isolieren. Drei Methoden, welche zu diesem Ziel führen, sind von PASTEUR[1]) vor 70 Jahren ausgearbeitet worden, und seitdem gelang es nicht, dazu etwas Neues hinzuzufügen. Die erste Methode besteht in der mechanischen Trennung der Krystalle. Wie bereits erwähnt, ist die linke und die rechte Drehung oft mit der linken und rechten Hemiedrie der Krystalle verbunden. Durch sorgfältige Auslese der Krystalle mittels einer Lupe gelingt es, die Enantioisomere zu trennen. Diese Methode, welche zur Entdeckung der molekularen Asymmetrie geführt hat, ist nur auf Substanzen, die gut ausgeprägte und große Krystalle bilden, anwendbar; auch hat sie PASTEUR alsbald durch andere Methoden ersetzt.

Die zweite Methode besteht in der Ausnutzung der geheimnisvollen asymmetrischen Kräfte der organischen Natur selbst. Einige Mikroorganismen verbrauchen aus einer Lösung des dl-Isomers vorwiegend nur den einen optisch aktiven Stoff, und zwar gewöhnlich denjenigen, der in natürlichen Produkten enthalten ist. Die andere optisch aktive Substanz bleibt zum größten Teil erhalten. Bei Anwendung von bestimmten, genau untersuchten Organismen gelingt es, sehr befriedigende Resultate zu erzielen. Diese Methode ist allerdings auf stark giftige Stoffe (z. B. Alkaloide) nicht anwendbar, da die Mikroorganismen sich mit diesen Stoffen nicht ernähren können.

Die dritte Methode hat eine allgemeine Bedeutung. Die Mischung der beiden enantioisomeren Stoffe läßt man mit einer optisch aktiven Substanz reagieren. Diese Methode ist besonders für Säuren und Basen empfehlenswert, die optisch aktive Salze bilden. Als optisch aktive Säure verwendet man gewöhnlich die aus Pflanzen isolierte d-Weinsäure; als optisch aktive Basen die ebenfalls aus Pflanzen isolierten Alkaloide Strychnin, Brucin und Chinin. Die Methode ist darauf gegründet, daß bei der Verbindung von optisch aktiven Basen mit optisch aktiven Säuren folgende Kombinationen möglich sind.

1. d-Base	2. l-Base	3. d-Base	4. l-Base
d-Säure	l-Säure	l-Säure	d-Säure

Zu diesen Salzen können dieselben Betrachtungen, wie zu den Verbindungen mit zwei asymmetrischen Kohlenstoffatomen angewandt werden; eine Illustra-

---

[1]) PASTEUR, L.: a. a. O.

tion zu diesen Betrachtungen liefert Abb. 4. Die Salze 1 und 2 sind Enantioisomere, ebenso wie die Salze 3 und 4; dagegen sind die Paare (1 und 2) und (3 und 4) Diastereoisomere; diese Paare müssen sich durch Drehungswinkel, Löslichkeit und andere Eigenschaften voneinander unterscheiden. Nun stellen wir uns vor, daß wir eine inaktive *dl*-Base mit der *d*-Weinsäure binden. Aus vier theoretischen Möglichkeiten können in diesem Falle nur zwei zustande kommen, und zwar die Kombinationen 1 und 4 (mit *d*-Säure); diese Salze sind aber Diaisomere; man kann sie auf Grund ihrer verschiedenen Löslichkeit und der anderen Eigenschaften voneinander trennen, und nach Zerlegung der getrennten Salze aus denselben die optisch aktiven *d*- und *l*-Basen isolieren. In der Praxis ist es oft genügend, nur die eine optisch aktive Substanz darzustellen, eventuell auch nicht diejenige, nach der gefahndet wird, da die Verwandlung eines Enantioisomers in das andere durch Reaktionen, die man als ,,WALDENsche Umkehrung" zusammenfaßt, erzielt werden kann. Diese überraschenden Reaktionen bieten großes Interesse nicht nur für Chemiker, sondern auch für Biologen dar.

Ersetzt man in einer aktiven Aminosäure, z. B. in *l*-Leucin, die Aminogruppe durch Br (Einwirkung von NOBr), so erhält man überraschenderweise die *d*-Bromsäure; wenn man darauf das Brom wieder durch die Aminogruppe substituiert (Einwirkung von NH₃), so erhält man das *d*-Leucin; die Drehungsrichtung hat sich verändert. Wiederholen wir nun die ganze Manipulation, d. h. ersetzen wir im *d*-Leucin die Aminogruppe durch Brom, und kehren wir vom Brom wieder zur Aminogruppe zurück, so entsteht das *l*-Leucin, das Ausgangsmaterial. Der ganze Kreislauf wird durch das folgende Schema illustriert:

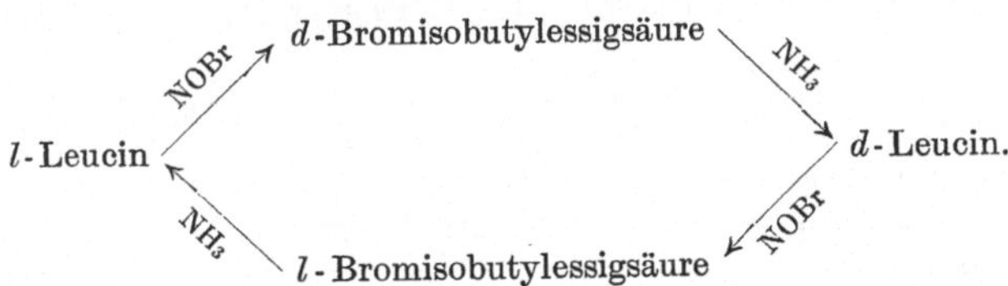

Die WALDENsche Umkehrung hat sich in den Händen von E. FISCHER und seinen Mitarbeiter als eine fruchtbare Methode zur Darstellung von verschiedenen optisch aktiven Aminosäuren erwiesen[1]).

Wir sind zwar nicht imstande, optisch aktive Substanzen aus optisch inaktivem Material darzustellen, doch können wir die optisch aktiven Stoffe aus anderen, ebenfalls optisch aktiven Verbindungen bereiten. Ersetzt man in einer Verbindung mit nur einem asymmetrischen Kohlenstoffatom, z. B. in

$$a$$
$$b—×—b$$
$$d—×—e$$
$$f$$

die eine Gruppe *b* durch die Gruppe *c*, so erhält man entweder

---

1) FISCHER, E.: Ber. d. Dtsch. Chem. Ges. Bd. 40, S. 489. 1907.

$$
\begin{array}{ccc}
& a & \\
& | & \\
b\!-\!\times\!-\!c & & v\!-\!\times\!-\!b \\
| & \text{oder} & | \\
d\!-\!\times\!-\!e & & d\!-\!\times\!-\!e \\
| & & | \\
f & & f \\
\mathrm{I} & & \mathrm{II}
\end{array}
$$

In einem asymmetrischen Molekül befinden sich aber die beiden Gruppen b nicht in gleichen Abständen von d und e (Abb. 4); daher muß das eine von den beiden möglichen diaisomeren Produkten in größerer Menge oder gar ausschließlich entstehen, weil die chemischen Eigenschaften der Diaisomere nicht identisch sind.

Der soeben dargestellte Fall beweist die Möglichkeit einer asymmetrischen Synthese[1]. Nehmen wir an, daß eine optisch aktive Base M mit einer symmetrisch gebauten Säure ein Salz gebildet und hierdurch die Symmetrie der letzteren beseitigt hat. So z. B.:

$$
\begin{array}{ccc}
C_2H_5 & & C_2H_5 \\
| & & | \\
COOH\!-\!C\!-\!COOH & \longrightarrow & COOH\!-\!C\!-\!COOM \\
| & & | \\
CH_3 & & CH_3
\end{array}
$$

Wegen der Asymmetrie von M haben wir hier einen dem obenerwähnten vollständig analogen Fall: beide Isomere müssen in ungleichen Mengen entstehen. Nach Abspaltung von M und CO_2 erhalten wir eine optisch aktive einbasische Säure aus der optisch inaktiven zweibasischen Säure, spalten wir dagegen CO_2 direkt von der Substanz $COOH.C(CH_3).(C_2H_5)\cdot COOH$ ab, so ergibt sich selbstverständlich ein dl-inaktives Produkt. Nach der Ansicht vieler Forscher[2] können solche Vorgänge die Bildung von optisch-aktiven Stoffen im Organismus klarlegen. Es wird nämlich angenommen, daß die assimilierten Nährstoffe bei ihrer Verarbeitung mit verschiedenen asymmetrischen Komplexen, z. B. mit Eiweißkörpern, Phosphatiden und namentlich Fermenten in Verbindung treten. Das wohlbekannte Wahlvermögen der Fermente den optisch aktiven Stoffen gegenüber wird durch ihre eigene asymmetrische Struktur erklärt.

Es läßt sich natürlich nicht leugnen, daß die genannten Vorgänge durchaus wahrscheinlich sind, doch ist nicht außer acht zu lassen, daß eine derartige Hypothese schwerfällig ist, indem sie zur Anhäufung von nicht bewiesenen Annahmen zwingt. Die vermeintlich notwendige Bindung eines jeden Nährstoffes an die Fermente läßt a priori nur die eine Theorie der Katalyse bestehen, und zwar die Theorie der

---

[1] MARCKWALD: Ber. d. Dtsch. Chem. Ges. Bd. 37, S. 49 u. 1368. 1904. — Mc KENZIÉ: Journ. of the chem. soc. Bd. 85, S. 1249. 1904.

[2] Z. B. FISCHER, E.: Ber. d. Dtsch. Chem. Ges. Bd. 27, S. 3230. 1894.

Zwischenprodukte; die übrigen, in vielen Fällen gut anwendbaren Theorien (S. 45) werden somit abgelehnt. Hierbei entsteht ein neues Problem: wird ein jeder asymmetrische Kohlenstoff unbedingt von einem anderen hervorgebracht, so bleibt es nicht recht begreiflich, wie sich das erste asymmetrische Kohlenstoffatom auf der Erde gebildet hat; ein Rätsel, welches demjenigen der Entstehung des Lebens auf der Erde analog ist. Man versucht es dadurch zu lösen, daß man zirkularpolarisiertes Licht in Mitleidenschaft zieht[1]).

Vielleicht sind aber so komplizierte Hypothesen überflüssig, da die molekulare Asymmetrie im Organismus sich auf einfacherem Wege gestaltet. Einige Forscher neigen sich zur Annahme, daß im Plasma besondere asymmetrische Kräfte wirken, und asymmetrische Synthesen hervorbringen; nach dieser Vorstellung verwandeln sich verschiedene Stoffe noch vor der Synthese in die entsprechenden Stereoisomere[2]). Diese Theorie wird durch Beweise gestützt, deren nähere Betrachtung hier nicht am Platze wäre[3]).

Zum Schluß ist noch zu bemerken, daß einzelne Forscher die Bedeutung der asymmetrischen Spaltungen und Synthesen für die Lebenserscheinungen überhaupt in Abrede stellen[4]). Das Wahlvermögen des Organismus den bestimmten Stereoisomeren gegenüber wird dabei einfach durch „bestimmte Gewohnheiten" der Organismen erklärt. Es baut sich jedoch hierbei eine Hypothese auf der anderen. Was stellt denn vom biochemischen Standpunkte aus „die Gewohnheit des Organismus" dar? Diese Frage zu beantworten ist zur Zeit unmöglich.

Die Geschwindigkeit der chemischen Reaktionen. Die Ionenreaktionen verlaufen in molekularen Lösungen momentan, d. h. mit unmeßbar großer Geschwindigkeit. Die Reaktionen der Nichtelektrolyte verlaufen dagegen so langsam, daß man ihre Geschwindigkeit messen kann; es ergab sich, daß dieselbe im Laufe der Reaktion entweder zunimmt oder abnimmt und von verschiedenen Bedingungen abhängt. Die Messungen der Reaktionsgeschwindigkeiten leisten der biochemischen Forschung unschätzbare Dienste.

Wir wollen zunächst den einfachsten Fall betrachten, wo nur ein Stoff zerlegt wird und zwei andere Stoffe hervorgehen. Ein Beispiel derartiger Reaktionen bietet die Hydrolyse (Inversion) des Rohrzuckers, welche die einfachen Zuckerarten Glucose und Fructose ergibt:

$$C_{12}H_{22}O_{11} + H_2O \rightarrow 2\,C_6H_{12}O_6.$$

---

[1]) Byk: Zeitschr. f. physikal. Chem. Bd. 49, S. 641. 1904. — Pirak: Biochem. Zeitschr. Bd. 130, S. 76. 1922 u. a.

[2]) Erlenmeyer, E.: Biochem. Zeitschr. Bd. 35, S. 144. 1911; Bd. 67, S. 346. 1914; Bd. 97, S. 198, 245, 255 u. 261. 1919.

[3]) Zugunsten dieser Ansicht sprechen noch einige andere Tatsachen. So liefert z. B. die einfache Reduktion des Acetols CH_3—CO—CH_2OH durch Hefe das optisch aktive Propylenglykol CH_3—$CHOH$—CH_2OH; vgl. Färber, E., Nord, F. F. und Neuberg, C.: Biochem. Zeitschr. Bd. 112, S. 313. 1920. Es findet hier nur Wasserstoffanlagerung, aber keine Synthese statt; trotzdem erhält man ein asymmetrisches Produkt.

[4]) Condelli, S.: Gazz. chim. ital. Bd. 51 (II), S. 309. 1921.

Obwohl an dieser Reaktion eigentlich zwei Stoffe, Zucker und Wasser, teilnehmen, überwiegt doch die Wassermenge dermaßen, daß man ihre Abnahme nicht zu berücksichtigen braucht. Aus später zu erörternden Gründen ist man im vorliegenden Falle berechtigt, von der Spaltung nur eines Stoffes, nämlich des Zuckers, zu sprechen, soweit es sich um die Reaktionsgeschwindigkeit handelt. Laut dem Massenwirkungsgesetz ist die Reaktionsgeschwindigkeit proportional der Konzentration der aktiven Substanzen. Auf den ersten Blick könnte man daher die Geschwindigkeitsmessungen einfach in der Weise ausführen, daß man die Konzentration des Stoffes am Anfang und am Ende des Versuches, dessen Dauer genau bekannt ist, ermittelt, und die in einer Zeiteinheit erhaltenen Größen untereinander direkt vergleicht. Die so grobe Messung ergibt aber für verschiedene Reaktionen nicht vergleichbare Zahlen, da die Konzentration der sich zerlegenden Substanz in jedem Zeitdifferenzial abnimmt. Während die Zeiten in arithmetischer Progression wachsen, nimmt die Konzentration also in logarithmischer Progression ab, d. h. anfangs schnell, dann immer langsamer und wird gleich Null erst in einer unendlich langen Zeit. Graphisch wird ein derartiger Verlauf des Vorganges durch eine asymptotische Kurve dargestellt (Abb. 5), geschrieben wird er aber als eine einfache Differentialgleichung.

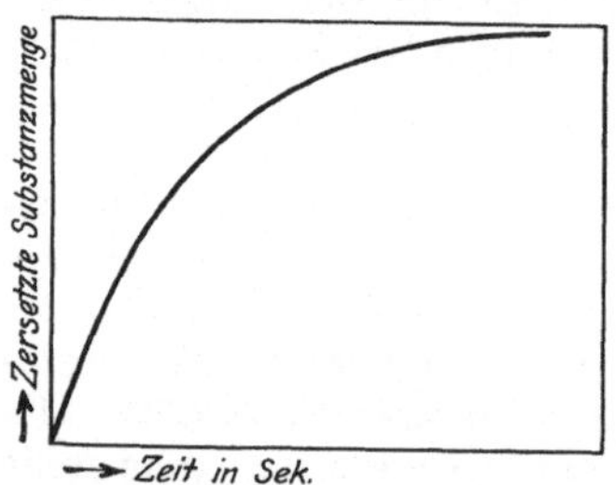

Abb. 5. Asymptotische Kurve der Geschwindigkeit einer chemischen Reaktion.

Wenn wir die im Zeitdifferential dt umgewandelte Substanzmenge durch dx bezeichnen, so wird die Reaktionsgeschwindigkeit durch $\dfrac{dx}{dt}$ ausgedrückt; es sei außerdem die molekulare Konzentration der Substanz am Anfang der Reaktion gleich c; dann wird nach Ablauf von t Zeiteinheiten die Konzentration gleich $c - x$ sein, wenn x Moleküle der Substanz zersetzt sind. Die Differentialgleichung der Reaktionsgeschwindigkeit wird in diesem Falle so lauten:

$$\frac{dx}{dt} = k(c - x).$$

Diese Gleichung ist leicht zu verstehen, da sie die Abhängigkeit der Reaktionsgeschwindigkeit von der Konzentration der Substanz $c - x$ in einem beliebigen Zeitmoment darstellt. k ist eine Konstante, welche der zu untersuchenden Substanz eigen ist; sie drückt die Reaktionsgeschwindigkeit bei der theoretisch-unveränderlichen Konzentration von 1 Mol in Liter aus. Aus der Gleichung ist ersichtlich, daß die Reaktionsgeschwindigkeit fortwährend abnimmt und in der Nähe von $c - x = 0$ unmeßbar gering wird. Dies stellt die Kurve (Abb. 5) dar: es ist ohne weiteres einleuchtend, daß, wenn die Menge der zersetzten Substanz x in Molen fast gleich der am Anfang des

Versuches vorhandenen Gesamtmenge der Substanz c ist, so ist $c - x$ und folglich die ganze rechte Seite der Gleichung unendlich klein.

Es ist also ersichtlich, daß die Bestimmung der Konstante k einen genauen und klaren Begriff von der Geschwindigkeit einer jeden Reaktion gibt und nicht nur einzelne Reaktionen untereinander zu vergleichen gestattet, sondern auch die Geschwindigkeitsänderungen einer bestimmten Reaktion unter der Einwirkung verschiedener Katalysatoren (d. h. Faktoren, von denen die Geschwindigkeit der chemischen Vorgänge abhängt) zu untersuchen ermöglicht. Dies ist von großer Bedeutung für die chemische Physiologie, da die wichtigsten Stoffumwandlungen in den Pflanzen durch katalytische Vorgänge zustande kommen.

Die ersten Bestimmungen der Geschwindigkeitskonstante wurden im Jahre 1850 über die Inversion des Rohrzuckers in Gegenwart von Säuren ausgeführt[1]).

Zur Bestimmung der Geschwindigkeitskonstante der chemischen Reaktionen muß man sich natürlich der integrierten Gleichung bedienen. Integriert man die obige Gleichung:

$$\frac{dx}{dt} = k\,(c - x),$$

so erhält man

$$kt = \ln \frac{c}{c - x},$$

worin ln den natürlichen Logarithmus bedeutet. Aus dieser Gleichung ist unmittelbar zu ersehen, daß, während die Zeit in arithmetischer Progression zunimmt, die Konzentration in logarithmischer Progression sinkt.

Wenn man, der Bequemlichkeit halber, den natürlichen Logarithmus in den dekadischen verwandelt, so erhält man für k einen Ausdruck, in welchem alle Glieder leicht experimentell bestimmt werden können:

$$k = \frac{1}{0{,}4343 \cdot t} \cdot \lg^{10} \frac{c}{c - x}.$$

Man braucht daher nur die Zeitabstände genau abzumessen, in denen Portionen der Lösung zur quantitativen Bestimmung (nach möglichst schnellen Methoden: polarimetrisch, kolorimetrisch, durch Titration usw.) der molekularen Konzentration $c - x$ genommen werden. Außerdem wird die molekulare Konzentration c am Anfang des Versuches genau ermittelt. Die erhaltenen Größen werden in die Gleichung substituiert. Als Beispiel kann folgende dem Buche von NERNST (Theoretische Chemie, 7. Aufl. 1913) entnommene Tabelle dienen. Sie stellt eine Bestimmung der Inversionskonstante von 20proz. Rohrzuckerlösung in Gegenwart von $0{,}5\ n$ Milchsäure bei $25°$ dar:

Zeit in Sekunden	Drehung der Polarisationsebene	Konstante k
—	$+ 34{,}5°\ (c)$	—
1435	$+ 31{,}1°$	0,235
4315	$+ 25{,}0°$	0,236
11360	$+ 13{,}98°$	0,231
16935	$+\ 7{,}57°$	0,232
29925	$-\ 1{,}65°$	0,233
∞	$- 10{,}77°$	—

---

[1]) WILHELMY, L.: Pogg. Ann. Bd. 81, S. 413. 1850.

Diese Tabelle gibt einen Begriff davon, mit welcher Genauigkeit die Konstante bestimmt werden kann.

Man bezeichnet die soeben besprochenen Reaktionen, in welchen nur eine Substanz gespalten wird, als monomolekulare Reaktionen oder Reaktionen erster Ordnung. Außer diesen finden in den Organismen noch bimolekulare Reaktionen oder Reaktionen zweiter Ordnung statt, bei denen gleichzeitig zwei Substanzen verarbeitet werden. Sehr selten sind in der Chemie die Reaktionen dritter Ordnung zu finden, in der Biochemie kommen sie gar nicht vor. Reaktionen von noch höherer Ordnung existieren überhaupt nicht; man kennt zwar chemische Gleichungen, die auf den ersten Blick solche Prozesse ausdrücken, doch handelt es sich dabei zweifellos immer um eine Kombination mehrerer Reaktionen.

Als Beispiel einer Reaktion zweiter Ordnung kann die Verseifung von Äthylacetat durch Alkali dienen:

$$CH_3.COO.C_2H_5 + NaOH = CH_3.COONa + C_2H_5.OH.$$

Da bei der Reaktion in einem Zeitdifferential, laut der Gleichung, eine und dieselbe molekulare Menge dx sowohl des Esters als auch der Lauge verbraucht wird, und diese Regel allen analogen Fällen gilt, so können wir die folgende Gleichung niederschreiben:

$$\frac{dx}{dt} = k(c_1 - x)(c_2 - x),$$

wo c_1 und c_2 — die molekularen Konzentrationen des Äthylacetats und des Alkalis am Anfang des Versuches sind. Der Einfachheit halber setzen wir $c_1 = c_2 = c$; dann nimmt die Gleichung folgende Form ein:

$$\frac{dx}{dt} = k(c - x)^2,$$

und nach der Integration

$$k = \frac{x}{ct(c - x)}.$$

Zum Unterschied von den Reaktionen erster Ordnung ist die Konstante der Reaktionen zweiter Ordnung nicht nur von der Zeit, sondern auch von der Anfangskonzentration c abhängig. Es ist einleuchtend, daß zur Bestimmung der Konstante der Reaktionen zweiter Ordnung dieselben experimentellen Daten wie für die Reaktionen erster Ordnung, d. h. Bestimmungen der Zeit t und der molekularen Konzentrationen c und $c - x$ notwendig sind.

Es ist nunmehr begreiflich, weshalb die Inversion des Rohrzuckers als eine monomolekulare Reaktion anzusehen ist. Eigentlich sollte man diese Reaktion als bimolekular betrachten: $\frac{dx}{dt} = k_1(c_1 - x)(c_2 - x)$, worin c_1 die Konzentration des Zuckers, c_2 die Konzentration des Wassers ist. Doch ist c_2 in jedem Moment überwiegend größer als x, so daß die Differenz $c_2 - x$ sich innerhalb der experimentell bestimmbaren Grenzen nicht verändert; folglich ist $k_1(c_2 - x)$ als eine Konstante k anzusehen.

Interessant ist der Einfluß der Temperatur auf die Reaktionsgeschwindigkeit[1]). Er wird durch die Differenzialgleichung:

$$\frac{d \cdot \ln k}{d \cdot T} = \frac{A}{T^2} + B$$

dargestellt.

In etwas vereinfachter Form lautet diese Gleichung nach der Integration so[2]):

$$\ln \frac{k_1}{k_2} = \frac{A(T_1 - T_2)}{T_1 \cdot T_2}.$$

A ist eine Konstante, T_1 und T_2 sind zwei absolute Temperaturen, welche den Geschwindigkeitskonstanten k_1 und k_2 entsprechen. Bei experimentellen Untersuchungen ergab es sich, daß bei dem Temperaturintervall von 10° der Temperaturkoeffizient $\frac{k(t+10)}{kt}$ in folgenden Grenzen schwankt: $2 < \frac{k(t+10)}{kt} < 3,5$, mit anderen Worten wird beim genannten Intervall die Reaktionsgeschwindigkeit, je nach der Größe von A, 2 bis 3,5 mal größer. Diese Regel findet eine allgemeine Anwendung: abweichende Werte des Temperaturkoeffizienten wurden erst bei so hohen Temperaturen gefunden, die für biochemische Prozesse nicht in Betracht kommen. Doch wurden allerdings auch einzelne Ausnahmen von der allgemeinen Regel verzeichnet, und namentlich hat man in einzelnen Fällen sehr hohe Koeffizienten erhalten.

Bisher haben wir nur irreversible Reaktionen im Auge gehabt. Bei vielen chemischen Vorgängen tritt aber Gleichgewicht ein, als ein bestimmtes Verhältnis zwischen den Konzentrationen der Ausgangsstoffe und der gebildeten Produkte erreicht ist. Dieser Umstand wird so gedeutet, daß eine Äquilibrierung zweier einander entgegenwirkenden Reaktionen zustande kommt. So wird z. B. die Bildung des Äthylacetats aus Äthylalkohol und Essigsäure eingestellt, wenn eine bestimmte Konzentration des Esters erreicht ist. Dieselbe Konzentration verhindert auch den entgegengesetzten Vorgang der Esterspaltung. Solche umkehrbare Reaktionen werden durch $\rightleftarrows$ angezeichnet, so z. B.

$$C_2H_5.OH + CH_3.COOH \rightleftarrows CH_3.CO.OC_2H_5 + H_2O.$$

Am Anfang ist die Geschwindigkeit der Esterbildung der Anfangskonzentration des Alkohols und der Säure proportional

$$v_1 = k_1 \cdot C_{Alk.} \cdot C_{S.},$$

wo $k_1 =$ Konst. Doch ist gleichzeitig die entgegengesetzte Reaktion der Esterspaltung im Gange, und zwar verläuft sie mit folgender Geschwindigkeit

$$v_2 = k_2 \cdot C_{Ester} \cdot C_{Wasser}.$$

---

[1]) VAN 'T HOFF: Vorlesungen Bd. 1, S. 229.
[2]) ARRHENIUS, S.: Zeitschr. f. physikal. Chem. Bd. 4, S. 226. 1889.

Daher ist in einem beliebigen Moment die Geschwindigkeit des gesamten Vorganges:

$$v_1 - v_2 = k_1 \cdot C_{\text{Alk.}} \cdot C_{\text{S.}} - k_2 \cdot C_{\text{Ester}} \cdot C_{\text{Wasser}}.$$

Da die Geschwindigkeit v_1 unaufhörlich fallen und die Geschwindigkeit v_2 infolge der Zunahme von C_{Ester} steigen muß, so tritt endlich bei $v_1 = v_2$ das Gleichgewicht ein; dann kommt die Reaktion zum Stillstand. Dieses Gleichgewicht kommt bei einem bestimmten Verhältnis der Konzentrationen der am Vorgang beteiligten Stoffe zustande; ist nämlich $v_1 = v_2$, so ergibt sich:

$$k_1 \cdot C_{\text{Alk.}} \cdot C_{\text{S.}} = k_2 \cdot C_{\text{Ester}} \cdot C_{\text{Wasser}}$$

oder

$$\frac{k_1}{k_2} = \frac{C_{\text{Ester}} \cdot C_{\text{Wasser}}}{C_{\text{Alk.}} \cdot C_{\text{S.}}} = K.$$

Für Äthylacetat tritt das Gleichgewicht ein, wenn $^2/_3$ der Alkohol- und der Säuremenge sich zu Ester vereinigt haben. Wenn wir diese Größen in die Gleichung substituieren, so erhalten wir:

$$K = \frac{\frac{1}{3} \cdot \frac{1}{3}}{\frac{2}{3} \cdot \frac{2}{3}} = \frac{1}{4}.$$

Der allgemeine Ausdruck des Massenwirkungsgesetzes läßt sich folgendermaßen formulieren:

$$K = \frac{C_{\text{I}}^{m_{\text{I}}} \cdot C_{\text{II}}^{m_{\text{II}}} \cdot C_{\text{III}}^{m_{\text{III}}} \dots}{C_1^{m_1} \cdot C_2^{m_2} \cdot C_3^{m_3} \dots}.$$

In dieser Formel sind C_{I}, C_{II}, C_{III} die molekularen Konzentrationen der bei der Reaktion verschwindenden Substanzen, C_1, C_2, C_3 — die Konzentration der bei der Reaktion entstehenden Substanzen n_{I}, n_{II}, n_{III}, n_1, n_2, n_3 die Zahl der an der Reaktion teilnehmenden Moleküle einer jeden Substanz, K die Konstante des chemischen Gleichgewichts. Die Formel des Massenwirkungsgesetzes gilt auch allen Fällen der Dissoziation und der Ionisation.

Es kommen aber oft Fälle vor, in denen das nach der Formel des Massenwirkungsgesetzes berechnete Gleichgewicht praktisch nicht besteht und die Reaktion vollständig verläuft. Dies findet z. B. bei Stoffumwandlungen statt, wo die Reaktionsprodukte aus dem Reaktionsmilieu entfernt werden, indem sie entweder neue Reaktionen mit anderweitigen Stoffen eingehen oder in festen bzw. gasförmigen Zustand übergehen und aus der Lösung verschwinden. Es finden denn auch in den Pflanzen oft Vorgänge statt, welche das Gleichgewicht verschiedener Reaktionen stören. So kann z. B. bei der Stärkebildung aus Zucker keine Hemmung der Geschwindigkeit der Zuckerkondensation eintreten, da das Reaktionsprodukt ein unlöslicher Körper ist.

Zum Schluß ist noch zu bemerken, daß die Geschwindigkeit der Reaktionen nach Analogie mit Ohms Gesetz als Resultat der Gegenwirkung der treibenden Kraft (Konzentration usw.) und der passiven Widerstände (innere Reibung usw.) dargestellt wird.

$$\text{Die Geschwindigkeit der Reaktion} = \frac{\text{treibende Kraft}}{\text{passiver Widerstand}}.$$

Die passiven Widerstände können in ähnlicher Weise abnehmen, wie die Reibung der Maschinenteile durch Schmieren herabgesetzt wird. Diejenigen Substanzen, welche den passiven Widerstand der chemischen Vorgänge herabsetzten, bezeichnet man als „Katalysatoren". Dieselben spielen eine hervorragende Rolle bei allen Stoffumwandlungen in den Organismen, und die oben angeführten Gesetzmäßigkeiten der chemischen Reaktionsgeschwindigkeiten haben eine große Bedeutung für die Klarlegung der katalytischen Vorgänge.

Alles vorstehend Dargelegte bezieht sich auf die chemischen Reaktionen in einfachen, molekularen Lösungen. Die Sache wird komplizierter, wenn es sich um heterogene Systeme handelt. In einer lebenden Zelle hat man es gewöhnlich namentlich mit heterogenen Medien zu tun. Leider sind die Reaktionsgeschwindigkeiten in heterogenen Systemen noch sehr lückenhaft untersucht worden und man kann nur einige von den für molekulare Lösungen gültigen Regeln abweichenden Fälle anführen.

Vor allem betrachten wir das folgende Modell[1]): Eine verdünnte wässerige Säurelösung wird mit einem in Wasser schwer löslichen Ester geschüttelt. In der wässerigen Lösung geht eine Zersetzung des Esters vor sich, doch ist die Geschwindigkeit der Diffusion neuer Estermengen in die wässerige Lösung größer als die Geschwindigkeit der Esterspaltung. In diesem Falle verläuft also die Reaktion praktisch bei unveränderlicher Konzentration der sich zerlegenden Substanz und die Gleichung der Reaktionsgeschwindigkeit

$$\frac{dx}{dt} = k\,(c - x)$$

verwandelt sich in $\frac{dx}{dt} = k$, da bei der Reaktion keine Abnahme der Konzentration c stattfindet[2]). Selbstverständlich wird unter solchen Bedingungen die vollkommene Verarbeitung der Substanz wesentlich schneller erreicht, da die in einem homogenen Medium beständig abnehmende Größe $c-x$ die Reaktionsgeschwindigkeit ununterbrochen herabsetzt (S. 32). Heterogene kolloide Lösungen mit einer enormen Grenzflächenentwicklung sind besonders dazu geeignet, eine Verarbeitung verschiedener Stoffe beim Konstantbleiben der Konzentration zu sichern. Dies muß bei der Beurteilung der Fermentwirkungen in Betracht gezogen werden. Geht eine Substanz, die in der einen Phase verarbeitet wird, in dieselbe aus der anderen Phase über, so ist für die Unterhaltung einer konstanten Konzentration die Diffusionsgeschwindigkeit in derjenigen Phase, aus welcher die Substanz ausströmt, von Bedeutung. An der Grenze derjenigen Phase, in der die Verarbeitung der Substanz stattfindet, nimmt nämlich die Konzentration der letzteren in der anderen Phase ab, und die Geschwindigkeit der Konzentrationsausgleichung hängt von der Geschwindigkeit der Diffusion ab. Einen ganz analogen Fall beobachten wir beim Lösen eines festen Körpers: letzterer ist immer von einer Schicht der gesättigten Lösung umgeben; nur von der Diffusionsgeschwindigkeit hängt die Geschwindigkeit der weiteren Auflösung ab. Auch hier kann folglich die Gleichung der monomolekularen Reaktion im folgenden Sinne angewandt werden:

$$\frac{dx}{dt} = k\,(s - x),$$

---

[1]) GOLDSCHMIDT: Zeitschr. f. physikal. Chem. Bd. 31, S. 235. 1899. — BODENSTEIN: Ebenda Bd. 29, S. 315. 1899 u. Bd. 46, S. 725. 1903.

[2]) Oben wurde erwähnt, daß die Konstante k die Reaktionsgeschwindigkeit bei unveränderlicher Konzentration darstellt.

wobei S die Sättigungskonzentration und x die in der Flüssigkeit vorhandene Konzentration ist. Bei $S = x$ ist $\dfrac{dx}{dt} = 0$. Bei Sättigung der gesamten Lösung ist in der Tat die Lösungsgeschwindigkeit gleich 0.

Infolge der oben beschriebenen und sonstigen Umstände verlaufen selbst Ionenreaktionen in heterogenen Medien oft nicht mit einer unmeßbar großen Geschwindigkeit, um so mehr, als mit Zunahme der inneren Reibung die Ionisation in der kolloiden Lösung abnimmt[1]), was namentlich für schwach dissoziierte Körper von Bedeutung ist.

Chemische Induktion und Katalyse. Einige chemische Reaktionen werden dadurch beschleunigt, daß gleichzeitig eine bestimmte andere chemische Reaktion vor sich geht. Die Beschleunigung ist manchmal so groß, daß ohne dieselbe die Reaktion scheinbar gar nicht stattfindet. Derartige Erscheinungen sind besonders übersichtlich auf dem Gebiete der Oxydationen. So wirkt Hydroperoxyd langsam auf Weinsäure ein. Das Hydroperoxyd oxydiert aber leicht Ferrosalze zu Ferrisalzen; hierbei kann, überraschenderweise, auch die Weinsäure oxydiert werden.

Ganz ebenso wird Indigweiß an der Luft spontan schwach oxydiert; es oxydiert sich · aber leicht, wenn gleichzeitig eine Autoxydation von Triäthylphosphin oder von Aldehyden durch den Luftsauerstoff zustande kommt. Im allgemeinen haben wir somit folgendes Bild:

$$A + O \ldots \text{ die Reaktion ist möglich,}$$
$$B + O \ldots \text{ die Reaktion ist nicht möglich,}$$
$$A + B + O + O \ldots \text{ die Reaktion ist sowohl nach dem Schema } A + O,$$
$$\text{als nach dem Schema } B + O \text{ möglich.}$$

Solche Reaktionen werden als „gekoppelte"[2]) und der Vorgang selbst als chemische Induktion bezeichnet.

Ihrem Wesen nach ist die chemische Induktion eine Steigerung der Reaktionsgeschwindigkeit, da sie nur auf solche Reaktionen einwirkt, die spontan, wenn auch sehr langsam verlaufen können. Das Wesen der Induktion besteht in der Bildung der Zwischenprodukte, die nicht immer leicht nachzuweisen sind. So ist z. B. die Oxydation der Weinsäure durch Hydroperoxyd darauf zurückzuführen, daß Eisenoxydul nicht direkt zu Oxyd, sondern vorerst zu Peroxyd oxydiert wird:

$$\mathrm{Fe_2O_2 + 3\,H_2O_2 = Fe_2O_5 + 3\,H_2O.}$$

Das Eisenperoxyd besitzt ein höheres Oxydationspotential als Hydroperoxyd und vermag also Weinsäure zu oxydieren. Unter Abspaltung von zwei Atomen des aktiven Sauerstoffs geht das Eisenperoxyd ins Oxyd über:

$$\mathrm{Fe_2O_5 = Fe_2O_3 + O + O.}$$

[1]) Arrhenius, S.: Zeitschr. f. physikal. Chem. Bd. 9, S. 487. 1892.

[2]) Luther u. Schilow: Zeitschr. f. physikal. Chem. Bd. 42, S. 641. 1903; Bd. 46, S. 777. 1903. — Manchot: Ber. d. Dtsch. Chem. Ges. Bd. 34, S. 2479. 1901. — Ders.: Liebigs Ann. d. Chem. Bd. 325, S. 93 u. 105. 1902. — Ostwald, W.: Zeitschr. f. physikal. Chem. Bd. 34, S. 248. 1900; Bd. 47, S. 127. 1904.

Ebenso nehmen Aldehyde R.CHO durch Autoxydation zwei Sauerstoffatome auf, wodurch ein Peroxyd

$$R.CH\diamondsuit_{O}^{O}\!\!>\!O$$

entsteht. Dieses Peroxyd besitzt ein bedeutend höheres Oxydationspotential, als der molekulare Sauerstoff und oxydiert das Indigweiß, indem es selbst in Säure übergeht:

$$R-CH\diamondsuit_{O}^{O}\!\!>\!O = R-COOH + O.$$

Das allgemeine Schema der Autoxydation durch Luftsauerstoff läßt sich folgendermaßen darstellen:

$$A + O_2 = AO_2$$
$$AO_2 + B = AO + BO.$$

Zieht man diese beiden Gleichungen zusammen, so ergibt sich:

$$A + B + O_2 = AO + BO.$$

Auf den ersten Blick wird der Stoff B nur infolge der gleichzeitigen Oxydation von A durch den Luftsauerstoff oxydiert. Doch beweist die Untersuchung der Zwischenstufen, daß als Induktor immer ein labiles Peroxyd AO_2 fungiert. Aus obigen Beispielen ist außerdem ersichtlich, daß die gekoppelten Reaktionen eine sehr einfache Form von selbstregulierenden Vorgängen darstellen, da die Anhäufung verschiedener Produkte nur vom Verhältnis der Geschwindigkeiten der einzelnen gekoppelten Reaktionen abhängt. Verläuft z. B. die Reaktion $AO_2 + A = 2AO$ schneller als die Reaktion $AO_2 + B = AO + BO$, so wird das Endresultat nicht dasselbe sein, wie in dem Falle, wo ein umgekehrtes Verhalten zu verzeichnen ist. Die gekoppelten Reaktionen spielen zweifellos eine wichtige Rolle in den Lebensvorgängen der Organismen, doch sind sie noch wenig erforscht und ihre Bedeutung ist vorläufig nur bei biochemischen Oxydationen mit Bestimmtheit festgestellt. Bedeutend besser ist ein spezieller Fall der chemischen Induktion, nämlich die Katalyse, studiert worden.

Bei unserem Beispiel der Oxydation verweilend, ist darauf hinzuweisen, daß das Peroxyd AO_2, welches bei der Oxydation verschiedener Stoffe durch Luftsauerstoff entsteht, manchmal nicht die Hälfte, sondern die Gesamtmenge des aufgenommenen Sauerstoffs anderen Körpern übergibt. Es kommen also dabei folgende Reaktionen zustande:

$$1. \quad A + O_2 = AO_2,$$
$$2. \quad AO_2 + B = AO + BO,$$
$$3. \quad AO + B = A + BO.$$

Verläuft die Reaktion 2 schneller als die Reaktion 3, so kann die Analyse in einem beliebigen Moment die Anwesenheit der beiden Körper AO und BO feststellen; der gesamte Vorgang stellt dann chemische Induktion dar. Verläuft dagegen die Reaktion 3 mit größerer

Geschwindigkeit als die Reaktion 2, so ergibt sich durch Zusammenziehen aller 3 Gleichungen:

$$A + 2B + O_2 = A + 2BO.$$

Die Analyse weist in diesem Falle nur die ursprüngliche Menge des unveränderten Körpers A und den oxydierten Körper B nach, obgleich letzterer an und für sich nur mit sehr geringer Geschwindigkeit oxydierbar ist. Man erhält den Eindruck, als ob der Körper B nur durch die Gegenwart des Körpers A, obgleich dieser an keiner Reaktion teilgenommen hat, oxydiert wurde. Solche Körper, die scheinbar nur durch ihre Gegenwart wirken, werden als „Katalysatoren" bezeichnet und der Vorgang selbst heißt „Katalyse".

Die katalytischen Erscheinungen sind in den Organismen sehr verbreitet; gegenwärtig kann man behaupten, daß alle wichtigsten vitalen Stoffumwandlungen durch Vermittlung der chemischen Induktion oder Katalyse zustande kommen. Die spezifischen Katalysatoren, welche vom Plasma der tierischen oder pflanzlichen Zelle erzeugt werden, nennt man „Fermente". Weiter unten wird erklärt werden, weshalb man die Fermente mit vollem Recht als typische Katalysatoren betrachten kann, vorerst wollen wir aber die Katalyse in ihren allgemeinen Zügen besprechen.

Die katalytischen Erscheinungen sind von dem großen Chemiker BERZELIUS[1]) entdeckt worden. BERZELIUS bezeichnete die Katalysatoren rein empirisch als Stoffe, die durch ihre Gegenwart allein die verborgenen chemischen Affinitäten zu offenbaren imstande sind. Heutzutage wird die Katalyse der Formulierung OSTWALDS[2]) gemäß folgendermaßen präzisiert: der Katalysator verändert nur die Geschwindigkeit der chemischen Reaktion, bewirkt aber keine Stoffumwandlungen, die spontan (in der Abwesenheit des Katalysators) nicht zustande kommen. Daher verändert sich der Punkt des durch das Massenwirkungsgesetz bedingten chemischen Gleichgewichtes (S. 36) unter der Einwirkung des Katalysators nicht, nur tritt dieses Gleichgewicht schneller ein. Außerdem ist für die Katalysatoren der Umstand bezeichnend, daß sie schon in winzigen Mengen ihre Wirkung ausüben, und, zum Unterschiede von den Induktoren, nach vollendeter Reaktion in unverändertem Zustande wiederzufinden sind.

Die Katalyse darf man nicht mit den Erscheinungen der Auslösung von potentieller Energie und ihrem Übergang in den kinetischen Zustand verwechseln. Beide Kategorien der chemischen Vorgänge haben miteinander gar nichts zu tun. Bei der Energieauslösung kommen Vorgänge zustande, die an und für sich nicht einsetzen, sondern einer Veranlassung von außen bedürfen. Als Beispiele derartiger Vorgänge aus dem täglichen Leben sind zu nennen: das Andrücken des Flintenhahnes, welches die chemische Energie der Bestandteile des Pulvers

---

[1]) BERZELIUS, J.: Lehrbuch. 3. Aufl. Bd. 6, S. 22.

[2]) OSTWALD, W.: Zeitschr. f. physikal. Chem. Bd. 2, S. 139. 1888; Bd. 15, S. 706. 1894; Bd. 19, S. 160. 1896; Bd. 29, S. 190. 1899. — Ders.: Lehrbuch d. allgem. Chem. 2. Aufl. Bd. 2 (II), S. 262. 1897.

frei macht oder die Umstellung des Lokomotivhebels, welche die potentielle Energie des komprimierten Dampfes in Betrieb setzt. Die auslösende Wirkung ist selbst mit einem Energieverlust verbunden, doch steht derselbe in keinem Verhältnis zur geleisteten Arbeit. Es ist selbstverständlich, daß die zum Andrücken des Flintenhahnes notwendige Kraft keineswegs der energetischen Wirkung des Schusses entspricht, ebensowenig entspricht die Umstellung des Lokomotivhebels derjenigen Arbeit, die einen schweren Zug in Gang setzt. Doch besteht zwischen dem Druck der Gase im Flintenlauf und der lebendigen Kraft der Kugel, sowie zwischen dem Dampfdruck im Treibcylinder der Lokomotive und der lebendigen Kraft des sich bewegenden Zuges ein den Gesetzen der Thermodynamik untergeordnetes Verhältnis.

Die Katalysatoren wirken ganz anders. Sie vermindern nur die passiven Widerstände bei den chemischen Reaktionen (S. 36), mit anderen Worten spielen sie die Rolle der Schmieröle in den sich reibenden Teilen der Lokomotive[1] (um bei unserer Analogie zu verweilen). Eine nicht geölte Lokomotive ist natürlich nicht imstande, einen Zug vom Fleck fortzubewegen; doch kann man nicht behaupten, daß sie in diesem Zustande durchaus arbeitsunfähig ist; vor der Umstellung des Hebels war sie aber tatsächlich arbeitsunfähig. Ein sehr verbreitetes Beispiel der Katalyse stellt die beschleunigende Wirkung der Säuren auf verschiedene Hydrolysen, z. B. auf die Esterverseifung oder die Rohrzuckerinversion dar. Der erstgenannte Fall kann als eine Illustration der Autokatalyse dienen, d. h. eines Vorganges, bei dem der Katalysator (in unserem Falle die Säure oder richtiger Wasserstoffionen) sich fortwährend neu bildet, weshalb auch der Vorgang selbst mit zunehmender Geschwindigkeit verläuft. Solche Erscheinungen sind, allem Anschein nach, in den Organismen sehr verbreitet. Ebenso ist die Einwirkung des Platinschwammes auf die Aktivität des Wasserstoffs und auf andere Reaktionen eine typische Katalyse. In analoger Weise ist auch die Einwirkung des Aluminiumchlorids auf verschiedene Reaktionen der organischen Substanzen zu deuten.

Von großem Interesse ist der Umstand, daß alle kolloiden Metalllösungen katalytische Wirkungen ausüben. Kolloide Lösungen von Gold, Platin oder Silber können leicht dadurch dargestellt werden, daß man Elektroden aus diesen Metallen im VOLTAschen Bogen unterm Wasser zerstäubt[2]. Man erhält eine dunkel gefärbte, leicht filtrierbare Lösung von geringer innerer Reibung, welche eine äußerst disperse, submikrone Trübung enthält. So vermag z. B. die 1 Grammatom Platin auf 70 Millionen Liter Wasser enthaltende „Lösung" Hydroperoxyd katalytisch zu zersetzen, Nitrate durch aktiven Wasserstoff zu Ammoniak zu reduzieren usw. Die Wirkung dieser metallischen Katalysatoren ist eine ziemlich universale, ebenso wie diejenige der Wasserstoffionen. Es existieren aber auch andere Katalysatoren, die eine ganz spezifische

<hr>

[1] BREDIG, G.: Ergebnisse der Physiologie Jg. 1902 (I), S. 136.
[2] BREDIG, G.: Anorganische Fermente. 1901.

Wirkung ausüben. So katalysiert Palladiumschwamm zwar die Abspaltung des Wasserstoffs vom Hexamethylen, doch wirkt es nicht in gleicher Weise auf Pentamethylen oder Hexan[1]). Meistens wird die Reaktionsgeschwindigkeit unter der Einwirkung des Katalysators erhöht, es sind aber auch entgegengesetzte Fälle bekannt, wie z. B. die Einwirkung von Blausäure auf verschiedene Vorgänge, besonders auf Hydroperoxydspaltung[2]).

Es ist nicht überflüssig, auf die OSTWALDsche Theorie der Katalyse etwas näher einzugehen, um zu prüfen, ob dieselbe in ihren Grundzügen tatsächlich richtig ist. Vor allem kann der Umstand Zweifel erregen, ob der Katalysator nur die Geschwindigkeit der spontan stattfindenden Reaktionen verändert. Auf den ersten Blick könnte man schließen, daß viele Reaktionen erst durch den Katalysator in Gang gesetzt werden. Wir verfügen jedoch über eine sichere Methode, die zweifelhaften Fälle durch Temperatursteigerung bei Abwesenheit des Katalysators zu kontrollieren. Es wurde bereits oben erwähnt, daß die zur Prüfung der VAN 'T HOFFschen Gleichung ausgeführten experimentellen Bestimmungen eine Vergrößerung der Reaktionsgeschwindigkeit mindestens ums doppelte in einem Temperaturintervall von 10° festgestellt haben. Hier sind keine chemischen Eingriffe wirksam; wenn also die Reaktionsgeschwindigkeit gleich Null ist, so kann die Reaktion durch Temperatursteigerung nicht bemerkbar gemacht werden, wenn dagegen eine Reaktion tatsächlich zustande kommt, ihre Geschwindigkeit aber sehr gering ist, so muß eine entsprechende Temperatursteigerung die Reaktion intensiver machen. Das geschieht auch bei allen Reaktionen, auf welche die Katalysatoren einwirken: alle diese Reaktionen gehen bei genügend hohen Temperaturen mit einer merkbaren Geschwindigkeit ohne Mitwirkung der Katalyse vor sich[3]).

Ein anderes nach OSTWALD wichtiges Merkmal der Katalyse besteht darin, daß bereits äußerst kleine Mengen des Katalysators imstande sind, eine Verarbeitung großer Mengen bestimmter Stoffe hervorzurufen. Dies ist auch eine charakteristische, auffallende Eigentümlichkeit sämtlicher katalytischen Vorgänge. Wir haben bereits gesehen, wie geringe Mengen der kolloiden Platinlösung zur Verarbeitung großer Quantitäten des Hydroperoxyds ausreichen. In betreff der Rohzuckerinversion haben direkte Messungen gezeigt, daß dieser Vorgang (der bei hoher Temperatur auch spontan verläuft) bereits durch 0,00000008 g H^+ auf

---

[1]) ZELINSKI: Ber. d. Dtsch. Chem. Ges. Bd. 44, S. 3121. 1911; Bd. 45, S. 3678. 1912.

[2]) TITOW: Zeitschr. f. physikal. Chem. Bd. 45, S. 652. 1903. — BREDIG, a. a. O. — KASTLE u. LOEVENHARDT: Americ. chem. journ. Bd. 29, S. 397. 1913 u. a. Man dürfte vielleicht annehmen, daß die oberflächenaktiven Stoffe die durch Kolloidmetalle adsorbierten Körper von der Oberfläche verdrängen und dadurch die Verarbeitung der letzteren hemmen. Vgl. MEYERHOF: Pflügers Arch. f. d. ges. Physiol. Bd. 157, S. 307. 1914.

[3]) Wasserstoff reagiert z. B. mit Sauerstoff bei 440° mit meßbarer Geschwindigkeit in Abwesenheit irgend eines Katalysators. Bei 15° ist dagegen die Geschwindigkeit dieser Reaktion unmeßbar gering.

1 ccm Lösung katalysiert[1]) wird, wobei die Wasserstoffionenkonzentration, die durch sehr genaue Methoden bestimmt werden kann (S. 72), nach Beendigung der Reaktion unverändert bleibt; 0,0000001 g $FeSO_4$ katalysiert schon die Oxydation des Jodkaliums[2]) und 0,000000001 g $CuSO_4$ katalysiert die Oxydation des Natriumsulfids[3]). Auch für andere Katalysatoren wurden Größen von derselben Ordnung erhalten.

In allen Fällen der echten Katalyse bleibt der Katalysator, laut Ostwalds Formulierung, nach Beendigung der Reaktion tatsächlich unverändert. Da eine direkte analytische Bestimmung der manchmal äußerst geringen Konzentrationen des Katalysators oft große Schwierigkeiten bereitet, so ist es bequemer, die Konstante der Reaktionsgeschwindigkeit zu messen und sich zu vergewissern, daß die Reaktion selbst in Gegenwart des Katalysators eine monomolekulare (S. 34) bleibt. Ist dies der Fall, so wird dadurch der Nachweis erbracht, daß der Katalysator im Verlaufe der Reaktion unverbraucht wird.

Im Falle der Autokatalyse nimmt die Menge des Katalysators fortwährend zu, weshalb auch bei der Bestimmung der Konstante der Reaktionsgeschwindigkeit eine entsprechende Korrektur einzuführen ist[4]). In betreff der ziemlich komplizierten mit dieser Korrektur verbundenen Berechnungen muß auf die spezielle Fachliteratur verwiesen werden.

Der Grundgedanke der Ostwaldschen Auffassung besteht darin, daß das Reaktionsgleichgewicht bei der Katalyse nicht verändert wird. Bei einer Reaktion zwischen zwei Körpern, die zwei andere Produkte ergibt und nicht zu Ende schreitet, gelangt die Umsetzung zum Stillstand, wenn die Geschwindigkeit der Reaktion zwischen den beiden Ausgangsstoffen gleich der Geschwindigkeit der umgekehrten Reaktion zwischen den entstandenen Produkten wird, d. h., wenn v_1 gleich v_2 ist, wobei $v_1 = k_1 \cdot C_1 \cdot C_2$, und $v_2 = k_2 \cdot C_3 \cdot C_4$ (S. 35—36) oder

$$\frac{k_1}{k_2} = \frac{C_3 \cdot C_4}{C_1 \cdot C_2}.$$

Die experimentelle Prüfung bestätigt auch diese Gesetzmäßigkeit. So kommt z. B. die umkehrbare Reaktion der Acetonkondensierung:

$$2\,CH_3-CO-CH_3 \rightleftarrows CH_3-CO-CH_2-C(OH){<}^{CH_3}_{CH_3}$$

unter der Einwirkung verschiedener Katalysatoren bei den verschiedenen Ausgangskonzentrationen des Acetons, des Diacetonalkohols und des Katalysators zum Stillstand, wenn nur das Verhältnis der Konzentrationen dem Konstantbleiben von K in der Formel des Massenwirkungsgesetzes (S. 36) entspricht[5]). Für einige unbeständige Katalysatoren hat man scheinbare Abweichungen von dieser Regel beobachtet, doch kann man in allen derartigen Fällen eine Nebenreaktion wahr-

[1]) Smith, W. A.: Zeitschr. f. physikal. Chem. Bd. 25, S. 144. 1898.
[2]) Mayer, O.: Chemiker-Zeitschr. Bd. 27, S. 662. 1903.
[3]) Titow: a. a. O.
[4]) Philoche: Journ. de chim. phys. Bd. 6, S. 213 u. 355. 1908.
[5]) Koelichen: Zeitschr. f. physikal. Chem. Bd. 33, S. 129. 1900.

nehmen, die mit einer Veränderung der Menge des betreffenden Katalysators verbunden ist[1]).

Hieraus ergibt sich aber eine äußerst wichtige Folgerung. Läßt sich das Gleichgewicht einer spontan verlaufenden Reaktion durch die Formel

$$\frac{k_1}{k_2} = \frac{C_3 \cdot C_4}{C_1 \cdot C_2} = K$$

ausdrücken, so wird in Gegenwart des Katalysators die Geschwindigkeitskonstante k_1 erhöht, doch das Gleichgewicht nicht verschoben, d. h. die Größe von $\frac{k_1}{k_2}$ nicht verändert. Dies beweist folglich, daß im gleichen Maße die umgekehrte Reaktion beschleunigt wird; ihre Konstante k_2 vergrößert sich in dem Verhältnis, daß $\frac{k_1}{k_2}$ dieselbe Größe wie in Abwesenheit des Katalysators hat. Somit werden die umkehrbaren Reaktionen durch Katalysatoren nach beiden Richtungen beschleunigt. Wird z. B. eine Spaltung des Körpers A unter Bildung der einfacheren Körper B und C durch Einwirkung eines bestimmten Katalysators beschleunigt, so muß derselbe Katalysator unter entsprechenden Verhältnissen auch den umgekehrten Vorgang der Synthese von A aus B und C beschleunigen. Zahlreichen Bestätigungen dieser Schlußfolgerung werden wir beim Studium der Wirkung von Pflanzenfermenten begegnen, doch ist gleich an dieser Stelle ausdrücklich zu betonen, daß namentlich die physikalisch-chemische Bearbeitung der Kinetik der katalytischen Vorgänge die experimentelle Forschung auf den kühnen Gedanken gebracht hat, synthetische Fermentwirkungen zustande zu bringen.

Es ist im Auge zu behalten, daß die Umkehrbarkeit oder, wie man sie oft nennt, die „Reversion der Katalyse" mit den Ergebnissen der Thermochemie im Einklang steht. BERTHELOTS Grundsatz, welcher lautet, daß nur solche Reaktionen spontan vor sich gehen, die mit Wärmebildung verbunden sind, hat nur für diejenigen Fälle Gültigkeit, wo viel Wärme entwickelt wird; wäre derselbe ohne Einschränkungen anwendbar, so könnten natürlich überhaupt keine umkehrbaren Reaktionen existieren, da eine jede Reaktion in der einen Richtung mit Wärmeentwicklung, in der anderen aber mit Wärmeabsorption verläuft. Die endothermen Reaktionen kommen in der Tat oft spontan, also ohne Energiezufuhr, auf Kosten der Abkühlung des Systems zustande. Beim absoluten Nullpunkt sind die endothermen Reaktionen natürlich unmöglich, bei der sogenannten gewöhnlichen Temperatur (bei etwa 20° C) gehen nur solche vor sich, die mit einem geringen Wärmeverbrauch verbunden sind; bei hohen Temperaturen finden aber verschiedene endotherme Reaktionen spontan statt. Alle Hydrolysen sind mit geringer Wärmeentwicklung verbunden; daher beanspruchen auch die umgekehrten Synthesen so wenig Energie, daß sie ohne Wärmezufuhr verlaufen können. Dasselbe bezieht sich auf alle übrigen umkehrbaren katalytischen Vorgänge, die bei verhältnismäßig niedrigen Temperaturen möglich sind. In Laboratoriumsversuchen ist es allerdings ratsam,

---

[1]) TAMMANN: Zeitschr. f. physikal. Chem. Bd. 3, S. 25. 1889; Bd. 18, S. 426. 1895; Bd. 37, S. 257. 1901. — Ders.: Zeitschr. f. physiol. Chem. Bd. 16, S. 281. 1895. — MEDWEDEFF: Pflügers Arch. f. d. ges. Physiol. Bd. 74, S. 193. 1899 u. v. a.

bei der Ausführung der katalytischen Reaktionen, welche mit Energieabsorption verbunden sind, die Temperatur womöglich zu steigern.

Was nun die Theorie der Katalyse anbelangt, so scheint es, daß keine einheitliche Erklärung für alle Fälle möglich ist. Indes in vielen anderen theoretischen Problemen die vorerst verschiedenartigen Erklärungen zu guter Letzt oft zu einer einheitlichen allgemeinen Deutung zusammengeschmolzen sind, wird dies in bezug auf die Katalyse wohl schwerlich der Fall sein.

Die alten Ansichten von Liebig[1]) und Nägeli[2]), welche in den Katalysatoren gewisse „Molekularschwingungen" annahmen, die, auf andere Substanzen übertragen, deren Moleküle zertrümmern sollten, sind jetzt überwunden. Diese Ansichten stützten sich auf keine experimentelle Beweise und sind deshalb unannehmbar, weil sie zu einer fehlerhaften Verwechslung der katalytischen Vorgänge mit den Erscheinungen der Energieauslösung führten, wovon schon oben die Rede war. Gegenwärtig lassen sich viele Fälle der Katalyse durch die erste und verbreitetste „Theorie der Zwischenprodukte" in befriedigender Weise erklären[3]). Laut dieser Theorie tritt der Katalysator mit dem zu verarbeitenden Stoffe in Reaktion und verändert die spontan verlaufende Reaktion in der Weise, daß ihre Geschwindigkeit zunimmt. Wir haben bereits gesehen, daß namentlich diese Erklärung der chemischen Induktion gilt; es ist einleuchtend, daß dieselbe Erklärung für diejenigen Fälle der Katalyse bestehen kann, deren Zusammenhang mit der Induktion zweifellos ist, da die Umwandlung der Induktion in die Katalyse nur von der Veränderung der Geschwindigkeiten der einzelnen gekoppelten Reaktionen abhängt. Oben wurden bereits folgende gekoppelte Oxydationsreaktionen angeführt:

$$\text{I} \ldots\ldots\ldots A + O_1 = AO_2$$
$$\text{II} \ldots\ldots\ldots AO_2 + B = AO + BO$$
$$\text{III} \ldots\ldots\ldots AO + B = A + BO$$
$$\overline{\text{IV} \ldots\ldots A + 2B + O_2 = A + 2BO.}$$

Verläuft die Reaktion II schneller als die Reaktion III, so liegt eine Induktion vor, geht dagegen die Reaktion III mit größerer Geschwindigkeit vor sich als Reaktion II, so ist der Gesamtvorgang eine Katalyse, da die Summe der drei Teilreaktionen in diesem Falle eine Stoffumwandlung nach der Gleichung IV ergibt und der Katalysator A sich nicht verändert. Als Beispiel einer solchen Reaktion kann die Oxydation des Kohlepulvers durch metallisches Natrium bei 300° dienen. Zuerst bildet sich Natriumperoxyd Na_2O_2, welches die Kohle bedeutend schneller als der molekulare Sauerstoff oxydiert. Hierbei wird das Natrium vollständig reduziert und der Gesamtvorgang kann sich wiederholen. Auf diese Weise kann eine geringe Natriummenge große Kohlemengen oxydieren[4]). Bei einer ganzen Reihe von katalytischen Vorgängen ist die Bildung von Zwischenprodukten außer Zweifel gestellt. Zwei Momente sind für derartige Katalysen bezeichnend; erstens ist der Temperaturkoeffizient solcher Prozesse ein für chemische Reaktionen normaler, und zwar wächst die Reaktionsgeschwindigkeit in einem Temperaturintervall von 10° aufs Zwei- bis Dreifache; zweitens ist derartigen Katalysatoren eine ausgesprochene spezifische Wirkung eigen: Da die Zwischenreaktionen ihrem Wesen nach zur Beschleunigung nur einer bestimmten Stoffumwandlung dienen können, so ist auch der Katalysator seinem Substrat nach dem Schlagwort E. Fischers „wie der Schlüssel dem Schloß" angepaßt.

Eine andere Theorie der Katalyse scheint ebenfalls vollkommen berechtigt zu sein, da sie in manchen Fällen die beste Erklärung für manche Erscheinungen gibt. Laut dieser Theorie bildet das Ferment ein günstiges Medium für che-

[1]) Liebig, Poggend. Ann. Bd. 48, S. 106. 1839.
[2]) v. Nägeli, C.: Theorie der Gärung S. 29. 1879.
[3]) Bredig: Ergebnisse der Physiologie S. 177. 1902.
[4]) Bamberger: Ber. d. Dtsch. Chem. Ges. Bd. 31, S. 451. 1898.

mische Reaktionen, ein Medium, in welchem die katalysierte Reaktion mit größerer Geschwindigkeit als in der gewöhnlichen Lösung verläuft. Bei 25° läßt sich z. B. Methylacetat durch Triäthylamin in Benzollösung beinahe nicht verseifen, wird aber eine Emulsion durch Schütteln mit 2,5 vH. Wasser hergestellt, so wirken die Wassertröpfchen als Katalysatoren: indem sich sowohl der Ester als die Base in ihnen lösen, treten dieselben bedeutend leichter miteinander in Reaktion, die hierdurch ungemein beschleunigt wird[1]). Dies ist ein einfaches Modell derartiger katalytischer Wirkungen. Sie werden als „Katalysen im heterogenen System" oder kurzweg „heterogene Katalysen" bezeichnet. In diese Kategorie sind selbstverständlich auch alle diejenigen Fälle zu zählen, in denen die Adsorption der reagierenden Substanzen in den Vordergrund tritt. Die Konzentration der adsorbierten Stoffe nimmt an der Oberfläche stark zu, und die Reaktion wird beschleunigt. Es ist daher im Auge zu behalten, daß viele vermeintliche Fermente im Sinne der spezifischen Katalysatoren wahrscheinlich nicht existieren, und die scheinbaren Fermentwirkungen in betreffenden Fällen auf verschiedenartige Grenzflächenerscheinungen, die in einem kolloiden System nie fehlen, zurückzuführen wären (vgl. S. 37). Eine analoge Einwirkung wird bei der Wasserstoffaktivierung durch Palladiumschwamm angenommen, da der Wasserstoff im Palladiumschwamm allem Anschein nach im wahren Sinne des Wortes gelöst ist[2]).

Obige Fälle gehören also in diejenige Kategorie, wo die Katalyse auf eine Steigerung der Reaktionsgeschwindigkeit entweder in der als Katalysator fungierenden Phase, oder an der Oberfläche zurückzuführen ist (letztere Erscheinung wird als Adsorptionskatalyse bezeichnet). Der Temperaturkoeffizient der heterogenen Katalyse entspricht zuweilen nicht einem regelrechten chemischen Vorgang; er ist vielmehr manchmal kleiner als 2, was der VAN 'T HOFFSCHEN Regel (S. 35) widerspricht und der Größe des Koeffizienten der Diffusion, d. i. eines rein physikalischen Vorganges gemäß ist. Dieser Umstand erklärt sich dadurch, daß in vielen Fällen die Reaktionsgeschwindigkeit in der Phase des Katalysators erheblich größer ist als die Diffusionsgeschwindigkeit der reagierenden Substanzen aus der anderen Phase[3]). Es ist selbstverständlich, daß in diesem Falle die Reaktionsgeschwindigkeit der katalytischen Reaktion praktisch die Geschwindigkeit der Diffusion darstellt; auf diese Weise läßt sich auch der anomale Temperaturkoeffizient leicht erklären. Vom Standpunkte der Theorie der Zwischenprodukte aus wäre es äußerst schwer, die anomalen Temperaturkoeffizienten zu erklären, die bei den katalytischen Prozessen so oft wahrgenommen wurden.

Im Zusammenhang mit dem eigenartigen Mechanismus der heterogenen Katalyse ist seine Spezifität, wie oben angedeutet, bedeutend geringer als diejenige der Katalyse durch Zwischenprodukte. Als heterogene Katalysen sind höchstwahrscheinlich alle von BREDIG beschriebenen Wirkungen der kolloiden Metallösungen (siehe oben) aufzufassen.

Die dritte Theorie der Katalyse ist von v. EULER[4]) ausgearbeitet worden; ihr Wesen besteht in folgendem. Der Katalysator erhöht die Ionisation der reagierenden Substanzen, da es überhaupt nur Ionenreaktionen gibt und die Reaktionen der organischen Stoffe nur deshalb mit meßbarer Geschwindigkeit verlaufen, weil die elektrolytische Dissoziation dieser Substanzen sehr gering ist. EULERS Theorie ist sowohl auf die Katalyse durch Zwischenprodukte als auch auf viele Fälle der heterogenen Katalyse anwendbar; sie ist zur Bearbeitung der katalytischen Hydrolysen besonders geeignet. Wesentliche Schwierigkeiten bereitet dieser Theorie nur die Erläuterung der komplizierten katalytischen Erscheinungen, die z. B. bei der simultanen Wirkung von zwei oder mehreren

---

[1]) BREDIG: Anorganische Fermente S. 92. 1901.
[2]) MOND, RAMSAY and SHIELDS: Proc. of the roy. soc. of London Bd. 62, S. 290. 1898. — Ders.: Zeitschr. f. physikal. Chem. Bd. 19, S. 25. 1896.
[3]) NERNST: Zeitschr. f. physikal. Chem. Bd. 47, S. 52. 1904.
[4]) v. EULER, H.: Chemie der Enzyme. 2. Aufl. 1920.

Katalysatoren vorkommen[1]). Alle derartige Erscheinungen sind übrigens noch zu wenig erforscht und bieten einer jeden Theorie Schwierigkeiten dar. Selbst die Abhängigkeit der Reaktionsbeschleunigung von der Menge des Katalysators kann vorläufig nicht durch allgemein gültige Verhältnisse ausgedrückt werden. In einigen Fällen wurde eine dem Quantum des Katalysators proportionale Geschwindigkeit beobachtet, in den anderen Fällen wurde eine derartige Proportionalität[2]) vermißt; die Versuche, besondere Formeln für alle diese Abweichungen festzustellen, sind noch nicht genügend begründet. Die Veränderlichkeit dieser Erscheinungen ist aus folgendem Beispiel zu ersehen: die katalytische Einwirkung der Säuren auf die Rohrzuckerhydrolyse wird auf etwa 30 vH. durch Neutralsalze gesteigert[3]).

Es ist nicht möglich, hier auf die übrigen Theorien der Katalyse einzugehen. Es genügt nur darauf hinzuweisen, daß sinnreiche Theorien existieren, welche die Katalyse auf strahlende Energie[4]) zurückzuführen suchen.

Die Fermente der Pflanzen. Oben wurde bereits erwähnt, daß die hauptsächlichen Stoffumwandlungen in den Organismen durch Vermittelung der chemischen Induktion oder Katalyse zustande kommen. Die organischen Katalysatoren der lebenden Zelle heißen Fermente und sind wahrscheinlich Stoffe von kolloider Natur.

Das Problem der Fermentforschung bietet großes Interesse dar; ihre Bedeutung ist außerordentlich groß. Nur nach der Klarlegung aller Einzelheiten der Chemie und Wirkungsweise der Fermente wird man imstande sein, künstlich diejenigen Stoffumwandlungen hervorzubringen, welche die Grundlage der Lebensfunktionen bilden. Bis jetzt haben wir dieses Ziel jedoch nicht erreicht, da wir nicht einmal die chemische Natur eines einzigen Ferments kennen. Nach dem Ausdruck BUNGE's[5]) hat die Fermente bis jetzt „noch niemand gesehen". Es sind allerdings Präparate verschiedener Fermente erhalten und selbst in den Handel gebracht worden, doch stellen alle diese Präparate Gemische dar, die verschiedenartige Substanzen, darunter immer mehrere Fermente nebeneinander enthalten. Nur die neuesten Untersuchungen WILLSTÄTTERS und seiner Mitarbeiter haben Präparate von so hoher Reinheit geliefert, daß es nach kurzer Zeit wahrscheinlich möglich sein wird, zur Untersuchung ihrer chemischen Eigenschaften und ihrer Struktur zu schreiten.

Die langsamen Fortschritte der chemischen Erforschung der Fer-

---

[1]) SCHADE, H.: Zeitschr. f. exp. Pathol. u. Therapie Bd. 1, S. 603. 1905. — IPATIEW: Ber. d. Dtsch. Chem. Ges. Bd. 45, S. 3205. 1912.

[2]) SULLIVAN, O. and THOMPSON: Journ. of the chem. soc. (London) Bd. 57, S. 847. 1890. — KASTLE and LOEVENHART: Americ. chem. journ. Bd. 24, S. 491. 1900. — SCHÜTZ, E.: Zeitschr. f. physikal. Chem. Bd. 9, S. 577. 1887; Bd. 30, S. 1. 1900. — MEDWEDEFF: Pflügers Arch. f. d. ges. Physiol. Bd. 69, S. 249. 1896; Bd. 74, S. 193. 1899; Bd. 81, S. 540. 1900.

[3]) ARRHENIUS, S.: Zeitschr. f. physikal. Chem. Bd. 4, S. 237. 1889.

[4]) LAMBERT: Cpt. rend. hebdom. des séances de l'acad. des sciences Bd. 138, S. 196. 1904. — BARENDRECHT, H. P.: Zeitschr. f. physikal. Chem. Bd. 49, S. 456. 1904; Bd. 54, S. 367. 1905. — CALLOW, LEWIS and NODDER: Journ. of the chem. soc. (London) Bd. 109, S. 55 u. 67. 1916. — LEWIS, M. C.: Ebenda Bd. 109, S. 796. 1916; Bd. 111, S. 457. 1917; Bd. 113, S. 471. 1918; Bd. 115, S. 182, 710 u. 1360. 1919.

[5]) BUNGE: Lehrbuch der physiol. Chemie. 4. Aufl., S. 171. 1898.

mente sind auf die schwierige Isolierung dieser Stoffe im reinen Zustande zurückzuführen. Die Fermente sind wahrscheinlich meistens
kolloide Stoffe und finden sich in den Geweben in geringen Mengen
vor; nun sind aber in der Chemie noch keine Methoden ausgearbeitet
worden, die eine Isolierung von geringen Mengen der Kolloide aus
Mischungen mit großen Mengen anderweitiger kolloiden Stoffe, wie
z. B. der Eiweißkörper, vieler Kohlenhydrate und anderer Bestandteile
des Protoplasmas in reinem Zustande ermöglichen. Jedenfalls liegt kein
Grund vor, die Fermente für Eiweißstoffe zu halten, wie es viele Forscher zu einer Zeit annahmen, wo man den Eiweißstoffen zum Unterschied von allen übrigen Bestandteilen der lebenden Zelle eine besondere vitale Bedeutung beimessen wollte; ein rein spekulatives Vor-
urteil, welches den heutigen Gelehrten glücklicherweise nicht mehr zu
imponieren vermag.

Die Adsorptionserscheinungen spielen allem Anschein nach bei den
Fermentwirkungen eine wichtige Rolle, da es möglich ist, eine Anhäufung von bestimmten Fermenten dadurch hervorzurufen, daß man
sie durch Eiweißkörper, gepulvertes Bleiphosphat und andere Substanzen[1]) oder gar durch Filtrierpapier adsorbiert; letztere Methode
wurde zur Trennung der Fermente auf Grund ihrer ungleichen Adsorptionsfähigkeit (Kapillarisation) angewandt[2]). Die elektrischen Eigenschaften des betreffenden Ferments und des Adsorbens spielen dabei
eine wichtige Rolle: so adsorbieren z. B. Substanzen, welche basische
Farbstoffe leicht aufnehmen, nur schwach bestimmte Fermente, die von
anderen durch saure Farbstoffe leicht zu färbenden Adsorbenzien stark
adsorbiert werden (S. 9 u. 16)[3]). Ganz analoge Erscheinungen, die für
die Kolloidnatur der Fermente sprechen, sind bei der Kataphorese der
genannten Stoffe festgestellt worden[4]).

Im direkten Zusammenhang mit den kolloiden Eigenschaften der
Fermente steht die Einwirkung der Temperatursteigerung. Alle bis
jetzt bekannten Fermente büßen bei 100° ihre katalytische Wirkung
vollständig ein; daher ist auch das Kochen ein sicheres Mittel, um
Fermentzersetzungen und Synthesen im Pflanzenmaterial zu verhüten.
Bereits bei 60° wird die katalytische Wirkung meistens bedeutend
herabgesetzt, doch nach Verlauf einiger Zeit regeneriert sich oft das

---

[1]) BRÜCKE, E.: Sitzungsber. d. Akad. Wien, Mathem.-naturw. Kl. Bd. 43,
S. 601. 1861. — DANILEWSKI, A.: Virchows Arch. f. pathol. Anat. u. Physiol.
Bd. 25, S. 279. 1862. — COHNHEIM: Ebenda Bd. 28, S. 241. 1863. — NEU-
MEISTER: Zeitschr. f. Biol. Bd. 30, S. 453. 1894. — PETERS, A. W.: Journ. of
the biol. chem. Bd. 5, S. 367. 1908. — WILLSTÄTTER u. Mitarb.: vgl. S. 59.
[2]) GRÜSS, J.: Biologie und Capillaranalyse der Enzyme 1912.
[3]) DAUWE, F.: Hofmeisters Beitr. Bd. 6, S. 426. 1905. — HEDIN: Biochem.
Journ. Bd. 2, S. 81 u. 112. 1907. — MICHAELIS, L. u. EHRENREICH, M.: Biochem.
Zeitschr. Bd. 10, S. 283. 1908; Bd. 12, S. 26. 1908 u. a.
[4]) HENRI, V.: Biochem. Zeitschr. Bd. 16, S. 473. 1909. — MICHAELIS, L.:
Ebenda Bd. 16, S. 81. 1909; Bd. 17, S. 231. 1909; Bd. 19, S. 181. 1909. — ISCO-
VESCO, H.: Ebenda Bd. 24, S. 53. 1909. — v. LEBEDEW, A.: Ebenda Bd. 26,
S. 221. 1910 u. a.

Ferment. In wasserfreiem Zustande, und zwar in Form von sorgfältig ausgetrockneten Pulvern, bzw. in wasserfreiem Glycerin, halten die Fermente, wie auch zu erwarten war, eine bedeutend stärkere Erwärmung aus.

Wir kennen somit nicht die chemische Natur der Fermente, haben auch ihre reinen Präparate niemals in den Händen. gehabt und urteilen über ihre Anwesenheit in der Zelle nur nach ihrer spezifischen Wirkung. Zu diesem Zweck bereitet man aus den Pflanzen wässerige Auszüge oder Glycerinextrakte und fällt daraus das Ferment mit Alkohol (natürlich mit unzähligen Beimischungen). Durch wiederholtes Extrahieren und Fällen gelingt es manchmal, den Gehalt des Ferments im Niederschlag zu steigern. Außerdem sind verschiedene Methoden der Protoplasmatötung ohne Zerstörung der Fermente im Gebrauche. Dies wird am besten durch Einwirkungen nicht chemischen Charakters erreicht, die namentlich die Struktur der lebenden Zelle durch mechanische Eingriffe zerstören. Eine allgemeine Methode besteht darin, daß man das Material mit Sand und Kieselgur zerreibt und die zerriebene Masse in einer hydraulischen Presse bei 200—300 Atmosphären abpreßt[1]). Der abgepreßte Saft enthält viele wirksame Fermente. Oft verwendet man auch eine Entwässerung der Gewebe durch neutrale, wasserentziehende Flüssigkeiten[2]), durch Erfrieren[3]) oder durch vorsichtiges Trocknen bei nicht zu hohen Temperaturen; in letzterem Falle werden jedoch viele Fermente gelähmt. Nach der Abtötung des Protoplasmas untersucht man nach einer der oben beschriebenen Methoden die katalytische Wirkung des Materials auf die für das betreffende Ferment charakteristische Reaktion.

Eine sehr verbreitete, bequeme Methode der Untersuchungen über fermentative Vorgänge ist die Autolyse oder Selbstverdauung der Gewebe, die bereits von dem berühmten französischen Agrikulturchemiker BOUSSINGAULT[4]) in Anwendung gebracht wurde. Die zerkleinerten Pflanzenteile beläßt man bei einer für die Fermente günstigen Temperatur (30—60°) mit Wasser, in Gegenwart solcher antiseptischer Mittel, wie Chloroform, Toluol, Xylol u. a., welche die Arbeit der Fermente unbedeutend hemmen. Das Protoplasma stirbt hierbei schnell ab, doch verbleiben viele Fermente in wirksamem Zustande und entwickeln eine energische Tätigkeit. In manchen Fällen übertrifft die Intensität der Fermentwirkung bei der Autolyse sogar diejenige des lebenden Protoplasmas, da einige Fermente während der Autolyse sich in großen Mengen bilden[5]); in anderen Fällen ist dagegen die Autolyse

---

[1]) BUCHNER, E., BUCHNER, H. u. HAHN, M.: Zymasegärung S. 58. 1903.

[2]) BUCHNER, E., BUCHNER, H. u. HAHN, M.: Zymasegärung S. 237 u. 243. 1903.

[3]) PALLADIN, W.: Zeitschr. f. physiol. Chem. Bd. 47, S. 27. 1906.

[4]) BOUSSINGAULT, J. B.: Agronomie, chimie agricole et physiologie Bd. 6, S. 137. 1878.

[5]) PALLADIN, W. u. POPOFF, E.: Biochem. Zeitschr. Bd. 128, S. 487. 1922. — PALLADIN, W. u. MANSKY, S.: Ebenda Bd. 135, S. 142. 1923. — v. EULER, H. u.

nicht anwendbar, da die betreffenden Fermente bei der Selbstverdauung schnell zerstört werden. So verschwinden z. B. die Fermente, welche die alkoholische Gärung hervorrufen, bereits auf den ersten Stufen der Autolyse. Als Material für die Arbeit der Fermente während der Autolyse dient die Substanz selbst der zu autolysierenden Organe. Die Autolyse erwies sich als eine wertvolle Methode bei Untersuchungen über Fermentwirkungen, da diese bei der Autolyse zwar gleichzeitig in großer Zahl zustandekommen, doch ist die Wirkung eines jeden Ferments von derjenigen der übrigen Fermente gewöhnlich leicht zu unterscheiden und also auch bei der gemeinsamen Arbeit vieler organischer Katalysatoren der Untersuchung zugänglich. Da nun alle wichtigsten Stoffumwandlungen im Organismus auf katalytischem Wege vor sich gehen, so kann die Zahl der Fermente in einer Zelle sehr ansehnlich sein. Man hat schon eine gleichzeitige Wirkung von zehn Fermenten wahrgenommen[1]), und es ist kaum zweifelhaft, daß diese Zahl noch überholt werden wird.

Die Spezifität der Fermente ist gewöhnlich eine engere, als diejenige der anorganischen Katalysatoren. Am schwächsten ist sie bei den oxydierenden und reduzierenden Fermenten ausgeprägt[2]). Die enge Spezialisierung der Fermente äußert sich aber eigentlich nur in bezug auf die Stereoisomere: gegenüber der räumlichen Anordnung der Atome sind die Fermente bedeutend empfindlicher, als gegenüber den Verschiedenheiten der chemischen Zusammensetzung des Substrats[3]). Verschiedene Disaccharide, wie z. B. Saccharose, Lactose, Maltose u. a., die die gemeinsame empirische Formel $C_{12}H_{22}O_{11}$ besitzen und hydrolytisch laut der Gleichung

$$C_{12}H_{22}O_{11} + H_2O = 2 C_6H_{12}O_6$$

zerfallen, können nur durch die verschiedenen spezifischen Fermente angegriffen werden[4]). Nicht minder spezifisch ist die Wirkung der sogenannten proteolytischen Fermente, welche die Hydrolyse der Eiweißkörper bewirken[5]). Auch hier handelt es sich um die räumliche Isomerie. Allem Anschein nach sind die Fermente optisch aktive Körper von

---

BLIX, R.: Zeitschr. f. physiol. Chem. Bd. 105, S. 83. 1919. — v. EULER, H. u. LAURIN, J.: Ebenda Bd. 106, S. 312. 1919. — v. EULER, H. u. SVANBERG, O.: Ebenda Bd. 107, S. 269. 1919. Vgl. auch OPARIN, A. u. BACH, A.: Biochem. Zeitschr. Bd. 148, S. 476. 1924.

[1]) DOX: Journ of biol. chem. Bd. 6, S. 461. 1909. — Ders.: Plant world Bd. 15, S. 40. 1912. — KAMMANN: Biochem. Zeitschr. Bd. 46, S. 160. 1912 u. a.

[2]) BACH, A.: Cpt. rend. hebdom. des séances de l'acad. des sciences Bd. 164, S. 248. 1917.

[3]) Um Mißverständnissen vorzubeugen, muß man im Auge behalten, daß die genannte „Empfindlichkeit" sich auf diejenigen Atomgruppierungen bezieht, die durch das Ferment nicht verändert werden.

[4]) FISCHER, E.: Ber. d. Dtsch. Chem. Ges. Bd. 27, S. 2985. 1894; Bd. 28, S. 1429. 1895. — Ders.: Zeitschr. f. physiolog. Chem. Bd. 26, S. 60. 1898.

[5]) ABDERHALDEN, E. u. FODOR, A.: Zeitschr. f. physiolog. Chem. Bd. 87, S. 220. 1913. — ABDERHALDEN, E. u. SCHIFF, E.: Ebenda Bd. 87, S. 231. 1913. — ABDERHALDEN, E., EWALD, G. u. WATANABA, I.: Ebenda Bd. 91, S. 96. 1914 u. v. a.

asymmetrischer Struktur; ein jedes Ferment kann daher nur auf die asymmetrischen Körper von einer bestimmten Struktur einwirken. Nun sind in der Tat sowohl die Zuckerarten, von denen eben die Rede war, als auch die Eiweißstoffe optisch aktiv. Die unmittelbare Erfahrung lehrt uns, daß Polypeptide, die aus Aminosäuren (den elementaren Bausteinen des Eiweißmoleküls) gebildeten Komplexe, von den proteolytischen Fermenten nur in dem Falle gespalten werden, wo sie aus optisch aktiven Aminosäuren zusammengesetzt sind und zwar müssen die betreffenden Aminosäuren unbedingt dieselbe Drehungsrichtung aufweisen, die ihnen im Körper der Tiere und Pflanzen eigen ist. Zeigt nur die eine im Dipeptid enthaltene Aminosäure nicht dasjenige Drehungszeichen, mit dem sie in den Naturprodukten vorkommt, so ist das Ferment nicht imstande, ein derartiges Dipeptid zu spalten [1]. Ein nicht minder deutliches Beispiel liefert die alkoholische Gärung der Zuckerarten. Nur die d-Glucose, d-Fructose, d-Mannose und d-Galactose sind zu Äthylalkohol und Kohlendioxyd laut folgender Gleichung vergärbar:

$$C_6H_{12}O_6 = 2\,CO_2 + 2\,CH_3 . CH_2OH.$$

Dieselben Zuckerarten mit dem entgegengesetzten Drehungszeichen, ebenso wie alle übrigen stereoisomeren Hexosen, sind zur alkoholischen Gärung unfähig. Die soeben mitgeteilten Tatsachen liefern den Schlüssel zur Erklärung sowohl der merkwürdigen Spezifität vieler Fermente, als auch der großen Bedeutung der räumlichen Isomerie bei der Ernährung mit verschiedenen organischen Stoffen. Nur bestimmte räumliche Isomere sind durch die Fermente angreifbar; nur diese Stoffe können daher von der lebenden Zelle verarbeitet und assimiliert werden. Die Glucosidasen, d. s. Fermente, die Glucoside hydrolytisch spalten, liefern uns eine prächtige Erläuterung der Empfindlichkeit der Fermente gegenüber der räumlichen Anordnung der Atome sowie ihrer Unempfindlichkeit gegenüber der ungleichen chemischen Zusammensetzung des Substrates, sofern dieselbe die vom Ferment direkt angreifbaren Atomgruppen nicht anbetrifft. Glucoside sind acetalartige Verbindungen des Zuckers mit Alkoholen. So bildet Glucose mit Methylalkohol Methylglucosid:

$$CH_2OH(CHOH)_4 . CHO + HOCH_3 =$$
$$CH_2OH . CHOH . CH . CHOH . CHOH . CH - O - CH_3.$$

Das Methylglucosid kommt in zwei Konfigurationen vor, die als α und β bezeichnet werden [2]. Dieser Umstand läßt sich dadurch erklären, daß die Glucose selbst in zwei Modifikationen vorkommt, die sich durch den Drehungswinkel der Polarisationsebene voneinander unterscheiden. Die stärker drehende Modifikation wird als α-Glucose,

---

[1] FISCHER, E. u. ABDERHALDEN, E.: Zeitschr. f. physiolog. Chem. Bd. 46, S. 52. 1905; Bd. 51, S. 264. 1907.

[2] FISCHER, E.: Ber. d. Dtsch. Chem. Ges. Bd. 26, S. 2400 u. 2478. 1893.

die schwächer drehende als β-Glucose bezeichnet. Nun dreht α-Methyl-
glucosid stark nach rechts, β-Methylglucosid weist aber Linksdrehung
auf[1]). Daher stellt man die beiden Konfigurationen des Methylglucosids
durch folgende Projektionsformeln dar:

$$\alpha\text{-Methylglucosid.} \qquad \beta\text{-Methylglucosid.}$$

Es hat sich nun herausgestellt, daß in den Pflanzen zwei Arten von
Glucosidasen vorkommen[2]). Der Hefeextrakt spaltet nur die α-Gluco-
side, der Auszug aus Mandelsamen spaltet nur die β-Glucoside. Hierbei ist aber zu beachten, daß das Hefeferment alle α-Glucoside spaltet,
die sich durch die chemische Zusammensetzung der Alkoholreste scharf
voneinander unterscheiden.

Emulsin, das Ferment der Mandeln, spaltet seinerseits alle β-Gluco-
side von der verschiedenartigsten chemischen Zusammensetzung. In
der Biochemie herrschte eine Zeitlang die unrichtige Auffassung, laut
welcher die Eigenschaft der Fermente, nur bestimmte räumliche Isomere anzugreifen, ein allgemeiner Beweis ihrer strengen spezifischen
Anpassung an die chemische Natur der zu verarbeitenden Stoffe sei.
Dies ist aber nicht richtig: die spezifische Anpassung ist bei den Fermenten kaum deutlicher ausgeprägt, als bei den anorganischen Katalysatoren; da aber letztere selbst keine asymmetrischen Substanzen sind,
so verhalten sie sich gegenüber der räumlichen Isomerie des Substrates
passiv. Indes wurden auf Grund der obigen irrigen Auffassung darüber Zweifel ausgesprochen, ob die Fermente als echte Katalysatoren
anzusehen wären[3]). Als eigenartige Eigenschaften der Fermente wurden
ihre Thermolabilität und ihre äußerst spezifische Wirkung in Betracht
gezogen. Auch hielten es einige Forscher für wenig wahrscheinlich,
daß die Fermente nur katalytisch (d. i. nur durch Steigerung der Ge-

---

[1]) v. Eckenstein, A.: Recueil des travaux chim. des Pays-Bas Bd. 13,
S. 183. 1894. — Maquennel, L.: Bull. de la soc. chim. de France (3), Bd. 3,
S. 469. Nach den Angaben dieser Forscher sind sowohl der Schmelzpunkt als
die Löslichkeit der α- und β-Form der Glucose ebenfalls verschieden.

[2]) Fischer, E.: Ber. d. Dtsch. Chem. Ges. Bd. 27, S. 2985. 1894; Bd. 28,
S. 1429. 1895. — Ders.: Zeitschr. f. physiol. Chem. Bd. 26, S. 66. 1898.

[3]) Bokorny, Th.: Zentralbl. f. Bakteriol., Parasitenk. u. Infektionskrankh.,
Abt. II, Bd. 21, S. 193. 1908. — Loew, O.: Ebenda Abt. II, Bd. 21, S. 198.
1908. — Ders.: Biochem. Zeitschr. Bd. 31, S. 159. 1911.

schwindigkeiten von spontan verlaufenden Reaktionen) wirken, da viele
fermentative Vorgänge außerhalb der Organismen nicht zustande kommen, also ohne Mitwirkung der Fermente überhaupt nicht in Gang
zu setzen seien. Daher sei auch die OSTWALDsche Definition der Katalyse in betreff der Fermente der lebenden Zelle abzulehnen. Nach
dieser Ansicht sind die Fermente als direkte Erreger der von ihnen hervorgerufenen Stoffumwandlungen anzusehen. Im Anschluß daran wurde
z. B. darauf hingewiesen, daß Traubenzucker den verschiedenartigsten
Verwandlungen unter der Einwirkung von mindestens zehn verschiedenen Fermenten unterliegt; vom Standpunkte der echten Katalyse
aus sollte man also annehmen, daß der Zucker in wässeriger Lösung
auf zehn verschiedene Arten spontan dissoziiere.

Alle diese Einwände sind jedoch nicht genügend begründet. Die
Termolabilität der Fermente ist, allem Anscheine nach, mit ihren kolloiden Eigenschaften verbunden und hat also mit dem eigentlichen
Wesen der Fermentwirkung nichts zu tun. Was nun die spezifische
Wirkung anbelangt, so ist dieselbe, wie wir gesehen haben, nur in
bezug auf die räumliche Isomerie bewiesen. In Gegenwart von asymmetrischen Stoffen oder in asymmetrischen Lösungsmitteln verhalten sich
auch einige mineralische Katalysatoren gegenüber der räumlichen
Isomerie nicht passiv[1]). Man kann wohl kaum daran zweifeln, daß
die Zahl der Fermente in Wahrheit bedeutend geringer ist, als man
sie zur Zeit schätzt. Was nun die Dissoziation des Zuckermoleküls
anbelangt, so hat es sich ergeben, daß Glucose in schwach alkalischer
Lösung nicht nach 10, sondern nach etwa 100 verschiedenen Richtungen
dissoziieren kann[2]).

Somit ist der Gegensatz zwischen der Wirkungsweise der Fermente
einerseits und derjenigen der anorganischen Katalysatoren anderseits nur
ein scheinbarer. Es können im Gegenteil verschiedene Tatsachen zugunsten der Annahme, daß Fermente als typische Katalysatoren fungieren,
angeführt werden. Erstens ist eine geringe Fermentmenge imstande
äußerst große Mengen des Materials zu verarbeiten. Invertase — das
Rohrzucker hydrolysierende Ferment — invertiert auf 1 Gewichtseinheit
des Präparats 200 000 Gewichtseinheiten des Zuckers; Chymosin, welches
das Gerinnen des Milchkaseins hervorruft, wirkt gar im Verhältnis
1 : 800 000 usw. Auch zeigen die Bestimmungen der Geschwindigkeitskonstanten von hydrolytischen Fermentreaktionen, daß das Ferment
sich im Verlaufe des Vorganges nicht verändert, d. h. daß die Fermentwirkung der BERZELIUSschen Auffassung der Katalyse vollkommen ent-

---

[1]) BREDIG u. FAJANS: Ber. d. Dtsch. Chem. Ges. Bd. 41, S. 752. 1908. —
FAJANS: Zeitschr. f. physikal. Chem. Bd. 73, S. 25. 1910.

[2]) NEF, J. U.: Liebigs Ann. d. Chem. Bd. 403, S. 204. 1914. Die einzelnen
Ausnahmefälle, in denen die chemische Zusammensetzung des bei der Reaktion
unveränderlichen Teiles des Moleküls für die Fermentwirkung von Belang zu
sein scheint, sind noch ungenügend studiert und bedürfen einer weiteren Prüfung.
Vgl. z. B. KIESEL, A.: Zeitschr. f. physiol. Chem. Bd. 118, S. 284. 1922. Möglicherweise hemmen einige derartige Substanzen die Fermentwirkung. In diesem
Falle kann selbstverständlich von einer spezifischen Wirkung nicht die Rede sein.

spricht (S. 40). So ist die Konstante der Rohrzuckerinversion unter der Einwirkung der Invertase diejenige der Reaktionsgleichung erster Ordnung[1]); die Reaktion verläuft folglich auf dieselbe Weise, wie die Rohrzuckerinversion durch Säuren:

$$C_{12}H_{22}O_{11} + H_2O = 2\,C_6H_{12}O_6,$$

wobei also das Ferment selbst im Laufe der Reaktion intakt bleibt. Dieselben Resultate wurden mit der Katalase erzielt[2]), welche Hydroperoxyd laut der Gleichung: $2\,H_2O_2 = 2\,H_2O + O_2$ zersetzt, und mit dem Erepsin, einem Ferment, welches Polypeptide zu Aminosäuren zerlegt[3]). Die in einigen Fällen wahrgenommenen Schwankungen der Konstante sind allem Anschein nach auf sekundäre Umstände zurückzuführen. Als solche wären eine Zerstörung des Ferments durch Nebenreaktionen, eine immer fortschreitende Adsorption des Ferments, eine Anhäufung der Reaktionsprodukte und andere Vorgänge zu berücksichtigen. In einigen Fällen ist auch die Annahme nicht unwahrscheinlich, daß die betreffende Erscheinung nicht Katalyse, sondern chemische Induktion darstellt.

Von großer Bedeutung ist die Entdeckung der Umkehrbarkeit der Fermentreaktionen; einerseits gibt sie einen endgültigen Beweis dafür, daß Fermente nichts anderes als typische Katalysatoren sind, andererseits liefert die Möglichkeit der fermentativen Synthesen eine Erklärung dafür, wie die verschiedenen organischen Substanzen in der Zelle entstehen. Es ist aber erst neuerdings festgestellt worden, daß sowohl die Hydrolyse als die Synthese durch ein und dasselbe Ferment hervorgerufen werden kann.

Der oben angeführten Regel zufolge (S. 44) kann man die fermentativen Synthesen an solchen Reaktionen beobachten, welche mit einer geringen Wärmetönung verbunden sind. In diese Kategorie sind alle Hydrolysen zu zählen; nun gehört die Mehrzahl der bis jetzt bekannten Fermente zu den hydrolysierenden. Die synthetische Fermentwirkung wurde zuerst an der Maltase wahrgenommen, welche das Disaccharid Maltase unter Bildung von 2 Glucosemolekülen hydrolysiert:

$$C_{12}H_{22}O_{11} + H_2O = 2\,C_6H_{12}O_6.$$

Diese Reaktion ist mit einer sehr geringen Wärmetönung verbunden. Auf Grund der oben angeführten (S. 44) theoretischen Erwägungen, unterwarf C. HILL[4]) eine 40proz. Glucoselösung bei 30° im Verlaufe von mehreren Monaten der Einwirkung eines maltasehaltigen Hefepräparates. Dabei hat eine Änderung der Drehung der Polarisationsebene und der Fähigkeit, Kupferoxyd zu reduzieren, stattgefunden.

---

[1]) O'SULLIVAN and THOMPSON: Journ. of the chem. soc. (London) Bd. 57, S. 834. 1890. — HUDSON: Journ. of the Americ. chem. soc. Bd. 30, S. 1160 u. 1564. 1908. — TAYLOR: Journ. of biol. chem. Bd. 5, S. 405. 1909.

[2]) v. EULER, H.: Hofmeisters Beitr. Bd. 7, S. 1 (1905). — WAENTIG u. STECHE: Zeitschr. f. physiol. Chem. Bd. 76, S. 177. 1911.

[3]) v. EULER, H.: Arkiv för kemi Bd. 2. 1907.

[4]) HILL, C.: Journ. of the chem. soc. (London) Bd. 73, S. 634. 1898.

Unter den soeben beschriebenen Versuchsbedingungen hat sich zwar
ein Disaccharid gebildet, doch war es mit Maltose nicht identisch[1])
und erhielt daher den Namen „Isomaltose"; eine genaue chemische
Identifizierung desselben bleibt aus. Späterhin hat man synthetische
Produkte auch mit anderen, Di- und Polysaccharide hydrolysierenden,
Fermenten erhalten. So erzeugt Lactase, welche Lactose unter Bildung eines Galactose- und eines Glucosemoleküls zersetzt, in konzentrierten Lösungen der genannten Hexosen ein bisher noch wenig unter-
suchtes Disaccharid, das den Namen Isolactose[2]) erhielt. Es wurde
eine allerdings nicht nachgeprüfte Angabe gemacht, daß auch Rohrzucker durch ein mit Invertase nicht identisches Ferment[3]) aus Glucose und Fructose synthetisch dargestellt werden kann. Im plasma-
freien Hefesaft ist eine intensive Glycogenspaltung bemerkbar; setzt
man aber dem Saft 30 vH. Zucker hinzu, so findet im Gegenteil eine
Synthese des genannten Polysaccharids statt[4]).

Analoge Erscheinungen sind in der Gruppe der Fette beobachtet
worden. Das Ferment Lipase spaltet diese Körper in Glycerin und
freie Säuren auf, allein nur in Gegenwart einer genügenden Wassermenge. Bei starker Konzentration des Glycerins und der Säuren, also
in Gegenwart einer relativ geringen Wassermenge, setzt der umgekehrte
Prozeß der Fettsynthese ein[5]).

Auch in der dritten physiologisch wichtigen Stoffgruppe, nämlich
in der Gruppe der Eiweißstoffe, sind Erscheinungen beobachtet worden,
welche an fermentative synthetische Vorgänge erinnern. Die Bildung
von Niederschlägen und Gallerten in Albumoselösungen nach Zusatz
des Milchgerinnung hervorrufenden Chymosins, hat man als eine Synthese von eiweißartigen Stoffen bezeichnet und die genannten Produkte mit dem Namen Plasteïne belegt[6]). Hier ist es nicht möglich,
die Richtigkeit der obigen Annahme durch genaue chemische Methoden

---

[1]) EMMERLING, O.: Ber. d. Dtsch. Chem. Ges. Bd. 34, S. 600 u. 2206. 1901.
— HILL, C.: Ebenda Bd. 34, S. 1380. 1901. — ARMSTRONG, E. FR.: Proc. of the
roy. soc. of London (B), Bd. 76, S. 592. 1905. — Ders.: Proc. of the chem. soc.
(London) Bd. 19, S. 209. 1904.

[2]) FISCHER, E. u. ARMSTRONG, E. F.: Ber. d. Dtsch. Chem. Ges. Bd. 35,
S. 3144. 1902.

[3]) PANTANELLI, E.: Atti d. Reale Accad. dei Lincei, rendiconti (5), Bd. 15,
I, S. 587. 1906; Bd. 16, II, S. 419. 1907. Auf Grund des nachstehend Dargestellten sind diese Angaben als überholt anzusehen.

[4]) CREMER, M.: Ber. d. Dtsch. Chem. Ges. Bd. 32, S. 2062. 1899.

[5]) HANRIOT: Cpt. rend. hebdom. des séances de l'acad. des sciences Bd. 132,
S. 212. 1901. — LOEVENHART: Americ. journ. of physiol. Bd. 6, S. 331. 1902. —
KASTLE and LOEVENHART: Americ. chem. journ. Bd. 24, S. 491. 1900. —
POTTEVIN: Cpt. rend. hebdom. des séances de l'acad. des sciences Bd. 137,
S. 1152. 1903. — Ders.: Ann. de l'inst. Pasteur Bd. 20, S. 901. 1907. — DIETZ, W.:
Zeitschr. f. physiol. Chem. Bd. 52, S. 279. 1907. — WELTER, A.: Zeitschr. f.
angew. Chem. Bd. 24, S. 385. 1911. — IWANOFF, S. L.: Bildung und Verwandlung
von Fett in Samenpflanzen 1912. (Russisch.)

[6]) DANILEWSKY, LAWROW u. SALASKIN: Zeitschr. f. physiol. Chem. Bd. 36,
S. 277. 1902. — SAWJALOFF: Pflügers Arch. f. d. ges. Physiol. Bd. 85. S. 171.
1901. — NÜRENBERG, Hofmeisters Beitr. Bd. 4, S. 543. 1903. — PAYER: Ebenda

zu kontrollieren. Dieselbe Schwierigkeit macht sich auch bei allen analogen Versuchen geltend, die eine Synthese von hochmolekularen Eiweißstoffen aus einfacheren Körpern bezwecken[1]), da die chemische Natur der Eiweißstoffe bis jetzt nicht festgestellt ist und daher die gesamte Untersuchung auf keiner festen Grundlage fußt. Eine fermentative Bildung von amorphen eiweißartigen Stoffen aus krystallinischen Aminosäuren ist aber in der letzten Zeit sehr wahrscheinlich gemacht worden[2]).

Somit spricht eine ganze Reihe von Tatsachen schon längst dafür, daß im Organismus fermentative Synthesen verschiedener Stoffe vor sich gehen; bis auf die letzte Zeit hin waren jedoch große Lücken auf diesem Gebiet zu verzeichnen. Erstens, hat man noch kein einziges synthetisches Produkt in reinem Zustande isoliert und chemisch identifiziert; zweitens, war die Umkehrbarkeit der Fermentreaktionen nicht einwandfrei festgestellt; eine Reihe von Tatsachen sprach vielmehr dafür, daß Fermente nur solche Stoffe synthetisch aufbauen, die sie nicht spalten können. Aus diesem Grunde waren einige Autoren zur Annahme geneigt, daß spezifische synthetisierende Fermente existieren, die mit den hydrolysierenden Fermenten nicht identisch seien[3]). Eine derartige Einteilung ist jedoch kaum gerechtfertigt[4]), zumal da die Umkehrbarkeit der Fermentwirkung neuerdings außer Zweifel gestellt ist: es ergab sich, daß hydrolysierende Fermente als echte Katalysatoren fungieren und gar keine Verschiebung des Gleichgewichtspunkts der umkehrbaren Reaktionen hervorrufen.

Die bahnbrechenden Arbeiten von BOURQUELOT und seinen Mitarbeitern[5]) haben diese verwickelte Frage gelöst. Die genannten Forscher haben Fermentsynthesen der Glucoside unter solchen Bedingungen ausgeführt, daß die synthetischen Produkte kilogrammweise in reinem krystallinischem Zustande erhalten wurden, und die Umkehrbarkeit der Fermentwirkung nicht dem geringsten Zweifel unterlag. Die widersprechenden früheren Resultate anderer Forscher erhielten hierbei eine

S. 554. — HENRIQUES u. GJALDBÄCK: Zeitschr. f. physiol. Chem. Bd. 71, S. 485 1911; Bd. 81, S. 439. 1912. — GLAGOLEFF: Biochem. Zeitschr. Bd. 50, S. 182. 1913; Bd. 56, S. 195. 1913 u. a.

[1]) ROBERTSON, B.: Biochem. journ. Bd. 3, S. 95. 1907. — Ders.: Journ. of biol. chem. Bd. 5, S. 393. 1908. — TAYLOR: Ebenda Bd. 3, S. 87. 1907. — IWANOFF, N. N.: Untersuchungen über Umwandlungen von stickstoffhaltigen Stoffen in der Hefe 1919 (Russisch) u. a.

[2]) TAYLOR, A. E.: Journ. of biol. chem. Bd. 3, S. 87. 1907; Bd. 5, S. 381. 1908.

[3]) v. EULER, H.: Zeitschr. f. physiol. Chem. Bd. 52, S. 146. 1907 u. a.

[4]) BARENDRECHT, H. P.: Biochem. Zeitschr. Bd. 118, S. 254. 1921.

[5]) Von den zahlreichen Arbeiten dieser Autoren sind nachstehend nur diejenigen erwähnt, welche den Sachverhalt zusammenfassen: BOURQUELOT, E. et BRIDEL, M.: Journ. de pharmacie et de chim. (7), Bd. 4, S. 385. 1911; (7), Bd. 5, S. 388. 1912; (7), Bd. 6, S. 1. 1912; (7), Bd. 9, S. 104, 155 u. 230. 1914. — BOURQUELOT, E.: Ebenda (7), Bd. 8, S. 337. 1913. — Ders. u. AUBRY, A.: Ebenda (7), Bd. 12, S. 15 u. 182. 1915; (7), Bd. 14, S. 65. 1915; (7), Bd. 15, S. 246 u. 273. 1917. — BOURQUELOT, E., BRIDEL, M. et AUBRY, A.: Ebenda Bd. 16, S. 353. 1917. — Übersicht bis 1914 bei BOURQUELOT, E.: Ebenda (7), Bd. 10, S. 361 u. 393. 1914.

befriedigende Erklärung. Es handelt sich nämlich darum, daß, wie bereits oben dargelegt worden war, zur Zeit noch keine reinen Fermentpräparate existieren; auf diese Weise arbeiteten C. HILL und alle seine Nachfolger mit einem Gemisch von verschiedenartigen Fermenten; daher erhielt man immer auch ein Gemisch verschiedenartiger Produkte. BOURQUELOT und seine Mitarbeiter haben diese Schwierigkeiten dadurch umgangen, daß sie für ihre Synthesen das β-Glucoside spaltende Emulsin der Mandelsamen und das α-Glucoside spaltende Ferment der Hefe verwendeten. Diese Fermente verlieren zum Unterschied von den meisten anderen Fermenten ihre Wirkung nicht in alkoholischer Lösung; das Emulsin bleibt auch im 80- bis 95 proz. Alkohol wirksam. Löst man also Glucose in einem Überschuß von Methyl- oder Äthylalkohol und setzt man der Lösung Emulsin hinzu, so stellt man hierdurch sehr günstige Bedingungen für eine Glucosidsynthese her. Da die Wassermenge im Verhältnis zu den großen Mengen der Glucose und des Alkohols gering ist, so tritt eine Verschiebung des Gleichgewichtspunktes zugunsten der Synthese ein, und zwar wird mehr als die Hälfte der Gesamtmenge von Glucose in Form von Glucosid wiedergefunden. Andererseits ist wegen des hohen Prozentgehaltes des Alkohols namentlich nur Emulsin nach dem Massenwirkungsgesetz imstande, eine energische Tätigkeit zu entwickeln; die übrigen etwa vorhandenen Fermente, welche verschiedene Disaccharide synthetisieren könnten, sind in ihrer Wirkung dadurch stark gehemmt, daß die Alkoholmenge bedeutend größer ist, als die Zuckermenge. Alkohol nimmt also vorwiegend an der Reaktion teil.

Die von den Verfassern ausgearbeiteten Versuchsbedingungen gewähren also dem Glucosidferment ein Übergewicht vor allen übrigen Fermenten, und zwar namentlich in der Richtung der Synthese. Wie es immer der Fall ist, zwingen richtig gewählte Bedingungen die Natur unverzüglich klar und bestimmt zu antworten, indes sie bei mangelhaften Versuchsbedingungen immer zweideutige Antworten gibt. In den Versuchen von BOURQUELOT wurden die Glucoside verschiedener Alkohole in Hunderten von Grammen, sogar in Kilogrammen, in reinem krystallinischem Zustande aus reiner Glucose und Alkohol durch die Einwirkung von Fermenten dargestellt. Löst sich die Glucose nicht in einem Alkohole, so kann man in Aceton- oder Essigesterlösung arbeiten. Die Verfasser erhielten auf die beschriebene Weise viele α- und β-Glucoside und Galactoside verschiedener Alkohole, und durch analoge Verfahren auch Disaccharide: Gentiobiose, Galactobiose und andere. Nach diesen Resultaten kann die Möglichkeit der Fermentsynthesen nicht mehr bezweifelt werden. Es ist aber noch ein anderes wichtiges Ergebnis erzielt worden. Läßt man Emulsin in alkoholischer Lösung sowohl auf ein fertiges Glucosid, als auf ein Gemisch von Komponenten dieses Glucosids, nämlich auf Glucose und Alkohol gleichzeitig wirken, so tritt in beiden Fällen das Gleichgewicht bei einer und derselben Konzentration von Glucose und Glucosid ein. So wirkte das Emulsin in einem einschlägigen Versuch in 85 proz. äthylalkoholischer Lösung auf Äthylglucosid und Glucose in gleichen molekularen Konzentrationen. In beiden Fällen stellte sich das Gleichgewicht bei 0,150 vH. Glucose in der Lösung ein. Derselbe Versuch ergab im 60 proz. Alkohol ebenfalls einen und denselben Gleichgewichtspunkt sowohl für die Hydrolyse als für die Synthese, und zwar bei 0,276 vH. Glucose. Für das Methylglucosid wurde das Gleichgewicht im 80 proz. Methylalkohol — bei 0,054 vH. Glucose und im 40 proz. Methylalkohol — bei 0,194 vH. Glucose sowohl für die Hydrolyse, als auch für die Synthese erreicht. Dieselben Resultate wurden mit α-Glucosiden erhalten; wie auch zu erwarten war, erwies sich die Temperatur als belanglos für das Gleichgewicht. Ein ausführlicheres Studium der Kinetik der Glycosidfermente hat gezeigt, daß die Geschwindigkeit sowohl der Hydrolyse als auch der Synthese bei gleichen Konzentrationen des Alkohols und des Zuckers eine und dieselbe ist. Sowohl die Hydrolyse als die Synthese des β-Methylglucosids in 30 proz. Methylalkohol verlaufen bei gleichen molekularen Konzentrationen im gleichen Tempo und das Gleichgewicht tritt in beiden Fällen gleichzeitig ein.

Zeit	Synthese		Hydrolyse	
	Drehung der Polarisationsebene	Drehungs-änderung	Drehung der Polarisationsebene	Drehungs-änderung
0	+ 64'	0'	— 42'	0'
1	+ 58'	6'	— 36'	6'
2	+ 48'	16'	— 26'	16'
4	+ 40'	24'	— 18'	24'
8	+ 28'	36'	— 6'	36'
13	+ 16'	48'	+ 6'	48'
18	+ 12'	52'	+ 10'	52'
	(Gleichgewicht)		(Gleichgewicht)	

Die von BOURQUELOT und seinen Mitarbeitern gelieferten Nachweise genügen also dazu, die Umkehrbarkeit der ·Fermentreaktionen als eine sichergestellte Tatsache anzusehen. Dieser Erfolg ist wohl eine wichtige Errungenschaft auf dem Gebiete der Fermentforschung. Wir können nunmehr eine Vorstellung von dem Mechanismus der Stoffverwandlungen in der lebenden Zelle haben. Ist z. B. eine intensive Stärkebildung in den Plastiden bemerkbar, so sind dort eine starke Zuckerkonzentration und eine geringe Wassermenge zu vermuten; bei der umgekehrten Erscheinung der Stärkehydrolyse muß die Wassermenge bedeutend zunehmen. Im Zellsafte, wo eine stark verdünnte wässerige Lösung verschiedener Stoffe vorliegt, sind synthetische Vorgänge wenig wahrscheinlich. Im Plasma ist dagegen eine große Menge von gallertartigen kolloiden Stoffen und eine verhältnismäßig geringe Wassermenge enthalten; diese Bedingungen sind synthetischen Vorgängen günstig. Die leichte Veränderung des physikalischen Zustandes der Plasmakolloide ist natürlich von großer Bedeutung für die Geschwindigkeit und die Gleichgewichtskonstante der hydrolytischen Fermentreaktionen in der lebenden Zelle.

Bei Ausführung der fermentativen Synthesen muß man womöglich in sirup- und gallertartigen Medien, nicht aber in verdünnten wässerigen Lösungen arbeiten; noch besser verwendet man organische Flüssigkeiten als Lösungsmittel[1]). Die Temperatur muß man nach Möglichkeit steigern, soweit die hohe Temperatur das Ferment selbst nicht schädlich beeinflußt; letzteres kann namentlich in Alkohol und anderen organischen Lösungsmitteln vorkommen. Ein jedes Ferment hat sein spezifisches Temperaturoptimum, bei welchem es intensiver arbeitet, als bei höheren und niedrigeren Temperaturen.

Es muß darauf hingewiesen werden, daß die Untersuchungen von BOURQUELOT und seinen Mitarbeitern nicht nur einen Nachweis der Identität der Fermentvorgänge mit katalytischen Erscheinungen liefern, sondern auch für die Klarlegung der Katalyse von Bedeutung sind. Die OSTWALDsche Theorie erfordert eine Unverschiebbarkeit des Gleichgewichtspunkts bei den katalytischen Vorgängen; dieselbe war bis jetzt durch Untersuchungen über anorganische Katalysatoren nicht nachweisbar. Den einwandfreien Nachweis lieferte schließlich BOURQUELOT mit dem biochemischen Material, welches, wie auch in vielen anderen Fällen, sich geeigneter als das anorganische Material für derartige Arbeiten erwies. Somit wurde die OSTWALDsche Theorie der Katalyse erst durch die BOURQUELOTschen Arbeiten auf eine feste Grundlage gestellt.

In der letzten Zeit beginnt eine neue Richtung der Fermentforschung: es werden verschiedene Versuche gemacht, die chemische Natur dieser Stoffe klarzulegen. Zu diesem Zweck hat man einerseits die präparative Chemie der Fermente ausgearbeitet und die Methoden der Isolierung und Reindarstellung dieser Körper erfunden, anderseits aber verschiedene Methoden angewandt, um den Fermentgehalt in den Geweben zu steigern, wodurch die Isolierung dieser Stoffe erleichtert werden muß.

Die Untersuchungen von WILLSTÄTTER und seinen Mitarbeitern[2]) führten zur Darstellung sehr reiner Fermentpräparate. Zur Ausscheidung und Reinigung der Fermente wurde eine selektive Adsorption verwendet. Wie bereits oben erwähnt, adsorbieren einige Stoffe vorwiegend Teilchen mit bestimmter Ladung; in analoger Weise adsorbiert Lehm in erster Linie saure, und Kaolin basische Stoffe. Die

---

[1]) WILLSTÄTTER und STOLL haben das Chlorophyll aus seinen Komponenten — Chlorophyllid und Phytol — durch Einwirkung des Fermentes Chlorophyllase auf Chlorophyllid in Phytollösung dargestellt.

Unter natürlichen Verhältnissen besteht die Funktion der Chlorophyllase wahrscheinlich darin, daß sie Chlorophyll synthetisch aufbaut. In der letzten Zeit sind verschiedene Fermente beschrieben worden, die ihre Aktivität in wässerigem Alkohol und anderen organischen Lösungsmitteln nicht einbüßen.

[2]) WILLSTÄTTER, R. u. STOLL, A.: Liebigs Ann. d. Chem. Bd. 416, S. 21. 1918. — WILLSTÄTTER, R. u. RACKE, F.: Ebenda Bd. 425, S. 1. 1921 u. Bd. 427, S. 111. 1922. — WILLSTÄTTER, R., OPPENHEIMER, T. u. STEIBELT, W.: Zeitschr. f. physiolog. Chem. Bd. 110, S. 232. 1920. — WILLSTÄTTER, R. u. STEIBELT, W.: Ebenda Bd. 111, S. 157. 1920. — WILLSTÄTTER, R. u. KUHN, R.: Ebenda Bd. 116, S. 53. 1921. — WILLSTÄTTER, R. u. CSANYI, W.: Ebenda Bd. 117, S. 172. 1921. — WILLSTÄTTER, R., GRASER, J. u. KUHN, M.: Ebenda Bd. 123, S. 1. 1922. — WILLSTÄTTER, R. u. WASSERMANN, W.: Ebenda Bd. 123, S. 181. 1922. — WILLSTÄTTER, R. u. WALDSCHMIDT-LEITZ, E.: Ber. d. Dtsch. Chem. Ges. Bd. 54, S. 2988. 1921. — WILLSTÄTTER, R.: Ebenda Bd. 55, S. 3601. 1922 (Übersicht der vorhergehenden Arbeiten).

einen Fermente erwiesen sich als schwache Säuren (Lipase), die anderen als schwache Basen (Trypsin), die dritten als amphotere (S. 74) Körper. Auf Grund dieser Erfahrungen gestaltet sich die Trennung der Lipase, Amylase und Trypsin im Pancreassafte folgendermaßen: Lehm adsorbiert alle drei ungereinigten Fermente, doch wird diese Adsorption hauptsächlich durch die mit den Fermenten mitgerissenen Beimischungen bedingt. Nach der Umladung des Lehms entfernt sich die saure Lipase von der Oberfläche und geht in die Lösung über; die übrigen, weniger sauren und gar basischen (Trypsin) Fermente bleiben größtenteils adsorbiert. Durch Wiederholung derartiger Verfahren gelingt es, die Fermente quantitativ voneinander zu trennen; alsdann beginnt ihre Reinigung. Das durch Lehm adsorbierte Invertin der Hefe enthält etwa 65 bis 75 vH. Beimischungen, die zum größten Teil aus Hefegummi bestehen. Mit fortschreitender Reinigung wird die Adsorptionskraft der Fermente gesteigert; sie übertrifft bei weitem diejenige der Begleitstoffe. Daher wird das mehr oder weniger reine Invertin auch vom Kaolin adsorbiert, indes Hefegummi in der Lösung bleibt und auf diese Weise abgetrennt werden kann. Nun ist es möglich, die von der Hauptmenge der Begleitstoffe abgetrennten Fermente weiterhin durch Methoden zu reinigen, die für die ursprünglichen Rohpräparate nicht anwendbar sind. Die Hauptschwierigkeit der präparativen Fermentdarstellung besteht namentlich in der Notwendigkeit, unbedeutende Mengen der Kolloide aus dem Gemisch mit großen Mengen der Begleitkolloide zu isolieren. Ist es einmal gelungen, die Reinigung so weit zu führen, daß das Präparat zum größten Teil aus dem Ferment selbst besteht, so kann die weitere Arbeit zwar mit bedeutendem Stoffverlust verbunden sein, doch keine außergewöhnlichen Schwierigkeiten mehr darbieten. Die Reinigung des Invertins ist soweit gebracht worden, daß die Präparate keine Spuren von Eiweißstoffen oder Kohlenhydraten enthalten, und die Konzentration des Ferments 1600 mal größer ist, als in der lebenden Hefe. Dabei erwies es sich, daß Invertin phosphorfrei ist. Sehr gut gereinigt sind auch Lipase und Peroxydase; letztere ist eisenfrei und stellt einen rotbraun gefärbten Körper dar, indes die gereinigten Präparate der übrigen Fermente farblos sind. Somit kann man hoffen, daß man nach kurzer Zeit Fermentpräparate von konstanter Zusammensetzung erhalten wird, wonach die Feststellung ihrer chemischen Struktur nicht lange mehr auf sich warten lassen muß.

Die Anreicherung der Gewebe mit Fermenten wird durch Autolysierung erreicht. Dabei werden die einen Fermente zerstört, die anderen häufen sich aber in verstärktem Maße an[1]).

---

[1]) v. EULER, H. u. BLIX, R.: Zeitschr. f. physiolog. Chem. Bd. 105, S. 83. 1919. — v. EULER, H. u. LAURIN, J.: Ebenda Bd. 106, S. 312. 1919. — v. EULER, H. u. SVANBERG, O.: Ebenda Bd. 107, S. 269. 1919. — PALLADIN, W. u. POPOFF, E.: Biochem. Zeitschr. Bd. 128, S. 487. 1922. — PALLADIN, W. u. MANSKY: Ebenda Bd. 135, S. 142. 1923. — OPARIN, A. u. BACH, A.: Biochem. Zeitschr. Bd. 148, S. 476. 1924.

Die soeben beschriebene neue Richtung der Fermentforschung ist sehr zu begrüßen. Viel zu lange hat in der Wissenschaft eine andere, weniger willkommene Betrachtungsweise vorgeherrscht, welche sich einerseits mit theoretischen Auseinandersetzungen begnügte, andererseits aber viele Arbeiten zutage gebracht hat, welche das Fermentproblem kaum ihrer Lösung nähern. Diese Richtung hat auch heute noch Anhänger zu verzeichnen.

Ihre Grundzüge bestehen im folgenden. Gelingt es, eine Stoffumwandlung im Organismus nach vorsichtiger Abtötung des Protoplasmas zustande zu bringen, so wird diese chemische Reaktion als ein Fermentvorgang bezeichnet. Um die genannte Behauptung zu beweisen, begnügte man sich mit der Feststellung der Tatsache, daß die Reaktion nach Erwärmung des Materials auf 100° ausbleibt. Namentlich diesen Beweis bestrebten sich viele Forscher zu erbringen, die Erforschung der chemischen Seite der fermentativen Vorgänge wurde dagegen vernachlässigt, und nur die neueste Biochemie hat dieses für die Physiologie so wichtige Problem in den Vordergrund gerückt. Man war irrtümlicherweise der Ansicht, daß ein Nachweis der fermentativen Natur eines bestimmten Vorganges das Wesen dieses Vorganges begreiflicher macht und das Interesse des Forschers befriedigt. Es ist einleuchtend, daß ein derartiger Standpunkt ganz irrig ist: wir haben uns bereits davon vergewissert, daß der Katalysator nur die Geschwindigkeit der chemischen Reaktion verändert, und daß also ein Nachweis der Katalyse den Weg zur Aufklärung des Wesens einer Stoffumwandlung nicht anzeigt.

Außerdem ist die obige experimentelle Methodik wenig zuverlässig und kann daher zu schweren Irrtümern führen. Vor allem ist es nicht zulässig, auf eine Fermentwirkung deshalb zu schließen, weil die Reaktion nach dem Kochen des Materials zum Stillstand gelangt. In Gegenwart großer Kolloidmengen (die in einem jeden Pflanzenmaterial enthalten sind) kann der Stillstand der Reaktion nach dem Aufkochen von verschiedenartigen Ursachen abhängen. Besonders gewagt ist es, in derartigen Fällen die Entdeckung eines neuen Ferments zu beanspruchen, wie es nur zu oft geschieht. Eine derartige Behauptung stützt sich nicht auf experimentelle Nachweise, sondern auf die voreilige Annahme, daß ein jedes Ferment nur einen bestimmten Stoff spalten kann. Daher wird die Nomenklatur durch unzählige Namen der neu entdeckten Fermente überschwemmt, indes die Fermente selbst manchmal nicht in der lebenden Zelle, sondern nur in der Einbildung ihrer Erfinder existieren. Wir haben uns denn auch bereits vergewissert, daß eine streng spezifische Wirkung der Fermente nur in bezug auf die räumlichen Isomere zu verzeichnen ist.

Einige Forscher haben die Annahme gemacht, daß Fermente von denselben Substanzen abgespalten werden, welche alsdann einer fermentativen Verarbeitung unterliegen. Dieser Ansicht zufolge ist also die chemische Natur der Fermente derjenigen der zu verarbeitenden Stoffe ähnlich. Vor allem wurde darauf hingewiesen, daß verschiedenartige Kohlenhydrate durch Einwirkung des gasförmigen Chlorwasserstoffs und nachher des Ammoniaks Diastase, das stärkehydrolisierende Ferment, abspalten[1]). Alsdann wurde die Ansicht ausgesprochen, daß proteolytische Fermente nichts anderes als bestimmte Mischungen der Aminosäuren seien[2]). In der letzten Zeit wird behauptet, daß Diastase von der Stärke unter dem Einfluß des gekochten Speichels oder gar der Asche des Speichels[3]) abgespalten wird. Andererseits wurde die Anschauung entwickelt, daß Aldehyde wie z. B. Formaldehyd unter bestimmten Verhältnissen auf die Stärke ganz analog der Diastase wirken[4]). Dieselben einfachen Schemata

---

[1]) Panzer, Th.: Zeitschr. f. physiolog. Chem. Bd. 93, S. 316. 1914 u. S. 339 1915; Bd. 94, S. 10. 1915.

[2]) Herzfeld: Biochem. Zeitschr. Bd. 68, S. 402. 1915.

[3]) Biedermann: Fermentforschung Bd. 1, S. 385 u. 474. 1916; Bd. 2, S. 458. 1917; Bd. 3, S. 70. 1919; Bd. 4, S. 458. 1919; Bd. 8, S. 395. 1919; Bd. 9, S. 122. 1919 u. a.

[4]) Woker, Gertrud: Ber. d. Dtsch. Chem. Ges. Bd. 49, S. 2311. 1916; Bd. 50,

wurden auch zur Erklärung der Wirkung von oxydierenden und reduzierenden Fermenten vorgeschlagen[1]). Allen diesen Versuchen wurden verschiedene kritische Bemerkungen und experimentelle Widersprüche entgegengesetzt[2]), so daß eine Lösung des aufgeworfenen Problems noch nicht erbracht ist. Die Vorstellungen von dem Wesen der Fermente verändern sich allerdings schnell[3]), und große Entdeckungen auf dem Gebiete der Fermentforschung werden wohl nicht lange auf sich warten lassen. Ihre Folgen sowohl für die theoretische Wissenschaft als auch für die technischen Betriebe werden unermeßlich sein.

Die Frage der allgemeinen Regulierung der Fermentwirkungen wird im zweiten Teil des Buches im Zusammenhange mit den übrigen Problemen, die sich auf Regulationen und Koordinationen beziehen, erörtert werden. Hier, im chemischen Teil, haben wir nur die Notwendigkeit des regulatorischen Prinzips zu besprechen und die regulierenden Faktoren zu erörtern.

Vor kurzer Zeit haben einige Forscher in Anbetracht der vielversprechenden Erfolge der Fermentforschung sich dahin ausgedrückt, daß die Untersuchung der Fermentwirkung allein eine erschöpfende Lösung sämtlicher Probleme der Stoffumwandlungen in der lebenden Zelle liefern könne[4]). Derartige Ansichten sind zur Zeit wohl als überwunden anzusehen. Stellt man ein Gemisch von allen Fermenten, die sich in einer Zelle befinden, dar, so erinnert die Gesamtheit ihrer Wirkungen nicht im geringsten an die biochemischen Prozesse, die sich im Protoplasma abspielen. Für das Stattfinden der Lebensvorgänge ist außer den Fermenten noch die planmäßige maschinenartige Struktur der lebenden Zelle erforderlich; dieselbe bewirkt es, daß biochemische Reaktionen nicht zufällig, sondern koordiniert verlaufen.

Die Arbeiten PALLADINS[5]) und seiner Mitarbeiter zeigen ganz deutlich, daß, wenn man das Protoplasma durch mechanische Einwirkungen abtötet, mit anderen Worten, die planmäßige innere Struktur der Zelle zerstört, so beginnen die Fermente auf dieselbe Weise zu arbeiten, wie die einzelnen Teile einer zerstörten chemischen Fabrik, wo alle Substanzen und Produkte untereinander vermischt sind.

In der getöteten Zelle tritt eine Zerstörung vieler Fermente durch andere Fermente ein; die Fermente sind außerdem vor den verschie-

---

S. 679. 1917; Bd. 51, S. 790. 1918; Biochem. Zeitschr. Bd. 99, S. 307. 1919. — MAGGI, H.: Fermentforschung Bd. 2, S. 304. 1919.

[1]) BEGEMANN, O. H. K.: Pflügers Arch. f. d. ges. Physiol. Bd. 161, S. 45. 1915.

[2]) WOHLGEMUTH: Biochem. Zeitschr. Bd. 94, S. 213. 1919. — JACOBI, KAUFMANN, LEVITE u. SALLINGER: Ber. d. Dtsch. Chem. Ges. Bd. 53, S. 681. 1920. — SALLINGER: Fermentforschung Bd. 2, S. 449. 1919. — SCHULZ: Ebenda Bd. 3, S. 72. 1919 u. a.

[3]) Vgl. z. B. PALLADIN, W. u. POPOFF, E.: Biochem. Zeitschr. Bd. 128, S. 487. 1922. — PALLADIN, W. u. MANSKY, S.: Ebenda Bd. 135. S. 142. 1923.

[4]) Vgl. z. B. HÖBER, R.: Physikalische Chemie der Zelle und Gewebe. 2. Aufl. S. 364. 1906.

[5]) PALLADIN, W.: Die Arbeit der Fermente in lebenden und getöteten Pflanzen 1910. — Ders.: Fortschritte der naturwissenschaftlichen Forschung Bd. I. 1910. — PETRUSCHEWSKY, A.: Zeitschr. f. physiolog. Chem. Bd. 50, S. 251. 1907. — KORSAKOW, M.: Ber. d. botan. Ges. Bd. 28, S. 334. 1910 und viele andere.

denen störenden Faktoren nicht geschützt, und es entstehen infolgedessen in abgetöteten Zellen oft Stoffe, die bei normalen physiologischen Vorgängen nicht zum Vorschein kommen.

Zum Schluß sind noch Faktoren zu betrachten, die zur Regulierung und Koordination der Fermentwirkungen dienen. Stoffe, welche die Arbeit der Fermente hemmen, werden als Antifermente bezeichnet[1]). Ihre Natur ist ebensowenig bekannt, wie diejenige der Fermente selbst. Es ist wahrscheinlich, daß die Wirkung der Antifermente oft mit den Grenzflächenerscheinungen im Zusammenhange steht und auf die Adsorption der Fermente, welche dabei in inaktive „Zymogene" übergehen, zurückzuführen ist[2]). Neuerdings sind künstliche Zymogene des Fermentes Urease durch Einwirkung der Metalle Nickel, Kobalt, Kupfer und namentlich Zink erhalten worden[3]).

Aus diesen Zymogenen kann die Urease regeneriert werden. Die anderen Fermente erfordern zur Überführung in künstliche Zymogene andere Einwirkungen. In der lebenden Zelle findet die Umwandlung der Zymogene in aktive Fermente mittels sogenannter Kinasen statt, deren Natur und Wirkungsweise noch sehr ungenügend erforscht sind. Von den Kinasen sind die sogenannten Kofermente scharf zu unterscheiden; letztere bewirken keine Umwandlung der Zymogene in die aktive Form; sie stimulieren vielmehr die Arbeit der bereits aktiven Fermente[4]).

Der Begriff Koferment ist durchaus nicht klar präzisiert. Einerseits wird als Koferment oft ein für die Fermentprozesse geeignetes Medium bezeichnet. So ist z. B. für die meisten Fermente ein schwach saures Medium günstig; doch verlangen einige Fermente schwach alkalisches Medium. Das Chymosin ist nur in Gegenwart von Calciumsalzen aktiv. Viele andere Kofermente sind Substanzen von scheinbar recht komplizierter Zusammensetzung; ihre Wirkung ist vielleicht oft eine indirekte[5]). Überhaupt muß man im Auge behalten, daß die Angaben über die Begleitstoffe der Fermente äußerst lückenhaft und wenig durchsichtig sind[6]).

---

[1]) Czapek, F.: Ber. d. botan. Ges. Bd. 20, S. 464. 1902; Bd. 21, S. 4. 1903. — Hedin, S. G.: Biochem. journ. Bd. 1, S. 474 u. 483. 1906. — Jacobi: Biochem. Zeitschr. Bd. 34, S. 485. 1911.

[2]) Vines, S.: Ann. of botany Bd. 11. 1897. — Frankfurt, S.: Landw. Versuchsst. Bd. 47, S. 449. 1897. — Green, F.: Ann. of botany Bd. 7, S. 121. 1893 u. a.

[3]) Jacobi, M.: Biochem. Zeitschr. Bd. 104, S. 316. 1921; Bd. 128, S. 80. 1922. — Jacobi, M. u. Shimizu, F.: Ebenda Bd. 128, S. 89, 95 u. 100. 1922.

[4]) Detmer, W.: Zeitschr. f. physiol. Chem. Bd. 7, S. 1. 1882. — Hérissey: Cpt. rend. hebdom. des séances de l'acad. des sciences Bd. 143, 49. 1901. — Starkenstein: Biochem. Zeitschr. Bd. 24, S. 210. 1910.

[5]) Harden, A. and Young: Journ. of physiol. Bd. 22. 1904; Proc. of the roy. soc. of London (B), Bd. 77, S. 405. 1906; Bd. 78, S. 369. 1906; Bd. 80, S. 299. 1908; Bd. 81, S. 336. 1909; Bd. 82, S. 321. 1910. — Abderhalden, E. u. Wertheimer, E.: Fermentforschung Bd. 6, S. 1. 1922.

[6]) Palladin nimmt an, daß auch der Begriff „Zymogen" einer gründlichen Revision bedarf. Vgl. Palladin u. Mansky: Biochem. Zeitschr. Bd. 135, S. 142. 1923.

Zum Schluß ist noch darauf hinzuweisen, daß einige Fermente sich nur innerhalb der Zellen vorfinden und daher als intracellulare Fermente bezeichnet werden. Die sogenannten extracellularen Fermente werden dagegen von den Zellen in das umgebende Medium ausgeschieden und bewirken dort bestimmte Stoffumwandlungen.

Die Klassifikation und Charakteristik der Pflanzenfermente[1]).

Hydrolysierende Fermente. In diese Gruppe gehört die überwiegende Mehrzahl der bisher bekannten Fermente. Die rationelle Nomenklatur besteht im folgenden: Das Ferment wird nach dem Stoff benannt, den es spaltet (oder synthetisiert) mit der Endung ase. Einige längst bekannte Fermente behalten allerdings ihre zufälligen, nicht rationellen Benennungen, welche sich so eingebürgert haben, daß man vollkommen berechtigt ist, dieselben neben den rationellen Benennungen zu gebrauchen.

Die Fermente der Kohlenhydrathydrolyse. Diastase oder Amylase ist ein Ferment, welches die Stärke zum Disaccharid Maltose spaltet. Dieses Ferment ist als erstes entdeckt und studiert worden[2]).

An der Diastase ist auch zum erstenmal das quantitative Verhältnis zwischen Ferment und Substrat dargetan worden. Das Temperaturoptimum ist $50° — 55°$ C, die Reaktion muß schwach sauer sein. Cytase, ein Ferment, das Cellulose hydrolysiert, ist ebenso verbreitet, wie die Diastase. Pektinase ist ein Ferment, welches die Substanz der Mittellamellen der Zellwandungen hydrolysiert. Inulase spaltet Inulin, ein der Stärke nahe stehendes Polysaccharid, welches aber bei vollständiger Hydrolyse nicht Glucose, sondern Fructose liefert. Glycogenase spaltet das Glycogen, ein anderes Polysaccharid.

Trisaccharide werden durch spezifische Fermente zu Disacchariden und freien Hexosen hydrolysiert. Hierzu gehören z. B. Melizitase und Raffinase, welche die Trisaccharide Melizitose und Raffinose hydrolysieren. Die hierbei entstehenden Disaccharide werden durch andere spezifische Fermente in freie Monosen zerlegt.

Die ganz spezifische Wirkung aller dieser Fermente äußert sich darin, daß, obgleich alle Hydrolysen der Disaccharide nach der einfachen Gleichung

$$C_{12}H_{22}O_{11} + H_2O = 2 C_6H_{12}O_6$$

vor sich gehen, ein jedes Disaccharid dennoch nur durch sein eigenes Ferment zerlegt werden kann. Auch in dem Falle, wo die Spaltungsprodukte von zwei stereoisomeren Disacchariden identisch sind, kann ihre Spaltung nur durch zwei verschiedene Fermente hervorgebracht werden.

---

[1]) Hier ist nur eine kurze Übersicht der Pflanzenfermente zur anfänglichen Orientierung gegeben. Bei der Beschreibung der einzelnen Stoffumwandlungen in den Pflanzen werden weitere Angaben mitgeteilt werden. Spezielle Fachliteratur über Fermente: v. EULER, H.: Chemie der Enzyme. 2. Aufl. 1920. — OPPENHEIMER: Die Fermente und ihre Wirkungen. 4. Aufl. 1913: u. a.

[2]) PAYEN et PERSOZ: Ann. de chim. et de physique (2), Bd. 53, S. 73. 1833.

Invertin (Invertase) oder **Saccharase** spaltet den Rohrzucker zu Glucose und Fructose, auch α-Fructoside werden zerlegt, indes β-Fructoside, Glucoside und Galactoside durch dieses Ferment unangreifbar sind. Invertase ist in den Pflanzen allgemein verbreitet und die Kinetik ihrer Wirkung ist gut bekannt. Als Koferment erfordert Invertase Wasserstoffionen. **Trehalase, Maltase** und **Cellase** zersetzen Trehalose, Maltose und Cellobiose in zwei Moleküle α-Glucose; **Lactase** spaltet Lactose (Milchzucker) in Glucose und Galactose.

Emulsin oder β-Glucosidase spaltet alle β-Glucoside. Die von diesem Ferment grundverschiedene α-Glucosidase spaltet α-Glucoside. Oben wurde bereits erwähnt, daß hier ein besonders durchsichtiger Fall der Spezifität von Fermentwirkungen vorliegt. Außer den genannten Glucosidasen wurden noch einige andere beschrieben, die eine Spaltung der Glucoside von eigentümlicher Struktur bewirken. Unter diesen wollen wir das in den **Cruciferen** gefundene Ferment **Myrosin** erwähnen, welches Sinigrin spaltet:

$$\underset{\text{Sinigrin}}{C_3H_5N\!=\!C\!\!\begin{cases}O\!-\!SO_2OK\\S\!-\!C_6H_{11}O_5\end{cases}} + H_2O \rightarrow \underset{\text{Glucose}}{C_6H_{12}O_6} + KHSO_4 + \underset{\text{Allylsenföl}}{C_3H_5\!-\!N\!=\!C\!-\!S.}$$

Die physiologische Bedeutung dieses Prozesses ist bisher unbekannt geblieben.

Die Fermente der Fettspaltung bezeichnet man als **Lipasen**; sie bewirken die Spaltung der Fette in Glycerin und freie Fettsäuren. So wird z. B. das Triolein folgendermaßen gespalten:

$$CH_2(O_2C.C_{17}H_{33}).CH(O_2C.C_{17}H_{33}).CH_2(O_2C.C_{17}H_{33}) + 3\,H_2O =$$
$$\underset{\text{Glycerin}}{CH_2OH.CHOH.CH_2OH} + 3\,\underset{\text{Ölsäure}}{C_{17}H_{33}COOH.}$$

Die Individualität der einzelnen Lipasen läßt sich nicht leicht feststellen, weil die Individualität der einzelnen Fette ebenfalls nicht leicht dargetan werden kann.

Die Ester der verschiedenen Säuren werden durch die sogenannten **Esterasen** hydrolysiert, die sich von den Lipasen freilich kaum unterscheiden. Unter diesen Fermenten sind vorläufig folgende zu erwähnen.

Glycerophosphatase ist ein Ferment, welches Glycerinphosphorsäure, einen wichtigen Bestandteil der Lecithine, in Glycerin und Phosphorsäure spaltet:

$$CH_2OH.CHOH.CH_2.O.PO(OH)_2 + H_2O = CH_2OH.CHOH.CH_2OH + H_3PO_4.$$

Hexosephosphatase hydrolysiert Hexosediphosphorsäure, die bei der alkoholischen Zuckergärung allem Anschein nach eine wichtige Rolle spielt. Man nimmt an, daß Hexosephosphatase sowohl Bildung als Spaltung der Hexosediphosphorsäure hervorruft. Dies geschieht nach folgender Gleichung:

$$C_6H_{12}O_6 + 2\,R_2HPO_4 \rightleftarrows C_6H_{10}O_4(R_2PO_4)_2 + 2\,H_2O.$$

Sulfatase, ein neuerdings aus der sogenannten Takahefe dargestelltes Ferment[1]) hydrolysiert Äther-Schwefelsäureverbindungen. Phytase spaltet Phytin oder Inositphosphorsäure nach folgender Gleichung:

$$C_6H_6(O.H_2PO_3)_6 + 6\,H_2O = C_6H_6(OH)_6 + 6\,H_3PO_4.$$

Chlorophyllase ist in Laubblättern enthalten; sie spaltet Chlorophyll zu Chlorophyllid und Phytol. Dasselbe Ferment regeneriert Chlorophyll aus seinen soeben erwähnten Komponenten.

$$C_{32}H_{30}N_4OMg(COO.CH_3).(COO.C_{20}H_{39}) + H_2O \rightleftharpoons$$
Chlorophyll

$$C_{32}H_{30}N_4OMg(COO.CH_3).COOH + C_{20}H_{39}OH.$$
Chlorophyllid · · · Phytol

Die Fermente der Eiweißspaltung teilt man in folgende vier Gruppen ein: Proteinasen oder Proteasen[2]), die Eiweißstoffe zu Peptonen spalten, Ereptasen oder Peptasen, die Peptone in krystallinische Aminosäuren zerlegen, Tryptasen, die einzelne Aminosäuren direkt von den Proteinkomplexen abspalten[3]), und schließlich Desaminasen und Desamidasen, welche Aminosäuren zerlegen. Da aber die Individualität und gar die elementare Zusammensetzung vieler einzelner Eiweißkörper bisher nicht festgestellt worden sind, so ist es nicht immer leicht, die an der Eiweißspaltung beteiligten einzelnen Fermente zu identifizieren, um so mehr, als die Eiweißspaltung gewöhnlich mit großer Intensität verläuft und das Stadium der Aminosäurenbildung schnell erreicht; zur Entdeckung der Zwischenstufe der Peptonbildung sind oft spezielle Kunstgriffe erforderlich. Die Anwesenheit von Proteasen ist mit Gewißheit festgestellt worden in keimenden Samen und Früchten, namentlich aber in den Insektivoren[4]), wo dieselben als extracellulare Fermente wirksam sind. Peptasen (und Tryptasen) sind allgemein verbreitet. Die Mehrzahl dieser Fermente erfordert eine schwach saure Reaktion; einige wirken aber besser in schwach alkalischer Lösung. Das Wesen der Peptasewirkung ist an folgender Dipeptidspaltung zu ersehen:

$$NH_2.CH_2.CO.NH.CH_2.COOH + H_2O = 2\,NH_2.CH_2.COOH.$$
Glycylglycin · · · Glycocoll

[1]) KURONO, K. u. NEUBERG, C.: Biochem. Zeitschr. Bd. 140, S. 295. 1923. — NEUBERG, C. u. LINHARDT, K.: Ebenda Bd. 142, S. 191. 1923. — NOGUCHI, J.: Ebenda Bd. 144, S. 138. 1924.

[2]) Neuerdings wurde die Ansicht entwickelt, daß die Peptisation der Eiweißstoffe keine Hydrolyse, sondern eine Veränderung des dispersen Zustandes der Zellkolloide ist, und also einen rein physikalischen Vorgang darstellt. Danach wären Proteasen keine hydrolysierenden Fermente, vielleicht gar überhaupt keine Fermente. Vgl. dazu PEROFF, S.: Mitt. d. milchwirtschaftlichen Instituts in Wologda Bd. 2, S. 163. 1921; auch INICHOW: Biochem. Zeitschr. Bd. 131, S. 47. 1922.

[3]) Die Existenz von diesen Fermenten wird von einigen Forschern in Abrede gestellt.

[4]) VINES: Journ. of the Linn. soc. Bd. 15, S. 427. 1877. — Ders.: Ann. of botany Bd. 11, S. 563. 1897; Bd. 12, S. 545. 1898; Bd. 15, S. 563. 1901. — GOEBEL: Pflanzenbiologische Schilderungen Bd. 2, S. 186. 1893. — ABDERHALDEN u. TERUUCHI: Zeitschr. f. physiol. Chem. Bd. 49, S. 1. 1906 u. a.

Desamidasen muß man nach den neuesten Ansichten[1]) von den Desaminasen scharf unterscheiden; erstere verseifen nur die Amidogruppe $CONH_2$, letztere zersetzen aber die Aminogruppe $CHNH_2$. Die Desaminierung gestaltet sich oft als ein Oxydationsvorgang, z. B.:

$$C_6H_5.CH_2.CH(NH_2).COOH + O = C_6H_5.CH_2.CO.COOH + NH_3.$$

An einem derartigen Prozeß beteiligen sich also die oxydierenden Fermente[2]). Die Desaminasen, im engeren Sinne des Wortes, bewirken dagegen nur hydrolytische Spaltungen:

$$R.CH(NH_2).COOH + H_2O = R.CHOH.COOH + NH_3.$$

Auch hier findet aber gewöhnlich Oxydation auf den Zwischenstufen der Reaktion statt. Zu den Desaminasen kann man auch das Ferment Arginase hinzuziehen, welches die Abspaltung des Harnstoffs vom Argininmolekül laut folgender Gleichung hervorruft:

$$\frac{HN}{H_2N}{>}C-NH-CH_2-CH_2-CH_2-CH(NH_2)-COOH + H_2O =$$

Arginin

$$H_2N-CO-NH_2 + H_2N-CH_2-CH_2-CH_2-CH(NH_2)-COOH.$$

Harnstoff   Ornithin

Diese Reaktion ist als eine Bildungsmöglichkeit des Harnstoffs sowohl im tierischen als im pflanzlichen Organismus anzusehen. Der Harnstoff selbst wird durch das Ferment Urease gespalten, welches man in die Gruppe der Desamidasen einreihen kann:

$$H_2N-CO-NH_2 + H_2O = 2NH_3 + CO_2.$$

Eiweißkoagulierende Fermente sind in den Pflanzen sehr verbreitet. Sie wurden in den Früchten des Melonenbaumes (Carica papaya), in den Verdauungsdrüsen der insektenfressenden Pflanzen, und darauf in verschiedenen anderen Samenpflanzen und Pilzen gefunden. Die physiologische Bedeutung dieser Fermente ist nicht genau festgestellt worden; es ist nicht unwahrscheinlich, daß sie bei den wichtigen Veränderungen des dispersen Zustandes der Plasmakolloide eine aktive Rolle spielen. Die Nucleasen spalten Nucleinsäuren unter Bildung von Purin- und Pyrimidinbasen. Die Nucleinsäuren sind ein Bestandteil der stabilen Proteide der Zellkerne und bilden somit ein Baumaterial des Zellgerüstes. Es ist daher nicht unwahrscheinlich, daß Nucleasen in der Zelle nicht nur hydrolytische, sondern oft auch synthetische Vorgänge bewirken; zugunsten dieser Annahme spricht auch der Umstand, daß Nucleasen in keimenden Samen und in jungen wachsenden Organen besonders verbreitet sind.

Die oxydierenden und reduzierenden Fermente. Diese Stoffe sind vielleicht nicht immer als echte Fermente zu bezeichnen, da darunter erstens die labilen Peroxyde mit einem hohen Oxydationspotential, und zweitens solche chemische Verbindungen zu zählen sind, die an

---

[1]) BUTKEWITSCH, W.: Festschr. f. K. A. TIMIRIASEFF. S. 457. 1916.
[2]) OPARIN, A.: Biochem. Zeitschr. Bd. 124, S. 90. 1921.

verschiedenen gekoppelten Reaktionen teilnehmen und hierbei selbst verändert werden. Somit wären die Oxydations- und Reduktionsprozesse, nach dem heutigen Sachverhalt, in einigen Fällen als Erscheinungen der chemischen Induktion anzusehen. Dasselbe ist auch hinsichtlich der meisten anorganischen Oxydationskatalysatoren zu bemerken. Der Mechanismus aller dieser Reaktionen ist verhältnismäßig ausführlich studiert worden. Näheres darüber findet man im Kapitel VIII, wo Atmung und Oxydationsvorgänge der Pflanzen besprochen werden.

Die unbeständigen Substanzen vom Peroxydtypus führen den Namen Oxygenasen. Ihre chemische Natur ist bis jetzt unbekannt, doch sind sie allem Anschein nach organische Substanzen. Die reduzierten Oxygenasen, die den labilen Sauerstoff abgespalten haben, nennt man Oxydasen. Die Oxydasen gehen unter Sauerstoffaufnahme wieder in Oxygenasen über. Diese Sauerstoffaufnahme kann man in vielen Fällen direkt gasanalytisch feststellen. Manchmal ist sie auch an dem Farbenumschlag des Materials zu erkennen. Beim Zerschneiden eines Apfels, einer Birne und einiger anderer Früchte nimmt z. B. die Schnittfläche sofort eine bräunliche Färbung infolge starker Sauerstoffaufnahme durch Oxydasen an, da letztere in der unversehrten Frucht vor freiem Luftzutritt geschützt waren.

Es ist einleuchtend, daß der Übergang des Sauerstoffs aus dem molekularen Zustand in die Peroxydform von einer bedeutenden Erhöhung des Oxydationspotentials begleitet wird, so daß durch die Mitwirkung von Oxydasen Substanzen oxydiert werden können, die den Luftsauerstoff direkt nicht binden. Die Potentialsteigerung kann durch Eingreifen der sogenannten Peroxydasen noch weiter schreiten. Peroxydasen sind Fermente, die zwar keinen Luftsauerstoff aufnehmen, doch verschiedene Peroxyde, darunter auch Hydroperoxyd, aktivieren. Letzteres wirkt z. B. äußerst langsam auf Hydrochinon und die übrigen zweiwertigen Phenole ein; nach Zugabe von Peroxydase findet aber die Oxydation sofort statt.

Die oxydierenden Fermente der Pflanzen wirken besonders energisch auf Polyphenole ein. Das erste oxydierende Ferment, die Laccase, ist aus dem japanischen Lackbaum Rhus vernicifera[1]), dessen Saft an der Luft schwarz wird und einen ausgezeichneten Lack ergibt, dargestellt worden. Die Lackbildung ist also ein Oxydationsvorgang. Es ist sehr bemerkenswert, daß ein Laccasepräparat aus Medicago sativa, sich nach peinlicher Reinigung als ein Gemisch von Calciumsalzen einiger Oxysäuren erwies[2]). Hieraus ist unter anderem ersichtlich, daß die oxydierenden Fermente der Pflanzen nicht unbedingt organische Derivate des Mangans oder des Eisens zu sein brauchen, obgleich die Salze der beiden genannten Metalle die Arbeit der oxydierenden Fermente stimulieren und in vielen Fermentpräparaten enthalten sind[3]).

---

[1]) Yoshida: Journ. of the chem. soc. (London) Bd. 43, S. 472. 1883.
[2]) v. Euler, H. u. Bolin, I.: Zeitschr. f. physiol. Chem. Bd. 61, S. 1. 1909.
[3]) Bertrand, G.: Ann. de chim. et de physique (7), Bd. 12, S. 115. 1897. — Ders.: Cpt. rend. hebdom. des séances de l'acad. des sciences Bd. 124, S. 1032.

Tyrosinase, ein Ferment, das Tyrosin in verschiedene dunkel gefärbte Produkte der gleichzeitigen Oxydation und Polymerisation [1]) verwandelt, befindet sich in verschiedenen Hutpilzen und Wurzeln der Samenpflanzen; sie ist ein allgemein verbreiteter Stoff. Oenoxydase ist in verschiedenen saftigen Früchten enthalten; sie oxydiert, allem Anschein nach die Gerbstoffe und ruft die braune Färbung des Fruchtsaftes an der Luft hervor. Alkoholoxydase der Essigsäurebakterien ist wahrscheinlich nicht ein Sauerstoff-, sondern ein Wasserstoffaktivator, da der Vorgang der Essigsäuregärung unter geeigneten Bedingungen auch bei Sauerstoffabschluß stattfinden kann. Nähere Angaben darüber sind im Kap. VIII mitgeteilt.

Die Peroxydase der Meerrettichwurzel ist ein günstiges Objekt für Versuche über fermentative Oxydationen, da sie durch die neueren präparativen Methoden in sehr reinem Zustande dargestellt werden kann [2]). Die reduzierenden Fermente oder Reduktasen sind ihrer Wirkungsweise nach den oxydierenden Fermenten sehr ähnlich. Die Reduktionsvorgänge spielen eine wichtige Rolle im Pflanzenleben und die Höhe des Reduktionspotentials ist in einigen Fällen überraschend. Die nicht nur für Pflanzen, sondern für die gesamte organisierte Welt wichtige biochemische Reaktion, nämlich der Aufbau der organischen Stoffe aus Kohlendioxyd und Wasser, ist ihrem Wesen nach nichts anderes, als ein großartiger Reduktionsvorgang, der mit einer enormen Steigerung des chemischen Potentials verbunden ist:

$$H_2CO_3 = H_2CO + O_2.$$

Die Assimilation des Nitratstickstoffs durch die Pflanzen ist ebenfalls ein Reduktionsvorgang, da weder Eiweißstoffe, noch andere stickstoffhaltige Bestandteile des Protoplasmas oxydierten Stickstoff enthalten. Auch Gärungen sind Kombinationen der intramolekularen Oxydationen und Reduktionen: alle Gärungsorganismen verfügen über große Mengen der reduzierenden Fermente und können unter Umständen auch solche Stoffe reduzieren, denen wohl keine Rolle im physiologischen Stoffwechsel zukommt. So ist z. B. Hefe imstande Methylenblau zu entfärben, molekularen Schwefel zu Schwefelwasserstoff und Nitrate zu Nitriten zu reduzieren. Die beiden erstgenannten Reaktionen können nicht auf eine Sauerstoffabspaltung zurückgeführt werden, da die zu reduzierenden Stoffe bereits sauerstofffrei sind. Es ist also in diesen Fällen eine direkte Wasserstoffanlagerung notwendig.

---

u. 1355. 1897. — Ders.: Bull. de la soc. chim. de France (3), Bd. 17, S. 619 u. 753. 1897; vgl. auch TRILLAT, A.: Cpt. rend. hebdom. des séances de l'acad. des sciences Bd. 137, S. 922. 1903; Bd. 138, S. 94 u. 274. 1904. — Ders.: Bull. de la soc. chim. de France Bd. 31, S. 807. 1904. — LIVACHE: Cpt. rend. hebdom. des séances de l'acad. des sciences Bd. 124, S. 1520. 1897.

[1]) BOURQUELOT, E. et BERTRAND, G.: Journ. de pharmacie et de chim. (6), Bd. 3, S. 177. 1896. — Dies.: Bull. de la soc. mycol. S. 18 u. 27. 1896. — ABDERHALDEN, E. u. GUGGENHEIM: Zeitschr. f. physiol. Chem. Bd. 54, S. 331. 1908; Bd. 57, S. 329. 1908.

[2]) WILLSTÄTTER, R. u. Mitarb.: vgl. S. 59.

Die übrigen Fermente der Pflanzen. Die hydrolysierenden, oxydierenden und reduzierenden Fermente sind zwar Stoffe von unbekannter chemischer Zusammensetzung, bewirken aber Stoffumwandlungen, die vollkommen durchsichtig sind und auch ohne Mitwirkung der Fermente durch rein chemische Mittel zustandegebracht werden können. Es sind in Pflanzen aber auch solche Fermente enthalten, die theoretisch nicht immer begreifliche Reaktionen hervorrufen. Ein derartiges Ferment ist z. B. Zymase, die alkoholische Gärung, d. i. eine Zuckerspaltung zu Kohlendioxyd und Äthylalkohol, hervorbringt:

$$C_6H_{12}O_6 = 2\,CO_2 + 2\,CH_3.CH_2OH.$$

Die Entdeckung der Zymase[1]) hat unsere Ansichten über die Rolle der Fermente in Pflanzen erweitert. Obwohl die Zuckerspaltung durch Zymase auffallend glatt verläuft und gar zu einer quantitativen Zuckerbestimmung nach der gebildeten CO_2-Menge dienen kann, nimmt man dennoch nicht selten an, daß die sogenannte Zymase eine Kombination von mehreren Fermenten darstelle. An der alkoholischen Gärung scheint u. a. auch das Ferment Carboxylase beteiligt zu sein, das CO_2 von den α-Ketonsäuren abspaltet, unter Bildung von entsprechenden Aldehyden, und also ohne Wasseranlagerung:

$$CH_3.CO.COOH = CH_3.CHO + CO_2.$$

Carboxylase ist auch in Pflanzen enthalten, die keine alkoholische Gärung hervorrufen; es ist ja einleuchtend, daß derartige CO_2 abspaltende Fermente bei verschiedenartigen CO_2-Ausscheidungen wirksam sein müssen, da Kohlendioxyd aus organischen Verbindungen überhaupt nur über die Zwischenstufe der Carboxylgruppe entstehen kann.

Auch andere Fermente nehmen, der laufenden Ansicht nach, am komplizierten Vorgange der Gärung teil. Es wird z. B. das Vorhandensein eines Fermentes in Gärungsorganismen angenommen, welches Aldehyde in äquimolekulare Mengen von Alkohol und Säure verwandelt (Reaktion von Cannizzaro); z. B.:

$$2\,CH_3.CHO + H_2O = CH_3.CH_2OH + CH_3.COOH.$$

In Tierzellen wurde ein derartiges Ferment gefunden und Mutase genannt. In der Pflanzenwelt wurde die Cannizzarosche Reaktion nur bei der Hefe festgestellt[3]).

Als Katalasen bezeichnet man Fermente, die molekularen Sauerstoff vom Hydroperoxyd abspalten:

$$2\,H_2O_2 = 2\,H_2O + O_2.$$

---

[1]) Buchner, E.: Ber. d. Dtsch. Chem. Ges. Bd. 30, S. 117 u. 1110. 1897; Bd. 31, S. 568. 1898. — Buchner, E., Buchner, H. u. Hahn, M.: Die Zymasegärung 1903.

[2]) Neuberg, C. u. Karczag, L.: Biochem. Zeitschr. Bd. 36, S. 68 u. 76. 1911.

[3]) Kostytschew, S.: Zeitschr. f. physiol. Chem. Bd. 89, S. 367. 1914; Bd. 92, S. 402. 1914. Der Verfasser dieses Buches nimmt an, daß Zymase ein einheitliches Ferment ist. Die Wirkungen der Carboxylase, Reduktase, Mutase,

Einige Forscher hielten Katalasen für oxydierende, andere für reduzierende Fermente, in Wahrheit sind aber Katalasen in keine von den beiden soeben genannten Gruppen zu zählen. Hefezellen enthalten zwar immer beträchtliche Katalasemengen, doch ist die Anteilnahme dieses Stoffes am Gärungsvorgange wenig wahrscheinlich. Eine Abscheidung des molekularen Sauerstoffs findet überhaupt nur bei der photosynthetischen CO_2-Assimilation statt, doch sind die Katalasen sowohl in Samenpflanzen, als auch in niederen Pflanzen sehr verbreitet. Die Hydroperoxydspaltung könnte freilich nur eine Nebenwirkung von verschiedenartigen Fermenten sein. Jedenfalls ist die selbständige Existenz der Katalasen noch durchaus nicht sichergestellt.

Lactolase, ein angeblich in Milchsäurebakterien enthaltenes Ferment, verwandelt Hexosen zu Milchsäure:

$$C_6H_{12}O_6 = 2\,CH_3.CHOH.COOH.$$

Inwieweit an diesem Vorgange spezifische Fermente teilnehmen, bleibt allerdings dahingestellt (vgl. Kap. VIII).

Carboligase ist ein neuerdings aufgefundenes Ferment, welches Aldehyde auf eine Weise verkettet, die mit der Aldolkondensation nicht identisch ist[1]):

$$C_6H_5.CHO + HCO.CH_3 = C_6H_5.CHOH.CO.CH_3.$$

Die Adolkondensation hätte ergeben:

$$C_6H_5.CHO + CH_3.CHO = C_6H_5.CHOH.CH_2.CHO.$$

Es steht freilich noch nicht fest, ob Carboligase in der Tat ein selbständiges Ferment ist.

Eine nähere Betrachtung der einzelnen Fermentgruppen ergibt, daß nur hydrolysierende Fermente ein regelrechtes Bild der echten Katalyse gewähren. Die übrigen Fermente sind noch nicht eingehend erforscht und es ist die Annahme nicht ausgeschlossen, daß die vermeintlichen fermentativen Vorgänge in einigen Fällen sich als Systeme der gekoppelten Reaktionen oder gar als noch kompliziertere Prozesse deuten lassen werden.

Zum Schluß ist die außerordentlich mächtige katalytische Wirkung der Fermente besonders hervorzuheben. Sie übertrifft bei weitem die Wirkung der anorganischen Katalysatoren. So hydrolysiert man gewöhnlich Eiweißstoffe zu Aminosäuren durch Kochen mit Mineralsäuren. Zu einer vollkommenen Hydrolyse von etwa 50 g Eiweiß muß man mindestens 6 Stunden mit rauchender Salzsäure bzw. 16 Stunden mit der mit gleichem Volumen Wasser verdünnten Schwefelsäure am Rückflußkühler kochen. Es sind dies wohl die stärksten hydrolysierenden

---

Katalase und Carboligase (s. u.) sind seiner Meinung nach nichts anderes, als intramolekulare Umlagerungen von Wasserstoff, die durch ein und dasselbe Ferment (Zymase) hervorgebracht werden.

[1]) Neuberg, C. u. Hirsch, J.: Biochem. Zeitschr. Bd. 115, S. 282. 1921. — Neuberg, C. u. Liebermann, L.: Ebenda Bd. 121, S. 311. 1921. — Neuberg, C. u. Ohle, H.: Ebenda Bd. 127, S. 327. 1922; Bd. 128, S. 610. 1922.

Einwirkungen, die einem Chemiker zu Gebote stehen. Dieselbe Hydrolyse der Eiweißstoffe wird aber in der lebenden Pflanze durch die winzige Menge der proteolytischen Fermente bewerkstelligt, und zwar bei der Temperatur der umgebenden Luft. Auch die Hydrolysen von Polysacchariden, wie z. B. der Stärke, verlangen ein dauerndes Kochen mit verdünnten Mineralsäuren, verlaufen aber in Pflanzenzellen mit enormer Geschwindigkeit bei der Temperatur der umgebenden Luft.

Die Konzentration der Wasserstoffionen und deren physiologische Bedeutung. Abgesehen davon, daß die Elemente der Wasserspaltung bei verschiedenen wichtigen biochemischen Vorgängen eine Hauptrolle spielen, bedingen die genannten Wasserstoff- und Hydroxylionen außerdem die Reaktion des Milieus; dieselbe beeinflußt ihrerseits die Wirkung sämtlicher Fermente sowie den dispersen Zustand der Plasmakolloide und spielt auf diese Weise eine hervorragende Rolle bei sämtlichen Stoffumwandlungen der lebenden Zelle. Es ist daher bei biochemischen Untersuchungen sehr wichtig, die Reaktion der Pflanzensäfte zu berücksichtigen und genau bestimmen zu wissen.

Seitdem man erkannt hat, daß saure Reaktion von den Wasserstoffionen, alkalische Reaktion aber von den Hydroxylionen abhängt, ist eine bloß qualitative Bestimmung der Reaktion verschiedener Lösungen, bzw. eine annähernde Schätzung („schwach-sauer", „starkalkalisch" usw.) für die meisten physiologischen Fragen als durchaus unzureichend anzusehen. Man bestimmt denn auch bei modernen Untersuchungen die Reaktion der Lösungen quantitativ, indem man direkt die Wasserstoff- bzw. Hydroxylionenkonzentration ermittelt.

Als starke Säuren bezeichnet man Stoffe, die bei der betreffenden Konzentration unter H-Ionenbildung stark dissoziiert sind. Desgleichen nennt man starke Alkalien Stoffe, die bei der in Frage kommenden Konzentration eine große Menge von OH-Ionen elektrolytisch abspalten. Dagegen sind schwache Säuren und Basen bei denselben Konzentrationen wenig dissoziiert[1]). Eine Lösung von 1 Mol. HCl in 32 l Wasser ist zu 97 vH. in H^+ und Cl^- dissoziiert; dieselbe Lösung von Essigsäure ist aber nur zu 2,4 vH. dissoziiert. Nun wird die sogenannte Stärke bzw. Schwäche der Säuren und Basen ausschließlich durch die Größe ihrer Dissoziationskonstante definiert.

Bei unendlich großer Verdünnung sind alle Säuren und Basen total dissoziiert und also gleich stark, sonst ist aber der Dissoziationsgrad je einer Säure oder Base von der Konzentration abhängig, und zwar ist das Produkt aus den Ionenkonzentrationen, dividiert durch die Konzentration der undissoziierten Moleküle eine Konstante, oder:

$$\frac{\alpha}{v} \cdot \frac{\alpha}{v} : \frac{1-\alpha}{v} = \frac{\alpha^2}{v\,(1-\alpha)} = k,$$

---

[1]) Es ist im Auge zu behalten, daß hier nur die molekularen Konzentrationen in Betracht kommen.

wo $\dfrac{\alpha}{v}$ die Konzentration des Anions und des Kations, $\dfrac{1-\alpha}{v}$ die Konzentration der undissoziierten Moleküle und v das Volumen des Lösungsmittels in Litern ist. Obige Gleichung präzisiert das sogenannte „Verdünnungsgesetz" von W. Ostwald[1]), das nur für schwache Säuren und Basen gültig ist. Doch kann man auch für starke Säuren die Dissoziationskonstante nach der relativen Geschwindigkeit der Rohrzuckerinversion annähernd ermitteln. In folgender Tabelle sind die Konstanten der verschiedenen Säuren zusammengestellt[2]).

Salzsäure	1,0000	Kohlensäure	$4,4 \times 10^{-7}$
Salpetersäure	1,0000	Schwefelwasserstoff	$5,7 \times 10^{-8}$
Schwefelsäure	0,5360	Borsäure	$5,8 \times 10^{-10}$
Monochloressigsäure	0,0484	Cyanwasserstoff	$4,7 \times 10^{-10}$
Ameisensäure	0,0154	Phenol	$6,0 \times 10^{-11}$
Essigsäure	0,0040	Traubenzucker	$6,6 \times 10^{-13}$

Die Unterschiede zwischen den Dissoziationskonstanten der starken und der schwachen Säuren sind so groß, daß es auf den ersten Blick als nicht recht begreiflich erscheint, daß sowohl starke als schwache Säuren in verdünnten Lösungen eine und dieselbe Alkalimenge benötigen. Die Neutralisation besteht aber darin, daß H^+ und OH^- sich zu undissoziierten Wassermolekülen vereinigen. Bei starken Säuren erfolgt die Wasserbildung vorwiegend auf Kosten der in der Lösung bereits vorhandenen H-Ionen, bei den schwachen Säuren werden immer neue H-Ionen von den Säuremolekülen abgespalten, da infolge des Verbrauches der gelösten Ionen das Gleichgewicht zwischen Ionen und undissoziierten Molekülen in der Lösung gestört wird. Auf diese Weise muß eine schwache Säure ebenso viel Lauge, als eine starke Säure von der gleichen Normalität verbrauchen.

Die elektrolytische Dissoziation einer schwachen Säure oder Base kann man je nach Wunsch durch Zusatz von Salzen der nämlichen Säure oder Base regulieren. Nehmen wir an, daß wir 0,1 n-Essigsäure mit soviel Kaliumacetat versetzt haben, daß in der Säurelösung eine 0,1 n-Lösung von Kaliumacetat entstand. Vor dem Salzzusatz enthielt die Lösung 98,7 vH. undissoziierte Säuremoleküle. In der Gleichung

$$\frac{(H^+).(CH_3COO^-)}{CH_3COOH} = k$$

ist also der Zähler des Bruches sehr klein. Kaliumacetat ist dagegen in K^+ und CH_3COO^- stark dissoziiert; nach Hinzufügen des Kaliumacetats wird folglich die Größe des Nenners CH_3COOH kaum verändert, indeß die Größe von CH_3COO^- im Zähler bedeutend zunimmt.

---

[1]) Ostwald, W.: Zeitschr. f. physikal. Chem. Bd. 2, S. 36. 1888. — Rudolphi: Ebenda Bd. 17, S. 385. 1895. — van 't Hoff: Ebenda Bd. 18, S. 300. 1895.
[2]) Nernst: Theoretische Chemie. 7. Aufl. S. 583. 1913. — Michaelis u. Rona: Biochem. Zeitschr. Bd. 49, S. 232. 1913; Bd. 67, S. 182. 1914 u. a.

Da nun die Konstante k doch keine Veränderung erfährt, so muß eine entsprechende Abnahme von H^+ stattfinden, was eine Herabsetzung des Säuregrades zur Folge hat. Auf diese Weise kann man eine beliebige Wasserstoffionenkonzentration durch Mischung von Säure und ihrem Salz herstellen. Dies ist wohl auch ein Mittel zur Regulierung der Wasserstoffionenkonzentration in den lebenden Pflanzenzellen[1]).

Ein anderes Mittel, die für das Plasma schädliche stark-saure bzw. alkalische Reaktion zu verhüten, liefern die sogenannten amphoteren Elektrolyte oder Ampholyte. Darunter versteht man Körper, die sowohl H^+ als OH^- abspalten können und also sowohl Säuren als Basen sind[2]). In diese Klasse gehören einige Metallhydroxyde, wie z. B. $Al(OH)_3$ oder $Sn(OH)_2$. Physiologisch wichtig sind aber Aminosäuren, Purinderivate, Lecithine und Eiweißkörper, die gleichzeitig H^+, OH^- und „Zwitterione" $R^{\pm}$ liefern. So dissoziiert z. B. Glykokoll auf folgende Weise:

$$NH_2.CH_2.COOH + H_2O =$$
$$HONH_3.CH_2.COOH = NH_3.CH_2.COO^{\mp} + H^+ + OH^-$$

Es ist jedoch ausdrücklich zu betonen, daß die Funktion der Base und der Säure bei einem und demselben Ampholyten immer nicht gleich stark ausgeprägt sind. Dieser Umstand ist allerdings von nebensächlicher Bedeutung, da er nur in einer reinen wässerigen Lösung der Salze des Ampholyts zur Geltung kommt. In Gegenwart von starken Basen wird die H^+-Bildung bei den amphoteren Elektrolyten wie überhaupt bei einer schwachen Säure durch die Gleichgewichtsstörung infolge der Neutralisation gesteigert (s. o.), und schließlich ist der Ampholyt imstande, große Mengen von starken Basen zu binden. In einer sauren Lösung wird dagegen das Abdissoziieren der H-Ionen unterdrückt und die Ampholyte sind als schwache Basen wirksam. Oben wurde bereits darauf hingewiesen, daß starke und schwache Säuren bzw. Basen eine und dieselbe Neutralisationskraft haben. Daher ist in Gegenwart von einem Überschuß des amphoteren Elektrolyts keine stark saure bzw. alkalische Reaktion der Lösung möglich. Durch einen einfachen Versuch kann man sich in der Tat leicht davon vergewissern, daß man einer Lösung von Aminosäuren bzw. von Eiweiß große Mengen von starken Basen und Säuren hinzufügen kann, ohne daß sich die Reaktion der Lösung in merklicher Weise verändert. Nur nachdem die Gesamtmenge des Ampholyts zur Neutralisation verbraucht worden war, läßt sich auf einmal eine scharfe Reaktionsänderung wahrnehmen.

Folgende Tabelle zeigt die basische und die saure Dissoziation von verschiedenen amphoteren Elektrolyten.

---

[1]) Henderson, L. J. and Black: Americ. journ. of physiol. Bd. 21, S. 420. 1908. — Henderson u. Spiro: Biochem. Zeitschr. Bd. 15, S. 105. 1908.

[2]) Bredig: Zeitschr. f. Elektrochem. Bd. 6, S. 33. 1899; vgl. auch Winkelblech: Zeitschr. f. physikal. Chem. Bd. 36, S. 546. 1901. — Walker: Ebenda Bd. 49, S. 82. 1904. — Lunden: Ebenda Bd. 54, S. 532. 1906. — Kanitz: Zeitschr. f. physiol. Chem. Bd. 47, S. 476. 1906.

Substanz	K_H (25°)	K_{OH} (25°)
Glykokoll	$1,8 \cdot 10^{-10}$	$2,7 \cdot 10^{-12}$
Alanin	$1,9 \cdot 10^{-10}$	$5,1 \cdot 10^{-12}$
Leucin	$1,8 \cdot 10^{-10}$	$2,3 \cdot 10^{-12}$
Tyrosin	$4,0 \cdot 10^{-9}$	$2,6 \cdot 10^{-12}$
Phenylalanin. . . .	$2,5 \cdot 10^{-9}$	$1,3 \cdot 10^{-12}$
Asparaginsäure . . .	$15,0 \cdot 10^{-5}$	$1,2 \cdot 10^{-12}$
Histidin	$2,2 \cdot 10^{-9}$	$5,7 \cdot 10^{-9}$
Arginin.	$1,0 \cdot 10^{-14}$	$1,0 \cdot 10^{-7}$
Lysin	$1,0 \cdot 10^{-11}$	$1,0 \cdot 10^{-7}$

Zahlen von derselben Ordnung erhält man auch für Polypeptide und Eiweißstoffe. Lösungen, in denen eine scharfe saure bzw. alkalische Reaktion aus obigen Gründen ausgeschlossen ist, nennt man „gepufferte Lösungen".

In wässerigen Lösungen ist ein gänzliches Verschwinden der Wasserstoff- oder der Hydroxylionen nicht möglich, da Wasser selbst immer ein wenig dissoziiert ist und sich also als ein Ampholyt verhält. Daher ist die neutrale Reaktion nichts anderes als ein solcher Punkt, bei welchem die Konzentration der Wasserstoffionen derjenigen der Hydroxylionen vollkommen gleich ist. In ganz reinem Wasser ist die H- und OH-Ionenkonzentration gleich $0,85 \cdot 10^{-7} = 10^{-7,07}$. Nun ist die Dissoziationskonstante des Wassers $(0,85 \cdot 10^{-7})^2 = 0,72 \cdot 10^{-14} = 10^{-14,14}$. Hieraus ist ersichtlich, daß sowohl saure als alkalische Reaktion durch die Wasserstoffionenkonzentration allein quantitativ ausgedrückt werden kann, da die derselben entsprechende Hydroxylionenkonzentration sich aus der Dissoziationskonstante des Wassers berechnen läßt. Ist z. B. die Wasserstoffionenkonzentration gleich 10^{-13}, so ist die OH-Konzentration gleich $0,72 \cdot 10^{-14} : 10^{-13} = 0,72 \cdot 10^{-1}$.

Nach dem Vorschlag von SÖRENSEN[1]) dient als Maß der Wasserstoffionenkonzentration der negative Logarithmus der betreffenden konkreten Zahl, der als P_H bezeichnet wird. Ist z. B. die Wasserstoffionenkonzentration gleich $n \cdot 10^{-7,5}$, so schreibt man: $P_H = 7,5$. Somit ist die Reaktion der Flüssigkeit sauer, wenn P_H kleiner als 7,07 ist; umgekehrt ist P_H bei alkalischer Reaktion größer als 7,07.

Die Veränderungen von P_H spielen eine wichtige Rolle bei verschiedenen physiologischen Vorgängen, wie z. B. bei der Stimulierung bzw. Hemmung der Fermentwirkungen, bei der Umladung der Zellkolloide, bei der Permeabilität der Plasmahaut usw. Infolgedessen sind gegenwärtig viele Forscher mit experimentellen Untersuchungen über P_H-Messungen bei verschiedenen biochemischen Vorgängen beschäftigt.

Die Methoden der Wasserstoffionenbestimmung. 1. *Bestimmung von P_H nach der Inversion des Rohrzuckers.* Die Rohrzuckerinversion ist eine katalytische Reaktion, bei der die Reaktionsgeschwindigkeit der Menge des Katalysators, d. i. der Wasserstoffionen, direkt propor-

---

[1]) SÖRENSEN: Biochem. Zeitschr. Bd. 21, S. 131. 1909.

tional ist. Man ermittelt also gleichzeitig die Geschwindigkeit der Inversion sowohl in einer Lösung mit genau bekannter Wasserstoffionenkonzentration, als in der zu untersuchenden Lösung und berechnet P_H aus dem Verhältnis der beiden Reaktionsgeschwindigkeiten. Diese Methode ist bei Bestimmungen der Affinitätskonstanten verschiedener Säuren zu empfehlen, da sie an und für sich genaue Resultate ergibt, für physiologische Untersuchungen ist sie aber unbrauchbar, da die Gegenwart von Neutralsalzen schwere Versuchsfehler bewirken kann[1]).

2. *Bestimmung von P_H nach der Geschwindigkeit der Verseifung des Diazoäthylacetats* beruht auf demselben Prinzip. Die Reaktionsgeschwindigkeit kann man in diesem Falle nach dem Volumen des abgeschiedenen Stickstoffs bequem beurteilen[2]).

3. *Bestimmung von P_H nach der Methode der Gaskette* ist äußerst genau, mit keinen Fehlerquellen verbunden und zu den allermöglichsten Lösungen anwendbar. Das Prinzip der Methode[3]) besteht darin, daß man die elektromotorische Kraft bestimmt, die durch die Potentialdifferenz zwischen der „Wasserstoffelektrode" und den in wässeriger Lösung befindlichen Wasserstoffionen entsteht. Zwischen einem Metall und den in der Lösung enthaltenen Ionen von demselben Metall entsteht immer eine Potentialdifferenz, die nur bei Sättigung der Lösung mit Metallionen ausgeglichen wird und deren Größe also von der Ionenkonzentration abhängt. Zur Bestimmung der Wasserstoffionenkonzentration verwendet man entweder die mit Wasserstoff gesättigten platinierten Platinelektroden oder die sogenannten Kalomelelektroden[4]). Solche „Gaselektroden" verhalten sich durchaus wie die metallischen und liefern nur Wasserstoffionen, da die Menge der in die Lösung übergehenden Platinionen so gering ist, daß sie praktisch nicht in Betracht kommt. In diesem Falle ist also die Potentialdifferenz von der Wasserstoffionenkonzentration abhängig.

Die Bestimmung selbst führt man auf folgende Weise aus: man vergleicht mit der elektromotorischen Kraft eines Akkumulators zuerst die elektromotorische Kraft eines geeichten Normalelementes, dann diejenige der zu untersuchenden Lösung. Ist letztere bekannt, so berechnet man P_H nach der folgenden Gleichung von NERNST (a. a. O.):

---

[1]) ARRHENIUS, S.: Zeitschr. f. physikal. Chem. Bd. 4, S. 237. 1889.

[2]) FRÄNKEL: Zeitschr. f. physikal. Chem. Bd. 60, S. 202. 1907. — FRESENIUS, L. R.: Ebenda Bd. 80, S. 481. 1912.

[3]) NERNST: Zeitschr. f. physikal. Chem. Bd. 2, S. 613. 1888; Bd. 4, S. 129. 1889. — BUGARSZKY u. LIEBERMANN: Pflügers Arch. f. d. ges. Physiol. Bd. 72, S. 51. 1898. — SÖRENSEN, S. P. L.: Ergebn. d. Physiol. Bd. 12, S. 393. 1912. — MICHAELIS, L.: Die Wasserstoffionenkonzentration. 2. Aufl. 1922. — CLARCK, W. M.: The determination of Hydrogen-Ions. 2. ed. 1922.

[4]) Sehr praktisch ist die neuerdings üblich gewordene Anwendung der Chinhydronlösung, in der die platinierten Elektroden ohne Wasserstoffdurchleitung mit Wasserstoff gesättigt werden. Diese Methode ist aber freilich nur für Lösungen brauchbar, in denen das Chinhydron keine Veränderungen erfährt.

$$P_\mathrm{H} = \frac{\pi - 0,3380}{0,0577 + 0,0002\,(t^\circ - 18^\circ)} \quad \text{(für } \tfrac{n}{10}\text{-Kalomelelektroden).}$$

4. *Bestimmung von P_H mit Indikatoren.* Die ersten Versuche, eine Indikatorenreihe darzustellen, die verschiedenen Abstufungen von P_H entspreche, wurden im Laboratorium von NERNST ausgeführt[1]). Das Prinzip der Methode besteht im folgenden. Ein jeder Indikator verändert seine Farbe bei einer bestimmten Größe von P_H. Man stellt sich also durch entsprechend gepufferte Elektrolytmischungen eine Stufenfolge von P_H her und eicht die Mischungen mit Hilfe der Gaskettenmethode. Darauf probiert man eine Serie von Indikatoren aus, die bei verschiedenen P_H-Abstufungen ihre Farbe verändern. Die Indikatorenmethode ist technisch sehr einfach, doch war bis auf die letzte Zeit hin deren Anwendung nur auf die ampholyten- und salzarmen Lösungen beschränkt. Erst nachdem CLARCK und LUBS[2]) ganz neue gegenüber den Ampholyten und Salzen unempfindliche Indikatoren (Derivate des Phenolsulfonphthaleins) mit außerordentlich scharfen Farbentönungen synthetisch dargestellt und in die kolorimetrische Praxis eingeführt haben, ist die Indikatorenmethode allgemein brauchbar geworden.

Indikatorentabelle nach CLARCK und LUBS.

Indikator	Konzentration in vH.	P_H von bis[3])	Farbenumschlag
1. Thymolblue (Thymolsulfonphthalein)	0,04	1,2 2,8	rot — gelb
2. Bromphenolblue (Tetrabromphenolsulfonphthalein) .	0,04	3,0 4,6	gelb — blau
3. Methylred (Orthocarboxybenzoazodimethylanilin) . .	0,02	4,4 6,0	rot — gelb
4. Bromcresolpurple (Dibromorthocresolsulfonphthalein) .	0,04	5,2 6,8	gelb — purpurrot
5. Bromthymolblue (Dibromthymolsulfonphthalein) . . .	0,04	6,0 7,6	gelb — blau
6. Phenolred (Phenolsulfonphthalein)	0,02	6,8 8,4	gelb — rot
7. Cresolred (Orthocresolsulfonphthalein)	0,02	7,2 8,8	gelb — rot
1a. Thymolblue (Thymolsulfonphthalein)	0,04	8,0 9,6	gelb — blau
8. Cresolphthalein (Orthocresolphthalein)	0,02	8,2 9,8	farblos — rot

[1]) SALESSKY: Zeitschr. f. Elektrochem. Bd. 10, S. 205. 1904. — FELS: Ebenda Bd. 10, S. 208. 1904.

[2]) LUBS, H. A. and CLARCK, W. M.: Journ. of the Washington acad. of science Bd. 5, S. 609. 1915; Bd. 6, S. 481. 1916. — Dies.: Journ. of bacteriol. Bd. 2, I, S. 109 u. 191. 1917. — CLARCK, W. M.: The determination of Hydrogen-Ions. 2. ed. 1922.

[3]) In diesen Grenzen ermittelt man P_H bis auf 0,2 durch Vergleich der Farbentönungen mit denjenigen der geeichten gepufferten Elektrolytmischungen. Über die Bereitung dieser Mischungen vgl. die Originalmitteilungen von CLARCK und LUBS.

Es ist interessant, daß die kolorimetrische Methode neuerdings in die mikrochemische Praxis eingeführt worden ist; wir sind also imstande, die Wasserstoffionenkonzentration im Zellsaft der lebenden Zellen zu bestimmen[1]). Zu diesem Zwecke verwendet man Indikatoren, für welche das Plasma permeabel ist, nämlich Neutralrot und Methylrot. Auch zu diesen Bestimmungen ist eine Reihe von gepufferten Vergleichslösungen notwendig.

Die intermediären Stufen der biochemischen Vorgänge. Die auf vorstehenden Seiten dargelegten wertvollen Errungenschaften der physikalischen Chemie haben verschiedene biochemische Vorgänge aufgehellt, die früher nicht durchsichtig waren. Noch wichtiger ist der Umstand, daß die in diesem Kapitel dargestellten physikalisch-chemischen Grundlagen der Physiologie eine experimentelle Bearbeitung solcher Fragen ermöglichen, die früher unangreifbar waren.

Doch wurden hierdurch nicht alle Schwierigkeiten beseitigt: einige Stoffumwandlungen sind z. B. deshalb unverständlich, weil auch die organische Chemie große Lücken aufweist. Es sind nämlich in der organischen Chemie keine, den verschiedenen wichtigen biochemischen Reaktionen analoge Vorgänge bekannt. So erfolgt die photochemische Synthese der Kohlenhydrate nach der geheimnisvollen Reaktion

$$6\,CO_2 + 6\,H_2O = C_6H_{12}O_6 + 6\,O_2.$$

Die Synthese von Aminosäuren aus Ammoniak und Zucker findet in Pflanzen im weiten Umfange statt, doch sind wir nicht einmal imstande, eine summarische Gleichung dieser komplizierten Reaktion niederzuschreiben. Die alkoholische Gärung dient als Energiequelle für eine ganze Reihe von Mikroorganismen und bildet die Grundlage verschiedener großartiger technischer Betriebe. Dieser Vorgang verläuft nach der folgenden summarischen Gleichung:

$$C_6H_{12}O_6 = 2\,CO_2 + 2\,CH_3.CH_2OH.$$

Diese scheinbar einfache Reaktion können wir weder künstlich ausführen, noch chemisch verstehen. Analoger Fälle könnte man eine ganze Menge anführen.

Erst neuerdings hat man das Problem der chemischen Erläuterung von wenig durchsichtigen biochemischen Vorgängen in Angriff genommen und einschlägige Untersuchungsmethoden ausgearbeitet. Diese Richtung der biochemischen Forschung wird also wohl künftighin rasche Erfolge zu verzeichnen haben.

Die physiologischen Stoffumwandlungen erscheinen meistens deshalb als unbegreiflich, weil dieselben ausgezeichnet koordinierte Kombinationen von mehreren gekoppelten Reaktionen darstellen. So nimmt man an, daß die Kohlenhydratsynthese am Lichte aus folgenden Teilvorgängen zusammengesetzt ist:

---

[1]) ROHDE, K.: Pflügers Arch. f. d. ges. Physiol. Bd. 138, S. 411. 1917.

$$1. \ldots\ldots CO_2 + H_2O = H_2CO_3,$$
$$2. \ldots\ldots H_2CO_3 = H_2CO + O_2,$$
$$3. \ldots 2\,H_2CO\,(Formaldehyd) = CH_2OH.CHO\,(Glycolaldehyd),$$
$$4. \ \ CH_2OH.CHO + H_2CO = CH_2OH.CHOH.CHO\,(Glycerinaldehyd),$$
$$5. \ \ 2\,CH_2OH.CHOH.CHO = CH_2OH.(CHOH)_4.CHO\,(Traubenzucker),$$
$$6. \ 2\,CH_2OH.(CHOH)_4.CHO = C_{12}H_{22}O_{11}\,(Maltose) + H_2O,$$
$$7. \ldots\ldots n\,(C_{12}H_{22}O_{11}) = (C_6H_{10}O_5)\,2\,n\,(Stärke) + n\,H_2O \text{ usw.}$$

In diesem Schema spielen Formaldehyd, Glycolaldehyd und Glycerinaldehyd die Rolle der sogenannten intermediären Produkte. So lange der Gesamtvorgang glatt vor sich geht, werden die entstehenden intermediären Produkte sofort weiter verarbeitet und können sich also selbst in geringen Mengen nicht anhäufen. Indes ist eine Isolierung der genannten Zwischenprodukte höchst wichtig, da die Feststellung deren chemischer Natur den gesamten Vorgang durchsichtig macht. In Form der obigen Serie von zusammenhängenden Gleichungen geschrieben, ist der photochemische Kohlenhydrataufbau in der grünen Pflanze nicht mehr rätselhaft, da eine jede der angeführten Gleichungen an und für sich als durchaus begreiflich erscheint. Im vorliegenden Falle ist zwar eine experimentelle Bestätigung des angegebenen Schemas bisher noch nicht gelungen, doch erhellt hieraus nichtsdestoweniger die grundlegende Untersuchungsmethode. Die Aufhellung des Chemismus von komplizierten physiologischen Stoffumwandlungen erfordert eine Isolierung von Zwischenprodukten der betreffenden Reaktionen und die Klarlegung der chemischen Natur der genannten Stoffe.

Auf den ersten Blick könnte man diese Aufgabe durch Verarbeitung sehr großer Mengen des Ausgangsmaterials zu lösen suchen. Auch bei der allerbesten Koordination der einzelnen chemischen Teilvorgänge im grünen Laubblatt sollten darin zu jeder Zeit Spuren des nicht weiter verarbeiteten Formaldehyds oder von anderen Zwischenprodukten enthalten sein. Aus mehreren Kilogrammen der Laubblätter dürfte man daher ein paar Zentigramme Formaldehyd darstellen können. Diese zu rohe Methode könnte aber zu ganz irrigen Schlußfolgerungen führen, da hierbei nebst Steigerung der Ausbeute von intermediären Produkten im selben Verhältnis auch verschiedene Fehlerquellen wachsen. Im vorliegenden Falle kann z. B. Formaldehyd als ein Produkt der Umwandlung von Beimischungen entstehen. Chlorophyll, der grüne Farbstoff der Laubblätter, ist eine esterartige Substanz, die u. a. einen Methylalkoholrest enthält. Nun kann bei der Verarbeitung einer sehr großen Menge der Laubblätter teilweise Oxydation des Chlorophylls, unter Bildung von Formaldehyd aus Methylalkohol, erfolgen:

$$CH_3OH + O = H_2CO + H_2O.$$

Es müssen also andere Verfahren Anwendung finden: zur Bildung und Anhäufung von Zwischenprodukten ist nämlich eine Hemmung deren weiterer Verarbeitung notwendig. Dies ist in der Tat das Grundprinzip der Untersuchungen über Isolierung von Zwischenprodukten und Aufhellung des Chemismus von komplizierten biochemischen Stoffumwandlungen. Durch geeignete Eingriffe müssen wir die normale Koordination des zu untersuchenden biochemischen Vorganges zu stören suchen, damit die Verarbeitung der Zwischenprodukte mit verminderter Geschwindigkeit verläuft[1]). Die zu verwendenden Verfahren können hierbei sehr verschiedenartig sein, und deren Auswahl hängt von den jeweiligen Versuchsverhältnissen ab. Beim Arbeiten mit lebenden Pflanzen kann man z. B. durch Sauerstoffabschluß oder Mangel an Betriebsmaterial diejenigen Vorgänge bremsen, die einen bedeutenden Energieaufwand verlangen. Hierbei müssen die bei den genannten Vorgängen entstehenden intermediären Produkte sich allmählich anhäufen[2]). Sehr gute Resultate ergibt auch ein direktes Abfangen der intermediären Produkte, das eine weitere Verarbeitung der genannten Stoffe verhindert. So kann man Aldehyde mit Bisulfit binden[3]) oder zu Carbonsäuren oxydieren, Säuren in Form von schwer löslichen Salzen abfangen, die in Äther leicht löslichen Stoffe aus der wässerigen Lösung durch Äther fortwährend auswaschen usw. Unter den obigen Methoden sind einige selbstverständlich nur auf das abgetötete Pflanzenmaterial anwendbar, falls letzteres aktive Fermente enthält, wie es auch nicht selten der Fall ist. Bei derartigen Versuchen sind oft befriedigende Resultate auch dadurch zu erzielen, daß man nicht die Produkte selbst herausgreift, sondern diejenigen Fermente inaktiviert, die eine weitere Verarbeitung der genannten Zwischenprodukte bewerkstelligen[4]). Findet z. B. beim normalen Verlaufe des Gesamtvorganges eine Oxydation bzw. Reduktion der primär entstehenden[5]) Zwischenprodukte statt, so kann man die genannten intermediären Produkte durch Hemmung der Wirkung von oxydierenden bzw. reduzierenden Fermenten darstellen. Bei derartigen Untersuchungen mit lebenden Pflanzen ist der sogenannte Zeitfaktor von großer Bedeutung. Nur bei bestimmter Versuchsdauer gelingt es oft, intermediäre Produkte abzufangen; eine zu lange bzw. zu kurze Versuchsdauer hat dagegen auch bei sonstigen günstigen

---

[1]) Vgl. dazu: KOSTYTSCHEW, S.: Ber. d. Dtsch. Chem. Ges. Bd. 45, S. 1289. 1912. — Ders.: Zeitschr. f. physiol. Chem. Bd. 79, S. 130. 1912; Bd. 83, S. 93 u. 105. 1913; Bd. 85, S. 493. 1913. — Ders.: Biochem. Zeitschr. Bd. 64, S. 237. 1914. — KOSTYTSCHEW, S. u. ZUBKOWA, S.: Zeitschr. f. physiol. Chem. Bd. 111, S. 132. 1920. — Dies.: Journ. d. russ. botan. Ges. Bd. 1, S. 47. 1916 und Bd. 3, S. 40. 1918. (Russisch.) — CONNSTEIN u. LÜDECKE: Ber. d. Dtsch. Chem. Ges. Bd. 52, S. 1385. 1919. — NEUBERG, C. u. HIRSCH, J.: Biochem. Zeitschr. Bd. 100, S. 304. 1919. — NEUBERG, C., HIRSCH, J. u. REINFURTH, E.: Ebenda Bd. 105, S. 307. 1920 und viele andere.

[2]) KOSTYTSCHEW, S. u. TSWETKOWA, E.: Zeitschr. f. physiolog. Chem. Bd. 111, S. 171. 1920. — KOSTYTSCHEW, S. u. AFANASSIEWA, M.: Jahrb. f. wiss. Botanik Bd. 60, S. 28. 1921. — Dies.: Tageb. d. 1. Kongr. d. russ. Botan. S. 87. 1921. (Russisch.)

[3]) CONNSTEIN u. LÜDECKE: a. a. O. — NEUBERG: a. a. O. — ELLASBERG, P.: Journ. d. landwirtschaftl. Inst. in Petersburg S. 74. 1921. (Russisch.)

[4]) KOSTYTSCHEW u. a.: a. a. O.

[5]) KOSTYTSCHEW, S. u. TSWETKOWA, E.: a. a. O.

Verhältnissen ein Mißlingen der Isolierung von Zwischenprodukten zur Folge.

Durch die vorstehend dargelegten Methoden ist es bereits gelungen, in einigen Fällen eindeutige positive Resultate zu erhalten. Infolgedessen ist die Annahme nicht unwahrscheinlich, daß die Klarlegung von sämtlichen chemischen Stoffumwandlungen in lebenden Pflanzenzellen nur eine Frage der Zeit ist. Namentlich die Möglichkeit, sich direkt mit der Erforschung der chemischen Natur von wichtigen physiologischen Vorgängen zu befassen, hat im Laufe der letzten Jahre eine gesteigerte experimentelle Arbeit auf dem Gebiete der chemischen Pflanzenphysiologie zur Folge gehabt.

Es drängt sich die Frage auf, ob die Lösung der oben dargelegten biochemischen Probleme eine Erreichung der Endziele der chemischen Physiologie bedeuten wird? Es wird dies durchaus nicht der Fall sein. Sämtliche Arbeiten über die Klarlegung des chemischen Wesens von physiologischen Vorgängen gehören eigentlich ins Gebiet der reinen Chemie. Die Physiologie im wahren Sinne des Wortes befaßt sich mit den Funktionen des Organismus als eines planmäßig gebauten Apparates. Nun ist zwar die biochemische Arbeit für die soeben angedeuteten Aufgaben der Physiologie durchaus notwendig, doch bildet sie nur einen Vorbereitungsakt bei der Erforschung der Lebensvorgänge. Nehmen wir z. B. an, daß es gelungen ist, den Chemismus der alkoholischen Gärung in erschöpfender Weise aufzuhellen. Sofort taucht dann die folgende neue Frage auf: Auf welche Weise wird die Umwandlung der chemischen Energie in andere Energieformen bewerkstelligt? Da eine derartige Energieumformung in den technischen Betrieben nicht anders als vermittels der speziell dazu angepaßten Apparaturen geschieht, so liegt die Annahme nahe, daß in der lebenden Zelle ebenfalls analoge Apparaturen existieren. Eine Erforschung von diesen Apparaturen und ihren Wirkungen wird also die nächste Aufgabe im Problem der alkoholischen Gärung bilden. Diese neue Aufgabe ist aber schon rein physiologischen Inhaltes.

Auf diese Weise wird die experimentelle Forschung immer tiefer in die großen physiologischen Probleme eindringen. Die Betrachtung der unaufhörlichen Fortschritte unserer Fachwissenschaft läßt uns die Hoffnung hegen, daß auch die entferntesten Ziele der Physiologie schließlich erreicht werden können.

Zweites Kapitel.

Die Assimilation der Sonnenenergie durch grüne Pflanzen und die primäre Synthese der organischen Stoffe.

Das Wesen der Lichternährung und deren kosmische Bedeutung. Gleich am Anfang unserer Betrachtung der Pflanzenernährung müssen wir uns mit dem wunderbaren Vorgange befassen, der wohl das wichtigste und zugleich schwierigste Problem auf dem Gebiete der gesamten Biochemie, zugleich aber das bezeichnenste Wahrzeichen der Pflanzenwelt darstellt. Die Lichternährung der grünen Pflanzen besteht darin, daß Kohlendioxyd der Luft von den grünen Pflanzenteilen aufgenommen und assimiliert wird, wobei aber nur der Kohlenstoff in der Pflanze erhalten bleibt, der Sauerstoff hingegen in die Atmosphäre zurückwandert. Es findet also gleichsam eine Zerlegung von CO_2 in C und O_2 statt; dieser Vorgang ist mit einem bedeutenden Energieaufwand verbunden, der in der Natur durch die strahlende Energie der Sonne bestritten wird. DE SAUSSURE[1]) und nach ihm BOUSSINGAULT[2]) haben festgestellt, daß gleichzeitig mit der Kohlenstoffassimilation auch die Elemente des Wassers der Pflanze einverleibt werden; außerdem nimmt die Pflanze noch geringe Mengen von Aschenstoffen und Stickstoffverbindungen des Bodens auf. Aus allen diesen Mineralstoffen synthetisiert die Pflanze organische Stoffe und verwertet also zu diesen endotermen Reaktionen unmittelbar die Sonnenenergie. Die direkte Abhängigkeit der Sauerstoffausscheidung der Pflanzen vom Lichte erhellt aus dem folgenden klassischen Versuche INGEN-HOUSZS[3]).

Setzt man einen mit kohlensäurehaltigem oder besser mit bikarbonathaltigem Wasser gefüllten Glascylinder grellem Lichte aus, taucht man ins Wasser einen Büschel abgeschnittener Stengel einer Wasserpflanze in der Weise, daß die Schnittflächen nach oben gekehrt sind und überdeckt man diese mit einem Trichter, dessen Rohr in ein mit Wasser gefülltes Reagensglas eingeführt ist, so bemerkt man alsbald, daß aus den Schnittflächen Ströme von Gasbläschen aufsteigen und sich im Reagensglas ansammeln (Abb. 6). Dieses Gas ist sehr reich an Sauerstoff: führt man ins Reagensglas einen glimmenden Spahn ein, so flammt es hell auf. Außer Sauerstoff sammelt sich im Reagensglase

<hr>

[1]) DE SAUSSURE, TH.: Recherches chimiques sur la végétation 1804.
[2]) BOUSSINGAULT, J. B.: Agronomie, chimie agricole et physiologie 1860—78.
[3]) INGEN-HOUSZ, J.: Experiments upon vegetables 1779.

auch eine gewisse Menge anderer Gase, und zwar des Stickstoffes und des Kohlendioxyds an, welche aus den Intercellularräumen mitgerissen werden. Sobald man den Cylinder an eine schwach beleuchtete Stelle überträgt, hört der Strom der Bläschen sofort auf. BOUSSINGAULT[1]) hat durch sinnreiche Versuche, in denen er das Leuchten des Phosphors als Sauerstoffprobe anwandte, dargetan, daß die Sauerstoffausscheidung am Licht sofort einsetzt und in der Dunkelheit gleichfalls sofort aufhört.

Bereits BOUSSINGAULT[2]) hat festgestellt, daß das Volumen des am Licht ausgeschiedenen Sauerstoffes demjenigen des absorbierten Kohlendioxydes ungefähr gleich ist. Spätere Forscher[3]) fanden Abweichungen von der Gleichheit der Gasvolumina, in der neuesten Zeit ist es jedoch mit Hilfe genauer gasometrischer Methoden gelungen, festzustellen, daß die Menge des ausgeschiedenen Sauerstoffs bei der normalen Arbeit des grünen Blattes der Menge des absorbierten Kohlendioxydes vollkommen genau entspricht[4]), wie es auf Grund des AVOGADROschen Gesetzes auch zu erwarten war, da der Gasaustausch im äquimolekularen Verhältnis vor sich geht.

Die Annahme, daß beim Gasaustausch auch Wasserstoff entweicht[5]), beruht, allem Anschein nach, auf einem Mißverständnis.

Der soeben beschriebene Gasaustausch ist ein Teil des großartigen kosmischen Vorgangs, der das Leben auf der Erde mit seinem Urquell — der Sonne — verbindet. In jedem Organismus vollziehen sich ununterbrochen Prozesse der Energieauslösung bzw. der Energieumwandlungen. Hieraus folgt, daß ein jeder Organismus wie eine

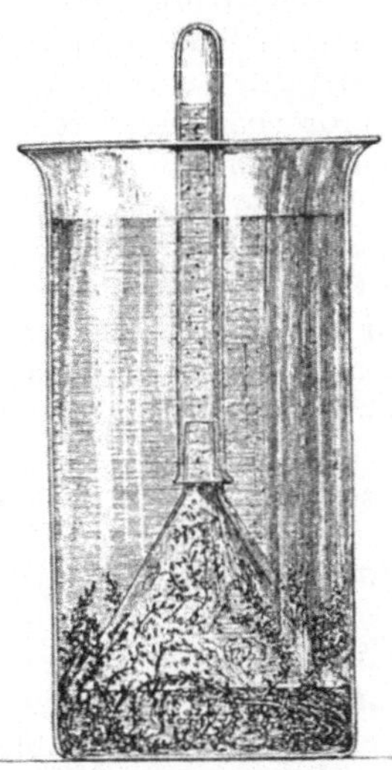

Abb. 6. Der Versuch von INGEN-HOUSZ. Eine belichtete Wasserpflanze scheidet sauerstoffreiche Gasbläschen aus. (Nach PALLADIN.)

komplizierte chemische Fabrik, mit der er so oft verglichen wird, zu jeder Zeit über einen Vorrat der potentiellen Energie, und zwar hoher Spannung, verfügen muß, da Energieumwandlungen nur bei einem be-

---

[1]) BOUSSINGAULT: Ann. des sciences nat. (5), Bd. 10, S. 330. 1869.

[2]) BOUSSINGAULT, J. B.: Agronomie, chimie agricole et physiologie Bd. 3, S. 266 u. 378. 1864; Bd. 5, S. 1. 1874.

[3]) PFEFFER, W.: Arb. a. d. botan. Inst. in Würzburg Bd. 1, S. 31. 1871. — GODLEWSKI, E.: Flora S. 349. 1873; vgl. besonders BONNIER, G. et MANGIN: Cpt. rend. hebdom. des séances ne l'acad. des sciences Bd. 100, S. 1303. 1885. — Dies.: Ann. des sciences nat. (7), Bd. 3, S. 5. 1886 (Bot.).

[4]) MAQUENNE, L. et DEMOUSSY, E.: Nouvelles recherches sur les échanges gazeux des plantes vertes avec l'atmosphère S. 118. 1913. — WILLSTÄTTER, R. u. STOLL, A.: Untersuchungen über die Assimilation der Kohlensäure S. 315. 1918. — KOSTYTSCHEW, S.: Ber. d. botan. Ges. Bd. 39, S. 319. 1921.

[5]) POLLACCI, G.: Atti dell'istit. bot., Pavia Bd. 8. 1902.

stimmten Potential möglich sind. So kann man z. B. leicht die in einem Glas heißen Wassers enthaltene Wärmeenergie in mechanische Energie verwandeln. Taucht man nämlich in dieses Wasser ein Glasgefäß mit Äther, so gelangt der Äther zum Sieden und die entstandene Dampfspannung kann einen kleinen angeschlossenen Motor in Betrieb setzen. Gießt man aber dasselbe Glas heißen Wassers in ein Faß mit kaltem Wasser ein, so ist es nicht mehr möglich, die Wärmeenergie in mechanische Energie umzusetzen, obgleich ein Wärmeverlust durchaus nicht stattgefunden hat: die Wärme des heißen Wassers hat sich im kalten gleichmäßig verteilt und dieses kaum merklich erwärmt. Bei solch einer Zerstreuung der Wärmeenergie ist aber ihr Potential so tief gesunken, daß sie praktisch nicht mehr zu verwerten ist.

Bei den Lebensvorgängen eines jeden Organismus vollzieht sich ununterbrochen eine derartige Energiezerstreuung, die vom physiologischen Standpunkt aus einem vollständigen Energieverlust gleich kommt (Entropie). Im großen Umfange geschieht dies auch in der leblosen Natur, so daß unsere Erde bei ihrem Flug durch den Weltraum die entwertete Energie ihrer physikalisch-chemischen Prozesse ausscheidet und auf diese Weise am Entropiezuwachs des Weltalls teilnimmt. Es ist also ein beständiger Ersatz der verlorenen Energie nötig und die einzige Quelle für diesen Ersatz bildet für die Erde die Sonne.

Eine Aufspeicherung der hochpotenzierten Sonnenenergie findet im grünen Blatt statt, wie es bereits der Schöpfer des ersten Prinzips der Thermodynamik, J. R. MAYER, richtig betonte. In diesem bewundernswerten Apparat wird die Energie des Sonnenstrahls aufgefangen und in Form von chemischer Energie organischer Verbindungen „abgelagert". In diesem Zustand kann die Energie des Sonnenstrahls im Verlaufe von Jahrhunderten erhalten bleiben. Ein Beispiel dafür liefern die Ablagerungen von Steinkohle, d. i. die Reste der abgestorbenen Pflanzen der vergangenen geologischen Perioden. Die in denselben aufgespeicherte Sonnenenergie wird nach Hunderten von Jahrtausenden wieder frei, indem sie unsere Schiffe und Fabriken in Bewegung setzt.

Da die ganze Tierwelt sich nur mit fertigen organischen Stoffen, d. i. letzten Endes mit Pflanzen ernährt, so leben folglich auch die Tiere auf Kosten der aufgespeicherten Energie der aufgefangenen Sonnenstrahlen. Der Sonnenstrahl setzt in gleicher Weise die mächtigen Muskeln eines dahinsausenden Rennpferdes, die Hand eines großen Künstlers, der sein Werk vollendet und die Schraube eines großartigen Dampfschiffs, das die Ozeanwellen durchschneidet, in Tätigkeit. Alles dies kommt durch die Vermittelung der Pflanzenwelt zustande.

Historische Übersicht. Der große britische Chemiker Jos. PRIESTLEY, dem wir u. a. die Entdeckungen von Sauerstoff, Salzsäure, Ammoniak, Kohlenoxyd und Schwefeldioxyd verdanken, fahndete nach solchen kosmischen Vorgängen, welche in der Natur die durch Tieratmung und zahlreiche Verbrennungen „verdorbene" Luft „verbessern". Diese der Tieratmung und der Verbrennung antagonistischen Vorgänge müssen selbstverständlich in gewaltigem Umfange vor sich gehen.

Zunächst hatte PRIESTLEY die Wirkung der Meere und Ozeane auf die

Atmosphäre vor Augen. Die einfachen Versuche zeigten aber alsbald, daß die durch Atmung verdorbene Luft nach anhaltendem Schütteln mit Wasser für die Atmung untauglich bleibt. Hierauf ging PRIESTLEY zu Versuchen mit Pflanzen über, die recht auffallende Resultate ergaben. So brachte PRIESTLEY z. B. einmal eine Maus unter eine Glasglocke, die so umgestülpt war, daß ihr unterer Rand ins Wasser getaucht war. Die Maus verdarb durch ihre Atmung die Luft bis zu dem Grade, daß sie selbst darin nicht mehr zu leben imstande war und eine angezündete Kerze in dieser Luft erlosch. Darauf steckte PRIESTLEY einen Büschel Minze unter die Glocke und beließ ihn dort für einige Wochen. Das Resultat von diesem Versuch war, daß die Luft sowohl zur Atmung wie auch zum Brennen tauglich geworden war.

Diese Versuche PRIESTLEYS erregten großes Aufsehen; ihm wurde unter anderem dafür die goldene Medaille der Londoner Royal Society zugesprochen. Doch ist diesesmal der Kern der Entdeckung dem gewandten Forscher unbekannt geblieben. Vom Problem der chemischen Beständigkeit der Atmosphäre befangen, hat er die weit wichtigere Frage des energetischen Zusammenhanges zwischen der Sonne und dem Leben auf der Erde außer acht gelassen, und zwar unternahm er keine Untersuchungen über Bedingungen, unter welchen die Pflanzen die Luft verbessern. Dies ist der Grund davon, daß PRIESTLEY gegen die Einwände eines anderen berühmten Chemikers, SCHEELE, wehrlos war. Dieser wiederholte die Versuche des britischen Gelehrten und kam zu vollständig entgegengesetzten Resultaten: nach SCHEELE verderben die Pflanzen die Luft ebenso wie Tiere. Weitere Untersuchungen führten PRIESTLEY selbst zu den gleichen Resultaten, die er mit seinen früheren Ergebnissen nicht in Einklang bringen konnte. Er beschloß sogar seine ganze Theorie von der Antithese zwischen der Pflanzen- und der Tierwelt zurückzuziehen.

Das großartige Problem hat erst der berühmte holländische Forscher JAN INGEN-HOUSZ gelöst. In einer Reihe der für seine Zeit außerordentlich exakten, tief und kritisch durchdachten Arbeiten lieferte INGEN-HOUSZ[1]) die Grundlage der Lehre von der Lichternährung der Pflanzen, die gegenwärtig als eine der bestbegründeten Tatsachen auf dem Gebiete der gesamten Pflanzenphysiologie gilt. PRIESTLEY behauptete, daß die Luft sich namentlich beim Wachstum der Pflanzen bessere. INGEN-HOUSZ hat nachgewiesen, daß es nicht richtig ist: nur die grünen Teile der Pflanzen verbessern die Luft, und zwar nur am Lichte, in der Dunkelheit atmen dagegen die Pflanzen ebenso wie die Tiere[2]). Die Tätigkeit der grünen Pflanzen besteht darin, daß durch Vermittelung der Lichtenergie ein mit Sauerstoff verbundener Nährstoff der Luft entnommen wird, und der Sauerstoff in unverändertem Zustande in die Atmosphäre zurücktritt. Als LAVOISIER die Phlogistontheorie beseitigte und die Lehre von den Oxyden schuf, stützte sich INGEN-HOUSZ sogleich auf die neue Theorie, um seinen Folgerungen eine volle Klarheit zu verschaffen. Aus dem in der Luft befindlichen Kohlendioxyd assimilieren die Pflanzen den Kohlenstoff und scheiden Sauerstoff in die Luft aus. In der Dunkelheit findet der entgegengesetzte Prozeß, wenn auch in weit geringerem Umfange, statt: bei der Atmung werden die organischen Verbindungen oxydiert und ihr Kohlenstoff entweicht in die Luft in Form von Kohlendioxyd. Auf diese Weise begründete INGEN-HOUSZ die Lehre von der Lichternährung und der Atmung der Pflanzen; er ist daher wohl als Schöpfer der chemischen Pflanzenphysiologie zu nennen[3]). Zur Zeit von INGEN-HOUSZ'

---

[1]) JAN INGEN-HOUSZ: Experiments upon vegetables. London 1779.

[2]) Der Widerspruch zwischen den Resultaten PRIESTLEYS und denjenigen SCHEELES wurde hiermit erklärt: die beiden Forscher arbeiteten wohl bei ungleichen Beleuchtungsverhältnissen.

[3]) Durch seine glänzenden Entdeckungen hat sich INGEN-HOUSZ viele Unannehmlichkeiten zugezogen. In erster Linie wurde der Ehrgeiz des berühmten PRIESTLEY dadurch empfindlich verletzt, daß er eine große Entdeckung übersah und ein anderer seine Fehler erklärte. In sehr voreingenommener Weise polemisierte PRIESTLEY lange Zeit mit INGEN-HOUSZ, indem er dessen Ergeb-

Schaffen stand die experimentelle Technik auf einer niedrigen Stufe, und den gegenwärtigen Zustand der betreffenden Fragen verdanken wir den klassischen Arbeiten TH. DE SAUSSURES[1]). Er hat den quantitativen Nachweis der Richtigkeit der chemischen Gleichung der Photosynthese geliefert und außerdem dargetan, daß Pflanzen am Lichte nicht nur den Kohlenstoff, sondern auch die Elemente des Wassers assimilieren. DE SAUSSURE begründete ebenfalls die heutige Vorstellung von der Pflanzenatmung und brachte viele andere grundlegende Tatsachen an den Tag, so daß seine Verdienste nicht geringer sind als diejenigen von INGEN-HOUSZ. Schließlich verdanken wir dem großen französischen Agrikulturchemiker J. B. BOUSSINGAULT[2]) sehr genaue Untersuchungen über die Lichternährung der Pflanzen, besonders auf dem Gebiete der Stickstoffassimilation. BOUSSINGAULT war der erste, der künstliche Pflanzenkulturen auf rein mineralischen Nährböden in die Praxis eingeführt hat und Vegetationsversuche zur Lösung physiologischer Fragen heranzog.

Über photochemische Reaktionen im allgemeinen. Jetzt müssen wir die großartige photochemische Reaktion, die sich im grünen Blatt vollzieht, näher untersuchen und zur besseren Orientierung zuerst die wichtigsten Gesetze auseinandersetzen, die sich auf photochemische Prozesse im allgemeinen beziehen.

Zum Unterschied von der Wärmeenergie wirkt die Lichtenergie durchaus nicht auf alle chemische Reaktionen ein, sondern nur auf solche, an denen lichtempfindliche Körper teilnehmen, welche die Lichtenergie nicht nur in Wärmeenergie (wie es die gegen Lichteinwirkung unempfindlichen Körper tun), sondern auch in die chemische Energie verwandeln. Eine bezeichnende Eigenschaft dieser Körper bildet die Fluorescenz. Neuerdings ist festgestellt worden, daß viele Reaktionen, die gewöhnlich vom Lichte nicht abhängen, in Gegenwart eines geeigneten lichtempfindlichen Körpers photochemisch werden.

Das erste grundlegende Gesetz der photochemischen Reaktionen besteht darin, daß nur absorbierte Strahlen eine chemische Wirkung hervorrufen können (DRAPER). Viele an und für sich lichtempfindliche Körper sind nur deshalb nicht genügend aktiv, weil sie das Licht sehr schwach absorbieren. In diesen Fällen wird das chemische Potential häufig bedeutend erhöht durch die Gegenwart der Sensibilatoren, d. h. der Farbstoffe, die Lichtenergie von einer bestimmten Wellenlänge stark absorbieren und dieselbe auf andere Körper übertragen.

Das obige Gesetz ist eigentlich eine direkte Folgerung des ersten Prinzips der Thermodynamik. Seine quantitative Formulierung besteht in folgendem: die photochemische Wirkung ist direkt propor-

---

nisse zum Teil in Zweifel zog, zum Teil aber sich aneignete. Auf PRIESTLEYS Seite stellten sich der italienische Gelehrte CAVALLO und der Genfer Priester SENEBIER; auch dieser erklärte INGEN-HOUSZ' Entdeckungen für seine eigenen. Infolgedessen wurde der Name INGEN-HOUSZ' im Verlaufe eines Jahrhunderts entweder vollständig in den Schatten gestellt, oder neben denen von PRIESTLEY, SENEBIER u. a. beiläufig erwähnt. Erst neuerdings ist der wahre Sachverhalt klargelegt worden. Vgl. TREUB: J. INGEN-HOUSZ (1880) und namentlich J. WIESNER: J. INGEN-HOUSZ (1905).

[1]) DE SAUSSURE, TH.: Recherches chimiques sur la végétation 1804.
[2]) BOUSSINGAULT, J. B.: Agronomie, chimie agricole et physiologie 1860—78.

tional der absorbierten Lichtenergie. Dies ist das zweite Gesetz, das man bei der Beurteilung der Vorgänge im grünen Laubblatt im Auge behalten muß.

Das dritte Gesetz lautet, daß beim Vorhandensein einer chemischen Wirkung für diese ein ganz bestimmter Prozentsatz der absorbierten Lichtenergie verwendet wird (BUNSEN). Bezeichnen wir die absorbierte strahlende Energie mit E, die gleichzeitig geleistete chemische Arbeit mit U, so ist der Quotient $\frac{U}{E} \cdot 100$ das Maß der Energieausbeutung. Für die Wellenlänge 209 $\mu\mu$ hat E. WARBURG[1]) bei verschiedenen photochemischen Reaktionen folgende Werte von $\frac{U}{E} \cdot 100$ gefunden:

$$3\,O_2 = 2\,O_3; \quad \frac{U}{E} \cdot 100 = 50,$$

$$2\,HBr = H_2 + Br_2 \text{ (gasförmig)}; \quad \frac{U}{E} \cdot 100 = 18,$$

$$2\,HJ = H_2 + J_2 \text{ (gasförmig)}; \quad \frac{U}{E} \cdot 100 = 2{,}1.$$

Die chemische Wirkung ist direkt proportional der Lichtstärke und der Zeit. Photochemische Reaktionen sind meistens Oxydationen und namentlich Reduktionen. Weiter unten wird dargelegt werden, daß die wichtigsten photochemischen Reaktionen in grünen Pflanzen Reduktionen darstellen.

Nicht ganz durchsichtig ist die Frage nach dem spezifischen Wesen der Wirkung verschiedener Spektralbezirke. Es unterliegt keinem Zweifel, daß photochemische Reaktionen unter dem Einfluß beliebiger Strahlen möglich sind, ob aber in jedem Falle die photochemische Ausbeute die gleiche ist, bleibt dahingestellt. Nach der Quantentheorie (s. u.) muß diese mit abnehmender Wellenlänge kleiner werden. Doch wurden die mit der Quantentheorie übereinstimmenden Ergebnisse nur bei der photochemischen Spaltung des Brom- und Jodwasserstoffs[2]), sowie für die Photosynthese des Laubblattes (S. 127) erhalten.

Was die Helligkeit des Lichtes in verschiedenen Spektralbezirken anbetrifft, so ist dieselbe ein Resultat physiologischer Empfindung und also kein objektives Maß der Lichtenergie. Manche recht aktive Strahlen werden von unserem Auge überhaupt nicht als Licht empfunden.

Ein interessantes Wahrzeichen der photochemischen Reaktionen ist ihr spezifischer Temperaturkoeffizient. Im 1. Kapitel wurde bereits die VAN 'T HOFFsche Regel besprochen; sie besteht darin, daß für Temperaturintervalle von 10° (in gewissen Grenzen) die Reaktionsgeschwindigkeit um das Doppelte, Dreifache und gar stärker zunimmt (S. 35). Die photochemischen Reaktionen bilden insofern eine Ausnahme von

---

[1]) WARBURG, E.: Zeitschr. f. Elektrochem. Bd. 26, S. 54. 1920.
[2]) WARBURG, E.: a. a. O.

dieser Regel, als sie einen Temperaturkoeffizienten von höchstens 1,1—1,2 aufweisen. Ein höherer Temperaturkoeffizient eines photochemischen Prozesses kommt nur bei komplizierten Vorgängen vor, bei denen neben den photochemischen auch andere Reaktionen stattfinden.

Es ist bekannt, daß ein jeder chemische Stoff sein bestimmtes Absorptionsspektrum besitzt. Auf Grund des gegenwärtigen Zustandes der atomistischen Physik betrachten wir die Absorptionsspektra als eine Funktion der molekularen und gar der atomistischen Struktur des betreffenden Körpers. Das Absorptionsspektrum kann sich sowohl auf den sichtbaren als auf den unsichtbaren Teil des Sonnenspektrums erstecken. Die Sonne sendet uns Strahlen von der Wellenlänge 300—6000 $\mu\mu$, doch nur Strahlen von der Wellenlänge 390 bis 760 $\mu\mu$ werden von unserem Auge als Licht empfunden.

Vom Standpunkte der Quantentheorie aus muß die photochemische Wirkung in schwächer brechbaren Strahlen größer als in stärker brechbaren sein, da nach dem EINSTEINschen Äquivalentgesetz eine jede Substanz bei photochemischer Verwandlung die strahlende Energie in Quanten absorbiert, und zwar ein Quantum auf ein Molekül aufnimmt. Nun ist ein jedes Quantum gleich $h\nu$, wo h die PLANKsche Weltkonstante und ν die Zahl der Schwingungen der betreffenden Lichtwelle ist. Auf 1 Grammcalorie kommt also z. B. in roten Strahlen eine bedeutend größere Quantenmenge als in violetten Strahlen. Namentlich die Quantenzahl, nicht die Größe der einzelnen Quanten bestimmt aber die photochemische Ausbeute; daher sind die Energieumsätze φ in verschiedenen Spektralbezirken den Wellenlängen λ proportional:

$$\frac{\varphi_1}{\varphi_2} = \frac{\lambda_1}{\lambda_2}.$$

Diese Gesetzmäßigkeit wird durch folgende Tabelle von E. WARBURG erläutert:

λ	207 $\mu\mu$	253 $\mu\mu$	282 $\mu\mu$	486 $\mu\mu$	589 $\mu\mu$	800 $\mu\mu$
φ	0,7286	0,8904	0,9924	1,710	2,073	2,816

Aus dieser Tabelle ist ersichtlich, daß bei $\lambda = 800$ $\mu\mu$ die photochemische Ausbeute bei gleichem Energieverbrauch etwa 4 mal größer ist als bei $\lambda = 207$ $\mu\mu$. Dagegen muß die Gesamtmenge der von 1 Mol. Substanz absorbierten Energie entsprechend größer bei $\lambda = 207$ $\mu\mu$ als bei $\lambda = 800$ $\mu\mu$ sein. Bei $\lambda = 770$ $\mu\mu$ ist ein Quantum ($h\nu$) gleich $5{,}99 \cdot 10^{-20}$ Grammcalorien.

Der allgemeine Begriff der Farbstoffe des Laubblattes. Auf Grund des oben Erörterten ist einleuchtend, daß die Aufmerksamkeit der wissenschaftlichen Forscher schon längst auf die in den Blättern enthaltenen Farbstoffe gerichtet sein mußte, da der photochemische Vorgang der Photosynthese (des Aufbaues der organischen Stoffe) auf Kosten der Lichtabsorption durch die Vermittlung der genannten Farbstoffe vor sich geht. Versuche, die Blattfarbstoffe zu isolieren und zu reinigen, sowie ihre chemische Natur kennen zu lernen, wurden schon längst unternommen, nur in der letzten Zeit hat man aber auf diesem Gebiete wichtige Resultate erzielt.

Bereits GREW[1]) hat im 17. Jahrhundert dargetan, daß der grüne Farbstoff aus den Pflanzen mit Alkohol extrahiert werden kann. Dieser Farbstoff bekam später den Namen Chlorophyll[2]). Der Alkoholextrakt aus Laubblättern hat eine smaragdgrüne Farbe mit starker blutroter Fluorescenz. Er enthält allerdings nicht lauter einen grünen Farbstoff. Der berühmte britische Physiker STOKES[3]) hat festgestellt, daß im Laubblatt immer zwei grüne und zwei gelbe Farbstoffe enthalten sind. Nur in der neuesten Zeit haben die bahnbrechenden Untersuchungen von WILLSTÄTTER, von denen noch weiter unten die Rede sein wird, die volle Richtigkeit der vernachlässigten Resultate STOKES außer Zweifel gestellt.

Setzt man dem Alkoholextrakt aus Blättern Benzin oder Petroläther zu, schüttelt tüchtig das Gemisch und läßt es eine Zeitlang stehen, so geht der grüne Farbstoff in die obere Benzinschicht über und die alkoholische Lösung erhält dann eine goldgelbe Färbung. Diese charakteristische Reaktion hat den Namen KRAUSsche Reaktion erhalten[4]).

Den gelben Farbstoff, der die untere Schicht färbt, nennt man Xanthophyll. Bei manchen Pflanzen tritt aber bei der eben beschriebenen Behandlung die sogenannte umgekehrte KRAUSsche Reaktion ein[5]): die obere Schicht wird gelb und die untere bleibt grün. Zwischen der normalen und der umgekehrten KRAUSschen Reaktion hat man verschiedene Übergangsstufen festgestellt. Die Möglichkeit einer umgekehrten KRAUSschen Reaktion beweist, daß im Laubblatt mindestens zwei gelbe Farbstoffe existieren, die in Alkohol und Benzin nicht im gleichen Grade löslich sind. Der in Benzin leichter lösliche Farbstoff ist von orangegelber Farbe; er verleiht der Mohrrübenwurzel und vielen Früchten ihre Farbe. Da er zuerst aus der Mohrrübe dargestellt wurde, so hat er den Namen Carotin. Aus dem nicht einheitlichen Verlauf der KRAUSschen Reaktion hat man den Schluß gezogen[6]), daß auch die grünen Farbstoffe sich zwischen Benzin und Alkohol verteilen, späterhin hat sich aber herausgestellt, daß derjenige grüne Farbstoff, der im Alkohol zurückbleibt, schon ein Abbauprodukt der natürlichen sehr labilen Stoffe ist. Die beiden echten natürlichen grünen Farbstoffe gelangen in die obere Benzinschicht.

---

[1]) GREW, N.: Anatomy of plants S. 273. 1682.

[2]) PELLETIER et CAVENTOU: Ann. de chim. et de physique (2), Bd. 9, S. 194. 1818.

[3]) STOKES, G. G.: Proc. of the roy. soc. of London Bd. 13, S. 144. 1864. — Ders.: Journ. of the chem. soc. Bd. 17, S. 304. 1864.

[4]) KRAUS, G.: Zur Kenntnis d. Chlorophyllfarbst. 1872; vgl. auch SORBY, H. C.: Proc. of the roy. soc. of London Bd. 15, S. 433. 1867 und Bd. 21, S. 442. 1873. Die Benennung „KRAUSsche Reaktion" ist eigentlich nicht richtig, da bereits STOKES das Prinzip dieser Methode dargelegt hat.

[5]) MONTEVERDE, N.: Acta Horti Petropolitani Bd. 13, S. 123. 1893.

[6]) MONTEVERDE, N.: a. a. O.

Eine quantitative Trennung der grünen und gelben Farbstoffe des Blattextrakts ist auf Grund der chromatographischen Methode[1]) möglich. Dieses Verfahren beruht auf verschiedenen Adsorptionsfähigkeiten der einzelnen Extraktkomponenten. Die Blätter werden am besten mit Schwefelkohlenstoff extrahiert und die Lösung durch ein mit reiner gepulverter Kreide oder mit einem anderen Adsorbens gefülltes Glasrohr filtriert. Hierbei werden die einzelnen Farbstoffe in den verschiedenen Schichten im Rohre adsorbiert und verleihen ihnen die entsprechenden Farben. Carotin läßt sich gar nicht adsorbieren und geht durch. Darauf wird die aus Calciumcarbonat bestehende Säule mit einem Skalpel in die verschieden gefärbten Zonen zerlegt und aus letzteren die einzelnen Farbstoffe mit Hilfe der gewöhnlichen Lösungsmittel extrahiert.

Nach der Ansicht von TSWETT finden sich in den Blättern außer den beiden Chlorophyllen A und B und dem Carotin nicht ein, sondern vier Xanthophylle, die sich nach ihrer Adsorption und der Verschiebung der Absorptionsbänder im Spektrum voneinander unterscheiden. Die chemische Untersuchung hat diese Ansicht nicht bestätigt; vielleicht sind alle Xanthophylle TSWETTS isomer und isomorph, oder stellen sie möglicherweise Artefakte bzw. verschiedene physikalische Zustände von einem und demselben Stoffe dar; sowohl die chromatographische Methode als die Verschiebung der Absorptionsbänder im Spektrum sind zur Feststellung der chemischen Verschiedenheit der erhaltenen Stoffe unzureichend[2]).

Die gelben Farbstoffe des Herbstlaubes wurden früher mit den normalen gelben Farbstoffen der grünen Blätter identifiziert; gegenwärtig hat man aber festgestellt, daß in den gelben Blättern des Herbstlaubes außer Carotin und Xanthophyll noch viele andere Farbstoffe vorhanden sind, die im grünen Blatte fehlen[3]). Viele von ihnen sind in Wasser löslich. Die Mengen von Xanthophyll und Carotin im gelben Herbstblatt sind dagegen oft ganz gering. Eine etwas größere Carotinmenge wurde in den roten Blättern angegeben[4]).

In den jungen Blättern der im Dunkeln gekeimten und noch gelblich gefärbten Pflanze sind schon die gelben Farbstoffe des grünen Blattes vorhanden[5]), doch findet man neben ihnen auch andere wasserlösliche Farbstoffe. Da diese „etiolierte" (chlorophylllose) Pflanzen Kohlensäure am Licht nicht assimilieren, so liegt die Annahme

---

[1]) TSWETT, M.: Ber. d. botan. Ges. Bd. 24, S. 316 u. 384. 1906. — Ders.: Chromophylle in der Pflanzen- und Tierwelt 1910. (Russisch.)

[2]) WILLSTÄTTER, R. u. STOLL, A.: Untersuchungen über Chlorophyll S. 235. 1913.

[3]) LUBIMENKO, W.: Über die Verwandlungen der Plastidenfarbstoffe im lebenden Pflanzengewebe 1916. (Russisch.) — GÖRRIG, E.: Beih. z. botan. Zentralbl. (I), Bd. 35, S. 342. 1918. — WILLSTÄTTER, R. u. STOLL, A.: Untersuchungen über Assimilation der Kohlensäure S. 27. 1918.

[4]) MOLISCH, H.: Ber. d. botan. Ges. Bd. 20, S. 442. 1902.

[5]) KOHL: Untersuchungen über das Carotin 1902. — LUBIMENKO: a. a. O.

nahe, daß die gelben Pigmente mit der Photosynthese nichts zu tun haben[1]). Ihre physiologische Bedeutung ist nicht klargelegt worden.

Es wäre sehr erwünscht, die Entstehung des Carotins und des Xanthophylls im Laubblatt klarzulegen; gegenwärtig gibt die Unbestimmtheit dieser Frage Veranlassung zu verschiedenen teleologischen Erwägungen[2]), die der Biochemie fremd sind und das Wesen derartiger Probleme keineswegs aufhellen.

Chlorophyll. Der einzige zweifellos lichtempfindliche Körper, der an der Photosynthese teilnimmt, ist das Chlorophyll. Es ist der interessanteste organische Stoff in der Natur, da nur durch seine mittelbare oder unmittelbare Beteiligung alle übrigen organischen Stoffe auf der Erde aufgebaut werden. Daher ist es wohl begreiflich, daß viele Forscher sich mit Untersuchungen über die physikalischen und chemischen Eigenschaften dieses Körpers befaßten. Auf keinem anderen Gebiete der biologischen Chemie finden wir solch eine Menge resultatlos vergeudeter Anstrengungen und einander widersprechender Resultate; aus diesem Grunde könnte die Geschichte des Chlorophyllproblems großes methodologisches Interesse darbieten, doch ist es nicht möglich, hier näher darauf einzugehen. Daß die sorgfältigen Arbeiten vieler hervorragender Forscher wenig ertragreich gewesen sind, ist auf die ungemeine Labilität und andere Eigenschaften des Chlorophylls, die eine chemische Untersuchung von Anfang an erschweren, zurückzuführen. Da diese spezifischen Schwierigkeiten sich auch bei manchen anderen biochemischen Untersuchungen geltend machen, so verdienen sie eine kurze Erläuterung. Die Reindarstellung von Chlorophyll, Eiweiß und anderen kolloiden Körpern ist nicht nur durch deren leichte Veränderlichkeit, sondern auch durch den Umstand erschwert, daß die üblichen Methoden der organischen Chemie zu ihrer Reinigung nicht brauchbar sind. Außerdem ist selbst für reine Stoffe von hohem Molekulargewicht die auf Grund der Elementaranalyse berechnete Minimalformel nicht immer zuverlässig, da normale Analysenfehler (in Prozenten) einem oder sogar mehreren Atomen verschiedener Elemente entsprechen. Ebenso ist es in den meisten Fällen unmöglich, durch allgemein gebräuchliche Methoden das Molekulargewicht mit genügender Genauigkeit zu bestimmen, wenn dasselbe sehr groß und die Reinheit des Präparates nicht sichergestellt ist. Mit Rücksicht auf die genannten ernsten Hindernisse beginnt man die Untersuchung komplizierter, biologisch wichtiger Stoffe von hohem Molekulargewicht gewöhnlich mit dem Versuch, die großen Moleküle zu spalten. Die Spaltungsprodukte sind häufig schon krystallinische Stoffe, die einer Reinigung und Untersuchung mit Hilfe der gewöhnlichen Methoden zugänglich sind. Das Studium

---

[1]) Vgl. dazu besonders WILLSTÄTTER. R. u. STOLL, A: Untersuchungen über die Assimilation der Kohlensäure 1918.

[2]) STAHL: Zur Biologie des Chlorophylls 1909. — IWANOWSKY, D.: Mitt. d. Warschauer Univ. Bd. 1. 1914. (Russisch.)

der chemischen Natur dieser Spaltungsprodukte und die Feststellung ihrer Konstitution gibt Anhaltspunkte zur Beurteilung der Natur des ursprünglichen hochmolekularen Körpers; eine erfolgreiche Synthese desselben aus den vorher untersuchten Spaltungsprodukten vollendet die schwere Arbeit.

Obwohl dieses Verfahren schon längst bekannt ist, hat es erst WILL-STÄTTER zum Studium des Chlorophylls angewandt und tatsächlich sofort so neue und zuverlässige Resultate erhalten, daß alle Arbeiten seiner Vorgänger auf demselben Gebiet jetzt nur noch geschichtliches, aber kein aktuelles Interesse darbieten. Irrig wäre aber die Annahme, daß WILLSTÄTTER eine bereits bekannte Methode in Bausch und Bogen benutzt hat; er hat sie mit einer neuen sehr wesentlichen Verbesserung versehen. Die Chlorophyllspaltung hat er folgendermaßen ausgeführt: er hat mit Hilfe sinnreich gewählter Reaktionen ein Spaltungsprodukt nach dem anderen vom großen Chlorophyllmolekül abgetrennt; das Molekulargewicht des Restes wurde dabei allmählich kleiner und seine Stabilität größer. Besonders wichtig und wertvoll erweist sich hier der Umstand, daß ein Verlust irgendeines Spaltungsproduktes ausgeschlossen ist, da nach jeder Spaltung durch synthetische Wiederherstellung des ursprünglichen Stoffes eine genaue Kontrolle als möglich erscheint. Würde das Molekül mit einem Male in mehrere Teile zerlegt, so wäre eine derartige Kontrolle ausgeschlossen. Um dieselbe noch zu verschärfen, hat WILLSTÄTTER die stufenweise Chlorophyllspaltung gleichzeitig auf zweierlei Weise vorgenommen, so daß die Stoffe der einen Reihe darauf in Stoffe der anderen Reihe verwandelt werden konnten.

Es ist also ersichtlich, daß WILLSTÄTTERS Arbeiten auf dem Gebiete der Chlorophyllchemie großen methodologischen Wert haben und als Muster für biochemische Untersuchungen über unbeständige Stoffe von hohem Molekulargewicht dienen können.

Die physikalischen Eigenschaften des Chlorophylls sind leichter zu erforschen und bieten ebenfalls großes Interesse dar; sie sollen daher in erster Linie Erwähnung finden.

Die physikalischen Eigenschaften des Chlorophylls. Es wurde bereits darauf hingewiesen, daß im Laubblatt zwei grüne Pigmente enthalten sind, die ihren Eigenschaften und Zusammensetzung nach einander nahe stehen. Beide sind mikrokrystallinische Körper[1]), die in Wasser unlöslich, aber in Alkoholen, Aceton, Chloroform, Schwefelkohlenstoff leicht löslich sind.

In alkoholischer Lösung ist das Chlorophyll a eine Substanz von blaugrüner Farbe mit rubinroter Fluorescenz. Das Chlorophyll b hat im Alkohol grellgrüne Farbe, die Fluorescenz ist braunrot. Im Lichte werden Chlorophyllösungen in organischen Lösungsmitteln bald bräunlich und schließlich ganz entfärbt; setzt man aber der Lösung soviel Wasser hinzu, daß eine Chlorophyllemulsion entsteht, so werden der

---

[1]) WILLSTÄTTER, R. u. STOLL, A.: Liebigs Ann. d. Chem. Bd. 390, S. 327. 1912.

Farbenumschlag sowie die Entfärbung bedeutend verlangsamt, und zwar namentlich in Gegenwart von Kolloiden[1]).

Besonders interessant ist das Absorptionsspektrum[2]) der grünen Farbstoffe mit Rücksicht auf ihre physiologische Rolle der Sensibilatoren. Die Spektra sind auf der Abb. 7 dargestellt. Ihr chrarakteristisches Kennzeichen ist das scharfe Absorptionsband im roten Spektralbezirk zwischen den Linien B und C. Die grüne Farbe des Chlorophylls zeigt schon, daß dieser Stoff hauptsächlich rote Strahlen absorbieren muß; die Spektralanalyse lehrt, daß besonders stark nur bestimmte Strahlen des roten Lichtes absorbiert werden, und zwar gehen die links von der Linie B befindlichen Strahlen sogar bei hoher Konzentration der Farbstofflösungen durch. Das Absorptionsband zwischen B und C ist für das Chlorophyll sehr bezeichnend und bedingt in der Hauptsache seine physiologische Funktion. Auf Grund dieses Bandes hat man sogar auf den Planeten nach Chlorophyll gefahndet[3]). Beim Chlorophyll b besteht dieses Band aus zwei separaten Streifen. In stark verdünnten Chlorophylllösungen entdeckt man noch andere schwächere Absorptionsbänder und zwar: II. zwischen C und D im Orange (beim

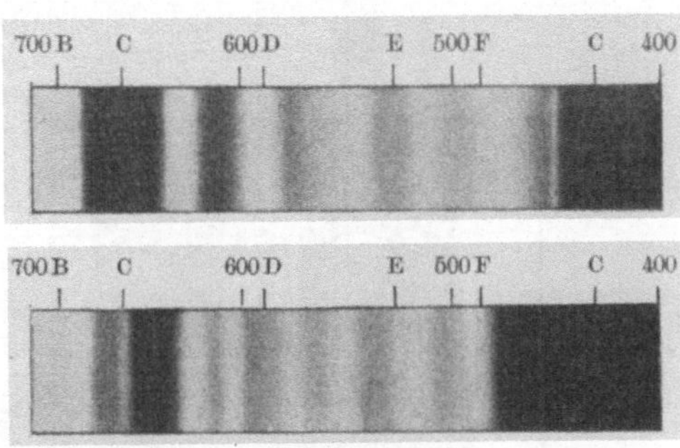

Abb. 7. Oben das Spektrum von Chlorophyll a, unten das Spektrum von Chlorophyll b. (Nach WILLSTÄTTER und STOLL.)

Chlorophyll b ist auch dieses Band in zwei Streifen geteilt), III. rechts von der Linie D im Gelb, IV. auf der Linie E im Grün, V. neben der Linie F im Blau, VI. zwischen den Linien F und G (schwache Absorption bei Chlorophyll a, stärkere Absorption bei Chlorophyll b) und eine ununterbrochene Absorption rechts von G. Alle diese Bänder bleiben nur bei schwacher Konzentration des Farbstoffes getrennt; bei stärkerer, die dem Zustande des Chlorophylls im Blatt entspricht, wächst das Hauptband zwischen B und C ungemein schnell in die Breite und zwar nur nach rechts: bei einer Konzentration der Lösung, die dem Chlorophyllgehalt in den Plastiden entspricht, verbreitet es sich bis in die Nähe der Linie E; andererseits fließen zwei Absorptionsbänder im blau-violetten Teil des Spektrums und die Randabsorption zusam-

---

[1]) IWANOWSKY, D.: Über den physikalischen Zustand des Chlorophylls im lebenden Laubblatt 1913. (Russisch.) — WILLSTÄTTER, R. u. STOLL, A.: Untersuchungen über Assimilation der Kohlensäure 1913. 309. — WURMSER, R.: Cpt. rend. des séances de la soc. de biol. Bd. 83, S. 437. 1920.

[2]) TSWETT, M.: Chromophylle in der Pflanzen- und Tierwelt 1910. (Russisch.) — WILLSTÄTTER, R. u. STOLL, A.: Untersuchungen über Chlorophyll 1913.

[3]) ARZICHOWSKY, W.: Ber. d. Donschen polytechn. Inst. Bd. 1. 1912. (Russisch.)

men, doch verbreiten sie sich nur wenig nach links (Abb. 8). Auf diese Weise haben wir im physiologisch aktiven Chlorophyll eigentlich zwei Absorptionsbänder und zwar: einen breiten im linken (stärker brechbaren) und einen engeren im rechten (schwächer brechbaren) Spektrumteil.

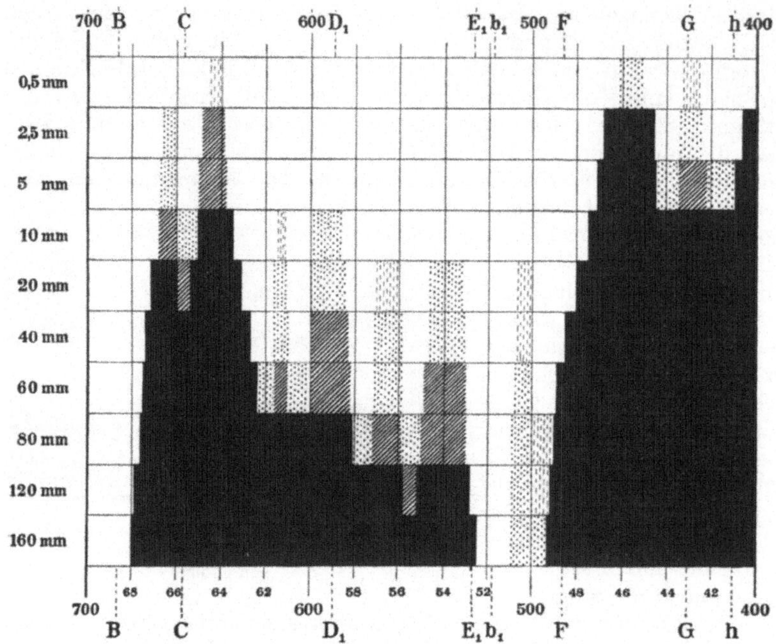

Abb. 8. Das Zusammenfließen der Absorptionsbänder des Chlorophyllins bei Konzentrationssteigerung seiner Lösung. Bei sehr hoher Konzentration bleiben nur die äußersten roten und die grünen Strahlen nicht absorbiert. (Nach WILLSTÄTTER und STOLL.)

Häufig hat man auch das Spektrum der lebenden Blätter (nach vorhergehender Injektion der Intercellularräume mit Wasser) untersucht. In diesem Spektrum sind alle Absorptionsbänder nach links verschoben, und die Reihenfolge ihrer Stärke ist nicht dieselbe wie in der Lösung. Sorgfältige Untersuchungen haben dargetan, daß das Chlorophyll sich im lebenden Blatt entweder in festem Zustand[1] oder, was vielleicht richtiger ist, in Form einer kolloiden Lösung befindet[2]. Neuerdings ist darauf hingewiesen worden, daß das Chlorophyll im Blatt in einer molekularen lipoiden Lösung enthalten ist[3].

---

[1] IWANOWSKY, D.: Ber. d. botan. Ges. Bd. 25, S. 416. 1908. — Ders.: Biochem. Zeitschr. Bd. 48, S. 328. 1913.

[2] HERLITZKA: Biochem. Zeitschr. Bd. 38, S. 321. 1912. — WILLSTÄTTER, R. u. STOLL, A.: Untersuchungen über Chlorophyll 1913. 60.

[3] STERN, K.: Ber. d. botan. Ges. Bd. 38, S. 28. 1920. — Ders.: Zeitschr. f. Botanik Bd. 13, S. 193. 1921.

Bis zum Erscheinen der Untersuchungen von WILLSTÄTTER und seinem Mitarbeiter wurde die Spektralanalyse des Chlorophylls zur Prüfung der Reinheit der Farbstoffpräparate benutzt; sie sollte zeigen, ob eine Zersetzung oder Veränderung des Farbstoffes stattgefunden hat: die Forscher haben nämlich viel Mühe verwendet, um einen vollständig unveränderten Farbstoff zu isolieren, und ihre Bemühungen scheiterten an dieser ersten verfrühten Aufgabe; anderseits kann überhaupt das Konstantbleiben der optischen Eigenschaften kaum als ein zuverlässiges Kriterium gelten. Wir müssen uns WILLSTÄTTER und STOLL in der Beziehung anschließen, daß das Absorptionsspektrum keine zuverlässige physikalische Konstante darstellt; einerseits können, wie wir es bereits gesehen haben, recht bedeutende Veränderungen des Spektrums einer und derselben chemischen Substanz von ihrem physikalischen Zustande abhängen, anderseits können auch wesentliche chemische Veränderungen auf das Spektrum nur schwach einwirken, wenn nur die chromophore Gruppe unversehrt geblieben ist. Daher ist es etwas gewagt, die Farbstoffe auf Grund ihrer Spektra zu identifizieren.

Die chemischen Eigenschaften des Chlorophylls. Die Untersuchungen WILLSTÄTTERS und seiner Mitarbeiter[1]) wurden, wie bereits oben erwähnt, nach der Methode der stufenweisen Spaltung des komplizierten Chlorophyllmoleküls ausgeführt. In der einer Versuchsreihe wurde die Spaltung durch Säuren, in der anderen durch Alkalien hervorgerufen. Sofort ergab sich ein interessantes Resultat: die beiden Reihen der gewonnenen Produkte unterschieden sich voneinander nur durch die Gegenwart bzw. die Abwesenheit des Magnesiums. Bei der Einwirkung der Alkalien entstehen magnesiumhaltige Stoffe und der Prozentgehalt von Mg wächst in dem Maße, als das Molekül stufenweise abgebaut wird, da das Magnesium sich selbst durch Kochen mit starker Lauge oder gar durch Schmelzen mit Natronkalk nicht abspalten läßt. Durch Säurewirkung wird dagegen das Magnesium sofort abgespalten; dies findet schon bei milder Bearbeitung mit einer schwachen organischen Säure in der Kälte statt. Spaltet man das Magnesium von den Produkten der Alkaliwirkung ab, so gehen diese Substanzen in die entsprechenden Produkte der Säurewirkung über und umgekehrt: führt man das Magnesium in die Produkte der Säurewirkung ein, so erhält man die entsprechenden Produkte der Bearbeitung des Chlorophylls mit Alkalien. Außer Magnesium ist im Chlorophyll keine andere Aschensubstanz enthalten; die früheren Hinweise verschiedener Verfasser darauf, daß Chlorophyll eisen- und phosphorhaltig sei, müssen jetzt für hinfällig erklärt werden.

Das Magnesium ist im Chlorophyllmolekül nur mit Stickstoffatomen verbunden, wie man es schon früher bei analogen Substanzen beobachtet hat[2]). Mit Sauerstoff ist Magnesium nicht verbunden. Mit

---

[1]) WILLSTÄTTER, R. u. STOLL, A.: Untersuchungen über Chlorophyll 1913. Hier sind alle früheren Arbeiten WILLSTÄTTERS und seiner Mitarbeiter zitiert.
[2]) TSCHUGAJEW, L.: Ber. d. Dtsch. Chem. Ges. Bd. 40, S. 1973. 1907.

zwei Stickstoffatomen der Pyrrolreste ist Magnesium durch seine beiden Valenzen verkettet, mit den beiden übrigen Stickstoffatomen zum Komplex vereinigt[1]):

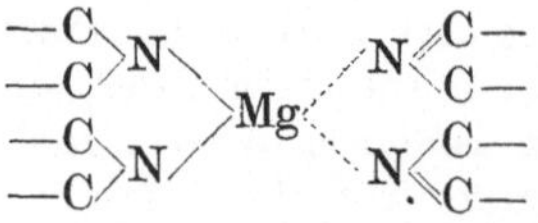

$$\begin{array}{ccccc} -C\!\!\diagdown & & & & C- \\ -C\!\!\diagup\!N & & N\!\diagdown\!C- \\ & \diagdown\!\!Mg\!\!\diagup & \\ -C\!\!\diagdown & & & & C- \\ -C\!\!\diagup\!N & & N\!\diagup\!C- \end{array}$$

WILLSTÄTTER ist dazu geneigt, der Anwesenheit von Magnesium im Chlorophyll eine große physiologische Bedeutung beizumessen, indem er diesem, nach Analogie mit den von GRIGNARD entdeckten Stoffen[2]), die Rolle eines synthetisierenden Faktors im Assimilationsprozesse und nicht nur diejenige eines Sensibilisators zuschreibt. Die Synthesen nach dem GRIGNARDschen Prinzip sind in der Tat auch mit Substanzen erzielt worden, in denen Magnesium mit Stickstoff verbunden ist[3]), doch liegt hier nichts mehr als eine Analogie vor.

Es ist interessant, daß beim Abspalten des Magnesiums sofort eine scharfe Veränderung der optischen Eigenschaften des Farbstoffs stattfindet: die smaragdgrüne Farbe wird durch eine bräunliche oder olivengrüne ersetzt, und die Fluorescenz verschwindet beinahe vollständig. Bei der Alkalienwirkung wird das Magnesium nicht abgespalten; im Zusammenhange damit bleibt die grüne Farbe und die Fluorescenz erhalten, und zwar selbst bei starker Veränderung des Chlorophyllmoleküls.

Magnesium wird vom Chlorophyll schon durch die Einwirkung schwacher Oxalsäure und gar Kohlensäure abgespalten[4]) und durch zwei Wasserstoffatome ersetzt. Die hierbei entstehende Substanz hat eine olivenbraune Farbe, wachsartige Konsistenz und Estereigenschaften. Sie wird als Phäophytin bezeichnet. Sehr interessant ist es, daß Phäophytin leicht komplexe Verbindungen mit Metallen, wie z. B. mit Eisen, Zink, Kupfer liefert; hierbei erhält man wiederum grüne Farbstoffe mit scharfer Fluorescenz, wie Chlorophyll. Dies ist eine höchst empfindliche Probe auf Zink und Kupfer. Am schwersten gelingt es, Magnesium wieder ins Phäophytin einzuführen; dies hat WILLSTÄTTER nach der bekannten Methode GRIGNARDS erreicht und hierdurch bewiesen, daß Phäophytin sich vom Chlorophyll in der Tat nur durch die Abwesenheit von Magnesium unterscheidet.

---

[1]) WERNER, A.: Neuere Anschauungen auf dem Gebiete der anorganischen Chemie 1909.

[2]) GRIGNARD: Cpt. rend. hebdom. des séances de l'acad. des sciences Bd. 130, S. 1322. 1900. — GRIGNARD et TISSIER: Ebenda Bd. 132, S. 835. 1901. — GRIGNARD: Ann. de chim. et de physique (7), Bd. 24, S. 483. 1901 u. v. a.

[3]) ODDO, B.: Ber. d. Dtsch. Chem. Ges. Bd. 43, S. 1012. 1910. Hierbei wird der mit dem Stickstoff benachbarte Kohlenstoffatom verkettet.

[4]) WILLSTTÄTTER, R. u. STOLL, A.: Ber. d. Dtsch. Chem. Ges. Bd. 50, S. 1791. 1917. — Dies.: Untersuchungen über die Assimilation der Kohlensäure S. 226. 1918. — JORGENSEN, J. and KIDD, F.: Proc. of the roy. soc. of London (B), Bd. 89, S. 342. 1917.

Im Phäophytinmolekül sind zwei Alkoholreste in Esterbindung enthalten. Bei vollständiger Verseifung werden beide Alkohole abgespalten; der eine von ihnen ist der gewöhnliche Methylalkohol, der andere ist ein Alkohol mit mehrfach verzweigter Kohlenstoffkette von der empirischen Zusammensetzung $C_{20}H_{39}OH$ und folgender Konstitution:

$$CH_3-CH-CH-CH-CH-CH-CH-CH-C=C-CH_2OH$$
$$CH_3\ \ CH_3\ \ CH_3\ \ CH_3\ \ CH_3\ \ CH_3\ \ CH_3\ \ CH_3\ \ CH_3$$

Diese Substanz nennt man Phytol; sie ist eine wenig bewegliche farblose Flüssigkeit. Die vielen Methylgruppen bedingen eine starke Oxydationsfähigkeit des Phytols; dasselbe verändert sich selbst beim Stehen an der Luft. Der große Vorzug der neuen Forschungsmethode ist daran ersichtlich, daß ungeachtet des großen Prozentgehalts an Phytol, welches $^1/_3$ des gesamten Chlorophyllmoleküls ausmacht, der genannte Alkohol von keinem der früheren Forscher isoliert worden war. Die starke Sauerstoffabsorption des Phytols steht möglicherweise mit der reduzierenden Funktion des Chlorophylls im Zusammenhang. Der Rest des Phäophytins nach Phytolabspaltung heißt Phäophorbid und hat schon saure Eigenschaften. Seine Lösungen in organischen Solventien sind olivenbraun gefärbt.

Obige aus den Chlorophyllen a und b gewonnenen Substanzen unterscheiden sich so wenig voneinander, daß sie hier nicht einzeln beschrieben werden, sondern als Phäophytin a und b bzw. Phäophorbid a und b gekennzeichnet sind. Es ist aber einleuchtend, daß wenn man dieselben Komplexe von zwei nicht ganz identischen Molekülen abspaltet, so verschärft sich allmählich der Unterschied zwischen den zurückbleibenden Resten; in der Tat erhält man bei vollständiger Verseifung des Phäophytins (d. i. wenn nicht nur das Phytol, sondern auch der Methylalkohol entfernt wird) Dicarbonsäuren, die sich schon deutlich voneinander unterscheiden. Aus Chlorophyll a entsteht Phytochlorin von olivgrüner Färbung in ätherischer Lösung, aus Chlorophyll b erhält man Phytorhodin von roter Färbung mit leichtem Stich ins Violett (ebenfalls in ätherischer Lösung). Für beide Substanzen sind ihre sauren Eigenschaften charakteristisch und beide bilden interessante komplexe Verbindungen mit Kalium. Der Umstand, daß aus Phäophytin zwei verschiedene Produkte entstehen, war ein Hinweis darauf, daß das Chlorophyll selbst von zweifacher Natur ist. Da die relativen Mengen der Chlorophylle a und b bei verschiedenen Pflanzen nicht immer die gleichen sind, so kann man sich leicht vorstellen, was für eine Verwirrung entstanden wäre, wenn WILLSTÄTTER sich mit der Analyse der Phäophytine und Phäophorbide voreilig befaßt hätte, ohne zu wissen, daß er mit einer Mischung von zwei verschiedenen Substanzen zu tun hat.

Die Gewinnung von zwei schon ziemlich stabilen Säuren — nämlich von Phytochlorin und Phytorhodin — aus verschiedenen Pflanzen ermöglicht die Klarlegung der Zusammensetzung dieser Substanzen. Die Analyse ergab folgende empirische Formeln:

$$\text{Phytochlorin} — C_{32}H_{32}ON_4(COOH)_2,$$
$$\text{Phytorhodin} — C_{32}H_{30}O_2N_4(COOH)_2.$$

Da Phytochlorin aus Chlorophyll a, Phytorhodin aber aus Chlorophyll b entsteht, so war es nach der Feststellung der Zusammensetzung der Säuren möglich, die Zusammensetzung der primären Stoffe zu ermitteln. Es entsprechen ihnen die folgenden Formeln:

$$\text{Phäophorbid a} — C_{32}H_{32}ON_4(COOH).COO.CH_3,$$
$$\text{Phäophorbid b} — C_{32}H_{30}O_2N_4(COOH).COO.CH_3$$

und folglich:

$$\text{Phäophytin a} — C_{32}H_{32}ON_4\!\!\begin{cases} COO.CH_3 \\ COO.C_{20}H_{39}, \end{cases}$$
$$\text{Phäophytin b} — C_{32}H_{30}O_2N_4\!\!\begin{cases} COO.CH_3 \\ COO.C_{20}H_{39}. \end{cases}$$

Wenn man nun in die Formeln der Phäophytine ein Magnesiumatom an Stelle von zwei Wasserstoffatomen einführt, so erhält man die Formeln der genuinen Chlorophylle:

$$\text{Chlorophyll a} — C_{32}H_{30}ON_4Mg\!\!\begin{cases} COO.CH_3 \\ COO.C_{20}H_{39}, \end{cases}$$
$$\text{Chlorophyll b} — C_{32}H_{28}O_2N_4Mg\!\!\begin{cases} COO.CH_3 \\ COO.C_{20}H_{39}. \end{cases}$$

Die weitere Spaltung des Phytochlorins und des Phytorhodins wird auf dieselbe Weise wie die Spaltung der Produkte der Alkaliwirkung auf Chlorophyll ausgeführt, deren Beschreibung nunmehr folgt. Unter der Einwirkung von Lauge verseifen sich die Esterbindungen und es entstehen Salze der Dicarbonsäuren — der Chlorophylline a und b, die sich von Phytochlorin und Phytorhodin (vgl. ihre Formeln) nur durch das Vorhandensein eines Magnesiumatoms im Molekül unterscheiden:

$$\text{Chlorophyllin a} — C_{32}H_{30}ON_4Mg(COOH)_2,$$
$$\text{Chlorophyllin b} — C_{32}H_{28}O_2N_4Mg(COOH)_2.$$

Die Chlorophylline haben die Farbe des natürlichen Chlorophylls, von dem sie sich auch nach dem Absorptionsspektrum wenig unter-

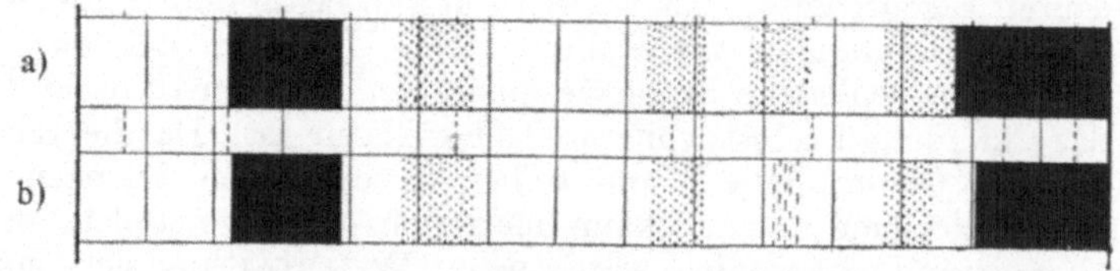

Abb. 9. a) Absorptionsspektrum der komplexen Kaliumverbindungen des Phytochlorins.
b) Absorptionsspektrum des Chlorophyllins. (Nach WILLSTÄTTER und STOLL.)

scheiden. Es ist sehr beachtenswert, daß die Absorptionsspectra der Chlorophylline mit denjenigen der komplexen Kaliumverbindungen von Phytochlorin und Phytorhodin (Abb. 9) identisch sind; dies liefert einen

Beweis dafür, daß Substanzen von verschiedener chemischen Zusammensetzung ein und dasselbe Absorptionsspektrum haben können.

Um eine unvollständige Verseifung des Chlorophylls zu erzielen, und zwar nur das Phytol abzuspalten, ist es geboten, die Wirkung eines in den Laubblättern allgemein verbreiteten Fermentes, nämlich der Chlorophyllase, anzuwenden. Die Menge des Fermentes schwankt von Pflanze zu Pflanze, weshalb in einigen Pflanzen nach Abtötung des Protoplasmas eine glatte Abspaltung des Phytols schnell stattfindet, in anderen erfolgt sie viel langsamer. Wie alle Esterasen, so übt auch die Chlorophyllase unter Umständen synthetisierende Wirkung aus; versetzt man eine Acetonlösung des Chlorophyllids (so heißt der Rest des Chlorophylls nach Phytolabspaltung) mit einem großen Überschuß von Phytol und setzt ein Pulver aus getrockneten, chlorophyllasereichen Blättern hinzu, so kommt eine Synthese des Chlorophylls zustande. Die Chlorophyllase verliert ihre Wirkung nicht in Gegenwart großer Mengen von Aceton, Äther, Alkohol und anderen organischen Lösungsmitteln, die gewöhnlich zur Extrahierung des Chlorophylls verwendet werden. In Alkoholextrakten macht sich aber ihre synthetisierende Wirkung geltend und an Stelle des Phytols tritt der in Überschuß vorhandene Alkohol ins Chlorophyllmolekül ein. So kann man das Phytol durch die verschiedensten Alkohole ersetzen und Chlorophyllderivate erhalten, die in der Natur nicht vorkommen.

Schon längst[1]) hat man das sogenannte krystallinische Chlorophyll entdeckt, das sich in Form von dunkelgrünen Krystallen beim Verdunsten des Alkoholextraktes aus Blättern ausscheidet. WILLSTÄTTER hat nachgewiesen, daß diese Substanz nichts anderes ist als Äthylchlorophyllid, d. i. Chlorophyll, in dem das Phytol durch Äthylalkohol ersetzt ist:

$$\text{Äthylchlorophyllid a} \;-\; C_{32}H_{30}ON_4Mg\!\!\begin{cases}COO.CH_3 \\ COO.C_2H_5,\end{cases}$$

$$\text{Äthylchlorophyllid b} \;-\; C_{32}H_{28}O_2N_4Mg\!\!\begin{cases}COO.CH_3 \\ COO.C_2H_5.\end{cases}$$

WILLSTÄTTER hat auch die Produkte des Phytolersatzes durch Methylalkohol, die sogenannten Methylchlorophyllide, dargestellt:

$$\text{Methylchlorophyllid a} \;-\; C_{32}H_{30}ON_4Mg\!\!\begin{cases}COO.CH_3 \\ COO.CH_3,\end{cases}$$

$$\text{Methylchlorophyllid b} \;-\; C_{32}H_{28}ON_4Mg\!\!\begin{cases}COO.CH_3 \\ COO.CH_3.\end{cases}$$

Chlorophyllide, die eine freie Carboxylgruppe haben (Analoge der Phäophorbide), erhält man aus Chlorophyll bei der Einwirkung der Chlorophyllase nicht in alkoholischer, sondern in ätherischer Lösung oder noch besser in Acetonlösung:

$$\text{Chlorophyllid a} \;-\; C_{32}H_{30}ON_4Mg(COOH).CO.CH_3,$$
$$\text{Chlorophyllid b} \;-\; C_{32}H_{28}O_2N_4Mg(COOH).CO.CH_3.$$

---

[1]) BORODIN, J.: Botan. Zeit. Bd. 40, S. 608. 1882. — MONTEVERDE, N.: Acta Horti Petropolitani Bd. 13, S. 123. 1893.

Äthylchlorophyllide und Methylchlorophyllide sind dunkle krystallinische Pulver mit metallischem Schimmer und esterartigen Eigenschaften. Ihre Lösungen in Alkohol, Pyridin, Äther, Aceton und ähnlichen Flüssigkeiten sind von smaragdgrüner Farbe. Freie Chlorophyllide a und b haben saure Eigenschaften. Unter dem Einfluß verdünnter Säuren verwandeln sie sich leicht in die Phäophorbide a und b, indem sie Magnesium abspalten und zwei Wasserstoffatome anlagern. Verseift man entweder Chlorophyll oder irgendein Chlorophyllid durch Alkalien in der Kälte, so erhält man wasserlösliche Salze der Chlorophylline a und b (siehe oben). Chlorophylline sind Dicarbonsäuren von smaragdgrüner Farbe in wässeriger Lösung und in neutralen organischen Flüssigkeiten. Bei der Einwirkung verdünnter Säuren wird Magnesium abgespalten und das Chlorophyllin a geht in Phytochlorin, das Chlorophyllin b in Phytorhodin über. Führt man umgekehrt das Magnesium in Phytochlorin oder Phytorhodin ein (durch direktes Erwärmen dieser Stoffe mit einer Lösung von MgO in methylalkoholischer Lauge), so erhält man aus ihnen die entsprechenden Chlorophylline.

Nur ein genaues Studium und eine eingehende Analyse aller vorstehend beschriebenen Produkte ermöglichten WILLSTÄTTER und seinen Mitarbeitern die Identität der Chlorophylle a und b bei allen Samenpflanzen nachzuweisen und die empirischen Formeln nicht nur der Spaltungsprodukte, sondern auch der Chlorophylle a und b selbst, die späterhin in reiner Form isoliert wurden, festzustellen. Die Analyse der Chlorophyllpräparate aus verschiedenen Pflanzen widerlegte endgültig die Annahme der Verschiedenartigkeit der Chlorophylle in der Pflanzenwelt[1]).

Die Feststellung der empirischen Formeln hat viel Mühe gekostet, da sowohl die Chorophylle selbst als auch ihre Spaltungsprodukte sich leicht verändern. Unter der Alkaliwirkung ist der Farbenumschlag ein momentaner. WILLSTÄTTER nennt diese Erscheinung Allomerisation und erklärt sie auf folgende Weise: Ein Stickstoffatom befindet sich im Molekül in Form der Lactamgruppe —NH—CO—. Theoretisch sind mehrere derartige Gruppen im Chlorophyllmolekül möglich, und die im natürlichen Produkt vorhandene ist die am wenigsten beständige; sie verseift sich leicht, und darauf verbindet sich mit CO irgendein anderer Stickstoffatom unter Bildung einer beständigeren Lactamgruppe. Schon im Chlorophyll selbst könnte man also verschiedenartige Mischungen von isomeren Stoffen erhalten; in Chlorophyllin, Phytochlorin und Phytorhodin ist die Zahl der möglichen Isomere eine noch größere, da hier alle Kombinationen zwischen sämtlichen Stickstoffatomen und den drei CO-Gruppen denkbar sind. In der Tat erhielt man zunächst verschiedenartige Phytochlorine und Phytorhodine; erst nachdem man spezielle Maßregeln gegen die Allomerisation in Anwendung gebracht hat, gelang es einheitliche Produkte zu erhalten, die dem genuinen Chlorophyll entsprechen, und zwar Phytochlorin e und Phytorhodin g. Die Unbeständigkeit der natürlichen Lactamgruppe bildete die Grundlage einer ausgezeichneten qualitativen Probe auf unverändertes Chlorophyll. Diese Probe ist die sogenannte „braune Phase". Unter der Einwirkung von Alkalien geht die grüne Farbe sofort in die braune über, und darauf tritt innerhalb weniger

---

[1]) ETARD, A.: La biochimie et les chlorophylles 1906. — GAUTIER, A.: Cpt. rend. hebdom. des séances de l'acad. des sciences Bd. 120, S. 355. 1895. — Ders.: Bull. de la soc. chim. (4), Bd. 5, S. 319. 1909.

Minuten wieder die grüne Färbung ein, was mit der Spaltung und Neubildung der Lactamgruppen zusammenhängt. Es ist einleuchtend, daß diese neuen stabilen Lactamgruppen schon keine braune Phase mehr geben können, so daß die Probe mit verändertem Chlorophyll negativ ausfällt.

Die weitere Spaltung des Phytochlorins und Phytorhodins, sowie der Chlorophylline bezweckt die Entfernung des Sauerstoffs. Das erzielt man für das Chlorophyll a durch die Einwirkung konzentrierter Alkalien bei gesteigertem Druck und hohen Temperaturen: der gesamte Sauerstoff wird dabei in Form von CO_2 abgespalten. Im Chlorophyll b muß außerdem zuerst ein Kohlenstoffatom reduziert werden.

Am leichtesten spaltet sich der Sauerstoff als CO_2 von der Lactamgruppe ab, darauf von einem der freien Carboxyle; man erreicht es durch Einwirkung der konzentrierten Alkalien im Autoklaven bei 140—190°. Je nach der Reaktionstemperatur erhält man hierbei aus allomerisierten Chlorophyllinen verschiedene Produkte, und zwar zuerst diejenigen mit zwei Carboxylgruppen, wie z. B.:

$$(C_{32}H_{30}ON_4Mg)\!\!<^{COOH}_{COOH} + H_2O \longrightarrow (C_{31}H_{32}N_4Mg)\!\!<^{COOH}_{COOH} + CO_2.$$
$$\text{Chlorophyllin a}$$

Das sind gefärbte Substanzen mit charakteristischen Spektren, die allgemein als Phylline bezeichnet werden. In Gegenwart starker Alkalien, bei erhöhtem Druck und 190° spalten die Phylline a CO_2 ab und verwandeln sich in zwei nach der Lage der Carboxylgruppe isomere Monocarbonsäuren, nämlich in Pyrophyllin und Phyllophyllin; bei Bearbeitung mit Säuren verwandeln sich alle Phylline unter Magnesiumabspaltung und Wasserstoffaufnahme in die entsprechenden Porphyrine:

$$(C_{31}H_{34}N_4)(COOH)_2 \xleftarrow{\text{Säure}} (C_{31}H_{32}N_4Mg)(COOH)_2 \xrightarrow[\text{bei 190°}]{\text{Alkali}} (C_{31}H_{33}N_4Mg)COOH.$$
$$\text{Erythroporphyrin} \qquad\qquad \text{Erythrophyllin} \qquad\qquad \text{Phyllophyllin}$$

und weiterhin:

$$(C_{31}H_{35}N_4)COOH \xrightleftharpoons[\text{MgCH}_3\text{J}]{\text{Säure}} (C_{31}H_{33}N_4Mg)\cdot COOH.$$
$$\text{Phylloporphyrin} \qquad\qquad \text{Phyllophyllin}$$

Das Phylloporphyrin kann man ebenfalls aus Phytochlorin durch Bearbeitung mit Alkalien bei 150° oder aus Phytorhodin durch Alkali und Pyridin bei 150° darstellen.

Das letzte Carboxyl ist sowohl aus Phylloporphyrin, als aus einbasischen Phyllinen nur durch Schmelzen mit Natronkalk zu entfernen. Es entstehen die Stammsubstanzen des Chlorophylls: aus den Phyllinen bildet sich das Ätiophyllin, aus den Porphyrinen aber das Ätioporphyrin:

$$(C_{31}H_{33}N_4Mg)COOH \longrightarrow C_{31}H_{34}N_4Mg,$$
$$\text{Phyllophyllin} \qquad\qquad \text{Ätiophyllin}$$

$$(C_{31}H_{35}N_4)COOH \longrightarrow C_{31}H_{36}N_4.$$
$$\text{Phylloporphyrin} \qquad\qquad \text{Ätioporphyrin}$$

Ätiophyllin und Ätioporphyrin sind durch die üblichen Methoden leicht ineinander zu verwandeln. Ätiophyllin enthält 8 vH. Magnesium, ist in organischen Solventien leicht löslich und besitzt noch die Farbe und die Fluorescenz des Chlorophylls; Ätioporphyrin hat Bronzefärbung und liefert mit schweren Metallen eigentümliche komplexe Verbindungen.

Die Darstellung der Stammsubstanzen des Chlorophylls, des Ätiophyllins und des Ätioporphyrins, hat eine enorme Bedeutung. Erstens ist die Klarlegung ihrer Konstitution schon nicht mehr mit den ungemein großen Schwierigkeiten verbunden, die der Arbeit mit labilen

Stoffen vom Chlorophylltypus eigen sind; sie bildet also kein außergewöhnliches chemisches Problem mehr. Die Aufhellung der Konstitution von Stammsubstanzen ist aber für die Feststellung der chemischen Konstitution des Chlorophylls selbst ausschlaggebend.

Zur Zeit ist die Konstitution des Ätioporphyrins und Ätiophyllins noch nicht genau festgestellt, man wird aber die Formeln, die WILLSTÄTTER auf Grund verschiedener Erwägungen vorgeschlagen hat, wohl kaum sehr zu verändern haben:

$$\text{Ätioporphyrin } C_{31}H_{36}N_4$$

$$\text{Ätiophyllin } C_{31}H_{34}N_4Mg$$

Nach Feststellung der Strukturformeln der Stammsubstanzen wird zur Lösung des Problems der Konstitution des Chlorophyllmoleküls nur noch die Auffindung der Lage der Carboxyl- und der Lactamgruppen nötig sein. Nach Vollendung dieser Arbeit wird eins der schwersten und wichtigsten Probleme der biologischen Chemie gelöst werden.

Zweitens hat es sich herausgestellt, daß das Ätioporphyrin, welches das unveränderte Chlorophyllgerüst besitzt, aus dem Hämatoporphyrin des Blutes, über die Zwischenstufe des Hämoporphyrins, das dem Erythroporphyrin (siehe oben) nahe steht, sich darstellen läßt. Die Verwandtschaft des Blutfarbstoffes mit dem grünen Blattfarbstoff, die schon von SCHENK und MARCHLEWSKY, sowie auch von NENCKI[1] betont wurde, hat WILLSTÄTTER früher bezweifelt, doch hat er jetzt selbst die genannte Annahme bekräftigt. In der neuesten Zeit sind in der Tat interessante Untersuchungen erschienen, die eine starke bluterzeugende Wirkung des Chlorophylls[2] und des Phäophytins[3] ans Tageslicht bringen. Diese Substanzen erwiesen sich also als ausgezeichnete Mittel gegen Blutarmut.

---

[1] MARCHLEWSKY, L.: Die Chemie des Chlorophylls 1909. — NENCKI: Ber. d. Dtsch. Chem. Ges. Bd. 29, S. 2877. 1896.

[2] BURGI, E. u. v. TRACZEWSKI: Biochem. Zeitschr. Bd. 98, S. 256. 1919.

[3] GRIGORIEW, R.: Biochem. Zeitschr. Bd. 98, S. 284. 1919.

Die folgende Tabelle erläutert die gegenseitigen Beziehungen der verschiedenen Produkte der Chlorophyllspaltung für die Substanz a. Mit Hilfe dieser Tabelle kann man leicht die entsprechenden Formeln auch für das Chlorophyll b berechnen.

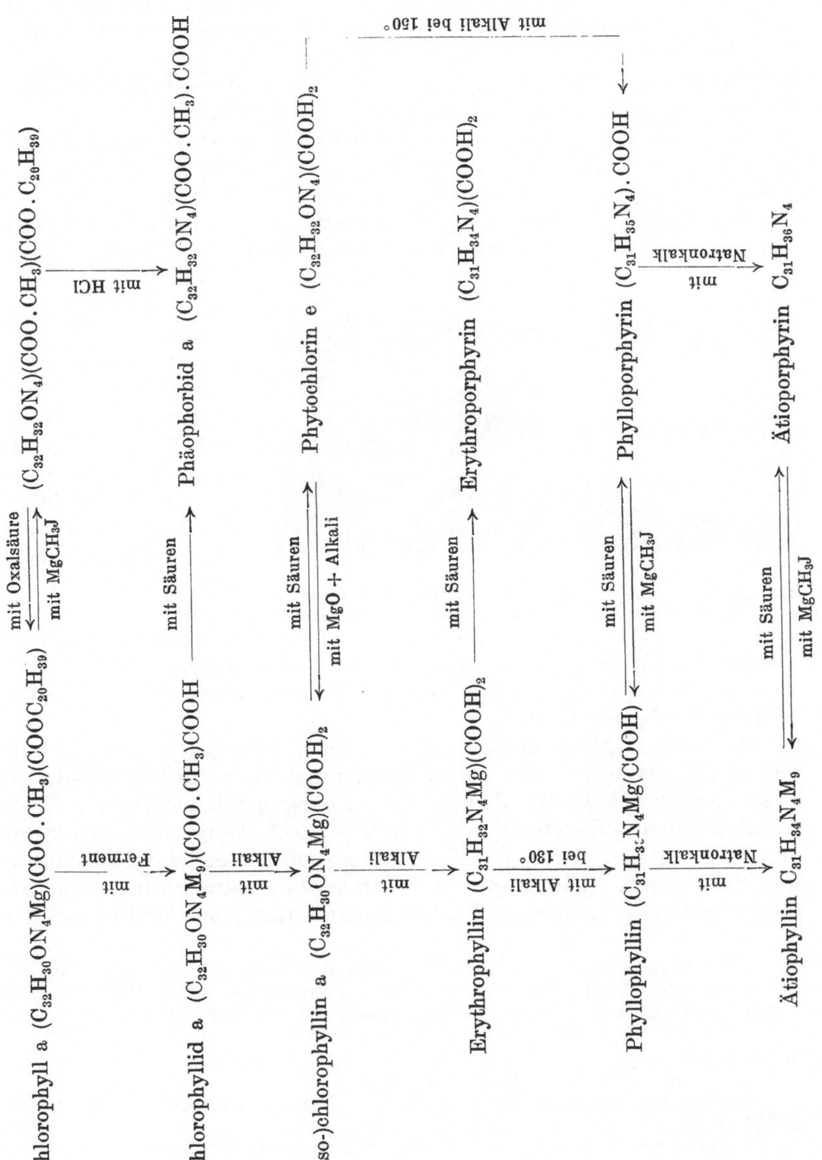

Die gelben Blattfarbstoffe. Carotin ist in organischen Lösungsmitteln, namentlich aber in Benzol und Chloroform leicht löslich. Es ist ein ungesättigter Kohlenwasserstoff, wahrscheinlich aus der Gruppe der Fulvene; seine empirische Formel ist $C_{40}H_{56}$ [1]). In Schwefelsäure löst es sich mit indigoblauer Färbung. An der Luft oxydiert es sich stark und adsorbiert Sauerstoff bis zu 40 vH. seines Gewichtes. Carotin befindet sich auch in der Mohrrübenwurzel, im Corpus luteum der Kuh [2]) und im Blut derjenigen Tiere, die farbige Fette führen [3]); isomer mit ihm ist Lycopin $C_{40}H_{56}$, der Farbstoff der Tomatenfrucht [4]).

Xantophyll ist in Petroläther unlöslich und daher leicht vom Carotin trennbar. Die Zusammensetzung des Xantophylls ist $C_{40}H_{56}O_2$ [5]); diese Substanz hat also wahrscheinlich dieselbe Struktur wie Carotin. Es absorbiert ebenfalls stark den Luftsauerstoff. Lutein, der Farbstoff des Hühnereidotters hat dieselbe Zusammensetzung und dieselben Eigenschaften wie Xantophyll, nur die Schmelzpunkte der beiden Stoffe sind verschieden [6]).

In den Absorptionsspektren des Carotins und Xantophylls sind zwei Absorptionsbänder im blauviolletten Spektrumteil (Abb. 10) auffallend; dieselben sind viel schärfer ausgeprägt, als die entsprechenden Absorptionsbänder des Chlorophylls und überdecken dieselben teilweise. Deswegen wird die Absorption der blauvioletten Strahlen durch das Chlorophyll bedeutend abgeschwächt [7]).

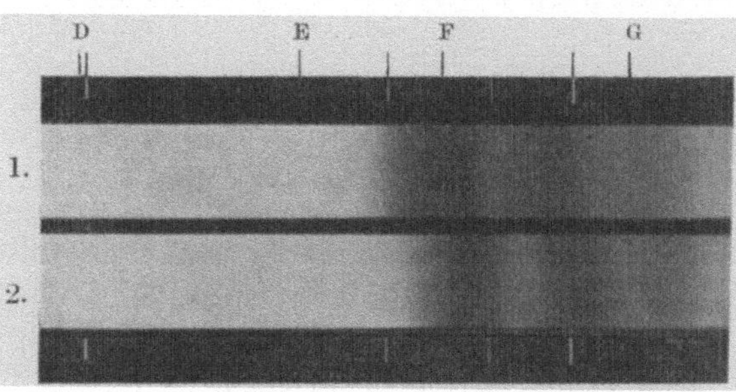

Abb. 10. 1. Absorptionsspektrum des Carotins. 2. Absorptionsspektrum des Xantophylls. (Nach WILLSTÄTTER und STOLL.)

Die braunen Algen enthalten noch einen interessanten Farbstoff, nämlich das Fucoxanthin, das aus Methylalkohol in Form von braunroten Prismen auskrystallisiert. Es hat deutlich ausgesprochene basische Eigenschaften und absorbiert nicht den Luftsauerstoff. Durch Alkalienwirkung verändert es sich gleich dem Pyron, und liefert eine labile Verbindung mit dem Alkali. Die empirische Formel des Fucoxanthins $C_{40}H_{54}O_6$ deutet auf seine genetische Verwandtschaft mit dem Carotin und dem

---

[1]) WILLSTÄTTER, R. u. MIEG, W.: Ann. d. Chem. Bd. 335, S. 1. 1907.

[2]) ESCHER, H. H.: Zeitschr. f. physikal. Chem. Bd. 83, S. 198. 1913.

[3]) PALMER, L. S.: Journ. of biol. chem. Bd. 27, S. 27. 1916.

[4]) WILLSTÄTTER, R. u. ESCHER, H. H.: Zeitschr. f. physikal. Chem. Bd. 64, S. 47. 1910.

[5]) WILLSTÄTTER, R. u. MIEG, W.: Ann. d. Chem. Bd. 335, S. 1. 1907.

[6]) WILLSTÄTTER, R. u. ESCHER, H. H.: Zeitschr. f. physioll. Chem. Bd. 76, S. 214. 1912.

[7]) IWANOWSKY, D.: Zur Frage des zweiten Assimilationsmaximums 1915. (Russisch.)

Xanthophyll hin. Gleich diesen Farbstoffen besitzt auch Fucoxanthin keine Fluorescenz.

Extraktion und quantitative Bestimmung der Blattfarbstoffe. Beim Extrahieren des Chlorophylls aus den Blättern kann man meistens die vorsichtig getrockneten Pflanzen ungezwungen benutzen. Das beste Verfahren ist die neue Methode von WILLSTÄTTER und STOLL[1]). Zerkleinerte trockene oder frische Blätter verarbeitet man auf der Nutsche unter schwachem Absaugen mit wasserhaltigem (85proz.) Aceton[2]). Nach Angaben WILLSTÄTTERS geht in kürzester Zeit beinahe die Gesamtmenge des Farbstoffs in die Lösung über. Alsdann wird das Chlorophyll nach KRAUS in Petroläther übergeführt und zuerst mit Aceton — zur Abtrennung der Begleitstoffe — dann mit Wasser — zur Entfernung des Acetons — mehrmals geschüttelt. Durch Überführung in 80proz. Methylalkohol wird das Xantophyll abgetrennt und das Chlorophyll behufs Reinigung vom Carotin auf die Weise gefällt, daß man dem Petroläther die letzten Acetonspuren und den gesamten Methylalkohol durch Schütteln mit Wasser entzieht (in reinem Petroläther ist das Chlorophyll unlöslich). Das gefällte Chlorophyll wird mehrmals mit Petroläther ausgewaschen und durch Lösen in Äther und Fällung mit Petroläther von den letzten Carotinspuren befreit. Bei diesem Verfahren erhält man drei Viertel der Gesamtmenge des in den Blättern enthaltenen Chlorophylls in reinem Zustande. Die Trennung der Komponenten a und b[3]) wird durch Überführung des Chlorophylls a in mit Methylalkohol gesättigten Petroläther und des Chlorophylls b in 90 proz. Methylalkohol (durch Entmischung nach KRAUS) erzielt.

Die gelben Pigmente werden gleichzeitig mit der Chlorophylldarstellung voneinander getrennt[4]). Nach der Überführung des Chlorophylls aus dem Acetonextrakt in Petroläther wird das Xantophyll mit Methylalkohol quantitativ aufgenommen (siehe oben). Durch Verdünnung des Methylalkohols mit Wasser und Überschichtung der Lösung mit Äther führt man das Xanthophyll in Äther über, schüttelt alsdann die ätherische Lösung zur Verseifung des Chlorophyllrestes mit alkoholischer Lauge und spült das Chlorophyllin mit Wasser ab. Die endgültige Reinigung des Xantophylls wird durch Krystallisation aus Methylalkohol erzielt. Das Carotin bleibt nach Ausfällung des Chlorophylls in Petroläther gelöst (siehe oben). Das Filtrat vom Chlorophyll wird im Vakuum bei 40° eingeengt und mit 90proz. Alkohol versetzt, wonach sofort die Auskrystallisierung des Carotins beginnt.

Die quantitative Bestimmung der Farbstoffe in Laubblättern führt man kolorimetrisch aus[5]). Bei vergleichenden Versuchen mit verschiedenen Pflanzen ist es ratsam, das Chlorophyll in Chlorophyllin überzuführen und die gelben Pigmente abzutrennen. Für quantitative Messungen ist das Kolorimeter von DUBOSCQ empfehlenswert; als besser und genauer erweist sich aber die Anwendung des Spektrokolorimeters[6]). Ist es notwendig, absolute Zahlen zu erhalten, so vergleicht man die zu untersuchenden Lösungen mit geeichten Standartlösungen. Die spektrokolorimetrische Methode ist ohne Vergleichslösungen anwendbar.

Um die einzelnen Komponenten a und b zu bestimmen, führt man dieselben zuerst in Phytochlorin und Phytorhodin über, und bestimmt dann die letzteren

---

[1]) WILLSTÄTTER, R. u. STOLL, A.: Untersuchungen über Chlorophyll S. 132. 1913.

[2]) Die Anwendung von Alkohol ist wegen der leichten Allomerisation in alkoholischer Lösung nicht zu empfehlen.

[3]) WILLSTÄTTER, R. u. STOLL, A.: Untersuchungen über Chlorophyll S. 161. 1913.

[4]) WILLSTÄTTER, R. u. STOLL, A.: Ebenda S. 237. 1913.

[5]) WILLSTÄTTER, R. u. STOLL, A.: Ebenda S. 78. 1913.

[6]) MONTEVERDE, N. u. LUBIMENKO, W.: Mitt. d. russ. Akad. d. Wiss. 1913. (Russisch.) — WEIGERT, F.: Ber. d. Dtsch. Chem. Ges. Bd. 49, S. 1496. 1916.

kolorimetrisch. Die gelben Farbstoffe werden voneinander getrennt und jeder für sich bestimmt. Für Phytochlorin, Phytorhodin und einen jeden gelben, Farbstoff bereitet man eine Vergleichslösung. Auf diese Weise ist es möglich, alle Blattfarbstoffe quantitativ zu bestimmen und ihr Verhältnis in verschiedenen Pflanzen zu ermitteln.

Das Verhältnis der einzelnen Farbstoffe in verschiedenen Pflanzen. Zahlreiche Bestimmungen der grünen Farbstoffe haben dargetan, daß bei der Mehrzahl der Samenpflanzen auf drei Moleküle des Chlorophylls a ein Molekül des Chlorophylls b kommt; dieses Verhältnis bleibt tags und nachts konstant und ist also von der Photosynthese nicht abhängig[1]).

In Schattenblättern ist im allgemeinen etwas mehr Chlorophyll b enthalten. Das Verhältnis der gelben Pigmente ist das folgende: auf ein Molekül Carotin kommen durchschnittlich etwa zwei Xanthophyllmoleküle. Die Menge der grünen Farbstoffe ist im Blatt bedeutend größer, als diejenige der gelben Farbstoffe, und zwar kommt ein Molekül der gelben auf $3-4^1/_2$ Moleküle der grünen Farbstoffe. Alle diese Verhältnisse werden durch folgende WILLSTÄTTER und STOLL entnommene Tabelle illustriert. $Q\dfrac{a}{b}$ bedeutet das Verhältnis zwischen Carotin und Xanthophyll und $Q\dfrac{a+b}{c+x}$ das Verhältnis zwischen grünen und gelben Farbstoffen.

Pflanze	$Q\dfrac{a}{b}$	$Q\dfrac{c}{x}$	$Q\dfrac{a+b}{c+x}$
Sonnenblätter — Sambucus nigra	2,74	0,588	3,33
Sonnenblätter — " "	2,83	0,629	2,83
Sonnenblätter — " "	2,90	0,510	3,10
Sonnenblätter — Aesculus hippocastanum	2,89	0,699	2,84
Sonnenblätter — Platanus acerifolia	3,52	0,478	3,98
Sonnenblätter — Fagus silvatica	3,13	0,653	3,45
Schattenblätter — Sambucus nigra	2,07	0,345	4,63
Schattenblätter — Aesculus hippocastanum . . .	2,30	0,353	4,70
Schattenblätter — Platanus acerifolia	3,16	0,433	3,31
Schattenblätter — Fagus silvatica	2,92	0,553	6,02

Der Chlorophyllgehalt in einer Gewichtseinheit des Blattes unterliegt starken Schwankungen selbst bei verschiedenen Blättern einer und derselben Pflanze. Im allgemeinen beträgt das Chlorophyll 0,6 vH. bis 1,2 vH. des Trockengewichts des Blattes und sein Gehalt variiert nicht in verschiedenen Tagesstunden. Vergleichende Bestimmungen des Chlorophylls bei verschiedenen Pflanzen werden durch die Ungenauigkeiten der Berechnungen erschwert; bei der Berechnung auf das Trockengewicht sind Schattenblätter chlorophyllreicher als Sonnenblätter, wogegen bei der Berechnung auf Oberflächeneinheit das umgekehrte

---

[1]) WILLSTÄTTER, R. u. STOLL, A.: Untersuchungen über Chlorophyll S. 109. 1913.

Verhältnis zu verzeichnen ist[1]). Bei Pflanzen verschiedener geographischer Breiten ist der Chlorophyllgehalt auf Gewichtseinheit berechnet ziemlich konstant; bei Pflanzen sonniger Standorte fällt er im allgemeinen, bei Schattenpflanzen steigt er im Gegenteil durchschnittlich bei der Annäherung zum Äquator[2]). Bei ausgiebiger Stickstoffgabe nimmt allem Anschein nach der Chlorophyllgehalt zu[3]).

In grünen Algen findet man beinahe dasselbe Verhältnis der einzelnen Farbstoffe, wie in den Samenpflanzen, in Braunalgen ist hingegen eine recht ansehnliche Menge der gelben Pigmente enthalten, was auch die Färbung dieser Gewächse bedingt. So sind beispielsweise bei **Fucus**, **Dictyota** und **Laminaria** folgende molekularen Verhältnisse der Farbstoffe gefunden worden:

	$Q\dfrac{\text{Chlorophyll}}{\text{Carotin} + \text{Xanthophyll} + \text{Fucoxanthin}}$	Verhältnis von Carotin : Xanthophyll : Fucoxanthin
Fucus	0,95	1,08 : 1 : 1,75
Dictyota	1,20	0,77 : 1 : 3,60
Laminaria	1,07	0,16 : 1 : 1,92

In den Braunalgen ist das Chlorophyll fast ausschließlich in Form der Komponente a enthalten[4]). In der an gelben Farbstoffen reichen saprophytischen **Neottia** ist gleichfalls nur Chlorophyll a vorhanden[5]). Die Angaben einiger Forscher, daß Braunalgen einen besonderen Farbstoff, nämlich das Phäophyll enthalten, das leicht in Chlorophyll[6]) übergehen soll, sind durch die neueren Untersuchungen widerlegt worden[7]).

Chlorophyllbildung in den Pflanzen. Dieser wichtige Vorgang ist leider von chemischer Seite aus sehr wenig untersucht worden. Dies ist um so mehr zu bedauern, als eine derartige Untersuchung zur Klarlegung der physiologischen Rolle des Chlorophylls beitragen könnte.

Es steht fest, daß die Bildung des grünen Farbstoffs bei den meisten Samenpflanzen einen photochemischen Vorgang darstellt. Keimpflanzen, die in Dunkelheit aufgewachsen sind, bleiben blaßgelb und enthalten keine Spur von Chlorophyll, obwohl sie eine gewisse Menge der gelben Farbstoffe führen. Solche Pflanzen nennt man etiolierte. Die Notwendigkeit des Lichtes für das Ergrünen der Pflanzen war schon ARISTOTELES bekannt; diese Regel ist aber nicht für alle Pflanzen gültig:

---

[1]) WILLSTÄTTER, R. u. STOLL, A.: Untersuchungen über Chlorophyll S. 114. 1913.

[2]) LUBIMENKO, W.: Über die Verwandlungen der Plastidenfarbstoffe im lebenden Pflanzengewebe 1916. (Russisch.)

[3]) WILLE, Cpt. rend. hebdom. des séances de l'acad des sciences Bd. 109, S. 397. 1889. — BORESCH, K.: Jahrb. f. wiss. Botanik Bd. 52, S. 145. 1913. — MAGNUS u. SCHINDLER: Ber. d. botan. Ges. Bd. 30, S. 314. 1912.

[4]) WILLSTÄTTER, R. u. PAGE, H.: Ann. d. Chem. Bd. 404, S. 237. 1914.

[5]) WILSCHKE: Zeitschr. f. wiss. Mikroskopie Bd. 31. 1914.

[6]) MOLISCH, H.: Botan. Zeit. Bd. 63, S. 131. 1905.

[7]) TSWETT, M.: Ber. d. botan. Ges. Bd. 24, S. 235. 1906. — Ders.: Chromophylle usw. (Russisch.) — KYLIN, H.: Zeitschr. f. physiol. Chem. Bd. 82, S. 221. 1912. — WILLSTÄTTER, R. u. PAGE, H.: a. a. O.

viele Nadelbäume erzeugen Chlorophyll auch in Dunkelheit, allerdings in bedeutend geringeren Mengen als im Licht[1]). Außerdem wurde das Ergrünen im Dunkeln bei einigen Farnen[2]), Moosen[3]) und Algen[4]) wahrgenommen. Bei den Angiospermen sind derartige Fälle nur hinsichtlich des Ergrünens der Samen von Pistacia, Eryobotria und einigen anderen Pflanzen verzeichnet worden[5]). Nach den sorgfältigen Untersuchungen von Liro[6]) stellt die Lichtwirkung nur den letzten Vorgang einer Reaktionsreihe dar, der das farblose Chromogen, das sogenannte Leukophyll, ins gefärbte Chlorophyll überführt. Dies ist eine rein chemiche Reaktion, die in abgetöteten und zu einer strukturlosen Masse zerriebenen Pflanzen bei vollem Sauerstoffabschluß vor sich geht. Am stärksten wirken gerade diejenigen Strahlen, die vom Chlorophyll absorbiert werden: in erster Linie also die roten Strahlen zwischen B und C, wie es bereits früher Wiesner[7]) dargetan hat.

Das Leukophyll ist bisher noch nicht in reinem Zustande dargestellt und untersucht worden, obwohl eine derartige Untersuchung allem Anschein nach wohl möglich ist: man muß nur das Wasser sorgfältig ausschließen und das Chromogen aus gefrorenen Pflanzen mit wasserfreien Lösungsmitteln extrahieren: in Gegenwart von Wasser, ebenso wie im Lichte und bei Temperaturen über 48° verändert sich das Leukophyll. Das veränderte Leukophyll geht bei Lichtwirkung nicht in Chlorophyll, sondern in einen anderen ebenfalls grünen Farbstoff, das Protochlorophyll[8]), über. Das Protochlorophyll hat ein charakteristisches Adsorptionsspektrum, in welchem das wichtigste erste Absorptionsband des Chlorophylls zwischen B und C fehlt, wogegen das zweite Band im Orange sehr scharf hervortritt ($\lambda = 640 - 620\,\mu\mu$, s. o. Abb. 8). Leider ist auch dieser Körper chemisch nicht untersucht; die Frage nach seinem Unterschiede von Chlorophyll bleibt bis jetzt offen. Es wäre auch von Interesse, das Protophyllin[9]), ein Produkt der Reduktion

---

[1]) Sachs, J.: Flora 1862. 186; 1864. 505. — Wiesner, J.: Die Entstehung des Chlorophylls S. 117. 1877. — Burgerstein, A.: Ber. d. botan. Ges. Bd. 18, S. 168. 1900.

[2]) Schimper: Jahrb. f. wiss. Botanik Bd. 16, S. 159. 1885. — Bittner, Karolina: Österr. botan. Ges. S. 302. 1905.

[3]) Schimper: a. a. O. — Bittner: a. a. O. — Treboux: Ber. d. botan. Ges. Bd. 22, S. 572. 1904.

[4]) Heinricher, E.: Ber. d. botan. Ges. Bd. 1, S. 442. 1883. — Schimper: a. a. O. — Artari: Ber. d. botan. Ges. Bd. 19, S. 7. 1901.

[5]) Lopriore: Ber. d. botan. Ges. Bd. 22, S. 385. 1904. — Ernst: Beitr. z. botan. Zentralbl. Bd. 19, S. 118. 1905. — Atwell: Botan. gaz. Bd. 15, S. 46. 1890.

[6]) Liro, J.: Über photochemische Chlorophyllbildung 1908; vgl. auch Issatschenko, B.: Ber. d. botan. Gart. Bd. 9, S. 105. 1909. (Russisch.)

[7]) Wiesner, J.: a. a. O. — Schmidt: Cohns Beitr. z. Biol. d. Pflanzen Bd. 12, S. 269. 1914.

[8]) Monteverde: Acta Horti Petropolit. Bd. 13, S. 201. 1894. — Ders.: Ber. d. botan. Gart. in Petersburg. Bd. 9, S. 105. 1909. (Russisch.) — Liro: a. a. O. — Monteverde u. Lubimenko: Ber. d. russ. Akad. d. Wiss. S. 73. 1911; S. 609. 1912. (Russisch.)

[9]) Timiriazeff, K.: Cpt. rend. hebdom. des séances de l'acad. des sciences Bd. 102, S. 686. 1886; Bd. 109, S. 414. 1889; Bd. 120, S. 469. 1895.

des Chlorophylls durch aktiven Wasserstoff mit dem Protochlorophyll zu vergleichen. Protophyllin ist ein gelber Körper, der in inerten Gasen unverändert bleibt, doch in Gegenwart von Sauerstoff oder Kohlendioxyd schnell eine grüne Farbe annimmt. Auch dieser interessante Stoff ist nicht weiter untersucht worden.

Außer dem Lichte sind für die Chlorophyllsynthese verschiedene andere Bedingungen notwendig; die oben erwähnte Arbeit von LIRO zeigt aber, daß alle diese Bedingungen nur zur Bildung des Leukophylls nötig sind, die in Dunkelheit stattfinden kann. Besonders auffallend ist die Notwendigkeit des Eisens[1], obwohl dieses Metall im Chlorophyll nicht enthalten ist. Doch häuft sich wahrscheinlich das Eisen in großer Menge im farblosen Stroma der Chloroplasten[2] und spielt wohl die Rolle eines Katalysators der Oxydationsvorgänge, die am Aufbau des Leukophylls teilnehmen; möglicherweise ist aber das Eisen auch direkt an der Photosynthese beteiligt[3]. Außer Eisen ist eine ausgiebige Sauerstoffzufuhr nötig. Bei Eisenmangel bleiben die Pflanzen gelb, unterscheiden sich aber scharf von den etiolierten durch ihre ganz normale Form. Diese Pflanzenkrankheit nennt man Chlorose; sie verschwindet bei genügender Zufuhr von Eisensalzen. Es muß darauf hingewiesen werden, daß die Chlorose nicht nur bei Eisenmangel, sondern überhaupt beim Mangel an verschiedenen Mineralstoffen[4] eintritt; das Eisen übt jedoch in kleinen Mengen eine größere Wirkung, als die übrigen Elemente aus. Es ist interessant, daß bei den an Kalkböden nicht gewohnten Pflanzen die Chlorose bei Kalküberschuß eintreten kann[5]. Der Verfasser dieses Buches hat eine Chlorose der Obstbäume auf kalkarmen Böden beim übermäßigen Begießen mit stark kalkhaltigem Wasser beobachtet. Es wurden auch die durch Mangan hervorgerufenen Chlorosen beschrieben[6], da die physiologische Wirkung des Mangans derjenigen des Eisens antagonistisch sein soll. Andererseits trifft man in der Literatur Angaben[7] darüber, daß eine völlige Abwesenheit von Mangan ebenfalls Chlorose hervorrufe. Diese Angabe bedarf der Bestätigung.

---

[1] GRIS, E.: Cpt. rend. hebdom. des séances de l'acad. des sciences Bd. 19, S. 1110. 1844. — MOLISCH, H.: Die Pflanzen in ihren Beziehungen zum Eisen 1892.

[2] MOORE, B.: Proc. of the roy. soc. of London (B), Bd. 87, S. 556. 1914.

[3] WURMSER, R.: Recherches sur l'assimilation chlorophyllienne 1921.

[4] GRIS, E.: a. a. O. — WILLE: a. a. O. — ROUX: Traité des rapports des plantes avec le sol 1900. — SIDORIN: Aus den Resultaten der Vegetationsversuche und Laboratoriumsarbeiten v. D. PRIANISCHNIKOW Bd. 10, S. 241. 1914.

[5] MAZÉ, RUOT et LEMOIGNE: Cpt. rend. hebdom. des séances de l'acad. des sciences Bd. 155, S. 435. 1912. — BÜSGEN: Botan. Jahrb. Bd. 50 (Suppl.), S. 526. 1914. — ROBERT: Bull. de la soc. de biol. Bd. 1, S. 84. 1914. — MASONI: Stat. sperim. agr. ital. Bd. 47, S. 674. 1914. — CANDA: Ebenda Bd. 47, S. 627. 1914. — DE ANGELIS D'OSSAT: Ebenda Bd. 47, S. 603. 1914. — CREYDT: Journ. f. Landwirtschaft Bd. 63, S. 125. 1915. — PFEIFFER u. SIMMERMACHER: Landwirtschaftl. Versuchs-Stationen Bd. 93, S. 1. 1919.

[6] TOTTINGHAM and BECK: Plant world Bd. 19, S. 359. 1916. — JOHNSON: Journ. of Ind. eng. chem. Bd. 9, S. 47. 1917. — RIPPEL, A.: Biochem. Zeitschr. Bd. 140, S. 315. 1923.

[7] MC HARGUES: Journ. of the Americ. chem. soc. Bd. 44, S. 1592. 1922.

Interessant sind die neuesten Angaben, laut denen das Eisen nur zum Aufbau des folgenden Zwischenproduktes nötig ist.

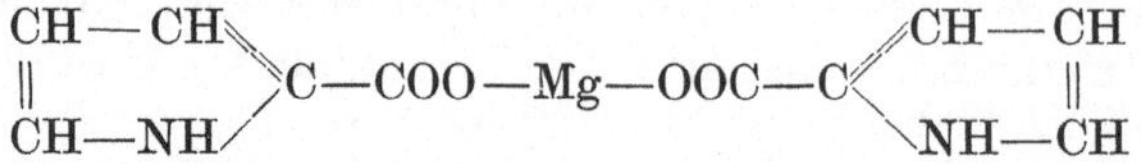

$$\begin{array}{ccc}
\mathrm{CH-CH}\!\!\diagdown & & \diagup\!\!\mathrm{CH-CH} \\
\;\;\|\qquad\qquad\;\diagup\mathrm{C-COO-Mg-OOC-C} & & \;\;\| \\
\mathrm{CH-NH}\!\!\diagup & & \diagdown\!\!\mathrm{NH-CH}
\end{array}$$

Bietet man dieses Salz der Pyrrol-α-Carbonsäure den Pflanzen dar, so sollen sie bei völliger Abwesenheit von Eisen ergrünen[1]). Diese Frage bedarf einer weiteren Erforschung.

Das Ergrünen tritt natürlich nur dann ein, wenn genügende Mengen des Materials zur Chlorophyllsynthese, d. i. der Magnesiumsalze und der stickstoffhaltigen (s. o.) sowie stickstofffreien[2]) organischen Nährstoffe vorhanden sind. Die Synthese des Leukophylls findet bei Sauerstoffabschluß nicht statt, desgleichen bei zu niedrigen oder zu hohen Temperaturen, die eine normale Lebenstätigkeit der Pflanzen stören[3]).

Das Verhältnis zwischen Energieabsorption und Arbeitsleistung im Laubblatte. INGEN-HOUSZ, DE SAUSSURE und andere Pioniere auf dem Gebiete der Photosynthese waren noch nicht imstande, einen exakten Nachweis dafür zu liefern, daß die Sonnenenergie in der Tat die unmittelbare treibende Kraft der physiologischen Vorgänge der Pflanzen ist. Die damalige Wissenschaft war auch solchen Beweisführungen nicht gewachsen: stand es einmal fest, daß die Assimilation des Kohlenstoffs und der anderen Elemente, die zum Aufbau der organischen Verbindungen nötig sind, nicht anders als unter Einwirkung von Sonnenstrahlen stattfindet, so erschien es als unnötig und kaum von Interesse, auf quantitative Fragen einzugehen. In der Folge wurden aber diese Fragen im Zusammenhang mit der Entwicklung der Thermodynamik aufgeworfen und ihre Lösung erwies sich als dringend notwendig. Andererseits lehrten die Fortschritte auf dem Gebiete der Physiologie, daß den Reizerscheinungen im Organismus eine wichtige Rolle zukommt. Vorläufig genügt es die Reizerscheinungen mit den Vorgängen der Energieauslösung zu vergleichen; diese Analogie muß freilich mit derselben Reserve gezogen werden, wie diejenige zwischen einem lebenden Organismus und einer chemischen Fabrik oder überhaupt einem koordinierten System von Apparaten. Jedenfalls findet bei den Reizerscheinungen beständig ein Freiwerden der im Organismus aufgespeicherten Energie statt, die Reizung selbst ist aber meistens ein Resultat der Einwirkung der Außenfaktoren auf den Organismus. Es ist einleuchtend, daß kein Verhältnis zwischen den für den Reiz verwandten Energie und der als Resultat der Reizung geleisteten Arbeit existiert; darüber war schon im Kap. I die Rede (vgl. S. 40—41).

---

[1]) ODDO, B.: Gazz. chim. ital. Bd. 50 (I), S. 54. 1920. — POLLACCI: Ebenda Bd. 45 (II), S. 197. 1915.

[2]) PALLADIN, W.: Ber. d. botan. Ges. Bd. 9, S. 229. 1891. — Ders.: Rev. gén. de botanique Bd. 9, S. 385. 1897.

[3]) WIESNER, J.: Sitzungsber. d. Akad. Wien, Mathem.-naturw. Kl. I, Bd. 69, S. 327. 1874. — Ders.: Entstehung des Chlorophylls 1877.

Das Licht übt, wie wir später sehen werden, oft Reizwirkungen auf Pflanzen aus, und in allen diesen Fällen entspricht die Menge der von den Pflanzen absorbierten Lichtenergie keineswegs der geleisteten Arbeit. Kehren wir jetzt zur Photosynthese zurück, so ist es einleuchtend, daß, wenn wir den Verbrauch der Sonnenenergie für die Ernährung aller Lebewesen der Erde postulieren, müssen wir dafür einen bestimmten Nachweis liefern, und zwar die Anwendbarkeit der photochemischen Grundsätze auf die Photosynthese dartun; nur in dem Falle, wenn es sich erweisen würde, daß die genannten Prinzipien die Lichternährung der Pflanzen ohne Einschränkung beherrschen, hätten wir das Recht, die unmittelbare Verwertung der Sonnenenergie und deren Umwandlung in chemische Energie anzunehmen.

Dementsprechend müssen wir nachprüfen, ob die drei Grundsätze der Photochemie, von denen oben die Rede war (S. 86ff.), bei der Photosynthese gültig sind. Die erste Regel lautet, daß nur absorbierte Strahlen eine chemische Wirkung hervorrufen; laut der zweiten Regel ist die photochemische Leistung der Menge der absorbierten Energie direkt proportional; die dritte Regel besagt, daß für die chemische Arbeit ein konstanter Bruchteil der absorbierten Energie verbraucht wird.

Analytische Methoden. Für die qualitative Ermittlung der absorbierten Energie müssen Strahlen von einer bestimmten Wellenlänge abgesondert werden. Dies erreicht man auf zweierlei Weise: entweder durch die Verwendung von Lichtfiltern, oder durch die Zerlegung des Sonnenstrahles mittels eines Prismas. Im ersten Falle werden farbige Gläser oder Flüssigkeiten verwendet, wobei eine spektroskopische Kontrolle unerläßlich ist, da es sich darum handelt, festzustellen, welche Strahlen von diesen Filtern durchgelassen werden. Gegenwärtig liefern die besten optischen Firmen solche Gläser, die sichtbare Strahlen von beliebiger Wellenlänge durchlassen. Exponiert man ein Pflanzenblatt im Lichte, welches durch ein derartiges Glas filtriert war, so kann man darüber sicher sein, daß alle auszuschaltenden Strahlen des Sonnenspektrums in der Tat wegfallen. Gläser, die nicht speziell für Lichtfilter hergestellt sind, müssen nur mit äußerster Vorsicht gebraucht werden. Gefärbte Flüssigkeiten werden gewöhnlich in doppelwändige Glasglocken (Abb. 11), die schon von SENEBIER verwendet wurden, eingegossen. Die zu untersuchenden Pflanzen oder Pflanzenteile führt man unter die Glocke ein. Als Lichtfilter sind folgende zwei Flüssigkeiten zu empfehlen: eine Lösung von Kaliumbichromat, die in nicht zu hoher Konzentration nur rote, orange, gelbe und zum Teil grüne, aber keineswegs blaue und violette Strahlen durchläßt und eine ammoniakalische Kupferoxydlösung, die den übrigen Teil der grünen, die blauen und

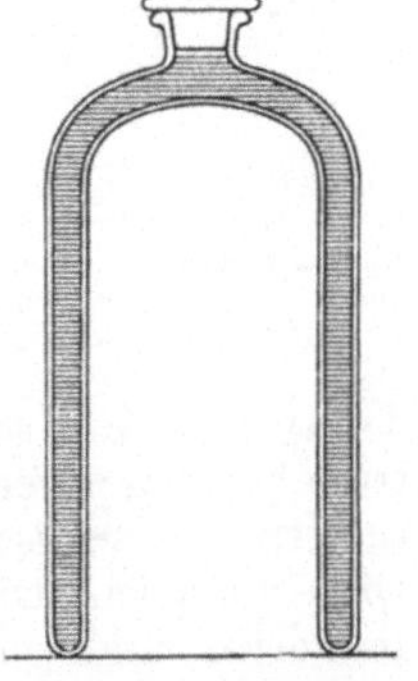

Abb. 11. SENEBIERsche Glocke. Der Raum zwischen den doppelten Wänden der Glocke wird von oben mit einer gefärbten Flüssigkeit gefüllt. (Nach SACHS.)

die violetten Strahlen durchläßt, aber die roten, orangen und gelben Strahlen vollständig absorbiert. Es ist selbstverständlich, daß die von beiden Flüssigkeiten durchgelassenen Strahlen je nach der Konzentration der Lösung und der Flüssigkeitsschichtdicke immer abgeschwächt werden.

Zur genaueren Ausschaltung der einzelnen Strahlen wird die Zerlegung des Sonnenlichtes verwendet: man läßt durch eine enge Spalte den im Heliostaten fixierten Sonnenstrahl in ein dunkles Zimmer durch. Der Strahl wird im Prisma zerlegt und als Spektrum auf einen weißen Schirm reflektiert. In verschiedenen Spektralbezirken exponiert man das zu untersuchende Laubblatt. Dieses Verfahren erlaubt die vom Chlorophyll absorbierbaren von den nicht absorbierbaren Strahlen vollkommen zu isolieren [1]).

Bei genaueren quantitativen Bestimmungen hat man im Auge zu behalten, daß verschiedene Lichtfilter nicht immer die von ihnen durchgelassenen Strahlen im gleichen Maße abschwächen, so daß das Verhältnis ihrer Intensitäten nicht dasselbe ist, wie im weißen Lichte. Es ist keine leichte Aufgabe die Konzentrationen der Flüssigkeiten so zu eichen, daß z. B. die von Kaliumbichromatlösung durchgelassenen Strahlen genau in dem Maße abgeschwächt werden, wie diejenigen, die ammoniakalische Kupferoxydlösung passiert haben [2]). Arbeitet man im Spektrum, so hat man den durch ungleiche Dispersion der stärker und schwächer brechbaren Strahlen im prismatischen Spektrum hervorgerufenen Fehler zu beseitigen; die Verwendung eines Diffraktionsspektrums ist aber nicht möglich, weil es nicht genügend hell ist. Diese ungleiche Dispersion wird durch den sinnreichen von REINKE konstruierten und Spektrophor genannten Apparat ausgeschlossen [3]). Das Prinzip des Apparates ist aus Abb. 12 zu ersehen. Der Strahl wird im Prisma P zerlegt und fällt als Spektrum auf ein mattes mit einer Skala versehenes Glas SS; hinter ihm befinden sich die beiden beweglichen Bretter DD, mit deren Hilfe man einen beliebigen Teil des Spektrums durchlassen und alle übrigen Strahlen abblenden kann. Die Linse L_2 sammelt die durchgelassenen Strahlen zu einem objektiven Sonnenbild F; dabei wird natürlich die Ungleichheit der Dispersion be-

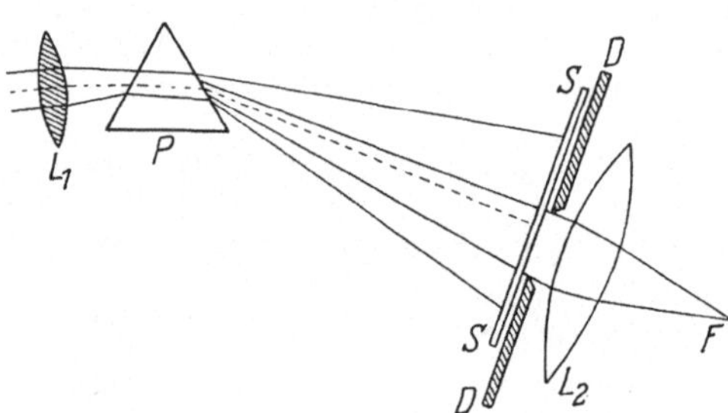

Abb. 12. Spektrophor (Schema), L_1 Linse, P Prisma, SS Skala der Wellenlänge, DD Diaphragma zur Abblendung der auszuschließenden Strahlen, L_2 große Sammellinse, F objektives Sonnenbild, in welches das Untersuchungsobjekt gestellt wird. (Nach REINKE.)

---

[1]) Näheres über die Methodik vgl.: TIMIRIAZEFF, K.: Lichtassimilation durch die Pflanze 1875. (Russisch.)

[2]) v. RICHTER, A.: Rev. gén. de botanique Bd. 14, S. 151. 1902.

[3]) REINKE, J.: Botan. Zeit. Bd. 42, S. 1. 1884.

seitigt. In das objektive Sonnenbild wird das Untersuchungsobjekt gestellt.

Die quantitative Bestimmung der absorbierten Energie kann mittels verschiedener Apparate ausgeführt werden, deren Beschreibung und Gebrauchsanweisung in den Handbüchern der allgemeinen Physik zu finden sind. Hier genügen also allgemeine Hinweisungen. Nur annähernde Schätzungen ergibt die photometrische Methode: man mißt die Helligkeit des Lichts oberhalb und unterhalb der Blattspreite. Die Helligkeit des Lichts kann aber nicht als objektives Maß gelten, und derartige Bestimmungen sind also nicht genau. Die Verwendung des Radiometers[1] muß bessere Resultate erbringen, am genauesten ermittelt man aber die absorbierte Energie mit Hilfe einer Termosäule von RUBENS oder noch besser eines Bolometers[2]. Hierdurch kann die speziell zur Photosynthese verwertete Energiemenge ermittelt werden. Wie es weiter unten dargelegt werden wird, sind derartige Bestimmungen allerdings mit großen Schwierigkeiten verbunden. Außerdem verlangt natürlich die Anwendung der genauen Methoden der Energiemessung die Anwendung gleichwertiger Methoden zur Bestimmung der geleisteten chemischen Arbeit und umgekehrt. Leider war diese Einheitlichkeit der Methode nicht immer erfüllt, was die Zuverlässigkeit der erhaltenen Resultate manchmal beeinträchtigte.

Der qualitative Nachweis der Photosynthese geschieht meistens nach der Sauerstoffausscheidung. Sehr beliebt ist die Beobachtung der Ausscheidung der Gasblasen durch Wasserpflanzen am Licht; im aufgefangenen Gase läßt sich ein hoher Sauerstoffgehalt leicht nachweisen. BOUSSINGAULT (s. oben) hat das Leuchten des Phosphors in Dunkelheit zum Sauerstoffnachweis benutzt; auch wurde manchmal die Wiederherstellung der normalen Färbung der durch Hydrosulfit entfärbten Farbstoffe angewandt[3]. Das empfindlichste Reagens auf Sauerstoff sind aerobe Bakterien. Die von ENGELMANN[4] elegant ausgearbeitete Bakterienmethode leistet unschätzbare Dienste dank ihrer Brauchbarkeit bei mikroskopischen Beobachtungen, was z. B. beim Studium der Lokalisation der Photosynthese in bestimmten Teilen der Zelle sehr wertvoll ist. Einige Bakterien, wie z. B. Bacterium termo, sind nur in Gegenwart von Sauerstoff beweglich. Bringt man auf dem Objektträger in einen Wassertropfen eine grüne Alge oder einen lebenden grünen Pflanzenteil, fügt eine Reinkultur der sauerstoffempfindlichen Mikroben hinzu, deckt den Tropfen mit dem Deckglase, dessen Ränder man darauf mit Vaseline beschmiert und läßt alles in Dunkel-

---

[1] BROWN, H. T. and ESCOMBE, F.: Proc. of the roy. soc. of London (B), Bd. 76, S. 39. 1905.

[2] PURIEWITSCH, K.: Jahrb. f. wiss. Botanik Bd. 53, S. 210. 1913. — WARBURG, O. u. NEGELEIN, E.: Zeitschr. f. Elektrochem. Bd. 102, S. 235. 1922; Bd. 106, S. 191. 1923.

[3] KNY: Ber. d. botan. Ges. Bd. 15, S. 388. 1897.

[4] ENGELMANN: Pflügers Arch. f. d. ges. Physiol. Bd. 57, S. 375. 1894. — Ders.: Botan. Zeit. Bd. 39, S. 442. 1881; Bd. 40, S. 419 u. 663. 1882; Bd. 41, S. 1. 1883; Bd. 44, S. 43. 1886; Bd. 45, S. 100. 1887.

heit stehen, so befinden sich die Bakterien anfangs in lebhafter Bewegung, nach Erschöpfung des Sauerstoffs erstarren sie jedoch und bleiben bewegungslos. Setzt man jetzt das Präparat dem Lichte aus und beginnt die Alge Sauerstoff auszuscheiden, so kommen die Bakterien wieder zu Kräften und sammeln sich in lebhafter Bewegung an der Sauerstoffquelle (s. Abb. 13). Dieses Verfahren erlaubt auch die minimalsten Sauerstoffspuren in der Flüssigkeit nachzuweisen. In Gasmischungen wurden mit Erfolg leuchtende Bakterien angewandt, die, wie bekannt, bei Sauerstoffabschluß nicht leuchten[1].

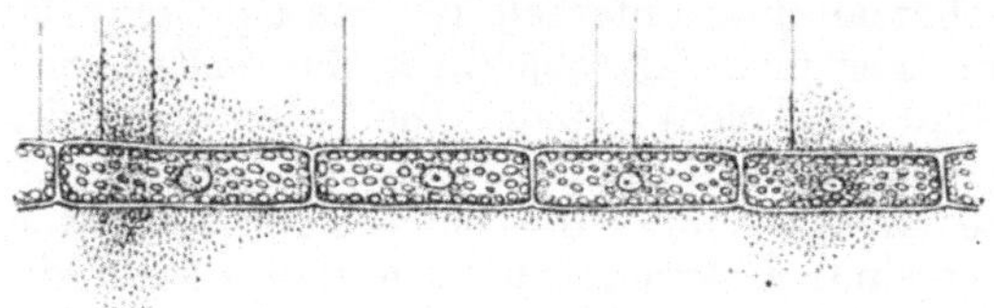

Abb. 13. Anwendung der Bakterienmethode von ENGELMANN. Die nur bei Sauerstoffzutritt beweglichen Bakterien sammeln sich am grünen Algenfaden, auf den ein prismatisches Spektrum reflektiert ist, an. Die Ansammlung der Bakterien ist nur in denjenigen Spektralbezirken sichtbar, in denen das Licht vom Chlorophyll stark absorbiert wird. (Nach ENGELMANN.)

Alle diese sinnreichen und empfindlichen qualitativen Proben wurden leider nicht selten auch zu quantitativen Messungen angewandt. Dies ist aber durchaus unzulässig. Besonders häufig wurde die Gasblasenzählmethode in quantitativen Versuchen verwendet. Indes, ist erstens der Sauerstoffgehalt der einzelnen Bläschen nicht bekannt, zweitens der Durchmesser der Bläschen nicht konstant und drittens hängt die Geschwindigkeit der Bläschenausscheidung von einer Reihe zufälliger Faktoren, wie z. B. von der Verunreinigung der Schnittfläche ab. Es kann bestimmt behauptet werden, daß auf keinem anderen Gebiete der Pflanzenphysiologie so unzureichende quantitative Methoden in Anwendung kamen. Nicht selten wurde auch die Bakterienmethode für quantitative Untersuchungen benutzt, was freilich ebenso unstatthaft ist.

Die richtige quantitative Bestimmung der Photosynthese kann entweder auf Grund des Gasaustausches, oder durch Ermittlung der Trockengewichtszunahme des Blattes stattfinden. Sieht man vom Studium der Intensität des Prozesses bei natürlichen Bedingungen ab und ist es erwünscht, den Versuch in möglichst kurzer Zeit abzuschließen (um einer Beschädigung des Objektes und dem Eintritt abnormer Verhältnisse vorzubeugen), so ist die gasometrische Methode empfehlenswert. Man führt das zu untersuchende Laubblatt in ein flaches Meßrohr ein (in einem runden Glasrohr kann eine gefährliche Konvergenz der direkten Lichtstrahlen stattfinden) und schließt es durch Quecksilber ab, wobei man die Luft im Versuchsrohr vorher künstlich mit Kohlendioxyd angereichert hat (Abb. 14). Das abgesperrte Blatt setzt man der Sonne oder dem künstlichen Lichte aus. Vor der Exposition wird der Kohlendioxyd- und Sauerstoffgehalt der Gasmischung analytisch bestimmt. Desgleichen muß auch das Gesamtvolumen des Gases im

[1] BEIJERINCK: Zentralbl. f. Bakteriol. (II), Bd. 9, S. 685. 1902. — MOLISCH, H.: Botan. Zeit. Bd. 62, S. 1. 1904. — v. RICHTER, A. u. KOLLEGORSKAJA: Mitt. d. russ. Akad. d. Wiss. S. 457. 1915. (Russisch.)

Rohr bekannt sein. Nach der Exposition wird die Gasanalyse wiederholt und hierdurch die Kohlendioxydabnahme und die Sauerstoffzunahme quantitativ ermittelt. Die Intensität der Photosynthese wird durch die in einer Stunde durch die Einheit der Blattfläche verarbeitete CO_2-Menge ausgedrückt[1]). Die Gasanalyse wird nach einer der modernen exakten Methoden, die in einschlägigen Handbüchern beschrieben sind, ausgeführt[2]). In den genannten Handbüchern findet man ebenfalls Anweisungen über Messungen des gesamten Gasvolumens. Für Gasanalysen sind die genauen Apparate von DOYÈRE und POLOWZOW-RICHTER besonders zu empfehlen[3]). Letzterer wird im Kapitel VIII beschrieben werden. Weniger genaue Resultate erhält man mit dem von BONNIER und MANGIN[4]) konstruierten Apparat; in vielen Fällen genügt jedoch auch diese Genauigkeit; die Konstruktion das Apparats ist aber so einfach, daß derselbe auf Exkursionen und Reisen anwendbar ist. Die Bestimmung der Blattfläche wird entweder durch Umführung des Blattes auf einem Papierbogen oder durch Aufnahme auf lichtempfindlichem Papier vollzogen, wonach die Berechnung mittels Planimeter oder Wiegen der Abbildung auf einer genauen Wage erfolgt (vorher muß das Gewicht von der Flächeeinheit des nämlichen Papiers ermittelt werden)[5]). Es ist auch zulässig, eine bestimmte Blattfläche für den Versuch im voraus auszuschneiden, da das Zerschneiden des Blattes auf die Intensität der Photosynthese keine Wirkung ausübt[6]). Zum Schluß ist noch zu erwähnen, daß das Kohlendioxyd, welches der Luft beigemengt wird, keine Spuren irgendwelcher Beimischungen enthalten darf; am besten stellt man CO_2 durch Erhitzen des chemisch-reinen Natriumbicarbonates dar.

Die bequeme und exakte gasometrische Methode ist für die Bestimmungen der Photosynthese unter natür-

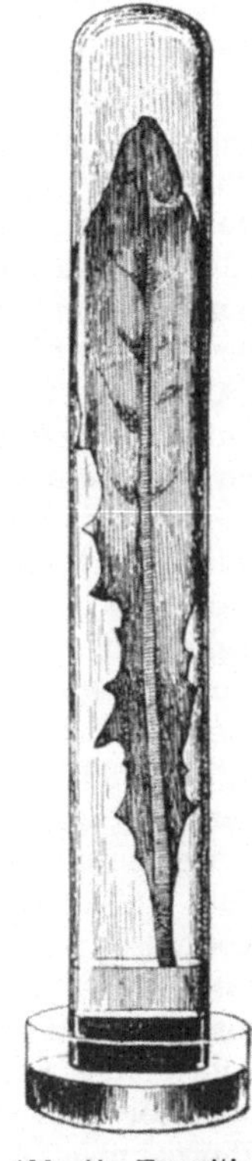

Abb. 14. Exposition des Blattes zur gasanalytischen Bestimmung der Photosynthese. Das Blatt ist in einem flachen, oben zugeschmolzenen Glasrohre, welches die mit CO_2 angereicherte Luft enthält, abgeschlossen.

[1]) KOSTYTSCHEW, S.: Journ. d. russ. botan. Ges. Bd. 5, S. 50. 1920. (Russisch.) Streng genommen müßte man die Intensität der Photosynthese auf die Oberfläche des aktiven Chloroplasten berechnen; vgl. BRIGGS, G. E.: Proc. of the roy. soc. of London (B), Bd. 94, S. 20. 1922.

[2]) BUNSEN, R.: Gasometrische Methoden 1877. — HEMPEL: Gasanalytische Methoden 1913.

[3]) DOYÈRE: Ann. de chim. et de physique (III), Bd. 28, S. 5. 1850. — PALLADIN, W. u. KOSTYTSCHEW, S.: Handbuch der biochemischen Arbeitsmethoden von ABDERHALDEN Bd. 3, S. 490. 1910. — KOSTYTSCHEW, S.: Pflanzenatmung S. 34. 1924.

[4]) AUBERT: Rev. gén. de botanique Bd. 3, S. 97. 1891.

[5]) BROWN, H. T. and ESCOMBE, F.: Proc. of the roy. soc. of London (B), Bd. 76, S. 38. 1905.

[6]) KOSTYTSCHEW, S.: Ber. d. botan. Ges. Bd. 39, S. 328. 1921.

lichen Verhältnissen nicht anwendbar, da der normale Prozentgehalt von Kohlendioxyd in der atmosphärischen Luft 0,03 vH. nicht überschreitet, und die künstliche Zugabe dieses Gases die Intensität des Vorganges im Vergleich zu den natürlichen Verhältnissen bedeutend erhöht. SACHS[1]) schlug für Versuche unter natürlichen Verhältnissen seine Blatthälftenmethode vor. Einer bestimmten Anzahl Blätter der zu untersuchenden Pflanze wird die eine Hälfte bis zur Zentralrippe entnommen, dann eine genau gemessene Gesamtfläche (etwa 500 qcm) aus diesen Blatthälften herausgeschnitten und zum konstanten Gewichte getrocknet. Die anderen Hälften verbleiben an der Pflanze im Freien und am Licht im Verlaufe von einigen Stunden oder gar eines ganzen Tages; darauf behandelt man sie ebenso wie die Kontrollhälften. Die Gewichtszunahme der am Lichte belassenen Blatthälften im Vergleich zu den Kontrollhälften auf eine Stunde und 1 qcm Blattfläche berechnet, dient als Maß der Intensität der Photosynthese. Das beschriebene Verfahren ergibt allerdings nur annähernde Resultate[2]); alle späteren Verfeinerungen[3]) konnten die dem Prinzip der Methode selbst eigenen Fehlerquellen nicht beseitigen und die Methode ist hauptsächlich für ökologische Untersuchungen zu empfehlen. Bei genauen Messungen verwendet man die folgende Methode. Man saugt durch den Rezipienten, in welchem das Blatt exponiert wird, große Mengen der atmosphärischen Luft (etwa 50 l pro Stunde) und bestimmt die vom Blatt absorbierte Kohlensäure. Dieses Verfahren wurde schon von BOUSSINGAULT[4]) und darauf von KREUSLER[5]) angewandt, aber namentlich von H. BROWN[6]) ausgearbeitet. Die größte Schwierigkeit besteht im Auffangen der Gesamtmenge von CO_2 aus einem sehr schnellen Luftstrom (durch den Behälter müssen stündlich etwa 50 l Luft streichen, sonst kann die Photosynthese wegen CO_2-Mangels sinken). Dies wird erreicht durch Anwendung hoher Glasröhren, die mit Kalilauge gefüllt und mit Vorrichtungen zum Zerteilen des Gasstromes versehen sind. Die allgemein gebräuchlichen Absorptionsapparate sind hier nicht am Platze. Die Abb. 15, die der bekannten Arbeit von BROWN und ESCOMBE[7]) entnommen ist, erläutert die Anordnung der einzelnen Apparate. Es ist ersichtlich, daß gleiche Luftvolumina gleichzeitig durch zwei Absorptionsapparate gezogen werden. In dem einen Apparate wird das gesamte in der Luft enthaltene Kohlendioxyd aufgefangen, im anderen aber diejenige CO_2-Menge, die nach der CO_2-Absorption durch das grüne Blatt am Lichte in der Luft erhalten bleibt. Die Differenz zwischen

---

[1]) SACHS, J.: Arb. a. d. botan. Inst. in Würzburg Bd. 3, S. 19. 1883.

[2]) BROWN, H. T. and ESCOMBE, F.: Proc. of the roy. soc. of London (B), Bd. 76, S. 49. 1905.

[3]) THODAY, O.: Proc. of the roy. soc. of London (B), Bd. 82, S. 1 u. 421. 1909.

[4]) BOUSSINGAULT: Agronomie, chimie agric. et physiol. Bd. 4, S. 267. 1868.

[5]) KREUSLER: Landwirtschaftl. Jahrb. Bd. 14, S. 913. 1885.

[6]) BROWN, H. T. and ESCOMBE, F.: Proc. of the roy. soc. of London (B), Bd. 76, S. 29. 1905.

[7]) BROWN, H. T. and ESCOMBE, F.: Proc. of the roy. soc. of London (B), Bd. 76, S. 29. 1905.

diesen beiden Größen ergibt die absorbierte CO_2-Menge. Die Versuche im Luftstrome wurden auch unter Anreicherung des Luftstromes mit CO_2 ausgeführt; in diesem Falle kann der Gasstrom bedeutend langsamer sein und die CO_2-Absorption durch die gewöhnlichen Apparate[1] stattfinden; die erhaltenen Resultate drücken aber die Intensität des Vorganges unter natürlichen Verhältnissen nicht aus.

In der letzten Zeit wird die Bestimmung des Gasaustausches nicht selten durch Messung der Druckveränderung mittels empfindlicher Manometer ausgeführt[2]. Diese Messung ist bei rasch nacheinander folgenden Bestimmungen sehr bequem, doch mit komplizierten Umrechnungen verbunden.

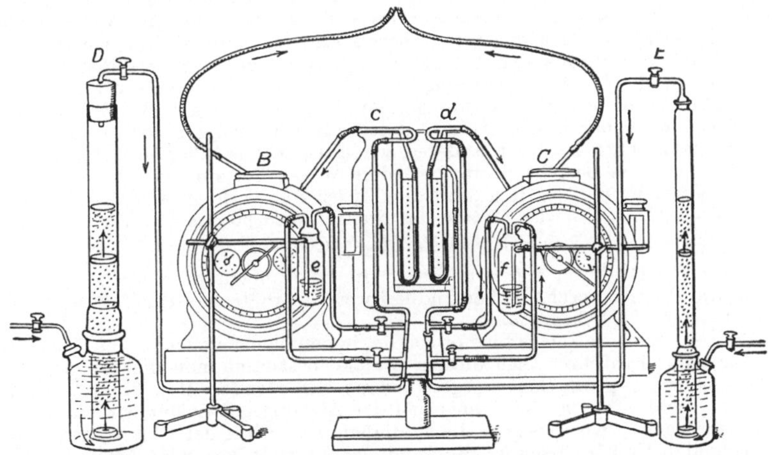

Abb. 15. Apparat von BROWN und ESCOMBE für quantitative Bestimmung der Photosynthese in atmosphärischer Luft. Das Blatt wird in eine nicht abgebildete Kammer eingeschlossen und im Luftstrome belassen. CO_2 wird im Gefäß O absorbiert. c Manometer, e Kontrollgefäß mit Barytwasser, B Gasuhr. Gleichzeitig wird durch eine analoge Apparatur E (rechts) ein gleiches Volumen der atmosphärischen Luft durchgelassen, die mit dem Blatt nicht in Berührung kam. Die Bestimmung der Photosynthese findet nach der Differenz der beiden Kohlensäurebestimmungen statt. (Nach BROWN und ESCOMBE.)

Für einige physiologische Probleme, die mit der quantitativen Bestimmung der Photosynthese verbunden sind, erweisen sich die Wasserpflanzen als ein geeigneteres Versuchsmaterial im Vergleich zu den Landpflanzen, da bei letzteren die Intensität des Prozesses sich manchmal auf eine unerwartete Weise im Zusammenhang mit dem Spiele der Spaltöffnungen verändert. Zur Bestimmung der Photosynthese der Wasserpflanzen kann mit Erfolg die Ermittelung der in der Flüssigkeit gelösten Sauerstoffmenge nach WINKLER[3] zu Beginn und

---

[1] BLACKMAN, F. F. and MATTHAEI, G. L. C.: Proc. of the roy. soc. of London (B), Bd. 76, S. 402. 1905. — MATTHAEI, G. L. C.: Philosoph. transact. (B), Bd. 197. 1904. — WILLSTÄTTER, R. u. STOLL, A.: Untersuchungen über die Assimilation der Kohlensäure S. 62. 1918 u. a.

[2] BARCROFT, J. and HAMILL, P.: Journ. of. Physiol. Bd. 34, S. 306. 1906. — WARBURG, O.: Biochem. Zeitschr. Bd. 100, S. 230. 1919; Bd. 103, S. 188. 1920.

[3] WINKLER, L. W.: Ber. d. Dtsch. Chem. Ges. Bd. 21, S. 2843. 1888; Bd. 22, S. 1764. 1889.

118 Assimilation der Sonnenenergie und primäre Synthese organischer Stoffe.

am Ende des Versuches dienen. Diese Methode gründet sich auf folgende Reaktionen. In Gegenwart von Alkali geht das Manganoxydulsalz in das Manganhydroxyd auf Kosten des gelösten Sauerstoffs über.

$$2\,MnCl_2 + 4\,NaOH = 4\,NaCl + 2\,Mn(OH)_2$$
$$2\,Mn(OH)_2 + H_2O + O = 2\,Mn(OH)_3.$$

Setzt man darauf Salzsäure hinzu, so wird Chlor freigemacht:

$$2\,Mn(OH)_3 + 6\,HCl = 2\,MnCl_3 + 6\,H_2O$$
$$2\,MnCl_3 = 2\,MnCl_2 + Cl_2.$$

In Gegenwart von Jodkalium verdrängt Chlor eine äquivalente Jodmenge:

$$Cl_2 + 2\,KJ = 2\,KCl + J_2.$$

Das Jod wird mit Thiosulfat titriert; zwei Jodatome entsprechen einem Sauerstoffatom (126 g Jod = 8 g Sauerstoff).

Bei dieser Analyse ist es notwendig, so große Wasservolumina zu verwenden, daß der gesamte Sauerstoff nach der Exposition am Lichte im Wasser gelöst bleibt. Müssen die Versuche kurzdauernd sein, so kann die Menge des ausgeschiedenen Sauerstoffs der absorbierten CO_2-Menge nicht vollkommen entsprechen, da die beiden genannten Vorgänge sich nicht simultan abspielen[1]). Für direkte Kohlensäurebestimmungen im Wasserstrom hat BLACKMAN einen komplizierten Apparat konstruiert, dessen Beschreibung in der Originalmitteilung nachzusehen ist. Ein anderes, weniger genaues, aber einfaches und bequemes Verfahren besteht darin, daß dem Wasser Natriumcarbonat zugesetzt und die Veränderung der Reaktion der Flüssigkeit verfolgt wird[3]). Durch die CO_2-Assimilation wird Dissoziation des Natriumbicarbonats bewirkt:

$$2\,NaHCO_3 = Na_2CO_3 + CO_2 + H_2O.$$

Mißt man die Reaktionsänderung durch die kolorimetrische Methode mit Hilfe der für die Pflanze unschädlichen Indikatoren, so erhält man ein Maß der photosynthetischen CO_2-Absorption.

Viele Forscher halten es für notwendig, in genauen Versuchen eine Korrektur auf Atmung einzuführen. Zu diesem Zwecke bestimmt man die von den Versuchsblättern in Dunkelheit ausgeschiedene CO_2-Menge. Man nimmt an, daß auch am Licht dieselbe CO_2-Menge bei der Atmung entwickelt wird und führt die entsprechende Korrektur in die gefundene Intensität der Photosynthese ein. Bei normalen Verhältnissen ist die Atmungsintensität, sogar im diffusen Lichte, 10—20mal schwächer als die Intensität der CO_2-Assimilation. Die Einführung dieser Korrektur erfordert jedoch große Vorsicht: nach der Exposition am Lichte ist die Atmungsintensität des Blattes bedeutend größer als vor der Exposition und die Atmungsintensität während der Exposition selbst kann nicht durch einfache Interpolation berechnet werden. Bei unrichtiger Berechnung ist daher gar eine Vergrößerung der Versuchsfehler durch die Einführung der Atmungskorrektur möglich.

Das Verhältnis zwischen der Absorption verschiedener Lichtstrahlen und der Kohlensäureassimilation. Im Einklange mit den Grundlagen der Photochemie erwies es sich, daß nur absorbierte Strahlen die CO_2-Assimilation bewirken. TIMIRIAZEFF[4]) war der erste, der

---

[1]) KOSTYTSCHEW, S.: Ber. d. botan. Ges. Bd. 39, S. 319. 1921.

[2]) BLACKMAN, F. F. and SMITH, A. M.: Proc. of the roy. soc. of London (B), Bd. 83, S. 374. 1911.

[3]) OSTERHOUT, W. J. V. and HAAS, A. R. C.: Journ. of gen. physiol. Bd. 1, S. 1. 1918. — Dies.: Science Bd. 47, S. 420. 1918.

[4]) TIMIRIAZEFF, K.: Lichtassimilation durch die Pflanze 1877. (Russ.) — Ders.: Ann. de chim. et de physique Bd. 5, S. 12. 1877; vgl. auch REINKE, J.: Botan. Zeit. Bd. 42, S. 1. 1884. — DANGEARD, P. A.: Cpt. rend. hebdom. des séances de l'acad. des sciences Bd. 152, S. 277 u. 967. 1911. — DESROCHE, P.: Ebenda Bd. 153, S. 1014. 1911.

auf Grund der exakten im prismatischen Spektrum ausgeführten Versuche dargetan hat, daß, während im Absorptionsband des Chlorophylls zwischen B und C die CO_2-Assimilation des Laubblattes sehr intensiv vor sich geht, in den infraroten Strahlen, wo das Chlorophyll kein Licht absorbiert, auch keine Spur von CO_2 assimiliert wird. Hierdurch wurde sowohl die Rolle des Chlorophylls als Sensibilisators, als die Unterordnung der Photosynthese den Grundsätzen der Photochemie zum ersten Male experimentell dargetan. Früher herrschte die irrtümliche Ansicht, als ob das Maximum der Photosynthese sich in den gelben Strahlen befinde, die vom Chlorophyll schwächer absorbiert werden. Das quantitative Verhältnis zwischen der Absorption verschiedener Strahlen und der Intensität der Photosynthese äußert sich nach TIMIRIAZEFF darin, daß die starke Kohlensäureassimilation in den roten Strahlen in der Richtung nach dem grünen Spektrumteil allmählich schwächer wird; in grünen Strahlen liegt das Minimum der Photosynthese (was auch begreiflich ist, da grüne Strahlen unter allen anderen mittleren Strahlen des sichtbaren Spektrums vom Chlorophyll am wenigsten absorbiert werden); dann tritt in blau-violetten Strahlen wiederum eine Steigerung der Photosynthese ein. Stellt man also die CO_2-Assimilation durch das Laubblatt im Spektrum graphisch dar, so erhält man zwei Kurvensteigerungen, die dem ersten und dem zweiten Maximum der Photosynthese in roten und blauen Strahlen entsprechen. Auf den ersten Blick kann es befremden, daß nicht eine ganze Reihe von Kurvensteigerungen in der Nähe der einzelnen Absorptionsbänder des Chlorophylls zum Vorschein kommt; einfache Erwägungen zeigen jedoch, daß dies nicht möglich ist. Die einzelnen Absorptionsbänder des Chlorophylls sind nur bei niedrigen Farbstoffkonzentrationen, die viel schwächer sind als diejenigen im lebenden Blatte, zu unterscheiden. Würde man das gesamte Chlorophyll eines Blattes in einem Flüssigkeitsvolumen lösen, das demjenigen der Gesamtmenge von Chloroplasten des betreffenden Blattes gleich wäre, so könnte man im Spektrum dieses Extraktes nur zwei Absorptionsbänder unterscheiden: die eine in weniger gebrochenen Strahlen, die sich von B bis E erstreckte, und die andere in blau-violetten Strahlen[1]). Die Veränderung des Absorptionsspektrums des Chlorophyllins bei Erhöhung seiner Konzentration ist auf Abb. 8 (S. 94) dargestellt. Aus dieser Abbildung ist zu ersehen, daß bei Steigerung der Farbstoffkonzentration das Absorptionsband zwischen B und C sich mit großer Geschwindigkeit nach rechts bis zur Linie E verbreitet. In blau-violetten Strahlen ist keine ähnliche Verbreitung der Lichtabsorption nach links zu verzeichnen: die einzelnen Absorptionsbänder vereinigen sich, ohne in die grünen Strahlen zu übertreten. TIMIRIAZEFF deutet darauf hin, daß bei Beobachtung in weniger gebrochenen Lichtstrahlen die Chloroplasten kohleschwarz erscheinen und bemerkt dazu, daß es ebenso verkehrt ist, das Chlorophyll im Blatt für grün gefärbt zu halten, wie etwa den Ruß

---

[1]) TIMIRIAZEFF, K.: Proc. of the roy. soc. of London Bd. 72, S. 449. 1903.

darum für gelb gefärbt zu erklären, weil er, in viel Wasser aufgeschwemmt, dem letzteren eine gelbe Färbung verleiht. Bei der Betrachtung im Mikroskop scheinen die Chloroplasten zwar nicht dunkel gefärbt zu sein, doch ist im Auge zu behalten, daß ihre Färbung im Maße der vorhandenen Vergrößerung abgeschwächt ist.

Es ist in der Tat der Umstand zu betonen, daß die überaus schnelle Erweiterung des wichtfgsten Absorptionsbandes des Chlorophylls nach rechts von den meisten Forschern nicht genügend gewürdigt wurde. Die genannte Erweiterung ist die Ursache davon, daß die anderen Absorptionsbänder im schwächer brechbaren Spektralbezirk in lebenden Chloroplasten nicht existieren und also keine physiologische Wirkung haben können.

Aus obiger Darlegung ist begreiflich, daß nur zwei Assimilationsmaxima im Spektrum sein können. Nun fragt es sich, welche Spektrumhälfte die größere Bedeutung für die Photosynthese hat. Timiriazeff hat darüber Versuche im Sonnenspektrum ausgeführt[1]) und gelangte zu folgenden Ergebnissen. Setzt man die Intensität der Photosynthese im rot-gelben Spektrumteil gleich 100, so ist die Intensität der Photosynthese im blau-violetten Spektrumteil gleich 54. Reinke[2]) hat das zweite Maximum der photochemischen Wirkung im stärker brechbaren Spektrumteil vermißt, da er aber die Gasblasenzählmethode anwendete, so ist dieses Resultat wohl auf die recht beträchtlichen Fehlerquellen dieser Schätzung zurückzuführen. Die neueren Untersuchungen von A. v. Richter[3]) haben die Existenz der Steigerung der Assimilationskurve in blau-violetten Strahlen außer Zweifel gestellt und zugleich dargetan, daß die photochemische Arbeit in roten Strahlen die größere ist, wie es auch Timiriazeff behauptete. Die Arbeit von Kniep und Minder[4]) hat die hauptsächlichsten Resultate von v. Richter bestätigt.

Die soeben besprochenen Arbeiten haben also festgestellt, daß die photochemische Arbeit des Laubblattes sich auf Kosten der Energie sowohl der roten, als der blau-violetten Strahlen des Sonnenspektrums vollzieht und daß im grellen Sonnenlicht die roten Strahlen die Hauptrolle spielen. Es ist eine ganz andere Frage, ob der ökonomische Quotient, d. i. die Größe von $\frac{U}{E} \cdot 100$ in allen Spektralbezirken konstant bleibt; mit anderen Worten, ob bei allen Wellenlängen auf die Einheit der absorbierten Energie eine und dieselbe photochemische Leistung kommt. Diese Frage ist auch für die Quantentheorie von Interesse (S. 87). Sowohl Timiriazeff als v. Richter haben diese Frage gestreift, da aber die beiden Forscher eine indirekte, auf photo-

---

[1]) Timiriazeff, K.: Die photochemische Wirkung der extremen Bezirke des sichtbaren Spektrums 1893. (Russisch.) — Ders.: Proc. of the roy. soc. of London (B), Bd. 72, S. 424. 1903.

[2]) Reinke, J.: Botan. Zeit. Bd. 42, S. 1. 1884.

[3]) v. Richter, A.: Rev. gén. de botanique Bd. 14, S. 151. 1902.

[4]) Kniep u. Minder: Zeitschr. f. Botanik Bd. 1, S. 609. 1909.

metrischen Messungen und theoretischen Berechnungen fußende Ermittelung der absorbierten Sonnenenergie angewandt haben, so sind ihre Resultate nicht als ausschlaggebend zu betrachten. In den Versuchen von KNIEP und MINDER war vor allem die Bestimmung der photochemischen Leistung nicht sehr genau. Es genügt daher, darauf hinzuweisen, daß nach TIMIRIAZEFF der Quotient $\frac{U}{E} \cdot 100$ in roten Strahlen größer ist als in blauen Strahlen, wogegen nach v. RICHTER sowie nach KNIEP und MINDER der ökonomische Quotient in allen Spektralbezirken ein und derselbe bleibt, was mit der modernen Quantentheorie im Widerspruche steht. Gegenwärtig ist diese Frage durch die weiter unten zu besprechenden Untersuchungen von O. WARBURG und NEGELEIN erledigt.

Unter natürlichen Verhältnissen wird die von der Pflanze assimilierte Energie je nach den ökologischen und meteorologischen Bedingungen verschiedenen Spektralbezirken entnommen. Im direkten Sonnenlichte spielen, wie oben angedeutet, die roten Strahlen die Hauptrolle, im diffusen, vom blauen Himmel reflektierten Lichte sind hingegen stärker brechbare Strahlen in größerer Menge enthalten, und ihnen kommt dann auch die größere physiologische Bedeutung zu[1]). Noch größere Abweichungen von der normalen Zusammensetzung des Sonnenlichtes sind in den Wassertiefen zu verzeichnen. Da die weniger gebrochenen Strahlen vom Wasser stark absorbiert werden, so ernähren sich die Algen in tieferen Wasserschichten gar nicht mit den schwächer brechbaren Sonnenstrahlen. Im Zusammenhange damit hat ENGELMANN[2]) die interessante Theorie der komplementären Farbstoffe der Rotalgen und Cyanophyceen entwickelt. Rote Algen enthalten außer dem Chlorophyll noch einen roten Farbstoff, nämlich das Phycoerythrin, das stark orange fluoresciert und oft vom blauen oder violett-blauen rot fluorescierenden Phycocyan begleitet wird[3]). Diese beiden Farbstoffe sind in verschiedenen Verhältnissen auch bei den Cyanophyceen[4]) zu finden. Sie sind chemisch nicht genügend untersucht worden; die bereits vorliegenden Ergebnisse[5]) zeigen, daß Phycocyan und Phycoerythrin einander nahe stehen, in der lebenden Zelle mit Eiweißstoffen verbunden sind und bei Einwirkung von schwachen Salz- und Alkalilösungen aus den Algen in dieser Form extrahiert werden. Sie lassen sich aus der Wasserlösung aussalzen und koagulieren beim Kochen. Außer diesen komplementären Farbstoffen ist

---

[1]) STAHL, Biologie des Chlorophylls 1909 — URSPRUNG: Ber. d. botan. Ges. Bd. 36, S. 111. 1918.

[2]) ENGELMANN: Botan. Zeit. Bd. 39, S. 442. 1881; Bd. 40, S. 419 u. 663. 1882; Bd. 41, S. 1. 1883; Bd. 42, S. 81. 1884.

[3]) KYLIN: Zeitschr. f. physiol. Chem. Bd. 69, S. 169. 1910; Bd. 74, S. 105. 1911; Bd. 76, S. 369. 1912.

[4]) TEODORESCO, E. C.: Rev. gén. de botanique Bd. 32, S. 145. 1920; vgl. auch BORESCH, K.: Ber. d. dtsch. botan. Ges. Bd. 39, S. 93. 1921. — KYLIN, a. a. O.

[5]) KYLIN: a. a. O.

in den Rotalgen und Cyanophyceen die Anwesenheit des Chlorophylls und der üblichen gelben Pigmente leicht nachweisbar[1]). Für das Spektrum des Phycocyans ist die energische Absorption der orangen Strahlen zwischen C und D bezeichnend. Das Phycoerythrin absorbiert ebenfalls die orangen Strahlen, aber außerdem noch die grünen und blauen zwischen E und F. Die starke Fluorescenz der beiden Farbstoffe ist ein Zeichen ihrer Lichtempfindlichkeit; auch ist ihre schnelle Entfärbung im Lichte auffallend.

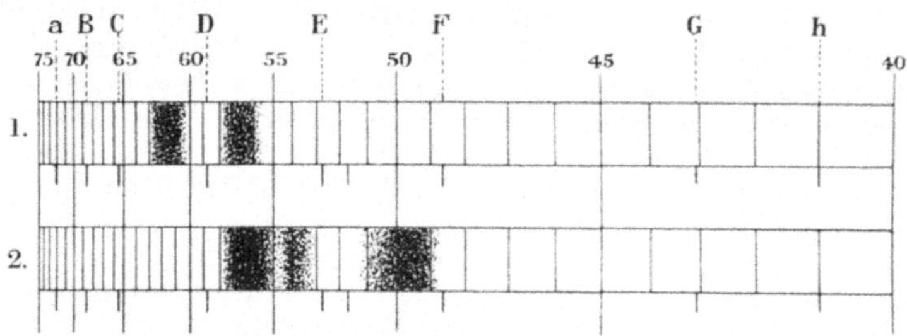

Abb. 16. 1. Absorptionsspektrum des Phycocyans. 2. Absorptionsspektrum des Phycoerythrins.

DANILOV[2]) kommt auf Grund seiner spektroskopischen Untersuchungen zu dem Schluß, daß beide Pigmente im Zusammenhange mit der chromatischen Adaptation (s. u.) sehr verschiedenartige Färbungen annehmen, was, Verfassers Meinung nach, mehrmals eine Veranlassung zu unrichtigen Schlußfolgerungen gab. So sind nach DANILOV die blauen Farbstoffe der Rotalgen mit dem Phycocyan durchaus nicht identisch, auch seien die roten Farbstoffe der Cyanophyceen vom Phycoerythrin scharf zu unterscheiden.

ENGELMANN (a. a. O.) behauptet, daß Phycoerythrin und Phycocyan komplementäre photochemisch wirksame Farbstoffe der tiefere Seeschichten bewohnenden Algen darstellen. Diese Algen können die vom Wasser absorbierten roten Strahlen nicht verwerten; als Ersatz dient ihnen aber die photochemische Ausnutzung der stärker brechbaren Strahlen durch die komplementären Farbstoffe. Im Zusammenhange damit hat ENGELMANN die Theorie der „komplementären chromatischen Adaptation" vorgeschlagen. Dieselbe besteht darin, daß viele Algen in gefärbtem Lichte komplementäre Färbungen erhalten, die bei normalen Lebensverhältnissen im weißen Lichte nicht zum Vorschein kommen[3]). Diese chromatische Adaptation kommt allerdings nur bei

---

[1]) LIEBOLDT, F.: Zeitschr. f. Botanik Bd. 5, S. 65. 1913 u. a.

[2]) DANILOV: Mitt. d. botan. Gartens in Petersburg Bd. 16, S. 357. 1916; Bd. 21, S. 2. 1922.

[3]) ENGELMANN: Pflügers Arch. f. d. ges. Physiol., Suppl. Bd. 33. 1902. — GAIDUKOV: Abh. d. preuß. Akad. d. Wiss. 1902. — Ders.: Hedwigia Bd. 43, S. 96. 1904. — Ders.: Ber. d. dtsch. botan. Ges. Bd. 21, S. 484 u. 517. 1903; Bd. 22, S. 23. 1904; Bd. 24, S. 1. 1906. — Ders.: Scripta botanica Bd. 22. 1903.

bestimmten Verhältnissen zustande, die nicht immer leicht einzuhalten sind[1]).

Seine Annahme der photochemischen Wirksamkeit der komplementären Farbstoffe hat ENGELMANN selbst mit keinen ausreichenden experimentellen Nachweisen bekräftigt. Um zu beweisen, daß bei den Rotalgen das Assimilationsmaximum in die stärker brechbaren Strahlen verschoben wird, hat er seine Bakterienmethode verwendet, die für so feine quantitative Bestimmungen wohl unbrauchbar ist. Es ist nämlich folgendes in Betracht zu ziehen: Bei der Ansiedelung der Algen in verschiedenen Tiefen ist nicht nur die Lichtfarbe, sondern auch die Lichtstärke von Bedeutung. Die bei schwacher Beleuchtung gewachsenen Algen assimilieren CO_2 in allen Spektralbezirken besser bei schwacher, als bei starker Beleuchtung und umgekehrt. Es ist einleuchtend, daß die Nichtbeachtung dieses Umstandes in Versuchen über den Einfluß der Lichtfarbe auf die Photosynthese bedeutende Fehler verursachen kann. Es ist nämlich geboten, bei den quantitativen Messungen der photochemischen Leistung diejenige Lichtstärke zu verwenden, an welche die zu untersuchenden Algen angepaßt sind[1]).

In der letzten Zeit wurde aber die ENGELMANNsche Theorie durch exakte quantitative Versuche bestätigt[2]). Die Bedeutung der komplementären Farbstoffe ist z. B. aus folgender, der Arbeit von A. v. RICHTER entnommenen Tabelle zu ersehen.

Setzt man die Intensität der Photosynthese im direkten Sonnenlichte gleich 100, so wird die Intensität der Photosynthese hinter rotem und blauem Lichtfilter durch folgende Zahlen ausgedrückt:

A l g e	Rotes Licht	Blaues Licht
Ulva (grüne Alge)	35	23
Laurentia (Rotalge)	7	27
Lithothamnion (Rotalge)	11	45
Ulva (grüne Alge)	12	6,2
Chondrus (Rotalge).	7	8,6
Chondrus, nach Verlust des roten Farbstoffs grün geworden	6	2,6

Die braunen Algen verhalten sich dagegen, nach v. RICHTER, ebenso wie die grünen Algen. Ihre gelben und orangen Farbstoffe nehmen nach den genauen Angaben v. RICHTERs keinen Anteil an der Photosynthese.

---

[1]) BORESCH: Ber. d. botan. Ges. Bd. 37, S. 25. 1919. — Ders.: Arch. f. Protistenkunde Bd. 44, S. 1. 1921. — HARDER, R.: Ber. d. botan. Ges. Bd. 40, S. 26. 1922. — Ders.: Zeitschr. f. Botanik Bd. 15, S. 305. 1923.

[2]) v. RICHTER, A.: Mitt. d. russ. Akad. d. Wiss. S. 935. Jg. 1914, (Russisch.) Die erste Arbeit dieses Forschers (Ber. d. botan. Ges. Bd. 30, S. 280. 1912) ergab unbestimmte Resultate, die irrtümlicherweise als ein Widerspruch mit der ENGELMANNschen Theorie gedeutet wurden. Vgl. dazu auch HARDER, R.: Zeitschr. f. Botanik Bd. 15, S. 305. 1923 und WURMSER: Cpt. rend. hebdom. des séances de l'acad. des sciences Bd. 170, S. 610. 1920; Bd. 171, S. 820 u. 1231. 1920. — Ders.: Rech. sur l'assimil. chlorophyllienne 1921.

Die Energieausbeute der Laubblätter unter verschiedenen Bedingungen. In diesen Abschnitt gehören die technisch sehr schwierigen, aber wichtigen Untersuchungen, die Auskunft darüber geben können, in welchem Maße die Sonnenenergie vom Laubblatt in chemische Leistung verwandelt wird. Die direkten Bestimmungen der Verbrennungswärme der Laubblätter vor und nach der Exposition am Lichte ergaben folgende Resultate: Auf je 1 Gramm des assimilierten Kohlendioxyds gewinnt die Pflanze 2200 bis 3600 Cal. So hat in derartigen Versuchen von KRASCHENINNIKOW[1]) 1 qcm Blattfläche im Durchschnitt 5,626 g CO_2 assimiliert und einen Zuwachs der Verbrennungswärme gleich 15350 Cal. geliefert. Diese Zahl übersteigt etwas den nach der Verbrennungswärme des Zuckers berechneten Wert. In letzterem Falle sollte 1 g CO_2 2552 Cal. ergeben (1 Mol CO_2 liefert hierbei 112300 Cal.) und 5,626 g CO_2 14350 Cal. entsprechen. Hieraus ist ersichtlich, daß bei der Photosynthese außer Zucker noch andere Stoffe von größerer Verbrennungswärme entstehen. Wahrscheinlich sind dies Eiweißstoffe. Doch sind die experimentell gefundenen Zahlen denjenigen der Zuckersynthese so nahe, daß die Zuckerarten allem Anschein nach den weitaus größten Teil der Assimilationsprodukte ausmachen. PURIEWITSCH[2]) hat in seinen mit Blättern von **Polygonum sachalinense** und **Acer platanoides** ausgeführten Versuchen einen noch deutlicheren Nachweis dafür erbracht, daß die Verbrennungswärme der Assimilationsprodukte diejenige der reinen Kohlenhydrate übertrifft. Er hat die Laubblätter 24 Stunden in Dunkelheit belassen und dann die Verbrennungswärme der Kontrollportion ermittelt, die Versuchsportion wurde aber in direktem Sonnenlichte 2 bis 5 Stunden exponiert und alsdann ebenso wie die Kontrollportion zur Bestimmung der Verbrennungswärme verwendet. Die Verbrennungswärme der hungernden Kontrollblätter überstieg nur wenig die Verbrennungswärme der Cellulose, und zwar machte sie bei **Acer** 4300 Cal., bei **Polygonum** 4423—4425 Cal. auf 1 g Trockengewicht aus. Nach der Exposition war aber eine deutliche Zunahme der Verbrennungswärme **pro Einheit des Trockengewichtes** zu verzeichnen. Dies zeigt, daß bei der Photosynthese der Laubblätter die durchschnittliche Verbrennungswärme der synthetisierten Produkte größer ist, als die Verbrennungswärme der Kohlenhydrate. PURIEWITSCH[3]) hat außerdem die Energiemengen gemessen, die vom Laubblatt in Gegenwart und bei Abwesenheit der Kohlensäure absorbiert werden. Diese peinlichen und schwierigen Untersuchungen wurden mit Hilfe von zwei Bolometern ausgeführt. Die Menge der absorbierten strah-

---

[1]) KRASCHENINNIKOW, TH.: Die Aufspeicherung der Sonnenenergie in der Pflanze 1901. (Russisch.) Vgl. auch v. KÖRÖSY, K.: Zeitschr. f. physiol. Chem. Bd. 86, S. 368. 1913.

[2]) PURIEWITSCH, K.: Schriften d. Naturforscherges. zu Kiew Bd. 23, S. 37. 1913. — Ders.: Jahrb. f. wiss. Botanik Bd. 53, S. 210. 1913.

[3]) PURIEWITSCH, K.: Schriften d. Naturforscherges. zu Kiew. Bd. 23, S. 37. 1913. — Ders.: Jahrb. f. wiss. Botanik Bd. 53, S. 210. 1913.

lenden Energie wurde nach der Differenz zwischen den Mengen der einfallenden und der das Blatt passierenden Energie berechnet. Es ergab sich, daß in denjenigen Fällen, wo photochemische Leistung zustande kommt, immer ein Überschuß der Sonnenenergie vom Blatt aufgespeichert wird. Dieselben Resultate hat bereits früher DETLEFSEN [1]), allerdings mit Hilfe von primitiven Messungen, erhalten. Die neueren Untersuchungen von URSPRUNG [2]), in denen eine Thermosäule von RUBENS als Meßinstrument diente, ergaben das entgegengesetzte Resultat: sowohl beim Vorhandensein der photochemischen Leistung, als in einer CO_2-freien Atmosphäre haben die Laubblätter die gleichen Energiemengen absorbiert. Eine Erklärung dieser Kontroversen bleibt abzuwarten, und es genügt, nur darauf hinzuweisen, daß in Versuchen von PURIEWITSCH der durch die photochemische Leistung bedingte Überschuß der absorbierten Energie in roten Strahlen 11,7 vH. der gesamten absorbierten Energie ausmachte. Diese Zahl liegt wohl außerhalb der Grenzen der Versuchsfehler. Andererseits war der genannte Überschuß gleich 0, wenn das Licht eine alkoholische Chlorophylllösung passiert hat. Trotz der Gegenwart von CO_2 war in diesem Falle die Photosynthese deshalb ausgeschlossen, weil die photochemisch wirksamen Strahlen in der Chlorophyllösung abgeblendet wurden und zur Blattoberfläche nicht gelangen konnten.

Großes Interesse gewährt die Ermittelung des speziell zur Photosynthese verwerteten Bruchteils der gesamten vom Laubblatt absorbierten Energie, d. i. die Bestimmung von $\frac{U}{E} \cdot 100$ (S. 87). Auf die indirekten Berechnungen [3]) sei nur beiläufig hingewiesen, da dieselben lauter historisches Interesse darbieten. Die ersten direkten Messungen verdanken wir BROWN und ESCOMBE [4]). Diese Forscher verwendeten als Meßinstrument das Radiometer (eine Art von Differenzialthermometer) und stellten sich zur Aufgabe, die Werte der einfallenden, der vom Laubblatt absorbierten und der als photochemische Leistung gewonnenen strahlenden Energie zu ermitteln. Die Menge der absorbierten Energie wurde nach der Differenz zwischen der einfallenden und der das Blatt passierenden Energie berechnet. Es ergab sich, daß verschiedene Pflanzen folgende Energiemengen in Prozenten der einfallenden Energie absorbieren:

Helianthus annuus . . . . . 68,6 vH.

Lappa major . . . . 72,8 „

Senecio grandifolius . . . . 77,4 „

---

[1]) DETLEFSEN: Arb. a. d. botan. Inst. zu Würzburg Bd. 3, S. 534. 1888; auch MÜLLER, N. J. C.: Botan. Unters. Bd. 1. 1877.

[2]) URSPRUNG: Ber. d. botan. Ges. Bd. 36, S. 111. 1918.

[3]) MAQUENNE, L.: Ann. agronom. Bd. 6. 1880. — MAYER: Americ. journ. of science Bd. 45. 1893. — URSPRUNG: Bibliotheca botanica H. 60. 1903. — TIMIRIAZEFF, K.: Proc. of the roy. soc. of London (B), Bd. 72, S. 449. 1903.

[4]) BROWN, H. T. and ESCOMBE, F.: Proc. of the roy. soc. of London (B) Bd. 76, S. 69. 1905. — BROWN, H. T. and WILSON, W. E.: Ebenda (B), Bd. 76, S. 122. 1905.

Die Genauigkeit dieser Zahlen ist aber sehr gering, da das Licht bei seinem Durchgang durch das Blatt stark zerstreut wird.

Die photochemische Leistung haben BROWN und ESCOMBE nicht direkt gemessen, sondern nach der Menge des assimilierten Kohlendioxyds berechnet, unter der Voraussetzung, daß als direkte Produkte der Photosynthese nur Zuckerarten fungieren. Oben wurde dargetan, daß diese Annahme ebenfalls nicht ganz genau ist. Die Größe von $\frac{U}{E} \cdot 100$ haben die Verfasser nicht bestimmt und nur das Verhältnis zwischen der einfallenden Energie und der chemischen Leistung berechnet. Letztere betrug etwa 1—4 vH. der einfallenden Energie. Die Lichtabsorption durch die Blätter ist eine selektive: die von einem Blatt durchgelassenen Strahlen werden auch von einem anderen Blatt sehr wenig abgeblendet.

PURIEWITSCH[1]) verwendete in seinen Versuchen ein genaueres Meßinstrument, nämlich ein Bolometer. Dieser Forscher hat nur die einfallende Energie gemessen. Die chemische Leistung bestimmte er durch direkte Ermittelung der Differenz zwischen den Verbrennungswärmen der Blätter vor und nach der Exposition. Es ergab sich, daß die chemische Leistung 0,6 bis 7,7 vH. der einfallenden Energie ausmacht. Beide Meßmethoden von PURIEWITSCH sind zwar an und für sich sehr genau, können aber freilich nicht zur Berechnung der Größe von $\frac{U}{E} \cdot 100$ dienen, da das Verhältnis der einfallenden zur absorbierten Energie unbekannt blieb.

Es wäre völlig verfrüht, aus obigen Tatsachen den Schluß zu ziehen, daß die photochemische Wirkung des Laubblattes schwach und das Blatt selbst als photochemischer Apparat unvollkommen sei. Es ist nämlich besonders zu betonen, daß sämtliche Versuche von BROWN und ESCOMBE sowie von PURIEWITSCH im direkten Sonnenlichte ausgeführt worden waren. Nun ist im Auge zu behalten, daß die Produktion der organischen Stoffe einen von verschiedenen physiologischen Bedingungen abhängenden Grenzwert nicht überschreiten kann. Der geringe Bruchteil der in chemische Arbeit verwandelten einfallenden Energie beweist nur, daß bei Belichtung mit direkten Sonnenstrahlen ein zu großer Energieüberschuß der Pflanze zur Verfügung steht. Die Versuche von PURIEWITSCH deuten darauf hin, daß der Bruchteil der chemisch verwerteten Energie immer größer wird bei der Herabsetzung der Menge der einfallenden Energie. Die Veränderungen der Größe von $\frac{U}{E}$ bei verschiedenen Lichtintensitäten lassen sich durch eine asymptotische Kurve (vgl. Abb. 5, S. 32) darstellen. Der richtige ökonomische Quotient der Photosynthese kann also nur bei schwacher Beleuchtung ermittelt werden.

---

[1]) PURIEWITSCH, K.: a. a. O.

Die neuesten Untersuchungen von O. WARBURG und NEGELEIN[1] sowie von WURMSER[2] sind deshalb besonders interessant, weil dieselben eine Ermittelung von $\frac{U}{E} \cdot 100$ bei niedrigen Lichtintensitäten und gar im monochromatischen Lichte bezwecken. Die Untersuchungen von WARBURG und NEGELEIN verdienen insofern eine besondere Beachtung, als die genannten Forscher das schwierige Problem der Bestimmung der absorbierten Energie schließlich einwandfrei gelöst haben und zwar auf folgende Weise: Als Versuchsobjekt diente die einzellige Alge Chlorella vulgaris. Es wurde eine Algensuspension von solcher Dichte verwendet, daß die durchgelassene Lichtmenge praktisch zu vernachlässigen war. Auf diese Weise war die absorbierte Energie gleich der einfallenden Energie; letztere wurde mit Hilfe eines Bolometers gemessen.

Die Versuche wurden im monochromatischen Lichte von möglichst geringer Intensität ausgeführt. Die Bestrahlungszeit sowie die Verdunkelungszeit betrug immer 10 Minuten, Hierdurch hat man die Intensität der Atmung hinreichend stationär gehalten und den durch ungleichmäßigen Verbrauch der Assimilate verursachten Fehler bei der Bestimmung der Atmung auf ein Minimum reduziert. Die zahlreichen Messungen in verschiedenen Spektralbezirken ergaben im Mittel folgende Resultate:

Wellenlänge der Strahlen	Größe von $\frac{U}{E} \cdot 100$.
Rot $\lambda = 610$—$690\ \mu\mu$	59,0
Gelb $\lambda = 578\ \mu\mu$	53,5
Grün $\lambda = 546\ \mu\mu$	44,4
Blau $\lambda = 436\ \mu\mu$	33,8

Es ergab sich also, daß bei schwacher Lichtintensität die photochemische Leistung 50 vH. der gesamten absorbierten Energie überschreiten kann. Diese Größe von $\frac{U}{E} \cdot 100$ wird in keiner bisher bekannten photochemischen Reaktion erreicht. Zur Erläuterung können die auf S. 87 angegebenen Zahlen dienen. Hierbei ist noch im Auge zu behalten, daß die von WARBURG und NEGELEIN ermittelten Zahlen sicher zu klein sind, da die chemische Arbeit nicht durch direkte Bestimmung der Zunahme der Verbrennungswärme des Versuchsobjekts, sondern indirekt, durch Berechnung nach der Intensität der CO_2-Assimilation ermittelt wurde, und zwar unter der Voraussetzung, daß die photochemische Reaktion durch die Gleichung $6\,CO_2 + 6\,H_2O = C_6H_{12}O_6 + 6\,O_2 - 674\,000$ Cal. ausgedrückt wird. Oben wurde aber bereits darauf hingewiesen, daß die experimentell ermittelten Zunahmen der Verbrennungswärme des Versuchsobjekts immer größer sind,

---

[1] WARBURG, O. u. NEGELEIN, E.: Zeitschr. f. Elektrochem. Bd. 102, S. 235. 1922; Bd. 106, S. 191. 1923.
[2] WURMSER, R.: Recherches sur l'assimilation chlorophylienne 1921.

als der nach der Reaktion der Zuckerbildung berechnete Wert, und zwar ist nach den vorhandenen Angaben die Annahme wahrscheinlich, daß obige Zahlen von WARBURG und NEGELEIN um etwa 10 vH. zu klein sind. Es wäre also erwünscht, die Zunahmen der Verbrennungswärme bei Chlorella zu bestimmen und auf Grund der erhaltenen Resultate die gefundenen Werte von $\dfrac{U}{E} \cdot 100$ umzurechnen.

Beachtenswert ist der Umstand, daß die Größe von $\dfrac{U}{E}$ in den Versuchen von WARBURG und NEGELEIN mit abnehmender Wellenlänge — in der Richtung von Rot nach Blau — allmählich kleiner wurde. Da diese Versuche die ersten sind, in denen die Mengen der absorbierten Energie einwandfrei gemessen wurden, so ist der zusammenfassende Schluß zu ziehen, daß die oben besprochenen Resultate von A. v. RICHTER sowie von KNIEP und MINDER, laut denen sämtliche Spektralbezirke in gleichem Maße chemisch wirksam seien, als überholt anzusehen sind. Das Ergebnis von WARBURG und NEGELEIN entspricht dem photochemischen Äquivalentgesetz von EINSTEIN (vgl. S. 88), und zwar ist die Gleichung

$$\frac{\varphi_1}{\varphi_2} = \frac{\lambda_1}{\lambda_2}$$

sowohl für rote als für gelbe Strahlen gültig. Für blaue Strahlen war aber keine befriedigende Übereinstimmung zu verzeichnen, und zwar ist nach WARBURG und NEGELEIN für blaue Strahlen

$$\frac{\varphi_{578}}{\varphi_{436}} = 1{,}55, \quad \text{während} \quad \frac{578\ \mu\mu}{436\ \mu\mu} = 1{,}32.$$

Zieht man dagegen die von den photochemisch unwirksamen gelben Farbstoffen absorbierte Energie ab, so werden die Ausbeuten in Blau im Sinne der Quantenbeziehung zu groß.

WURMSER (a. a. O.) hat gefunden, daß die Ausbeuten in grünen, blauvioletten und roten Strahlen zueinander im folgenden Verhältnis stehen:

$$4 : 2{,}35 : 1.$$

Diese den Angaben von WARBURG und NEGELEIN scheinbar widersprechenden Zahlen stellen aber in Wirklichkeit keine Größen von $\dfrac{U}{E}$ dar, da WURMSER nur imstande war, die einfallende, nicht aber die absorbierte Energie zu messen.

WARBURG und NEGELEIN berechnen aus ihren experimentellen Ergebnissen, daß zur Zerlegung eines Kohlensäuremoleküls im Blau etwa fünf Quanten, im Rot und Gelb etwa vier Quanten erforderlich sind:

Wellenlänge

660 $\mu\mu$	4,1	Quanten
578 $\mu\mu$	3,8	„
436 $\mu\mu$	4,7	„

Es ist daher ersichtlich, daß durch die Fluorescenz ein Energiegewinn bewirkt wird. Das Fluorescenzlicht des Chlorophylls ist nämlich rot und gibt zwei Spektralstreifen von 630 bis 650 $\mu\mu$ und von 660 bis 690 $\mu\mu$. Diese Strahlen werden, wie bekannt, stark absorbiert und zwar mit der höchsten Ausbeute. Eine Verwandlung von Gelb, Grün und Blau in Fluorescenzlicht muß also nach WARBURG und NEGELEIN die Größe von $\dfrac{U}{E} \cdot 100$ erhöhen.

Aus allen auf vorstehenden Seiten besprochenen Tatsachen ist der Schluß zu ziehen, daß die grünen Pflanzenzellen ausgezeichnet arbeitende photochemische Apparate darstellen. Durch die neueren Untersuchungen wurde die Bedeutung der Pflanzenwelt als eines Faktors der produktiven Ausnutzung der Sonnenenergie außer Zweifel gestellt, da sämtliche Prinzipien der Photochemie sich bei der CO_2-Assimilation am Lichte als gültig erwiesen.

Die Chloroplasten als photosynthesierende Apparate. Bisher war immer vom Laubblatt im Sinne eines CO_2-assimilierenden Apparates die Rede. Nach den neueren Angaben ist aber der Begriff des photosynthesierenden Apparates etwas einzuschränken, da die photosynthetische Arbeit ausschließlich in den Chloroplasten lokalisiert ist, indes das farblose Zellplasma an der genannten Arbeit nicht teilnimmt. Folgende Tatsachen sprechen zugunsten dieser Annahme. Läßt man auf eine Spirogyrazelle unter dem Mikroskop mit Hilfe von zwei Spiegeln zwei Lichtkreise in der Weise fallen, daß ein Kreis auf den Chloroplasten, der andere aber auf das farblose Zellplasma kommt, so kann man sich an der Hand der Bakterienmethode leicht davon vergewissern, daß Sauerstoff nur vom belichteten Teil des Chloroplasten ausgeschieden wird, der Lichtkreis auf dem farblosen Plasma dagegen keine Sauerstoffquelle ist[1]). Außerdem ist es gelungen, Chloroplasten aus der Zelle zu isolieren und an der Hand derselben Bakterienmethode festzustellen, daß sie im isolierten Zustande eine Zeitlang Sauerstoff auszuscheiden fortfahren[2]).

Noch einen Beweis für die Selbständigkeit der Chloroplasten im Prozeß der Photosynthese kann man aus folgendem Umstand herleiten. Das Protoplasma reagiert in ganz bestimmter Weise sowohl auf chemische Giftwirkungen, als auch auf mechanische Reizwirkungen (Verwundung) und zwar werden zunächst sämtliche im Plasma stattfindenden Vorgänge durch den Reiz stimuliert; darauf tritt die entgegengesetzte Periode der Hemmung ein, während der alle Vorgänge im Plasma herabgesetzt sind; bei sehr starker Vergiftung, bzw. Verletzung ist die Herabsetzung der Protoplasmatätigkeit so groß, daß sie den Tod zur Folge hat.

---

[1]) ENGELMANN: Pflügers Arch. f. d. ges. Physiol. Bd. 57, S. 375. 1894.
[2]) ENGELMANN: Botan. Zeit. Bd. 39, S. 446. 1881. — EWART: Journ. of the Linnean soc. Bd. 31. 1896.

Der beschriebene Verlauf der Reizerscheinungen bildet eine ebenso spezifische und genaue Probe auf die Tätigkeit des lebenden Plasmas, wie eine beliebige qualitative Probe auf dem Gebiet der allgemeinen Chemie. Die wichtigsten Stoffumwandlungen in der lebenden Zelle, wie z. B. Atmung, Wachstum, Plasmabewegung usw., mit einem Wort alle Lebensprozesse, werden durch chemische oder mechanische Reize anfangs gesteigert. Derartige Resultate sind aber in betreff der Photosynthese nicht zu erzielen: die Wirkung giftiger Stoffe ruft immer nur eine Hemmung des Vorganges hervor; die Anfangsphase der Stimulierung bleibt vollständig aus[1]). Auch mechanische Reizung bewirkt keine Stimulierung der Photosynthese[2]).

Obige Tatsachen sprechen also deutlich zugunsten der Annahme, daß im Vorgange der Photosynthese nur die Chloroplasten tätig sind, das Zellplasma dagegen an der photochemischen Arbeit nicht beteiligt ist: Die Chloroplasten bestehen aus Farbstoffen und der farblosen Grundsubstanz oder Stroma, worin das Chlorophyll sich in kolloider Lösung befindet (S. 94).

Auf Grund neuerer Untersuchungen ist die Annahme möglich, daß die Chloroplasten keine feste Körperchen darstellen, sondern flüssige mit dem Plasma nicht mischbare Tropfen einer kolloiden Lösung sind[3]). Auf diese Weise stellen die Chloroplasten ein spezifisches Milieu für chemische Reaktionen dar, das mit dem eigentlichen Plasma nicht identisch ist. Wir wissen in der Tat, daß einige Kondensationsvorgänge, wie z. B. Stärkebildung, nicht unmittelbar im Plasma, sondern nur in den Plastiden vor sich gehen. Sollte sich die Lehre vom flüssigen Zustand der Plastiden bewähren, so könnte sie für die Erforschung des Mechanismus der Photosynthese fruchtbar sein. Andere Anschauungen über den Plastidenbau kann man in den Lehrbüchern der Pflanzenanatomie finden; hier werden sie nicht besprochen werden.

Ist nun beim photochemischen Prozeß einzig und allein das Chlorophyll oder auch das farblose Stroma der Chloroplasten tätig? In bezug auf das Chlorophyll wurden verschiedenartige Ansichten geäußert. Einige Forscher betrachten diesen Farbstoff nur als einen Sensibilator[4]), andere nehmen, ohne diese Rolle zu verkennen, an, daß das Chlorophyll auch an den chemischen Reaktionen der Photosynthese unmittelbar beteiligt ist[5]); die dritten gehen noch weiter und behaupten, daß im

---

[1]) IRVING, A.: Ann. of botany Bd. 25, S. 1077. 1911. — EWART: Journ. of the Linnean soc. Bd. 31, S. 408. 1896. — TREBOUX: Flora Bd. 92, S. 49. 1903. — JAKOBI: Flora Bd. 88, S. 323. 1899. — SCHRÖDER: Ebenda Bd. 99, S. 156. 1909. — WARBURG: Biochem. Zeitschr. Bd. 100, S. 230. 1919. — v. KÖRÖSY, K.: Zeitschr. f. physiol. Chem. Bd. 93, S. 145. 1914.

[2]) KOSTYTSCHEW, S.: Ber. d. botan. Ges. Bd. 39, S. 328. 1921.

[3]) PONOMAREW, A.: Arb. d. Naturforscherges. in Kazan Nr. 296. 1914. — Ders.: Ber. d. botan. Ges. Bd. 32, S. 483. 1914.

[4]) TIMIRIAZEFF: Cpt. rend. hebdom. des séances de l'acad. des sciences Bd. 96, S. 375. 1883; Bd. 102, S. 686. 1886; Bd. 109, S. 379. 1889. — Ders.: Proc. of the roy. soc. of London (B), Bd. 72, S. 421. 1903. — MAZÉ: Cpt. rend. hebdom. des séances de l'acad. des sciences Bd. 160, S. 739. 1915. — CZAPEK: Biochem. d. Pflanzen Bd. 1, S. 613. 1913 u. a.

[5]) WILLSTÄTTER u. STOLL: Untersuchungen über die Assimilation der Kohlensäure 1918. — FISCHER, E.: Journ. of the chem. soc. (London) Bd. 91, S. 1749. 1907 u. a.

grünen Farbstoff allein der gesamte photosynthetische Vorgang lokalisiert sei[1]).

Die Bedeutung des Chlorophylls als Sensibilisators ist wohl als erwiesen anzusehen. Es ist festgestellt worden, daß in Gegenwart von Chlorophyll die Reduktion der Silbersalze in rote Strahlen zwischen B und C verschoben wird, indes die Silbersalze an sich photochemisch nur in stärker brechbaren Strahlen reduziert werden können[2]). Es ist also ersichtlich, daß das Chlorophyll die von ihm absorbierten Strahlen aktiviert[3]). Doch ist die Vorstellung von den Sensibilisatoren theoretisch nicht ganz klar; in dieser Richtung könnten vielleicht die unlängst erhaltenen Resultate von Belang sein, die davon zeugen, daß fluorescierende Körper eine photodynamische Wirkung ausüben. Die photodynamische Wirkung soll vom Elektronenstrom herrühren, welcher sich bei der Fluorescenz entwickelt[4]). Vorläufig haben die Versuche, einen Zusammenhang zwischen der Wirkung des Chlorophylls als Sensibilisators und seiner Fluorescenz festzustellen[5]), zu lauter negativen Resultaten geführt[6]).

Ist die Bedeutung des Chlorophylls als Sensibilisators für bewiesen zu halten, so sind andererseits die Bestrebungen, dem Chlorophyll allein die ganze chemische Arbeit bei der Photosynthese zuzuschreiben, erfolglos geblieben. Als einfachster und anschaulichster Beweis dieser Ansicht könnte das Zustandekommen der Photosynthese in Gegenwart des Chlorophylls außerhalb des lebenden Blattes und der Chloroplasten dienen. Solche Versuche wurden öfters ausgeführt und mehrmals verkündete man erfolgreiche Ergebnisse. Vorerst versuchte man sich damit zu begnügen, daß man eine Sauerstoffausscheidung am Lichte durch getötete Pflanzen mit Hilfe von empfindlichen qualitativen Methoden feststellen wollte[7]); darauf bestrebte man sich die CO_2-Reduktion und die Formaldehydbildung mit Hilfe der isolierten Chlorophyllpräparate hervorzurufen. Letztere hat man entweder im festen Zustande oder

<hr>

[1]) Usher, F. L. and Priestley, J. H.: Proc. of the roy. soc. of London (B), Bd. 84, S. 101. 1911. — Moore, B. and Webster, T. A.: Ebenda (B), Bd. 87, S. 163 (1913). — Ewart: Ebenda (B), Bd. 89, S. 1. 1915 u. a.

[2]) Becquerel: Cpt. rend. hebdom. des séances de l'acad. d. sciences Bd. 79, S. 185. 1870. — Timiriazeff: Ebenda Bd. 100, S. 851. 1885. — Bestätigungen: Liesegang: Chem. Zentralbl. Bd. 1, S. 636. 1894. — Neuhauss: Photogr. Rundschau Bd. 16, S. 1. 1902.

[3]) Die Annahme der Existenz von sogenannten „grünen Bakterien" mit inaktivem Chlorophyll wird durch die noch unveröffentlichten Untersuchungen von Perfilieff widerlegt.

[4]) v. Tappeiner, H.: Ergebn. d. Physiol. Bd. 8, S. 698. 1909. — Hausmann u. Portheim: Biochem. Zeitschr. Bd. 21, S. 10. 1909; Bd. 30, S. 276. 1911. — Ders.: Ber. d. botan. Ges. Bd. 26a, S. 452. 1908. — Ders.: Jahrb. f. wiss. Botanik Bd. 46, S. 599. 1909. — Stark: Physikal. Zeitschr. Bd. 8, S. 81 u. 248. 1907; Bd. 9. 1908.

[5]) Tswett, M.: Zeitschr. f. physikal. Chem. Bd. 76, S. 413. 1911.

[6]) v. Richter, A.: Mitt. d. russ. Akad. d. Wiss. S. 857. 1914. (Russisch.)

[7]) Friedel: Cpt. rend. hebdom. des séances de l'acad. des sciences Bd. 132, S. 1138. 1901. — Macchiati: Rev. gén. de botanique Bd. 15, S. 20. 1903. — Molisch: Botan. Zeit. Bd. 62, S. 1. 1904.

in kolloiden Lösungen verwendet[1]). Eine sorgfältige Nachprüfung all dieser Versuche ergab lauter negative Resultate[2]).

Verschiedene Untersuchungen wurden auch dem Verhalten des Chlorophylls im lebenden Laubblatt gewidmet. Manche Forscher sprachen die Annahme aus, daß das Chlorophyll als Sensibilisator in den Chloroplasten fortwährend zerlegt und wieder aufgebaut werden muß[3]). Eine scheinbare Bestätigung dieser Annahme erblickte man an der Labilität der Chlorophyllösungen in organischen Solventien. Diejenigen Forscher, die dem Chlorophyll nicht nur die Rolle eines Sensibilisators zuschreiben, sondern auch die chemische Bedeutung des Chlorophylls bei den Stoffumwandlungen während der Photosynthese hervorheben, sprachen sich manchmal dahin aus, daß nichts anderes als Chlorophyll selbst das erste Produkt der Photosynthese darstelle. Alsdann soll sich aber das Chlorophyll so spalten, daß einerseits normale photosynthetische Produkte entstehen und sich ansammeln, andererseits aber Sauerstoff entweicht und das zerlegte Chlorophyll sich durch CO_2-Annahme regeneriert. Solch ein Bild eines autokatalitischen Prozesses ist aus dem Grunde annehmbar, weil die Chlorophyllbildung in der Tat eine photochemische Reaktion darstellt, und zwar entsteht Chlorophyll am schnellsten durch Einwirkung von Strahlen, die auch bei der photochemischen CO_2-Assimilation besonders wirksam sind. Es ist daher naheliegend, hier etwas anderes als bloß eine zufällige Übereinstimmung anzunehmen.

Einige Forscher versuchten in der Tat bei der photochemischen Chlorophyllspaltung das Auftreten von Formaldehyd nachzuweisen; letzterer wird gewöhnlich als das erste Produkt der Kohlensäurereduktion am Licht angesehen. Darauf baute man verschiedene Theorien der chemischen Verwandlungen des Chlorophylls im Blatt auf[4]). Doch waren die einschlägigen Nachweise der Bildung von Formaldehyd nicht überzeugend und die darauf begründeten Theorien mehr oder weniger unwahrscheinlich. Seitdem quantitative Bestimmungen der Blattfarb-

---

[1]) USHER and PRIESTLEY: Proc. of the roy. soc. of London (B), Bd. 77, S. 369. 1906; (B), Bd. 78, S. 318. 1906; (B), Bd. 84, S. 101. 1911. — SCHRYVER, S. B.: Ebenda (B), Bd. 82, S. 226. 1910. — CHODAT, R. et SCHWEIZER, K.: Arch. des sciences phys. et nat., Genève (4), Bd. 39, S. 334. 1915.

[2]) HERZOG, R. O.: Zeitschr. f. physiol. Chem. Bd. 35, S. 459. 1902. — EWART, A. J.: Proc. of the roy. soc. of London (B), Bd. 80, S. 30. 1908. — v. EULER, H.: Zeitschr. f. physiol. Chem. Bd. 59, S. 122. 1909. Vgl. dazu besonders WILLSTÄTTER, R. u. STOLL: Untersuchungen über Assimilation der Kohlensäure S. 371. 1918, sowie JÖRGENSEN, J. and KIDD, F.: Proc. of the roy. soc. of London (B), Bd. 89, S. 342. 1917.

[3]) TIMIRIAZEFF: Die Spektralanalyse des Chlorophylls 1872. (Russisch.) — WIESNER, J.: Sitzungsber. d. Akad. Wien, Mathem.-naturw. Kl. Bd. 69, S. 159. 1874. — Ders.: Botan. Zeit. Bd. 32, S. 116. 1874. — STOKES, G. G.: On light S. 285. 1892. — PFEFFER, W.: Pflanzenphysiologie Bd. 1, S. 318. 1897. — CZAPEK, F.: Ber. d. botan. Ges. Bd. 20, S. 44. 1902 (Generalvers.). — Ders.: Biochem. d. Pflanzen Bd. 1, S. 615. 1913.

[4]) WARNER, CH. H.: Proc. of the roy. soc. of London (B), Bd. 87, S. 378. 1914. — WAGER, H.: Ebenda (B), Bd. 87, S. 386. 1914. — EWART, A. J.: Ebenda (B), Bd. 89, S. 1. 1915.

stoffe ausführbar geworden sind, kann man feststellen, ob die Chlorophyllmenge im Blatt unter verschiedenen Bedingungen variiert oder nicht. Zahlreiche Analysen haben gezeigt, daß nicht nur die Gesamtmenge des grünen Farbstoffs, sondern auch das Verhältnis der Komponenten a und b zu verschiedenen Tagesstunden konstant bleibt[1]), was vom Standpunkt der oben besprochenen Theorien aus schwer zu erklären wäre. Das Verhältnis der Komponenten verändert sich nicht einmal nach der Einwirkung von Giftstoffen. Einen besonders überzeugenden Beweis der Beständigkeit des Chlorophylls im Blatt lieferte die Bestimmung seiner Menge nach künstlich gesteigerter Arbeit bei hoher Temperatur, starker Beleuchtung und erhöhtem CO_2-Gehalt[2]). Unter diesen Verhältnissen assimilierten die Blätter etwa zehnmal stärker als bei natürlichen Verhältnissen. Doch veränderte sich die Menge des Farbstoffs sogar nach recht lange dauernder Arbeit nicht. So z. B. arbeiteten in einem derartigen Versuche 10 g Blätter der Lorbeerkirsche ununterbrochen im Verlaufe von 22 Stunden mit solcher Intensität, daß sie 1,12 g CO_2 assimilierten. Indes betrug der Chlorophyllgehalt vor dem Versuche 9,4 mg und nach demselben 9,5 mg. Die Pelargoniumblätter verloren nach einer ebenso intensiven 6stündigen Arbeit bei 40° keine Spur von Chlorophyll: vor dem Versuche enthielten sie 12,5 mg, nach demselben 12,8 mg Farbstoff. Es ist kaum möglich anzunehmen, daß die Neubildung des Chlorophylls so schnell vor sich ging, daß sie große und ununterbrochene Verluste ersetzen konnte, die vom Standpunkt der obigen Theorie des Zerfalls und Aufbaues im vorliegenden Falle unvermeidlich wären. Viel wahrscheinlicher ist daher die Annahme, daß Chlorophyll unter den in der lebenden Zelle obwaltenden Verhältnissen eine stabile Substanz ist. Es bleibt freilich dahingestellt, worauf die Stabilität des in molekularen Lösungen außerhalb der Chloroplasten leicht veränderlichen Farbstoffs beruht.

WILLSTÄTTER und STOLL nehmen an, daß das Umformen der strahlenden Energie in die chemische Arbeit sich im Chlorophyll selbst vollzieht, indem das Chlorophyll an den ersten Reaktionsphasen der Photosynthese teilnimmt. Die genannten Forscher haben tatsächlich festgestellt, daß Chlorophyll Kohlendioxyd bindet[3]). Es ist bereits oben hervorgehoben worden, daß durch CO_2-Wirkung Magnesium vom Chlorophyll in Form von Carbonat abgespalten wird. Dies findet nur in kolloider, wässeriger Lösung, aber nicht in organischen Flüssigkeiten statt. Bei niedriger Temperatur verbindet sich dagegen CO_2 mit dem Chlorophyll, und es entsteht eine labile Substanz, die bei Temperatursteigerung und anderen Einwirkungen leicht zu Phäophytin und Magnesiumcarbonat zerfällt. Da die Farbe des Chlorophylls sich nach Kohlensäurebindung nicht verändert, so ist die Annahme naheliegend, daß die komplexe Bindung des Magne-

---

[1]) WILLSTÄTTER, R. u. STOLL, A.: Untersuchungen über Chlorophyll S. 109. 1913.

[2]) WILLSTÄTTER, R. u. STOLL, A.: Untersuchungen über Assimilation der Kohlensäure S. 39. 1918. Diesen Resultaten widerspricht neuerdings WLODEK, J.: Bull. acad. polon. (B), S. 19 u. 143. 1921.

[3]) WILLSTÄTTER, R. u. STOLL, A.: Untersuchungen über Assimilation der Kohlensäure S. 228. 1918.

siums hierbei unversehrt bleibt und nur eine Valenz des Magnesiums mit dem Kohlensäurerest verbunden wird.

$$
\begin{array}{cc}
\overset{\parallel}{-}N\diagdown \quad \overset{|}{N} & \overset{\parallel}{-}N \quad \overset{|}{NH}- \\
\diagdown Mg-O\cdot CO-OH \longrightarrow MgCO_3 + & \\
-N\diagup \quad N & -N \quad NH- \\
\overset{\parallel}{} \quad \overset{|}{} & \overset{\parallel}{} \quad \overset{|}{}
\end{array}
$$

Verbindung von Chlorophyll mit Kohlensäure (der Zustand der Stickstoffatome in diesem Molekül). Phäophytin (der Zustand der Stickstoffatome in seinem Molekül).

WILLSTÄTTER und STOLL sind der Ansicht, daß Kohlensäure namentlich in Verbindung mit Chlorophyll der Reduktion und anderen Einwirkungen, die zur Bildung organischer Substanzen führen, unterliegt. Jedenfalls weist die Bildung des kohlensauren Chlorophylls darauf hin, daß der grüne Farbstoff in der Tat die Rolle einer bei der Photosynthese chemisch aktiven Substanz spielt.

Die zahlreichen Bestimmungen des Verhältnisses zwischen der Chlorophyllmenge und der vom Blatt geleisteten chemischen Arbeit[1]) sind in zwei Beziehungen von Interesse. Erstens beweisen sie unzweideutig, daß die Photosynthese nicht nur vom Chlorophyll allein abhängt, sondern auch von anderen in den Plastiden enthaltenen Stoffen. Zweitens wird der Umstand aufgehellt, weshalb die oben (S. 124 ff.) beschriebenen Versuche den zur Photosynthese verwerteten Bruchteil der einfallenden Energie zu ermitteln in einigen Fällen wenig übereinstimmende Resultate ergaben. Anders kann es auch nicht sein. Die von einer Gewichtseinheit des Chlorophylls in 1 Stunde geleistete Arbeit („Assimilationszahl") schwankt in weiten Grenzen. Sie ist verhältnismäßig gering bei chlorophyllreichen Blättern und erreicht eine bedeutende Größe bei chlorophyllarmen Blättern (ergrünende Blätter, Herbstblätter u. dgl.); besonders hoch ist die Assimilationszahl bei den gelbblätterigen Rassen verschiedener Pflanzen. Sowohl die chlorophyllreichen, als die chlorophyllarmen Blätter leisten bei günstigen äußeren Verhältnissen im grellen Licht ungefähr dieselbe Arbeit; mit anderen Worten, bringt ein jedes Chlorophyllmolekül in chlorophyllarmen Blättern eine viel größere Arbeitsleistung zustande, als in chlorophyllreichen Blättern. Für die Ulme erhielt man z. B. folgende Zahlen[2]):

	Chlorophyllmenge in 10 g Blatt	CO_2 assimiliert pro 1 qdcm in 1 Stunde	Assimilationszahl
⎰Grüne Rasse . .	16,2 mg	21 mg	6,9
⎱Gelbe Rasse . .	1,2 „	24 „	82
⎰Grüne Rasse . .	13,7 „	30 „	9,9
⎱Gelbe Rasse . .	1,5 „	29 „	73

Hieraus ist ersichtlich, daß Laubblätter im direkten Sonnenlicht eine chemische Arbeit leisten, zu deren Erfüllung schon etwa ein Zehntel der im Blatt enthaltenen Chlorophyllmenge vollkommen ausreicht. Aus diesem Grunde kommt in chlorophyllreichen Blättern auf jedes Chloro-

---

[1]) WILLSTÄTTER, R. u. STOLL, A.: Untersuchungen über Assimiltaion der Kohlensäure S. 41—161. 1918.

[2]) WILLSTÄTTER, R. u. STOLL, A.: a. a. O.

phyllmolekül im Durchschnitt nur eine geringe Energieausbeutung. Trotzdem ist das Blatt nicht imstande die geleistete Arbeit zu steigern, und zwar aus dem Grunde, weil nur der Sensibilisator (Chlorophyll) im Überschuß vorhanden ist, indes die übrigen an der Photosynthese aktiv beteiligten Faktoren ihre Tätigkeit nicht erhöhen können. Daher ist es durchaus begreiflich, daß, wie die Berechnung zeigt, ein Chlorophyllmolekül in 1 Stunde 135 CO_2-Moleküle in den normalen Hollunderblättern und 2463 CO_2-Moleküle in den Blättern der gelben Rasse derselben Pflanze verarbeitet. Folglich ist das Chlorophyll nur ein von den mehreren aktiven Faktoren der CO_2-Assimilation. Die im Vergleich zu der einfallenden Energie geringe chemische Leistung, die BROWN und ESCOMBE am direkten Sonnenlicht erhielten (S. 125), muß 20 bis 40 mal größer sein bei einigen gelben Rassen, mit denen WILLSTÄTTER und STOLL arbeiteten. Noch größere Schwankungen der Ausbeute sind bei Veränderungen der Beleuchtung zu erwarten. Im diffusen Licht ist in normal gefärbten Blättern kein Chlorophyllüberschuß mehr zu verzeichnen und die Größe der Energieausbeutung nimmt schnell zu mit dem Sinken der Lichtstärke (vgl. S. 126). Auch beim Wechsel von Belichtung und Dunkelheit hat man eine Zunahme der Energieausbeutung um 90—100 vH. wahrgenommen[1]).

Was das farblose „Stroma" der Chloroplasten anbelangt, so enthält dieses wohl verschiedene wichtige Substanzen und Fermente; seine Bedeutung kann daher nur hypothetisch besprochen werden. Auf Grund der obigen Darlegung ist ersichtlich, daß das Stroma höchstwahrscheinlich am Vorgang der Photosynthese direkt beteiligt ist. Eine interessante Tatsache, die vielleicht damit zusammenhängt, ist die Fähigkeit des Blattes, eine beträchtliche CO_2-Menge zu resorbieren, deren Größe vom CO_2-Druck in der umgebenden Atmosphäre abhängt[2]). Diese CO_2-Bindung durch die Blattsubstanz ist von derjenigen, an der das Pigment selbst teilnimmt, scharf zu unterscheiden. Erstere findet sowohl im Licht als in Dunkelheit statt und zwar in etwa gleichem Maße sowohl in chlorophyllreichen, als in chlorophyllarmen Blättern. SPOEHR und Mc GEE (a. a. O.) nehmen an, daß der genannte Vorgang auf eine Bildung von Carbaminosäuren aus Eiweißstoffen und deren Spaltungsprodukten zurückzuführen ist. Wahrscheinlich hat diese Konzentrierung der Kohlensäure in der Nähe des Chlorophylls eine wichtige physiologische Bedeutung, und zwar namentlich unter natürlichen Bedingungen, wo das Blatt in einer CO_2-armen Atmosphäre arbeitet. Sehr interessant ist es, daß das Laubblatt CO_2 mit einer Geschwindigkeit resorbiert, die mindestens die Hälfte von derjenigen der CO_2-Absorption durch konzentrierte Kalilauge ausmacht[3]). Gleichzeitig hat

---

[1]) WARBURG, O.: Biochem. Zeitschr. Bd. 100, S. 230. 1919.

[2]) WILLSTÄTTER, R. u. STOLL, A.: Untersuchungen über Assimilation der Kohlensäure Bd. 72, S. 226. 1918. — SPAEHR, H. A. and Mc GEE, J.: Science Bd. 59, S. 513. 1924.

[3]) BROWN, H. T. and ESCOMBE, F.: Philosoph. transact. of the roy. soc. of London (B). Bd. 193. S. 223. 1900.

man festgestellt, daß die zweckmäßigen Einrichtungen der Epidermis und der Spaltöffnungen folgendes bedingen: Bei geöffneten Spaltöffnungen wird das innere Blattparenchym ebensogut ventiliert, als ob die Epidermis gänzlich fehlte. Doch würde auch unter Berücksichtigung dieser Tatsache die Geschwindigkeit der CO_2-Bindung unverständlich bleiben, wenn die Eigenschaft des Blattgewebes CO_2 locker zu binden nicht bekannt wäre.

Eine andere interessante Eigentümlichkeit der Chloroplasten ist ihre starke reduzierende Fähigkeit. Bearbeitet man das lebende Blattgewebe mit einem Silbersalz, so färben sich die Chloroplasten sofort schwarz[1]). Leukoplasten, die fortwährend farblos bleiben, ebenso wie die abgestorbenen Chloroplasten bewirken keine Silberreduktion. Möglicherweise wird die Reduktion durch eine aldehydartige Substanz hervorgerufen, die in den Chloroplasten enthalten ist und ein Produkt der photosynthetischen Arbeit darstellt.

Die genannte Arbeit kommt mit so großer Intensität im Vergleich zu den übrigen chemischen Stoffumwandlungen im Pflanzenkörper vonstatten, daß eine direkte mikroskopische Beobachtung der betreffenden Vorgänge nicht ausgeschlossen ist. Die Resultate der Untersuchungen über eigenartige chondriosomenähnliche Gebilde, die in den Chloroplasten während der Photosynthese entstehen und darauf in das umgebende Plasma allem Anschein nach im flüssigen Zustand übertreten[2]), könnten vielleicht als Erscheinungen aufgefaßt werden, die mit dem Stoffwechsel bei der Lichternährung der Pflanzen in Verbindung stehen. In diesem Zusammenhange sei darauf hingewiesen, daß die „Öltröpfchen" in den Chloroplasten vieler Samenpflanzen und der Alge Vaucheria neuerdings für ein besonderes Assimilationssekret, das mit Öl nichts zu tun hat[3]), gehalten werden. Alle diese Einschlüsse bilden sich am Licht und verschwinden im Dunkeln.

Die Produkte und das Material der Photosynthese. Die Hauptmenge der organischen Substanz, die bei der Photosynthese synthetisiert wird, kommt auf Kohlenhydrate. In relativ geringerer Menge bilden sich auch Eiweißstoffe. Die Kohlenhydrate und Eiweißstoffe entstehen also aus anorganischen Stoffen am Lichte und stellen ein primäres Material zur Synthese aller übrigen organischen Verbindungen dar, die sowohl in Pflanzen als auch in Tieren vorkommen. Die Kohlenhydrate sind sehr gut dazu geeignet, als Betriebsmaterial während der Lebensprozesse zu dienen; außerdem sind sie dissoziationsfähig und können sich also leicht in andere physiologisch wichtige Stoffe verwandeln. Auch die Eiweißkörper stellen ein zur Bildung der übrigen Stickstoffverbindungen in Pflanzenzellen sehr geeignetes Material dar.

---

[1]) Molisch, H.: Anz. d. Akad. d. Wiss. Wien Bd. 55. 1918. — Ders.: Ber. d. botan. Ges. Bd. 39, S. 136. 1921.

[2]) Lewschin, A.: Experimentell-cytologische Untersuchung ausgewachsener Blätter der autotrophen Pflanzen im Zusammenhange mit der Frage der Chondriomnatur 1917. (Russisch.)

[3]) Meyer, A.: Ber. d. botan. Ges. Bd. 35, S. 586 u. 674. 1917; Bd. 36, S. 235. 1918.

Den ersten Nachweis der Kohlenhydratanhäufung im Laubblatt am Lichte hat SACHS[1]) durch folgende sinnreiche Methode geliefert. Es ist schon längst bekannt, daß in den Chloroplasten Stärkekörner entstehen. Läßt man nun die Pflanze eine Zeitlang im Dunkeln verweilen, so verschwindet allmählich die Stärke aus dem Blatt. Trennt man letzteres alsdann von der Pflanze ab und exponiert es am Sonnenlicht oder starkem künstlichen Licht, wobei man einen Teil der belichteten Blattoberfläche mit starkem dunklen Papier bedeckt, so kann man sich leicht davon vergewissern, daß Stärke nur an den vom Licht unmittelbar getroffenen Stellen entsteht. Zu diesem Zweck entfärbt man das Blatt mit heißem Alkohol und bearbeitet es darauf mit alkoholischer Jodlösung. Jod färbt die Stärkekörner blau oder violett[2]). Die dunkle Farbe erscheint nur an denjenigen Blatteilen, die dem Licht unmittelbar ausgesetzt wurden (Abb. 17). Diese Probe, welche die Abhängigkeit der Stärkebildung vom Licht deutlich erläutert, nennt man „Jodprobe nach SACHS". Eine wesentliche Ergänzung dazu ist der Nachweis der Abhängigkeit der Stärkebildung von der Gegenwart des Kohlendioxyds in der umgebenden Atmosphäre. In einer vollständig CO_2-freien Luft ergibt die Jodprobe ein negatives Resultat, und zwar selbst am grellen Licht[3]). Da man die Stärkebildung am Licht sehr schnell und zwar manchmal bereits nach einigen Minuten nachweisen kann[4]), so hielt man anfangs die Stärke für das erste faßbare Assimilationsprodukt bei der Photosynthese. Gegenwärtig wissen wir, daß es nicht richtig ist. In Form von Stärke wird nur der Überschuß der am Licht gebildeten Kohlenhydrate abgelagert, was auch durchaus zweckmäßig ist. Die festen Stärkekörner steigern nicht den osmotischen Druck in der Zelle, hemmen nicht den normalen Verlauf der Kohlenhydratbildung nach dem Gesetz der Massenwirkung und werden zeitweilig vor der weiteren Verarbeitung geschützt. Die Stärke ist also einem Überschuß des Einkommens ähnlich, der nach Bestreiten aller unumgänglichen Ausgaben in die Sparkasse eingetragen wird.

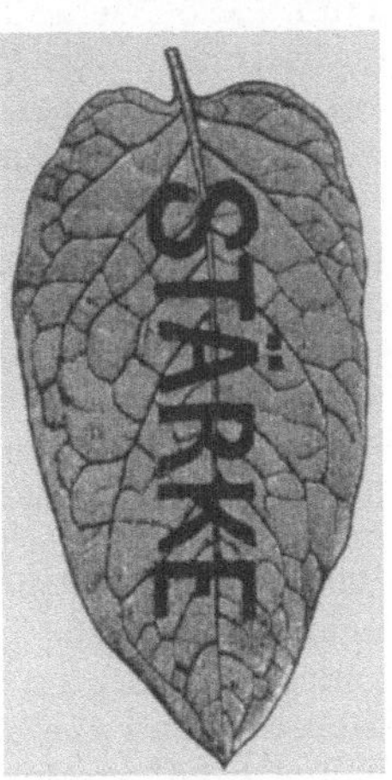

Abb. 17. Die Stärkeprobe nach SACHS. Die Stärke hat sich nur in den belichteten Blatteilen angehäuft. Nach der Jodbehandlung haben die mit Papier bedeckten Stellen die für Stärke charakteristische Färbung nicht angenommen.

---

[1]) SACHS: Botan. Zeit. Bd. 20, S. 365. 1862; Bd. 22, S. 289. 1864.

[2]) In einigen Fällen kann man das Blatt auch mit einer Lösung von Jod in Äther behandeln, die leicht durch die Spaltöffnungen eindringt. Vgl. NEGER: Ber. d. botan. Ges. Bd. 30, S. 93. 1912.

[3]) GODLEWSKI, E.: Flora S. 378. 1873.

[4]) FAMINZYN: Die Wirkung des Lichtes auf Algen 1866. (Russisch.) — KRAUS, G.: Jahrb. f. wiss. Botanik Bd. 6, S. 511. 1869. — GODLEWSKI, E.: Botan. Jahresber. S. 788. 1875.

TIMIRIAZEFF[1]) hat durch folgenden eleganten Versuch dargetan, daß Stärke hauptsächlich unter der Einwirkung der photochemisch besonders wirksamen Strahlen entsteht. Er reflektierte auf ein stärkefreies Blatt ein kleines helles Spektrum. Nach der Exposition im Spektrum ergab die Jodprobe folgendes Resultat: die Stelle der größten Stärkeablagerung war in roten Strahlen zwischen B und C; von hier ab vermindert sich die Stärkemenge allmählich nach rechts. In den blauen und violetten Strahlen hat sich überhaupt keine Stärke gebildet, obgleich sich hier das zweite Maximum der CO_2-Assimilation befindet. Dieses durch spätere Beobachtungen[2]) im allgemeinen bestätigte Resultat ist ein neuer Nachweis davon, daß Stärke ein sekundäres Produkt ist und Stärkebildung also nicht als Maß der Photosynthese dienen kann. Die Nichtbildung von Stärke in blau-violetten Strahlen, sowie die Resultate von WARBURG und NEGELEIN (S. 128), laut welchen im Blau eine theoretisch zu geringe Energieausbeute zu verzeichnen ist, werden noch weiter unten besprochen werden.

Erst die neueren Untersuchungen haben dargetan, daß namentlich lösliche Zuckerarten als die ersten faßbaren stickstofffreien Produkte der Photosynthese anzusehen sind[3]). Quantitativ überwiegt gewöhnlich der Rohrzucker, der etwa 50—90 vH. der Gesamtmenge der Zuckerarten ausmacht[4]), derselbe ist aber sicherlich schon ein sekundäres Produkt und zwar das Resultat einer Kondensation von Hexosen, nämlich von Glucose und Fructose[5]). Diese einfachen Zuckerarten können im Pflanzenkörper leicht ineinander übergehen, so daß es schwer ist, festzustellen, welche von ihnen das unmittelbare Produkt der CO_2-Assimilation darstellt. Außer Rohrzucker häufen sich im Laubblatt auch andere Zuckerarten an[6]). Früher unterschied man stärkeführende, zuckerführende und ölführende Pflanzen; jetzt ist diese Einteilung veraltet, indem man erkannt hat, daß auch in den „Stärkepflanzen“ die Stärke oft nur einen geringen Bruchteil der Gesamtmenge der Assimilate ausmacht[7]), das vermeintliche „Öl“ aber als ein „Assimilationssekret“ anzusehen ist, das möglicherweise Zwischenprodukte der Kohlenstoffassimilation und Zuckerbildung enthält[8]). Nach den gegenwärtigen Ansichten ist der Unterschied zwischen den drei genannten Kategorien kein qualitativer, sondern nur ein quantitativer; durch Steigerung der Intensität der Photosynthese bei Pflanzen, die gewöhnlich keine Stärke

---

[1]) TIMIRIAZEFF, K.: Cpt. rend. hebdom. des séances de l'acad. des sciences Bd. 110, S. 1346. 1890.

[2]) URSPRUNG, A.: Ber. d. botan. Ges. Bd. 36, S. 86. 1918.

[3]) BROWN, H. and MORRIS: Journ. of the chem. soc. Trans. Bd. 63, S. 64. 1893.

[4]) DAVIS, A. and DAISH, A. J.: Journ. of agricult. science Bd. 5. 1913 u. Bd. 6. 1914. — GAST, W.: Zeitschr. f. physiolog. Chem. Bd. 99, S. 1. 1917.

[5]) WEEVERS, TH.: Kon. akad. wet., Amsterdam Bd. 27, S. 46. 1923.

[6]) KYLIN, H.: Zeitschr. f. physiol. Chem. Bd. 101, S. 77. 1918. — MICHEL-DURAND, E.: Rev. gén. de botanique Bd. 30, S. 337. 1918.

[7]) BROWN, H. and MORRIS: a. a. O. — KYLIN: a. a. O. — v. KÖRÖSY, K.: Zeitschr. f. physiol. Chem. Bd. 86, S. 368. 1913. — MICHEL-DURAND, E.: a. a. O.

[8]) MEYER, A.: a. a. O.

erzeugen, gelingt es denn auch leicht, die Bildung dieses Reservestoffes hervorzurufen[1]).

Die Gesamtheit der nunmehr zur Verfügung stehenden experimentellen Ergebnisse zeigt also, daß einfache Zucker das erste faßbare stickstofffreie Produkt der Photosynthese darstellen. Da die Zuckerarten auch quantitativ stark überwiegen, so kann die Hauptrichtung des photosynthetischen Prozesses durch folgende Gleichung ausgedrückt werden:

$$6\,CO_2 + 6\,H_2O = C_6H_{12}O_6 + 6\,O_2 - 674\,000\ \text{Cal.}$$

Diese Gleichung lautet so, daß die Pflanze ihre organischen Substanzen auf Kosten des Kohlenstoffes des Kohlendioxydes, der Elemente des Wassers und der Lichtenergie erzeugt. Von den vier „Organogenen" (d. h. Elementen, aus denen die physiologisch wichtigen organischen Verbindungen zusammengesetzt sind) erhält die Pflanze drei aus den so einfachen anorganischen Substanzen, wie CO_2 und Wasser.

In diesem Kapitel war schon häufig darüber die Rede, daß das Kohlendioxyd der Luft die Kohlenstoffquelle für die grünen Pflanzen darstellt. Diese Ansicht vertrat schon INGEN-HOUSZ, der Schöpfer der Lehre von der Lichternährung der Pflanzen[2]), der sie gegen den Urheber der „Humustheorie" (von dieser wird später die Rede sein), HASSENFRATZ[3]) verteidigte.

Da die beiden Gelehrten zu jener Zeit nicht imstande waren, ihre Ansichten durch quantitative Analysen zu bestätigen, so war ihr Streit ein Wortgefecht und konnte das Problem nicht lösen. HASSENFRATZ vermutete, daß die Hauptmenge der von der Pflanze verarbeiteten Kohlensäure in die Blätter mit dem von den Wurzeln aufsteigenden Wasserstrom gelangt und stützte sich auf die Überlegung, daß der CO_2-Gehalt der atmosphärischen Luft zu gering sei, um die Bedürfnisse der Pflanze befriedigen zu können. Dieser Einwand wurde alsdann schon im XIX. Jahrhundert wiederholt ins Treffen geführt, obgleich die klassischen Versuche DE SAUSSURES[4]), die an Genauigkeit nicht nur die Arbeiten seiner Zeitgenossen, sondern auch diejenigen vieler späterer Forscher überholten, namentlich eine energische Assimilation der atmosphärischen Kohlensäure durch die grünen Pflanzen erwiesen und das Umkommen der Pflanzen in einer CO_2-freien Atmosphäre außer Zweifel stellten. In der ersten Hälfte des XIX. Jahrhunderts gelangte jedoch die Humustheorie zur weiten Verbreitung, und noch im Jahre 1855 suchte UNGER[5]) zu beweisen, daß die Pflanze auf die Kohlensäure des Bodens angewiesen sei. Die richtige Ansicht wurde erst durch BOUSSINGAULT[6]) endgültig festgestellt, der durch genaue Versuche im Luftstrome dargetan hat, daß die atmosphärische Kohlensäure zu der Ernährung und normalen Entwicklung der Pflanzen vollkommen ausreicht.

Man darf sich über die dauernden Zweifel in betreff der wichtigen Rolle der atmosphärischen Kohlensäure nicht wundern. Der CO_2-Ge-

---

[1]) SCHIMPER, Botan. Zeitg. Bd. 43, S. 737. 1885. — GODLEWSKI, E.: Flora Bd. 60, S. 218. 1877.

[2]) INGEN-HOUSZ, J.: vgl. S. 85.

[3]) HASSENFRATZ, J. H.: Ann. de chim. Bd. 13, S. 178. 1792; Bd. 14. 1792.

[4]) DE SAUSSURE, TH.: Recherches chim. sur la végétation § 5. 1804.

[5]) UNGER: Anatomie und Physiologie der Pflanzen 1855; vgl. auch MOLESCHOTT, J.: Physiologie des Stoffwechsels S. 58. 1854.

[6]) BOUSSINGAULT, J. B.: Agronomie, chimie agric. et physiol. Bd. 3, S. 266. 1864; Bd. 4. S. 267. 1868; Bd. 5. S. 7. 1874.

halt der Luft ist so gering, daß die Pflanze nur infolge der vorzüglichen Blattstruktur imstande ist, die für ihre Existenz ausreichende Menge der organischen Stoffe zu erzeugen. Die im laufenden Jahrhundert ausgeführten genauen und zahlreichen CO_2-Bestimmungen in der atmosphärischen Luft[1] zeigen, daß der CO_2-Gehalt zwischen 0,0243 vH. und 0,0360 vH. schwankt, im Durchschnitt aber etwa 0,0294 vH. beträgt. Ähnliche Ergebnisse liefern auch die älteren Untersuchungen. Der Kohlensäuregehalt der Seeluft ist derselbe wie derjenige der Landluft[2], doch findet man unmittelbar über der Erdoberfläche schon 0,12—0,13 vH. CO_2, was auf die Photosynthese der krautartigen Gewächse günstig einwirken muß[3]. Diese Pflanzen sind also imstande, die Bodenkohlensäure zu verwerten, doch ebenfalls nicht anders als durch die Zwischenstufe der Luftkohlensäure. Jetzt kann man also endgültig feststellen, daß INGEN-HOUSZ im großen Streit recht hatte.

Das Kohlendioxyd gelangt durch die Spaltöffnungen in die inneren Intercellularräume samt den anderen Bestandteilen der atmosphärischen Luft; infolge der bewundernswerten Struktur des Durchlüftungssystems der Blätter findet eine Umspülung der Zellen des Assimilationsgewebes mit atmosphärischer Luft so ungehindert statt, als ob gar keine Epidermis existierte. Vorstehend wurde bereits darauf hingewiesen, daß das Blatt atmosphärisches Kohlendioxyd mit einer Geschwindigkeit resorbiert, die mindestens der Hälfte der Geschwindigkeit der CO_2-Absorption durch die Oberfläche der konzentrierten Kalilauge gleichkommt[4]. BROWN und ESCOMBE haben die Geschwindigkeit der Gasdiffusion durch kleine Öffnungen untersucht und sind zu dem Schluß gekommen, daß dieselbe der Fläche der Öffnung nicht direkt proportional ist, wie man es theoretisch erwarten könnte. Infolge der verschiedenen Nebenumstände wächst die relative Diffusionsgeschwindigkeit bei Verringerung der Öffnungsweite. Eine Öffnung von 1 qmm Fläche läßt in der Zeiteinheit eine geringere Gasmenge durch, als 10 kleine Spalten, deren Gesamtfläche ebenfalls gleich 1 qmm ist. Sind nun die Fläche der Spalten und das Verhältnis der Diffusionsgeschwindigkeit zur Öffnungsfläche bekannt, so läßt sich ein Abstand der Öffnungen voneinander berechnen, bei dem die Gasdiffusion durch die Scheidewand sich mit einer Geschwindigkeit vollzieht, die der Diffusionsgeschwindigkeit durch eine Öffnung entspricht, welche der ganzen Scheidewandfläche gleichkommt, mit anderen Worten — der Diffusionsgeschwindigkeit ohne jegliche Scheidewand. Diese Berechnung hat ergeben, daß die Blattepidermis mit geöffneten Spaltöffnungen gerade ein Beispiel solcher Art darbietet, wo

---

[1] BROWN, H. T. and ESCOMBE, F.: Proc. of the roy. soc. of London (B), Bd. 76, S. 118. 1905. — GILTAY: Ann. d. jard. Buitenzorg Bd. 15, S. 57. 1898.

[2] LEGENDRE, R.: Cpt. rend. hebdom. des séances de l'acad. des sciences Bd. 143, S. 526. 1906. — SCHRÖDER, J.: Chem. Zeit. Bd. 35, S. 1211. 1911.

[3] WOLLNY: Forsch. Agrik.-Physik Bd. 8, S. 405. 1885. — DEMOUSSY: Cpt. rend. hebdom. des séances de l'acad. des sciences Bd. 138, S. 291. 1904.

[4] BROWN, H. T. and ESCOMBE, F.: Philosoph. transact. of the roy. soc. of London (B), Bd. 193, S. 223. 1900. — SIERP, H. u. NOACK, KONRAD: Jahrb. f. wiss. Botanik Bd. 60, S. 459. 1921.

die relative Geschwindigkeit der Gasdiffusion ein Maximum erreicht. Um sich ein Bild von der Vollkommenheit der Blattstruktur zu machen, genügt es, mit den eben besprochenen Ergebnissen von BROWN und ESCOMBE die Resultate von anderen experimentellen Untersuchungen in Zusammenhang zu bringen, die dargetan haben, daß bei geschlossenen Spaltöffnungen die Photosynthese sistiert wird, da die Gasdiffusion durch die cuticularisierten Wandungen der Epidermiszellen gar nicht in Betracht kommt[1].

So ergeben sich bei geöffneten Spaltöffnungen Diffusionsbedingungen, die einer vollkommenen Beseitigung des Hautgewebes gleichkommen, bei geschlossenen Spaltöffnungen sind aber die Intercellularräume des Blattes von der äußeren Atmosphäre gleichsam durch eine für Gase undurchlässige Scheidewand getrennt. Hierbei muß man allerdings im Auge behalten, daß solche Unterschiede nur in bezug auf die Photosynthese und nicht in bezug auf andere Funktionen, z. B. auf die Transpiration der Blätter zu verzeichnen sind. Bei halbgeschlossenen Spaltöffnungen dauert die Photosynthese ununterbrochen fort, indes die Transpiration bedeutend gehemmt wird. In diesem Zusammenhang ist es notwendig zu bemerken, daß das Blatt meistens ein flaches dorsiventrales Organ darstellt, indem die obere und die untere Blattseite nicht eine und dieselbe Struktur haben. Der größte Teil der Spaltöffnungen befindet sich gewöhnlich auf der unteren Blattseite und das spezifische assimilierende Gewebe ist das Pallisadenparenchym, das unmittelbar unter der oberen Epidermis gelegen ist. Überhaupt ist das Blatt ein komplizierter Apparat, der zur Erleichterung der photosynthetischen Funktion der Chloroplasten so eingerichtet ist, daß das Licht auf eine möglichst große Oberfläche einwirken kann. Daher wäre es nicht richtig, die photosynthetische Leistung nicht auf die Oberfläche, sondern auf das Gewicht bzw. das Volumen des Blattes zu berechnen. Eingehende Untersuchungen zeigen, daß es genügt, das Blatt mit der unteren statt mit der oberen Seite dem Licht zuzuwenden, um die CO_2-Assimilation bedeutend zu schwächen, obgleich hierbei weder das Gewicht, noch das Volumen des Blattes verändert werden[2].

Die Wasserpflanzen ernähren sich mit der im Wasser gelösten freien Kohlensäure und mit der Kohlensäure der Bicarbonate. Die Kohlensäure diffundiert in wässeriger Lösung direkt durch die dünnen Zellwandungen der zarten assimilierenden Organe der Tiefwasserpflanzen[3]. Bezüglich der Bicarbonate herrschte früher die Ansicht, daß dieselben

---

[1] BLACKMAN, F. F.: Proc. of the roy. soc. of London Bd. 57. 1895. — Ders.: Ann. of botany Bd. 9, S. 164. 1895. — BROWN, H. T. and ESCOMBE, F.: Proc. of the roy. soc. of London (B), Bd. 76, S. 61. 1905. Vgl. auch die älteren Arbeiten: BOUSSINGAULT: Agronomie, chimie agric. et physiol. Bd. 6, S. 357. 1878. — MANGIN: Cpt. rend. hebdom. des séances de l'acad. des sciences Bd. 105, S. 879. 1887. — STAHL: Botan. Zeit. S. 129. 1894. — NAGAMATZ: Arb. a. d. botan. Inst. zu Würzburg Bd. 3, S. 389. 1887.

[2] BOUSSINGAULT: Agronomie, chimie, agric. et physiol. Bd. 4, S. 359. 1868. — MEISSNER, R.: Diss. Bonn 1894.

[3] DEVAUX, H.: Ann. des sciences nat. (7), Bd. 9, S. 35. 1890.

nicht direkt assimilierbar sind, sondern daß sie bei sinkender Konzentration der freien Kohlensäure im Wasser sofort dissoziieren und somit den Gehalt an freier Kohlensäure beständig auf demselben Niveau unterhalten. Dieses Niveau ist unter normalen Bedingungen nicht hoch, da es von dem Partialdruck des Kohlendioxyds der Atmosphäre abhängig ist[1]). Bei der Photosynthese der Wasserpflanzen findet eine Verwandlung der gelösten Bicarbonate in Carbonate statt, was mit der Alkalitätssteigerung des Wassers Hand in Hand geht. Es ist daher die Anschauung verbreitet, daß die Kohlenstoffassimilation der Wasserpflanzen unter natürlichen Verhältnissen nicht ausgiebiger ist als diejenige der Landpflanzen, diese Ansicht ist jedoch kaum richtig. Die Alkalität des carbonathaltigen Wassers erreicht nämlich unter Umständen einen solchen Grad (P_{H} wird gleich 9,5—9,8), daß eine aktive Verarbeitung der Bicarbonate durch Pflanzen als kaum zweifelhaft zu bezeichnen ist[2]). Was die Wasserstoff- und Sauerstoffassimilation anbelangt, so findet sie auf Kosten des Wassers statt, wie es bereits DE SAUSSURE[3]) dargetan hat. In einem klassischen Versuche dieses Forschers hat das Trockengewicht der Pflanze nach der Photosynthese um 531 mg zugenommen, wobei aber nur 217 mg Kohlenstoff assimiliert wurde; die übrigen 314 mg entsprechen dem assimilierten Wasser. Das Verhältnis des Wassers zum Kohlenstoff beträgt 1,447, was dem theoretischen Verhältnis 1,5 bei der Zuckerbildung nahesteht. Leider hat man in der neuesten Zeit keine Bestimmungen der Wasserassimilation mit direkten Methoden ausgeführt; derartige Bestimmungen sind zwar mit bedeutenden technischen Schwierigkeiten verbunden, doch ist eine Untersuchung der Wasserassimilation so wichtig, daß eine Ausfüllung dieser Lücke als durchaus notwendig erscheint.

Es ist natürlich kaum denkbar, daß das Verhältnis des Kohlenstoffs zum Wasserstoff und Sauerstoff bei der Photosynthese immer konstant bliebe, da am Licht nicht nur Kohlenhydrate, sondern auch Eiweißstoffe entstehen. Direkte analytische Bestimmungen haben dargetan, daß in einigen Fällen das Eiweiß über 30 vH. der Gesamtmenge der photosynthetischen Produkte ausmachen kann[4]). Zur Eiweißbildung ist außer Kohlenstoff, Wasserstoff und Sauerstoff noch Stickstoff, Schwefel und Phosphor erforderlich. Alle diese Elemente assimilieren die grünen Pflanzen ebenfalls in Form von einfachen organischen Verbindungen (Kapitel V).

BOUSSINGAULT hat durch klassische Versuche, die als bahnbrechende Untersuchungen in der Physiologie der Pflanzenernährung zu bezeichnen sind, dargetan, daß der molekulare Stickstoff der Atmosphäre von den

---

[1]) Vgl. WILMOTT, A. J.: Proc. of the roy. soc. of London (B), Bd. 92, S. 304. 1921.

[2]) Vgl. dazu RUTTNER, F.: Sitzungsber. d. Akad. Wien, Mathem.-naturw. Kl. I Bd. 130, S. 71. 1921.

[3]) DE SAUSSURE, TH.: a. a. O.

[4]) SAPOSCHNIKOFF, W.: Eiweißstoffe und Kohlenhydrate der grünen Blätter als Assimilationsprodukte 1894. (Russisch.) — Ders.: Ber. d. botan. Ges. Bd. 8, S. 233. 1890.

Samenpflanzen ohne Mitwirkung von Mikroben nicht assimiliert wird[1]). In einem berühmten Versuch dieses Forschers entwickelten sich drei Sonnenblumenpflanzen in geglühtem Sand. Die erste Pflanze wurde mit reinem Wasser begossen und war folglich auf die vorrätigen Stoffe des Samens angewiesen. Die zweite Pflanze erhielt eine Lösung der für die Pflanzenentwicklung erforderlichen Mineralsalze unter Ausschluß von Stickstoffverbindungen. Die dritte Pflanze ernährte sich mit der üblichen mineralischen Lösung, in welcher der Stickstoff in Form von Kalisalpeter enthalten war. Alle Pflanzen befanden sich unter großen über Schwefelsäure gestülpten Glasglocken; auf diese Weise war eine Aufnahme des in der Luft manchmal vorhandenen Ammoniaks sowie der oxydierten Stickstoffverbindungen ausgeschlossen. Das Wasser und die Kohlensäure für die Pflanzenernährung gelangten unter die Glocken durch Glasröhren, so daß die Glocken im Verlauf des ganzen Versuchs nicht abgehoben wurden.

86 Tage nach der Aussaat ergab sich folgendes Resultat: Die Pflanze, welche mit Salpeter versorgt war, hat sich ebenso wie unter günstigen natürlichen Verhältnissen vollkommen normal entwickelt. Die Pflanzen, die keinen gebundenen Stickstoff erhielten, entwickelten sich sehr schwach und stellten am Ende des Versuches Zwergexemplare dar (Abb. 18, 2.), die nur soweit zur Ausbildung gelangten, als ihnen der geringe Stickstoffvorrat des Samens zur Verfügung stand. In Zahlen ausgedrückt, sind die Ergebnisse des Versuches ganz eindeutig:

Abb. 18. Zwei Exemplare der Sonnenblume: 1. mit Salpeter ernährt, 2. ohne Stickstoff im Nährboden. (Nach BOUSSINGAULT.)

Keimpflanzen	Trockengewichts-zunahme in mg	Stickstoff-zunahme in mg
Im Sand mit Wasser	0,28	2,3
„ „ „ Mineralsalzen	0,39	2,7
„ „ „ „ und KNO₃ . . 21,11		166,7

Es unterliegt keinem Zweifel, daß die „Stickstoffzunahme" in Pflanzen, die sich ohne N-Nahrung entwickelten, innerhalb der Fehlergrenzen des Versuches liegt, da dieselbe nach den Kontrollportionen von Samen berechnet ist, die nicht gekeimt sind, sondern direkt analysiert wurden. Nun ist der Stickstoffgehalt in Samen kleinen individuellen Schwankungen unterworfen.

---

[1]) BOUSSINGAULT, J. B.: Agronomie, chimie agric. et physiol. Bd. 1, S. 1. 1860.

Auf diese Weise hat BOUSSINGAULT festgestellt, daß Pflanzen von normalem Typus sich mit dem molekularen Stickstoff der Atmosphäre nicht ernähren können.

Die Versuche BOUSSINGAULTs sind noch deshalb interessant, weil sie die hohe Bedeutung der Salpetersäure für die Ernährung der grünen Pflanzen klargelegt haben. In den Pflanzen wurden organische Derivate des oxydierten Stickstoffs niemals aufgefunden; darum war vor BOUSSINGAULT die Ansicht verbreitet, daß ammoniakalische Salze die beste Stickstoffquelle für grüne Pflanzen darstellen. Es ist nämlich zu beachten, daß Ammoniak unmittelbar zur Bildung von Aminosäuren, den Bausteinen des Eiweißmoleküls, dienen kann, indes Salpetersäure zunächst einer Reduktion unterliegen muß, die mit einem erheblichen Energieaufwand verbunden ist. Die in der Literatur vorhandenen vereinzelten Angaben über die NH_3-Oxydation zu Salpetersäure durch Samenpflanzen[1]) wurden in der Folge nicht bestätigt und man nimmt gewöhnlich an, daß die gesamte Salpetersäure im Pflanzenkörper unmittelbar aus dem Boden durch die Wurzeln aufgenommen wird[2]). In einigen Pflanzen häufen sich unter entsprechenden Bedingungen bedeutende Nitratmengen an; in dieser Beziehung sind Urticaceen und Chenopodiaceen bezeichnend[3]).

Der anorganische Stickstoff befindet sich im Boden nicht nur in Form von Nitraten, sondern auch in Form von Ammoniumsalzen. Nachdem die allgemeine Bedeutung der Nitrate als Stickstoffquelle für die Samenpflanzen erkannt worden war, unterschätzte man eine Zeitlang den Nährwert des Ammoniaks[4]). Später wurde jedoch dargetan, daß der Bodenammoniak als direkte Pflanzennahrung dienen kann, obgleich er den Nitraten an Nährwert nachsteht[5]). Die Ursache des ungleichen Nährwertes des Ammoniaks und der Salpetersäure besteht im Folgenden[6]): beide Stoffe nimmt die Pflanze in Form von Ionen auf, da sowohl die ammoniakalischen Salze als auch die Nitrate in der Bodenlösung wegen ihrer schwachen Konzentration vollständig dissoziiert sind. Die Salze des Ammoniaks mit starken Mineralsäuren bewirken nach der Absorption des Ammoniaks durch die Pflanze eine saure Re-

---

[1]) BELZUNG, E.: Ann. des sciences nat. (7), Bd. 15, S. 249. 1892. — MAZÉ, P.: Bull. de la soc. de biol. Bd. 8, S. 98. 1915 u. a.

[2]) SCHULZE, E.: Zeitschr. f. physiol. Chem. Bd. 22, S. 82. 1896.

[3]) MOLISCH, H.: Ber. d. botan. Ges. Bd. 1, S. 150. 1883. — Ders.: Sitzungsber. d. Akad. Wien, Mathem.-naturw. Kl. Bd. 95, S. 121. 1887.

[4]) KNOP, W.: Landwirtschaftl. Versuchs-Stationen Bd. 2, S. 75. 1860 u. a.

[5]) PITSCH u. VAN LOCKEREN-CAMPAGNE: Landwirtschaftl. Versuchs-Stationen Bd. 34, S. 217. 1887. — MUNTZ: Cpt. rend. hebdom. des séances de l'acad. des sciences Bd. 109, S. 646. 1889. — GRIFFITHS, A. B.: Chem. news Bd. 64, S. 147. 1891. — KOSSOWITSCH, P.: Journ. f. exp. Landwirtschaft Bd. 5. 1901. (Russisch.) — MAZÉ: Ann. de l'inst. Pasteur Bd. 14, S. 26. 1900; vgl. auch besonders SCHULOW, J.: Untersuchungen auf dem Gebiete der Ernährungsphysiologie der Samenpflanzen 1913. (Russisch.) In den Versuchen dieses Forschers war die Möglichkeit einer Salpetersäurebildung aus Ammoniak durch Mikroorganismen ausgeschlossen.

[6]) WAGNER: Düngungsfragen Bd. 4. 1900.

aktion im Boden, die auf viele Pflanzen schädlich einwirkt. Pflanzen, die saure Bodenreaktion gut vertragen, sind imstande, sich mit Ammoniak ebenso gut wie mit Salpetersäure zu ernähren; außerdem vermögen auch viele gegenüber der sauren Reaktion empfindlichen Pflanzen auf Kalkböden bei Ernährung mit Ammoniak zu gedeihen. Mithin ist also der Ammoniak eine Stickstoffquelle, die für Samenpflanzen der Salpetersäure wenig nachsteht, wenn nur die beim NH_3-Verbrauch entstehende saure Reaktion von der Pflanze gut vertragen oder infolge der besonderen Eigenschaften des Bodens sofort abgestumpft wird. Einige grüne Algen ernähren sich in Reinkulturen bei neutraler Reaktion sowohl mit Ammoniak als mit Salpetersäure[1]), ohne einen merkbaren Unterschied zwischen diesen beiden Stickstoffquellen zu machen.

Neuerdings suchen Truffaut und Bezsonoff[2]) zu beweisen, daß Harnstoff für Samenpflanzen auf allen Böden sowohl Ammoniumsalze als auch Nitrate an Nährwert übertrifft. Auf Grund des vorstehend Dargelegten ist diese Behauptung in der Tat wahrscheinlich, da Harnstoff sich vor mineralischen Salzen durch folgende Vorzüge auszeichnet: 1. Die Plasmahaut der Pflanzenzellen ist für Harnstoff leicht permeabel. 2. Bei der NH_3-Abspaltung vom Harnstoff wird keine saure Reaktion hergestellt. 3. Eine photochemische Reduktion ist bei Ernährung mit Harnstoff nicht nötig. In weitem Umfange ist eine Düngung mit Harnstoff allerdings nicht möglich (s. u.).

Unter natürlichen Verhältnissen enthält der Boden nur äußerst geringe Mengen von Ammoniak- und Salpetersäure. Überhaupt muß man im Auge behalten, daß beinahe die Gesamtmenge des gebundenen Stickstoffs auf der Erde biologischen Ursprungs ist: anorganische Prozesse, nämlich die elektrischen Erscheinungen in der Atmosphäre, liefern nur geringe Mengen des gebundenen Stickstoffs, die für die Pflanze keine wesentliche Bedeutung haben können. Das ist auch daraus zu ersehen, daß die Analysen der Gesteinsarten aus wüsten arktischen Gegenden in denselben einen nur sehr geringen Stickstoffgehalt aufweisen[3]); in Kulturböden befindet sich aber die weitaus größte Stickstoffmenge in Form von Eiweißstoffen und anderen stickstoffhaltigen Substanzen des Plasmas der lebenden Mikroorganismen[4]). Solch einer Anschauung vom Boden als einem biologischen Komplex wurde anfangs mit Mißtrauen entgegengekommen, gegenwärtig erfreut sie sich aber allgemeiner

---

[1]) Pringsheim, E. G.: Beitr. zur Biologie der Pflanzen Bd. 12, S. 413. 1915.

[2]) Truffaut, G. et Bezsonoff, N.: Cpt. rend. hebdom. des seances de l'acad. des sciences Bd. 178, S. 723. 1924.

[3]) Erdmann: Ber. d. Dtsch. Chem. Ges. Bd. 29, S. 1710. 1906.

[4]) Kostytschew: Journ. f. Land- u. Forstwirtschaft S. 115. 1890. (Russisch.) Es befindet sich freilich eine gewisse Menge des organischen Stickstoffs in den Humussubstanzen, letztere unterliegen aber ebenfalls einer fortwährenden Mineralisation unter der Einwirkung verschiedener Mikroorganismen und man kann also den Humus in bezug auf den Kreislauf des Stickstoffs den Pflanzen- und Tierresten gleichstellen. Vgl. Bréal: Ann. agric. Bd. 23, S. 356. 1897. — Stoklasa: Zentralbl. f. Bakteriol., Parasitenk. u. Infektionskrankh., Abt. II, Bd. 4, S. 510. 1898 u. a.

Anerkennung. Die lebenden Bodenmikroben bilden den hauptsächlichsten Stickstoffvorrat des Bodens, der allerdings den Samenpflanzen unzugänglich, dafür aber auch einer Auswaschung in tiefere Bodenschichten wenig ausgesetzt ist. Nach dem Absterben der Mikroorganismen, sowie beim Verwesen von Tier- und Pflanzenresten des Bodens, verwandelt sich der größte Teil des Stickstoffs in Ammoniak unter dem Einfluß der oxydierenden und desaminierenden Tätigkeit der verschiedenartigen saprophytischen Mikroben (d. h. Organismen, die sich mit fertigen organischen Verbindungen ernähren und deren Spaltung oder Mineralisierung bewirken). Dieser Ammoniak wird entweder von verschiedenen höheren und niederen Pflanzen als Stickstoffnahrung aufgenommen oder zu Salpetersäure oxydiert. Letztere wird leicht in die tieferen Bodenschichten ausgewaschen, erreicht sodann die Grundwässer und gelangt schließlich mit diesen in Flüsse, Meere und Ozeane, wo sie zur Ernährung der Wasserpflanzen dient; da aber ihre Entstehung in den oberen Bodenschichten unter gewissen Bedingungen unaufhörlich und mit großer Intensität stattfindet, so gelingt es den Landpflanzen, ihrerseits eine nicht unbedeutende Nitratmenge abzufangen. Der Ammoniak, das Material der Nitratbildung, verbleibt infolge seiner starken Adsorptionsfähigkeit im Boden und läßt sich nur sehr schwer auswaschen. Eine Vorstellung über die relativen Mengen des organischen Stickstoffs, des NH_3-Stickstoffs und des Nitratstickstoffs in 1 kg Boden erhält man aus folgenden Analysenzahlen BOUSSINGAULTS[1]):

	Boden I	Boden II	Boden III
Organischer Stickstoff . . .	2,594 g	5,130 g	1,397 g
Ammoniakstickstoff	0,020 „	0,060 „	0,009 „
Nitratstickstoff.	0,175 „	0,046 „	0,015 „

Die relativen Ammoniak- und Nitratmengen in verschiedenen Böden sind großen Schwankungen unterworfen. Je nach der Geschwindigkeit der Bildung und Auswaschung der Salpetersäure, sowie den anderen Bedingungen überwiegt bald Ammoniak, bald Salpetersäure, immer sind aber die Mengen dieser beiden N-Formen winzig klein im Vergleich zu den Mengen des organischen Stickstoffs. Die in der obigen Tabelle von BOUSSINGAULT angegebenen NH_3-Mengen sind als relativ hoch zu bezeichnen; in Sand und Torfböden fand man $0,00015-0,002$ g NH_3-Stickstoff auf ein Kilogramm.

Die enorme Disproportion zwischen den Mengen des anorganischen Bodenstickstoffs und des Stickstoffs der auf diesem Boden vegetierenden Pflanzen beweist, daß letztere in den meisten Fällen einen deutlich ausgesprochenen Mangel an diesem wichtigen Element leiden. Wir haben uns in der Tat davon vergewissert, daß im Boden fast gar kein Reservestickstoff vorhanden ist. Der nach dem Absterben der Organismen disponibel gewordene Stickstoff wird von den lebenden Bewohnern des Bodens restlos vergriffen, so daß eine und dieselben Stick-

---

[1]) BOUSSINGAULT, J. B.: Agronomie, chimie, agric. et physiol. Bd. 2, S. 1. 1861.

stoffmoleküle zur Erhaltung des Lebens einer ganzen Generationenreihe sowohl von Tieren, als auch von Pflanzen dienen. Als eine übersichtliche Bestätigung der Richtigkeit dieser Anschauung dient erstens der äußerst ökonomische Stickstoffhaushalt der Pflanzen, zweitens die Beobachtung der Landwirte, daß Stickstoffdünger das Wachstum der Kulturpflanzen in den meisten Fällen befördert; eine Ausnahme machen die Leguminosen, welche die Fähigkeit haben, den molekularen Stickstoff der Atmosphäre zu assimilieren. Wir haben also das Recht anzunehmen, daß namentlich Stickstoffhunger derjenige Faktor ist, der vor allen anderen die Entwicklung des Lebens auf der Erde einschränkt und die Vermehrung der Organismen hemmt. Wie günstig sich auch die übrigen Lebensverhältnisse der Pflanzen gestalten mögen, kann dennoch die Gesamtmenge der lebenden Substanz wegen Stickstoffmangels einen gewissen Grenzwert nicht überschreiten.

Wie bereits oben erwähnt, sind für die Synthese von Eiweißstoffen auch Phosphor und Schwefel nötig. Die Einzelheiten ihrer Assimilation aus dem Boden werden im Kapitel V dargelegt werden. Hier genügt es, die folgende wichtige Tatsache hervorzuheben. Auf Grund von zahlreichen Vegetationsversuchen verschiedener Forscher sind Phosphor und Schwefel den Samenpflanzen nur in Form von Hydraten ihrer höchsten Oxyde, d. i. in Form von Salzen der Ortophosphorsäure und der Schwefelsäure zugänglich.

Mit Hilfe von empfindlichen qualitativen Proben ist es gelungen, nachzuweisen, daß Nitrate in Leitungsbahnen der Samenpflanze bis zu den Blättern steigen, wo sich die Nitratverarbeitung und Eiweißbildung vollzieht[1]). Die Ansichten über die Beteiligung des Lichts an diesem Prozeß haben sich mehrmals geändert. Anfangs hielt man die Reduktion der Schwefel- und Salpetersäure, wie auch den ganzen Vorgang der Eiweißsynthese in Samenpflanzen für eine photochemische Reaktion[2]); darauf erhielt die Anschauung das Übergewicht, daß Licht an der Bildung der organischen Stickstoffverbindungen keinen unmittelbaren Anteil hat. Einige Forscher haben mit Hilfe der genauen Methoden folgende Tatsache außer Zweifel gestellt, die bereits BOUSSINGAULT in Betracht zog[3]): es ergab sich, daß Samenpflanzen Eiweißstoffe auf Kosten von Nitratstickstoff in voller Dunkelheit aufbauen können, wenn sie über eine genügende Menge des fertigen Zuckers verfügen[4]). Im Einklange damit stehen auch verschiedene Beobachtungen an chlorophyll-

---

[1]) SACHS, J.: Botan. Zeit. Bd. 20, S. 63. 1862. — PAGNOUL: Ann. agron. Bd. 5, S. 481. 1879.

[2]) SCHIMPER: Flora Bd. 73, S. 207. 1890. — Ders.: Botan. Zeit. Bd. 46, S. 65. 1888. — SAPOSCHNIKOW: a. a. O.

[3]) BOUSSINGAULT, J. B.: Agronomie, chimie agric. et physiol. Bd. 7, S. 130. 1884.

[4]) ZALESKI, W.: Bedingungen der Eiweißbildung in den Pflanzen 1900. (Russisch.) — SUZUKI: Bull. of the coll. of agric., Tokyo Bd. 2, S. 409. 1896; Bd. 3, S. 241. 1898. — MALINIAK: Rev. gén. de botanique Bd. 12, S. 337. 1900. — WARBURG, O. u. NEGELEIN, E.: Biochem. Zeitschr. Bd. 110, S. 66. 1920. — MUENSCHER, W. C.: Botan. Gaz. Bd. 75, S. 240. 1923.

freien Organen[1]) und Schimmelpilzen, die Eiweißstoffe aus Nitraten bzw. Ammoniumsalzen und Zucker bei vollem Ausschluß von Licht synthesieren. Hieraus hat man den Schluß gezogen, daß die Nitratreduktion überhaupt keine photochemische Reaktion darstelle und daß Licht an diesem Prozesse nur indirekt beteiligt sei, indem es die Entstehung und Anhäufung der für die Eiweißsynthese notwendigen Zuckerarten bewirke.

Erst in der allerletzten Zeit wurden Stimmen laut, welche die Berechtigung zu dieser Schlußfolgerung in Abrede stellen[2]). Alle oben angeführten Tatsachen beweisen in der Tat nur, daß die Nitratreduktion auf Kosten der chemischen Energie bei vollem Ausschluß von Licht zweifellos möglich ist, doch stellen sie keineswegs fest, daß die genannte Reduktion niemals auf Kosten der strahlenden Energie erfolgt. Findet denn auch die Kohlensäurereduktion bei einigen Bakterien (vergleiche das nächste Kapitel) auf Kosten der chemischen Energie in Dunkelheit statt; trotzdem ist es einwandfrei nachgewiesen worden, daß die genannte Kohlensäurereduktion bei grünen Pflanzen einen photochemischen Prozeß darstellt. Zugunsten der Ansicht, daß die Nitratreduktion unter unmittelbarer Beteiligung des Lichts zustande kommt, sprechen folgende Tatsachen. Vor allem muß man im Auge behalten, daß eine Reduktion der Salpetersäure und der salpetrigen Säure außerhalb der lebenden Zelle durch kurzwellige Strahlen ausführbar ist und in Gegenwart von geeigneten Katalysatoren ziemlich glatt verläuft[3]). Es ergab sich andererseits, daß die Eiweißsynthese in grünen Pflanzen im Licht bedeutend schneller, als in Dunkelheit stattfindet[4]); auch sind nicht alle Strahlen des Sonnenspektrums am Vorgange der Eiweißsynthese gleich aktiv[5]). Von besonderer Bedeutung sind Beobachtungen an Pflanzen, die bei Ausschluß von Mikroorganismen auf Zuckerlösungen im Dunkeln gezogen sind; die Technik der künstlichen Kulturen von Samenpflanzen wurde in den letzten Jahren so weit getrieben, daß nunmehr langedauernde Vegetationsversuche in Gegenwart von organisshen Stoffen möglich goworden sind. Es stellte sich heraus, daß Samenpflanzen bei Zuckerernährung im Dunkeln sich mit Nitratstickstoff zwar ernähren können, denselben jedoch viel schlechter ausnutzen, als den Ammoniakstickstoff[6]), wogegen am Licht Nitratstickstoff wohl die beste Stick-

---

[1]) Ishizuka: Bull. of the coll. of agric., Tokyo Bd. 2, S. 471. 1896.

[2]) Baudisch, O. u. Mayer, E.: Zeitschr. f. physiol. Chem. Bd. 89, S. 175. 1914. — Dies.: Ber. d. Dtsch. Chem. Ges. Bd. 50, S. 652. 1917; Bd. 51, S. 793. 1918. — Moore, B.: Proc. of the roy. soc. of London (B), Bd. 90, S. 158. 1919. — Kostytschew, S. u. Tswetkowa, E.: Zeitschr. f. physiol. Chem. Bd. 111, S. 171. 1920. — Warburg, O. u. Negelein, E.: Biochem. Zeitschr. Bd. 110, S. 66. 1920.

[3]) Baudisch, O. u. Meyer, E.: a. a. O.

[4]) Goldewski, E.: Bull. de l'acad. des sciences de Cracovie 1897 u. S. 313. 1903. — Warburg, O. u. Negelein, E.: a. a. O.

[5]) Laurent et Marchal: Rech. sur la synthèse des subst. albumin. par les végétaux 1903.

[6]) Petrow, G. G.: Die Stickstoffassimilation durch Samenpflanzen im Licht und im Dunkeln S. 200. 1917. (Russisch.)

stoffquelle für Samenpflanzen darstellt. Die Samenpflanzen verhalten sich also im Dunkeln bezüglich der Stickstoffernährung genau so wie Schimmelpilze, die den Ammoniak immer besser als Salpetersäure assimilieren[1]. Ein anderer Beweis zugunsten der Annahme, daß die Eiweißsynthese in Samenpflanzen einen direkten photochemischen Vorgang darstellt, besteht darin, daß bei der Photosynthese namentlich in Chloroplasten eine ausgiebige Ablagerung der Reserveeiweiße stattfindet[2]. Diese einfachen Eiweißstoffe kann man leicht mit Pepsin und HCl lösen, wobei sich das Volumen der Chloroplasten stark vermindert. Außerdem können verschiedene andere Tatsachen vom Standpunkt der photochemischen Eiweißsynthese aus eindeutig erklärt werden. So haben KRASCHENINNIKOW und andere Forscher gefunden, daß die Zunahme der Verbrennungswärme der Laubblätter nach einer Exposition am Lichte den nach der Gleichung der Kohlenhydratsynthese berechneten Wert immer übersteigt (S. 124). Diese Tatsache kann man vielleicht dadurch erklären, daß neben den Kohlenhydraten auch Eiweißstoffe auf Kosten der Sonnenenergie gebildet werden. Die Verbrennungswärme der Eiweißstoffe ist nämlich größer als diejenige der Kohlenhydrate. WARBURG und NEGELEIN erhielten in blauen Strahlen eine scheinbar zu geringe chemische Ausbeute (S. 128), dieselbe wurde aber nicht direkt bestimmt, sondern nach der Gleichung der Zuckersynthese berechnet. Nun scheint die photochemische Eiweißsynthese namentlich durch stärker brechbare Strahlen hervorgerufen zu werden[3]. Auf diese Weise wäre die Anwendung der Gleichung der Kohlenhydratsynthese für Versuche in blauvioletten Strahlen nicht ganz einwandfrei[4]. In diesem Zusammenhange ist noch daran zu erinnern, daß TIMIRIAZEFF (S. 138) keine Stärkebildung im blauvioletten Spektrumteil wahrgenommen hat, obzwar die Ungleichheit der Energieabsorption im roten und blauen Spektralbezirk nur gering ist. Nimmt man aber an, daß in blauen Strahlen vorwiegend Eiweißstoffe entstehen, so erscheint das soeben besprochene Resultat als durchaus begreiflich.

Fassen wir alle obigen Auseinandersetzungen zusammen, so haben wir wohl das Recht zu schließen, daß die Eiweißbildung aus Nitraten in Samenpflanzen wenigstens auf den ersten Stufen einen photochemischen Vorgang darstellt. Was nun die Eiweißsynthese auf Kosten des Ammoniakstickstoffs anbelangt, so bleibt es dahingestellt, ob die strahlende Energie auch an diesem Vorgang beteiligt ist.

Der Aufbau der Eiweißstoffe vollzieht sich ohne Zweifel so, daß zuerst Aminosäuren, d. i. die einzelnen Bausteine des Eiweißmoleküls entstehen; erst danach erfolgt eine Verbindung der genannten Bau-

---

[1] RITTER, G. E.: Materialien zur Physiologie der Schimmelpilze S. 1—17. 1917. (Russisch.)
[2] ULLRICH, L.: Zeitschr. f. Botanik Bd. 16, S. 513. 1924.
[3] LAURENT et MARCHAL: a. a. O.
[4] Beim gegenwärtigen Zustand unserer Kenntnisse über die Photosynthese wäre es durchaus unstatthaft, die von den gelben Farbstoffen absorbierte Energie nicht in Betracht zu ziehen.

steine zu komplizierteren Molekülen. Eingehender wird diese Frage im Kap. IV erörtert werden.

Die chemischen Vorgänge bei der Photosynthese. Schon im Kapitel I wurde darauf hingewiesen, daß die meisten wichtigen Probleme der modernen chemischen Pflanzenphysiologie auf die Klarlegung des Chemismus der Stoffumwandlungen hinauslaufen, da namentlich die chemische Erklärung der physiologischen Vorgänge das Hauptziel unserer Wissenschaft bildet. An derselben Stelle wurde der Umstand betont, daß es zur biochemischen Aufhellung vieler verwickelten Lebensvorgänge meistens sehr wichtig ist, die Zwischenprodukte der aus mehreren Teilstufen bestehenden Reaktionen zu isolieren und hierdurch die einzelnen Phasen der physiologischen Stoffumwandlungen zu charakterisieren.

Auf dem Gebiete der Photosynthese des wichtigsten biochemischen Vorganges der Pflanzen ist die soeben erwähnte Aufgabe noch keineswegs gelöst und es liegen nur wenige experimentell festgestellte Tatsachen vor. Obgleich in diesem Buch Theorien, die experimentell nicht gestützt sind, meistens überhaupt nicht dargelegt werden, macht dennoch die Frage des Chemismus wichtiger biologischer Vorgänge eine Ausnahme von dieser Regel, da die Bearbeitung derartiger Probleme, wie oben angedeutet, äußerst wichtig ist. Mit Rücksicht darauf, daß für künftige experimentelle Untersuchungen viele zur Zeit noch durch Tatsachen ungenügend begründete Erwägungen von Nutzen sein können, sind hier verschiedenartige Hypothesen dargelegt, unter denen einige in der Zukunft möglicherweise sich als aussichtslos erweisen werden.

Das chemische Grundproblem, dessen Lösung als höchst wichtig erscheint, ist die Klarlegung der Natur der ersten Produkte der Photosynthese, d. h. derjenigen organischen Substanzen, die unmittelbar aus anorganischen Materialien entstehen. Diese beiden ersten Produkte der Photosynthese (und zwar ein stickstofffreies und ein stickstoffhaltiges) sind folglich die Zwischenprodukte beim Aufbau der Kohlenhydrate und der Eiweißstoffe.

Was die stickstofffreien intermediären Produkte der Photosynthese anbelangt, so hat man mehrere Hypothesen darüber vorgeschlagen, unter denen nur zwei eine weite Verbreitung erlangten. Nach der Hypothese von LIEBIG[1] ist das erste Produkt der Photosynthese die Oxalsäure COOH.COOH. Diese Theorie verteidigte zwar in der neueren Zeit BAUR[2]), doch erweist sie sich als kaum stichhaltig. Ihr gegenüber hat man erstens den Umstand hervorgehoben, daß die Oxalsäurebildung in den Pflanzen mit Oxydationsvorgängen und nicht mit Reduktionsvorgängen zusammenhängt[3]); zweitens die Empfindlichkeit des Chlorophylls gegenüber der sauren Reaktion geltend gemacht[4]), drittens

---

[1]) v. LIEBIG, J.: Liebigs Ann. d. Chem. Bd. 46, S. 58 u. 66. 1843.
[2]) BAUR, E.: Zeitschr. f. physikal. Chem. Bd. 63, S. 683 u. 706. 1908; Bd. 72 S. 323 u. 336. 1910. — Ders.: Ber. d. Dtsch. Chem. Ges. Bd. 46, S. 852. 1913.
[3]) v. EULER, H.: Zeitschr. f. physiol. Chem. Bd. 59, S. 122. 1909.
[4]) WILLSTÄTTER, R. u. STOLL, A.: Untersuchungen über Assimilation der Kohlensäure S. 317. 1918.

aber darauf hingewiesen, daß die Bildung eines Kohlenhydrates aus
Oxalsäure vom chemischen Standpunkt aus nicht recht begreiflich ist,
um so mehr als die Umwandlung von Kohlensäure zu Oxalsäure nur
mit einer geringen Erhöhung des energetischen Potentials verbunden
ist. Viel größere Verbreitung hat die berühmte Theorie von v. BAEYER[1]
erlangt, die als erstes Produkt der CO_2-Assimilation den Formaldehyd
H_2CO annimmt. Zugunsten dieser Theorie spricht schon der Umstand,
daß sie mehr als 50 Jahre alt ist und noch auf keine ihr direkt widersprechenden Tatsachen stieß. Die theoretischen Einwände, die in der
neuesten Zeit gegen die v. BAEYERische Theorie geltend gemacht worden
sind, beruhen meistens darauf, daß die Verwandlung der Kohlensäure zu
Formaldehyd eine zu große Erhöhung des energischen Potentials ver-
lange, und deshalb eine photochemische Verwandlung der Kohlensäure
nur zu Ameisensäure wahrscheinlicher sei, da dieselbe mit einem geringeren Potentialhub verbunden ist[2]. Vom biologischen Standpunkt
aus ist aber dieser Einwand nicht stichhaltig. Welcher Art nämlich
das primäre Produkt auch sein mag, muß es sich weiterhin in ein
Kohlenhydrat verwandeln; folglich ist die enorme Potentialsteigerung
von Kohlensäure zu Zucker in jedem Fall unvermeidlich, und
die Sonnenenergie ist das einzige Mittel zur Bewerkstelligung dieser
Potentialsteigerung in der lebenden Pflanze. Deshalb ist es wahrscheinlicher anzunehmen, daß Kohlensäure zwar anfangs in Ameisensäure übergeht, alsdann aber weiter zu Formaldehyd reduziert wird[3].

V. BAEYER selbst nahm an, daß die erste Stufe der Photosynthese in der
Dissoziation des Kohlendioxyds unter Bildung von Kohlenoxyd bestehe; letzteres
werde durch den Wasserstoff des Wassers zu Formaldehyd reduziert, indem
das Wasser ebenfalls eine Dissoziation erfahre. Neuerdings ist diese Ansicht
als überwunden anzusehen. W. LÖB[4] hat allerdings dargetan, daß CO_2 und
Wasserdampf unter Einwirkung von stillen elektrischen Entladungen in der
Tat eine Dissoziation erfahren, deren Produkte miteinander nach dem v. BAEYER-
schen Schema reagieren.

$$1. \quad CO_2 + H_2O = CO + H_2 + O_2,$$
$$2. \quad CO + H_2 = H_2CO,$$
$$3. \quad 2CO + 2H_2 = CH_2OH \cdot CHO.$$

Es entsteht also nach W. LÖB unter der Einwirkung von stillen elektrischen
Entladungen nicht nur Formaldehyd, sondern auch Glykolaldehyd, $CH_2OH.CHO$,
der die charakteristischen Eigenschaften eines Zuckers besitzt. Theoretisch ist
also der Reaktionsverlauf nach dem v. BAEYERschen Schema durchaus möglich,
und Resultate, die den soeben dargelegten analog sind, wurden nicht nur durch
Einwirkung von stillen Entladungen, sondern auch durch Lichtwirkung erzielt[5].
Das Kohlenoxyd hat aber bei der Prüfung, die mit jedem voraussetzlichen
Zwischenprodukt der biochemischen Reaktionen vorgenommen werden muß,

---

[1] v. BAEYER, A.: Ber. d. Dtsch. Chem. Ges. Bd. 3, S. 63. 1870.

[2] BREDIG, G.: Die Umschau Bd. 18, S. 362. 1914. — HOFFMANN, K. A.
u. SCHUMPELT, K.: Ber. d. Dtsch. Chem. Ges. Bd. 49, S. 303. 1916.

[3] KLEINSTÜCK: Ber. d. Dtsch. Chem. Ges. Bd. 51, S. 108. 1918. — WISLI-
CENUS: Ebenda Bd. 51, S. 942. 1918.

[4] LÖB, W.: Zeitschr. f. Elektrochem. Bd. 11, S. 745. 1905; Bd. 12, S. 282.
1906. — Landwirtschaftl. Jahrb. Bd. 35, S. 541. 1906.

[5] BERTHELOT, D. et GAUDECHON, H.: Cpt. rend. hebdom. des séances de
l'acad. des sciences Bd. 150, S. 1690. 1910.

negative Resultate ergeben; es kann von den Pflanzen im Licht nicht assimiliert werden, sogar in Gegenwart von Wasserstoff[1]). Daher nimmt man heutzutage gewöhnlich an, daß eine Dissoziation des Kohlendioxyds nicht stattfindet, und Kohlensäure in Form ihres Hydrats H_2CO_3 eine unmittelbare Reduktion in den Chloroplasten erfährt: $H_2CO_3 \rightarrow H_2CO + O_2$. In der Tat gelangt die Kohlensäure namentlich in Form des Hydrats in wässeriger Lösung in die Zellen des assimilierenden Gewebes, und ihre Reduktion wurde in verschiedenen Fällen nicht nur durch Strahlenwirkungen, sondern auch ohne Anteilnahme der strahlenden Energie bewerkstelligt. So reduziert Magnesium Kohlensäure zu Ameisensäure[2]).

$$HO.CO.OH \longrightarrow HCOOH.$$

In einigen Fällen soll die Reaktion bis zur Bildung von Formaldehyd schreiten. Dieser Umstand ist deshalb von Interesse, weil Magnesium im Chlorophyllmolekül enthalten ist. Außerdem wurde die Reduktion der Kohlensäure zu Ameisensäure auch durch andere Verfahren erzielt. Unter diesen ist die reduzierende Wirkung des Hydroperoxyds auf Kohlensäure besonders beachtenswert[3]). Wahrscheinlich kommt hier nach dem bekannten Schema von MANCHOT[4]) die intermediäre Bildung eines labilen organischen Peroxyds zustande; letzteres zerfällt alsdann unter Bildung eines Körpers, der weniger oxydiert ist als die ursprüngliche Substanz. Es ist von Interesse, die soeben dargelegten Tatsachen mit den interessanten Resultaten D'ANS' und dessen Mitarbeiter[5]) zusammenzustellen. Diese Forscher haben die folgende Reaktion zwischen Ameisensäure und Hydroperoxyd beschrieben:

$$\begin{array}{ccc}
\text{H—C—OH} + \text{H}_2\text{O}_2 & \rightleftarrows & \text{H—C—O—OH} + \text{H}_2\text{O} \\
\parallel & & \parallel \\
\text{O} & & \text{O} \\
\text{Ameisensäure} & & \text{Ameisensäureperoxyd}
\end{array}$$

Ameisensäureperoxyd verwandelt sich leicht durch intramolekulare Umlagerung in Kohlensäure:

$$\begin{array}{ccc}
\text{H—C—O—OH} & \longrightarrow & \text{HO—C—OH} \\
\parallel & & \parallel \\
\text{O} & & \text{O}
\end{array}$$

WILLSTÄTTER und STOLL[6]) nehmen an, daß als erste Stufe der photochemischen Kohlensäurereduktion im Laubblatt die Verwandlung von H_2CO_3 in eine peroxydartige Substanz anzusehen ist; namentlich bei diesem Vorgange findet nach WILLSTÄTTER und STOLL die Verwertung der Sonnenenergie statt, indem die darauffolgenden Stufen der Photosynthese mit keiner Potentialerhöhung verbunden sind. Kohlensäure kann nicht nur das obenerwähnte Ameisensäureperoxyd, sondern auch ein anhydridartiges Peroxyd von folgender Konstitution bilden:

$$\begin{array}{ccc}
\text{HO—C—OH} & \longrightarrow & \text{HO—C—H} \\
\parallel & & \text{O}\triangle\text{O} \\
\text{O} & & \\
\text{Kohlensäure} & & \text{Formaldehydperoxyd}
\end{array}$$

---

[1]) JUST: Forsch. a. d. Geb. d. Agrik.-Physik Bd. 5, S. 79. 1882. — RICHARDS and MC DOUGAL: Bull. of the Torrey botan. club Bd. 31, S. 57. 1904; vgl. besonders KRASCHENINNIKOW, TH.: Rev. gén. de botanique Bd. 21, S. 177. 1909. Die entgegengesetzten Angaben von BOTTOMLEY and JACKSON: Proc. of the roy. soc. of London (B), Bd. 72, S. 130. 1903, sind also wohl als überwunden anzusehen.

[2]) FENTON: Journ. of the chem. soc. (London) Bd. 91, S. 687. 1907.

[3]) KLEINSTÜCK: Ber. d. Dtsch. Chem. Ges. Bd. 51, S. 108. 1918.

[4]) MANCHOT: Liebigs Ann. d. Chem. Bd. 325, S. 93, 105 u. 125. 1902.

[5]) D'ANS, J. u. FREY, W.: Ber. d. Dtsch. Chem. Ges. Bd. 45, S. 1845. 1912. — Ders. u. KNEIP, A.: Ebenda Bd. 48, S. 1136. 1915.

[6]) WILLSTÄTTER, R. u. STOLL, A.: Untersuchungen über Assimilation der Kohlensäure S. 241. 1918.

Diese Reaktion scheint nicht umkehrbar zu sein, wodurch die nachfolgende Reduktion des entstandenen Peroxyds erleichtert werden muß. Die Bildung eines Peroxyds bei der CO_2-Assimilation im Lichte wird durch die neuesten Untersuchungen bestätigt[1]).

Photochemisch wurde Kohlensäure zuerst von BACH[2]) reduziert, der Uransalze als Sensibilisator verwendete. Diese Resultate wurden durch spätere Untersuchungen bestätigt[3]). Außerdem hat man zur Kohlensäurereaktion ultraviolette Strahlen[4]), sowie α, β-Strahlen[5]) verwendet. Es ist aber im Auge zu behalten, daß SPOEHR[6]) alle diese Resultate der Strahlenwirkungen auf Grund von seinen eingehenden Untersuchungen in Abrede stellt.

Die Zwischenprodukte der biochemischen Reaktionen kann man unter gewissen Bedingungen abfangen; außerdem müssen sie von der Pflanze unter Bildung der normalen Endprodukte des betreffenden biochemischen Prozesses (im vorliegenden Fall unter Bildung von Kohlenhydraten) verarbeitet werden. Leider ergaben diese Prüfungen in bezug auf Formaldehyd noch keine positiven Resultate. Obgleich die Literatur von Angaben über Formaldehydnachweise in den Pflanzenblättern strotzt[7]) (immer war nur von geringen Spuren die Rede), sind dennoch alle diese Angaben nicht zuverlässig. Entweder hatte man mit dem Formaldehyd nicht photosynthetischer Herkunft zu tun; oder waren die qualitativen Methoden des Formaldehydnachweises nicht einwandfrei[8]). Sehr eingehende Untersuchungen sind von CURTIUS und FRANZEN[9]) ausgeführt worden: die genannten Forscher haben außer-

---

[1]) WARBURG, O. u. UYESUGI, T.: Biochem. Zeitschr. Bd. 146, S. 486. 1924. — PEKLO, J.: Chem. news Bd. 129, S. 21. 1924.

[2]) BACH, A.: Arch. des sciences phys. et nat. Bd. 5. 1898.

[3]) USHER, F. L. and PRIESTLEY, J. H.: Proc. of the roy. soc. of London (B), Bd. 84, S. 101. 1911. — MOORE, B. and WEBSTER, T. A.: Ebenda (B), Bd. 87, S. 163. 1913.

[4]) USHER, F. L. and PRIESTLEY, J. H.: a. a. O. — BERTHELOT, D. et GAUDECHON, H.: a. a. O. — STOKLASA, J. u. ZDOBNICKY, W.: Biochem. Zeitschr. Bd. 30, S. 433. 1911. — STOKLASA, J., SEBOR, J. u. ZDOBNICKY, W.: Biochem. Zeitschr. Bd. 41, S. 333. 1912; Bd. 47, S. 186. 1912.

[5]) USHER, F. L. and PRIESTLEY, J. H.: a. a. O.

[6]) SPOEHR, H. A.: Journ. of the Americ. chem. soc. Bd. 45, S. 1184. 1923.

[7]) REINKE, J.: Ber. d. Dtsch. Chem. Ges. Bd. 14, S. 2144. 1881. — MORI, A.: Nuovo giorn. botan. Bd. 14, S. 147. 1882. — POLACCI, G.: Atti dell'ist. bot. di Pavia Bd. 6, S. 27. 1899; Bd. 7, S. 45. 1899. — GRAFE, V.: Österr. botan. Zeit. Bd. 56. S. 289. 1906. — GIBSON: Ann. of botany Bd. 22, S. 117. 1908. — SCHRYVERS, S. B.: Proc. of the roy. soc. of London (B), Bd. 82, S. 226. 1910 u. a.

[8]) SPOEHR, H. A.: Biochem. Zeitschr. Bd. 57, S. 95. 1913. — WILLSTÄTTER, R. u. STOLL, A.: Untersuchungen über Assimilation der Kohlensäure S. 387. 1918. — FINCKE: Biochem. Zeitschr. Bd. 51, S. 253. 1913; Bd. 52, S. 214. 1913.

[9]) CURTIUS, TH. u. FRANZEN, H.: Ber. d. Dtsch. Chem. Ges. Bd. 45, S. 1715. 1912. — Dies.: Sitzungsber. d. Heidelb. Akad. d. Wiss., Mathem.-naturw. Kl. (A), Bd. 7, S. 17. 1912; vgl. besonders Dies.: Liebigs Ann. d. Chem. Bd. 404, S. 93. 1914. Die Verfasser haben die Aldehyde auf die Weise bestimmt, daß sie dieselben durch Silberoxyd zu Säuren oxydierten. Aus Folmaldehyd erhält man hierbei Ameisensäure. Dieselbe Säure entsteht aber in geringer Menge bei der Silberoxydwirkung auf Methylalkohol; in Anbetracht der enormen Menge der Buchenblätter, die zur Analyse verwendet wurde, hat der Methylalkohol des in den Blättern enthaltenen Chlorophylls eine nennenswerte Menge von Ameisensäure geliefert. Dieser Fall bietet eine lehrreiche Illustration der Mangelhaftigkeit

ordentlich große Mengen von Buchenblättern destilliert und dennoch keine bestimmten Hinweise auf die Formaldehydbildung während der CO_2-Assimilation erhalten. Ebenso hat auch MAZÉ[1] die Blätter verschiedener Pflanzen bei 60° unter vermindertem Druck, ohne Zusatz von Wasser destilliert, und keine Spur von Formaldehyd, wohl aber Glykolaldehyd im Destillat gefunden.

Es ist also bis heute noch nicht gelungen, festzustellen, daß bei der Photosynthese Formaldehyd entsteht. Unter natürlichen Verhältnissen kann selbstverständlich eine Anhäufung dieser Substanz nicht stattfinden, da sie sehr giftig ist; daher stützt sich das einzige Verfahren, das Problem zu lösen, auf das Eingreifen in den normalen Verlauf des Prozesses mittels Störung der Koordination der einzelnen Phasen des photosynthetischen Vorganges (S. 80). Nur auf diese Weise kann man hoffen, eine nennenswerte Menge der Zwischenprodukte der Photosynthese zu isolieren.

Zahlreiche Versuche wurden mit dem Zweck ausgeführt, den Nachweis davon zu erbringen, daß Aldehyd durch höhere und niedere grüne Pflanzen assimiliert werden kann[2]. Ohne auf die Einzelheiten aller dieser Forschungen einzugehen, wollen wir nur hervorheben, daß die Assimilation des Formaldehyds meistens im Licht stattfand. Dies weist aber darauf hin, daß Formaldehyd vielleicht nicht unmittelbar assimiliert, sondern zuerst über Ameisensäure zu Kohlensäure oxydiert wird, wonach letztere auf die übliche Weise als Pflanzennahrung dient. Diese Art der Verarbeitung des Formaldehyds ist selbstverständlich nicht als Bestätigung seiner Bildung bei der Photosynthese anzusehen[3]. Neuerdings hat man darauf hingewiesen, daß Formaldehyd von den Pflanzen auch in der Dunkelheit assimiliert wird und ihr Trockengewicht vergrößert[4]; eine Bestätigung dieser Angaben bleibt abzuwarten.

---

der Methode, die Zwischenprodukte der biochemischen Reaktionen durch Verarbeitung gewaltiger Pflanzenmengen aufzusuchen; dabei entstehen unvermeidliche neue Fehlerquellen. Es ist allerdings zu betonen, daß die Arbeiten von CURTIUS und FRANZEN in betreff der experimentellen Technik der Isolierung und Identifizierung neuer Produkte musterhaft ausgeführt sind.

[1] MAZÉ, P.: Cpt. rend. hebdom. des séances de l'acad. des sciences Bd. 171, S. 1391. 1920,

[2] BOKORNY, TH.: Ber. d. dtsch. botan. Ges. Bd. 9, S. 103. 1891. — Ders.: Pflügers Arch. f. d. ges. Physiol. Bd. 125, S. 467. 1908; Bd. 128, S. 565. 1909. — Ders.: Biochem. Zeitschr. Bd. 36, S. 83. 1911. — GRAFE, V.: Ber. d. dtsch. botan. Ges. Bd. 29, S. 19. 1911. — Ders.: Biochem. Zeitschr. Bd. 32, S. 114. 1911. — TREBOUX: Flora Bd. 92, S. 49. 1903. — BAKER: Ann. of botany Bd. 27, S. 411. 1913 u. a.

[3] WILLSTÄTTER, R. u. STOLL, A.: Untersuchungen über Assimilation der Kohlensäure 1918. 165 u. 380. — NICOLAS, E.: Cpt. rend. hebdom. des séances de l'acad. des sciences Bd. 175, S. 1437. 1922.

[4] JACOBI, M.: Biochem. Zeitschr. Bd. 101, S. 1. 1919; Bd. 128, S. 119. 1922. — SABALITSCHKA, TH. u. RIESENBERG, H.: Ebenda Bd. 144, S. 545. 1924; Bd. 145, S. 373. 1924. — SABALITSCHKA, TH: Ebenda Bd. 148, S. 370. 1924. — Ders.: Zeitschr. f. angew. Chem. Bd. 35, S. 684. 1922,

WILLSTÄTTER und STOLL[1]) erblicken einen Nachweis der Formaldehydbildung bei der Photosynthese daran, daß das Verhältnis des absorbierten Kohlendioxyds zum ausgeschiedenen Sauerstoff genau gleich 1 ist[2]), was der Bildung von Formaldehyd entspricht:

$$CO_2 + H_2O = H_2CO + O_2.$$

In dieser Gleichung sind die molekularen Mengen von CO_2 und O_2 einander gleich, was nach dem AVOGADROschen Gesetz den gleichen Volumina dieser Gase entspricht. Die Analyse bestätigt solch ein Volumenverhältnis der Gase, was durch die Gleichung $\frac{CO_2}{O_2} = 1$ ausgedrückt werden kann. Sollte bei der Protosynthese Ameisensäure entstehen, so hätten wir:

$$2\,CO_2 + 2\,H_2O = 2\,HCOOH + O_2.$$

In diesem Falle ist $\frac{CO_2}{O_2} = 2$, was den Analysenresultaten nicht entspricht. Bei der Entstehung von Oxalsäure muß $\frac{CO_2}{O_2} = 4$ sein, da

$$4\,CO_2 + 2\,H_2O = 2\,COOH.COOH + O_2.$$

Doch kann die Größe von $\frac{CO_2}{O_2}$ nicht als ein einwandfreier Nachweis gelten. $\frac{CO_2}{O_2}$ ist bei der Photosynthese nicht aus dem Grunde gleich 1, weil die assimilierte Kohlensäure sich direkt in Formaldehyd verwandelt, sondern deswegen, weil das Endprodukt der Photosynthese ein Zucker ist:

$$6\,CO_2 + 6\,H_2O = C_6H_{12}O_6 + 6\,O_2.$$

An dieser Gleichung ersieht man, daß der Gasaustausch bei der Zuckerbildung ebenso wie bei der Formaldehydbildung in gleichen molekularen Mengen stattfindet. Was auch das erste Assimilationsprodukt darstellen mag, muß sich das Gasverhältnis schließlich der Zuckerbildung gemäß ausgleichen. Bei der Bildung von Formaldehyd hat $\frac{CO_2}{O_2}$ von Anfang an die richtige Größe, sollte aber Ameisensäure das erste Produkt darstellen, so würde das experimentell gefundene Verhältnis $\frac{CO_2}{O_2} = 1$ auf folgende Weise entstehen: Auf der ersten Stufe des photosynthetischen Vorganges wäre $\frac{CO_2}{O_2} = 2$, auf der zweiten Stufe aber gleich 0,5 (im Zusammenhange mit der Zuckerbildung aus Ameisensäure). Die experimentell gefundene Größe von $\frac{CO_2}{O_2} = 1$ ergäbe sich also in diesem Falle als der Mittelwert von zwei Größen: 2 und 0,5. Die konstante Größe von $\frac{CO_2}{O_2}$ beweist also nur, daß in den unter CO_2-Gabe ausgeführten Versuchen Kohlenhydrate praktisch das einzige faßbare Produkt der Photosynthese slnd.]

Es ist also bis jetzt noch kein einwandfreier Nachweis der primären Bildung von Formaldehyd erbracht worden, und dennoch gilt die Theorie v. BAEYERS nach wie vor als nicht überwunden: sind keine experimentellen Nachweise ihrer Richtigkeit geliefert worden, so hat man auch andererseits bis jetzt keine Tatschen beschrieben, die ihr direkt widersprechen. Indes ist es unter Voraussetzung, daß Formaldehyd das primäre Produkt der Photosynthese darstellt, leicht möglich, die

---

[1]) WILLSTÄTTER, R. u. STOLL, A.: Ber. d. Dtsch. Chem. Ges. Bd. 50, S. 1777. 1917. — Dies.: Untersuchungen über Assimilation der Kohlensäure S. 315. 1918.
[2]) MAQUENNE, L. et DEMOUSSY, E.: Nouv. rech. sur les échanges gazeux des plantes vertes avec l'atmosphère S. 115. 1913. — WILLSTÄTTER, R. u. STOLL, A.: a. a. O. — KOSTYTSCHEW, S.: Ber. d. botan. Ges. Bd. 39, S. 319. 1921.

weitere Zuckerbildung zu erklären, da der genannte Vorgang ohne den geringsten Energieverbrauch verlaufen muß. Bei der Bildung eines Glucosemoleküls aus Kohlensäure und Wasser findet ein Gewinn von 674 Cal. statt; die Bildung der entsprechenden molekularen Menge von Formaldehyd hat einen Gewinn von 740 Cal. zur Folge; dieselbe molekulare Menge von Ameisensäure liefert 370 Cal. und dieselbe Menge von Oxalsäure ergibt nur etwa 280 Cal.[1]). Folglich ist bei der Bildung von Säuren der Potentialhub ein unzureichender, und wir müssen somit annehmen, daß in diesem Falle **mehrere photochemische Reaktionen stattfinden**, sonst ist die Zuckersynthese nicht zu erklären. Nehmen wir dagegen als primäres Produkt Formaldehyd an, **so ist zur Bewerkstelligung der Photosynthese eine einzige photochemische Reaktion**, und zwar die Kohlensäurereduktion, oder gar die intramolekulare Umlagerung der Kohlensäure (s. o.) ausreichend. Diese Annahme ist also die wahrscheinlichere.

Eine Kondensation des Formaldehyds zu Zuckerarten hat zuerst Butlerow[2]) durch Einwirkung von Alkalien erzielt. Dieser Vorgang ist nach der modernen Ansicht nichts anderes als die sogenannte Aldolkondensation. Dieselbe besteht darin, daß zwei Aldehydmoleküle sich zu einem Molekül vereinigen, indem die eine Carbonylgruppe in die Hydroxylgruppe auf Kosten des Wasserstoffs des anderen Aldehydmoleküls übergeht. Hierbei wird in je einem Molekül eine Valenz frei, und es findet auf diese Weise Polymerisation statt. So entsteht z. B. aus zwei Acedaldehydmolekülen ein Aldolmolekül:

$$CH_3.CHO + CH_3.CHO = CH_3.CHOH.CH_2.CHO.$$

Wichtig für das Verständnis der Photosynthese war die Entdeckung, daß auch Formaldehyd Aldolkondensation erfahren kann[3]). Aus zwei Formaldehydmolekülen entsteht nämlich Glykolaldehyd:

$$H_2CO + H_2CO = CH_2OH.CHO.$$

Glykolaldehyd ist eine zuckerartige Substanz; mit Formaldehyd ergibt sie durch Aldolkondensation Glycerinaldehyd, eine Triose, die schon scharf ausgeprägte Eigenschaften eines Zuckers besitzt:

$$CH_2OH.CHO + H_2CO = CH_2OH.CHOH.CHO.$$

Die weitere Umwandlung von Triosen zu Hexosen ist schon längst von E. Fischer und seinen Mitarbeitern ausgeführt worden[4]). Außer-

---

[1]) Da die problematischen Reaktionen, die zur Bildung all dieser hypothetischen Produkte führen könnten, nicht genau zu präzisieren sind, so erscheinen die angegebenen Energieausbeuten wohl nur als annähernde Schätzungen. Dieselben genügen immerhin dazu, um eine Vorstellung vom Sachverhalt zu geben.

[2]) Butlerow: Liebigs Ann. d. Chem. Bd. 120, S. 295. 1861. Bestätigung: Loew, O.: Ber. d. Dtsch. Chem. Ges. Bd. 19, S. 141. 1886; Bd. 20, S. 142 u. 3039. 1887.

[3]) Euler, H. u. A.: Ber. d. Dtsch. Chem. Ges. Bd. 38, S. 1556. 1905.

[4]) Fischer, E. u. Tafel: Ber. d. Dtsch. Chem. Ges. Bd. 20, S. 3383. 1887; Bd. 21, S. 2634. 1888.

dem kann auch Glykolaldehyd sich direkt zu Hexosen kondenzieren[1]
Alle diese Kondensationsreaktionen kommen bei schwach alkalischer
Reaktion ohne jeglichen Energieaufwand zustande. Somit ist der Übergang von Formaldehyd in Zucker nichts anderes, als eine Summe
von Reaktionen, die außerhalb der lebenden Zelle bereits ausgeführt
worden sind.

Die v. BAYERsche Theorie bedarf einer Ergänzung zur Erklärung
der asymmetrischen Synthese. Aus optisch-inaktivem Formaldehyd
bilden sich auf Grund dieser Theorie optisch-aktive Zucker, indes bei
der künstlichen Synthese außerhalb der lebenden Zelle Zuckerarten in
Form von optisch-inaktiven Verbindungen entstehen. Der grundlegende
physiologische Unterschied zwischen optisch-aktiven und inaktiven Substanzen wurde bereits im Kapitel I erörtert. Obgleich die Fähigkeit
der lebenden Zelle und ihrer Fermente, asymmetrische Moleküle
scheinbar ohne Mitwirkung optisch-aktiver Substanzen zu bilden, auf
Grund von verschiedenen Beobachtungen nicht ausgeschlossen ist,
erscheint dieselbe dennoch nicht als eine festgestellte Tatsache; in
unserer Laboratoriumpraxis kann aber die asymmetrische Synthese
nur unter Anteilnahme von asymmetrischen Substanzen herbeigeführt
werden.

Aus diesem Grunde ergänzt man gegenwärtig die v. BAYERsche
Theorie durch die Annahme, daß Kohlensäure in Verbindung mit
großen asymmetrischen Molekülen der Reduktion unterzogen wird; auch
die nachfolgende Kondensation der Reduktionsprodukte findet nach
dieser Auffassung nicht in Form von freien Molekülen statt. Zugunsten
der soeben dargelegten Ansicht sprechen denn auch einige experimentelle Ergebnisse. Oben wurde darauf hingewiesen, daß Chlorophyll
eine labile Verbindung mit Kohlensäure liefern kann und das Blattgewebe auch im Dunkeln CO_2 aufnimmt. Gegenwärtig ist experimentell dargetan worden, daß CO_2-Absorption und Sauerstoffausscheidung
durch grüne Blätter im Licht zwei selbständige, getrennte Prozesse
sind; unter gewissen Umständen wird zuerst nur Kohlensäure gebunden
und erst später setzt Sauerstoffausscheidung ein[2]. Nach WILLSTÄTTER
kann man diese Erscheinung so erklären, daß die mit Chlorophyll
gebundene Kohlensäure zu Peroxyd umgelagert wird; erst danach
zerfällt diese Verbindung unter Ausscheidung des molekularen Sauerstoffs. WILLSTÄTTER und STOLL[3] nehmen an, daß die genannte peroxydartige Verbindung zwei Sauerstoffatome nacheinander abspaltet.
Die soeben beschriebenen Vorgänge kann man auf folgende Weise
darstellen:

---

[1] FENTON, H.: Proc. of the chem. soc. S. 63. 1897. — FENTON and JACKSON:
Chem. news Bd. 80. S. 177. 1899.

[2] KOSTYTSCHEW, S.: Ber. d. botan. Ges. Bd. 39, S. 319. 1921.

[3] WILLSTÄTTER, R. u. STOLL, A.: Untersuchungen über Assimilation der
Kohlensäure S. 244. 1918; vgl. auch WARBURG, O. u. UYESUGI, J.: Biochem.
Zeitschr. Bd. 146, S. 486. 1924. — PEKLO, J.: Chem. news Bd. 129, S. 91.
1924.

$$\begin{array}{ccc}
& N & N & N \\
>N\diagdown & & >N\diagdown & O\quad >N\diagdown \\
\diagdown Mg-O-C-OH & \to & Mg-O-CH & \longrightarrow\ Mg+H_2CO+O_2. \\
>NH\quad\ O\ >NH & & \diagdown O \quad >N\diagup \\
N & & N & N
\end{array}$$

Verbindung von Chlorophyll mit Kohlensäure.   Verbindung von Formaldehydperoxyd mit Chlorophyll.   Chlorophyll, Formaldehyd und Sauerstoff.

Hierdurch wird die Wirkung des Chlorophylls als Sensibilisator begreiflicher. Die von diesem Farbstoff absorbierte Sonnenenergie wirkt auf das mit Kohlensäure verbundene Chlorophyllmolekül selbst ein. Das Resultat dieser Wirkung ist die Umlagerung der Kohlensäure in eine labile peroxydartige Verbindung, die alsdann leicht in Formaldehyd und Sauerstoff zerfällt. Eine derartige Erläuterung macht die geheimnisvolle Wirkung des Sensibilisators durchsichtiger: früher war eine Übertragung der Sonnenenergie auf andere Körper vom chemischen Standpunkte aus nicht recht begreiflich; im obigen Schema wird aber diese Energieübertragung auf intramolekulare Umlagerungen in den Molekülen des lichtempfindlichen Körpers selbst zurückgeführt. Diese Erklärung ist freilich einfach und leicht verständlich.

Um die asymmetrische Synthese zu erklären, nimmt man gewöhnlich an, daß der bei der Peroxydreduktion entstehende Formaldehyd in Verbindung mit dem Chlorophyllmolekül verbleibt und in dieser Form eine Polymerisation erfährt, oder daß er sich mit anderen komplizierten asymmetrischen Körpern, z. B. mit Eiweißstoffen verkettet[1]. Letzterer Fall ist wohl denkbar, da der weitere Prozeß der Zuckerbildung exothermisch und also ohne Anteilnahme des Chlorophylls ausführbar ist, das freigewordene Chlorophyllmolekül bindet aber ein anderes Kohlensäuremolekül usw.

Die neuesten Theorien der Photosynthese nehmen an, daß nicht der freie Formaldehyd, sondern die ungesättigten Gruppierungen CHOH oder $C(OH)_2$[2] sich mit Hilfe von Fermenten verketten, wobei asymmetrische Körper entstehen können. Aus den beiden Gruppen $C(OH)_2$ kann direkt Glykolaldehyd entstehen:

$$\begin{array}{ccc}
HO-C-OH & O\ -CH-OH & \\
\ \ \ \|\qquad \longrightarrow & \diagdown\!| & \longrightarrow\ CH_2OH-CHO+O_2. \\
HO-C-OH & HO-CH\diagdown O &
\end{array}$$

Aus drei Gruppen kann Glycerinaldehyd hervorgehen, und zwar ebenfalls unter Sauerstoffausscheidung:

---

[1] Fischer, E.: Ber. d. Dtsch. Chem. Ges. Bd. 27, S. 3189. 1894. — Ders.: Untersuchungen über Kohlenhydrate und Fermente S. 111. 1909; vgl. besonders: Ders.: Journ. of the chem. soc. (London) Bd. 91, S. 1749. 1907.

[2] Woker, Gertrud: Pflügers Arch. f. d. ges. Physiol. Bd. 176, S. 11. 1919. — Kögel, R. P.: Biochem. Zeitschr. Bd. 95, S. 313. 1919; Bd. 97, S. 21. 1919; vgl. besonders Noack, K.: Zeitschr. f. Botanik Bd. 12, S. 273. 1920.

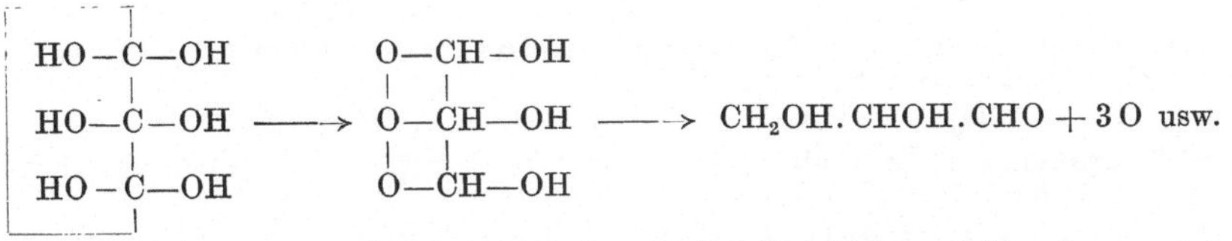

$$\begin{array}{c} \mathrm{HO-C-OH} \\ | \\ \mathrm{HO-C-OH} \\ | \\ \mathrm{HO-C-OH} \\ | \end{array} \longrightarrow \begin{array}{c} \mathrm{O-CH-OH} \\ | \quad | \\ \mathrm{O-CH-OH} \\ | \quad | \\ \mathrm{O-CH-OH} \end{array} \longrightarrow \mathrm{CH_2OH.CHOH.CHO} + 3\,\mathrm{O} \ \text{usw.}$$

Oben wurde bereits erwähnt, daß es in der Tat bisher nicht gelungen ist, Formaldehydbildung bei der Photosynthese nachzuweisen. Nach CURTIUS und FRANZEN[1]) bildet α, β-Hexylenaldehyd, der möglicherweise ein Nebenprodukt der Glucosesynthese ist, die Hauptmenge der flüchtigen Aldehyde

$$\underset{\text{Glucose}}{\mathrm{CH_2OH\text{-}CHOH\text{-}CHOH\text{-}CHOH\text{-}CHOH\text{-}CHO}} \qquad \underset{\alpha,\,\beta\text{-Hexylenaldehyd}}{\mathrm{CH_3\text{-}CH_2\text{-}CH_2\text{-}CH{=}CH\text{-}CHO.}}$$

Eine analoge Theorie entwickelt auch MAQUENNE[2]). Dieser Forscher betont den Umstand, daß Chlorophyll in den Blättern in kolloider Lösung enthalten ist (vgl. S. 94). Nun befinden sich in kolloiden Lösungen immer Molekülaggregate. Unter der Annahme, daß die komplexen Verbindungen der Chlorophyllmoleküle durch Vermittelung der Magnesiumatome zustande kommen (die Art und Weise der komplexen Bindungen spielt hier nach MAQUENNE eigentlich keine Rolle), schreibt MAQUENNE folgende Formeln, die den Aufbau von Kohlenhydraten aus Kohlensäure erläutern sollen:

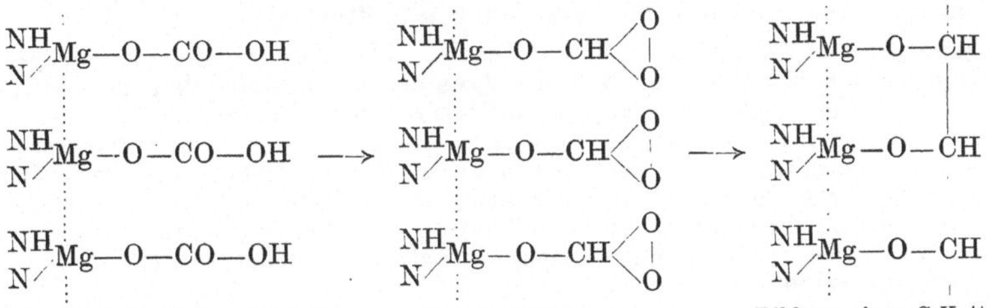

Trichlorophyll (kolloides Molekülaggregat) mit Kohlensäure nach WILLSTÄTTER verbunden.

Peroxydbildung im kolloiden Chlorophyll.

Bildung einer C-Kette ohne Zwischenstufe von Formaldehyd.

Die entstehende Kohlenstoffkette wird schließlich in Form von Zucker abgespalten und das kolloide Chlorophyll regeneriert:

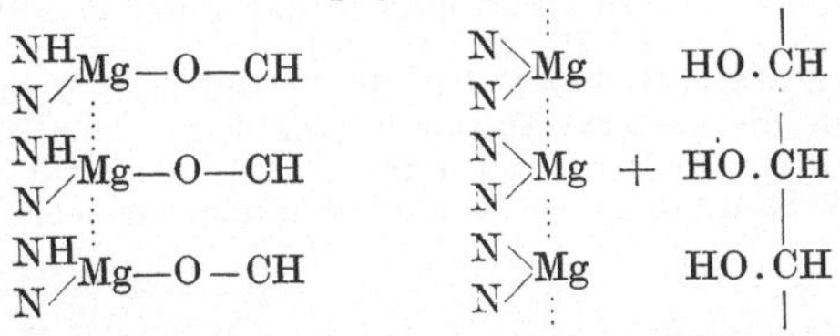

MAZÉ[3]) hat ebenfalls keinen Formaldehyd bei der Vakuumdestillation der Blätter erhalten; es gelang ihm aber, Glykolaldehyd zu isolieren. Auf Grund dieses Resultats nimmt der genannte Forscher an, daß sowohl Zuckersynthese als auch die Stickstoffassimilation über die Zwischenstufe des Hydroxylamins gleichzeitig stattfinden. Nach MAZÉ verwandeln sich nämlich sowohl Nitrate

---

[1]) CURTIUS, TH. u. FRANZEN, H.: Sitzungsber. d. Heidelb. Akad. d. Wiss., Mathem.-naturw. Kl. (A), Bd. 7, S. 17. 1912. — Ders.: Liebigs Ann. d. Chem. Bd. 404, S. 93. 1914.

[2]) MAQUENNE, L.: Bull. de la soc. chim., séance du 4 avril 1924.

[3]) MAZÉ, P.: Cpt. rend. hebdom. des séances de l'acad. des sciences Bd. 171, S. 1391. 1920.

als Ammoniak in Hydroxylamin. Eine Reaktion zwischen Kohlensäure und Hydroxylamin liefert nach MAZÉ unter Mitwirkung der Lichtenergie Glykolaldehyd und salpetrige Säure[1]).

$$2H_2CO_3 + 2NH_2OH = CH_2OH . CHO + 2HNO_2 + 2H_2O.$$

Das Hydroxylamin spielt hier die Rolle des Katalysators und regeneriert sich wieder aus der salpetrigen Säure:

$$2HNO_2 + 2H_2O = 2NH_2OH + 2O_2.$$

Bei einem derartigen Reaktionsverlauf muß $\dfrac{CO_2}{O_2}$ gleich 1 sein, was den experimentellen Resultaten entspricht.

Wo. OSTWALD[2]) nimmt an, daß bei der Photosynthese Lipoide eine wichtige Rolle spielen und namentlich CO_2 in ein Peroxyd überführen. THUNBERG[3]) und WEIGERT[4]) schlagen ganz eigenartige Theorien vor, nach denen die photochemische Wirkung direkt nur auf Wasser gerichtet sei und dessen Dissoziation bewirke. Es ist nicht möglich, diese Theorien hier näher zu besprechen.

WURMSER[5]) nimmt an, daß Eisenverbindungen bei der Photosynthese die O_2-Ausscheidung bewirken und daß also das Chlorophyll mit dem gasförmigen Sauerstoff gar nicht in Berührung kommt.

Alle obigen theoretischen Annahmen sind vorläufig durch keine Tatsachen gestützt. Überhaupt ist aus allem Dargelegten ersichtlich, wieviele ungelöste Probleme das Gebiet der Photosynthese einschließt und was für ein weites Feld sich hier für experimentelle Untersuchungen eröffnet.

Analytische Methoden. Zum Nachweis sehr geringer Mengen von Formaldehyd werden verschiedene Proben vorgeschlagen, die mit allen anderen Aldehyden angeblich negative Resultate aufweisen. Eine in der neuesten Zeit vorgenommene Prüfung all dieser Proben[6]) hat ergeben, daß nur die eine von ihnen zuverlässig ist: selbst in Gegenwart von starken Mineralsäuren gibt Formaldehyd eine rote Färbung mit fuchsinschwefliger Säure[7]). Zu 10 ccm der zu untersuchenden Flüssigkeit setzt man 2 Tropfen starker Salzsäure und 4 Tropfen 1proz. fuchsinschwefliger Säure hinzu, worauf nach höchstens 24 Stunden rote Färbung eintreten muß.

Ist die Formaldehydausbeute eine größere, so wird der Aldehyd entweder durch alkoholisches Hydroperoxyd zu Ameisensäure oxydiert, oder stellt man ein charakteristisches Formaldehydderivat dar, wie z. B. Urotropin $N(CH_2{-}N = CH_2)_3$[8]), oder p-Nitrophenylhydrazon $CH_2 = N{-}NH{-}C_6H_4NO_2$ (Schmelzpunkt 181 bis 182°)[9]). In diesen Substanzen bestimmt man quantitativ ein Element, z. B. den Stickstoff. Ameisensäure führt man in das Zink- oder Bleisalz über und bestimmt quantitativ Zn oder Pb. Stimmen die Analysenresultate mit dem theoretisch berechneten prozentischen Gehalt des betreffenden Elementes zusammen, so wird hierdurch die isolierte Substanz ganz sicher identifiziert. Überführt man den Formaldehyd in Säure, so muß man sich zuerst davon vergewissern, daß keine fertige Säure oder etwa Methylalkohol im Versuchsmaterial vorhanden ist.

---

[1]) MAZÉ, P.: Cpt. rend. hebdom. des séances de l'acad. des sciences Bd. 172, S. 173. 1921.

[2]) OSTWALD, Wo.: Kolloid-Zeitschr. Bd. 33, S. 356. 1923.

[3]) THUNBERG, T.: Zeitschr. f. physikal. Chem. Bd. 106, S. 305. 1923.

[4]) WEIGERT, F.: Zeitschr. f. physik. Chem. Bd. 106, S. 313. 1923.

[5]) WURMSER, R.: Rech. sur l'assimilation chlorophyllienne 1921.

[6]) FINKE, H.: Biochem. Zeitschr. Bd. 51, S. 283. 1913. — WILLSTÄTTER, R. u. STOLL, A.: Untersuchungen über Assimilation der Kohlensäure S. 381. 1918.

[7]) DENIGÈS: Journ. de pharmacie et de chim. (6), Bd. 4, S. 193. 1896. — Ders.: Cpt. rend. hebdom. des séances de l'acad. des sciences Bd. 150, S. 529. 1910.

[8]) LEGLER: Ber. d. Dtsch. Chem. Ges. Bd. 16, S. 1333. 1883. — KIPPENBERGER: Zeitschr. f. analyt. Chem. Bd. 42, S. 686. 1903.

[9]) BAMBERGER: Ber. d. Dtsch. Chem. Ges. Bd. 32, S. 1807. 1899.

Die quantitative Bestimmung des Formaldehyds wird entweder durch direkte Titration oder an Hand der Ameisensäurebestimmung ausgeführt, falls man den Aldehyd zunächst zu Ameisensäure oxydiert (siehe oben). Die direkte Titration bewerkstelligt man jodometrisch, und zwar in alkalischer Lösung unter Anwendung von 0,1 m. Thiosulfatlösung[1]. In Gegenwart von anderen Aldehyden kann man den Formaldehyd nach der Menge des von ihm gebundenen Cyankaliums bestimmen, mit dem alle übrigen Aldehyde viel langsamer reagieren.

Ameisensäure erkennt man qualitativ nach ihrer Fähigkeit, Silbersalze zu reduzieren, wodurch sie sich von allen übrigen flüchtigen Säuren unterscheidet. Sie liefert charakteristische Salze mit Zink und namentlich mit Blei; letzteres ist in Wasser wenig löslich. Zur quantitativen Bestimmung in Gegenwart von anderen Säuren kann man zwei Methoden verwenden. Nach der ersten destilliert man die Säuremischung mit Wasserdampf; das Destillat, das freie flüchtige Säuren enthält, titriert man mit 0,1 proc. NaOH-Lösung, engt die neutrale Lösung stark ein und kocht sie alsdann am Rückflußkühler mit der gleichen Menge von Chromsäuremischung (die Mischung enthält pro Liter 90 g $K_2Cr_2O_7$ und 400 g konzentrierte Schwefelsäure). Darauf destilliert man die Flüssigkeit wiederum mit Wasserdampf und titriert das erhaltene Destillat. Die Differenz zwischen der ersten und der zweiten Titration ergibt die Grundlage der Berechnung der Ameisensäuremenge, die durch Chromsäuremischung zerstört worden war[2]. Nach der zweiten Methode[3] erhitzt man die neutrale Lösung im Wasserbade mit reinstem krystallinischem Sublimat in Gegenwart von Natriumacetat. Die gesuchte Menge der Ameisensäure berechnet man nach der zu Kalomel reduzierten Sublimatmenge. Den unlöslichen Kalomelniederschlag filtriert man ab und ermittelt sein Trockengewicht. Auch diese Methode beruht also auf den aldehydartigen Eigenschaften der Ameisensäure:

$$2\,HgCl_2 + HCOOH = Hg_2Cl_2 + CO_2 + 2\,HCl.$$

Was die Stickstoffassimilation anbetrifft, so müssen wir uns hier auf das Problem der Nitratreduktion durch grüne Pflanzen beschränken und zwar die ersten organischen stickstoffhaltigen Substanzen besprechen, die bei der Salpetersäureassimilation entstehen können. Alle anderen Fragen, die mit der Eiweißsynthese verbunden sind, werden im Kapitel VI besprochen werden.

BAUDISCH und MAYER[4] geben an, daß Salpetersäure unter der Einwirkung ultravioletter Strahlen ebenso wie auch im Sonnenlicht reduziert wird. Neuerdings hat BAUDISCH[5] folgende interessante Tatsache beschrieben: Komplexe Ferroverbindungen üben reduzierende Wirkungen aus: sie reduzieren organische Nitroverbindungen und Nitrite, nicht aber Nitrate. BAUDISCH nimmt an, daß in der lebenden Zelle komplexe Ferroverbindungen als Katalysatoren der photochemischen Reduktion von sauerstoffhaltigen Stickstoffverbindungen dienen. Da die Angaben über die Reduktion von Salpetersäure durch kurzwellige Strahlen in der letzten Zeit Bestätigung gefunden haben[6], so sind

---

[1] FRESENIUS u. GRÜNHUT: Zeitschr. f. analyt. Chem. Bd. 44, S. 13. 1905.

[2] KOSTYTSCHEW, S.: Eine noch unveröffentlichte Arbeit.

[3] FRANZEN, H. u. EGGER: Journ. f. prakt. Chem. (2), Bd 83, S. 3213. 1911.

[4] BAUDISCH, O. u. MAYER, E.: Zeitschr. f. physiol. Chem. Bd. 89, S. 175. 1914.

[5] BAUDISCH, O.: Ber. d. Dtsch. Chem. Ges. Bd. 50, S. 652. 1917; Bd. 51, S. 793. 1918. — Ders. u. MAYER, P.: Biochem. Zeitschr. Bd. 107, S. 1. 1920.

[6] MOORE, B.: Proc. of the roy. soc. of London (B), Bd. 90, S. 158. 1919.

wir berechtigt zu schließen, daß die photochemische Nitratreduktion im grünen Blatt ebenfalls möglich ist. Diese Frage wurde bereits oben besprochen.

Das erste Produkt der Nitratreduktion in grünen Pflanzen ist, allem Anschein nach, die salpetrige Säure. Nitrite hat man schon längst in Pflanzen nachgewiesen[1]); die ersten Angaben darüber erregten zwar den Zweifel, ob nicht Bakterien an der Bildung der salpetrigen Säure beteiligt wären[2]), doch sind heutzutage derartige Zweifel schon beseitigt, da die Reduktion von Nitraten zu Nitriten in Samenpflanzen von verschiedenen Forschern bei vollständiger Abwesenheit von Mikroorganismen festgestellt wurde[3]).

Andererseits ergab es sich, daß Nitrite, die in höheren Konzentrationen für Samenpflanzen sehr giftig sind, in stark verdünnten (0,05 vH. bis 0,08 vH.) Lösungen von Samenpflanzen ausgezeichnet assimiliert werden und ihnen als Nahrung dienen können[4]). Die salpetrige Säure erfüllt also die Forderungen, die man an die Zwischenprodukte der biochemischen Reaktionen stellt, und wir können somit annehmen, daß Salpetersäure noch als anorganische Verbindung in den Pflanzen zu salpetriger Säure reduziert wird.

$$HNO_3 \longrightarrow HNO_2 + O.$$

Das weitere Schicksal der salpetrigen Säure ist jedoch nicht verfolgt worden.

Einige Verfasser nehmen an, daß salpetrige Säure zu Ammoniak reduziert wird[5]), andere vermuten hingegen, daß eine Assimilation des oxydierten Stickstoffs stattfindet. BAUDISCH[6]) sucht nachzuweisen, daß Nitrite zu Nitrosyl, NOH, reduziert werden, letzteres alsdann mit dem gleichzeitig am Licht entstehenden Formaldehyd Verbindung eingeht und Formhydroxamsäure liefert, die also nach BAUDISCH als erste organische stickstoffhaltige Substanz bei der Photosynthese entstehe.

$$H_2CO + NOH \longrightarrow HO—CH = NOH.$$
Formhydroxamsäure

Analoge Ansichten entwickeln auch BALY und STERN[7]).

Die weitere Umwandlung der Formhydroxamsäure zu Aminosäuren und anderen Bausteinen von Eiweißstoffen ist nicht leicht zu erläutern. Daher wäre wohl die Annahme wahrscheinlicher, daß entweder salpetrige Säure oder Hydroxylamin in Reaktion mit stickstofffreien organischen Stoffen tritt[7]). In Wahrheit

---

[1]) LAURENT, E.: Ann. de l'inst. Pasteur Bd. 4, S. 722. 1890.

[2]) JORISSEN, A.: Bull. de l'acad. belg. Bd. 13. 1887.

[3]) GODLEWSKI, E. u. POLZENIUCZ: Bull. de l'acad. de Cracovie S. 227. 1901. — NABOKICH: Ber. d. botan Ges. Bd. 21, S. 398. 1903. — AZO: Beih. z. botan. Zentralbl. Bd. 15, S. 208. 1903. — KASTLE and ELVOVE: Americ. chem. journ. Bd. 31, S. 606. 1904. — MAZÉ: Ann. de l'inst. Pasteur Bd. 25, S. 289 u. 369. 1911. — BACH, A.: Biochem. Zeitschr. Bd. 52, S. 412. 1913.

[4]) PERCIABOSCO e ROSSO: Stat. sperim. agr. ital. Bd. 42, S. 5. 1909. — MAZÉ: Ann. de l'inst. Pasteur Bd. 25, S. 289 u. 369. 1911 u. a.

[5]) MAZÉ: a. a. O.; LOEW: Ber. d. Dtsch. Chem. Ges. Bd. 23, S. 675. 1890. — JERMAKOFF: Mitt. d. Univ. Kiew Bd. 5, S. 1. 1908 u. a.

[6]) BAUDISCH, O.: a. a. O.; auch BALY, E. CH. C., HEILBRON, J. M. and HUDSON, D. P.: Journ. of the chem. soc. of London Bd. 121, S. 1078. 1922.

[7]) BALY and STERN, H. J.: Ebenda Bd. 123, S. 185. 1923.

findet aber allem Anschein nach eine vollkommene Reduktion der Nitrate und Nitrite zu Ammoniak statt[1]).

Ganz andere Ansichten über die Nitratassimilation entwickelte TREUB[2]). Dieser Forscher hielt Blausäure, HCN, für die erste bei der Photosynthese entstehende organische N-haltige Substanz. In freiem Zustande ist Blausäure zwar ein starkes plasmatisches Gift, in gebundenem Zustande, und zwar in Form von Glucosiden ist sie dagegen wenig reaktionsfähig und häuft sich unter Umständen in bedeutenden Mengen an; meistens bei den tropischen, doch auch bei einigen einheimischen Pflanzen[3]). Ein Übergang von der Cyangruppe zur Aminogruppe ist aber vom chemischen Standpunkte aus kaum denkbar, und eine befriedigende Erklärung dieser Reaktion in lebenden Pflanzenzellen bleibt aus[4]). Doch ist in einzelnen Fällen eine Assimilation der Blausäure durch Reinkulturen der Samenpflanzen außer Zweifel gestellt worden[5]). Es ist nicht unwahrscheinlich, daß Blausäure nicht als ein intermediäres Produkt der Nitratassimilation dient, sondern eine ganz andere wichtige physiologische Rolle spielt, indem sie an den Synthesen der Kohlenhydrate und Aminosäuren nach STRECKER beteiligt ist[6]).

Auf Grund sämtlicher oben besprochenen Tatsachen und Erwägungen ist die vollständige photochemische Reduktion der Salpetersäure zu Ammoniak als der wahrscheinlichste Verlauf der Nitratassimilation anzusehen. WARBURG und NEGELEIN[7]) haben in der Tat dargetan, daß bei der Nitratreduktion durch die einzellige Alge Chlorella vulgaris Ammoniak entsteht. Im Abschnitt der Eiweißumwandlungen wird darauf hingewiesen werden, daß man eine einheitliche Erklärung verschiedener einschlägiger Vorgänge erhält, wenn man Ammoniak für das primäre Produkt und das Endprodukt des Stickstoffwechsels in den Pflanzen hält. Diese Anschauung wird durch verschiedenartige experimentelle Ergebnisse gestützt.

Analytische Methoden. Anweisungen über die Salpetersäurebestimmung findet man in allen Handbüchern der analytischen Chemie. Für den qualitativen Nitratnachweis im Boden und in Pflanzengeweben bedient man sich gewöhnlich der empfindlichen Probe der Einwirkung einer Lösung von Diphenylamin in konzentrierter Schwefel- oder besser Salzsäure (man muß viel Reagens und eine kleine Menge der zu prüfenden Lösung nehmen). In Gegenwart von Nitraten bzw. Nitriten tritt intensive Blaufärbung ein. Die genaueste quantitative Bestimmung der Nitrate geschieht nach der Methode von SCHLOESING[8]), die in verschiedenen Modifikationen angewandt wird, welche man nicht selten als besondere Methoden bezeichnet. Das Prinzip der Methode beruht darauf, daß $FeCl_2$ bei saurer Reaktion durch Salpetersäure unter Stickoxyd-

---

[1]) Vgl. darüber KOSTYTSCHEW, S. u. TSWETKOWA, E.: Zeitschr. f. physiolog. Chem. Bd. 111, S. 171. 1920.

[2]) TREUB, M.: Ann. jard. Buitenzorg Bd. 4, S. 86. 1904; Bd. 6, S. 80. 1907.

[3]) TREUB, M.: a. a. O. — HÉBERT, A.: Ann. agron. Bd. 24, S. 416. 1898. — DUNSTAN and HENRY: Chem. news Bd. 85, S. 301. 1902. — GUIGNARD: Cpt. rend. hebdom. des séances de l'acad. des sciences Bd. 141, S. 1193. 1905. — WALTER, O., KRASNOSSELSKY, T., MAXIMOW, N. u. MALTSCHEVSKY, W.: Mitt. d. russ. Akad. d. Wiss. S. 397. 1911. (Russisch.)

[4]) FRANZEN, H.: Sitzungsber. d. Heidelb. Akad. d. Wiss., Mathem.-naturw. Kl. 1900. — BALY u. a.: a. a. O.

[5]) KORSAKOW, M.: Mitt. d. milchwirtschaftl. Inst. in Wologda Bd. 2, S. 3. 1922.

[6]) v. EULER, H.: Grundlagen und Ergebnisse der Pflanzenchemie Bd. 3, S. 134. 1909.

[7]) WARBURG, O. u. NEGELEIN, E.: Biochem. Zeitschr. Bd. 110, S. 66. 1920.

[8]) SCHLOESING: Ann. de chim. (3). Bd. 40. S. 479.

bildung zu $FeCl_3$ oxydiert wird. Mißt man das Volumen des Stickoxyds, so kann man die Menge der Salpetersäure leicht nach folgender Gleichung berechnen:

$$3\,FeCl_2 + KNO_3 + 4\,HCl = 2\,H_2O + KCl + 3\,FeCl_3 + NO.$$

Eine andere, ihrer Einfachheit wegen bequeme Methode besteht darin, daß Salpetersäure bei schwach saurer Reaktion eine unlösliche Verbindung mit Nitron (Diphenylendiamidodihydrotriazol) liefert. Bei der Bestimmung geringer Salpetersäuremengen ist der Umstand von Bedeutung, daß man infolge des großen Molekulargewichtes des Nitrons einen reichlichen Niederschlag erhält, dessen Gewicht man mit 0,168 multiplizieren muß, um das Gewicht der darin enthaltenen Salpetersäure zu ermitteln.

Eine weniger genaue, aber schnelle und bequeme Methode der Nitratbestimmung, die durchaus nicht schlechte Resultate ergibt, beruht darauf, daß Salpetersäure in Gegenwart von überschüssiger Schwefelsäure Indigo entfärbt. Zu der zu untersuchenden Lösung setzt man das doppelte Volumen starker Schwefelsäure hinzu, wodurch die Mischung sich erwärmt. Ohne abkühlen zu lassen, titriert man sie schnell aus einer Bürette mit einer geeichten Indigolösung (6—8 ccm Indigolösung müssen höchstens 1 mg N_2O_5 entsprechen) bis zum Farbenumschlag von Blau in Grünlich. Die erste Titration dient nur zur vorläufigen Orientierung; bei der zweiten Titration setzt man den größten Teil der nötigen Menge von Indigolösung auf einmal hinzu und beendigt dann die Titration bis zum Farbenumschlag.

Salpetrige Säure liefert ebenso wie Salpetersäure blaue Färbung mit einer Lösung von Diphenylamin in starker Salzsäure; außerdem läßt sie sich mit Hilfe der folgenden äußerst empfindlichen Probe nachweisen: Versetzt man die zu prüfende Flüssigkeit mit einer Mischung von Sulfanilsäurelösung [1,4-Aminobenzolsulfosäure, d. i. $C_6H_4.(NH_2)(HSO_3)$] und α-Naphthylaminlösung ($C_{10}H_7.NH_2$), so erscheint in Gegenwart einer geringen Nitritmenge Rotfärbung. Dieselbe Probe dient zur kolorimetrischen quantitativen Bestimmung der salpetrigen Säure. Hydroxylamin wird am besten mit Hilfe einer Modifikation der zuverlässigen und empfindlichen TSCHUGAJEWschen Dioxyminreaktion identifiziert[1]). Diese Reaktion war als eine äußerst empfindliche Probe auf Nickelionen vorgeschlagen und ist auch zur quantitativen Nickelbestimmung geeignet. Sie besteht darin, daß α-Ketondioxime charakteristische stabile komplexe Verbindungen (Dioximine) mit Metallen der 8-ten MENDELEJEFFschen Gruppe ergeben. So liefert Dimethylglyoxim $CH_3—C(NOH)—C(NOH)—CH_3$, mit Nickel eine schwerlösliche Verbindung von hochroter Farbe und typischer Krystallform:

$$CH_3—C=NO\diagdown\qquad\diagup ON=C—CH_3$$
$$\Big\vert\qquad\qquad{\diagup}\!\!>\!Ni\!<\!\diagdown\qquad\qquad\Big\vert$$
$$CH_3—C=NOH\qquad HON=C—CH_3.$$

Zum Nachweis des Hydroxylamins verändert man die Probe so[2]): Man versetzt die zu analysierende Flüssigkeit bei schwach alkalischer Reaktion mit Spur von einem Nickelsalz und behandelt sie alsdann nicht mit Dimethylglyoxim, sondern mit Diacetylmonoxim $CH_3—CO—C(NOH)=CH_3$. Ist in der Lösung Hydroxylamin enthalten, so entsteht ein roter Niederschlag, da Hydroxylamin mit Diacetylmonoxim Dimethylglyoxim liefert und letzteres darauf in Reaktion mit Nickel tritt. Betrachtet man die charakteristischen Krystalle unter dem Mikroskop, so ist man vor jedem Irrtum sicher, da die Reaktion durchaus spezifisch ist.

Analytische Hinweise über nicht oxydierte Stickstoffverbindungen findet man in Kapitel VI.

---

[1]) TSCHUGAJEW, L.: Ber. d. Dtsch. Chem. Ges. Bd. 38, S. 2520. 1905; Bd. 39, S. 2692. 1906; Bd. 40, S. 3489. 1907. — Ders.: Zeitschr. f. analyt. Chem. Bd. 46, S. 144. 1905. — Ders.: Untersuchungen auf dem Gebiete der komplexen Verbindungen S. 59. 1906. (Russisch.)

[2]) KOSTYTSCHEW, S. u. TSWETKOWA, E.: Zeitschr. f. physiol. Chem. Bd. 111, S. 171. 1920.

Der Einfluß von Außenfaktoren auf die Intensität der Photosynthese. Das Gesetz des physiologischen Minimums. Ein jeder physiologischer Vorgang wird von Außenfaktoren stark beeinflußt. Zu den Faktoren, die besonders deutlich auf die Photosynthese einwirken, gehören: der Kohlendioxydgehalt in der umgebenden Atmosphäre (oder im Wasser), die Lichtintensität und die Wärmetönung. Außerbem wirken auf die Photosynthese indirekt alle Außenfaktoren ein, die den Zustand der Spaltöffnungen beeinflussen: oben war schon darüber die Rede, daß bei geschlossenen Spaltöffnungen der Gasaustausch des Blattes zur Photosynthese nicht ausreicht.

Äußerst bezeichnend für sämtliche physiologischen Vorgänge galt früher das sogenannte Optimum[1]). Man hat z. B. beobachtet, daß die Intensität der Photosynthese bei Temperatursteigerung zwar anfänglich zunimmt, doch nur bis zu einer gewissen Grenze, nach deren Überschreitung die weitere Temperatursteigerung schon die entgegengesetzte Wirkung ausübt, und zwar die Intensität des Prozesses vermindert. Stellt man die soeben beschriebene Erscheinung durch eine Kurve dar und trägt auf der Abszisse die Temperaturgrade, auf der Ordinate aber die Geschwindigkeiten eines physiologischen Prozesses, z. B. die während der Photosynthese stündlich absorbierten CO_2-Mengen ab, so erhält man eine Kurve von der Form AE (Abb. 19); nach beiden Seiten vom Punkte O ist sie zur Abszissenachse geneigt.

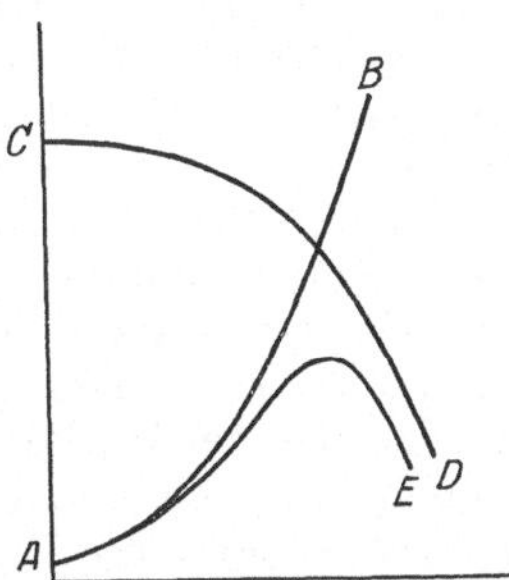
Abb. 19. Analyse der Optimumskurve. Die Kurve AE zeigt ein Optimum an. In Wirklichkeit ist aber die Kurve AE eine Resultante von zwei Kurven AB und CD, unter denen erstere fortwährend steigt, während letztere fortwährend fällt (nach BLACKMAN).

Die Untersuchungen von BLACKMAN und seinen Mitarbeitern[2]) haben aber dargetan, daß diese Form der Kurve davon abhängt, daß sie eine Resultante von zwei oder mehreren Kurven ist, von denen eine jede ihre bestimmte Form hat, und zwar kein Optimum aufweist, sondern entweder nach oben oder nach unten geneigt ist. Im vorliegenden Falle drückt die Kurve AE die Einwirkungen von zwei gesonderten Faktoren aus: das Resultat der ersten Wirkung kann durch die Kurve AB, dasjenige der anderen Wirkung durch die Kurve CD wiedergegeben werden; beide Kurven verlaufen in entgegengesetzten Richtungen. Der Schnittpunkt dieser Kurven entspricht dem „optimalen" Punkt der Kurve AE. Aus dieser Kurvenanalyse ist ersichtlich, daß kein objektives Optimum existiert. Eine Kurve mit optimalem Punkt entspricht der Bahn eines fliegenden Geschosses, die durch mehrere

---

[1]) SACHS, J.: Jahrb. f. wiss. Botanik Bd. 2, S. 338. 1860.
[2]) BLACKMAN, F. F.: Ann. of botany Bd. 19, S. 281. 1905. — Ders. u. MATTHAEI, G. L. C.: Proc. of the roy. soc. of London (B), Bd. 76, S. 402. 1905. — MATTHAEI, G. L. C.: Philosoph. transact. of the roy. soc. of London (B), Bd. 197, S. 47. 1904. — BLACKMAN, F. F. and SMITH, A. M.: Proc. of the roy. soc. of London (B). Bd. 85. S. 389. 1911.

Faktoren bedingt ist; unter diesen sind die Bewegungsträgheit und die Anziehungskraft der Erde die wichtigsten. Unter dem Einfluß der Trägheit müßte das Geschoß geradlinig in der anfänglichen Richtung fliegen; unter dem Einfluß der Gravitation müßte es lotrecht zu Boden fallen; in Wirklichkeit gehorcht es der Resultante der beiden genannten Kräfte und folgt der charakteristischen Bahn. Der von der Erdoberfläche am weitesten abstehende Punkt dieser Bahn entspricht dem Optimum der physiologischen Kurve.

Die Untersuchungen BLACKMANs und seiner Mitarbeiter haben dargetan, daß der optimale Punkt sich in einzelnen Fällen leicht verschiebt; ein eingehendes Studium dieser Frage ergab, daß die Energie des photosynthetischen Prozesses in jedem bestimmten Fall in erster Linie von demjenigen Außenfaktor bestimmt wird, der sich im Minimum befindet. In bezug auf die Photosynthese sind die Hauptfaktoren, die diese Erscheinung in der Natur einschränken, der CO_2-Gehalt der Luft, die Lichtintensität und die Wärmetönung. Je mehr ein jeder von diesen Faktoren zunimmt, desto schneller verläuft die Kohlensäureassimilation. Den Einfluß des Lichts haben verschiedene Verfasser nicht auf dieselbe Weise beurteilt. Die einen nahmen an, daß die Photosynthese ihr Optimum bereits bei einer Lichtintensität erreicht, die der Hälfte des direkten Sonnenlichts gleich ist[1]), die anderen nahmen eine höhere bzw. tiefere Lage des Optimums an[1]). Nach BLACKMAN hat diese Uneinigkeit keine reelle Bedeutung. Ist der CO_2-Gehalt der Luft hoch und die Temperatur günstig, so wächst die Geschwindigkeit der Photosynthese unaufhörlich mit der Steigerung der Lichtintensität, bis die Intensität der direkten Sonnenstrahlen erreicht ist; bei niedrigem CO_2-Gehalt ist dagegen schon die halbe Intensität des direkten Sonnenlichts zur maximalen Verarbeitung derjenigen CO_2-Menge ausreichend, die im Laufe des Versuchs das Blatt passieren kann; daher ist auch eine weitere Steigerung der Lichtintensität vollkommen belanglos — indem sie keine Wirkung hervorrufen kann. Ebenso wird eine Steigerung des CO_2-Gehalts in der Luft von einer Zunahme der Geschwindigkeit der Photosynthese nicht begleitet, falls die Beleuchtung zu schwach ist: wegen Mangels an strahlender Energie vermag die Pflanze pro Zeiteinheit nur einen Bruchteil derjenigen CO_2-Menge zu verarbeiten, die der Chlorophyllapparat bei günstigen Beleuchtungsverhältnissen assimiliert. Es ist also einleuchtend, daß selbst bei einem CO_2-Überschuß die jeweilige CO_2-Verarbeitung von der zur Verfügung stehenden strahlenden Energie abhängt. Die Geschwindigkeit der Photosynthese hat schon bei niedrigerem CO_2-Gehalt ihren maximalen Wert erreicht, weil die gesamte vom Chlorophyllapparat[2]) ausgenutzte strahlende Energie hierbei in Anspruch genom-

---

[1]) TIMIRIAZEW, K.: Cpt. rend. hebdom. des séances de l'acad. des sciences Bd. 109, S. 379. 1889. — REINKE, J.: Botan. Zeit. Bd. 41, S. 697. 1883.

[2]) PANTANELLI, E.: Jahrb. f. wiss. Botanik Bd. 39, S. 167. 1903; vgl. auch MÜLLER, N. J. C.: Botanische Untersuchungen (I), S. 3. 1872; S. 374. 1874. — FAMINZYN, A.: Ann. des sciences nat. (6), Bd. 10, S. 67. 1880. — PRINGSHEIM:

men wurde. Analoge Überlegungen lassen sich auch hinsichtlich der Einwirkung der Temperatursteigerung auf die Geschwindigkeit der Photosynthese geltend machen.

Die soeben dargelegte Abhängigkeit der Photosynthese von der Gesamtheit der Außenfaktoren heißt das Gesetz des physiologischen Minimums oder der limitierenden Faktoren. Dieses Gesetz findet eine weitgehende Anwendung auf alle Lebenserscheinungen; dieselben sind immer von demjenigen Faktor beschränkt, der sich im Vergleich zu den anderen im Minimum befindet[1]).

Die ganze Entwicklung des Lebens auf der Erde ist in erster Linie durch den Mangel an Stickstoff, welcher zum Aufbau des Protoplasmas notwendig ist, limitiert (S. 147). Für eine jede Einwirkung von Außenfaktoren existiert ein Assimilationsminimum; unterhalb dieses Minimums ist die Photosynthese auch unter den günstigsten sonstigen Verhältnissen nicht möglich. Außerdem ist das Wesen der verschiedenen Einwirkungen nicht ein und dasselbe: alle unterscheiden sie sich durch einige Merkmale; die wichtigsten von ihnen sind auf nachfolgenden Seiten in aller Kürze dargelegt.

Der Prozentgehalt der Kohlensäure. Oben wurde schon erwähnt, daß der CO_2-Gehalt der atmosphärischen Luft nur 0,03 vH. ausmacht. Nun wirkt eine künstliche Anreicherung der Luft mit Kohlendioxyd recht günstig auf die Photosynthese ein. Die genauesten einschlägigen Bestimmungen[2]) zeigen, daß die Intensität der Photosynthese am Anfang proportional der Steigerung des CO_2-Gehalts zunimmt.

I. $CO_2 = 0,0222$ vH.   II. $CO_4 = 0,1482$ vH.   Verhältnis $= 1 : 6,6$.

I. Assimil. $CO_2 =$ 248,2 ccm auf 1 qm.$\left.\right\}$ Verhältnis $= 1 : 7,2$.
II.   „ $CO_2 = 1802,8$ „   „ 1 „

Bei weiterer Erhöhung der CO_2-Konzentration nimmt die Intensität der Photosynthese schon langsamer zu; merkwürdig ist jedoch der Um-

Jahrb. f. wiss. Botanik Bd. 12, S. 374. 1881. — KREUSLER: Landwirtschaftl. Jahrb. Bd. 14, S. 913. 1885 u. a.

[1]) Die Richtigkeit des Gesetzes der limitierenden Faktoren wurde von verschiedenen Forschern in Zweifel gezogen. Vgl. dazu: BROWN, W. H.: Philippine journ. of science (Bot.), Bd. 13, S. 345. 1918. — Ders. u. HEISE: Ebenda Bd. 12, S. 1. 1917a. — BENECKE, W.: Zeitschr. f. Botanik Bd. 13, S. 417. 1921. — HARDER, R.: Jahrb. f. wiss. Botanik Bd. 60, S. 531. 1921. — LUNDEGÅRDT, H.: Biol. Zentralbl. Bd. 42, S. 337. 1922. In Wahrheit widerlegen alle soeben zitierten Untersuchungen die Theorie der begrenzenden Faktoren durchaus nicht: sie liefern nur eine exaktere Formulierung der genannten Theorie, die vom Standpunkte der mathematischen Analyse aus als selbstverständlich erscheint. Diese neue Formulierung besteht im Folgenden. Die Limitierung wirkt so, daß der Verlauf des betreffenden physiologischen Vorgangs durch eine asymptotische Kurve (vgl. Abb. 5, S. 32) dargestellt wird. Nach der ursprünglichen roheren Auffassung BLACKMANS wird der Verlauf eines physiologischen Vorganges bei der Limitierung durch eine der Abszissenachse parallele Gerade dargestellt. Es ist nicht möglich, an dieser Stelle auf die Frage der Limitierung näher einzugehen. Vgl. dazu auch SMITH, A. M.: Ann. of botany Bd. 33, S. 517. 1919.

[2]) BROWN, H. T. and ESCOMBE, F.: Proc. of the roy. soc. of London Bd. 70, S. 397. 1902.

stand, daß dieselbe bis zu einer CO_2-Konzentration von 10 vH. und gar 13 vH. noch immer zunimmt[1]). Hieraus ist ersichtlich, daß das Chlorophyll eine viel intensivere Arbeit leisten kann, als diejenige, welche es unter den natürlichen Verhältnissen zustande bringt. Die günstigste CO_2-Konzentration war in den Versuchen verschiedener Forscher recht ungleich[2]), was aber mit Rücksicht auf das Gesetz der begrenzenden Faktoren auch zu erwarten war, da alle übrigen Verhältnisse in den verschiedenen Versuchen durchaus nicht identisch waren und das Optimum keine konstante Größe darstellt.

Die Wasserpflanzen assimilieren ebenfalls stärker bei einer Steigerung des CO_2-Gehalts im Wasser[3]). Mit Fontinalis und Elodea erhielt man folgende Resultate: bei Steigerung der CO_2-Konzentration von 0,0080 g in 100 ccm auf 0,0182 g stieg die Assimilationsintensität bei Fontinalis unter sonstigen normalen Verhältnissen von 93 auf 237 und blieb dann auf demselben Niveau infolge der beschränkenden Wirkung des Lichts bzw. der Temperatur. Bei Elodea wurde dasselbe Verhalten verzeichnet.

Der Prozentgehalt an Sauerstoff. Schon Boussingault hat wahrgenommen, daß die Photosynthese bei völligem Ausschluß von Sauerstoff möglich ist, und diese Beobachtung wird durch spätere Angaben bekräftigt. — Allerdings erscheint der Sauerstoff im Gasgemisch momentan beim Einfallen des ersten Lichtstrahles auf das Laubblatt. Verbleibt aber die Pflanze längere Zeit hindurch in einer sauerstofffreien Atmosphäre, so verliert sie zeitweilig die Fähigkeit, CO_2 zu assimilieren; die Assimilationsfähigkeit regeneriert sich jedoch gewöhnlich nach einiger Zeit unter normalen Verhältnissen[4]). Es ist notwendig, die Asphyxie des Protoplasmas (darunter auch der Chloroplasten) von der direkten Einwirkung des Sauerstoffs auf die Photosynthese zu unterscheiden. Alle oben zitierten Untersuchungen beziehen sich auf die Asphyxie des Protoplasmas, doch zeigen verschiedene Versuche, daß der Sauerstoff für die Photosynthese direkt notwendig ist. Praktisch sind in lebenden Zellen fast immer labile Sauerstoffverbindungen der nicht näher bekannten Stoffe in Chloroplasten enthalten[5]), weswegen auch die Photosynthese in einer sauerstofffreien Atmosphäre einsetzen kann. Bei einer sehr hohen Sauerstoffspannung fällt die Energie der Photosynthese[6]).

---

[1]) Pfeffer, W.: Arb. a. d. botan. Inst. zu Würzburg Bd. 1, S. 33. 1870. — Godlewski: Ebenda Bd. 1, S. 343. 1873. — Kreusler: Landwirtschaftl. Jahrb. Bd. 14, S. 913. 1885.

[2]) Vgl. vorige Fußnote; außerdem Montemartini: Bull. de la soc. botan. Bd. 62, S. 683. 1895. — Pantanelli: Jahrb. f. wiss. Botanik Bd. 39, S. 167. 1904.

[3]) Blackman, F. F. and Smith, A. M.: Proc. of the roy. soc. of London (B), Bd. 83, S. 389. 1911.

[4]) Boussingault: Agronomie, chimie agric. et physiol. Bd. 4, S. 329. 1868. — Pringsheim, N.: Sitzungsber. d. preuß. Akad. d. Wiss. S. 763. 1887.

[5]) Willstätter, R. u. Stoll, A.: Untersuchungen über Assimilation der Kohlensäure S. 344. 1918. — Ewart, A. J.: Journ. of the Linnean soc. Bd. 31, S. 364. 1896 u. S. 554. 1897.

[6]) Warburg, O.: Biochem. Zeitschr. Bd. 103, S. 188. 1920.

Lichtstärke. BOUSSINGAULT zeigte, daß die Photosynthese am Licht momentan einsetzt und in der Dunkelheit ebenso momentan aufhört. Die von einigen Autoren angenommene Nachwirkung des Lichts, d. h. Fortbestehen der Photosynthese im Verlaufe einiger Zeit im Dunkeln[1]), wird durch die neueren Untersuchungen nicht bestätigt[2]). Sehr interessant ist die Frage nach dem Lichtminimum, bei welchem eben noch eine wahrnehmbare CO_2-Assimilation zu verzeichnen ist. Schon INGEN-HOUS hat festgestellt, daß die Photosynthese im dichten Schatten ausbleibt; er zeigte auch, daß Mondschein zur Assimilation der Kohlensäure nicht ausreicht. Hingegen ruft das Licht der Abenddämmerung eine wahrnehmbare CO_2-Assimilation hervor[3]); auch zeigten die neuesten Untersuchungen, daß die Photosynthese auf einer Breite von 60° während der lichten Sommernächte nicht ganz aufhört[4]). Selbstverständlich ist sie oberhalb des Polarkreises in der Nacht noch intensiver[5]). Die lange tägliche Dauer der Photosynthese in nördlichen Gegenden steht vielleicht im Zusammenhange mit der Verkürzung der Vegetationsperiode einiger Kulturpflanzen. Alle obigen Tatsachen haben bloß quantitativen Charakter. Wenn z. B. eine starke Beschattung Hemmung der normalen Pflanzenentwicklung herbeiführt oder wenn viele Pflanzen in Zimmerkulturen allmählich an Lichtmangel eingehen, so bedeutet dies durchaus nicht, daß sie unter den genannten Verhältnissen überhaupt nicht assimilieren, sondern daß ihre Photosynthese für die Befriedigung der notwendigen Lebensbedürfnisse nicht ausreicht. Die minimale Lichtstärke, bei welcher die Photosynthese überhaupt noch möglich ist, versuchte man durch gasometrische Bestimmungen[6]) festzustellen, diese Methode erwies sich aber als nicht genügend empfindlich; nur durch Heranziehung von leuchtenden Bakterien zur Sauerstoffprobe gelang es zu zeigen, daß die minimale Lichtstärke für alle Pflanzen eine und dieselbe ist und einer Helligkeit von 20 Meterkerzen[7]) entspricht.

Bei Erhöhung der Lichtstärke nimmt auch die Intensität der Photosynthese rasch zu, die Kurven der Abhängigkeit der Photosynthese von der Lichtintensität waren aber bei den älteren Autoren recht different[8]).

---

[1]) TSWETT, M.: Zeitschr. f. physikal. Chem. Bd. 76, S. 413. 1911.

[2]) v. RICHTER, A.: Mitt. d. russ. Akad. d. Wiss. S. 857. 1914. (Russisch.) Vgl. aber WARBURG, O.: Biochem. Zeitschr. Bd. 103, S. 188. 1920. Dieser Forscher bestimmte die Energie der Photosynthese nach der Menge des ausgeschiedenen Sauerstoffs; vgl. dazu S. 157.

[3]) PFEFFER, W.: Pflanzenphysiologie. 2. Aufl. Bd. 1, S. 323. 1897.

[4]) KOSTYTSCHEW, S.: Ber. d. botan. Ges. Bd. 39, S. 334. 1921.

[5]) CURTEL, G.: Rev. gén. de botanique Bd. 2, S. 7. 1890.

[6]) LUBIMENKO, W.: Arb. d. Petersb. Ges. d. Naturforsch. Bd. 41. 1910. (Russisch.)

[7]) v. RICHTER, A.: u. KOLLEGORSKAJA, M.: Mitt. d. russ. Akad. d. Wiss. S. 457. 1915. (Russisch.)

[8]) WOLKOW: Jahrb. f. wiss. Botanik Bd. 5, S. 1. 1866. — KREUSLER: Landwirtschaftl. Jahrb. Bd. 14, S. 913. 1885. — REINKE, J.: Botan. Zeit. Bd. 41, S. 697. 1883. — PEYROU, J.: Cpt. rend. hebdom. des séances de l'acad. des sciences Bd. 105, S. 385. 1887 u. a.

Schließlich erhielt Timiriazew[1]) eine Kurve, die dem Gesetz der begrenzenden Faktoren vollkommen entspricht und sich mit der Kurve von Blackman deckt, welche die Abhängigkeit der Photosynthese von der Konzentration der Kohlensäure darstellt. Solange aber das Gesetz des Minimums nicht genau präzisiert worden war, hörte die Polemik über die optimale Lichtstärke nicht auf. Blackman und seine Mitarbeiter zeigten, daß die Meinungsverschiedenheiten verschiedener Forscher in betreff der optimalen Lichtstärke und der Kurvenform der Lichtwirkung auf die Photosynthese einfach und eindeutig durch das Gesetz der begrenzenden Faktoren erklärt werden können. Übrigens wurden auch nach der Blackmanschen Auffassung Auseinandersetzungen über das absolute Optimum des Lichts fortgesetzt[2]). Unter den natürlichen Verhältnissen kann man zwei Kategorien von Pflanzen voneinander unterscheiden, nämlich die Sonnen- und die Schattenpflanzen. Beide Gruppen sind verschiedenen Lichtintensitäten angepaßt, diese Anpassung ist aber eine komplizierte Erscheinung, die die ganze Blattstruktur beeinflußt. Bei den Sonnenpflanzen beobachtet man oft eine besonders starke Entwicklung des Palissadenparenchyms. Bei den Schattenpflanzen bildet die Epidermis oft linsenförmige Auswüchse und Papillen, welche das Licht konzentrieren. Manchmal sind diese Einrichtungen so stark entwickelt, daß die Pflanze selbst im diffusen Lichte leuchtet, wie es z. B. für das Protonema des Mooses Shisostega der Fall ist[3]). Außerdem sind die Schattenpflanzen chlorophyllreicher als die Sonnenpflanzen[4]).

Die Wärmetönung. Temperaturerhöhung beschleunigt alle chemischen Reaktionen, ihre Wirkung ist aber bei den photosynthetischen Prozessen verhältnismäßig schwach (S. 87). Jede Reaktion hat ihre Grenztemperatur, unter welcher sie nicht zustande kommt. Für die Photosynthese ist die untere Temperaturgrenze bei verschiedenen Pflanzen recht ungleich. Bei vielen Tropenpflanzen kommt die Photosynthese schon bei $+ 5°$ C. zum Stillstand[5]); bei unseren einheimischen Pflanzen liegt das Temperaturminimum im Durchschnitt bei $0°$ C.[6]), bei vielen Nadelhölzern wurde jedoch die Photosynthese bei sehr tiefen Temperaturen wahrgenommen. So assimilierte z. B. Picea excelsa bei $-35°$ C. und Juniperus bei $-40°$ C.[7]). Genaue neuere Untersuchungen

---

[1]) Timiriazeff, K.: Cpt. rend. hebdom. des séances de l'acad. des sciences Bd. 109, S. 379. 1889.

[2]) Pantanelli, E.: Jahrb. f. wiss. Botanik Bd. 39, S. 167. 1903. — Treboux: Flora Bd. 92, S. 49. 1903; vgl. die Richtigstellung von Blackman and Smith: Proc. of the roy. soc. of London (B), Bd. 83, S. 403. 1911. — Lubimenko: Rev. gén. de botanique Bd. 17, S. 381. 1905; Bd. 20, S. 162. 1908.

[3]) Noll: Arb. a. d. botan. Inst. zu Würzburg Bd. 3, S. 477. 1888.

[4]) Lubimenko: Cpt. rend. hebdom. des séances de l'acad. des sciences Bd. 145, S. 1347. 1907. — Ders.: Der Chlorophyllgehalt im Chlorophyllkorn und die Intensität der Photosynthese 1910. (Russisch.)

[5]) Ewart: Journ. of the Linnean soc. Bd. 31, S. 400. 1896.

[6]) Boussingault: Agronomie, chimie agric. et physiol. Bd. 5, S. 16. 1874.

[7]) Jumelle: Cpt. rend. hebdom. des séances de l'acad. des sciences Bd. 112, S. 1462. 1891.

ergaben für Prunus Laurocerasus ein Temperaturminimum von
— 6° C.[1]). Wasserpflanzen sollen sich durch eine hohe Grenztemperatur
auszeichnen: bei Vallisneria hat man einen Stillstand der Sauer-
stoffabgabe bei + 6° C.[2]), bei Potamogeton schon bei + 10° C. verzeichnet[3]). Diese Angaben bedürfen wohl der Nachprüfung[4]). Die Existenz eines Temperaturoptimums[5]) wird durch die neuesten Forschungen
in Abrede gestellt: die Abhängigkeit der Photosynthese von der Temperatur folgt nämlich dem Gesetz der begrenzenden Faktoren. Beim
Studium der Temperatureinwirkung auf die Photosynthese ist es notwendig, die manchmal recht beträchtliche Überhitzung der Blätter
durch direkte Sonnenstrahlen in Betracht zu ziehen, besonders bei
Anwendung von verschlossenen Glasbehältern[6]). Es ist wohl möglich,
daß die Erscheinung der Inaktivierung der Chloroplasten[7]) zum großen
Teil ein Resultat der übermäßigen Erwärmung des Blattes darstellt.
Die Inaktivierung äußert sich darin, daß bei abgeschnittenem und direktem Sonnenlicht exponierten Blättern die CO_2-Assimilation allmählich abnimmt und schließlich vollständig zum Stillstand kommt, obgleich keine pathologischen Veränderungen im Blatt merkbar sind. Nach
einigem Verweilen im Dunkeln erholen sich die Chloroplasten und sind
dann wieder imstande, Photosynthese zu bewirken. Vielleicht ist bei
diesem Vorgang auch das Ausbleiben der Auswanderung der Assimilationsprodukte von Belang.

Die Inaktivierung der Chloroplasten könnte man unter Umständen einem
schwachen Sonnenstich gleichzetzen; auch ernstere Folgen einer übermäßigen
Insolation, also ein echter Sonnenstich, kommen manchmal in den südlichen
Breiten zustande, namentlich an den Blättern solcher Kulturpflanzen, die aus
einem gemäßigteren Klima stammen. Der Verfasser dieses Buches beobachtete
ein schnelles Umkommen einzelner Exemplare von Weintrauben nach einer
außergewöhnlich starken Insolation unter bestimmten meteorologischen Bedingungen. Die Blätter der Pflanzen welken in kürzester Zeit, werden mitten im
Sommer gelb und fallen ab; darauf verdorren zuweilen auch die jüngeren Sprosse
des laufenden Jahres. Genaue Messungen zeigen, daß die Temperatur des
Blattes unter Einwirkung des direkten Sonnenlichts auf 44° und gar auf 51°
steigen kann[8]), wonach Eintrocknen und Absterben eintritt. Um Mittag beobachteten BLACKMAN und MATTHAEI bei Prunus Laurocerasus folgende Differenzen zwischen Blattemperatur und Lufttemperatur:

---

[1]) MATHAEI, G.: Philosoph. transact. of the roy. soc. of London (B), Bd. 197,
S. 47. 1904.

[2]) SACHS, J.: Experimentalphysiologie S. 55. 1865.

[3]) CLOEZ u. GRALIVLET: Flora S. 750. 1851.

[4]) Clodea assimiliert CO_2 bei + 7°; vgl. BLACKMAN and SMITH: Proc. of
the roy. soc. of London (B), Bd. 83, S. 400. 1911.

[5]) Das Temperaturoptimum wurde von allen Forschern bis zum Erscheinen
der Arbeiten von BLACKMAN und seiner Mitarbeiter verzeichnet. Vgl. insbesondere KREUSLER: Landwirtschaftl. Jahrb. Bd. 19, S. 649. 1890.

[6]) DARWIN, FR.: Botan. gaz. Bd. 37, S. 81. 1904. — MATTHAEI, G.: a. a. O. —
BLACKMAN, F. F. and MATTHAEI, G.: Proc. of the roy. soc. of London (B), Bd. 76,
S. 406. 1905.

[7]) EWART: Journ. of the Linnean soc. Bd. 31, S. 364. 1896. — PANTANELLI:
Jahrb. f. wiss. Botanik Bd. 39, S. 167. 1904.

[8]) BLACKMAN, F. F. and MATTHAEI, G. L. C.: Proc. of the roy. soc. of London
(B), Bd. 76, S. 407. 1905.

Versuchsverhältnisse	Temperaturzunahme im Blatte
Blatt senkrecht gestellt	$+ 8°$ bis $+7°$
Blatt unter rechtem Winkel zu den Sonnenstrahlen gestellt	$+13°$ „ $+9°$
Dasselbe, aber in einem Glasbehälter	$+20°$
Dasselbe, im Glasbehälter hinter einem Wasserschirm .	$+10°$

BLACKMAN bemerkt richtig, daß man bei der Einwirkung der Temperatur auf die Photosynthese noch dem Zeitfaktor Rechnung tragen muß, da infolge der fortschreitenden Inaktivierung der Chloroplasten die Wirkung der Temperatur in Versuchen von verschiedener Dauer nicht eine und dieselbe sein muß. Ein spezielles Interesse bietet die Bestimmung der Größe des Temperaturkoeffizienten, d. h. des Verhältnisses zwischen der Temperatursteigerung und der Intensität der Photosynthese dar. Oben wurde hervorgehoben, daß bei Reaktionen organischer Stoffe die Reaktionsgeschwindigkeit in einem Intervall von $10°$ zwei bis dreimal größer wird; in einzelnen Fällen hat man auch größere Steigerungen der Reaktionsgeschwindigkeit verzeichnet. Bei den photochemischen Reaktionen liegen andere Verhältnisse vor. Die Geschwindigkeit dieser Vorgänge wächst nur langsam bei der Temperatursteigerung. In betreff der Photosynthese liegen verschiedenartige Angaben vor[1]); wahrscheinlich ist dies darauf zurückzuführen, daß die CO_2-Assimilation einen komplizierten Vorgang darstellt: außer der echten photochemischen Reaktion sind dabei auch die vom Licht unabhängigen Reaktionen von Bedeutung. Im allgemeinen ergaben neuere Messungen, daß der Wert des Temperaturkoeffizienten in der Mitte zwischen den Koeffizienten photochemischer und nichtphotochemischer Prozesse liegt[2]).

Name der Pflanze	Temperaturkoeffizient	
	$15°$ bis $25°$	$20°$ bis $30°$
Gelbe Ulme	1,30	1,07
Grüne Ulme	1,48	1,29
Hollunder	1,52	1,45

O. WARBURG[1]) hat namentlich bei niedrigen Temperaturen sehr hohe Werte des Temperaturkoeffizienten gefunden, die zwischen 4 und 5 liegen. Hier haben wir es aber, allem Anschein nach, nicht mit einer Temperaturwirkung auf die Photosynthese sensu stricto zu tun, da bei niedrigen Temperaturen die gesamte Lebenstätigkeit des Blattes stark herabgesetzt wird.

---

[1]) MATTHAEI, G.: Philosoph. transact. of the roy. soc. of London Bd. 197, S. 47. 1904. — BLACKMAN, F. F.: Ann. of botany Bd. 19, S. 281. 1905. — SMITH: Proc. of the philosoph. soc. of Cambridge Bd. 14, S. 296. 1907. — KANITZ: Zeitschr. f. Elektrochem. Bd. 11, S. 689. 1905. — KREUSLER: Landwirtschaftl. Jahrb. Bd. 16, S. 711. 1887. — WARBURG, O.: Biochem. Zeitschr. Bd. 100, S. 230. 1919.

[2]) WILLSTÄTTER, R. u. STOLL, A.: Untersuchungen über die Assimilation der Kohlensäure S. 152. 1918; vgl. auch BROWN and HEISE: Philippine journ. of science (Bot.), Bd. 12, S. 1. 1917a.

Der Einfluß der Giftstoffe auf die Photosynthese wurde bereits oben besprochen. Die Giftstoffe hemmen die Photosynthese und rufen keine primäre Steigerung der CO_2-Assimilation hervor; auch mechanische Reizung (Wunde) übt eine analoge Wirkung aus. Die Kurve der Wirkung giftiger Stoffe ist der Adsorptionsisotherme analog[1]).

Der Einfluß des Wassers auf die Photosynthese. Das Wasser ist eines der wichtigsten Materialien für die Synthese organischer Stoffe, aber bevor sein Mangel noch die chemische Arbeit der Chloroplasten hemmen kann, wirkt er auf die Photosynthese indirekt ein, indem er das Schließen der Spaltöffnungen herbeiführt. Durch direkte Versuche ist dargetan worden, daß die CO_2-Assimilation der Samenpflanzen[2]) und gar der Moose[3]) durch Wassermangel bedeutend herabgesetzt wird. Nach den neuesten Untersuchungen existiert ein Grenzwert der Feuchtigkeit, unterhalb dessen bei Samenpflanzen selbst nach Entfernung der Epidermis keine Photosynthese möglich ist[4]). Recht interessant ist die Tatsache, daß verschiedene Moose ganz entwässert sein können und dennoch nach Zufuhr einer ausreichenden Wassermenge ausgiebige CO_2-Assimilation zustande bringen[5]).

Der Einfluß der Salze auf die Photosynthese. Bei Mangel an wichtigsten Aschenstoffen, nämlich an K-, Mg-, Fe- und P-, wird die Photosynthese bedeutend herabgesetzt[6]). Bei Pflanzen, welche an einen stark salzhaltigen Boden nicht gewöhnt sind, bewirkt das Begießen mit konzentrierten Salzlösungen ein Schließen der Spaltöffnungen und einen Stillstand der Photosynthese. Nach der Ansicht einiger Forscher ist die Salzwirkung eine komplizierte Erscheinung, die sich nicht speziell an dem Schließen der Stomata geltend macht, sondern eine direkte Einwirkung auf das Plasma ausübt[7]).

Der Einfluß der Stickstoffernährung auf die Photosynthese. Die neuesten Untersuchungen[8]) haben dargetan, daß die mit Nitraten reichlich ernährten Pflanzen CO_2 selbst in ganz kurz dauernden Versuchen bedeutend stärker assimilieren, als die an Stickstoffmangel leidenden Pflanzen. Im Zusammenhang damit steht die Tatsache, daß Leguminosen, die zur Bindung des molekularen Stick-

---

[1]) WARBURG, O.: Biochem. Zeitschr. Bd. 103, S. 188. 1920.

[2]) KREUSLER: Landwirtschaftl. Jahrb. Bd. 14, S. 913. 1885. — DÉHÉRAIN et MAQUENNE: Cpt. rend. hebdom. des séances de l'acad. des sciences Bd. 103, S. 167. 1886. — SCHROEDER, H. u. HORN: Biochem. Zeitschr. Bd. 130, S. 165. 1922. — ILJIN, W.: Flora Bd. 16, S. 360 u. 379. 1923.

[3]) JÖNSSON: Cpt. rend. hebdom. des séances de l'acad. des sciences Bd. 119, S. 440. 1894.

[4]) BRILLIANT, W.: Cpt. rend. hebdom. des séances de l'acad. des sciences Bd. 178, S. 2122. 1924.

[5]) BASTIT: Rev. gén. de botanique Bd. 3, S. 521. 1891. — JUMELLE: Ebenda Bd. 4, S. 168. 1892.

[6]) BRIGGS, G. E.: Proc. of the roy. soc. of London (B), Bd. 94, S. 20. 1922.

[7]) PANTANELLI, E.: Jahrb. f. wiss. Botanik Bd. 39, S. 199. 1903.

[8]) KOSTYTSCHEW, S. Ber. d. botan. Ges. Bd. 40, S. 112. 1922.

stoffs befähigt sind (Kap. III), auf stickstoffarmen Böden etwa zweimal stärker assimilieren, als die übrigen Pflanzen[1]. Auch ist die Beobachtung bemerkenswert, daß die mit Insekten gefütterten Blätter der Insektivoren eine bedeutend größere Intensität der Photosynthese aufweisen, als die mit Fleischkost nicht versorgten Blätter[2]. Hieraus ist ersichtlich, daß Stickstoffgabe direkt auf den Chlorophyllapparat einwirkt und nicht etwa in erster Linie Wachstum und Blattentwicklung befördert, wonach schon nachträglich die stärkere CO_2-Bindung erfolgen soll.

Der Einfluß des Alters der Blätter. Ganz junge Blättchen assimilieren schwächer als erwachsene Blätter, sobald aber das Blatt sich vollkommen entwickelt hat, hält sich die Intensität seiner CO_2-Assimilation bei unveränderlichen äußeren Verhältnissen auf einem konstanten Niveau[3]. Werden die Blätter im Herbst gelb, so fällt die Intensität der Photosynthese. Auch vollkommen grüne Blätter weisen allerdings, wenn sie vom Herbstfrost angegriffen wurden, ungeachtet des normalen Chlorophyllgehalts, eine recht schwache Intensität der Photosynthese auf. Bemerkenswert ist es, daß diese inaktiven Blätter nach längerem Verweilen in einem warmen Raum eine wesentliche Zunahme der CO_2-Assimilation aufweisen[4]. Sowohl in diesem durchsichtigen Falle, als auch in den obigen, ist also das Chlorophyll wohl kein begrenzender Faktor[5]. Ein Fall, wo die Intensität der Photosynthese durch Chlorophyllmangel limitiert wäre, ist noch nicht verzeichnet worden, desgleichen kann die Abhängigkeit der Intensität der Photosynthese vom Alter der Blätter im Frühjahr keineswegs auf die unzureichende Chlorophyllmenge zurückgeführt werden.

Die Intensität der Photosynthese unter natürlichen Verhältnissen und ihre geochemische Rolle. Leider ist es nicht möglich, eine auch nur annähernde Berechnung der Gesamtmenge der organischen Stoffe, welche auf der Erdoberfläche im Laufe eines Jahres photosynthetisch entstehen, anzuführen. Diese Berechnung soll sich auf die Bestimmung der Ausgiebigkeit der Photosynthese einzelner Pflanzenbestände stützen; diese aber wird ihrerseits aus der Bestimmung der Produktivität einzelner Pflanzenarten additiv ermittelt. Die Intensität der CO_2-Assimilation am Lichte ist kein direktes Maß der Produktion organischer Stoffe in der Natur; letztere ergibt sich aus der Differenz zwischen der Synthese organischer Stoffe und dem Verbrauch dieser Stoffe bei der Atmung, sowie bei anderen physiologischen Vorgängen der Pflanzen. Als „Produktivität" wird im weiteren

[1] KOSTYTSCHEW, S. a. a. O.

[2] KOSTYTSCHEW, S.: Ber. d. botan. Ges. Bd. 41, S. 277. 1923.

[3] WILLSTÄTTER, R. u. STOLL, A.: Untersuchungen über Assimilation der Kohlensäure S. 86. 1918.

[4] EWART, A. J.: Journ. of the Linnean soc. Bd. 31, S. 364. 1895. — WILLSTÄTTER, R. u. STOLL, A.: Untersuchungen über die Assimilation der Kohlensäure S. 101. 1918.

[6] BRIGGS, G. E.: Proc. of the roy. soc. of London (B), Bd. 91, S. 249. 1920.

der Reingewinn an organischen Stoffen, als „Intensität der CO_2-Assimilation" — die primäre Synthese bezeichnet. BLACKMAN (a. a. O.) zeigte, daß die Photosynthese unter natürlichen Bedingungen fast immer durch den CO_2-Mangel limitiert wird; sehr selten spielt die Temperatur die Rolle des begrenzenden Faktors; im direkten Licht kommt dies überhaupt nicht vor. Die Berechnungen BLACKMANS stehen mit den Resultaten verschiedener Forscher, welche eine Steigerung der Photosynthese bei Erhöhung des CO_2-Gehalts bis zu 10 vH. und darüber beobachteten, im vollen Einklang. Wir müssen daher zwei Dinge voneinander unterscheiden, und zwar erstens die photosynthetische Leistungsfähigkeit verschiedener Pflanzen, welche durch ihre maximale Arbeit unter den in der Natur üblichen Temperatur- und Beleuchtungsverhältnissen, aber bei erhöhtem Kohlensäuregehalt ausgedrückt wird, zweitens die photosynthetische Leistung verschiedener Pflanzen unmittelbar unter den natürlichen Verhältnissen. Das Blatt stellt einen Apparat dar, welcher der Photosynthese unter den natürlichen Verhältnissen angepaßt ist; seine spezifische Struktur bezweckt also eine Verminderung der Bedeutung des wichtigsten begrenzenden Faktors, nämlich des CO_2-Mangels. Alle sich darauf beziehenden Anpassungen, vor allem die ausgezeichnete Einrichtung des Ventilationssystems, verlieren zum Teil ihre Bedeutung in dem Falle, wo Kohlensäure im Überschuß vorhanden ist. Es wird leider zu oft außer acht gelassen, daß die Versuche in einer mit Kohlensäure angereicherten Atmosphäre keineswegs eine richtige Vorstellung von der Intensität der Photosynthese unter natürlichen Bedingungen geben können: bei einer Steigerung des CO_2-Gehalts wird nur die maximale Leistungsfähigkeit der assimilierenden Apparate gemessen. Bei einem hohen CO_2-Gehalt und unter sonstigen normalen natürlichen Verhältnissen ergaben Pflanzen von verschiedenen biologischen Typen ungefähr eine und dieselbe Intensität der CO_2-Assimilation [1]). Diese Resultate, welche vorerst nur mit vier Pflanzen (Tropaeolum, Prunus Laurocerasus, Bomarea, Aponogeton) erhalten wurden, erwiesen sich alsdann für die verschiedensten Monokotylen, Dikotylen und höheren Farne als richtig [2]). Die einzige Ausnahme bildeten die Leguminosen [2]), welche CO_2 etwa zweimal energischer assimilieren, als die anderen Pflanzen, falls die Versuchspflanzen vom dürren Boden abgehoben wurden. Davon war schon oben die Rede. Unter den natürlichen Bedingungen, also bei einem CO_2-Gehalt von 0,03 vH., könnte allerdings die spezifische Assimilationsenergie der verschiedenen Pflanzen große Schwankungen aufweisen, da hier der Spaltöffnungsapparat sowie die anderen Anpassungseinrichtungen der Blattstruktur eine wichtige Rolle spielen. Leider sind direkte Bestimmungen der CO_2-Assimilation in atmosphärischer Luft recht spärlich; die Photosynthese wurde gewöhnlich mittels der SACHSschen Blatthälftenmethode (S. 116) gemessen, und auch

---

[1]) BLACKMAN, F. F. and MATTHAEI, G. L. C.: Proc. of the roy. soc. of London (B), Bd. 76, S. 444. 1905.
[2]) KOSTYTSCHEW, S.: Ber. d. botan. Ges. Bd. 40, S. 112. 1922.

diese Methode zur Ermittelung der spezifischen CO_2-Assimilation verschiedener Pflanzen fast gar nicht verwendet. SACHS[1] berechnete auf Grund seiner Methode, daß der Gewinn an organischen Stoffen auf 1 qm Blattoberfläche in 1 Stunde gleich 1,7 bis 1,9 g bei der Sonnenblume und 1,5 g beim Kürbis ist. Direkte Bestimmungen im Strome der atmosphärischen Luft ergaben allerdings viel geringere Werte[2], und zwar:

Helianthus annuus . . .	0,359 bis 0,551 g Kohlenhydrate
Tropaeolum majus . . .	0,166 „ 0,305 „ „
Polygonum Weyrichii . .	0,347 „ 0,593 „ „
Catalpa bignonioides . .	0,468 „ „
Petasites albus	0,359 „ „

Zahlen, welche sich auf die verschiedenen Pflanzen beziehen, kann man unter einander nicht vergleichen, da die Versuche unter sehr verschiedenartigen Beleuchtungs- und Temperaturverhältnissen ausgeführt wurden. Irgendwelche Hinweise auf die „spezifische Assimilationsenergie" kann man also der angeführten Tabelle nicht entnehmen, dafür gibt sie aber eine Vorstellung darüber, innerhalb welcher Grenzen die Intensität der CO_2-Assimilation unter natürlichen Bedingungen bei einer und derselben Pflanze in Abhängigkeit von Temperatur und Beleuchtung schwankt. Nach dieser Methode wurde die Intensität der Photosynthese verschiedener Pflanzen in Europa und auf dem Äquator ermittelt[3]; berechnet man die erhaltenen Mengen des assimilierten Kohlendioxyds auf die synthesierten Kohlenhydrate, so ergeben sich Resultate, die denjenigen der oben angeführten Tabelle von BROWN und ESCOMBE nahe stehen. In einer Versuchsreihe ergab die Sonnenblume gleiche Resultate in Holland und in Java, was wohl auf die Begrenzung der Photosynthese durch den niedrigen CO_2-Gehalt der atmosphärischen Luft zurückzuführen ist[4].

Neuerdings hat man darauf hingewiesen, daß obige im Strome der atmosphärischen Luft erhaltenen Zahlen der photosynthetischen Intensität viel zu niedrig seien, so daß man die von SACHS erhaltenen Werte nicht für übermäßig hoch halten darf[5]. Es sind daher neue Untersuchungen auf diesem Gebiete erwünscht, da die Leistungsfähigkeit der Pflanzenwelt auf Grund von Zahlen, die sich von einander um 300 vH. unterscheiden, wohl auch annähernd nicht ausgedrückt werden darf. Außerdem ist es notwendig, durch direkte Versuche festzustellen, ob unter den natürlichen Verhältnissen wesentliche Unter-

---

[1] SACHS, J.: Arb. a. d. botan. Inst. zu Würzburg Bd. 3, S. 19. 1883.

[2] BROWN, H. T. and ESCOMBE, F.: Proc. of the roy. soc. of London (B), Bd. 76, S. 40. 1905.

[3] GILTAY, C.: Ann. du jardin botan. de Buitenzorg Bd. 15, S. 43. 1898.

[4] Allerdings war die Luftdurchleitung in diesen Versuchen eine zu langsame, weshalb auch der begrenzende Einfluß des CO_2-Mangels stärker als unter natürlichen Verhältnissen sein konnte. Hierdurch dürfte der Sachverhalt etwas entstellt werden.

[5] THODAY, D.: Proc. of the roy. soc. of London Bd. 82, S. 1 u. 421. 1910.

schiede in der Intensität der Photosynthese bei den einzelnen Vertretern der Pflanzenwelt zu verzeichnen sind: wissen wir doch, daß Leguminosen bei erhöhtem CO_2-Gehalt oft viel energischer als andere Pflanzen assimilieren. Über diese „spezifische Intensität" der Photosynthese haben wir einzelne Angaben nur in den mittels indirekten Methoden ausgeführten Arbeiten. Im SACHSschen Laboratorium[1]) hat man nach der Zunahme des Trockengewichts gefunden, daß 1 Quadratmeter der Blattoberfläche im Verlauf von 10 Stunden folgende Mengen der organischen Substanz assimilierte:

Tropaeolum majus. . . . . . 4,466 g
Phaseolus multiflorus . . . . 3,215 „
Ricinus communis. . . . . . 5,292 „
Helianthus annuus . . . . . 5,529 „

Auf Grund dieser Zahlen könnte man annehmen, daß verschiedene Pflanzen unter den natürlichen Verhältnissen eine ungleiche Assimilationsintensität besitzen. Leider war die Versuchsmethodik in diesem Falle mit unvermeidlichen großen Fehlerquellen verbunden, wie es auch SACHS selbst hervorhebt. Nach anderen Untersuchungen, welche nach der SACHSschen Blatthälftemethode ausgeführt worden sind, ergab es sich, daß stärkespeichernde Pflanzen CO_2 stärker assimilieren, als zuckerspeichernde Pflanzen[2]). Auf 1 Quadratmeter in 1 Stunde sind bei verschiedenen Pflanzen folgende Kohlenhydratmengen aufgebaut worden. Stärkepflanzen: Alliaria 1,06 g, Nicotiana 1,38 g, Helianthus 1,82 g, Verbascum 2,03 g, Petasites 2,04 g, Rumex 2,21 g, Nymphaea 2,37 g. Zuckerpflanzen: Tulipa 1,27 g, Arum 1,00 g, Allium 1,19 g, Colchicum 1,22 g. Diese Zahlen sind aber nicht vollkommen beweiskräftig; überhaupt kann man über die „spezifische Intensität" der Photosynthese nicht mit Bestimmtheit sprechen, bevor sie bei verschiedenen Pflanzen durch direkte Methoden ermittelt worden ist. Einen indirekten Hinweis darüber, daß eine „spezifische Intensität" existiert, ersieht man in der Abhängigkeit der Assimilationsintensität von der Zahl der Spaltöffnungen, welche, wie bekannt, bei verschiedenen Pflanzen in weiten Grenzen schwankt. Genaue Bestimmungen des Gasaustausches der oberen und der unteren Blattseite[3]) beweisen, daß im Fall, wo die Spaltöffnungen sich nur auf der einen Seite befinden, sowohl der respiratorische, als auch der photosynthetische Gaswechsel nur auf dieser einen Seite vor sich geht. Sind die Spaltöffnungen auf beiden Blattseiten vorhanden, so ist die Intensität des respiratorischen Gaswechsels der Anzahl der Spaltöffnungen proportional, die Energie des photosynthetischen Gaswechsels ist aber der Zahl der Spaltöffnungen zwar nicht proportional, befindet sich

[1]) WEBER, C.: Arb. a. d. botan. Inst. zu Würzburg Bd. 2, S. 346. 1879.
[2]) MÜLLER, A.: Jahrb. f. wiss. Botanik Bd. 40, S. 443. 1904.
[3]) BLACKMAN, F. F.: Philosoph. transact. of the roy. soc. of London Bd. 186, S. 502. 1895. — BROWN, H. T. and ESCOMBE: Proc. of the roy. soc. of London (B), Bd. 76, S. 61. 1905.

doch in gewisser Abhängigkeit von derselben. Man kann freilich nicht annehmen, daß die „spezifische Intensität" von dem Chlorophyllgehalt abhängt (vgl. S. 134). — Wir verfügen also im ganzen noch nicht über ein genügend begründetes Material zur Beurteilung der geochemischen Bedeutung der Photosynthese.

Nichtsdestoweniger sind zahlreiche Versuche gemacht worden, die Menge der auf der Erdoberfläche jährlich aufgebauten organischen Stoffe zu berechnen. SACHS macht, von seinen mit Sonnenblumen erhaltenen Zahlen ausgehend, die folgende Schätzung. Eine gesunde Sonnenblumenpflanze kann an einem sonnigen Tage 36 g Trockensubstanz aufspeichern. Setzt man diese Zahl als die maximale, so ergibt es sich, daß die Durchschnittsmenge der am Lichte synthesierten Stoffe bei der Sonnenblume monatlich 400 g ausmacht. Nimmt man ferner an, daß ein jeder Quadratmeter der Erdoberfläche monatlich 400 g produziert[1]), so kann man leicht berechnen, daß die ganze Vegetation der Erde monatlich 54×10^{12} kg Kohlendioxyd zerlegt. Gehen wir jedoch von den obigen Zahlen von BROWN und ESCOMBE aus, so ergibt sich eine dreimal geringere Ausbeute. A. MAYER[2]) nimmt an, daß alle Pflanzenkulturen jährlich beinahe gleiche Mengen der organischen Stoffe pro Hektar produzieren, so z. B.:

Weizen	. . .	7410 kg	Mais	. . . .	7200 kg
Zuckerrübe	. .	7800 „	Buche	. . . .	6922 „
Klee	. . . .	7800 „	Fichte	. . . .	6750 „
Wiesenheu	. .	7200 „			

Nach anderen Berechnungen[3]) erhält man Zahlen anderer Ordnung, die dazu noch unter einander differieren. So hat BECQUEREL folgende jährliche Ausbeuten an organischen Stoffen pro Hektar angegeben: Wald 1800—3000 kg, Wiese 3500—4500 kg, landwirtschaftliche Kulturpflanzen in unseren Breiten 6000—9000 kg, dieselben in den Tropen (bei fortdauernder Vegetation) etwa 34500 kg.

Nicht weniger gehen die Zahlen auseinander, welche das Verhältnis zwischen der Gesamtmenge von CO_2 in der Atmosphäre und dem jährlichen CO_2-Verbrauch bei der Photosynthese ausdrücken. Nach SACHSs Berechnung sind in der Atmosphäre 2500×10^{12} kg CO_2 enthalten; die Pflanzenassimilation verbraucht aber monatlich 54×10^{12} kg; folglich muß der vorhandene Vorrat in 4 Jahren erschöpft werden. TIMIRIAZEW nimmt an, daß die gesamte Luftkohlensäure in einer noch kürzeren Zeit verbraucht werden soll. Neuerdings wurden andere Annahmen gemacht, welche auf Zahlen von BROWN und ESCOMBE

---

[1]) Hierbei wird angenommen, daß eine jede Sonnenblume eine Fläche von 1 qm in Anspruch nimmt.

[2]) MAYER, A.: Landwirtschaftl. Versuchs-Stationen Bd. 40, S. 203. 1892.

[3]) BECQUEREL: La lumière 1868. — TIMIRIAZEW: Landwirtschaft und Pflanzenphysiologie 1906. (Russisch.) — EBERMAYER: Sitzungsber. d. bayer. Akad. Bd. 15, S. 303. 1885.

beruhen. Nach SCHRÖDER[1]) beträgt der CO_2-Gehalt der Atmosphäre 2100×10^{12} kg, der jährliche Verbrauch ist aber gleich 60×10^{12} kg; folglich muß die atmosphärische Kohlensäure ohne jegliche CO_2-Zufuhr die Ernährung der Pflanzen im Verlauf von 35 Jahren unterhalten. Nach REINAU[2]) ist der Vorrat der atmosphärischen Kohlensäure gleich 1530×10^{12} kg; der jährliche Verbrauch beträgt aber $86{,}5 \times 10^{12}$ kg; folglich muß die gesamte Luftkohlensäure in 18 Jahren erschöpft werden. Dieser Verfasser bemerkt wohl zutreffend, daß krautartige Gewächse sich in besseren Verhältnissen als Bäume und Sträucher befinden, da der CO_2-Gehalt nahe am Boden größer ist als in höheren Luftschichten. Wegen der ökologischen Bedingungen muß die „spezifische Energie" bei krautartigen Gewächsen höher als bei Bäumen sein.

Obschon die Diskrepanz aller obigen Berechnungen eine sehr große ist, ergibt sich immerhin aus beliebigen Zahlen ein und dasselbe Resultat: die atmosphärische Kohlensäure muß in allerkürzester Zeit von den Pflanzen verbraucht werden. Da es aber nicht geschieht und der CO_2-Gehalt der Luft sich im Durchschnitt gar kaum verändert, so findet, folglich, in der Natur eine ausgiebige CO_2-Produktion statt. Der Kohlenstoff vollführt in der Tat den folgenden Kreislauf: von den grünen Pflanzen am Licht assimiliert, gelangt er in ihren Körper in Form von organischen Verbindungen und tritt aus dem Körper der Pflanzen in demselben Zustande in den Körper der Tiere über. Der größte Teil des Kohlenstoffs kehrt wieder in die Luft zurück in Form der Atmungskohlensäure, da ein jeder Organismus zu seinen energetischen Prozessen eine viel größere Menge der organischen Stoffe verbraucht, als zu seinem Baustoffwechsel. So scheidet z. B. der Mensch bei einem Mittelgewicht von 70 Kilo jährlich etwa 100 Kilo Kohlenstoff in Form von Atmungskohlensäure aus. Nach einer Bemerkung von TIMIRIAZEW[3]) „beweist die Tatsache, daß lebende Wesen eine genügende Nahrung finden, daß in der Atmosphäre eine Sauerstoffmenge enthalten ist, die zu ihrer Atmung ausreicht, da die Nahrung durch Abspaltung des Sauerstoffs vom Kohlendioxyd entsteht; einem jeden Kohlenstoffatom der Nährstoffe entspricht also eine Sauerstoffmenge in der Luft, die gerade dazu ausreicht, dieses Kohlenstoffatom wieder in CO_2 zu verwandeln". Die Menschheit scheidet bei ihrer Atmung, nach annähernder Schätzung, jährlich 438×10^9 kg CO_2 aus, was ungefähr $^1/_{5000}$ des atmosphärischen Vorrats beträgt. Die Atmung der grünen Pflanzen ist am grellen Sonnenlicht etwa 20mal schwächer, als die ihr antogonistische Photosynthese[4]). Wenn man aber in Be-

---

[1]) SCHROEDER, H.: Naturwissenschaften Bd. 7, S. 976. 1919.

[2]) REINAU: Chem. Zeit. S. 43. 1919.

[3]) TIMIRIAZEW, K.: Landwirtschaft und Pflanzenphysiologie S. 342. 1906. (Russisch.)

[4]) BOUSSINGAULT, J. B.: Agronomie, chimie, agric. et physiol. Bd. 4, S. 267. 1860. — WILLSTÄTTER, R. u. STOLL, A.: Untersuchungen über Assimilation der Kohlensäure S. 326. 1918. — KOSTYTSCHEW, S.: Ber. d. botan. Ges. Bd. 39, S. 319. 1921 u. a.

tracht zieht, daß die Atmung ununterbrochen Tag und Nacht fortdauert, so kann man mit SACHS die Atmungsintensität summarisch
gleich $1/10$ der Assimilationsintensität setzen. Schwer läßt sich die
Atmung der Tierwelt und der chlorophylllosen Pflanzen quantitativ
einschätzen. Der Kohlenstoff, der beim Atmungsvorgang in die Atmosphäre nicht zurückkehrt, gelangt in den Boden mit den Abfällen der
Tierwelt, desgleichen nach dem Tode der Tiere und Pflanzen in Form
von ihren Leichen. Alle diese Stoffe zerfallen bei den verschiedenen
Gärungsprozessen (Kap. VIII), deren Produkte gewöhnlich ebenfalls
organische Stoffe von einfacherer Zusammensetzung sind. Diese Produkte werden von verschiedenartigen Mikroorganismen oxydiert, so daß
schließlich fast die Gesamtmenge des von den Pflanzen der Atmosphäre entnommenen Kohlenstoffs in dieselbe zurücktritt. Eine Ausnahme bilden Torfmassen und andere pflanzliche Reste, die im Boden
erhalten bleiben. Über die Mengen der aus dem Boden entstehenden
Kohlensäure geben folgende Zahlen Auskunft[1].

Nicht erhitzter Boden schied auf 1 ha in 3 Monaten	5000 bis 7000 kg CO_2 aus
Erhitzter Boden schied auf 1 ha in 3 Monaten	10000 „ 20000 „ „ „
Ein anderer Boden schied auf 1 ha in 200 Tagen	15000 „ „ „

Diese Resultate wurden mit Kulturböden erhalten. Hohe Zahlen
liefern auch die nicht bearbeiteten Böden. Am schwächsten ist die
CO_2-Ausscheidung in den Moorböden. Als Ersatz für denjenigen Kohlenstoff, der im Boden erhalten bleibt, werden neue enorme CO_2-Mengen,
die bei vulkanischen Ausbrüchen ausgeschieden werden, in den Kreislauf eingeführt. Diese vielleicht ausgiebigste Quelle des Kohlendioxyds
vergrößert also die im Kreislauf begriffene Kohlenstoffmenge auf Kosten
der in der Erde begrabenen Kohlenstoffvorräte. Im selben Sinne wirkt
auch die menschliche Technik. Der Mensch scheidet bei seinen technischen Betrieben im Mittel $2^1/_2$ mal mehr Kohlenstoff in die Luft,
als bei seiner Atmung aus. Alle Dampfschiffe, Eisenbahnen, Fabriken
usw. verarbeiten eine so große Menge von Steinkohle zu CO_2, daß im
ganzen sich eine CO_2-Menge von zweifelloser geochemischer Bedeutung
ergibt. Es ist berechnet worden, daß die Essener Kruppwerke allein
vor dem Weltkriege jährlich nicht weniger als 900 Millionen Kilo
Kohlenstoff in Form von CO_2 in die Atmosphäre überführten[2]. Diese
CO_2-Menge ist genügend, um Hunderttausende Hektar Wald im Verlaufe von einigen Jahren zu ernähren.

Die Ozeane spielen die Rolle von Regulatoren des Prozentgehaltes
des Kohlendioxyds in der Atmosphäre, da bei der Erhöhung des
Partialdrucks dieses Gases in der Luft auch sein Prozentgehalt im

---

[1] PETERS: Landwirtschaftl. Versuchs-Stationen Bd. 4, S. 133. 1862. —
SCHLOESING: Cpt. rend. hebdom. des séances de l'acad. des sciences Bd. 77, S. 203.
1873.

[2] NOLL, F.: Bonner Lehrbuch. 1. Aufl. S. 166. 1894.

Wasser der Ozeane steigt. Die Analysen der Meerwässer könnten infolgedessen vielleicht genauere Hinweise darüber geben, wie sich der CO_2-Gehalt in der Natur verändert. Auch hier sind wir allerdings schließlich auf problematische Schätzungen angewiesen. Es besteht die Ansicht, daß sich der CO_2-Gehalt im Wasser der Ozeane zur Zeit im Durchschnitt vergrößert; andere Forscher halten ihn dagegen für konstant, da die in den letzten 100 Jahren wahrgenommenen Schwankungen des CO_2-Gehalts innerhalb der Grenzen der Analysenfehler bleiben.

Kohlenstoff- und Stickstoffdünger. Wir haben uns davon vergewissert, daß die Pflanzen unter natürlichen Verhältnissen durchaus nicht bei der optimalen CO_2-Konzentration vegetieren; was aber den Stickstoff anbelangt, so steht es mit ihm noch schlechter. Selten findet man Böden, die einer Stickstoffdüngung nicht bedürfen. Oben wurde gezeigt, daß meistens überhaupt keine Vorräte an gebundenem Stickstoff im Boden vorhanden sind; auf jedem Bodenfleck existieren die Pflanzen oft nur auf Kosten desjenigen Stickstoffs, der in den Boden bei Zersetzung der früher daselbst vegetiert habenden Pflanzen gelangt ist; geringe unvermeidliche N-Verluste werden durch die atmosphärischen Niederschläge, die eine gewisse Menge von Ammoniak und oxydiertem Stickstoff enthalten, ausgeglichen. Außerdem spielen bei der Stickstoffbindung des Bodens die ihn bewohnenden Mikroorganismen eine vorherrschende Rolle, da einige von ihnen die Fähigkeit besitzen, den molekularen Stickstoff der Atmosphäre zu assimilieren (siehe folgendes Kapitel). Dieses Bild einer zwar armseligen, doch immerhin leidlich äquilibrierten Existenz verändert sich stark zum Schlechteren unter den Bedingungen der landwirtschaftlichen Kultur. Hierbei wird die ganze Ernte einer jeden Vegetationsperiode mit der Gesamtmenge des darin enthaltenen Stickstoffs vom Feld oder von der Wiese weggeräumt. Daher wird der Boden rasch stickstoffarm und zur Pflanzenzucht unbrauchbar, wenn man ihn ohne jede Stickstoffdüngung jedes Jahr ununterbrochen zu Kulturen benutzt. Auf vorstehenden Seiten wurde bereits hervorgehoben, daß die an Stickstoffmangel leidenden Pflanzen CO_2 schwach assimilieren und also nur geringe Mengen der organischen Stoffe synthesieren. Die Stickstoffdünger müssen fremder Herkunft sein, da man mit eigenen Mitteln einer bestimmten Wirtschaft den Zusammenbruch nur hinausschieben, aber nicht vollkommen beseitigen kann. Die einzige Quelle des häuslichen Düngers bildet Viehmist; es ist aber einleuchtend, daß mit diesem Dünger in den Boden nur ein geringer Teil des dem Boden entnommenen Stickstoffs zurückgeführt wird. Erstens kommt der in Form von verschiedenen Nahrungsmitteln verkaufte Stickstoff abhanden, zweitens wird der gesamte vom Vieh assimilierte und in die Eiweißstoffe der Tiere übergegangene Stickstoff dem Boden nicht wiederersetzt. Über die wichtige Bedeutung des Mists als Kohlenstoffdüngemittel wird noch weiter unten die Rede sein.

Aus dem oben Dargelegten ist ersichtlich, daß eine jede mehr oder weniger rationell geführte Wirtschaft auf Zustellung der notwendigen Quantitäten von Stickstoffdünger angewiesen ist. Als ein übliches Düngemittel dient schon längst der Natronsalpeter, dessen Lager sich in den trockenen Gebieten von Chile und Südperu[1]) befinden und zugleich mit Guano (Vogelmist), einem ebenfalls ausgezeichneten Düngemittel, im Verlaufe von vielen Jahren das hauptsächlichste Ausfuhrprodukt dieser Staaten bildeten. Der Salpeter bietet den wichtigen Vorteil dar, daß er für alle Pflanzen ohne Ausnahme auf allen Böden brauchbar ist. Leider sind die Salpeterlager schon zum größten Teil erschöpft, und die Erfindung eines ausreichenden Ersatzes war eine aktuelle Frage des laufenden Jahrhunderts. Der erste Dünger, den man in vielen Fällen mit hervorragendem Erfolg verwandte, ist Ammoniumsulfat, ein Nebenprodukt der Leuchtgaspro-

---

[1]) Thiercelin: Ann. de chim. et de physique (4), Bd. 13, S. 160. 1868. — Plagemann: Der Chilesalpeter 1905.

duktion. Oben wurden die Bedingungen der Anwendung der ammoniakalischen Düngemittel besprochen; außerdem kann man den Ammoniak leicht zu Salpetersäure oxydieren. Doch wird der Ammoniak größtenteils aus Steinkohle dargestellt, und diese Ausbeute kann die fortwährend wachsenden Bedürfnisse nicht befriedigen. Was die stickstoffhaltigen Abfallprodukte der Schlächtereien und der verschiedenen technischen Betriebe anbelangt, so sind diese Stoffe höchstens nur als gelegentliche Hilfsdüngemittel zu bezeichnen, da ihre Menge ganz gering ist. Infolgedessen war in der letzten Zeit eine bedeutende Preiserhöhung der Stickstoffdüngemittel bemerkbar.

Die einzige unerschöpfliche Stickstoffquelle ist die ungeheure Menge des molekularen Stickstoffs der Atmosphäre. Dessen möglichst billige und rationelle Ausnutzung wurde daher zu einer aktuellen Aufgabe der modernen Technik. Die Verwandlung des molekularen Stickstoffs in verschiedene Stickstoffverbindungen verlangt einen großen Energieverbrauch. In Gegenden, wo Wasserturbinen zum Erzeugen elektrischer Ströme hoher Spannungen eingerichtet werden können, d. i. wo viele Wasserfälle und Stromschnellen zur Verfügung stehen, ist es vorteilhaft, den Stickstoff durch den atmosphärischen Sauerstoff in einem VOLTAschen Bogen mit metallischen Elektroden zu oxydieren. Als Produkt dieser Oxydation entsteht die Salpetersäure. Eine einfachere Methode der Salpeterdarstellung besteht darin, daß man Haufen von Mist, Torf, verschiedenen stickstoffhaltigen Abfallprodukten zur besseren Lüftung mit Reisig schichtweise durchsetzt und mit Harn, Mistjauche und ähnlichen Flüssigkeiten begießt. Die stickstoffhaltigen Stoffe werden dabei durch Einwirkung verschiedener Mikroben mineralisiert und spalten Ammoniak ab; letzterer wird durch nitrifizierende Mikroben (siehe folgendes Kapitel) in Salpetersäure übergeführt. Die Gefahr dieser Art der Salpeterproduktion besteht darin, daß hierbei eine Denitrifikation (siehe folgendes Kapitel) unerwarteter Weise eintreten kann, die den Verlust des ganzen Salpetervorrats herbeiführt. Aus diesem Grunde ist es vielleicht empfehlenswerter, eine reichliche Nitrifikation im Boden selbst, nach dessen Düngung mit verschiedenen stickstoffhaltigen Stoffen zu befördern. Die Nitrifikation vergrößert sich im Boden unter dem Einfluß von erleichterter Luftzufuhr, Kalkdüngung und einigen anderen Einwirkungen.

Ein anderes Düngemittel, das auf Kosten des Luftstickstoffs dargestellt wird, ist der sogenannte „Kalkstickstoff" oder das Calciumderivat des Cyanamids $CN(NH_2)$ [1]. Es wird aus Stickstoff und Calciumcarbid bei einer Temperatur von 1100—1200° [2] erhalten; setzt man dem Carbid 10 vH. wasserfreies Chlorcalcium hinzu, so genügt eine Temperatur von 700—800° [3]):

$$CaC_2 + N_2 = CN_2Ca + C.$$

Das Produkt wird ohne Reinigung, mit einer Beimengung von Kohle, zur Bodendüngung verwendet. Calciumcarbid wird durch Schmelzen von wasserfreiem Kalkoxyd mit Koks im elektrischen Ofen bei 2500—3500° [4]) dargestellt:

$$CaO + C = Ca + CO$$
$$Ca + 2C = CaC_2.$$

Aus dem „Kalkstickstoff" wird im Boden Cyanamid regeneriert, welches, wie bekannt, leicht ohne Anteilnahme der Oxydationsvorgänge durch direkte Wasseranlagerung in Harnstoff übergehen kann [5].:

$$CN(NH_2) + H_2O \longrightarrow NH_2CONH_2.$$

---

[1]) Im Cyanamid können beide Wasserstoffatome durch Metalle ersetzt werden.

[2]) FRANK, A. u. CARO, N.: D. R. Pat. 108971. — Ders.: Chem. Zentralbl. I, S. 1120. 1900,.

[3]) POLZENIUSZ: D. R. Pat. 163320. — Chem. Zeit. Bd. 31, S. 958. 1907.

[4]) MOISSAN: Cpt. rend. hebdom. des séances de l'acad. des sciences Bd. 118, S. 501. 1894. — Traité de chimie minérale Bd. 3, S. 690. 1904.

[5]) ULPIANI: Gaz. chim. ital. Bd. 38 (II), S. 399. 1908.

Im Boden wird dieser Vorgang durch die gewöhnlichsten Mikroorganismen hervorgerufen[1]). Sie spalten alsdann vom Harnstoff Ammoniak ab, wodurch also dieselbe Wirkung wie bei ammoniakalischer Düngung erzielt wird[2]). An und für sich ist aber Cyanamid für alle Pflanzen giftig; erfolgt also seine Zersetzung im Boden nicht rechtzeitig, so können ungünstige Resultate hervorgehen.

Die schweren Jahre des Weltkrieges zeitigten wichtige Erfolge auf dem Gebiete der Düngungsprobleme. Im Zusammenhang mit der Nahrungsmittelkrise erwies es sich als notwendig, die Ernten der Kulturpflanzen nach Möglichkeit zu steigern und neue Wege zur Erhöhung der Ausnutzung der Sonnenenergie durch die Pflanze zu suchen. Es wurde gefunden, daß die Arbeit der grünen Pflanzen selbst auf voll gedüngtem Boden und bei guter Stickstoffnahrung durch den geringen Gehalt des Kohlendioxyds in der Atmosphäre begrenzt ist. Hieraus entstand der kühne Gedanke, die Atmosphäre über den intensiven Kulturen am grellen Sonnenlicht mit Kohlendioxyd anzureichern. Die ersten Versuche in dieser Richtung wurden schon längst ausgeführt[3]), ergaben jedoch ein ungünstiges Resultat, wahrscheinlich wegen Verunreinigung des Kohlendioxyds durch zufällige Beimengungen[4]). Gegenwärtig sind in einigen Gegenden Versuche der Pflanzendüngung durch Steigerung des CO_2-Gehaltes der Luft im großen Maßstabe unternommen worden. Ein besonderes Interesse gewährt die Anwendung der gereinigten Hochöfengase[5]) zur Pflanzenernährung. Dieselbe ergab überraschende Resultate: das Trockengewicht der Ernte stieg um 400 vH. im Vergleich zur normalen Ernte; ein derartiges Resultat kann durch keine Bodendüngung erreicht werden. Hierbei vergrößert sich namentlich die Menge der Kohlenhydrate in der Ernte, wogegen der Prozentgehalt der Eiweißstoffe unter der Norm bleibt. Nach dem Urteil einiger der Sache nahestehenden Fachmänner hat die Luftdüngung der Pflanzen eine glänzende Zukunft, andere verhalten sich jedoch mit großer Reserve[6]). Die Anhänger der Luftdüngung weisen unter anderem auf die längst bekannte Tatsache der Unentbehrlichkeit der Mistdüngung selbst bei reichlicher Mineraldüngung hin, und erklären dies auf folgende Weise: Der Mist ist nicht nur ein Stickstoff-, sondern in erster Linie ein Kohlenstoffdünger, da bei Zersetzung des Mists durch die Bodenmikroben viel Kohlensäure entweicht, die von den Kulturpflanzen verwertet wird.

Größere Fortschritte sind auf dem Gebiete der Stickstoffdüngung zu verzeichnen. Schon im Jahre 1913 hat HABER[7]) das Problem der Ammoniaksynthese aus den Elementen gelöst. Die Schwierigkeit dieses Problems bestand darin, daß die Verbindung des Stickstoffs mit dem Wasserstoff nur bei der Temperatur des roten Glühens genügend schnell vor sich geht, da aber bei dieser Temperatur das thermodynamische Gleichgewicht schon beim geringfügigen Ammoniakgehalt eintritt, so sind keine nennenswerten Ammoniakausbeuten möglich. Je niedriger die Temperatur, desto vollkommener ist die Ammoniaksynthese, desto schwerer ist es aber, die Reaktion in Gang zu setzen. Diese Schwierigkeit wurde dadurch umgangen, daß die Verbindung der Elemente im Gasstrome bei einer 700° nicht übersteigenden Temperatur, aber unter einem starken Druck und in Gegenwart von geeigneten metallischen Katalysatoren be-

---

[1]) AEBY: Journ. of agricult. science Bd. 1, S. 358. 1905.

[2]) MAZÉ, VILA et LEMOIGNE: Cpt. rend. hebdom. des séances de l'acad. des sciences Bd. 169, S. 921. 1919.

[3]) BROWN, H. T. and ESCOMBE, F.: Proc. of the roy. soc. of London Bd. 70, S. 402. 1902. — FARMER, B. and SCHANDLER, S. E.: Ebenda Bd. 70, S. 413. 1902.

[4]) LUNDEGÅRDT, H.: Zeitschr. f. angew. Botanik Bd. 4, S. 120. 1922.

[5]) RIEDEL, F.: Stahl und Eisen Bd. 39, S. 1497. 1919. — FISCHER, H.: Gartenflora Bd. 68, S. 165. 1919. — Ders.: Naturwiss. Wochenschr. Bd. 19, S. 177. 1920 u. a.

[6]) Vgl. dazu MITSCHERLICH, E. A.: Zeitschr. f. Pflanzenernährung Bd. 2, S. 24. 1923. — SPARGATIS, P.: Botan. Arch. Bd. 4, S. 381. 1923.

[7]) HABER, F. u. VAN OORDT: Zeitschr. f. anorg. Chem. Bd. 44, S. 342. 1905. — HABER, F. u. LE ROSSIGNOL, R.: Zeitschr. f. Elektrochem. Bd. 19, S. 53. 1913.

werkstelligt wird. Letzterer Umstand ist ausschlaggebend: Von einer gelungenen Wahl der Katalysatoren hängt in erster Linie die Ammoniakausbeute ab. Die Ammoniakdarstellung in großem Betrieb wurde in Deutschland während des Weltkrieges organisiert. Die Gesamtmenge der zu den Kriegszwecken notwendigen Salpetersäure wurde durch die Oxydation des nach HABER dargestellten Ammoniaks erzeugt, so daß Deutschland den Chilesalpeter wohl auch künftighin nicht mehr einführen wird.

Die soeben beschriebene Methode der Bindung des atmosphärischen Stickstoffs ist so billig, daß sie wohl alle anderen Methoden, darunter auch dis Salpetersäuredarstellung aus der Luft durch Ströme hoher Spannung verdrängen wird. Die Ammoniakdarstellung aus den Elementen wird einstimmig als eine der größten technischen Errungenschaften aller Zeiten bezeichnet. Außerdem ist sie einer der glänzendsten Siege des Menschen über die ihm feindliche Natur. Das Damoklesschwert der Erschöpfung der Vorräte an gebundenem Stickstoff in der Natur hat aufgehört über unserem Haupt zu hängen, und wir können nunmehr ruhig der Vertilgung der Lager von Chilesalpeter zusehen.

Drittes Kapitel.

Chemosynthese und Assimilation des molekularen Stickstoffs.

Der allgemeine Begriff der Chemosynthese. Die Synthese organischer Stoffe aus den mineralischen wird nicht nur durch grüne Pflanzen bewirkt. Einige Bakterien, welche keine lichtempfindlichen Farbstoffe enthalten, ernähren sich ebenso wie die grünen Pflanzen ausschließlich von Mineralstoffen, wobei sie aber zur Synthese der organischen Stoffe nicht die Sonnenenergie, sondern die Energie einiger exothermen Reaktionen, welche viel Wärme liefern, verwerten. Solche Reaktionen sind z. B. die Oxydation von Wasserstoff zu Wasser, von Schwefelwasserstoff zu Schwefel und Schwefelsäure usw.

Es sind dies die bemerkenswerten Erscheinungen der spezifischen Anpassungen verschiedener Mikroben an bestimmte chemische Arbeiten, die keinen anderen Wesen eigen sind und ebenso wie alle energetischen Vorgänge sich im weiten Umfange vollziehen. Analoge spezifische Anpassungen einiger Mikroben an bestimmte chemische Reaktionen sind auch die im Kapitel VIII besprochenen Gärungen, die ebenfalls energetische Prozesse darstellen. Es ist ausdrücklich zu betonen, daß die Chemosynthese durchaus nicht dieselbe kosmische Bedeutung hat, welche wir mit vollem Recht der Photosynthese zuschreiben, wo auf Kosten der freien Energie des Sonnenstrahls organische Stoffe entstehen und strahlende Energie aufgespeichert wird. Bei der Chemosynthese wird die potentielle Energie, die in einem Stoff aufgespeichert worden war, in einen anderen Stoff übergeführt. Anstatt der einer Energieart wird die andere geschaffen, welche für den betreffenden Organismus notwendiger ist, hierbei findet aber keine Energiespeicherung statt, und der Gesamtvorrat an Energie hoher Tönung, der als Maß der Lebensentwicklung auf unserem Planeten dienen kann, vergrößert sich nicht. Bedient man sich einer Analogie, so kann man die Photosynthese dem Gelderwerben gleichstellen, die Chemosynthese aber dem Valutawechseln, das gewöhnlich mit einem geringen Verlust verbunden ist.

Die enorme biologische Bedeutung der Chemosynthese äußert sich auf einem ganz anderen Gebiet: Reaktionen, die das Wesen der Chemosynthese darstellen, ermöglichen den Kreislauf einiger physiologischwichtiger Stoffe, welche im Körper des Tieres und der Pflanze verarbeitet werden: die Chemosynthese führt diese Stoffe in einen Zustand über, in welchem sie einer physiologischen Verarbeitung durch die Pflanzen zugänglich werden. Dieser Sachverhalt wird weiter unten eingehend besprochen werden.

Die Existenz der Chemosynthese beweist, daß der Aufbau der biologisch wichtigen organischen Stoffe aus anorganischen Materialien auch ohne Mitwirkung des Lichtes möglich ist.

Nitrifikation. Beinahe die gesamte Salpetersäure im Boden ist biologischen Ursprungs; sie entsteht bei der Oxydation des Ammoniaks, der seinerseits auf Kosten des Stickstoffs der Eiweißstoffe und deren Spaltungsprodukte bei der Verwesung der Leichen der Tiere und Pflanzen entsteht (S. 146). Die Oxydation des Bodenammoniaks zu Salpetersäure nennt man Nitrifikation. Schon längst dachte man daran, daß die Nitrifikation ein biologischer Prozeß[1]) sein muß, da sie durch Einwirkung verschiedener anästhesierender und giftiger Stoffe, z. B. des Chloroforms, eingestellt wird. Nur die bahnbrechenden Untersuchungen von WINOGRADSKY[2]) haben jedoch das Wesen dieses eigenartigen Vorganges aufgehellt und darin eine Fülle von neuen und unerwarteten Gesetzmäßigkeiten aufgedeckt.

Die Hauptschwierigkeit der Züchtung und Isolierung der nitrifizierenden Mikroben, welche eine ganze Reihe von Forschern abgewiesen hat, besteht darin, daß es durch die gewöhnlichen bakteriologischen Methoden nicht gelingt, befriedigende Resultate zu erhalten. Wie bekannt, bedient man sich bei der Mikrobenisolierung der Methode des Plattengusses. Das zu untersuchende Medium verteilt man in einer genügenden Menge sterilisierten (d. h. von allen Lebewesen befreiten) Wassers, überträgt einige Tropfen der Mischung in verflüssigte sterile Gelatine oder Agar und gießt alles in eine entsprechende Anzahl von flachen sterilisierten Petrischalen ein. Nach Erkalten des gallertartigen Substrats erstarrt ein jeder Mikroorganismus in einer fixen Lage und erzeugt bei seiner Vermehrung eine ganze Kolonie einer und derselben Mikrobenart; oft haben diese Kolonien ein ganz charakteristisches Aussehen. Aus je einer Kolonie kann man die Mikroben leicht in separate Gefäße übertragen und auf diese Weise reine Kulturen erhalten: in einer jeden reinen Kultur findet sich nur eine bestimmte Art von Mikroorganismen.

Da es niemals gelang, mit Hilfe dieser allgemein gebräuchlichen Verfahren die nitrifizierenden Organismen zu isolieren, so führte WINOGRADSKY eine wichtige, der eigentlichen Isolierung der Mikroben vorangehende Vorbereitungsmethode in Form der sogenannten „elektiven

---

[1]) SCHLOESING, TH. et MUNTZ, A.: Cpt. rend. hebdom. des séances de l'acad. des sciences Bd. 84, S. 301. 1877; Bd. 85, S. 1018. 1877; Bd. 86, S. 892. 1878; Bd. 89, S. 891 u. 1074. 1879. — WARINGTON: Zentralbl. f. Bakteriol., Parasitenk. u. Infektionskrankh. Bd. 6, S. 498. 1888. — FRANKLAND, G. u. P.: Zeitschr. f. Hyg. u. Infektionskrankh. Bd. 6, S. 373. 1889.

[2]) WINOGRADSKY, S.: Ann. de l'inst. Pasteur Bd. 4, S. 213, 257 u. 760. 1890; Bd. 5, S. 92 u. 577. 1891. — Ders.: Zentralbl. f. Bakteriol., Parasitenk. u. Infektionskrankh. (II), Bd. 2, S. 415. 1896.

Kultur" ein. Als elektive Kultur bezeichnet man eine Züchtung der Gesamtheit von Mikroben des zu untersuchenden Mediums unter künstlich hergestellten Verhältnissen, welche ein Übergewicht im Kampf ums Dasein den zu isolierenden Mikroben verleihen. Diese vermehren sich stark und unterdrücken das Wachstum der anderen Organismen; infolgedessen sammeln sie sich in großen Mengen an, was natürlich die nachfolgende Isolierung der reinen Kultur sehr erleichtert. In dem uns hier interessierenden Falle konnte man erwarten, daß die nitrifizierenden Mikroben weniger als andere Mikroorganismen von organischen Stoffen abhängen, da die Betriebsenergie, die gewöhnlich im Atmungsprozeß, d. h. beim Verbrennen organischer Stoffe, gewonnen wird, bei der Nitrifikation durch die Oxydation des Ammoniaks, eines anorganischen Stoffes, entsteht. Auf Grund dieser Überlegung hat WINOGRADSKY Kaliumtartrat als die einzige organische Substanz in die elektive Kultur eingeführt. Da aber auch diese Verhältnisse sich als unzulänglich erwiesen, so faßte WINOGRADSKY den kühnen Entschluß, die organischen Verbindungen aus der Kultur vollkommen auszuschließen. Die Nährlösung enthielt auf 1 Liter nur 1 g Ammoniumsulfat und 1 g Kaliumphosphat. Außerdem befand sich auf dem Boden des Gefäßes ein Niederschlag von 5—10 g Magnesiumcarbonat. Das Magnesium wurde den Mikroben in Form von Carbonat zwecks Neutralisation der sich in der Flüssigkeit anhäufenden Salpetersäure zur Verfügung gestellt. Der Erfolg dieser Methode war ein vollkommener; in der Flüssigkeit setzte eine ebenso energische Nitrifikation wie unter den natürlichen Bedingungen ein. Selbstverständlich entwickelte sich bei Abwesenheit organischer Stoffe die Mehrzahl der Bodenmikroben gar nicht; die Kahmhaut, welche sich auf der Oberfläche der Lösung bildete, enthielt nur 5 verschiedene Bakterienarten. Eine neue Schwierigkeit dieser feinen Untersuchung zeigte sich daran, daß keine einzige von den 5 Bakterien imstande war, Nitrifikation hervorzurufen; die wirklichen Erreger derselben wurden schließlich auf dem Boden des Gefäßes, im Niederschlag des Magnesiumcarbonats, gefunden, trotzdem es scheinbar naheliegender wäre, sie auf der Oberfläche im direkten Kontakt mit dem zur Ammoniakoxydation notwendigen Luftsauerstoff zu suchen.

Große technische Schwierigkeiten bereitete die Isolierung der nitrifizierenden Mikroben in Reinkultur, da man ein festes Substrat erfinden mußte, welches frei von organischen Beimengungen wäre. Selbstverständlich war weder Gelatine noch Agar zur Isolierung der nitrifizierenden Mikroben brauchbar. Schließlich gelang es WINOGRADSKY, Reinkulturen auf Kieselsäuregallerte zu isolieren. Gegenwärtig benutzt man zu dem genannten Zweck Platten aus einem Gemisch von Gips mit Magnesia oder feste Papierscheiben[1]).

---

[1]) OMELIANSKY: Zentralbl. f. Bakteriol., Parasitenk. u. Infektionskrankh. (2), Bd. 5, S. 537. 1899); Bd. 8, S. 785. 1902; vgl. auch PEROTTI, R.: Atti d. Reale accad. dei Lincei, rendiconto (5), Bd. 14, II, S. 228. 1905. — DUGGELI: Naturwiss. Wochenschr. Bd. 14, S. 305. 1915.

Versuche mit Reinkulturen zeigten, daß Ammoniak manchmal bei den allergünstigsten Bedingungen sich nur bis zur salpetrigen Säure oxydiert. Eine nähere Untersuchung ergab, daß zwei Arten von nitrifizierenden Organismen existieren[1]): der eine von ihnen oxydiert Ammoniak nur bis zur salpetrigen Säure, darauf beschränkt sich seine Tätigkeit; der andere Organismus oxydiert salpetrige Säure zu Salpetersäure, ist aber nicht imstande, Ammoniak zu verarbeiten, der für ihn ein starkes Gift ist.

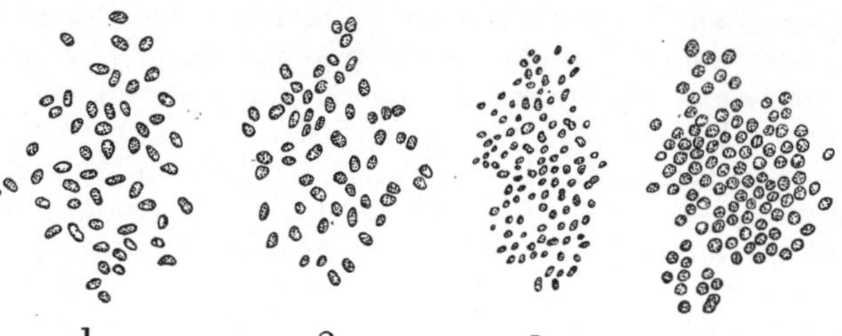

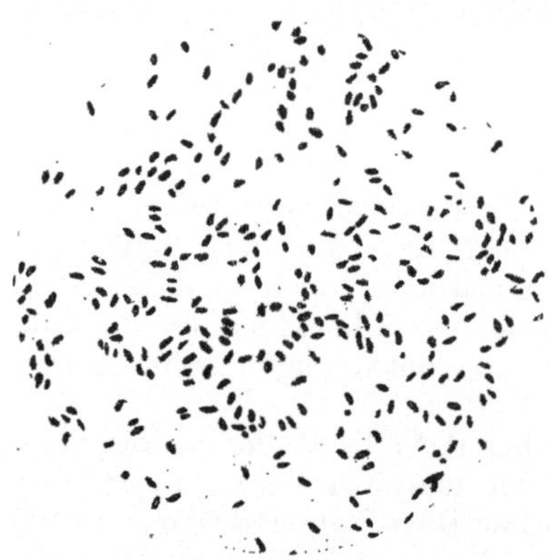

Abb. 20. Nitritbildner aus verschiedenen Böden: 1. aus Zürich, 2. aus Jeanvillier bei Paris, 3. aus Kasan. 4. aus Petersburg. Vergrößerung 1000. (Nach WINOGRADSKY und OMELIANSRY.)

Der Nitritorganismus ist in Europa und Amerika nicht ein und derselbe: in der alten Welt findet man einen ovalen Mikroorganismus mit zahlreichen langen Geißeln (Nitrosomonas, Abb. 20), in Amerika hat aber die nitritbildende Bakterie das Aussehen eines kleinen Kokkes (Nitrosococcus). Der Nitratbildner (Nitrobacter) hat die Form eines kleinen Stäbchens (Abb. 21). Dieser Organismus gehört in die Zahl der kleinsten Bakterien.

Sowohl für den Nitrat-, als für den Nitritbildner sind die besten organischen Nährstoffe stark giftig. Zucker ist für sie ebenso giftig wie Phenol für andere Mikroben, und Ammoniak ist für den Nitratbildner ebenso schädlich wie Sublimat für die übrigen Organismen. Folgende Tabelle zeigt die minimalen Mengen organischer Stoffe, welche die Entwicklung der nitrifizierenden Bakterien hemmen[2]).

Abb. 21. Nitrobacter. Vergrößerung 1000. (Nach WINOGRADSKY und OMELIANSKY.)

---

[1]) WINOGRADSKY, S.: Arch. d. Inst. f. exp. Med. Bd. 1, S. 87. 1892. (Russisch.)

[2]) WINOGRADSKY, S. u. OMELIANSKY: Zentralbl. f. Bakteriol., Parasitenk. u. Infektionskrankh. (II), Bd. 5, S. 338, 377 u. 429. 1899. Bestätigung: MEYERHOF, O.: Pflügers Arch. f. d. ges. Physiol. Bd. 165, S. 229. 1916 u. Bd. 166, S. 240. 1917.

Stoffe	Nitritbildner		Nitratbildner	
	Wachstum gehemmt	Wachstum verhindert	Wachstum gehemmt	Wachstum verhindert
Traubenzucker . . .	0,025 v. H.	0,05 v. H.	0,05 v. H.	0,2 v. H.
Pepton	0,025 „	0,2 „	0,8 „	1,25 „
Asparagin	0,025 „	0,3 „	0,05 „	0,5 „
Glycerin	$<$0,2 „	—	0,05 „	$<$1,0 „
Harnstoff	$<$0,2 „	—	0,5 „	$<$1,0 „
Natriumacetat . . .	0,5 „	$<$1,5 „	1,5 „	3,0 „
Ammoniak	—	—	0,0005 „	0,015 „

Dieses merkwürdige negative Verhalten gegenüber den organischen Stoffen, insbesondere gegenüber den guten Nährstoffen, stellt die Existenz der Chemosynthese außer Zweifel. Es zeigte sich denn auch, daß diese eigentümlichen Mikroben sich wie die grünen Pflanzen mit CO_2 der Atmosphäre[1]) und den anorganischen Stickstoffverbindungen ernähren. Besonders interessant ist das ohne jede Analogie bleibende Verhalten der Mikroben gegenüber Zucker, dem allgemein verbreiteten Nährstoff, der sonst in jeder lebenden Zelle aufzufinden ist. Es ist allerdings zu beachten, daß die nitrifizierenden Bakterien aus noch unbekannten Gründen im natürlichen Boden bei erheblichen Konzentrationen verschiedenartigster organischer Stoffe gedeihen können[2]).

Es war gewiß recht interessant, festzustellen, ob bei den nitrifizierenden Bakterien außer der Ammoniak- und der Nitritoxydation noch die gewöhnliche Sauerstoffatmung auf Kosten der organischen Verbindungen stattfindet. Die neuesten Untersuchungen beweisen, daß bei dem Nitratbildner eine normale Atmung fehlt[3]). Der Vergleich der Mengen des oxydierten Nitrits und des verarbeiteten Sauerstoffs zeigt deutlich, daß keine anderweitige Oxydation stattfindet.

O_2 verbraucht	O_2 zur Nitritoxydation verwertet
0,270 ccm	0,273 ccm
0,392 „	0,396 „
0,277 „	0,290 „
0,293 „	0,295 „
0,244 „	0,240 „

Daher wird der gesamte Gaswechsel des Nitratbildners durch folgende Gleichung ausgedrückt:

$$2\,HNO_2 + O_2 = 2\,HNO_3 + 43{,}2\ Cal.$$

---

[1]) GODLEWSKI, E.: Bull. de l'acad. des sciences de Cracovie 1895. — Ders.: Zentralbl. f. Bakteriol., Parasitenk. u. Infektionskrankh. (II), Bd. 2, S. 458. 1896.

[2]) KARPINSKI, A. et NIKLEWSKI, BR.: Bull. de l'acad. des sciences de Cracovie 1907. 596. — COLEMAN, L. C.: Zentralbl. f. Bakteriol., Parasitenk. u. Infektionskrankh. (II), Bd. 20, S. 401. 1908. — MAZÉ: Cpt. rend. hebdom. des séances de l'acad. des sciences Bd. 152, S. 1625. 1911. — GREAVES and CARTER: Journ. of agron. research Bd. 6, S. 889. 1916. — WRIGHT: Zentralbl. f. Bakteriol., Parasitenk. u. Infektionskrankh. (II), Bd. 46, S. 74. 1916. — BARTHEL: Ebenda Bd. 49, S. 382. 1919.

[3]) MEYERHOF, O.: Pflügers Arch. f. d. ges. Physiol. Bd. 164, S. 353. 1916.

Bei den übrigen Pflanzen wird die Hauptmenge des Zuckervorrats am Atmungsvorgang verbraucht. Da aber die nitrifizierenden Bakterien den Zucker nicht verbrennen, denselben vielmehr offenbar vermeiden, so entsteht unwillkürlich die Vermutung, daß diese Organismen überhaupt keinen Zucker enthalten. Sollte sich diese Vermutung bestätigen, so hätten wir damit ein Beispiel des Lebens ohne Zucker. In den folgenden Kapiteln wird die fundamentale Bedeutung des Zuckers für die Bildung der übrigen physiologisch wichtigen Stoffe dargelegt werden; deshalb muß der Stoffwechsel der ohne Zucker auskommenden Pflanzen ein recht eigenartiger sein. Ein lebhaftes Interesse könnten darum die einfachen Analysen der in nitrifizierenden Mikroben enthaltenen Stoffe darbieten. Derartige Untersuchungen sind gegenwärtig durch die ausgezeichneten Methoden der quantitativen Mikroanalyse[1]) erleichtert. WINOGRADSKY[2]) schlug tatsächlich ein Schema der CO_2-Assimilation durch die nitrifizierenden Mikroben vor, laut welchem bei der Chemosynthese kein Sauerstoff entweicht und keine Kohlenhydrate entstehen:

$$H_2CO_3 + 2\,NH_3 = \underset{\text{Harnstoff}}{NH_2{-}CO{-}NH_2} + 2\,H_2O.$$

Der Harnstoff (siehe Kap. VI) kann zwar als Material für die Eiweißsynthese dienen, aber nur in Gegenwart von Zucker, aus welchem die Kohlenstoffgerüste der Aminosäuren aufgebaut werden. Die anderen Theorien, die von verschiedenen Autoren zum Erläutern der Chemosynthese vorgeschlagen worden sind, weisen große Uneinigkeiten auf. Nach den einen bilden die nitrifizierenden Bakterien Formaldehyd und ferner Zucker, aber ohne Sauerstoffausscheidung[3]):

$$\text{I)} \quad \ldots \ldots \quad 2\,NH_3 + 2\,O_2 = 2\,HNO_2 + 4\,H,$$
$$\text{II)} \quad \ldots \ldots \quad CO_2 + 4\,H = H_2CO + H_2O.$$

Nach den anderen ist die Chemosynthese der Photosynthese vollkommen analog[4]):

$$CO_2 + H_2O = H_2CO + O_2.$$

Erstere Theorie ist aus dem Grunde wenig wahrscheinlich, weil in Wirklichkeit jedem Atom assimilierten Kohlenstoffs beim Nitritbildner nicht 2, sondern etwa 35 Moleküle des oxydierten Ammoniaks entsprechen.

Auf den ersten Blick könnte es erscheinen, daß die Frage, ob bei der Chemosynthese der nitrifizierenden Bakterien Sauerstoff entweicht, durch direkte Gasanalysen gelöst werden kann. In Wahrheit stoßen aber solche Analysen auf große technische Schwierigkeiten, da die gleichzeitige Ammoniakoxydation mit einer starken Sauerstoffabsorp-

---

[1]) PREGL, F.: Die quantitative organische Mikroanalyse 1923. — Ders.: Handb. d. biochem. Arbeitsmethoden v. ABDERHALDEN Bd. 5, S. 1307. 1912.

[2]) WINOGRADSKY, S.: Cpt. rend. hebdom. des séances de l'acad. des sciences Bd. 110, S. 1016. 1890.

[3]) LOEW, O.: Botan. Zentralbl. Bd. 46, S. 222. 1891.

[4]) HÜPPE: Naturwiss. Einführung in die Bakteriol. 1896. 66.

tion verbunden ist. Wird nun bei der CO_2-Assimilation Sauerstoff ausgeschieden, so ist seine Menge ganz gering im Vergleich zu der gleichzeitig aus der Luft absorbierten Sauerstoffmenge. WINOGRADSKY fand für den Nitritbildner folgende Verhältnisse zwischen dem assimilierten Kohlenstoff und dem oxydierten Stickstoff:

N oxydiert	722,0	506,1	928,3	815,4
C assimiliert . . .	19,7	15,2	26,4	22,4
Verhältnis $\frac{N}{C}$ . . .	36,6	33,3	35,2	36,4

Ein anderes, aber ebenfalls ziemlich konstantes Verhältnis von $\frac{N}{C}$ erhielt MEYERHOF (a. a. O.) für Nitrobacter (Nitratbildner):

N oxydiert	475	466	385	378
C assimiliert . . .	3,52	3,55	2,63	2,95
Verhältnis $\frac{N}{C}$ . . .	135	131	146	128

Der Nitritbildner assimiliert also ein Kohlenstoffatom auf 35, der Nitratbildner dagegen auf 135 Moleküle des oxydierten Nitrits. Diesem quantitativen Unterschied entspricht die Ungleichheit der Wärmetönung bei der Ammoniak- und der Nitritoxydation:

$$2\,NH_3 + 3\,O_2 = 2\,HNO_2 + 2\,H_2O \text{ ergibt } 158 \text{ Cal.}$$
$$40,6 \text{ Cal.} \qquad 61,6 \text{ Cal.} \quad 137 \text{ Cal.}$$
$$2\,KNO_2 + O_2 = 2\,KNO_3 \text{ ergibt } 43,2 \text{ Cal.}$$
$$177,8 \text{ Cal.} \qquad 221 \text{ Cal.}$$

Berücksichtigt man, das Verhältnis $\frac{N}{C} = 135$ beim Nitratbildner in Betracht ziehend, die obige Tabelle (S. 189), welche das Verhältnis des absorbierten Sauerstoffs zum oxydierten Nitrit darstellt, so kann man sich davon vergewissern, daß, wenn bei der CO_2-Assimilation überhaupt Wasserstoffbildung stattfindet, dieselbe die Fehlergrenzen der Analyse nicht überschreiten kann.

Die nitrifizierenden Bakterien stellen ein interessantes und lehrreiches Beispiel der sogenannten bakteriellen Genossenschaft dar. Beide Mikroben sind aneinander eng gebunden: der Nitritbildner bedarf des Fortschaffens des Nitrits, des Abfalls seiner Lebenstätigkeit; diese Arbeit wird von dem Nitratbildner geleistet, welcher seinerseits bei Abwesenheit des Nitritbildners nicht leben kann, da er nur von seinem Mitbewohner die salpetrige Säure erhält und außerdem vor der Anhäufung des für ihn schädlichen Ammoniaks geschützt wird. Ein erfolgreiches Leben und Wirken dieser Genossenschaft ist aber ohne die gleichzeitige Arbeit anderer Mikroorganismen, welche organische Stickstoffverbindungen unter NH_3-Bildung mineralisieren, nicht möglich. Diese sind schon gewöhnliche Saprophyten, also Bakterien und Pilze, die sich in jedem Boden befinden und zu den verschiedensten Arten gehören. Sie leben immer in der unmittelbaren Nachbarschaft der nitrifizierenden Bakterien und liefern dem Nitritbildner den ihm nötigen Ammoniak. WINOGRADSKY wies durch ausgedehnte bakteriologische Untersuchungen von Böden und Gewässern nach, daß die von ihm entdeckten nitrifizierenden Bakterien allgemein verbreitet sind und daß die Salpetersäurebildung in Böden, Süß- und Seewässer auf die Tätigkeit dieser Mikroben zurückzuführen ist[1]). Die Nitrifikation geht mit großer Energie nur in gut ventilierten und nicht sauren Böden vor sich; die großartigen Salpeterlager in Chile sind zweifelsohne als Resultat der Tätigkeit der von WINOGRADSKY beschriebenen Bakterien anzusehen. Im Gegensatz zu den Anschauungen der früheren Forscher ist die Nitrifikation auch in Wald- und Moorböden möglich[2]). Es ist festgestellt worden, daß geringe Mengen von oxydiertem Stickstoff, welche in der Atmosphäre bei elektrischen Entladungen durch Oxydation des molekularen Stickstoffs auf Kosten des molekularen Sauerstoffs und Ozons entstehen, im Vergleich zu den ungeheuren Mengen der Salpetersäure biologischer Herkunft als verschwindend klein zu schätzen sind.

Mehrmals sind von verschiedenen Forschern auch andere nitrifizierende Organismen beschrieben worden, die sich von den von WINOGRADSKY entdeckten unterscheiden sollen, nachher wurden aber diese Befunde immer widerrufen. Unter den neueren Hinweisen sei darauf aufmerksam gemacht, daß einem Aktinomyceten[3]), d. h. einem Organismus, welcher eine mittlere Lage zwischen Bakterien und Pilzen einnimmt, sowie den vier neuen Nitrobacterarten, die angeblich Cellulose spalten und durch NH_3 nicht vergiftet werden[4]), die Fähigkeit der Ammoniakoxydation zugeschrieben wird. Inwieweit diese Behauptungen richtig sind und die betreffenden Mikroben eine Bedeutung im Kreislauf des Stickstoffs haben, bleibt einstweilen dahingestellt.

Was die Verbreitung der Nitrifikation unter den natürlichen Verhältnissen anbelangt[5]), so liegen Tatsachen vor, die für deren wichtige Rolle

---

[1]) Vgl. auch WEISS, F.: Zentralbl. f. Bakteriol., Parasitenk. u. Infektionskrankh. Bd. 28, S. 434. 1910. — FREMLIN, H. S.: Proc. of the roy. soc. of London Bd. 71. 1903. — STEKENS, F. L. and WITHERS, W. A.: Zentralbl. f. Bakteriol., Parasitenk. u. Infektionskrankh. Bd. 34, S. 187. 1912. — KELLERMANN, K. F. and ROBINSON, T. R.: Science Bd. 30, S. 413. 1910.

[2]) MIGULA, W.: Zentralbl. f. Bakteriol., Parasitenk. u. Infektionskrankh. (II), Bd. 6, S. 365. 1900. — VOGEL V. FALCKENSTEIN: Journ. f. Landwirtschaft Bd. 62, S. 173. 1914. Die Nitrifikation findet auch in den Abwässern statt: REID: Proc. of the roy. soc. of London (B), Bd. 79, S. 58. 1907. — DIENERT: Cpt. rend. hebdom. des séances de l'acad. des sciences Bd. 165, S. 1116. 1917. — NASHMITH and MC KAY: Journ. of the Ind. eng. chem. Bd. 10, S. 339. 1918. — RUNDICK: Ebenda Bd. 10, S. 400. 1918. Nitrifikation in Moorböden: ARNDT, TH.: Zentralbl. f. Bakteriol., Parasitenk. u. Infektionskrankh. Bd. 49, S. 1. 1919.

[3]) JOSHI: Mem. dep. India bact. Bd. 1, S. 85. 1915.

[4]) SACK, J.: Zentralbl. f. Bakteriol., Parasitenk. u. Infektionskrankh. (II), Bd. 62, S. 15. 1924.

[5]) DÉHÉRAIN: Cpt. rend. hebdom. des séances de l'acad. des séances Bd. 125, S. 209 u. 278. 1897. — MUNTZ et GIRARD: Ann. agron. Bd. 17, S. 289. 1891. Nach den Angaben der letztgenannten Forscher ist das Verhältnis der Nitrifikationsintensitäten in verschiedenen Böden das folgende: leichter Boden 2,690; Kalkboden 1,780; schwerer kalk-lehmiger Boden 0,051; saurer Boden 0,000.

sprechen. Es ist dargetan worden, daß die nitrifizierenden Bakterien während eines feuchten Sommers in einem brachliegenden, gut ventilierten Boden bis zu 200 kg oxydierten Stickstoffs pro 1 ha anhäufen können. Diese Menge ist für eine jede intensive landwirtschaftliche Kultur vollkommen ausreichend. Recht interessant ist das Vorkommen der nitrifizierenden Mikroben auf nackten Kalkfelsen oberhalb der Vegetationszone[1]. Sie sind Pioniere des Lebens überall, wo nur Kalk vorhanden ist, der zur Neutralisation der gebildeten Säure dient. Diese Organismen haben von der Erde gar nichts nötig; alles Lebensnotwendige liefert ihnen die Atmosphäre. Mit den Niederschlägen erhalten sie Ammoniak, Wasser und salpetrige Säure (letztere ist ein Resultat der elektrischen Erscheinungen). Der sich niedersetzende Staub bringt ihnen eine geringfügige, aber zu ihrer Entwicklung immerhin ausreichende Menge der Mineralstoffe; letztere werden außerdem aus den Kalk- und Dolomitfelsen durch die entstandene Säure in Lösung übergeführt. Unwillkürlich kommt einem der Gedanke, daß die nitrifizierenden Organismen gerade jene Eigenschaften besitzen, die für die ersten Bewohner unseres Planeten notwendig waren, da letztere natürlich ohne jede organische Nahrung auskommen mußten. Interessant ist es, daß namentlich die nitrifizierenden Mikroben sich ihrer Größe nach jenen Teilchen nahe stehen, welche, nach Berechnung von ARRHENIUS[2], sich unter dem Einfluß des Lichtstrahlendruckes durch den Weltraum fortbewegen können.

Zum Schluß ist noch zu betonen, daß die nitrifizierenden Bakterien ganz spezifisch wirken: sie können nur Ammoniak und Nitrite, nicht aber Harnstoff und Amine[3] oxydieren, desgleichen sind sie nicht imstande, schweflige und phosphorige Säure[4] zu verarbeiten, obgleich die Oxydation dieser Säuren ihrem Wesen nach dem Oxydationsmechanismus der salpetrigen Säure vollkommen analog ist. Auch letztere ist nur im ionisierten Zustand angreifbar[5].

Oxydation des Schwefelwasserstoffs. In den Schwefelquellen, welche gelösten Schwefelwasserstoff enthalten, können fast gar keine höheren und niederen Pflanzen gedeihen, da der Schwefelwasserstoff für sie auch in geringen Konzentrationen ein starkes Gift ist. In einem nach Schwefelwasserstoff riechenden Wasser entwickelt sich eine ganz eigenartige Vegetation. Darunter sind die mit Schwefelkörnchen gefüllten Fäden der farblosen Bakterie Beggiatoa (Abb. 22) besonders auffallend. Beggiatoa kommt auch in sulfathaltigen Böden vor, weshalb man lange Zeit annahm, daß sie Schwefelsäure über molekularen

---

[1] MUNTZ: Cpt. rend. hebdom. des séances de l'acad. des sciences Bd. 111, S. 1370. 1890.

[2] ARRHENIUS, S.: Das Werden der Welten 1907.

[3] OMELIANSKY, W.: Zentralbl. f. Bakteriol., Parasitenk. u. Infektionskrankh. (II), Bd. 5, S. 481. 1899.

[4] OMELIANSKY, W.: Zentralbl. f. Bakteriol., Parasitenk. u. Infektionskrankh. (II), Bd. 9, S. 63. 1902.

[5] MEYERHOF, O.: Pflügers Arch. f. d. ges. Physiol. Bd. 164, S. 353. 1916.

Schwefel zu Schwefelwasserstoff reduziere und folglich als eine von den Ursachen der Bildung dieses Gases in Schwefelquellen anzusehen sei. Diese Annahme erwies sich aber als irrig. Sulfate sind für Beggiatoa nur insofern wichtig, als sie ein Material für die Schwefelwasserstoffbildung durch die verschiedenartigen anderen biologischen Vorgänge darstellen; für Beggiatoa selbst ist direkt nur Schwefelwasserstoff notwendig. Die merkwürdigen biochemischen Eigentümlichkeiten der Beggiatoa hat WINOGRADSKY klargelegt[1]).

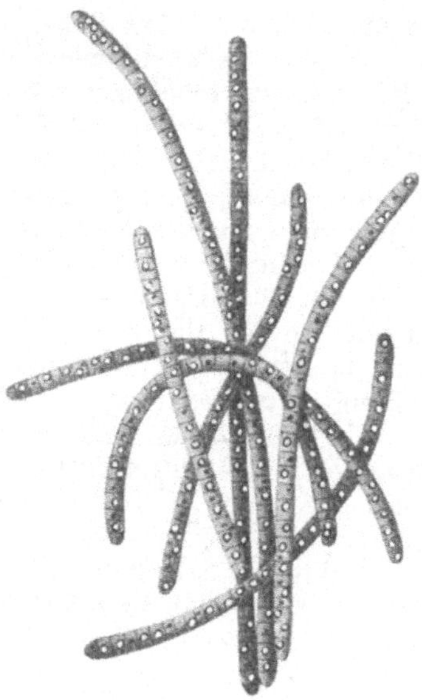

Die Untersuchungen dieses Forschers zeigten, daß Beggiatoa die Oxydation des Schwefelwasserstoffs zu Schwefel zum Gewinn der Betriebsenergie verwendet und ebenso wie die nitrifizierenden Bakterien imstande ist, auf Kosten dieser Energie organische Stoffe zu synthesieren. Bei Beggiatoa sind die charakteristischen Eigenschaften eines chemosynthesierenden Organismus nicht so deutlich wie bei nitrifizierenden Mikroben ausgeprägt, doch ist die Existenz der Chemosynthese daraus ersichtlich, daß es WINOGRADSKY gelungen ist, Beggiatoa innerhalb längerer Zeit in einem mit Schwefelwasserstoff angereicherten natürlichen Mineralwasser, welches höchstens 0,0005 vH. organischer Stoffe in Form von Ameisen- und Propionsäuresalzen

Abb. 22. Beggiatoa. Vergrößerung 1000. (Nach OMELIANSKY.)

enthielt, zu kultivieren. Alle Versuche, den Gehalt, namentlich aber die Nahrhaftigkeit der organischen Stoffe in der Kulturflüssigkeit zu steigern, hatten sofort Hemmung der Schwefelwasserstoffoxydation und Absterben der Bakterienfäden zur Folge.

Beobachtet man unter dem Mikroskop das Verhalten der Bakterien in H_2S-haltigem Wasser, so kann man sich leicht davon vergewissern, daß die einzelnen Bakterien sich in einer beständigen Bewegung befinden: sich dem Rand des Deckgläschens nähernd, versorgen sie sich mit Luftsauerstoff und verwenden denselben alsdann zur H_2S-Oxydation im zentralen Teil des Präparats. In kurzer Zeit überfüllen sich die Bakterienfäden mit Schwefel, der sich wahrscheinlich im flüssigen Zustande befindet. In Gegenwart von Calciumcarbonat schreitet die Oxydation des Schwefels noch weiter fort; es entsteht Schwefelsäure, welche sich

---

[1]) WINOGRADSKY, S.: Botan. Zeit. Bd. 45, S. 489. 1887. — Ders.: Ann. de l'inst. Pasteur Bd. 3, S. 49. 1889. — Ders.: Beitr. z. Morphol. u. Physiol. d. Bakterien Bd. 1. 1888. Neueste Monographie: DÜGGELI, M.: Neujahrsbl. d. Naturforscherges. zu Zürich Bd. 121. 1919.

alsdann in Gips verwandelt. Reine Kulturen von Beggiatoa kann man auf Lösungen züchten, die keine Spur von organischen Stoffen enthalten[1]); diese Kulturen oxydieren Schwefelwasserstoff und assimilieren die Kohlensäure der Luft zur Synthese der organischen Stoffe[2]). Zum Unterschied von den nitrifizierenden Bakterien verträgt aber Beggiatoa in Reinkulturen eine ziemlich große Menge von organischen Stoffen.

Es ist sehr interessant, daß im Schwarzen Meer sich eine ungeheure Menge von H_2S-oxydierenden Mikroben befindet[3]). In der Tiefe des Schwarzen Meeres enthält das Wasser so viel Schwefelwasserstoff, daß ein Leben der Tiefseeorganismen dort nicht denkbar ist. In einer Tiefe von etwa 200 m[4]) zieht durch das Schwarze Meer eine mit Schwefelbakterien gefüllte Zone durch; die Mikroben haben die Form von Spirillen; sie absorbieren den Schwefelwasserstoff so glatt, daß keine Spur von diesem Gas in die höheren Wasserschichten gelangt.

Diese Spirillen scheinen zum Unterschied von Beggiatoa zum anaeroben Leben befähigt zu sein. Es ist schwer einzuschätzen, was für enorme Schwefelsäuremengen im Schwarzen Meer entstehen. Die Tätigkeit dieser Mikroben kann man im kleinen Maßstabe auf folgende Weise reproduzieren. Wenn man verschiedene Schwefelbakterien in einem mit Schwefelwasserstoffwasser gefüllten Zylinder (Abb. 23) kultiviert, so bilden sie eine bewegliche Kahmhaut in einiger Entfernung von der Oberfläche.

Abb. 23. Kahmhaut von Schwefelbakterien in einem Zylinder mit Schwefelwasserstoffwasser. Die Kahmhaut sendet nach unten Auswüchse, die sogenannten „bakteriellen Springbrunnen". (Nach JEGUNOFF.)

Die Analyse zeigt, daß oberhalb der Haut fast gar kein Schwefelwasserstoff enthalten ist, aber sich eine merkbare Menge von Schwefelsäure anhäuft. Die Bakterienplatte bildet nach unten Auswüchse („bakterielle Springbrunnen"); in diesen Auswüchsen befinden sich die Bakterien in lebhafter Bewegung: sich unten mit Schwefelwasserstoff versorgend, begeben sie sich dann in den oberen Teil der Platte, wo H_2S-Oxydation bewerkstelligt wird. Je nach dem Schwefelwasserstoffgehalte der Flüssigkeit bildet sich die Haut entweder in größerer oder geringerer Tiefe, so daß die Bakterien sich in einem Medium befinden, welches weder an Schwefelwasserstoff noch an Sauerstoff sehr reich ist.

---

[1]) DANGEARD: Cpt. rend. hebdom. des séances de l'acad. des sciences Bd. 153, S. 963. 1911.

[2]) KEIL: Cohns Beiträge Bd. 11, S. 335. 1912.

[3]) JEGUNOFF: Arch. f. biol. Wiss. Bd. 3, S. 297. 1895. (Russisch.) — Ders.: Zentralbl. f. Bakteriol., Parasitenk. u. Infektionskrankh. (II), Bd. 2, S. 11, 411, 478 u. 739. 1896.

[4]) Nach den neuesten Untersuchungen von KNIPOWITSCH ist die H_2S-Zone in verschiedenen Bezirken des Schwarzen Meeres nicht auf gleichem Niveau gelegen; an einigen Stellen wurden keine normal atmenden Lebewesen bereits in einer Tiefe von 25 m bei der Gesamttiefe von über 2000 m nachgewiesen. Vgl. KNIPOWITSCH, N.: Cpt. rend. de l'acad. des sciences de Russie 1924. 63 u. Russ. hydrobiol. Zeitschr. Bd. 3, S. 199. 1924. (Russisch.)

Es gibt verschiedene Arten von farblosen Schwefelbakterien; alle besitzen sie ungefähr dieselben Eigenschaften und vertragen nur mäßige H_2S-Konzentrationen. Späterhin wurden auch eigenartige Schwefelbakterien gefunden, die eine andere Oxydationsreaktion bewirken. Sie verarbeiten Thiosulfate in Sulfate und Salze der Tetrathionsäure.

$$6\,Na_2S_2O_3 + 5\,O_2 \rightarrow 4\,Na_2SO_4 + 2\,Na_2S_4O_6.$$

Diese Organismen werden von organischen Stoffen zwar nicht gefährdet, können dennoch nicht auf deren Kosten atmen; sie stellen also ebenfalls chemosynthesierende Mikroben dar [1].

Eine Sonderstellung nehmen die Purpurschwefelbakterien ein [2]. Zum Unterschiede von allen übrigen Schwefelbakterien, die nur geringe Konzentrationen des Schwefelwasserstoffs vertragen, sind die Purpurbakterien imstande, in einem mit H_2S gesättigten Wasser zu gedeihen. Diese Eigenschaft kann nur dadurch erklärt werden, daß Purpurbakterien eine O_2-Ausscheidung in der Flüssigkeit selbst zur Schwefelwasserstoffoxydation verwerten und hierdurch die vernichtende Wirkung dieses Gases auf ihr Plasma beseitigen. Es wurde die Ansicht ausgesprochen, daß Purpurbakterien immer in Symbiose mit den grünen Algen leben und den von letzteren am Licht ausgeschiedenen Sauerstoff ausnutzen [3]. Eine andere Annahme besteht darin, daß die Purpurbakterien selbst Sauerstoff am Licht ausscheiden, indem sie ebenso wie die grünen Pflanzen, zur echten Photosynthese befähigt sind [4].

Alle Beobachtungen über Purpurbakterien haben in der Tat die günstige Einwirkung des Lichts auf ihr Wachstum außer Zweifel gestellt, indes das Licht auf farblose Bakterien, darunter auch auf Beggiatoa, verderblich einwirkt. Die Purpurbakterien enthalten einen roten Farbstoff, das Bakteriopurpurin [5], welches die ultraroten Strahlen stark absorbiert; diese Strahlen sollen nach ENGELMANN die Energie für die Photosynthese der Purpurbakterien liefern. Außerdem ist in diesen Mikroben ein grüner Farbstoff, Bakteriochlorin, enthalten, welcher sich vom Chlorophyll durch das Fehlen des wichtigsten Absorptionsbandes zwischen B und C unterscheidet. Es wurde noch ein dritter Farbstoff, das Bakterioerythrin [6] beschrieben. Weitere Untersuchungen über die Pur-

---

[1] NATHANSOHN: Mitt. a. d. zool. Stat. zu Neapel Bd. 15, S. 655. 1902. — BEIJERINCK: Zentralbl. f. Bakteriol., Parasitenk. u. Infektionskrankh. (II), Bd. 11, S. 593. 1904.

[2] RAY-LANKESTER: Quart. journ. of microscop. science Bd. 13. 1873; Bd. 16. 1876.

[3] WINOGRADSKY: Beitr. z. Morphol. u. Physiol. d. Bakterien Bd. 1, S. 51. 1888.

[4] ENGELMANN: Botan. Zeit. Bd. 46, S. 693. 1888. — Ders.: Pflügers Arch. f. d. ges. Physiol. Bd. 42, S. 183. 1888.

[5] RAY-LANKESTER: a. a. O. — NADSON, G.: Mitt. a. d. botan. Garten in Petersburg Bd. 3, S. 102. 1903. (Russisch.) — MOLISCH, H.: Die Purpurbakterien 1907.

[6] ARZICHOWSKY, W.: Mitt. a. d. botan. Garten in Petersburg Bd. 4, S. 1. 1904. (Russisch.) — LUBIMENKO, W.: Journ. d. russ. botan. Ges. Bd. 6, S. 107. 1923.

purbakterien haben obige Fragen für einige Zeit verwickelt. Die photosynthetische Tätigkeit dieser Organismen wurde in Abrede gestellt; so behauptete MOLISCH,. daß die Purpurbakterien zum Unterschied von den farblosen Schwefelbakterien ohne organische Nahrung nicht auskommen können[1]. Sollte es der Fall sein, so würde auch die Verarbeitung von Schwefelwasserstoff für diese Mikroben nicht von Nutzen sein. In neuester Zeit sind allerdings überzeugende Beweise dafür geliefert worden, daß solche Purpurbakterien existieren, die einer organischen Nahrung absolut nicht bedürfen; somit wird der Standpunkt ENGELMANNs wieder in den Vordergrund gerückt[2]. Zum Erhalten zuverlässiger Resultate ist es notwendig, mit reinen Kulturen zu arbeiten, was früher vernachlässigt wurde. Neuerdings wurden außerdem Mikroben beschrieben, die den molekularen Schwefel oxydieren[3].

Oxydation der Ferro- und Manganosalze. WINOGRADSKY[4] beschrieb eigentümliche Eisenbakterien, welche Ferrosalze zu Ferrisalzen oxydieren und die bei dem genannten exothermen Vorgange frei werdende Energie zur Chemosynthese verwerten. Die Ferrisalze bleiben eine Zeitlang im Körper des Organismus erhalten, zum Schluß fällt aber das Eisen in Form von Eisenhydroxyd aus. Der große Umfang der Tätigkeit dieser Eisenbakterien (Arten von Leptothrix, Crenothrix, Spirophyllum u. a.) ist daraus ersichtlich, daß namentlich ihnen die Hauptrolle bei der Bildung der sogenannten Raseneisensteinlager zugeschrieben wird. Sich in den Wasserleitungsröhren vermehrend, können die Eisenbakterien ernsten Schaden verursachen, da sie nicht selten die Röhren mit Eisenhydroxyd ganz feststopfen. Einige Bakterien, die in Gegenwart von Eisensalzen leben und früher als chemosynthesierende Organismen galten, erwiesen sich später als gewöhnliche Saprophyten[5]; in betreff der anderen bestätigt sich aber die Existenz der Chemosynthese[6]. Manchmal zeigen Eisenbakterien die Neigung, mit den grünen Algen in Symbiose zu treten; vielleicht aus dem Grunde, daß sie dabei viel Sauerstoff erhalten[7]. Außerdem ist die Angabe gemacht worden, daß gewisse Schimmelpilze, wie z. B. Citromyces siderophylus, gleichfalls viel Eisen aufspeichern[8]. Einige Eisenbakterien oxydieren auch die Manganosalze; so verhält sich z. B.

---

[1] MOLISCH, H.: a. a. O.

[2] SKENE, M.: The new phytologist Bd. 13, S. 1. 1914.

[3] WAKSMAN, S. A.: Journ. of bacteriol. Bd. 7, S. 231, 239, 602, 609 u. 1922. — Ders. and STARKEY, R. E.: Journ. of gen. physiol. Bd. 5, S. 285. 1923.

[4] WINOGRADSKY, S.: Botan. Zeit. Bd. 46, S. 261. 1888.

[5] MOLISCH, H.: Die Eisenbakterien 1910.

[6] LIESKE, R.: Jahrb. f. wiss. Botanik Bd. 49, S. 91. 1911; Bd. 50, S. 328. 1912. — Ders.: Zentralbl. f. Bakteriol., Parasitenk. u. Infektionskrankh. (II), Bd. 49, S. 413. 1919. Dieser Forscher widerlegt die Resultate von MOLISCH, der die Existenz der Chemosynthese bei den Eisenbakterien in Abrede stellte.

[7] CHOLODNY, N.: Ber. d. botan. Ges. Bd. 40, S. 326. 1922.

[8] LIESKE: Jahrb. f. wiss. Botanik Bd. 50, S. 328. 1912.

Bacillus manganicus, der viel Manganoxyd aufspeichert[1]) und Ferribacterium calceum[2]); letzteres speichert auch Kalk auf.

Oxydation von Wasserstoff, Methan, Kohlenoxyd, Kohle usw. In den Sumpftiefen und sauerstofffreien Böden findet eine massenhafte Zersetzung stickstofffreier organischer Stoffe statt, die mit der Ausscheidung von Wasserstoff und Methan CH_4 (siehe Kap. VIII) verbunden ist. In Folge dieser Prozesse ist der Wasserstoffgehalt der Atmosphäre nur kaum geringer als der CO_2-Gehalt. Gegenwärtig sind Bakterien entdeckt worden, welche Wasserstoff zu Wasser oxydieren; so verhalten sich z. B. Bacillus oligocarbophilus, Bac. pantotrophus, B. pycnoticus u. a.[3]). Die Zahl der Wasserstoff oxydierenden Bakterienarten ist nach RUHLAND und GROHMANN sehr groß. Methan wird zu Kohlendioxyd und Wasser durch Bac. methanicus, B. hexacarbovorum und andere Mikroben oxydiert[4]):

$$CH_4 + 2\,O_2 = CO_2 + 2\,H_2O.$$

Als ein Zwischenprodukt der Wasserstoffoxydation entsteht vielleicht Hydroperoxyd. Die Wasserstoffbakterien gewinnen durch die Verbrennung des Wasserstoffs eine große Energiemenge und sind zur Chemosynthese befähigt: sie assimilieren CO_2 der Atmosphäre und scheiden Sauerstoff aus, aber nur in Gegenwart von Eisensalzen[5]). Zum Unterschied von den nitrifizierenden Bakterien können sie sich mit organischen Stoffen ernähren und also bei Abwesenheit von Wasserstoff wachsen[6]). Beachtenswert ist der Umstand, daß Wasserstoffbakterien nach RUHLAND neben der Wasserstoffoxydation immer auch typische normale Atmung zeigen.

Bei der Oxydation des Methans, eines seinen Eigenschaften nach dem Wasserstoff nahestehenden Gases, entwickelt sich ebenfalls eine große Energiemenge, welche für das Zustandebringen der Chemosynthese vollkommen ausreicht. Es sind denn auch Bakterien (B. oligocarbophilus) beschrieben worden, die Kohlenoxyd zu Kohlendioxyd oxydieren[7]), sowie Kohle und Torf verarbeiten[8]). Auch Oxydationen

---

[1]) BEIJERINCK: Fol. microbiol. Bd. 2, S. 123. 1913. — SÖHNGEN, N. J.: Chem. weekbl. Bd. 11, S. 240. 1914.

[2]) BRUSSOW, A.: Zentralbl. f. Bakteriol., Parasitenk. u. Infektionskrankh. (II), Bd. 45, S. 547. 1916; Bd. 48, S. 193. 1918.

[3]) SÖHNGEN: Zentralbl. f. Bakteriol., Parasitenk. u. Infektionskrankh. (II), Bd. 15, S. 513. 1906. — KASERER: Ebenda (II), Bd. 15, S. 575. 1906); Bd. 16, S. 681 u. 769. 1906. — RUHLAND, W.: Jahrb. f. wiss. Botanik Bd. 63, S. 321. 1924. — GROHMANN, G.: Zentralbl. f. Bakteriol., Parasitenk. u. Infektionskrankh. (II), Bd. 61, S. 256. 1924.

[4]) SÖHNGEN a. a. O. — KASERER a. a. O.

[5]) RUHLAND, W.: Jahrb. f. wiss. Botanik Bd. 63, S. 321. 1924. Vgl. auch: LEBEDEW, A. F.: Biochem. Zeitschr. Bd. 7, S. 1. 1908. — NIKLEWSKI: Jahrb. f. wiss. Botanik Bd. 48, S. 113. 1910. — Ders.: Zentralbl. f. Bakteriol., Parasitenk. u. Infektionskrankh. (II), Bd. 20, S. 469. 1908.

[6]) NIKLEWSKI: a. a. O. — RUHLAND: a. a. O.

[7]) KASERER: Zentralbl. f. Bakteriol., Parasitenk. u. Infektionskrankh. Bd. 16, S. 632 u. 769. 1906.

[8]) POTTER, M. C.: Proc. of the roy. soc. of London (B) Bd. 80, S. 239. 1908.

von anderen mineralischen Stoffen können vielleicht von einigen Mikroben als Atmung ausgenutzt werden und neue Entdeckungen auf diesem Gebiete sind somit nicht ausgeschlossen. Beachtenswert ist der Umstand, daß namentlich chemosynthesierende Bakterien auf Kosten von mineralischen Stoffen atmen. Die einfachen Oxydationen der mineralischen Stoffe, die keine komplizierten, aus mehreren Teilstufen bestehenden Vorgänge bilden und als Ionenreaktionen mit einer unmeßbar großen Geschwindigkeit verlaufen, scheinen besonders dazu geeignet zu sein, die ungemein großen Energiemengen zu liefern, die für das Zustandekommen der Chemosynthese notwendig sind.

Das Gesetz des Kreislaufes der Nährstoffe in der Natur. Alle oben beschriebenen eigenartigen chemischen Stoffumwandlungen, welche als Energiequelle für Chemosynthese dienen, haben außerdem eine allgemeine biologische Bedeutung, indem sie den Kreislauf verschiedener physiologisch wichtiger Stoffe in der Natur ermöglichen. Das Leben der Organismen kann in einer unbegrenzten Generationenreihe nur unter der Bedingung fortbestehen, daß die Ernährung eines jeden einzelnen Organismus mit keinem unersetzlichen Verbrauche der Menge der notwendigen Nährstoffe im umgebenden Medium verbunden ist. Folgendes Beispiel kann dieses Gesetz erläutern. Es ist bekannt, daß der Schwefel für alle Pflanzen unentbehrlich ist, und zwar als Eiweißbaustein dient. Samenpflanzen können den Schwefel nur in Form von Sulfaten assimilieren. Im Pflanzenkörper wird aber der Schwefel reduziert und in organische Verbindungen eingeschlossen; im Eiweiß ist der Schwefel vom Sauerstoff vollkommen befreit, so daß bei Zersetzung von Abfällen oder Leichen der Tiere und Pflanzen der Schwefel nicht in Form von oxydierten Verbindungen, sondern als Schwefelwasserstoff in den Boden zurückkehrt. Der Geruch der faulenden pflanzlichen und tierischen Abfälle rührt zum großen Teil vom Schwefelwasserstoff her. Wenn die Umwandlung des Schwefels in der Natur sich nur auf die soeben dargelegten Umwandlungen beschränkte, so würde daraus folgendes hervorgehen. Die Menge der Schwefelsäure auf der Erde sollte fortwährend abnehmen, die Menge des Schwefelwasserstoffs dagegen zunehmen. Da aber die nicht biologische Oxydation des Schwefelwasserstoffs im Vergleich zum Verbrauch der Schwefelsäure durch die Pflanzen viel zu langsam verläuft, so würde letztere schließlich vollkommen verschwinden und das Leben auf der Erde erlöschen. Da aber dies nicht der Fall ist, so muß ein Gleichgewicht der Schwefelumwandlungen in der Natur bestehen und der gesamte in lebenden Zellen reduzierte Schwefel wieder quantitativ in Schwefelsäure übergehen. Auf diese Weise kann der volle Kreislauf von Schwefel zustande kommen: die Schwefelsäure regeneriert sich und kann wieder zur Pflanzenernährung dienen. Dieser Kreislauf wird namentlich durch die Schwefelbakterien bewirkt: sie verwandeln den Schwefelwasserstoff in die von höheren Pflanzen und Pilzen assimilierbare Schwefelsäure.

Das soeben über die Schwefelsäure Gesagte bezieht sich gleichfalls auf die Salpetersäure und Kohlensäure, welche ein Nährmaterial für die Samenpflanzen darstellen. Wir wissen schon, daß Salpetersäure in Pflanzenzellen einer Reduktion unterzogen wird. Man hat in lebenden Zellen in der Tat keine organischen Derivate des oxydierten Stickstoffs gefunden. Nach dem Tode der Tiere und Pflanzen spaltet sich der Stickstoff von den Eiweißstoffen hauptsächlich in Form von Ammoniak ab. Ammoniak entwickelt sich auch bei der Zersetzung der Exkremente und des Harns der Tiere. Die nitrifizierenden Bakterien ermöglichen den Kreislauf der Salpetersäure, indem sie dieselbe aus dem Ammoniak regenerieren und hierdurch die Ernährung der Samenpflanzen sichern. Die Kohlensäure muß ebenfalls einen vollen Kreislauf vollziehen, in welchem die verschiedenartigen Gärungen eine wichtige Rolle spielen: bei den Gärungen entstehen allmählich einfachere Kohlenstoffverbindungen aus den komplizierteren. Schließlich werden diese Gärungsprodukte zu Kohlensäure und Wasser oxydiert, die wiederum zur Ernährung der grünen Pflanzen dienen. Methan stellt ein Produkt der Gärung dar, und die Mikroben, welche Methan zu CO_2 und Wasser oxydieren, spielen eine Rolle bei der Herstellung des normalen Gleichgewichts des Kohlenstoffs in der Natur. Eine analoge Rolle spielen auch andere Mikroben, welche einfache organische Stoffe oxydieren. Der Kreislauf sämtlicher biologisch wichtiger Stoffe vollzieht sich also in der Natur immer unter Mitwirkung von ganz spezifischen Mikroorganismen. Diese bewirken Stoffumwandlungen, welche in den sich normal ernährenden und atmenden Pflanzen nicht vorkommen. Anders kann es auch nicht sein. Damit der Kreislauf irgendeines Stoffes ungehindert stattfinden kann, ist eine Reihe von Stoffumwandlungen nötig, die der üblichen physiologischen Verarbeitung des betreffenden Nährstoffes entgegenwirken.

Oben wurde bereits erwähnt, daß die Chemosynthese nicht der einzige Vorgang ist, der den Kreislauf verschiedener Stoffe ermöglicht. In verschiedenen Fällen können solche Kreisläufe durch Organismen geschlossen werden, welche zur Chemosynthese unfähig sind und sich mit fertigen organischen Stoffen ernähren. Diese Organismen müssen aber jedenfalls eine eigentümliche biochemische Spezifität aufweisen, die ihnen erlaubt, Stoffumwandlungen auszuführen, welche den normalen biochemischen Ernährungsvorgängen antagonistisch sind. Eben solche biochemische Prozesse schließen in der Natur den Kreislauf des Stickstoffs, eines Elementes, das gewöhnlich im Minimum vorhanden ist und in erster Linie die Entwicklung des Lebens auf der Erde limitiert. Nun gehen wir zur Betrachtung dieser biochemischen Vorgänge über.

Bildung des molekularen Stickstoffs in der Natur. Denitrifikation. Wir wissen schon (S. 143 ff.), daß die grünen Pflanzen ihren Stickstoff nur aus den im Boden und in den Gewässern enthaltenen Salzen der Salpetersäure und des Ammoniaks gewinnen. In Pflanzenzellen erfährt der Stickstoff der oxydierten Verbindungen eine völlige Reduktion; bei Zersetzung der Abfälle und Reste der Pflanzen und Tiere gelangt der Stickstoff zum Teil in den Körper der den Boden und das Wasser bewohnenden Mikroorganismen, zum Teil verwandelt er sich wieder in Ammoniak, geht durch Vermittelung der Nitrifikation in Salpetersäure über und kann wieder zur Ernährung der Pflanzen dienen. Bei jedem derartigen Kreislauf ist aber ein ziemlich erheblicher Stickstoffverlust zu verzeichnen; der im Körper der Pflanzen und Tiere verarbeitete Stickstoff wird den Pflanzen nicht in unveränderter Menge zurückerstattet, weil ein Teil des gebundenen Stickstoffs in den molekularen Stickstoff der Atmosphäre übergeht.

Wie bekannt, dissoziieren alle Stickstoffverbindungen bei hoher Temperatur; bei Sauerstoffzutritt kann der Ammoniak verbrennen, wobei der Wasserstoff glatt zu Wasser oxydiert wird und der Stickstoff als Gas entweicht. Bei allen Verbrennungen und langsamen Oxydationen wird der größte Teil des Stickstoffs, der im brennenden organischen Stoff enthalten war, in freiem Zustande ausgeschieden. Dies ist die erste Ursache der beständigen Zerstörung der ohnehin schon geringen Vorräte des gebundenen Stickstoffs in der Natur.

Der Mensch trägt mit seiner Technik dieser Zerstörung im großen Maße bei. Abgesehen von den enormen Mengen der in allen Ländern verheizten Brennstoffe, genügt es auf die Zerstörung der Stickstoffverbindungen bei der Ausnutzung von stickstoffhaltigen Sprengstoffen hinzuweisen. Es ist berechnet worden, daß die Menge des gebundenen Stickstoffs, welche als molekularer Stickstoff in die Atmosphäre während des Weltkrieges 1914—1918 zurücktrat, die ganze Menschheit innerhalb vieler Jahre ernähren könnte, falls sie zur Düngung der Felder gebraucht worden wäre.

Es existieren auch biologische Prozesse, welche zur Spaltung der Stickstoffverbindungen unter Entbindung des molekularen Stickstoffs führen. Unter diesen Prozessen nimmt die sogenannte Denitrifikation[1] wohl den ersten Platz ein. Der Ausdruck „Denitrifikation" ist nicht ganz gelungen; man könnte nämlich darunter einen der Nitrifikation antagonistischen Vorgang vermuten, der die Salpetersäure und die salpetrige Säure in Ammoniak verwandelt. In Wirklichkeit zersetzen sich bei der Denitrifikation die Nitrate und Nitrite vollkommen, indem der Sauerstoff zu den Bedürfnissen der physiologischen Oxydation verwertet, und der Stickstoff im molekularen Zustand in die Atmosphäre ausgeschieden wird. Über den Mechanismus dieser Zersetzung ist nur soviel bekannt, daß Nitrate zuerst zu Nitriten reduziert werden; die weiteren Prozesse sind noch gar nicht durchsichtig und es wurde sogar die biologische Natur der Denitrifikation in Abrede gestellt. Man hat nämlich angenommen, daß der Nitritspaltung gar keine physio-

---

[1] GAYON et DUPETIT: Cpt. rend. hebdom. des séances de l'acad. des sciences Bd. 95, S. 644. 1882.

logische Bedeutung zukomme: die Mikroben sollen nur die Reduktion der Nitrate zu Nitriten bewirken, der Stickstoff sei aber nur durch Zusammentreffen der salpetrigen Säure mit den Aminosäuren im Boden entbunden [1]). Gegenwärtig herrscht allerdings die Ansicht vor, daß die Denitrifikation eine rein physiologische Erscheinung ist, die den gebundenen Sauerstoff den Mikroben zum Atmungsprozeß disponibel macht [2]).

Die Denitrifikation kann entweder eine direkte oder eine indirekte sein; im ersten Falle verläuft der Prozeß stürmisch und es wird freier Stickstoff in großen Mengen ausgeschieden; im zweiten Falle verläuft der Prozeß langsam und ist nicht nur mit der Entwicklung des molekularen Stickstoffs, sondern auch mit Bildung von Stickoxyd und Stickoxydul verbunden. Es steht fest, daß freier Sauerstoffzutritt die direkte Denitrifikation herabsetzt [3]), indem die Bakterien unter diesen Verhältnissen normal atmen. Unter anaeroben Verhältnissen kann aber der Nitritsauerstoff den fehlenden molekularen Sauerstoff bei der Atmung ersetzen [4]). Bei der indirekten Denitrifikation, welche durch sehr verschiedenartige Bakterien hervorgerufen wird, hat die Abwesenheit von Sauerstoff eine viel geringere Bedeutung. Die denitrifizierenden Mikroben atmen also ebenso wie alle anderen gewöhnlichen Organismen, auf Kosten der organischen Stoffe. Ihre physiologische Eigenartigkeit besteht aber darin, daß ihre normale Sauerstoffatmung bei Abwesenheit des molekularen Sauerstoffs nicht zum Stillstand kommt, sondern auf Kosten des Nitritsauerstoffs fortbesteht.

Die Anzahl der denitrifizierenden Bakterien ist eine ganz stattliche, und es werden immer neue Arten entdeckt, welche diese Eigenschaften besitzen. Unter natürlichen Verhältnissen entwickelt sich aber eine starke Denitrifikation nur beim großen Überschuß an organischen Stoffen und stark gehemmten Sauerstoffzutritt [5]).

Einige Organismen gewinnen die Betriebsenergie nicht nur aus den Nitriten, sondern auch aus Chlorsäure, arseniger Säure und Ferrocyankalium [6]).

---

[1]) WOLF, K.: Hyg. Rundschau Bd. 9, S. 538 u. 1169. 1899. — MARPMANN, G.: Zentralbl. f. Bakteriol., Parasitenk. u. Infektionskrankh. (II), Bd. 5, S. 351. 1899; Bd. 9, S. 848. 1902.

[2]) GILTAY, E. et ABERSON, G.: Arch. néerland. de physiol. de l'homme et des anim. Bd. 25, S. 341. 1892. — WEISSENBERG: Zentralbl. f. Bakteriol., Parasitenk. u. Infektionskrankh. (II), Bd. 8, S. 166. 1902. — JENSEN: Ebenda (II), Bd. 3, S. 622. 1897; Bd. 4, S. 406. 1898.

[3]) DÉHÉRAIN et MAQUENNE: Ann. agron. Bd. 5. 1883. — TACKE: Landwirtschaftl. Jahrb. Bd. 16, S. 917. 1888.

[4]) WEISSENBERG: Arch. f. Hyg. Bd. 30, S. 279. 1897. — VAN ITERSON: Zentralbl. f. Bakteriol., Parasitenk. u. Infektionskrankh. (II), Bd. 12, S. 107. 1904. — LEBEDEW, A. F.: Schriften der Noworuss. Naturforscherges. 1911. (Russisch.)

[5]) FISCHER, H.: Landwirtschaftl. Jahrb. Bd. 41, S. 755. 1911.

[6]) AMPOLA, G. e ULPIANI: Gazz. chim. ital. Bd. 28, S. 410. 1898. — Dies.: Chem. Zentralbl. (II), 1898. 896.

Assimilation des molekularen Stickstoffs durch Mikroorganismen, welche in den Organen der Samenpflanzen leben. Es müssen in der Natur unbedingt Erscheinungen existieren, die der Ausscheidung des molekularen Stickstoffs entgegenwirken; auch findet wahrscheinlich die Bindung des molekularen Stickstoffs in einem größeren Umfange statt, als die Zersetzung der Stickstoffverbindungen. Es ist im Auge zu behalten, daß während der Jugendperiode unserer Erde, als sie eben nur abgekühlt war, auf der Erdoberfläche keine stickstoffhaltigen Stoffe existieren konnten, da sie bei höher Temperatur dissoziieren. Eine Stickstoffbindung in der Atmosphäre unter Einwirkung elektrischer Entladungen kommt nur in sehr beschränktem Umfang vor, weshalb gegenwärtig allgemein angenommen wird, daß die Hauptmenge des gebundenen Stickstoffs auf der Erdoberfläche das Resultat biologischer Prozesse darstellt. Es sind in der Tat verschiedene Mikroben bekannt, welche den molekularen Stickstoff der Atmosphäre assimilieren und es werden immer neue derartige Organismen beschrieben.

Vor allen anderen analogen Fällen wurde die Assimilation des Stickstoffs durch die Wurzeln der Leguminosen entdeckt, — ein Vorgang, der eine wichtige Rolle im landwirtschaftlichen Betriebe spielt. Es war schon im Altertum bekannt, daß eine abwechselnde Kultur von Getreidearten und Leguminosen die Ernte jener Pflanzen recht günstig beeinflußt. Darüber schrieb schon PLINIUS. Nachdem Versuchsstationen und Versuchsfelder eingerichtet worden waren, erkannte man mit voller Bestimmtheit, daß eine Aussaat von Leguminosen den Boden an Stickstoff anreichert[1]). Im Anfang seiner wissenschaftlichen Tätigkeit meinte BOUSSINGAULT[2]), daß Leguminosen, zum Unterschied von anderen Pflanzen, imstande sind, sich mit atmosphärischem Stickstoff zu ernähren, als er aber zu Versuchen überging, in welchen der Boden durch geglühten und mit bestimmten Lösungen begossenen Quarzsand ersetzt war, erhielt der hervorragende Agrikulturchemiker schon andere, und zwar recht eindeutige Resultate: die Stickstoffernährung der Leguminosen unterschied sich durch nichts von derjenigen der anderen Kulturpflanzen. Die Einwände gegen diese Auffassung[3]) erwiesen sich alsbald als nicht stichhaltig. Auf diese Weise entstand ein verwickeltes Problem: einerseits zeigten die Versuche im Freien deutlich, daß die Leguminosen auf stickstoffarmen Böden ausgezeichnet gedeihen, andererseits waren genaue Laboratoriumsversuche nicht imstande, die Beobachtungen der Versuchsstationen zu bestätigen[4]).

---

[1]) LAWES and GILBERT: Journ. of the chem. soc. (London) Bd. 47. S. 380. 1886 u. a.

[2]) BOUSSINGAULT: Cpt. rend. hebdom. des séances de l'acad. des sciences Bd. 6, S. 102. 1837; Bd. 7, S. 889. 1838. — Ders.: Ann. de chim. et de physique (2), Bd. 67, S. 1. 1837; Bd. 69, S. 353. 1838.

[3]) VILLE: Cpt. rend. hebdom. des séances de l'acad. des sciences Bd. 36, S. 464 u. 650. 1852; Bd. 38, S. 705, 723 u. 1854.

[4]) Ein Lieblingswort von nicht wissenschaftlich denkenden Menschen lautet so: „In der Theorie ist es so, in der Praxis aber anders." Die ganze Geschichte

Dieses Problem wurde durch die ausgezeichneten Untersuchungen von HELLRIEGEL und seinen Mitarbeitern gelöst[1]). Die ersten Angaben dieser Forscher schienen den klassischen Versuchen von BOUSSINGAULT (S. 143) zu widersprechen: die Leguminosen entwickelten sich vollkommen normal bei Abwesenheit von Bodenstickstoff, während die

Abb. 24. Einfluß von Mineraldünger auf Gramineen. Von links nach rechts: 1. ohne Dünger, 2. $NaNO_3$, 3. K und P, 4. K, K und $NaNO_3$. Nur mit Salpeter erhält man eine normale Ernte. (Nach WAGNER.)

Gramineen sich umgekehrt verhielten (Abb. 24 und 25). Weitere Untersuchungen hellten die Ursache dieses scheinbaren Widerspruchs auf:

der Wissenschaft zeigt aber, daß die Theorie und die Praxis nur in nicht genügend erforschten Gebieten nicht im Einklange stehen; dieses Auseinandergehen gibt gerade einen Hinweis auf die Möglichkeit neuer Entdeckungen.

[1]) HELLRIEGEL, H. u. WILFARTH, H.: Untersuchungen über die Stickstoffnahrung der Gramineen und Leguminosen 1888.

ein Unterschied zwischen Gramineen und Leguminosen ist nur in nicht sterilisierten Böden bemerkbar; wenn man, aber, nach dem BOUSSIN-GAULTschen Verfahren den natürlichen Boden durch geglühten Sand ersetzt, so ist kein Unterschied zwischen Gramineen und Leguminosen zu verzeichnen. Letztere entwickeln sich, ebenso wie die Gramineen, bei Abwesenheit von gebundenen Stickstoff gar nicht.

Der Beobachtung HELLRIEGELS entging nicht folgender Umstand: die Wurzeln der Leguminosen sind gewöhnlich mit charakteristischen

Abb. 25. Einfluß von mineralischem Dünger auf Leguminosen. Von links nach rechts: 1. ohne Dünger, 2. $NaNO_3$, 3. K und P, 4. $NaNO_3$, K und P. Die Düngung mit Salpeter übt gar keine Wirkung aus. (Nach WAGNER.)

Knöllchen versehen, deren Form bei verschiedenen Arten nicht eine und dieselbe ist. Es erwies sich, daß die Wurzelknöllchen nur bei nicht sterilen Bedingungen entstehen; im geglühten Sand bilden sich keine Wurzelknöllchen, und die Pflanze besitzt nicht die Fähigkeit, ohne gebundenen Stickstoff auszukommen. Es genügt, den geglühten Sand mit einem Extrakt aus natürlichem Boden, welcher zur Kultur der zu untersuchenden Leguminose diente, zu begießen, um eine starke Knöllchenbildung auf den Wurzeln der Versuchspflanze hervorzurufen und ihr die geheimnisvolle Fähigkeit zur Stickstoffbindung zu verleihen. Alle diese Resultate kann die folgende Tabelle von HELL-

RIEGEL und seinen Mitarbeitern illustrieren. Bei Abwesenheit von Stickstoffverbindungen ergaben verschiedene Pflanzen folgendes Trockengewicht und Stickstoffzunahme nach Beendigung des Versuches (3 Monate nach der Aussaat); vgl. auch Abb. 24 u. 25.

Name der Pflanze	Kultur im geglühten Sand		Kultur mit Bodenextrakt	
	Trockengewicht der oberirdischen Organe in g	Stickstoff-Zunahme in mg	Trockengewicht der oberirdischen Organe in g	Stickstoff-Zunahme in mg
Hafer	0,671	± 0	0,659	− 1
Gerste	0,586	− 1	—	—
Buchweizen	0,060	± 0	0,040	± 0
Seradella	0,062	± 0	18,190	+ 395
Lupine	0,921	− 8	42,451	+ 1286
Erbse	0,928	− 2	20,426	+ 473

Mithin gewinnen die Leguminosen den Stickstoff auf N-freiem Boden, wenn auf ihren Wurzeln die eigentümlichen Knöllchen sich entwickelt haben. Dieser Stickstoffgewinn ist offenbar nur auf Kosten des molekularen Stickstoffs der Atmosphäre möglich. Die in technischer Hinsicht musterhaften Versuche von SCHLOESING und LAURENT[1]), welche eine gebührende Ergänzung der Versuche HELLRIEGELs bilden, ergaben mittelst der gasanalytischen Methode, daß der Stickstoffgewinn der Leguminosen im Verlauf von 3 Monaten dem N-Defizit in der Atmosphäre genau entspricht:

	N der Luft im Gefäß am Anfang des Versuchs	N der Luft im Gefäß am Ende des Versuchs	N-Abnahme in der Luft	N-Zunahme in der Pflanze
Erbse Nr. 1	2681,2 ccm	2651,1 ccm	29,1 ccm = 36,5 mg	40,6 mg
Erbse Nr. 2	2483,3 „	2457,4 „	25,9 „ = 32,5 „	34,1 „

In knöllchenfreien Kulturen von Leguminosen, ebenso wie in Kulturen der anderen Pflanzen, war weder Stickstoffabnahme in der Luft, noch Stickstoffzunahme in der Pflanze zu verzeichnen. Folglich ist eine Assimilation des molekularen Stickstoffs der Atmosphäre durch direkte Analysen nachgewiesen worden.

Die genauen Untersuchungen von HELLRIEGEL und seinen Mitarbeitern, welche durch LAWES und GILBERT sofort bestätigt wurden[2]), haben die Frage der Stickstoffernährung der Leguminosen im

---

[1]) SCHLOESING et LAURENT: Cpt. rend. hebdom. des séances de l'acad. des sciences Bd. 111, S. 750. 1890; Bd. 113, S. 776. 1891; Bd. 115, S. 881 u. 1017. 1892. — Dies.: Ann. de l'inst. Pasteur Bd. 6, S. 65 u. 824. 1892.

[2]) LAWES and GILBERT: Proc. of the roy. soc. of London Bd. 43, S. 108. 1887; Bd. 47, S. 85. 1890. — Dies.: Philosoph. transact. of the roy. soc. of London (B) Bd. 180, S. 1. 1889.

Prinzip gelöst. Es blieb nur noch die Rolle der Wurzelknöllchen aufzuhellen, deren Gegenwart, nach HELLRIEGEL, die Assimilation des molekularen Stickstoffs ermöglicht. Auf dem Querschnitt des Knöllchens (Abb. 26 b und c) ist zu ersehen, daß sein innerer Teil aus den mit Protoplasma voll gefüllten Zellen besteht. In diesen sind eigentümliche verzweigte Gebilde auffallend (Abb. 26 e und f), welche das Aussehen fremder Einschlüsse haben. Einige Forscher hielten sie früher für normale Plasmabestandteile[1]), andere für parasitische Pilze[2]); als

richtig erwies sich aber die schon längst von WORONIN ausgesprochene Ansicht[3]), laut welcher die fraglichen Gebilde Bakterien darstellen. Die Form der verzweigten Gebilde, der sogenannten Bakteroide, unterscheidet sich zwar sehr von den typischen Bakterienformen, sie erinnert aber lebhaft an die sogenannten Involutionsformen, d. i. Mißbildungen, welche den Bakterien unter ungünstigen Lebensbedingungen eigen sind. Allerdings widersprechen einige Forscher[4]) der Annahme, daß Bakteroide als einfache Involutionsformen anzusehen wären.

BEIJERINCK[5]) isolierte schließlich Bakterien aus den Knöllchen der Leguminosen in Reinkulturen. Bei Kultivierung auf künstlichen Nährböden verwandeln sich die aus den Knöllchen isolierten Gebilde in echte stäbchenartige Bakterien (Abb. 26 d); diese Bakterienspezies, welche BEIJERINCK als Knöllchenbakterie (Bacillus radicicola) bezeichnete, steht systematisch der Gruppe Bact. pneumoniae, der

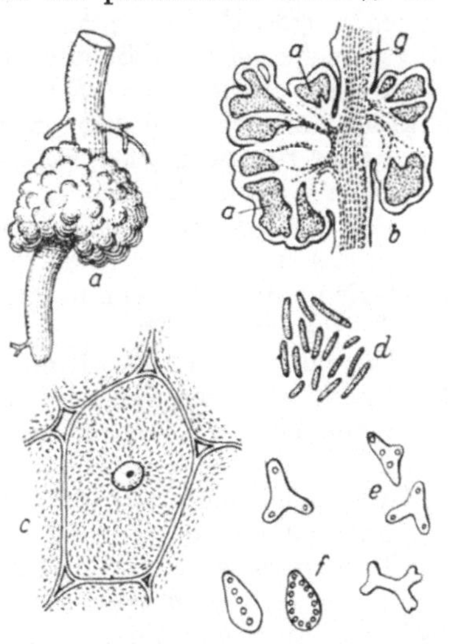

Abb. 26. Die Wurzelknöllchen der Leguminosen: *a* Knöllchen der Lupine (natürliche Größe); *b* Längsschnitt dieses Knöllchens (etwas vergrößert); *g* Gefäßbündel; *w* bakteroides Gewebe; *c* eine Zelle des bakteroiden Gewebes, mit Bakterien überfüllt (600 fach vergrößert); *d* typische Form der Knöllchenbakterien; *e* Bakteroide der Wicke; *f* Bakteroide der Lupine. (*d*, *e* und *f* sind 500 fach vergrößert.) (Nach A. FISCHER.)

die Lungenentzündung hervorrufenden Bakterienart nahe. Die Mikroben dieser Gruppe besitzen, allem Anschein nach, überhaupt die Fähigkeit den

<hr>

[1]) BRUNCHORST: Ber. d. botan. Ges. Bd. 3, S. 241. 1885. — TSCHIRCH: Ebenda Bd. 5, S. 58. 1887. — FRANK: Ebenda Bd. 7, S. 332. 1889.

[2]) WARD, M.: Philosoph. transact. of the roy. soc. of London Bd. 178, S. 173. 1886.

[3]) WORONIN, M.: Mitt. d. St. Petersburger Akad. d. Wiss. (7), Bd. 10. Nr. 6. 1866. (Russisch.)

[4]) HILTNER: Zentralbl. f. Bakteriol., Parasitenk. u. Infektionskrankh. (II), Bd. 6, S. 273. 1900. — NEUMANN: Landwirtschaftl. Versuchs-Stationen Bd. 56, S. 189. 1901 u. a. Für die Involutionsformen hält die Bakteroide STEFAN: Zentralbl. f. Bakteriol., Parasitenk. u. Infektionskrankh. (II), Bd. 16, S. 143. 1906 u. a.

[5]) BEIJERINCK: Botan. Zeit. Bd. 46, S. 725. 1888.

molekularen Stickstoff[1]) zu assimilieren. Das Entstehen der Knöllchen war lange Zeit ein Rätsel, welches endlich durch die ausgezeichneten Untersuchungen Prazmowskis gelöst wurde[2]). Dieser Forscher zog Kulturen von Leguminosen in geglühtem Sande, bei Abwesenheit von Bodenmikroorganismen und impfte alsdann den Sand mit einer reinen Kultur der Knöllchenbakterien. Das Eindringen der Bakterien in den Pflanzenkörper geschieht durch die Wurzelhaare. Die Bakterien gelangen ins Plasma, indem sie die Zellwand der Wurzelhaare auflösende Stoffe sezernieren[3]), wonach die Spitze des Wurzelhaares kraus wird. Zu dieser Zeit umgeben sich die Bakterien mit einer gemeinsamen schlauchartigen Hülle (eine recht gewöhnliche Abwehrungsanpassung bei parasitischen Mikroorganismen) und dringen in diesem Zustand ins Rindenparenchym ein. Hier verlassen die Bakterien ihre Schläuche und gelangen in unmittelbaren Kontakt mit dem Zellplasma; infolgedessen verwandeln sie sich nach kurzer Zeit in Bakteroide. Diese Formenveränderungen gelingt es unter künstlichen Bedingungen zu erhalten, wenn man den Bakterien einen Überschuß von Kohlenhydraten oder organischen Säuren zur Verfügung stellt[4]).

Diejenigen Zellen des Rindenparenchyms, die von Bakteroiden überfüllt sind, beginnen sich lebhaft zu teilen, und es bildet sich schließlich ein Knöllchen, welches mit speziellen Leitungsbahnen versehen ist, die einen Stoffwechsel zwischen dem Knöllchen und den übrigen Pflanzenteilen ermöglichen.

Anfangs war die Bearbeitung des Problems der Stickstoffernährung der Leguminosen sehr erfolgreich, und es wurde darüber eine Reihe von ausgezeichneten experimentellen Untersuchungen veröffentlicht; im weiteren stieß man jedoch auf wesentliche Hindernisse. Viele Forscher waren nicht imstande eine Bindung des molekularen Stickstoffs durch Reinkulturen der Knöllchenbakterien, sowie durch die von der Pflanze abgetrennten Wurzelknöllchen zu bestätigen, so daß die Frage entstand, ob nicht die Leguminosen selbst unter Einwirkung der Bakterien die Fähigkeit, den atmosphärischen Stickstoff durch ihre Laubblätter zu assimilieren, erhalten? Direkte Versuche zeigen aber, daß der Stickstoff nur von den Wurzeln, und nicht von den oberirdischen Pflanzenteilen gebunden wird[5]). Einige Forscher meinten, daß die Knöllchenbakterien den molekularen Stickstoff nicht assimilieren, sondern nur die Fähigkeit besitzen, die selbst in minimalsten Spuren vorhandenen Stickstoffverbindungen dem Boden zu entnehmen. Andere

---

[1]) Löhnis: Zentralbl. f. Bakteriol., Parasitenk. u. Infektionskrankh. (II), Bd. 14, S. 596. 1905.

[2]) Prazmowski: Landwirtschaftl. Versuchs-Stationen Bd. 37, S. 161. 1890; Bd. 38, S. 5. 1891.

[3]) Hiltner: Arb. a. d. biol. Abt. d. kaiserl. Gesundheitsamtes Bd. 1, S. 180. 1900.

[4]) Hiltner: Lafars Mykol. Bd. 3, S. 51.

[5]) Kossowitsch, P.: Zur Frage der Assimilation des freien Stickstoffs durch Pflanzen 1895. (Russisch.) — Nobbe u. Hiltner: Landwirtschaftl. Versuchs-Stationen Bd. 52, S. 455. 1899.

schrieben den N-Gewinn der Leguminosen dem Umstande zu, daß sie den Stickstoff der Bakteroide verwerten und auf diesen sozusagen parasitieren. Diese Annahme ist aber wenig wahrscheinlich, da die in Bakteroiden enthaltene N-Menge wohl kaum das Bedürfnis der höheren Pflanze decken könnte. Späterhin haben einige Forscher die Assimilation des molekularen Stickstoffs durch Reinkulturen der Knöllchenbakterien[1]) wahrgenommen; diese Resultate sind aber aus verschiedenen Gründen nicht ausschlaggebend. BEIJERINCK selbst, der eine Stickstoffassimilation durch Knöllchenbakterien in einer Ausbeute von 1—1,8 mg auf 100 ccm 1,5—2 proz. Zuckerlösung im Extrakt aus Leguminosenkeimlingen beschrieben hatte, stellt in letzterer Zeit die Fähigkeit der Knöllchenbakterien, den molekularen Stickstoff zu assimilieren, in Abrede[2]).

Es ist notwendig zu bemerken, daß die physiologische Seite der Stickstoffbindung überhaupt viel zu wenig studiert ist und daß man leider in vielen Fällen tastend vorgehen muß. Für die Knöllchenbakterien ist, wahrscheinlich, eine reichliche Ernährung mit Stickstoffverbindungen und die Fortschaffung der Assimilationsprodukte von großer Bedeutung[3]); nur unter diesen Bedingungen arbeiten sie intensiv und binden erhebliche Mengen des molekularen Stickstoffs. Für andere N-bindende Organismen sind wahrscheinlich auch andere Bedingungen nötig. Jedenfalls ist im Auge zu behalten, daß erstens die negativen Resultate in künstlichen Kulturen oft nicht beweiskräftig sind, indem sie zuweilen mit Organismen erhalten werden, deren Fähigkeit zur Stickstoffbindung außer Zweifel steht; zweitens, daß die quantitative Seite der Stickstoffbindung unter natürlichen Verhältnissen auf Grund der mit künstlichen Kulturen erhaltenen Resultate nicht beurteilt werden kann, da letztere gewöhnlich zu niedrige Zahlen ergeben.

Eine Stickstoffbindung durch ganze Knöllchen wurde nach vielen mißlungenen Versuchen endlich experimentell festgestellt[4]). Zusammenfassend kann man also sagen, daß trotzdem im Problem der Assimilation des molekularen Stickstoffs durch isolierte Knöllchenbakterien leider keine ausschlaggebende Resultate vorliegen und ungeachtet der Zweifel seitens hochverdienter Fachmänner (s. oben) wir uns der Meinung anschließen müssen, daß die Leguminosen dank den ihre Wurzeln bewohnenden Knöllchenbakterien wirklich imstande sind, sich mit atmosphärischem Stickstoff zu ernähren.

Die Versuche, mit den Knöllchenbakterien verschiedene Pflanzen aus anderen Familien zu impfen, ergaben keine günstigen Resultate[5]).

---

[1]) BEIJERINCK: Verslagen Med. d. Akad. v. Wetensch. Amsterdam (3), Bd. 8, S. 469. 1891. — MAZÉ: Ann. de l'inst. Pasteur Bd. 11, S. 44. 1897; Bd. 12, S. 1. 1898. — GOLDING: Journ. of agricult. science Bd. 1, S. 59. 1905 u. a.

[2]) BEIJERINCK: Med. kon. Akad. d. Wet. Amsterdam Bd. 26, S. 1456. 1918.

[3]) MAZÉ: a. a. O.: — GOLDING a. a. O. — NEUMANN, P.: Landwirtschaftl. Versuchs-Stationen Bd. 56, S. 203. 1901.

[4]) KRASCHENINNIKOFF: Festschrift für K. A. TIMIRIAZEFF S. 307. 1916.

[5]) STUTZER, BURRI u. MAUL: Zentralbl. f. Bakteriol., Parasitenk. u. Infektionskrankh. (II), Bd. 2, S. 665. 1896. — GROSSBÜSCH: Diss. Bonn 1907.

Dies ist auch deshalb begreiflich, weil sogar in der Familie der Leguminosen eine spezifische Anpassung an bestimmte Formen von Knöllchenbakterien zu verzeichnen ist. So erhielt man bei Impfung mit fremden Bakterien folgende Resultate[1]:

Mit Bakterien von	Robinia	Vicia	Pisum
Robinia	232,1	13,5	21,2
Vicia	12,9	264,0	22,6

Eine jede Pflanzenart lieferte also nur mit eigenen Bakterien eine ausgiebige N-Bindung. Bei Impfung und fremden Bakterien entwickeln sich manchmal überhaupt keine Knöllchen; in einigen Fällen wurde allerdings ein erfolgreicher Ersatz konstatiert; so assimilieren Erbse, Bohne, Klee und Luzerne den Stickstoff ganz gut mit Hilfe von einer und derselben Bakterie[2]. Mit anderen Pflanzen waren aber entgegengesetzte Resultate zu verzeichnen, was auf eine große Labilität des „Gleichgewichts" zwischen Leguminosen und ihren Bewohnern hinweist. So entstehen bei der Impfung der Wurzeln mitten im Sommer häufig keine Bakteroide: Die Knöllchenbakterie verhält sich hierbei als typischer Parasit und die Leguminose bekommt nur Schaden durch ihr Eindringen[3]. In diesem Fall ist das Übergewicht der Kräfte zu sehr auf Seiten des Mikroorganismus. Sehr kräftige Exemplare von Leguminosen verdauen, im Gegenteil, manchmal die in ihren Körper eingedrungenen Bakterien[4] vollkommen, und zwar zu eigenem Nachteil, da infolgedessen keine Knöllchen entstehen. Hier ist das Übergewicht zu sehr auf Seiten der Leguminose.

Eine Reihe von Beobachtungen beweist also, daß zwischen Leguminosen und den Knöllchenbakterien ein rastloser heftiger Kampf besteht, und daß nur bei einigermaßen gleichen Kräften der sich bekämpfenden Seiten solch ein Gleichgewicht hergestellt wird, bei welchem beide Seiten im Vorteil bleiben. Im Herbst, nach Schluß der Vegetation, werden die Knöllchen zerstört, die Bakterien gelangen in den Boden in einer viel größeren Anzahl im Vergleich zu diejenigen, welche in die Wurzel der betreffenden Pflanze einwanderte, und dies ermöglicht eine ununterbrochene Vermehrung der Mikroben in einer unbegrenzten Generationenreihe. Andererseits bedarf die Leguminose

---

[1] Nobbe, Hiltner u. Schmid: Landwirtschaftl. Versuchs-Stationen Bd. 45, S. 1. 1894.

[2] Die Literatur über diese Frage ist eine überaus reichliche. Vgl. z. B. Laurent: Ann. de l'inst. Pasteur Bd. 5. S. 119. 1891; Nobbe, Schmid, Hiltner, Hotter: Landwirtschaftl. Versuchs-Stationen Bd. 39, S. 345. 1891; Déhérain et Demoussy: Cpt. rend. hebdom. des séances de l'acad. des sciencesBd. 130, S. 20. 1900; Nobbe u. Hiltner: Landwirtschaftl. Versuchs-Stationen Bd. 42. S. 468. 1893 u. v. a.

[3] Beijerinck: Botan. Zeit. Bd. 46, S. 726 u. 790. 1888. — van der Wolk: Cultura Bd. 28, Nr. 336. 1916 u. v. a.

[4] Hiltner: Zentralbl. f. Bakteriol., Parasitenk. u. Infektionskrankh. (II), Bd. 10, S. 479. 1903.

keines Bodenstickstoffs: direkte Versuche zeigen, daß auch bei reichlicher Stickstoffdüngung der größte Teil des von den Leguminosen assimilierten Stickstoffs der Atmosphäre entnommen wird. So assimilierte z. B. Vicia villosa ohne jegliche Stickstoffdüngung aus der Luft 93,8 vH. des gesamten in der Ernte gefundenen Stickstoffs; auch bei der reichlichsten Salpeterdüngung gelangten immerhin 73 vH. der gesamten Stickstoffmenge in die Pflanze aus der Atmosphäre[1]). Zu den Beziehungen zwischen den Leguminosen und ihren Bakterien werden wir noch später zurückkehren.

Die mit Mikroben bewohnten Knöllchen findet man auch auf den Wurzeln einiger Pflanzen aus anderen Familien, wie z. B. bei Eleagnus, Rheum, Alnus[2]), ebenso wie bei Casuarina[3]). Hinsichtlich der Erle findet man in der Literatur die Angabe, daß sie bei Anwesenheit von Knöllchen sich auf Kosten des atmosphärischen Stickstoffs entwickele[4]). Analoge Tatsachen wurden hinsichtlich des Podocarpus veröffentlicht, welcher ebenfalls Wurzelknöllchen besitzt[5]). Interessant ist es, daß diese Knöllchen nicht durch Bakterien, sondern durch einen Pilz bewohnt sind. Bei einigen tropischen Rubiaceen und Myrsinaceen befinden sich die Knöllchen mit Bakterien direkt auf den Laubblättern[6]) und man kann die Bakterien, welche die Entwicklung der Knöllchen hervorrufen, schon im Samen finden. Nicht nur ernähren die Bakterien ihre Wirtspflanzen mit atmosphärischem Stickstoff, sondern spielen sie auch eine höchst wichtige Rolle bei der Entwicklung der Samenpflanze aus dem Samen: diese Entwicklung verläuft bei Abwesenheit von Bakterien vollkommen anormal und pathologisch.

Auf Grund des oben Dargelegten ist einleuchtend, daß die Symbiose der Samenpflanzen mit stickstoffbindenden Organismen eine ziemlich verbreitete Erscheinung darstellt, und künftighin werden sicherlich noch andere analoge Tatsachen entdeckt werden.

Assimilation des molekularen Stickstoffs durch freilebende Bakterien. Im landwirtschaftlichen Betrieb ist es schon längst bekannt, daß die Ernte reichlicher auf einem mit Mikroorganismen reichlich be-

---

[1]) NOBBE u. RICHTER: Landwirtschaftl. Versuchs-Stationen Bd. 59, S. 167. 1904.

[2]) WORONIN, M.: Mitt. d. russ. Akad. d. Wiss. Bd. 10, Nr. 6. 1866. — MÖLLER: Ber. d. botan. Ges. Bd. 3, S. 102. 1885. — BOTTOMLEY: Ann. of botany Bd. 26, S. 111. 1912. — SPRATT: Ebenda Bd. 26, S. 119. 1912.

[3]) MIEHE, H.: Flora Bd. 111—112, S. 431. 1918.

[4]) NOBBE, F. u. HILTNER, L.: Naturwiss. Zeitschr. f. Landwirtschaft u. Forstwesen Bd. 2, S. 366. 1904. — HILTNER: Landwirtschaftl. Versuchs-Stationen Bd. 46, S. 153. 1895. — MÖLLER: Zeitschr. f. Forst- u. Jagdwesen Bd. 44, S. 527. 1912.

[5]) NOBBE, F. u. HILTNER, L.: Landwirtschaftl. Versuchs-Stationen Bd. 51, S. 241. 1899.

[6]) ZIMMERMANN: Jahrb. f. wiss. Botanik Bd. 37, S. 1. 1902. — FABER: Ebenda Bd. 51, S. 285. 1912; Bd. 54, S. 243. 1914. — MIEHE, Ber. d. botan. Ges. Bd. 29, S. 156. 1911. — Ders.: Chem. Zeit. Bd. 36, S. 1110. 1912. — Ders.: Jahrb. f. wiss. Botanik Bd. 53, S. 1. 1913; Bd. 58, S. 29. 1917. — Ders.: Ber. d. botan. Ges. Bd. 34, S. 576. 1916; auch GEORGEWITSCH, P.: Bull. of the roy. botan. gard. Kew Jg. 1916. 105 (Kraussia).

wohnten Boden ist. Es waren auch längst direkte Hinweise über die Stickstoffzunahme im Boden bekannt. Das alles gab Veranlassung anzunehmen, daß einige Bodenmikroben den molekularen Stickstoff binden,

Der erste von diesen Organismen wurde von WINOGRADSKY mit Hilfe seiner Methode der elektiven Kultur isoliert[1]). Eine stickstofffreie Nährlösung wurde mit einer kleinen Menge von Ackerboden geimpft. Dabei entwickelte sich der größte Teil der Mikroorganismen gar nicht, und in der Flüssigkeit setzte eine lebhafte buttersaure Gärung ein (Kap. VIII).

Aus der elektiven Kultur wurden drei Bakterienarten isoliert, unter denen sich zwei als gewöhnliche Saprophyten erwiesen, die dritte aber — als eine Buttersäuregärung erregende Bakterie, welche die Fähigkeit den molekularen Stickstoff zu binden besitzt. Diese Bakterie, welche in die sporenbildende Gattung Clostridium gehört und den Namen Clostridium Pasteurianum (Abb. 27) erhielt, ist obligat anaerob, d. h. sie kann sich nur bei Sauerstoffabschluß entwickeln. Einerseits bedarf sie der Luft, da sie sich mit atmosphärischem Stickstoff ernährt, anderseits muß sie den für sie giftigen Sauerstoff vermeiden. Unter natürlichen Verhältnissen wird diese Schwierigkeit durch eine Symbiose mit anderen Bakterien umgangen. Clostridium Pasteurianum ist immer von einigen saprophytischen Mikroben begleitet, welche sich auf Kosten minimalster Mengen des gebundenen Stickstoffs

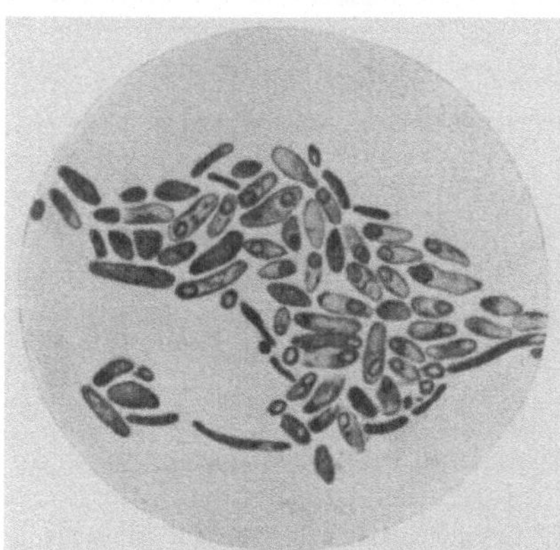

Abb. 27.   Clostridium Pasteurianum. Zellen mit Sporen. Vergrößerung 1000. (Nach OMELIANSKY.)

entwickeln können. Diese begleitenden Mikroben absorbieren den gesamten Sauerstoff in der nächsten Umgebung von Clostridium Pasteurianum und ermöglichen die Keimung der Sporen dieses Organismus. Es ist ersichtlich, daß solch eine Bakteriengenossenschaft bei fast völliger Abwesenheit von Stickstoffverbindungen existieren kann: die für das Groß der Pflanzen ernsteste Gefahr, nämlich der Stickstoffhunger, besteht für diese Genossenschaft gar nicht. Sehr interessant und lehrreich ist es, die Lebensentwicklung in einem offenen Gefäß zu beobachten, welches keine stickstoffhaltige Stoffe enthält und mit einer Genossenschaft von Clostridium Pasteurianum und den es begleitenden Mikroben geimpft ist. Im Anfang geht die Entwicklung der Mikroben langsam vor sich; sie hängt ganz und gar von der

---

[1]) WINOGRADSKY, S.: Cpt. rend. hebdom. des séances de l'acad. des sciences Bd. 116, S. 1385. 1893; Bd. 118, S. 353. 1894. — Ders.: Arch. d. biol. Wiss. Bd. 3, S. 297. 1895. — Zentralbl. f. Bakteriol., Parasitenk. u. Infektionskrankh. (II), Bd. 9, S. 43. 1902.

Ausdauer der begleitenden saprophytischen Organismen ab, welche sich mit minimalen Mengen der in Form von Verunreinigungen vorhandenen Stickstoffverbindungen begnügend, eine derartige Entwicklung erreichen müssen, daß sie dem Clostridium einen Schutz vor dem Sauerstoff gewähren. Diese erste Periode ist die schwerste im Leben unserer Genossenschaft; hat sich aber das Clostridium etwas vermehrt, so verändert sich die Lage auf einmal: die Entwicklung aller Mitglieder der Genossenschaft fängt rasch an zu progressieren, da die das Clostridium begleitenden Organismen nunmehr eine genügende Stickstoffnahrung erhalten, sich intensiv vermehren, und hierdurch eine ungehinderte Entwicklung des Clostridiums selbst ermöglichen. Wenn sich in der Flüssigkeit eine genügende Menge der stickstoffhaltigen Stoffe angehäuft hat, so erscheinen darin auch verschiedene andere Organismen, deren Keime ins Gefäß aus der Luft gelangen und hier einen günstigen Nährboden finden. War die Flüssigkeit dem Licht ausgesetzt, so erscheinen in ihr auch verschiedene Algen, wonach die Bewohner des Gefäßes nicht nur mit Stickstoff, sondern auch mit Kohlenstoff genügend versorgt werden. Ihre Entwicklung ist nunmehr nur durch Raummangel eingeschränkt. In diesen kleinem Versuche kann man einige Analogien bemerken mit Erscheinungen der Lebensentwicklung in wüsten Gegenden, wo die zur Pflanzenernährung notwendigen stickstoffhaltigen Stoffe fehlen.

Als Energiequelle für den endothermen Prozeß der Stickstoffbindung verwertet Clostridium Pasteurianum nicht oxydierende Reaktionen, sondern die Buttersäuregärung (Kap. VIII). Auf jeden Gramm des vergorenen Zuckers assimilierte Clostridium Pasteurianum in Reinkulturen der älteren Forscher 3—8 mg Stickstoff. Eine derartige Leistung ist nur in dem Falle möglich, wo das Substrat stickstoffarm ist; bei reichlicher Ernährung mit Ammoniumsalzen assimiliert Clostridium Pasteurianum den molekularen Stickstoff nicht.

Ein anderer allgemein verbreiteter Mikrobe, welcher sich mit molekularem Stickstoff ernähren kann, wurde von Beijerinck[1] entdeckt und bekam den Namen Azotobacter. Man unterscheidet gewöhnlich zwei Arten: Azotobacter chroococcum, unbewegliche Form, und Azotobacter agile, beweglich und fluoreszierend[2]. Azotobacter ist ein in manchen Beziehungen interessanter Organismus: er hat eine für Bakterien recht beträchtliche Größe (Abb. 28), ist gefärbt und zeichnet sich durch eine überaus intensive Atmung aus, welche ihm die für Stickstoffassimilation nötige Energie liefert. Als Atmungsmaterial für Azotobacter dienen im Boden wahrscheinlich verschiedene Zuckerarten, die als Spaltungsprodukte der Pflanzenreste und

---

[1] Beijerinck: Zentralbl. f. Bakteriol., Parasitenk. u. Infektionskrankh. (II), Bd. 7, S. 567. 1901.

[2] Andere Autoren unterscheiden etwa 20 Formen von Azotobacter. Vgl. Löhnis, F. u. Westermann, T.: Zentralbl. f. Bakteriol., Parasitenk. u. Infektinskrankh. Bd. 22, S. 234. 1908. Die Färbung von Azotobacter ist sehr veränderlich.

namentlich der Cellulose und der Pectinstoffe entstehen. Nicht selten tritt Azotobacter in Symbiose mit Algen, insbesondere mit den Cyanophyceen[1]); die Alge versorgt den Mikroben mit Zucker und erhält von ihm Stickstoffverbindungen. Da hierbei sowohl die stickstoffhaltigen als die stickstofffreien organischen Stoffe aus der Luft bereitet werden, so gewährt die Symbiose der Cyanophycee mit dem Azotobacter eine sichere Garantie für das gute Gedeihen der beiden Organismen. Interessant ist die Angabe, daß für Azotobacter agile das Licht eine wichtige Bedeutung bei der Stickstoffbindung habe, wobei die schwächer brechbaren Strahlen intensiver wirken sollen als die stärker brechbaren[2]). Der Mikrobe fluoresziert grün. Die Azotobacterarten sind in verschiedenen Böden, desgleichen in Süß- und Salzwässern verbreitet[3]).

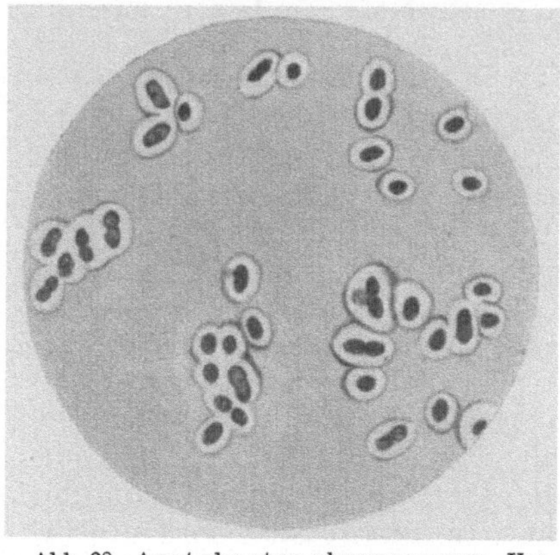

Abb. 28. Azotobacter chroococcum. Vergrößerung 1000. (Nach OMELIANSKY.)

Außer den beiden wichtigsten typischen Organismen Clostridium Pasteurianum und Azotobacter sind noch einige andere Bakterien gefunden worden, welche imstande sind, molekularen Stickstoff zu assimilieren[4]). Diese Mikroben gehören zum Teil in den Clostridium-, zum Teil in den Azotobactertypus. Die meisten Organismen vom Clostridiumtypus erwiesen sich als Varietäten einer und derselben Spezies, und zwar des Bac. amylobacter[5]). Andere N-bindende Bakterien sind verschiedene Rassen von Bac. asterosporus[6]); sie entwickeln sich bei Luftzutritt. Alle diese Mikroben sind in der Natur überaus verbreitet[7]);

---

1) FISCHER, H.: Zentralbl. f. Bakteriol., Parasitenk. u. Infektionskrankh. (II), Bd. 12, S. 267. 1904. — REINKE, J.: Ber. d. botan. Ges. Bd. 21, S. 378 u. 481. 1903.

2) KAYSER, E.: Cpt. rend. hebdom. des séances de l'acad. des sciences Bd. 171, S. 969. 1920; Bd. 172, S. 183, 491 u. 939. 1921.

3) GERLACH u. VOGEL: Zentralbl. f. Bakteriol., Parasitenk. u. Infektionskrankh. (II), Bd. 8, S. 673. 1902. — BENECKE u. KEUTNER: Ber. d. botan. Ges. Bd. 21, S. 338. 1903 u. a.

4) PEROTTI: Ann. di botanica Bd. 4, S. 213. 1906. — VOLPINO: Zentralbl. f. Bakteriol., Parasitenk. u. Infektionskrankh. (II), Bd. 15, S. 70. 1906. — PRINGSHEIM: Ebenda Bd. 31, S. 23. 1911. — TRUFFAUT, G. et BEZSSONOFF, N.: Cpt. rend. hebdom. des séances de l'acad. des sciences Bd. 175, S. 544. 1922. Die letztgenannten Forscher behaupten, daß der von ihnen beschriebene Mikrobe im Boden eine wichtigere Rolle spielt als Azotobacter.

5) BREDEMANN: Ber. d. botan. Ges. Bd. 26a, S. 362. 1908. — Ders.: Zentralbl. f. Bakteriol., Parasitenk. u. Infektionskrankh. (II), Bd. 23, S. 385. 1909.

6) BREDEMANN: Zentralbl. f. Bakteriol., Parasitenk. u. Infektionskrankh. (II), Bd. 22, S. 44. 1908.

7) In allen Böden Rußlands sind sowohl Clostridium Pasteurianum als Azotobacterarten gefunden worden; vgl. OMELIANSKY: Arch. d. biol. Wiss. d.

die Mengen des von ihnen assimilierten Stickstoffs schwanken in sehr weiten Grenzen in Abhängigkeit von den jeweiligen Bedingungen.

Die im Boden freilebenden Bakterien, welche den Azotobacter begleiten, wie z. B. Bact. aerogenes, Bact. radiobacter und denen nahestehende Formen, erwiesen sich ebenfalls als Stickstoffbinder[1]); diese Fähigkeit ist, wie es scheint, allen Mikroben der Gruppe Bact. pneumoniae (s. oben) eigen. Es ist sehr wahrscheinlich, daß auch die Knöllchenbakterie, welche manchmal frei im Boden (also nicht im Symbiose mit den Leguminosen) lebt, unter diesen Verhältnissen den atmosphärischen Stickstoff assimiliert. Mit anderen Bakterien erhielten verschiedene Forscher auseinander gehende Resultate.

Assimilation des molekularen Stickstoffs durch Pilze und Algen. Bei Schimmelpilzen haben einige Forscher eine geringfügige Assimilation des molekularen Stickstoffs verzeichnet; diese Angaben wurden aber in der Folge meistens nicht bestätigt. Positive Resultate sind mit Aspergillus niger und Penicillium glaucum erhalten worden[2]); außerdem mit einigen Pilzen, welche aus totem Laub[3]) sowie aus den Wurzeln einiger Ericaceen und Vaccinieen[4]) isoliert worden sind. Sichere Resultate sind aber erst vor kurzem mit dem Pilz Phoma Betae[5]) erhalten worden; in den anderen soeben angeführten positiven Angaben findet man Zahlen des assimilierten Stickstoffs, die innerhalb der unvermeidlichen Fehlergrenzen liegen; anderseits muß man sich gegenüber den negativen Resultaten auf diesem Gebiet mit einiger Reserve verhalten, da solche in Laboratoriumsversuchen zuweilen auch mit Organismen erhalten werden, welche den Stickstoff bestimmt fixieren können. Jedenfalls muß man nur mit den aus dem Boden frisch isolierten Pilzen experimentieren, oder die Pilzkultur erst einer Bodenpassage unterziehen. Diese Vorsichtsmaßregel wurde von allen Forschern, die über negative Resultate berichten, vernachlässigt[6]). Die einzige Arbeit, in der die Assimilation riesiger Mengen

---

Inst. f. Experimentalmedizin in Petersburg Bd. 18, S. 327, 338 u. 459. 1915; Bd. 19, S. 162 u. 209. 1917.

[1]) Löhnis: Zentralbl. f. Bakteriol., Parasitenk. u. Infektionskrankh. (II), Bd. 14, S. 593. 1905).

[2]) Berthelot: Cpt. rend. hebdom. des séances de l'acad. des sciences Bd. 116, S. 842. 1893. — Puriewitsch: Ber. d. botan. Ges. Bd. 13, S. 342. 1895. — Saida: Ebenda Bd. 19, S. 107. 1901.

[3]) Froelich: Jahrb. f. wiss. Botanik Bd. 45, S. 256. 1908. — Stahel, G.: Ebenda Bd. 49, S. 579. 1911.

[4]) Ternetz, Charlotte: Jahrb. f. wiss. Botanik Bd. 44, S. 353. 1907. — Rayner, M. Ch.: Ann. of botany Bd. 29, S. 97. 1915. — Ders.: Botan. gaz. Bd. 73, S. 226. 1922.

[5]) Duggar, B. M. and Davis, A. R.: Ann. of the Missouri botan. gard. Bd. 3, S. 413. 1916.

[6]) Czapek, F.: Hofmeisters Beitr. z. chem. Physiol. u. Pathol. Bd. 2, S. 557. 1902. — Gerlach u. Vogel: Zentralbl. f. Bakteriol., Parasitenk. u. Infektionskrankh. (II), Bd. 10, S. 641. 1903 (die letztgenannten Forscher erhielten eine geringe Stickstoffbindung). — Kossowicz, A.: Biochem. Zeitschr. Bd. 64, S. 82. 1914.

von molekularem Stickstoff durch den Schimmelpilz Aspergillus niger beschrieben ist[1]), beruht zweifellos auf irrtümlichen Daten[2]). Alle Verfasser weisen darauf hin, daß Schimmelpilze den atmosphärischen Stickstoff nur bei gleichzeitiger Ernährung mit gebundenem Stickstoff einigermaßen gut assimilieren.

Interessant ist es, daß die Vertreter der Actinomyceten oder Strahlenpilze, welche im Boden vegetieren und den charakteristischen Geruch der fetten Erde verbreiten, sich als unfähig erwiesen, den atmosphärischen Stickstoff zu assimilieren[3]). Sogar nach Bodenpassage und bei Kultivierung auf Bodenextrakt und anderen für die Stickstofffixierung besonders günstigen Medien erhält man negative Resultate[4]). Faßt man die Literaturangaben über die N-Bindung durch Pilze (welche hier durchaus nicht erschöpfend angeführt sind) zusammen, so ergibt es sich, daß einige Vertreter dieser Klasse geringe Stickstoffmengen fixieren können[5]); in betreff der anderen sind neue, eingehende Untersuchungen notwendig. Sehr interessant wären Versuche mit verschiedenen Mycorrhizen und namentlich mit den Basidiomyceten. Auf diesem Gebiete kann man vielleicht neue und unerwartete Resultate erhalten, wenn man mit den frisch aus dem Boden isolierten Pilzen arbeitet und dieselben mit Humus bzw. Humusextrakt versetzt (Kap. VII).

Noch schwieriger ist es, zuverlässige Resultate mit Algen zu erhalten, in Anbetracht der ungenügend ausgearbeiteten Methoden der Reinkulturen dieser Organismen. Zweifellos assimilieren die Cyanophyceen und die grünen Algen bei Anwesenheit der stickstoffhaltigen Verbindungen den atmosphärischen Stickstoff[6]), dieses Verhalten ist aber für unreine Kulturen festgestellt worden; nun ist es bekannt, daß Algen nicht selten sich in Symbiose mit stickstofffixierenden

---

[1]) LATHAM, M. E.: Bull. of the Torrey botan. club Bd. 36, S. 235. 1909.

[2]) KOSTYTSCHEW, S. u. TSWETKOWA, E.: Journ. d. russ. botan. Ges. Bd. 6, S. 19. 1921. (Russisch.). Vgl. auch PENNINGTON, L. H.: Bull. of the Torrey botan. club Bd. 38, S. 135. 1911.

[3]) BEIJERINCK: Zentralbl. f. Bakteriol., Parasitenk. u. Infektionskrankh. (II), Bd. 6, S. 7. 1900. — GERLACH u. VOGEL: Ebenda (II), Bd. 10, S. 641. 1903.

[4]) KORSAKOWA, M. u. KOSTYTSCHEW, S., eine noch nicht publizierte Arbeit.

[5]) DUGGAR, B. M. and DAVIS, A. R.: Ann. of the Missouri botan. garden Bd. 3, 413. 1916, erhielten für Phoma Betae eine Stickstoffbindung von 1,8 bis 7,6 mg und für Azotobacter chroococeum von 16,9 bis 17,6 mg auf 100 ccm Nährlösung.

[6]) SCHLOESING et LAURENT: Ann. de l'inst. Pasteur Bd. 6, S. 65 u. 824. 1895. — Dies.: Cpt. rend. hebdom. des séances de l'acad. des sciences Bd. 115, S. 733. 1892. — KOSSOWITSCH, P.: Botan. Zeit. Bd. 52, S. 112. 1894. — Ders.: Zur Frage der Assimilation des freien Stickstoffs durch Pflanzen 1895. (Russisch.) — BOUILHAC: Cpt. rend. des séances de l'acad. des sciences Bd. 123, S. 828. 1896. — Ders. u. GIUSTINIANI: Ebenda Bd. 137, S. 1274. 1903. — STOKLASA: Zentralbl. f. Bakteriol., Parasitenk. u. Infektionskrankh. (II), Bd. 6, S. 22. 1900. — HEINZE: Ebenda Bd. 16, S. 705. 1906. — Ders.: Landwirtschaftl. Jahrb. Bd. 35, S. 895. 1906. — MOORE, B. and WEBSTER, A.: Proc. of the roy. soc. of London (B) Bd. 91, S. 201. 1920. — MOORE, B. and WHITLEY, E.: Ebenda (B), Bd. 92, S. 51. 1921.

Bakterien befinden. Mit Reinkulturen von grünen Algen erhielten verschiedene Forscher negative Resultate[1]); auch die neuere ausführliche Untersuchung von WANN[2]), die über positive Resultate mit einzelligen Algen berichtet, wurde durch die nachfolgenden Kontrollversuche von BRISTOL und PAGE[3]) widerlegt. Für praktische Zwecke ist eine Symbiose der grünen Algen mit stickstofffixierenden Bakterien von großem Nutzen: eine derartige Genossenschaft ernährt sich ausschließlich mit Luft, da auch die notwendigen Mineralstoffe in genügender Menge mit dem Luftstaube herbeigeschafft und sowohl Stickstoff als Kohlenstoff aus Kohlendioxyd und gasförmigem molekularem Stickstoff assimiliert werden.

Als TREUB[4]) die Insel Krakatau nach dem berüchtigten Vulkanausbruch besucht hat, fand er sie vorerst ausschließlich mit den Cyanophyceen bewohnt. Infolge ihrer Fähigkeit, entweder für sich allein oder in Symbiose mit den N-fixierenden Bakterien sich „mit Luft zu ernähren", sind also die Cyanophyceen Pioniere der Pflanzenwelt auf jungfräulichen, noch nicht fruchtbaren Böden.

Die Bedingungen und die quantitative Seite der Stickstoffbindung. Alle Forscher, die sich mit der Frage der Stickstoffbindung befaßten, weisen auf große Schwankungen der Intensität der Arbeit der N-fixierenden Mikroben hin. In Versuchen älterer Forscher fixierte Clostridium Pasteurianum 2 bis 5 mg N auf 1 g des vergorenen Zuckers. Mit Azotobacter erhielt KRZEMIENIEWSKY[5]) einen N-Gewinn von 2,4 bis 17 mg auf je 1 g des veratmeten Zuckers. Dieser Forscher hat durch eingehende Versuche festgestellt, daß die N-Bindung bei Azotobacter durch Kulturen in Gegenwart von sterilisierten natürlichen Humusstoffen oder gar Gartenerde ungemein stimuliert wird. Bedeutend schwächer als fetter Boden wirkten Bodenextrakte. Das Wesen der stimulierenden Wirkung des Bodens bzw. der Bodenextrakte ist noch nicht klargelegt; es wäre hier vielleicht an eine Vitaminwirkung (Kap. VII) zu denken. Für Azotobacter ist auch eine gute Aeration von großer Bedeutung[6]).

Nach dauernder Kultur auf künstlichen Nährmedien verliert Clostridium Pasteurianum die Fähigkeit zur N-Bindung: dieselbe wird aber mittels Bodenpassagen regeneriert[7]). Eine erhebliche Steige-

---

[1]) KOSSOWITSCH, P.: a. a. O. — SCHLOESING et LAURENT: a. a. O. — KRÜGER, W. u. SCHNEIDEWIND, W.: Landwirtschaftl. Jahrb. Bd. 29, S. 771. 1900. — CHARPENTIER, P. G.: Ann. de l'inst. Pasteur Bd. 17, S. 321. 1903. — SCHRAMM, J. K.: Ann. of the Missouri botan. garden Bd. 1, S. 157. 1914.

[2]) WANN, F. B.: Americ. journ. of botany Bd. 8, S. 12. 1921.

[3]) BRISTOL, B. M. and PAGE, H. J.: Ann. appl. biol. Bd. 10, S. 378. 1923.

[4]) TREUB, M.: Ann. du jardin botan. de Buitenzorg Bd. 7. 1888.

[5]) KRZEMIENIEWSKY, S.: Bull. de l'acad. des sciences de Cracovie 1908. 993.

[6]) GERLACH u. VOGEL: Zentralbl. f. Bakteriol., Parasitenk. u. Infektionskrankh. (II), Bd. 8, S. 671. 1902.

[7]) BREDEMANN: Zentralbl. f. Bakteriol., Parasitenk. u. Infektionskrankh. (II), Bd. 22, S. 44. 1908; Bd. 23, S. 385. 1909. — Ders.: Ber. d. botan. Ges. Bd. 26a, S. 362 u. 795. 1908.

rung der N-Bindung wurde auch in einigen Fällen durch die gemeinsame Kultur von zwei oder mehreren Mikroben erzielt. Oben wurde bereits die Bedeutung der Symbiose von N-fixierenden Mikroben mit Algen besprochen. In anderen Fällen könnte der gegenseitige Verbrauch der Abfallsprodukte einen günstigen Einfluß auf die N-Bindung ausüben. Es ist jedoch ausdrücklich zu betonen, daß der genannte befördernde Einfluß der gemeinsamen Kultur durchaus nicht immer zum Vorschein kommt[1]). Desgleichen übte in Versuchen einiger Forscher eine reichliche Stickstoffgabe in Form von anorganischen Salzen oder organischen N-haltigen Verbindungen eine deprimierende Wirkung auf die N-Bindung aus, nach Aussage von anderen Forschern hat hingegen dieser Umstand keine nennenswerte Bedeutung[2]). WINOGRADSKY[3]) hat gefunden, daß Clostridium Pasteurianum den freien Stickstoff um so schwächer assimiliert, je mehr gebundener Stickstoff im Substrat enthalten ist. So hat z. B. Clostridium folgende N-Mengen in Gegenwart von verschiedenen NH_3 Mengen fixiert:

N in mg als Ammoniumsulfat dargeboten	2,1	4,2	6,4	8,5	17,0	21,0
N in mg aus N_2 assimiliert	7,0	5,0	5,5	3,6	Spur	0

Die in dieser Tabelle angegebenen Mengen des fixierten Stickstoffs sind auf je 3 g vergorenen Zuckers berechnet. Für die verschiedenen Formen von Bac. amylobacter haben einige Forscher eine N-Bindung von 1,4 bis 7,6 mg auf je 1 g verbrauchten Zucker verzeichnet. Der Verfasser dieses Buches hat in noch unveröffentlichten Versuchen die Resultate von KRZEMIENIEWSKY über die stimulierende Wirkung des Bodens auf die N-Bindung durch Azotobacter bestätigt, aber mit Clostridium Pasteurianum keine analogen Resultate erhalten. Die höchsten N-Gewinne waren: für Azotobacter agile 23,3 mg N auf 1 g Zucker, für Clostridium Pasteurianum 12,5 mg N auf 1 g Zucker. Letztere Zahl ist besonders beachtenswert, da Clostridium den Zucker nicht veratmet, sondern vergärt und also verschwenderisch verbraucht. Die N-Bindung wird bei Azotobacter agile wohl durch Ammoniumsalze, und Nitrate nicht aber durch Pepton zum Stillstand gebracht: in eigenen Versuchen haben große Peptonmengen die N-Fixierung nur abgeschwächt. Auch hat der Verfasser dieses Buches niemals ein Aufhören der N-Bindung in lange dauernden Kulturen von Azotobacter agile auf künstlichen Nährlösungen wahrgenommen, während Clostridium Pasteurianum gewöhnlich nach etwa 20 bis 25 Überimpfungen versagte.

Die chemische Seite der N-Bindung bietet großes Interesse dar, dieses Problem wurde aber erst neuerdings in Angriff genommen. Bei

---

[1]) KRZEMIENIEWSKY: a. a. O. — STOKLASA: Zentralbl. f. Bakteriol., Parasitenk. u. Infektionskrankh. (II), Bd. 21, S. 629. 1908. — OMELIANSKY, W.: Arch. d. biol. Wiss. Bd. 18, Lief. 4. 1914 u. a.

[2]) BREDEMANN: Zentralbl. f. Bakteriol., Parasitenk. u. Infektionskrankh. (II), Bd. 23, S. 540. 1909.

[3]) WINOGRADSKY, S.: a. a. O.

Azotobacter agile ist folgender Verlauf der Stickstoffassimilation festgestellt worden[1]): der molekulare Stickstoff wird vom Mikroben zu Ammoniak reduziert, letzterer in Aminosäuren übergeführt und aus diesen schließlich Eiweiß aufgebaut. Unter den richtig gewählten Bedingungen gelingt es, Ammoniak und Aminosäuren im flüssigen Substrat vom Azotobacter nachzuweisen.

Die N-Bindung ist also ein Reduktionsvorgang. Das Reduktionsvermögen von Azotobacter ist überraschend: man vergleiche die Bedingungen der N-Bindung im technischen Betrieb von HABER-BOSCH (S. 183). Nach eigenen noch unveröffentlichten Versuchen reduziert Azotobacter auch Nitrate mit erstaunlicher Intensität zu NH_3. Im Boden ist also die Wirkung von Azotobacter derjenigen der nitrifizierenden Mikroben antagonistisch. Das Entstehen von Ammoniak findet wahrscheinlich auch bei allen anderen stickstofffixierenden Organismen statt[2]), früher hatte man dagegen angenommen, daß beim aeroben Azotobacter sowie beim Bacillus radicicola als erste Produkte der Stickstoffbindung salpetrige Säure[3]), Amide[4]), Aminosäuren[5]) und sogar Cyanwasserstoff[6]) erscheinen. Beachtenswert ist es, daß man in den Knöllchen der Leguminosen viel Harnstoff und das Ferment Urease, welches den Harnstoff spaltet, nachgewiesen hat[7]).

Eine Schätzung der in verschiedenen Böden assimilierten Mengen des molekularen Stickstoffs ist mit recht vielen technischen Schwierigkeiten verbunden und kann nur sehr approximativ ausgeführt werden. In unseren Breiten liefern wahrscheinlich die Leguminosen mehr Stickstoff als die freilebenden Mikroben. So haben SCHLOESING und LAURENT folgende Resultate erhalten[8]): eine Leguminosenkultur hat 93—134 mg, Algen und Bakterien aber 9—38 mg N gebunden. Das ergibt einen Stickstoffgewinn von 100—200 kg pro Hektar bei Leguminosenkulturen und 20—40 kg pro Hektar durch freilebende Mikroben. Auch andere Forscher sind zu analogen Resultaten gekommen, indem sie darüber berichten, daß die Arbeit der Mikroorganismen dem Boden etwa 16—25 kg Stickstoff pro Hektar liefert[9]).

---

[1]) KOSTYTSCHEW, S. u. RYSKALTSCHUK, A.: Cpt. rend. hebdom. des séances de l'acad. des sciences 1925.

[2]) REINKE: Ber. d. botan. Ges. Bd. 21, S. 379. 1903.

[3]) LOEW and ASO: Bull. of the coll. of agricult. of Tokyo Bd. 7, S. 567. 1908.

[4]) GERLACH u. VOGEL: Zentralbl. f. Bakteriol., Parasitenk. u. Infektionskrankh. (II), Bd. 9, S. 884. 1902.

[5]) LIPMAN, J. G.: Ann. rep. of the New Jersey exp. stat. Bd. 25, S. 268. 1904.

[6]) STOCKLASA, J.: Zentralbl. f. Bakteriol., Parasitenk. u. Infektionskrankh. (II), Bd. 21, S. 626. 1908.

[7]) BENJAMIN: Proc. of the roy. soc. of N. S. Wales Bd. 49, S. 78. 1915.

[8]) SCHLOESING et LAURENT: Ann. de l'inst. Pasteur Bd. 6, S. 830. 1892.

[9]) BERTHELOT: Cpt. rend. hebdom. des séances de l'acad. des sciences Bd. 101, S. 775. 1885. — HENRY: Journ. d'agricult. prat. Bd. 61, S. 411 u. 485. 1897 II; 1897 I. 549. — KÜHN: Fühlings landwirtschaftl. Zeit. 1901. 2 berechnet, daß die Bodenmikroben in einem gut bearbeiteten Boden jährlich 66 kg Stickstoff auf 1 ha assimiliert haben.

Die günstige Wirkung der Leguminosenkultur ist nicht einzig und allein auf die Assimilation des molekularen Stickstoffs durch die Knöllchen zurückzuführen. Nach HILTNERs Theorie[1]) bildet sich in der Umgebung der Wurzeln der Samenpflanzen infolge deren Exkrete eine besondere „Rhizosphäre", d. h. eine Sphäre der lokalen Einwirkung der Wurzeln auf die Mikroflora des Bodens. Die spezifische Wirkung der Leguminosen besteht darin, daß sie die Nitrifikation im Boden hemmen und die Assimilation der stickstoffhaltigen Stoffe ebenso wie die Stickstoffbindung durch Bodenmikroben steigern. Als Resultat dieser Einwirkung ergibt sich eine erhebliche Anreicherung des Bodens an Stickstoff, aber ein großer Teil dieses Stickstoffs wird nicht durch die Leguminosen selbst, sondern durch die freilebenden Mikroorganismen gebunden: so entwickelt sich Azotobacter besonders reichlich zwischen den Wurzeln der Leguminosen[2]). Nach eigenen noch unveröffentlichten Resultaten des Verfassers dieses Buches, besonders aber nach den sehr beachtenswerten Ergebnissen von BÉZSONOFF[3]) ist der Schluß zu ziehen, daß die N-bindenden Mikroben mit Wurzelausscheidungen einiger Samenpflanzen auskommen und hierbei so erhebliche N-Mengen binden, daß eine normale Ernte der betreffenden Samenpflanzen vollkommen gesichert wird.

Es ist also die Assimilation des Stickstoffs aus der Atmosphäre zum weit größeren Teil auf die Tätigkeit der freilebenden Mikroorganismen zurückzuführen, als es früher angenommen wurde. In südlichen Gegenden findet eine Assimilation des atmosphärischen Stickstoffs durch den Boden in noch viel größerem Maße statt[4]). Obwohl man in dieser Hinsicht leider über kein genügendes Zahlenmaterial verfügt, ist doch z. B. die Tatsache bezeichnend, daß man in Indien ohne die geringste Düngung sogar auf den allerschlechtesten Böden jährlich reiche Ernten erhält. Die bearbeiteten Böden bedürfen in den südlichen Gegenden von Jahr zu Jahr auch bei ununterbrochenen Kulturen immer weniger der Stickstoffdüngung[5]). Es ist wohl möglich, daß eine genaue Erforschung dieser Frage die Richtigkeit der schon jetzt sehr wahrscheinlichen Ansicht bestätigen wird, daß nämlich die Menge des gebundenen Stickstoffs auf der Erdoberfläche rasch und in einem fort sich vergrößert. In unseren Breiten wird die Tätigkeit der stickstofffixierenden Mikroben,

---

[1]) HILTNER: Arb. d. dtsch. landwirtschaftl. Ges. Bd. 98, S. 69. 1904.

[2]) BEIJERINCK: Botan. Zeit. Bd. 48, S. 842. 1890. — Ders.: Verslagen d. Afdeeling Natuurkunde, Königl. Akad. d. Wiss., Amsterdam 1908. 53.

[3]) BEZSONOFF, N.: La science du sol. 1925.

[4]) LEO-ANDERLIND: Journ. f. Landwirtschaft Bd. 31, S. 275. 1883. — BERGTHEIL: Agricult. journ. of India Bd. 1, S. 70. 1906.

[5]) Der Verfasser dieses Buches beobachtete auf der Krimschen Südküste Tabakkulturen, die im Verlaufe von 35 Jahren auf einem und demselben Grundstück ununterbrochen, und zwar ohne die geringste Düngung gezogen, gute Ernten liefern. Die Salpeterdüngung übte auf diese Kulturen gar keine Wirkung aus, und ein Stickstoffmangel ist im Boden nicht zu verzeichnen. Der Boden dieser Kulturen erwies sich als außerordentlich reich an Azotobacter (über 10000000 auf 1 g Boden).

wahrscheinlich durch niedrige Bodentemperatur und unzureichende Mengen der Wurzelausscheidung der Samenpflanzen unterdrückt. Deswegen ist eine Düngung der Felder mit Mist, grünem Dünger und ähnlichen Stoffen, wie es namentlich die französischen Agrikulturchemiker schon vor vielen Jahren sehr richtig betonten[1]), unbedingt notwendig und kann auch bei sehr reichlicher Düngung mit Mineralstoffen sowie Ammoniaksalzen oder Nitraten nicht ganz unterbleiben. Die Bedeutung des Mists, als einer direkten Kohlensäurequelle für die grünen Pflanzen, wurde schon oben besprochen.

Die Methoden zur Isolierung und Kultur von Mikroorganismen, welche bestimmte biochemische Eigentümlichkeiten besitzen. Hier ist es nicht möglich, die allgemeinen Methoden der Isolierung von Reinkulturen der Mikroorganismen zu beschreiben, die in der mikrobiologischen Praxis üblich sind. Dieselben sind in den Handbüchern der allgemeinen Mikrobiologie ausführlich dargelegt[2]). Hier sollen nur die speziellen Methoden der Isolierung und Kultur der eigentümlichen Mikroben, welche in diesem Kapitel beschrieben wurden, Erwähnung finden.

Die nitrifizierenden Bakterien isoliert man auf anorganischen Medien. Für die elektive Kultur haben WINOGRADSKY und OMELIANSKY[3]) folgende Lösung verwendet: Auf 1 l Wasser 2 g $(NH_4)_2SO_4$, 1 g K_2HPO_4, 0,5 g $MgSO_4$, 2 g NaCl, 0,4 g $FeSO_4$ und ein Überschuß von basischem Magnesiumcarbonat. Speziell für den Nitratbildner wird folgende Lösung dargestellt: Auf 1 l Wasser 1,0 g $NaNO_2$, 0,5 g K_2HPO_4, 0,3 g $MgSO_4$, 0,5 g NaCl und 0,5 g Na_2CO_3. Zur Impfung muß man eine nicht zu kleine Bodenmenge nehmen; hat man eine Isolierung des Nitritbildners in Aussicht, so verwendet man besser Wiesenboden und nicht Ackerboden. Für die Isolierung von Reinkulturen impft man mit der elektiven Kultur eine Platte aus Gips oder festem Papier, die mit derselben Minerallösung durchtränkt ist[4]), da weder Gelatine noch Agar zu diesem Zweck taugen. Die anderen Mikroorganismen können im Gegenteil durch gewöhnliche Methoden in Reinkulturen isoliert werden, weswegen nachstehend nur von elektiven Kulturen dieser Mikroben die Rede sein wird.

Zur Darstellung einer elektiven Kultur der farblosen Schwefelbakterien empfiehlt WINOGRADSKY (siehe oben) in einen hohen bis zum Rande mit Wasser gefüllten Glaszylinder ein Stück des Rhizoms von Butomus umbellatus und etwas Bodenschlamm einzubringen und dazu noch eine kleine Gipsmenge hinzuzufügen. Nach einem Monat entwickeln sich unter diesen Verhältnissen verschiedene Schwefelbakterien in großer Menge. Zum Isolieren von Purpurbakterien läßt man ein Ei in einem hohen Glaszylinder mit Wasser in Gegenwart von Gips und im direkten Licht faulen. Die Purpurbakterien besiedeln in einer zusammenhängenden Schicht die dem Licht gekehrte Seite des Zylinders. BEIJERINCK[5]) empfiehlt ein Gefäß mit schwefelwasserstoffhaltigem schmutzigen Wasser zu füllen und dasselbe mit einer Glasplatte so zu decken, daß keine Zwischenschicht von Luft zwischen Flüssigkeit und Glas bleibt. Die Platte wird nur an einer

---

[1]) Vgl. z. B. DEHÉRAIN: Cpt. rend. hebdom. des séances de l'acad. des sciences Bd. 125, S. 283. 1897.

[2]) OMELIANSKY: Grundlagen der Mikrobiologie. 4. Aufl. 1922. (Russisch.) — ABEL: Bakteriologie 1911. — BESSON: Technique microbiologique. 5. éd. 1911. — OMELIANSKY: Praktische Anleitung zur Mikrobiologie 1923 (russisch) u. a.

[3]) WINOGRADSKY u. OMELIANSKY: Zentralbl. f. Bakteriol., Parasitenk. u. Infektionskrankh. (II), Bd. 5, S. 333 u. 432. 1899.

[4]) OMELIANSKY: Zentralbl. f. Bakteriol., Parasitenk. u. Infektionskrankh. (II), Bd. 5, S. 652. 1899; (II), Bd. 8, S. 785. 1902.

[5]) BEIJERINCK: Zentralbl. f. Bakteriol., Parasitenk. u. Infektionskrankh. Bd. 14, S. 843. 1893.

Stelle beleuchtet. Die Purpurbakterien kleben sich an die untere Seite der belichteten Platte an und können mit der Platte zusammen abgenommen werden.

Eine elektive Kultur von Eisenbakterien wird so erhalten: Man versetzt etwas Sumpfwasser mit Ferroammoniumcitrat. Nach einiger Zeit füllt sich die Flüssigkeit mit Flocken von Crenothrix und Cladothrix.

Für Methan und Wasserstoff oxydierende Bakterien wird folgende Lösung verwendet: Auf 100 ccm Wasser 0,05 g K_2HPO_4, 0,1 g NH_4Cl, 0,02 g $MgSO_4$ und Spuren von $FeCl_3$. Speziell für Wasserstoffbakterien empfiehlt es sich, den Salmiak durch 0,2 g KNO_3 zu ersetzen. Impfen kann man mit Mistjauche, Abwässern oder Boden. Für Methanbakterien ist eine Temperatur von 30—37°, für Wasserstoffbakterien eine solche von 27—30° günstig. Bac. obigocarbophilus muß man in Reinkulturen auf Gips oder Papierplatten (siehe oben), die übrigen Mikroben auf gewöhnlicher Fleisch-Peptongelatine isolieren[1]). Methan stellt man aus essigsaurem Natrium nach der Reaktion dar:

$$2\,CH_3.COONa + Ca(OH)_2 = 2\,CH_4 + Na_2CO_3 + CaCO_3.$$

und wäscht das Gas mit Bromwasser und Kalilauge. Der Wasserstoff wird aus metallischem Zink und verdünnter Schwefelsäure dargestellt und mit Permanganat, Schwefelsäure und konzentrierter Kalilauge gewaschen. Außerdem wird der Atmosphäre des Kulturgefäßes etwas CO_2 für die Kohlenstoffernährung der Bakterien zugesetzt[2]).

Eine starke Denitrifikation, die zu einer reichlichen elektiven Kultur führt, entwickelt sich bei Impfung einer verdünnten Lösung von Salpeter und Calciumtartrat bzw. Calciumcitrat mit fettem Boden oder Mistjauche. Je nach der verwendeten organischen Säure und der Impfungsart erhalten entweder die einen oder die anderen Bakterien das Übergewicht.

Das Knöllchenbacterium kann man auf verschiedenen festen Nährböden isolieren; am besten auf Agar, z. B. folgender Zusammensetzung: 1,5 vH. Agar, 0,2 vH. Wurzelextrakt derjenigen Pflanze, aus welcher man das Bacterium zu isolieren sucht, 1 vH. Glucose und etwas $CaCO_3$. Nach Erhitzung im Autoklaven bei 120° im Verlaufe von 20 Minuten wird die Flüssigkeit filtriert. Zum Erhalten der Bakteroide kann man mit Erfolg verdünnten Menschenharn verwenden. Die Lösungen müssen immer eine große Menge von Kohlenhydraten enthalten. Für experimentelle Untersuchungen mit den Knöllchenbakterien wird folgende Nährlösung empfohlen: 3 vH. Traubenzucker und 0,1 vH. $NaNO_3$ im Bodenextrakt, oder 3 vH. Zucker, 1 vH. NaCl und Spuren von $NaHCO_3$ im Bohnenextrakt[3]).

WINOGRADSKY verwendete für elektive Kulturen von Clostridium Pasteurianum[4]) die folgende Lösung: Auf 100 ccm Wasser, 2—4 g Glucose, 0,1 K_2HPO_4, 0,05 $MgSO_4$ und Spuren von NaCl, $FeSO_4$ und $MnSO_4$. Zur Impfung dient ein Boden, der zur Tötung der nichtsporenbildenden Formen vorher auf 80° erhitzt war. Die Kultur muß bei Sauerstoffabschluß verbleiben. Bei jeder Überimpfung muß man wiederum erhitztes Material verwenden.

Die elektive Kultur von Azotobacter gelingt gut in Gegenwart von Äpfelsäure[5]). Man nimmt z. B. 100 ccm Wasser, 10—20 ccm Abwässer oder etwas Erde, 2 g Calciummalat und 0,05 g K_2HPO_4. Die Kultur geschieht bei 30°. Zum Isolieren von Reinkulturen ist Agar mit Äpfelsäuresalzen ein aus-

---

[1]) Über Isolierung und Kultur der Wasserstoffbakterien vgl. GROHMANN, G.: Zentralbl. f. Bakteriol., Parasitenk. u. Infektionskrankh. (II), Bd. 61, S. 251. 1924.

[2]) Noch besser ist es, die Kultur in einer Atmosphäre von elektrolytisch dargestelltem Knallgas vorzunehmen.

[3]) MAZÉ, P.: Ann. de l'inst. Pasteur Bd. 11, S. 45. 1897; Bd. 12, S. 1. 1898.

[4]) WINOGRADSKY, S.: Arch. d. biol. Wiss. Bd. 3, S. 297. 1897. (Russisch.)

[5]) LIPMANN, J. G.: Ann. rep. of the New Jersey agricult. exp. stat. Bd. 25, S. 252. 1904.

gezeichneter Nährboden. Es wurde auch die folgende flüssige Lösung zur Azotobacter-Kultur empfohlen[1]): Auf 1 l Wasser 2,0 g Traubenzucker, 0,5 g KH_2PO_4, 0,5 $CaCO_3$, 0,5 NaCl und etwas $FeSO_4$. Auch Mannit ist ein ausgezeichneter elektiver Nährstoff für Azotobacter. Zur Regenerierung der von den Bakterien eingebüßten Fähigkeit, den molekularen Stickstoff zu binden, wird eine Kultur im Boden oder Bodenextrakt verwendet. Im ersten Fall wird ausgetrocknete und fein durchgesiebte Erde aus Gemüsebeeten gleichmäßig mit Wasser getränkt, dann mit Glucose-Agar gemischt und $^3/_4$ Stunden im Autoklaven bei 150° sterilisiert[2]). Der Bodenextrakt wird auf folgende Weise hergestellt: 1 kg Boden wird mit 1 l Wasser $^1/_2$ Stunde bei 120° im Autoklaven oder mit 2 l Wasser 2 Stunden auf freier Flamme erhitzt. Man erhält hierbei etwa 600 ccm Extrakt. Derselbe wird mit Talk gemischt und durch ein gehärtetes Filter filtriert. Das Filtrat ist dann vollkommen blank. In einer jüngst erschienenen Mitteilung macht WINOGRADSKY[3]) den Versuch, die bakteriellen Kräfte verschiedener Böden miteinander zu vergleichen. Hierbei soll man keine Reinkulturen darstellen und den Boden direkt mit einer energetischen Substanz, wie z. B. mit Zucker oder Mannit versetzen. Für elektive Kulturen soll ein an organischen Stoffen armer Nährboden, am besten Kieselsäuregel dienen. Auch für die Ermittelung der Bakterienzahl pro Bodeneinheit empfiehlt WINOGRADSKY auf Plattenguß zu verzichten und direktes Zählen nach einer entsprechenden Färbung des Bodens anzuwenden.

---

[1]) GERLACH u. VOGEL: Zentralbl. f. Bakteriol., Parasitenk. u. Infektionskrankh. (II), Bd. 8, S. 674. 1902.

[2]) BREDEMANN: Ber. d. botan. Ges. Bd. 26a, S. 366. 1908.

[3]) WINOGRADSKY, S.: Ann. de l'inst. Pasteur Bd. 39, 1925.

Viertes Kapitel.

Die Ernährung der Pflanzen mit fertigen organischen Verbindungen.

Die Kohlenstoff- und Stickstoffernährung der chlorophyllfreien Mikroorganismen. Mit Ausnahme der zur Chemosynthese (s. oben) befähigten Mikroorganismen sind alle anderen chlorophyllfreien Pflanzen, auf eine Ernährung mit fertigen organischen Verbindungen angewiesen. Es wäre allerdings voreilig, zu behaupten (wie es manchmal in der populären Literatur gemacht wird), daß die Ernährung der chlorophyllfreien Pflanzen im Grunde der Ernährung der Tiere gleicht: in den weitaus meisten Fällen ernährt sich die chlorophyllfreie Pflanze nur mit fertigen organischen stickstoffreien Stoffen und synthesiert stickstoffhaltige Stoffe aus anorganischen N-haltigen Salzen. Der tierische Organismus ist zu einer derartigen Synthese nicht fähig; es ist festgestellt worden, daß das Tier viele Aminosäuren (Bausteine der Eiweißstoffe) auf Kosten des Ammoniaks nicht aufbauen kann, selbst wenn man ihm das fertige Kohlenstoffgerüst je einer Aminosäure in Form von entsprechenden Ketonsäuren zur Verfügung stellt[1]). Ein Tier muß also sowohl die stickstoffreien als auch die stickstoffhaltigen Nährstoffe nicht anders als in Form von fertigen organischen Verbindungen, d. i. von Kohlenhydraten und Eiweißstoffen, oder zum mindesten in Gestalt von einzelnen Bausteinen des Eiweißmoleküls, nämlich der Aminosäuren, aufnehmen. Die Ernährung der chlorophyllfreien Samenpflanzen ist noch recht wenig studiert worden; sie wird später im Zusammenhange mit dem Problem des Parasitismus besprochen werden; viel ausführlicher ist die Ernährung der niederen nicht grünen Pflanzen, nämlich der Bakterien und Schimmelpilze, untersucht, da man diese Organismen leicht in Reinkulturen, und zwar auf Lösungen von ganz bestimmter Zusammensetzung, züchten und dann mit Hilfe genauer chemischer Analysen die Bilanz sowohl eines jeden Nährmaterials, als aller Produkte des physiologischen Stoffwechsels ermitteln kann.

In erster Linie kann man zwei physiologische Gruppen von chlorophyllfreien Mikroorganismen voneinander unterscheiden. Die erste Gruppe — die der strengen Spezialisten — ist schon zum Teil im vorigen Kapitel beschrieben worden, zum Teil wird sie bei der Besprechung der Gärungen erläutert werden. Es sind dies solche Lebewesen, welche be-

---

[1]) ABDERHALDEN, E.: Zeitschr. f. physiol. Chem. Bd. 96, S. 1. 1915.

stimmte chemische Umwandlungen organischer Stoffe, die allen anderen Pflanzen nicht eigen sind, hervorrufen: ihre chemische Spezifität gestattet ihnen in einigen Beziehungen, abseits von dem allgemeinen „struggle for life" zu verbleiben: sie verarbeiten in der Tat solche Stoffe, welche in die Kategorie der Abfälle anderer Pflanzen gehören, oder besitzen die Fähigkeit, unter solchen äußeren Verhältnissen zu existieren, welche das Leben der Mehrzahl der höheren und niederen Pflanzen nicht unterhalten können. Deshalb finden die strengen Spezialisten verhältnismäßig wenige Konkurrenten. Oben wurde schon erwähnt, daß derartige Mikroorganismen außerdem eine hervorragende Rolle als Schließer des Kreislaufes verschiedener physiologisch wichtiger Stoffe auf der Erde spielen.

Die andere Kategorie — die der omnivoren Mikroorganismen — hält den Kampf ums Dasein dank ihrer Anspruchslosigkeit und ihres Vermögens, sich mit verschiedenartigsten organischen Stoffen zu ernähren, darunter auch mit solchen, die als sehr schlechtes Nährmaterial gelten, aus. Hierher gehört das Gros der sogenannten saprohytischen Pilze und Bakterien. Alle spielen sie eine bedeutende geochemische Rolle, indem sie die Zersetzung der tierischen und pflanzlichen Reste bewirken, Bodenhumus und Torf bilden und auch die weitere Mineralisierung dieser Produkte hervorrufen. Die genannten Prozesse bieten zwar ein bedeutendes Interesse dar, doch muß in betreff ihrer näheren Erläuterung auf die Handbücher der Bodenkunde und der Mikrobiologie verwiesen werden[1]); hier genügt es, lauter Fragen von allgemeiner physiologischer Bedeutung auseinanderzusetzen.

Aus obiger Darlegung ist ersichtlich, daß es ganz aussichtslos wäre, nach solch einer Zusammensetzung der Nährlösung zu fahnden, die allen Mikroorganismen eine gute Entwicklung gestatten könnte. PASTEUR[2]) entwickelte in einer Reihe von Arbeiten schon vor 50 Jahren die Ideen von der Spezifität der Mikrobenernährung. Trotzdem bestrebten sich verschiedene Forscher, eine bestimmte Reihenfolge des Nährwertes verschiedener organischer Stoffe festzustellen. Dies wäre höchstens nur für einen einzelnen bestimmten Organismus ausführbar, aber auch in diesem begrenzten Gebiet stößt man auf eine ganze Reihe von Kontroversen. Es wäre wohl überflüssig, die verschiedenen „Reihenfolgen des Nährwertes", die von verschiedenen Verfassern veröffentlicht wurden, anzuführen, da sie eben nur ein historisches Interesse haben; die Sache ist die, daß eine jede derartige Reihe sich je nach den verschiedenen äußeren Bedingungen recht stark verändert, und zwar sind hierbei das Entwicklungsstadium des Mikroorganismus[3]), die

---

[1]) WINOGRADSKY, S: a. a. O. beschreibt verschiedene Mikroben, welche den Bodenhumus entfärben und zerlegen.

[2]) PASTEUR, L.: Cpt. rend. hebdom. des séances de l'acad. des sciences Bd. 45, S. 2 u. 913. 1857; Bd. 47, S. 224. 1858; Bd. 48, S. 337 u. 640. 1859. — Ders.: Ann. de chim. et de physique (3), Bd. 52, S. 404. 1858; Bd. 58, S. 323. 1860. — Ders.: Etudes sur le vinaigre 1868. — Ders.: Etudes sur la bière 1876 u. v. a.

[3]) DUCLAUX: Ann. de l'inst. Pasteur Bd. 3, S. 67. 1889.

Temperatur[1]), die Stickstoffernährung[2]) und andere Umstände von Bedeutung. Das einzige gemeinsame Merkmal aller Reihenfolgen besteht darin, daß Zucker sich als die allerbeste Kohlenstoffquelle für die omnivoren Mikroorganismen, namentlich aber für Pilze, erweist.

Die Nichtzuckerstoffe wirken in verschiedenen Fällen nicht gleichartig, und kann man hier nur auf einige allgemeine Regelmäßigkeiten hinweisen. So sind z. B. Stoffe mit einer geraden Kohlenstoffkette leichter assimilierbar, als ihre Isomere mit verzweigter Kette; die niederen Glieder einer Homologenreihe sind weniger assimilierbar, als die Verbindungen mit drei, vier und einer größeren Zahl von Kohlenstoffatomen; Stoffe mit mehreren Hydroxylgruppen sind viel bessere Kohlenstoffquellen, als Stoffe mit nichtoxydierten Kohlenstoffatomen. So ist z. B. Milchsäure eine bessere Kohlenstoffquelle für Pilze als Propionsäure[3]), Weinsäure eine bessere als Milchsäure, die eine Methylgruppe CH_3 enthält[4]).

$$CH_3 - CH_2 - COOH \qquad CH_3 - CHOH - COOH$$
Propionsäure   Gärungsmilchsäure

$$COOH - CHOH - CHOH - COOH.$$
Weinsäure

Erst neuerdings ist eine allgemeine Regel der Ernährung der omnivoren Pilze experimentell dargetan worden: es ergab sich, daß für die chlorophyllfreien Pilze, ebenso wie auch für die grünen Pflanzen, Kohlenhydrate und Eiweißstoffe als primäre Stoffe in Betracht kommen. Solche stickstofffreie organische Stoffe wie Mannit, Glycerin, Weinsäure, Milchsäure, Chinasäure, werden durch den Pilz in Zucker, meistens in Glucose verwandelt[5]). Dies wurde durch die Methode des künstlichen Eingreifens in den biochemischen Prozeß (S. 80) dargetan. Unter normalen Lebensbedingungen wird der aus verschiedenen organischen Stoffen aufgebaute Zucker vom Pilz sofort zu seinen Lebensbedürfnissen verbraucht; erschwert man aber einem aeroben Pilz den Luftzutritt, so wird der mit Zuckerverbrauch verbundene energetische Stoffwechsel stark gehemmt und der aus verschiedenen Nichtzuckerstoffen gebildete Zucker im Substrat angehäuft.

So beruht folglich der ungleiche Nährwert verschiedener stickstofffreier organischer Verbindungen für die omnivoren pflanzlichen Organismen auf der ungleichen Leichtigkeit der Zuckerbildung aus diesen Stoffen unter verschiedenen Verhältnissen. Dieses Ergebnis steht im Einklange mit jenen empirischen Gesetzmäßigkeiten, welche den relativen Nährwert verschiedener stickstoffreier Stoffe bedingen: eine

---

[1]) THIELE, R.: Die Temperaturgrenzen der Schimmelpilze. Diss. Leipzig 1896.

[2]) RITTER, G.: Materialien zur Physiologie der Schimmelpilze 1916. (Russ.)

[3]) TROILI-PETERSON: Zentralbl. f. Bakteriol., Parasitenk. u. Infektionskrankh. (II), Bd. 24, S. 333. 1909.

[4]) KOSTYTSCHEW, S. u. AFANASSIEWA, M.: Journ. d. russ. botan. Ges. Bd. 2, S. 77. 1917. (Russisch.)

[5]) KOSTYTSCHEW, S.: Zeitschr. f. physiol. Chem. Bd. 111, S. 236. 1920. — Ders. u. AFANASSIEWA, M.: Jahrb. f. wiss. Botanik Bd. 60, S. 628. 1921.

Verbindung mit gerader Kohlenstoffkette und mehreren Hydroxylgruppen kann freilich leichter in Zucker übergehen, als ein anderer Stoff, der nur durch eine komplizierte Synthese in Zucker verwandelt werden kann, besonder wenn hierbei eine Oxydation mehrerer Kohlenstoffatome notwendig ist. Sechswertige Alkohole, wie z. B. Mannit, Sorbit und sogar fünfwertige Alkohole mit sechs Kohlenstoffatomen, wie Quercit[1]), sind für Schimmelpilze ein vorzügliches Nährmaterial, da der Übergang dieser Alkohole in Zuckerarten nur mit einer geringen Oxydation verbunden ist; das dreiwertige Glycerin, das ebenfalls leicht in Zucker übergeht:

$$CH_2OH—CHOH—CH_2OH + O \rightarrow CH_2OH—CHOH—CHO + H_2O \quad (I)$$
$$2\,CH_2OH—CHOH—CHO \rightarrow CH_2OH—(CHOH)_4—CHO \quad . \quad . \quad . \quad . \quad (II)$$

stellt in gleicher Weise eine ausgezeichnete Kohlenstoffquelle dar (nur bei Ernährung der Pilze mit nicht oxydiertem Stickstoff!), die niederen Alkohole dagegen, die zur Zuckersynthese viel weniger geeignet sind, besitzen schon einen schwachen Nährwert, besonders wenn nicht alle Kohlenstoffatome in ihnen oxydiert sind. Der relative Nährwert der Alkohole für den Pilz Aspergillus niger wird durch folgende Tabelle illustriert, welche der Arbeit von Czapek entnommen ist[2]). Darin bedeuten die Zahlen das Gewicht der Pilzernte in Milligrammen.

Äthylalkohol .	0 mg	d-Mannit	416,1 mg
Äthylenglykol	74,3 „	d-Sorbit	542,5 „
Glycerin .	. 288,6 „	Dulcit	27,3 „ (!)
Erythrit .	. 323,8 „	d-Fructose	523,7 „

Als eine ausgezeichnete Kohlenstoffquelle, d. i. nach Obigem das Material zur Zuckerbildung, dienen außerdem die Oxysäuren, besonders Äpfel-, Zitronen-, Wein-, Milch-, Glycerin-, Fumarsäure[3]). Viel schlechter werden Essig-, Propion-, Ameisen- und Bernsteinsäure[4]) assimiliert. Auch hier offenbart sich folglich derselbe Zusammenhang mit der Zuckersynthese wie bei der Ernährung mit Alkoholen.

Im Zusammenhang mit der größeren oder geringeren Leichtigkeit der Zuckersynthese steht der in hohem Maße ungleichartige Nährwert der stereoisomeren Alkohole und Oxysäuren, worauf schon in Kapitel I hingewiesen wurde. Bei der Beurteilung der einschlägigen Angaben muß man im Auge behalten, daß die Zuckerarten hauptsächlich als Material für den energetischen Atmungsvorgang dienen; als solch ein Material können aber nur (vgl. Kap. VIII) die zur Alkoholgärung befähigten Zuckerarten fungieren, und zwar d-Glucose, d-Mannose, d-Fructose und d-Galactose. Diese Zuckerarten müssen folglich aus Nicht-

---

[1]) Czapek, F.: Hofmeisters Beitr. Bd. 1, S. 538. 1902.
[2]) Czapek, F.: Hofmeisters Beitr. Bd. 3, S. 62. 1902.
[3]) Schukow: Zentralbl. f. Bakteriol., Parasitenk. u. Infektionskrankh. (II), Bd. 2, S. 601. 1896. — Nägeli, C.: Botan. Mitt. Bd. 3, S. 395. 1879. — Pfeffer: Pflanzenphysiologie Bd. 1, S. 372. 1897.
[4]) Pfeffer: a. a. O. — Salzmann: Zentralbl. f. Bakteriol., Parasitenk. u. Infektionskrankh. (II), Bd. 8, S. 349. 1902.

zuckerstoffen aufgebaut werden. In obiger Tabelle des relativen Nährwertes verschiedener Alkohole ist der niedrige Nährwert des Dulcits im Vergleich mit demjenigen der stereoisomeren Mannits und Sorbits auffallend. Wenn man die Projektionsformeln in Betracht zieht, so sieht man sofort ein, daß Sorbit bei Oxydation nur eines Kohlenstoffatoms direkt in Glucose oder Fructose, Mannit aber in Fructose oder Mannose übergeht, wogegen Dulcit infolge der symmetrischen Struktur optisch inaktiv ist und als unmittelbares Material zum Aufbau der gärungsfähigen Zuckerarten nicht dienen kann; es ist vielmehr ein vollständiger Umbau des Dulcitmoleküls notwendig, weswegen Dulcit durch den Pilz sogar schlechter assimiliert wird, als das Anfangsglied der Reihe, das Äthylenglycol.

$$
\begin{array}{ccccc}
\text{CH}_2\text{OH} & \text{CHO} & \text{CH}_2\text{OH} & \text{CH}_2\text{OH} & \text{CH}_2\text{OH} \\
\text{H–C–OH} & \text{H–C–OH} & \text{HO–C–H} & \text{C=O} & \text{H–C–OH} \\
\text{HO–C–H} \;\rightarrow & \text{HO–C–H} & \text{HO–C–H} \;\rightarrow & \text{HO–C–H} & \text{HO–C–H} \\
\text{H–C–OH} & \text{H–C–OH} & \text{H–C–OH} & \text{H–C–OH} & \text{HO–C–H} \\
\text{H–C–OH} & \text{H–C–OH} & \text{H–C–OH} & \text{H–C–OH} & \text{H–C–OH} \\
\text{CH}_2\text{OH} & \text{CH}_2\text{OH} & \text{CH}_2\text{OH} & \text{CH}_2\text{OH} & \text{CH}_2\text{OH} \\
\text{d-Sorbit} & \text{d-Glucose} & \text{d-Mannit} & \text{d-Fructose} & \text{Dulcit} \\
 & & & & \text{(optisch-inaktiv)}
\end{array}
$$

Die rechtsdrehende Weinsäure, welche allein in den Pflanzen vorkommt, ist für die Pilze ein guter Nährstoff, während die linksdrehende Weinsäure von den Mikroorganismen, mit wenigen Ausnahmen, entweder gar nicht oder nur sehr schwach verwertet wird[1]). Nun ist es bekannt, daß zwischen Glucose und rechtsdrehender Weinsäure ein unmittelbarer Zusammenhang über die Zuckersäure besteht[2]), während die linksdrehende Weinsäure eine andere räumliche Atomenanordnung besitzt.

$$
\begin{array}{cccc}
\text{CHO} & \text{COOH} & \text{COOH} & \text{COOH} \\
\text{H–C–OH} & \text{H–C–OH} & \text{H–C–OH} & \text{OH–C–H} \\
\text{HO–C–H} & \text{HO–C–H} & \text{HO–C–H} & \text{H–C–OH} \\
\text{H–C–OH} & \text{H–C–OH} & \text{COOH} & \text{COOH} \\
\text{H–C–OH} & \text{H–C–OH} & \text{d-Weinsäure} & \text{l-Weinsäure} \\
\text{CH}_2\text{OH} & \text{COOH} & & \\
\text{d-Glucose} & \text{d-Zuckersäure} & &
\end{array}
$$

Ein sehr bekanntes, höchst charakteristisches Beispiel derselben Art ist die ungleiche Assimilation der Fumar- und Maleinsäure durch die

---

[1]) Pasteur, L.: Cpt. rend. hebdom. des séances de l'acad. des sciences Bd. 46, S. 617. 1858; Bd. 51, S. 298. 1860.

[2]) Fischer, E.: Ber. d. dtsch. chem. Ges. Bd. 29, S. 1377. 1896.

Mikroorganismen. Die Fumarsäure ist eine gute, die Maleinsäure dagegen eine unbrauchbare Kohlenstoffquelle[1]). Erstere kommt in Pflanzen vor und steht im genetischen Zusammenhang mit der Wein- und Äpfelsäure; letztere wurde in Pflanzen niemals gefunden. Im ersten Kapitel sind andere Fälle vom Wahlvermögen der pflanzlichen Organismen gegenüber den stereoisomeren Stoffen besprochen; hier sind nur solche Tatsachen erwähnt, die eine unmittelbare Beziehung zur biologischen Synthese der Zuckerarten haben.

Durch die Feststellung der Zuckersynthese beim Ernähren der omnivoren Organismen auf Kosten der Nichtzuckerstoffe wird die interessante Beobachtung erklärt, daß bei gleichzeitiger Anwesenheit verschiedener Kohlenstoffquellen der Schimmelpilz sich nur mit derjenigen ernährt, welche den höchsten Nährwert besitzt, und die anderen vollkommen unberührt läßt[2]). Selbstverständlich müssen denn auch unter den Reaktionen, welche zur Zuckersynthese führen können, nur diejenigen stattfinden, welche mit dem geringsten Energieverbrauch verbunden sind.

Bis jetzt war nur von guten Kohlenstoffquellen, welche ein üppiges Wachstum ermöglichen, die Rede. Die anspruchlosen omnivoren Organismen haben jedoch die Fähigkeit, sich auf Kosten von sehr schlechten Kohlenstoffquellen, welche gewöhnlich als Abfälle qualifiziert werden, zu entwickeln. Manchmal dienen sogar scharf ausgesprochene Gifte zur Ernährung einiger Pilze. So sind viele Organismen imstande, nicht nur mit Essigsäure[3]) und Äthylalkohol[4]), sondern auch mit Methylalkohol[5]), Acetaldehyd[6]), Ameisensäure[7]) und ähnlichen Stoffen auszukommen. Es sind auch Pilze beschrieben, welche sich mit aliphatischen Kohlenwasserstoffen ernähren und auf Paraffinöl wachsen[8]).

---

[1]) BUCHNER: Ber. d. dtsch. chem. Ges. Bd. 25, S. 1161. 1892. — CZAPEK: Hofmeisters Beitr. Bd. 2, S. 584. 1902. — DOX: Journ. of biol. chem. Bd. 8, S. 265. 1910.

[2]) PFEFFER: Jahrb. f. wiss. Botanik Bd. 28, S. 205. 1895.

[3]) HASSELBRING: Botan. gaz. Bd. 45, S. 176. 1908. — MOLISCH, H.: Sitzungsber. d. Akad. Wien, Mathem.-naturw. Kl. I Bd. 103, S. 562. 1894. — WILL u. LEBERLE: Zentralbl. f. Bakteriol., Parasitenk. u. Infektionskrankh. Bd. 28, S. 1. 1910. — RACIBORSKI: Flora Bd. 82, S. 115. 1896.

[4]) MAZÉ: Ann. de l'inst. Pasteur Bd. 18, S. 277 u. 378. 1904. — WILL, H.: Zentralbl. f. Bakteriol., Parasitenk. u. Infektionskrankh. (II), Bd. 34, S. 9. 1912. — SCHNELL: Ebenda Bd. 35, S. 24. 1912. — LINDNER, K. u. CZISER: Ber. d. botan. Ges. Bd. 29, S. 403. 1911. — STOCKHAUSEN: Chem. Zeit. Bd. 35, S. 1197. 1912.

[5]) LOEW, O.: Zentralbl. f. Bakteriol., Parasitenk. u. Infektionskrankh. (II), Bd. 12, S. 462. 1892. — BOKORNY: Ebenda (II), Bd. 29, S. 176. 1911.

[6]) PERRIER, A.: Cpt. rend. hebdom. des séances de l'acad. des sciences Bd. 151, S. 163. 1910. — BOKORNY: a. a. O.

[7]) FRANZEN, H. u. BRAUN: Biochem. Zeitschr. Bd. 8, S. 29. 1908. — FRANZEN u. GREVE: Zeitschr. f. physiol. Chem. Bd. 64, S. 169. 1909. — FRANZEN u. STEPPUHN: Ebenda Bd. 77, S. 129. 1912; Bd. 83, S. 226. 1913.

[8]) ROHN, O.: Zentralbl. f. Bakteriol., Parasitenk. u. Infektionskrankh. (II), Bd. 16, S. 382. 1906. — GOLA: Bull. soc. botan. ital., ottobre 1912.

Unter den zyklischen Verbindungen sind Stoffe der Benzolreihe, im allgemeinen ein schlechtes Nährmaterial, wogegen hydroaromatische Ringe mit einer großen Anzahl von Hydroxylgruppen eine von den allerbesten Kohlenstoffquellen für die Schimmelpilze darstellen. Inosit, Quercit, Chinasäure rufen eine ebenso üppige Pilzentwicklung wie sechswertige Alkohole mit offener Kette hervor[1]). Es ist kaum zu bezweifeln, daß diese Eigenschaft der hydroaromatischen Ringe mit deren leichter Sprengung zusammenhängt, wonach der Aufbau der Zuckermoleküle keine Schwierigkeiten mehr bereitet. Ebenso leicht werden die verschiedenartigen Glucoside durch Pilze und Bakterien gespalten, wobei aber meistens nur der im Glycoside enthaltene Zucker verbraucht wird.

Die Methodik der vergleichenden Untersuchungen über den Nährwert verschiedener Kohlenstoffquellen für die Pilze besteht darin, daß man erstens die zur Bildung einer zusammenhängenden kräftigen Pilzdecke nötige Zeit, zweitens das maximale Trockengewicht des Pilzes, welches in einem bestimmten Flüssigkeitsquantum erreicht wird, drittens den sogenannten ökonomischen Koeffizienten oder das Verhältnis des Trockengewichts der Pilzernte zur Menge des verbrauchten Nährmaterials bestimmt. Je größer der ökonomische Koeffizient, desto höher ist der Wert der untersuchten Kohlenstoffquelle; ein hoher ökonomischer Koeffizient zeigt nämlich, daß nur ein unbedeutender Teil des Nährmaterials nicht zu Wachstum und Vermehrung, sondern zu anderweitigen Prozessen verwendet wird. Bei den optimalen Kulturverhältnissen ist der ökonomische Koeffizient für den Pilz Aspergillus niger bei Zuckerernährung gleich $1/_3$; ein noch höherer Wert wurde niemals erreicht.

Die chemische Seite der Umwandlung verschiedener Stoffe in Zukker wurde bis auf die letzte Zeit hin nicht untersucht; die Methode des künstlichen Eingreifens in den biochemischen Prozeß sollte aber ermöglichen, die Zwischenprodukte der Verwandlung verschiedener Nichtzuckerstoffe in Zucker zu isolieren, und folglich den Chemismus dieser Vorgänge aufzuhellen. Einige orientierende Hinweise in dieser Richtung sind schon erhalten worden[2]).

Hinsichtlich der Stickstoffernährung der chlorophyllfreien Pflanzen ist nochmals zu betonen, daß sie der Ernährung der Tiere nicht ähnlich ist. Erstens sind fast alle Pflanzen ohne Ausnahme fähig, sich mit anorganischen stickstoffhaltigen Stoffen zu ernähren. Dies wurde in betreff der Pilze bereits durch die klassischen Arbeiten von PASTEUR und seinen Schülern dargetan; was nun die Bakterien anbelangt, so ist es erst neuerdings festgestellt worden, daß man die Mehrzahl von ihnen in Abwesenheit komplizierter Stickstoffverbindungen kultuvieren kann; eine von den allgemein üblichen Nährlösungen, die Lösung von USCHINSKI, hat folgende Zusammensetzung: Auf 1 l Wasser 30 bis 40 g Glycerin, 5 bis 7 g NaCl, 0,1 g $CaCl_2$, 0,4 g $MgSO_4$, 3 g K_2HPO_4, 6 bis 7 g Ammoniumlactat und 3 bis 4 g Asparagin[3]). Es ist

---

[1]) NÄGELI, C.: Botan. Mitt. Bd. 3, S. 395. 1879. — CZAPEK: Hofmeisters Beitr. Bd. 1, S. 538. 1902; Bd. 2, S. 557. 1902.

[2]) KOSTYTSCHEW, S.: Zeitschr. f. physiol. Chem. Bd. 111, S. 236. 1920.

[3]) USCHINSKY: Zentralbl. f. Bakteriol., Parasitenk. u. Infektionskrankh. Bd. 14, S. 316. 1894; vgl. auch FRÄNKEL, C.: Hyg. Rundschau Bd. 4, S. 769. 1894. — VOGES, O.: Zentralbl. f. Bakteriol., Parasitenk. u. Infektionskrankh. Bd. 15, S. 453. 1894 u. a.

im Auge zu behalten, daß die Ernährung mit einer einzigen Aminoverbindung, z. B. mit Asparagin, auf die Ernährung mit Ammoniak zurückgeführt wird, da im vorliegenden Falle ein Aufbau aller notwendigen Aminosäuren und folglich auch des Eiweißmoleküls nur nach Desaminierung des Asparagins ausführbar ist.

Zweitens steht die Stickstoffernährung der Pilze und Bakterien derjenigen der grünen Pflanzen in der Hinsicht nahe, daß sowohl bei den chlorophyllfreien, als bei den grünen Pflanzen während des vitalen Stoffwechsels kein Stickstoffverlust stattfindet, wogegen das Tier täglich einen bedeutenden Stickstoffverlust in Exkrementen und Harn erleidet und folglich eines stetigen Ausgleiches dieses Verlustes bedarf. Alle obigen charakteristischen biochemischen Eigentümlichkeiten des pflanzlichen Organismus sind somit auch den chlorophyllfreien Pilzen und Bakterien eigen.

Betrachten wir hingegen die Bedeutung der verschiedenen Stickstoffquellen für chlorophyllfreie Pflanzen von der quantitativen Seite aus, so wird der ungleiche Nährwert der verschiedenen stickstoffhaltigen Stoffe für die Mikroorganismen ans Tageslicht gebracht. Im allgemeinen können wir drei Kategorien von stickstoffhaltigen Nährstoffen unterscheiden: erstens anorganische Verbindungen, und zwar Ammoniak, Salpetersäure und salpetrige Säure; zweitens solche organische Stoffe, welche nur nach stattgefundener Mineralisierung als Stickstoffquellen dienen; drittens organische stickstoffhaltige Stoffe, welche zur Synthese des Plasmaeiweißes ohne Abspaltung von anorganischen Stickstoffverbindungen brauchbar sind. Hierher gehören fertige Eiweißstoffe, Peptonpräparate und Gemische von Aminosäuren, die in Eiweißstoffen der zu untersuchenden Organismen enthalten sind.

Unter den anorganischen Verbindungen erweisen sich die ammoniakalischen Salze als die weitaus beste Stickstoffquelle für Pilze, die eine saure Reaktion überhaupt recht gut vertragen; letztere tritt bei nicht genügend schneller Absorption des Anions der ammoniakalischen Salze leicht ein. Einige Schimmelpilze, deren Ernährung besonders gut studiert ist, wie z. B. Aspergillus niger und Penicillium glaucum, gelangen bei ammoniakalischer Ernährung zur maximalen Entwicklung; letztere kann selbst bei Ernährung mit fertigen organischen (eiweißartigen) Verbindungen nicht übertroffen werden. Auch einige Bakterien, wie z. B. Bacillus subtilis, gedeihen ganz gut bei einer Stickstoffernährung auf Kosten des Ammoniaks.

Im Vergleich zu Ammoniak sind Salpetersäure und salpetrige Säure für die chlorophyllfreien Pflanzen schlechtere Stickstoffquellen. Nur für den Nitratbildner stellt salpetrige Säure eine ausgezeichnete Stickstoffnahrung dar, die den Ammoniak an Nährwert übertrifft. Unter den Schimmelpilzen sind nur wenige, darunter Cladosporium herbarum, Mucor racemosus, Mucor spinosus, dazu befähigt[1]), sich auf Nitraten gut zu entwickeln; andere Pilze, die imstande sind, sich

---

[1]) RITTER, G.: Ber. d. botan. Ges. Bd. 29, S. 570. 1911.

mit Nitraten zu ernähren, können zwar auch Nitrite assimilieren, aber oft erst nach Erreichung eines bestimmten Entwicklungsstadiums; das anfängliche Wachstum einiger Pilze findet bei Nitriternährung entweder gar nicht statt, oder ist sehr geringfügig. Unter den für Pilzkulturen üblichen Verhältnissen ist der Nährwert der Salpetersäure jedenfalls höher als derjenige der salpetrigen Säure. Einige ältere Forscher nahmen sogar an, daß Salpetersäure für einige Pilze eine bessere Stickstoffquelle als Ammoniak darstelle; die neuesten Untersuchungen bestätigen dies jedoch nicht; es erwies sich nur, daß einige wenige Pilze, wie z. B. Mucor racemosus, Cladosporium herbarum und Aspergillus glaucus bei Zuckerernährung Nitrate ebensogut assimilieren wie ammoniakalische Salze[1]). Andere Pilze, wie Rhizopus nigricans, Mucor Mucedo, Thamnidium elegans, sind vollkommen unfähig den oxydierten Stickstoff zu verwerten, die dritten, wie Aspergillus niger, Penicillium glaucum und Botrytis cinerea, nehmen eine Mittelstellung ein[2]). Sie sind zwar imstande mit Salpetersäure auszukommen, bevorzugen aber bestimmt den Ammoniak[3]).

Bei Ersatz des Zuckers durch andere Kohlenstoffquellen wird die Assimilierbarkeit der Nitrate merklich geringer, so daß der Unterschied zwischen Nitrat- und Ammoniakernährung sich deutlich verschärft. Die Pilze der ersten Kategorie, welche bei Zuckerernährung Salpetersäure fast ebenso gut wie Ammoniak assimilieren, bevorzugen letzteren deutlich bei Entwicklung auf Kosten von Mannit oder Glycerin. Die Pilze vom Typus Aspergillus niger können sich mit Nitraten überhaupt nicht ernähren, wenn Glycerin als Kohlenstoffquelle dient. Hierbei häuft sich im Substrat freie Salpetersäure an, falls der Stickstoff in Form von Ammoniumnitrat dargeboten wurde.

Bei Ernährung mit stickstoffhaltigen organischen Verbindungen nicht eiweißartiger Natur spalten Pilze und Bakterien in erster Linie Ammoniak oder Salpetersäure ab. Da nun als Endresultat der Stickstoffassimilation die Eiweißsynthese erscheint, wobei zuerst alle einzelnen im Eiweißmolekül enthaltenen Aminosäuren gebildet werden müssen, so ist selbstverständlich eine direkte Eiweißsynthese aus einer einfacheren organischen Verbindung auch in dem Falle nicht möglich, wo die betreffende Verbindung an und für sich ein Baustein des Eiweißmoleküls ist. Ausführlich wird diese Frage bei der Besprechung der physiologischen Rolle des Asparagius und Glutamins in den Samenpflanzen erörtert werden. Wenn nun für viele Mikroorganismen, namentlich für Bakterien, die organischen stickstoffhaltigen Stoffe unter Umständen einen höheren Nährwert als Ammoniak darstellen, so ist dies durch Nebenwirkungen zu erklären. Bei Assimilation des Am-

---

[1]) LAURENT: Ann. de l'inst. Pasteur Bd. 2, S. 593. 1888.; Bd. 3, S. 362. 1889.
[2]) RITTER, G.: Materialien zur Physiologie der Schimmelpilze 1916. 1—43. (Russisch.)
[3]) RITTER, G.: a. a. O. Interessant ist der Umstand, daß Schimmelpilze nach RITTER freie Salpetersäure assimilieren können.

moniaks häuft sich im Substrat freie Säure an, welche im Ammoniumsalz enthalten war; die Reaktion des Nährmediums wird deswegen
sauer, was namentlich auf die Bakterien, aber ebenfalls auf einige
Schimmelpilze ungünstig einwirkt. Aus eben demselben Grunde wird
die Reaktion der Nährlösung bei Assimilation der Nitrationen alkalisch.
Alle Salze, deren einzelne Ionen von den Organismen mit ungleicher
Geschwindigkeit assimiliert werden, nennt man physiologisch-saure,
bzw. physiologisch-alkalische, je nach der Reaktion, die bei der Assimilation der betreffenden Salze eintritt. Nun ist die Stickstoffassimilation aus organischen Stoffen mit einer Veränderung der Reaktion
nicht verbunden, oder ruft zum mindesten eine weniger scharfe Reaktionsänderung hervor, als bei Ernährung mit mineralischen Stickstoffverbindungen, da das Kohlenstoffgerüst der stickstoffhaltigen organischen Stoffe von der Pflanze verarbeitet werden kann. Außerdem
sind ammoniakalische Salze in bedeutenden Konzentrationen für viele
Mikroorganismen giftig, bei allmählicher Abspaltung des Ammoniaks
von einer Aminosäure tritt aber seine Anhäufung nicht ein. Es kann
also eine organische Stickstoffverbindung gleichzeitig als Stickstoffquelle
und als Kohlenstoffquelle dienen; est ist jedoch experimentell dargetan
worden, daß Mikroorganismenkulturen im allgemeinen besser gelingen,
wenn außer des organischen Stickstoffs noch eine gute Kohlenstoffquelle, namentlich aber Zucker[1]), im Substrat enthalten ist. Auf Grund
der vorstehend dargelegten Bedeutung der Kohlenstoffernährung mit
Nichtzuckerstoffen als eines zuckeraufbauenden Vorganges ist dieser
Umstand verständlich und bedarf keiner weiteren Erklärung. Eine
vorzügliche und in der Praxis recht verbreitete Stickstoffquelle für die
Mikroorganismen sind einzelne Aminosäuren und ihre Amide, wie
z. B. Asparagin. Verschiedene Bakterien und Pilze können aber auch
den Stickstoff der einfachen Amine[2]), Alkaloide[3]), Nitroverbindungen[4])
und gar Cyanderivate[5]) assimilieren. Wohl gibt es kaum Stickstoffverbindungen, die nicht als Stickstoffquellen für irgendeine Gruppe von
Mikroorganismen dienen könnten; es werden sogar solche Stoffe, wie
Hydrazine, Rhodansäure, Oxime[6]), assimiliert.

In betreff der Stickstoffquellen kann man dieselben quantitativen
Regelmäßigkeiten feststellen, wie in betreff der Kohlenstoffquellen.

---

[1]) Czapek: Hofmeisters Beitr. Bd. 1, S. 538. 1902; Bd. 2, S. 557. 1902;
Bd. 3, S. 47. 1902.

[2]) Demoussy, E.: Cpt. rend. hebdom. des séances de l'acad. des sciences
Bd. 126, S. 253. 1898.

[3]) Lutz, L.: Bull. de la soc. botan. de France Bd. 50, S. 118. 1903. —
Czapek: a. a. O.

[4]) Bokorny: Chem. Zeit. Bd. 20, S. 985. 1896. — Czapek: a. a. O.

[5]) Reinke: Untersuch. a. d. bot. Laborat. d. Univ. Göttingen Bd. 3, S. 37.
1888. — Fermi: Zentralbl. f. Bakteriol., Parasitenk. u. Infektionskrankh.
Bd. 15, S. 722. 1894. — Lutz, L.: Cpt. rend. hebdom. des séances de l'acad. des
sciences Bd. 140, S. 665. 1905.

[6]) Fernbach: Cpt. rend. hebdom. des séances de l'acad. des sciences Bd. 135,
S. 51. 1902. — Kastle, J. H. and Elvove, E.: Americ. chem. journ. Bd. 31,
S. 550. 1904.

Wie der relative Nährwert der stickstofffreien Stoffe durch die Leichtigkeit ihrer Verarbeitung in Zucker bedingt wird, so ist auch die größere oder geringere Leichtigkeit der Ammoniakbildung aus verschiedenen N-haltigen Stoffen im Durchschnitt ausschlaggebend. Eine wichtige Bedeutung hat hierbei die Qualität der Kohlenstoffnahrung: die bessere oder schlechtere Assimilierbarkeit der verschiedenen Stickstoffquellen hängt in bedeutendem Maße von der disponiblen Energie ab, die zum Umbau verschiedener N-haltiger Stoffe verwendet und durch Verbrennung des N-freien Atmungsmaterials geliefert wird. Hinweise in diesem Sinne sind schon bei der Besprechung der Nitratassimilation gegeben worden.

Wichtig ist auch, speziell für Aminosäuren, die räumliche Isomerie. Diese Frage wurde bereits oben für das stickstofffreie Nährmaterial auseinandergesetzt und es genügt nur zu bemerken, daß im lebenden Organismus eine spezifische „Garnitur" von Fermenten zur Verarbeitung und Desaminierung derjenigen Aminosäuren, welche im Eiweißmolekül enthalten sind, existiert; aus diesem Grunde werden natürlich diejenigen räumlichen Isomere der Aminosäuren, die in den Organismen vorkommen, bevorzugt. Wenn man also den Pilzen eine optisch-inaktive dl-Aminosäure zur Verfügung stellt, so bleibt diejenige isomere Substanz unversehrt, welche in Eiweißstoffen der Tiere und Pflanzen nicht enthalten ist[1]).

Von der soeben beschriebenen Art der Ernährung mit organischen stickstoffhaltigen Stoffen unterscheiden sich vom biochemischen Standpunkte aus scharf diejenigen Fälle, wo der Eiweißaufbau vollkommen oder in bedeutendem Maße ohne NH_3-Abspaltung vor sich geht, indem die für die Synthese des Eiweißmoleküls notwendigen einzelnen Bausteine dem Organismus in fertiger Form dargeboten sind. Wie bereits oben erwähnt, ist nur diese Art der Stickstoffernährung derjenigen der Tiere ähnlich. Die hervorragenden Untersuchungen von ABDERHALDEN[2]) zeigen, daß das Tier fertige Aminosäuren zum Eiweiß zwar zusammenfügen kann, doch nicht imstande ist, die meisten Aminosäuren zu synthesieren. Unter den chlorophyllfreien Pflanzen gehören dagegen diese Ausnahmen ausschließlich in die Gruppe der Parasiten (Diphtheriebacillus usw.), deren Ernährungsweise überhaupt nicht ganz durchsichtig ist. Es gibt aber ziemlich viele Mikroorganismen, welche die organische Stickstoffernährung der mineralischen bestimmt vorziehen und sich mit Ammoniak ernährend, langsamer und schlechter entwickeln.

Obwohl PASTEUR[3]) in seiner epochemachenden Arbeit schon längst dargetan hatte, daß Hefepilze in Reinkulturen mit Ammoniak, als einziger Stickstoffquelle, auskommen, ist jedoch der Umstand zu betonen,

---

[1]) SCHULZE, E. u. BOSHARD: Zeitschr. f. physiol. Chem. Bd. 10, S. 134. 1886. — EMMERLING, O.: Ber. d. dtsch. chem. Ges. Bd. 35, S. 2289. 1902. — EHRLICH, F.: Biochem. Zeitschr. Bd. 1, S. 8. 1906; Bd. 8, S. 438. 1908. — Ders.: Ber. d. dtsch. chem. Ges. Bd. 40, S. 2538. 1907.

[2]) ABDERHALDEN, E.: Zeitschr. f. physiol. Chem. Bd. 96, S. 1. 1915.

[3]) PASTEUR, L.: Ann. de chim. et de physique Bd. 58, S. 323. 1860.

daß Hefe auf Pepton bzw. auf einer Mischung verschiedener Aminosäuren ein erheblich besseres Wachstum aufweist. Dieselbe Eigenschaft besitzen auch die Bakterien der Milchsäuregärung und in größerem oder geringerem Maße scheinbar auch andere Gärungsorganismen. So entwickelt sich Monilia bei Ernährung mit nur einer Aminosäure (d. i. de facto mit anorganischem Stickstoff) erheblich schlechter, als bei Ernährung mit Pepton[1]). Natürlich muß bei Ernährung mit Pepton und eiweißartigen Stoffen ein nicht gleichmäßiger Verbrauch der einzelnen Aminosäuren stattfinden, da das Verhältnis der Aminosäuren in Eiweißmolekülen des Plasmas bei verschiedenen Mikroorganismen nicht ein und dasselbe ist, und auf jeden Fall dem Verhältnis dieser Stoffe in Präparaten von Pepton, Fleischextrakt und anderen analogen Stickstoffquellen nicht entspricht.

Was die chemische Seite der Stickstoffassimilation durch chlorophyllfreie Pflanzen anbelangt, so wird hier nur die Reduktion und Assimilation der Nitrate und Nitrite besprochen werden, da der Aufbau des Eiweißes aus Ammoniak und Aminosäuren in Kapitel VI ausführlich behandelt wird. Ebenso wie in Samenpflanzen sind auch bei den Mikroorganismen Nitrite bei Salpetersäureernährung gefunden worden. In diesem Falle konnte man aber dank den besser ausgearbeiteten Methoden die Nitritbildung außer Zweifel stellen. Mit Hilfe der Methode des Eingreifens in den biochemischen Prozeß ist es gelungen darzutun, daß die Nitritanhäufung unter den normalen Lebensbedingungen deswegen nicht stattfindet, weil die Geschwindigkeit des Nitritverbrauchs diejenige der Nitritbildung übertrifft. Bei Hemmung der synthetischen Vorgänge ändert sich das Verhältnis der Geschwindigkeiten von HNO_2-Bildung und Verbrauch, und die nicht verarbeitete salpetrige Säure häuft sich im Substrat an. Dies kann man bei den Schimmelpilzen entweder durch die im allgemeinen für Pilze ungünstige alkalische Reaktion des Substrats[2]) oder durch Ausschluß des Zuckers, d. i. der Energiequelle, oder endlich für die aeroben Pilze — durch Sauerstoffabschluß erzielen. In betreff der Schimmelpilze wurde außerdem dargetan, daß Nitrite weiter zu Ammoniak reduziert werden und Ammoniak in Aminogruppe übergeführt wird. Alle diese Umwandlungsprodukte des oxydierten Stickstoffs kann man im flüssigen Substrat des Pilzes nachweisen[3]). Die Reduktion der Nitrite zu Ammoniak, desgleichen die Synthese der Aminosäuren, geht nur in Gegenwart von bedeutenden Zuckermengen von statten (die Reduktion der Nitrate zu Nitriten ist dagegen auch bei Abwesenheit von Zucker möglich). Es wurde also nachgewiesen, daß die Assimilation der Salpetersäure und der salpetrigen Säure bei Schimmelpilzen durch vollkommene Reduktion zu Ammoniak bewerkstelligt wird. Oben wurde

---

[1]) WENT: Jahrb. f. wiss. Botanik Bd. 36, S. 611. 1901.
[2]) RITTER, G.: Materialien zur Physiologie der Schimmelpilze S. 46. 1916. (Russisch.)
[3]) KOSTYTSCHEW, E. u. TSWETKOWA, E.: Zeitschr. f. physiol. Chem. Bd. 111, S. 171. 1920.

bereits dargelegt, daß derselbe Mechanismus der Assimilation des oxydierten Stickstoffs auch bei der einzelligen grünen Alge Chlorella wahrgenommen wurde.

Zusammenfassend können wir sagen, daß die Ernährung mit organischen Stoffen auch bei den chlorophyllfreien Pflanzen im Grunde genommen auf die Synthese derselben primären Stoffe hinausläuft, wie bei den grünen Pflanzen, und zwar auf die Kohlenhydrat- und die Eiweißsynthese. Doch sind die Bedingungen dieses Prozesses sehr verschiedenartig. Je nach der Kombination der verschiedenen Kohlenstoffquellen mit den verschiedenen Stickstoffquellen erhält man überaus ungleiche Resultate. Auch kann der Einfluß von Außenfaktoren die Assimilation verschiedener stickstofffreier und stickstoffhaltiger Stoffe stark verändern. Für einen jeden Mikroorganismus existiert eine optimale Temperatur, bei welcher er sich besser, als bei höheren oder niedrigeren Temperaturen entwickelt, desgleichen existieren auch eine maximale und eine minimale Temperatur; nur innerhalb dieser Temperaturgrenzen ist eine Entwicklung überhaupt möglich [1]). Die Assimilation verschiedener Stoffe hängt auch stark von ihrer Konzentration ab [2]); für jeden Stoff besteht eine optimale Konzentration, die manchmal recht niedrig ist, wie es z. B. für Nitrite angegeben wurde. Ein richtiger Vergleich des Nährwertes verschiedener Stoffe kann nur mit Rücksicht auf die optimalen Konzentrationen gemacht werden, was aber eigentlich durchaus vernachlässigt wurde. Eine große Bedeutung für die Assimilation einiger Stoffe hat das Alter des Pilzes: so werden z. B. Nitrite nur von ausgewachsenen, nicht aber von jungen Kulturen einiger Pilze verarbeitet [3]). Auch andere äußere Verhältnisse wirken auf die Kohlenstoff- und Stickstoffernährung der chlorophyllfreien Pflanzen ein. Nach alledem, was in Kapitel II dargelegt worden war, muß man natürlich im Auge behalten, daß das sogenannte Optimum eine komplizierte Erscheinung darstellt.

Die Ernährung der grünen Pflanzen mit organischen Stoffen. Im allgemeinen führten die Versuche, Samenpflanzen mit fertigen stickstofffreien und stickstoffhaltigen organischen Verbindungen zu ernähren, zum Schluß, daß diese Ernährung der normalen photosynthesischen unbedingt nachsteht, aber solch ein Resultat hängt wahrscheinlich in bedeutendem Maße von Nebenumständen ab; vor allem davon, daß die Wurzeln der Samenpflanzen zum Aufsaugen der hochmolekularen organischen Nährstoffe nicht angepaßt sind. Die Ernährung der abgetrennten, auf der Oberfläche einer wässerigen Lösung verschiedener Stoffe schwimmenden Blätter ergibt schon günstigere Resultate; ebenso gut nehmen auch grüne Algen organische Stoffe auf.

---

[1]) Thiele: Temperaturgrenzen der Schimmelpilze. Diss. Leipzig 1896.
[2]) Ritter, G.: a. a. O.; vgl. auch Pringsheim: Zeitschr. f. Botanik Bd. 6, S. 577. 1914. — Artari: Zur Physiologie und Biologie der Chlamidomonaden 1913. (Russisch.)
[3]) Kostytschew, S. u. Tswetkowa, E.: a. a. O.

Gegenwärtig hat sich die Methodik der Reinkulturen der Samenpflanzen schon so gut entwickelt, daß es gelingt, auf Lösungen von Zucker und anderen ihm nahestehenden Stoffen, Samenpflanzen im Dunkeln während einer ganzen Vegetationsperiode zu züchten[1]. BOEHM[2] wies als Erster auf die Möglichkeit der Zuckeraufnahme durch die Wurzeln hin; nach diesen ersten Versuchen wurden viele andere unternommen, und zwar sowohl am Licht, als im Dunkeln[3]. Zucker und Mannit können zur Ernährung der grünen Pflanzen dienen, wogegen die Salze der Fettsäuren[4], Äthylalkohol[5] und andere von den Kohlenhydraten weit stehende Stoffe von den Samenpflanzen nicht assimiliert werden. Es erwies sich also, daß die Samenpflanzen in bezug auf die organischen Stoffe wählerischer als die Mikroorganismen sind. Amide und Aminosäuren werden von den grünen Pflanzen gut assimiliert[6]; nach Angaben einiger Forscher findet hierbei keine vorhergehende NH_3-Abspaltung statt.

Bei der künstlichen Ernährung der Blätter wurde vor allem die Stärkeanhäufung in Betracht gezogen[7]. Zu diesem Zweck sind fast alle Zuckerarten und verschiedene mehrwertige Alkohole geeignet, darunter auch das Glycerin; nicht geeignet dazu sind aber die organischen Säuren[8]. In den Versuchen PALLADINs[9] über künstliche Ernährung der grünen und etiolierten Blätter mit Zucker war immer eine bedeutende Zunahme an organischen Stoffen und eine starke Turgorerhöhung im Vergleich zu den nichternährten Blättern zu verzeichnen. Er wurde auch eine quantitative Messung der Kohlenhydratzunahme

---

[1] PETROW, G.: Assimilation des Stickstoffs durch Samenpflanzen im Licht und im Dunkeln 1917. (Russisch.)

[2] BOEHM, J.: Botan. Zeit. Bd. 41, S. 54. 1883.

[3] LAURENT, J.: Cpt. rend. hebdom. des séances de l'acad. des sciences Bd. 125, S. 887. 1897; Bd. 127, S. 786. 1898; Bd. 135, S. 870. 1902. — LUTZ: Ann. des sciences nat. (8), Bd. 7, S. 1. 1898. — MOLLIARD: Cpt. rend. hebdom. des séances de l'acad. des sciences Bd. 141, S. 389. 1905; Bd. 142, S. 49. 1906. — Ders.: Rev. gén. de botanique Bd. 19, S. 242. 1907. — LUBIMENKO: Cpt. rend. hebdom. des séances de l'acad. des sciences Bd. 143, S. 130 u. 516. 1906. — LEFÈVRE: Ebenda Bd. 141, S. 211, 664, 834 u. 1035. 1905; Bd. 142, S. 287. 1906. Bd. 143, S. 322. 1906. — MAZÉ: Ebenda Bd. 128, S. 185. 1899; Bd. 139, S. 470. 1904. — BAESSLER: Landwirtschaftl. Versuchs-Stationen Bd. 33, S. 231. 1886. — KAWAKITA, J.: Bull. of the coll. of agricult. of Tokyo Bd. 6, S. 181. 1904.

[4] LÖVINSON, O.: Botan. Zentralbl. Bd. 83, S. 1. 1900.

[5] BOKORNY: Zentralbl. f. Bakteriol., Parasitenk. u. Infektionskrankh. (II), Bd. 30, S. 53. 1911. — MAZÉ et PERRIER: Ann. de l'inst. Pasteur Bd. 18, S. 721. 1904.

[6] LUTZ: a. a. O. — BAESSLER: a. a. O.

[7] BOEHM, J.: Botan. Zeit. Bd. 41, S. 33. 1883. — MEYER, A.: Ebenda Bd. 44, S. 81. 1886. — LAURENT: Bull. de la soc. botan. de Belg. Bd. 26, S. 243. 1888. — TREBOUX: Ber. d. botan. Ges. Bd. 27, S. 428 u. 507. 1909. — LINDET: Cpt. rend. hebdom. des séances de l'acad. des sciences Bd. 152, S. 775. 1911. — NADSON: Arb. d. Petersb. Ges. d. Naturforscher Bd. 20, S. 73. 1889. (Russisch.)

[8] MANGIN: Cpt. rend. hebdom. des séances de l'acad. des sciences Bd. 108. S. 716.

[9] PALLADIN, W.: Rev. gén. de botanique Bd. 6, S. 201. 1894; Bd. 8, S. 225. 1896; Bd. 13, S. 18. 1901. — Ders.: Ber. d. botan. Ges. Bd. 20. 1902.

bei künstlicher Ernährung der Blätter ausgeführt[1]). Dieselbe betrug in einzelnen Fällen 5 g auf 1 qm der Blattoberfläche.

Schon längst hat man die Beobachtung gemacht, daß bei künstlicher Ernährung der Samenpflanzen mit Kohlenhydraten das Licht immerhin eine günstige Wirkung ausübt[2]). Neuerdings wurde darauf hingewiesen, daß Erbse bei verschiedenen Lichtintensitäten immer eine und dieselbe Zuckermenge absorbiert und daß eine Ernährung mit 4 proz. Glucoselösung der Samenpflanze keineswegs die Lichternährung ersetzen kann[3]). Gegenwärtig können wir behaupten, daß die Pflanze sich am Licht vorwiegend photosynthetisch ernährt, und fertige organische Verbindungen den photosynthetischen Prozeß im Blatt nicht herabsetzen können. Diese Schlußfolgerung ist sowohl in theoretischer, als auch in praktischer Hinsicht sehr wichtig. Schon im Kapitel II wurde die Humustheorie der Ernährung der Samenpflanzen erwähnt, welche deshalb entstand, weil Zweifel darüber nicht von der Hand zu weisen waren, ob der geringe CO_2-Gehalt der atmosphärischen Luft die Bedürfnisse der Pflanzen decken könne. Trotzdem diese Zweifel durch die genauen Versuche von DE SAUSSURE und BOUSSINGAULT beseitigt wurden, blieb die Humustheorie weiter bestehen, und die Polemik darüber fesselte in der ersten Hälfte des vorigen Jahrhunderts die Aufmerksamkeit der ganzen gelehrten Welt. Obgleich die Hauptgegner der Theorie, BOUSSINGAULT und LIEBIG, im theoretischen Kampf die Oberhand gewannen, blieb dennoch die Humustheorie fortbestehen, indem sie sich auf die Beobachtungen der Landwirte stützte, und bis auf die letzte Zeit hin hörten die Versuche nicht auf, die Bedeutung der Humusstoffe als direkter Kohlenstoffquelle für die Samenpflanzen aufzuleben[4]). Jetzt ist aber diese Auffassung als überwunden anzusehen. Einerseits hat man sich davon vergewissert, daß der Bodenhumus einen niedrigen Nährwert besitzt, anderseits beweisen die oben angeführten Beobachtungen, daß selbst ausgezeichnete Nährstoffe keine Hemmung der Lichternährung der Samenpflanzen hervorrufen. Endlich ist eine ganze Menge von Tatsachen beschrieben worden, welche die wichtige Bedeutung des Bodenhumus im Sinne eines indirekten Einflusses auf die Ernte hervorheben. Das Absorbtionsvermögen des Bodens gegenüber den Mineralsalzen vergrößert sich bei Zunahme der Humusstoffe, die Assimilation des freien Stickstoffs erhöht sich dabei ebenfalls (S. 217); auch die CO_2-Ausscheidung durch den Boden, welche einen mit der Humuszersetzung verbundenen Vorgang darstellt, wirkt günstig auf die photosynthetische Ernährung der grünen Pflanzen am Lichte ein. Außerdem scheinen einige Bestandteile des Torfs und des Humus als Stimulatoren des Wachstums zu fungieren (Kap. VII).

[1]) SAPOSCHNIKOFF, W.: Ber. d. botan. Ges. Bd. 7, S. 258. 1889.
[2]) LEFEVRE: a. a. O. — BOKORNY: a. a. O. u. a.
[3]) DE BESTEIRO, DOLORES et MICHEL-DURAND, E.: Cpt. rend. hebdom. des séances de l'acad. des sciences Bd. 168, S. 467. 1919. — Dies.: Rev. gén. de botanique Bd. 31, S. 94. 1919.
[4]) CAILLETET: Cpt. rend. hebdom. des séances de l'acad. des sciences Bd. 152, S. 1215. 1911 u. a.

Mit Algen ergibt die künstliche Ernährung mit fertigen organischen Verbindungen manchmal günstigere Resultate, als mit den Samenpflanzen. Seitdem wir Reinkulturen von Algen darstellen können[1]), ist es möglich geworden, Versuche über künstliche Ernährung der Algen auszuführen. Es erwies sich, daß die Ernährung mit organischen Stoffen oft günstig auf die Entwicklung verschiedener Algen einwirkt. Namentlich zeigen die Diatomeen in Gegenwart von organischen Stoffen ein üppiges Wachstum, viele Volvocineen verschlucken auch lebende Nahrung; es sind in ihnen nicht nur Bakterien und kleine Cyanophyceen, sondern auch Diatomeen und grüne Algen gefunden worden[2]). Das Vorhandensein gewisser Cyanophyceen und einiger Spirogyraarten im Wasser weist bestimmt auf eine Verunreinigung dieses Wassers hin und dient als Kriterium ihrer Begutachtung als Trinkwasser. In ganz reiner Kultur wächst Nostoc besser in Gegenwart von organischen Stoffen, als in rein mineralischen Lösungen[3]). Andererseits steht es fest, daß Cyanophyceen sich auch in rein mineralischen Lösungen entwickeln können[4]). Die besten Nährstoffe für Algen sind, ebenso wie für Samenpflanzen, verschiedene Zuckerarten und die ihnen nahestehenden mehrwertigen Alkohole[5]); doch sind Algen im allgemeinen anspruchsloser, als Samenpflanzen, da sie Kohlenhydrate aus Aminosäuren, Fettsäuren, Oxysäuren und gar aus Harnstoff, Hydantoin, Kreatin und ähnlichen Stoffen synthesieren können[5]). Besonders interessant ist der ausgezeichnete Nährwert der Fettsäuren für grüne Algen[6]). Die Algen nehmen somit eine Mittelstellung zwischen Samenpflanzen und chlorophyllfreien Mikroorganismen ein. Beachtenswert ist der Umstand, daß Cyanophyceen in betreff der künstlichen Ernährung den höheren Pflanzen näher stehen, als den grünen Algen: sie ernähren sich in der Dunkelheit nur mit Kohlenhydraten und mehrwertigen Alkoholen; dabei sind sechswertige Alkohole für sie weniger geeignet, als Zuckerarten.

Es muß darauf aufmerksam gemacht werden, daß die CO_2-Assimilation am Lichte häufig auch bei Ernährung der Algen mit organischen Stoffen ungestört fortbesteht[7]). Es ist nicht leicht, die Zuverlässigkeit der entgegengesetzten Angaben zu beurteilen, daß es nämlich gelungen sei, die Algen künstlich zu einer rein saprophytischen Lebensweise zu

---

[1]) Beijerinck: Zentralbl. f Bakteriol., Parasitenk. u. Infektionskrankh. Bd. 13, S. 368. 1893. — Richter, O.: Ernährung der Algen 1911.

[2]) Pascher, A.: Ber. d. dtsch. botan. Ges. Bd. 33, S. 427. 1915.

[3]) Harder, K.: Zeitschr. f. Botanik Bd. 9, S. 145. 1917.

[4]) Maertens: Diss. Halle 1914.

[5]) Charpentier: Cpt. rend. hebdom. des séances de l'acad. des sciences Bd. 134, S. 672. 1902; vgl. auch Klebs: Untersuch. a. d. botan. Inst. zu Tübingen Bd. 2, S. 538. 1888. — de Vries, H.: Botan. Zeit. Bd. 46, S. 229. 1888. — Richter, O.: Ber. d. botan. Ges. Bd. 21, S. 493. 1903.

[6]) Treboux: Ber. d. botan. Ges. Bd. 23, S. 432. 1905.

[7]) Loew u. Bokorny: Journ. f. prakt. Chem. Bd. 144, S. 272. 1887. — Bokorny: Ber. d. botan. Ges. Bd. 6, S. 116. 1888; Bd. 9, S. 103. 1891. — Ders.: Biol. Zentralbl. Bd. 17, S. 1. 1897.

veranlassen. Mit verschiedenen Algen hat man in dieser Beziehung ungleiche Resultate verzeichnet[1]); namentlich in den Cyanophyceen bleibt das Chlorophyll in Dunkelheit erhalten[2]). Interessant ist u. a. folgender Versuch mit Scenedesmus[3]): diese Alge hat man 8 Jahre hindurch auf Zucker in der Dunkelheit kultiviert, wobei nicht nur das Chlorophyll erhalten blieb, sondern auch die O_2-Ausscheidung bei der Exposition am Lichte sofort einsetzte.

Die Stickstoffernährung sowohl der höheren, als der niederen grünen Pflanzen kann in den auf organischen Stoffen gezogenen Kulturen auf Kosten der anorganischen N-Verbindungen stattfinden. Die Samenpflanzen assimilieren zwar Nitrate am Lichte besser als Ammoniak; in Dunkelheit ist aber, nach zuverlässigen Angaben, das Gegenteil zu verzeichnen[4]). Die Algen sind imstande Salpetersäure in Dunkelheit zu Ammoniak[5]) zu reduzieren und folglich die Nitrate auf dieselbe Weise zu bearbeiten, wie es Schimmelpilze tun (S. 235). Hierbei wird der von der Salpetersäure abgespaltene Sauerstoff in Form von CO_2 ausgeschieden, indem der Kohlenstoff des Atmungsmaterials durch diesen Sauerstoff verbrannt wird:

$$HNO_3 + 2\,C + H_2O = NH_3 + 2\,CO_2.$$

Diese „Extrakohlensäure" ist nach WARBURG von der Kohlensäure der normalen Atmung leicht zu unterscheiden, da die Atmung gegenüber der Giftwirkung von Cyanwasserstoff 20000mal weniger empfindlich ist. Man kann also durch vorsichtige Giftwirkung die Extra-CO_2-Ausscheidung zum Stillstand bringen, ohne die normale Atmung zu hemmen.

Einige Algen sollen Ammoniak am Lichte nicht schlechter als Nitrate assimilieren[6]), es bleibt aber dahingestellt, ob in diesen Fällen die Photosynthese fortdauert. Überhaupt nehmen einige Algen, wie z. B. Flechtengonidien[7]), in betreff der Stickstoffernährung eine Mittel-

---

[1]) RADAIS: Cpt. rend. hebdom. des séances de l'acad. des sciences Bd. 130, S. 793. 1900. — MATRUCHOT et MOLLIARD: Ebenda Bd. 131, S. 1248. 1900. — Dies.: Rev. gén. de botanique Bd. 14. S. 113. 1902. — ARTARI: Ber. d. botan. Ges. Bd. 20, S. 172. 1902.

[2]) BOUILLAC: Cpt. rend. hebdom. des séances de l'acad. des sciences Bd. 125, S. 880. 1897; Bd. 133, S. 55. 1900; vgl. auch PRINGSHEIM, E.: Cohns Beitr. z. Biol. d. Pflanzen Bd. 12, S. 49. 1913.

[3]) DANGEARD: Cpt. rend. hebdom. des séances de l'acad. des sciences Bd. 172, S. 254. 1921.

[4]) PETROW, G. G.: Assimilation des Stickstoffs durch Samenpflanzen im Licht und im Dunkeln 1917. (Russisch.)

[5]) WARBURG, O. u. NEGELEIN, E.: Biochem. Zeitschr. Bd. 110, S. 66. 1920. — MUENSCHER, W. C.: Botan. gaz. Bd. 75, S. 249. 1923.

[6]) BENECKE, W.: Botan. Zeit. Bd. 56, S. 89. 1898. — CHARPENTIER: Ann. de l'inst. Pasteur Bd. 17, S. 321. 1903. — CHICK: Proc. of the roy. soc. of London Bd. 71, S. 458. 1903.

[7]) BEIJERINCK: Arch. néerland. de physiol. de l'homme et des anim. Bd. 24, S. 278. 1891. — Ders.: Zentralbl. f. Bakteriol., Parasitenk. u. Infektionskrank. Bd. 13. S. 368. 1893. — ARTARI: Abh. d. Moskauer Naturforscherges. Bd. 6. 1899.

stellung zwischen den Samenpflanzen und den chlorophyllfreien Mikroorganismen ein, da sie Pepton den anorganischen Stickstoffverbindungen vorziehen. Als Stickstoffquelle können für viele Algen verschiedene Stoffe dienen, die von den Samenpflanzen unangreifbar sind, wie z. B. Urethane, Amine, Pyridin und Alkaloide[1]).

Bezüglich der künstlichen Ernährung der Moosblätter ist dargetan worden, daß Stärke in ihnen wohl bei Zuckerernährung, aber nicht bei Ernährung mit Säuren entsteht[2]). Analoge Beobachtungen sind auch mit Protonemen verschiedener Moose gemacht worden[3]). Es ist festgestellt worden, daß Leptobryum piriforme sich auf rein mineralischen Lösungen entwickeln kann.

Die Eigentümlichkeiten der Ernährung der insektenfressenden Pflanzen. Bekanntlich sind die insekten- oder fleischfressenden Pflanzen chlorophyllhaltig. Sie sind also imstande, ebenso wie andere Samenpflanzen Photosynthese zu bewirken, verfügen aber außerdem über besondere Organe zum Tierfang und Fleischverdauung. Diese Organe sind manchmal recht kompliziert und sinnreich gebaut; sie werden eingeteilt in:

I. Kannen und Urnen, welche Verdauungssaft enthalten und die Rolle von Fallen für die Tiere spielen (Nepenthes, Sarracenia, Darlingtonia; ebenso Utricularia);

II. Drüsen mit Klebstoff, an welchem die Insekten kleben bleiben und der Verdauung anheimfallen (Drosera, Drosophyllum, Pinguicula);

III. Apparate zum Tierfang, welche zu schnellen Bewegungen fähig sind (Dionaea, Aldrovandia). Hier ist nicht der Ort, die Einrichtung und Funktion aller dieser Apparate, die schon längst sowohl von Ch. Darwin[4]) als von anderen Verfassern[5]) ausgezeichnet beschrieben worden sind, zu erörtern; eine Darlegung der Eigentümlichkeiten der insektenfressenden Pflanzen findet man in allen Lehrbüchern der allgemeinen Botanik. An dieser Stelle sollen nur zwei Fragen besprochen werden: Erstens, inwieweit ist die Fleischkost für insektenfressende Pflanzen notwendig? und zweitens: worin besteht die hauptsächliche biochemische Bedeutung der Tierverdauung? Die erste Frage ist als beantwortet zu betrachten. Schon Ch. Darwin hat dargetan, daß Drosera und andere insektenfressende Pflanzen sich ohne Fleischkost normal entwickeln können. In neuester Zeit ist gefunden worden, daß die Fähigkeit zur Photosynthese bei Drosera und Pinguicula ebenso

---

[1]) Loew u. Bokorny: Journ. f. prakt. Chem. Bd. 36, S. 272. 1887. — Lutz: Ann. des sciences nat. (7), Bd. 1, S. 75. 1899.

[2]) Marchal, El. et Em.: Bull. de la soc. botan. belg. Bd. 43, S. 115. 1906.

[3]) v. Goebel, K.: Beih. z. botan. Zentralbl. Bd. 21 (I), S. 325. 1907. — Laage: Ebenda Bd. 76.

[4]) Darwin, Ch.: Insectivorous plants 1875.

[5]) v. Goebel, K.: Pflanzenphysiol. Schilderungen 1891. — Kerner: Pflanzenleben. I. Ausführliche biologische Angaben über Nepenthaceen bei Stern, K.: Flora Bd. 109, S. 213. 1917.

stark entwickelt ist wie bei den nicht fleischfressenden Pflanzen[1]). Andererseits ergab es sich, daß Drosera und Utricularia sich unter Einwirkung von Fleischkost viel üppiger entwickeln[2]). Stellt man alle diese Tatsachen zusammen, so kommt man zum Schluß, daß Fleischkost den insektenfressenden Pflanzen nicht zur Kohlenstoffernährung, sondern zur Stickstoff- und Mineralsalzernährung notwendig ist. In der Tat sind die Moorböden, auf denen die fleischfressenden Pflanzen unserer Standorte hauptsächlich vegetieren, sehr arm an stickstoffhaltigen Nährstoffen; Torfmoore sind gewöhnlich auch an Mineralsalzen sehr arm.

Da die Kannen von Nepenthes und die Blätter von Drosera nicht nur lebende Insekten, sondern auch kleingeschabte Fleischstücke, Fibrin und ähnliche Stoffe verdauen, so nahmen schon die älteren Forscher die Anwesenheit von recht aktiven proteolytischen Fermenten in den genannten Pflanzen an. Diese Annahme hat sich bestätigt. Sowohl aus dem Saft von Nepentheskannen[3]) als aus demjenigen der Droserablätter sind stark wirksame Fermente isoliert worden, welche allem Anschein nach vorwiegend in die Gruppe der bei den Pflanzen selten nachzuweisenden Proteasen gehören. Diese Fermente spalten das Eiweiß nur zu den Peptonen[4]) (ebenso wie die Fermente des Magensaftes), aber nicht zu kristallinischen Produkten, wie es sonst gewöhnlich in Pflanzen der Fall ist. Bei Pinguicula schreitet allerdings die Eiweißverdauung teilweise bis zur Bildung von Aminosäuren fort[5]). Für die proteolytischen Fermente vom Pepsintypus ist die Anwesenheit freier Säuren notwendig (Kap. VI). Demgemäß wird der Saft von Nepenthes und Drosera nach Zusatz eiweißhaltiger Stoffe sauer[6]) infolge Sekretion der freien organischen Säuren, deren Natur noch nicht festgestellt ist. Diese Säuren sind ein Ausscheidungsprodukt der Blattdrüsen.

In anderen, weniger genau studierten fleischfressenden Pflanzen sind die proteolytischen Fermente noch nicht nachgewiesen worden; man hat sogar oft ihre Existenz in Zweifel gezogen. Da aber solche Zweifel auch hinsichtlich Nepenthes und Drosera vorerst geäußert[7]), später

---

[1]) KOSTYTSCHEW, S.: Ber. d. botan. Ges. Bd. 41, S. 277. 1923. Die entgegengesetzten Angaben von SCHMIDT, G.: Flora Bd. 104, S. 335. 1912; RUSCHMANN, G.: Diss. Jena 1914 sind nicht auf quantitativen Messungen gegründet. Utricularia scheidet ebenfalls viel Sauerstoff am Licht aus.

[2]) DARWIN, FR.: Journ. of the Linnean soc. Bd. 17, S. 17. 1878. — REES, KELLERMANN u. RAUMER: Botan. Zeit. Bd. 36, S. 209. 1878. — BÜSGEN, M.: Botan. Zeit. Bd. 41, S. 569. 1883. — Ders.: Ber. d. botan. Ges. Bd. 6, S. LV. 1888.

[3]) VINES, S. H.: Ann. of botany Bd. 11, S. 563. 1897; Bd. 12, S. 545. 1898; Bd. 15, S. 563. 1914; Bd. 23, S. 1. 1909. — CLAUTRIAU: La digestion dans les urnes de Nepenthes 1900.

[4]) WHITE, J.: Proc. of the roy. soc. of London (B) Bd. 83, S. 134. 1911. — ABDERHALDEN, E. u. TERUUCHI, Y.: Zeitschr. f. physiol. Chem. Bd. 49, S. 1. 1906.

[5]) DERNBY, K. G.: Biochem. Zeitschr. Bd. 80, S. 152. 1917.

[6]) DARWIN, CH.: a. a. O. — CLAUTRIAU: a. a. O.

[7]) TISCHUTKIN, N.: Ber. d. botan. Ges. Bd. 7, S. 346. 1889. — DUBOIS, R.: Cpt. rend. hebdom. des séances de l'acad. des sciences Bd. 111, S. 315. 1890 u. a.

aber beseitigt wurden, so ist es vielleicht richtiger, anzunehmen, daß alle fleischfressenden Pflanzen stark wirksame proteolytische Fermente enthalten. In Bezug auf Sarracenia sind schon positive Angaben vorhanden, die übrigens noch nicht außer Zweifel gestellt sind[1]). Mit Utricularia erhielt man jedoch neuerdings negative Resultate[2]).

Merkwürdig ist der Umstand, daß die Insectivoren unserer Hochmoore insofern eine Ausnahme unter den Sumpfpflanzen machen, als sie keine Mykorrhizen (S. 248) besitzen. Vielleicht könnte dadurch die biologische Bedeutung der Fleischernährung begreiflicher werden.

Probleme des Parasitismus und der Symbiose. Als Parasitismus bezeichnet man gewöhnlich solch eine Ernährungsweise, bei welcher die dem schmarotzenden Organismus notwendigen Stoffe aus dem Körper von anderen Organismen herbeigeschafft werden. Der Parasitismus kommt sowohl bei niederen als bei höheren Pflanzen vor. Die chlorophyllfreien Pilze und Bakterien machen oft keinen Unterschied zwischen parasitischer und saprophytischer Ernährung. Es gelingt auf Lösungen verschiedener organischer Stoffe das Gros der parasitischen und pathogenen (d. i. eine bestimmte Krankheit erregenden) Pilze und Bakterien in Reinkulturen zu züchten.

Die niederen Organismen illustrieren somit den nahen Zusammenhang zwischen der saprophytischen Ernährung mit fertigen organischen Stoffen und dem Parasitismus. Vom biochemischen Standpunkt aus kann man freilich zwischen den beiden Ernährungsarten keine bestimmte Grenze ziehen, so daß wir, zum Unterschied von den längst eingebürgerten, wenn auch vollkommen willkürlichen älteren Auffassungen keinen prinzipiellen Unterschied zwischen parasitischer und saprophytischer Ernährung feststellen können[3]). Der Parasit ernährt sich mit fertigen organischen Stoffen, ebenso wie der Saprophyt und muß nur, außer der „Fermentgarnitur" und den anderen für die Ernährung allgemein notwendigen Stoffe, welche der Saprophyt gleichfalls enthält, einige andere akzessorische Fermente und Gifte erzeugen, die einerseits dazu dienen, die Zellhaut der Wirtspflanze[4]) aufzulösen, anderseits eine Plasmavergiftung in der Wirtspflanze zu bewirken, wonach die darin eingeschlossenen Nährstoffe dem Parasit zugänglich werden. Was nun die „soziale" Seite der Beziehungen des Parasiten zu seinem Wirt anbelangt, so liegt hier wohl nichts anderes als eine willkürliche Anwendung der menschlichen Psychologie auf andere Organismen vor. Diese Auffassung ist zum mindesten nicht wissenschaftlich und darf nicht als eine Arbeitshypothese dienen.

---

[1]) GIES, W. S.: Journ. of the New York botan. garden Bd. 4, S. 38. 1893.

[2]) KIESEL, A.: Ann. de l'inst. Pasteur Bd. 38, S. 879. 1924.

[3]) Vgl. dazu: ELENKIN, A.: Das Gesetz des beweglichen Gleichgewichts in Genossenschaften und Verbänden der Pflanzen. Mitt. d. botan. Garten in Petersburg Bd. 20, H. II. 1921.

[4]) Mit diesem Namen bezeichnet man die Pflanze, auf welcher sich der Parasit angesiedelt hat.

Der Parasitismus der Samenpflanzen unterscheidet sich durch einige charakteristische Merkmale von demjenigen der niederen Pflanzen: je weniger die den Samenpflanzen so eigentümlichen Wahrzeichen der autotrophen Ernährung ausgesprochen sind, um so mehr ist ein morphologischer und histologischer Rückgang in Ausbildung sämtlicher Körperteile mit Ausnahme der Fortpflanzungsorgane zu verzeichnen. Wir sehen also, daß jener Ersatz der Photosynthese durch die Ernährung mit fertigen organischen Verbindungen, den man auf experimentellem Wege bei den Samenpflanzen nicht erzielen kann, in der Natur unter gewissen Umständen wohl möglich ist. Die vollkommen heterotrophe Ernährungsweise der Parasiten erhellt aus dem Fehlen des Chlorophyllapparates, als eines den Parasiten nicht mehr nötigen Organs und aus der Reduktion der Blattstruktur selbst, sowie anderer Organe und Gewebe, die mit der normalen Lichternährung verbunden sind und sich also bei den Schmarotzern auf eine primitive Weise entwickeln. Bei den chlorophyllfreien niederen Organismen ist der Parasitismus mit keiner großen Änderung ihrer Lebensbedingungen verbunden; in bezug auf die grünen Samenpflanzen steht es aber ganz anders und es taucht also die Frage nach den primären Ursachen der heterotrophen Ernährung auf. Bevor wir diese Frage zu beantworten suchen, ist es notwendig, die verschiedenen Stufen des Parasitismus der Samenpflanzen näher zu betrachten.

Die erste Stufe bilden die grünen Parasiten aus der Familie Scrophulariaceae, die in die Arten Melampyrum, Alectorolophus, Bartschia, Tozzia, Euphrasia, Pedicularis, Odontites gehören. Alle diese Pflanzen verfügen über vollkommen normale oberirdische Organe und enthalten eine reichliche Chlorophyllmenge; ihr Wurzelsystem ist aber schwach entwickelt. Nur einige Vertreter dieser Gruppe haben Wurzelhaare und zwar in geringer Anzahl; anstatt Wurzelhaare entwickeln sich Haustorien, mit deren Hilfe die Wurzeln der Schmarotzerpflanze sich an den Wurzeln der anderen Pflanzen festhalten und aus diesen die Nährsäfte aussaugen.

Die Morphologie und Biologie der grünen Schmarotzer war Gegenstand ausführlicher Untersuchungen [1]). Es ergab sich, daß man unter diesen Pflanzen eine allmähliche Abstufung des Parasitismus verfolgen kann. Euphrasia und namentlich Odontites verfügen über eine gewisse Anzahl von Wurzelhaaren und sind daher imstande, eine selbständige, wenn auch kümmerliche Entwicklung zu erlangen. Bei Alectorolophus und Bartschia sind gar keine Wurzelhaare zu finden. Diese Pflanzen haben überhaupt nicht die Fähigkeit, sich selbständig zu entwickeln. In der Wahl der Wirtspflanze sind diese Parasiten sehr anspruchslos und nicht selten greifen sie ihre Artsgenossen an, was ein Zeichen der unvollkommenen Anpassung an die parasitische Ernährung ist. Die Melampyrum-Arten haben einen weiteren Schritt ge-

---

[1]) Koch: Jahrb. f. wiss. Botanik Bd. 20, S. 33. 1889. — Heinricher: Ebenda Bd. 31, S. 77. 1898; Bd. 32, S. 389. 1898; Bd. 36, S. 665. 1901; Bd. 37, S. 264. 1902; Bd. 46, S. 273. 1909; Bd. 47, S. 539. 1910.

macht, da einige von ihnen mit Vorliebe auf verschiedenen Bäumen parasitieren. Tozzia ist schon beinahe ein „Holoparasit", der den größten Teil seines Lebens unter der Erde verbringt und sich dabei ausschließlich von der Wirtspflanze ernährt. Aus derartigen Beobachtungen ist ersichtlich, daß die genannte Pflanzengruppe sozusagen die ersten Schritte auf dem Wege des Parasitismus macht und die beständigen typischen Merkmale der echten Parasiten noch nicht besitzt. Dieser Umstand macht die grünen Parasiten zu einem recht interessanten Objekt für physiologische Untersuchungen. Genaue quantitative Angaben über die Ernährung der grünen Schmarotzer sind erst vor kurzem erhalten worden[1]. Es ergab sich, daß in Gegensatz zu den allgemein verbreiteten Anschauungen[2] die photosynthetische Kraft einiger Arten von Melampyrum, Pedicularis, Alectorolophus, Odontites und Euphrasia derjenigen der normalen autotrophen Pflanzen nicht nachsteht. Gleichfalls ist die Transpiration der grünen Parasiten unter natürlichen Bedingungen an warmen Sonnentagen sehr intensiv. Die grünen Parasiten weisen also alle typischen Eigenschaften der sich photosynthetisch ernährenden Pflanzen auf und lassen durch ihre Blätter eine große Menge von Luft und Wasserdampf streichen. Ein scharfer Unterschied von den normalen grünen Pflanzen ergab sich aber hinsichtlich der Wasseraufnahme aus dem Boden durch die Wurzeln. Auch in dem Falle, wo der Boden mit Wasser vollkommen getränkt ist, sind die Wurzeln der grünen Parasiten nicht imstande, die Transpirationsbedürfnisse zu decken, wenn sie das Wasser nicht der Wirtspflanze, sondern direkt dem Boden entnehmen. Der Parasitismus dieser interessanten Pflanzen ist also ein ganz eigenartiger; von der Wirtspflanze muß der grüne Parasit unbedingt nur Wasser erhalten, das er selbständig nicht in genügendem Maße herbeischaffen kann infolge der Disharmonie zwischen dem Wurzelsystem und dem Laubwerk.

In dieselbe Kategorie gehören vielleicht auch Viscum und Arceutobium, grüne Schmarotzer, welche sich auf den Ästen der Bäume bewurzeln; die immergrünen Blätter von Viscum assimilieren energisch CO_2 am Licht, die Untersuchung der Haustorien zeigt andererseits, daß der Parasit direkt ins Holz der Wirtspflanze eindringt, wo Wasserleitungsbahnen ziehen.

Auf Grund der obigen Beobachtungen und experimentellen Resultate, die mit den grünen Parasiten erhalten sind, kann man annehmen, daß die erste Veranlassung zum Parasitismus bei Samenpflanzen namentlich die unzureichende Wasserversorgung ist. Die nicht recht durchsichtigen primären Ursachen haben eine schwache Entwicklung des Wurzelsystems bei den grünen Parasiten bedingt. Dasselbe ist für die

---

[1] KOSTYTSCHEW, S. u. TSWETKOWA, E.: Journ. d. russ. botan. Ges. Bd. 5, S. 21. 1920. (Russisch.) — KOSTYTSCHEW, S.: Ber. d. botan. Ges. Bd. 40, S. 273. 1922. — Ders.: Beih. z. botan. Zentralbl. Bd. 50 (I), S. 351. 1924.

[2] BONNIER, G.: Cpt. rend. hebdom. des séances de l'acad. des sciences Bd. 113, S. 1074. 1891. — Ders.: Bull. scient. du nord de la France et de la Belgique Bd. 25, S. 77. 1893.

Anforderungen der Sonnenpflanzen nicht ausreichend. Nun gehören die grünen Parasiten aus den Scrophulariaceen gerade in die Kategorie der Bewohner sonniger und feuchter Standorte.

Den weiteren Fortschritt der parasitären Ernährung kann man sich auf folgende Weise vorstellen: bei der Wasseraufnahme aus den Wurzeln der Wirtspflanze gelangen gelegentlich auch organische Stoffe in den Körper des Parasiten. Aus dem Beispiel der oben beschriebenen grünen Parasiten ersieht man, daß dieser Umstand anfangs keine wesentliche Rolle spielt, im Laufe der Zeit paßt sich aber der grüne Schmarotzer einer erleichterten Arbeit des Chlorophyllapparates an und es erfolgt allmählich Chlorophyllverlust, wonach auch die allmähliche Atrophie der Laubblätter eintritt. Es liegt denn auch eine ganze Reihe von allmählichen Übergängen von den grünen Parasiten, bei denen die Reduktion nur das Wurzelsystem betrifft, bis zu den äußersten Repräsentanten des völligen Parasitismus vor. Die schwach grünlichen Cuscuta Cephalanti und Cuscuta europaea scheiden am Licht eine geringe Sauerstoffmenge aus, trotzdem sie schon eine Reduktion des Laubwerkes und selbst des Chlorophyllapparates aufweisen[1]); die am Licht synthesierten Stoffe reichen zur Befriedigung der Lebensbedürfnisse dieser Parasiten nicht aus; deshalb dringen die Haustorien der Cuscuta-Arten sowohl ins Holz als auch in die Rinde der Wirtspflanze ein. Auch die Vertreter der großen Gattung Orobanche sind anspruchsvolle Parasiten, die sich nur mit bestimmten Pflanzen durch Haustorien verbinden. Selbst die Samenkeimung der Orobanche-Arten erfolgt nur in der Nähe der Wurzeln dieser bestimmten Wirtspflanzen. Doch scheiden Orobanche-Arten am Licht eine geringe Sauerstoffmenge aus[2]). Limodorum abortivum enthält ebenfalls Chlorophyll, welches allerdings eine recht schwache Wirkung zeigt[3]). Alle diese Tatsachen weisen darauf hin, daß bei Samenpflanzen die Lichternährung erst allmählich durch die parasitische Ernährung ersetzt wird. Zweifellos haben verschiedene Balanophoreen und Rafflesiaceen die Fähigkeit zur Photosynthese vollständig eingebüßt; bei unserer Monotropa ist ebenfalls ein vollkommenes Fehlen des Chlorophylls und keine O_2-Ausscheidung am Licht zu verzeichnen[4]), während die dunkelbraune Neottia, gleich den Braunalgen, eine gewisse Chlorophyllmenge enthält[5]). Weder Monotropa noch Neottia verbinden sich durch Wurzelhaustorien mit anderen Pflanzen; beide wachsen auf einem humusreichen Boden und man nimmt gewöhnlich an, daß sie auf den Bodenpilzen parasitieren. In diese Kategorie der „mykrotrophen" Para-

---

[1]) BONNIER, G.: a. a. O.
[2]) TEMME: Ber. d. botan. Ges. Bd. 1, S. 485. 1883. — MOLLIARD: Cpt. rend. hebdom. des séances de l'acad. des sciences Bd. 147, S. 685. 1909. — EWART: Journ. of the Linnean soc. Bd. 31, S. 446. 1895.
[3]) JOSOPAIT: Diss. Basel 1900.
[4]) GRIFFON: Cpt. rend. hebdom. des séances de l'acad. des sciences Bd. 127, S. 973. 1899.
[5]) WIESNER, J.: Jahrb. f. wiss. Botanik Bd. 8, S. 575. 1872. — Ders.: Flora Bd. 73. 1874.

siten gehören noch einige andere Arten von chlorophyllfreien Samenpflanzen[1]). Die chemische Seite der Ernährung der phanerogamen Parasiten ist sehr wenig studiert worden. Es ist nur bekannt, daß dieselben
eine gewisse Stärkemenge bilden[2]) und daß ihr Plasma eine bedeutende
Menge der Lipoide enthält[3]). Der osmotische Druck im Wurzelsystem
des Parasiten ist nicht selten höher als bei der Wirtspflanze[4]).

Vom Parasitismus unterscheidet man gewöhnlich scharf die sogenannte Symbiose; unter diesem Ausdruck versteht man solch ein Neben-
einanderwohnen von zwei ihrem Wesen nach verschiedenen Organismen, das einen Vorteil für beide „Symbionten" mit sich bringt. Man
nimmt oft sogar an, daß die Symbiose sich prinzipiell vom Parasitismus unterscheidet, da ja bei der Symbiose ein Kampf zwischen den
Symbionten nicht stattfinden soll, sondern eine gegenseitige Hilfeleistung
bestehe. Nach dieser Auffassung bezweckt die Symbiose den gegenseitigen Nutzen.

Lehnen wir die anthropomorphe Deutung des Parasitismus ab, so
müssen wir auch den Begriff der „mutualistischen" Symbiose fort-
schaffen. Derselbe entstand denn auch zu jener Zeit, wo keine chemische Physiologie existierte[5]) und unsere Kenntnisse über das Pflanzenleben ausschließlich den Inhalt der sogenannten Pflanzenbiologie
ausmachten, welche sich weder der genauen Messungen noch der quantitativen Untersuchungsmethoden bediente und gar oft eine kritische
Prüfung ihrer etwas transzendenten Auseinandersetzungen unterließ.
Diese Disziplin hat ihr Leben schon verlebt und ihre Ergebnisse müssen
zwischen der Physiologie und Ökologie der Pflanzen verteilt werden.

Es ist überhaupt irrig, das Prinzip der äußeren Zweckmäßigkeit
auf die gegenseitigen Beziehungen der von uns beobachteten Natur-
erscheinungen zu verwenden[6]); ganz gewagt ist es daher, dieser vermeintlichen Zweckmäßigkeit noch den soziologischen Charakter beizugeben[7]). Diejenigen Fälle der sogenannten Symbiose, die durch genaue
Methoden untersucht wurden, ergaben in der Tat ein Bild, welches der
„sozialen" Theorie der Symbiose keineswegs entspricht. Am besten ist
die Symbiose der Leguminosen mit Knöllchenbakterien studiert worden. Wir wissen nun, daß die Bakterien in den Körper der Leguminose

---

[1]) Nicht alle Verfasser betrachten diese Pflanzen als mikrotrophe Parasiten:
einige zählen sie in die Gruppe der typischen Saprophyten.

[2]) FIGDOR: Ann. du jardin botan. de Bustenzorg Bd. 14, S. 224. 1896. —
MAC DOUGAL: Contr. of the New York botan. garden 1899.

[3]) BIEDERMANN, W.: Flora Bd. 113, S. 133. 1920.

[4]) ZELLNER, J.: Monatsh. f. Chemie Bd. 40, S. 293. 1919. — WOSOLSOBE u.
ZELLNER: Sitzungsber. d. Akad. Wien, Mathem.-naturw. Kl. IIb, Bd. 123, S. 1011.

[5]) BERNARD, N.: L'évolution des plantes 1916. — ELENKIN, A.: Mitt. a. d.
botan. Garten in Petersburg Bd. 20, H. 2. 1921.

[6]) KANT, I.: Kritik der Urteilskraft, KANTS Gesamm. Schriften, Akad. Ausg.
Bd. 5, S. 366. 1908. Unrichtig wäre dagegen die Annahme, daß das Prinzip
der inneren Zweckmäßigkeit aus den biologischen Wissenschaften vollständig
verbannt werden soll.

[7]) ELENKIN, A.: Ber. a. d. botan. Garten in Petersburg Bd. 6, S. 1. 1906;
Bd. 20, Heft 2. 1921.

wie typische Parasiten eindringen, indem sie die Haut der Wurzelhaare auflösen und dabei ein krankhaftes Kräuseln dieser Organe hervorrufen. Ihrerseits vollführt die Samenpflanze eine Reihe von Wirkungen, welche auf die Vernichtung der in dieselbe eingedrungenen
fremden Organismen gerichtet sind, was manchmal in der Tat gelingt;
dann bilden sich auf den Wurzeln keine Knöllchen. Die Bakterien
schützen sich vor der Verdauung durch Ausscheidung einer besonderen
Membran, wie es bei den parasitischen Mikroben oft der Fall ist. Wenn
es den Bakterien gelingt, in das Wurzelparenchym zu gelangen, so
findet nach der Auflösung des Bakterienschlauches eine Einwirkung
des Zellplasmas auf die entblößten Bakterien statt. Ist das Plasma
der Samenpflanze genügend kräftig, um die Bakterien in Bakteroide
zu verwandeln, so entwickeln sich normale Knöllchen, erfolgte aber
die Infektion der Wurzel zu spät und ist das Übergewicht der Kräfte
auf der Seite des Mikroorganismus, so findet keine Entwicklung von
Bakteroiden statt und die Samenpflanze erkrankt durch die Anwesenheit des Eindringlings. Es liegt hier also ein deutliches Bild des hartnäckigen Daseinskampfes zwischen der höheren und niederen Pflanze,
ein typisches Bild des Parasitismus vor. Wenn als Resultat dieses
Kampfes ein Nutzen für beide Seiten hervorgeht (die Leguminosen
werden mit Stickstoff versorgt, die Bakterien kehren in den Boden in
einer viel größeren Anzahl zurück als die in das Wurzelgewebe ein-
gedrungene), so berechtigt dies keineswegs zu Schlußfolgerungen teleologischen Charakters[1]); auch hinsichtlich Viscum ist die Wahrschein-
lichkeit nicht ausgeschlossen, daß dieser immergrüne Parasit seinen
Wirt im Winter mit organischen Stoffen versorgt[2]), was uns daran
nicht hindert, die Mistel als einen echten Parasiten zu bezeichnen.

Nach den Angaben von ELENKIN[3]) haben die Beziehungen zwischen
Pilz und Alge im „Flechtenkonsortium“ genau denselben Charakter
wie diejenigen zwischen den Leguminosen und Knöllchenbakterien.
Die „mutualistische“ Theorie der Flechten als friedlicher Genossenschaften
der sich gegenseitig hilfeleistenden Organismen ist abzulehnen. Es liegt
die Annahme nahe, daß man dasselbe Resultat im weiteren mit allen
Fällen von Symbiose erhalten wird, in dem Maße, als sie der quantitativen experimentellen Bearbeitung zugänglich werden.

Mycorrhizen. Unter allen Erscheinungen der Symbiose ist es notwendig, die sogenannten Mycorrhizen etwas eingehender zu besprechen.
Mycorrhizen sind symbiotische Verbindungen von Pilzhyphen und Wurzeln von Samenpflanzen, die außerordentlich oft vorkommen.

Die Mycorrhiza ist endotroph, wenn der Pilz im Innern der Wurzel-
zellen wächst und ektotroph, wenn der Pilz mit seinen Hyphen die
Wurzel von außen als eine dichtverflochtene Masse umhüllt. Besonders
interessant sind die endotrophen Mycorrhizen bei den Orchideen

---

[1]) KANT, I.: a. a. O.
[2]) BONNIER, G.: a. a. O.
[3]) ELENKIN, A.: a. a. O.; auch Mitt. a. d. botan. Garten in Petersburg Bd. 2,
S. 65. 1902; Bd. 4, S. 25. 1904.

(Abb. 29) und den Ericaceen[1]). Die Pilzhyphen überfüllen einige Zellen des Wurzelparenchyms ihres Wirtes. Obgleich das Verhalten des Pilzes in vielen Fällen an einen typischen Parasiten erinnert und die Samenpflanze ihrerseits ihren Gast manchmal verdaut, so ist dennoch der Umstand beachtenswert, daß die Anwesenheit der Mycorrhiza zur Samenkeimung und Knollenbildung der Orchideen durchaus notwendig ist[2]). Die Mycorrhizen sind im höchsten Grade verbreitet:

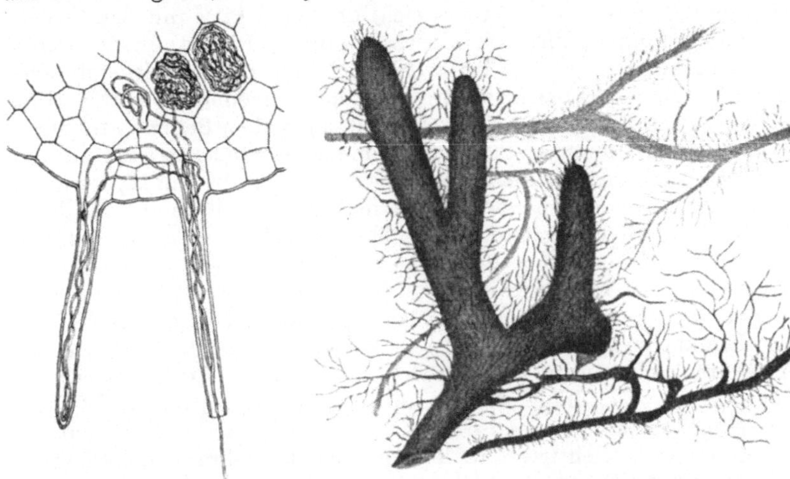

Abb. 29. Endotrophe Mycorrhiza der Orchidee Listera cordata. Der Pilz gelangt in dieWurzel durch dieWurzelhaare und bildet in den Zellen der Wurzelrinde Knäuel von Hyphen. (Nach CHODAT und LENDNER.)

Abb. 30. Ektotrophe Mycorrhiza. Die Pilzhyphen umhüllen die Wurzeln von außen und ersetzen die Wurzelhaare. (Nach FRANK und TSCHIRCH.)

man trifft sie mindestens bei der Hälfte von unseren einheimischen Samenpflanzen.

Die ektotrophe Mycorrhiza ist noch früher als die endotrophe entdeckt worden und zwar bei Monotropa[3]); sie ist bei verschiedenen Cupuliferen und Betulaceen besonders verbreitet, desgleichen bei einigen Coniferen. Die Entwicklung der ektotrophen Mycorrhiza bewirkt eine Reduktion der Wurzelhaare; letztere scheinen durch Pilzhyphen, welche mit Boden- und Humusteilchen verwachsen, ersetzt zu werden (Abb. 30). Allerdings gelang es, Bäume bei völliger Abwesenheit der Pilze zu züchten und in diesen Fällen scheint also die Mycorrhiza nicht unbedingt notwendig zu sein.

Viele Mycorrhizen vermehren sich ausschließlich auf vegetativem Wege und bleiben deshalb bis jetzt nicht genau identifiziert. Man hat jedoch festgestellt, daß unter ihnen Vertreter der Art Rhizoctonia,

---

[1]) FRANK: Ber. d. botan. Ges. Bd. 5, S. 395. 1887. — BURGEF: Die Wurzelpilze der Orchideen 1909. — KUSANO: Journ. of the coll. of agricult. of Tokyo Bd. 4. 1911.

[2]) BERNARD, N.: Cpt. rend. hebdom. des séances de l'acad. des sciences Bd. 138, S. 828. 1904; Bd. 140, S. 1272. 1905. — Ders.: Rev. gén. de botanique Bd. 16, S. 405. 1904.

[3]) KAMENSKY, TH.: Botan. Zeit. Bd. 39, S. 457. 1881.

desgleichen Pilze aus den Agaricineen, Tuberaceen und sogar Boletus-Arten (B. luteus, B. elegans) zu finden sind[1]). Ob die Mycorrhizen irgendeinen Anteil an der Ernährung der Pflanzen haben, bleibt dahingestellt. Die Annahme, daß Mycorrhizen den freien Stickstoff assimilieren[3]), ist an Hand einer Reihe von Prüfungen[2]) nicht bestätigt worden, und nur für die Vertreter der Gattung Phoma, die aus Wurzeln einiger Vaccinieen[4]) isoliert worden sind, außer Zweifel gestellt. Hierbei ergab es sich, daß diese Pilze mit den Mycorrhizen der genannten Pflanzen identisch sind[5]). Die Vaccinieen und Ericaceen können in der Tat wohl auch mit freiem Stickstoff auskommen[6]). Andere Forscher vermuten, daß Samenpflanzen mit Hilfe der Mycorrhizen fertige organische Verbindungen dem Boden entnehmen können, indem die vom Pilz aufgenommenen Stoffe danach in das Plasma der Wirtspflanze übergehen. STAHL[7]) schreibt den Mycorrhizen eine besondere Bedeutung bei der Assimilation der Mineralstoffe durch Samenpflanzen zu und gründet diese Theorie auf folgende Auseinandersetzungen: in humusreichen Böden geht ein energischer Kampf zwischen den verschiedenartigen Mikroorganismen um die Mineralstoffe vor sich. Samenpflanzen, die keine Mycorrhizen enthalten, können eine erfolgreiche Konkurrenz mit den niederen Organismen nicht aushalten und bleiben infolgedessen in der Entwicklung zurück. Recht wünschenswert wäre es, die Frage der Ernährung von mycotrophen Pflanzen einer eingehenden biochemischen Untersuchung zu unterziehen: es ist dies ein sehr wichtiges Problem der Bodenernährung der Pflanzen, und mit vollem Recht kann man sagen, daß wir erst nach Lösung dieses Problems eine richtige Kenntnis des Wesens der Bodenernährung erlangen können. Besonders betrifft das soeben Gesagte die Sumpfpflanzen. Auf den Moorböden muß die Stickstoffernährung der Pflanzen ganz eigenartig sein. Eine Nitrifikation findet in den Moorböden meistens nicht statt, die ammoniakalischen Dünger erweisen sich aber als vollkommen wirkungslos. Doch besitzen fast alle typischen Sumpfpflanzen Mycorrhizen; auch verschiedene Moose treten mit Pilzen in Symbiose[8]). Nur nach einem gründlichen biochemischen Studium der Bodenernährung der Sumpfpflanzen kann man hoffen, das dunkle Geheimnis des Sumpflebens aufzuhellen. Das enorme theoretische und praktische Interesse der einschlägigen Fragen bedarf keiner Erläuterung.

[1]) MELIN: Ber. d. botan. Ges. Bd. 39, S. 94. 1921.
[2]) FRANK: Landwirtschaftl. Jahrb. Bd. 19, S. 523. 1890. — SCHIBATA: Jahrb. f. wiss. Botanik Bd. 37, S. 643. 1902 u. a.
[3]) MÖLLER: Ber. d. botan. Ges. Bd. 24, S. 230. 1906. — BEIJERINCK: Botan. Zentralbl. Bd. 104, S. 90. 1907.
[4]) TERNETZ, CH.: Jahrb. f. wiss. Botanik Bd. 44, S. 353. 1907. — DUGGAR, M. B. and DAVIS, A. B.: Ann. of the Missouri botan. garden Bd. 3, S. 413. 1916.
[5]) RAYNER, M. CH.: Ann. of botany Bd. 29, S. 97. 1915.
[6]) RAYNER, M. CH.: Botan. gaz. Bd. 73, S. 226. 1922.
[7]) STAHL, E.: Jahrb. f. wiss. Botanik Bd. 34, S. 539. 1900.
[8]) JANSE: Ann. du jardin botan. de Buitenzorg Bd. 14, S. 53. 1897. — NEMEC, B.: Ber. d. botan. Ges. Bd. 17, S. 311. 1899. — GOLENKIN, M.: Flora Bd. 90, S. 209. 1902.

Fünftes Kapitel.

Die Ernährung der Pflanzen mit Aschenstoffen und die Bedeutung dieser Ernährung.

Der allgemeine Begriff der physiologischen Bedeutung der Mineralsalze. Die physiologische Rolle der Organogene, d. i. des Kohlenstoffs, Sauerstoffs, Wasserstoffs und Stickstoffs bedarf keiner Erklärung. Aus diesen Elementen entstehen Kohlenhydrate und Eiweißstoffe, welche die Grundlage der lebenden Substanz bilden. Auch wurde die Bedeutung der Phosphor- und Schwefelverbindungen schon längst richtig beurteilt, da diese Elemente an der Zusammensetzung der Plasmaeiweißstoffe und Lecithine beteiligt sind; was nun aber die Metalle anbelangt, so war ihre Rolle im Organismus lange Zeit unverständlich. Noch in der Mitte des vorigen Jahrhunderts wurden von verschiedenen Seiten Ansichten ausgesprochen, laut denen die Mineralsalze nur während der Entwicklung des Organismus notwendig seien; für die erwachsenen Tiere und Pflanzen sollen sie eine unnötige, wenn auch unvermeidliche Beimengung zur normalen Nahrung bilden. Derartige Ansichten waren besonders in der Tierphysiologie verbreitet, da das Tier zum Unterschied von der Pflanze in einem bestimmten Moment sein Wachstum einstellt; späterhin dient also die aufgenommene Nahrung nur zur Deckung der laufenden Lebensbedürfnisse und man schätzt sie deswegen gewöhnlich nach der Calorienzahl, die sie bei ihrer Verbrennung liefert. Von diesem Standpunkt aus sind die Mineralsalze natürlich unnötig; ihre Bedeutung ist aber viel wichtiger und vielseitiger; die Klarlegung ihrer physiologischen Rolle bildet eine von den glänzendsten Anwendungen der physikalischen Chemie auf die Physiologie. Immer mehr und mehr tritt in den letzten Jahren die überwiegende dynamische Bedeutung der Mineralstoffe im Organismus in den Vordergrund. Die Eiweißstoffe und das übrige Substrat der Lebenserscheinungen sind eher als ein inertes Material anzusehen, „die Mineralstoffe stellen dagegen Maschinen dar, die zur Regulierung der Verarbeitung dieses Materials dienen". Diese Ansicht wurde schon längst ausgesprochen[1]), nur in den letzten Jahren eroberte sie sich aber die allgemeine Anerkennung. Faßt man die Gesamtheit aller auf die physiologische Rolle der Mineralstoffe hinauslaufenden Angaben zusammen, so kann man ihre Bedeutung folgendermaßen präzisieren: 1. Die Mineralstoffe sind aktive Faktoren der Veränderung des physikalischen Zustandes der Zellkolloide, d. i. sie beeinflussen sowohl den Stoffwechsel,

---

[1]) Köppe, H.: Die Bedeutung der Salze als Nahrungsmittel 1896.

als die innere Architektonik der Zelle. 2. Im Zusammenhange damit üben die Mineralstoffe eine toxische und antitoxische Wirkung auf lebende Gewebe und Organe aus. 3. Auf die Funktionen der Gewebe und Organe einwirkend, spielen die Mineralstoffe im Organismus wohl manchmal die Rolle von Hormonen, d. i. von Regulatoren der physiologischen Funktionen und der planmäßigen Organentwicklung. Bei den Tieren haben die Mineralstoffe eine besonders wichtige Bedeutung in den Geschlechtsvorgängen. 4. Sie erfüllen in vielen Fällen die Funktionen der Katalysatoren von biochemischen Reaktionen. 5. Sie spielen eine wichtige Rolle bei den Veränderungen des Turgors und der Permeabilität des Protoplasmas. 6. Sie sind manchmal Träger der elektrischen und radioaktiven Kräfte, die dem Organismus notwendig sind.

Somit ist die physiologische Bedeutung der Mineralstoffe überraschend groß. Nur nachdem man dieselbe richtig erkannt hat, erwies sich eine experimentelle Erforschung der geheimnisvollsten Gebiete der Physiologie als möglich. Obige Bedeutung der Mineralstoffe ist beim tierischen und pflanzlichen Organismus im Prinzip gleichartig, wogegen in den vorstehenden Kapiteln manche Unterschiede im Wesen der Ernährung von Tieren und Pflanzen zum Vorschein kamen. Die wichtigsten Tatsachen auf dem Gebiete der physiologischen Rolle der Mineralstoffe sind zunächst in der Tierphysiologie festgestellt worden; erst später hat man die Gültigkeit einiger von ihnen auch für Pflanzen nachgewiesen. Infolgedessen wird es im weiteren unumgänglich sein, auch einige sich auf Tiere beziehenden Angaben zu erwähnen.

In Anbetracht der Neuheit der Frage nach der Bedeutung von Mineralstoffen ist die spezifische physiologische Rolle der einzelnen Aschenstoffe noch fast gar nicht untersucht worden. Es ist bekannt, daß nicht ein und dieselben Mineralstoffe für Tiere und Pflanzen notwendig sind; auch unter den Pflanzen besteht in dieser Beziehung eine gewisse Ungleichartigkeit. Die alten Physiologen wollten einem jeden Aschenstoff seine biologische, manchmal recht spezifische Rolle zuschreiben. Alle diese Erläuterungen sind jedoch willkürlich und deren experimentelle Nachprüfung fehlt vollständig; der richtige Weg ist hier nur folgender: Man muß von den allgemeinen Grundlagen der physiologischen Rolle von Mineralstoffen ausgehen und alle einzelnen Spezialfälle auf diese Grundlagen zurückzuführen suchen.

LIEBIG[1]) hat als Erster die hervorragende Bedeutung der Mineralstoffe nicht nur für Pflanzen, sondern auch für Tiere betont. Die ausschlaggebenden Versuche mit Pflanzen haben BOUSSINGAULT[2]) und FÜRST ZU SALM-HORSTMAR[3]) ausgeführt; die Vorstellungen von der Notwendigkeit der Mineralsalze für Pflanzen hat aber bereits DE SAUS-

---

[1]) v. LIEBIG, J.: Die organische Chemie in ihrer Anwendung auf Agrikultur und Physiologie 1840.

[2]) BOUSSINGAULT, J. B.: Agronomie, chimie agric. et physiol. Bd. 1, S. 1. 1860.

[3]) FÜRST ZU SALM-HORSTMAR: Versuche und Resultate über die Nahrung der Pflanzen 1856.

SURE[1]) richtig entwickelt. In der Tierphysiologie trat ein Umschwung der laufenden Ansichten nach den klassischen Versuchen FORSTERS[2]) ein.

Der Antagonismus der Ionenwirkungen auf Kolloide und auf den physiologischen Zustand der Organe sowie der ganzen Organismen. Im ersten Kapitel wurde dargelegt, daß Kolloide unter dem Einfluß von Elektrolyten aus den Lösungen entweder in Form von festen Niederschlägen oder in Form von Gallerten (Gelen) ausgeschieden werden. Es wurde auch der Umstand betont, daß wir es im vorliegenden Falle mit Ionenreaktionen zu tun haben, da die Ausscheidung der hydrophoben Kolloide von der Dissoziation des fällenden Salzes, der Geschwindigkeit der Ionenwanderung und der Wertigkeit der betreffenden Metalle abhängt, indem die einwertigen Metalle viel schwächer als zwei- oder dreiwertige[3]) wirken. Wichtig ist ferner der Umstand, daß die positiv-geladenen Kolloide durch Anionen und die negativ-geladenen durch Kationen gefällt werden. Nach einer Umladung des Kolloids beobachtet man eine umgekehrte Ionenwirkung[4]). In Anbetracht der Tatsache, daß eindeutige Versuchsergebnisse zugunsten der Bedeutung von Ionenwirkungen bei der Kolloidfällung vorliegen, ist es wichtig, den sogenannten Antagonismus zwischen ein- und zweiwertigen Kationen bei der Kolloidfällung hervorzuheben. In der ersten Spalte der folgenden Tabelle[5]) sind die Mengen von $SrCl_2$ angegeben, die zur Fällung einer bestimmten Menge von Arsensulfid gerade ausreichen, in der zweiten Spalte sind die $SrCl_2$-Mengen zusammengestellt, welche dieselbe Wirkung in Gegenwart verschiedener Mengen von KCl hervorrufen:

$$SrCl_2 : 4,20 \qquad SrCl_2 \;\; 4,90 + KCl \;\; 0,30$$
$$\quad\; „ \quad\; 3,60 \qquad\qquad „ \quad\; 5,55 + „ \quad\; 1,20$$
$$\quad\; „ \quad\; 2,60 \qquad\qquad „ \quad\; 5,65 + „ \quad\; 2,70.$$

Die Eiweißstoffe gehören zwar in die Kategorie der hydrophilen Kolloide, nach der Umladung werden sie jedoch ihren Eigenschaften nach den hydrophoben Kolloiden ähnlich (S. 21) und zweifellos spielt sich solch ein Vorgang in der lebenden Zelle öfters ab. Man hat in der Tat einen Antagonismus der Salze beim Fällen und Auflösen des Eiweißes[6]) wahrgenommen, besonders deutlich kommt aber der genannte Antagonismus bei Veränderungen der Löslichkeit von Lecithin zum Vorschein[7]). Dabei ist nicht nur zwischen ein- und zweiwertigen Ionen, sondern auch zwischen Natrium und Kalium ein Antagonismus bemerkbar.

---

[1]) DE SAUSSURE, TH.: Recherches chimiques sur la végétation S. 240 u. 321. 1804.

[2]) FORSTER, J.: Zeitschr. f. Biol. Bd. 9, S. 297 u. 369. 1873.

[3]) SCHULZE: Journ. f. prakt. Chem. Bd. 25, S. 431. 1882 u. Bd. 27, S. 320. 1884. — FREUNDLICH: Zeitschr. f. physikal. Chem. Bd. 44, S. 135. 1903; Bd. 73, S. 385. 1910. — MINES: Journ. of physiol. Bd. 42, S. 309. 1911.

[4]) HARDY: Journ. of physiol. Bd. 33, S. 251. 1905. — Ders.: Zeitschr. f. physikal. Chem. Bd. 33, S. 385. 1900.

[5]) LINDER and PICTON: Journ. of the chem. soc. (London) Bd. 67, S. 63. 1895.

[6]) PAULI: Hofmeisters Beitr. Bd. 5, S. 27. 1903; Bd. 6, S. 233. 1903.

[7]) NEUSCHLOSZ, S. M.: Pflügers Arch. f. d. ges. Physiol. Bd. 181, S. 17. 1920.

Setzt man die Oberflächenspannung des Wassers γ gleich 100, so ist für die untersuchte Lecithinlösung γ gleich 76. Ein Zusatz von Na-, K- und Ca-Salzen erhöht den Wert von γ der Lecithinlösung, so z. B.:

$$\text{NaCl } 1 \text{ m } \gamma = 90{,}3; \quad \text{KCl } ^1\!/_{32} \text{ m } \gamma = 86; \quad \text{CaCl}_2 \; ^1\!/_{64} \text{ m } \gamma = 86{,}3.$$

Die Kombinationen dieser Salze summieren nicht ihre Wirkungen; sie halten sich vielmehr bei gewissen Verhältnissen so im Gleichgewicht, daß gar keine Veränderung der Oberflächenspannung der Lecithinlösung zustande kommt:

$1 \text{ NaCl} + ^1\!/_{50} \text{ KCl} + ^1\!/_{100} \text{ CaCl}_2$; $\gamma = 76$ bei jeder Konzentration der Lösung,
$1 \text{ NaCl} + ^1\!/_{20} \text{ KCl}$; $\gamma = 77{-}79$ bei jeder Konzentration der Lösung.

Der Antagonismus der Ionenwirkungen auf Kolloide ist von einer Veränderung der Oberflächenspannung begleitet und stellt also eine Adsorptionserscheinung dar. Dies ist aus Versuchen über Ionenadsorption durch Cellulose und Kohle deutlich zu ersehen[1].

Sehr interessant und wichtig ist der Umstand, daß genau derselbe Antagonismus, der ein- und zweiwertigen Kationen sich bei ihrer toxischen Wirkung auf Gewebe und Organe geltend macht. Wo ein Zusammenhang der auf den ersten Blick absolut nicht gleichartigen Tatsachen hervortritt — da sind oft interessante und fruchtbare Arbeitshypothesen möglich. Dies ist auch hinsichtlich des Ionenantogonismus der Fall.

S. RINGER[2] hat als Erster darauf aufmerksam gemacht, daß die Muskeln in einer reinen Lösung von Chlornatrium rhythmische Zuckungen ausführen. Indes ist im Blut derselbe Gehalt an Chlornatrium vorhanden; derselbe ruft aber keine ähnliche Wirkung hervor. Dieser anormale Zustand wird durch Hinzufügen geringer Mengen der ebenfalls im Blut enthaltenen Calcium- und Kaliumsalze beseitigt. J. LOEB[3] hat vollkommen analoge Beobachtungen mit Seeigeln und Medusen gemacht: in einer Chlornatriumlösung von derselben Konzentration, wie im Seewasser, entwickeln sich die Seeigeleier nicht; diese toxische Wirkung des Chlornatriums wird durch eine simultane Wirkung irgendeines Calciumsalzes bzw. eines anderen Salzes von einem zwei- oder dreiwertigen Metall aufgehoben. LOEB[4] wagte diese Erscheinungen mit den obigen Ionenwirkungen auf Kolloide in Zusammenhang zu bringen, da eine Reihe von Kontrollversuchen zeigte, daß die Wirkung verschiedener Salze auf physiologische Vorgänge ebenfalls auf einzelne Ionenwirkungen zurückzuführen ist. Hier wird aber der Sachverhalt dadurch etwas verwickelt, daß einige Ionen ganz spezifische Wirkungen hervorrufen und außerdem sich ein Antagonismus zwischen Ionen von derselben Wertigkeit geltend macht. Trotz alledem sind die grundlegenden Prinzipien im großen ganzen dieselben, wie bei der Kolloidfällung. Das Zustande-

<hr>

[1] RONA, P. u. MICHAELIS, L.: Biochem. Zeitschr. Bd. 94, S. 240. 1919; Bd. 103, S. 19. 1920.

[2] RINGER, S.: Journ. of physiol. Bd. 4, S. 29 u. 222. 1883; Bd. 7, S. 291. 1886; Bd. 18, S. 425. 1895 u. a.

[3] LOEB, J.: Journ. of physiol. Bd. 6, S. 411. 1902 u. v. a.

[4] LOEB, J.: Pflügers Arch. f. d. ges. Physiol. Bd. 71, S. 457. 1898; Bd. 88, S. 68. 1901; Bd. 91, S. 248. 1902. — Ders.: Journ. of physiol. Bd. 11, S. 455. 1904 u. v. a.

kommen von Ionenreaktionen wird hauptsächlich durch zweierlei Tatsachen bestätigt: erstens ist festgestellt worden, daß die pharmakologische Wirkung verschiedener anorganischer Gifte, wie z. B. der Quecksilbersalze vollkommen von deren Dissoziation abhängt und folglich eine Ionenreaktion darstellt[1]), nun ist die toxische Wirkung der Salze in dieselbe Kategorie von biochemischen Vorgängen zu zählen, wie die Wirkung der Protoplasmagifte[2]). Zweitens wirken auf die lebenden Zellen mit ihren negativ-geladenen Eiweiß- und Lipoidkolloiden namentlich die Kationen der Salze; auf den Antagonismus dieser Kationen übt der Anion dieser Salze fast gar keine Wirkung aus. Dies steht mit dem wichtigen Prinzip der Kolloidchemie im Einklang, laut welchem die Kolloide und die dieselben fällenden Ionen mit entgegengesetzten Ladungen geladen sein müssen[3]).

Zur Erklärung der spezifischen Nebenwirkungen der einzelnen Ionen, nimmt LOEB an, daß bei einer toxischen Einwirkung der Ionen auf Plasmaeiweiße, die Verdrängung eines Ions durch das andere aus seiner Verbindung mit dem Eiweiß nach dem Massenwirkungsgesetz stattfindet. Zum Beispiel tritt beim Antagonismus von Calcium und Magnesium nach LOEB folgende Reaktion ein[4]):

$$\text{Mg-Eiweiß} + \text{CaCl}_2 \rightleftarrows \text{Ca-Eiweiß} + \text{MgCl}_2.$$

Die Richtung dieser Reaktion soll von den jeweiligen Ca- und Mg-Mengen abhängig sein; durch die Reaktionsrichtung sei aber die entsprechende physiologische Wirkung abhängig. LOEB, dem sich auch andere Forscher anschließen[5]), nimmt also außer den physikalischen Wirkungen gleichfalls rein chemische Reaktionen an, die er zur Erklärung einiger spezifischer Wirkungen (s. weiter) heranzieht. Für diese Theorie sprachen zwar einige chemische Versuche[6]); doch halten sich andere Forscher an die rein-physikalischen Theorien der Neutralisation der elektrischen Ladung des Kolloids[7]), oder der Verdrängung eines Ions durch das andere von der Oberfläche in heterogenen Systemen[8]).

Jedenfalls kann die Analogie zwischen der Ionenwirkung auf Kolloide einerseits und auf lebende Organe und ganze Organismen ander-

---

[1]) PAUL u. KRONIG: Zeitschr. f. physikal. Chem. Bd. 12, S. 414. 1896. — Dies.: Zeitschr. f. Hyg. u. Infektionskrankh. Bd. 25, S. 1. 1897. — GRÜTZNER: Pflügers Arch. f. d. ges. Physiol. Bd. 58, S. 69. 1894. — MAILLARD: Journ. de physiol. et de pathol. Bd. 1, S. 651 u. 673. 1899 u. a.

[2]) Es besteht sogar ein Antagonismus zwischen Metallionen und Alkaloiden, den zweifellosen Protoplasmagiften.

[3]) HARDY: Journ. of physiol. Bd. 24, S. 301. 1899; Bd. 33, S. 251. 1905. — Ders.: Zeitschr. f. physikal. Chem. Bd. 33, S. 385. 1900.

[4]) LOEB, J.: Journ. of biol. chem. Bd. 1, S. 427. 1906.

[5]) BRAILSFORD ROBERTSON, T.: Journ. of biol. chem. Bd. 1, S. 279 u. 507. 1906; Bd. 2, S. 317. 1907. — Ders.: Pflügers Arch. f. d. ges. Physiol. Bd. 110, S. 610. 1905. — RICHARDS, T. W.: Journ. of physic. chem. Bd. 4, S. 207. 1900.

[6]) OSBORNE, W. A.: Journ. of physiol. Bd. 33, S. 10. 1905; Bd. 34, S. 84. 1906.

[7]) MATHEWS, A. P.: Americ. journ. of physiol. Bd. 10, S. 290. 1904; Bd. 11, S. 237 u. 455. 1904; Bd. 14, S. 203. 1905; Bd. 18, S. 58. 1907.

[8]) NEUSCHLOSZ: Pflügers Arch. f. d. ges. Physiol. Bd. 181, S. 17. 1920.

seits so weit geführt werden, daß sie bei Erklärungen der toxischen und regulatorischen Wirkung der Mineralstoffe auf verschiedene physiologische Vorgänge wohl Beachtung verdient. Der physiologische Ionenantagonismus kann durch eine große Anzahl von Tatsachen erläutert werden. Das einschlägige Material wurde hauptsächlich von amerikanischen Forschern geliefert. Die spezifische Ionenwirkung auf die Muskelkontraktionen wird durch sehr viele Tatsachen illustriert, die einerseits die Wirkung der anorganischen Bestandteile des Blutes, anderseits aber die analoge Wirkung der Bestandteile des Seewassers klarlegen[1]); die erhaltenen Resultate gelten auch dem Nervengewebe[2]). Der von RINGER hervorgehobene Antagonismus (s. oben) zwischen Calcium und Natrium hat wahrscheinlich eine allgemeine Bedeutung; außerdem wurde auch der Antagonismus zwischen anderen Ionen gleicher und verschiedener Wertigkeit durch elegante Versuche illustriert; alsdann entdeckte man den recht interessanten Antagonismus zwischen Ionen und Alkaloiden[3]) und (bei den Pflanzen) den Antagonismus zwischen Metall und H-Ionen[4]). Auf Grund verschiedener analoger Beobachtungen entstand der Begriff der „ausgeglichenen Lösung“; unter diesem Namen versteht man eine Lösung verschiedener Salze, in welcher die toxische Wirkung eines jeden Metallions durch die antagonistische Wirkung von anderen Ionen aufgehoben wird, so daß die gesamte Lösung gar keinen toxischen Einfluß auf das lebende Gewebe ausübt. Die erste derartige Lösung wurde von RINGER hergestellt; sie hat folgende m o l e k u l a r e Zusammensetzung: auf 100 Mole NaCl kommen 1,7—2,4 Mole KCl und 1,1—2,4 Mole $CaCl_2$, die Konzentration des Salzgemisches kann in weiten Grenzen schwanken. Noch vollkommener ausgeglichen ist die sogenannte VAN T'HOFFsche Lösung von folgender Zusammensetzung: auf 1000 Teile der n-NaCl-Lösung kommt:

$$
\begin{array}{lr}
\text{n-MgCl}_2 \ \ldots\ldots\ldots & 78 \text{ Teile} \\
\text{n-MgSO}_4 \ \ldots\ldots\ldots & 38 \quad\text{,,} \\
\text{n-KCl}_2 \ \ldots\ldots & 22 \quad\text{,,} \\
\text{n-CaCl}_2 \ \ldots\ldots & 10-20 \text{ ,,}
\end{array}
$$

Auch in diesem Falle kann die Konzentration der Lösung eine verschiedene sein. Auf der Suche nach ausgeglichenen Lösungen stieß man auf eine bemerkenswerte Tatsache: das Verhältnis der Kationen in diesen Lösungen ist dasselbe wie im Meerwasser, und desgleichen im Tierblut. Sowohl das Blut als das Meerwasser stellen vorzüglich

---

[1]) LOEB, J.: Festschr. f. Prof. FICK 1899. 101. — Ders.: Americ. journ. of physiol. Bd. 3, S. 327 u. 383. 1900. — Ders.: Pflügers Arch. f. d. ges. Physiol. Bd. 91, S. 248. 1902. — Ders.: Journ. of biol. chem. Bd. 1, S. 427. 1906 u. a.

[2]) LOEB, J.: a. a. O. — PARKER, G. H. and METCALF, C. R.: Americ. journ. of physiol. Bd. 17, S. 55. 1906. — ROBERTSON, T. B.: Transact. of the roy. soc. of South-Australia Bd. 29, S. 1. 1905.

[3]) PICKERING: Journ. of physiol. Bd. 14, S. 383. 1893; Bd. 20, S. 165. 1896.— BUCHANAN: Journ. of physiol. Bd. 25, S. 137. 1899. — ZOETHOUT: Americ. journ. of physiol. Bd. 2, S. 220. 1899 u. v. a.

[4]) DOMONTOWITSCH: Tagebuch d. 1. Kongr. d. russ. Botaniker 1921. 37. (Russisch.)

ausgeglichene Lösungen von Mineralsalzen dar. Nach dem Ausdruck
LOEBS „tragen wir in unserer Lymphe und im Blut ein Teilchen des
Meeres, in dem unsere Vorahnen lebten".

Der Antagonismus der Ionenwirkungen auf die einzelnen physiologischen Funktionen der Pflanzen und auf die Lebensdauer der pflanzlichen Organismen in Minerallösungen ist durch eine große Anzahl von
Tatsachen gestützt. Die nachstehenden erläuternden Tabellen sind
den Arbeiten von OSTERHOUT entnommen[1]). Die erste Tabelle drückt
die Lebensdauer der Seepflanze Ruppia maritima in verschiedenen
Lösungen aus. Der Versuch ist nach 150 Tagen abgebrochen worden;
das Zeichen + bedeutet, daß nach Beendigung des Versuchs die Pflanze
sich vollkommen normal verhielt.

Seewasser	158 +
$^3/_8$ n-NaCl	23
$^3/_8$ n-KCl	56
$^3/_8$ n-CaCl$_2$	58
$^3/_8$ n-MgCl$_2$	19
NaCl + KCl + CaCl$_2$	88
VAN T'HOFFsche Lösung	150 +

In folgender Tabelle ist der Zuwachs der Wurzeln von Weizen-
keimlingen in Millimetern während 40 Tagen in verschiedenen Lösungen
dargestellt.

0,12 n-NaCl	59
0,12 n-KCl	68
0,12 n-MgCl$_2$	7
0,12 n-CaCl$_2$	70
1000 NaCl + 10 CaCl$_2$ + 22 KCl .	324
VAN T'HOFFsche Lösung	360

Die folgende Tabelle illustriert die antagonistische Wirkung des
Kaliums und Magnesiums auf die Lebensdauer des Lebermooses Lunu-
laria. Der Versuch ist nach 120 Tagen beendet worden; das Zeichen
+ bedeutet, daß im Moment der Beendigung des Versuchs der Zustand
des Objekts ein vollkommen normaler war.

Destilliertes Wasser	120 +
0,093 n-KCl	12
0,093 n-MgCl$_2$	4
100 KCl + 100 MgCl$_2$	120 +
100 KCl + 50 MgCl$_2$	120 +
50 KCl + 100 MgCl$_2$	120 +

[1]) OSTERHOUT, W. J.: Univ. of California publ. (Bot.) Bd. 2, S. 231 u. 235.
1906; Bd. 3, S. 331. 1908. — Ders.: Botan. gaz. Bd. 42, S. 127. 1906. — Bd. 44,
S. 259. 1907; Bd. 45, S. 117. 1908; Bd. 47, S. 48. 1909. — Ders.: Jahrb. f. wiss.
Botanik Bd. 46, S. 121. 1908; Bd. 54, 645. 1914; vgl. auch MICHEELS: Cpt. rend.
hebdom. des séances de l'acad. des sciences Bd. 143, S. 1181. 1906. — Ders.:
Arch. internat. de physiol Bd. 4, S. 410. 1907. — BENECKE: Ber d. botan. Ges.
Bd. 25, S. 322. 1907.

Somit macht sich die toxische und antagonistische Ionenwirkung bei verschiedenartigen Objekten und physiologischen Funktionen geltend. Auch die Atmung der Mikroorganismen unterstellt sich vollkommen den allgemeinen Gesetzen der toxischen Wirkungen[1]); dasselbe gilt auch den Tropismen[2]). Wir haben also das volle Recht, den hier besprochenen Erscheinungen eine allgemeine Bedeutung beizumessen.

Die Erklärung des physiologischen Antagonismus der Salze besteht nach Loeb und Osterhout darin, daß eine gemeinsame Wirkung der Salze die Plasmahaut für dieselben unpermeabel (gegerbt) macht, indes die einzelnen Salze leicht in das Plasma eindringen und dort eine toxische Wirkung hervorrufen. In neuester Zeit haben einige Verfasser[3]) eine andere Deutung vorgeschlagen: der Ionenantagonismus wird auf eine Ionenwirkung im Plasma selbst zurückgeführt: die Ionen sollen einander aus dem Zustand der Absorption verdrängen, wobei das verdrängte Ion durch das verdrängende an der Oberfläche nicht ersetzt wird, und das Kolloid in unverändertem Zustande verbleibt.

Die Bedeutung der Mineralstoffe als Hormone, Katalysatoren, Träger von elektrischer und radioaktiver Energie. Alle oben beschriebenen Tatsachen liefern ein Material für die Beurteilung der Rolle und der Bedeutung der Mineralstoffe auch bei den normalen physiologischen Vorgängen des lebenden Organismus. Die Ionenwirkung auf Kolloide ist auf dem Gebiete der physikalischen Chemie festgestellt. Wenn wir nun in Betracht ziehen, daß von dem physikalischen Zustand der Zellkoloide die Struktur des Protoplasmas abhängt, indem letzteres sich entweder als ein System von Gelen schaumiger bzw. netzartiger Struktur (S. 22), oder als eine Kombination von flüssigen Phasen mit ungleicher innerer Reibung gestaltet, so ist die Möglichkeit einer Veränderung des Verlaufes von verschiedenen biochemischen Vorgängen im Zusammenhange mit den Veränderungen des Milieus wohl nicht ausgeschlossen. Auf Grund der obigen Überlegungen kann man verschiedene toxische Wirkungen der nicht ausgeglichenen Mineralsalzlösungen sich als ein Resultat der Löslichkeitsveränderung verschiedener Plasmakolloide denken.

Der Ionenantagonismus gibt außerdem die Möglichkeit sowohl den Zustand der Zellkolloide, als auch den Verlauf der verschiedenen physiologischen Vorgänge zu regulieren; vom verschiedenen Verlauf der biochemischen Vorgänge ist aber freilich das Wesen der Entwicklung und der architektonischen Ausbildung des Organismus abhängig. Wir können also die Annahme machen, das die regulierende Ionenwirkung unter Umständen den normalen Charakter der Funktion von Hormonen hat. Als Hormone bezeichnen wir Stoffe, welche sozusagen die chemische Signalisierung zur Koordination bestimmter physiologischen Vorgänge und

---

[1]) Moldenhauer-Brooks, M.: Journ. of gen. physiol. Bd. 3, S. 337 u. 527. 1921. — Gustafson, F. G.: Ebenda Bd. 2, S. 17. 1919.

[2]) Cholodny, N.: Über den Einfluß der Metallionen auf die Reizerscheinungen bei den Pflanzen 1918. (Russisch.)

[3]) Neuschlosz, S. M.: a. a. O.

zur Bewerkstelligung einer planmäßigen Entwicklung der Organe bewirken. So werden im tierischen Organismus bereits bei der Magenverdauung Leber und Pancreas tätig, indem sie ihre spezifischen Säfte ausscheiden und dadurch die Darmverdauung vorbereiten. Das Signal zum Ausscheiden dieser Säfte wird nicht durch das Nervensystem, sondern durch die Hormonenwanderung gegeben. Ebenso wandert bei der Reizung der Koleoptilespitze durch einseitige Beleuchtung ein Hormon nach der Stelle, wo phototropische Krümmung stattfinden muß; dort wirkt das Hormon wohl als Reiz, d. h. toxisch. Die Anlegung und Entwicklung ganzer Organe wird ebenfalls unter Mitwirkung spezifischer Hormone bewerkstelligt.

In der Literatur findet man zahlreiche Angaben über die ganz spezifischen Einwirkungen einiger Ionen auf verschiedene Lebensvorgänge. Darunter sind wohl die Beobachtungen von LOEB über die künstliche Parthenogenese[1]) besonders überraschend. Durch Einwirkung von Kaliumionen entwickeln sich unbefruchtete Seeigeleier zu normalen Larven. Die Natriumionen hemmen, im Gegenteil, solch eine parthenogenetische Entwicklung; diese hemmende Wirkung kann aber im beliebigen Maße durch Calciumionen abgeschwächt oder sogar vollständig aufgehoben werden. Nicht minder bemerkenswert sind die Beobachtungen desselben Forschers[2]) über die Entwicklung der Zwerg- und Riesenlarven, desgleichen über die paarweise verwachsenen Embryonen des Seeigels Arbacia; alle diese Mißgeburten kann man leicht durch Einwirkung einer nicht ganz ausgeglichenen Lösung von Mineralstoffen experimentell hervorrufen. Auffallend ist es, daß bei einem Überschuß von $MgCl_2$ im Seewasser cyklopische Embryonen des Fisches Fundulus heteroclitus mit einem Auge entstehen[3]). Es ist festgestellt worden, daß die Ursache des Zusammenfließens beider Augenanlagen, namentlich die nicht ausgeglichenen Magnesiumionen sind. Es wird also unter der Einwirkung der Ionen die Entwicklung des Organismus auf verschiedenartige, im voraus bestimmte Bahnen gelenkt. LOEB betont ausdrücklich, daß eine richtige Entwicklung der Seeigel nur bei solch einem Verhältnis der Natrium-, Kalium- und Calciumionen stattfindet, welcher dem normalen Ionengehalt im Seewasser entspricht. Der Einfluß der Natriumionen auf die rhythmischen Zuckungen der Skelettmuskeln wurde schon oben besprochen. Die Calciumionen dienen zur Regulierung und Hemmung der genannten eigenartigen Wirkung des Natriums auf das Nerven- und Muskelgewebe. Nach der Meinung LOEBs[4]) sind alle unsere Skelettmuskeln nur wegen der Anwesenheit des Calciums im Blut an rhythmischen Zuckungen verhindert, die bei den Herzmuskeln stattfinden.

---

[1]) LOEB, J.: Untersuchungen über künstl. Parthenogenese 1906.
[2]) LOEB, J.: Pflügers Arch. f. d. ges. Physiol. Bd. 55, S. 525. 1894. — Ders.: Americ. journ. of physiol. Bd. 4, S. 423. 1901. — Ders.: Arch. f. Entwicklungsmech. d. Organismen Bd. 27, S. 120. 1909.
[3]) STOCKARD, CH.: Journ. of exp. zool. Bd. 6, S. 285. 1909.
[4]) LOEB, J.: Univ. of Chicago, decennial publ. Bd. 10, S. 3. 1902.

Solche Fälle sind zahlreich auf dem Gebiete der Tierphysiologie, wo viele Untersuchungen über die spezifischen Ionenwirkungen auf verschiedene Lebensvorgänge ausgeführt worden sind. Doch trifft man auch in der Pflanzenphysiologie analoge Erscheinungen; hierher gehören z. B. die sogenannten „oligodynamischen“, d. h. toxischen Wirkungen verschiedener Metalle[1]). Als Illustration der eigenartigen Wirkungen der Ionen auf einen wichtigen Lebensvorgang kann die Hemmung der Sporenbildung beim Pilz Aspergillus niger unter dem Einfluß geringster Mengen von Zinksalzen dienen. Die genannte Wirkung kann durch keine anderen Metalle hervorgerufen werden und läßt sich nur bei Zuckerernährung beobachten[2]). Der Einfluß von Mineralionen auf die Permeabilitätsänderung und die osmotischen Eigenschaften der lebenden Pflanzenzelle wird im Kap. IX, das diesen Fragen gewidmet ist, besprochen werden. Es ist wohl kaum zweifelhaft, daß alle derartigen Wirkungen verschiedene Veränderungen des physikalischen Zustandes der Plasmakolloide hervorrufen. Ist dies in der Tat der Fall, so erscheint auf Grund des obendargelegten eine Regulierung der Permeabilität als möglich; dieselbe spielt natürlich eine hervorragende Rolle im Vorgang der Pflanzenernährung.

Die katalytische Wirkung verschiedener Metalle ist mehrmals beobachtet worden. In ihrer reinsten Form hat sie BREDIG[3]) beschrieben. Es ist schon längst bekannt, daß die Eisen- und Mangansalze als oxydierende Faktoren den oxydierenden Fermenten oder Peroxydasen ähnlich sind. Neuerdings wurde die Ansicht ausgesprochen, daß bei vielen Oxydationsvorgängen in der Pflanzenzelle als aktive Faktoren nicht die echten Fermente, sondern Eisenverbindungen, die sogenannten Hämatoide[4]) fungieren. Die reduzierenden Fermente oder Reduktasen, sind ebenfalls wenig spezifisch[5]), und ihre Wirkung ist derjenigen einiger anorganischer Verbindungen analog. Bei Erhitzung des Zuckers mit einer kleinen Menge von Ferrosalz und Soda erhält man eine komplexe Eisenverbindung, welche deutliche reduzierende Eigenschaften ausübt[6]). Sie verwandelt Nitrobenzol in Anilin, salpetrige Säure in Ammoniak. BAUDISCH[7]) teilt mit, daß die anorganischen Ferroverbindungen überhaupt reduzierende Eigenschaften haben.

Leider hat man die katalytische Wirkung der Metalle im Organismus[8]) erst neuerdings in Betracht gezogen, obgleich schon längst verschiedene Analogien aus dem Gebiete der allgemeinen Chemie vor-

---

[1]) NÄGELI, C.: Denkschr. d. Schweizer Naturforscher-Ges. Bd. 33, S. 1. 1893. — LOEW, O.: Landwirtschaftl. Jahrb. Bd. 20, S. 235. 1891. LOEB erklärt alle diese Tatsachen auf Grund seiner Theorie (siehe oben).

[2]) BUTKEWITSCH: Biochem. Zeitschr. Bd. 129, S. 445. 1922.

[3]) BREDIG: Anorganische Fermente 1901.

[4]) GOLA, G.: Atti d. Reale accad. dei Lincei, rendiconto Bd. 28, S. 146. 1919.

[5]) BACH, A.: Cpt. rend. hebdom. des séances de l'acad. des sciences Bd. 164, S. 248. 1917.

[6]) BAUDISCH, O.: Ber. d. Dtsch. Chem. Ges. Bd. 50, S. 652. 1917.

[7]) BAUDISCH, O. u. MAYER, P.: Biochem. Zeitschr. Bd. 107, S. 1. 1920.

[8]) BAUDISCH, O.: Biochem. Zeitschr. Bd. 106, S. 134. 1920.

lagen[1]). In neuster Zeit sind verschiedene neue Fälle[2]) komplizierter Ionenwirkungen bekannt geworden, die die physiologische Bedeutung der Mineralstoffe als Stimulatoren illustrieren[3]). Die neuesten Untersuchungen von A. J. Smirnow[4]) zeigen, daß verschiedene Kationen die Wirkung der Katalase hemmen, und namentlich zweiwertige Kationen selbst in minimalen Konzentrationen die Wirkung der Peroxydase stark stimulieren. Zn nimmt eine Sonderstellung ein, indem es die Peroxydasewirkung außerordentlich stark hemmt. Denselben Einfluß übt Zn und Cd auf Reduktase aus[5]). Daß Ionen Träger der elektrischen Energie sein können, ist daraus ersichtlich, daß Plasmahäute in einigen Fällen ungleiche Permeabilität für Anionen und Kationen aufweisen. Nach der Ansicht verschiedener Verfasser kann man solche Erscheinungen als Quellen der elektromotorischen Kräfte des Organismus betrachten[6]).

Auch kann die ungleiche Adsorption verschiedener Ionen elektrische Kräfte erzeugen, wie es auf S. 11 dargestellt ist. Außerdem sind neuerdings radioaktive Vorgänge beschrieben worden, die mit dem Ionenantagonismus im Zusammenhange zu sein scheinen[7]). Inwieweit diese Angabe bestätigt werden wird, bleibt dahingestellt. Jedenfalls betrifft sie auch die Pflanzen[8]); im besonderen wird darauf hingewiesen, daß Kaliumradiation die Samenkeimung stimuliert[9]), und daß Uransalze die Assimilation des freien Stickstoffs durch Azotobacter befördern[10]).

Die künstliche Ernährung der Pflanzen mit Mineralstoffen. Da die grünen Pflanzen alle organischen Stoffe aus Kohlendioxyd, Wasser und anorganischen Salzen aufbauen, so war schon längst der Gedanke naheliegend, daß Samenpflanzen bei vollkommener Abwesenheit von organischen Stoffen gezogen werden können. Der Erfolg solch eines Versuches dürfte einerseits die geochemische Rolle der grünen Pflanzen erläutern, andererseits die Humustheorie der Pflanzenernährung wider-

---

[1]) Wurster: Ber. d. Dtsch. Chem. Ges. Bd. 22, S. 1910. 1889.

[2]) Courtonne, H.: Cpt. rend. hebdom. des séances de l'acad. des sciences Bd. 171, S. 1168. 1920 u. a.

[3]) Kuhn, O.: Jahrb. f. wiss. Botanik Bd. 57, S. 1. 1916 u. a.

[4]) Smirnow, A. J. u. Alissowa, S. P.: Biochem. Zeitschr. Bd. 149, S. 63. 1924. — Smirnow, A. J.: Ebenda Bd. 155, S. 1. 1925.

[5]) Kostytschew, S. u. Zubkowa, S.: Zeitschr. f. physiol. Chem. Bd. 111, S. 132. 1920. Die spezifische Wirkung von Zn- und Cd-Ionen auf reduzierende und oxydierende Fermente, wird besonders deutlich durch die noch unveröffentlichten Untersuchungen von S. Kostytschew und K. Bazyrin klargelegt.

[6]) Ostwald, W.: Zeitschr. f. physikal. Chem. Bd. 6, H. 1. 1890.

[7]) Zwaardemaker u. Fenestra: Proc. of the roy. acad. Amsterdam Bd. 19, S. 99, 341 u. 633. 1916. — Zwaardemaker and Lelv: Arch. néerland. de physiol. de l'homme et des anim. Bd. 1, S. 745. 1917. — Zwaardemaker: Pflügers Arch. f. d. ges. Physiol. Bd. 169, S. 122. 1917; Bd. 173, S. 28. 1919.

[8]) Blackman, V. H.: Ann. of botany Bd. 34, S. 299. 1920.

[9]) Stoklasa, J.: Biochem. Zeitschr. Bd. 108, S. 109, 140 u. 173. 1920.

[10]) Kayser, M.: Cpt. rend. hebdom. des séances de l'acad. des sciences Bd. 172, S. 1133. 1921.

legen. Aus diesen Gründen versuchte schon LIEBIG Samenpflanzen auf rein mineralischen Medien zu kultivieren, stieß aber auf ernste technische Hindernisse, so daß die genannte Aufgabe erst später gelöst wurde[1]. Gegenwärtig ist die Methodik der künstlichen Kulturen in Mineralnährböden so vollkommen ausgearbeitet, daß man Ernten erhält, die nicht niedriger sind als diejenigen, die im landwirtschaftlichen Betrieb auf den fruchtbarsten natürlichen Böden vorkommen. Die künstlichen Kulturen haben eine unschätzbare praktische und theoretische Bedeutung: nur mit deren Hilfe ist es gelungen, die normalen Bedingungen der Pflanzenernährung klarzulegen. Da man hierbei den komplizierten Boden, der eine große Menge von Stoffen unbestimmter Zusammensetzung enthält, durch eine einfache Lösung von Mineralsalzen ersetzt, so ergibt sich die Möglichkeit durch genaue quantitative Analyse das Bedürfnis der Pflanze nach verschiedenen Stoffen festzustellen und damit aufzuklären, welche von den Aschenstoffen die notwendigen Bestandteile der lebenden Substanz darstellen; wir können das Schicksal dieser Elemente von der Periode der Samenkeimung ab bis zum Vegetationsschluß unter beliebigen äußeren Verhältnissen verfolgen und uns mit den wichtigsten Fragen der Wurzelernährung vertraut machen.

Aus den soeben erwähnten Gründen stellen die sogenannten Vegetationsversuche, d. i. künstliche Kulturen der Samenpflanzen, die den ganzen Sommer hindurch dauern, eine mächtige Waffe der gegenwärtigen wissenschaftlichen Agrikulturchemie dar und werden auf einer jeden wissenschaftlich arbeitenden landwirtschaftlichen Versuchsstation ausgeführt. Als eine weitere Vervollständigung der Vegetationsversuche ist die Einführung der verschiedenen Methoden von Reinkulturen der Samenpflanzen anzusehen. Wie aus den folgenden Kapiteln ersichtlich, ist es nur mit Hilfe von Reinkulturen gelungen, einige physiologische Probleme zu lösen.

Die Methoden der künstlichen Kulturen der Samenpflanzen. Künstliche Kulturen können Wasser- oder Sandkulturen sein; im ersten Falle sind die Wurzeln der Pflanze direkt in die Lösung von Mineralstoffen getaucht, im zweiten Falle verbreiten sie sich in dem mit Mineralsäuren gewaschenen und nachher geglühten Quarzsand, der mit derselben Minerallösung begossen wird. Die Samen keimen zuerst auf feuchten Sägespänen oder auf feuchtem Filtrierpapier. Hat die Wurzel eine Länge von 2—3 cm erreicht, so befestigt man den Samen auf dem Deckel oder dem Stopfen eines großen Kulturgefäßes auf die Weise, daß

---

[1] WIEGMANN u. POLSTORFF: Über die anorganischen Bestandteile der Pflanzen 1842. — FÜRST ZU SALM-HORSTMAR: Journ. of pract. Chem. Bd. 46 S. 193. 1849. — BOUSSINGAULT: Agronomie, chimie agric. et physiol. Bd. 1, S. 1. 1860. — SACHS, J.: Landwirtschaftl. Versuchs-Stationen Bd. 2, S. 22 u. 224 1860. — KNOP: Ebenda Bd. 2, S. 35. 1860; Bd. 3, S. 295. 1861; Bd. 30, S. 292. 1884. — HELLRIEGEL u. WILFAHRT: Untersuchungen über Stickstoffnahrung der Gramineen und Leguminosen 1888. — WORTMANN: Botan. Zeit. Bd. 50, S. 640. 1892 u. a.

die Wurzel ins Innere des Gefäßes eindringt und der Stengel in der Luft bleibt. Um starke Reaktionsänderungen infolge ungleichmäßiger Resorption der einzelnen Ionen durch die Wurzeln zu verhüten und Ionengleichgewichtsstörung auszuschließen, wird die Lösung sehr verdünnt und in einer großen Menge genommen (die Gefäße müssen am besten 10—25 l fassen; je größer sie sind, desto besser taugen sie für die Kultur). Die Erfahrung lehrte, daß die Mineralsalze schon in einer Konzentration von 0,5 vH. schädliche Wirkungen auf das Wurzelsystem ausüben[1]). Die Gefäße füllt man entweder direkt mit der Salzlösung (Wasserkulturen), oder mit dem zuerst in starken Mineralsäuren gewaschenen und dann geglühten Quarzsand (Sandkulturen). Die genannte Bearbeitung des Sandes hat den Zweck, alle löslichen Verbindungen zu entfernen. Der Sand wird mit der Salzlösung getränkt. Damit der den Wurzeln zur Atmung notwendige Sauerstoff nicht fehlt, saugt man durch die Lösung von Zeit zu Zeit frische Luft durch. Die Gefäßwände müssen undurchsichtig sein, um einer Algenentwicklung vorzubeugen. Empfehlenswert sind Porzellan- oder Zinkgefäße, die speziell für künstliche Kulturen angefertigt werden.

Abb. 31. Wärmehaus für Vegetationsversuche. Erklärung im Text. (Nach TIMIRIAZEFF.)

Die Vegetationsversuche müssen unter solchen Bedingungen stattfinden, daß die Pflanzen an Lichtmangel nicht leiden. Deswegen ist als notwendiger Bestandteil der Ausrüstung einer jeden gut eingerichteten Versuchsstation sowie eines jeden pflanzenphysiologischen Laboratoriums ein Vegetationshaus für Pflanzenkulturen anzusehen; vor dem Vegetationshaus muß sich ein vollkommen offener schattenloser Platz befinden, auf welchen man aus dem Vegetationshaus Wagonetten mit den Kulturgefäßen auf eigens dazu gelegten Schienen herausschieben kann (Abb. 31). Das Vegetationshaus selbst besteht aus lauter Fensterscheiben. Alle Rahmen sowohl in den Seitenwänden als auch auf der Decke können sich öffnen und schließen. Außerdem verwendet man Leinwandschirme, um die Pflanzen vor zu starker Insolation zu schützen. Indem man die Kulturen je nach den äußeren Verhältnissen im Hause oder draußen stellt, kann man ganz sicher die verschiedensten Pflanzen, darunter auch Baumarten, züchten.

---

[1]) NOBBE: Landwirtschaftl. Versuchs-Stationen Bd. 9, S. 478. 1867.

Das Prinzip der Reinkulturen besteht darin, daß man den Samen von Mikroben befreit und die Kultur in sterilisierten Gefäßen zieht. Die ersten derartigen Versuche sind vom französischen Agrikulturchemiker Mazé unternommen worden[1]); weiterhin hat man viele Verbesserungen der einschlägigen experimentellen Kunstgriffe ausgeführt[2]). Eine Beschreibung aller Kautelen der Reinkulturen ist hier nicht möglich; im allgemeinen besteht die Apparatur immer aus zwei Hauptteilen: aus dem Apparat zum Sterilisieren der Samen und dem Kulturgefäß selbst. Als Beispiel kann Abb. 32 dienen, welche der Arbeit von G. G. Petrow entnommen ist. Im Rohr A desinfiziert man die Samen mit 0,5 proz. Sublimatlösung, oder am besten mit 1 proz. Bromlösung und spült sie alsdann mehrmals mit sterilisiertem Wasser ab. Danach führt man das Rohr mit den Samen in die Öffnung des Deckels des Kulturgefäßes ein. Das Gefäß muß vorher samt der Nährlösung sterilisiert werden; die Verbindung der beiden Gefäße erfolgt nach allen Regeln der bakteriologischen Technik. Die Samen fallen ins Kulturgefäß herein nach dem Öffnen des Quetschhahnes q auf dem Gummirohr, und man verteilt sie auf dem Sieb mit Hilfe des Regulators so, daß die Würzelchen durch die Netzmaschen in die Nährlösung gelangen. Die anderen Röhren sind mit Watte verschlossen, um einer Infektion der Kultur vorzubeugen, und dienen zur Luftdurchleitung durch das Gefäß und die darin enthaltene Nährlösung.

Ungeachtet aller Vorsichtsmaßregeln gelingen manchmal die Reinkulturen der Samenpflanzen nicht, da die Desinfektion der Samen ohne Störung ihrer Keimfähigkeit nur von außen möglich ist, die Bakterien befinden sich aber manchmal unter der Samenschale, wohin sie natürlich noch auf der Mutterpflanze gelangten. Eine infizierte Kultur wird jedoch schon nach einigen Tagen an ihrem Aussehen erkannt und aus der Versuchsserie ausgeschaltet. Daß lange dauernde Reinkulturen der Samenpflanzen wohl möglich sind, zeigt folgender Umstand: Die Vegetationsversuche gelingen selbst in Gegenwart organischer Nährstoffe im Dunkeln[3]). Wenn auch nur ein paar Mikroben in die Lösung gelangten, so wäre unter derartigen Verhältnissen eine Infektion unvermeidlich gewesen.

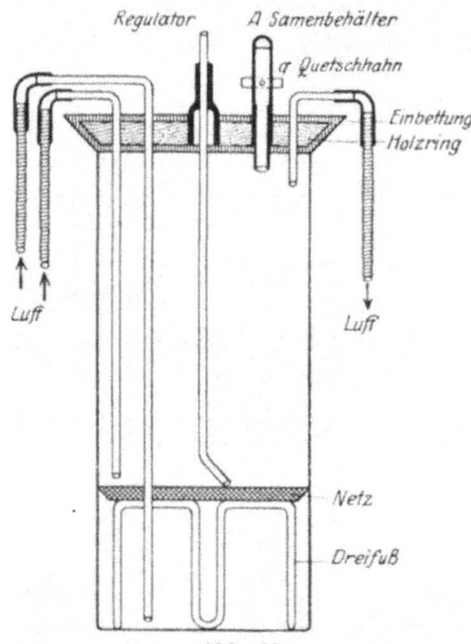

Abb. 32.
Apparat für Reinkulturen der Samenpflanzen.
Erklärung im Text. (Nach G. G. Petrow.)

[1]) Mazé, P.: Ann. de l'inst. Pasteur Bd. 14, S. 26. 1900.

[2]) Mazé, P.: Ann. de l'inst. Pasteur Bd. 25, S. 705. 1911. — Grafe: Sitzungsber. d. Akad. Wien, Mathem.-naturw. Kl. Bd. 115. 1906; Bd. 118. 1909. — Hutchinson and Miller: Zentralbl. f. Bakteriol., Parasitenk. u. Infektionskrankh. (II), Bd. 30, S. 513. 1911. — Schulow: Untersuchungen auf dem Gebiet der Ernährungsphysiologie der Samenpflanzen mit Hilfe der Methoden der isolierten Ernährung und der sterilisierten Kulturen 1913. (Russisch.) — Combes, R.: Cpt. rend. hebdom. des séances de l'acad. des sciences Bd. 154, S. 891. 1913. — Petrow, G. G.: Die Stickstoffassimilation durch Samenpflanzen am Licht und im Dunkeln 1917. 10. (Russisch.) — Bobko, E.: Tagebuch d. 1. Kongr. d. russ. Botan. 1921. 34. (Russisch.)

[3]) Schulow: Untersuchungen auf dem Gebiet der Ernährungsphysiologie der Samenpflanzen 1913. 119. (Russisch.) — Petrow, G. G.: Stickstoffassimilation durch Samenpflanzen am Licht und im Dunkeln 1917. 193. (Russisch.)

Die künstlichen Kulturen haben die folgende wichtige Tatsache außer Zweifel gestellt: Obgleich die chemische Analyse in der Pflanzenasche die verschiedensten Elemente entdeckt, welche sich in natürlichen Böden befinden, hat dennoch das Gros dieser Stoffe keine wesentliche physiologische Bedeutung; unbedingt notwendig für Samenpflanzen sind nur zwei Metalloide, nämlich Schwefel und Phosphor, und vier Metalle, nämlich Kalium, Magnesium, Calcium und Eisen. Dies kann man mit voller Bestimmtheit dadurch nachweisen, daß man aus der Nährlösung dieses oder jenes Element ausschließt. Ist das eliminierte Element nicht unbedingt notwendig, so entwickelt sich die Pflanze in seiner Abwesenheit normal; beim Fehlen eines von den sechs obigen notwendigen Aschenelementen kommt die Entwicklung der Pflanze nur in dem Maße zustande, als ein geringer Vorrat des betreffenden Elements im Samen selbst vorhanden war. In Gegenwart von allen sechs notwendigen Aschenelementen gelingt es, eine ebenso volle Ernte zu erhalten, wie auf einem sehr fruchtbaren Boden; daraus erhellt, daß die Pflanze alles hatte, was zu ihrer normalen Ernährung gereicht. Wie schwach sich die Pflanze bei Abwesenheit irgendeines notwendigen Elements entwickelt, zeigt Abb. 33, die zwei Exemplare von Buchweizen darstellt; die eine Pflanze erhielt alle sechs notwendigen Elemente, die andere aber nur fünf, ohne Kalium. Wohl kaum kann man auf irgendeinem anderen Gebiet der Pflanzenphysiologie so eindeutige und elegante Resultate erzielen. Beiläufig bemerkt, gibt namentlich der Buchweizen in einer normalen Nährlösung, welche alle sechs für die Pflanze notwendigen Aschenelemente enthält, eine so hohe Ernte, die unter den natürlichen Bedingungen nicht zu erzielen ist: das Trockengewicht der erwachsenen Pflanze kann 4768 mal größer sein, als das Samengewicht[1]). Der Hafer ergab ebenfalls eine Gewichtszunahme von 2359 : 1[2]). Es ist kaum möglich, eine noch deutlichere Illustration der Synthese organischer Stoffe durch die grünen Pflanzen auf reinen Mineralnährböden zu erfinden. Es gelang sogar ganze Bäume im Verlauf mehrerer Jahre in Wasserkulturen zu züchten.

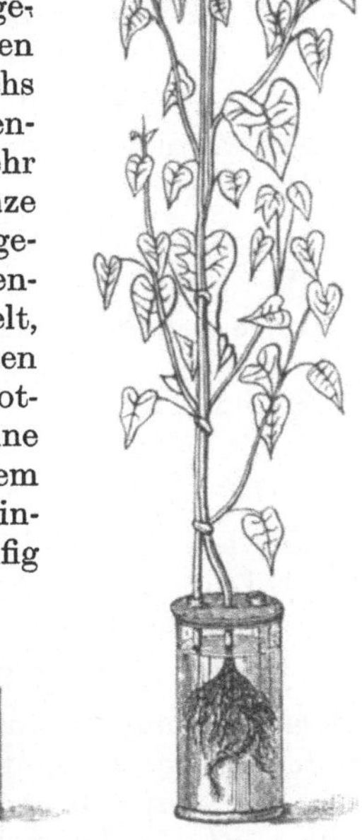

Abb. 33. Buchweizen in Wasserkultur. I. Normale Lösung, II. Lösung ohne Kalium. (Nach NOBBE.)

Neuerdings wurde darauf hingewiesen, daß außer den sechs obigen Elementen geringe (oft durch Analyse nicht nachweisbare) Mengen von

---

[1]) NOBBE: Landwirtschaftl. Versuchs-Stationen Bd. 10, S. 1 u. 94. 1868.

[2]) WOLFF: Landwirtschaftliche Versuchs-Stationen Bd. 10, S. 351. 1868.

Mangan, Zink, Cerium und Silicium für die Samenpflanze (Mais) notwendig seien; ferner sollen auch Bor, Aluminium, Brom, Jod, Fluor von Belang sein[1]. Da hier von minimalsten Mengen die Rede ist, und eine ganze Reihe von genauen Untersuchungen schon früher entgegengesetzte Resultate ergab, so bedürfen diese neuen Angaben noch der Bestätigung[2]. Sehr möglich ist es, daß geringe Mengen einiger nicht unentbehrlicher Elemente die Rolle von Wachstumskatalystatoren spielen; diese Annahme bestätigte sich in Vegetationsversuchen für Mangan, Chrom, Uran und Kupfer)[3]; auch Natriumsalze erhöhen manchmal die Ernte[4].

Für diese Wasser- und Sandkulturen sind verschiedene mineralische Lösungen vorgeschlagen worden. Die alte Lösung von HELLRIEGEL enthielt auf 1 l Wasser oder 1 kg Sand folgende Salzmengen:

$$KH_2PO_4 \ 0,136 \ g; \quad Ca(NO_3)_2 \ 0,492 \ g; \quad MgSO_4 \ 0,06 \ g;$$
$$KCl \ 0,075 \ g \ und \ FeCl_3 \ 0,025 \ g$$

(im molekularen Verhältnis — 1 : 3 : 1 : 0,5 : Spur).

Die KNOPsche Lösung[5] hat folgende Zusammensetzung:

$$Auf \ 1 \ Liter \ Wasser \ Ca(NO_3)_2 \ 1 \ g; \quad MgSO_4 \ 0,25 \ g;$$
$$K_2HPO_4 \ 0,25 \ g; \quad FeCl_3\text{-Spuren.}$$

Oft verwendet man eine Lösung, in der Phosphor ebenso, wie in natürlichen Böden, sich in Form von schwerlöslichem Calciumphosphat befindet.

So hat die Lösung von v. CRONE[6] folgende Zusammensetzung:

$$Auf \ 1 \ Liter \ Wasser \ KNO_3 \ .1 \ g; \quad MgSO_4 \ 0,5 \ g;$$
$$CaSO_4 + 2 H_2O \ 0,5 \ g; \quad Ca_3(PO_4)_2 \ 0,25 \ g; \quad Fe_3(PO_4)_2 \ 0,25 \ g.$$

Die Lösung von PRIANISCHNIKOW[7] hat folgende Zusammensetzung. Auf 1 Liter Wasser kommen:

$$NH_4NO_3 \ 0,240 \ g, \quad CaHPO_4 + 2 H_2O \ 0,172 \ g, \quad KCl \ 0,150 \ g,$$
$$MgSO_4 \ 0,060 \ g, \quad CaSO_4 + 2 H_2O \ 0,334 \ g, \quad FeCl_3 \ 0,025 \ g.$$

Diese Mischung ist für Pflanzen empfehlenswert, welche gegenüber der sauren Reaktion empfindlich sind. Außerdem sind auch andere Nährlösungen vorgeschlagen worden. Auf Grund von eingehenden Prüfungen ist für die meisten Pflanzen die etwas veränderte Lösung von CRONE die passendste Nährmischung. In dieser Lösung ist der ge-

---

[1] MAZÉ: Cpt. rend. hebdom. des séances de l'acad. des sciences Bd. 160, S. 211. 1915. — Ders.: Ann. de l'inst. Pasteur Bd. 33, S. 147. 1919.

[2] Die Lösungen waren in den Versuchen des Verfassers im allgemeinen sehr konzentriert und übten vielleicht deswegen schädliche Nebenwirkungen aus.

[3] TSCHIRIKOW, T.: Aus den Resultaten der Vegetationsversuche und Laboratoriumsarbeiten von Prof. PRIANISCHNIKOW Bd. 8, S. 348. 1913 (Russisch).

[4] JAKUSCHKIN, J.: Aus den Resultaten der Vegetationsversuche und Laboratoriumsarbeiten von Prof. PRIANISCHNIKOW Bd. 8, S. 315. 1913 (Russisch).

[5] KNOP: Landwirtschaftl. Versuchs-Stationen Bd. 30, S. 293. 1884.

[6] v. CRONE, V.: Diss. Bonn 1904. — Ders.: Botan. Zeit. Bd. 62, S. 122. 1904.

[7] ARNOLD, M.: Aus den Resultaten der Vegetationsversuche und Laboratoriumsarbeiten von Prof. PRIANISCHNIKOW Bd. 8, S. 7. 1913. (Russisch.)

samte Phosphor in Form von $Ca_3(PO_4)_2$ und Eisen in Form von Sulfat enthalten[1]).

Auf obigen einfachen Nährlösungen hat man die reichsten Ernten der verschiedenartigen Pflanzen erhalten. Die Salze sind unter den bei Wasserkulturen üblichen Bedingungen vollkommen ionisiert, so daß es eigentlich belanglos ist, an welche Säuren die in die Lösung eingeführten Basen gebunden waren. Merkwürdig ist die neueste Angabe, daß die Aufnahme der Aschenstoffe durch die Pflanzen besser vor sich gehe, wenn die Pflanzen abwechselnd auf Minerallösungen und auf reinem Wasser verweilen[2]).

PASTEUR[3]) hat als Erster die Notwendigkeit der Aschenstoffe für die Mikroorganismen außer Zweifel gestellt. Sehr genaue Untersuchungen über die Mineralstofferernährung des Schimmelpilzes Aspergillus niger hat der Schüler PASTEURS, RAULIN[4]), ausgeführt. Es ergab sich, daß die Verwertung des organischen Nährmaterials, nämlich des Rohrzuckers, durch den Pilz je nach der mineralischen Zusammensetzung der Nährlösung in verschiedenem Grade produktiv ist. Beim optimalen Verhältnis der Aschenstoffe zeigt der Pilz Aspergillus niger eine enorm starke Entwicklung. Die ursprüngliche RAULINsche Lösung hatte folgende Zusammensetzung. Auf 1500 cc Wasser kommen:

Rohrzucker 70 g, NH_4NO_3 4,0 g, $NH_4H_2PO_4$ 0,6 g, $MgSO_4$ 0,4 g, K_2CO_3 0,6 g, $(NH_4)_2SO_4$ 0,25 g, $ZnSO_4$ 0,07 g, $FeSO_4$ 0,07 g.

In dieser Lösung dient ein Teil der Aschenstoffe nicht zur direkten Pilzernährung, sondern zum Ausgleich der Ionenwirkungen auf das Plasma und als Reizfaktoren. RAULIN versetzte seine Lösung noch mit 4 g Weinsäure, zur Sicherung der sauren Reaktion. Diese Vorsichtsmaßregel ist aber bei reinen Kulturen vollkommen überflüssig. Auch ergab es sich späterhin, daß man die mineralische Zusammensetzung der Lösung bedeutend vereinfachen kann. Auf Grund eigener Erfahrungen ist z. B. für Aspergillus niger die folgende einfache Lösung empfehlenswert. Auf 1 Liter dieser Lösung kommen:

NH_4NO_3 3 g, KH_2PO_4 1 g, $MgSO_4$ 1 g, $ZnSO_4$ 0,01 g, $FeSO_4$ 0,01 g.

Es ist also festgestellt worden, daß Schimmelpilze auf einer Nährlösung gedeihen können, die nicht sechs, sondern nur fünf Aschenelemente enthält und zwar Phosphor, Schwefel, Kalium, Magnesium und Eisen. Calcium ist für die Pilze, sowie für alle chlorophyllfreien niederen Pflanzen vollkommen unnötig, und Zink wirkt nur als ein Wachstumskatalysator. Die starke, wachstumsbefördernde Wirkung der Zinkionen auf das Plasma von Aspergillus niger ist ganz spezifisch

---

[1]) ARNOLD, M.: a. a. O. — JAKUSCHKIN, J.: Ebenda Bd. 10, S. 258. 1916 (Russisch). — STOLHANE, A.: Ebenda Bd. 10, S. 289. 1916 (Russisch).

[2]) BREASEALE, J. F.: Journ. agric. res. Bd. 24, S. 41. 1923.

[3]) PASTEUR, L.: Ann. de chim. et de physique (3), Bd. 58, S. 388. 1860.

[4]) RAULIN: Ann. des sciences nat. (5), Bd. 2, S. 224. 1869. — Ders.: Cpt. rend. hebdom. des séances de l'acad. des sciences Bd. 56, S. 229. 1870.

und kann durch die Wirkung anderer Elemente nicht ersetzt werden[1]). Die Entbehrlichkeit des Calciums für niedere Organismen wurde durch eine ganze Reihe von Untersuchungen verschiedener Forscher bestätigt[2]). Es ist also wahrscheinlich, daß die Rolle des Calciums in den Samenpflanzen in irgendwelcher Weise mit der photosynthetischen Ernährung dieser Gewächse zusammenhängt.

Die Algen nehmen, wie es scheint, eine Mittelstellung zwischen den Samenpflanzen und den chlorophyllfreien Organismen ein: einige einfache Formen können angeblich ohne Calcium auskommen[3]), allein Spirogyra, Zygnema und Mesocarpus kommen beim Fehlen von Calcium um[4]); sie verlangen folglich dieselbe mineralische Ernährung wie Samenpflanzen. Für die Cyanophyceen ist Calcium ebenfalls notwendig[5]).

Die physiologische Bedeutung der einzelnen Elemente und deren Verbindungen in den Pflanzen. Oben wurde der allgemeine Standpunkt dargelegt, der für die Beurteilung der physiologischen Bedeutung der Mineralstoffe ausschlaggebend sein muß. Die alten Annahmen darüber, daß einige mineralische Elemente „dem Aufbau der Blätter dienen" usw., sind schon längst überwunden: im Grunde erklären sie auch dem Physiologen gar nichts.

Man muß jedoch im Auge behalten, daß ein jedes Aschenelement in den Pflanzen seine individuelle Rolle spielt, die durch allgemeine Vorstellungen von Hormonen, Katalysatoren, Antagonisten usw. nicht genügend erklärt wird, wenn man dabei die genannten Vorstellungen in jedem einzelnen Falle für ein jedes Metall nicht auf konkrete Fälle zurückführt. Leider ist die spezielle physiologische Chemie der einzelnen Aschenelemente noch unvollkommen ausgearbeitet; so hat man bis jetzt nicht in allen Fällen festgestellt, in welchen Verbindungen ein jedes Aschenelement in den Pflanzen vorkommt und welche Veränderungen diese Verbindungen in lebenden Zellen erfahren. Die wichtige spezifische Bedeutung eines jeden einzelnen Elements erhellt daraus, daß die notwendigen Aschenstoffe durch keine anderen ersetzt werden können. Kalium versuchte man durch Natrium, Calcium, Lithium,

---

[1]) JAVILLIER: Bull. de la soc. de biol. Bd. 1, S. 55. 1914. — BUTKEWITSCH. W.: Biochem. Zeitschr. Bd. 132, S. 556. 1922.

[2]) WINOGRADSKY, S.: Arb. d. St. Petersburger Naturforscherges. Bd. 14, S. 132. 1884. — LOEW, O.: Flora Bd. 75, S. 368. 1892. — MOLISCH: Sitzungsber. d. Akad. Wien, Mathem.-naturw. Kl. Bd. 103, S. 554. 1894. — BENECKE: Ber. d. botan. Ges. Bd. 12, S. 105. 1894. — Ders.: Jahrb. f. wiss. Botanik Bd. 28, S. 487. 1896. — Ders.: Botan. Zeit. Bd. 54, S. 97. 1896; Bd. 56, S. 83. 1898; Bd. 61, S. 19. 1903; Bd. 62 (II), S. 113. 1904; Bd. 65 (I), S. 1. 1907. — WEHMER, C.: Ber. d. botan. Ges. Bd. 14, S. 257. 1895.

[3]) MOLISCH, H.: Sitzungsber. d. Akad. Wien, Mathem.-naturw. Kl. I Bd. 104, S. 783. 1895. — BENECKE: a. a. O.

[4]) BOKORNY: Botan. Zentralbl. Bd. 62, S. 1. 1895. — BENECKE: a. a. O. — KLEBS, G.: Bedingungen der Fortpflanzung bei einigen Pilzen und Algen 1896.

[5]) MAERTENS: Cohns Beitr. z. Biol. d. Pflanzen Bd. 12, S. 439. 1915.

Rubidium, Cäsium, sowohl für höhere[1]), als auch für niedere Pflanzen[2]) zu ersetzen. Die Resultate waren durchaus negativ. Das Magnesium versuchte man durch Beryllium und andere Metalle zu ersetzen und zwar ebenfalls vollkommen erfolglos[3]). Auch das Calcium, das nur für grüne Pflanzen notwendig ist, kann man weder durch einen Magnesiumüberschuß, noch durch Strontium oder Barium ersetzen[4]). Anstatt Eisens versuchte man Mangan, Kobalt, Nickel[5]), anstatt Phosphors Arsen[6]), anstatt Schwefels Selen[7]) anzuwenden. Alle diese Versuche stellten endgültig die absolute individuelle Notwendigkeit der genannten Elemente fest. Die Betrachtung der einzelnen Elemente beginnen wir mit den Metalloiden, welche wohl eine ganz andere Rolle als die Metalle spielen: Schwefel und Phosphor sind zum Aufbau der wichtigsten Plasmakolloide, nämlich der Eiweißstoffe und Lecithine, ebenso notwendig wie Kohlenstoff und Stickstoff. Deswegen ist die Rolle des Phosphors und Schwefels verhältnismäßig durchsichtig.

Schwefel. Die Wasserkulturen beweisen mit voller Gewißheit, daß die Samenpflanzen den Schwefel nicht anders als in Form von Schwefelsäure assimilieren können. Sulfite- und Rhodanverbindungen sind für die Ernährung der Samenpflanzen unbrauchbar[8]). Die organischen Sulfosäuren werden zwar assimiliert, doch, wie es scheint, nur nach Abspaltung der anorganischen Schwefelsäure. Für die Pilze sind Sulfite und Thiosulfate als Schwefelquelle zu einem gewissen Grade assimilierbar[9]).

Daß Schwefel nur in Form seines höchsten Oxyds assimiliert werden kann, ist um so bemerkenswerter, als Schwefelsäure in den Pflanzen eine vollständige Reduktion erfährt. In Eiweißstoffen befindet sich der Schwefel nach den gegenwärtigen Vorstellungen in keiner Verbindung mit Sauerstoff. Außerdem sind in den Cruciferen Senföle von der allgemeinen Struktur $R-N=C=S$ verbreitet, wie z. B. das Allylsenföl $C_3H_3-N=C=S$, desgleichen die Lauchöle von der allgemeinen

---

[1]) WOLFF: Landwirtschaftl. Versuchs-Stationen Bd. 10, S. 349. 1868. — NOBBE: Ebenda Bd. 13, S. 399. 1871. — LOEW, O.: Ebenda Bd. 21, S. 389. 1878.

[2]) WINOGRADSKY, S.: Arb. d. Petersburger Naturforscherges. Bd. 14, S. 132. 1884. — BENECKE: a. a. O. — MOLISCH: Sitzungsber. d. Akad. Wien Bd. 15 (I), S. 636. 1896.

[3]) BENECKE: a. a. O.

[4]) BENECKE: a. a. O. — KNOP: Landwirtschaftl. Versuchs-Stationen Bd. 8, S. 143. 1866.

[5]) BIRNER u. LUCANUS: Landwirtschaftl. Versuch-Stationen Bd. 8, S. 140. 1866. — WAGNER: Ebenda Bd. 13, S. 72. 1871. — KNOP: Kreislauf des Stoffes 1868. 614. — TOTTINGHAM and BLACK: Plant world Bd. 19, S. 359. 1916.

[6]) MOLISCH: a. a. O. — STOKLASA, J.: Zeitschr. f. landwirtschaftl. Versuchswesen Österreichs 1898. 154.

[7]) CAMERON: Proc. of the roy. Dublin soc. 1879. 231.

[8]) FITTBOGEN: Landwirtschaftl. Jahrb. Bd. 13, S. 755. 1884. — PETERSON: Journ. of the Americ. chem. soc. Bd. 36, S. 1290. 1914. — TOTTINGHAM: Journ. of biol. chem. Bd. 36, S. 429. 1918 u. v. a.

[9]) KOSSOWICZ, A. u. LOEW: Zeitschr. f. Gärungsphysiol. Bd. 2, S. 78 u. 87. 1912.

Struktur R — S — R, R — S — S — R oder R — S — S — S — R[1]). In all diesen Stoffen ist der Schwefel mit dem Sauerstoff ebenfalls nicht verbunden. Leider sind bis jetzt noch gar keine Versuche ausgeführt worden zum Abfangen von intermediären Produkten zwischen oxydiertem Schwefel und den obigen organischen Verbindungen. Es ist also die chemische Seite der Schwefelassimilation vollkommen unbekannt. Von den oben erwähnten organischen Schwefelderivaten muß sich bei der Mineralisation Schwefelwasserstoff abspalten. Es wird hierdurch die Rolle der Schwefelbakterien, die den Schwefelwasserstoff wieder oxydieren und den Kreislauf des Schwefels in der Natur schließen (S. 193 ff.), illustriert.

Phosphor wird von den Pflanzen gleichfalls nur in Form von höherem Oxyd aufgenommen, und zwar in Form von Ortophosphorsäure. Unter den organischen Phosphorverbindungen wird Phytin assimiliert, Lecithin aber gar nicht assimiliert durch die Reinkulturen der Samenpflanzen[2]). Zum Unterschied von Schwefelsäure erfährt Phosphorsäure keine großen Metamorphosen im Pflanzenkörper. In Eiweißstoffen stellt die phosphorhaltige Gruppe den Rest der Orto- bzw. Metaphosphorsäure dar; außerdem ist Phosphor in Form des Glyzerinesters der Ortophosphorsäure in Lecithinen enthalten. Bei der alkoholischen Gährung entsteht die Hexosediphosphorsäure (Kapitel VIII). — Einige Verfasser nehmen an, daß solche Ester der Zuckerarten mit Phosphorsäure in den Pflanzen allgemein verbreitet sind[3]). In neuester Zeit ist die Angabe gemacht worden, daß auch Stärke einen phosphorhaltigen Körper darstelle[4]); man muß aber im Auge behalten, daß eine Trennung der Stärke von den phosphorhaltigen Plastidenresten kaum ausführbar ist. In jedem Fall ist die Leichtigkeit bemerkenswert, mit welcher die Phosphorester der Stärke und der einfachen Zuckerarten entstehen[5]).

Vielleicht ist als erstes Produkt der Phosphorassimilation durch die Pflanze Phytin oder Inositphosphorsäure anzusehen[6]); Phytin stellt die Vereinigung eines Moleküls des ringförmigen sechswertigen Alkohols Inosits $(CHOH)_6$ mit 6 Molekulen Phosphorsäure dar. Die Struktur dieses Stoffes wurde in der letzten Zeit endgültig festgestellt[7]).

---

[1]) Diese Stoffe sind auch in Allium-Arten verbreitet.

[2]) SCHULOW, J.: Untersuchungen auf dem Gebiete der Ernährung der Samenpflanzen 1913. 157. (Russisch.)

[3]) NEMEC, A. u. DUCHON, F.: Biochem. Zeitschr. Bd. 119, S. 173. 1921.

[4]) THOMAS: Biochem. bull. Bd. 3, S. 403. 1914. — KERB, J.: Biochem. Zeitschr. Bd. 100, S. 3. 1919.

[5]) NEUBERG, C. u. POLLAK: Biochem. Zeitschr. Bd. 23, S. 515. 1910; Bd. 26, S. 514. 1910. — NEUBERG: Ebenda Bd. 24, S. 430. 1910. — NEUBERG u. KRETSCHMER: Ebenda Bd. 36, S. 5. 1911.

[6]) POSTERNAK, S.: Cpt. rend. hebdom. des séances de l'acad. des sciences Bd. 137, S. 202, 337 u. 439. 1903; Bd. 140, S. 323. 1905; Bd. 166, S. 138. 1918. — NEUBERG u. BRAHN: Biochem. Zeitschr. Bd. 5, S. 443. 1907. — NEUBERG: Ebenda Bd. 9, S. 557. 1908; Bd. 16, S. 406. 1909. — WINTERSTEIN: Zeitschr. f. physiol. Chem. Bd. 58, S. 118. 1907.

[7]) POSTERNAK, S.: Cpt. rend. hebdom. des séances de l'acad. des sciences Bd. 166, S. 138. 1918.

$$O-PO(OH)_2$$
$$|$$
$$CH$$

$$(OH)_2OP-O-CH \qquad CH-O-PO(OH)_2$$
$$| \qquad\qquad\qquad |$$
$$(OH)_2OP-O-CH \qquad CH-O-PO(OH)_2$$

$$CH$$
$$|$$
$$O-PO(OH)_2$$

Phytin

Obgleich die Formel des Phytins zugunsten einer photochemischen Bildung dieses Körpers spricht, war eine Phytinsynthese am Licht nicht zu verzeichnen[1]. In Globoiden der Aleuronkörner verschiedener Pflanzen findet man dagegen einen bedeutenden Phytinvorrat[2].

Die hervorragende Bedeutung des Phosphors für den Organismus besteht folglich darin, daß er in den wichtigsten Plasmakolloiden enthalten ist und in Form von Phosphorestern des Zuckers eine wichtige Rolle bei der alkoholischen Gährung spielt; letztere ist nun die Grundlage der energetischen Vorgänge der Pflanze.

Die Umwandlungen des Phosphors in der Pflanze finden hauptsächlich während des Wachstums der Organe und der Vermehrung der Menge des lebenden Plasmas statt; namentlich zu dieser Zeit vollzieht sich der Aufbau der phosphorhaltigen Eiweißstoffe, d. i. der Nukleoproteide und der Lipoide. Beim Samenreifen gelangt eine bedeutende Phosphormenge in Form von anorganischen Phosphaten und Phytin in die Samen, und es entstehen dort alle Phosphorverbindungen. So gestalten sich die Umwandlungen und Wanderungen der Phosphorverbindungen in Samenpflanzen auf Grund der eingehenden Untersuchungen von ZALESKI[3]. Die Samenkeimung wird von einem Freiwerden bedeutender Mengen anorganischer Phosphate begleitet[4]. Mit Hilfe von mikrochemischen Reaktionen gelang es, verschiedene Einzelheiten der Lokalisierung des Phosphors in verschiedenen Pflanzenteilen klarzulegen[5].

Angaben über phosphorhaltige Eiweißstoffe und Lipoide findet man in den beiden nächsten Kapiteln.

Unsere Kenntnisse über die Metalle sind lückenhaft und unvollkommen.

---

[1] IWANOFF, L.: Über die Verwandlungen des Phosphors in der Pflanze im Zusammenhange mit der Metamorphose der Eiweißstoffe 1905 (Russisch). — ZALESKI, W.: Die Verwandlungen und die Rolle der Phosphorverb. in den Pflanzen 1912. (Russisch.) — FRITSCH, R.: Zeitschr. f. physiol. Chem. Bd. 107, S. 165. 1919.

[2] PALLADIN, W.: Zeitschr. f. Biol. Bd. 31, S. 191. 1895.

[3] ZALESKI, W.: a. a. O.

[4] IWANOFF, L.: a. a. O.

[5] IWANOFF, L.: Jahrb. f. wiss. Botanik Bd. 36, S. 355. 1901.

Kalium spielt, allem Anschein nach, eine hervorragende Rolle im lebenden Protoplasma. Besonders kaliumreich sind junge und lebenskräftige Organe, wie Meristeme, Knospen, junge Blätter, lebende Gewebe der Rinde. In ihnen erreicht der Kaliumgehalt auf Grund zahlreicher Aschenanalysen nicht selten über 50 vH. der Gesamtasche[1]. Ein Kaliumgehalt unter 25 vH. wurde nur in Ausnahmefällen verzeichnet und zwar bei Pflanzen mit einer anormalen Zusammensetzung der Asche, in denen eine große Menge von Chlornatrium, Kalk oder Kieselsäure abgelagert ist. Diese Stoffe haben keine allgemeine physiologische Bedeutung und häufen sich infolge der besonderen ökologischen Lebensverhältnisse der betreffenden Pflanzen an; darüber wird noch später die Rede sein. Alte, plasmaarme Organe enthalten immer geringe Kaliummengen: das Kalium wandert aus denselben in junge, plasmareiche Pflanzenteile hinüber. Auch in der Asche der niederen chlorophyllreichen Pflanzen ist der Kaliumgehalt immer sehr groß, und zwar beträgt er bis zu 60 vH. der Gesamtasche[2].

Beachtenswert ist der Umstand, daß Samenpflanzen das Kalium hauptsächlich auf den ersten Stadien ihrer Entwicklung aus dem Boden aufnehmen[3].

Die neuesten Untersuchungen haben festgestellt, daß die Gesamtmenge von Kalium sich in den Pflanzen in Form von Ionen befindet und komplexe Kaliumverbindungen vollkommen fehlen[4]. Dies zeigt, daß die Rolle des Kaliums im Zellplasma eine ganz eigenartige ist. Möglicherweise dient Kalium als Quelle der radioaktiven Kräfte in der Pflanze.

Recht interessant ist es, daß Kalium in den Zellkernen vollkommen fehlt, desgleichen in den Chloroplasten und in der Zellhaut[5]. Daran kann man eine neue Bestätigung seiner spezifischen Rolle ersehen. Dem Kalium wird eine wichtige Bedeutung bei der Synthese der Kohlenhydrate[6], sowie der Eiweißstoffe[7] zugeschrieben. Ohne Kalium ist eine Entwicklung sowohl der höheren, als auch der niederen Pflanzen vollkommen ausgeschlossen.

Magnesium ist in der Pflanzenasche in weit geringerer Menge als das Kalium enthalten, ist aber ebenfalls sowohl für die höheren, als für die niederen Pflanzen unbedingt notwendig. Die größte Menge von Magnesium befindet sich in den Samen. Zum Unterschied vom Kalium befindet sich das Magnesium im Plasma zum Teil in Form von komplexen organischen Verbindungen. Eine derartige komplexe

---

[1] WOLFF: Aschenanalysen Bd. 1. 1871; Bd. 2. 1880.

[2] WOLFF: a. a. O. — SOKOLOW, N.: Analysen der eßbaren Pilze. Arb. d. agrikulturchem. Laborat. d. Forstinstituts 1873. (Russisch.)

[3] JEGOROW, M.: Probleme der Mineralernährung der Pflanzen 1923. (Russisch.)

[4] KOSTYTSCHEW, S. u. ELIASBERG, P.: Zeitschr. f. physiol. Chem. Bd. 111, S. 228. 1920.

[5] WEEVERS, TH.. Recueil des travaux botan. Néerl. Bd. 8, S. 289. 1911.

[6] STOKLASA, J.: Biochem. Zeitschr. Bd. 73, S. 107. 1916; Bd. 82, S. 310. 1917.

[7] WEEVERS, TH.: Biochem. Zeitschr. Bd. 78, S. 354. 1917.

Magnesiumverbindung, nämlich das Chlorophyll, ist uns bereits bekannt; bei der Besprechung der biochemischen Funktionen des Chlorophylls stießen wir schon auf eine Reihe von Tatsachen und Hypothesen, welche die hohe Bedeutung des komplex-gebundenen Magnesiums sowohl für die Photosynthese, als auch für die charakteristischen Eigenschaften des grünen Farbstoffs selbst klarlegen.

Recht möglich ist es, daß die komplexen Magnesiumverbindungen auch in chlorophyllfreien Organismen bei den physiologischen Synthesen eine hervorragende Rolle spielen. Leider ist diese wichtige Frage, wie auch manche andere Probleme der verschiedenen unter Mitwirkung von Mineralstoffen stattfindenden biochemischen Reaktionen noch gar nicht studiert worden. Nicht ausgeglichene Magnesiumsalze sind für die Pflanzen giftig[1]). Die Samenpflanzen nehmen das Magnesium aus dem Boden im Verlaufe der gesamten Vegetationsperiode gleichmäßig auf[2]).

Calcium ist in einigen Pflanzen in großen Mengen enthalten, in anderen Pflanzen ist dagegen der Ca-Gehalt sehr gering. Wie schon oben erwähnt wurde, ist Calcium nur für die chlorophyllhaltigen Pflanzen notwendig, hier kann es aber nicht durch gesteigerte Magnesiumgaben ersetzt werden: die Pflanzen leiden dann deutlich an „Kalkhunger". Da das Leben ohne Calcium im allgemeinen möglich ist, so wäre es besonders interessant, die spezifische Rolle des Calciums in grünen Pflanzen ans Tageslicht zu bringen. Eine derartige Untersuchung muß selbstverständlich einen biochemischen und nicht etwa teleologisch-biologischen Charakter haben; zur Zeit sind aber hauptsächlich biologische Untersuchungen zu verzeichnen. Ein größeres Interesse bieten vergleichende Calciumbestimmungen in wässerigem, essigsaurem und salzsaurem Extrakt dar[3]). Es wurden hierbei folgende Resultate erhalten:

	Wasserauszug	Essigsaurer Auszug	Salzsaurer Auszug
Kartoffel	0,332	0,875	1,586
Buchweizen	0,056	0,367	1,524
Klee	0,858	0,742	0,489
Gerste	0,438	0,259	Spur

Aus diesen Zahlen ist zu ersehen, daß in einigen Pflanzen die Hauptmenge des Calciums in Form von Calciumoxalat enthalten und also nur durch Salzsäure extrahierbar ist. Das Calcium kommt aber auch in Form von organischen Verbindungen vor: es sind z. B. aus einigen Pflanzen Ca-haltige Phosphatide isoliert worden[4]). Nach der

---

[1]) COUPIN, H.: Rev. gén. de botanique Bd. 32, S. 19. 1920. — GERICKE, W. F.: Botan. gaz. Bd. 74, S. 110. 1922.
[2]) JEGOROW: a. a. O.
[3]) AZO: Bull. of the coll. of agricult. of Tokyo Bd. 5, S. 239. 1902 u. a.
[4]) WINTERSTEIN u. STEGMANN: Zeitschr. f. physiol. Chem. Bd. 58, S. 500 u. 527. 1909. — WINTERSTEIN u. SMOLENSKI: Ebenda Bd. 58, S. 506. 1909.

Meinung einiger Forscher ist die Rolle des Calciums in den Samenpflanzen überaus einfach: sie soll mit der Regeneration der Eiweißstoffe aus dem Stickstoff der Aminosäuren und des Asparagins im Zusammenhange stehen[1]. Während des Aufbaues der Aminosäurengerüste auf Kosten des Zuckers entsteht als Nebenprodukt Oxalsäure, ein ziemlich starkes plasmatisches Gift. Calcium neutralisiert die Oxalsäure und führt sie in eine unlösliche, harmlose Verbindung über. Es scheinen allerdings die Umstände viel komplizierter zu sein, und die Bedeutung des Calciums wird durch die Neutralisation der organischen Säuren wohl nicht erschöpft[2]. Interessant ist der Umstand, daß Calcium das einzige Aschenelement ist, das in einem konstanten Verhältnis zum Stickstoff steht[3].

Calcium und Magnesium müssen in der Nähr- bzw. Bodenlösung im Gleichgewicht sein; sonst finden verschiedene pathologische Erscheinungen und gar Eingehen der Pflanzen statt[4]. Dieser Antagonismus der beiden zweiwertigen Metalle macht sich bei allen Pflanzen geltend.

Eisen findet sich gewöhnlich in geringeren Mengen als die übrigen Aschenelemente, ist aber dennoch für alle Pflanzen absolut unentbehrlich. Das Eisen befindet sich hauptsächlich in jungen, plasmareichen Organen[5]; die Pflanzen können das Eisen nicht nur in Form von Ionen, sondern auch in Form von komplexen Verbindungen aufnehmen. Ferro und Ferrisalze werden gleich gut assimiliert[6]. Durch die gewöhnlichen Reaktionen der Eisenionen gelingt es nicht, dieses Metall in Pflanzen zu entdecken[7]; deswegen nimmt man an, daß Eisen in lebenden Geweben in Form von komplexen organischen Verbindungen vorliegt[8]. Einige eisenhaltige Nukleine und Lipoide hat man dargestellt und untersucht[9]. Es ist dargetan worden, daß Eisen oft eine große Bedeutung bei den Oxydations- und Reduktions-

---

[1] SCHIMPER: Botan. Zeit. Bd. 46, S. 65. 1888. — Ders.: Flora Bd. 73, S. 207. 1890. — HILGARD: Forsch. a. d. Geb. d. Agrikulturphys. Bd. 10, S. 185. 1887.

[2] PALLADIN, W.: Ber. d. botan. Ges. Bd. 9, S. 229. 1891. — PRIANISCHNIKOW, D.: Über den Eiweißabbau bei der Keimung 1895. (Russisch.) — GRABOWSKY: Aus den Vegetationsversuchen und Laboratoriumsarbeiten von PRIANISCHNIKOW Bd. 6, S. 387. 1911. (Russisch.) — CRANNER: Jahrb. f. wiss. Botanik Bd. 53, S. 536. 1914.

[3] PARKER, F. W. u. TRUOG, E.: Soil-Science Bd. 10, S. 49. 1920.

[4] ASO: Bull. of the coll. of agricult. of Tokyo Bd. 4, S. 361. 1902; Bd. 6, S. 97. 1904. — FURUTA: Ebenda S. 371. — LOEW, O.: Ebenda Bd. 4, S. 381. 1902 u. a.

[5] MAQUENNE, L. et CERIGELLI, C.: Cpt. rend. hebdom. des séances de l'acad. des sciences Bd. 173, S. 273. 1921.

[6] KNOP: Ber. d. sächs. Ges. Bd. 25, S. 8. 1869. — WAGNER: Landwirtschaftl. Versuchs-Stationen Bd. 13, S. 74. 1870.

[7] MOLISCH, H.: Die Pflanze in ihren Beziehungen zum Eisen 1892.

[8] PETIT: Cpt. rend. hebdom. des séances de l'acad des sciences Bd. 115, S. 246. 1893; Bd. 116. 1893. — STOKLASA: Ebenda Bd. 127, S. 232. 1898 u. v. a.

[9] PETIT: a. a. O. — STOKLASA: a. a. O. — SUZUKI: Journ. of agricult., Tokyo Bd. 4, S. 260. 1901. — GLIKIN: Biochem. Zeitschr. Bd. 21, S. 348. 1909.

prozessen hat; es spielen manchmal die organischen Eisenderivate eine wichtige Rolle bei biologischen Oxydationen[1]). Ob sich die Bedeutung des Eisens in den Pflanzen darauf beschränkt, bleibt dahingestellt; jedenfalls sind seine Funktionen vollkommen spezifisch. Bei den grünen Pflanzen stellt Chlorose eine besonders eigentümliche, durch Eisenmangel hervorgerufene pathologische Erscheinung dar[2]); darüber war schon im Kapitel II die Rede. Zweifellos finden infolge Eisenmangels auch bei chlorophyllfreien Pflanzen weniger auffallende, aber ebenso bedeutsame Anomalien statt.

Außer den obigen unentbehrlichen Aschenelementen findet man in den Pflanzen auch verschiedene andere; die Asche der unter natürlichen Verhältnissen gewachsenen Pflanzen enthält verschiedenartige Mineralstoffe. Unter den Metallen, die für die Entwicklung nicht unbedingt notwendig sind, spielen einige unter den natürlichen Verhältnissen bestimmte physiologische Rollen. So begünstigen z. B. **Aluminium** und **Mangan**[3]) die Keimung der Mesophyten[4]), dieselben sind aluminiumreich an feuchten Standorten und aluminiumarm an trockenen Standorten. Xerophyten enthalten immer nur eine geringe Menge von Aluminium[5]). Wahrscheinlich spielen die genannten Stoffe die Rolle der Katalysatoren und Hormone[6]) in Pflanzen, die sie normalerweise enthalten. Als Beweis dafür, daß ein nicht unentbehrlicher Aschenstoff, einmal in die Pflanze gelangt, bestimmte Wirkungen auf die physiologischen Vorgänge ausübt, dient die Tatsache, daß die roten Blumen von Hydrangea hortensis in Gegenwart von Aluminium eine blaue Farbe annehmen[7]).

Natrium ist für die Landpflanzen durchaus unnötig, spielt aber eine wichtige Rolle im Leben der Seepflanzen, namentlich der Algen[8]), desgleichen der Bewohner von Salzböden, worüber noch weiter unten die Rede sein wird.

Zink ist ein starker Katalysator der vegetativen Vorgänge. Unter Einwirkung von Zinkionen wird das vegetative Wachstum des Pilzes Aspergillus niger außerordentlich stimuliert und die Konidienbildung gehemmt[9]). Es ist außerdem dargetan worden, daß Zink- und

---

[1]) Gola, G.: Atti d. Reale accad. dei Lincei, rendiconto (5), Bd. 24. S. 1239. 1915; Bd. 25, S. 289. 1915; Bd. 28, S. 146. 1919.

[2]) Gris, E.: De l'action des compositions ferrug. sur la végétation 1843.

[3]) Über Mn vgl. die ausführliche Arbeit von E. Uspenski: Journ. f. exp. Landwirtschaft Bd. 16, S. 299. 1915. (Russisch.) — Ders.: Journ. d. Mosk. Abteil. d. russ. botan. Ges. Bd. 1, S. 65. 1922. (Russisch.)

[4]) Loew and Honda: Bull. of the coll. of agricult. of Tokyo Bd. 6, S. 125. 1904. — Stoklasa: Biochem. Zeitschr. Bd. 91, S. 137. 1918; vgl. jedoch Ehrenberg u. Schultze: Journ. f. Landwirtshaft Bd. 64, S. 37. 1916.

[5]) Stoklasa, Sebor, Zdobnicky, Tymsch, Horak, Nemec, Czwach: Biochem. Zeitschr. Bd. 88, S. 392. 1918.

[6]) Schedd, O. M.: Journ. of Ind. eng. chem. Bd. 6, S. 660. 1914.

[7]) Molisch, H.: Botan. Zeit. Bd. 55, S. 49. 1897.

[8]) Osterhout: Botan. gaz. Bd. 54, S. 512. 1912. — Richter, O.: Sitzungsber. d. Akad. Wien, Mathem.-naturw. Kl. Bd. 118, S. 1337. 1909.

[9]) Raulin: a. a. O.

Kadmiumionen stark auf einige Fermente wirken; z. B. wird die Tätigkeit der Reduktase und der Peroxydase durch die Salze der genannten Metalle sehr gehemmt[1]). Wahrscheinlich macht sich hier eine Einwirkung der Ionen auf Kolloide geltend.

Kobalt und **Nickel** hat man in allen untersuchten Pflanzen (von natürlichen Böden) nachgewiesen[2]).

Unter den Metalloiden häuft sich das **Silicium** in großen Mengen in den Zellwänden vieler Pflanzen an; es ist aber durch genaue Versuche dargetan worden, daß selbst Schachtelhalme, deren Asche manchmal über 70 vH. Kieselsäure enthält, bei Abwesenheit von Silicium gut gedeihen und gar keine Anomalien aufweisen[3]). Dasselbe bezieht sich auch auf die Gramineen, in deren Stroh sich viel Kieselsäure anhäuft[4]). Große Ablagerungen dieses Stoffes sind auch im Holzkern einiger Bäume[5]) enthalten; hier kann natürlich von einer physiologischen Bedeutung der Kieselsäure nicht die Rede sein. Anderseits weist Mazé[6]) auf eine katalytische Wirkung ganz geringer Mengen der Kieselsäure bei der Pflanzenentwicklung hin. Namentlich bei Phosphormangel soll die Ernte durch gallertartige Kieselsäure erheblich gesteigert werden[7]). Infolge der großen technischen Schwierigkeiten ist es selbst in Paraffingefäßen nicht gelungen, Si-freie Kulturen von Schachtelhalmen zu erhalten[8]). Trotzdem wäre die Annahme übereilig, daß Silicium einen durchaus unentbehrlichen Aschenstoff darstelle.

Auch **Bor** soll in kleinen Mengen das Pflanzenwachstum befördern[9]). Obgleich Halogene in keinen Pflanzenstoffen nachgewiesen wurden, galt dennoch **Chlor** eine Zeitlang für einen unentbehrlichen Aschenstoff. Die neueren Vegetationsversuche haben zwar diese irrige Auffassung widerlegt[10]), doch hat man in einigen Fällen bei Abwesenheit von Chlor Anomalien beobachtet, die vielleicht auf eine nicht ausgeglichene Nährlösung zurückzuführen wären.

---

[1]) KOSTYTSCHEW, S. u. ZUBKOWA, S.: Zeitschr. f. physiol. Chem. Bd. 111, S. 132. 1920. — Journ. d. russ. botan. Ges. Bd. 1, S. 47. 1916; Bd. 3, S. 40. 1918. (Russ.) — SMIRNOW, A. J.: Biochem. Zeitschr. Bd. 155, S. 1. 1925.

[2]) BERTRAND, G. et MOKRAGNATZ, A. M.: Cpt. rend. hebdom. des séances de l'acad. des sciences Bd. 175, S. 458. 1922.

[3]) USPENSKY, E.: Tagebuch d. 1. Kongr. d. russ. Botaniker 1921. 26. (Russ.)

[4]) KNOP: Landwirtschaftl. Versuchs-Stationen Bd. 2, S. 185. 1862; Bd. 3, S. 176. 1862. — WOLFF: Ebenda Bd. 10, S. 292. 1868. — JODIN: Cpt. rend. hebdom. des sciences de l'acad. des sciences Bd. 97, S. 344. 1884.

[5]) WOLFF: Landwirtschaftl. Versuchs-Stationen Bd. 26, S. 415. 1884 u. a.

[6]) MAZÉ, P.: Cpt. rend. hebdom. des séances de l'acad. des sciences Bd. 160, S. 211. 1915. — Ders.: Ann. de l'inst. Pasteur Bd. 33, S. 147. 1919.

[7]) LEMMERMANN, O. u. WIESSMANN, H.: Zeitschr. f. Pflanzenernährung Bd. 1, S. 185. 1922.

[8]) USPENSKY, E.: a. a. O.

[9]) WARINGTON, K.: Ann. of botany Bd. 37, S. 629. 1923.

[10]) In einigen Pflanzen sind nur verschwindende Chlormengen enthalten. Vgl. dazu BALLAND: Journ. de pharmacie et de chim. Bd. 15, S. 105. 1917. — PFEIFFER u. SIMMERMACHER, Landwirtschaftl. Versuchs-Stationen Bd. 88, S. 105. 1916.

Spuren von **Jod** sind überall im Luftstaub, im Boden und in den Gewässern zu finden [1]). Daher ist es leicht begreiflich, daß man eine gewisse Menge dieses Elements in jeder Pflanze nachweisen kann, die vom natürlichen Boden abgehoben ist. Es liegen Angaben darüber vor, daß Jod normalerweise in den Zellkernen enthalten und folglich in minimalen Quantitäten für das Pflanzenleben notwendig ist [2]). Desgleichen übt eine geringe Menge des **Fluors** nach Angaben einiger Forscher eine günstige Wirkung auf die Entwicklung der Samenpflanzen aus.

Die Resorption von Aschenstoffen durch die Pflanzen unter natürlichen Verhältnissen. Die Literatur über diese Frage ist äußerst umfangreich, da sie wichtige Probleme der gegenwärtigen wissenschaftlichen Landwirtschaft betrifft. An dieser Stelle sollen aber nur diejenigen Tatsachen Erwähnung finden, welche eine rein physiologische Bedeutung haben; in betreff der Einzelheiten muß auf die spezielle landwirtschaftliche Literatur verwiesen werden [3]).

Vor allem ist der Umstand zu betonen, daß die Zusammensetzung der Asche verschiedener Pflanzen von einem und demselben Standort durchaus nicht gleichartig ist; außerdem unterscheidet sich das Verhältnis der Aschenstoffe in allen Pflanzen stark von demjenigen des Bodens selbst. Es existiert also eine selektive Aufnahme verschiedener Bodensalze durch die Pflanzen; diese ungleiche Stoffaufnahme ist wahrscheinlich auf die ungleiche Adsorption verschiedener Salze sowohl durch die Bodenpartikeln, als auch durch die Pflanzenwurzeln, desgleichen auf die Veränderungen der Plasmapermeabilität und auf die DONNANschen Gleichgewichte (siehe Kap. IX) zurückzuführen.

Läßt man aber die quantitativen Verhältnisse außer Betracht, so ist es einleuchtend, daß alle im Bodenwasser gelösten mineralischen Stoffe in die Pflanzenwurzeln gelangen können und auch tatsächlich gelangen; aus diesem Grunde ist die Zusammensetzung des Bodens derjenigen der Pflanzenasche **qualitativ** nahe. Die folgende Tabelle gibt eine Vorstellung von der Zusammensetzung der Asche (in vH.) verschiedener von einem und demselben Standort abgehobenen Pflanzen, sowie von den in Salzsäure löslichen Bestandteilen des Bodens desselben Standortes [4]):

---

[1]) GAUTIER: Cpt. rend. hebdom. des séances de l'acad. des sciences Bd. 128, S. 643 u. 1069. 1898; Bd. 129, S. 189. 1899. — BOURGET: Ebenda Bd. 129, S. 768. 1899; Bd. 130, S. 1721. 1900; Bd. 132, S. 1364. 1901.

[2]) JUSTUS: Virchows Arch. f. pathol. Anat. u. Physiol. Bd. 170, S. 501. 1902; Bd. 176. 1904; dies wird aber durch spätere Forscher bestritten: vgl. BLUM u. GRÜTZNER: Zeitschr. f. physiol. Chem. Bd. 91, S. 392. 1914. — WINTERSTEIN: Ebenda Bd. 104, S. 54. 1918. — BOHN: Journ. of biol. chem. Bd. 28, S. 375. 1917.

[3]) In der russischen Literatur findet man reichliche experimentelle Angaben über die Bodenernährung der Pflanzen in den jährlich erscheinenden von D. PRIANISCHNIKOW herausgegebenen „Resultaten der Vegetationsversuche und Laboratoriumsarbeiten" seines Laboratoriums an der Moskauer Landwirtschaftlichen Hochschule. Die Technik der Vegetationsversuche ist durch die Schule von PRIANISCHNIKOW zu einer weitgehenden Vollkommenheit gebracht worden.

[4]) WOLFF, E.: Aschenanalysen Bd. 1, S. 137. 1871.

Pflanze	In vH. der Gesamtasche								
	K_2O	Na_2O	CaO	MgO	Fe_2O_3	P_2O_5	SO_3	SiO_2	Cl
Galeobdolon luteum . .	44,1	0,9	14,0	7,5	0,7	9,8	15,5	2,2	6,9
Ranunculus lanuginosus	38,8	0,7	14,2	3,8	0,9	11,7	14,0	2,2	17,7
Majanthemum bifolium .	55,7	—	7,9	8,4	1,2	14,7	3,2	1,9	9,0
Ajuga reptans.	28,1	7,0	2,1	5,3	1,4	17,1	10,5	2,2	10,7
Vaccinium Myrtillus . .	28,1	1,8	27,6	12,5	2,9	9,6	5,2	6,6	2,4
Waldboden	0,26	0,10	0,47	0,54	2,91	0,17	0,13	—	—

Eine Illustration der Schwankungen in der Zusammensetzung der Asche von Süßwasserpflanzen kann folgende Tabelle liefern[1]):

Pflanze	In vH. der Gesamtasche								
	K_2O	Na_2O	CaO	MgO	Fe_2O_3	P_2O_5	SO_3	SiO_2	Cl
Chara foetida . . .	0,85	0,44	95,35	0,99	0,07	0,54	0,42	1,22	0,16
Typha angustifolia	32,35	10,98	27,90	1,98	0,20	4,93	3,26	0,79	22,73
Stratiotes aloides .	45,09	3,88	15,70	20,99	0,56	4,20	5,09	2,65	2,41
Nuphar luteum, jung	35,88	1,90	32,45	6,55	0,31	9,23	2,39	1,04	6,99
Nymphaea alba, alt	18,51	25,95	24,27	3,43	0,32	3,31	1,56	0,63	23,11
Wasser (in $^0/_{00}$) . . .	0,054	0,282	0,533	0,112	—	0,006	0,072	—	0,20?
Grundboden (in HCl lösl.)	0,017	0,010	0,468	0,017	0,029	0,034	0,024	—	—

Die Asche der Seepflanzen erhält gewöhnlich viel Natrium und Schwefel, wie z. B.[2])

Pflanze	In vH. der Gesamtasche								
	K_2O	Na_2O	CaO	MgO	Fe_2O_3	P_2O_5	SO_3	SiO_2	Cl
Fucus vesiculosus . . .	15,23	24,54	9,78	7,16	0,33	1,36	28,16	1,35	15,24
Laminaria digitata . .	22,40	24,09	11,86	7,44	0,62	2,56	13,26	1,56	17,23
Laminaria saccharina .	12,91	21,86	22,08	14,49	1,06	2,12	23,89	—	0,53

Interessant ist der Umstand, daß die Zusammensetzung der Asche bei Parasiten sich manchmal von derjenigen der Wirtspflanzen deutlich unterscheidet. Auch hier liegt also eine selektive Salzaufnahme vor[3]):

Pflanze	Gesamtasche in vH.	In vH. der Gesamtasche							
		P_2O_5	SO_3	SiO_2	CaO	MgO	Fe_2O_3	K_2O	Na_2O	Cl
Populus	3,097	4,77	1,49	5,81	66,47	8,20	2,38	6,56	2,68	1,64
Viscum auf Populus	3,461	26,29	2,09	4,79	32,56	9,21	5,40	16,09	2,04	1,47
Robinia	2,063	3,45	0,78	11,77	75,04	2,51	1,88	2,35	0,47	1,73
Viscum auf Robinia	2,132	12,02	2,74	6,41	45,39	6,72	2,20	15,90	2,58	2,02
Picea	1,609	7,89	2,50	2,03	67,43	7,12	1,02	8,40	2,03	1,27
Viscum auf Picea .	3,139	13,11	3,53	1,22	27,13	12,19	1,52	30,79	Spur	Spur

[1]) WOLFF, E.: Aschenanalysen Bd. 1, S. 132. 1871.
[2]) WOLFF, E.: Aschenanalysen Bd. 1, S. 130. 1871.
[3]) GRANDEAU, H. et BOUTON, A.: Cpt. rend. hebdom. des séances de l'acad. des sciences Bd. 84, S. 129 u. 500.

Aus dieser Tabelle ersieht man, daß die Mistel aus der Wirtspflanze die wichtigsten Elemente intensiv resorbierte; die in der Wirtspflanze abgelagerten großen Mengen von Calcium wurden dagegen vom Parasiten in viel geringerer Menge aufgenommen. Orobanche sammelt ebenfalls erhebliche Kaliummengen[1] an; überhaupt ist der Aschegehalt bei den Parasiten recht groß im Vergleich zu den grünen Pflanzen; dies wird besonders auffallend, wenn man die schwache Transpiration der Parasiten in Betracht zieht (es ist einleuchtend, daß stark transpirierende und dementsprechend das Bodenwasser stark aufsaugende Pflanzen auf die Einheit des Trockengewichts im allgemeinen eine größere Menge von Mineralstoffen enthalten, als schwach transpirierende Pflanzen). Etiolierte Pflanzen mit reduzierten Blättern transpirieren schwach; Licht stimuliert nämlich stark die Transpiration. Deswegen enthalten etiolierte Pflanzen viel weniger Asche, als normale grüne Pflanzen[2]); es ist leicht begreiflich, daß je mehr Bodenlösung die Pflanze passiert und je mehr Wasser als Dampf entweicht, desto reicher muß die Pflanze an Asche sein. Infolgedessen enthalten die Vertreter einer und derselben Pflanzenspecies auf verschiedenen Standorten und unter verschiedenen ökologischen Verhältnissen nicht die gleichen Aschemengen. Es ist außerdem im Auge zu behalten, daß die Bodensalze in die Pflanze nicht in derselben Konzentration gelangen, in der sie im Bodenwasser enthalten sind. Die Ionen K, NO_3, PO_4 permeiren schneller als Wasser, die Ionen Ca, Mg, SO_4 permeiren langsamer als Wasser. Dementsprechend wird z. B. KNO_3 schneller resorbiert als K_2SO_4[3]).

Der Gehalt an löslichen Salzen in der Bodenlösung ist ein recht niedriger; in jungen primären Böden ist derselbe bedeutend geringer, als in der Knopschen Lösung. Auf solchen humusfreien Böden siedeln sich aber nur die Pioniere der Pflanzenwelt, nämlich Algen, Pilze und Flechten an. Durch ihre postmortale Zersetzung wird der Boden nach und nach humushaltig und zur Ernährung der Samenpflanzen geeignet. In humusreichen Böden befinden sich die mineralischen Salze größtenteils in adsorbiertem Zustande. Zum Teil sind sie durch Bodenkolloide, zum Teil durch die schleimige Epidermis der Wurzelhaare der Pflanzen adsorbiert[4]). Die relative Löslickkeit der Salze im Wasser hat bei Auseinandersetzungen über die Bodenernährung der Pflanzen auf natürlichen Böden eine geringere Bedeutung als die relative Adsorption der einzelnen Ionen. Stark adsorbierbare Stoffe kann man aus dem Boden durch Wasser nur sehr schwer herauswaschen. Phosphorsäure wird im Boden stark zurückgehalten, Schwefelsäure weit schwächer; Salpetersäure wird leicht ausgezogen. Kalium wird stärker adsorbiert als Natrium und zweiwertige Metalle. Zum Auswaschen von 1 g Kalium aus dem Boden muß man ungefähr 30 l

[1]) Zellner: Monatsh. f. Chem. Bd. 40, S. 293. 1919.
[2]) Palladin, W.: Ber. d. botan. Ges. Bd. 10, S. 179. 1892.
[3]) Hoagland, D. R.: Soil Science Bd. 16, S. 225. 1923.
[4]) Sabinin, D.: Tagebuch d. 1. Kongr. d. russ. Botaniker 1921. 35.

Wasser verwenden[1]). Infolge der Adsorptionsfähigkeit des Bodens, die auf seinen kolloiden Eigenschaften beruht, verbleiben die bei der Verwitterung verschiedener Mineralien entstehenden löslichen Stoffe im Boden und steigern seine Fruchtbarkeit[2]).

Die Pflanzen können aber in einigen Fällen dem Boden auch wasserunlösliche Stoffe entnehmen, indem sie durch saure Wurzelausscheidungen verschiedene Mineralsalze in Lösung überführen. Die saure Reaktion der jungen Wurzeln kann man leicht mit dem Lakmuspapier feststellen, und folgender Versuch zeigt, daß Wurzelausscheidungen Korrosionserscheinungen auf dem Marmor hervorrufen. Wenn man in den Boden eines Topfes, in .dem die zu untersuchende Pflanze vegetiert, eine polierte Marmorplatte hineinlegt, so kann man nach Ablauf einiger Zeit auf der glatten Marmoroberfläche die Abdrücke der Pflanzenwurzeln und sogar der Wurzelhaare unterscheiden. An den Berührungsstellen der Wurzeln mit dem Marmor wird letzterer durch die sauren Ausscheidungen gelöst[3]). Wenn man in den Boden, welcher von Pflanzenwurzeln durchsetzt ist, Platten aus verschiedenen wasserunlöslichen, mit Gips zerriebenen und danach zu einer festen Masse erstarrten Stoffen hineinlegt, so kann man experimentell feststellen, welche von ihnen durch die Wurzelausscheidungen gelöst werden[4]). Auf Grund von zahlreichen derartigen Versuchen ist CZAPEK zum Schluß gekommen, daß die Wurzeln nur Kohlensäure und seltener auch saure Phosphate ausscheiden[4]). Diese Anschauung, die eine Zeitlang vorherrschend war, ist aber kaum mehr stichhaltig, da es sich ergab, daß die Pflanzen einige durch Kohlensäure unangreifbare[5]) Stoffe assimilieren können[6]). Bei Sauerstoffmangel gelangen organische Carbonsäuren aus den Wurzeln in den Boden[7]). Auch die durch Mikroorganismen hervorgerufene saure Reaktion des Bodens kann freilich für die Auflösung der mineralischen Stoffe im Boden von Belang sein[8]). In Anbetracht des soeben Dargelegten sind zur Lösung der Frage nach den Wurzelausscheidungen Versuche mit Reinkulturen der Samenpflanzen besonders wertvoll. Diese Versuche ergaben, daß die Wurzeln in

---

[1]) PETERS: Landwirtschaftl. Versuchs-Stationen Bd. 2, S. 135. 1860.

[2]) Die Adsorptionserscheinungen im Boden werden eingehender in Lehrbüchern der Bodenkunde betrachtet.

[3]) v. LIEBIG, J.: Liebigs Ann. d. Chem. Bd. 105, S. 109. 1858. — SACHS, J.: Botan. Zeit. Bd. 18, S. 117. 1860.

[4]) CZAPEK, F.: Jahrb. f. wiss. Botanik Bd. 29, S. 321. 1896.

[5]) PRIANISCHNIKOW: Ber. d. botan. Ges. Bd. 22, S. 184. 1904. — KUNZE: Jahrb. f. wiss. Botanik Bd. 42, S. 357. 1906. — PFEIFFER, TH. u. BLANK, E.: Landwirtschaftl. Versuchs-Stationen 1912; zugunsten der Theorie von CZAPEK sprechen die Angaben von DOJARENKO, A.: Journ. d. russ. chem. Ges. Bd. 41. 1909. (Russisch.) — ABERSON, J. H.: Jahrb. f. wiss. Botanik Bd. 47, S. 41. 1910. — CHEMIN: Cpt. rend. hebdom. des séances de l'acad. des sciences Bd. 173, S. 1014. 1921.

[6]) GOEBEL: Pflanzenbiol. Schilderungen Bd. 2, S. 211. 1891. — CZAPEK: a. a. O.

[7]) STOKLASA, J. u. ERNEST, A.: Jahrb. f. wiss. Botanik Bd. 46, S. 55. 1909.

[8]) Vgl. dazu KRÖBER: Botan. Zentralbl. Bd. 113, S. 140. 1909.

das umgebende Medium bei vollem Luftzutritt Äpfelsäure und andere organische Stoffe, wie z. B. Zucker, ausscheiden[1]). Überhaupt verbreitet sich gegenwärtig immer mehr die Ansicht, daß die Wurzeln nicht nur verschiedene Stoffe aus dem Boden aufnehmen, sondern auch umgekehrt einige Produkte ihres Stoffwechsels in den Boden ausscheiden[2]). Auf Grund dieser Beobachtungen wurde eine Theorie zur Erklärung der im landwirtschaftlichen Betrieb schon längst bekannten Erscheinung der Bodenermüdung vorgeschlagen[3]). Diese Theorie lautet so, daß im Prozesse der Bodenermüdung, d. h. der Herabsetzung der Ernte bei wiederholten Kulturen einer und derselben Pflanze auf demselben Grundstück, verschiedene Abbauprodukte der Pflanzen, die durch die Wurzeln in den Boden ausgeschieden werden, eine wichtige Rolle spielen. Eingehende Untersuchungen sowohl der künstlichen Kulturen, als auch der natürlichen ermüdeten Böden zeigen, daß Stoffe, welche das Pflanzenwachstum bei wiederholter Aussaat hemmen, vom Kohlepulver stark absorbiert werden[4]). Nach dem Glühen verschwinden sie vollkommen[5]), nach dem Kochen aber nur teilweise.

Oben wurde bereits auf die Theorien hingewiesen, welche im Prozeß der Ernährung der Samenpflanzen mit Aschenstoffen eine hervorragende Rolle sowohl den ektotrophen, als auch den endotrophen Mykorrhizen zuschreiben. Die niederen Organismen üben in der Tat oft eine viel energischere Wirkung auf wasserunlösliche Bodenbestandteile aus, als dies bei Kulturen der Samenpflanzen zu verzeichnen ist. Es ist bekannt, daß Flechten durch ihre Säuren Silikate angreifen und zur Verwitterung der dauerhaftesten Gesteinsarten in hohem Grade bei-

---

[1]) MAZÉ: Ann. de l'inst. Pasteur Bd. 25, S. 706. 1912. — SCHULOW: Untersuchungen auf dem Gebiete der Ernährungsphysiologie der höheren Pflanzen 1913. 185. (Russisch.)

[2]) MAZÉ: a. a. O. — SCHULOW: a. a. O. — CZAPEK: a. a. O.; speziell über das Übertreten der Mineralstoffe in den Boden: WILFAHRT: Landwirtschaftl. Versuchs-Stationen Bd. 63, S. 1. 1906. — DELEANO: Inst. de botan. de l'univ. de Genève Bd. 7. 1907 u. Bd. 8. 1908. — GREISENEGGER u. VORBUCHNER: Öster.-Ungar. Zeitschr. f. Zucker-Ind. Bd. 47, S. 82. 1918. — JEGOROW: Probleme der Mineralernährung der Pflanzen 1923. (Russisch.) In neuester Zeit wird darauf hingewiesen, daß die selektive Absorption der einzelnen Ionen aus den Salzen auf folgende Weise stattfindet: Anstatt eines jeden absorbierten Kations oder Anions wird ein anderes Kation bzw. Anion ausgeschieden, so daß die Konzentration der Wasserstoffionen in der äußeren Lösung sich nicht verändert. Vgl. dazu REDFERN, G. M.: Ann. of botany Bd. 36, S. 167. 1922. Diese Prozesse werden im Kapitel über die Aufnahme der Bodenstoffe durch die Wurzeln eingehender besprochen werden.

[3]) WITHNEY and CAMERON: Bur. of soils, Bull. Nr. 22, S. 23. 1903. — SCHREINER, O.: and REED, H.: Ebenda Bull. Nr. 40. — SCHREINER, O., REED, H. and SKINNER, J.: Ebenda Bull. Nr. 47. — PRIANISCHNIKOW: Aus den Resultaten der Vegetationsversuche und Laboratoriumsarbeiten Bd. 8, S. 421. 1913. (Russisch.) — PERITURIN: Ebenda Bd. 8, S. 448. 1913. (Russisch.)

[4]) PERITURIN: a. a. O. — MOLLIARD: Rev. gén. de botanique Bd. 27, S. 289. 1915.

[5]) POUGET et CHOUCHAK: Cpt. rend. hebdom. des séances de l'acad. des sciences Bd. 145, S. 1200. 1907.

tragen[1]); viele Pilze können sich sehr gut auf stark sauren Nährböden entwickeln; infolgedessen durchlöchern sie manchmal durch ausgeschiedene Säuren große Kalksteinmassen, zersetzen Marmor und Knochengewebe[2]). Einige Algen verursachen nicht minder starke Zerstörungen der Kalkgesteine[3]). Man kann wohl annehmen, daß die niederen Organismen unter natürlichen Verhältnissen nur äußerst selten an Aschenstoffen hungern.

Eigentümlichkeiten der Zusammensetzung der Asche bei einigen Pflanzen. Unter allen Aschenelementen der Pflanzen sind Calcium, Natrium und Silicium in der Hinsicht bemerkenswert, daß ihr Gehalt starken Schwankungen unterworfen ist. Manchmal befinden sich diese Stoffe in der Pflanzenasche nur in äußerst geringen Mengen, manchmal ist dagegen ihr Gehalt ein sehr großer. Das Calcium häuft sich in großen Mengen in den Nadeln der Coniferen, im Holzkern und in der Rinde vieler Bäume an; desgleichen in allen Organen der Pflanzen auf stark kalkhaltigen Böden. Im alten Holz sind die Ca-Mengen größer als diejenigen aller übrigen Elemente. In der toten Eichenrinde erreicht der Calciumgehalt gleichfalls 95 vH. der Gesamtasche. Zahlen, die 70 vH. übersteigen, sind für Rinden vieler Bäume normal. In den toten Geweben ist das Calcium oft in Zellwandungen abgelagert. Manchmal sind bei den Pflanzen besondere Einrichtungen zur Ausscheidung des überschüssigen, mit der Bodenlösung aufgenommenen Calciums vorhanden. So findet man z. B. auf den Blättern einiger kalkreichen Pflanzen Kalkdrüsen[4]), welche eine Lösung von Calciumcarbonat absondern. · Nach Verdunstung des ausgestoßenen Wassers lagert sich der Kalk auf dem Blatt als eine schuppige Kruste ab. Recht interessant ist die Erscheinung der „Kalkfeindlichkeit", die darin besteht, daß einige Pflanzen keinen größeren Kalkgehalt im Boden vertragen. Als typische kalkfeindliche Pflanzen sind Torfmoose (Sphagnum-Arten) und einige andere Torfbewohner zu bezeichnen; desgleichen einige Bäume, z. B. die Kastanie (Castanea vesca). Sphagnum verträgt schon 0,03 vH. $CaCO_3$ nicht[5]). In Gegenwart von größeren Kalkmengen assimilieren kalkfeindliche Pflanzen schlecht die übrigen Mineralstoffe und leiden oft an Chlorose[6]). Früher nahm man an, daß kalkfeindliche Pflanzen nur das Calcium nicht vertragen, und daß sie im Gegenwert von bedeutenden Mg-Mengen nicht leiden. Derartige

[1]) BACHMANN, E.: Ber. d. botan. Ges. Bd. 8, S. 141. 1890; Bd. 10, S. 30. 1892; Bd. 22, S. 101. 1904; Bd. 31, S. 3. 1913; Bd. 35, S. 464. 1917. Bd. 36, S. 528. 1918 u. a.

[2]) LIND: Jahrb. f. wiss. Botanik Bd. 32, S. 603. 1898.

[3]) NADSON, G.: Die bohrenden Algen und ihre Rolle in der Natur 1900. (Russisch.)

[4]) VOLKENS: Ber. d. botan. Ges. Bd. 2, S. 334. 1884. — WORONIN: Botan. Zeit. Bd. 43, S. 177. 1885. — VUILLEMIN: Ann. des sciences nat., sér. botanique (7), Bd. 5, S. 152. 1887; — GARDINER, W.: Quart. journ. of microscop. science Bd. 21, S. 407. 1881.

[5]) PAUL: Ber. d. botan. Ges. Bd. 24, S. 148. 1906.

[6]) ROUX: Traité des rapports des plantes avec le sol 1900.

Anschauungen sind gegenwärtig als überwunden anzusehen. Es ist zur Zeit außer Zweifel gestellt[1]), daß die schädliche Wirkung von Calciumcarbonat einzig und allein auf die alkalische Reaktion dieses Salzes zurückzuführen ist, da Sphagnum nur bei höheren Wasserstoffionenkonzentrationen vegetieren kann. Daß Calcium an und für sich für Sphagnum nicht schädlich ist, erhellt aus dem Umstande, daß direkte Analysen einen ziemlich hohen Ca-Gehalt in der Asche von Sphagnum aufweisen[2]).

Natrium häuft sich in Form von Chlornatrium in großen Mengen bei den Halophyten, d. i. bei den Bewohnern von stark salzhaltigen Böden an. Die Fähigkeit, hohe Konzentrationen von Kochsalz im Substrat ohne Schaden zu vertragen, gibt diesen Pflanzen die Möglichkeit, auf solchen Böden zu vegetieren, die für andere Pflanzen gar nicht geeignet sind. Zum Unterschied von Calcium- und Siliciumsalzen verbleibt Chlornatrium in der Pflanze in gelöstem Zustande, wodurch ein bedeutender osmotischer Druck des Zellsaftes hervorgerufen wird. Im Zusammenhange damit besitzen die Halophyten oft eine eigentümliche Struktur: die Blattoberfläche reduziert sich und die Pflanze wird fleischig. Gewöhnlich reiht man mit SCHIMPER[3]) die Halophyten den Xerophyten an, also Pflanzen, die trockenen Standorten angepaßt sind, indem man vermutet, daß Halophyten die Transpiration stark herabsetzen müssen, damit keine zu große NaCl-Anhäufung in ihren Geweben eintritt. Die neuesten Einwendungen gegen diesen Standpunkt[4]) sind oft nicht genügend beachtet worden. Doch muß man allerdings im Auge behalten, daß die Succulenten, darunter auch die Halophyten, eine besondere Gruppe bilden und daß man sie nicht ohne weiteres in die Gruppe der Xerophyten im engeren Sinne einreihen darf. Es ist bekannt, daß man die Halophyten auf den gewöhnlichen Nährlösungen kultivieren kann und daß sie unter diesen Bedingungen ihre spezifische fleischige Struktur einbüßen[5]). Die neuesten Untersuchungen von KELLER[6]) zeigen allerdings, daß Salicornia herbacea in Gegenwart von Chlornatrium besser gedeiht. Das Wachstum dieses Halophyts geht so schnell vor sich, daß am Anfang der Ent-

---

[1]) KORSAKOW, M.: Arb. d. Petersburger Naturforscherges.; vgl. auch MEVIUS, W.: Jahrb. f. wiss. Botanik Bd. 60, S. 147. 1921. — Ders.: Biochem. Zeitschr. Bd. 148, S. 548. 1924.

[2]) WOLFF, E.: Aschenanalysen Bd. 1, S. 135. 1871.

[3]) SCHIMPER, A.: Pflanzengeographie auf physiologischer Grundlage Bd. 98. 1888.

[4]) Vgl. z. B. FITTING, H.: Zeitschr. f. Botanik Bd. 3, S. 265. 1911 u. v. a.

[5]) BATALIN, A.: Bull. du congrès internat. de botanique et de horticult. à St.-Pétersbourg 1885, S. 219. — LESAGE: Rev. gén. de botanique Bd. 2, S. 54. 1890. — BAUMGÄRTEL: Sitzungsber. d. Akad. Wien, Mathem.-naturw. Kl. I, Bd. 126, S. 41. 1917.

[6]) KELLER, B.: Mitt. d. landwirtschaftl. Inst. zu Woronesch Bd. 2. 1916. (Russisch.) — Ders.: Anz. d. Versuchsanst. d. Mittelgebietes d. Schwarzerde Bd. 1. 1921. (Russisch.) Vgl. auch HALKET: Ann. of botany Bd. 29, S. 143. 1915. — KOLKWITZ, R.: Ber. d. botan. Ges. Bd. 35, S. 518. 1917; Bd. 36, S. 636. 1918; Bd. 37, S. 343. 1919.

wicklung keine Konzentrationssteigerung des Salzes im Zellsaft stattfindet: der Überschuß von NaCl geht in die neu entstehenden Gewebe über. Außerdem weist KELLER darauf hin, daß, wenn auch die
typische Struktur von Salicornia durch starke Lösungen verschiedener Salze hervorgerufen werden kann, so übt doch namentlich Chlornatrium eine stärkere Wirkung als andere Salze aus[1]). Wir haben es
hier also scheinbar mit einer echten Stimulierung des Wachstums und
der Gestaltung zu tun. KELLER bezeichnet daher die Halophyten als
osmophile Pflanzen.

Kieselsäure wird von vielen Pflanzen, namentlich aber von Gräsern
und Schachtelhalmen in den Zellwänden abgelagert. Oben wurde schon
darauf hingewiesen, daß es gelungen ist, vollkommen normale Pflanzen ohne Hinzufügen von Kieselsäure zum Substrat zu züchten (S. 265).
Es ist wohl möglich, daß Kieselsäure keine spezifische physiologische
Bedeutung hat[2]) und sich namentlich in solchen Pflanzen anhäuft,
welche sie kraft ihrer individuellen Eigenschaften besonders intensiv
absorbieren. Die früher vorherrschende Meinung, daß Kieselsäure die
Festigkeit der Gräserhalme steigert, erwies sich als fehlerhaft. Die
Festigkeit des Gräserhalmes ist in erster Linie auf seine ausgezeichnete Architektonik und äußerst zweckmäßige Verteilung der mechanischen Gewebe zurückzuführen[3]).

Faßt man alle obigen Auseinandersetzungen über die quantitativen
Verhältnisse der einzelnen Elemente in der Asche verschiedener Pflanzen und über die physiologische Bedeutung dieser Elemente zusammen, so ergibt es sich, daß ganz eindeutige Schlußfolgerungen zur Zeit
noch nicht möglich sind. Wir sind noch nicht imstande festzustellen,
inwiefern die Zusammensetzung der Asche durch äußere, ökologische
und innere, physiologische, Umstände bedingt ist[4]). Wohl haben beide
Faktoren eine wichtige Bedeutung. Was nun die physiologische Chemie
der einzelnen Aschenelemente anbelangt, so fängt sie eben an sich zu
entwickeln; die bereits erhaltenen Resultate unterstreichen noch einmal, daß man die Bedeutung der mineralischen Stoffe von ganz anderen Gesichtspunkten, als diejenige der organischen Stoffe beurteilen muß.

Mineraldünger. Landwirtschaftliche Kulturen entnehmen dem Boden jährlich eine bedeutende Menge von Mineralstoffen, die mit der Ernte vom Felde
weggeräumt werden. Folgende Tabelle zeigt, welch eine Menge der einzelnen
Aschenstoffe dem Boden durch verschiedene Durchschnittsernten auf 1 ha in
Kilogrammen entnommen wird.

---

[1]) KELLER, B.: a. a. O.

[2]) Vgl. aber MAZÉ, P.: Cpt. rend. hebdom. des séances de l'acad. des sciences
Bd. 160, S. 211. 1915. — Ders.: Ann. de l'inst. Pasteur Bd. 33, S. 147. 1919.

[3]) SCHWENDENER, S.: Das mechanische Prinzip im anatomischen Bau der
Monokotylen. 1874.

[4]) Schon jetzt wird aber das allgemeine Bild der Verteilung der einzelnen
Elemente in der Asche als für verschiedene Pflanzengruppen charakteristisch
aufgefaßt. Vgl. MOLISCH, H.: Anz. d. Akad, Wien 1920. 181. — ZIEGENSPECK:
Ber. d. botan. Ges. Bd. 40, S. 78. 1922.

Kultur von	K_2O	CaO	MgO	P_2O_5	SO_3	SiO_2
Wintergetreide	39,2	13,7	8,8	23,5	4,9	105,8
Sommergetreide	49,0	17,6	9,8	19,6	5,9	86,2
Leguminosen	58,8	58,8	15,7	27,4	9,8	9,8
Klee	117,5	117,5	41,1	35,3	11,8	19,6
Kartoffel	105,8	35,3	19,6	33,3	15,7	7,8

Aus dieser Tabelle ist zu ersehen, daß namentlich Klee den Boden stark erschöpft. Gerade aus diesem Grunde muß man bei Anwendung von Klee zur Stickstoffanreicherung des Bodens vorsichtig vorgehen.

Aus Gründen, die schon bei der Besprechung der Frage der Stickstoffdüngung dargestellt wurden, erhellt, daß eine Düngung des Bodens mit Mist allein den Verlust an Mineralstoffen durchaus nicht einbringen kann. Fast alle für die Pflanze notwendigen Stoffe sind allerdings im Boden in unlöslichen Verbindungen enthalten, nämlich in Form von Gesteinsarten, die zur Entstehung des betreffenden Bodens dienten. Diese Gesteinsreste verwittern allmählich und erneuern den Vorrat an assimilierbaren Aschenstoffen, die von den Pflanzen resorbiert werden können. Obgleich solch eine Verwitterung durch die mechanische Bearbeitung des Bodens und die Tätigkeit der Bodenmikroorganismen stark beschleunigt wird, verläuft sie dennoch langsamer als die Resorption der Mineralstoffe durch Feldgewächse; deshalb muß man den Acker dauernd brach liegen lassen, um dessen Fruchtbarkeit zu steigern. Bei intensivem Betrieb kann diese Methode freilich nur in einem beschränkten Umfange Anwendung finden, und eine Zufuhr der mineralischen Dünger erweist sich als unumgänglich.

Der Boden wird am schnellsten an Phosphor und Kalium erschöpft; namentlich diese Stoffe muß man also in die Kulturen einführen: Außerdem verwendet man in beschränkterem Maße auch Mg- und H_2SO_4-haltige Düngemittel. Der Kainit $KClMgSO_4 + 3H_2O$ stellt ein hervorragendes Düngemittel dar, mit welchem auf einmal drei für die Pflanzen notwendigen Elemente in den Boden eingeführt werden. Man verwendet auch einige andere K-haltige Mineralien, desgleichen auch Kaliumchlorid aus dem Meersalz.

Eine besondere Aufmerksamkeit wurde sowohl seitens der wissenschaftlichen als seitens der praktischen Landwirtschaft der Frage der Phosphordüngemittel gewidmet[1]. Im landwirtschaftlichen Betrieb verwendet man oft diese Düngemittel in Form von Phosphoriten, d. i. Mineralien, die den Phosphor als Calciumphosphat enthalten. In den letzten Jahren benutzt man anstatt der Phosphorite mit Erfolg das sogenannte Thomasschlackenmehl, ein Nebenprodukt der Verhüttung phosphorhaltiger Erze. Darin befindet sich der Phosphor gleichfalls in Form des unlöslichen Calciumphosphates. Nicht die Gesamtmenge des Phosphors dieser Produkte ist den Pflanzen zugänglich, und zwar nicht allen Pflanzen in gleichem Maße. Es wurde dargetan, daß die Pflanzen gewöhnlich imstande sind, diejenigen Phosphorverbindungen zu resorbieren, welche in saurem Ammoniumcitrat löslich sind[2]. Eingehende Untersuchungen von PRIANISCHNIKOW und seinen Mitarbeitern[3] haben die verwickelten Verhältnisse bei der Phosphorassimilation aus den Phosphoriten durch verschiedene Pflanzen in verschiedenen Kulturen aufgehellt. So assimilieren z. B. die Leguminosen den Phosphoritphosphor viel besser als die Gramineen; auf fettem Boden übt Phosphorit eine schwächere Wirkung aus als auf wenig fruchtbaren Böden.

---

[1] PRIANISCHNIKOW, D.: Düngungslehre 1922. (Russisch.)

[2] KÖNIG, J.: Untersuch. landwirtschaftlich wichtiger Stoffe S. 161. 1898. Diese Methode wird von vielen Forschern angefochten: vgl. z. B. DAFERT u. REITMAIR: Zeitschr. f. landwirtschaftl. Versuchswesen Österr. Bd. 3, S. 589. 1900.

[3] Zahlreiche Arbeiten in den „Resultaten der Vegetationsversuche und Laboratoriumsarbeiten" Bd. 7, 8, 9, 10. Vgl. auch Arb. d. agrikult. Laborat. in St. Petersburg 1900 (Russisch).

Interessant und praktisch wichtig ist die von PRIANISCHNIKOW eingeführte Verbesserung der Phosphoritassimilation durch die Gramineen mittels der gleichzeitigen Stickstoffdüngung mit den physiologisch-sauren ammoniakalischen Salzen (Abb. 34). Die bei der Assimilation des Ammoniaks freiwerdende Säure trägt zur Auflösung des Phosphorits bei. Auf diese Weise gelingt es auf einmal eine billige Stickstoffdüngung mit Erfolg anzuwenden und zugleich die Ausnutzung des Phosphorits zu sichern. So erhielt man z. B. folgende Ernten mit Hafer[1]:

$$\text{Phosphorit} + \text{NaNO}_3 \qquad\qquad \text{Phosphorit} + {}^3/_4\,\text{NaNO}_3 + {}^1/_4\,(\text{NH}_4)_2\text{SO}_4$$
$$6{,}9 \qquad\qquad\qquad\qquad 22{,}0$$

$$\text{Phosphorit} + {}^1/_2\,\text{NaNO}_3 + {}^1/_2\,(\text{NH}_4)_2\text{SO}_4 \qquad\qquad \text{KH}_2\text{PO}_4 + \text{NaNO}_3$$
$$20{,}5 \qquad\qquad\qquad\qquad 19{,}7$$

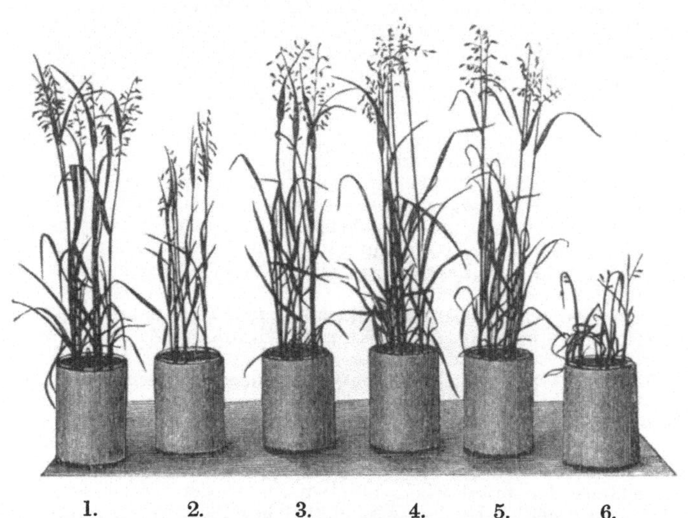

Abb. 34. Die Wirkung der ammoniakalischen Salze auf die Phosphoritassimilation. Von links nach rechts: 1. NaNO₃ + KH₂PO₄. 2. NaNO₃ + Phosphorit. 3. ³/₄ NaNO₃ + ¹/₄ (NH₄)₂SO₄ + Phosphorit. 4. ¹/₂ NaNO₃ + ¹/₂ (NH₄)₂SO₄ + Phosphorit. 5. ¹/₄ NaNO₃ + ¹/₄ (NH₄)₂SO₄ + Phosphorit. 6. (NH₄)₂SO₄ + Phosphorit (nach PRIANISCHNIKOW).

Jedenfalls kann man ein unlösliches Phosphordüngemittel nicht auf beliebigen Boden und für beliebige Kulturen ohne Kontrolle verwenden: die Resultate können dann manchmal vollkommen negativ sein. Um die Assimilation des Phosphors zu steigern und das Düngemittel in eine allgemein brauchbare Form zu überführen, stellt man oft die sogenannten Superphosphate dar, indem man verschiedene Fabrikabfälle und unlösliche phosphorsaure Materialien mit Schwefelsäure oder Natriumsulfat bearbeitet[2]. Man erhält auf diese Weise gut assimilierbaren Phosphordünger.

Analytische Methoden. Zur Darstellung der Asche wird das Pflanzenmaterial entweder ohne irgendwelche Zusätze oder unter Zugabe einiger Salze verbrannt. Ein anderes Verbrennungsverfahren besteht darin, daß man das

---

[1] PRIANISCHNIKOW, D.: Anz. d. Moskauer landwirtschaftl. Inst. Bd. 7. 1901 (Russisch). — Ders.: Ber. d. botan. Ges. Bd. 23, S. 8. 1905.

[2] KOTSCHETKOW, W.: Aus den Resultaten der Vegetationsversuche und Laboratoriumsarbeiten von D. PRIANISCHNIKOW Bd. 8, S. 60 u. 69. 1913 (Russisch). — PERITURIN, F.: Ebenda Bd. 8, S. 142. 1913 (Russisch).

Material in einem flüssigen Medium oxydiert. In letzter Zeit wird dieses Verfahren oft vorgezogen.

Das Veraschen ohne jegliche Zusätze wird durch vorsichtiges Erhitzen in einer Platinschale vorgenommen; es eignet sich nicht für alle Bestimmungen, da hierbei ein geringer Verlust von einigen Stoffen, namentlich von Schwefel und anderen Metalloiden nicht ausgeschlossen ist. Für die genaue Bestimmung dieser Stoffe wird das Pflanzenmaterial mit Soda und Salpeter verascht. Auf ein Volumen des fein verteilten Pflanzenmaterials nimmt man gewöhnlich drei Volumina der Mischung, die aus einem Teil Na_2CO_3 und zwei Teilen KNO_3 besteht. Neuerdings wird das Veraschen auf „nassem" Wege vorgezogen. Besonders beliebt ist das Verfahren NEUMANNS[1]), nach welchem das Pflanzenmaterial unter vorsichtigem Erhitzen mit einem Gemisch von gleichen Teilen konzentrierter Schwefel- und Salpetersäure verbrannt wird. Diese Mischung fügt man in geringen Portionen so lange hinzu, bis sich keine dunkelbraunen Dämpfe mehr ausscheiden und die Lösung blank geworden ist. Es wurden auch verschiedene andere analoge Methoden[2]) vorgeschlagen. Noch geeigneter scheint die Mineralisation des Materials durch Oxydation mit Hydroperoxyd in Gegenwart eines Ferrosalzes[3]) zu sein; es bleibt jedoch dahingestellt, inwieweit dieses Verfahren allgemein gebräuchlich werden kann.

In der Asche bestimmt man qualitativ und quantitativ die einzelnen Elemente nach den üblichen Methoden. Für qualitative Proben benutzt man oft die mikrochemischen Reaktionen, indem man die charakteristische Form der Krystalle einiger schwer löslicher Niederschläge unter dem Mikroskop betrachtet. So sind z. B. Kaliumplatinchlorid, Calciumsulfat u. dgl. leicht zu erkennen[4]). Hierbei ist man der Notwendigkeit enthoben, die mineralischen Elemente voneinander zu trennen. Außerdem gestatten die mikrochemischen Proben die Lokalisation der einzelnen Elemente in verschiedenen Pflanzenteilen und gar in der Zelle zu verfolgen; doch hat man stets im Auge zu behalten, daß die mikrochemischen Proben keinen Anspruch auf die Bedeutung quantitativer Bestimmungen machen können. In dieser Beziehung hat man sich zahlreicher Mißbräuche zuschulden kommen lassen.

Ein sinnreiches Verfahren zur quantitativen Bestimmung der Kaliumionen hat HAMBURGER[5]) vorgeschlagen. Kalium wird mit Natriumkobaltnitrit als Kobaltdoppelsalz gefällt, der unter streng einzuhaltenden Bedingungen ausgeschiedene krystallinische Niederschlag in kalibrierten Capillarröhrchen zen-

---

[1]) NEUMANN, A.: Zeitschr. f. physiol. Chem. Bd. 37, S. 115. 1903; Bd. 43, S. 32. 1904. — Ders.: Pflügers Arch. f. d. ges. Physiol. S. 208. 1905.

[2]) KASTLE, J. H.: Americ. journ. of physiol. Bd. 22, S. 411. 1898. — FRIEDMANN: Zeitschr. f. physiol. Chem. Bd. 92, S. 46. 1914. — DURET: Cpt. rend. hebdom. des séances de l'acad. des sciences Bd. 167, S. 129. 1918. — GREENWALD: Journ. of biol. chem. Bd. 37, S. 439. 1919.

[3]) MANDEL, J. A. u. NEUBERG, C.: Biochem. Zeitschr. Bd. 71, S. 196. 1915. — SALKOWSKI, E.: Zeitschr. f. physiol. Chem. Bd. 96, S. 323. 1916.

[4]) MOLISCH, H.: Mikrochemie der Pflanzen 1913. — TUNMANN, O.: Pflanzenmikrochemie 1913 u. a.

[5]) HAMBURGER, J.: Biochem. Zeitschr. Bd. 71, S. 415. 1915 u. Bd. 74, S. 414. 1916; die übrigen neuen Methoden der Kaliumbestimmung: MEILLÈRE, G.: Journ. de pharmacie et de chim (7), Bd. 7, S. 281. 1913. — HILL: Americ. journ. of science (4), Bd. 40, S. 75. 1915. — RHUE: Journ. of Ind. and Eng. chem. Bd. 10, S. 429. 1918. — BLUMENTHAL: Ebenda Bd. 9, S. 753. 1917. — DUBOUX: Cpt. rend. hebdom. des séances de l'acad des sciences Bd. 159, S. 320. 1914. — ZALESKI, L.: Landwirtschaftl. Versuchs-Stationen Bd. 83, S. 221. 1913. — HAFF and SCHWARTZ: Journ. of Ind. and Eng. chem. Bd. 9, S. 785. 1917. — MITSCHERLICH, E. A. u. FISCHER, H.: Landwirtschaftl. Versuchs-Stationen Bd. 76, S. 139. 1911; Bd. 78, S. 75. 1912. — NEUBAUER, H.: Zeitschr. f. analyt. Chem. Bd. 43, S. 14. 1904. — HERZOG, A.: Chem. Zeit. Bd. 42, S. 145. 1918. — BAXTER: Journ. of the Americ. chem. soc. Bd. 42, S. 735. 1920.

trifugiert und nach dem Volumen des Niederschlags die Kaliummenge berechnet. Dabei fällt die Notwendigkeit weg, das Material zu veraschen, und man kann direkt mit Extrakten arbeiten.

Hinsichtlich des Phosphors ist eine Reihe von Methoden ausgearbeitet worden, die gestatten, dieses Element in den einzelnen Gruppen der Pflanzenstoffe zu bestimmen. Die Totalmenge des Phosphors wird nach dem Veraschen mittels der NEUMANNschen Methode am besten folgenderweise bestimmt[1]): Man fällt die Phosphorsäure mit molybdänsaurem Ammoniak, löst den Niederschlag in titrierter Natronlauge, erhitzt im Verlaufe von 15 Minuten behufs Entfernung des Ammoniaks, und titriert mit Schwefelsäure. 1 mg des verschwundenen NaOH entspricht 1,268 mg P_2O_5. Den Phosphor des Lecithins und der übrigen Lipoide ermittelt man nach seinem Gehalt in alkoholischen und ätherischen Extrakten, da die anorganischen Phosphate dabei nicht extrahiert werden[2]). Die wasserlöslichen P-Verbindungen bestehen aus anorganischen Phosphaten, Phytin, Zuckerphosphorsäureestern und Glycerinphosphorsäure. In Samenpflanzen ist Phytin die einzige organische Phosphorverbindung, deren Menge einigermaßen ansehnlich ist. Phytin wird mit Magnesiamischung zugleich mit anorganischen Phosphaten gefällt, aber auch in Form des Eisensalzes in Gegenwart von 0,6 proz. HCl abgeschieden, wobei die anorganischen Phosphate in Lösung bleiben. Daher wird Phytin in Gegenwart von anorganischen Phosphaten folgendermaßen bestimmt[3]): Man fügt Salzsäure bis 0,6 vH. und 0,03 vH. Rhodanammonium hinzu und titriert darauf mit einer Lösung von 0,05 vH. Ferrichlorid und 0,6 vH. HCl bis zum Eintritt einer Rotfärbung. 1 mg Fe entspricht 1,19 mg Phytinphosphor. Nachdem man im wässerigen Extrakt die totale Phosphormenge bestimmt und von letzterer den mit der Magnesiamischung fällbaren Phosphor abgezogen hat, erhält man den Phosphor der Zucker- und Glycerinphosphorsäuren, die mit der Magnesiamischung nicht gefällt werden.

Den Magnesiumniederschlag löst man in schwacher Salpetersäure und fällt die anorganischen Phosphate mit Ammoniummolybdat in Gegenwart von Ammoniumnitrat[4]). Somit können im wässerigen Extrakte getrennt werden: 1. Phytinphosphor, 2. der Phosphor der Glycerin- und Zuckerphosphorsäuren und 3. der anorganische Phosphor.

Die Bestimmung des Eiweißphosphors ist sehr wichtig, da sie in vielen Fällen für die quantitative Ermittelung der Eiweißstoffe des lebenden Plasmas, d. i. der Nucleoproteide, sowie für die Abgrenzung derselben gegen die Reserveeiweißstoffe angewandt werden kann. Die Bestimmung des Phosphors der Nucleoproteide wird nach dem Verfahren von PLIMMER[5]) vorgenommen. Das Material wird 2 Tage lang mit 1 proz. Lauge bei 37 ° C behandelt, darauf fällt man die Nucleoproteide nach der Neutralisation der Flüssigkeit mit 0,2 proz. HCl und Alkohol, und verascht den Niederschlag nach NEUMANNs Verfahren. Unter dem Einfluß der Lauge wird der Phosphor von allen Eiweißstoffen, mit Ausnahme der Nucleoproteide, abgespalten.

Schwefel kann man mit Hilfe desselben volumetrischen Verfahrens bestimmen, das für Kalium beschrieben wurde, und zwar in Form von Bariumsulfat[6]).

[1]) NEUMANN, A.: a. a. O. — Mikrochemische P-Bestimmung: TERADA, Y.: Biochem. Zeitschr. Bd. 145, S. 426. 1924.

[2]) SCHULZE, E. u. STEIGER: Zeitschr. f. physiol. Chem. Bd. 13, S. 365. 1889. — SCHULZE u. WINTERSTEIN: Handb. d. biochem. Arbeitsmethoden von ABDERHALDEN Bd. 2, S. 256. 1909.

[3]) HEUBNER, W.: Biochem. Zeitschr. Bd. 64, S. 422. 1914.

[4]) HEUBNER, W.: Biochem. Zeitschr. Bd. 64, S. 401. 1914.

[5]) PLIMMER and BAYLISS: Journ. of physiol. Bd. 33, S. 439. 1906. — PLIMMER and SCOTT: Ebenda Bd. 38, S. 247. 1909. — Dies.: Journ. of the chem. soc. (London) Bd. 93, S. 1699. 1908.

[6]) HAMBURGER: Biochem. Zeitschr. Bd. 77, S. 168. 1916. — Ders.: Zeitschr. f. physiol. Chem. Bd. 100, S. 221. 1917. Vgl. auch über Schwefelbestimmung

Es sind auch neue Methoden für die Bestimmung der Kieselsäure[1]) ausgearbeitet worden.

Magnesium wird nach der üblichen Methode in Form von Pyrophosphat bestimmt; behufs dessen Trennung von den alkalischen Metallen wird manchmal die Fällung mit Dimethylamin oder Guanidin[2]) verwendet. In letzter Zeit sind neue Methoden zur Bestimmung geringer Mengen von Magnesium, Calcium und Eisen vorgeschlagen[3]).

STEVENS: Analyst Bd. 40, S. 275. 1915. — KRIEGER: Chem. Zeit. Bd. 39, S. 22. 1915. — LIEBESNY: Biochem. Zeitschr. Bd. 105, S. 43. 1920. — KRIEBLE and MAGNUM: Journ. of the Americ. chem. soc. Bd. 41, S. 1317. 1919. — WINKLER: Zeitschr. f. angew. Chem. Bd. 33, S. 59. 1920.

[1]) SALKOWSKY, E.: Zeitschr. f. physiol. Chem. Bd. 83, S. 143. 1913. — LENHER and TRUOG: Journ. of the Americ. chem. soc. Bd. 38, S. 1050. 1916. — HORVATH: Zeitschr. f. analyt. Chem. Bd. 55, S. 543. 1916.

[2]) HERZ, W. u. DRUCKER: Zeitschr. f. anorg. Chem. Bd. 26, S. 347. 1901.

[3]) DIENES: Biochem. Zeitschr. Bd. 95, S. 131. 1919. — BLASDALE, W. C.: Journ. of the Americ. chem. soc. Bd. 31, S. 917. 1909. — EISENLOHR: Ber. d. dtsch. chem. Ges. Bd. 53, S. 1476. 1920 — über Mg. — ARON, H.: Biochem. Zeitschr. Bd. 4, S. 268. 1907. — GUTMANN, S.: Ebenda Bd. 58, S. 470. 1914. — BLASDALE, W. C.: siehe oben. — DENIGÈS: Cpt. rend. hebdom. des séances de l'acad. des sciences Bd. 170, S. 996. 1920. — KUZIRIAN: Journ. of the Americ. chem. soc. Bd. 38, S. 1996. 1916. — HALVERSON and BERGEIM: Journ. of biol. chem. Bd. 32, S. 159. 1918. — JANSEN, W. H.: Zeitschr. f. physiol. Chem. Bd. 101, S. 176. 1918. — DIENES: siehe oben — über Ca. — SALKOWSKI, E.: Zeitschr. f. physiol. Chem. Bd. 83, S. 143. 1913. — BERG: Chem. Zeit. Bd. 41, S. 50. 1917. — GONNERMANN: Biochem. Zeitschr. Bd. 95, S. 286. 1919. — MAWAS: Cpt. rend. des séances de la soc. de biol. Bd. 82, S. 78. 1919. — MATHIEU: Bull. de l'assoc. chim. sucr. Bd. 37, S. 205. 1919. — WILLSTÄTTER: Ber. d. Dtsch. Chem. Ges. Bd. 53, S. 1152. 1920 — über Fe.

Sechstes Kapitel

Kohlenhydrate und Eiweißkörper.
Die Verwandlungen dieser Stoffe in der Pflanze.

Der allgemeine Begriff des Kreislaufs der primären Stoffe. Die Kohlenhydrate und Eiweißstoffe stellen unmittelbare Produkte der Photosynthese dar, und wir wollen sie mit dem Namen primäre Pflanzenstoffe bezeichnen. Aus denselben werden alle übrigen organischen Verbindungen in der Pflanze aufgebaut; diese Produkte der Verarbeitung der Kohlenhydrate und Eiweißstoffe wollen wir sekundäre Stoffe nennen. Diejenigen von ihnen, welche sich von den primären Stoffen stark unterscheiden und in dieselben nicht wieder übergehen, werden im folgenden Kapitel betrachtet werden. Die physiologischen Verwandlungen der primären Stoffe sind äußerst wichtig. Bei den Tieren spielen die Eiweißkörper die Hauptrolle, bei den Pflanzen kommt der hauptsächlichste Kreislauf den Kohlenhydraten, aus denen Eiweißkörper und Fette aufgebaut werden, zuteil.

In Hinsicht auf die besonders wichtige physiologische Bedeutung der Kohlenhydrate und Eiweißstoffe soll ihre kurze chemische Charakteristik, unter Berücksichtigung der den Physiologen am meisten interessierenden Eigenschaften dieser Stoffe, der Beschreibung ihrer Umwandlungen im Pflanzenkörper vorausgehen[1]. In den allgemeinen Handbüchern der organischen Chemie und Biochemie sind die einschlägigen Angaben in gewissen Beziehungen veraltet, infolge des rapiden Fortschrittes der Chemie der Kohlenhydrate und Eiweißkörper.

Die einfachen Zucker. Als Zuckerarten bezeichnet man aliphatische Oxyaldehyde (Aldosen) oder Oxyketone (Ketosen) mit unverzweigter Kohlenstoffkette, in denen eine Aldehydgruppe bzw. Ketongruppe enthalten

---

[1] Die wichtigste Spezialliteratur über Kohlenhydrate und Eiweißstoffe: TOLLENS: Kurzes Handbuch der Kohlenhydrate. 2. Aufl. 1898. — LIPPMANN: Chemie der Zuckerarten. 3. Aufl. 1904. — ABDERHALDEN: Biochem. Handlexikon Bd. 2. 1911; Bd. 8. 1914. — FISCHER, E.: Untersuchungen über Kohlenhydrate und Fermente 1909. — PRINGSHEIM, H.: Die Polysaccharide. 2. Aufl. 1923. — OSBORNE, TH. B.: The vegetable Proteins 1909. — PLIMMER, R. H. A.: The chemical Constitution of the Proteins. 2. ed. 1912. — COHNHEIM, O.: Chemie der Eiweißkörper. 3. Aufl. 1911. — ABDERHALDEN: Biochem. Handlexikon Bd. 4. 1911. — FISCHER, E.: Untersuchungen über Aminosäuren, Polypeptide und Proteine 1906. — ABDERHALDEN, E.: Neuere Ergebnisse auf dem Gebiete der speziellen Eiweißchemie 1909.

ist und deren empirische Struktur die Formel $C_mH_{2n}O_n$ ausdrückt; mit anderen Worten enthalten sie auf je 1 Atom Sauerstoff (mit wenigen Ausnahmen) 2 Atome Wasserstoff. Daher rührt die Benennung „Kohlenhydrate" her. Die einfachen Zucker stellen in Wasser leicht-, in Alkohol schwerlösliche, in Äther unlösliche kristallinische Stoffe von süßem Geschmack dar. Nach der Anzahl der Kohlenstoffatome im Moleküle nennt man sie Diosen, Triosen, Tetrosen, Pentosen, Hexosen usw. Ihre Formel wird folgendermaßen geschrieben:

$$CH_2OH.CHOH.CHOH.CHOH.CHOH.CHO$$

oder

$$CH_2OH.CHOH.CH.CHOH.CHOH.CHOH \qquad \text{Glucose.}$$
$$\overline{\qquad O \qquad}$$

Letztere Formel wurde deshalb eingeführt, weil die aldehydischen Eigenschaften sich bei den Zuckerarten manchmal gleichsam in latentem Zustande befinden. Zugunsten dieser Formel sprechen verschiedene Tatsachen. Es scheint, daß die erste Konfiguration leicht in die zweite übergeht und umgekehrt.

Nach den neuesten Angaben verwandelt sich oft der obige Butylenoxydring in Propylenoxydring

$$CH_2OH.CHOH.CHOH.CH.CHOH.CHOH$$
$$\overline{\qquad O \qquad}$$

bzw. Amylenoxydring

$$CH_2OH.CH.CHOH.CHOH.CHOH.CHOH \quad (\gamma\text{-Zuckerarten}),$$
$$\overline{\qquad O \qquad}$$

was meistens mit einer Verminderung der Molekülbeständigkeit verbunden ist[1].

Die einfachen Zucker reduzieren beim Kochen die alkalische Kupferoxydlösung; beim Erwärmen mit Essigsäureanhydrid geben sie Acetylderivate; sie bilden auch analoge Produkte mit Phenylisocyanat[2] (Phenylurethane), z. B. für Pentose $C_5H_6O(O.CO.NH.C_6H_5)_4$.

Mit Alkoholen liefern die Zuckerarten in Gegenwart von HCl Acetale nach der allgemeinen Reaktion der Aldehyde, z. B.:

$$CH_2OH.(CHOH)_4.CHO + 2 CH_3OH = CH_2OH.(CHOH)_4.CH(OCH_3)_2 + H_2O.$$

Sehr charakteristisch sind Zuckerverbindungen mit zwei Molekülen Phenylhydrazin, die sogenannten Osazone[3]. Phenylhydrazin liefert mit den Zuckern zuerst leichtlösliche Hydrazone nach der allgemeinen Reaktion der Aldehyde und Ketone:

---

[1] HAWORTH, W. and MITCHELL, J.: Journ. of the chem. soc. (London) Bd. 123, S. 301. 1923. — HAWORTH, W. and LINNEL, W.: Ebenda Bd. 123, S. 294. 1923. — IRVINE, J.: Ebenda Bd. 123, S. 898. 1923.

[2] MAQUENNE, B. et GOODWIN: Cpt. rend. hebdom. des séances de l'acad. des sciences Bd. 138, S. 633. 1904.

[3] FISCHER, E.: Ber. d. Dtsch. Chem. Ges. Bd. 17, S. 579. 1884; Bd. 20, S. 821. 1887; Bd. 23, S. 2117. 1890; Bd. 41, S. 77. 1908.

$$CH_2OH.(CHOH)_4.CHO + H_2N.NH.C_6H_5 \longrightarrow$$
$$\text{Glucose} \qquad CH_2.(CHOH)_4.CH:N.NH.C_6H_5,$$

$$CH_2OH(CHOH)_3.CO.CH_2OH + H_2N.NH.C_6H_5 \longrightarrow$$
$$\text{Fructose} \qquad CH_2OH.(CHOH)_3C.CH_2OH$$
$$\|$$
$$N.NH.C_6H_5$$

Darauf findet bei anhaltendem Erhitzen mit Phenylhydrazin eine Oxydation der mit der Carbonylgruppe benachbarten Hydroxylgruppe statt und wird ein zweites Phenylhydrazinmolekül angelagert; es bildet sich das Osazon:

$$CH_2OH.(CHOH)_3.C.(N.NH.C_6H_5).CH(N.NH.C_6H_5).$$

Wenn man diese Formel mit den beiden vorstehenden vergleicht, so findet man, daß sowohl Aldose als Ketose ein und dasselbe Osazon ergibt. Beim Kochen mit konzentrierter Salzsäure setzt sich das Osazon in das sogenannte Oson um:

$$CH_2OH.(CHOH)_3.CO.CHO,$$

das als Bleiderivat abgeschieden und mit Zinkstaub und Essigsäure reduziert werden kann (allerdings nur zu Ketose).

$$CH_2OH.(CHOH)_3.CO.CHO + 2H = CH_2OH.(CHOH)_3.CO.CH_2OH.$$

Osazone sind gelbe, kristallinische, in Wasser schwerlösliche Substanzen; sie sind zur Isolierung der einzelnen Zuckerarten besonders geeignet, auch wenn letztere in sehr geringen Mengen vorhanden sind. Hydroxylamin bildet mit den Zuckern Oxime, Semicarbazid ergibt Semicarbazone (vgl. die allgemeinen Handbücher der Chemie). Durch Einwirkung der Alkohole in Gegenwart von HCl erhält man unter gewissen Bedingungen halbacetalartige Glucoside[1]), z. B.:

$$C_6H_{12}O_6 + ROH = C_6H_{11}O_6R + H_2O.$$

Zum Unterschiede von den typischen Acetalen verbindet sich der Zucker dabei mit einem Molekül Alkohol. Die Glucoside komplizierterer Struktur sind in den Pflanzen sehr verbreitet. Darüber soll weiter unten die Rede sein. Die Aldolkondensation gibt die Möglichkeit, höhere Zucker aus den niederen zu erhalten, z. B.:

$$CH_2OH.CHO + CH_2OH.CO.CH_2OH \longrightarrow CH_2OH.(CHOH)_2.CO.CH_2OH.$$

Ein anderes Verfahren, die Kette zu verlängern, das von allgemeiner Bedeutung ist und höchstwahrscheinlich unter natürlichen Bedingungen stattfindet, besteht in folgendem[2]): Durch Einwirkung von Blausäure bilden sich Säurenitrile:

$$CH_2OH.(CHOH)_3.CHO + HCN \longrightarrow CH_2OH.(CHOH)_4.CN.$$

---

[1]) FISCHER, E.: Untersuchungen über Kohlenhydrate und Fermente Bd. 82. 1909.

[2]) KILIANI: Ber. d. Dtsch. Chem. Ges. Bd. 19, S. 767 u. 1128. 1886; Bd. 20, S. 339. 1887.

Die Nitrile verseifen sich zu Säuren höherer Reihe:

$$CH_2OH.(CHOH)_4.CN + 2\,H_2O \longrightarrow CH_2OH.(CHOH)_4.COOH + NH_3.$$

Die Hexonsäuren gehen beim Erwärmen in intramolekulare Ester, Lactone $C_6H_{10}O_6$ über, und letztere lassen sich leicht mit Natriumamalgam zu Hexosen $C_6H_{12}O_6$ reduzieren[1]. Auf diese Weise wird Pentose in Hexose verwandelt. Der umgekehrte Vorgang der Überführung von Hexose in Pentose vollzieht sich auf gleiche Weise über die Zwischenstufe der Säure:

$$CH_2OH.(CHOH)_4.CHO + O \longrightarrow CH_2OH.(CHOH)_4.COOH.$$

Bei der Oxydation mit Hydroperoxyd in Gegenwart von Eisenacetat[2] oder Quecksilberoxyd[3] oder endlich durch Elektrolyse[4] wird Kohlensäure abgespalten und Zucker einer niedrigeren Reihe gebildet:

$$CH_2OH.(CHOH)_4.COOH \longrightarrow CH_2OH.(CHOH)_3.CO.COOH \longrightarrow$$
$$CH_2OH.(CHOH)_3.CHO.$$

Glycolaldehyd $CH_2OH.CHO$, das erste Glied der Reihe, gilt als ein Zwischenprodukt der Synthese von Zuckerarten am Licht im grünen Laubblatt. (vgl. S. 156—160). Sirup. Besonders charakteristisch ist sein p-Nitrophenylosazon, Schmelzpunkt 311°[5].

Triosen. Sie werden als Zwischenprodukte der alkoholischen Gärung und der Bildung von Zuckerarten aus Glycerin[6] betrachtet. **Glycerinaldehyd** (Aldotriose) $CH_2OH.CHOH.CHO$ ist nur in optisch inaktiver Modifikation bekannt. Kristallinisches Pulver, Schmelzpunkt 138°.

Dioxyaceton (Ketotriose) $CH_2OH.CO.CH_2OH$, Schmelzpunkt 68—75°. Zum Unterschiede vom Glycerinaldehyd liefert Dioxyaceton das Osazon mit Methylphenylhydrazin; Schmelzpunkt 127—130°[7]. Das Phenylosazon der beiden Triosen krystallisiert in prismatischen Blättchen, Schmelzpunkt 132°, Zersetzungspunkt 170°[8].

Tetrosen wurden in Pflanzen nicht gefunden.

Pentosen. Die Mannigfaltigkeit dieser Zuckerarten ist bedeutend wegen der Stereoisomerie. In Aldopentosen sind 3 asymmetrische Kohlenstoffatome enthalten und 8 isomere Verbindungen möglich:

CHO	CHO	CHO	CHO
H—×—OH	HO—×—H	HO—×—H	H—×—OH
H—×—OH	HO—×—H	HO—×—H	H—×—OH
H—×—OH	HO—×—H	H—×—OH	HO—×—H
CH_2OH	CH_2OH	CH_2OH	CH_2OH
d-Ribose	l-Ribose	d-Lixose	l-Lixose

---

[1] FISCHER, E.: Ber. d. Dtsch. Chem. Ges. Bd. 22, S. 2204. 1889; Bd. 23, S. 930. 1890.

[2] RUFF: Ber. d. Dtsch. Chem. Ges. Bd. 31, S. 1573. 1898; Bd. 32, S. 550. 1899.

[3] GUERBET: Bull. de la soc. chim. de France (4), Bd. 9, S. 431. 1908.

[4] NEUBERG, C.: Chem. Zentralbl. 1908 (I). 1165.

[5] WOHL u. NEUBERG: Ber. d. Dtsch. Chem. Ges. Bd. 33, S. 3107. 1900.

[6] KOSTYTSCHEW, S.: Zeitschr. f. physiol. Chem. Bd. 111, S. 236. 1920.

[7] NEUBERG, C.: Ber. d. Dtsch. Chem. Ges. Bd. 35, S. 964. 1902.

[8] FISCHER, E. u. TAFEL: Ber. d. Dtsch. Chem. Ges. Bd. 20, S. 1089 u. 3384. 1887. — PILOTY u. RUFF: Ebenda Bd. 30, S. 1656. 1897.

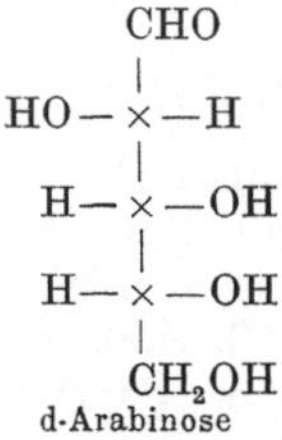

```
      CHO              CHO              CHO              CHO
       |                |                |                |
  HO—×—H           H—×—OH          HO—×—H           H—×—OH
       |                |                |                |
   H—×—OH          HO—×—H           H—×—OH          HO—×—H
       |                |                |                |
   H—×—OH          HO—×—H          HO—×—H           H—×—OH
       |                |                |                |
    CH₂OH            CH₂OH            CH₂OH            CH₂OH
  d-Arabinose      l-Arabinose      d-Xylose          l-Xylose
```

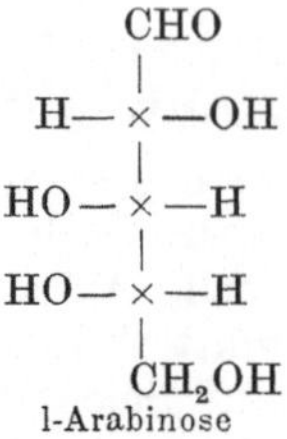

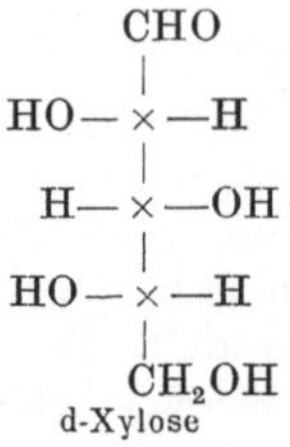

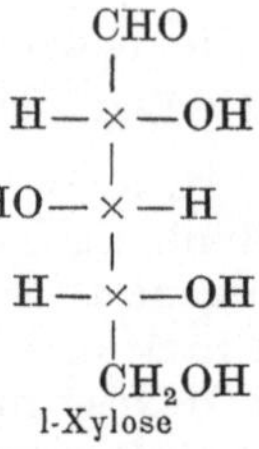

Unter diesen 8 Aldopentosen findet man in den Pflanzen nur 2, nämlich l-Arabinose und l-Xylose. In freiem Zustande wurden sie nur in Spuren nachgewiesen, doch sind sie Bestandteile einiger hochmolekularen Kohlenhydrate, und zwar der Pentosane, die sich in den Zellwandungen befinden (siehe weiter unten).

l-Arabinose erhält man gewöhnlich aus Kirschgummi[1]). Dreht die Polarisationsebene stark nach rechts: $[\alpha]_D = +105$, gibt aber bei der Cyanhydrinreaktion (s. o.) l-Gluconsäure. Besonders charakteristisch ist p-Bromphenylhydrazon, Schmelzpunkt $162°$[2]) und Benzylphenylhydrazon, Schmelzpunkt $170°$[3]).

l-Xylose erhält man bei der Hydrolyse des Holzes, Strohs usw. Sehr süße Prismen $[\alpha]_D = +19°$. Phenylosazon; Schmp. $161°$. Charakteristisch ist das Doppelsalz der Xylonsäure: $(C_3H_9O_6)_2Cd + CdBr_2 + 2H_2O$. Sie wird dargestellt durch Oxydation der Xylose mit Bromwasser in Gegenwart von Cadmiumcarbonat.

Außerdem finden sich in den Pflanzen Methylpentosen: **Fucose** aus den Zellmembranen von Fucus, $[\alpha]_D = +76°$, **Rhamnose** — in vielen natürlichen Glucosiden (Phenylosazon, Schmp. $187°$[4])). **Apiose, Rhodeose, Chinovose** — gleichfalls in Glucosiden. Sie sind Stereoisomere von der allgemeinen Formel $CH_3.(CHOH)_4.CHO$.

Hexosen stellen die am meisten verbreiteten und physiologisch wichtigen einfachen Zuckerarten dar: Glucose (oder Fructose) ist fast in allen lebenden Pflanzenzellen enthalten.

Die Aldohexosen existieren in Form von 16 Stereoisomeren:

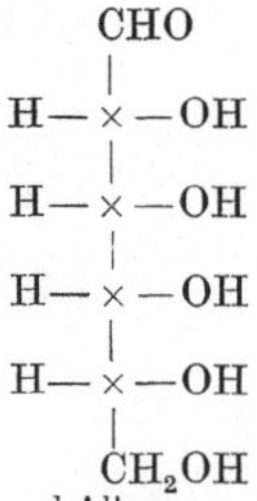

```
      CHO              CHO              CHO              CHO
       |                |                |                |
   H—×—OH          HO—×—H           H—×—OH          HO—×—H
       |                |                |                |
   H—×—OH          HO—×—H           H—×—OH          HO—×—H
       |                |                |                |
   H—×—OH          HO—×—H           H—×—OH          HO—×—H
       |                |                |                |
   H—×—OH          HO—×—H          HO—×—H           H—×—OH
       |                |                |                |
    CH₂OH            CH₂OH            CH₂OH            CH₂OH
   d-Allose          l-Allose         l-Talose         d-Talose
```

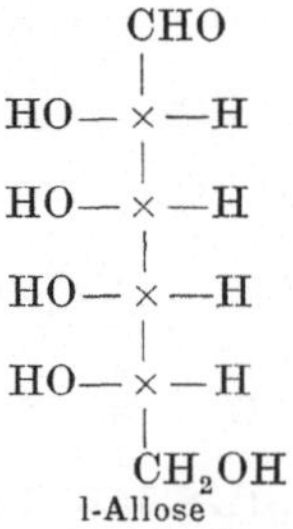

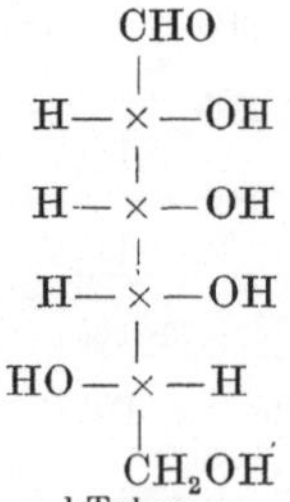

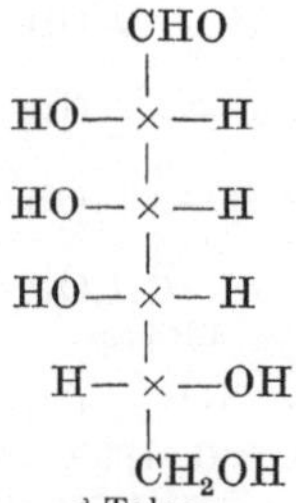

---

[1]) KILIANI u. KÖHLER: Ber. d. Dtsch. Chem. Ges. Bd. 37, S. 1210. 1904.

[2]) FISCHER, E.: Ber. d. Dtsch. Chem. Ges. Bd. 24, S. 4214. 1891; Bd. 27, S. 2490. 1894.

[3]) LOBRY DE BRUYN et VAN ECKENSTEIN: Recueil des travaux chim. des Pays-Bas Bd. 15, S. 97 u. 227. 1896.

[4]) VOTOCEK: Ber. d. Dtsch. Chem. Ges. Bd. 44, S. 820 u. 823. 1911.

$$
\begin{array}{cccc}
\text{CHO} & \text{CHO} & \text{CHO} & \text{CHO} \\
\text{H—OH} & \text{HO—H} & \text{H—OH} & \text{HO—H} \\
\text{H—OH} & \text{HO—H} & \text{HO—H} & \text{H—OH} \\
\text{HO—H} & \text{H—OH} & \text{H—OH} & \text{HO—H} \\
\text{H—OH} & \text{HO—H} & \text{H—OH} & \text{HO—H} \\
\text{CH}_2\text{OH} & \text{CH}_2\text{OH} & \text{CH}_2\text{OH} & \text{CH}_2\text{OH} \\
\text{l-Gulose} & \text{d-Gulose} & \text{d-Glucose} & \text{l-Glucose}
\end{array}
$$

$$
\begin{array}{cccc}
\text{CHO} & \text{CHO} & \text{CHO} & \text{CHO} \\
\text{HO—H} & \text{H—OH} & \text{H—OH} & \text{HO—H} \\
\text{H—OH} & \text{HO—H} & \text{H—OH} & \text{HO—H} \\
\text{H—OH} & \text{HO—H} & \text{HO—H} & \text{H—OH} \\
\text{H—OH} & \text{HO—H} & \text{HO—H} & \text{H—OH} \\
\text{CH}_2\text{OH} & \text{CH}_2\text{OH} & \text{CH}_2\text{OH} & \text{CH}_2\text{OH} \\
\text{d-Altrose} & \text{l-Altrose} & \text{l-Mannose} & \text{d-Mannose}
\end{array}
$$

$$
\begin{array}{cccc}
\text{CHO} & \text{CHO} & \text{CHO} & \text{CHO} \\
\text{H—OH} & \text{HO—H} & \text{HO—H} & \text{H—OH} \\
\text{HO—H} & \text{H—OH} & \text{H—OH} & \text{HO—H} \\
\text{H—OH} & \text{HO—H} & \text{H—OH} & \text{HO—H} \\
\text{HO—H} & \text{H—OH} & \text{HO—H} & \text{H—OH} \\
\text{CH}_2\text{OH} & \text{CH}_2\text{OH} & \text{CH}_2\text{OH} & \text{CH}_2\text{OH} \\
\text{d-Idose} & \text{l-Idose} & \text{l-Galaktose} & \text{d-Galaktose}
\end{array}
$$

Unter diesen Zuckerarten findet sich in den Pflanzen in freiem Zustande nur d-Glucose; als Bestandteile der Polysaccharide der Zellwände und der Glucoside finden sich auch d-Mannose und d-Galactose. Ketohexosen könnten, ähnlich den Pentosen, 8 Isomere bilden, bekannt sind jedoch nur 5:

$$
\begin{array}{ccccc}
\text{CO.CH}_2\text{OH} & \text{CO.CH}_2\text{OH} & \text{CO.CH}_2\text{OH} & \text{CO.CH}_2\text{OH} & \text{CO.CH}_2\text{OH} \\
\text{HO—H} & \text{H—OH} & \text{HO—H} & \text{HO—H} & \text{H—OH} \\
\text{H—OH} & \text{HO—H} & \text{HO—H} & \text{H—OH} & \text{HO—H} \\
\text{H—OH} & \text{HO—H} & \text{H—OH} & \text{HO—H} & \text{H—OH} \\
\text{CH}_2\text{OH} & \text{CH}_2\text{OH} & \text{CH}_2\text{OH} & \text{CH}_2\text{OH} & \text{CH}_2\text{OH} \\
\text{d-Fructose} & \text{l-Fructose} & \text{d-Tagatose} & \text{d-Sorbose} & \text{l-Sorbose}
\end{array}
$$

In den Pflanzen wurde nur d-Fructose in freiem Zustande gefunden. d-Sorbose erhält man durch die bakterielle Oxydation des Alkohols Sorbits bei Lagerung der Vogelbeeren[1].

---

[1] BERTRAND, G.: Ann. de chim et de physique (8), Bd. 3, S. 200. 1904.

d-Glucose oder Traubenzucker wird in der Technik gewöhnlich durch Hydrolyse von Stärke dargestellt (s. weiter unten). Glucose findet sich fast in jeder Pflanzenzelle und häuft sich manchmal in starken Konzentrationen an. Mit einem Molekül Wasser krystallisiert sie in kleinen Tafeln; Schmelzpunkt $86°$; aus Methylalkohol erhält man wasserfreie Krystalle, Schmelzpunkt $146°$; $[\alpha]_D = + 52,5°$. In Wasser sehr leicht löslich, weniger löslich in absolutem Alkohol. Das Phenylosazon krystallisiert in Form von goldgelben Nadeln aus. Schmelzpunkt $205°$ unter Zersetzung. Aus den Projektionsformeln ersieht man, daß d-Fructose und d-Mannose dasselbe Osazon geben müssen; dies wird auch experimentell bestätigt.

Durch Einwirkung schwacher Alkalien geht Glucose leicht in Fructose und Mannose über [1]), desgleichen gehen die beiden letzteren Zuckerarten ineinander und in Glucose über. Auch in Pflanzenzellen findet die Umwandlung der Glucose in die Fructose und der umgekehrte Vorgang leicht statt. Durch vorsichtige Behandlung der Glucose mit Ammoniak erhält man die sog. Osimine, die leicht Ammoniak abspalten und vielleicht unter natürlichen Verhältnissen als Übergangsstufe von den Zuckern zu den Aminoverbindungen dienen. Denselben wird folgende Struktur zugeschrieben:

$$CH_2OH.(CHOH)_4.CH:NH$$

oder
$$CH_2OH.CHOH.CH.CHOH.CHOH.CHOH$$
$$\mathrm{|}\underline{\quad\quad}NH\underline{\quad\quad\quad}\mathrm{|}$$

oder endlich: $CH_2OH.CHOH.CH.CHOH.CHOH.CH:NH_2$.
$$\underline{\quad\quad}O\underline{\quad\quad}$$

Ein interessantes Glucosederivat, das in bedeutender Menge in den Zellwänden der Pilze [2]) und in vielen Eiweißstoffen vorkommt, ist **Glucosamin** $CH_2OH.(CHOH)_3.CHNH_2.CHO$. Salzsaures Glucosamin besitzt $[\alpha]_D = + 72,5°$. Bei schwacher Oxydation (mit Br in alkalischer Lösung) wird aus Glucose Gluconsäure $CH_2OH.(CHOH)_4.COOH$, bei kräftiger Oxydation (Kochen mit HNO_3) die zweibasische Zuckersäure $COOH.(CHOH)_4.COOH$ gebildet; bei weiterer Oxydation tritt ein Sprengen der Kohlenstoffkette ein. Die Reduktion in schwach-saurer Lösung führt die Glucose in d-Sorbit über.

d-Fructose ist gleichfalls in freiem Zustande sehr verbreitet, krystallisiert schlecht und ist stark linksdrehend: $[\alpha]_D = - 92°$. Technisch wird sie durch Hydrolyse des Inulins dargestellt (s. unten), gibt mit Phenylhydrazin das Glucoseosazon, bildet jedoch weit leichter als Glucose das Methylphenylosazon, Schmelzpunkt $158° — 160°$ [3]) und wird durch Brom zu Gluconsäure nicht oxydiert.

---

[1]) LOBRY DE BRUYN et VAN ECKENSTEIN: Recueil des travaux chim. des Pays-Bas Bd. 14, S. 203. 1895; Bd. 15, S. 92. 1896; Bd. 16, S. 257, 262, 274 u. 282. 1897; Bd. 19, S. 9. 1900 u. v. a.

[2]) WINTERSTEIN, E.: Ber. d. Dtsch. Chem. Ges. Bd. 27, S. 3113. 1894; Bd. 28, S. 167 u. 1372. 1892. — Ders.: Zeitschr. f. physiol. Chem. Bd. 21, S. 134. 1895.

[3]) NEUBERG, C.: Ber. d. Dtsch. Chem. Ges. Bd. 35, S. 959. 1902.

d-Mannose wird technisch durch Hydrolyse von Steinnußspänen (Phytelephas) bei der Knöpfenfabrikation dargestellt $[\alpha]_D = +14°$. Besonders charakteristisch ist das schwerlösliche Phenylhydrazon (nicht Osazon!), welches direkt in der Kälte entsteht. Schmelzpunkt 204°[1]).

d-Galactose ist in den Galactanen der Zellwände, in Pectinstoffen und in verschiedenen Glucosiden enthalten. Krystallisiert leichter als die übrigen Zucker; $[\alpha]_D = +81°$. Methylphenylhydrazon, Schmelzpunkt 190°. Charakteristisch ist die Oxydation der Galactose zu Schleimsäure[2]) $COOH.(CHOH)_4.COOH$.

Die den einfachen Zuckern entsprechenden Alkohole und Säuren. Durch Reduktion mit Natriumamalgam gehen die einfachen Zucker in die mehrwertigen Alkohole von derselben Konstitution über. So entsteht z. B. aus Mannose Mannit:

$$CH_2OH.(CHOH)_4.CHO + 2H = CH_2OH.(CHOH)_4.CH_2OH.$$

Die Bildung mehrwertiger Alkohole findet sehr oft auch in den Pflanzen statt; die in letzteren gefundenen Alkohole sind sogar mannigfaltiger als die Zucker. Die mehrwertigen Alkohole reduzieren Kupferoxyd nicht, liefern weder Hydrazone noch Osazone; bei gelinder Oxydation gehen sie leicht in Zucker über. Charakteristisch sind ihre Acetale mit Aldehyden, namentlich mit Benzaldehyd. Die mehrwertigen Alkohole dienen in vielen Pflanzen als Reservematerial, das den vorrätigen Zucker ersetzt.

Glycerin $CH_2OH.CHOH.CH_2OH$ entsteht bei der alkoholischen Gärung und ist in allen Fetten und Lecithinen enthalten (Kapitel VII). Brennendsüßer Sirup; mischt sich mit Wasser und Alkohol, unlöslich in Äther. Tribenzoëester $C_3H_5(O.CO.C_6H_5)_3$ aus Benzoylchlorid in alkalischer Lösung; Schmelzpunkt 76°.

i-Erythrit $CH_2OH.(CHOH)_2.CH_2OH$. Krystalle, Schmelzpunkt 112°. In Flechten und einigen Algen.

Adonit $CH_2OH.(CHOH)_3.CH_2OH$, Schmelzpunkt 102°. In Adonis vernalis.

Besonders verbreitet sind die sechswertigen Alkohole $CH_2OH.(CHOH)_4:CH_2OH$, und zwar:

i-Dulcit, Schmelzpunkt 186°, wird zu Galactose und weiter zu Schleimsäure oxydiert.

d-Mannit, weit verbreitet, namentlich in Pilzen, Schmelzpunkt 166°, $[\alpha]_D = -25°$, wird zu Fructose oder Mannose oxydiert. Sehr wenig löslich in kaltem Alkohol. Tribenzacetal[3]) $C_6H_8\left(\dfrac{-O}{-O}{>}CH.C_6H_5\right)_3$, Schmelzpunkt 207—208°, in Wasser kaum löslich.

---

[1]) STORER: Bull. of the Bussey inst. Bd. 3 (II), S. 13. 1902.
[2]) FERNAN: Zeitschr. f. physiol. Chem. Bd. 60, S. 284. 1909.
[3]) MEUNIER: Cpt. rend. hebdom. des séances de l'acad. des sciences Bd. 106, S. 1425 u. 1732. 1888; Bd. 107, S. 910. 1888. — Ders.: Ann. de chim. et de phys. (6), Bd. 22, S. 412. 1891.

d-Sorbit, Nadeln, Schmelzpunkt $110°$, $[\alpha]_D = - 1,73°$.

d-Idit, Schmelzpunkt $74°$, $[\alpha]_D = -3,53°$.

Unter den siebenwertigen Alkoholen sind in den Pflanzen gefunden:

d-Perseït $CH_2OH.(CHOH)_5.CH_2OH$, Schmelzpunkt $188°$.

Volemit mit dem vorigen isomer, Schmelzpunkt $155°$, $[\alpha]_D = +2,65°$.

Interessant ist es, daß Zuckerarten, die den siebenwertigen Alkoholen entsprechen, in Pflanzen nicht gefunden worden sind.

Außer diesen aliphatischen Alkoholen findet man auch cyklische (vgl. dazu Kap. VII), deren Umsetzung in Zucker chemisch einstweilen noch nicht durchgeführt ist, allein im lebenden Protoplasma sich noch glatter vollzieht, als die Oxydation der oben angeführten Alkohole mit offener Kette[1].

Durch Oxydation der einfachen Zucker erhält man die denselben entsprechenden Säuren. In den Pflanzen sind bisher nur folgende Säuren gefunden worden: **Gluconsäure** $CH_2OH.(CHOH)_4.COOH$, welche sich bei der Zuckeroxydation durch den Pilz Aspergillus niger in Abwesenheit mineralischer Salze bildet[2], ferner **Glucuronsäure** und **Galacturonsäure.** Die Glucuronsäure ist ein Halbaldehyd der Zuckersäure und die Galacturonsäure ein Halbaldehyd der Schleimsäure. Ihre Struktur wird durch die Formel $COOH.(CHOH)_4.CHO$ ausgedrückt. Die Glucuronsäure wurde nur in Form von glucosidartigen Derivaten, den Glucuroniden, gefunden[3]. Sirup, der leicht in Lacton, Glucuron, übergeht, Schmelzpunkt $175°$ $[\alpha]_D = +18°$. Die Galacturonsäure ist ein Spaltungsprodukt der Pectinstoffe[4].

Disaccharide. Acetalartige Verbindungen von zwei Molekülen einfacher Zucker, welche unter Wasserabspaltung entstehen, nennt man Disaccharide. In einigen von ihnen bleiben die aldehydartigen Eigenschaften bestehen, in anderen sind beide Carbonylgruppen gebunden. Disaccharide kristallisieren gewöhnlich besser als die einfachen Zucker aus und können leichter gereinigt werden, Beim Kochen mit schwachen Säuren und durch Einwirkung der Pflanzenfermente spalten sich die Disaccharide in ihre Komponenten. Die Synthese der Disaccharide aus einfachen Zuckern ist in den Pflanzen allem Anschein nach ebenfalls ein fermentativer Vorgang.

Rohrzucker oder **Saccharose** $C_{12}H_{22}O_{11}$, ein Gegenstand großartiger Industrie und als Nährstoff wichtig, ist ein in den Pflanzen ungemein verbreitetes Produkt; sein Gehalt ist sehr hoch im Zuckerrübensaft, im Zuckerrohr und in einigen anderen Pflanzen. Die Erhitzung mit verdünnten Säuren verwandelt Rohrzucker in ein Gemisch von äquimolekularen Mengen der Glucose und Fructose. Dieselbe Wir-

---

[1] Vgl. dazu u. a. KUMAGAWA, H.: Biochem. Bd. 131, S. 157. 1922.

[2] MOLLIARD, M.: Cpt. rend. hebdom. des séances de l'acad. des sciences Bd. 171, S. 881. 1922; Bd. 178, S. 41. 1924.

[3] GOLDSCHMIDT u. ZERNER: Monatsh. f. Chem. Bd. 31, S. 439. 1910. — SMOLENSKI: Zeitschr. f. physiol. Chem. Bd. 71, S. 266. 1911.

[4] EHRLICH, F.: Chem. Zeit. Bd. 41, S. 197. 1917.

kung übt das allgemein verbreitete Ferment Invertase aus, welches mit Zucker eine Verbindung mit sauren Eigenschaften liefert[1]). Der hydrolisierte Zucker wird Invertzucker genannt; er ist linksdrehend, während Rohrzucker $[\alpha]_D = + 66{,}5°$ hat. Wenn man die Veränderung der Drehung in der Lösung verfolgt, so kann man den Prozeß der Inversion quantitativ bestimmen, was für Untersuchungen über die Kinetik der Fermentreaktionen von großer Bedeutung gewesen ist (Kapitel I). Rohrzucker reduziert nicht Kupferoxyd, liefert keine Osazone, besitzt überhaupt keine Aldehydeigenschaften. Auf Grund verschiedener Erwägungen schreibt man seine Formel so[2]):

$$CH_2OH.CHOH.CH.CHOH.CHOH.CH\!-\!O\!-\!C.CHOH.CHOH.CHOH.CH_2.$$

Glucoserest mit Butylenoxydring CH_2OH Fructoserest mit Amylenoxydring

Obgleich Rohrzucker in Wasser gut löslich ist, dient er dennoch nur als Reservematerial. Vor der Inversion kann er in keinerlei chemische Reaktionen treten und diffundiert sogar — seinem großen Molekulargewicht wegen — nur sehr langsam durch die Plasmahaut.

Maltose, $C_{12}H_{22}O_{11}$, besteht aus zwei Glucoseresten, die so verbunden sind, daß eine Aldehydgruppe aktiv werden kann: Maltose reduziert Kupferoxyd; Phenylosazon, Schmelzpunkt $202°-208°$. Sie hat wahrscheinlich folgende Konfiguration[2]):

$$CH_2OH.CHOH.CH.CHOH.CHOH.CH\!-\!O\!-\!CH_2.CHOH.CH.CHOH.CHOH.CHOH.$$

$[\alpha]_D = + 137°$. Maltose entsteht aus Stärke durch Einwirkung des Fermentes Amylase und wird ihrerseits vom Ferment Maltase in zwei Glucosemoleküle gespalten. Invertase wirkt auf Maltase nicht ein, verdünnte Säuren bewirken, ebenso wie Maltase, eine vollständige Hydrolyse.

An der Maltase wurde zum erstenmal die Reversion der Fermentwirkung wahrgenommen[3]). Im konzentrierten Glucosesirup ruft die Maltase, dem Gesetz der Massenwirkung gemäß, eine Dehydratation unter Bildung vom Disaccharid Revertose hervor, $[\alpha]_D = 91{,}5°$. Ein der Revertose nahestehendes, vielleicht mit ihr identisches[4]) Produkt ist aus Glucose auch auf rein chemischem Wege erhalten worden. Neuerdings ist eine Methode der Reindarstellung von Maltasepräparaten angegeben worden[5]).

---

[1]) MICHAELIS, L. u. ROTHSTEIN, M.: Biochem. Zeitschr. Bd. 110, S. 217. 1920.

[2]) HAWORTH, W. and MITCHELL, J.: Journ. of the chem. soc. (London) Bd. 123, S. 301. 1923. — HAWORTH, W. and LINNEL, W.: Ebenda Bd. 123, S. 294. 1923.

[3]) HILL, C.: Journ. of the chem. soc. (London) Bd. 73, S. 634. 1898.

[4]) ARMSTRONG: Proc. of the roy. soc. of London (B), Bd. 76, S. 592. 1905.

[5]) WILLSTÄTTER, R., OPPENHEIMER, F. u. STEIBELT, W.: Zeitschr. f. physiol. Chem. Bd. 110, S. 232. 1920. — WILLSTÄTTER, R. u. STEIBELT, W.: Ebenda Bd. 111, S. 157. 1920.

Trehalose oder **Mycose**, $C_{12}H_{22}O_{11}$, besteht gleichfalls aus zwei Glucoseresten, die auf folgende Weise zusammengefügt sind[1]):

$$CH_2OH.CHOH.CH.CHOH.CHOH.CH-O-CH.CHOH.CHOH.CH.CHOH.CH_2OH.$$

$[\alpha]_D = +197°$. Ist namentlich in Pilzen verbreitet. Wird durch Säuren schwierig gespalten, doch verwandelt Trehalase, ein Trehalose begleitendes Ferment, dieselbe glatt in Glucose. Andere hydrolytische Fermente wirken auf Trehalose nicht ein.

Cellobiose oder **Cellose**, $C_{12}H_{22}O_{11}$, steht zur Cellulose in derselben Beziehung wie Maltose zur Stärke. Cellobiose reduziert Kupferoxyd und bildet ein Phenylosazon vom Schmelzpunkt $208°$—$210°$, ist aber mit Maltose nicht identisch: $[\alpha]_D = +36,6°$. In Pflanzen wird sie nur vom Ferment Cellase unter Glucosebildung gespalten. Andere hydrolysierende Fermente wirken auf sie nicht ein. Die Konstitution der Cellose wird durch folgende Formel dargestellt[2]):

$$CH_2OH.CHOH.CH.CHOH.CHOH.CH-O-CH.CH.CHOH.CHOH.CHOH.$$
$$CH_2OH$$

Andere Disaccharide sind in Pflanzen nur in geringen Mengen enthalten.

Trisaccharide, $C_{18}H_{32}O_{16}$, werden aus drei Molekülen der einfachen Zucker unter Abspaltung von zwei Wassermolekülen gebildet. Da die Bindungsart der verschiedenen Zuckerreste in einem und demselben Molekül des Trisaccharids nicht immer homogen ist, so vollzieht sich die vollständige Hydrolyse meistens nur in Gegenwart von zwei verschiedenen Fermenten. Invertase spaltet gewöhnlich nur Fructose ab, Emulsin spaltet Rohrzucker in unzersetztem Zustande von der dritten Komponente ab. Säuren bringen bei Erwärmung bis $100°$ eine vollständige Hydrolyse zustande.

Raffinose oder **Melitriose** besteht aus den Resten von d-Glucose, d-Fructose und d-Galactose. Sie ist weit verbreitet, gut in Methylalkohol löslich und besitzt keine Aldehydeigenschaften. $[\alpha]_D = +104,5°$. Invertase spaltet sie in Fructose und Disaccharid Melibiose, Emulsin in Galactose und Rohrzucker. Hieraus ist zu ersehen, daß Glucose im Raffinosemolekül zwischen Fructose und Galactose eingefügt ist:

Fructose —— Glucose —— Galactose.

Wirkung der Invertase   Wirkung des Emulsins

Gentianose zerfällt durch Invertasewirkung in d-Fructose und Gentiobiose; letztere zerfällt in zwei Moleküle Glucose.

Melicitose hat dieselbe Struktur, spaltet aber zuerst ein Glucosemolekül ab.

Ramninose besitzt Aldehydeigenschaften und besteht aus zwei Ramnoseresten und einem Galactoserest; ihre Zusammensetzung ist demnach $C_{18}H_{32}O_{14}$; $[\alpha]_D = -41°$.

---

1) HAWORTH, W. and MITCHELL, J.: a. a. O. — HAWORTH, W. and LINNEL, W.: a. a. O.

2) HAWORTH, W. and MITCHELL, J.: a. a. O. — HAWORTH, W. and LINNELL, W.: a. a. O.

Tetrasaccharide. Stachyose[1]) $C_{24}H_{42}O_{21}$ krystallisiert in kleinen Tafeln von süßem Geschmack aus, besteht aus Resten von einem Molekül d-Fructose, einem Molekül d-Glucose und zwei Molekülen d-Galactose; $[\alpha]_D = +149\,°$. Isomer mit derselben ist **Lupeose**[2]), es ist jedoch bisher nicht gelungen, dieselbe in krystallinischer Form darzustellen.

Polysaccharide. Mit der Zunahme des Molekulargewichtes der Saccharide verändern sich ihre Eigenschaften. Die Disaccharide erinnern noch völlig an die einfachen Zucker, Tri- und Tetrasaccharide besitzen weniger süßen Geschmack, sind in Wasser weniger löslich und krystallisieren schwieriger; es ist nicht gelungen, noch größere molekulare Komplexe in Krystallform darzustellen. In den Pflanzen kommen Polysaccharide mit kolloiden Eigenschaften und hohem Molekulargewicht vor; dieselben sind in Wasser praktisch unlöslich. Sie haben keinen süßen Geschmack, zeigen keine Aldehydeigenschaften, liefern aber bei vollständiger Hydrolyse einfache Zucker. In der Chemie kommt es manchmal vor, daß eine bloße Zunahme der Molekülmasse eine ganze Reihe bedeutender qualitativer Veränderungen der chemischen Eigenschaften zur Folge hat. Beim Studium der Polysaccharide ergab es sich, daß die präparative Chemie einem Arbeiten mit amorphen Körpern noch nicht gewachsen ist: alles, was wir über Stärke und andere ähnliche wichtige Substanzen wissen, ist auf Untersuchungen über die Produkte ihrer Hydrolyse basiert. Die allgemeine empirische Formel der Polysaccharide ist $(C_6H_{10}O_5)_n + H_2O$; sie entspricht auch allen niedrigeren Sacchariden. So kann man Disaccharide $C_{12}H_{22}O_{11}$ durch $(C_6H_{10}O_5)_2 + H_2O$, Trisaccharide $C_{18}H_{32}O_{16}$ durch $(C_6H_{10}O_5)_3 + H_2O$, Tetrasaccharide $C_{24}H_{42}O_{21}$ durch $(C_6H_{10}O_5)_4 + H_2O$ usw. ausdrücken.

Stärke ist das wichtigste Reservekohlenhydrat der Pflanzen. Sie kommt im Plasma in Form von geschichteten Körnern vor, die sich nur in den Plastiden bilden. In kaltem Wasser lösen sich die Körner nicht, in heißem Wasser quellen sie, bersten darauf und bilden Kleister. Stärke wird löslich nach Bearbeitung mit Säuren in der Kälte und durch andere analoge Einwirkungen. Besonders charakteristisch für Stärke ist die blaue oder violette Färbung mit Jod. Die neueren Untersuchungen haben die Verworrenheit, die hinsichtlich der chemischen Struktur der Stärke noch vor kurzem herrschte, fortgeschafft. MAQUENNE[3]) wies zuerst nach, daß man Stärke quantitativ in Glucose,

---

[1]) SCHULZE, E. u. PLANTA: Ber. d. Dtsch. Chem. Ges. Bd. 23, S. 1692. 1890; Bd. 24, S. 2705. 1891. — TANRET, C.: Bull. de la soc. chim. (III), Bd. 27, S. 948. 1902. — Ders.: Cpt. rend. hebdom. des séances de l'acad. nes sciences Bd. 136, S. 1569. 1903.

[2]) SCHULZE, E.: Ber. d. Dtsch. Chem. Ges. Bd. 25, S. 2213. 1892; Bd. 43, S. 2230. 1910. — Ders.: Landwirtschaftl. Versuchs-Stationen Bd. 41, S. 207. 1892. — Ders.: Chemiker-Zeit. Bd. 26, S. 7. 1902. SCHULZE hält Lupeose für ein charakteristisches Galaktan (Hemicellulose), siehe unten. Vgl. auch: SCHULZE, E. u. GODET: Zeitschr. f. physiol. Chem. Bd. 61, S. 294. 1909. — SCHULZE, E. u. PFENNINGER: Ebenda Bd. 69, S. 367. 1910.

[3]) MAQUENNE, L.: Cpt. rend. hebdom. des séances de l'acad. des sciences Bd. 138, S. 375. 1904; Bd. 146, S. 317 u. 542. 1908. — Ders.: Ann. de chim. et de physique (8), Bd. 2, S. 109. 1904. — Ders.: Bull. de la soc. chim. de France (3), Bd. 35.

ohne Bildung von Dextrinen und anderen ähnlichen Produkten, überführen kann. Dieser Forscher unterscheidet in den Stärkekörnern zwei Polysaccharide: erstens Amylose, die wasserlöslich ist, mit Jod eine blaue Färbung gibt und die Hauptmenge der Körner bildet, und zweitens Amylopectin, das in Wasser unlöslich ist, mit Jod eine violette Färbung liefert und die äußere Schicht der Körner bildet. Die Gegenwart des gequollenen Amylopectins in der Amyloselösung bedingt den Kleisterzustand.

Die Hydrolyse (wahrscheinlich auch die Synthese) der Stärke in den Pflanzenzellen wird durch zwei Fermente hervorgerufen: durch Amylase (Diastase), welche die Stärke zu Maltose spaltet, und durch Maltase, welche eine Spaltung der Maltose in zwei Glucosemoleküle bewirkt. Beim Verzuckern der Stärke bilden sich als Zwischen- oder Nebenprodukte die sogenannten **Dextrine**; d. i. amorphe, stark rechtsdrehende, in Wasser leicht lösliche und keinen süßen Geschmack besitzende Polysaccharide.

HERZFELD und KLINGER[1], die neue Untersuchungen über die Natur der Stärke ausgeführt haben, nehmen an, daß Stärke nur einen gewissen Dispersionszustand der Dextrine, ein Konglomerat von Molekülen dieser Polysaccharide darstellt. Auf diese Weise bedingt das erste stärkespaltende Ferment, d. i. die Amylase im engeren Sinn, keine chemische Reaktion, nämlich keine Hydrolyse, sondern nur eine physikalische Einwirkung im Sinne der größeren Dispersion der in der Stärke befindlichen Dextrine. Weiter unten wird dargelegt werden, daß analoge Vorstellungen gegenwärtig in Hinsicht der Eiweisstoffe und ihrer Spaltung durch das Ferment Pepsin zur Entwicklung kommen: diese „Spaltung" wird gleichfalls als eine rein physikalische Zerstäubung und nicht als ein chemischer Vorgang betrachtet.

Die neueren Untersuchungen führen zu dem Schluß[2], daß Stärke aus Ringsystemen zusammengesetzt ist; letztere sollen meistens Kombinationen von 14gliedrigen Ringen sein, die zwei durch zwei O-Atome verbundenen Glucosereste darstellen. KARRER nimmt außerdem an, daß das „Stärkemolekül" höchstens sechs Glucosereste enthalte, und daß Stärke somit kein so hohes Molekulargewicht haben soll, wie es früher vermutet wurde. Diese Annahme ist allerdings experimentell nicht sicher begründet. Ein neuerer Hinweis betreffs der Anwesenheit von Phosphor im Stärkemolekül[3] kann nicht ohne weiteres akzeptiert werden, da es nicht möglich ist, die Stärkekörner von den phosphorhaltigen Plastidenresten zu trennen.

Das Fermentgemenge, welches Stärke in Glucose verwandelt, nennt man „Diastase". Diastase ist das erste Ferment, das überhaupt in den

1906. — MAQUENNE, FERNBACH et WOLFF: Cpt. rend. hebdom. des séances de l'acad. des sciences Bd. 138, S. 49. 1904. — MAQUENNE et ROUX: Ann. de chim. et de physique Bd. 9, S. 179. 1906. — ROUX: Cpt. rend. hebdom. des séances de l'acad. des sciences Bd. 140, S. 440. 1905; Bd. 142, S. 95. 1906. — Ders.: Bull. de la soc. chim. de France (3), Bd. 33, S. 471, 723 u. 788. 1905. — GRUZEWSKA: Cpt. rend. hebdom. des séances de l'acad des sciences Bd. 146, S. 540. 1908; Bd. 148, S. 578. 1909; Bd. 152, S. 785. 1911.

[1] HERZFELD, E. u. KLINGER, R.: Biochem. Zeitschr. Bd. 107, S. 268. 1920; Bd. 112, S. 55. 1920.

[2] PRINGSHEIM, H. u. LANGHAUS, A.: Ber. d. Dtsch. Chem. Ges. Bd. 45, S. 2533. 1912. — Ders.: PRINGSHEIM, H. u. GOLDSTEIN, K.: Ebenda Bd. 55, S. 1446. 1922. Vgl. besonders KARRER, P.: Ergebn. d. Physiol. Bd. 20, S. 433. 1922.

[3] THOMAS: Biochem. bull. Bd. 3, S. 403. 1914; vgl. auch KERB, J.: Biochem. Zeitschr. Bd. 100, S. 3. 1919.

Organismen entdeckt wurde[1]). Ungeachtet der großen Zahl von Forschungen, die der Diastase gewidmet sind (Kap. I), ist sie von der chemischen Seite aus noch gar nicht eruiert worden.

Die Stärke wurde lange Zeit für ein Kohlenhydrat, das speziell den chlorophyllführenden Pflanzen eigen ist, angesehen, neuerdings ist aber gefunden worden, daß stärkeähnliche Substanzen auch durch Schimmelpilze erzeugt werden[2]).

Inulin ersetzt Stärke bei einigen Compositen. Interessant ist der Umstand, daß Inulin oft namentlich in der Wurzel auf Kosten der aus dem Stamm zufließenden rechtsdrehenden Zucker gebildet wird[3]); Inulin selbst ist indes linksdrehend: $[\alpha]_D = -39°$. Es wird mit Jod nicht gefärbt und liefert bei der Hydrolyse nur d-Fructose. Diastase wirkt auf Inulin nicht ein; letzteres wird durch Inulase ein spezifisches Ferment, hydrolysiert, wobei zuerst Lävuline entstehen, d. i. Substanzen, die den Dextrinen vollständig analog, jedoch linksdrehend sind. Inulin löst sich in heißem Wasser. Sein Molekulargewicht entspricht etwa 9 Fructoseresten[4]). Nach IRVINE[5]) besteht Inulin aus γ-Fructose (S. 291). Es existieren noch einige weniger verbreitete Polysaccharide, die bei der Hydrolyse nur d-Fructose liefern.

Glykogen ersetzt Stärke bei Tieren, indem es gleichfalls als ein Reservekohlenhydrat fungiert[6]). Glykogen ist in Pilzen verbreitet, doch ist Pilzglykogen, wie es scheint, mit dem Glykogen des tierischen Organismus nicht identisch[7]). Amorphes in Wasser gut lösliches Pulver; $[\alpha]_D = +199°$. Das Molekulargewicht des Glykogens ist angeblich hoch[8]). Mit Jod liefert es braune Färbung; bei der Hydrolyse erhält man nur d-Glucose.

Nach den neuesten Angaben[9]) stellt Glykogen nur einen besonderen dispersen Zustand der Stärkekolloide dar und unterscheidet sich also wesentlich nicht von denselben; der Unterschied zwischen Stärke und Glykogen liegt nicht in der chemischen Struktur, sondern vielmehr in

---

[1]) PAYEN et PERSOZ: Ann. de chim. et de physique (2), Bd. 53, S. 73. 1833.

[2]) BOAS, F.: Biochem. Zeitschr. Bd. 78, S. 308. 1917; Bd. 86, S. 110. 1918. — Ders.: Ber. d. botan. Ges. Bd. 37, S. 50. 1919.

[3]) COLIN: Rev. gén. de botanique Bd. 31, S. 75. 1919. Inulin stellt wahrscheinlich, ebenso wie Stärke, keinen einheitlichen Körper dar; vgl. DEAN: Americ. chem. journ. Bd. 32, S. 69. 1904.

[4]) PRINGSHEIM, H. u. ARONOWSKY, A.: Ber. d. Dtsch. Chem. Ges. Bd. 55, S. 414. 1922.

[5]) IRVINE, J.: Journ. of the chem. soc. (London) Bd. 123, S. 518 u. 898. 1923.

[6]) BERNARD, CL.: Cpt. rend. hebdom. des séances de l'acad. des sciences Bd. 41, S. 461. 1855.

[7]) ERRERA: Bull. de l'acad. de Bruxelles (3), Bd. 4. 1882. — Ders.: Cpt. rend. hebdom. des séances de l'acad. des sciences Bd. 101, S. 253. 1885. — SALKOWSKI, E.: Ber. d. Dtsch. Chem. Ges. Bd. 27, S. 3325. 1894. — Ders.: Zeitschr. f. physiol. Chem. Bd. 92, S. 75. 1914.

[8]) GRUZEWSKA: Cpt. rend. hebdom. des séances de l'acad. des sciences Bd. 138, S. 1631. 1904.

[9]) HERZFELD u. KLINGER: a. a. O. — KARRER: a. a. O. — IRVINE: a. a. O.

dem kolloiden Zustande der beiden Kohlenhydrate. In der Hefe macht Glykogen manchmal ein Drittel ihres Trockengewichts aus. Die Hydrolyse des Glykogens wird in den lebenden Zellen durch das Ferment Glykogenase bewirkt.

Cellulose ist die Hauptsubstanz der Zellwände chlorophyllhaltiger Pflanzen und steht nach seiner absoluten Menge zweifellos an der Spitze aller organischen Stoffe auf der Erdoberfläche. Reine Cellulose stellt eine latent-kristallinische Substanz dar, die in keinem Lösungsmittel löslich ist außer dem SCHWEIZERschen Reagens[1]), d. i. der ammoniakalischen Kupferoxydlösung. Verdünnte Säuren greifen Cellulose nicht an, konzentrierte Schwefelsäure führt sie bei 100—120° quantitativ in d-Glucose über[2]) (um Verlusten vorzubeugen, ist es notwendig, die Säure zuerst in der Kälte einwirken zu lassen, darauf im Autoklaven zu erhitzen). Als ein Zwischenprodukt der Cellulosespaltung erscheint das Disaccharid Cellobiose (siehe oben). Nach KARRER (a. a. O.) ist Cellulose, ebenso wie Stärke, Inulin und Glykogen ein System von cyklischen Verbindungen, die aus Zuckeranhydriden zusammengesetzt sind. Es ergab sich fernerhin, daß im Cellulosemolekül nicht nur Cellobiose-, sondern auch Maltosebindungen vorkommen.

In einigen Pflanzen, namentlich in Schmarotzern, ist das Ferment Cytase enthalten, das Cellulose hydrolysiert.

Nur in jungen Pflanzen enthalten die Zellwände reine Cellulose; mit dem Alter gesellen sich derselben ihre Ester zu, sowie die Produkte ihrer Methylierung und Oxydation. Wegen ihrer Zugänglichkeit, Leichtigkeit und Festigkeit bildet Cellulose den Gegenstand verschiedenartiger technischer Betriebe.

Lignin und **Lignocellulosen** sind Substanzen der verholzten Zellwandungen; ihre Konstitution ist nicht festgestellt worden. Lignin ist ein Produkt der Methylierung und Veresterung der Cellulose; es enthält aromatische Ringe und Acetyle (Essigsäurereste: $CH_3.CO$). Man nimmt gewöhnlich an, daß sich Lignin in einer ätherartigen Verbindung mit der Cellulose befindet[3]). Derartige Äther nennt man Lignocellulosen.

Suberin, die Substanz der verkorkten Zellwandungen, steht den Kohlenhydraten schon fern. Es ist in konzentrierter Schwefelsäure unlöslich, dagegen in alkoholischer Lauge löslich[4]). Suberin ist allem Anschein nach ein kollektiver Begriff: die Korksubstanz besteht aus verschiedenen Alkoholen und Säuren. Nicht minder mannigfaltig ist die Zusammensetzung der cutinisierten Zellwandungen.

Hemicellulosen. Früher wurde angenommen, daß die nicht verholzten bzw. verkorkten Zellwände aus reiner Cellulose gebaut sind, die

---

[1]) SCHWEIZER, E.: Journ. f. prakt. Chem. Bd. 76, S. 109 u. 344. 1857.

[2]) OST u. BRODTKORB: Chem. Zeit. Bd. 35, S. 1125. 1911. — ERNEST: Ber. d. Dtsch. Chem. Ges. Bd. 39, S. 1947. 1906. — IRVINE, J. and SOUTUR: Journ. of the chem. soc. (London) Bd. 117, S. 1489. 1920. — IRVINE and HIRST: Ebenda Bd. 121, S. 1585. 1922. — MONIER-WILLIAMS: Ebenda Bd. 119, S. 803. 1921.

[3]) CROSS and BEVAN: Journ. of the chem. soc. (London) Bd. 41, S. 694. 1883. — Dies.: Pharm. journ. trans. Bd. 3, S. 570. 1884. — Dies.: Cellulose: an outline of the structural elements of plants 1903.

[4]) GILSON: La Cellule Bd. 6, S. 87. 1890.

hervorragenden Untersuchungen von E. Schulze[1]) haben jedoch diese Anschauung widerlegt. Aus E. Schulzes Arbeiten ergibt sich, daß in den Zellwänden verschiedene Polysaccharide enthalten sind, die durch schwache Schwefelsäure hydrolysiert werden und aus Mannose, Galactose, Arabinose und Xylose zusammengesetzt sind. Nicht selten stellen diese Substanzen Reservekohlenhydrate dar. Gegenwärtig muß die ganze Lehre von der Zellwand insofern umgebaut werden, als erkannt wurde, daß die Substanzen der Zellwandungen nicht ausschließlich Baumaterial, sondern unter Umständen auch Reservematerial bilden. Auf Grund neuerer Angaben[2]) wird die Hauptmenge des am Licht assimilierten Kohlenstoffes oft in den Zellwänden abgelagert und nicht in Stärke verwandelt. Hemicellulosen finden sich reichlich in Samen, sind aber auch sonst allgemein verbreitet, und zwar nicht nur unter den höheren, sondern auch unter den niederen Pflanzen. Die Zellhaut der Hefe besteht zum größten Teil aus Hemicellulosen[3]). Alle Hemicellulosen sind bei 300° in Glycerin löslich. In physiologischer Beziehung spielt in ihnen hauptsächlich Mannose die Rolle eines Reservezuckers.

Mannane sind Hemicellulosen, die in den Palmen verbreitet sind. Die knochenharte Steinnuß (Phytelephas) ist nichts anderes als ein Reservekohlenhydrat, dessen Hauptmenge durch mächtige Samenfermente glatt hydrolysiert wird unter Bildung von 1 Teil d-Fructose auf 20 Teile d-Mannose[4]); ein Teil der Samenmannane wird jedoch weit schwieriger gespalten. In anderen Fällen erhält man durch Hydrolyse der Hemicellulosen d-Mannose und d-Galaktose (Mannogalaktane).

Galactane sind Hemicellulosen, die bei der Hydrolyse hauptsächlich Galactose liefern; nach Schulze sind sie besonders in den Leguminosen verbreitet.

Pentosane sind Hemicellulosen, die hauptsächlich aus Pentosen zusammengesetzt sind. Sie werden in **Xylane** und **Arabane** eingeteilt. Die ersteren sind in Holz, Kleie und Stroh verbreitet und ergeben nach der Hydrolyse l-Xylose, die letzteren liefern l-Arabinose. Die Pentosane entstehen sekundär aus den hexosehaltigen Polysacchariden[5]). Cross, Bevan und Smith[6]) nehmen an, daß die Aldehydgruppe der Hexose dabei gebunden und daher intakt bleibt, und daß am entgegengesetzten Ende der Kohlenstoffkette eine Hydroxylgruppe oxydiert wird und als CO_2 entweicht. Aus d-Glucose muß dann l-Xylose, und aus d-Galaktose l-Arabinose hervorgehen (vgl. die Projektionsformeln S. 293 bis 295).

Amyloïd ist nach Schulze[7]) mit den Hemicellulosen nicht identisch. Wird, ebenso wie Stärke, mit Jod blau gefärbt. Quillt schon in kaltem Wasser

---

[1]) Schulze, E.: Ber. d. Dtsch. Chem. Ges. Bd. 22, S. 1192. 1889; Bd. 23, S. 2573. 1890; Bd. 24, S. 2277. 1891. — Ders.: Chem.-Zeit. Bd. 19, S. 1465. 1895. — Ders.: Landwirtschaftl. Jahrb. Bd. 21, S. 72. 1892; Bd. 23, S. 1. 1894. — Ders.: Zeitschr. f. physiol. Chem. Bd. 16, S. 387. 1892; Bd. 19, S. 38. 1894; Bd. 61, S. 307. 1909 u. v. a.

[2]) v. Körösy: Zeitschr. f. physiol. Chem. Bd. 86, S. 368. 1913.

[3]) Meigen u. Spreng: Zeitschr. f. physiol. Chem. Bd. 55, S. 62. 1908. — Spreng: Diss. Freiburg i. Br. 1906.

[4]) Iwanow, S. L.: Journ. f. Landwirtschaft Bd. 56, S. 217. 1908.

[5]) Cross and Smith: Chem. news Bd. 74, S. 177. 1896.

[6]) Cross, Bevan and Smith: Ber. d. Dtsch. Chem. Ges. Bd. 28, S. 1940. 1895.

[7]) Schulze, E.: Zeitschr. f. physiol. Chem. Bd. 19, S. 38. 1894.

und liefert nach der Hydrolyse verschiedene Zucker, vorwiegend d-Galaktose und l-Xylose. Kommt in vielen Samen vor.

Lichenin findet sich in Flechten und quillt gleichfalls leicht in Wasser, liefert aber bei der Hydrolyse nur d-Glucose nebst Cellobiose als Zwischenprodukt[1]). In den Zellwänden sind auch Methylpentosane und andere Polysaccharide enthalten, die interessante Objekte für chemische Untersuchungen darstellen.

Chitin, ein stickstoffhaltiges Polysaccharid, findet sich in den Zellwandungen höherer Pilze. Liefert bei der Hydrolyse Glucosamin. In Alkalien unlöslich; löst sich nur in konzentrierter Schwefel- und Salzsäure unter Braunfärbung. $[\alpha]_D$ in konzentrierter Schwefelsäure $= + 56^\circ$. Stickstoffgehalt etwa 6 vH.[2]).

Pectinstoffe sind zum Unterschied von Hemicellulosen von gallertartiger oder schleimiger Konsistenz. Ihre chemische Zusammensetzung ist erst in den letzten Jahren eruiert worden. Die Grundlage der Pectine bildet Tetragalacturonsäure, ein Galacturon (Analogon der Glucurone, siehe oben), welches bei der Hydrolyse in vier Moleküle Galacturonsäure (Halbaldehyd der Schleimsäure) $COOH.(CHOH)_4.CHO$ zerfällt. Tetragalacturonsäure befindet sich in Pectinstoffen in Verbindung mit Araban und d-Galactose[3]). Nach EHRLICHS Ergebnissen ist Galacturonsäure in den Pflanzen weit verbreitet, da sie in allen Pectinstoffen vorkommt. Die Pectinstoffe werden durch ein spezifisches Ferment Pectinase gespalten[4]); sie bilden die Hauptmenge der Substanz der Mittellamellen der Zellwandungen[5]). Daher wird die Hydrolyse der Pectinsubstanz von einer Maceration der Gewebe begleitet. Der Prozeß der Flachsröste beruht auf einer bakteriellen Maceration.

Gummi und **Schleime** sind Absonderungsprodukte kranker oder verletzter Gewebe[6]). Die Gummiarten hält man für wasserlöslich, die Schleime für in Wasser quellbar. Nach der Hydrolyse liefern die Gummiarten l-Arabinose, d-Galactose und Säuren von nicht ganz aufgehellter Struktur[7]). Der enorme Gehalt an d-Galactose in einigen Gummiarten wird durch die Schleimsäureausbeute nach der Oxydation der

---

[1]) PRINGSHEIM, H. u. LEIBOWITZ, J.: Zeitschr. f. physiol. Chem. Bd. 131, S. 262. 1923.

[2]) SCHOLL, E.: Monatsschr. f. Chem. Bd. 29, S. 1023. 1908.

[3]) EHRLICH, F.: Chem. Zeit. Bd. 41, S. 197. 1917.

[4]) BOURQUELOT, E. et HÉRISSEY: Cpt. rend. hebdom. des séances de l'acad. des sciences Bd. 127, S. 1911. 1898. — Ders.: Journ. de pharmacie et de chim. (6), Bd. 9. 1899.

[5]) PAYEN: Cpt. rend. hebdom. des séances de l'acad des sciences Bd. 43, S. 769. 1856.

[6]) LUTZ: Cpt. rend. hebdom. des séances de l'acad. des sciences Bd. 150, S. 1184. 1910; vgl. auch JODIN et BOUCHER: Ebenda Bd. 146, S. 647. 1908. — FRANK: Ber. d. botan. Ges. Bd. 2, S. 321. 1884. — SAVASTANO: Cpt. rend. hebdom. des séances de l'acad. des sciences Bd. 99, S. 987. 1884.

[7]) O'SULLIVAN, C.: Journ. of the chem. soc. (London) Bd. 45, S. 41. 1884; Bd. 59, S. 1029. 1891. — Ders.: Proc. of the chem. soc. Bd. 17, S. 156. 1901. — Ders.: Chem. news Bd. 64, S. 271. 1891.

Gummiarten mit Salpetersäure illustriert[1]). In dem herausfließenden schleimigen Safte sind viele Reste der zerstörten Zellwände, Fermente und andere Substanzen enthalten. Es dürfte von hohem Interesse sein, sich mit einem ausführlichen biochemischen Studium der Gummi- und Schleimarten, die aus verletzten Pflanzen ausfließen, zu befassen. Infolge der Konsistenz des Mediums, dem Unterschiede der Kohlenhydrate des Saftes von denjenigen der Zellwände sowie der Anwesenheit von Fermenten im Safte kann man vermuten, daß sich hier gewaltige fermentative Vorgänge abspielen; voraussichtlich auch solche synthetischen Charakters.

Es ist kaum zweifelhaft, daß der Gummi- und der Schleimfluß nicht durch bakterielle, sondern durch traumatische Wirkungen hervorgerufen wird[2]). Verschiedene Substanzen üben einen entweder stimulierenden oder hemmenden Einfluß auf diesen Vorgang aus[3]).

Gummi arabicum, ein Absonderungsprodukt einiger Akazienarten, wird nicht ausgesalzen und liefert bei der Hydrolyse l-Arabinose und d-Galactose.

Tragantgummi, ein wertvolles Produkt aus Astragalus, ist nur teilweise in Wasser löslich, enthält 37 vH. Pentosen; liefert bei Hydrolyse Arabinose, Xylose und Fructose.

Kirschgummi, nur teilweise in Wasser lösllich, enthält 50 vH. Arabinose.

Glucoside. Oben wurde darauf hingewiesen, daß Polysaccharide acetalartige Verbindungen der Carbonylgruppe eines einfachen Zuckers mit Hydroxylgruppen anderer Zucker darstellen. Derartige Verbindungen können auch mit verschiedenen Alkoholen von nicht zuckerartiger Natur entstehen; die Produkte dieser Reaktionen nennt man Glucoside. Die Ähnlichkeit zwischen den natürlichen Glucosiden und den Di-, namentlich aber Trisacchariden tritt beim Studium der Einwirkung von hydrolysierenden Fermenten deutlich zutage.

Emulsin, ein in den Pflanzen sehr verbreitetes Ferment, spaltet nicht nur viele natürliche Glucoside, sondern auch Trisaccharide (S. 300), was auf eine Homogenität der Bindung zwischen den einzelnen Gliedern in den genannten Substanzen hinweist. Umgekehrt können die aus einfachen Zuckern ungleichartig verketteten Saccharide, z. B. Rohrzucker und Maltose, nicht durch ein und dasselbe Ferment gespalten

---

[1]) Maumené: Bull. de la soc. chim. de France (3), Bd. 9, S. 138. 1893. — Kiliani: Ber. d. Dtsch. Chem. Ges. Bd. 19, S. 3030. 1886. Höchstwahrscheinlich ist die chemische Natur der Gummi und Schleime derjenigen der Pectinstoffe ähnlich.

[2]) Beijerinck u. Raut: Zentralbl. f. Bakteriol., Parasitenk. u. Infektionskrankh. (II), Bd. 15, S. 366. 1905. — Rathay: Ebenda (II), Bd. 2, S. 620. 1896. — Mangin: Cpt. rend. hebdom. des séances de l'acad. des sciences Bd. 119, S. 514. 1895.

[3]) Ruhland, W.: Ber. d. botan. Ges. Bd. 24, S. 393. 1906; Bd. 25, S. 302. 1907. — Sorauer, P.: Landwirtschaftl. Jahrb. Bd. 39, S. 259. 1910; Bd. 41, S. 131. 1911; Bd. 42, S. 719. 1912.

werden. Im allgemeinen unterscheidet man α-Glucoside, die rechtsdrehend sind und durch Hefefermente gespalten werden, und β-Glucoside, die linksdrehend sind und nur durch Emulsin gespalten werden[1]; letzteres wirkt nicht auf α-Glucoside ein und scheint aus drei einzelnen Fermenten zu bestehen[2]. Richtiger wäre es, das in Pflanzen weit verbreitete Ferment, welches β-Glucoside hydrolysiert, β-Glucosidase zu nennen. Die bahnbrechenden Synthesen der Glucoside durch Fermente, die von Bourquelot und seinen Mitarbeitern[3] ausgeführt wurden und die den gewichtigsten Beweis für die Reversion der fermentativen Wirkungen darbieten, sind im Kap. I besprochen worden.

Die natürlichen Glucoside sind zahlreich und in den Pflanzen weit verbreitet. Die physiologische Bedeutung der Glucoside scheint darauf hinauszugehen, daß sie als Reservematerial nicht nur für Zuckerarten, sondern auch für verschiedene mit denselben verbundenen Komponenten dienen. Sehr oft stellen diese Komponenten starke Gifte dar, die jedoch auf das Protoplasma nicht einwirken, so lange sie in Form von Glucosiden gebunden sind; übrigens besitzen die Glucoside selbst nicht selten giftige Eigenschaften, weshalb viele von ihnen in der Medizin Verwendung finden. Außerdem werden unbeständige, leicht oxydierbare Substanzen oft in Form von Glucosiden als Reservematerial aufgespeichert, wodurch sie vor Oxydation geschützt sind.

In den natürlichen Glucosiden befindet sich gewöhnlich ein aromatischer Kern, der entweder selbständig bleibt oder sich an der Struktur komplizierter Ringe: des Indol-, Flavonrings u. dergl., beteiligt. Einige Glucoside zeichnen sich durch komplizierte Struktur und hohes Molekulargewicht aus, so daß nicht bei allen Repräsentanten dieser Klasse der Pflanzenstoffe, selbst die einzelnen Spaltungsprodukte, in welche ihr Molekül bei der Hydrolyse zerfällt, festgestellt sind. Fassen wir alles bisher Geschilderte zusammen, so gelangen wir zum Schluß, daß die Glucosidbildung allem Anschein nach eine von den wichtigen physiologischen Funktionen der Zuckerarten in den Pflanzen repräsentiert.

Nachfolgend werden hier nur einige besonders charakteristische und verbreitete Glucoside beschrieben[4].

---

[1] Fischer, E.: Ber. d. Dtsch. Chem. Ges. Bd. 27, S. 2985. 1894; Bd. 28, S. 1145. 1895. — Ders.: Zeitschr. f. physiol. Chem. Bd. 26, S. 60. 1898. Es wird angenommen, daß zwei Modifikationen von Glucose existieren, die sich voneinander nach dem Drehungswinkel der Polarisationsebene unterscheiden: α-Glucose dreht stark, β-Glucose dreht schwach. Die erste ist in α-Glucosiden, die zweite in β-Glucosiden enthalten. Vgl. dazu Armstrong, S. F.: Journ. of the chem. soc. (London) Bd. 83, S. 1305. 1904. — Hudson and Paine: Journ. of the Americ. chem. soc. Bd. 31, S. 1242. 1909.

[2] Armstrong and Horton: Proc. of the roy. soc. of London Bd. 80, S. 321. 1908. — Caldwell and Courtauld: Ebenda Bd. 79, S. 350. 1907.

[3] Bourquelot, E., Hérissey et Bridel, M.: Cpt. rend. des séances de l'acad. des sciences Bd. 156, S. 491. 1913. — Bourquelot, E. et Verdon, E.: Ebenda Bd. 456, S. 957 u. 1264. 1911. — Bourquelot, E. et Bridel, M.: Ebenda Bd. 155, S. 437, 523 u. 854. 1912 u. a.; vgl. S. 56.

[4] Ausführliche Angaben über die Glucoside kann man in dem Buche van Rijns: Die Glucoside 1900 finden; neuere Tatsachen im Biochem. Handlexikon von Abderhalden Bd. 2. 1911 u. Bd. 8. 1914.

β-Methylglucosid, **α-Äthylglucosid**, **β-Äthylglucosid** können als Muster der synthetischen Glucoside dienen, die von BOURQUELOT und seinen Mitarbeitern mit Hilfe von Pflanzenfermenten dargestellt wurden. Vom ersten Glucosid erhält man unter diesen Bedingungen 81 vH. der theoretischen Ausbeute. Alle diese Glucoside sind kristallinische, optisch aktive Stoffe, die dem Zucker nahe stehen und durch entsprechende Hefe- und Mandelfermente hydrolysiert werden. Ihr Geschmack ist im ersten Moment süß, darauf bitter. Ihre Struktur ist:

$$(C_6H_{11}O_5).O.CH_3 \quad \text{und} \quad (C_6H_{11}O_5).O.CH_2.CH_3,$$

d. i. $\quad CH_2OH - CHOH - CH - CHOH - CHOH - CH - O - CH_3$

$$\underset{\text{Methylglucosid}}{\underline{\qquad\qquad O \qquad\qquad}}$$

und $\quad CH_2OH - CHOH - CH - CHOH - CHOH - CH - O - CH_2 - CH_3.$

$$\underset{\text{Äthylglucosid}}{\underline{\qquad\qquad O \qquad\qquad}}$$

Arbutin:

$$\begin{matrix}
& COH & \\
HC & & CH \\
HC & & CH \\
& C.O.(C_6H_{11}O_5) &
\end{matrix}$$

findet sich in vielen Pflanzen und kann als Vertreter der einfachen Pflanzenglucoside dienen, die außer Zucker nur einen aromatischen Kern enthalten; Arbutin ist aus einem Glucoserest und Hydrochinon (p-Diphenol) zusammengesetzt[1]); diese Komponenten erhält man bei der Hydrolyse; Schmelzpunkt 188°.

Phloridzin:

$$C_6H_2(OH)_3 - CO - \underset{\underset{CH_3}{|}}{CH} - C_6H_4 - O - (C_6H_{11}O_5) + 2\,H_2O$$

enthält zwei aromatische Ringe und zerfällt in Glucose und Phloretin; letzteres wird seinerseits unter Bildung von Phloroglucin $C_6H_3(OH)_3$ und p-Oxyhydratropasäure $C_6H_4(OH).CH{<}^{CH_3}_{COOH}$ hydrolysiert. Ist in der Rinde vieler **Pomaceen** enthalten. Verliert Wasser bei 108°; Schmelzpunkt 170°.

Äsculin. Aus der Rinde der Roßkastanie und anderer Pflanzen. Sublimiert leicht. Fermente spalten Äsculin in Glucose und Äsculetin, Dioxycumarin:

$$\underset{\text{Äsculin}}{\begin{matrix} & CH & \\ HOC & C-CH=CH & \\ (C_6H_{11}O_5)-O-C & C-O-CO & \\ & CH & \end{matrix}} + 2\,H_2O, \quad \underset{\text{Dioxycumarin}}{C_6H_2(OH)_2{<}\begin{matrix} CH=CH \\ O - CO \end{matrix}}$$

---

[1]) STRECKER: Liebigs Ann. d. Chem. Bd. 107, S. 228. 1858.

Amygdalin: $C_6H_5.CH{<}{}^{CN}_{O.C_{12}H_{21}O_{10}}$ ist der wichtigste Vertreter der Gruppe der Nitrilglucoside, die bei der Hydrolyse Blausäure liefern. Wurde in den Samen von Mandeln, Pfirsichen, Kirschen, Pflaumen, Äpfeln, Vogelbeeren u. a. gefunden. Hefefermente spalten Amygdalin in Glucose und Mandelsäurenitrilglucosid.

$$C_6H_5.CH{<}{}^{CN}_{O.(C_{12}H_{21}O_{10})} + H_2O = C_6H_5.CH{<}{}^{CN}_{O.(C_6H_{11}O_5)} + C_6H_{12}O_6.$$

Somit können diese Fermente wohl die Bindung zwischen zwei Glucosemolekülen, die im Amygdalinmolekül enthalten sind, sprengen und eins von diesen Molekülen abspalten, sind aber nicht imstande, den aromatischen Kern vom Zucker abzutrennen. Emulsin, das Ferment der bitteren und süßen Mandel, spaltet dagegen Amygdalin in zwei Glucosemoleküle, Benzaldehyd und Blausäure:

$$C_6H_5{<}{}^{CN}_{O.(C_{12}H_{21}O_{10})} + 2\,H_2O = C_6H_5.CHO + HCN + 2\,C_6H_{12}O_6.$$

Die Nitrilglucoside spielen, wie es scheint, eine wichtige Rolle in den Pflanzen als ein Vorrat an Blausäure, die je nach Bedarf abgespalten werden und sich an verschiedenen synthetischen Prozessen, z. B. an der Verlängerung der Kohlenstoffketten (S. 292) beteiligen kann.

Sinigrin:

$$CH_2{=}CH{-}CH_2{-}N{=}C{-}O.SO_2OK$$
$$|$$
$$S{-}(C_6H_{11}O_5)$$

ein eigentümliches Thioglucosid, in welchem der Zucker nicht durch Sauerstoff, sondern durch Schwefel gebunden ist. Krystalle; Schmelzpunkt 126°, linksdrehend. Das Ferment Myrosin[1]) zersetzt es in d-Glucose, Isorhodanester des Allylalkohols und Kaliumbisulfat:

$$C_3H_5.N{:}C(O.SO_2OK).S.C_6H_{11}O_5 + H_2O =$$
$$C_3H_5.N{:}C{:}S + C_6H_{12}O_6 + KHSO_4.$$

In den Cruciferen findet man einige analoge Glucoside, in denen der Zucker durch Schwefel gebunden ist.

Einige Glucoside besitzen ein hohes Molekulargewicht und ihre Struktur ist noch nicht festgestellt. Hierzu gehört z. B. das weitverbreitete[2]):

Hesperidin $C_{50}H_{60}O_{27}$ (Molekulargewicht 1092), kristallinische Substanz, schwer löslich in Wasser, Äther und Benzol, leicht löslich in Alkohol; Schmelzpunkt 251°. Zerfällt in Glucose, Rhamnose und Hesperitin[3]), ein Phloroglucinderivat (nicht Ester!) der Hesperitinsäure:

$$C_6H_3(OH)(O.CH_3).CH{:}CH.CO.C_6H_2(OH)_3.$$

---

[1]) Bussy: Ann. de chim. et de pharmacie Bd. 34, S. 223. 1840.
[2]) Borodin: Arb. d. St. Petersburger Naturforscherges. 1883. (Russisch),
[3]) Tanret: Bull. de la soc. chim. de France. Bd. 49, S. 20. 1888.

Hesperitinsäure ist ein Methylester der Kaffeesäure

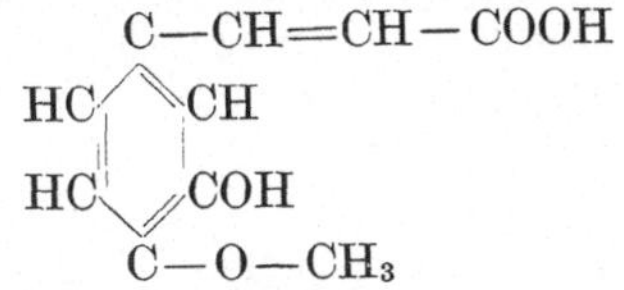

$$\begin{array}{c} C-CH\!=\!CH-COOH \\ HC \diagup \diagdown CH \\ HC \diagdown \diagup COH \\ C-O-CH_3 \end{array}$$

Saponine[1]) nennt man zahlreiche amorphe, in Wasser leicht lösliche, giftige Glucoside, welche die Eigenschaft besitzen, seifenartig-opaleszierende, stark schäumende Lösungen zu geben. Ihre Konstitutionsformeln sind bis jetzt noch nicht festgestellt; sie sind stickstofffrei. Saponine sind in der Pflanzenwelt weit verbreitet.

Von den Zuckern findet man in den Saponinen Glucose, Galactose, Arabinose und Methylpentosen, nach deren Abspaltung eine unlösliche Substanz, das Sapogenin, ausfällt. Sapogenin stellt oft gleichfalls ein Glucosid dar. Die Saponine liefern bei Behandlung mit Bleiessig und Baryt unlösliche Niederschläge. Einige von ihnen lassen sich aussalzen. Für die Saponine gilt wahrscheinlich die allgemeine Formel $C_n H_{2n-8} O_{10}$ [2]).

Flavonglucoside bilden mit den Carotinderivaten (S. 104) und den bisher noch nicht untersuchten Anthochloren die Gesamtheit der gelben und orangegelben Pflanzenfarbstoffe. Die Derivate des Flavons und Oxyflavons, des Flavonols liefern technisch wichtige Farbstoffe.

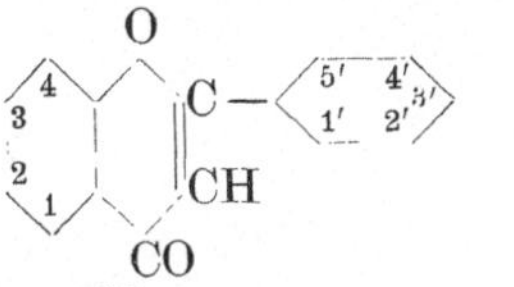

Flavon 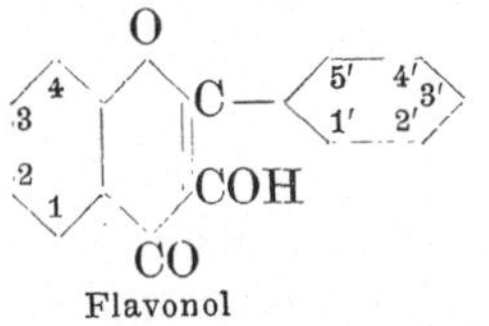 · Flavonol

Die Formel des Flavons ist durch Synthese aus Benzoesäure und o-Acetophenon festgestellt[3]).

Die Hauptkomponente der Flavonglucoside ist **Quercetin**, 1, 3, 3', 4'-Tetraoxyflavonol[4]). So findet man z. B. in der Rinde vieler Pflanzen das Glucosid **Rutin**, von zitronengelber Farbe, das ebenso wie alle Flavonderivate in kaltem Wasser sehr wenig löslich ist[5]). Bei der Hydrolyse zerfällt es in Quercetin und Rhamnose. Ein anderes Glucosid, **Xanthorhamnin** wird zu Galactose, Rhamnose und Rhamnetin, Trimethyläther des Quercetins[6]), hydrolysiert. Viele andere analoge Stoffe sind von PERKIN[7]) und seinen Mitarbeitern beschrie-

---

[1]) BUSSY: Journ. de pharmacie Bd. 19, S. 1. 1833.

[2]) KOBERT: Arch. f. exp. Pathol. u. Pharmakol. Bd. 23, S. 233. 1887.

[3]) v. KOSTANECKI u. FEUERSTEIN: Ber. d. Dtsch. Chem. Ges. Bd. 31, S. 1757. 1898. — v. KOSTANECKI u. TAMBOR: Ebenda Bd. 33, S. 330. 1900.

[4]) v. KOSTANECKI: Ber. d. Dtsch. Chem. Ges. Bd. 26, S. 2901. 1893. — KOSTANECKI, LAMPE u. TAMBOR: Ebenda Bd. 37, S. 1402. 1904.

[5]) SCHMIDT, E., WALIASCHKO, BRANNS, WUNDERLICH: Arch. f. Pharm. Bd. 242, S. 210, 225, 383, 547, 556. 1904; Bd. 246, S. 224, 241 u. 256. 1908.

[6]) HERZIG, J.: Monatsh. f. Chem. Bd. 6, S. 889. 1885; Bd. 9, S. 548. 1888; Bd. 10, S. 561. 1889.

[7]) PERKIN, A. G.: Journ. of the chem. soc. (London) Bd. 71, S. 1131. 1897; Bd. 95, S. 2181. 1909. — PERKIN and MARTIN: Ebenda Bd. 71, S. 818. 1897. — PERKIN and PILGRIM: Ebenda Bd. 73, S. 267. 1898. — PERKIN and HUMMEL: Ebenda Bd. 77, S. 424. 1900. — PERKIN: Ebenda Bd. 81, S. 205. 1902 u. a.

ben worden. Die Flavonol- und Flavonderivate findet man in den Pflanzen nicht nur als Glucoside, sondern auch in freiem Zustande, wie z. B. **Chrysin,** 1, 3-Dioxyflavon[1]) und **Luteolin, 1, 3, 3′, 4′**-Tetraoxyflavon[2]). Alle sind in Wasser und Äther unlöslich, lösen sich aber in heißem Alkohol und Alkalien, krystallisieren gut und sind gelb gefärbt.

Anthocyane sind Glucoside, welche Oxoniumbasen der Derivate des Pyriliumringes enthalten; sie spielen in den Pflanzen eine wichtige Rolle als Farbstoffe der Blumen, buntfarbiger Blätter und Früchte.

Die Natur der Anthocyane ist, nach mißlungenen Versuchen verschiedener Autoren, endlich durch die Untersuchungen WILLSTÄTTERS und seiner Mitarbeiter klargelegt worden. Diese Arbeiten können als Muster dafür dienen, wie man neue, unbekannte, natürliche Produkte isolieren und deren Natur feststellen soll. Die bisher erforschten Anthocyane erwiesen sich als Verkettungen von Zuckern, nämlich von Glucose, Galactose und Rhamnose mit eigenartigen Farbstoffen, den Anthocyanidinen, die den Flavonderivaten nahe stehen, aber eine andere Konstitution haben; an Stelle des Chromonrestes

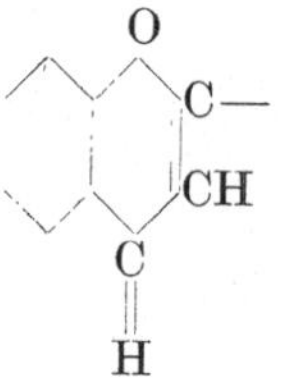

enthalten sie den doppelten Ring:

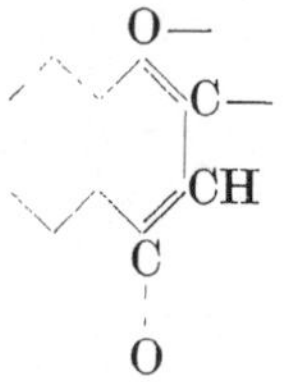

d. h. es fehlt ihnen die Carbonylgruppe CO; dafür enthalten sie aber die chinoide Oxoniumgruppe[3]), die basische Eigenschaften besitzt, da der vierwertige Sauerstoff mit seiner freien Valenz Säuren binden kann; andererseits haben die in den Anthocyanidinen befindlichen Phenolgruppen saure Eigenschaften. Somit sind die Anthocyanidine Ampholyte: ihre Verbindungen mit Basen (bei der Kornblume unter natürlichen Bedingungen mit Kalium) sind blau, Verbindungen mit Säuren sind aber grellrot; die freie Base bildet ein intramolekulares Salz von violetter Farbe, wird aber sehr rasch vollständig entfärbt durch Isomerisation und Verwandlung des vieratomigen Sauerstoffs in zweiatomigen (früher wurde diese Entfärbung irrtümlich für eine Reduktion der Anthocyane gehalten). Außerhalb der Pflanze ist jedoch die Umwandlung der Flavonderivate in Anthocyanidine durch direkte Reduktion der Carbonylgruppe des Pyronringes nur als eine Nebenreaktion ausgeführt worden.

[1]) v. KOSTANECKI: Ber. d. Dtsch. Chem. Ges. Bd. 26, S. 2901. 1893; Bd. 32, S. 2448. 1899; Bd. 37, S. 3167. 1904.

[2]) PERKIN, A. G.: Journ. of the chem. soc. (London) Bd. 69, S. 206. 1896. — Ders.: Proc. of the chem. soc. Bd. 15, S. 242. 1900; Bd. 16, S. 181. 1900.

[3]) PERKIN, W. H., ROBINSON, R. and TURNER, M. R.: Journ. of the chem. soc. (London) Bd. 93. S. 1085. 1908.

WILLSTÄTTER und seine Mitarbeiter[1]) extrahierten Anthocyane aus
Blumen und Früchten mit wässerigem Alkohol und führten dieselben
behufs Darstellung der beständigen Anthocyanidine in Chlorderivate
von hochroter Farbe über. Nach der Hydrolyse des Glucosids gehen
die Anthocyanidine leicht in Amylalkohol über, in welchem Anthocyane
unlöslich sind.

Anthocyanidine teilt man in drei Gruppen ein: in Derivate des
Pelargonidins, des Cyanidins und des Delphinidins:

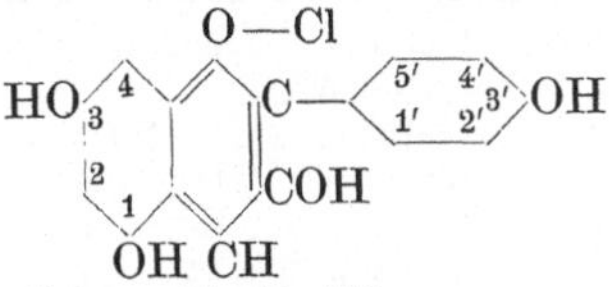

Pelargonidinchlorid[2])

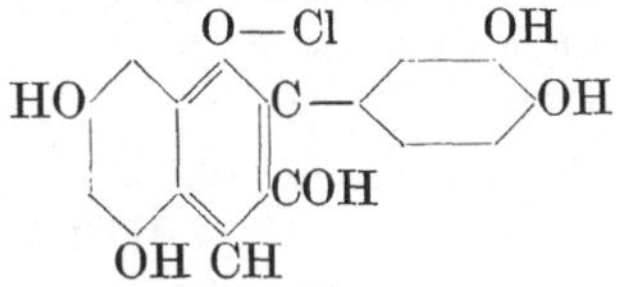

Cyanidinchlorid[3])

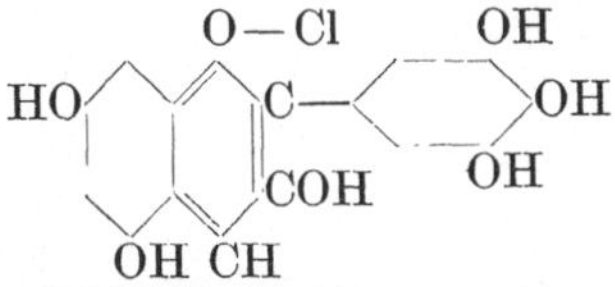

Delphinidinchlorid

Somit ist Cyanidin ein $4'$-Oxypelargonidin und Delphinidin ein
$2', 4'$-Dioxypelargonidin.

Außer den soeben genannten Stoffen enthalten die Anthocyan-
glucoside noch: Päonidin, das $3'$(?)-Monomethylcyanidin, Myrtillidin, das
$4'$(?)-Monomethyldelphinidin, Petunidin, isomer mit dem vorigen, zwei
Dimethyldelphinidine, Önidin und Malvidin, vielleicht auch andere Derivate. Wie leicht sich die Anhäufung des einen Anthocyanidins anstatt des anderen vollzieht und wie wenig charakteristisch die einzelnen
Anthocyane für eine bestimmte Pflanzenart sind, ersieht man daraus,
daß bei der Kornblume, die gewöhnlich nur Cyanidin enthält und blau
gefärbt bleibt, in der rosafarbigen Rasse Pelargonidin gefunden worden
ist; desgleichen hat man bei Pelargonium, wo sich gewöhnlich nur
Pelargonidin findet, in der violettroten Rasse Cyanidin entdeckt. Es
sind noch andere analoge Fälle zu verzeichnen. Die Blütenfärbung
hängt ab: 1. von dem Gehalt an verschiedenen Anthocyanen, 2. von

<hr>

[1]) WILLSTÄTTER, R. u. EVEREST, A. E.: Liebigs Ann. d. Chem. Bd. 401,
S. 189. 1913. — WILLSTÄTTER, R. u. NOLAN, TH.: Ebenda Bd. 408, S. 1 u. 136.
1915. — WILLSTÄTTER, R. u. MALLISON, H.: Ebenda Bd. 408, S. 15 u. 147.
1915. — WILLSTÄTTER, R. u. BOLTON, E. K.: Ebenda Bd. 408, S. 42. 1915;
Bd. 412, S. 113 u. 136. 1916. — WILLSTÄTTER, R. u. MIEG, W.: Ebenda Bd. 408,
S. 61 u. 122. 1915. — WILLSTÄTTER, R. u. ZOLLINGER, E.: Ebenda Bd. 408,
S. 83. 1915; Bd. 412, S. 164 u. 195. 1916. — WILLSTÄTTER, R. u. MARTIN, K.:
Ebenda Bd. 408, S. 110. 1905. — WILLSTÄTTER, R. u. BURDICK, CH. L.: Ebenda
Bd. 412, S. 149 u. 217. 1916. — WILLSTÄTTER, R. u. WEIL, F.: Ebenda Bd. 412,
S. 178 u. 231. 1916.
[2]) WILLSTÄTTER, R. u. MALLISON: Sitzungsber. d. preuß. Akad. d. Wiss.
S. 769. 1914.
[3]) WILLSTÄTTER, R. u. ZECHMEISTER, L.: Ebenda S. 886. 1914.

der Reaktion des Zellsaftes und 3. von der Kombination der Anthocyane mit gelborangefarbigen Pigmenten. Außerdem haben verschiedene Anthocyanidine nicht die gleichen Farbentöne bei allen Farbenübergängen. Um den Charakter der natürlichen Anthocyane zu illustrieren, sind in folgender Tabelle die Produkte der Hydrolyse von einigen Pigmenten angeführt:

Pflanze	Hydrolyseprodukte der Anthocyane
Centaurea cyanus, Blüten	2 Mol. Glucose + Cyanidin.
Rosa gallica, Blüten	Dasselbe Glucosid.
Vaccinium myrtillus, Fruchtschalen	1 Mol. Galaktose + Myrtillidin.
Rotes Pelargonium, Blüten . . .	2 Mol. Glucose + Pelargonidin.
Delphinium consolida, Blüten . .	2 Mol. Glucose + 1 Mol. Oxybenzoesäure + Delphinidin.
Weintraube, Schale	1 Mol. Glucose + Önidin.
Vaccinium vitis idaea, Schale . .	1 Mol. Galaktose + Cyanidin.
Althaea rosea, Blüten	1 Mol. Glucose + Myrtillidin.
Malva silvestris, Blüten	2 Mol. Glucose + Malvidin.
Paeonia, Blüten	2 Mol. Glucose + Päonidin.
Salvia coccinea } Salvia splendens }	2 Mol. Glucose + nicht festgestellte Komponente + Pelargonidin.
Chrysanthemum indicum	1 Mol. Glucose + Cyanidin.
Prunus avium	1 Mol. Glucose + 1 Mol. Rhamnose + Cyanidin.
Prunus spinosa	1 Mol. Glucose + 1 Mol. unbekannter Hexose + Cyanidin.
Viola tricolor	2 Mol. Glucose + 1 Mol. Rhamnose + Delphinidin.
Petunia hybrida	2 Mol. Glucose + Petunidin.
Papaver rhoeas	2 Anthocyane; unter ihnen lieferte das eine 2 Mol. Glucose + Cyanidin (isomer mit dem Kornblume- und Rosepigment).

In den Pflanzen ist also Cyanidin am meisten verbreitet. Zum Schluß ist noch zu bemerken, daß die physiologische Bedeutung der nicht zuckerartigen Komponenten der Glucoside äußerst mannigfaltig sein kann. Es sei z. B. darauf hingewiesen, daß die Flavonderivate nach den neuesten Ergebnissen[1]) bei den Tropen- und Alpenpflanzen sehr verbreitet sind und als Schirme vor ultravioletten Strahlen eine wichtige Rolle spielen. In Kulturen, die unter Glas auferzogen wurden, bildeten sich geringe Mengen der Flavonderivate. Im lebenden Pflanzengewebe sollen Verwandlungen der Flavonderivate im Anthocyanidine und umgekehrt öfters vor sich gehen.

Analytische Methoden. Die einfachen Zuckerarten weist man qualitativ durch Darstellung ihrer charakteristischen Derivate nach, am häufigsten der Osazone des Phenylhydrazins oder der Hydrazone der substituierten Phenylhydrazine. Oben sind die besonders charakteristischen Derivate für verschiedene Zucker angeführt worden. Infolge der großen Löslichkeit und schwierigen

---

[1]) SHIBATA, K., NAGAI, J. and KISHIDA, M.: Journ. of biol. chem. Bd. 28, S. 93. 1916. — SHIBATA, K. and NAGAI, J.: Botan. mag., Tokyo Bd. 30, S. 149. 1916.

Krystallisation der einfachen Zucker empfiehlt es sich, dieselben für den qualitativen Nachweis nur in dem Falle zu isolieren, wo der betreffende Zucker in bedeutender Menge vorhanden und mit anderen Zuckern nicht gemischt ist. Die Osazone krystallisieren gut aus 50 vH. Alkohol, wenn man beim Kochen tropfenweise Pyridin bis zur Lösung des Niederschlags hinzusetzt. Die Analyse des Osazons zeigt nur an, ob der betreffende Zucker eine Pentose, Hexose usw. ist; für die vollkommene Identifizierung dient die genaue Bestimmung des Schmelzpunktes des Osazons und seiner spezifischen Drehung[1]). Letztere Bestimmung nimmt man noch besser direkt mit der gereinigten Lösung des Zuckers selbst vor. Zuerst wird der Zucker in der Lösung nach der Reduktion der FEHLINGschen Lösung quantitativ bestimmt, darauf ermittelt man, das erhaltene Resultat im Auge behaltend, die spezifische Drehung im Polarisationsapparate. Die Bestimmung der Drehung der Zuckerlösung ist besonders wichtig für die Unterscheidung der Glucose von der Fructose, da beide Zuckerarten ein und dasselbe Osazon ergeben. Außerdem liefern Ketosen weit schneller als Aldosen Osazone mit Methylphenylhydrazin[2]). Das zuverlässigste Verfahren, Glucose in Gegenwart von Fructose nachzuweisen, besteht darin, daß Glucose bei Oxydation mit Jod in alkalischer Lösung in Gluconsäure übergeht, indes Fructose nicht oxydiert wird. Darauf beruht die jodometrische Methode der quantitativen Traubenzuckerbestimmung in Gegenwart von Fructose[3]), laut der Reaktion:

$$C_6H_{12}O_6 + J_2 + 3\,NaOH = CH_2OH:(CHOH)_4.COONa + 2\,NaJ + 2\,H_2O.$$

Zur schnellen Erkennung der Fructose dienen die Braunfärbung der Lösung beim Kochen in schwach-saurem Medium und folgende Proben:

1. Die Probe von SELIWANOW[4]). Bei Erwärmung der fructosehaltigen Lösungen mit Resorcin und Salzsäure erscheint eine kirschrote Färbung.

2. Die Probe von JOLLES[5]). Für die Entdeckung der Fructose im Harne kocht man den Harn mit einem halben Volumen 20proz. alkoholischer Diphenylaminlösung und dem gleichen Volumen konzentrierter Salzsäure. In Gegenwart von Fructose erscheint Trübung und Rotfärbung. Alle diese qualitativen Proben sind allerdings nicht vollkommen zuverläßig.

Krystallisierte Di- und Trisaccharide sind leichter in reiner Form darzustellen als viele einfache Zucker. Zur Identifizierung derjenigen von ihnen, welche Aldehydeigenschaften nicht besitzen, dient die Bestimmung der spezifischen Drehung, die Veränderung der Drehung nach der Hydrolyse und die Natur der bei der Hydrolyse entstehenden Produkte. Dieselben Methoden verwendet man auch zur Identifizierung der Glucoside. Die hochmolekularen Polysaccharide identifiziert man ebenfalls nach den Spaltungsprodukten und nach dem Resultate der Fermentwirkungen. Betrachtet man die Stärkekörner unter dem Mikroskop, so kann man die Stärke sicher erkennen und sogar feststellen, welcher Pflanzenart dieselbe angehört. Cellulose identifiziert man nach ihrer Unlöslichkeit in Alkalien und Säuren und ihrer Löslichkeit im SCHWEIZERschen Reagens. Die Isolierung des Rohrzuckers aus den Pflanzen wird durch spezielle präparative Methoden erleichtert[6]).

Die quantitative Bestimmung der Zuckerarten wird nach mehreren Methoden vorgenommen, unter denen die Polarisationsmethode den ersten Platz einnimmt. Das Kohlenhydrat wird nach folgender Formel bestimmt:

---

[1]) NEUBERG, C.: Ber. d. Dtsch. Chem. Ges. Bd. 32, S. 3384. 1899.

[2]) NEUBERG, C.: Ber. d. Dtsch. Chem. Ges. Bd. 35, S. 959. 1902; vgl. jedoch OFNER, R.: Zeitschr. f. physiol. Chem. Bd. 45, S. 359. 1905.

[3]) WILLSTÄTTER, R. u. SCHUDEL, G.: Ber. d. Dtsch. Chem. Ges. Bd. 51, S. 780. 1918.

[4]) SELIWANOW, F.: Ber. d. Dtsch. Chem. Ges. Bd. 20, S. 181. 1887.

[5]) JOLLES, A.: Zeitschr. f. physiol. Chem. Bd. 81, S. 203. 1912.

[6]) SCHULZE, E. u. SELIWANOW, F.: Landwirtschaftl. Versuchs-Stationen Bd. 34, S. 408. 1887. — WINTERSTEIN, E.: Zeitschr. f. physiol. Chem. Bd. 104, S. 217. 1919.

$$C = \frac{\alpha \cdot V}{[\alpha]_D \cdot l}.$$

In dieser Formel ist C die Zuckerkonzentration, α die Winkeldrehung der Lösung, V das Volumen der Lösung, $[\alpha]_D$ die spezifische Drehung des betreffenden Zuckers und l die Länge des Rohres des Polarisationsapparates. Die Polarisationsmethode ist auch für Disaccharide und sogar für hochmolekulare Körper, wie Stärke und Glykogen brauchbar. Infolge der bedeutenden spezifischen Drehung der meisten Kohlehydrate hat die Gegenwart anderer optisch aktiver Stoffe keine wesentliche Bedeutung.

Pentosen und Glucuronsäure verwandelt man durch Erhitzen mit Salzsäure in Furfurol, destilliert und fällt im Destillat Furfurol mit Phloroglucin[1]) oder Barbitursäure[2]); der Niederschlag wird gewogen, und die Menge einer jeden Pentose nach einem spezifischen, empirisch gefundenen Koeffizienten berechnet.

Glucose, Invertzucker, Fructose, Galaktose und Maltose lassen sich gut durch Reduktion von Kupferoxyd in alkalischer Lösung (FEHLINGscher Lösung) bestimmen. Es existieren viele Modifikationen dieser Methode[3]), darunter sind die beiden folgenden besonders gebräuchlich: Beim Titrieren nach BERTRAND löst man das gefällte Kupferoxydul in der Lösung von Ferrisulfat in Schwefelsäure und titriert das hierbei gebildete Oxydulsalz mit Permanganat. Nach dem Gewichtsverfahren filtriert man das Kupferoxydul ab und wiegt es entweder unmittelbar (Methode von PFLÜGER) oder nach Reduktion zu metallischem Kupfer (Methode von ALLIHN) aus.

Für gärfähige Zucker eignet sich als eine sehr genaue quantitative Methode die Zuckerspaltung durch Hefe[4]). Nach der Menge des abgeschiedenen Kohlendioxyds läßt sich der vergorene Zucker berechnen, und zwar auf Grund der Gleichung: $C_6H_{12}O_6 = 2\,C_2H_5OH + 2\,CO_2$ (unter Einführung einer empirischen Korrektur). Das Kohlendioxyd wird in einem gewogenen Kaliapparat oder in einem Natronkalkröhrchen aufgefangen.

Die Bestimmung der Stärke vollzieht sich entweder nach der Menge des bei der Hydrolyse (mit angesäuertem Wasser unter 3—5 Atmosphären Druck) entstehenden Zuckers[5]), oder polarimetrisch nach Lösen der Stärke in verdünnter Schwefelsäure[6]). Die für tierisches Glykogen ausgearbeiteten Methoden[7]) sind auf pflanzliches Glykogen nicht ohne weiteres anwendbar[8]). Die quantitative Bestimmung der Cellulose wird gewöhnlich ohne vollständige Reinigung

---

[1]) KRÖBER: Journ. f. Landwirtschaft S. 355. 1900 u. S. 7. 1901.

[2]) GRUND: Zeitschr. f. physiol. Chem. Bd. 35, S. 111. 1902.

[3]) SOXHLET: Journ. f. prakt. Chem., N. F. Bd. 21, S. 227. 1880. — ALLIHN: Ebenda Bd. 22, S. 55. 1880. — BANG, I.: Biochem. Zeitschr. Bd. 2, S. 271. 1906. — VERNON, H. M.: Journ. of physiol. Bd. 28, S. 156. 1902. — PFLÜGER: Pflügers Arch. f. d. ges. Physiol. Bd. 69, S. 399 u. 423. 1898. — BERTRAND, G.: Bull. de la soc. chim. de France Bd. 35, S. 1285. 1906. Bei allen diesen Methoden ist es notwendig, zunächst Eiweißstoffe und übrige Kolloide aus der Lösung abzuscheiden.

[4]) JODLBAUER, M.: Zeitschr. d. Ver. d. Zuckerindustrie S. 308, 313 u. 346. 1888. Bestimmung der Lactose: HILDT, E.: Cpt. rend. hebdom. des séances de l'acad. des sciences Bd. 167, S. 756. 1918. Bestimmung der Maltose und Lactose: LEGRAND, M.: Ebenda Bd. 172, S. 602. 1921.

[5]) FRANKE, G.: Zeitschr. f. physiol. Chem. Bd. 7, S. 510. 1883.

[6]) LINTNER, C. J.: Zeitschr. f. d. ges. Brauwesen Bd. 30, S. 109. 1907. — Ders.: Zeitschr. f. Untersuch. d. Nahrungs- u. Genußmittel Bd. 14, S. 205. 1907; Bd. 16, S. 509. 1908. — EWERS, E.: Zeitschr. f. öffentl. Chem. Bd. 14, S. 8 u. 150. 1908; Bd. 15, S. 8. 1909.

[7]) PFLÜGER: Pflügers Arch. f. d. ges. Physiol. Bd. 129, S. 374. 1909.

[8]) SALKOWSKI, E.: Zeitschr. f. physiol. Chem. Bd. 92, S. 75. 1914. Vgl. die biochemische Glykogenbestimmung bei MAYER, P.: Biochem. Zeitschr. Bd. 136, S. 487. 1923.

vorgenommen und kann daher nicht für absolut genau gehalten werden. Das
Material wird mehrere Tage hindurch in einem verschlossenen Gefäß mit Salpetersäure in Gegenwart von $KClO_3$ digeriert, der ungelöst gebliebene Niederschlag
mit Ammoniak behandelt, ausgewaschen und gewogen[1]). Es existieren mehrere
Modifikationen der Bestimmung des „Rohfasers", wie man gewöhnlich die nicht
chemisch reine Cellulose nennt.

Die Verwandlungen der Kohlenhydrate in Samenpflanzen. Die
Umwandlung der einfachen Zucker in Disaccharide und umgekehrt,
ist bei Samenpflanzen hauptsächlich mit der Wanderung der Kohlenhydrate verbunden, die sich nur in Leitungsbahnen vollzieht. Die
wichtigsten und verbreitesten Kohlenhydrate sind, erstens, Polysaccharide der Zellwände und Stärke, zweitens, die krystallinischen Disaccharide, und zwar Rohrzucker und Maltose, drittens, die einfachen Zuckerarten. Nur die letzteren stellen ein Material dar, das einigermaßen
durch die Plasmahaut diffundiert und zu physiologischen Reaktionen
verwendet wird. Rohrzucker diffundiert sehr langsam durch die Haut-
schicht des Plasmas und spielt die Rolle eines Reservematerials, das
im Zellsaft gelöst bleibt; die Polysaccharide stellen ein unlösliches Reservematerial dar.

Oft erscheint nach der Stärkehydrolyse im Zellsafte nicht Maltose,
sondern Rohrzucker. Das ist nicht überraschend, da Rohrzucker nach
der Maltosehydrolyse synthetisch gebildet wird, indem Glucose leicht
in Fructose übergeht (S. 296). Es existieren die noch unveröffentlichten
Beobachtungen, die darauf hinweisen, daß Glucose und Fructose sich
auch in den Pflanzenorganen auffallend leicht ineinander übergehen
können.

Im Kapitel II wurde dargetan, daß Kohlenhydrate im Laubblatt am
Lichte erzeugt werden. In energisch arbeitenden Blättern kann man
eine Zunahme sowohl an einfachen Zuckern, als auch an Rohrzucker
und Stärke feststellen; in den von der Pflanze abgetrennten Blättern
geht hierbei eine große Menge des assimilierten Kohlenstoffs in die
Kohlenhydrate der Zellwände über[2]).

Neben der Bildung von Kohlenhydraten im Blatte findet aber gleichzeitig eine energische Ableitung dieser Stoffe in den Stamm statt, worauf
schon längst SACHS hingewiesen hat[3]). Die Bildung von Stärke und
löslichen Sacchariden im Blatte ist nur eine vorübergehende; sie wird
dadurch hervorgerufen, daß die Zuckerkonzentration bei energischer
Photosynthese sehr hoch steigt; infolgedessen ruft die fermentative
Wirkung Synthesen hervor[4]). Eine zeitweilige Hemmung der Photosynthese genügt dazu, rasche Stärkehydrolyse zu bewirken. So tritt

---

[1]) SCHULZE, FR.: Beiträge zur Kenntnis des Lignins 1856. — HENNEBERG:
Liebigs Ann. d. Chemie Bd. 146, S. 130. 1868.

[2]) v. KÖRÖSY, K.: Zeitschr. f. physiol. Chem. Bd. 86, S. 368. 1913.

[3]) SACHS, J.: Arb. a. d. botan. Inst. zu Würzburg Bd. 3, S. 1. 1884.

[4]) SCHIMPER: Botan. Zeit. Bd. 43, S. 769. 1885. Über periodische Schwankungen des Kohlenhydratgehaltes in Blättern vgl. GOLA: Atti dell' ist. botan.
di Padova 1923. 71; desgl. in Früchten: ABBOTT, O.: Botan. gaz. Bd. 76, S. 167.
1923.

z. B. Stärkelösung beim Welken des Blattes ein[1]). In den Blättern sind zweifellos die Fermente Amylase[2]) und Invertase[3]) vorhanden, welche eine Umwandlung der Kohlenhydrate bewirken. In einigen Compositen wird Stärke durch Inulin ersetzt[4]); in anderen Pflanzen, namentlich in Oleaceen, findet sich außer den Zuckerarten Mannit[5]), welches als Material zur Stärkebildung (natürlich nach der Oxydation in Zucker) dient. Bei niedriger Temperatur werden die synthetischen Prozesse der Bildung von unlöslichen Polysacchariden gehemmt, und der Zuckergehalt steigt in den Blättern[6]).

Da weder Zucker noch Polysaccharide im Blatte lange Zeit verbleiben, sondern in den Stamm hinüberwandern, so findet zwischen der Bildung der Kohlenhydrate und deren Ableitung ein gewisses Gleichgewicht statt. Die neuesten Untersuchungen über den Kohlenhydratgehalt im Blatte während verschiedener Vegetationsperioden haben unerwartete Resultate geliefert[7]). Es ergab sich, daß die im Herbste abfallenden Blätter große Mengen der einfachen Zuckerarten enthalten; oft sind sie zuckerreicher als die jungen Blätter. Ebenso hat man in den einjährigen Pflanzen nach Beendigung der Vegetation große Mengen der löslichen Kohlenhydrate gefunden. Im Frühsommer häufen sich in den Blättern hochmolekulare Kohlenhydrate an, im Herbste herrschen lösliche Zucker vor. Folgende Tabelle von MICHEL-DURAND illustriert den Kohlenhydratgehalt in 100 Birkenblättern während verschiedener Vegetationsperioden[7]).

	Löslicher Zucker	Stärke und Hemicellul.	Glucoside	Summe
	g	g	g	g
9. Mai. Grüne Blätter	2,87	2,98	6,19	12,04
11. Sept. „ „	5,22	4,91	10,48	20,61
28. Okt. Gelbe „	5,18	4,67	7,91	17,76
30. „ Abgefallene Blätter . .	3,00	4,97	6,68	15,65

Somit ergab es sich, daß Pflanzen im Herbste beim Blätterabfall viel Zucker verlieren. Dasselbe findet beim Absterben der einjährigen Gewächse statt.

Die aus den Blättern in die anderen Pflanzenteile hinüberwandernden Kohlenhydrate dienen verschiedenen Zwecken, die man in vier Kate-

[1]) HORN, F.: Botan. Arch. Bd. 3, S. 137. 1923.
[2]) BRASSE, L.: Cpt. rend. hebdom. des séances de l'acad. des sciences Bd. 99, S. 878. 1884. — BROWN, H. T. and MORRIS: Journ. of the chem. soc. (London) Bd. 60, S. 604. 1893.
[3]) KASTLE and CLARCK, M. E.: Americ. chem. journ. Bd. 30, S. 422. 1903.
[4]) GRAFE, V. u. YOUK: Biochem. Zeitschr. Bd. 47, S. 320. 1912. — COLIN: Rev. gén. de botanique Bd. 31, S. 75. 1919.
[5]) VOGEL, A.: Schweigg. Journ. Bd. 37, S. 365. 1823. — MAQUENNE, L.: Les sucres 1900.
[6]) LIDFORSS: Botan. Zentralbl. Bd. 68, S. 33. 1896. — CZAPEK, F.: Ber. d. botan. Ges. Bd. 19, S. 120. 1901.
[7]) MICHEL-DURAND, E.: Rev. gén. de botanique Bd. 30, S. 337. 1918. — COMBES, R. et KOHLER, D.: Cpt. rend. hebdom. des séances de l'acad. des sciences Bd. 175, S. 590. 1922.

gorien einteilen kann: 1. Energetische Prozesse; 2. Chemische Umwandlungen in andere Stoffe, die für die Bedürfnisse der Pflanze notwendig sind; 3. Aufbau von neuen Organen und Geweben; 4. Speicherung der Reservestoffe.

Die Hauptmenge der Kohlenhydrate wird zu energetischen Prozessen verwertet: die Zucker verbrennen bei der Atmung und liefern dem Pflanzenorganismus die notwendige Energie, welche der Verbrennungsenergie des Heizmaterials der Fabriken entspricht. Diese biochemischen Vorgänge sollen in Kapitel VIII betrachtet werden. Die Synthese anderer biologisch wichtiger Stoffe aus Zucker wird im folgenden Kapitel beschrieben werden. Der Aufbau neuer Organe beim Wachstum ist, vom chemischen Standpunkt aus, hauptsächlich auf die Synthese der Zellwandstoffe und der Eiweißstoffe, welche das hauptsächlichste Baumaterial des Protoplasmas ausmachen, zurückzuführen. Über die Synthese der Eiweißstoffe wird weiter unten die Rede sein, was aber die Synthese der Zellwandstoffe betrifft, so ist zwar der Mechanismus dieses Vorganges noch gar nicht aufgeklärt worden, doch scheint es sich hier um eine Reversion derjenigen Prozesse zu handeln, die bei der Auflösung der Zellwände durch Cytase und andere Zellwandstoffe spaltende Fermente stattfinden.

Die Aufspeicherung der Kohlenhydrate als Reservematerial bzw. der Verbrauch der genannten Reservestoffe bietet eine bei den Samenpflanzen sehr verbreitete Erscheinung dar. Für die Ablagerung der Reservestoffe existieren besondere Behälter. Bei perennierenden krautartigen Pflanzen spielen oft Rhizome, Knollen und Zwiebeln die Rolle von Reservestoffbehältern, bei den Bäumen wird das organische Material zum Aufbau der Blätter im Frühjahr schon im Herbst in den lebenden Zellen des Holzzylinders aufgespeichert. Als die verbreitesten Reservebehälter sind wohl die Samen zu bezeichnen, wo Kohlenhydrate oder Fette, und Eiweißstoffe sich entweder im Endosperm oder in den Keimblättern ablagern. Sowohl in den Samen, als auch in den unterirdischen Reservestoffbehältern kann man zu jeder Zeit sowohl lösliche Zuckerarten als Stärke nachweisen; das Verhältnis dieser Produkte verändert sich aber in den verschiedenen Lebensperioden der Pflanze und in den verschiedenen Jahreszeiten. Bei der Spaltung der Hemicellulosen (Mannane und Galaktane) kann man nur Traubenzucker nachweisen, da sich die Verwandlung der Mannose und Galaktose in die Glucose mit enormer Geschwindigkeit vollzieht. Das Verhalten der Reservestoffbehälter erläutert die Erscheinung der physiologischen Periodizität. Während des latenten Lebenszustandes, z. B. im Winter, ist es selbst unter günstigen Bedingungen manchmal kaum möglich, die Spaltung und Assimilation der abgelagerten Stärke hervorzurufen; am Anfang der Samenkeimung bildet sich dagegen eine große Menge von hydrolysierenden Fermenten[1]), und die Polysaccharide werden schnell

---

[1]) EFFRONT: Cpt. rend. hebdom. des séances de l'acad. des sciences Bd. 141, S. 626. 1905.

verbraucht, indem sich Endosperme und andere Reservestoffbehälter entleeren. Wie weit die Verminderung des Stärkevorrates bei der Keimung vor sich geht, zeigt folgende Tabelle von ANDRÉ, die den Stärkeverbrauch bei Phaseolus multiflorus illustriert[1]):

26. Juni	. . . . .	62,07 g Stärke	11. Juli	. . . . .	20,18 g Stärke
5. Juli	. . . . .	52,40 „ „	15. „	. . . . .	16,40 „ „
8. „	. . . . .	34,49 „ „	19. „	. . . . .	14,61 „ „

Die Amylase bildet sich sowohl im Endosperm, als auch im Keime selbst, und zwar im letzteren in größerer Menge, namentlich im Schildchen[2]). Bemerkenswert ist es, daß bei der Stärkespaltung immer bedeutende Mengen von Rohrzucker entstehen[3]), wie es auch in Laubblättern der Fall ist (s. oben). In keimenden Samen finden sich denn auch immer Invertase[4]) und Maltase[5]).

Sehr interessant sind die Versuche, in denen sich die Endospermentleerung in Abwesenheit des Keimes vollzog: den letzteren ersetzte eine Gipssäule, die mit ihrem unteren Ende in Wasser getaucht war. Die Spaltungsprodukte der Polysaccharide diffundierten durch die Säule ins Wasser und auf diese Weise wurde Stärkespaltung durch die Anhäufung der Reaktionsprodukte nicht gehemmt[6]). Es ergab sich, daß unter diesen Bedingungen eine völlige Entleerung des Endosperms stattfindet; derselbe Vorgang kommt zustande, wenn man dem Keime nicht nur lebendes, sondern auch abgetötes Endosperm eines anderen Samens und sogar einer anderen Pflanzenart anschließt[7]). Es dürfte kaum richtig sein, aus allen diesen Versuchen den Schluß zu ziehen, daß das Endosperm ein totes Gewebe darstellt: es darf nicht vergessen werden, daß eine ganze Reihe von Beobachtungen die Fähigkeit der Amylase durch Pergament und gar durch die Plasmahaut zu diffundieren, außer Zweifel stellt[8]).

---

[1]) ANDRÉ: Cpt. rend. hebdom. des séances de l'acad. des sciences Bd. 130, S. 728. 1900.

[2]) BROWN and MORRIS: Journ. of the chem. soc. (London) Bd. 57, S. 508. 1890. — LINZ: Jahrb. f. wiss. Botanik Bd. 29, S. 267. 1896.

[3]) KÜHNEMANN, G.: Ber. d. dtsch. chem. Ges. Bd. 8, S. 202 u. 387. 1875. — BROWN and MORRIS: a. a. O. S. 459. — SCHULZE, E.: Ber. d. botan. Ges. Bd. 7, S. 280. 1889. — O'SULLIVAN: Journ. of the chem. soc. (London) Bd. 53, S. 55. 1886 u. a.

[4]) BROWN and HERON: Journ. of the chem. soc. (London) Bd. 35, S. 609. 1879. — VANDEVELDE: Biochem. Zeitschr. Bd. 28, S. 131. 1910 u. a.

[5]) BEIJERINCK: Zentralbl. f. Bakteriol., Parasitenk. u. Infektionskrankh. (II) Bd. 1, S. 329. 1895. — HUERRE, R.: Cpt. rend. hebdom. des séances de l'acad. des sciences Bd. 148, S. 1526. 1909 u. v. a.

[6]) HANSTEEN: Flora Erg.-Bd. 79, S. 419. 1894. — PURIEWITSCH: Untersuchungen über die Entleerung der Reservestoffbehälter 1897 (Russisch).

[7]) BROWN and MORRIS: Journ. of the chem. soc. (London) Bd. 57, S. 458. 1890. — BROWN and ESCOMBE: Proc. of the roy. soc. of London Bd. 63, S. 3. 1898. — STINGL: Flora Bd. 97, S. 308. 1907.

[8]) KRABBE: Jahrb. f. wiss. Botanik Bd. 21, S. 4. 1890. — RICHTER, A.: Journ. d. russ. botan. Ges. Bd. 2, S. 56. 1917 (Russisch) u. a.

Bei der Samenkeimung wird nicht nur die Stärke, sondern auch das in Zellwandungen abgelagerte Reservematerial verbraucht[1]). Die Untersuchungen von BROWNs und MORRIS zeigen, daß Fermente, welche die Polysaccharide der Zellwand spalten, vom Keimschildchen zugleich mit der Diastase in großer Menge erzeugt werden[2]). Genaue Analysen zeigen, daß bei der Keimung der Leguminosen (Lupinus luteus) $^9/_{10}$ der vorhandenen Polysaccharide gelöst werden, und bei der Hydrolyse $^1/_{25}$ Traubenzucker nebst $^{24}/_{45}$ Galaktanen liefern[3]).

Der umgekehrte Prozeß der Speicherung der Polysaccharide bei der Samenreife ist leider noch lückenhaft untersucht worden. Daß das Gesetz der Massenwirkung für die Richtung der Fermentreaktionen in den Samen von großer Bedeutung ist, ersieht man aus obigen Versuchen über künstliche Entleerung der Reservestoffbehälter mit Hilfe des Gipssäulchens, wobei letzteres zuerst ins Wasser getaucht und darauf in Zuckerlösung übertragen wurde[4]). Auf dem Wasser wurden die Samenlappen von Phaseolus und Lupinus entleert, auf der Zuckerlösung aber wiederum mit Stärke gefüllt. Interessant ist es, daß in den Samen die Gegenwart von Amylokoagulase festgestellt ist, also von einem Ferment, welches die Kondensation der molekularen Komplexe nebst Bildung von unlöslichen Stärkekörnern aus der löslichen Stärke hervorruft[5]). Als eine Zwischenstufe der Stärkebildung bei der Samenreife erscheint auch der Rohrzucker[6]).

In den unterirdischen Reservestoffbehältern finden im allgemeinen dieselben Prozesse wie in den Samen statt. Auch hier wird viel Stärke und Hemicellulosen abgelagert, und bei verschiedenen Compositen Inulin erzeugt; auch hier werden manchmal enorme Rohrzuckermengen aufgespeichert und der Abbau der Polysaccharide auf eine bestimmte Jahreszeit angewiesen, wo große Fermentmengen entstehen. Höchst interessant — speziell bei der Kartoffel —, ist die Erscheinung, daß die Stärke bei niedrigen Temperaturen während der Winterruhe in Zucker übergeht. Es ist außer Zweifel gestellt worden, daß dieser Prozeß ausschließlich durch niedrige Temperatur hervorgerufen wird[7]), und bei Temperaturen über $+9°$ C ausbleibt. In einem

---

[1]) MITSCHERLICH: Liebigs Ann. d. Chem. Bd. 75, S. 305. 1850.

[2]) BROWN, H. T. and MORRIS: Journ. of the chem. soc. (London) Bd. 57, S. 548. 1890.

[3]) SCHULZE, E. u. STEIGER: Landwirtschaftl. Versuchs-Stationen Bd. 36, S. 391. 1889. — SCHULZE, E.: Ber. d. botan. Ges. Bd. 14, S. 66. 1896.

[4]) PURIEWITSCH: a. a. O. — Ders.: Jahrb. f. wiss. Botanik Bd. 31, S. 69. 1898.

[5]) MAQUENNE, L.: Cpt. rend. hebdom. des séances de l'acad. des sciences Bd. 137, S. 88 u. 797. 1903; Bd. 138, S. 49, 213 u. 375. 1904. — WOLFF et FERNBACH: Ebenda Bd. 137, S. 718. 1903; Bd. 138, S. 819. 1904; Bd. 139, S. 1217. 1904; Bd. 140, S. 95 u. 1547. 1905; Bd. 144, S. 645. 1907. — Dies.: Ann. de l'inst. Pasteur Bd. 18. 1904. — ROUX, E.: Cpt. rend. hebdom. des séances de l'acad. des sciences Bd. 140, S. 943 u. 1259. 1905; Bd. 142, S. 95. 1906.

[6]) FRERICHS u. RODENBERG: Arch. f. Pharmazie Bd. 243, S. 675. 1905.

[7]) MÜLLER-THURGAU: Landwirtschaftl. Jahrb. Bd. 11, S. 744. 1882; Bd. 14, S. 909. 1885. — Ders.: Flora Bd. 101, S. 309. 1910; Bd. 104, S. 387. 1912.

warmen Raume beginnt der umgekehrte Prozeß: bei 20—30° werden 70 vH. des gebildeten Zuckers von neuem in Stärke verwandelt. Es ist bemerkenswert, daß auch in diesem Falle hauptsächlich Rohrzucker aufgespeichert wird und der ganze Prozeß in jeder Richtung eine Kombination von Hydrolyse und Synthese darstellt. Auf Grund der neueren Angaben ist der Schluß zu ziehen, daß eine reichliche Ernährung mit Kaliumsalzen den Zuckergehalt sowohl in den unterirdischen Behältern, als auch in den Samen wesentlich erhöht[1]).

Der Abbau und Aufbau der Glucoside sind noch wenig studiert worden. Nach der Ansicht vieler Forscher, erfährt Blausäure eine ununterbrochene Metamorphose im Pflanzenkörper; im Zusammenhange damit schwankt auch der Gehalt an Nitrilglucosiden[2]). Bei der Keimung der Mandelsamen wird Amygdalin verbraucht und auch die Blausäure dieses Glucosids konsumiert[3]). Oben (S. 292) wurde bereits darauf hingewiesen, daß Blausäure eine wichtige Rolle bei den synthetischen Prozessen spielen kann. Die mehrwertigen Phenole und die übrigen leicht oxydierbaren Stoffe, die in Glucosiden oft enthalten sind, spielen in den Oxydationsprozessen nach der Ansicht PALLADINS[4]) eine hervorragende Rolle als „Atmungschromogene" (Kap. VIII). Eine analoge Bedeutung ist nach PALLADIN einigen Anthocyanen und Indicanglucosiden zuzuschreiben[5]). Phloroglucin, eine verbreitete Komponente vieler Glucoside, dient vielleicht als Material für die Synthese von Gerbstoffen[6]).

Eingehende Untersuchungen über die Ernährung der Samenpflanzen in reinen Kulturen[7]) mit Glucosiden haben dargetan, daß die giftigen Glucoside auf diejenigen Pflanzen nicht toxisch einwirken, aus denen sie erhalten sind. Es scheint, daß ein Glucosidverbrauch in der Pflanze nicht immer zustandekommt; so werden z. B. die Saponine

---

[1]) STOKLASA, J.: Zeitschr. f. landwirtschaftl. Versuchsw. Österr. Bd. 15, S. 711. 1912. — Ders.: Biochem. Zeitschr. Bd. 73, S. 107. 1916; Bd. 82, S. 310. 1917. — DE PLATO, G.: Ann. della staz. chim. agric. sper. (2), Bd. 3, S. 195. 1909.

[2]) DE PLATO: Staz. sperim. agron. Bd. 46, S. 449. 1911. — RAVENNA e VECCHI: Atti d. Reale accad. dei Lincei, rendiconto Bd. 20, S. 491. 1911; vgl. auch JORISSEN, A.: Bull. de l'acad. roy. de Belgique S. 1202. 1913. — GUIGNARD, L.: Cpt. rend. hebdom. des séances de l'acad. des sciences Bd. 147, S. 1023. 1908. — DE JONG, A. W. K.: Ann. du jardin botan. des Buitenzorg Bd. 22, S. 1. 1908.

[3]) KORSAKOW, M.: Ber. d. milchwirtschaftl. Inst. in Wologda Bd. 2, S. 3. 1922. — RAVENNA e ZAMORANI: Ann. di botanica Bd. 8, S. 51. 1910. — Dies.: Atti d. Reale accad. dei Lincei, rendiconto Bd. 19, S. 356. 1910.

[4]) PALLADIN, W.: Ber. d. russ. Akad. d. Wiss. S. 447 u. 977. 1908; S. 371 u. 459. 1909; S. 438. 1912; S. 93. 1913. (Russisch.) — Ders.: Biochem. Zeitschr. Bd. 18, S. 151. 1909; Bd. 27, S. 442. 1909. — Ders.: Rév. gén. de botanique Bd. 23, S. 225. 1911. — Ders.: Ber. d. botan. Ges. Bd. 26a, S. 125, 378 u. 389. 1908; Bd. 27, S. 101. 1909; Bd. 30, S. 104. 1912. — Ders.: Zeitschr. f. Gärungsphys. Bd. 1, S. 91. 1912. — PALLADIN, W. u. LWOV, S.: Ebenda Bd. 2, S. 326. 1913.

[5]) PALLADIN, W.: a. a. O. — WALTER, O.: Botan. Journ. d. Naturforscherges. in Petersb. Bd. 3, S. 199. 1908 (Russisch).

[6]) WAAGE, W.: Ber. d. botan. Ges. Bd. 8, S. 250. 1890.

[7]) COMBES, R.: Rev. gén. de botanique Bd. 29, S. 321 u. 353. 1917; Bd. 30, S. 5. 1918.

bei der Keimung nicht verwertet[1]) und ihre Rolle in der Pflanze bleibt also bis jetzt nicht klargelegt. Es ist übrigens wohl möglich, daß die „Mobilisierung", d. h. die hydrolytische Spaltung der Glucoside, mit dem Aufschwung des Lebens im Frühjahr und dem Keimungsvorgange nicht zusammenhängt, sondern in erster Linie auf die Verarbeitung der nicht zuckerartigen Komponenten der Glucoside zurückzuführen ist.

Die Verwandlungen der Kohlenhydrate in niederen Pflanzen.

Bei den zur Photosynthese befähigten Algen findet unter günstigen Verhältnissen eine bedeutende Stärkeablagerung statt; desgleichen bei den Moosen. Bei den niederen Algen wurden außerdem besondere noch nicht erforschte Kohlenhydrate, wie Leukosin, Anabänin u. dgl. beschrieben. Möglicherweise werden sie sich beim näheren Studium mit den bereits bekannten Polysacchariden als identisch erweisen. Die Bildung der hochmolekularen Kohlenhydrate bei den Algen steht wahrscheinlich mit dem hohen Zuckergehalt in ihrem Zellsafte während der intensiven Photosynthese im Zusammenhang und verhindert namentlich die Entwicklung eines übermäßigen osmotischen Druckes.

Bei den Pilzen findet eine eigenartige Umwandlung der Kohlenhydrate statt. Die Rolle der einfachen Zucker spielt bei den Hutpilzen oft der sechswertige Alkohol Mannit, die Rolle des Rohrzuckers — das Disaccharid Trehalose, und die Rolle der Stärke — ein gleichfalls amorphes Polysaccharid — Glykogen. Die weite Verbreitung des Mannits bei den Pilzen ist schon längst bekannt[2]); bei dem Champignon findet man oft großen Mannitgehalt, aber keine Spuren von einfachen Zuckern und ist oft eine bedeutende Mannitspaltung unter dem Einflusse von spezifischen Fermenten selbst in Preßsaft des Pilzes zu verzeichnen[3]). Interessant ist es, daß beim langsamen Trocknen der dem Boden entnommenen Pilze eine energische Bildung von Mannit aus Trehalose stattfindet[4]); Trehalose wird oft auch direkt zu energetischen Prozessen verwertet[5]). So wurden z. B. in einem Versuche BOURQUELOTS in 4 kg Agaricus piperatus schon nach fünf Stunden 20 g Trehalose vollständig abgebaut, und es blieben von ihr nicht einmal Spuren erhalten. Mit einer nicht geringeren Geschwindigkeit findet die Bildung und Spaltung des Glykogens statt. Glykogen ist sowohl in Hut- als auch in Schimmelpilzen enthalten; bei der Hefe erreicht der

---

[1]) KORSAKOW, M.: Cpt. rend. hebdom. des séances de l'acad. des sciences Bd. 155, S. 844 u. 1162. 1912. — Dies.: Rev. gén. de botanique Bd. 26, S. 225. 1914. — MOYCHO, V.: Ebenda Bd. 32, S. 449. 1920.

[2]) MUNTZ, A.: Ann. de chim. et de physique Bd. 8, S. 56. 1876.

[3]) KOSTYTSCHEW, S.: Zeitschr. f. physiol. Chem. Bd. 65, S. 350. 1910.

[4]) BOURQUELOT, E.: Cpt. rend. hebdom. des séances de l'acad. des sciences Bd. 108, S. 568. 1889; Bd. 111, S. 534. 1890. — Ders.: Bull. de la soc. mycol. Bd. 5, S. 34 u. 132. 1889; Bd. 6, S. 150 u. 185. 1890; Bd. 7, S. 50. 1891; Bd. 18, S. 13. 1892. Trehalose wurde auch in Schimmelpilzen gefunden: BOURQUELOT, E.: a. a. O. — Ders.: Bull. de la soc. mycol. Bd. 9, S. 11 u. 189. 1893.

[5]) IWANOW, N. N.: Biochem. Zeitschr. Bd. 135, S. 1. 1923.

Glykogengehalt oft 25—40 vH. der Trockensubstanz[1]). Diese enorme Glykogenmenge verschwindet nach 3—4 Stunden bei gelindem Trocknen der Hefe[2]). Die Reservestoffe der Zellwände werden bei Pilzen[3]) im Notfalle gleichfalls energisch resorbiert. Bei vielen Pilzen wird das stickstofffreie Reservematerial in Gestalt eines Schleims[4]) von bisher nicht klargelegter chemischer Natur aufgespeichert.

Der allgemeine Begriff der Eiweißstoffe. Die Eiweißstoffe sind kolloide Körper von hohem Molekulargewicht, welche außer Kohlenstoff, Wasserstoff und Sauerstoff noch Stickstoff und Schwefel, manchmal auch Phosphor enthalten. Sie kommen in großen Mengen in jeder lebenden Zelle vor, indem sie mehr als die Hälfte des Trockengewichts des Protoplasmas ausmachen; außerdem werden sie oft als Reservematerial aufgespeichert. In den Leitungsbahnen befinden sie sich im Zellsafte der Siebröhren und Milchsaftröhren: Die in den letzten Jahren große Fortschritte aufweisende Chemie der Eiweißstoffe lehrt uns, daß letztere — im Gegensatze zu den älteren völlig unbegründeten Ansichten — keine unbeständige, leicht in verschiedene Reaktionen tretende chemische Verbindungen darstellen, und deshalb kaum als aktive Faktoren der Lebenserscheinungen dienen können. In physiologischer Beziehung sind wohl nicht so die chemischen, als die physikalischen Eigenschaften der Eiweißkörper von Bedeutung; dank diesen Eigenschaften bilden sie ein sehr geeignetes Substrat für Lebensvorgänge, und zwar ein heterogenes Medium, das mit größter Leichtigkeit seine Reaktion und Ladung, im Zusammenhange damit auch seinen physikalischen Zustand verändert und hierdurch bald den synthetischen, bald den hydrolytischen Reaktionen das Übergewicht verleiht. Somit war die Vorstellung, daß namentlich nur Eiweißstoffe lebendig seien, wogegen eine solche Bezeichnung für die übrigen chemischen Stoffe nicht anwendbar sei — diese ganze Anschauung war also unbegründet.

In physikalischer Beziehung werden die Eiweißstoffe in die Gruppe der hydrophilen Kolloide (S. 18) gerechnet: sie diffundieren nicht durch tierische Blase und Pergamentpapier, ihre Lösungen opaleszieren und ergeben beim Schütteln einen schwer zergehenden Schaum. Die innere Reibung der Eiweißlösungen ist sehr groß[5]); das Filtrieren derselben ist oft mit großen Schwierigkeiten verbunden. Nichtdestoweniger bilden die Eiweißstoffe teilweise ionisierte Salze, die sich also in echter Lösung[6]) befinden. Unter dem Einflusse der Reaktionsänderung des

---

[1]) PAVY, F. W. and BYWATERS: Journ. of physiol. Bd. 36, S. 149. 1907. — HENNEBERG: Zeitschr. f. Spiritusindustrie Bd. 33, S. 242. 1910.

[2]) BUCHNER, E. u. MITSCHERLICH: Zeitschr. f. physiol. Chem. Bd. 47, S. 554 1904.

[3]) WINTERSTEIN, E.: Ber. d. dtsch. chem. Ges. Bd. 28, S. 774. 1895. — DOX, A. W. and NEIDIG: Journ. of biol. chem. Bd. 9, S. 267. 1911.

[4]) ZELLNER, J.: Monatsh. f. Chem. Bd. 27, S. 281. 1906. — FOËX, E.: Cpt. rend. hebdom. des séances de l'acad. des sciences Bd. 155, S. 661. 1912 u. a.

[5]) SACKUR, O.: Zeitschr. f. physikal. Chem. Bd. 41, S. 679. 1902.

[6]) BUGARSKY u. LIEBERMANN: Pflügers Arch. f. d. ges. Physiol. Bd. 72, S. 51. 1898.

Milieus und anderer Einwirkungen erhalten die Eiweißstoffe leicht die Eigenschaften der hydrophoben Kolloide und zeigen beim Durchlassen des elektrischen Stromes die charakteristische Erscheinung der Kataphorese. Aus diesen Tatsachen ist zu ersehen, daß die Löslichkeit der Eiweißkörper von äußeren Bedingungen im hohen Grade abhängt. Als ein anderes Merkmal der Mittelstellung der Eiweißstoffe zwischen den typischen Kolloiden und den Elektrolyten erscheint die Fähigkeit der Eiweißstoffe sich unter gewissen Bedingungen in Form von allerdings ziemlich unregelmäßigen Krystallen auszuscheiden. Solche Krystalle bilden sich oft unter natürlichen Verhältnissen in den Reservestoffbehältern (in den Aleuronkörnern) und in den Zellkernen einiger Pflanzen; sie sind außerdem aus Albumin, Hämoglobin und einigen anderen tierischen Eiweißstoffen künstlich dargestellt worden[1]. Jedoch ist es nur in neuester Zeit[2] gelungen, Krystalle von reinem Eiweiß zu erhalten, da ein Eiweißkrystall infolge der Adsorption und Quellung gleich einem Schwamm, allerhand Beimischungen aufnimmt.

Koagulation und Denaturierung der Eiweißstoffe nennt man die Veränderungen ihrer Eigenschaften unter dem Einflusse verschiedener Einwirkungen. Bei der Koagulation wird das Eiweiß unlöslich, bei der Denaturierung geschieht manchmal dasselbe; in anderen Fällen bleibt zwar das Eiweiß in Lösung, ist jedoch aus derselben mit seinen natürlichen Eigenschaften nicht mehr auszuscheiden. Somit erscheint die Koagulation als ein spezieller Fall der Denaturierung, welche überhaupt mit einer Störung der Fähigkeit von Eiweißstoffen aus dem Gelzustande in den Solzustand und umgekehrt ohne Veränderung der charakteristischen Eigenschaften leicht überzugehen, verbunden ist.

Am meisten bekannt ist die Denaturierung der Eiweißstoffe beim Erwärmen der Lösung; der Eiweißstoff wird in Flocken ausgefällt, welche sich nach Erkalten nicht wieder lösen. Bei schwach saurer Reaktion kann man eine quantitative Ausscheidung des Eiweißes erzielen; bei einigem Säureüberschuß löst sich aber ein Teil des denaturierten Eiweißes wieder auf, infolge der Umladung (S. 17). Als andere denaturierende Einwirkungen sind zu erwähnen: Bearbeitung mit Säuren und Alkalien (im letzteren Falle geht das alkalische Salz des denaturierten Eiweißes häufig in Lösung über), mit einem Überschuß von Alkohol, Aceton, Chloroform und ähnlichen Stoffen, desgleichen ein Zusatz von Salzen der Schwermetalle wie Blei, Kupfer, Silber, Quecksilber u. dgl., welche mit Eiweißstoffen unlösliche Verbindungen ergeben. In allen aufgezählten Fällen findet die Denaturierung nicht momentan, sondern nach Ablauf einer, wenn auch sehr kurzer, Zeit statt[3]. Schon ein anhaltendes Schütteln der Eiweißlösungen und die Einwirkung ad-

---

[1] Hofmeister: Zeitschr. f. physiol. Chem. Bd. 14, S. 163. 1889. — Schulz, F. N.: Die Krystallisation von Eiweißstoffen 1901.

[2] Sörensen, S. P. L. u. Höyrup, Margar.: Zeitschr. f. physiol. Chem. Bd. 103, S. 15 u. 104. 1918.

[3] Galeotti, G.: Zeitschr. f. physiol. Chem. Bd. 40, S. 492. 1903. — Spiro, K.: Hofmeisters Beitr. z. chem. Physiol. u. Pathol. Bd. 4. S. 300. 1903.

sorbierender Körper, wie fein zerriebener Kohle, Lehms u. dgl. rufen eine Denaturierung der Eiweißstoffe hervor[1]).

Die einzigen bisher bekannten Verfahren, unverändertes Eiweiß aus der Lösung abzuscheiden, sind das Aussalzen und — für die in reinem Wasser unlöslichen Eiweißstoffe — die Dialyse. In Anbetracht sowohl der präparativen als der physiologischen Bedeutung der Einwirkung der mineralischen Ionen auf die Kolloide wird die Frage des Aussalzens vom theoretischen Standpunkte aus in den Kapiteln I und V besprochen; hier genügt es, auf dessen praktische Anwendung hinzuweisen. Der beim Salzzusatz aus der Lösung ausgeschiedene Eiweißstoff geht wieder in Lösung über, wenn das Salz durch Dialyse entfernt, oder die Salzkonzentration durch Verdünnung mit Wasser stark herabgesetzt ist. Hierbei verändern sich die Eigenschaften des Eiweißstoffes praktisch nicht; nur bei längerem Stehen wird der ausgesalzene Eiweißstoff denaturiert.

Verschiedene Salze fällen das Eiweiß nicht gleich intensiv aus. Am stärksten wirkt Zinksulfat und Ammoniumsulfat[2]). Letzteres wurde für die Fraktionierung der Eiweißstoffe durch Aussalzen[3]) angewandt; die Salzkonzentration, bei welcher ein bestimmter Eiweißstoff aus der Lösung gefällt wird, soll nämlich ebenso charakteristisch für diese kolloide Körper sein, wie z. B. die Löslichkeit für krystallinische Stoffe[4]).

Die Bestimmungen des Molekulargewichts der Eiweißstoffe nach physikalischen Methoden lieferten bis zu letzter Zeit starke Diskrepanzen infolge der Unmöglichkeit, die adsorbierten Mineralsalze von den Eiweißstoffen quantitativ zu trennen. Die Anwesenheit dieser Salze muß selbstverständlich die Bestimmungen des Molekulargewichtes stark beeinflussen: in den Versuchen verschiedener Autoren erreichten denn auch Schwankungen des Molekulargewichtes 150 vH. Noch weniger zuverlässig sind die Versuche, das Molekulargewicht der Eiweißkörper auf chemischem Wege, z. B. durch Einführung eines Halogens oder der Nitrogruppe ins Eiweismolekül bzw. durch Methylierung der Eiweißstoffe zu ermitteln, da es unbekannt bleibt, wie viele von den genannten Gruppen sich an ein Eiweißmolekül anlagern.

Nur in jüngster Zeit haben die eingehenden Versuche von SÖRENSEN und seinen Mitarbeitern[5]) ermöglicht, die Dialyse der Eiweißstoffe unter

---

[1]) RAMSDEN, W.: Dubois-Archiv S. 517. 1894. — HERMANN, L.: Pflügers Arch. f. d. ges. Physiol. Bd. 26, S. 442. 1871.

[2]) KÜHNE, W. u. CHITTENDEN, R. H.: Zeitschr. f. Biol. Bd. 20, S. 11. 1884; Bd. 22, S. 423. 1886. — KÜHNE, W.: Verhandl. d. Heidelb. naturh.-med. Ver., N. F. Bd. 3, S. 286. 1885.

[3]) HOFMEISTER, F.: Arch. f. exp. Pathol. Bd. 24, S. 247. 1887; Bd. 25, S. 1. 1888. — LEWITH: Ebenda Bd. 24, S. 1. 1887. — EFFRONT: Moniteur scient. Bd. 16, S. 241. 1902.

[4]) Diese Konzentration scheint jedoch in Wirklichkeit bei weitem nicht so beständig zu sein, als man früher glaubte. Vgl. OSBORNE and HARRIS: Journ. of the Americ. chem. soc. Bd. 25, S. 837. 1903. — Dies.: Americ. journ. of physiol. Bd. 13, S. 436. 1905.

[5]) SÖRENSEN, S. P. L. u. HÖYRUP, MARG.: Meddel. frå Carlsberg laborat. Bd. 12, S. 1. 1917. — Dies.: Zeitschr. f. physiol. Chem. Bd. 103, S. 15 u. 104. 1918.

solchen Bedingungen vorzunehmen, die gestatten, eine vollständige Trennung der mineralischen Beimischungen zu erzielen. Die Bestimmung des Molekulargewichtes eines von Aschenstoffen vollkommen befreiten Eiweißstoffes auf Grund des osmotischen Druckes seiner Lösungen lieferte die enorme Zahl 34000 mit 380 N-Atomen auf ein Molekül[1]. Die älteren Untersuchungen hatten bedeutend niedrigere Zahlen ergeben, und zwar 5000—15000. Weiter unten wird jedoch davon die Rede sein, daß Eiweißstoffe, ebenso wie Stärke und andere Polysaccharide, keine chemisch einheitlichen Körper darstellen, indem sie nur als ein besonderer disperser Zustand von weniger komplizierten Molekülkomplexen anzusehen wären. Ist es in der Tat der Fall, so erscheint der Wert der Bestimmungen des „Molekulargewichtes" verschiedener Eiweißstoffe als höchst problematisch.

Es ist nicht möglich, auf Grund von Elementaranalysen selbst minimale empirische Formeln der Eiweißstoffe festzustellen, da die Fehlergrenzen der Analysen mehr als einem Atome verschiedener Elemente entsprechen. Außerdem ist in Betracht zu ziehen, daß durch empirische Formeln weder die Struktur, noch die chemische Natur der hochmolekularen Körper aufgehellt wird. Dazu kommt noch der Umstand, daß die elementare Zusammensetzung sämtlicher Eiweißstoffe erstaunlich gleichartig ist, wenngleich die Konstitution der einzelnen Eiweiße wohl bedeutende Differenzen aufweist. Sowohl die relativ einfachen Reserveeiweißstoffe der Pflanzensamen, als die Eiweißstoffe des Blutes und der sexuellen Elemente der höheren Tiere enthalten etwa 53 bis 54 vH. C, 7 vH. H, 16 vH. N und selten über 2 vH. S. Als typische Ampholyte liefern Eiweißstoffe sowohl mit Säuren als mit Basen Salze, die in der Lösung mehr dissoziiert sind, als die freien Eiweißmoleküle und entstehen zweifellos auch unter natürlichen Verhältnissen. So findet man Eiweißsalze in den Reservestoffbehältern verschiedener Samen. Einige Eiweißstoffe haben vorwiegend saure, andere vorwiegend basische Eigenschaften, was auf die chemische Natur der einzelnen Bausteine des Eiweißmoleküls zurückzuführen ist.

Alle Eiweißstoffe sind optisch-aktiv und zwar drehen sie immer nach links. Für einige besonders gut gereinigte Eiweißstoffe hat man auch die spezifische Drehung ermittelt[2]. So ist beim Edestin der Hanfsamen $[\alpha]_D = -41,3°$, beim Legumin der Bohnensamen $[\alpha]_D = -41,1°$, beim Weizengliadin $[\alpha]_D = -92,3°$.

Es sind schon längst verschiedene Farbenproben auf Eiweißstoffe bekannt. Unter ihnen ist nur die sogenannte Biuretprobe als unbedingt zuverlässig zu bezeichnen: Nach Zusatz von ein paar Tropfen verdünnter Kupfersulfatlösung und Überschuß von Lauge zu einer wässerigen Eiweißlösung erhält man violette Färbung. Pflanzliche Eiweißstoffe und alle Peptone (siehe unten) liefern rote Färbung mit einem Stich ins Violett. Diese Probe ist allen Stoffen mit einer der folgenden Atomengruppierungen eigen:

---

[1] SÖRENSEN, S. P. L.: Zeitschr. f. physiol. Chem. Bd. 106, S. 1. 1919.

[2] OSBORNE, TH. B. and HARRIS: Journ. of the Americ. chem. soc. Bd. 25, S. 842. 1903.

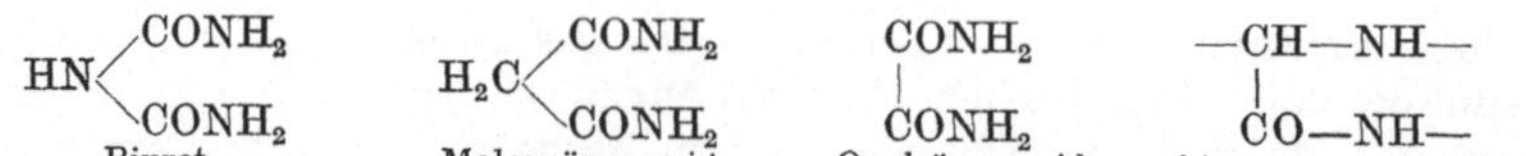

$$\mathrm{HN}\Big\langle{{\mathrm{CONH_2}}\atop{\mathrm{CONH_2}}}\qquad \mathrm{H_2C}\Big\langle{{\mathrm{CONH_2}}\atop{\mathrm{CONH_2}}}\qquad {{\mathrm{CONH_2}}\atop{|}\atop{\mathrm{CONH_2}}}\qquad {{\mathrm{-CH-NH-}}\atop{|}\atop{\mathrm{CO-NH-}}}$$

Biuret   Malonsäureamid   Oxalsäureamid   Atomengruppierung
im Eiweißmolekül

Da von allen derartigen Stoffen in den Pflanzenzellen nur Eiweißkörper vorkommen, so erscheint die Probe beim Nachweis der genannten Substanzen als zuverlässig. Sie ergibt negatives Resultat mit den krystallinischen Produkten der totalen Eiweißhydrolyse. Dagegen sind die anderen vermeintlichen „Eiweißproben" in Wahrheit Proben auf einzelne Aminosäuren, die Bausteine des Eiweißmoleküls, und liefern daher negatives Resultat mit Eiweißstoffen, in denen die in Frage kommende Aminosäure fehlt. Unter diesen Proben sind folgende gebräuchlich:

1. MILLONsche Probe. Beim Kochen der Eiweißstoffe mit einer Lösung von Quecksilberoxyd in überschüssiger Salpetersäure entsteht ein Gerinnsel von fleischroter Farbe. Diese Probe hängt von der Gegenwart der Aminosäure Tyrosin ab; die tyrosinfreien Eiweißstoffe liefern also bei der obigen Behandlung negatives Resultat.

2. Xanthoproteinprobe. Beim Erhitzen der Eiweißstoffe mit konzentrierter Salpetersäure findet eine Nitrierung der aromatischen Ringe im Eiweißmolekül statt, die eine gelbe Färbung bedingt[2]). Nach Zusatz von Ammoniak schlägt die Farbe ins Orange um.

3. Die Probe von ADAMKIEWICZ. Nach Zusatz von Glyoxylsäure (die man durch Reduktion der Oxalsäure mit Natriumamalgam darstellt) und überschüssiger konzentrierter Schwefelsäure zu einer wässerigen Eiweißlösung entsteht violette Färbung[3]). Diese Probe ist auf die Gegenwart der Aminosäure Tryptophan zurückzuführen. Vom Tryptophan hängt auch die folgende Probe ab:

4. Probe von NEUBAUER. Ein paar Tropfen einer Lösung von Dimethylaminobenzaldehyd in 10proz. Schwefelsäure ergibt mit wässerigen Eiweißlösungen in Gegenwart von konzentrierter Schwefelsäure rotviolette Färbung[4]).

5. Probe von MOLISCH[5]). Nach Zusatz von ein paar Tropfen alkoholischer α-Naphthollösung und 1—2 Vol. konzentrierter Schwefelsäure zu einer Eiweißlösung entsteht violette Färbung. Dies ist eine Furfurolreaktion; sie liefert positives Resultat nur mit solchen Eiweißen, die eine Kohlenhydratgruppe enthalten, was durchaus nicht immer der Fall ist.

6. Schwefelbleiprobe. Beim Kochen eines Eiweißes mit einem Bleisalz in Gegenwart von überschüssiger Lauge bildet sich ein schwarzer Niederschlag von Schwefelblei.

Man teilt die Eiweißstoffe in einige Gruppen ein. Vor allem grenzt man die einfachen Eiweißstoffe oder Proteine gegen die komplizierten Eiweißstoffe oder Proteide ab. Letztere stellen Verbindungen der Eiweißstoffe mit anderen molekularen Komplexen dar. Man nennt

---

[1]) SCHIFF, H.: Ber. d. Dtsch. Chem. Ges. Bd. 29, S. 298. 1896. — Ders.: Liebigs Ann. d. Chem. Bd. 299, S. 286. 1897; Bd. 319, S. 300. 1901.

[2]) SALKOWSKI, E.: Zeitschr. f. physiol. Chem. Bd. 12, S. 215. 1887. — v. FÜRTH: Diss. Straßburg 1899. — RHODE: Zeitschr. f. physiol. Chem. Bd. 44, S. 161. 1905.

[3]) HOPKINS and COLE: Proc. of the roy. soc. of London Bd. 68, S. 21. 1901. — Dies.: Journ. of physiol. Bd. 27, S. 418. 1901. — COLE: Ebenda Bd. 30, S. 311. 1904. — VOISENET sucht nachzuweisen, daß nicht Glyoxylsäure, sondern Formaldehyd die Färbung hervorruft. Vgl. VOISENET: Cpt. rend. hebdom. des séances de l'acad. des sciences Bd. 166, S. 789. 1918.

[4]) NEUBAUER: Sitzungsber. d. Ges. f. Morphol. u. Physiol., München 1903. — ROHDE: Zeitschr. f. physiol. Chem. Bd. 44, S. 161. 1905.

[5]) MOLISCH: Monatsh. f. Chem. Bd. 7, S. 198. 1888.

Glucoproteide solche Eiweißstoffe, die eine Kohlenhydratgruppe enthalten. Eiweißstoffe, in denen ein Nucleinsäurekomplex vorhanden ist, heißen Nucleoproteide.

Die einfachen Eiweißstoffe teilt man gewöhnlich in folgende Gruppen ein:

1. **Albumine,** die in reinem Wasser löslich sind und durch Sättigung ihrer Lösung mit Ammoniumsulfat ausgesalzen werden. Diese Eiweißstoffe kommen in Pflanzen nur in geringen Mengen vor.

2. **Globuline,** die in reinem Wasser unlöslich und nur in verdünnten Lösungen der Neutralsalze löslich sind. Sie werden bei der Halbsättigung ihrer Lösungen mit Ammoniumsulfat ausgesalzen und können auf diese Weise von den Albuminen quantitativ getrennt werden. In die Gruppe der Globuline gehören viele Reserveeiweise der Pflanzen.

3. **Prolamine** sind Reserveeiweißstoffe, die weder in reinem Wasser, noch in Salzlösungen, sondern in 70proz. Alkohol löslich sind.

4. **Gluteline** sind Reserveeiweiße, die in Wasser, Salzlösungen und Alkohol unlöslich sind. Sie sind nur in verdünnten Alkalien löslich.

5. **Protamine** und **Histone** unterscheiden sich scharf von den übrigen Eiweißstoffen durch die Einfachheit ihrer Zusammensetzung, den hohen Stickstoffgehalt (17,6 bis 19,8 vH. in Histonen und 25 bis 30 vH. in Protaminen) und basische Eigenschaften[1]), da alle übrigen Eiweißstoffe schwach-saure Eigenschaften aufweisen. Protamine und Histone spielen eine wichtige Rolle im Fischsperma. In Pflanzen wurden sie bisher noch nicht gefunden[2]).

Es ist also ersichtlich, daß die Hauptmenge der pflanzlichen Eiweißstoffe in die Gruppe der Globuline zu zählen ist. Diese Regel gilt natürlich nur den Reserveeiweißstoffen, da im Protoplasma und in Zellkernen vorwiegend komplizierte Nucleoproteide enthalten sind.

Obige Klassifikation der Eiweißstoffe ist nur teilweise rationell. Zwar ist die Abgrenzung der Proteide gegen die Proteine chemisch begründet, doch unterscheidet man andererseits Albumine von den Globulinen nur auf Grund der ungleichen Löslichkeit und Aussalzungsfähigkeit. Aus den weiter unten beschriebenen neueren Untersuchungen ist aber zu ersehen, daß die genannten Eigenschaften kein genügendes Kriterium bilden, indem sie selbst die Größe des Molekulargewichtes nicht zu beurteilen gestatten. Die richtige chemische Systematik der pflanzlichen Eiweißstoffe wird von OSBORNE und dessen Mitarbeitern auf Grund des Gehaltes an verschiedenen Spaltungsprodukten in ein-

---

[1]) KOSSEL, A. u. PRINGLE, H.: Zeitschr. f. physiol. Chem. Bd. 49, S. 307. 1906. — KOSSEL, A. u. KUTSCHER, F.: Ebenda Bd. 31, S. 188. 1900. — KOSSEL, A.: Ebenda Bd. 22, S. 178. 1897; Bd. 25, S. 166. 1898. — KOSSEL, A. u. MATHEWS, A.: Ebenda Bd. 25, S. 190. 1908.

[2]) IWANOFF, N. N., hat aus Lycoperdon eine zwar nicht sehr N-reiche, doch immerhin an Histopepton erinnernde Substanz isoliert. Vgl. IWANOFF, N. N.: Mitt. d. russ. Akad. d. Wiss. S. 397. 1918.

zelnen Eiweißstoffen ausgearbeitet. Diese großartige Arbeit ist noch lange nicht erledigt. Die bereits errungenen Resultate werden weiter unten besprochen werden.

Die Produkte der totalen Hydrolyse der einfachen Eiweißstoffe. Aus obiger Darlegung ist ersichtlich, daß man die Konstitution der Eiweißstoffe nur auf einem Umwege zu ermitteln hoffen kann. Vorerst ist es notwendig, eine vollkommene Hydrolyse der Eiweißstoffe auszuführen und die krystallinischen Spaltungsprodukte zu untersuchen. Dann wird man versuchen müssen, eine Synthese des Eiweißmoleküls aus den genannten Spaltungsprodukten zu erzielen. In Kap. II wurde die Anwendung einer derartigen Methode an Chlorophyll beschrieben und darauf hingewiesen, daß dieselbe sich gut bewährte. Die Eiweißspaltung durch die bisher gebräuchlichen Methoden unterscheidet sich insofern von der WILLSTÄTTERschen Chlorophyllspaltung, als das Eiweißmolekül meistens auf einmal in verschiedenartige Spaltungsprodukte zerlegt wurde. Erst neuerdings hat man Methoden ausfindig gemacht, die eine allmähliche Eiweißspaltung ermöglichen. Darüber wird weiter unten die Rede sein. Vorerst wollen wir uns mit der totalen Eiweißhydrolyse befassen.

Eine totale Eiweißhydrolyse zu den krystallinischen Spaltungsprodukten wird durch anhaltendes Kochen mit starken Mineralsäuren bewirkt. Man kocht gewöhnlich entweder 6 Stunden mit rauchender Salzsäure oder 16 Stunden mit 25proz. Schwefelsäure am Rückflußkühler. Es ist wohl die Annahme nicht unwahrscheinlich, daß einige labile Eiweißspaltungsprodukte bei einer derartigen Bearbeitung zerstört werden, doch ergab es sich, daß etwa 80 vH. des im Eiweiß vorhandenen Stickstoffs in Form der sogenannten Aminosäuren wiedergewonnen wird. Auf Grund dieser Ergebnisse nimmt man an, daß namentlich Aminosäuren die Grundlage des Eiweißmoleküls bilden.

Aminosäuren sind amphotere Stoffe, die sowohl mit Säuren, als mit Basen Salze bilden. Sie unterscheiden sich von den relativ labilen einfachen Zuckerarten durch ihre Resistenz gegenüber starken Säuren bei andauerndem Kochen, sowie durch ihren hoch liegenden Schmelzpunkt. Sehr wichtig ist der Umstand, daß die Aminogruppe in allen natürlichen Aminosäuren sich in unmittelbarer Nachbarschaft mit der Carboxylgruppe, also in der α-Stellung befindet. Auf diese Weise ist der Unterschied zwischen den einzelnen Aminosäuren auf den ungleichen Bau des übrigen Kohlenstoffgerüstes zurückzuführen und die allgemeine Formel der natürlichen Aminosäuren ist $R-CH(NH_2)-COOH$. R kann entweder einfach ein Wasserstoffatom sein oder eine Kohlenstoffkette darstellen, die unter Umständen recht komplizierte Struktur aufweist. So sind in einigen Aminosäuren aromatische Ringe, andere Amino- und Carboxylgruppen vorhanden. Diejenigen Aminosäuren, die auf eine Carboxylgruppe zwei oder mehrere basisch reagierende Gruppen enthalten, besitzen deutlich ausgesprochene basische Eigenschaften, und man bezeichnet sie als Diaminosäuren. Sind dagegen im Aminosäuremolekül zwei Carboxylgruppen auf eine Aminogruppe vorhanden, so besitzt eine derartige Aminosäure saure Eigenschaften.

Mit Ausnahme des ersten Gliedes der Aminosäurenreihe, des Glycocolls, sind alle übrigen Aminosäuren optisch-aktiv. In sämtlichen tierischen und pflanzlichen Eiweißstoffen sind nur ganz bestimmte optische Isomere der Aminosäuren gefunden worden.

Es sind verschiedene charakteristische Derivate der Aminosäuren bekannt; darunter sind einige Verbindungen zur Isolierung und Identifizierung der Aminosäuren sehr geeignet. Unter den Salzen der Aminosäuren sind die Kupfersalze beachtenswert, da sie in Wasser schwer löslich sind und nach Bearbeitung mit Alkalien wider Erwarten keinen Niederschlag von Kupferhydrat bilden. Die Trennung der Aminosäuren erfolgt am besten durch fraktionierte Destillation ihrer Äthylester; zur Abscheidung und Identifizierung der einzelnen Aminosäuren verwendet man aber meistens folgende Derivate:

1. **Carbaminosäuren:**

$$R.CH.NH_2 + CO_2 = R.CH.NH.COOH\ [1],$$
$$|\qquad\qquad\qquad\qquad |$$
$$COOH\qquad\qquad\qquad COOH$$

2. **Verbindungen mit Phenylisocyanat bzw. Naphtylisocyanat (Phenyl- bzw. Naphtylureidosäuren):**

$$R.CH.NH_2 + CO:N.C_6H_5 = R.CH.NH.CO.NH.C_6H_5\ [2],\ \text{bzw.}$$
$$|\qquad\qquad\qquad\qquad\qquad\qquad |$$
$$COOH\qquad\qquad\qquad\qquad COOH$$

$$R.CH.NH_2 + CO:N.C_{10}H_7 = R.CH.NH.CO.NH.C_{10}H_7\ [3].$$
$$|\qquad\qquad\qquad\qquad\qquad\qquad |$$
$$COOH\qquad\qquad\qquad\qquad COOH$$

Beim Erhitzen mit Säuren spalten diese Substanzen unter Ringschluß Wasser ab, und es entstehen die gut krystallisierenden Hydantoine:

$$\begin{array}{c} OC\quad N{-}C_6H_5 \\ R{-}CH{\Big\langle}\quad | \\ HN\quad CO \end{array}$$

3. **β-Naphthalinsulfoderivate:**

$$R.CH.NH_2 + C_{10}H_7.SO_2Cl = R.CH.NH.SO_2.C_{10}H_7 + HCl\ [4].$$
$$|\qquad\qquad\qquad\qquad\qquad\qquad |$$
$$COOH\qquad\qquad\qquad\qquad COOH$$

---

[1] SIEGFRIED: Zeitschr. f. physiol. Chem. Bd. 44, S. 85. 1905; Bd. 46, S. 406. 1905. — SIEGFRIED u. NEUMANN: Ebenda Bd. 54, S. 423. 1908.

[2] PAAL: Ber. d. Dtsch. Chem. Ges. Bd. 27, S. 975. 1894. — PAAL u. ZITELMANN: Ebenda Bd. 36, S. 3337. 1903.

[3] NEUBERG u. MANASSE: Ber. d. Dtsch. Chem. Ges. Bd. 38, S. 2359. 1905. — NEUBERG u. ROSENBERG: Biochem. Zeitschr. Bd. 5, S. 456. 1907.

[4] FISCHER, E. u. BERGELL: Ber. d. Dtsch. Chem. Ges. Bd. 35, S. 3779. 1902.

Alle diese Verbindungen, ebenso wie andere Derivate entstehen infolge der großen Beweglichkeit des Aminowasserstoffs. Weiter unten wird dargelegt werden, daß diese Reaktionsfähigkeit der Aminogruppe auch die Verkettungen der Aminosäuren im Eiweißmolekül bedingt.

Die einzelnen Eiweißstoffe enthalten gewöhnlich nicht die Gesamtheit der bisher isolierten Aminosäuren. Nur eine Aminosäure, nämlich Arginin, wurde aus allen bisher untersuchten Eiweißstoffen isoliert. Sehr verbreitet sind auch die beiden anderen Diaminosäuren, Histidin und Lysin, desgleichen die Monoaminosäuren Leucin, Tyrosin und Glutaminsäure. Auch ist der quantitative Gehalt an verschiedenen Aminosäuren im Eiweißmolekül ein überaus ungleicher. In Pflanzeneiweißen ist gewöhnlich Glutaminsäure vorherrschend; außerdem sind meistens Leucin und Tyrosin in beträchtlicher Menge vorhanden.

Die Beschreibung der einzelnen Aminosäuren. Glycocoll oder Glycin (Aminoessigsäure) $CH_2(NH_2).COOH$[1]) ist in Wasser ziemlich gut löslich. Schmelzpunkt 240°. Das Kupfersalz $(NH_2CH_2.COO)_2.Cu$ ist schwerlöslich. β-Sulfonaphthalinglycin $COOH.CH_2.NH.SO_2.C_{10}H_7$, Schmelzpunkt 159°[2]).

d-Alanin (α-Aminopropionsäure) $CH_3.CH(NH_2).COOH$[3]), Schmelzpunkt 297°. Eine sehr verbreitete Aminosäure. β-Sulfonaphthalinalanin $COOH.CH(CH_3).NH.SO_2.C_{10}H_7$, Schmelzpunkt 123°[4]).

l-Serin (α-Amino-β-oxypropionsäure) $CH_2OH.CH(NH_2).COOH$[5]). Krystallinische Blättchen, Schmelzpunkt 293°. p-Nitrobenzoylserin $COOH.CH(CH_2OH).NH.CO.C_6H_4(NO_2)$[6]), Schmelzpunkt 190°.

d-Valin (α-Aminoisovaleriansäure) $\frac{CH_3}{CH_3}{>}CH.CH(NH_2).COOH$[7]), Schmelzpunkt 298°. Kommt in geringen Mengen vor und läßt sich schwer von Leucin (s. unten) trennen. Kupfersalz ist blauviolett. Phenylisocyanatverbindung $COOH.CH(C_3H_7).NH.CO.NH.C_6H_5$, Schmelzpunkt 147°[8]).

---

[1]) BRACONNOT, H.: Ann. de chim. et de physique (2), Bd. 13, S. 119. 1820.

[2]) FISCHER, E. u. BERGELL: a. a. O.

[3]) SCHÜTZENBERGER et BOURGEOIS: Cpt. rend. hebdom. des séances de l'acad. des sciences Bd. 81, S. 1191. 1875. — STRECKER: Liebigs Ann. d. Chem. Bd. 75, S. 29. 1850 (Synthese).

[4]) FISCHER, E. u. BERGELL: a. a. O.

[5]) CRAMER, E.: Journ. f. prakt. Chem. Bd. 96, S. 76. 1865. — FISCHER, E.: Ber. d. Dtsch. Chem. Ges. Bd. 40, S. 1501. 1907.

[6]) FISCHER, E. u. JACOBS, W. A.: Ber. d. Dtsch. Chem. Ges. Bd. 39, S. 2942. 1906.

[7]) v. GORUP-BESANEZ. E.: Liebigs Ann. d. Chem. Bd. 98, S. 1. 1856. — SCHULZE, E.: Zeitschr. f. physiol. Chem. Bd. 22, S. 417, 423, 425, 427 u. 430. 1897; Bd. 30, S. 246, 279 u. 289. 1900 u. a. (Konstitution).

[8]) FISCHER, E.: Ber. d. Dtsch. Chem. Ges. Bd. 39, S. 2320. 1906.

l-Leucin (α-Aminoisobutylessigsäure $\dfrac{CH_3}{CH_3}{>}CH.CH_2.CH(NH_2).COOH$

ist zwar schon längst bekannt[1]), doch hat erst E. Schulze[2]) die Konstitution dieser wichtigen Aminosäure festgestellt. Schmelzpunkt 295°. Schwerlöslich in kaltem Wasser. Krystallisiert in perlmutterähnlichen Blättchen. Leucin ist eine sehr verbreitete Aminosäure, die nur in basischen Eiweißstoffen vermißt wurde. Sehr charakteristisch ist das hellblaue Kupfersalz. Zur Identifizierung empfiehlt es sich, l-Leucin durch anhaltendes Erhitzen mit Bariumhydrat im Autoclaven zu racemisieren und dann ins Benzoylderivat zu verwandeln:

$$COOH.CH(C_4H_9).NH_2 + C_6H_5.COCl =$$
$$COOH.CH(C_4H_9).NH.CO.C_6H_5 + HCl.$$

Benzoylleucin schmilzt bei 135—139° [3]).

d-Isolencin (Methyläthyl-α-aminopropionsäure)

$$\dfrac{CH_3}{CH_3-CH_2}{>}CH.CH(NH_2)COOH \,[4]),$$

Schmelzpunkt 280°. Ist in Wasser leichter löslich als l-Leucin und kommt nur in geringen Mengen vor. Naphthylisocyanatverbindung, Schmelzpunkt 178° [5]).

l-Cystin (α-Diaminodithiodilactylsäure)

$$COOH.CH(NH_2).CH_2.S.S.CH_2.CH(NH_2).COOH$$

ist der einzige bisher isolierte schwefelhaltige Eiweißbaustein[6]). Zerfällt leicht in zwei Moleküle der sekundären (in genuinen Eiweißstoffen nicht vorkommenden) Aminosäure **Cysteins** (α-Aminothiomilchsäure) $CH_2(SH).CH(NH_2).COOH$ [7]). Cystin ist in Wasser und Alkohol schwer löslich; beim Kochen mit Bleisalzen in alkalischer Lösung liefert es den schwarzen Niederschlag von Schwefelblei.

l-Asparaginsäure (α-Aminobernsteinsäure)

$$COOH.CH_2.CH(NH_2).COOH \,[8])$$

---

[1]) Proust: Ann. de chim. et de physique (2), Bd. 10, S. 40. 1818. — Braconnot: Ebenda Bd. 13, S. 119. 1820.

[2]) Schulze, E. u. Likiernik: Ber. d. Dtsch. Chem. Ges. Bd. 24, S. 669. 1891. — Dies.: Zeitschr. f. physiol. Chem. Bd. 17, S. 513. 1893.

[3]) Lippich: Ber. d. Dtsch. Chem. Ges. Bd. 39, S. 2953. 1906.

[4]) Ehrlich, F.: Ber. d. Dtsch. Chem. Ges. Bd. 37, S. 1809. 1904; Bd. 41, S. 1453. 1908.

[5]) Neuberg, C. u. Manasse: Ber. d. Dtsch. Chem. Ges. Bd. 38, S. 2359. 1905.

[6]) Wollaston: Philosoph. transact. of the roy. soc. of London S. 220. 1810. — Mörner, K. A. H.: Zeitschr. f. physiol. Chem. Bd. 28, S. 595. 1899; Bd. 34, S. 207. 1901. — Friedmann, E.: Hofmeisters Beitr. z. chem. Physiol. u. Pathol. Bd. 3, S. 1. 1902.

[7]) Baumann, E.: Zeitschr. f. physiol. Chem. Bd. 8, S. 299. 1884. — Mörner, K. A. H.: Ebenda Bd. 34, S. 287. 1902. — Patten, A. J.: Ebenda Bd. 39, S. 350. 1903. Nach C. Mörners Ansicht müssen noch andere schwefelhaltige Verbindungen im Eiweißmolekül enthalten sein. Vgl. Mörner, C.: Zeitschr. f. physiol. Chem. Bd. 93, S. 175. 1914.

[8]) Ritthausen: Journ. f. prakt. Chem. (1), Bd. 107, S. 218. 1869. — Kreusler: Ebenda 240.

hat saure Eigenschaften und ist in Wasser schwer löslich. Schmelzpunkt 270°. Im Eiweißmolekül findet sich Asparaginsäure wahrscheinlich in Form ihres Halbamids, des Asparagins

$$NH_2.OC.CH_2.CH(NH_2).COOH.$$

Das Kupfersalz der Asparaginsäure ist schwer löslich.

d-Glutaminsäure (α-Aminoglutarsäure)

$$COOH.CH_2.CH_2.CH(NH_2).COOH[1]),$$

Schmelzpunkt 206°. Ist in Eiweißstoffen in großen Mengen vorhanden. Besonders reich an Glutaminsäure ist Hefeeiweiß. Hat saure Eigenschaften; im Eiweißmolekül findet sich wahrscheinlich nicht Glutaminsäure selbst, sondern ihr Halbamid, das Glutamin

$$NH_2.OC.CH_2.CH_2.CH(NH_2).COOH.$$

Das Chlorhydrat der Glutaminsäure ist in Salzsäure unlöslich. Schmelzpunkt 193°.

d-Lysin (α, ε-Diaminocapronsäure)

$$CH_2(NH_2).CH_2.CH_2.CH_2.CH(NH_2).COOH[2])$$

ist eine Diaminosäure mit basischen Eigenschaften. Lysin wurde in reinem krystallinischen Zustande nicht erhalten, liefert aber ein prächtig krystallisierendes Picrat. Schmelzpunkt 252°[3]). Sehr verbreitet in verschiedenen Eiweißstoffen.

d-Arginin (Guanidin-α-aminovaleriansäure)

$$\frac{NH_2}{NH}{>}C.NH.CH_2.CH_2.CH_2.CH(NH_2).COOH$$

ist die allerwichtigste Aminosäure, da sie in allen Eiweißstoffen enthalten ist. Einige Protamine sind fast ausschließlich aus Argininresten zusammengesetzt, zeigen aber nichtdestoweniger typische Eiweißeigenschaften[4]).

Arginin wurde zuerst von E. SCHULZE[5]) entdeckt; seine Konstitution haben E. SCHULZE und WINTERSTEIN[6]) durch Synthese aus Cyanamid und Ornithin (s. unten) festgestellt. Arginin krystallisiert in Drusen, Schmelzpunkt 207°, und ist in Wasser leicht löslich. Hat deutlich ausgesprochene basische Eigenschaften. Man isoliert Arginin gewöhnlich als basisches Kupfernitrat $(C_6H_{14}N_4O_2)_2Cn(NO_3)_2 + 3H_2O$, Schmelzpunkt 232°. In lebenden Pflanzengeweben findet sich das Ferment

---

[1]) RITTHAUSEN: Journ. f. prakt. Chem. (1), Bd. 99, S. 454. 1866; Bd. 103, S. 233 u. 239. 1868; Bd. 106, S. 445. 1869; Bd. 107, S. 218. 1869.

[2]) DRECHSEL, E. u. KRÜGER, R.: Ber. d. Dtsch. Chem. Ges. Bd. 25, S. 2454. 1892. — DRECHSEL: Ebenda Bd. 28, S. 3189. 1895.

[3]) KOSSEL, A. u. KUTSCHER, F.: Zeitschr. f. physiol. Chem. Bd. 31, S. 165. 1900.

[4]) KOSSEL, A. u. PRINGLE, H.: Zeitschr. f. physiol. Chem. Bd. 49, S. 302. 1906. — KOSSEL, A.: Ebenda Bd. 44, S. 347. 1905 u. a.

[5]) SCHULZE, E. u. STEIGER, E.: Ber. d. Dtsch. Chem. Ges. Bd. 19, S. 1177. 1886. — Ders.: Zeitschr. f. physiol. Chem. Bd. 11, S. 43. 1887.

[6]) SCHULZE, E. u. WINTERSTEIN, E.: Ber. d. Dtsch. Chem. Ges. Bd. 30, S. 2879. 1898. — Dies.: Zeitschr. f. physiol. Chem. Bd. 28, S. 1. 1898.

Arginase, welches Arginin in Harnstoff und die sekundäre Aminosäure Ornithin spaltet[1]:

$$\begin{matrix} NH_2 \\ NH \end{matrix} \!\!\! \diagdown\!\!\!\diagup C.NH.CH_2.CH_2.CH_2.CH(NH_2).COOH + H_2O =$$

$$NH_2.CO.NH_2 + CH_2(NH_2).CH_2.CH_2.CH_2.CH(NH_2).COOH.$$

Harnstoff   Ornithin

Im tierischen Organismus wurde Arginase noch bedeutend früher entdeckt[2].

d-Ornithin (α, δ-Diaminovaleriansäure)[3] (vgl. die obige Formel) hat basische Eigenschaften, ist leicht löslich in Wasser, krystallisiert nicht. β-Naphthalinsulfoornithin, Schmelzpunkt 189°.

l-Histidin (β-Imidazol-α-aminopropionsäure)[4]

$$\begin{array}{c} CH\!-\!NH \\ \| \quad\quad \diagdown CH \\ C\!-\!N \quad\diagup \\ | \\ CH_2\!-\!CH(NH_2)\!-\!COOH \end{array}$$

ist im Eiweiß in geringen Mengen vorhanden, aber sehr verbreitet. Hat basische Eigenschaften, krystallisiert in Blättchen. Schmelzpunkt 253°. Histidinchlorhydrat $C_6H_9O_2N_3.HCl + H_2O$ krystallisiert in dicken farblosen Prismen aus. Schmelzpunkt 251—252°[5].

Lysin, Arginin und Histidin sind drei basische Aminosäuren, die eine wichtige Rolle im Bau des Eiweißmoleküls spielen.

l-Phenylalanin (Phenyl-α-aminopropionsäure)[6]

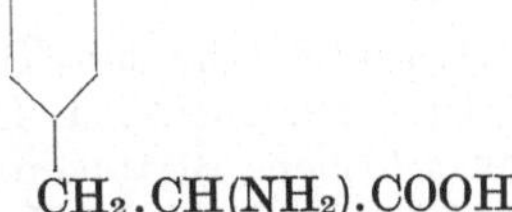

$$CH_2.CH(NH_2).COOH$$

ist in kaltem Wasser wenig löslich. Schmelzpunkt 283°. Die Phenylisocyanatverbindung des Phenylalanins:

$$COOH.CH(CH_2.C_6H_5).NH.CO.NH.C_6H_5$$

schmilzt bei 182°[7].

---

[1] KIESEL, A.: Arginin und dessen Verwandlungen in Pflanzen 1916. (Russ.)

[2] KOSSEL, A. u. DAKIN: Zeitschr. f. physiol. Chem. Bd. 41, S. 321. 1904; Bd. 42, S. 181. 1904.

[3] RIESSER: Zeitschr. f. physiol. Chem. Bd. 49, S. 238. 1906. — WEISS: Ebenda Bd. 59, S. 499. 1909.

[4] Entdeckung: KOSSEL, A.: Zeitschr. f. physiol. Chem. Bd. 22, S. 177. 1896. Konstitution: KNOOP, F. u. WINDAUS, A.: Hofmeisters Beitr. z. chem. Physiol. u. Pathol. Bd. 7, S. 144. 1905; Bd. 8, S. 407. 1906.

[5] KOSSEL, A. u. KUTSCHER, F.: Zeitschr. f. physiol. Chem. Bd. 28, S. 382. 1899.

[6] SCHULZE, E. u. BARBIERI, J.: Ber. d. Dtsch. Chem. Ges. Bd. 14, S. 1785. 1881.

[7] FISCHER, E. u. MOUNEYRAT, A.: Ber. d. Dtsch. Chem. Ges. Bd. 33, S. 2383. 1900.

l-Tyrosin (p-Oxyphenyl-α-aminopropionsäure)[1])

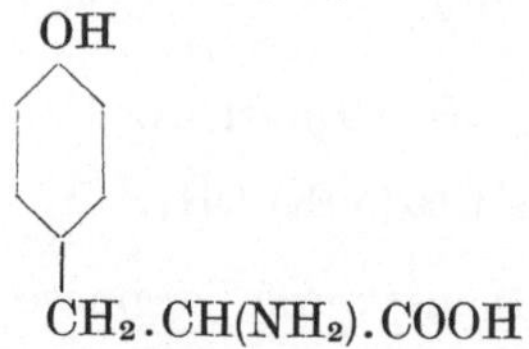

ist eine der verbreitetsten Aminosäuren. Sehr schwer löslich in Wasser (1 Teil in 2454 Teilen Wasser bei 20°) und ist daher von den übrigen Aminosäuren durch einfache Krystallisation leicht zu trennen. Liefert die MILLONsche Probe. Nadelförmige Prismen. Schmelzpunkt 314 bis 318°. Alle Tyrosinderivate krystallisieren sehr gut.

l-Prolin (α-Pyrrolidincarbonsäure)[2])

$$H_2C\!-\!\!-\!\!-\!CH_2$$
$$H_2C\diagdown\quad\diagup CH.COOH$$
$$NH$$

ist in Wasser leicht löslich.

l-Oxyprolin (Oxy-α-pyrrolidincarbonsäure)[3]) enthält drei Sauerstoffatome. Täfelchen, Schmelzpunkt 270°.

l-Tryptophan (Indol-α-aminopropionsäure)[4])

$$C.CH_2.CH(NH_2).COOH$$
$$CH$$
$$NH$$

liefert einige schöne Farbenproben, die zum Teil schon oben besprochen wurden[5]). Tryptophan ist wahrscheinlich die Muttersubstanz einiger Alkaloide. In Wasser schwer lösliche Blättchen. Schmelzpunkt 289°. Das Kupfersalz ist in Wasser schwer löslich[6]). Naphtylisocyanatverbindung

$$COOH.CH(C_9H_8N).NH.CO.NH.C_{10}H_7$$

schmilzt bei 159°[7]).

[1]) LIEBIG, J.: Liebigs Ann. d. Chem. Bd. 57, S. 127. 1846.

[2]) FISCHER, E.: Zeitschr. f. physiol. Chem. Bd. 33, S. 151. 1901.

[3]) FISCHER, E.: Ber. d. Dtsch. Chem. Ges. Bd. 35, S. 2260. 1902.

[4]) HOPKINS, F. G. and COLE, S. W.: Journ. of physiol. Bd. 27, S. 418. 1901; Bd. 29, S. 451. 1903. — ELLINGER, A.: Ber. d. Dtsch. Chem. Ges. Bd. 37, S. 1801. 1904. — ELLINGER, A. u. FLAMAND, C.: Ebenda Bd. 40, S. 3029. 1907.

[5]) Tryptophan liefert die „Eiweißproben" von ADAMKIEWICZ und NEUBAUER (siehe oben) und außerdem die folgende: Nach Zusatz von Bromwasser zu einer wässerigen Tryptophanlösung erscheint rotviolette Färbung. Früher galt diese Probe als der Nachweis einer zur Bildung der krystallinischen Produkte geschrittenen tryptischen Eiweißverdauung. Daher der Name Tryptophan ($\varphi\alpha\iota\nu\omega$ = zeige, offenbare).

[6]) ABDERHALDEN, E. u. KEMPE, M.: Zeitschr. f. physiol. Chem. Bd. 52, S. 207, 1907.

[7]) NEUBERG, C. u. MANASSE, A.: Ber. d. Dtsch. Chem. Ges. Bd. 38, S. 2359. 1905. — ELLINGER, A. u. FLAMAND, C.: a. a. O.

Außer den oben beschriebenen Aminosäuren wurden noch **Oxyglutaminsäure**, $COOH.CH_2.CHOH.CH(NH_2).COOH$[1]) und die aliphatische **Diaminotrioxydodecansäure** $C_{12}H_{26}N_2O_5$[2]) von nicht klargelegter Konstitution bei der Eiweißhydrolyse gefunden. Es ist wohl möglich, daß noch einige stickstoffhaltige Produkte bisher unbekannt bleiben, doch sind prinzipiell neue Entdeckungen auf diesem Gebiete kaum mehr zu erwarten. Wir sind vielmehr berechtigt zu behaupten, daß die wichtigsten Bausteine des Eiweißmoleküls uns bereits bekannt sind. Neben den Aminosäuren hat man bei der Eiweißhydrolyse Ammoniak und Glucosamin gefunden. Ammoniak ist wahrscheinlich das Verseifungsprodukt der im Eiweißmolekül enthaltenen Amidogruppen; was nun Glucosamin anbelangt, so scheint diese Substanz kein Spaltungsprodukt der einfachen Eiweißstoffe, sondern ein Bestandteil des Kohlenhydratkomplexes der sogenannten Glucoproteide zu sein.

E. Fischer und seine Mitarbeiter[3]) haben viele Aminosäuren synthetisch dargestellt. Besonders wichtig ist dabei die E. Fischersche Methode der Synthese der optisch-aktiven Aminosäuren. Außerdem hat E. Fischer neue Methoden der Trennung und Isolierung der Aminosäuren ausfindig gemacht. Darüber wird noch weiter unten die Rede sein.

Wenn man die Gesamtheit der bei einer Eiweißhydrolyse gewonnenen Aminosäuren unter Berücksichtigung ihrer quantitativen Verhältnisse mit der empirischen Zusammensetzung des betreffenden hydrolysierten Eiweißes vergleicht, so ergibt sich immer ein Überschuß an Stickstoff und Kohlenstoff, andererseits aber ein Defizit an Sauerstoff in den Spaltungsprodukten. Hieraus ist ersichtlich, daß bei der Eiweißhydrolyse durch die allgemein üblichen Methoden stickstofffreie sauerstoffhaltige Stoffe verloren gehen, deren Natur unbekannt bleibt.

Die Spaltungsprodukte der Proteide. Oben wurde bereits darauf hingewiesen, daß man Proteide in Glucoproteide und Nucleoproteide einteilt. **Glucoproteide** oder **Mucine** stellen Verbindungen der Eiweißstoffe mit großen Kohlenhydratkomplexen, deren Natur noch nicht festgestellt ist, dar. Diese Kohlenhydratgruppe entsteht wahrscheinlich zum großen Teil aus einem stickstoffhaltigen Polysaccharid, das bei der Hydrolyse Glucosamin liefert. Bei der Hydrolyse von Glucoproteiden erhält man gewöhnlich erhebliche Ausbeuten von Glycosamin.

Nucleoproteide machen die Hauptmenge der Substanz der Zellkerne aus. Der Magensaft spaltet von den Nucleoproteiden eine eiweißartige Substanz ab und es bleiben die sogenannten **Nucleine**, die bei weiterer Spaltung wiederum Eiweiß und **Nucleinsäuren** ergeben. Das in den Nucleoproteiden enthaltene Eiweiß ist oft ein Histon oder

---

[1]) Dakin, H. D.: Biochem. journ. Bd. 12, S. 290. 1918.
[2]) Fischer, E. u. Abderhalden, E.: Zeitschr. f. physiol. Chem. Bd. 42, S. 540. 1901.
[3]) Fischer, E.: Aminosäuren, Polypeptide u. Proteine 1906.

Protamin, also eine Sustanz von relativ geringem Molekulargewicht. Was nun die Nucleinsäuren anbelangt, so sind es Verbindungen, die mit den Eiweißstoffen durchaus nichts zu tun haben, da sie wohl Phosphorsäure, aber keine Aminosäuren enthalten. Der wichtigste Unterschied zwischen den einfachen Eiweißstoffen und den Nucleoproteiden besteht also darin, daß sich in letzteren Nucleinsäurenkomplexe finden. Bei der totalen Hydrolyse der Nucleinsäuren entstehen Phosphorsäure, eine große Kohlenhydratgruppe und außerdem Purin- und Pyrimidinderivate von schwach basischen Eigenschaften[1].

Purin

$$\begin{array}{ccc}
N\overline{\underset{1\ 6}{=}}CH & & \\
| & | & \\
HC_2\ _5C & —NH & \\
\| & \| & \overset{7}{\underset{9}{\quad}}\ {}_8\!\diagup CH \\
N^{3\ 4}C & —N & \diagup
\end{array}$$

ist eine Substanz, die in der Natur nicht vorkommt, sondern durch Reduktion von Harnsäure, 2-, 6-, 8-Trioxypurin dargestellt wurde[2]. Aus der obenstehenden Formel ist ersichtlich, daß der doppelte Purinring aus zwei durch eine Dreikohlenstoffkette verbundenen Harnstoffresten zusammengesetzt ist. Purin ist die Stammsubstanz von basischen Stoffen, die eine sehr wichtige physiologische Rolle spielen und Bausteine der Nucleinsäuren sind. Bei der Hydrolyse der Nucleinsäuren wurden folgende Purinderivate erhalten (vgl. die Numeration der Atome im Purinmolekül).

Adenin $C_5H_5N_5 + 3H_2O$ (6-Aminopurin)[3].

$$\begin{array}{ccc}
N{=}C.NH_2 & & \\
| & | & \\
HC & C{—}NH & \\
\| & \| & \diagdown CH \\
N{—}C{—}N & & \diagup
\end{array}$$

Kristallisiert wie auch Purin selbst in langen Nadeln; schwer löslich in kaltem Wasser. Schmelzpunkt $360-365°$. Wird leicht zu Harnstoff oxydiert. Adeninpicrat $C_5H_5N_5 . C_6H_3N_3O_7 + H_2O$ ist sehr schwer löslich in Wasser bei $15-20°$; leicht löslich in Alkohol. Zersetzungspunkt $279-281°$. Chloraurat $C_5H_5N_5 . 2HCl . AuCl_3 + H_2O$. Zersetzungspunkt $215-216°$.

---

[1] KOSSEL, A.: Zeitschr. f. physiol. Chem. Bd. 4, S. 290. 1880; Bd. 7, S. 7. 1882; Bd. 10, S. 248. 1886. — KOSSEL u. NEUMANN: Ber. d. Dtsch. Chem. Ges. Bd. 26, S. 2753. 1893; Bd. 27, S. 2215. 1894. — Dies.: Zeitschr. f. physiol. Chem. Bd. 22, S. 188. 1896.

[2] FISCHER, E.: Synthesen in der Prurin- und Zuckergruppe 1903. — ISAY, O.: Ber. d. Dtsch. Chem. Ges. Bd. 39, S. 250. 1906.

[3] KOSSEL, A.: Ber. d. Dtsch. Chem. Ges. Bd. 18, S. 78 u. 1923. 1885. — Ders.: Zeitschr. f. physiol. Chem. Bd. 10, S. 250. 1886; Bd. 12, S. 241. 1888. — FISCHER, E.: Ber. d. Dtsch. Chem. Ges. Bd. 30, S. 2226. 1897 (Konstitution).

Guanin $C_5H_5N_5O$ (2-Amino-, 6-oxypurin)[1]).

$$\begin{array}{c} HN-CO \\ | \quad | \\ H_2N.C \quad C-NH \\ \| \quad \| \quad \diagdown CH \\ N-C-N \diagup \end{array}$$

Sehr schwer löslich in Wasser, Alkohol und Äther, löslich in verdünnten Alkalien und Mineralsäuren. Guaninsulfat $C_5H_5N_5O.2H_2SO_4 + 2H_2O$ verliert Wasser bei 120°.

Hypoxanthin $C_5H_4N_4O$ (6-Oxypurin)[2]).

$$\begin{array}{c} HN-CO \\ | \quad | \\ HC \quad C-NH \\ \| \quad \| \quad \diagdown CH \\ N-C-N \diagup \end{array}$$

Mikroskopische Nadeln; schwerlöslich in kaltem Wasser; wird mit Bleiessig und Ammoniak aus der Lösung abgeschieden. Hypoxanthinnitrat $C_5H_4N_4O$. $HNO_3 + H_2O$ ist besonders charakteristisch. Hypoxanthin ist ein Oxydationsprodukt von Adenin. Nach den modernen Ansichten enthalten genuine Nucleinsäuren keine Hypoxanthinkerne[3]).

Xanthin $C_3H_4N_4O_2$ (2, 6-Dioxypurin)[4]).

$$\begin{array}{c} HN-CO \\ | \quad | \\ OC \quad C-NH \\ | \quad \| \quad \diagdown CH \\ HN-C-N \diagup \end{array}$$

Sehr schwer löslich in Wasser; zersetzt sich beim Erhitzen und schmilzt nicht (ebenso wie Guanin und Hypoxanthin). Xanthinnitrat bildet sphärische Krystalldrusen. Xanthin ist ebenfalls ein sekundäres Produkt, das durch Oxydation von Guanin entsteht und im Nucleinsäuremolekül nicht enthalten ist.

Die Stammsubstanz der Pyrimidinbasen ist Pyrimidin, Schmelzpunkt 22°, eine synthetisch dargestellte Substanz, die in der Natur nicht vorkommt.

Cytosin (2-Oxy-, 6-aminopyrimidin)[5]).

$$\begin{array}{cccc}
\begin{array}{c} N\overline{1\ 6}CH \\ | \quad | \\ HC^2\ _5CH \\ \| \quad \| \\ N^{3\ 4}CH \end{array} &
\begin{array}{c} N=C.NH_2 \\ | \quad | \\ OC \quad CH \\ | \quad \| \\ HN-CH \end{array} &
\begin{array}{c} HN-CO \\ | \quad | \\ OC \quad C.CH_3 \\ | \quad \| \\ HN-CH \end{array} &
\begin{array}{c} N-CO \\ | \quad | \\ OC \quad CH \\ | \quad \| \\ HN-CH \end{array} \\
\text{Pyrimidin} & \text{Cytosin} & \text{Thymin} & \text{Uracil}
\end{array}$$

---

[1]) UNGER, Liebigs Ann. d. Chem. Bd. 51, S. 395. 1844; Bd. 58, S. 18. 1846. — KOSSEL, A.: Zeitschr. f. physiol. Chem. Bd. 7, S. 7. 1882. — FISCHER, E.: a. a. O. (Konstitution).

[2]) SCHERER: Liebigs Ann. d. Chem. Bd. 73, S. 328. 1850. — FISCHER, E.: Ber. d. Dtsch. Chem. Ges. Bd. 30, S. 2226. 1897 (Konstitution).

[3]) SCHMIEDEBERG: Arch. f. exp. Pathol. u. Pharmakol. Bd. 43, S. 57. 1900. — STEUDEL: Zeitschr. f. physiol. Chem. Bd. 43, S. 402. 1904; Bd. 53, S. 14. 1907. — KOWALEWSKI: Ebenda Bd. 69, S. 248. 1910 u. a.

[4]) LIEBIG u. WÖHLER: Liebigs Ann. d. Chem. Bd. 26, S. 340. 1838. — FISCHER, E.: a. a. O. (Konstitution).

[5]) KOSSEL, A. u. STEUDEL, H.: Zeitschr. f. physiol. Chem. Bd. 37, S. 177 u. 377. 1903; Bd. 38, S. 49. 1903 (Konstitution).

Blättchen mit Perlmutterschimmer. Schmilzt nicht; Zersetzungspunkt $320-325^{\circ}$. Sehr schwer löslich in Wasser, Alkohol und Äther. Cytosinpicrat $C_4H_5N_3O.C_6H_3N_3O_7$, Schmelzpunkt 270°.

Thymin (5-Methyl-, 2-, 6-dioxypyrimidin)[1]. Fett glänzende Krystalle. Zersetzungspunkt 321°. Löslich in heißem Wasser, schwer löslich in kaltem Wasser, Alkohol und Äther.

Uracil (2-, 6-Dioxypyrimidin)[2] leicht löslich in heißem, schwer löslich in kaltem Wasser. Zersetzungspunkt 338°; liefert kein Picrat. Nach der Ansicht einiger Forscher ist Uracil ein sekundäres Produkt. Aus obiger Darlegung ist ersichtlich, daß die Anwesenheit von nur vier Basen, und zwar von Adenin, Guanin, Cytosin und Thymin im Nucleinsäuremolekül außer Zweifel gestellt ist. Die Gesamtheit der stickstoffhaltigen Produkte macht weniger als die Hälfte des Nucleinsäuremoleküls aus. Den größten Teil dieses Moleküls bildet eine Kohlenhydratgruppe, die aus lauter Hexoseresten besteht[3]. Nach neueren Angaben[4] erhält man bei der Spaltung dieser Kohlenhydratgruppe hauptsächlich Glucal $C_6H_{10}O_4$[5]):

$$CH_2OH.CH.CH_2.CHOH.C:CHOH$$
$$\lfloor\underline{\qquad O \qquad}\rfloor$$

Die Nucleinsäuren des tierischen Organismus sind eingehender als die pflanzlichen Nucleinsäuren studiert worden. Besonders gut ist die Nucleinsäure aus Thymusdrüse untersucht worden[6]. Mit dieser Säure sind vielleicht die Nucleinsäuren aus Fischsperma[7], Milz[8], Pankreas[9], Darm[10], Nieren[11],

---

[1]) KOSSEL, A. u. NEUMANN, A.: Ber. d. Dtsch. Chem. Ges. Bd. 27, S. 2215. 1894. — STEUDEL, H.: Zeitschr. f. physiol. Chem. Bd. 32, S. 241. 1901 (Konstitution).

[2]) ASCOLI: Zeitschr. f. physiol. Chem. Bd. 31, S. 161. 1900. — STEUDEL, H.: a. a. O. (Konstitution).

[3]) STEUDEL, H.: Zeitschr. f. physiol. Chem. Bd. 55, S. 407. 1908; Bd. 56, S. 212. 1908.

[4]) FEUGLEN, R.: Zeitschr. f. physiol. Chem. Bd. 92, S. 154. 1914; Bd. 100, S. 241. 1917; Bd. 104, S. 1. 1918.

[5]) FISCHER, E.: Ber. d. Dtsch. Chem. Ges. Bd. 47, S. 196. 1914.

[6]) KOSSEL, A. u. NEUMANN, A.: Arch. f. Anat. S. 194. 1894. — NEUMANN: Ebenda S. 374. 1898; Suppl. S. 552. 1899. — KOSTYTSCHEW, S.: Zeitschr. f. physiol. Chem. Bd. 39, S. 545. 1903. — STEUDEL: Ebenda Bd. 43, S. 402. 1905; Bd. 46, S. 332. 1905; Bd. 49, S. 406. 1906; Bd. 53, S. 14. 1907; Bd. 77, S. 497. 1912. — LEVENE u. MANDEL: Ber. d. Dtsch. Chem. Ges. Bd. 41, S. 1905. 1908. — LEVENE and JACOBS: Journ. of biol. chem. Bd. 12, S. 377 u. 411. 1912. — FEUGLEN, R.: Zeitschr. f. physiol. Chem. Bd. 90, S. 261. 1914.

[7]) LEVENE u. MANDEL: Zeitschr. f. physiol. Chem. Bd. 49, S. 262. 1906; Bd. 50, S. 1. 1906. — STEUDEL: Ebenda Bd. 49, S. 406. 1906; Bd. 53, S. 14. 1907.

[8]) LEVENE u. MANDEL: Zeitschr. f. physiol. Chem. Bd. 45, S. 370. 1905; Bd. 47, S. 151. 1906.

[9]) v. FÜRTH, O. u. JERUSALEM: Hofmeisters Beitr. z. chem. Physiol. u. Pathol. Bd. 10, S. 174. 1907; Bd. 11, S. 146. 1907. — FEUGLEN, R.: Zeitschr. f. physiol. Chem. Bd. 88, S. 370. 1913; Bd. 108, S. 147. 1919.

[10]) INOUYE, K.: Zeitschr. f. physiol. Chem. Bd. 46, S. 201. 1905.

[11]) LEVENE u. MANDEL: Zeitschr. f. physiol. Chem. Bd. 47, S. 140. 1906.

Milchdrüse[1]), Placenta[2]) usw. identisch[3]). Die tierische Nucleinsäure kann unvollständig hydrolysiert werden, und zwar entweder unter Abspaltung der Purinbasen, wobei aber die Kohlenhydratgruppe und die gesamte Phosphorsäure erhalten bleiben (dieser Rest heißt Thyminsäure), oder unter Bildung von mehreren Komplexen, die äquimolekulare Mengen von Phosphorsäure, Kohlenhydrat und einer stickstoffhaltigen Base enthalten[4]). Solche Komplexe nennt man Mononucleotide. Verschiedene Forscher nehmen an, daß die genuinen Nucleinsäuren „Polynucleotide" sind, also aus Verkettungen der Mononucleotide zusammengesetzt sind.

Für das Natriumsalz der tierischen Nucleinsäure gibt z. B. FEUGLEN[5]) folgende schematische Struktur an:

$$Na — Phosphorsäure—Kohlenhydrat—Guanin$$

$$Na — Phosphorsäure—Kohlenhydrat—Cytosin$$

$$Na — Phosphorsäure—Kohlenhydrat—Thymin$$

$$Na — Phosphorsäure—Kohlenhydrat—Adenin$$

Das Bariumsalz der Thyminsäure soll folgende Struktur besitzen[6]):

$$Ba\begin{cases} Phosphorsäure—Kohlenhydrat \\ Phosphorsäure—Kohlenhydrat—Cytosin \end{cases}$$

$$Ba\begin{cases} Phosphorsäure—Kohlenhydrat—Thymin \\ Phosphorsäure—Kohlenhydrat \end{cases}$$

Unter den pflanzlichen Nucleinsäuren sind diejenigen der Weizenkeime[7]) und der Hefe[8]) wahrscheinlich miteinander identisch. Die Konstitution der Hefenucleinsäure ist nicht festgestellt worden[9]); ihre wahrscheinlichste empirische Zusammensetzung ist $C_{38}H_{49}N_{15}O_{29}P_4$[10]). Neuerdings hat man durch vorsichtige Spaltung der Hefenucleinsäure

---

[1]) LEVENE u. MANDEL: Zeitschr. f. physiol. Chem. Bd. 46, S. 155. 1905.

[2]) KIKKOJI, T.: Zeitschr. f. physiol. Chem. Bd. 53, S. 411. 1907.

[3]) JONES, W.: Journ. of biol. chem. Bd. 5, S. 1. 1908. — LEVENE, P. A.: Journ. of the Americ. chem. soc. Bd. 32, S. 231. 1910.

[4]) LEVENE u. JACOBS: Ber. d. Dtsch. Chem. Ges. Bd. 42, S. 335 u. 1198. 1909; Bd. 44, S. 746. 1911 u. v. a.

[5]) FEUGLEN, R.: Zeitschr. f. physiol. Chem. Bd. 101, S. 288. 1918.

[6]) FEUGLEN, R.: Zeitschr. f. physiol. Chem. Bd. 101, S. 288. 1918.

[7]) OSBORNE, TH. B. and HARRIS, J. F.: Americ. journ. of physiol. Bd. 9, S. 69. 1903. — LEVENE u. LA FORGE: Ber. d. Dtsch. Chem. Ges. Bd. 43, S. 3164 1910.

[8]) SLADE: Americ. journ. of physiol. Bd. 13, S. 464. 1905. — BOOS, W. F.: Journ. of biol. chem. Bd. 5, S. 469. 1909. — KOWALEWSKY, K.: Zeitschr. f. physiol. Chem. Bd. 69, S. 248. 1910. — LEVENE and JACOBS: Ber. d. Dtsch. Chem. Ges. Bd. 42, S. 1198, 2469, 2474 u. 2703. 1909; Bd. 43, S. 3150 u. 3162. 1910; Bd. 44, S. 740, 1027. 1911; Bd. 45, S. 608. 1912 u. a.

[9]) KOWALEWSKY, K.: a. a. O. — STEUDEL, H.: Zeitschr. f. physiol. Chem. Bd. 108, S. 42. 1919. — LEVENE and JACOBS, a. a. O.

[10]) LEVENE and JACOBS: a. a. O.

Mononucleotide als reine Brucinsalze isoliert[1]), Alle diese neueren Errungenschaften erlauben zu hoffen, daß die völlige Klarlegung der Konstitution von Nucleinsäuren, den wichtigen chemischen Bestandteilen der Zellkerne, nicht mehr lange auf sich warten lassen wird.

Reine Präparate der Nucleinsäuren sind amorphe, höchst hygroskopische Pulver, die in Alkalien unter Salzbildung leicht löslich sind. Diese Salze lassen sich leicht durch Erwärmen mit Säuren zerlegen. Besonders interessant ist die Fähigkeit der Nucleinsäuren, Eiweiß aus seiner Lösung abzuscheiden[2]). Die hierbei entstehenden Niederschläge sind den natürlichen Nucleinen überraschend ähnlich.

Polypeptide. Nachdem die vorherrschende Bedeutung der Aminosäuren im Eiweißmolekül außer Zweifel gestellt worden war, tauchte die Frage auf, ob man die Aminosäuren synthetisch so verketten kann, daß die erhaltenen Produkte den Eiweißstoffen oder zum mindesten deren hochmolekularen Spaltungsprodukten (siehe unten) nahe kommen. Dieses Problem wurde durch E. FISCHER in glänzender Weise gelöst[3]). Die erhaltenen Produkte hat E. FISCHER nach Analogie mit Polysacchariden Polypeptide genannt. Ebenso wie in der Gruppe der Polysaccharide unterscheidet man Di-, Tri-, Tetrapeptide usw. In Polypeptiden ist die Aminogruppe der einen Aminosäure mit der Carboxylgruppe der anderen Aminosäure amidartig verbunden:

$$R\text{—}NH_2 + R_1\text{—}COOH \longrightarrow R\text{—}NH\text{—}CO\text{—}R_1 + H_2O.$$

Um diese Verkettung zustande zu bringen, hat E. FISCHER verschiedene Methoden vorgeschlagen.

Die allgemeinste und wichtigste von ihnen besteht im folgenden: Die eine Aminosäure verwandelt man durch übliches Chlorieren (mit PCl_5 im Acetylchlorid) ins Chlorid:

$$R\text{—}CH(NH_2)\text{—}COOH + PCl_5 = R\text{—}CH(NH_2)\text{—}COCl + POCl_3 + HCl.$$

Die andere Aminosäure führt man in Äthylester über (vgl. Analytische Methoden). Die Reaktion zwischen den beiden Produkten ergibt den leicht zu verseifenden Dipeptidester

$$\underset{\text{Glycinchlorid}}{NH_2.CH_2.COCl} + \underset{\text{Alaninester}}{NH_2.CH(CH_3).COOC_2H_5} =$$
$$NH_2CH_2.CO.NH.CH(CH_3).COOC_2H_5 + HCl.$$

$$NH_2.CH_2.CO.NH.CH(CH_3).COOC_2H_5 + H_2O =$$
$$\underset{\text{Glycylalanin (Dipeptid)}}{NH_2.CH_2.CO.NH.CH(CH_3).COOH + C_2H_5OH.}$$

Das isomere Alanylglycin entsteht in dem Falle, wenn man das Alanin chloriert und das Glycin verestert. Da die Polypeptide sich ohne Zersetzung chlorieren

---

[1]) LEVENE: Journ. of biol. chem. Bd. 31, S. 591. 1918; Bd. 33, S. 229 u. 425. 1918. — THANNHAUSER u. DORFMÜLLER: Zeitschr. f. physiol. Chem. Bd. 95, S. 259. 1915; Bd. 100, S. 121. 1917; Bd. 104, S. 65. 1919; Bd. 107, S. 157. 1919; Bd. 109, S. 177. 1920.

[2]) ALTMANN, K.: Arch. f. Anat. u. Physiol. S. 524. 1889. — MILROY, T.: Zeitschr. f. physiol. Chem. Bd. 22, S. 307. 1896.

[3]) FISCHER, E.: Untersuchungen über Aminosäuren, Polypeptide und Proteine 1906.

lassen, so ist es möglich, die erhaltene Dipeptidketten nach beiden Seiten zu verlängern. Man kann z. B. dem Glycylalanin Tyrosin auf folgende Weise beifügen:

$$NH_2 . CH_2 . CO . NH . CH(CH_3) . COCl + NH_2 . CH . (CH_2 . C_6H_4OH) . COO . C_2H_5 =$$
$$NH_2 . CH_2 . CO . NH . CH(CH_3) . CO . NH . CH . (CH_2 . C_6H_4OH) . COO . C_2H_5 + HCl.$$

$$NH_2 . CH_2 . CO . NH . CH(CH_3) . CO . NH . CH . (CH_2 . C_6H_4OH) . COO . C_2H_5 + H_2O =$$
$$NH_2 . CH_2 . CO . NH . CH(CH_3) . CO . NH . CH . (CH_2 . C_6H_4OH) . COOH + C_2H_5OH.$$

Glycylalanyltyrosin (Tripeptid)

Es ist einleuchtend, daß man auf dieselbe Weise zwei Peptide miteinander verbinden und also schnell große molekulare Komplexe erhalten kann. Das größte bisher erhaltene Polypeptid hat das Molekulargewicht 1326 und ist aus 19 Aminosäuren zusammengefügt[1]).

Die komplizierteren Polypeptide stellen also Ketten von folgender Struktur dar:

$$.... -NH-CH-CO-NH-CH-CO-NH-CH-CO-NH-CH-CO- \;\text{usw.}$$
$$\qquad R_1 \qquad\qquad R_2 \qquad\qquad R_3 \qquad\qquad R_4$$

Es wiederholt sich in diesen Ketten die Gruppierung —NH—CH—CO— und die übrigen Teile der einzelnen Aminosäurenreste sind durch Seitenketten R_1, R_2, R_3, R_4 usw. dargestellt. Die Konfiguration der Polypeptide erfordert, daß die NH_2-Gruppe in allen Aminosäuren die α-Stellung einnimmt, was auch in der Tat der Fall ist. Bei der Hydrolyse der Polypeptide werden obige lange Ketten an den Stellen des geringsten Widerstandes, also zwischen CO und NH gesprengt, was eine Regenerierung der freien Aminosäuren herbeiführt.

Schwerwiegende Gründe lassen vermuten, daß in genuinen Eiweißstoffen Polypeptidbindungen vorhanden sind. Erstens hat man Polypeptide bei der unvollkommenen Eiweißhydrolyse dargestellt und mit den synthetischen Produkten identifiziert[2]). Zweitens hat man dargetan, daß spezifische Fermente der Pflanzen- und Tierzellen eine Spaltung der Polypeptide zu Aminosäuren hervorbringen[3]). In Anbetracht der Spezifität der proteolytischen Fermente ist letztere Tatsache von hervorragender Bedeutung. Man beachte den Umstand, daß dieselben Fermente nicht imstande sind, solche synthetische Polypeptide zu spalten, in denen nur eine Aminosäure nicht das dem natürlichen Produkte eigene Drehungszeichen hat[4]). Dies ist aus folgender Tabelle zu ersehen:

---

[1]) ABDERHALDEN, E. u. FODOR: Ber. d. Dtsch. Chem. Ges. Bd. 49, S. 561. 1916.

[2]) FISCHER, E. u. ABDERHALDEN, E.: Ber. d. Dtsch. Chem. Ges. Bd. 39, S. 752 u. 2315. 1906; Bd. 40, S. 3544. 1907 u. a.

[3]) ABDERHALDEN, E. u. Mitarbeiter: Zeitschr. f. physiol. Chem. Bd. 47, S. 359 u. 466. 1906; Bd. 48, S. 537. 1906; Bd. 49, S. 1, 21 u. 31. 1906; Bd. 51, S. 334. 1907; Bd. 53, S. 280, 294 u. 308. 1907; Bd. 55, S. 371, 377, 390 u. 395. 1908 u. a.

[4]) FISCHER, E. u. ABDERHALDEN, E.: Zeitschr. f. physiol. Chem. Bd. 46, S. 52. 1905; Bd. 51, S. 264. 1907.

Spaltbar	Nicht spaltbar
d-Alanyl-d-alanin	d-Alanyl-l-alanin
d-Alanyl-l-leucin	l-Alanyl-d-alanin
l-Leucyl-l-leucin	l-Leucyl-d-leucin
l-Leucyl-d-glutaminsäure	d-Leucyl-l-leucin

Die Fermente spalten also nur solche Polypeptide, die in lebenden Zellen erzeugt werden.

Beachtenswert ist die allmähliche Veränderung der Eigenschaften in der Reihe der synthetischen Polypeptide bei der Vergrößerung des Molekulargewichtes. Daß die Masse eines Körpers viele seiner Eigenschaften qualitativ beeinflußt, ist auf Grund verschiedener Tatsachen aus dem Gebiete der Astronomie zu ersehen. Die Eigenschaften eines Körpers setzen sich nicht bloß additiv aus denjenigen seiner einzelnen Teile zusammen. Es treten vielmehr als Folge der bloßen Massenzunahme ganz neue Eigenschaften hervor. Ein Planet kann z. B. von höheren Lebewesen nur in dem Falle bewohnt werden, wo seine Masse genügend groß ist, um durch Gravitationsanziehung eine Atmosphäre festhalten zu können. Es existiert also ein „kritischer Punkt", unterhalb dessen eine ganze Menge von Phänomenen unmöglich ist. Alle Planeten, deren Masse unterhalb des erwähnten kritischen Punktes liegt, unterscheiden sich von den größeren Planeten durch die Nichtexistenz der höheren Lebewesen auf ihrer Oberfläche. Auf dieselbe Weise wäre eine kleine Sonne eine Unmöglichkeit, denn gerade die bedeutende Größe bedingt eine genügende radiale Schrumpfung, die dazu notwendig ist, um eine zum Selbstleuchten ausreichende Wärmemenge zu produzieren [1]).

Auf eine analoge Weise vollzieht sich der Übergang von den Aminosäuren zu den von denselben auf den ersten Blick durchaus verschiedenen Eiweißstoffen. Als Übergangsstufen dienen Polypeptide. Di- und Tripeptide von niedrigem molekularen Gewicht haben im allgemeinen dieselben Eigenschaften, wie die in denselben enthaltenen Aminosäuren und stellen also Körper dar, die krystallinisch sind und typische Kupfersalze, β-Naphthalinsulfoderivate, Phenyl- und Naphthylisocyanatderivate liefern. Polypeptide von größerem molekularen Gewicht zeigen schon neue, den Aminosäuren fremde Eigenschaften. So sind z. B. bereits Pentapeptide amorphe Körper, die nicht scharf schmelzen und oft Biuretprobe liefern, welche letztere mit den Aminosäuren und den einfacheren Polypeptiden negatives Resultat ergibt. Bei den Polypeptiden von noch höherem Molekulargewicht treten außer den soeben erwähnten wieder neue, eiweißähnliche Eigenschaften hervor: die Lösungen dieser Stoffe opaleszieren und sind analog den Eiweißlösungen mit Phosphorwolframsäure und Tannin fällbar. Die Lösungen der hochmolekularen Polypeptide schäumen selbst bei erheblicher Verdünnung. Es ist also ersichtlich, daß hochmolekulare Polypeptide mehr an einfache Eiweißstoffe als an Aminosäuren erinnern.

---

[1]) LODGE, O.: Life and Matter 1905.

Die Eiweißspaltung durch Fermente. Es ist schon längst bekannt, daß Eiweißstoffe im Magen durch das Ferment Pepsin unter Bildung der sogenannten Peptone gespalten werden[1]). Peptone sind amorphe Körper, die alle Eiweißreaktionen, darunter auch die wichtige Biuretprobe liefern. Zum Unterschied von den typischen Eiweißstoffen werden Peptone nicht ausgesalzen, gerinnen nicht beim Kochen und diffundieren durch einige Membranen. Früher hatte man noch die sogenannten Albumosen gegen die Peptone abgegrenzt, da jene sich aussalzen lassen und also nach den damaligen Ansichten ein höheres Molekulargewicht haben sollen. Die Untersuchungen über Polypeptide haben jedoch dargetan, daß die Fähigkeit, sich unter dem Einfluß von verschiedenen Salzen aus der Lösung abzuscheiden, nicht von der Größe, sondern von der qualitativen Zusammensetzung des Moleküls abhängt[2]). So lassen sich z. B. tyrosinhaltige Polypeptide selbst von relativ niedrigem Molekulargewicht leicht aussalzen. Der einzige Unterschied der vermeintlichen Albumosen von den Peptonen wird auf diese Weise aufgehoben und die Bezeichnung Albumose ist daher überflüssig geworden[3]).

Im Dünndarm bewirkt der Pankreassaft eine vollkommene Eiweißhydrolyse zu krystallinischen Aminosäuren. Das die genannte Spaltung hervorrufende Ferment wurde von CLAUDE BERNARD[4]) entdeckt und Trypsin genannt. Als Koferment dient für Pepsin Säure, für Trypsin aber Alkali. Nichtdestoweniger wurde wiederholt die Ansicht geäußert, daß Trypsin ein Sammelbegriff ist, der zwei Fermente vereinigt, und zwar erstens Pepsin, oder nach der rationellen Nomenklatur Protease, die Eiweißstoffe in Peptone zerlegt, und zweitens Erepsin oder Peptase, die eine Hydrolyse der Peptone zu Aminosäuren hervorruft[5]). Andere Forscher halten Trypsin für ein einheitliches Ferment und die Lösung der Streitfrage bleibt künftigen Untersuchungen vorbehalten. Jedenfalls ist aber im Auge zu behalten, daß die Existenz des Erepsins, also eines Fermentes, das nur Peptone spaltet, auf die Eiweißstoffe aber keine Wirkung ausübt, außer Zweifel steht[6]).

Analoge Fermente finden sich auch in den Pflanzen. Es ist schon längst bekannt, daß der Milchsaft des Melonenbaumes (Carica Papaya) eine hydrolytische Spaltung der Eiweißstoffe hervorruft[7]); das aus diesem

---

[1]) PAYEN: Cpt. rend. hebdom. des séances de l'acad. des sciences Bd. 17, S. 654. 1843.

[2]) FISCHER, E. u. ABDERHALDEN, E.: Ber. d. Dtsch. Chem. Ges. Bd. 40, S. 3544. 1907. — FISCHER, E.: Ebenda Bd. 40, S. 3704. 1907.

[3]) ABDERHALDEN, E.: Neuere Ergebnisse auf dem Gebiete der spez. Eiweißchemie S. 14. 1909.

[4]) CLAUDE-BERNARD: Lecons de physiol. experim. S. 334. 1855.

[5]) POLLAK, L.: Hofmeisters Beitr. z. chem. Physiol. u. Pathol. Bd. 6, S. 95. 1904. — MAYS, K.: Zeitschr. f. physiol. Chem. Bd. 49, S. 124 u. 188. 1906. — MARRAS, FR.: Zentralbl. f. Bakteriol. (I), Bd. 75, S. 193. 1914.

[6]) COHNHEIM, O.: Zeitschr. f. physiol. Chem. Bd. 33, S. 451. 1901; Bd. 35, S. 134. 1902; Bd. 36, S. 13. 1902; Bd. 47, S. 286. 1906; Bd. 49, S. 64. 1906; Bd. 52, S. 526. 1907. — SALASKIN, S.: Ebenda Bd. 35, S. 419. 1902. — VERNON, H. M.: Journ. of physiol. Bd. 32, S. 33. 1905; Bd. 33, S. 81. 1905 u. v. a.

[7]) VAUQUELIN: Ann. de chim. Bd. 43, S. 267. 1802.

Safte isolierte Ferment wurde Papayotin genannt[1]). Die Wirkung des
Papayotins ist mit derjenigen des Trypsins identisch. Alsdann wur-
den proteolytische Fermente in verschiedenen Pflanzen gefunden. Be-
sonders reich an proteolytischen Fermenten sind keimende Samen[2]).
Mächtige proteolytische Fermente hat man auch in Hefe nachgewiesen[3]).
Sowohl in Keimlingen der Samenpflanzen als in Hefezellen ist die
Wirkung der proteolytischen Fermente derjenigen des Trypsins analog.
Doch nimmt man an, daß Eiweißhydrolyse auch bei den Pflanzen in
zwei Stufen einzuteilen ist: auch in Pflanzen finden sich einerseits
Fermente, die dem tierischen Pepsin ähnlich sind und andererseits die
dem Erepsin analogen Peptasen.

Eine bedeutende Eiweißspaltung zu den Peptonen wurde zuerst
bei den Insektivoren wahrgenommen[4]), dann ergab es sich, daß auch
bei anderen Pflanzen[5]) sowie bei der Hefe[6]) zwei Arten der proteolytischen Fermente vorhanden sind, und zwar einerseits Proteasen und
andererseits Peptasen (siehe oben).

Nach der synthetischen Darstellung der Polypeptide tauchte die Frage
auf, ob die Produkte der physiologischen Eiweißverdauung, und zwar Albumosen
und Peptone, chemisch einheitliche Stoffe sind. Oben wurde bereits darauf hingewiesen, daß die Benennung Albumose veraltet und daher hinfällig ist. Einige
Forscher behaupten, daß auch Peptone nichts anderes als veränderliche Gemische von verschiedenen Polypeptiden darstellen. Andere nehmen dagegen
an, daß Peptone ganz bestimmte Bausteine des Eiweißmoleküls sind, die sich
durch konstante chemische Zusammensetzung und charakteristische Eigenschaften auszeichnen. Schon längst wurde der merkwürdige Befund gemacht, daß
bei der Eiweißspaltung durch Fermente zunächst tyrosin- und tryptophanreiche
Komplexe in der Lösung erscheinen und erst nachträglich der beständigere aus

---

[1]) WURTZ, A. et BOUCHUT, E.: Cpt. rend. hebdom. des séances de l'acad. des
sciences Bd. 90, S. 1379. 1880; Bd. 91, S. 787. 1880.

[2]) GREEN, J. R.: Philosoph. transact. of the roy. soc. of London (B) Bd. 177,
S. 39. 1887. — Ders.: Proc. of the roy. soc. of London Bd. 41, S. 466. 1886;
Bd. 47, S. 146. 1890; Bd. 48, S. 370. 1891. — BUTKEWITSCH, W.: Der Eiweiß-
abbau in Samenpflanzen und die Rolle der proteolytischen Fermente 1904.
(Russisch.)

[3]) GERET u. HAHN: Ber. d. Dtsch. Chem. Ges. Bd. 31, S. 202 u. 2335. 1898;
vgl. auch „Zymasegärung" 1904. — SALKOWSKI, E.: Zeitschr. f. physiol. Chem.
Bd. 31, S. 305. 1900. — KUTSCHER, F.: Ebenda Bd. 32, S. 59. 1901; Bd. 34,
S. 519. 1901. — DERNBY, K.: Biochem. Zeitschr. Bd. 81, S. 107. 1917. — IWA-
NOFF, N. N.: Untersuchungen über die Verwandlungen der stickstoffhaltigen
Stoffe in der Hefe 1919. (Russisch.)

[4]) VINES, S. H.: Journ. of the Linnean soc. Bd. 15, S. 427. 1877. — Ders.:
Ann. of botany Bd. 11, S. 563. 1897; Bd. 12, S. 545. 1898; Bd. 15, S. 563. 1901. —
CLAUTRIAU, G.: Mém. publ. par l'acad. belg. 1900. — WHITE: Proc. of the roy.
soc. of London (B) Bd. 83, S. 134. 1910. — DERNBY: Biochem. Zeitschr. Bd. 78,
S. 197. 1916 u. a.

[5]) VINES, S. H.: Ann. of botany Bd. 18, S. 289. 1904; Bd. 19, S. 149 u. 171.
1905; Bd. 20, S. 113. 1906; Bd. 22, S. 103. 1908; Bd. 23, S. 1. 1909; Bd. 24,
S. 213. 1910. — BLAGOWESTSCHENSKY, A.: Journ. d. russ. botan. Ges. Bd. 4,
S. 52. 1919 (Russisch). — DEAN: Botan. gaz. Bd. 39, S. 521. 1905; Bd. 40, S. 121.
1905 u. a.

[6]) VINES, S. H.: a. a. O. — DERNBY, K.: Biochem. Zeitschr. Bd. 81, S. 107.
917. — IWANOFF, N. N.: a. a. O.

Glycocoll, Phenylalanin und Prolin zusammengesetzte Rest hydrolysiert wird[1]). Diese Tatsache ist allerdings an und für sich noch kein zwingender Beweis der Existenz von einheitlichen Peptonen, da auch andere Erklärungen nicht ausgeschlossen sind[2]). Doch wurde unter den Produkten der unvollständigen Eiweißspaltung eine interessante Gruppe von Peptonen gefunden, die eine ziemlich beständige Zusammensetzung, ein verhältnismäßig niedriges Molekulargewicht und scharf-basische Eigenschaften haben. Diese Stoffe hat man **Kyrine** genannt[3]). Die Spaltung des Glutokyrins ergab, daß diese Substanz zum größten Teil aus den Diaminosäuren Arginin und Lysin zusammengesetzt ist. KOSSEL[4]) nimmt an, daß derartige protaminartige aus Diaminosäuren zusammengesetzte Komplexe den zentralen Kern eines jeden Eiweißmoleküls bilden. Diese Protamingruppe spielt, KOSSELs Meinung nach, eine hervorragende Rolle bei den Vorgängen der Vermehrung, Erblichkeit und Neubildung von Geweben und Organen. Nach KOSSELs Theorie sind die basischen Eiweißstoffe im Fischsperma namentlich aus dem soeben dargelegten Grunde von den aus Monoaminosäuren bestehenden nicht aktiven Bestandteilen des gewöhnlichen Eiweißmoleküls getrennt.

Eine ganze Reihe von Untersuchungen über die Peptonbildung aus Eiweißstoffen macht die Annahme wahrscheinlich, daß hier nicht eine hydrolytische Spaltung, sondern bloß eine Veränderung des dispersen Zustandes der kolloiden Bestandteile des nicht einheitlichen Eiweißkomplexes vorliegt. Eine nennenswerte Zunahme der NH_2- und COOH-Gruppen ist nämlich bei der Eiweißspaltung durch Pepsin nicht zu verzeichnen[5]), dagegen wird aber dabei die innere Reibung erheblich herabgesetzt. Die Peptonbildung läßt sich selbst bei 100° wahrnehmen[6]), und zwar entstehen überraschenderweise bei 80—90° im Verlaufe von einer Minute große Mengen von „Albumosen" und „Peptone" in einer Mischung von Eiweiß und Papayotin[7]). Alle diese bemerkenswerten Ergebnisse stehen mit den weiter unten besprochenen Arbeiten von S. PEROW und G. INICHOW im Einklange.

Zur Spaltung der Nucleinsäuren existieren spezifische Fermente, die sogenannten Nucleasen[8]). Der Nucleinstoffwechsel der Pflanzen ist noch nicht ausreichend untersucht worden.

Fermentative Synthesen und Annahmen über die Konstitution der Eiweißstoffe. Außer den auf vorigen Seiten beschriebenen Fermenten befindet sich im Magen noch das interessante Labferment oder

---

[1]) KÜHNE, W. u. CHITTENDEN, R. H.: Zeitschr. f. Biol. Bd. 19, S. 159. 1883; Bd. 22, S. 423. 1885. — PICK: Zeitschr. f. physiol. Chem. Bd. 28, S. 219. 1899. — FISCHER, E. u. ABDERHALDEN, E.: Ebenda Bd. 39, S. 81. 1903. — SIEGFRIED: Ebenda Bd. 38, S. 259. 1903.

[2]) FISCHER, E. u. ABDERHALDEN, E.: Zeitschr. f. physiol. Chem. Bd. 46, S. 52. 1905; Bd. 51, S. 264. 1907 u. a.

[3]) SIEGFRIED: Zeitschr. f. physiol. Chem. Bd. 43, S. 44. 1904; Bd. 48, S. 54. 1906; Bd. 50, S. 163. 1906; Bd. 84, S. 288. 1913; S. 97, Bd. 233. 1916.

[4]) KOSSEL, A.: Zeitschr. f. physiol. Chem. Bd. 22, S. 176. 1896; Bd. 25, S. 165. 1898. — Ders. u. KUTSCHER, F.: Ebenda Bd. 31, S. 213. 1900. — KOSSEL, A. u. DAKIN, H.: Ebenda Bd. 41, S. 407. 1904.

[5]) SPRIGGS, E.: Zeitschr. f. physiol. Chem. Bd. 35, S. 465. 1902.

[6]) DELEZENNE, C., MOUTON, H. et POZERSKI, E.: Cpt. rend. des séances de la soc. de biol. Bd. 60, S. 60 u. 309. 1906.

[7]) JONESCU, D.: Biochem. Zeitschr. Bd. 2, S. 177. 1907.

[8]) ABDERHALDEN, E. u. SCHITTENHELM: Zeitschr. f. physiol. Chem. Bd. 47, S. 452. 1906. — KIKKOJI: Ebenda Bd. 51, S. 201. 1907. — TSUJI, K.: Ebenda Bd. 87, S. 378. 1913. — DE LA BLANCHARDIÈRE: Ebenda Bd. 87, S. 291. 1913. — THEODORESCO, E. C.: Cpt. rend. des séances de l'acad. des sciences Bd. 155, S. 554. 1912; Bd. 156, S. 1081. 1913.

Chymosin, welches Milchcasein als ein unlösliches Gerinnsel ausflockt[1]). Derartige Fermente sind in Pflanzen außerordentlich verbreitet: sie wurden in verschiedenen Früchten, Blüten, im Milchsaft u. dgl. entdeckt[2]). I. PAWLOW[3]) hat als Erster die Anschauung entwickelt, daß kein selbständiges Chymosin existiert, sondern daß die Eiweißgerinnung unter dem Einfluß des schon längst bekannten Pepsins stattfindet, welches, ebenso wie alle Katalysatoren, die Reaktion nach beiderlei Richtungen beeinflußt (vgl. S. 44 u. 54), und zwar nicht nur Eiweißspaltung, sondern auch Eiweißkondensation bewirkt. Noch früher erschien eine Reihe von Arbeiten aus der Schule von A. DANILEWSKY[4]) über die synthesierende Wirkung des Magensaftes. Verschiedene Forscher haben nämlich in konzentrierten Lösungen der Produkte der Pepsinverdauung eigentümliche Niederschläge erzeugt, die als ein Resultat der fermentativen Eiweißsynthese angesehen wurden[5]). Diese Niederschläge nennt man Plasteine. Analoge Vorgänge wurden von einigen Forschern auch unter anderen Bedingungen wahrgenommen[6]). Die Einwendungen gegen die Annahme, daß in den vorliegenden Fällen fermentative Synthesen stattgefunden haben, waren darauf gerichtet, daß in kolloiden Lösungen möglicherweise nicht eine chemische Synthese, sondern ein rein physikalischer Vorgang der Ausflockung vor sich ging. In der letzten Zeit wurde aber die Anschauung entwickelt, daß Eiweißstoffe überhaupt keine einheitlichen chemischen Verbindungen darstellen und als Gemische verschiedener kolloider Bestandteile, d. i. der Peptone und der komplizierten Polypeptide, aufzufassen sind[7]). Pepsin soll nach dieser Ansicht nur den dispersen Zustand der kolloiden Komplexe in der Eiweißlösung verändern und also keine chemische Wirkung aus-

---

[1]) Literatur bei FULD: Ergebn. d. Physiol. Bd. 1, I, S. 472. 1902.

[2]) JAVILLIER, M.: Contribut. à l'étude de la présure chez les végétaux 1903 u. v. a.

[3]) PAWLOW, I. u. PARASCHUK, S.: Zeitschr. f. physiol. Chem. Bd. 42, S. 415. 1904; vgl. auch HERZOG, R.: Ebenda Bd. 60, S. 306. 1909. — MIGAI u. SAWITSCH: Ebenda Bd. 63, S. 405. 1909. — FUNK u. NIEMANN: Ebenda Bd. 68, S. 263. 1910. — GRABER: Journ. of Ind. eng. chem. Bd. 9, S. 1125. 1917.

[4]) OKUNEW: Diss. Petersburg 1895. (Russisch.) — LAWROW: Diss. Petersburg 1897. (Russisch.) — SAWIALOW: Pflügers Arch. f. d. ges. Physiol. Bd. 85, S. 171. 1901. — KURAJEW: Hofmeisters Beitr. z. chem. Physiol. u. Pathol. Bd. 1, S. 112. 1901; Bd. 4, S. 476. 1904. — GLAGOLEW: Biochem. Zeitschr. Bd. 50, S. 162. 1913; Bd. 56, S. 195. 1913. — LAWROW: Zeitschr. f. physiol. Chem. Bd. 51, S. 1. 1907; Bd. 53, S. 1. 1907; Bd. 56, S. 343. 1908; Bd. 60, S. 520. 1909. — HEINRIQUES u. GJALDBÄK: Ebenda Bd. 71, S. 485. 1911; Bd. 81, S. 439. 1912 u. a., vgl. S. 55.

[5]) HERZOG, R. O.: Zeitschr. f. physiol. Chem. Bd. 39, S. 305. 1903. — WINOGRADOW: Pflügers Arch. f. d. ges. Physiol. Bd. 87, S. 170. 1901. — GROSSMANN: Hofmeisters Beitr. z. chem. Physiol. u. Pathol. Bd. 6, S. 192. 1904; Bd. 7, S. 165. 1905. — MICHELI, F.: Arch. ital. di biol. Bd. 46, S. 185. 1907 u. a.

[6]) ROBERTSON, T. BR.: Journ. of biol. chem. Bd. 3, S. 95. 1907; Bd. 5, S. 493. 1909. — TAYLOR, A.: Ebenda Bd. 3, S. 87. 1907; Bd. 5, S. 381. 1909. — BLAGOWESTSCHENSKY, A.: Tageb. d. 1. Kongr. d. russ. Botaniker S. 21. 1921. (Russisch) u. a.

[7]) PEROFF, S.: Mitt. d. milchwirtschaftl. Inst. in Wologda Bd. 2, S. 163. 1921. (Russisch.) — INICHOW, G.: Biochem. Zeitschr. Bd. 131, S. 47. 1922.

üben. Demgemäß wäre Pepsin kein Ferment und kein Katalysator, da die genannten Begriffe eine chemische Wirksamkeit voraussetzen.

Mit diesen Anschauungen stehen auch die neuesten Untersuchungen über die Eiweißspaltung im Einklange. Unter Verwendung einer eigenartigen Methode der Eiweißspaltung durch ein- bis zweistündige Erhitzung mit 1proz. Salz-, Schwefel- oder Phosphorsäure im Autoklaven bei 180° erhielten W. Ssadikow und N. Zelinski[1]) kaum gefärbte Lösungen, die frei von Melaninstoffen waren und zyklische Aminosäurenanhydride (Diketopiperazine) in einer Ausbeute von 7—13 vH. des Ausgangsmaterials lieferten. Darunter haben die genannten Forscher z. B. Phenylglycylglycinanhydrid, Prolylprolinanhydrid und andere

Phenylglycylglycinanhydrid   Prolylprolinanhydrid

analoge Stoffe isoliert.

Ssadikow und Zelinski nehmen an, daß „Eiweißmoleküle" aus zyklischen Systemen von Diketopiperazinen, den sogenannten „Peptinen", zusammengesetzt sind. Die Eiweißspaltung soll nach Ssadikow und Zelinski auf folgende Weise vor sich gehen:

Polypeptine (Eiweißstoffe) ⟶ Peptine ⟶ Dipeptide ⟶ Aminosäuren.

Troensegaard[2]) hat eine andere Methode der Eiweißspaltung ausfindig gemacht. Er acetylierte das in Eisessig gelöste Gliadin und bearbeitete es dann mit metallischem Natrium in Gegenwart von Amylalkohol. Hierbei bildeten sich alkaloidartige Stoffe, und zwar vorwiegend Pyrrolderivate. Diese Methode kann indes erhebliche Modifikationen der Eiweißbausteine herbeiführen und ist kaum imstande den Nachweis dafür zu bringen, daß im Eiweißmolekül Pyrrolringe präexistieren. Brigl[3]) sucht darzutun, daß auch in den Versuchen von Ssadikow und Zelinski eine ausgiebige sekundäre Diketopiperazinbildung aus den Aminosäuren stattgefunden hat, wie sie bereits früher in einigen Fällen zu verzeichnen war[4]). Doch lassen die eingehenden Untersuchungen von Abderhalden und seinen Mitarbeitern[5]) kaum mehr Zweifel darüber bestehen, daß im Eiweißmolekül zyklische Komplexe präexistieren, die nach der Art der Diketopiperazine zusammengesetzt sind und oft komplizierte Ringsysteme bilden. So haben die genannten Forscher bei der Roßhaarhydrolyse die folgende,

---

[1]) Ssadikow, W. u. Zelinski, N.: Biochem. Zeitschr. Bd. 136, S. 241. 1923; Bd. 137, S. 397 u. 401. 1923; Bd. 147, S. 30. 1924. — Ssadikow, W.: Ebenda Bd. 143, S. 496 u. 504. 1923 u. a.

[2]) Troensegaard, N.: Zeitschr. f. physiol. Chem. Bd. 127, S. 137. 1923. — Ders. u. Schmidt, J.: Ebenda Bd. 133, S. 116. 1924.

[3]) Brigl: Ber. d. Dtsch. Chem. Ges. Bd. 56, S. 1887. 1923.

[4]) Fischer, E. u. Abderhalden, E.: Ber. d. Dtsch. Chem. Ges. Bd. 39, S. 752. 1906. — Dakin: Biochem. journ. Bd. 12, S. 290. 1918 u. a.

[5]) Abderhalden, E. u. Suzuki, H.: Zeitschr. f. physiol. Chem. Bd. 127, S. 281. 1923. — Abderhalden, E.: Ebenda Bd. 128, S. 119. 1923; Bd. 131, S. 280 u. 284. 1923. — Abderhalden u. Klarmann, E.: Ebenda Bd. 129, S. 320. 1923. — Abderhalden, E. u. Stix, W.: Ebenda Bd. 129, S. 143. 1923; Bd. 132, S. 238. 1924. — Abderhalden, E. u. Komm, E.: Ebenda Bd. 132, S. 1. 1924; Bd. 134, S. 113 u. 121. 1924; Bd. 136, S. 134. 1924. — Abderhalden, E., Klarmann, E. u. Schwab, E.: Ebenda Bd. 135, S. 180. 1924. — Abderhalden, E.: Naturwissenschaften Bd. 5, S. IX. 1924.

aus zwei Prolinresten, einem Oxyprolin- und einem Glycocollrest zusammengesetzte Verbindung isoliert. Diese Verbindung war durch proteolytische Fermente unangreifbar.

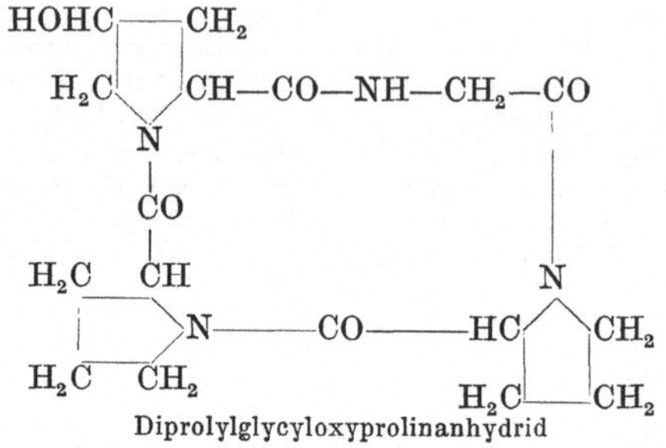

$$\text{HOHC}-\text{CH}_2$$

Diprolylglycyloxyprolinanhydrid

Durch weitere Untersuchungen ist es ABDERHALDEN und seinen Mitarbeitern gelungen, Verkettungen von Diketopiperazinen mit Aminosäuren synthetisch darzustellen. Unter diesen synthetischen Produkten ist z. B. 1, 4-Diglycylglycinanhydrid interessant. Es ist dies eine krystallinische Substanz, die Biuretprobe liefert und mit Phosphorwolframsäure fällbar ist.

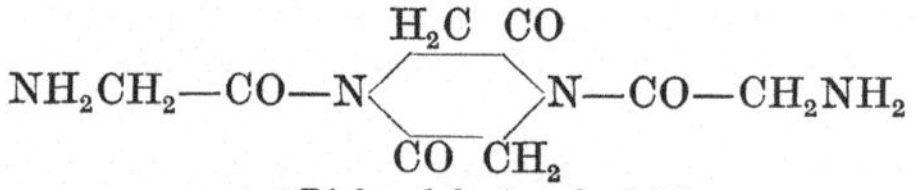

$$\text{NH}_2\text{CH}_2-\text{CO}-\text{N}\langle\quad\rangle\text{N}-\text{CO}-\text{CH}_2\text{NH}_2$$

1, 4-Diglycylglycinanhydrid

Auf Grund obiger Ergebnisse ist die Annahme plausibel, daß Eiweißstoffe keine einheitlichen Moleküle bilden, sondern aus komplexen labilen Verbindungen der verschiedenen selbständigen Ringsysteme zusammengesetzt sind. Diese Ringsysteme entstehen wahrscheinlich durch die Polymerisation der Diketopiperazine. Die ersten Stufen der Eiweißspaltung sind danach möglicherweise nichts anderes als ein Freiwerden der genannten Ringsysteme. Auf diese Weise lassen sich die auf den ersten Blick voneinander weit abstehenden Untersuchungen über Pepton- und Plasteinbildung, über die rein physikalische Natur der Pepsinwirkung und über die zyklischen Produkte der Eiweißspaltung zu einem zusammenhängenden Ganzen zusammenfügen. Es steht jedenfalls außer Zweifel, daß nunmehr eine neue Epoche der Eiweißforschung eintritt.

Zum Schluß ist der Umstand zu betonen, daß auf Grund der neuesten Untersuchungen eine gewisse Ähnlichkeit zwischen dem Bau der Polysaccharide und demjenigen der Eiweißstoffe hervortritt. Dieselbe besteht darin, daß sowohl „Polysaccharide" als „Eiweißstoffe" vom modernen Standpunkt aus keine einheitlichen Moleküle bilden, sondern bloß einen bestimmten dispersen Zustand ihrer kolloiden Bestandteile ausdrücken (vgl. S. 302 ff.).

Mannigfaltigkeit der Eiweißstoffe und deren rationelle Charakteristik. Die verschiedenen modernen Theorien der Erblichkeit, Immunität u. dgl. stützen sich darauf, daß einer jeden Art der lebenden Wesen ihre spezifischen Eiweißstoffe eigen sind. Ist es nun möglich, eine solche Mannigfaltigkeit dieser Stoffe vorauszusetzen? Einfache Berechnungen der Anzahl möglicher Permutationen bei den Kombinationen der Aminosäuren und Polypeptide[1]) zeigen, daß man schon aus 19 Gliedern 1216×10^{17} verschiedene Polypeptide erhalten kann; aus 30 Gliedern lassen sich 2653×10^{32} verschiedenartige synthetische Produkte

---

[1]) FISCHER, E.: Zeitschr. f. physiol. Chem. Bd. 99, S. 54. 1917.

darstellen. Theoretisch ist also eine sehr große Mannigfaltigkeit der Eiweißkörper möglich. Daß die Eiweißstoffe verschiedener Pflanzen in der Tat nicht identisch sind, ist daraus ersichtlich, daß die Fermente nur die Eiweißstoffe ihrer Mutterpflanze intensiv spalten [1]).

Oben (S. 329) wurde schon eine allgemeine Klassifikation der pflanzlichen Eiweißstoffe angegeben, die sich auf deren Löslichkeit und auf die Bedingungen ihrer Ausscheidung aus den Lösungen gründet. Eine richtige chemische Klassifikation der Eiweißkörper kann aber nur auf Grund der quantitativen Hydrolyse und der Bestimmung des Prozentgehaltes der einzelnen Aminosäuren im Eiweißmoleküle hergestellt werden. Derartige Bestimmungen wurden in großer Anzahl von OSBORNE und seinen Mitarbeitern ausgeführt; auf Grund derselben zeigte es sich, daß viele Eiweißstoffe, die nach dem Prozentgehalte der einzelnen Elemente und nach ihren Eigenschaften als identisch angesehen wurden, in Wirklichkeit nach dem Gehalte an einzelnen Aminosäuren in ihrem Molekül sich als verschiedenartig erwiesen. Zugleich verbesserte OSBORNE und seine Schule die Methoden der Eiweißisolierung, so daß gegenwärtig die pflanzlichen Eiweißstoffe bedeutend vollkommener untersucht sind als die tierischen. Die Charakteristik eines jeden einzelnen Eiweißstoffes hat OSBORNE auf eine ganze Reihe von Analysen gegründet, und obschon die einschlägigen Arbeiten noch nicht abgeschlossen sind, so sind doch schon eingehende Beschreibungen solcher Eiweißkörper angegeben worden, von deren Existenz OSBORNES Vorgänger keine Ahnung hatten.

Als Beispiele mögen hier einige Angaben über die am meisten typischen, verbreiteten und zugänglichen Eiweißstoffe mitgeteilt werden.

I. **Globulingruppe** (S. 329) Legumin[2]) in den Samen der Erbse, Puffbohne, Wicke und Linse. Koaguliert nicht leicht, löst sich in 5—10 vH. NaCl, wird bei 46—67 vH. der völligen Sättigung ausgesalzen. Stickstoffgehalt 18,00 vH., darunter 1,7 vH. Ammoniak-N, 11 vH. Monoaminosäuren-N, 5,1 vH. Diaminosäuren-N.

Vicillin[3]) in denselben Leguminosen. Koaguliert weit leichter als das vorhergehende, löst sich in 1—2 vH. NaCl, wird bei 70—80 vH. der völligen Sättigung ausgesalzen. Stickstoffgehalt 17 vH., darunter 1,75 vH. Ammoniak-N, 4,6 vH. Diaminosäuren-N, 10,4 vH. Monoaminosäuren-N.

Phaseolin[4]) in Phaseolus vulgaris. Löst sich in sehr schwachen NaCl-

---

[1]) BLAGOWESCHTSCHENSKY, A.: Tageb. d. 1. Kongr. d. russ. Botaniker S. 21. 1921. (Russisch) u. a.

[2]) OSBORNE and HARRIS: Journ. of biol. chem. Bd. 3, S. 213. 1907. — Dies.: Journ. of the Americ. chem. soc. Bd. 25, S. 323 u. 837. 1903. — OSBORNE and CAMPBELL: Ebenda Bd. 18, S. 583. 1896; Bd. 20, S. 342, 362, 393, 406 u. 410. 1898. — OSBORNE: Ebenda Bd. 24, S. 39 u. 140. 1902. — Ders.: Zeitschr. f. physiol. Chem. Bd. 33, S. 240. 1901. — Ders. and CLAPP: Journ. of biol. chem. Bd. 3, S. 219. 1907. — OSBORNE and HEYL: Americ. journ. of physiol. Bd. 22, S. 423. 1908.

[3]) OSBORNE and HARRIS: Journ. of biol. chem. Bd. 3, S. 213. 1907. — OSBORNE and HEYL: Ebenda Bd. 5, S. 187. 1908. — OSBORNE and CAMPBELL: a. a. O.

[4]) OSBORNE and CLAPP: Americ. journ. of physiol. Bd. 18, S. 295. 1907. — OSBORNE: Journ. of the Americ. chem. soc. Bd. 16, S. 633, 703 u. 757. 1894. — OSBORNE and CAMPBELL: Ebenda Bd. 19, S. 509. 1897. — OSBORNE and HARRIS: Ebenda Bd. 25, S. 837. 1903.

Lösungen, läßt sich zwischen 57 vH. und 77 vH. der völligen Sättigung aussalzen; koaguliert nicht leicht.

Conglutin α[1]) samt dem Conglutin β in den Samen der gelben Lupine. Koaguliert nicht, die Lösung erstarrt aber bei Abkühlung zu einer Gallerte. Löst sich gut in 10 vH. NaCl. Wird bei 34—63 vH. der völligen Sättigung durch Ammoniumsulfat ausgesalzen. Stickstoffgehalt 17,6 vH., darunter Diaminosäuren-N 5,2 vH., Monoaminosäuren-N 10,5 vH., Ammoniak-N 2,1 vH.

Edestin[2]) des Hanfs (Cannabis sativa). Koaguliert nicht vollständig, löst sich in neutralen Salzen, läßt sich bei 23—35 vH. der völligen Sättigung durch Ammoniumsulfat aussalzen. Enthält keine Spur von einer Kohlenhydratgruppe. N = 18,7 vH.

II. **Albumingruppe** (S. 329). Leukosin[3]) macht 0,4 vH. der Weizensamen aus. Koaguliert schon bei 50—60°, löst sich in Wasser, wird bei 50 vH. der völligen Sättigung durch Ammoniumsulfat ausgesalzen. N = 16,8 vH., darunter Diaminosäuren-N 3,5 vH., Monoaminosäuren-N 11,8 vH.

III. **Prolamingruppe** (S. 329). Gliadin[4]) aus Weizenkleber. Koaguliert beim Sieden, löst sich nicht in neutralen Salzen. N = 17,66 vH. Enthält keine Spur von Phosphor. Diaminosäuren-N 1 vH., Monoaminosäuren-N 12,2 vH., Ammoniak-N 4,30 vH.

Hordeïn[5]) aus Gerstensamen. Gerinnt nur beim Kochen mit Wasser oder stark verdünntem Alkohol. Liefert keine MOLISCHsche Reaktion (S. 328). N = 17,2 vH., darunter N der Diaminosäuren im ganzen nur 0,77 vH., N der Monoaminosäuren 12 vH., N des Ammoniaks 4 vH.

Zeïn[6]) aus Maissamen. Wird mit 75—90 vH. Alkohol aufgenommen. Enthält weder Glykokoll, noch Lysin, noch Tryptophan und kann deshalb nicht als genügende Eiweißnahrung für Tiere dienen. Enthält auch, ähnlich der Mehrzahl der Reserveeiweißstoffe der Pflanzen, keine Kohlenhydratgruppe. N = 16,13vH. darunter Diaminosäuren-N 0,49 vH., Monoaminosäuren-N 12,5 vH., Ammo-

---

[1]) OSBORNE and HARRIS: Americ. journ. of physiol. Bd. 13, S. 436. 1905. — Ders.: Journ. of the Americ. chem. soc. Bd. 25, S. 323 u. 837. 1903. — OSBORNE and CAMPBELL: Ebenda Bd. 19, 454. 1897. — OSBORNE: Ebenda Bd. 24, S. 140. 1902. — OSBORNE and GILBERT: Americ. journ. of physiol. Bd. 15, S. 333. 1906. — OSBORNE, LEAVENWORTH and BRAUTLECHT: Ebenda Bd. 23, S. 180. 1908.

[2]) OSBORNE: Americ. chem. journ. Bd. 14, S. 662. 1892. — Ders.: Zeitschr. f. physiol. Chem. Bd. 33, S. 240. 1901. — Ders. and HARRIS: Journ. of the Americ. chem. soc. Bd. 25, S. 323, 474 u. 837. 1903. — ABDERHALDEN: Zeitschr. f. physiol. Chem. Bd. 37, S. 499. 1902.

[3]) OSBORNE: Journ. of the Americ. chem. soc. Bd. 17, S. 429 u. 539. 1895. — Ders. u. CAMPBELL: Ebenda Bd. 22, S. 379. 1900. — OSBORNE and VOORHEES: Ebenda Bd. 15, S. 392. 1893; Bd. 16, S. 524. 1894. — OSBORNE and HARRIS: Americ. journ. of physiol. Bd. 17, S. 223. 1906. — OSBORNE and CLAPP: Ebenda, S. 231.

[4]) OSBORNE and VOORHEES: siehe oben. — OSBORNE and HARRIS: Americ. journ. of physiol. Bd. 13, S. 35. 1905; Bd. 17, S. 223. 1906. — Ders.: Journ. of the Americ. chem. soc. Bd. 25, S. 323 u. 842. 1903. — OSBORNE and CLAPP: Americ. journ. of physiol. Bd. 17, S. 231. 1906. — OSBORNE, LEAVENWORTH and BRAUTLECHT: a. a. O.

[5]) OSBORNE: Journ. of the Americ. chem. soc. Bd. 17, S. 539. 1895. — OSBORNE and CLAPP: Americ. journ. of physiol. Bd. 19, S. 117. 1907. — OSBORNE and HARRIS: Journ. of the Americ. chem. soc. Bd. 25, S. 323. 1903.

[6]) CHITTENDEN and OSBORNE: Americ. chem. journ. Bd. 13, S. 453. 1891; Bd. 14, S. 20. 1892. — OSBORNE and CLAPP: Americ. journ. of physiol. Bd. 20, S. 477. 1908. — OSBORNE and JONES: Ebenda Bd. 26, S. 212. 1910. — OSBORNE and HARRIS: Journ. of the Americ. chem. soc. Bd. 25, S. 323. 1903. — OSBORNE: Ebenda Bd. 24, S. 140. 1902. — WILLCOCK and HOPKINS: Journ. of physiol. Bd. 35, S. 88. 1906.

niak-N 2,97 vH. In den Produkten der Zeïnhydrolyse sind 80,5 vH. seines Gewichtes wiedergefunden worden (Osborne and Jones).

IV. **Glutelingruppe** (S. 329). Glutenin (Glutencaseïn, Pflanzenfibrin)[1] in Weizensamen, bildet den in Alkohol unlöslichen Teil des Weizenklebers. Koaguliert beim Kochen. N = 17,5 vH., darunter Diaminosäuren-N 2,1 vH., Monoaminosäuren-N 12 vH., Ammoniak-N 3,3 vH.

Als Illustration der quantitativen Verhältnisse der Aminosäuren in den Pflanzeneiweißstoffen möge folgende Tabelle dienen, die hauptsächlich auf Grund der Analysen Osbornes und seiner Mitarbeiter zusammengestellt ist[2] (siehe Tabelle S. 354). Aus dieser Tabelle ersieht man, daß erstens verschiedene Eiweißstoffe, die früher auf Grund ihrer Löslichkeit und anderer Eigenschaften als identisch betrachtet wurden (z. B. Legumin und Vicillin), sich voneinander durch ihren Gehalt an Aminosäuren unterscheiden, und zweitens, daß in allen untersuchten Eiweißstoffen einige Aminosäuren immer in größeren Mengen, andere dagegen in geringeren Mengen enthalten sind.

So ausführlich sind nur die als Nahrung wichtigen Reserveeiweißstoffe der Samen untersucht worden. Die Eiweißstoffe des Zellplasmas sind hingegen fast gar nicht studiert worden. Besonders reich an Eiweißstoffen sind die Pilze; in diesen befinden sich jedoch die Eiweißstoffe in größeren Komplexen, wie es scheint, glucoproteidartiger Natur[3]. Die Eiweißstoffe der Pilze lassen sich weder durch Salzlösungen, noch durch Alkalien, sondern nur durch starke Säuren extrahieren[4].

Analytische Methoden. Um die Reserveeiweißstoffe zu extrahieren, zerkleinert man die Samen, entfettet sie nötigenfalls durch Äther und extrahiert durch entsprechende Lösungsmittel; für Pflanzenglobuline verwendet man oft eine 10proz. Natriumchloridlösung. Darauf wird der Extrakt der Dialyse unterzogen, indem man es in einen Pergamentschlauch einschließt, den man in Wasserstrom taucht. Indem das Salz aus dem Dialysator ausgewaschen wird, fällt das durch Pergament nicht diffundierende Globulin als amorphes Gerinnsel aus.

Zur vollständigen Hydrolyse löst man mindestens 500 g Eiweiß in dreifachem Gewicht rauchender Salzsäure oder in zehnfachem Gewicht 25proz. Schwefelsäure; darauf kocht man die Mischung 6 Stunden lang mit Salzsäure oder 16 Stunden lang mit Schwefelsäure am Rückflußkühler, wobei gewöhnlich ein Teil der Aminosäuren durch Gummifikation verloren geht, wenn — wie es auch meistens der Fall ist — in der Lösung Kohlenhydrate vorhanden sind. Die Salzsäure wird durch Abdampfen unter vermindertem Druck und Schütteln mit Kupferoxydul entfernt; die Schwefelsäure wird quantitativ mit Baryt gefällt. Zur Ausscheidung des Tyrosins und der Diaminosäuren wird die Hydrolyse mit Schwefelsäure vorgezogen, für die Fraktionierung der Monoaminosäuren empfiehlt es sich nach E. Fischer[5] Salzsäure anzuwenden. Beim Eindampfen der Salzsäurelösung scheidet sich das Glutaminsäurechlorhydrat aus.

---

[1]) Osborne and Voorhees: Americ. chem. journ. Bd. 15, S. 392. 1893; Bd. 16, S. 524. 1894. — Osborne and Harris: Journ. of the Americ. chem. soc. Bd. 25, S. 323. 1903. — Osborne and Clapp: Americ. journ. of physiol. Bd. 17, S. 231. 1906.

[2]) Nur die Analyse des Edestins ist Abderhalden entnommen: Zeitschr. f. physiol. Chem. Bd. 37, S. 499. 1902, mit Ausnahme der Bestimmung der Diaminosäuren (Kossel u. Platten: Zeitschr. f. physiol. Chem. Bd. 38, S. 39. 1903) und der Glutaminsäure (Osborne and Gilbert: Americ. journ. of physiol. Bd. 15, S. 333. 1906).

[3]) Iwanow, N. N.: Ber. d. russ. Akad. d. Wiss. Bd. 397. 1918. (Russisch.)

[4]) Winterstein, E.: Zeitschr. f. physiol. Chem. Bd. 26, S. 438. 1899. — Ders. u. Hoffmann, J.: Hofmeisters Beitr. z. chem. Physiol. u. Pathol. Bd. 2, S. 404. 1902.

[5]) Fischer, E.: Zeitschr. f. physiol. Chem. Bd. 33, S. 151. 1901.

Spaltungsprodukte	Legumin in vH.	Vicillin in vH.	Phaseolin in vH.	Edestin in vH.	Leukosin in vH.	Gliadin in vH.	Hordeïn in vH.	Zeïn in vH.	Glutenin in vH.
Glykokoll	0,39	0,00	0,55	3,80	0,94	0,00	0,00	0,00	0,89
Alanin	1,15	0,50	1,80	3,60	4,45	2,00	0,43	} 9,02	4,65
Valin	1,36	0,15	1,04	vorhanden	0,18	0,21	0,13		0,24
Leucin	8,80	9,38	9,65	20,90	11,34	5,61	5,67	18,30	5,95
Prolin	4,04	4,06	2,77	1,70	3,18	7,06	13,73	9,04	4,23
Phenylalanin . .	2,87	3,82	3,25	2,40	3,83	2,35	5,03	6,22	1,97
Asparaginsäure . .	3,21	5,30	5,24	4,50	3,35	0,58	1,32˙	1,71	0,91
Glutaminsäure . .	18,30	21,34	14,54	14,00	6,73	37,33	43,20	26,17	23,42
Serin	0,53	?	0,38	0,33	nicht best.	0,13	0,10	1,02	0,74
Cystin	nicht best.	nicht best.	nicht best.	0,25	,, ,,	0,45	nicht best.	nicht best.	0,02
Oxyprolin . . .	,, ,,	,, ,,	,, ,,	2,00	,, ,,	nicht best.	,, ,,	0,00	nicht best.
Tyrosin	2,42	2,38	2,84	2,13	3,34	1,20	1,67	3,19	4,25
Arginin	11,06	8,91	4,89	14,17	5,94	3,16	2,16	1,35	4,72
Histidin	2,94	2,17	2,62	2,19	2,83	0,61	1,28	0,82	1,76
Lysin	3,99	5,40	4,58	1,65	2,75	0,00	0,00	0,00	1,92
Ammoniak . . .	2,12	2,03	2,06	2,28	1,41	5,11	4,87	3,64	4,01
Tryptophan . . .	vorhanden	vorhanden	vorhanden	vorhanden	vorhanden	vorhanden	vorhanden	0,00	vorhanden
Gesamtmenge der Spaltungsprodukte in vH. des analysierten Eiweißstoffes .	63,18	65,44	56,21	75,90	50,32	65,80	79,59	80,48	59,68

Nach seiner Abtrennung wird die Lösung der übrigen Aminosäuren bis zur Sirup-
konsistenz eingedampft, mit absolutem Alkohol versetzt und durch die Mischung
gasförmiger Chlorwasserstoff durchgelassen. Hierbei tritt die Carboxylgruppe der
Aminosäurenchlorhydrate mit Äthylalkohol in Esterverbindung. Der salzsaure
Äthylester des Glykokolls scheidet sich in Form von charakteristischen Krystallen aus; Schmelzpunkt 144 °. Nach seiner Trennung wird das Filtrat nochmals
unter vermindertem Druck eingedampft, und die Salzsäure von den Esterchlor-
hydraten mit Kaliumcarbonat oder Natriumalkoholat (nach vorhergehender Neutralisation der Lösung) abgespalten; die Äthylester der Aminosäuren extrahiert
man mit Äther und unterwirft sie nach Entfernung der Lösungsmittels einer
fraktionierten Destillation unter vermindertem Drucke. Man erhält gewöhnlich
vier Fraktionen: 1. bei 60 ° und 12 mm, 2. bei 100 ° und 12 mm, 3. bei 100 ° und
0,1—0,5 mm, 4. bei 175 ° (Ölbad) und 0,1—0,5 mm. In der ersten Fraktion sind
hauptsächlich Glykokoll- und Alaninester enthalten, in der zweiten vorwiegend
Valin-, Leucin-, Isoleucinester, in der dritten dieselben
Ester; außerdem findet sich Prolinester in allen drei
Fraktionen. Die vierte Fraktion enthält Ester von
Serin, Phenylalanin, Asparagin- und Glutaminsäure
(wenn letztere als Chlorhydrat nicht vollständig ausgeschieden worden war). Die Ester verseift man durch
Kochen mit Wasser und erhält dann die Aminosäuren
als reine Produkte. Hinsichtlich der Trennung der
einzelnen Aminosäuren in jeder Fraktion vgl. analytische Handbücher [1]). Eine vorzügliche Ergänzung
zur Fraktionierung nach FISCHER liefert die vorläufige
Fraktionierung nach DAKIN [2]): Indem man die Mischung der Aminosäuren mit Butylalkohol extrahiert,
trennt man die Monoaminosäuren von den Dicarboxyl-
säuren (Asparagin- und Glutaminsäure) und von den
Diaminosäuren. Unter den mit Butylalkohol extra-
hierbaren Aminosäuren ist nur Prolin in Äthylalkohol
löslich; es wird auf diese Weise von den übrigen Aminosäuren glatt getrennt und verunreinigt also später
nicht die nach FISCHER erhaltenen Fraktionen.

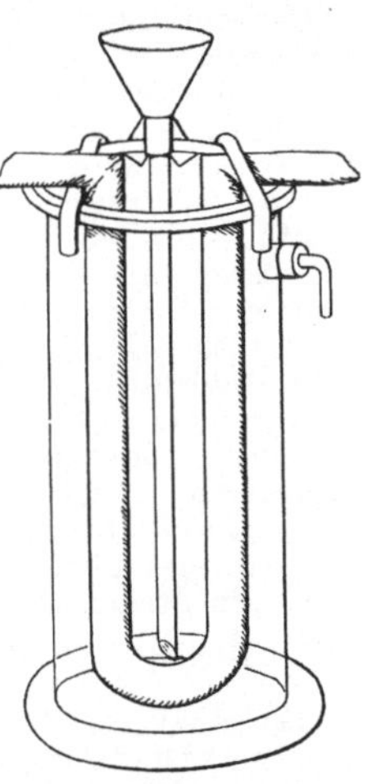

Abb. 35. Dialysator für Eiweißstoffe. Erklärung im Text.
(Nach W. KÜHNE.)

Für Tyrosindarstellung führt man eine besondere
Hydrolyse mit Schwefelsäure aus; nach Entfernung der
Säure krystallisiert das schwer lösliche Tyrosin aus.
Der Rückstand nach der Abscheidung des Tyrosins
dient zur Dastellung von Arginin, Histidin und
Lysin, was nach der Methode von KOSSEL [3]) quan-
titativ ausgeführt werden kann: die Mischung wird mit Phosphorwolframsäure
gefällt (dieselbe fällt nur Diaminosäuren und Ammoniak), der Niederschlag durch
Baryt zerlegt und Ammoniak unter vermindertem Druck weggetrieben. Die
filtrierte blanke Flüssigkeit wird mit Schwefelsäure angesäuert und mit einer
kochenden Lösung von Silbersulfat behandelt, die man so lange hinzugießt, bis
ein Tropfen der Mischung auf dem Uhrglas mit Barytwasser einen braunen
Niederschlag gibt. Darauf fraktioniert man die Diaminosäuren nach dem speziell
ausgearbeiteten Verfahren, dessen Beschreibung in Handbüchern der biochemischen Methoden zu finden ist.

---

[1]) ABDERHALDEN: Handb. d. biochem. Arbeitsmethoden Bd. 2, S. 470.
1910. — Ders.: Neuere Ergebnisse auf dem Gebiete der speziellen Eiweißchemie
1909.
  [2]) DAKIN, H. D.: Biochem. journ. Bd. 12, S. 290. 1918.
  [3]) KOSSEL, A.: Zeitschr. f. physiol. Chem. Bd. 25, S. 177. 1898; Bd. 26,
S. 586. 1898. — Ders. u. KUTSCHER, F.: Ebenda Bd. 31, S. 165. 1900. — KOSSEL,
A. u. PATTEN, A. J.: Ebenda Bd. 38, S. 39. 1903. — KOSSEL, A. u. PRINGLE, H.:
Ebenda Bd. 49, S. 318. 1906. — WEISS, E.: Ebenda Bd. 52, S. 108. 1907. —
STEUDEL, H.: Ebenda Bd. 37, S. 219. 1903 u. Bd. 44, S. 157. 1905.

Zur Trennung des Tryptophans und Cystins muß man den Eiweißstoff nicht mit Säuren, sondern mit Fermenten spalten. Danach fällt man mit Quecksilbersulfat in Gegenwart 5proz. Schwefelsäure zuerst Cystin und darauf Tryptophan. Nach Entfernung des Quecksilbers mit Schwefelwasserstoff krystallisieren Cystin und Tryptophan in freiem Zustande aus. Cystin läßt sich auch bei der Eiweißspaltung durch Säuren isolieren. Zur Darstellung der Aminosäuren aus einer Mischung mit anderen Stoffen bedient man sich folgender Methoden.

Ausscheidung in Form von Calciumsalzen der Carbaminsäuren[1]). Die Flüssigkeit wird stark abgekühlt und so lange Kalkmilch hinzugesetzt, bis sie sich noch löst, darauf wird durch die Lösung ein CO_2-Strom durchgelassen, und dieselbe Operation mehrmals wiederholt. Das Kohlendioxyd verwandelt sich dabei in die Carboxylgruppe:

$$R-CH{<}^{NH_2}_{COOH} + CO_2 \longrightarrow R-CH{<}^{NH-COOH}_{COOH}$$

Die Carbaminsäuren sind starke zweibasische Säuren, die lösliche Calcium- und Bariumsalze liefern. Diese Salze lassen sich mit Alkohol fällen, und auf diese Weise kann man die Aminosäuren aus der Lösung ausscheiden.

Ausscheidung in Form von Quecksilberverbindungen[2]). Die Lösung versetzt man mit einer 10proz. Quecksilberacetatlösung, die man tropfenweise zugibt und gleichzeitig aus einem anderen Gefäß Sodalösung so lange hinzufügt, bis der entstehende Niederschlag die orangerote Färbung des Quecksilberoxyds annimmt. Dann ist die Fällung beendigt und man erhält nach Zerlegung des Niederschlags mit Schwefelwasserstoff eine Lösung der freien Aminosäuren. Der Mechanismus dieser Reaktion ist nicht vollständig aufgehellt. Die Eiweißstoffe müssen vorher aus der Lösung entfernt werden.

Zur Darstellung der β-Naphthalinsulfoderivate[3]) löst man zwei Mole des β-Naphthalinsulfochlorids in Äther, schüttelt die Lösung ohne Erwärmen anhaltend mit einer alkalischen Aminosäurelösung, und setzt in Intervallen von $1\,^1/_2$ Stunden noch Alkali hinzu. Darauf wird die Lösung filtriert und mit Salzsäure übersättigt. Das β-Sulfonaphthalinderivat fällt dabei aus und wird beim Stehen krystallinisch:

$$R.CH(NH_2).COOH + C_{10}H_7.SO_2Cl = C_{10}H_7SO_2.NH.CH{<}^{R}_{COOH} + HCl.$$

Ein analoges Verfahren wird zur Darstellung der Phenylisocyanat-[4]) und Naphthylisocyanatverbindungen[5]) verwendet. Die Aminosäure wird in Alkali gelöst und mit Phenylisocyanat, das in kleinen Portionen hinzugefügt wird, geschüttelt. Darauf wird die Lösung (eventuell nach Reinigung mit Tierkohle) filtriert und angesäuert. Die Reaktion findet nach folgender Gleichung statt:

$$C_6H_5-N{=}CO + NH_2-CH{<}^{R}_{COOH} \longrightarrow C_6H_5-NH-CO-HN-CH{<}^{R}_{COOH}$$

Phenylisocyanat   Aminosäure   Phenylureïdosäure

Fällt der Niederschlag nicht krystallinisch aus, so wird die Phenylisocyanatverbindung in Hydantoïn übergeführt, indem man den Niederschlag in 4proz. Salzsäure löst und auf dem Wasserbade eindampft:

$$C_6H_5.NH.CO.NH.CH(R).COOH \longrightarrow C_6H_5-N{<}^{CO-CH-R}_{CO-NH} + H_2O.$$

Phenylureïdosäure   Hydantoïn

---

[1]) Siegfried, M.: Zeitschr. f. physiol. Chem. Bd. 44, S. 85. 1905 u. Bd. 46, S. 401. 1905.

[2]) Neuberg, C. u. Kerb, J.: Biochem. Zeitschr. Bd. 40, S. 498. 1912.

[3]) Fischer, E. u. Bergell, P.: Ber. d. Dtsch. Chem. Ges. Bd. 35, S. 3779. 1902.

[4]) Fischer, E.: Zeitschr. f. physiol. Chem. Bd. 33, S. 151. 1901.

[5]) Neuberg, C. u. Manasse, A.: Ber. d. Dtsch. Chem. Ges. Bd. 38, S. 2359. 1905. — Neuberg, C. u. Rosenberg, E.: Biochem. Zeitschr. Bd. 5, S. 456. 1907.

Die β-Naphthalinsulfoderivate sowie die Phenyl- und Naphthylisocyanatverbindungen verwendet man meistens nicht zur Trennung, sondern zur Identifizierung der einzelnen Aminosäuren. Die Kupfersalze[1]) entstehen beim Erhitzen der Aminosäuren mit Kupferoxydhydrat. Die Darstellung der Benzoylverbindungen aus Aminosäuren und Benzoylchlorid ist der Darstellung der β-Sulfonaphthalinderivate dem Prinzip nach analog, doch ist es notwendig, anstatt Alkali Natriumbicarbonat anzuwenden.

Die Peptone werden bei der Eiweißverdauung durch Proteasen gebildet; am besten verwendet man Magensaft bei 40° im Verlaufe von 30 Tagen. Darauf werden die Eiweißstoffe durch Aussalzen abgetrennt und die Peptone mit Ammoniumferrisulfat gefällt[2]). Ohne Hilfe von Fermenten kann man die Eiweißstoffe zu Polypeptiden spalten. Zu diesem Zwecke wird der Eiweißstoff mit starker Säure bei 18—37° belassen[3]). Nach Abscheidung der Säure trennt man mit Phosphorwolframsäure die komplizierteren Produkte von den einfacheren; letztere lassen sich oft verestern und ähnlich den Aminosäuren fraktionieren. Die hochmolekularen Polypeptide werden entweder in Form von β-Naphthalinsulfoderivaten oder in freiem Zustande voneinander getrennt. Hierbei kommt es manchmal vor, daß man auf bedeutende Schwierigkeiten stößt[4]). Die Nucleinsäuren werden aus den Nucleoproteïden durch Extraktion mit verdünnten Alkalien und Natriumacetat bei 100° dargestellt[5]); die Hydrolyse der Nucleinsäuren wird durch Kochen mit starken Säuren — am besten mit Schwefelsäure — ausgeführt. Nach der Hydrolyse wird die Flüssigkeit von der Schwefel- und Phosphorsäure mittels Baryt befreit und mit Phosphorwolframsäure gefällt. Im Niederschlage sind Purinbasen und Cytosin enthalten. Nach der Zerlegung des Niederschlags fraktioniert man die Basen nach speziellen Methoden, deren Beschreibung in Handbüchern der biochemischen Analyse zu finden ist.

Die Umwandlungen der Eiweißstoffe bei der Keimung der Samenpflanzen. Die Eiweißstoffe sind im Pflanzenkörper ebenso wie im Tierkörper fortwährenden Umwandlungen, nämlich dem Zerfall und der Regenerierung, unterworfen. Die Pflanzen unterscheiden sich von den Tieren dadurch, daß bei allen Umwandlungen des Eiweißes und der übrigen stickstoffhaltigen Substanzen im Pflanzenorganismus keine Spur von Stickstoff verloren geht[6]), indes beim Tiere der Stickstoff täglich aus dem Körper geschieden wird und eine ununterbrochene N-Zufuhr sich als unumgänglich erweist. Bei den Samenpflanzen werden die Eiweißstoffe in den Blättern synthesiert und durch Leitungsbahnen in die übrigen Organe übergeführt. Da schon die Translokation der Eiweißstoffe ihre vorhergehende Hydrolyse bis zu den krystallinischen Produkten erfordert, und andrerseits auch der Eiweißbildung eine Synthese der Aminosäuren unvermeidlich vorangehen muß, so können letztere zweifacher Herkunft sein: entweder primärer (aus dem anorganischen

---

[1]) HOFMEISTER, A.: Liebigs Ann. d. Chem. Bd. 189, S. 16. 1877.

[2]) SIEGFRIED, M.: Zeitschr. f. physiol. Chem. Bd. 35, S. 164. 1902.

[3]) FISCHER, E. u. ABDERHALDEN, E.: Ber. d. Dtsch. Chem. Ges. Bd. 39, S. 752 u. 2315. 1906; Bd. 40, S. 3544. 1907.

[4]) ABDERHALDEN, E.: Zeitschr. f. physiol. Chem. Bd. 58, S. 386. 1909.

[5]) NEUMANN, A.: Arch. f. Anat. u. Physiol., Suppl. S. 552. 1899.—HERLANT, L.: Arch. f. exp. Pathol. u. Pharmakol. Bd. 44, S. 157. 1906. — SLADE, H. B.: Amer. Journ. of physiol. Bd. 13, S. 464. 1905. — OSBORNE u. HARRIS: Zeitschr. f. physiol. Chem. Bd. 36, S. 85. 1902.

[6]) BOUSSINGAULT: Agronomie, chimie agric. et physiol. Bd. 1, S. 1—249. 1864; Bd. 3, S. 266. 1864; Bd. 4, S. 245. 1868.

Stickstoff und Zucker), oder sekundärer (aus den Eiweißstoffen). Aus diesem Grunde ist die Frage der Eiweißumwandlungen in den Blättern ziemlich verwickelt, und ist es ratsam, die Beschreibung der Umwandlungen der stickstoffhaltigen Stoffe in den Pflanzen mit dem Prozesse der Samenkeimung zu beginnen. In den ruhenden Samen sind die stickstoffhaltigen Reservestoffe fast ausschließlich als Eiweißstoffe abgelagert; daher entstehen die krystallinischen N-haltigen Produkte bei der Keimung nur durch Hydrolyse des Reserveeiweißes des Samens. Somit ist hier das Schema der Umwandlung der stickstoffhaltigen Stoffe einfacher als in den Blättern.

Wie schon oben erwähnt wurde, gehören die Reserveeiweißstoffe der Samen hauptsächlich in die Gruppe der Globuline[1]); außer diesen sind in geringen Mengen auch Albumine[2]) und in einigen Gramineen alkohollösliche Prolamine[3]) und Gluteline[4]) vorhanden. Alle diese Stoffe werden in Form von sogenannten Aleuronkörnern verschiedener Gestaltung und Größe aufgespeichert. Am Anfang der Keimung findet ein bedeutender Eiweißabbau statt. Findet die Keimung im Dunkeln statt, so geht die Eiweißspaltung sehr weit; im Licht fängt aber das grüngewordene Pflänzchen nach einiger Zeit an, Eiweißstoffe zu synthetisieren.

Folgende Zahlen zeigen, wie weit die Eiweißspaltung im Dunkeln vor sich geht. Setzt man die Gesamtmenge des Stickstoffs in den Samen gleich 100, so wird die Menge des Eiweißstickstoffes in den Samen einerseits und in Keimpflanzen verschiedenen Alters anderseits nach PRIANISCHNIKOW[5]) durch folgende Zahlen ausgedrückt:

	Samen	Keimpflanzen			
		10 tägige	20 tägige	30 tägige	40 tägige
Vicia sativa	89,9	49,2	35,6	29,8	28,8

Hieraus ersieht man, daß bei der Keimung im Dunkeln $^2/_3$ der Gesamtmenge des Sameneiweißes gespalten wird. In einigen Fällen hat man gar eine Spaltung von $^4/_5$ der Gesamtmenge der Eiweißstoffe verzeichnet. Bei Belichtung dauert die Eiweißspaltung, je nach der Pflanzenart, 10 bis 20 Tage fort; nach Ablauf dieser Periode tritt dagegen eine erhebliche Zunahme der Eiweißmenge ein, wie es z. B. aus folgenden Zahlen PRIANISCHNIKOWS[6]) zu ersehen ist:

---

[1]) RITTHAUSEN, H.: Die Eiweißkörper der Getreidearten, Hülsenfrüchte und Ölsamen 1872. — WEYL, TH.: Zeitschr. f. physiol. Chem. Bd. 1, S. 72. 1877. — PALLADIN, W.: Zeitschr. f. Biol. Bd. 31, S. 191. 1895.

[2]) OSBORNE und andere, vgl. S. 352.

[3]) RITTHAUSEN, H.: a. a. O. — TADDEI: Schweigg. Journ. Bd. 29. S. 514.

[4]) OSBORNE, S. 353.

[5]) PRIANISCHNIKOW, D.: Über die Eiweißspaltung bei der Samenkeimung S. 22. 1895. (Russisch.) Analoge Resultate sind auch von vielen anderen Forschern erhalten worden.

[6]) PRIANISCHNIKOW, D.: Die Eiweißkörper und ihre Verwandlungen in der Pflanze 1899. 75—77. (Russisch.) Für obigen Versuch wurden schon gekeimte Samen genommen.

	Samen	Keime			
		7 tägige	14 tägige	21 tägige	28 tägige
Phaseolus multiflorus	82,7	52,6	68,2	73,6	70,8
Lupinus luteus . . .	72,8	37,7	52,0	68,7	70,0

Die Hydrolyse der Sameneiweißstoffe wird durch Fermente[1] bewirkt, die bei der Keimung[2] entstehen und die Eiweißkörper bis zu den krystallinischen Produkten spalten, d. i. eine „Trypsinverdauung" bewirken. Diese Fermente arbeiten besser bei schwach-saurer Reaktion[3]. Es ist nicht unwahrscheinlich, daß das proteolytische Ferment der Samen immer aus zwei Komponenten besteht: der Protease, die Eiweißkörper zu Peptonen spaltet, und der Peptase, welche die Zersetzung der Peptone und Polypeptide zu krystallinischen Produkten bewirkt (S. 345). Eine ausführliche Untersuchung der Proteolyse auf den ersten Keimungsstadien hat dargetan, daß die Eiweißspaltung zuerst verhältnismäßig langsam vor sich geht, dann sich beschleunigt und schließlich wiederum gehemmt wird. Die Kurve eines solchen Proteolyseverlaufes ist der sogenannten großen Atmungskurve und der großen Wachstumskurve ähnlich[4]. Die gewaltigen Prozesse der Neubildung der Gewebe und Organe sind also von einem starken Verbrennen des energetischen Materials, nämlich des Zuckers, und von einer kräftigen Eiweißspaltung begleitet. Doch ist die Eiweißspaltung keine Teilstufe des Atmungsvorganges, wie man es auf den ersten Blick vermuten könnte: die kongruierenden Formen der Kurven von beiden Prozessen hängen nur davon ab, daß Eiweißspaltung und Atmung koordiniert sind, da sie den Teil eines und desselben physiologischen Vorganges, nämlich der Keimung, bilden. Man hat übrigens versucht, auf Grund der Eiweißhydrolyse bei der Samenkeimung eine „Eiweißtheorie" der Atmung zu entwickeln[5], nach welcher nur die „labilen" lebenden Eiweißkörper des Plasmas als Atmungsmaterial dienen, die Kohlenhydrate dagegen nur zur Regeneration dieser Eiweißkörper verbraucht werden. Es muß ausdrücklich betont werden, daß derartige Ansichten jeder tatsächlichen Begründung entbehren und zu einer Zeit entstanden sind, wo das Wesen der Umwandlungen von

---

[1]) GORUP-BESANEZ: Ber. d. Dtsch. Chem. Ges. Bd. 7, S. 146. 1874; Bd. 7, S. 1478. 1874; Bd. 8, S. 1510. 1875. — GREEN, J. R.: Philosoph. transact. of the roy. soc. of London Bd. 177, S. 39. 1887. — Ders.: Proc. of the roy. soc. of London Bd. 41, S. 466. 1886; Bd. 47, S. 146. 1890; Bd. 48, S. 370. 1891. — BUTKEWITSCH, W.: Die regressive Metamorphose der Eiweißstoffe in Samenpflanzen und die Rolle des proteolytischen Ferments 1904 (Russisch) u. a.

[2]) ABDERHALDEN u. DAMMHAHN: Zeitschr. f. physiol. Chem. Bd. 57, S. 332. 1908. — PUGLIESE, A.: Arch. di fisiol. Bd. 10, S. 292. 1912.

[3]) BUTKEWITSCH: siehe oben. — SCHJERNING: Meddel. frå Carlsberg laborat. Bd. 9, S. 319. 1193.

[4]) PRIANISCHNIKOW, D.: Die Eiweißstoffe und deren Umwandlungen in der Pflanze im Zusammenhang mit Atmung und Assimilation 1899. (Russisch.)

[5]) DETMER, W.: Jahrb. f. wiss. Botanik Bd. 12, S. 237. 1879. — Ders.: Vergleichende Physiologie des Keimungsprozesses der Samen 1880. — Ders.: Ber. d. botan. Ges. Bd. 10, S. 433 u. 442. 1892.

stickstoffhaltigen Substanzen in den Pflanzen noch nicht klargelegt war. Gegenwärtig steht es aber außer Zweifel, daß bei der Keimung nur die Reserveeiweißstoffe der Aleuronkörner und nicht die Nucleoproteïde des Protoplasmas zerlegt werden. Die Menge der im Magensafte unverdaulichen Eiweißkörper (darunter auch der Nucleïnkomplexe) nimmt bei der Samenkeimung im allgemeinen nicht ab, sondern vergrößert sich im Gegenteil[1]), was auch begreiflich ist, da in der jungen Pflanze aus dem Reserveeiweiß neue lebende Zellen mit ihrem Protoplasma und Zellkernen aufgebaut werden. Noch überzeugender sind in dieser Beziehung Resultate, die durch Bestimmungen des Eiweißphosphors und der Purinbasen[2]) erhalten wurden.

In der folgenden Tabelle sind einige Analysenergebnisse mitgeteilt, die bei der Bestimmung des unverdaulichen Stickstoffs (nach PALLADIN) und des Nucleïnphosphors, sowie auch des Purinstickstoffs in Keimpflanzen (nach ZALESKI) erhalten wurden:

Weizen.

	Samen	Keimpflanzen			
		3 tägige	6 tägige	9 tägige	14 tägige
Verdaulicher N	61,9	—	48,8	—	44,9
Unverdaulicher N . . .	5,0	5,2	9,0	12,1	—

Vicia faba, Achsenorgane.

	Purin-N	Nuclein-P	Eiweiß-N
3 tägige	0,0075	0,0125	—
9 tägige	0,0262	0,0337	—
3 tägige	—	0,0120	0,0849
9 tägige	—	0,0336	0,0376

Auf Grund dieser Ergebnisse kann es keinem Zweifel unterliegen, daß die Eiweißmenge des Protoplasmas und der Zellkerne in jungen wachsenden Pflanzenteilen bei der Keimung zunimmt. In den Samen finden sich übrigens, nach ZALESKIs Angaben, Reservenucleine, die durch entsprechende Fermente, die Nucleasen, gespalten werden. Die krystallinischen Produkte dieser Spaltung wandern in die jungen Teile des Keimlings hinüber, wo sie bei der Synthese der Eiweißstoffe des Protoplasmas und der Zellkerne Verwendung finden.

Folgende interessante Tatsache beweist gleichfalls, daß die Eiweißstoffe des Protoplasmas bei der Samenkeimung nicht zersetzt, sondern, im Gegenteil, energisch synthesiert werden. In Lauchzwiebeln wird

---

[1]) PALLADIN: Rev. gén. de botanique Bd. 8, S. 228. 1896. — Ders.: Arb. d. Warschauer Naturforscherges. 1898. (Russisch.)

[2]) ZALESKI, W.: Ber. d. botan. Ges. Bd. 25, S. 213. 1907; Bd. 29, S. 146. 1911. — Ders.: Die Umwandlungen und die Rolle der Phosphorverbindungen in den Pflanzen. S. 130—156. 1912. (Russisch.)

sowohl das stickstofffreie, als auch das stickstoffhaltige Reservematerial in Form von krystallinischen Produkten, und zwar der Reservestickstoff in Form von Aminosäuren, aufgespeichert. Sobald die Keimung der Zwiebel beginnt, bemerkt man in derselben eine energische Eiweißsynthese[1]). Reserveeiweißstoffe sind in diesem Objekt fast keine vorhanden, und es findet daher auch keine merkliche Proteolyse statt.

Asparagin und dessen physiologische Rolle. Auf Grund aller Ergebnisse der Eiweißchemie könnte man erwarten, daß die Spaltung der Reserveeiweißstoffe durch Fermente bei der Samenkeimung dieselben Produkte, und in denselben quantitativen Verhältnissen wie bei der Eiweißhydrolyse durch Säuren ergeben muß. Der Sachverhalt ist jedoch ein komplizierterer: bei der Samenkeimung entstehen nämlich gewaltige Mengen von Asparagin[2]), dem Halbamid der Asparaginsäure:

$$(NH_2)CO.CH_2.CH(NH_2).COOH.$$

Eine besonders intensive Asparaginbildung findet bei der Keimung der Leguminosen statt, deren Samen große Mengen von Reserveeiweiß enthalten. Oft geht mehr als die Hälfte des Eiweißstoffes der Leguminosensamen bei der Keimung in die Form von Asparagin über. Eine Erklärung dieser Erscheinung liefert die „Asparagintheorie" Pfeffers[3]), welche von Borodin[4]) auf alle anderen Pflanzen ausgedehnt wurde. Borodin wies nach, daß die Asparaginanhäufung durch Verdunkelung der Keimpflanzen sicher hervorgerufen werden kann. Die Theorie besteht in folgendem: da die Pflanze mit dem Stickstoff sehr sparsam umgeht und denselben niemals ins umgebende Medium ausscheidet, so spielt Asparagin die Rolle eines Stoffes, in welchen der Eiweißstickstoff zeitweilig übergeht, um sich in eine zum Transport geeignete Form zu verwandeln. Bei der C-Assimilation im Licht und der photochemischen Kohlenhydratsynthese wird Asparagin zur Eiweißregeneration in den wachsenden Pflanzenteilen verwertet, beim Kohlenhydratmangel bleibt jedoch Asparagin als ein Reservestoff erhalten.

Die Grundlagen dieser Theorie sind richtig: in Gegenwart von Kohlenhydraten wird Asparagin tatsächlich zur Regeneration der Eiweißstoffe am Lichte verwertet, in einigen Beziehungen ist aber die Theorie veraltet und bedarf einer Modifikation. Vor allem behauptete Pfeffer, daß Eiweiß direkt in Asparagin übergehe, d. i. daß Eiweiß im Organismus sich ganz anders spalte als bei der Säurenhydrolyse. Diese für den Chemiker unwahrscheinliche Annahme wurde Gegenstand einer Kritik seitens E. Schulze und seiner Schule. E. Schulze unternahm ausführliche Untersuchungen über Bildung und Anhäufung des Asparagins und der übrigen Produkte der physiologischen Proteolyse, Unter-

---

[1]) Zaleski, W.: Ber. d. botan. Ges. Bd. 16, S. 146. 1898; Bd. 19, S. 331. 1901.

[2]) Pasteur, L.: Ann. de chim et de physique (3), Bd. 31, S. 70. 1851; Bd. 34, S. 30. 1854; Bd. 38, S. 457. 1858. — Boussingault: Cpt. rend. hebdom. des séances de l'acad. des sciences Bd. 58, S. 881 u. 917. 1864.

[3]) Pfeffer, W.: Jahrb. f. wiss. Botanik Bd. 8, S. 530. 1872.

[4]) Borodin, J.: Botan. Zeit. 1876.

suchungen, die mit einer unübertroffenen Genauigkeit ausgeführt wurden, und zwar vermittels neuer, von ihm ausgearbeiteter Methoden. Diese klassischen Arbeiten machten die Frage der Eiweißspaltung bei der Samenkeimung zu einer der am besten erforschten in der Biochemie der Pflanzen. Die Asparaginbildung selbst bietet bei der Eiweißspaltung durch Fermente nichts Außergewöhnliches dar, da wichtige Gründe zur Ansicht zwingen, daß die Asparagin- und Glutaminsäure, welche bei der Eiweißhydrolyse durch Säuren gefunden werden, ihre leicht verseifbare Amidogruppe $CONH_2$ verloren haben, mit der sie als Asparagin und Glutamin im Eiweißmolekül vorhanden waren. Als ein besonders schwerwiegendes Argument dafür, daß im Reserveeiweißmolekül nicht Asparagin- und Glutaminsäure, sondern deren Amide, nämlich Asparagin und Glutamin, enthalten sind, dient die Vergleichung der Mengen der zweibasischen Aminosäuren und des Ammoniaks, die bei der Hydrolyse des Eiweißes durch Mineralsäuren erhalten wurden[1]. Berechnet man die Menge des von den Amidogruppen der zweibasischen Aminosäuren abgespalteten Ammoniaks und vergleicht man die berechnete Größe mit den bei der Eiweißhydrolyse gefundenen NH_3-Mengen, so erhält man auffallende Kongruenzen:

	Berechnet	Gefunden
Edestin	2,19 vH.	2,28 vH.
Glubulin der Baumwollensamen	2,40 „	2,33 „
Conglutin	2,63 „	2,55 „
Zeïn	3,72 „	3,61 „ usw.

Außerdem ergab es sich, daß bei der Autolyse der Keimpflanzen die Menge des Amidostickstoffes sich in denselben vergrößert[2]), da unter dem Einfluß der Fermente die Eiweißhydrolyse ohne Verseifung der Amide zustande kommt.

Somit kann die Anwesenheit der Amide im Eiweißmolekül als höchst wahrscheinlich gelten; nichtsdestoweniger kann aber die Gesamtmenge des Asparagins der Keimpflanzen keineswegs ein Resultat der direkten Eiweißhydrolyse sein, da die Menge des in den Keimpflanzen entstehenden Asparagins erheblich größer ist, als die Mengen der Asparagin- und Glutaminsäure im Eiweiß. Der Asparagingehalt erreicht oft 20 vH. des Trockengewichts der Keimlinge[3]); in einigen Fällen hat man auch 25,7 vH. Asparagin erhalten[4]), so daß 73 vH.

---

[1]) OSBORNE, TH.: The vegetables proteins 1909. — Ders., LEAVENWORTH and BRAUTLECHT: Americ. journ. of physiol. Bd. 23, S. 180. 1908.

[2]) BUTKEWITSCH, W.: Die regressive Metamorphose der Eiweißkörper usw. S. 55. 1904. (Russisch.) — SCHEMTSCHUSCHNIKOW, E.: Aus den Resultaten der Vegetationsversuche und der Laboratoriumsarbeiten Prof. PRIANISCNHIKOWS Bd. 11, S. 1. 1918. (Russisch.) — PETROW, G. G.: Die Stickstoffassimilation der Samenpflanzen im Licht und im Dunkeln. S. 110. 1917. (Russisch.)

[3]) SCHULZE, E. u. UMLAUF, W.: Landwirtschaftl. Versuchs-Stationen Bd. 18. S. 1. 1875 u. v. a.

[4]) SCHULZE, E., UMLAUF u. URICH: Landwirtschaftl. Jahrb. Bd. 5, S. 821. 1876. — SCHULZE, E.: Ebenda Bd. 7, S. 411. 1878.

des Stickstoffs des zersetzten Eiweißes in Form von Asparagin wiedergefunden wurde. Es ist also einleuchtend, daß Asparagin auf Kosten
anderer Bausteine des Eiweißmoleküls schon nach erfolgter Hydrolyse synthesiert werden muß. Diese Annahme ist im Laboratorium
E. SCHULZES auf folgende Weise einwandfrei nachgewiesen worden. In
einigen Fällen dauert die Asparaginbildung auch nachdem die Eiweißspaltung zum Stillstand gekommen ist, weiter fort, wobei die Aspara-
ginzunahme mit der Abnahme der übrigen krystallinischen N-haltigen
Verbindungen gleichen Schritt hält[1]). Dies ersieht man z. B. aus folgender Tabelle, welche einer Arbeit von SCHULZE selbst entnommen ist:

	Auf 100 Gewichtsteile nicht gekeimter Samen			
	Eiweiß-N	Asparagin-N	N der Di-aminosäuren	N der übrigen Verbindungen
6 tägige Keimpflanzen	5,49	1,16	0,97	1,72
15 „ „	1,71	4,02	1,22	2,39
24 „ „	1,78	5,09	1,03	1,40

Nach 15 Tagen wurde die Eiweißspaltung schon sistiert, die Asparaginmenge vergrößerte sich aber noch weiter, und zwar hauptsächlich auf Kosten der Monoaminosäuren. In den etiolierten Rizi-
nus-Keimpflanzen waren manchmal gar keine Monoaminosäuren vorhanden[2]), was offenbar auf deren völligen Verbrauch zur Asparaginbildung zurückzuführen ist, da eine Eiweißsynthese bei Abwesenheit
des Lichtes ausgeschlossen war. Schließlich ergab es sich, daß die
Asparaginbildung nur bei Sauerstoffzutritt möglich ist, obgleich die
Eiweißspaltung in Keimpflanzen auch in einem sauerstofffreien Medium
mit großer Energie stattfindet[3]). Für die Asparagin- und Glutamin-
synthese ist ein Energieaufwand erforderlich; diese Energie wird von
den Samenpflanzen hauptsächlich im Prozesse der Sauerstoffatmung
gewonnen. Durch Hemmung der Sauerstoffatmung wird also die Amidsynthese verhindert.

Man kann also auf Grund der mannigfaltigen Literaturangaben,
welche auf den vorhergehenden Seiten allerdings sehr unvollständig
angeführt sind, für festgestellt halten, daß nur eine geringe Menge der
Amide direkt durch die Hydrolyse der Reserveeiweißstoffe gebildet
wird; ein weit größerer Teil derselben ist vielmehr das Resultat einer
Synthese auf Kosten der übrigen krystallinischen Bausteine des Eiweißmoleküls. Es ist aber außerdem noch eine dritte Art von Asparagin-

---

[1]) MERLIS, M.: Landwirtschaftl. Versuchs-Stationen Bd. 48, S. 419.
1897. — SCHULZE, E.: Zeitschr. f. physiol. Chem. Bd. 24, S. 18. 1898. — Ders.:
Landwirtschaftl. Jahrb. Bd. 27, S. 503. 1898; vgl. auch PRIANISCHNIKOW: Die
Eiweißstoffe und deren Umwandlungen in der Pflanze. 1899. (Russisch.)

[2]) SCHULZE, E.: Landwirtschaftl. Jahrb. Bd. 35, S. 621. 1906.

[3]) PALLADIN, W.: Der Einfluß des Sauerstoffs auf die Eiweißspaltung in
Pflanzen 1889. (Russisch.) — Ders.: Ber. d. botan. Ges. Bd. 7, S. 126. 1889. —
GODLEWSKI: Bull. de l'acad. des sciences de Cracovie 1904.

bildung entdeckt worden; namentlich diese Synthese liefert manchmal die Hauptmenge der Amide in wachsenden Pflanzen. Es zeigte sich, daß Asparagin unmittelbar, also durch primäre Synthese, aus Ammoniak und Kohlenhydraten entstehen kann[1]), so daß z. B. ein bedeutender Teil des von den Pflanzen aus dem Substrate assimilierten anorganischen Stickstoffs sofort in Asparagin übergeht. Dabei wurde die wichtige Rolle der Calciumsalze bei der Synthese des Asparagins hervorgehoben und die durchaus nicht gleiche Fähigkeit verschiedener Pflanzen, Asparagin direkt aus dem anorganischen Stickstoff und den Kohlenhydraten aufzubauen, festgestellt[2]). In die erste Kategorie gehören Pflanzen, die erhebliche Mengen von Kohlenhydraten (Getreide) oder Fetten enthalten; sie synthesieren Amide aus anorganischem Stickstoff bei Abwesenheit von Kalksalzen. In die zweite Kategorie gehören die Leguminosen, welche Asparagin nur in Gegenwart von Calciumsalzen intensiv aufbauen. Die dritte Kategorie bilden Pflanzen, die äußerst arm an Kohlenhydraten sind (Lupine); bei ihnen kommt überhaupt keine primäre Asparaginsynthese aus Kohlenhydraten und Ammoniakstickstoff zutage, wenn das Ammoniaksalz physiologisch sauer ist.

Bei einigen Pflanzen, besonders bei Farnen und Caryophyllaceen, wird anstatt des Asparagins Glutamin[3]), das Halbamid der Glutaminsäure $(NH_2)CO.CH_2.CH_2.CH(NH_2).COOH$, aufgespeichert. Ein prinzipieller Unterschied zwischen Asparagin und Glutamin existiert freilich nicht.

Die primäre Amidsynthese erheischt eine Revision der PFEFFERschen Vorstellung über die physiologische Rolle des Asparagins, als eines Stoffes, der speziell bestimmt ist, die Translokation des Eiweißstickstoffs zu erleichtern. Auf Grund der neueren Ergebnisse lehnt PRIANISCHNIKOW den Gesichtspunkt PFEFFERS ab und schließt sich im allgemeinen den Ansichten BOUSSINGAULTS[4]) an, der mit feiner Intuition die Bedeutung des Asparagins der Funktion des Harnstoffs im

<hr>

[1]) SCHULZE, E.: Landwirtschaftl. Jahrb. Bd. 17, S. 683. 1888. — Ders.: Zeitschr. f. physiol. Chem. Bd. 24, S. 18. 1898. — KINOSHITA: Bull. of the univ. Tokyo Bd. 2, No. 4. 1895. — SUZUKI: Ebenda Bd. 2, No. 7. 1897; vgl. besonders PRIANISCHNIKOW u. SCHULOW: Russ. Journ. f. exp. Landwirtschaft Bd. 10. 1910. (Russisch.) — Dies.: Ber. d. botan. Ges. Bd. 28, S. 253. 1910. — Dies.: Rev. gén. de botanique Bd. 25, S. 5. 1913.

[2]) PRIANISCHNIKOW: Die Eiweißstoffe und ihre Umwandlung 1899. (Russisch.) — Festschr. f. K. A. TIMIRIAZEFF S. 241. 1916. (Russisch.) — SMIRNOW: Aus den Resultaten der Vegetationsversuche und Laboratoriumsarbeiten von Prof. PRIANISCHNIKOW Bd. 9, S. 470. 1914. (Russisch.) — PERITURIN: Ebenda Bd. 7, S. 180. 1912. (Russisch.) — PRIANISCHNIKOW: Ebenda Bd. 9, S. 559. 1919. (Russisch.) — NIKOLAEWA: Ebenda Bd. 10, S. 380. 1916. (Russisch.) — RITMAN: Ebenda Bd. 7, S. 212. 1912. (Russisch.) — PRIANISCHNIKOW u. KASCHEWAROWA: Ebenda Bd. 10, S. 174. 1916. (Russisch.)

[3]) SCHULZE, E.: Landwirtschaftl. Jahrb. Bd. 7, S. 431. 1878. — Ders.: Landwirtschaftl. Versuchs-Stationen Bd. 47, S. 33. 1896; Bd. 49, S. 442. 1898. — Ders.: Zeitschr. f. physiol. Chem. Bd. 20, S. 327. 1894. — Ders.: Ber. d. botan. Ges. Bd. 25, S. 213. 1907. — STEIGER: Zeitschr. f. physiol. Chem. Bd. 86, S. 245. 1913.

[4]) BOUSSINGAULT: Cpt. rend. hebdom. des séances de l'acad. des sciences Bd. 58, S. 817. 1864. — Ders.: Agronomie, chimie agric. et physiol. Bd. 4, S. 264. 1868.

Tierorganismus gleichstellte. Sowohl Asparagin als auch Harnstoff enthalten einen Vorrat an leicht abspaltbarem Ammoniak, der zu synthetischen Prozessen verwendet werden kann. Nun scheidet das Tier den Harnstoff kontinuierlich aus und bedarf daher einer täglichen Kompensation seiner Stickstoffvorräte; Asparagin wird hingegen in der Pflanze aufgespeichert und sein Stickstoff je nach Bedarf von neuem assimiliert. Weiter unten wird dargelegt werden, daß namentlich Harnstoff in einigen Pflanzen die Rolle des Asparagins spielt. In diesem Falle tritt die Antithese zwischen dem Stickstoffumsatz im Tier- und Pflanzenkörper noch schärfer hervor, da das Schicksal eines und desselben Stoffes im Tier- und Pflanzenorganismus durchaus verschieden ist. Die Pflanze erwirbt ihren Stickstoff in schwerem Kampfe ums Dasein (2. Kapitel); selbst die winzigsten Mengen dieses wertvollen Elements werden daher behutsam aufbewahrt und in den Pflanzenzellen verwertet. Das Tier existiert hingegen auf Kosten der fertigen Pflanzeneiweiße, geht mit letzteren nicht sparsam um und vergeudet diesen Stoff, der ihm, im Sinne der synthetischen Arbeit, umsonst zufällt.

Die übrigen stickstoffhaltigen Spaltungsprodukte der Eiweißstoffe bei der Keimung. Wie schon oben bemerkt, enthält das Asparagin sogar bei den Leguminosen, in denen es nach der Eiweißspaltung in sehr großen Mengen entsteht, 70 vH. bis 80° des Gesamtstickstoffs des gespaltenen Eiweißes; der Rest kommt auf Aminosäuren, die sich unmittelbar am Bau des Eiweißmoleküls beteiligten. In andern Pflanzen ist in den primären Produkten, d. h. den Monoamino- und Diaminosäuren, eine noch größere Menge des Stickstoffs des abgebauten Eiweißes enthalten. Das quantitative Verhältnis der einzelnen Aminosäuren in den Keimpflanzen entspricht nicht ihrem Verhältnis im Reserveeiweiß, da verschiedene Aminosäuren nicht mit gleicher Geschwindigkeit zur Bildung der Amide, zum Regenerieren des Eiweißes und zu anderen Prozessen verbraucht werden. So ist z. B. Alanin aus den keimenden Pflanzen bis jetzt noch nicht isoliert worden. Besonders sind in den Keimpflanzen Leucin[1]) und Tyrosin[2]) verbreitet. Außerdem hat man Isoleucin[3]) (in Leguminosen), Valin[4]), Phenylalanin[5]), Prolin und Tryptophan[6]) und außerdem Diaminosäuren, nämlich Arginin[7]), Lysin und Histidin[8]) nachgewiesen. Arginin wurde

[1]) GORUP-BESANEZ: Ber. d. Dtsch. Chem. Ges. Bd. 7, S. 146 u. 569. 1874.

[2]) GORUP-BESANEZ: Ber. d. Dtsch. Chem. Ges. Bd. 10, S. 781. 1877.

[3]) SCHULZE, E. u. WINTERSTEIN, E.: Zeitschr. f. physiol. Chem. Bd. 45, S. 38. 1905.

[4]) SCHULZE, E.: Landwirtschaftl. Jahrb. Bd. 12, S. 909. 1884. — SCHULZE u. BARBIERI: Journ. f. prakt. Chem. Bd. 27, S. 337. 1883 u. a.

[5]) SCHULZE, E.: a. a. O. — SCHULZE u. BARBIERI: a. a. O. — SCHULZE: Zeitschr. f. physiol. Chem. Bd. 11, S. 201. 1887 u. a.

[6]) SCHULZE, E. u. WINTERSTEIN, E.: Zeitschr. f. physiol. Chem. Bd. 45, S. 38. 1905.

[7]) SCHULZE, E. u. STEIGER: Ber. d. Dtsch. Chem. Ges. Bd. 19, S. 1177. 1886 u. v. a.

[8]) SCHULZE, E.: Zeitschr. f. physiol. Chem. Bd. 28, S. 465. 1899; Bd. 47, S. 507. 1906 u. v. a.

von SCHULZE in den Keimpflanzen der gelben Lupine zuerst entdeckt; dieser äußerst wichtige Stoff war früher in der Chemie nicht bekannt. In der Folge erwies es sich, daß in den Keimpflanzen der Coniferen besonders viel Arginin enthalten ist; dort ist sein Gehalt größer als derjenige von allen übrigen Aminosäuren[1]), wie man es aus folgender Tabelle ersieht, deren Zahlen die Mengen des Stickstoffs der Diaminosäuren und der übrigen krystallinischen Produkte (darunter auch der Amide) in Prozenten des Gesamtstickstoffs ausdrücken:

	N der Di-aminosäuren in vH.	N der übrigen kryst. Produkte in vH.
Grüne Keimpflanzen der Tanne	21,5	4,7
Etiolierte Keimpflanzen der Fichte . . .	29,3	16,1
Fichte unter natürlichen Verhältnissen . .	14,9	20,7

Die Aminosäuren werden teils zur Regeneration des Eiweißes in den wachsenden Pflanzenteilen verwendet, teils durch Vorgänge zersetzt, die weiter unten beschrieben werden.

Der Eiweißumsatz in verschiedenen Teilen der ausgewachsenen Samenpflanze. Der soeben beschriebene Prozeß der Eiweißumwandlungen in keimenden Samen übertrifft quantitativ alle übrigen Eiweißumwandlungen in der Pflanze; außerdem ist er besonders eingehend untersucht worden, da er für die Agrikulturchemie von großer Bedeutung ist. Dagegen sind die Eiweißumwandlungen in andern Pflanzenteilen weit weniger genau studiert worden. In den unterirdischen Reservestoffbehältern, nämlich den Knollen, Zwiebeln, Rhizomen, findet im allgemeinen dieselbe Spaltung der Reserveeiweißstoffe statt, wie bei der Samenkeimung. Sobald die Knolle oder Zwiebel zu keimen beginnt, erscheinen in derselben viele aktive Fermente und findet eine Mobilisierung der Reservestoffe statt. Asparagin spielt dabei dieselbe hervorragende Rolle, wie in den Keimpflanzen[2]). Manchmal ist in den unterirdischen Reservestoffbehältern perennierender Pflanzen Asparagin durch Glutamin[3]) ersetzt. Von den übrigen Aminoverbindungen herrschen in den unterirdischen Organen der perennierenden Pflanzen, ebenso wie in keimenden Samen, Leucin[4]), Tyrosin[5]) und Arginin[6]) vor. Dasselbe findet in der Baumrinde während der Mobilisierung der Reservestoffe im Frühjahr statt. Bei der Keimung des

[1]) SCHULZE, E.: Zeitschr. f. physiol. Chem. Bd. 22, S. 435. 1896.
[2]) SCHULZE, E.: Landwirtschaftl. Jahrb. Bd. 12, S. 909. 1884. — SCHULZE u. BARBIERI: Landwirtschaftl. Versuchs-Stationen Bd. 21, S. 63. 1878 u. a.
[3]) SCHULZE, E.: Ber. d. Dtsch. Chem. Ges. Bd. 10, S. 85 u. 109. 1874. — STEIGER, A.: Zeitschr. f. physiol. Chem. Bd. 86, S. 245. 1913 u. a.
[4]) SCHULZE, E. u. BARBIERI: Landwirtschaftl. Versuchs-Stationen Bd. 24, S. 167. 1880. — SCHULZE, E.: Landwirtschaftl. Jahrb. Bd. 12, S. 909. 1884 u. a.
[5]) SCHULZE, E. u. BARBIERI: a. a. O. — SCHULZE, E.: a. a. O. — SCHULZE, E. u. ENGSTER: Landwirtschaftl. Versuchs-Stationen Bd. 27, S. 357. 1881 u. a.
[6]) SCHULZE, E.: Zeitschr. f. physiol. Chem. Bd. 21, S. 43. 1895. — Ders.: Landwirtschaftl. Versuchs-Stationen Bd. 59, S. 331. 1904; Bd. 60, S. 331. 1904 u. a.

Fichtenpollens ist keine Spur von Asparagin oder Glutamin[1]) gefunden worden.

Eine bedauernswerte Lücke bildet die ungenügend untersuchte Umwandlung der Eiweißkörper in Laubblättern. Die Extrahierung selbst der Eiweißstoffe aus den Blättern ist mit unerwarteten und wenig begreiflichen Schwierigkeiten verbunden[2]). Obgleich ein bedeutender Teil der Eiweißstoffe der Laubblätter wohl als Reservestoff anzusehen ist[3]), sind dennoch keine Aleuronkörner in den Blättern gefunden worden. Andrerseits gelingt es, aus den jungen Blättern eine erhebliche Menge von stickstoffhaltigen Substanzen mit Wasser zu extrahieren[4]); dieselben sind also offenbar nicht im Protoplasma enthalten. Die Angaben über die Anwesenheit der Aminosäuren in den Blättern sind sehr spärlich und lückenhaft; eine systematische Untersuchung ist in dieser Richtung noch nicht ausgeführt worden. Zweifellos sind Aminosäuren in den Blättern immer vorhanden[5]); erst in letzter Zeit ist aber in denselben Asparagin nachgewiesen worden[6]). In den Blättern verschiedener Pflanzen ist auch Harnstoff sehr verbreitet[7]); darüber wird weiter unten ausführlicher die Rede sein.

Nichtsdestoweniger ist es kaum zweifelhaft, daß die Umwandlungen der Reservestoffe in den Blättern auf dieselbe Weise wie in den keimenden Samen stattfinden. Eine besonders intensive Ableitung stickstoffhaltiger Produkte aus den Blättern findet beim Reifen der Früchte statt; zu dieser Zeit verwandelt sich der Stickstoff der Reserveeiweißstoffe der Blätter in den Aminosäurenstickstoff, hauptsächlich aber in Asparaginstickstoff, und wird in dieser Form aus dem Blatte abgeleitet. Die Analysen der Blattspreiten und Blattstiele von Lupinus albus lieferten folgende Resultate[8]):

	7. VII.	5. VIII.
Blattspreiten		
Eiweiß-N	79,92 vH.	77,86 vH.
Nichteiweiß-N . .	20,08 „	22,14 „
Asparagin-N . . .	5,81 „	6,96 „
Blattstiele		
Eiweiß-N	65,52 „	68,45 „
Nichteiweiß-N . .	36,48 „	31,55 „
Asparagin-N . . .	22,45 „	15,41 „

[1]) SCHULZE, E. u. PLANTA: Zeitschr. f. physiol. Chem. Bd. 10, S. 326. 1886. Der Pollen ist arm an Eiweißstoffen und gar überhaupt an Stickstoff. Vgl. dazu KIESEL: Zeitschr. f. physiol. Chem. Bd. 120, S. 85. 1922.

[2]) WINTERSTEIN, E.: Ber. d. botan. Ges. Bd. 19, S. 326. 1901.

[3]) MEYER, A.: Ber. d. botan. Ges. Bd. 33, S. 373. 1915; Bd. 35, S. 658. 1917; Bd. 36, S. 508. 1918. — Ders.: Flora Bd. 111, S. 85. 1918.

[4]) ANDRÉ, G.: Cpt. rend. hebdom. des séances de l'acad. des sciences Bd. 155, S. 1528. 1912; Bd. 158, S. 1812. 1914.

[5]) GRINDLEY, JOSEPH and SLATER: Journ. of the Americ. chem. soc. Bd. 37, S. 1778 u. 2762. 1915; Bd. 38, S. 1425. 1916.

[6]) WASSILIEFF, N.: Journ. f. exp. Landwirtschaft Bd. 6, S. 385. 1905. (Russisch.) — CHIBNALL, A. CH.: Biochem. Journ. Bd. 18, S. 395 u. 405. 1924.

[7]) FOSSE, R.: Cpt. rend. hebdom. des séances de l'acad. des sciences Bd. 155, S. 851. 1912; Bd. 157. S. 941. 1913.

[8]) WASSILIEFF, N.: a. a. O.

Somit stellt das Blatt im Moment der Früchtereife gleichsam einen sich entleerenden Samen dar, mit dem Unterschiede, daß im Blatte die abgeleiteten Eiweißstoffe neu synthesiert, im Samen aber nur vorrätige Eiweißstoffe verbraucht werden.

Als eine interessante Ergänzung der Lehre von der allgemeinen Bedeutung des Asparagins sind die Resultate der Untersuchungen über Samenreifung[1] anzusehen. Es erwies sich, daß hier dieselben Prozesse stattfinden wie bei der Keimung, jedoch in entgegengesetzter Richtung. Der Same ist der Ort der Eiweißregenerierung, die krystallinischen Stoffe, d. i. die primären Aminosäuren und Asparagin, wandern dorthin aus den Blättern hinüber, wo ihre Synthese stattfindet. Das allgemeine Prinzip des Eiweißumsatzes in der Pflanze besteht also darin, daß das Eiweiß an den Stellen dessen primärer reichlicher Bildung sowie in den Reservestoffbehältern behufs seiner Translokation nach den wachsenden und reifenden Teilen einer vollständigen Hydrolyse unterzogen wird, wobei ein bedeutender Teil der primären Aminosäuren in sekundäre Produkte, nämlich in Asparagin und Glutamin, übergeht. Alle diese kristallinischen Stoffe dienen als Stickstoffquelle zur Regenerierung des Eiweißes in den wachsenden und reifenden Pflanzenteilen[2].

Das chemische Wesen der Spaltung und Regenerierung der Eiweißkörper in Samenpflanzen. Da das quantitative Verhältnis der Aminosäuren in den Keimpflanzen infolge der Asparaginbildung und anderer Umwandlungen der Aminosäuren, worüber weiter unten die Rede sein wird, demjenigen im Eiweißmolekül nicht entspricht, so sind zur Eiweißregenerierung verschiedenartige Stoffumwandlungen notwendig. So tritt z. B. eine Eiweißregenerierung beim Mangel an Kohlenhydraten nicht ein, weil aus dem Zucker die Gerüste der zur Eiweißregenerierung notwendigen Bausteine synthesiert werden. Die Asparaginbildung nach der Hydrolyse des Reserveeiweißes kann theoretisch auf zweierlei Weise stattfinden. Erstens können einige Aminosäuren, wie Leucin und Glutaminsäure, durch direkte Oxydation Asparaginsäure ergeben:

$$(CH_3)_2 . CH . CH_2 . CH(NH_2) . COOH \rightarrow COOH . CH_2 . CH(NH_2) . COOH\,[3].$$

$$COOH . CH_2 . CH_2 . CH(NH_2) . COOH \rightarrow COOH . CH_2 . CH(NH_2) . COOH$$

---

[1] EMMERLING: Landwirtschaftl. Versuchs-Stationen Bd. 24, S. 113. 1880. — NEDOKUTSCHAJEW, N.: Mitt. a. d. Moskauer landwirtschaftl. Inst. S. 212. 1899. (Russisch.) — WASSILIEFF, N.: Journ. f. exp. Landwirtschaft Bd. 5 (I), S. 19. 1904. (Russisch.) — ZALESKI, W.: Ber. d. botan. Ges. Bd. 23, S. 126 u. 133. 1905. — Ders.: Beih. z. botan. Zentralbl. Bd. 27, S. 63. 1911. — SCHULZE, E.: Landwirtschaftl. Jahrb. Bd. 35, S. 621. 1906. — PFENNINGER, U.: Ber. d. botan. Ges. Bd. 27, S. 227. 1909. — SCHULZE, E. u. WINTERSTEIN, E.: Zeitschr. f. physiol. Chem. Bd. 65, S. 431. 1909. — WASSILIEFF, N.: Ber. d. botan. Ges. Bd. 26, S. 465. 1908. — Ders.: Die Eiweißstoffsynthese in reifenden Samen 1911. (Russisch.) — BLAGOWESTSCHENSKY: Mitt. d. russ. Akad. d. Wiss. S. 423. 1916. (Russisch.)

[2] Die wichtigsten Resultate der Arbeiten seiner Schule über diese Frage resümierte SCHULZE in einem zusammenfassenden Artikel: Landwirtschaftl. Jahrb. Bd. 35, S. 621. 1906.

[3] Bei künstlicher Oxydation verliert jedoch Leucin zuerst die Carboxylgruppe und nicht die Methylgruppen.

Wir wissen schon (S. 354), daß Glutaminsäure und Leucin unter den kristallinischen Bausteinen des Eiweißmoleküls in den größten Mengen vorkommen, so daß einfache Oxydationsprozesse, ohne irgendwelche Beteiligung von Synthesen, eine bedeutende Asparaginmenge liefern können. Zweitens kann Asparagin durch eine tiefgreifende, unter NH_3-Abspaltung stattfindende Umwandlung der Aminosäuren entstehen. In diesem Falle wird auch das Asparagingerüst synthetisch aufgebaut; von den Aminosäuren geht nur der Stickstoff in Asparagin über. Eine derartige Asparaginsynthese ist eigentlich mit der primären Synthese desselben aus Ammoniak und Zucker identisch. Der Ammoniak wird dem Molekül der Äpfelsäure $COOH.CH_2.CHOH.COOH$, oder — der ihr entsprechenden Ketonsäure — der Oxalessigsäure $COOH.CH_2.CO.COOH$, die aus Zucker durch Oxydation entsteht, einverleibt. Letztere Annahme ist wahrscheinlicher; ihr zugunsten sprechen folgende Tatsachen. Bei der Desaminierung der Aminosäuren, die weiter unten betrachtet werden soll, bilden sich, wohl als Zwischenprodukte, Ketonsäuren [1]), welche darauf entweder die mit der Ketongruppe benachbarte Carboxylgruppe verlieren oder zu Oxysäuren reduziert werden. Diese Prozesse spielen sich durch die Einwirkung spezifischer Fermente, der sogenannten Desaminasen, ab, und es ist sehr wahrscheinlich, daß dieselben Fermente unter veränderten Bedingungen in entgegengesetzter Richtung wirken und also Ammoniak dem Molekül der Ketonsäure einverleiben:

$$COOH.CH_2.CO.COOH + NH_3 \;\rightleftharpoons\; COOH.CH_2.C(OH)(NH_2).COOH$$
$$COOH.CH_2.C(OH)(NH_2).COOH + 2H =$$
$$COOH.CH_2.CH(NH_2):COOH + H_2O.$$
Asparaginsäure

Es ist denkbar, daß dies ein allgemeiner Vorgang der primären Bildung nicht nur der Asparaginsäure, sondern überhaupt aller Aminosäuren ist. Bei Durchblutungsversuchen mit der isolierten Leber ist es gelungen, aus Ammoniumsalzen der α-Keton- bzw. α-Oxysäuren Aminosäuren von entsprechender Konstitution zu erhalten [2]). Mit Pflanzen sind solche überaus wichtige Versuche bisher nur nach indirekten Methoden ausgeführt worden [3]), doch wäre auch die Anwendung der direkten Methoden wohl möglich, da bei den Schimmelpilzen die Bedingungen einer Synthese der Aminosäuren aus Zucker und anorganischem Stickstoff bereits klargelegt sind [4]).

---

[1]) NEUBAUER, O. u. FROMHERZ: Zeitschr. f. physiol. Chem. Bd. 70, S. 326. 1911.

[2]) EMBDEN, G. u. SCHMITZ, E.: Biochem. Zeitschr. Bd. 29, S. 423. 1910; Bd. 38, S. 393. 1912. — KONDO, KURA: Ebenda Bd. 38, S. 407. 1912. — FELLNER: Ebenda Bd. 38, S. 414. 1912 (Arbeiten a. d. Laborat. EMBDENS).

[3]) PRIANISCHNIKOW, D.: Tageb. d. 1. Kongr. d. russ. Botaniker 1921. 65 (Russisch.) — SMIRNOW, A.: Ebenda 1921. 91. — Ders.: Biochem. Zeitschr. Bd. 137, S. 1. 1923.

[4]) KOSTYTSCHEW, S. u. TSWETKOWA, E.: Zeitschr. f. physiol. Chem. Bd. 111, S. 171. 1920.

Die Umwandlung von Zucker in die Oxy- und Ketonsäuren läßt sich auf verschiedene Weise denken. So stellt sich z. B. Trier[1]) vor, daß Zucker zu gleicher Zeit das Material zur Synthese sowohl der Fette als der Eiweißstoffe (Aminosäuren) liefert. Fast alle Theorien der alkoholischen Gärung nehmen an, daß auf der ersten Stufe der Zuckerspaltung eine Bildung von zwei Dreikohlenstoffketten stattfindet. Der einfachste derartige Vorgang wäre die Glucosespaltung in zwei Moleküle Glycerinaldehyd, eine der bei Photosynthese sich vollziehenden Aldolkondensation entgegengesetzte Reaktion:

$$CH_2OH . (CHOH)_4 . CHO \; \rightleftharpoons \; 2\,CH_2OH . CHOH . CHO.$$

Der Glycerinaldehyd lagert sich möglicherweise nach Cannizzaro in Glycerin und Glycerinsäure um:

$$2\,CH_2OH . CHOH . CHO + H_2O = CH_2OH . CHOH . CH_2OH + CH_2OH . CHOH . COOH.$$

Glycerin wird zur Fettbildung verwendet, die Glycerinsäure ergibt aber, indem sie Ammoniak an Stelle der sekundären Hydroxylgruppe anlagert, die erste Aminosäure, und zwar das Serin:

$$CH_2OH . CHOH . COOH + NH_3 = CH_2OH . CH(NH_2) . COOH + H_2O.$$

Serin soll nach Trier durch Reduktion Alanin $CH_2CH(NH_2) . COOH$ liefern. Wahrscheinlicher ist jedoch die Alaninbildung aus Brenztraubensäure, welche, wie es scheint, in allen Pflanzenzellen aus Zucker hervorgehen kann.

Glycocoll wird nach Triers Ansicht auf analoge Weise aus Glycolaldehyd, nach dessen Umsetzung in Glycol und Glycolsäure erhalten:

$$2\,CH_2OH . CHO + H_2O = CH_2OH . CH_2OH + CH_2OH . COOH.$$

Glycolsäure liefert mit Ammoniak Glycocoll:

$$CH_2OH . COOH + NH_3 = CH_2NH_2 . COOH.$$

Glycol gibt auf dieselbe Weise Colamin $CH_2OH . CH_2NH_2$. Letzteres verwandelt sich darauf in Cholin $CH_2OH . CH_2 . NOH(CH_3)_3$ und dient zur Bildung von Lecithinen, den wichtigsten Bestandteilen des Protoplasmas. Die Herkunft der fünf- und sechsgliedrigen Aminosäuren ist weniger durchsichtig; es ist die Annahme nicht ausgeschlossen, daß dieselben durch die Verlängerung der Kohlenstoffkette nach Strecker nebst Methylierung gebildet werden. Was die zyklischen Aminosäuren anbetrifft, so erscheint das Schließen der aromatischen Ringe in der lebenden Zelle als ein besonderes, bisher noch nicht gelöstes biochemisches Problem (Kap. VII), die Seitenketten der zyklischen Aminosäuren sind aber immer lauter Alaninreste.

Für die Bildung des Arginins, Histidins und der Nucleinbasen ist wahrscheinlich der Harnstoff von Bedeutung, dessen primäre Bildung und Aufspeicherung in den Pflanzen durch die neuesten Untersuchungen festgestellt ist (S. 378). Man nimmt gewöhnlich an, daß der niedrige Harnstoffgehalt in Samenpflanzen nicht auf geringfügige Bildung, sondern auf starken Konsum dieses Produktes zurückzuführen ist[2]). Die Synthese des Purinkerns könnte z. B. aus einem Molekül Methylglyoxal $CH_3 . CO . CHO$ und zwei Molekülen Harnstoff zustande gebracht werden:

$$
\begin{array}{ccccc}
NH_2 & CH_3 & & N\!=\!CH & \\
| & | & & |\quad\;| & \\
CO \;+\; & CO \;+\; & NH_2\!\diagdown & HC \quad C\!=\!NH\diagdown & +\;4\,H_2O. \\
| & | & \quad\;\diagup CO & \;\|\quad\;\| \quad\;\;\diagup CH & \\
NH_2 & CHO & NH_2\!\diagup & N\!-\!C\!-\!N\diagup & \\
\end{array}
$$

Purin

----

[1]) Trier: Über einfache Pflanzenbasen und ihre Beziehungen zum Aufbau der Eiweißstoffe und Lecithine S. 50. 1912.

[2]) Kiesel: Zeitschr. f. physiol. Chem. Bd. 75, S. 169. 1911. — Trier: a. a. O.

Die Synthese des Pyrimidinkerns erfordert ein Molekül Harnstoff auf ein Molekül Methylglyoxal. Letzteres entsteht aus Zucker unter Einwirkung von Alkalien und, wie es scheint, auch von Fermenten der alkoholischen Gärung. Der Harnstoff bildet sich leicht bei der Oxydation des Zuckers, des Glycerins und des Formaldehyds in Gegenwart von Ammoniak[1]). Als Zwischenprodukt dieses Prozesses erscheint die Cyan- oder Isocyansäure: $HO.C\colon N$ oder $HN\colon CO$ [2]). Das Ferment Urease, das die Harnstoffhydrolyse bewirkt, katalysiert auch den umgekehrten Prozeß der Harnstoffbildung aus Ammoniumcarbamat[3]):

$$NH_2.CO.ONH_4 \longrightarrow NH_2.CO.NH_2 + H_2O.$$

Alle soeben besprochenen theoretischen Möglichkeiten der Synthese stickstoffhaltiger Substanzen in den Pflanzen bedürfen allerdings einer experimentellen Prüfung, nach welcher einige von ihnen wegfallen dürften; vorläufig dienen sie aber als Arbeitshypothesen. Inwieweit der gegenwärtige Zustand der organischen Chemie der Erklärung verschiedener Reaktionen zwischen Ammoniak und Zuckerarten nicht gewachsen ist, ersieht man aus folgendem Beispiele. Bei Einwirkung der ammoniakalischen Kupferoxydlösung auf Glucose findet leicht eine Bildung des Imidazolringes statt, und man erhält die β-Imidazolcarbonsäure[4]), deren Gerüst demjenigen des Histidins entspricht.

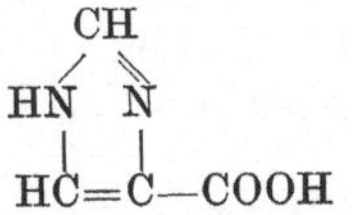

$$
\begin{array}{cc}
\text{CH} & \text{CH} \\
\text{HN}\diagup\diagdown\text{N} & \text{HN}\diagup\diagdown\text{N} \\
\text{HC}=\text{C}-\text{COOH} & \text{HC}=\text{C}-\text{CH}_2-\text{CH(NH}_2)-\text{COOH} \\
\beta\text{-Imidazolcarbonsäure} & \text{Histidin }(\beta\text{-Imidazol-}\alpha\text{-aminopropionsäure})
\end{array}
$$

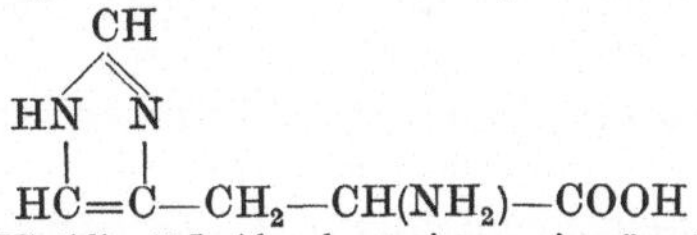

Es liegen Gründe zugunsten der Annahme vor, daß die Synthese der Imidazolcarbonsäure über die Zwischenstufe der Methylglyoxalbildung stattfindet. Unter anderen Bedingungen hat man aus Ammoniak und Zucker folgende zyklische Stoffe[5]) erhalten:

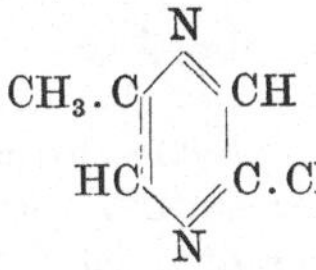

$$
\begin{array}{ccc}
\text{N} & & \text{NH} \\
\text{CH}_3.\text{C}\diagup\diagdown\text{CH} & \text{oder} & \text{CH}_3.\text{C}\diagup\diagdown\text{N} \\
\text{HC}\diagdown\diagup\text{C.CH}_3 & & \text{CH}_3.\text{C}\underline{\quad}\text{C.CH}_3 \\
\text{N} & &
\end{array}
$$

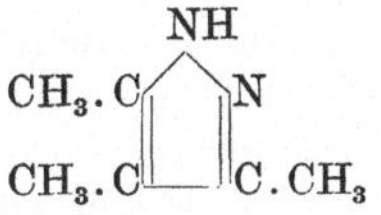

[1]) FOSSE, R.: Cpt. rend. hebdom. des séances de l'acad. des sciences Bd. 154, S. 1187 u. 1448. 1912; Bd. 155, S. 851. 1912; Bd. 156, S. 263 u. 567. 1913. — Ders.: Ann. de chim. IX, Bd. 6, S. 13. 1916.

[2]) FOSSE, R.: Cpt. rend. hebdom. des séances de l'acad. des sciences Bd. 168, S. 320, 908 u. 1164. 1919; Bd. 169, S. 91. 1919. — Ders.: Ann. de l'inst. Pasteur Bd. 30, S. 1. 1916; Bd. 34, S. 715. 1920. — FOSSE, R. et LAUDE, G.: Cpt. rend. hebdom. des séances de l'acad. des sciences Bd. 172, S. 684 u. 1240. 1921; Bd. 173, S. 318. 1921. — FOSSE, R.: Ebenda Bd. 173, S. 1370. 1921. — FOSSET, R. et HIEULLE, A.: Ebenda Bd. 174, S. 39 u. 1021. 1922.

[3]) MACK, E. and VILLARS, D. S.: Journ. of the Americ. chem. soc. Bd. 45, S. 501. 1923.

[4]) WINDAUS, A. u. ULLRICH, A.: Zeitschr. f. physiol. Chem. Bd. 90, S. 366. 1914.

[5]) DENNSTEDT: Ber. d. Dtsch. Chem. Ges. Bd. 25, S. 259. 1892. — BAMBERGER u. EINHORN: Ebenda Bd. 30, S. 224. 1897. — STOEHR, C.: Ebenda Bd. 24, S. 4105. 1891. — Ders.: Journ. f. prakt. Chem. Bd. 43, S. 156. 1891; Bd. 47, S. 439. 1893. — BRANDES, P. u. STOEHR, C.: Ebenda Bd. 54, S. 481. 1896. — LOBRY DE BRUYN: Recueils des travaux chim. des Pays-Bas Bd. 18, S. 72. 1899. — STOLTE: Biochem. Zeitschr. Bd. 12. S. 499. 1908 u. a.

$$\text{oder}\qquad \underset{\underset{N}{\big|}}{\overset{\overset{N}{\big|}}{\underset{CH_3OH.(CHOH)_3.C\diagdown\diagup CH}{HC\diagup\diagdown C.(CHOH)_3.CH_2OH}}}$$

Durch Einwirkung von Ammoniumcarbonat auf Zucker bei einer Temperatur von 30° erhält man Verbindungen, aus denen Ammoniak beim Kochen mit verdünnter Salzsäure zum Teil regeneriert wird[1]); diese Verbindungen stellen entweder Amide, oder Aldehydammoniake, oder endlich vielleicht Osimine[2]) vor, d. i. Produkte der Ammoniakanlagerung an das Hexosemolekül; dieser Vorgang findet unter Wasserabspaltung statt (S. 296).

Von derartigen Stoffen ist ein Übergang zu Glucosamin und Aminosäuren wohl denkbar. Bei einer Erwärmung des Zuckers mit Ammoniumcarbonat auf 50° erhält man bereits solche Produkte, aus denen Ammoniak nicht mehr abgespalten werden kann.

Eine weitere Synthese der Eiweißstoffe aus Aminosäuren findet höchstwahrscheinlich unter dem Einfluß derselben Fermente statt, welche die Eiweißhydrolyse bewirken. Zuerst vollzieht sich wohl die Synthese der Polypeptide und der peptonartigen Stoffe[3]), entsprechend der Duplizität der proteolytischen Fermente, die aus den peptonbildenden Proteasen und den Peptasen (Ereptasen) bestehen, welche eine Peptonhydrolyse zu krystallinischen Stoffen bewirken. Das Asparagin spaltet, nach zuverlässigen Angaben, bei der Eiweißregeneration Ammoniak ab, welcher allein zur Synthese[4]) dient, das Asparagingerüst nimmt aber an der Eiweißbildung keinen Anteil. Diese wichtige Tatsache zeigt, daß die Eiweißregeneration ihrem Chemismus nach mit der primären Eiweißsynthese aus Zucker und anorganischen stickstoffhaltigen Verbindungen im großen ganzen übereinstimmt. Wie bei der Regenerierung, so auch bei der primären Synthese der Eiweißstoffe, findet eine intermediäre Ammoniakbildung statt, und in beiden Fällen entstehen die Aminosäurengerüste aus Zucker. Oben wurde darauf hingewiesen, daß nur in Gegenwart von Zucker sowohl die primäre Eiweißsynthese als die Eiweißregenerierung möglich ist. Vom Ammoniak geht also die primäre Eiweißsynthese aus, und mit Ammoniakbildung findet der Eiweißabbau seinen Abschluß. Der Kreislauf des Stickstoffes in der Pflanze vollzieht sich zweimal über die Zwischenstufe der Ammoniakbildung:

---

[1]) KOSTYTSCHEW, S. u. BRILLIANT, W.: Journ. d. russ. botan. Ges. Bd. 5, S. 78. 1920. (Russisch.) — Dies.: Zeitschr. f. physiol. Chem. Bd. 127, S. 224. 1923.

[2]) LOBRY DE BRUYN: Recueils des travaux chim. des Pays-Bas Bd. 12, S. 286. 1893. — Ders.: Ber. d. Dtsch. Chem. Ges. Bd. 28, S. 3082. 1895. — Ders.. u. VAN LEENT: Recueils des travaux chim. des Pays-Bas Bd. 14, S. 134. 1895; Bd. 15, S. 81. 1896. — IRVINE: Biochem. Zeitschr. Bd. 22, S. 363. 1909. — FISCHER, E. u. LEUCHS: Ber. d. Dtsch. Chem. Ges. Bd. 35, S. 3790. 1902.

[3]) BLAGOWESTSCHENSKY: Journ. d. russ. botan. Ges. Bd. 4, S. 52. 1919. (Russisch.) — Ders.: Tageb. d. 1. Kongr. d. russ. Botaniker S. 21. 1921. (Russisch.)

[4]) BUTKEWITSCH: Der Eiweißabbau in Samenpflanzen und die Rolle der proteolytischen Fermente S. 98. 1904. (Russisch.) — Ders.: Biochem. Zeitschr. Bd. 16, S. 411. 1909; Bd. 41, S. 431. 1912.

$$\text{Aminosäuren} \longrightarrow \text{Eiweiß} \longrightarrow \text{Aminosäuren}$$
$$\uparrow \qquad\qquad\qquad\qquad\qquad \downarrow$$
$$HNO_3 \longrightarrow NH_3 \longleftarrow \text{Asparagin} \longleftarrow - NH_3$$

Die Richtung $HNO_3 \longrightarrow NH_3 \longrightarrow$ Aminosäuren $\longrightarrow$ Eiweiß bedeutet die primäre Eiweißsynthese; die Richtung Asparagin $\longrightarrow NH_3 \longrightarrow$ Aminosäuren $\longrightarrow$ Eiweiß bedeutet die Regeneration des Eiweißes; anderseits wird auch Asparagin aus Eiweiß über die Zwischenstufen der Aminosäuren und des Ammoniaks erzeugt. „Ammoniak ist das primäre Produkt und zugleich das Endprodukt der Umwandlungen von stickstoffhaltigen Stoffen in der Pflanze[1].“

Den Asparaginabbau unter NH_3-Abspaltung hat in lebenden Pflanzen zuerst BUTKEWITSCH (a. a. O.) mittels Anästhesie hervorgerufen. Die mit Toluoldampf vergifteten Keimpflanzen der gelben Lupine waren nicht imstande, synthetische Prozesse zustande zu bringen, der Asparaginabbau dauerte dennoch fort und wurde von einer Ammoniakanhäufung begleitet. Für eine derartige Anhäufung ist nach den Angaben desselben Forschers der Sauerstoffzutritt notwendig.

Unwillkürlich taucht die Frage auf, was geschieht denn mit dem Kohlenstoffgerüst des Asparagins nach der Ammoniakabspaltung? Asparaginsäure ist dabei nicht gefunden worden[2], was auch nicht verwunderlich ist, da sich vom Asparagin sowohl der Amido- als auch der Aminostickstoff abspaltet[3]. Wenn man in Betracht zieht, daß der Asparaginstickstoff manchmal etwa 70 vH. des Stickstoffs des abgebauten Eiweißes ausmacht, so könnte man vermuten, daß der stickstofffreie Asparaginrest in großen Mengen erhalten werden muß und also leicht nachzuweisen wäre. In Wirklichkeit ist aber dieser Rest gar nicht zu finden. Es wurden bei der Desaminierung verschiedener Aminosäuren durch Hefe stickstofffreie Stoffe von ganz bestimmter Konstitution erhalten, der Rest der Asparaginsäure verschwindet aber auch in diesem Falle spurlos (s. unten). Dieses Rätsel bedarf einer experimentellen Untersuchung. Nach der Anschauung des Verfassers dieses Buches dürfte diese Frage folgendermaßen gelöst werden: auf Grund der Regelmäßigkeiten, welche bei der Desaminierung der Aminosäuren durch Hefe hervortreten, ist anzunehmen, daß das erste Produkt der Stickstoffabspaltung sowohl vom Asparagin, als von der Asparaginsäure Oxalessigsäure sein muß.

$$COOH.CH_2.CH(NH_2).COOH + O = COOH.CH_2.CO.COOH + NH_3.$$

Diese Säure müßte darauf entweder zur Äpfelsäure reduziert werden, oder CO_2 abspalten und in die Malonsäure übergehen. Bevor aber

---

[1] PRIANISCHNIKOW, D.: Festschr. f. K. A. TIMIRIAZEFF S. 241. 1916. (Russisch.)

[2] WASSILIEFF: Journ. f. exp. Landwirtschaft Bd. 6, S. 385. 1905. (Russisch.) — Ders.: Ber. d. botan. Ges. Bd. 26, S. 454. 1908. — SCHULZE, E.: Landwirtschaftl. Jahrb. Bd. 35, S. 621. 1906.

[3] BUTKEWITSCH: a. a. O. — PETROW, G. G.: Stickstoffassimilation durch Samenpflanzen 1907. (Russisch.)

diese Prozesse zustandekommen, wird die Hauptmenge der Oxalessigsäure durch Carboxylase, ein in Pflanzengeweben sehr verbreitetes Ferment, zu Acetaldehyd und Kohlendioxyd gespalten nach der Gleichung:

$$COOH.CH_2.CO.COOH = CH_3.COH + 2CO_2 \text{ [1])}.$$

Der Acetaldehyd kann entweder weiter oxydiert oder zu Alkohol reduziert werden; jedenfalls findet weder Anhäufung noch Übergang des Acetaldehyds in stabile Verbindungen statt. Möglicherweise ist die bei der Spaltung und Regeneration der Eiweißstoffe oft entstehende Oxalsäure namentlich ein Oxydationsprodukt des stickstofffreien Asparaginrestes.

Es ist schließlich darauf hinzuweisen, daß die Pflanze zum Unterschiede von dem Tiere bei der Eiweissspaltung unter normalen Lebensverhältnissen niemals Kohlenhydrate auf Kosten des Eiweißes aufbaut; wenigstens ist bisher noch keine einzige zuverlässige Tatsache angeführt worden, welche zugunsten eines solchen Stoffumsatzes spräche. Derselbe wäre ja auch für die Pflanze unzweckmäßig. Die Kohlenhydrate sind die ersten Produkte der Synthese der organischen Stoffe durch die grüne Pflanze, und die Resultante der verschiedenen chemischen Reaktionen in den Pflanzenzellen ist dergestalt, daß aus den Kohlenhydraten verschiedene andere Verbindungen synthesiert werden (siehe folg. Kap.), die Kohlenhydrate selbst aber ausschließlich im großartigen Vorgange der Photosynthese entstehen.

Die Umwandlungen der Eiweißstoffe in niederen Pflanzen. Das Wesen der Eiweißstoffe und deren Umwandlungen in den Algen und Moosen ist noch gar nicht erforscht worden. Indes dürfte ein Vergleich des Stickstoffwechsels der einfachsten grünen Organismen, die keines Eiweißtransports bedürfen, mit demjenigen der Samenpflanzen einerseits und der chlorophyllfreien Pflanzen anderseits von besonderem Interesse sein.

Bei den Bakterien ist, nach vorliegenden analytischen Angaben[2], der Eiweißgehalt manchmal ungemein hoch (60—80 vH. des Trockengewichts); bei einigen einzelnen Formen, wie z. B. den Essigbakterien und Azotobacter[3]), ist hingegen der Eiweißgehalt verhältnismäßig niedrig (13—14 vH. des Trockengewichts). Die Eiweißstoffe der Bakterien scheinen in bedeutendem Grade Reservestoffe zu sein; die Hydrolyse der bakteriellen Eiweißstoffe[4]) ergibt im allgemeinen dieselben Produkte, wie die Hydrolyse der aus Samenpflanzen dargestellten Eiweiß-

---

[1]) Neuberg, C. u. Karczag, L.: Biochem. Zeitschr. Bd. 36, S. 68. 1911.

[2]) Nencki, M.: Beitr. zur Biologie der Spaltspilze 1880. — Ders.: Ber. d. Dtsch. Chem. Ges. Bd. 17, S. 2605. 1884. — Brieger: Zeitschr. f. physiol. Chem. Bd. 15, S. 134. 1891. — Cramer: Arch. f. Hyg. Bd. 16, S. 151. 1892; Bd. 22, S. 167. 1895 u. a.

[3]) Alilaire, E.: Cpt. rend. hebdom. des séances de l'acad. des sciences Bd. 143, S. 176. 1906. — Omeliansky, W. u. Sieber, N.: Zeitschr. f. physiol. Chem. Bd. 88, S. 445. 1913.

[4]) Tamura: Zeitschr. f. physiol. Chem. Bd. 87, S. 85. 1913; Bd. 89, S. 293. 1914; Bd. 90, S. 286. 1914.

stoffe; es ist jedoch beachtenswert, daß sich in den Bakterien kein Cystin findet. Auch sind aus den Bakterien die Bausteine der Nucleine isoliert worden[1]). Über den Eiweißumsatz in Bakterien ist nichts bestimmtes bekannt; angesichts der Spezialisierung der meisten Bakterien ist es nicht unwahrscheinlich, daß dieser Vorgang bei verschiedenen Arten nicht ein und derselbe ist.

Verhältnismäßig besser sind die Eiweißstoffe und ihre Umwandlungen bei den Pilzen untersucht, obwohl auch hier im Vergleich zu den Samenpflanzen viele Lücken zu verzeichnen sind. Bei der Spaltung der Eiweißstoffe der Hefearten[2]) und Schimmelpilze[3]) mit Säuren sind dieselben Aminosäuren, wie bei der Spaltung der Eiweißstoffe der Samenpflanzen erhalten, doch ist es bei Pilzen ebenso wie bei Bakterien nicht gelungen, die Anwesenheit des Cystins unter den Hydrolyseprodukten nachzuweisen. Die Nucleinsäure der Hefe ist verhältnismäßig gut studiert worden (S. 341); nach ihren chemischen Eigenschaften steht sie den anderen bekannten Nucleinsäuren nahe. Die Eiweißstoffe der höheren Pilze unterscheiden sich scharf von denjenigen der Samenpflanzen in der Beziehung, daß sie sich durch schwache Alkalien bzw. Salzlösungen nicht extrahieren lassen, aber in starken Mineralsäuren löslich sind[4]). Auf Grund der neueren Angaben[5]) kann man annehmen, daß die Eiweißkörper in höheren Pilzen hauptsächlich in die Gruppe der Glucoproteïde zu zählen sind; ihre Kohlenhydratgruppe ist stickstoffhaltig und liefert bei der Hydrolyse eine solche Menge von Glucosamin, daß sie vielleicht ausschließlich aus diesem Stoff besteht. „Plastin", das sich in großer Menge in den Myxomyceten[6]) findet und gleich den Eiweißkörpern höherer Pilze, ohne vorhergehende Spaltung keine Eiweißreaktionen liefert, ist nach N. Iwanow wahrscheinlich ein ebensolches Glucoproteïd. Nach der Abspaltung der Kohlenhydratgruppe lassen sich die Eiweißkörper der Pilze auf dieselbe

---

[1]) Levene: Journ. of med. research Bd. 12, S. 251. 1904. — Bendix, E.: Dtsch. med. Wochenschr. Bd. 27, S. 18. 1901.

[2]) Ehrlich, F.: Biochem. Zeitschr. Bd. 8, S. 410. 1908. — Ders.: Wochenschr. f. Brauerei Bd. 30, S. 561. 1913. — Pringsheim, H.: Ebenda 399. — Thomas et Kolodzieska: Cpt. rend. hebdom. des séances de l'acad. des sciences Bd. 156, S. 2024. 1913; Bd. 157, S. 243. 1913; Bd. 158, S. 1597. 1914. — Dies.: Bull. de la soc. de chim.-biol. Bd. 1, S. 67. 1914. — Meisenheimer, J.: Wochenschr. f. Brauerei Bd. 32, S. 325. 1915. — Ders.: Zeitschr. f. physiol. Chem. Bd. 104, S. 229. 1919.

[3]) Thomas et Moron: Cpt. rend. hebdom. des séances de l'acad. des sciences Bd. 159, S. 125. 1914; vgl. auch Malfitano: Ann. de l'inst. Pasteur Bd. 14, S. 60 u. 420. 1900 u. a.

[4]) Winterstein, E.: Zeitschr. f. physiol. Chem. Bd. 26, S. 438. 1899. — Winterstein u. Hofmann: Hofmeisters Beitr. z. chem. Physiol. u. Pathol. Bd. 2, S. 404. 1902. — Winterstein u. Reuter: Zentralbl. f. Bakteriol., Parasitenk. u. Infektionskrankh. (II), Bd. 24, S. 566. 1912. — Ders.: Landwirtschaftl. Versuchs-Stationen Bd. 79—80, S. 541. 1913. — Reuter, C.: Zeitschr. f. physiol. Chem. Bd. 78, S. 167. 1912.

[5]) Iwanow, N. N.: Mitt. d. russ. Akad. d. Wiss. S. 397. 1918.

[6]) Reinke, J. u. Rodewald: Untersuch. a. d. botan. Laborat. Göttingen 1881.

Weise spalten, wie die Eiweißstoffe der Samenpflanzen und liefern dieselben Aminosäuren[1]).

Die Umwandlungen der Eiweißstoffe sind am besten bei der Hefe studiert worden. Schon längst ist die Tatsache festgestellt worden, daß in Hefezellen eine energische Eiweißspaltung beim Hungern und unter dem Einfluß von Antiseptica stattfindet[2]). Nach der Erfindung neuer Untersuchungsmethoden, nachdem es nämlich möglich geworden ist, aus der Hefe mit Hilfe der hydraulischen Presse den Zellsaft abzupressen, wurden in Hefe proteolytische Fermente entdeckt, welche Eiweißstoffe direkt zu den krystallinischen Produkten spalten[3]). Die schwach-saure Reaktion befördert ihre Wirkung, die alkalische Reaktion wirkt hemmend. In der Folge erschien eine ganze Reihe experimenteller Angaben über die Doppelnatur des proteolytischen Hefefermentes: es besteht nämlich aus Protease, welche die Eiweißhydrolyse zur Peptonstufe leitet, ferner aus Peptase, welche die Peptonspaltung zu den krystallinischen Produkten bewirkt[4]). Bei der Proteolyse wurden in der Hefe dieselben Aminosäuren gefunden, die auch bei typischer Trypsinverdauung zum Vorschein kommen[5]). Die proteolytischen Hefefermente haben eine gewaltige Wirkungskraft: im Hefesaft geht die Eiweißspaltung so weit, wie es an keinen anderen Pflanzen zu verzeichnen ist: im Verlauf von drei Tagen zerfällt nämlich 90 vH. der Eiweißstoffe der Hefezellen[6]). Höchst interessant ist es, daß hohe Zucker- und Glycerinkonzentrationen die Wirkung der proteolytischen Hefefermente stark hemmen[7]).

Es ist noch nicht bekannt, welche Bedeutung eine so intensive Eiweißspaltung und die Gegenwart so mächtiger proteolytischer Fermente in der Hefe haben. In den Samenpflanzen beobachten wir eine energische Proteolyse nur in solchen Fällen, wo eine Mobilisierung der Reservestoffe und deren Translokation in die anderen Organe vor

---

[1]) REUTER, C.: Zeitschr. f. physiol. Chem. Bd. 78, S. 167. 1912. — ABDERHALDEN u. RONA: Ebenda Bd. 46, S. 179. 1905. — YOSHIMURA, K. u. KANAI: Ebenda Bd. 86, S. 178. 1913 u. a.

[2]) THÉNARD: Ann. de chim. et de physique Bd. 46, S. 294. 1803. — PASTEUR, L.: Ebenda Bd. 58, S. 407. 1860. — SCHÜTZENBERGER: Bull. de la soc. chim. de France Bd. 21, S. 204. 1874. — SALKOWSKI, E.: Zeitschr. f. physiol. Chem. Bd. 13, S. 506. 1889.

[3]) HAHN, M.: Ber. d. Dtsch. Chem. Ges. Bd. 31, S. 200. 1898. — GERET u. HAHN: Ebenda S. 202 u. 2335. — Dies.: Zymasegärung S. 287. 1903. — SALKOWSKI: Zeitschr. f. physiol. Chem. Bd. 31, S. 305. 1900; Bd. 34, S. 159. 1901. — KUTSCHER, F.: Ebenda Bd. 32, S. 59 u. 419. 1901; Bd. 34, S. 519. 1901.

[4]) VINES, S. H.: Ann. of botany Bd. 20, S. 113. 1906; Bd. 22, S. 103. 1908; Bd. 24, S. 213. 1910. — DERNBY, K.: Biochem. Zeitschr. Bd. 81, S. 107. 1917. — IWANOW, N. N.: Untersuchungen über die Umwandlungen N-haltiger Stoffe in der Hefe 1919. (Russisch.) — Ders.: Biochem. journ. Bd. 12, S. 106. 1918.

[5]) KUTSCHER, a. a. O. u. a.

[6]) KOSTYTSCHEW, S. u. BRILLIANT, W.: Zeitschr. f. physiol. Chem. Bd. 91, S. 372. 1914.

[7]) BUCHNER, E., BUCHNER, H. u. HAHN, M.: Zymasegärung S. 316. 1903. — GROMOW, T. u. GRIGORJEW, O.: Zeitschr. f. physiol. Chem. Bd. 42, S. 299. 1904. — GROMOW, T.: Ebenda Bd. 48, S. 87. 1906.

sich geht. Inwieweit in Hefezellen die Reserveeiweißstoffe, einerseits und die Eiweißstoffe des Plasmas anderseits zerlegt werden, ist gegenwärtig noch nicht bekannt.

Noch vor kurzem wurde angenommen, daß in lebenden Hefezellen die Eiweißspaltung bei normaler Lebenstätigkeit und intensiver Gärung nicht stattfindet[1]); in neuester Zeit liegen jedoch Angaben vor, die beweisen, daß die Eiweißspaltung auch bei normaler Lebenstätigkeit fortbesteht[2]). Es ist aber im Auge zu behalten, daß Untersuchungen an Mikroorganismen immer unter solchen Bedingungen vorgenommen werden, wo sich gleichzeitig viele Millionen Einzelwesen an dem Versuch beteiligen; unter diesen ist immer eine gewisse Menge von absterbenden Zellen vorhanden. Möglicherweise zerfallen die Eiweißstoffe nur in den absterbenden Hefezellen, in der lebenden Hefe dienen aber die proteolytischen Fermente ausschließlich zur Eiweißsynthese, da die Möglichkeit der Reversion der Fermentwirkungen außer Zweifel steht (S. 54 ff.).

Als Stickstoffquellen für die Eiweißsynthese in der Hefe können ammoniakalische Salze, Aminosäuren, Peptonpräparate dienen. Die Aminosäuren werden teilweise unmittelbar zum Eiweißaufbau verbraucht, jedoch nur insofern, als ihr quantitatives Verhältnis in der Lösung demjenigen in den Eiweißstoffen der Hefe entspricht[3]). Da eine vollständige quantitative Übereinstimmung zwischen der Zusammensetzung des Substrates und des Plasmas nicht denkbar ist, so wird die Eiweißregeneration[4]) in der Hefe ebenso wie in den Samenpflanzen von einem Umbau der Aminosäuren begleitet; von den vorhandenen Aminosäuren wird der Stickstoff als Ammoniak abgespalten und zum Aufbau neuer Aminosäuren verwendet, nämlich derjenigen, welche für die Eiweißsynthese notwendig sind. Dasselbe ist bei den Schimmelpilzen zu verzeichnen: auch hier findet eine energische Desaminierung statt. Der Unterschied von den Samenpflanzen besteht darin, daß in den Pilzen keine intermediäre Bildung von Asparagin und anderen Amiden zustandekommt. Da sowohl Hefe als Schimmelpilze Ammoniumsalze gut vertragen, so häuft sich der von den Aminosäuren abgespaltene Ammoniak in Form von Salzen verschiedener organischer Säuren an, die bei der Lebenstätigkeit des Pilzes entstehen[5]). Besonders große Ammoniakmengen findet man im Substrate der Schim-

---

[1]) Iwanow, L. A.: Zeitschr. f. physiol. Chem. Bd. 42, S. 464. 1904.

[2]) Iwanow, N. N.: Untersuchungen über die Umwandlungen stickstoffhaltiger Stoffe in der Hefe 1919. (Russisch.) — Ders.: Biochem. Zeitschr. Bd. 120, S. 25. 1921.

[3]) Zaleski u. Israilsky: Ber. d. botan. Ges. Bd. 32, S. 472. 1914.

[4]) Die „Regeneration" ist hier eine sozusagen summarische, da man in Betracht ziehen muß, daß man in jedem Versuch mit einer großen Menge der einzelnen Organismen zu tun hat. Im Grunde genommen haben wir kein Recht, in betreff der Eiweißumwandlungen in Mikroorganismen von einer Eiweißregeneration im Sinne dieses Vorganges bei den Samenpflanzen zu sprechen.

[5]) Butkewitsch, W.: Jahrb. f. wiss. Botanik Bd. 38, S. 147. 1902. — Ders.: Festschr. f. K. A. Timiriazeff S. 457. 1916. (Russisch.)

melpilze bei saurer Reaktion der Nährlösung, aber nur bei Zucker-mangel[1]): in Gegenwart von Zucker findet schnelles Pilzwachstum und zugleich intensive Einweißsynthese statt, wozu die Gesamtmenge des disponiblen Ammoniaks verbraucht wird. In Gegenwart von überschüssigem Zucker bilden daher die Schimmelpilze keine Spur von Ammoniak. Somit sind im allgemeinen die Stickstoffumwandlungen in den Pilzen dieselben, wie in den Samenpflanzen: in beiden Fällen führt die Eiweißspaltung zur Bildung von Aminosäuren, und weiterhin zur Abspaltung des Aminostickstoffs in Form von Ammoniak; in beiden Fällen findet die Eiweißsynthese aus Ammoniak und Zucker statt. Den einzigen Unterschied bildet scheinbar die Abwesenheit derjenigen Form des Reservestickstoffes bei Pilzen, welche bei den Samenpflanzen durch Asparagin und Glutamin dargestellt ist. Weiter unten findet man aber den Beweis davon, daß auch in dieser Beziehung zwischen den grünen und den chlorophyllfreien Pflanzen eine Analogie besteht.

Der Harnstoff und seine physiologische Rolle. Der Harnstoff ist zuerst in Lycoperdaceen[2]) gefunden worden, und diesen Befund betrachtete man anfangs als eine Ausnahme. Daraufhin wurde jedoch der Harnstoff in verschiedenen anderen Pilzen entdeckt[3]), und nach der Erfindung einer sehr empfindlichen Harnstoffprobe, die auch für quantitative Harnstoffbestimmungen geeignet ist, fand FOSSE[4]) diese Substanz nicht nur in verschiedenen Pilzen, sondern auch in Samenpflanzen. Nachdem dieser Forscher den Harnstoff selbst in Reinkulturen der Schimmelpilze nachgewiesen hat, ist es klar geworden, daß Harnstoff in den Pilzen selbst entsteht und nicht in fertiger Form aus dem Boden aufgenommen wird, wie es die früheren Forscher annahmen. Unter den Samenpflanzen zeichnen sich diejenigen durch ihren Harnstoffgehalt aus, in deren Wurzeln Mycorrhizen (S. 248 ff.) vorhanden sind[5]).

Wie dem auch sein mag, häufen die Pilze im allgemeinen größere Harnstoffmengen an, als die Samenpflanzen. Folgende Tabelle gibt eine Vorstellung von den Maximalmengen des Harnstoffes, die in einigen Pilzen[6]) gefunden worden sind.

---

[1]) BUTKEWITSCH, W.: a. a. O. — KOSTYTSCHEW, S. u. ZWETKOWA, E.: Zeitschr. f. physiol. Chem. Bd. 111, S. 171. 1920.

[2]) BAMBERGER, M. u. LANDSIEDL, A.: Monatsh. f. Chem. Bd. 24, S. 218. 1903; Bd. 26, S. 1109. 1905.

[3]) GAZE, R.: Arch. d. pharmacol. Bd. 243, S. 78. 1905. — GORIS, A. et MASCRÉ, M.: Cpt. rend. hebdom. des séances de l'acad. des sciences Bd. 147, S. 1488. 1908; Bd. 153, S. 1082. 1911.

[4]) FOSSE, R.: Cpt. rend. hebdom. des séances de l'acad. des sciences Bd. 154, S. 1187 u. 1448. 1912; Bd. 155, S. 851. 1912; Bd. 156, S. 263 u. 567. 1913. — Ders.: Ann. de l'inst. Pasteur Bd. 30, S. 1. 1916; Bd. 34, S. 715. 1920. — Ders.: Ann. de chim. et de physique (IX), Bd. 6, S. 13. 1916.

[5]) WEINLAND, H.: Jahrb. f. wiss. Botanik Bd. 51, S. 1. 1912.

[6]) IWANOW, N. N.: Biochem. Zeitschr. Bd. 136, S. 1. 1923. — Zahlen von derselben Ordnung findet man bei GORIS, A. et COSTY, P.: Cpt. rend. hebdom. des séances de l'acad. des sciences Bd. 175, S. 539. 1922.

Pilz	Harnstoff in vH. des Trockengewichts
Lycoperdon saccatum.	2,85
„ piriforme	4,62
„ gemmatum	10,70
„ molle	9,22
„ marginatum . . .	5,84
„ echinatum	1,16
Bovista nigrescens	11,16
Psalliota campestris	6,18
„ pratensis	1,61
Pholiota spectabilis	2,45
Cortinarius violaceus.	0,51

Die Herkunft der Harnstoffes kann eine zweifache sein. Erstens wird die Aminosäure Arginin durch das Ferment Arginase unter Bildung von Harnstoff und Ornithin abgebaut (s. S. 334—335).

$$NH:C(NH_2).NH.CH_2.CH_2.CH_2.CH(NH_2).COOH + H_2O \longrightarrow$$
$$NH_2.CO.NH_2 + NH_2.CH_2.CH_2.CH_2.CH(NH_2).COOH.$$

Arginase wurde zuerst in der Leber und anderen Tierorganen[1]) gefunden, bald darauf wurde sie auch in den Pflanzen[2]) nachgewiesen. In Anbetracht der großen Verbreitung der Arginase läßt sich das allgemeine Vorfinden des Harnstoffes in befriedigender Weise erklären.

Doch gelingt es nicht, auf die Abspaltung des Harnstoffs vom Arginin die enorme Anhäufung dieses Produktes zurückzuführen, die aus der obigen Tabelle ersichtlich ist: diese Harnstoffmengen übertreffen bei weitem die Argininmengen in den Eiweißstoffen der untersuchten Pilze. Es ist denn auch die primäre Bildung des Harnstoffs aus dem Ammoniak durch die neuesten Versuche Iwanows[3]), in denen die Fruchtkörper verschiedener Lycoperdonarten den Ammoniak entweder als Gas oder in Form der löslichen Salze organischer Säuren erhielten, festgestellt worden. Unter diesen Bedingungen hat eine Steigerung der Harnstoffbildung stattgefunden.

Da bei Lycoperdon der Harnstoff zur Zeit der Sporenreifung sich allmählich anhäuft und beim Reifeabschluß schnell verbraucht wird[4]), so ist man vollkommen berechtigt, ihn als einen N-haltigen Reservestoff zu bezeichnen, ähnlich dem Asparagin und Glutamin der Samenpflanzen, wo der Harnstoff übrigens ebenfalls sehr verbreitet ist, sich aber in größeren Mengen nicht anhäuft, wahrscheinlich infolge des energischen Konsums[5]). Der Harnstoff bietet einen vorzüglichen Reserve-

---

[1]) Kossel, A. u. Dakin: Zeitschr. f. physiol. Chem. Bd. 41, S. 321. 1904; Bd. 42, S. 181. 1904.

[2]) Shiga: Zeitschr. f. physiol. Chem. Bd. 42, S. 505. 1904. — Kiesel, A.: Ebenda Bd. 75, S. 169. 1911; Bd. 118, S. 267. 1922. — Ders.: Arginin und dessen Umwandlungen in den Pflanzen 1916. (Russisch.)

[3]) Iwanow, N. N.: Biochem. Zeitschr. Bd. 136, S. 9. 1923.

[4]) Iwanow, N. N.: Biochem. Zeitschr. Bd. 135, S. 1. 1923; a. a. O.

[5]) Kiesel, A.: Zeitschr. f. physiol. Chem. Bd. 75, S. 169. 1911.

stoff dar, der leicht Ammoniak abspaltet und auch direkt zur Synthese der wichtigsten Stoffe wie z. B. des Arginins, Histidins, der Purin- und Pyrimidinbasen (s. oben) dienen kann.

Die Harnstoffspaltung in den Pflanzen erfolgt durch Vermittlung des Fermentes Urease, welche zuerst in den Bakterien der Harnstoffgärung gefunden wurde[1]). Urease ist in den Pflanzen weit verbreitet[2]) und begleitet oft den Harnstoff. In dieser Beziehung besteht ein Unterschied zwischen den Pflanzen und Tieren: diese enthalten keine bedeutende Ureasemengen und scheiden daher den Harnstoff mit all seinem Stickstoff aus.

Dagegen benutzen die chlorophyllfreien Pilze den Harnstoff als Reservematerial und können ihn zur Eiweißsynthese verwenden[3]). Bei dieser Gelegenheit ist nochmals der grundlegende Unterschied zwischen der Ernährung der Tiere und der chlorophyllfreien Pflanzen zu betonen. Als zweifelloser Irrtum ist die früher so verbreitete Ansicht zu verzeichnen, laut welcher sich die chlorophyllfreien Pflanzen ebenso wie die Tiere ernähren.

Desaminierung und andere Verarbeitungen der Aminosäuren in den Pflanzen. Auf den vorstehenden Seiten wurde mehrmals die Desaminierung der Aminosäuren, d. i. die Abspaltung der Aminogruppe, erwähnt. Sie findet bei der Eiweißregenerierung in den Samenpflanzen aus Asparagin und Glutamin, bei Ernährung der Schimmelpilze und Hefe mit einem Gemisch von Aminosäuren, das dem Verhältnis der Aminosäuren in den Eiweißkörpern der genannten Pflanzen quantitativ nicht entspricht, endlich höchstwahrscheinlich bei verschiedenen Prozessen, welche die Bildung und Anhäufung des Harnstoffs begleiten, statt. Die Amidogruppe der Amide wird durch spezifische Fermente, die sogenannten Desamidasen, hydrolytisch abgespalten. Die Aminogruppe wird, nach heutigen Vorstellungen, unter Mitwirkung von Oxydationsprozessen durch ganz andere Fermente, und zwar die Desaminasen, abgespalten[4]). Die Desamidasen verwandeln die Amidogruppe in die freie Carboxylgruppe:

$$R.CONH_2 + H_2O = R.COOH + NH_3.$$

Die Desaminierung, d. i. die NH_3-Abspaltung von der Aminogruppe, ist am besten an der Hefe untersucht worden. Es ist schon längst bekannt, daß bei der alkoholischen Gärung Fuselöle, d. i. einwertige Alkohole verschiedener Struktur, darunter auch optisch aktive ent-

---

[1]) MIQUEL, P.: Cpt. rend. hebdom. des séances de l'acad. des sciences Bd. 111, S. 397. 1890.

[2]) KIESEL, A.: Arginin usw. 1916. — Ders. u. TROIZKY: Zeitschr. f. physiol. Chem. Bd. 118, S. 247. 1922.

[3]) Die neuesten noch unveröffentlichten Versuche von N. N. IWANOW zeigen, daß sich der Harnstoff sowohl in den Basidiomyceten als in Schimmelpilzen bei N-Überschuß und Zuckermangel anhäuft, bei Zuckergabe aber zur Eiweißsynthese verwertet wird. Dieses Verhalten ist demjenigen der Amide in Samenpflanzen durchaus analog.

[4]) BUTKEWITSCH, W.: Festschr. f. K. A. TIMIRIAZEFF. S. 457. 1916. (Russisch).

stehen; erst neuerdings ist es jedoch festgestellt worden, daß die Fuselöle direkt aus den Aminosäuren hervorgehen[1]). Die Struktur der
Fuselöle entspricht denn auch völlig derjenigen der Aminosäuren, aus
denen sie hervorgegangen sind. Nach den Untersuchungen F. EHRLICHs
existiert eine bestimmte Gesetzmäßigkeit im Vorgange der Verwandlung der Aminosäuren in stickstofffreie Produkte. Aus den Monoaminosäuren werden die einwertigen Alkohole auf folgende Weise gebildet:

$$R.CH(NH_2).COOH + H_2O = R.CH_2OH + NH_3 + CO_2.$$

In Wirklichkeit besteht diese Reaktion aus vier Teilstufen[2]):

I. $R.CH(NH_2).COOH + O = R.COH(NH_2).COOH$ (Oxydation),

II. $R.COH(NH_2).COOH = R.CO.COOH + NH_3$ (Desaminierung),

III. $R.CO.COOH = R.CHO + CO_2$ (CO_2-Abspaltung),

IV. $R.CHO + 2H = R.CH_2OH$ (Reduktion).

Die scheinbare Wasseranlagerung ist also in Wirklichkeit eine Kombination von Oxydation und Reduktion. Dieser Sachverhalt kommt
in der Biochemie bei weitem nicht vereinzelt vor. Aus Leucin wird
durch obige Reaktionen Iosoamylalkohol gebildet:

$$\frac{CH_3}{CH_3}{>}CH.CH_2.CH(NH_2).COOH + H_2O =$$
$$\frac{CH_3}{CH_3}{>}CH.CH_2.CH_2OH + NH_3 + CO_2.$$

Aus Tyrosin entsteht der aromatische Alkohol Tyrosol:

$$C_6H_5(OH).CH_2.CH(NH_2).COOH + H_2O =$$
$$C_6H_5(OH).CH_2.CH_2OH + NH_3 + CO_2.$$

Aus den übrigen Aminosäuren erhält man die denselben entsprechenden Alkohole mit großer Regelmäßigkeit. Eine unbedeutende Menge von
Nebenprodukten entsteht dadurch, daß entweder eine direkte Reduktion der Ketonsäuren, ohne Abspaltung der Carboxylgruppe stattfindet:

$$R.CO.COOH + 2H = R.CHOH.COOH,$$

oder ein Teil des Aldehyds nicht zu Alkohol reduziert, sondern zu
Säure oxydiert (bzw. nach CANNIZZARO umgelagert) wird.

$$2R.CHO + H_2O = R.CH_2OH + R.COOH.$$

Histidin erfährt genau dieselbe Verwandlung wie Tyrosin; Arginin
und Lysin sind in dieser Hinsicht noch nicht erforscht worden. Von
Interesse ist der Umstand, daß die Aminosäurespaltung asymmetrisch
stattfindet: wird der Hefe ein optisch-inaktives synthetisches Produkt
dargeboten, so spaltet sie nur diejenige optisch-aktive Substanz, welche

---

[1]) EHRLICH, F.: Ber. d. Dtsch. Chem. Ges. Bd. 39, S. 4072. 1906; Bd. 40,
S. 1027 u. 2538. 1907; Bd. 44, S. 130. 1911; Bd. 45, S. 883. 1912. — Ders.:
Zeitschr. d. Ver. d. Zuckerindustr. Bd. 55, S. 539. 1905. — Ders.: Biochem.
Zeitschr. Bd. 2, S. 52. 1906. — Ders.: Lanwirtschaftl. Jahrb. Bd. 38, Erg.-Bd. V,
S. 289. 1909. — Ders.: Biochem. Zeitschr. Bd. 63, S. 379. 1914; Bd. 73, S. 232.
1917.

[2]) NEUBAUER, O. u. FROMHERZ: Zeitschr. f. physiol. Chem. Bd. 70, S. 326.
1911.

im Eiweißmolekül existiert, und läßt die andere stereoisomere Verbindung intakt[1]). Dies ist eine Methode, optisch-aktive Aminosäuren experimentell darzustellen; mit Hilfe der WALDENschen Umkehrung (S. 29) kann nämlich eine jede optisch-aktive Aminosäure in die enantioisomere Form übergeführt werden. Die zweibasischen Aminosäuren werden durch Hefe nach einem anderen Schema desaminiert: der intermediär entstehende Aldehyd wird in diesem Falle nicht zu Alkohol reduziert, sondern zu Säure oxydiert. So verwandelt sich z. B. Glutaminsäure in Bernsteinsäure[2]):

$$COOH.CH_2.CH_2.CH(NH_2).COOH \rightarrow COOH.CH_2.CH_2.CO.COOH \rightarrow$$
$$COOH.CH_2.CH_2.CHO \rightarrow COOH.CH_2.CH_2.COOH.$$

Das Produkt der Asparaginsäuredesaminierung ist nicht isoliert worden. Oben (S. 373) wurde schon die mögliche Erklärung dieser Erscheinung angegeben. Der ganze Prozeß der Fuselöl- und Bersteinsäurebildung aus den Aminosäuren durch Hefe hat den Zweck, Ammoniak zum Aufbau der Eiweißstoffe zu gewinnen. EHRLICH hat dargetan, daß man die „Aminosäurengärung" stark unterdrücken kann, wenn man der Hefe eine bedeutende Menge von Ammoniumsalzen zur Verfügung stellt; andererseits kann man der Hefe auch eine bestimmte Aminosäure als Stickstoffquelle darbieten und hierdurch die vorwiegende Bildung eines bestimmten Alkohols hervorrufen. Für den Biochemiker ist der Umstand beachtenswert, daß an dem Muster der Fuselöle- und der Bernsteinsäurebildung die Fähigkeit der Pflanzen aus den Bausteinen des Eiweißmoleküls verschiedenartige stickstofffreie Verbindungen zu erzeugen erhellt.

Die Schimmelpilze spalten die Aminosäuren auf eine andere Weise. Bei ihnen wird kein so regelmäßiger Verlauf der Desaminierung, wie bei der Hefe, beobachtet; im allgemeinen verwandeln sie Aminosäuren in die Oxysäuren von der entsprechenden Struktur, also ohne CO_2-Abspaltung[3]). Im Gegensatz zur Hefe ist bei den Schimmelpilzen namentlich dieser Reaktionsverlauf vorherrschend; die Alkoholbildung unter NH_3- bezw. CO_2-Abspaltung ist aber ein Nebenprozeß.

Bei den Samenpflanzen sind als Verarbeitungen der Aminosäuren, die zu keiner Eiweißregenerierung führen, Desaminierung[4]) und Methylierung, die eine Betaïnbildung zur Folge hat, beachtenswert[5]). Das gewöhnliche

---

[1]) EHRLICH, F.: Biochem. Zeitschr. Bd. 1, S. 8. 1906; Bd. 8, S. 438. 1908; Bd. 63, S. 379. 1914.

[2]) EHRLICH, F.: Biochem. Zeitschr. Bd. 18, S. 391. 1909 und oben zitierte Arbeiten. — NEUBAUER, O. u. FROMHERZ: a. a. O. Experimentell hat die Zwischenbildung von α-Ketonglutarsäure $COOH.CH_2.CH_2.CO.COOH$ C. NEUBERG festgestellt: Biochem. Zeitschr. Bd. 91, S. 131. 1918.

[3]) EHRLICH, F. u. JACOBSEN: Ber. d. Dtsch. Chem. Ges. Bd. 44, S. 888. 1911. — EHRLICH, F.: Biochem. Zeitschr. Bd. 36, S. 447. 1911 und oben zitierte Arbeiten. — PRINGSHEIM, H.: Biochem. Zeitschr. Bd. 3, S. 121. 1907; Bd. 8, S. 128. 1908.

[4]) OPARIN, A.: Biochem. Zeitschr. Bd. 124, S. 90. 1921.

[5]) SCHULZE, E. u. TRIER, G.: Ber. d. Dtsch. Chem. Ges. Bd. 42, S. 4654. 1909. — Dies.: Zeitschr. f. physiol. Chem. Bd. 59, S. 233. 1909; Bd. 67, S. 46 u. 59.

Betaïn [1] $NOH(CH_3)_3.CH_2.COOH$ oder richtiger $N(CH_3)_3.CH_2.CO$ erhält man aus Glycocoll:

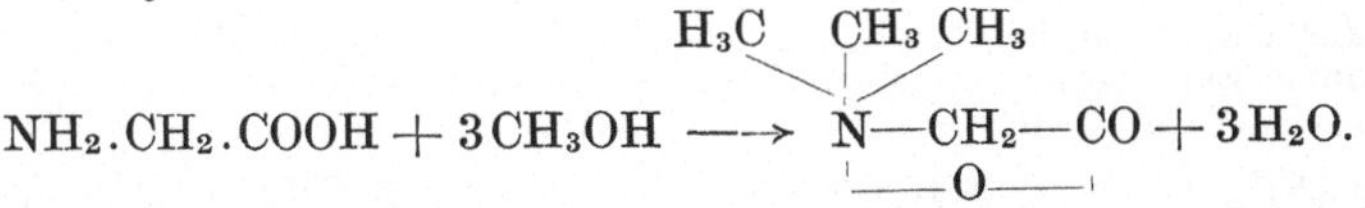

$$NH_2.CH_2.COOH + 3\,CH_3OH \longrightarrow N-CH_2-CO + 3\,H_2O.$$

Aus Prolin (Pyrrolidincarbonsäure) erhält man auf gleiche Weise Stachydrin, das dieser Aminosäure entsprechende Betaïn. Aus Tryptophan entsteht ebenfalls das ihm entsprechende Betaïn, nämlich das Hypaphorin.

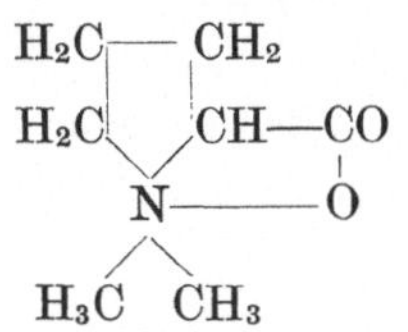

Stachydrin

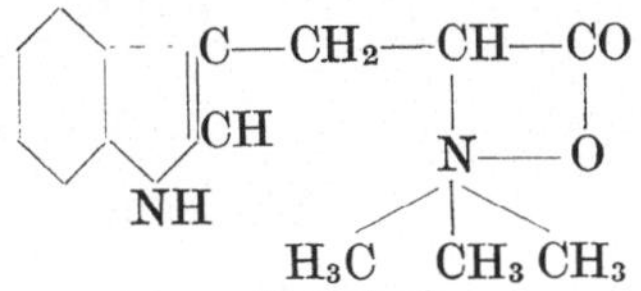

Hypaphorin

Überhaupt müßten den Aminosäuren $R.CH{<}^{NH_2}_{COOH}$ die Betaïne

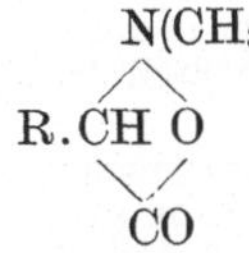

entsprechen. Eine derartige Regelmäßigkeit besteht aber nicht immer: oft erfahren die Aminosäuren neben der Methylierung noch andere Veränderungen, und es entstehen dann verschiedene stickstoffhaltige Basen, von denen im folgenden Kapitel die Rede sein wird.

Außer den erwähnten Umwandlungen werden die Aminosäuren in den Pflanzen manchmal decarboxyliert, indem sie in die entsprechenden Amine übergehen [2]. Besonders häufig wird dieser Prozeß bei der bakteriellen Zersetzung der Aminosäuren beobachtet.

Aus Leucin entsteht Isoamylamin:

$$(CH_3)_2CH.CH_2.CH(NH_2).COOH \rightarrow (CH_3)_2CH.CH_2.CH_2.NH_2 + CO_2.$$

Aus Valin entsteht Isobutylamin:

$$(CH_3)_2CH.CH(NH_2).COOH \rightarrow (CH_3)_2CH.CH_2.NH_2 + CO_2 \text{ usw.}$$

In den Samenpflanzen wird die Hauptmenge der Aminosäuren wohl zur Eiweißregenerierung desaminiert und nur ein weit geringerer Teil derselben zu Betaïnen, Basen u. dgl. verarbeitet. Bis jetzt ist es noch

---

1910; Bd. 76, S. 258. 1911; Bd. 79, S. 235. 1912. — YOSHIMURA, K. u. TRIER: Ebenda Bd. 77, S. 290. 1912. — DELEANO, N. u. TRIER: Ebenda Bd. 79, S. 243. 1912.

[1] STOLZENBERG, H.: Zeitschr. f. physiol. Chem. Bd. 92, S. 445. 1914.

[2] BARGER, G. and DALE: Proc. of the chem. soc. Bd. 26, S. 128. 1910. — Ders.: Journ. of the chem. soc. (London) Bd. 97, S. 2592. 1910. — REUTER: Zeitschr. f. physiol. Chem. Bd. 78, S. 167. 1912 u. a.

nicht klargelegt, ob die Desaminierung in den Samenpflanzen derjenigen der Hefe oder der Schimmelpilze analog ist.

Außer den oben beschriebenen Verwandlungen treten die Aminosäuren, selbst ohne Beteiligung der Fermente, in Verbindungen mit einigen Stoffen. Mit dem Harnstoff liefern sie z. B. Ureïdosäuren[1]).

$$R.CH(NH_2).COOH + NH_2.CO.NH_2 = NH_2.CO.NH.CH{<}{R \atop COOH} + NH_3.$$

Die Ureïdosäuren spalten leicht Wasser ab und schließen sich zu ringförmigen Hydantoïnen:

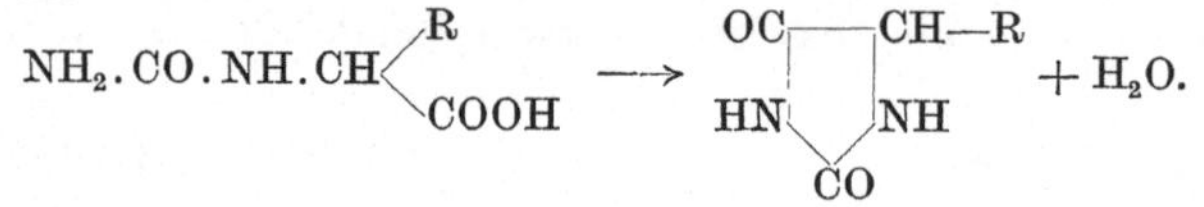

$$NH_2.CO.NH.CH{<}{R \atop COOH} \longrightarrow \begin{matrix} OC{-}CH{-}R \\ | \quad\quad | \\ HN \quad NH \\ \diagdown\diagup \\ CO \end{matrix} + H_2O.$$

Solch ein Hydantoïn ist z. B. das mehrfach in den Pflanzen gefundene Allantoïn[2]):

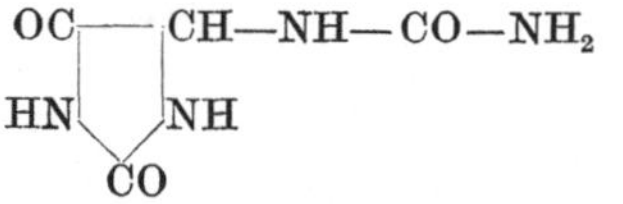

$$\begin{matrix} OC{-}CH{-}NH{-}CO{-}NH_2 \\ | \quad\quad | \\ HN \quad NH \\ \diagdown\diagup \\ CO \end{matrix}$$

Allantoïn

Allantoïn entsteht aber wahrscheinlich aus Harnstoff und einem stickstofffreien Stoffe, ohne Beteiligung von Aminosäuren. Synthetisch wird Allantoïn aus zwei Molekülen Harnstoff und einem Molekül Glyoxylsäure $COOH.CHO$ dargestellt.

Ein anderer Prozeß, der sich wahrscheinlich in den lebenden Pflanzenzellen abspielt, ist die Verbindung der Aminosäuren mit einfachen Zuckern: sie vollzieht sich selbst bei ziemlich niedrigen Temperaturen[3]). Vorerst findet eine Verbindung des Zuckers mit der Aminosäure derart statt, daß sowohl der Zucker als auch die Aminosäure aus dieser Verbindung regeneriert werden kann. Weiterhin treten jedoch vielleicht Kondensationen ein, und schließlich entstehen Stoffe, die den Huminstoffen nahestehen und aus denen der Stickstoff nicht mehr abgespalten werden kann.

Die Bildung von dunkel gefärbten, verhältnismäßig stickstoffarmen und gegenüber Säuren und Alkalien sehr resistenten Stoffen findet in bedeutendem Maße in allen Medien statt, die zugleich zucker- und aminosäurenreich sind. Diese Tatsache könnte wahrscheinlich bei der Erklärung der Humusbildung im Boden von Belang sein, da im Boden Pflanzenreste zersetzt werden, und also ein Zusammentreffen der Aminosäuren mit dem Zucker unvermeidlich ist. Von großem Interesse ist der Umstand, daß die Produkte der Verbindung von Aminosäuren mit Glucose nach der für Bestimmung des Eiweiß-N dienenden Methode von STUTZER mitgefällt werden. Daß dies eine ernste Fehlerquelle bilden kann, ersieht man aus folgendem. Die Verkettung der Aminosäuren mit Zucker findet auch

---

[1]) LIPPICH: Ber. d. Dtsch. Chem. Ges. Bd. 39, S. 2953. 1906; Bd. 41, S. 2958 u. 2976. 1908. — WEILAND: Biochem. Zeitschr. Bd. 38, S. 385. 1912. — KONDO: Ebenda Bd. 38, S. 411. 1912.

[2]) SCHULZE, E. u. BARBIERI: Ber. d. Dtsch. Chem. Ges. Bd. 14, S. 1602. 1881. — Dies.: Journ. f. prakt. Chem. Bd. 25, S. 145. 1882. — Dies.: Zeitschr. f. physiol. Chem. Bd. 11, S. 420. 1886. — Dies.: Landwirtschaftl. Jahrb. Bd. 21, S. 105. 1892. — SCHULZE, E. u. BOSSHARD: Zeitschr. f. physiol. Chem. Bd. 9, S. 420. 1886.

[3]) KOSTYTSCHEW, S. u. BRILLIANT, W.: Zeitschr. f. physiol. Chem. Bd. 91, S. 372. 1914; Bd. 127, S. 224. 1923. — Dies.: Mitt. d. russ. Akad. d. Wiss. 1916. 953. (Russisch.) — Dies.: Journ. d. russ. botan. Ges. Bd. 5, S. 71 u. 78. 1920. (Russisch.) — GRÜNHUT u. WEBER: Biochem. Zeitschr. Bd. 121, S. 109. 1921.

bei niedrigen Zuckerkonzentrationen statt[1]). Derartige Reaktionen begleiten zweifellos verschiedene biologische Prozesse. So ist z. B. schon längst bekannt, daß bei der Eiweißspaltung in der Hefe nur ein Teil des Stickstoffs der freigewordenen Aminosäuren zur Eiweißregeneration dienen kann, der andere Teil aber spurlos verloren geht. Das gab den Anlaß, von den „stickstoffhaltigen Exkrementen" der Gärung und der angeblich nicht ökonomischen Ausnutzung des Stickstoffs bei den niederen Organismen zu sprechen[2]). Es erwies sich aber nachträglich, daß die „Gärungsexkremente" namentlich Produkte der Reaktion zwischen Aminosäuren und Zucker darstellen, die ohne Beteiligung der Fermente und des lebenden Plasmas stattfindet. Die Fällbarkeit dieser Stoffe nach STUTZER ließ sie mit Eiweiß verwechseln und gab die Veranlassung zur Annahme, als ob das Hefeeiweiß bei der Gärung nicht zerfalle[3]). MAILLARD[4]) behauptet, daß in Gegenwart von Zucker oder Glycerin die Aminosäuren leicht in Polypeptide (zuerst in Diketopiperazine) übergehen. Nach der Ansicht dieses Forschers kann die Synthese der Polypeptide in der lebenden Zelle durch eine Zwischenbildung von Zucker- und Glycerinestern zustandekommen.

Die Eiweißstoffe des Protoplasmas. Aus obiger Darlegung ist einleuchtend, daß wir die Reserveeiweißstoffe vor den Eiweißstoffen des Protoplasmas scharf unterscheiden müssen. Die Verwechslung dieser Begriffe ist schon die Ursache schwerwiegender Irrtümer gewesen. Der Abbau der Reserveeiweißstoffe, der mit der allgemeinen Mobilisierung der Reservestoffe verbunden ist, wurde irrtümlich als ein Spiel der Plasmaeiweiße gedeutet, das alle wichtigsten Lebensfunktionen begleiten soll. Wir haben jedoch gar keine konkreten Gründe dazu, eine Unbeständigkeit und leichte Spaltbarkeit der Plasmaeiweiße zu vermuten. Bei den Samenpflanzen beziehen sich alle Eiweißspaltungen, die bisher eingehend untersucht wurden, ausschließlich auf die Reserveeiweißstoffe. Die Abwesenheit der Aleuronkörner und anderer geformter Gebilde bei den chlorophyllfreien Pflanzen erschwert etwas die Unterscheidung der Reserveeiweißstoffe von den Plasmaeiweißstoffen in den Zellen der Pilze und Bakterien; auch hier haben wir jedoch Gründe zur Annahme, daß die Spaltung und Desaminierung hauptsächlich, wenn nicht ausschließlich, das Reserveeiweiß betrifft. Dies ist aus Folgendem ersichtlich. Die Eiweißstoffe des Plasmas befinden sich gleichsam in latentem Zustande: sie liefern keine charakteristischen Proben, werden durch keine für die Eiweißstoffe üblichen Extrahierungsmethoden aus den Geweben isoliert, mit einem Worte befinden sie sich gleichsam im gebundenen Zustande. In allen Fällen, wo wir es mit protoplasmatischen Gebilden zu tun haben, treffen wir komplizierte Nucleo- oder Glucoproteide.

---

[1]) IWANOW, N. N.: Untersuchungen über die Umwandlungen der stickstoffhaltigen Substanzen in der Hefe 1919. (Russisch.)

[2]) MAYER, AD.: Untersuchungen über die alkoholische Gärung 1869. — RUBNER: Die Ernährungsphysiologie der Hefezelle bei alkoholischer Gärung 1913.

[3]) IWANOW, N. N.: a. a. O. — Ders.: Biochem. Zeitschr. Bd. 120, S. 1. 1921.

[4]) MAILLARD: Cpt. rend. hebdom. des séances de l'acad. des sciences Bd. 153, S. 1078. 1911; Bd. 154, S. 66. 1912; Bd. 155, S. 1554. 1912; Bd. 156, S. 1159. 1913. — Ders.: Genèse des matières protéiques et des matières humiques 1913. Die Synthesen MAILLARDS unterscheiden sich von denjenigen KOSTYTSCHEWS u. BRILLIANTS; vgl. KOSTYTSCHEW u. BRILLIANT: Journ. d. russ. botan. Ges. Bd. 5, S. 71 u. 78. 1920. (Russisch.)

Möglicherweise sind es aber nur Spaltungsprodukte noch größerer Komplexe, die außer den Kohlenhydratgruppen, den Purin- und Pyrimidinkernen, noch andere Bausteine von verschiedenartiger Konstitution in sich schließen; vielleicht liegt hier der Schlüssel zur Erklärung der Regulationen und Korrelationen bei verschiedenen biochemischen Vorgängen. WUNDT[1]) vermutet, daß namentlich derartige riesige komplexe Moleküle, sozusagen Konglomerate der in chemischer Beziehung verschiedenartigen Glieder, das einfachste Protoplasma darstellen. Ausführlicher wird diese Frage im Kapitel von der planmäßigen Organentwicklung besprochen. Sind die Eiweißstoffe des Protoplasmas in der lebenden Zelle mit verschiedenen Gruppen verbunden, so erscheint deren vermeintliche Unbeständigkeit und leichte Veränderlichkeit als kaum denkbar. Doppelt unwahrscheinlich ist daher die Annahme LOEWs über die Existenz von besonderen „lebenden“ Eiweißstoffen, in denen die Aminogruppen durch Cyangruppen substituiert und außerdem noch Aldehydeigenschaften vorhanden seien. Alles dieses soll den „lebenden Eiweißstoffen“ eine außergewöhnliche Aktivität und Veränderlichkeit verleihen[2]). Wenn solche Substanzen wirklich existierten, so wären ihre Spuren bei den massenhaften Eiweißdarstellungen jedenfalls bemerkt worden, ungeachtet ihrer Unbeständigkeit. Außerdem dürfte, wie wir soeben gesehen haben, die Vorstellung von der leichten Veränderlichkeit der Eiweißstoffe des Protoplasmas als überwunden angesehen werden.

Analytische Methoden. Die Gesamtmenge des Stickstoffs im Pflanzenmaterial bestimmt man gewöhnlich nach dem KJELDAHLschen[3]) Verfahren, das in verschiedenen Modifikationen angewandt wird. Das Prinzip dieser Methode besteht darin, daß die Substanz durch Kochen mit rauchender Schwefelsäure in Gegenwart verschiedener Katalysatoren verbrannt wird, wobei der gesamte Stickstoff in Ammoniak übergeht. Darauf wird der Ammoniak, nach Zugabe von überschüssiger Natronlauge, in titrierte Säure (am besten in Salzsäure) abdestilliert und durch Titration quantitativ bestimmt. Infolge der Geschwindigkeit der Ausführung und der Möglichkeit, gleichzeitig mehrere Analysen vorzunehmen, benutzt man diese Methode bei den verschiedenartigsten Untersuchungen, mit Ausnahme derjenigen Fälle, wo neue unbekannte Stoffe analysiert werden. In diesen Fällen, werden die Analysen nach der genauen bewährten Methode von DUMAS[4]) ausgeführt. Die Methode von KJELDAHL versagt nämlich bei der Analyse von Stoffen mit Ketten der Stickstoffatome (Hydrazine und Diazoverbindungen) und mit oxydiertem Stickstoff im Molekül, sowie von Cyanderivaten. Unter allen diesen Stoffen können in der Pflanze nur Nitrate in nennenswerten Mengen vorkommen; nun ist für die Nitratbestimmung eine Analyse nach KJELDAHL in der Modifikation von JODLBAUER[5]) brauchbar. Zuerst fügt man eine Lösung von Phenol in Schwefelsäure hinzu, um die Salpetersäure

---

[1]) WUNDT, W.: System der Philosophie Bd. 2, S. 84. 1907.
[2]) LOËW, O.: Science Bd. 11, S. 930. 1900 und die dort zitierten Arbeiten des Verfassers.
[3]) KJELDAHL, J.: Zeitschr. f. analyt. Chem. Bd. 22, S. 366. 1883. — RONA, P.: Handb. d. biochem. Arbeitsmethoden v. ABDERHALDEN Bd. 1, S. 340. 1910.
[4]) Die Beschreibung dieser Methode findet sich in allen Lehrbüchern der organischen Chemie.
[5]) JODLBAUER, M.: Zeitschr. f. analyt. Chem. Bd. 26, S. 92. 1887. — SÜLLWALD: Chem. Zeit. Bd. 11, S. 1673. 1903. — RONA, P.: a. a. O.

in Nitroverbindung zu überführen; darauf reduziert man die Nitrogruppe mit Zink oder Natriumhyposulfit, worauf die Verbrennung nach KYELDAHL ohne Stickstoffverlust stattfinden kann[1]).

Die Methoden der Trennung und Reinigung verschiedener physiologisch wichtiger stickstoffhaltiger Produkte sind oben (S. 353 ff.) beschrieben worden. Bei agrikulturchemischen und physiologischen Untersuchungen werden die stickstoffhaltigen Substanzen meistens nicht isoliert; man begnügt sich damit, den Stickstoff in bestimmten Gruppen oder Verbindungen, die durch bestimmte Reagentien gefällt werden, quantitativ zu ermitteln. Es werden meistens folgende quantitative Bestimmungen ausgeführt:

I. Bestimmung des Proteïnstickstoffs nach STUTZER[2]). Die zu untersuchende Flüssigkeit wird mit Kupferhydrat in Gegenwart von Alaun oder mit Kupfersulfat in Gegenwart von Alkalien[3]) bearbeitet. Hierdurch fällt man genuine Eiweißstoffe (ohne Peptone) aus. Im Niederschlage bestimmt man den Stickstoff nach KJELDAHL. Die Resultate von KOSTYTSCHEW und BRILLIANT[4]) stellen die Zuverlässigkeit der STUTZERschen Methode in Abrede: oben wurde darauf hingewiesen, daß einige Bestimmungen des „Eiweißstickstoffs" nach STUTZER gegenwärtig als fehlerhaft anzusehen sind, indem Kupferhydrat nicht nur den Eiweißstickstoff, sondern auch den Stickstoff der Verbindungen von Aminosäuren mit Zucker ausfällt. Für die Bestimmung des Eiweißstickstoffs muß eine andere Methode ausfindig gemacht werden, was auf keine großen technischen Schwierigkeiten stoßen dürfte.

II. Die Bestimmung des Stickstoffs der Aminogruppen vollzieht sich nach zweierlei Methoden. Die Methode von SÖRENSEN[5]) besteht im folgenden: Die Aldehyde treten in Reaktion mit der Aminogruppe, indem sie ein Molekül Wasser verlieren, ebenso wie unter der Einwirkung von Phenylhydrazin. Aus den Aminosäuren entstehen hierbei die Carbonsäuren. Mit Formaldehyd findet z. B. folgende Reaktion statt:

$$R.CH(NH_2).COOH + H_2CO \longrightarrow R.CH{\overset{\displaystyle N=CH_2}{\underset{\displaystyle COOH}{\Big\langle}}} + H_2O.$$

Der amphotere Charakter der Aminosäuren verschwindet dabei, und die Lösung wird sauer. Durch Titration bestimmt man die Menge der freigemachten Carboxylgruppen und berechnet hieraus die Anzahl der Aminogruppen. Die neutrale Lösung der Aminosäuren bearbeitet man zu diesem Zweck mit einer genau neutral gemachten Formollösung und titriert die gebildeten Säuren mit Phenolphthaleïn. Die Ungenauigkeit der Methode besteht in der Voraussetzung, daß einer jeden Aminogruppe genau eine Carboxylgruppe entspricht. Dieses Verhältnis kommt in den zweibasischen Aminosäuren (Asparagin- und Glutaminsäure) sowie in den Diaminosäuren nicht zustande. Außerdem beschränkt sich die „Formolmethode" auf farblose oder schwach gefärbte Lösungen, weil die dunkel gefärbten Lösungen sich nicht titrieren lassen. Die von SÖRENSEN empfohlene

---

[1]) Einige Stoffe, wie z. B. Purinkerne, Histidin, Lysin, Kreatin u. a. lassen sich nur langsam und schwierig nach KJELDAHL verbrennen; vgl. dazu KUTSCHER, F. u. STEUDEL: Zeitschr. f. physiol. Chem. Bd. 39, S. 12. 1903. — SÖRENSEN u. PEDERSEN: Ebenda S. 513. — SCHÖNDORFF: Pflügers Arch. f. d. ges. Physiol. Bd. 98, S. 130. 1903 u. a.

[2]) STUTZER: Journ. f. Landwirtschaft Bd. 29, S. 473. 1881. — KÖNIG: Untersuchung landwirtschaftlich und gewerblich wichtiger Stoffe. S. 212. 1891.

[3]) BARNSTEIN: Landwirtschaftl. Versuchs-Stationen Bd. 54, S. 327. 1900.

[4]) KOSTYTSCHEW, S. u. BRILLIANT, W.: Zeitschr. f. physiol. Chem. Bd. 91, S. 372. 1914. — Dies.: Mitt. d. russ. Akad. d. Wiss. S. 953. 1916. (Russisch.) — Dies.: Journ. d. russ. botan. Ges. Bd. 5, S. 71 u. 78. 1921. (Russisch.) — Dies.: Zeitschr. f. physiol. Chem. Bd. 127, S. 224. 1923; Bd. 130, S. 34. 1923.

[5]) SÖRENSEN, S. P. L.: Biochem. Zeitschr. Bd. 7, S. 43. 1907. — JESSEN-HANSEN: Handb. d. biochem. Arbeitsmethoden Bd. 6, S. 262. 1912.

Entfärbung der Versuchslösung führt nach eigenen Erfahrungen des Verfassers dieses Buches nicht immer zu befriedigenden Resultaten.

Eine andere Methode der Bestimmung der Aminogruppen[1]) gründet sich darauf, daß der Stickstoff der primären Amine bei der Bearbeitung mit salpetriger Säure sich im molekularen Zustande ausscheidet:

$$R.CH(NH_2).COOH + HNO_2 = R.CHOH.COOH + H_2O + N_2.$$

Die Reaktion verläuft nicht ganz glatt, da sich dabei auch Stickoxyd bildet, wenn man aber letzteres mit Kaliumpermanganat zersetzt, so geht der gesamte Stickstoff quantitativ in N_2 über. Der reine Stickstoff wird in einem Azotometer unter Berücksichtigung von Temperatur und Druck gemessen und die erhaltene Anzahl Kubikzentimeter Stickstoff in Milligramme umgerechnet. Eine Fehlerquelle dieser Methode besteht darin, daß der Stickstoff sich auch aus dem Ammoniak ausscheidet, der nicht selten in dem zu analysierenden Material enthalten ist: $NH_4NO_2 = N_2 + H_2O$. Es ist daher geboten, den Ammoniak vorher durch Destillation unter vermindertem Drucke in Gegenwart von Kalk, Magnesia oder Soda mit Kochsalz zu vertreiben.

III. Die Bestimmung des Stickstoffs der Amidogruppen ($CONH_2$) gibt eine Vorstellung von der Menge des Asparagins und Glutamins (sowie des Harnstoffs) in dem zu untersuchenden Pflanzenmaterial. Zum Unterschiede von der Aminogruppe wird die Amidogruppe durch Alkalien und Säuren leicht verseift; darauf beruht die Methode der Bestimmung des Amidostickstoffs nach SACHSSE[2]). Die Substanz wird mit heißem Wasser extrahiert, das Extrakt mit Tannin gefällt und nach Zusatz von 10 ccm konzentrierter Salzsäure auf je 100 ccm Flüssigkeit im Verlaufe von 2 Stunden am Rückflußkühler gekocht. Darauf wird die Flüssigkeit nach Abkühlung neutral gemacht und zur Ammoniakbestimmung verwendet (siehe unten). In einer aliquoten Portion wird Ammoniak ohne vorhergehendes Kochen mit Salzsäure ermittelt. Die Differenz zwischen den beiden Bestimmungen ergibt die Menge des Amidostickstoffs. Für die Berechnung des Gesamt-N des Asparagins und Glutamins muß man die erhaltene Menge des Amidostickstoffs verdoppeln, da in jenen Amiden auch eine Aminogruppe vorhanden ist, die sich bei der Hydrolyse nicht abspaltet.

IV. Die Bestimmung des Ammoniakstickstoffs wird am besten durch Destillation der Flüssigkeit bei vermindertem Druck (10—15 mm) und einer Temperatur von höchstens 40° in Gegenwart von gebrannter Magnesia oder Kalk ausgeführt[3]). Sind in der Flüssigkeit viele feste Teilchen suspendiert oder gelöste Phosphate enthalten, so ist die Anwendung von Magnesia nicht geboten, da sie in die Gewebe nicht eindringt und unlösliche Ammoniumdoppelsalze mit Phosphorsäure bildet. Seitdem die weite Verbreitung des Harnstoffs in den Pflanzen dargetan worden ist, erweist sich die Destillation des Ammoniaks bei atmosphärischem Drucke und 100° als unzulässig: unter diesen Bedingungen kann nämlich infolge der alkalischen Reaktion des Mediums eine Ammoniakabspaltung von den Amidogruppen stattfinden. Auch bei der Ammoniakfällung durch Phosphorwolframsäure[4]) sind Ungenauigkeiten nicht zu vermeiden, da diese Fällung nie vollständig ist. Die Bestimmung des Ammoniaks mittelst einer

---

[1]) VAN SLYKE, D. D.: Journ. of biol. chem. Bd. 9, S. 185. 1911. — Ders.: Handb. d. biochem. Arbeitsmethoden v. ABDERHALDEN Bd. 5, S. 995. 1912; Bd. 6, S. 278. 1912.

[2]) SACHSSE: Die Chemie und Physiologie der Farbstoffe, Kohlenhydrate usw. 1877. — Ders.: Journ. f. prakt. Chem. (2), Bd. 6, S. 118. 1873.

[3]) BOUSSINGAULT: Ann. de chim. et de physique (3), Bd. 29, S. 472. 1850; vgl. auch KRÜGER, M. u. REICH: Zeitschr. f. physiol. Chem. Bd. 39, S. 165. 1903. — SCHITTENHELM: Ebenda S. 73. — GRAFE, E.: Ebenda Bd. 48, S. 300. 1906 u. a.

[4]) BOSSHARD, E.: Zeitschr. f. analyt. Chem. Bd. 22, S. 329. 1883. — SCHULZE, E. u. WINTERSTEIN: Ebenda Bd. 33, S. 566. 1901; vgl. besonders CASTORO, N.: Ebenda Bd. 50, S. 525. 1907.

stürmischen Luftdurchleitung durch die alkalisch gemachte NH_3-Lösung[1]) ist
etwas umständlich und erfordert kräftige Wasserstrahlpumpen, liefert aber beim
Einhalten aller notwendigen Bedingungen exakte Resultate.

V. Die Bestimmung des Stickstoffs der Diaminosäuren läßt sich
bei sorgfältiger analytischer Arbeit für Arginin, Lysin und Histidin separat ausführen, da die Methode von KOSSEL die Möglichkeit gibt, diese Stoffe quantitativ
zu isolieren und voneinander zu trennen (S. 355). Bei weniger ausführlichen
Untersuchungen begnügt man sich mit der Bestimmung des Stickstoffs nach
KJELDAHL in dem Phosphorwolframsäureniederschlage, nachdem die Eiweißstoffe und Peptone vorher durch Bleiessig und der Bleiüberschuß durch Schwefelwasserstoff entfernt worden sind. Es ist geboten, vor der N-Bestimmung den
Niederschlag zu zerlegen und den Ammoniak zu entfernen, der gleichfalls von
der Phosphorwolframsäure gefällt wird.

VI. Die Bestimmung des Stickstoffs der Purinbasen wird auf folgende Weise vorgenommen[2]). Die Nucleïne werden bei 100° im Verlaufe von
6—10 Stunden am Rückflußkühler hydrolysiert; für die Hydrolyse wird stark
verdünnte (1—4proz.) Schwefelsäure oder besser Salzsäure verwendet. Nach
der Neutralisation und dem Abdampfen scheidet man die Mineralsäure mit
Bariumchlorid bzw. Silbernitrat ab, fällt die Purinbasen mit 10proz. ammoniakalischer Silberlösung und bestimmt im Niederschlage den Stickstoff nach
KJELDAHL. Diese Methode zeichnet sich nicht durch einwandfreie Genauigkeit
aus. Um einen Begriff von der Nucleïnmenge in dem zu untersuchenden Material
zu erhalten, kann man sich auch der Bestimmung des Nucleïnphosphors nach
PLIMMER[3]) bedienen. Der Eiweißniederschlag wird 1—2 Tage bei 37° mit 1proz.
Natronlauge oder Magensaft digeriert, darauf fällt man die Nucleoproteide mit
Salz- oder Essigsäure, extrahiert den Niederschlag zur Entfernung der Phosphatide
(siehe folgendes Kapitel) mit Alkohol und Äther und bestimmt im Rückstand
den Phosphor nach NEUMANN (S. 287 ff.).

VII. Die Bestimmung des Harnstoffs geschieht am besten nach der
exakten und empfindlichen Methode von FOSSE[4]): der Harnstoff liefert in essig-
saurer Lösung eine krystallinische unlösliche Verbindung mit zwei Molekülen
von Xanthydrol:

$$NH_2 \cdot CO \cdot NH_2 + 2\,O {<}^{C_6H_4}_{C_6H_4}{>} CHOH =$$

$$O {<}^{C_6H_4}_{C_6H_4}{>} CH-NH-CO-NH-CH {<}^{C_6H_4}_{C_6H_4}{>} O + 2H_2O.$$

Das Molekulargewicht des Harnstoffs ist gleich 60, dasjenige des Dixanthyl-
harnstoffs aber gleich 420; man kann daher mikrochemisch 0,0001 g Harnstoff
entdecken, da Dixanthylharnstoff gut krystallisiert. Den Harnstoff kann man
nach dieser Methode in äußerst verdünnten Lösungen (1 : 1 000 000) bestimmen.
Der Niederschlag wird entweder direkt gewogen oder zur Stickstoffbestimmung
verwendet.

---

[1]) FOLIN: Zeitschr. f. physiol. Chem. Bd. 37, S. 161. 1902.

[2]) BURIAN u. SCHUR: Zeitschr. f. physiol. Chem. Bd. 23, S. 53. 1897. —
BURIAN u. HALL: Ebenda Bd. 38, S. 336. 1903. — KRÜGER u. SCHITTENHELM:
Ebenda Bd. 45, S. 14. 1905. — KRÜGER u. SCHMID: Ebenda Bd. 45, S. 1. 1905. —
SCHITTENHELM: Handb. d. biochem. Arbeitsmethoden v. ABDERHALDEN Bd. 3,
S. 884. 1910. — ZALESKI: Die Verwandlungen und die Rolle der Phosphor-
verbindungen in den Pflanzen 1912. (Russisch.)

[3]) PLIMMER and BAYLISS: Journ. of physiol. Bd. 33, S. 439. 1906. — PLIMMER
and SCOTT: Ebenda Bd. 38, S. 247. 1909. — ZALESKI: a. a. O.

[4]) FOSSE, R.: Cpt. rend. hebdom. des séances de l'acad. des séances Bd. 154,
S. 1187. 1912; Bd. 157, S. 948. 1913. — Ders.: Ann. de l'inst. Pasteur Bd. 30,
S. 1. 1916.

Siebentes Kapitel

Sekundäre Pflanzenstoffe.

Die modernen Aufgaben der Pflanzenchemie. Die Kohlenhydrate und Eiweißstoffe stellen das primäre Baumaterial der Samenpflanzen dar, das selbst aus anorganischen Stoffen am Lichte entsteht und durch verschiedene Umwandlungen alle der Pflanze notwendigen organischen Verbindungen liefert. In vorstehenden Kapiteln wurde dargelegt, daß auch chlorophyllfreie Pflanzen aus dem Nährsubstrat in erster Linie Kohlenhydrate und Eiweißstoffe synthesieren; auch hier ist also die Einteilung in primäre und sekundäre Stoffe wohl richtig.

Unter den sekundären Stoffen sind nur wenige allgemein verbreitet; meistens bilden hingegen die genannten Stoffe ein charakteristisches Merkmal von verschiedenen Pflanzengruppen. Dieser Umstand erschwert freilich die richtige Beurteilung der physiologischen Rolle der einzelnen sekundären Pflanzenstoffen, da es höchstwahrscheinlich ist, daß eine und dieselbe physiologische Funktion in verschiedenen Pflanzen durch Stoffe von durchaus ungleicher Zusammensetzung erfüllt wird. Infolgedessen ist die Aufhellung der physiologischen Rolle verschiedener sekundärer Stoffe in manchen Fällen als eine verfrühte Aufgabe zu bezeichnen, um so mehr, als noch viele rein chemische Fragen nicht erledigt sind, deren Lösung allen teleologischen Auseinandersetzungen vorangehen muß. In einigen Handbüchern der Pflanzenchemie und Pflanzenphysiologie findet man eine Einteilung in „Stoffe des intermediären Stoffwechsels", die also in der lebenden Zelle einer weiteren Verarbeitung unterliegen und die sogenannten „Endprodukte des Stoffwechsels", oder kurzweg Abfallstoffe, die keine weitere Verwendung finden sollen. Diese Einteilung ist aber manchmal willkürlich und oft gar irrtümlich, da verschiedene früher als Endprodukte bezeichneten Stoffe sich nunmehr als intermediäre Stoffwechselprodukte erwiesen und auch Fermente entdeckt wurden, die eine Verarbeitung der genannten Produkte bewerkstelligen. Es ist überhaupt recht schwer nachzuweisen, daß ein bestimmter Stoff nicht weiter verarbeitet wird.

Die modernen Aufgaben der Pflanzenchemie beziehen sich daher nicht auf die Klarlegung der „physiologischen Rolle" verschiedener Stoffe, sondern auf folgende aktuelle Fragen. In betreff der Stoffe von unbekannter chemischer Struktur ist zunächst namentlich diese Lücke auszufüllen, was aber Stoffe anbelangt, deren chemische Natur genügend bekannt ist, so sind hier in erster Linie folgende Fragen zu lösen: 1. Aus welchem primären Stoff entsteht die zu untersuchende Substanz, aus Eiweiß oder aus Zucker? 2. Welche chemischen Umwandlungen von Zucker bzw. Eiweiß führen zur Bildung des betreffenden sekundären Stoffes? 3. Wird die zu untersuchende Substanz weiter verarbeitet, so bleibt noch das chemische Wesen der genannten Stoffumwandlung zu erforschen. Sowohl die erste als die dritte Frage können in manchen Fällen rein empirisch gelöst werden. Namentlich auf diese Weise wurde der genetische Zusammenhang zwischen Zucker und Fett festgestellt. Was nun die zweite Frage anbelangt, so gehört sie in die Kategorie derjenigen chemischen Probleme, deren experimentelle Bearbeitung sich auf eine Arbeitshypothese gründen muß. Die Methode der Isolierung von Zwischenprodukten der betreffenden Stoffumwandlungen ist oft das einzige Mittel, das chemische Wesen von biochemischen Vorgängen kennen zu lernen, die aus mehreren gekoppelten Reaktionen zusammengesetzt sind; da nun die Verfahren zur Isolierung der Zwischenprodukte der biochemischen Reaktionen sehr verschiedenartig sein können (vgl. S. 80), so ist eine vorläufige hypothetische Vorstellung über die zu erwartenden Zwischenprodukte unerläßlich.

Da sämtliche oben erörterten chemischen Aufgaben noch durchaus neu sind, so findet man auch in der Literatur vorläufig nicht viele experimentelle Untersuchungen über die einschlägigen Probleme; diese fruchtbare Arbeit bleibt zum größten Teil künftigen Forschungen vorbehalten. Infolgedessen ist im vorliegenden Kapitel eine besondere Aufmerksamkeit verschiedenen Hypothesen über die Bildungsweise von sekundären Stoffen gewidmet. Solche Annahmen könnten nämlich bei künftigen experimentellen Untersuchungen von Nutzen sein. Erst nach der Erledigung der rein chemischen Fragen, von denen vorstehend die Rede war, wird es möglich sein, die physiologische Rolle der einzelnen sekundären Stoffe richtig zu präzisieren.

Es existieren zur Zeit ausgezeichnete Handbücher der Pflanzenchemie, wo ausführliche Angaben über alle wichtigeren Pflanzenstoffe zu finden sind. Weiter unten sind daher nur einige wichtigste Stoffe erwähnt worden, um an diesen Mustern die grundlegenden Betrachtungen über den Chemismus der Bildungsweise von verschiedenen Pflanzenstoffen darzulegen.

Fette. Glycerin ist ein dreiwertiger Alkohol und kann daher drei Moleküle von verschiedenen Säuren binden:

$$CH_2OH \cdot CHOH \cdot CH_2OH + R'COOH + R''COOH + R'''COOH =$$
$$CH_2(O \cdot OCR') \cdot CH(O \cdot OCR'') \cdot CH_2(O \cdot OCR''') + 3 H_2O.$$

Derartige Glycerinester oder Glyceride bilden die physiologisch sehr wichtige Gruppe der Fette[1]. Die Mannigfaltigkeit der Fette ist erstens von den Säurenresten im Glyceridmolekül, zweitens von den Kombinationen verschiedener Glyceride, drittens von der eventuellen An-

---

[1] CHEVREUL: Ann. de chim. (I), Bd. 88, S. 225. 1815. — Ders.: Ann. de chim. et de physique (2), Bd. 2, S. 339. 1816; Bd. 7, S. 155. 1817; Bd. 16, S. 197. 1821; Bd. 23, S. 16. 1823 u. a. Diese bahnbrechenden Arbeiten sind als erste Schritte auf dem Gebiete der Biochemie zu bezeichnen.

wesenheit der freien Säuren im Fettkomplex abhängig. Die Säurenreste in einem Glyceridmolekül sind nicht immer untereinander identisch,

Unter den in Glyceriden vorhandenen Säuren sind folgende besonders verbreitet:

Palmitinsäure $CH_3—(CH_2)_{14}—COOH$,

Stearinsäure $CH—(CH_2)_{16}—COOH$,

Ölsäure $CH_3—(CH_2)_7—CH=CH—(CH_2)_7—COOH$,

Linolsäure $CH_3—(CH_2)_4—CH=CH—CH_2—CH=CH—(CH_2)_7—COOH$ und

Linolensäure $CH_3-CH_2-CH=CH-CH_2-CH=CH-CH_2-CH=CH-(CH_2)_7-COOH$.

Außerdem wurden auch andere Säuren in Fetten aufgefunden, und zwar u. a. folgende gesättigte Säuren:

Essigsäure $CH_3—COOH$,

Propionsäure $CH_3—CH_2—COOH$,

Normale Buttersäure $CH_3—CH_2—CH_2—COOH$,

Isobuttersäure $CH_3—CH(CH_3)—COOH$,

Caprylsäure $CH_3—(CH_2)_6—COOH$,

Laurinsäure $CH_3—(CH_2)_{10}—COOH$,

Myristinsäure $CH_3—(CH_2)_{12}—COOH$ u. a.

Unter den Oxysäuren sind folgende zu erwähnen:

Ricinolsäure $CH_3—(CH_2)_5—CHOH—CH_2—CH=CH—(CH_2)_7—COOH$ und die isomeren Dioxystearinsäuren.

Auch die ungesättigten Fettsäuren sind ziemlich zahlreich. Der hohe Prozentgehalt an ungesättigten Fettsäuren gilt als ein Wahrzeichen der Pflanzenfette, indes in tierischen Fetten hauptsächlich gesättigte Fettsäuren vorkommen. Tropische Pflanzen enthalten allerdings bedeutende Mengen der Glyceride von gesättigten Säuren.

Die Glyceride der ungesättigten Säuren sind bei gewöhnlicher Temperatur flüssige Stoffe. Die mehr als eine Doppelbindung enthaltenden Säuren liefern trocknende Öle, die eine große Bedeutung bei der Bereitung von Farbstoffen und Lacken haben. Das Trocknen beruht teilweise auf Bildung von gesättigten Säuren, teilweise auf Bildung von Oxysäuren[1]). Das Trocknen wird daher durch alle Mittel befördert, die die Geschwindigkeit der Oxydationsvorgänge steigern.

Die Fette sind unlöslich in Wasser und kaltem Alkohol, leicht löslich in Äther, Schwefelkohlenstoff, Petroläther, Benzol und siedendem Alkohol. Eine Isolierung von chemisch-reinen Glyceriden aus Naturprodukten ist mit enormen Schwierigkeiten verbunden und die physikalischen Konstanten der Öle sind nicht scharf ausgeprägt, da die natürlichen Fette nichts anderes sind als komplizierte Gemische von verschiedenartigen Glyceriden und freien Fettsäuren. Säuren und Alkalien bewirken bereits bei niedrigen Temperaturen eine Hydrolyse oder die sogenannte Verseifung der Fette; bei hohen Temperaturen verläuft die Verseifung mit einer großen Geschwindigkeit. Als Produkte der Verseifung entstehen Glycerin und Seifen, d. i. Salze der

---

[1]) Bauer u. Hazura: Monatsh. d. Chem. Bd. 9, S. 459. 1888.

Fettsäuren, wenn Alkalien als Katalysatoren wirksam waren. In Pflanzenzellen wird die Verseifung durch das Ferment Lipase hervorgerufen[1]). Da saure Reaktion die Lipasewirkung begünstigt, so stellt die physiologische Fettverseifung einen typisches Fall der sogenannten Autokatalyse dar.

In Gegenwart einer geringen Menge von einer Mineralsäure ist 1 g Ricinussamenpulver imstande, in ein paar Tagen 25 g verschiedene Fette zu zerlegen[2]). Auch eine Reversion der Lipasewirkung wurde öfters wahrgenommen[3]) und die Synthese von Glyceriden unter dem Einfluß von Lipase ist sichergestellt.

Die Fette spielen in Pflanzen die Rolle von Reservestoffen, die zur Kohlenhydratbildung und zur Atmung verbraucht werden. Die Vorzüge der Fette als Reservestoffe sind: erstens die Unlöslichkeit der Fette in Wasser; vor der Verseifung können daher die Fette keine Reaktionen in wässeriger Lösung eingehen. Zweitens ist der Umstand von Belang, daß flüssige Fetttröpfchen sich leicht deformieren lassen und infolgedessen weniger Raum einnehmen als feste Partikeln, die immer leere Zwischenräume zwischen den einzelnen Körnern lassen. Drittens ist die große Wärmetönung der Fettverbrennung zu beachten, die namentlich für die Atmung großen Vorteil bietet. In nachstehender Tabelle sind die Verbrennungswärmen von verschiedenen Fetten sowie von anderen physiologisch wichtigen Stoffen mitgeteilt[4]).

1 g Substanz	liefert Wärme in Cal
Leinöl	9323
Olivenöl	9328
Mohnöl	9442
Stearinsäure	9429
Glycerin	4317
Traubenzucker	3692
Stärke	4123
Eiweiß	5567

[1]) GREEN: Ann. of botany Bd. 4. 1890. — Ders.: Proc. of the roy. soc. of London Bd. 47, S. 146. 1891; Bd. 48, S. 370. 1891. — Ders. u. JACKSON: Ebenda (B) Bd. 77, S. 69. 1905. — WILLSTÄTTER, R. u. WALDSCHMIDT-LEITZ, E.: Zeitschr. f. physiol. Chem. Bd. 134, S. 161. 1924.

[2]) CONSTEIN: Ber. d. Dtsch. Chem. Ges. Bd. 35, S. 3988. 1902. — Ders.: Ergebn. d. Physiol. Bd. 3 (I), S. 194. 1904. — HOYER: Ber. d. Dtsch. Chem. Ges. Bd. 37, S. 1436. 1904. — Ders.: Zeitschr. f. physiol. Chem. Bd. 50, S. 414. 1907 u. a.

[3]) Vgl. dazu u. a. BRADLEY, H. C.: Journ. of biol. chem. Bd. 8, S. 251. 1910. — WELTER, A.: Zeitschr. f. angew. Chem. Bd. 24, S. 385. 1911. — IWANOFF, S. L.: Bildung und Verwandlung von Fett in Samenpflanzen 1912. (Russisch.) — DUNLOP and GILBERT: Journ. of Americ. chem. soc. Bd. 33, S. 1787. 1911. — KRAUSZ, M.: Zeitschr. f. angew. Chem. Bd. 24, S. 829. 1911. — SPIEGEL, L.: Zeitschr. f. physiol. Chem. Bd. 120, S. 102. 1922.

[4]) STOHMANN, F.: Journ. f. prakt. Chem. Bd. 19, S. 115. 1879; Bd. 31, S. 273. 1885. — Ders.: Zeitschr. f. Biol. Bd. 13, S. 364. 1894.

Wir sind also berechtigt, Öl als einen sehr gut angepaßten Reservestoff zu bezeichnen. Derselbe ist denn auch in Samen, Rindenparenchym und anderen Reservestoffbehältern sehr verbreitet: Fett wurde
als stickstofffreier Reservestoff bei etwa $^4/_5$ der Phanerogamen gefunden[1]. Bei den Cruciferen erreicht der Fettgehalt 60 vH. (Lepi-
dium), bei den Lineen 40 vH., bei den Compositen 50 vH., bei
den Euphorbiaceen bis 70 vH. (Ricinus) usw.

Bei der Samenkeimung tritt Fettverbrauch ein, wie es z. B. aus
der folgenden Tabelle zu ersehen ist[2]:

	Fett in g
Raphanus sativus	
5 g ungekeimte Samen enthalten	1,750
5 g 2 tägige Keimpflanzen enthalten	1,635
5 g 3 tägige „ „	1,535
5 g 4 tägige „ „	0,790
Papaver somniferum	
20 g ungekeimte Samen enthalten	8,915
20 g 2 tägige Keimpflanzen enthalten . . .	6,815
20 g 4 tägige „ „	3,900

Das Fett kann nur nach stattgefundener Verseifung verbraucht werden. Glycerin wird dabei so schnell weiter verwandelt, daß man es
überhaupt nicht nachweisen kann. Die Fettsäuren bleiben eine Zeitlang in freiem Zustande erhalten, dann werden sie schließlich ebenfalls
verbraucht und zwar in erster Linie verarbeitet die Pflanze ungesättigte
Säuren[3]. Bei Sauerstoffmangel kann man infolge der hierbei eintreten-
den Hemmung der Betriebsvorgänge eine Glycerinbildung wahrnehmen[4].

Analoge Fettumwandlungen sind auch in der Rinde verschiedener
Baumarten im Frühjahr zu verzeichnen[5]; die älteren Angaben über
die Umwandlung von Reservestärke in Fett[6] sind jedoch nicht richtig[7]:
sowohl Stärke als Fett häufen sich in der Rinde allem Anschein nach
gleichzeitig an, doch ist es sehr schwer, Fett in den Rindenparenchym-
zellen mikroskopisch nachzuweisen, bevor eine hinreichende Stärke-
verarbeitung stattgefunden hat.

[1] NÄGELI: Stärkekörner S. 467. 1858.

[2] BOUSSINGAULT: Agronomie, chimie agric. et physiol. Bd. 5, S. 50. 1874.

[3] MUNTZ: Ann. de chim. et de physique (4), Bd. 22, S. 472. 1871. — LE-
CLERC DU SABLON: Cpt. rend. hebdom. des séances de l'acad. des sciences Bd. 117,
S. 524. 1893; Bd. 119, S. 610. 1894. — Ders.: Rev. gén. de botanique Bd. 9,
S. 313. 1897. — GREEN and JACKSON: Proc. of the roy. soc. of London (B)
Bd. 77, S. 69. 1905. — IWANOFF, S. L.: Jahrb. f. wiss. Botanik Bd. 59, S. 375.
1912.

[4] GRAFE, V. u. RICHTER, O.: Sitzungsber. d. Akad. Wien, Mathem.-naturw.
Kl. 1911.

[5] IWANOFF, S. L.: Mitt. d. Bureaus f. spez. Pflanzenzucht Bd. 4, S. 1. 1917.
(Russisch.)

[6] RUSSOW: Sitzungsber. d. naturforsch. Ges. d. Univ. Dorpat S. 402. 1882. —
FISCHER, A.: Jahrb. f. wiss. Botanik Bd. 22, S. 73. 1890.

[7] NIKLEWSKI: Beih. z. botan. Zentralbl. Bd. 19 (I), S. 68. 1905; vgl. auch
VANDEVELDE: Chem. Zentralbl. (I) S. 466. 1898.

Interessante Beobachtungen über Fettbildung in verschiedenen Pflanzen lieferten die Arbeiten von S. L. Iwanoff[1]). Die Verbrennungswärme der vorrätigen Fettarten ist größer bei den nördlichen als bei den südlichen Pflanzen, was namentlich auf den Gehalt an ungesättigten Säuren zurückzuführen ist. Derselbe ist bei Tropenpflanzen geringer als bei Pflanzen der nördlichen Gegenden. Außerdem scheint es, als ob ganz neue Fettsäuren bei der Evolution der Pflanzenwelt erschienen. So fehlt z. B. Linolensäure bei sämtlichen niederen Pflanzen. Schließlich ist der Umstand beachtenswert, daß bei den nahe verwandten Pflanzenarten dieselben Fette erzeugt werden. Diese Regel gilt auch Terpenen, Glucosiden, Alkaloiden und einigen anderen Stoffen. In betreff der Fette gelingt es z. B., die vorrätigen Substanzen der neuen, noch nicht untersuchten Pflanzen vorauszusehen[2]). S. L. Iwanoff nimmt an, daß die Evolution der Pflanzenwelt überhaupt auf eine Veränderung der physiologischen Stoffumwandlungen zurückzuführen sei, und daß die hierbei entstehenden neuen Stoffe den Evolutionsverlauf kennzeichnen. Auf diese Weise erschienen verschiedene Fette, Alkaloide, Indolderivate und viele andere Stoffe nach S. L. Iwanoff[3]) in bestimmten Momenten der Evolution der Pflanzenwelt.

Man kann leicht die Bildung und Anhäufung verschiedener Fette beim Reifen von fetthaltigen Samen und Früchten verfolgen. In Laubblättern scheint die Fettbildung höchst selten vor sich zu gehen, da die vermeintlichen Fetttröpfchen, die von älteren Forschern in Chloroplasten von Vaucheria, Musa und einigen anderen Pflanzen wahrgenommen wurden, auf Grund der neueren Angaben aus ganz anderen Stoffen zusammengesetzt sind (vgl. S. 136 u. 138). In reifenden Olivenfrüchten steigt der Fettgehalt in folgendem Verhältnis[4]):

Ende Juni . . . . 1,40 vH.
„ Juli . . . . 5,49 „
„ August . . . . . . 29,19 „
„ September . . . . 62,30 „
„ Oktober . . . . . 67,21 „
„ November . . . . . 68,57 „

Auch in diesem Falle häufen sich vorerst freie Säuren an[5]); erst nachträglich erfolgt die Synthese von Glyceriden. Aus den quantitativen Bestimmungen der doppelten Bindungen ist ersichtlich, daß zunächst gesättigte Säuren entstehen, die alsdann als Material zur Bildung von ungesättigten Säuren dienen[6]). Bei der Fettanhäufung findet

---

[1]) Iwanoff, S. L.: Bildung und Verwandlung von Fett in Samenpflanzen 1912. (Russisch.) — Ders.: Mitt. d. Bureaus f. spez. Pflanzenzucht Nr. 1, Nr. 7. 1905; Nr. 2, Nr. 3. 1914; Nr. 7. 1915; Nr. 7, Nr. 12. 1916; Nr. 1. 1917. (Russisch.) — Ders.: Beih. z. botan. Zentralbl. Bd. 28 (1), S. 159. 1912. — Ders.: Jahrb. f. wiss. Botanik Bd. 50, S. 375. 1912. — Pigulewski: Journ. d. russ. chem. Ges. Bd. 48, S. 324. 1916. (Russisch.)

[2]) Iwanoff, S. L.: a. a. O.

[3]) Iwanoff, S. L.: a. a. O.

[4]) Rousille: Cpt. rend. hebdom. des séances de l'acad. des sciences Bd. 86, S. 610. 1878; vgl. auch die eingehenden Untersuchungen von Scurti u. Tommasi: Ann. d. staz. agric. sperim. di Roma (2), Bd. 4, S. 253. 1910; Bd. 5, S. 103. 1912; Bd. 6, S. 29. 1913.

[5]) Leclerc du Sablon: Cpt. rend. hebdom. des séances de l'acad. des sciences Bd. 123, S. 1084. 1896.

[6]) Iwanoff, S. L.: Bildung und Verwandlung von Fett in Samenpflanzen 1912. (Russisch.)

immer ein entsprechender Zuckerverbrauch statt[1]). Auch das Wesen des respiratorischen Stoffwechsels deutet darauf hin, daß Fette aus Zucker hervorgehen. Zu der Zeit, wo bei der Samenreifung Fettbildung eintritt, ist $\dfrac{CO_2}{O_2}$, d. h.: das molekulare Verhältnis des abgeschiedenen Kohlendioxyds zum absorbierten Sauerstoff wird bedeutend größer als 1. Dies zeigt, daß außer dem aufgenommenen Sauerstoff auch ein Teil des Zuckersauerstoffs in Form von Kohlendioxyd entweicht[2]). Die Fettbildung aus Zucker ist in der Tat im ganzen ein Reduktionsvorgang: da Kohlenhydrate sauerstoffreicher sind als Fettsäuren, so wird bei der Fettbildung der überschüssige Sauerstoff in Form von Kohlendioxyd abgeschieden. Der entgegengesetzte Vorgang der Fettresorption bei der Samenkeimung ist mit Zuckerbildung verbunden[3]). Derselbe Vorgang ist in der Baumrinde im Frühjahr zu verzeichnen[4]). So enthielt die Rinde in einem einschlägigen Versuche 0,004 vH. Traubenzucker und 3,4 vH. Fett. Nach 3 Tagen ist der Traubenzuckergehalt bei Zimmertemperatur auf 0,58 vH., nach 6 Tagen auf 1,64 vH. gestiegen; inzwischen ist der Fettgehalt auf 2,0 vH. gesunken. Die Größe von $\dfrac{CO_2}{O_2}$ ist beim Fettverbrauch immer bedeutend kleiner als 1, da der beim Gaswechsel aufgenommene Sauerstoffüberschuß zur Zuckersynthese aus Fetten verwertet wird.

Oben wurden die Fettverwandlungen bei den Samenpflanzen besprochen. Bei niederen Pflanzen hat man analoge Vorgänge zu verzeichnen, doch sind auf diesem Gebiete nicht viele experimentelle Untersuchungen ausgeführt worden. Eingehende Versuche über Fettverarbeitung durch niedere Pilze zeigen, daß der ökonomische Koeffizient (vgl. S. 230) in diesem Falle sehr groß ist, was der enormen Verbrennungswärme von Fett durchaus entspricht[5]). Bei den Tuberkelbazillen erreicht der Fettgehalt 40 vH. des Trockengewichtes; auch einige andere Bakterien zeichnen sich durch einen hohen Fettgehalt aus. Die allgemeinen Fettverwandlungen sind bei den Bakterien allem Anschein nach mit den bei Samenpflanzen stattfindenden identisch[6]). Lipase wurde auch in Bakterien gefunden[7]). In Hefezellen erreicht der Fettgehalt unter Umständen ebenfalls einen erheblichen Wert[8]). Es ist

---

[1]) LECLERC DU SABLON: a. a. O.

[2]) GERBER, C.: Cpt. rend. hebdom. des séances de l'acad. des sciences Bd. 135, S. 658 u. 732. 1897.

[3]) LECLERC DU SABLON: Cpt. rend. hebdom. des séances de l'acad. des sciences Bd. 117, S. 524. 1893; Bd. 119, S. 610. 1894. — MAQUENNE, L.: Ebenda Bd. 127, S. 625. 1908.

[4]) IWANOFF, S. L.: Mitt. d. Bureaus f. spez. Pflanzenzucht Bd. 4, Nr. 1. 1917. (Russisch.)

[5]) FLIEG, O.: Jahrb. f. wiss. Botanik Bd. 61, S. 24. 1922.

[6]) KRESSLING: Zentralbl. f. Bakteriol., Parasitenk. u. Infektionskrankh. (1), Bd. 30, S. 897. 1901 u. a.

[7]) SÖHNGEN: Kgl. Akad. Amsterdam Bd. 19, S. 667 u. 1263. 1910 u. a.

[8]) NADSON, G.: Tageb. d. 1. Kongr. d. russ. Botaniker, S. 102. 1921. (Russisch.)

aber im Auge zu behalten, daß bei der alkoholischen Gärung die Hauptmenge von Glycerin, entgegen den Angaben von einigen älteren Forschern, nicht aus Fett, sondern aus Zucker hervorgeht (vgl. Kap. IX)[1].

Bei höheren Pilzen, Algen und Flechten ist Fett als Reservestoff ebenfalls sehr verbreitet. Das interessante Problem der Fettverwandlungen bei höheren Pilzen und Algen ist leider fast gar nicht aufgehellt worden. In Pilzen wurde die Anwesenheit der Lipase außer Zweifel gestellt[2]. Was die Pteridophyten anbelangt, so sind unsere Kenntnisse über den Fettumsatz in diesen Pflanzen ganz unzureichend.

Der genetische Zusammenhang zwischen Fett und Zucker kann also auf Grund von zahlreichen experimentellen Ergebnissen als festgestellt gelten. Sowohl die Fettverwandlung in Zucker, als der umgekehrte Vorgang der Fettbildung aus Zucker geht in Pflanzenzellen in weitem Umfange glatt vor sich. Diese Vorgänge sind aber weder künstlich ausführbar, noch chemisch durchsichtig. Es ist dies eine große Lücke der Pflanzenchemie, deren Ausfüllung sich als dringend notwendig erweist.

Das Problem der Zuckerverwandlung in Fett zerfällt in zwei gesonderte Fragen: das Problem der Glycerinbildung und das Problem der Fettsäurenbildung. Die Glycerinbildung aus Zucker ist vom chemischen Standpunkte aus ziemlich begreiflich. Eine Spaltung des Hexosemoleküls in zwei Moleküle von einem „Dreikohlenstoffkörper" bei der alkoholischen Gärung berücksichtigen fast alle modernen Gärungstheorien. Auch die Erklärungen der Glykolyse in tierischen Geweben gründen sich auf dieselbe Annahme. Durch direkte Reduktion bzw. durch die Umlagerung nach Cannizzaro kann der in Frage kommende Dreikohlenstoffkörper, z. B. Glycerinaldehyd, Glycerin liefern. Die Untersuchungen über die Zuckerbildung aus Glycerin durch Schimmelpilze zeigen, daß bei diesem Vorgange ein Körper mit den Eigenschaften des Glycerinaldehyds zu entstehen scheint[3].

Nicht so einfach ist das Problem der Säurenbildung aus Zucker. Hier müssen sowohl reduzierende als synthetische Vorgänge gleichzeitig zustandekommen. E. Fischer nimmt an, daß Fettsäuren mit 18 Kohlenstoffatomen durch Verkettung von drei Glucosemolekülen nebst nachfolgender Reduktion entstehen[4]. Die Bildung von anderen Fettsäuren wird durch diese Theorie nicht erklärt. Wahrschein-

---

[1] Lindner, P.: Zeitschr. f. angew. Chem. Bd. 35, S. 110. 1922 nimmt an, daß Hefe das Glycerin aus Alkohol über die Zwischenstufe von Acetaldehyd erzeuge. Dieser Anschauung widersprechen jedoch verschiedene experimentelle Ergebnisse, welche zeigen, daß Hefearten ebenso wie andere Pflanzen ihre Reservefette aus Zucker aufbauen. Vgl. dazu Smedley Maclean, Ida: Biochem. journ. Bd. 16, S. 370. 1922.

[2] Camus: Bull. de la soc. de biol. S. 192 u. 230. 1897. — Garnier: Ebenda Bd. 55, S. 1490. 1903. — Gérard: Cpt. rend. hebdom. des séances de l'acad. des séances Bd. 124, S. 370. 1897.

[3] Kostytschew, S.: Zeitschr. f. physiol. Chem. Bd. 111, S. 236. 1920.

[4] Fischer, E.: Untersuchungen über Kohlenhydrate und Fermente 1909.

licher ist daher die andere Theorie[1]), laut welcher die Fettsäurensynthese aus Zucker über die Zwischenstufe von Acetaldehyd stattfindet. Diese Theorie stützt sich gegenwärtig darauf, daß Acetaldehyd tatsächlich als ein intermediäres Produkt der alkoholischen Gärung erkannt wurde[2]). Wir können daher annehmen, daß eine Acetaldehydbildung aus Zucker in jeder Zelle vor sich geht, die Gärungsfermente enthält; letztere sind aber allgemein verbreitet (vgl. dazu Kap. VIII). Außerdem wurde neuerdings das Ferment Carboligase entdeckt, welches Aldehydmoleküle namentlich auf die Weise verkettet, wie sie für die Bildung von Fettsäuren notwendig ist[3]). Neuerdings hat man bei der Fettbildung in der Tat das Auftreten von Acetaldehyd wahrgenommen. Die Theorie ist also gegenwärtig ziemlich gut begründet.

Die Synthese der Fettsäuren findet nach v. EULER auf folgende Weise statt: zwei Moleküle von Acetaldehyd vereinigen sich zunächst zu Aldol:

$$CH_3.CHO + CH_3.CHO = CH_3.CHOH.CH_2.CHO + H_2O.$$

Aldol verwandelt sich alsdann durch Wasserabspaltung in Crotonaldehyd:

$$CH_3.CHOH.CH_2.CHO = CH_3.CH:CH.CHO + H_2O.$$

Durch Wiederholung der Acetaldehydanlagerung nebst nachfolgender Wasserabspaltung entsteht Sorbinaldehyd; die demselben entsprechende Sorbinsäure wurde in Pflanzen gefunden (S. 406). Durch Verkettung von drei Molekülen des Sorbinaldehyds entsteht ein ungesättigter Aldehyd, der leicht in Stearin-, Öl-, Linöl- und Linolensäure übergehen kann:

$$3\,CH_3.CH:CH.CH:CH.CHO = CH_3.CH:CH.CH:CH.CH:$$
$$:CH.CH:CH.CH:CH.CH:CH.CH:CH.CH:CH.CHO + 3\,H_2O.$$

Die Umstellung der doppelten Bindungen kann hierbei keine erheblichen Schwierigkeiten bereiten.

Die neuesten experimentellen Untersuchungen über den Pilz Endomyces vernalis[4]), der große Fettmengen erzeugt, haben dargetan, daß Zuckerkulturen von Endomyces Fettsäuren auf Kosten von Brenztraubensäure, Acetaldehyd und Aldol aufbauen können. Auf einer mit alkalischem Phosphat neutral gemachten Brenztraubensäurelösung erscheint Fett bereits nach 24 Stunden. Diese Ergebnisse bilden wohl eine wichtige Stütze der Theorie von EULER.

Der entgegengesetzte Vorgang der Zuckerbildung aus Fett ist zur Zeit noch nicht recht begreilich. Derselbe ist zwar im Grunde genom-

[1]) RAPER, H. S.: Proc. of the chem. soc. Bd. 23, S. 235. 1907. — Ders.: Journ. of physiol. Bd. 32, S. 216. 1906. — v. EULER, H.: Pflanzenchemie Bd. 3, S. 212. 1909. — FRANZEN, H.: Zeitschr. f. physiol. Chem. Bd. 112, S. 301. 1921. — HAEHN, H.: Zeitschr. f. techn. Biol. Bd. 9, S. 217. 1921.

[2]) KOSTYTSCHEW, S.: Zeitschr. f. physiol. Chem. Bd. 79, S. 130. 1912; Bd. 83, S. 93. 1913. — KOSTYTSCHEW, S. u. SCHELOUMOW, A.: Ebenda Bd. 85, S. 493. 1913. — KOSTYTSCHEW, S. u. BRILLIANT, W.: Ebenda Bd. 85, S. 507. 1913. — KOSTYTSCHEW, S.: Biochem. Zeitschr. Bd. 64, S. 237. 1914 u. a.; vgl. S. 517.

[3]) NEUBERG, C. u. Mitarb.: Biochem. Zeitschr. Bd. 115, S. 282. 1921; Bd. 121, S. 311. 1921; Bd. 127, S. 327. 1922; Bd. 128, S. 610. 1922.

[4]) HAEHN, H. u. KINNTOF, W.: Ber. d. Dtsch. Chem. Ges. Bd. 56, S. 439. 1923.

men ein Oxydationsprozeß, doch verläuft eine direkte Fettoxydation in vitro ganz anders. Hierbei verwandeln sich ungesättigte Säuren zunächst in Oxysäuren, dann zerreißt die Kohlenstoffkette an den Hydroxylgruppen. Weiterhin werden Carboxylgruppen in Form von CO_2 abgespalten, die endständigen Kohlenstoffatome zu den Carboxylgruppen oxydiert, CO_2 wieder abgespalten usw. Die biologische Oxydation der Fettsäuren kommt selbstverständlich auf eine ganz andere Weise zustande. Zur Lösung dieses verwickelten Problems muß man zunächst die einfacheren Fälle der Säurenbildung aus Zucker bei Schimmelpilzen und anderen Mikroorganismen zu erforschen suchen.

Analytische Methoden. Zuverlässige qualitative Proben auf Fett sind nicht bekannt. In der mikroskopischen Technik verwendet man die Färbung der Fetttröpfchen mit Alkannatinktur, Sudan oder Chinolinblau, doch sind alle diese Proben nicht sicher. Glycerin wird nach folgenden Proben erkannt:

I. Acroleinprobe[1]). Man erhitzt die Substanz mit der doppelten Menge von $KHSO_4$; hierbei verwandelt sich Glycerin unter Wasserabspaltung in Acrolein:

$$CH_2OH . CHOH . CH_2OH = CH_2 : CH . CHO + 2H_2O.$$

Acrolein wird in einem gekühlten Rezipienten aufgefangen und nach dem stechenden Geruch und den Aldehydreaktionen identifiziert. Diese Probe ist nicht ganz zuverlässig: sie ergibt nicht nur mit Glycerin, sondern auch mit verschiedenen anderen Stoffen positives Resultat. Empfehlenswerter ist daher die folgende Probe:

2. Oxydation zu Glycerinaldehyd[2]): NaOCl oxydiert Glycerin zu Glycerinaldehyd und teilweise zu Dioxyaceton. Glycerinaldehyd liefert eine charakteristische grüne Färbung mit Orcin und Salzsäure (zuerst muß man den Überschuß von NaOCl zerstören). Mit Phenylhydrazin erhält man ein Osazon; Schmelzpunkt 132°, Zersetzungspunkt 170°, unter Gasbildung.

Die quantitative Glycerinbestimmung wird am besten durch Ermittelung der Zahl der Methoxylgruppen CH_3O ausgeführt[3]). Bei Bearbeitung mit Jodwasserstoff verwandelt sich Glycerin in Isopropyljodid:

$$CH_2OH . CHOH . CH_2OH + 5HJ = CH_3 . CHJ . CH_3 + 3H_2O + 2J_2.$$

Man vertreibt das gebildete Produkt durch CO_2-Strom in eine Lösung von $AgNO_3$; nach der Menge des abgeschiedenen Jodsilbers berechnet man die Menge der Methoxylgruppen.

Die Bestimmung der Fettsäuren gründet sich auf deren Isolierung und Trennung. Die Bleisalze der Säuren der Ölsäurereihe sind löslich in Äther. Die Isolierung der einzelnen Glyceride ist mit enormen Schwierigkeiten verbunden und wird gewöhnlich nicht ausgeführt. Folgende Konstanten sind für die Charakterisierung der einzelnen Fettarten vollkommen ausreichend.

I. Die Verseifungszahl oder die KOH-Menge in mg, die gerade zur Verseifung von 1 g Fett ausreicht[4]).

2. Die Jodzahl oder die aufgenommene Jodmenge in Prozenten der Fettmenge[5]). Diese Konstante ergibt die Anzahl der doppelten Bindungen, da Jod bzw. Brom nach dem Orte der doppelten Bindungen angelagert wird. Man setzt der Lösung von Fett in Chloroform eine geeichte sublimathaltige, alkoholische Jodlösung hinzu. Nach dauerndem Stehenlassen titriert man den Jodüberschuß mit Thiosulfat.

[1]) GRÜNHUT: Zeitschr. f. analyt. Chem. Bd. 38, S. 37. 1898. — GANASSINI: Biochem. Zentralbl. Bd. 14, S. 772. 1912.

[2]) MANDEL, J. A. u. NEUBERG, C.: Biochem. Zeitschr. Bd. 71, S. 214. 1915.

[3]) ZEISEL u. FANTO: Monatsh. f. Chem. Bd. 6, S. 989. 1885. — STRITAR: Zeitschr. f. analyt. Chem. Bd. 42, S. 579.

[4]) KÖTTSTORFER: Zeitschr. f. analyt. Chem. Bd. 18, S. 199. 1879.

[5]) WALTER: Chem. Zeit. S. 1786 u. 1831. 1895.

3. Der Prozentgehalt an freien Säuren wird durch direkte Titration ermittelt.

4. Reichert-Meissls Zahl oder die Anzahl Kubikzentimeter 0,1 u. NaOH, welche die flüchtigen von 5 g Fett abdestillierten Fettsäuren neutralisieren.

Außerdem bestimmt man oft den Prozentgehalt an ätherlöslichen unverseifbaren Stoffen[1]) und an unlöslichen Fettsäuren.

Alle Fettbestimmungen werden mit dem Ätherauszug aus dem zu untersuchenden Material ausgeführt. In der letzten Zeit wird eine Extraktion mit Petroläther vorgezogen, da hierbei eine geringere Menge der Begleitstoffe ausgezogen wird und man den Petrolätherauszug durch Ausschütteln mit Wasser noch bedeutend reinigen kann.

Lecithine und Phosphatide. Als Lecithine bezeichnet man N- und P-haltige Fette von folgender Struktur: nur zwei Hydroxylgruppen des Glycerins sind in Lecithinen durch Fettsäuren ersetzt; die dritte Hydroxylgruppe ist mit Orthophosphorsäure esterartig verbunden; letztere ist aber ihrerseits mit dem Cholinrest ebenfalls esterartig verkettet. Die allgemeine Lecithinformel ist also die folgende[2]):

$$\begin{array}{llll} CH_2\text{------}CH\text{------}CH_2-O-PO-O-CH_2-CH_2-NOH \\ \quad|\qquad\quad|\qquad\qquad\qquad\quad| \qquad\qquad\qquad\qquad /|\diagdown \\ O.CO.R'\ \ O.CO.R''\qquad\qquad OH\qquad\qquad\quad CH_3\ CH_3\ CH_3 \end{array}$$

wo $R'.COO$ und $R''.COO$ verschiedene Fettsäurenreste darstellen[3]).

Cholin:

$$\begin{array}{l} CH_3\diagdown \\ CH_3-\!\!\!>\!NOH-CH_2-CH_2OH \\ CH_3\diagup \end{array}$$

kann man von den Lecithinen leicht abspalten. Die Struktur dieser Substanz ist durch die Synthese aus Trimethylamin und Äthylenoxyd[4]) sichergestellt:

$$(CH_2)_2O + N(CH_3)_3 + H_2O = (CH_3)_3.N\!\!<_{CH_2.CH_2OH}^{OH}$$

Cholin ist ein Alkohol und zugleich eine starke Base; es löst sich leicht in Wasser und Alkohol, schwer in Äther. Zersetzt sich beim Kochen in wässeriger Lösung.

Spaltet man vom Lecithinmolekül nicht nur Cholin, sondern auch Fettsäuren ab, so bleibt die optisch-aktive Glycerinphosphorsäure[5]):

$$CH_2OH.CHOH.CH_2.O.PO(OH)_2.$$

Die Phosphorsäure ist also mit einer primären Alkoholgruppe des Glycerins verbunden: die Verkettung der Phosphorsäure mit der sekundären Gruppe würde eine optisch-inaktive Säure ergeben:

$$CH_2OH.CH(O.PO_3H_2).CH_2OH.$$

[1]) Hönig, M. u. Spitz: Zeitschr. f. analyt. Chem. Bd. 31, S. 477. 1892.

[2]) Diakonow: Med.-chem. Untersuchungen, S. 221. 1867 u. S. 405. 1868. — Strecker: Liebigs Ann. d. Chem. Bd. 148, S. 77. 1868.

[3]) Schulze, E. u. Likiernik: Zeitschr. f. physiol. Chem. Bd. 15, S. 413. 1891.

[4]) Wurtz: Ann. de chim. et de pharmacie. Bd. 6, S. 116 u. 197. 1868.

[5]) Ulpiani: Gazz. chim. ital. Bd. 31 (II), S. 47. 1901. — Willstätter, R. u. Lüdecke: Ber. d. Dtsch. Chem. Ges. Bd. 37, S. 3753. 1904.

Auf diese Weise ist die Strukturformel der Lecithine zwar nicht einwandfrei festgestellt, doch in ihren Grundzügen klargelegt. Die Glycerinphosphorsäure stellt eine sirupartige Substanz dar, die krystallinische beständige Calcium- und Bariumsalze liefert.

Die Verschiedenartigkeit der einzelnen Lecithine ist in erster Linie auf die Verschiedenartigkeit der Säurenreste R' und R'' zurückzuführen. Man hat in Pflanzen Lecithine gefunden, die dem Lecithin des Eidotters allem Anschein nach sehr nahe stehen[1]; auch wurde Cholin in freiem Zustande aus Pflanzen isoliert[2]. Die Lipase ist nur imstande, vom Lecithinmolekül ebenso wie von Molekülen der einfachen Fette Fettsäuren abzuspalten; nur ein spezifisches Ferment, die sogenannte Glycerophosphatase zersetzt Glycerinphosphorsäure in Glycerin und Phosphorsäure[3].

Von den einfachen Lecithinen sind die komplizierten Phosphatide zu unterscheiden: letztere enthalten oft Kohlenhydratgruppen und andere organische Komplexe[4]; in einigen Phosphatiden scheint Cholin durch eine anorganische Base ersetzt zu sein[5]. Im tierischen Organismus sind oft Phosphatide von höchst komplizierter Zusammensetzung und enormem Molekulargewicht enthalten[6]; die Phosphatide der Pflanzen sind aber noch sehr ungenügend untersucht worden. Es ist nicht einmal festgestellt, ob alle Phosphatide Cholin enthalten. E. SCHULZE[7] nimmt an, daß Cholin in einigen Pflanzen durch Betain oder Trigonellin ersetzt ist. In einem Phosphatid wurde Calcium in einem Gehalt von 6,7 vH. gefunden[8] und es liegt die Annahme nahe, daß in diesem Falle die organische Base durch Calcium ersetzt ist. Andere Forscher glauben dagegen schließen zu dürfen, daß Phosphatide ohne

---

[1]) SCHULZE, E. u. FRANKFURT, Landwirtschaftl. Versuchs-Stationen Bd. 43, S. 307. 1894. — SCHULZE, E. u. MERLIS: Ebenda Bd. 48, S. 203. 1897. — SCHULZE, E.: Ebenda Bd. 67, S. 57. 1907. — Ders.: Zeitschr. f. physiol. Chem. Bd. 55, S. 338. 1908.

[2]) SCHULZE. E.; Zeitschr. für physiol. Chemie. Bd. 12, S. 414. 1888; Bd. 15, S. 140. 1891; Bd. 17, S. 140 u. 193. 1892. — SCHULZE, E. u. TRIER: Ebenda Bd. 81, S. 53. 1913. — WINTERSTEIN: Ebenda Bd. 95, S. 310. 1915. — YOSHIMURA: Ebenda Bd. 88, S. 334. 1913 u. a.

[3]) IWANOFF. S. L.: Mitt. d. Bureaus f. spez. Pflanzenzucht 4, Nr. 1. 1917. — NEMEC, A.: Biochem. Zeitschr. Bd. 93, S. 94. 1918; Bd. 138, S. 198. 1923.

[4]) SCHULZE, E.: Zeitschr. f. physiol. Chem. Bd. 52, S. 54. 1907; Bd. 55, S. 338. 1908. — WINTERSTEIN, E. u. HIESTAND: Ebenda Bd. 47, S. 496. 1906; Bd. 54, S. 288. 1908. — HIESTAND: Diss. Zürich 1906. — WINTERSTEIN, E. u. SMOLENSKI, K.: Zeitschr. f. physiol. Chem. Bd. 58, S. 506. 1909. — SMOLENSKI, K.: Ebenda Bd. 58, S. 522. 1909. — LÜERS: Zeitschr. f. d. ges. Brauw. Bd. 38, S. 97. 1905 u. a. — TRIER: Über einfache Basen 1912 hält die Kohlenhydratgruppe für eine zufällige Beimischung.

[5]) BUROW: Biochem. Zeitschr. Bd. 25, S. 165. 1910. — GLIKIN: Ebenda Bd. 21, S. 348. 1909. — STERN u. THIERFELDER: Zeitschr. f. physiol. Chem. Bd. 53, S. 371. 1907.

[6]) Vgl. dazu TUDICHUM: Chemische Konstitution des Gehirns 1901.

[7]) SCHULZE, E.: Landwirtschaftl. Versuchs-Stationen Bd. 73, S. 89. 1910. — Ders. u. PFENNINGER, Zeitschr. f. physiol. Chem. Bd. 71, S. 74. 1911.

[8]) WINTERSTEIN, E. u. STEGMANN: Zeitschr. f. physiol. Chem. Bd. 58, S. 500 u. 527. 1909.

Cholin nicht existieren[1]). Derartige Widersprüche können nur durch die Verbesserung der präparativen Technik der Isolierung von Phosphatiden beseitigt werden.

Lecithine und Phosphatide sind in der Pflanzenwelt allgemein verbreitet. Auch in chlorophyllfreien Pflanzen wurden sie gefunden. Viele Verfasser neigen sich zur Annahme, daß Lecithine ebenso wie Eiweißstoffe das kolloide Substrat des Plasmagerüstes bilden und also in keiner lebenden Zelle fehlen dürften. In gleicher Weise wie Eiweißstoffe stellen Lecithine amphotere Elektrolyte dar.

Phosphatide findet man zum Unterschied von den Fetten nur in geringen Mengen in Reservestoffbehältern. In Samen hat man nur äußerst geringe Lecithinmengen gefunden[2]), dagegen sind in jungen wachsenden, plasmareichen Geweben, wie z. B. in Knospen, Pollen usw., große Phosphatidmengen enthalten[3]). Bei Samenkeimung werden die vorrätigen Phosphatide gespalten[4]) und der Stickstoff bzw. der Phosphor dieser Stoffe wandert in die wachsenden Pflanzenteile hinüber, wo neue Organe aufgebaut werden und eine Regeneration der Phosphatide erfolgt. Einige Verfasser haben die Ansicht ausgesprochen, daß die primäre Synthese der Phosphatide in Laubblättern am Lichte stattfindet[5]). Diese Annahme ist allerdings nur in betreff von Cholin zulässig, da sowohl Fettsäuren als Glycerin selbstverständlich aus Zucker hervorgehen, wie es bei der Besprechung der Fettsynthese dargelegt worden ist. Auch Cholin könnte durch die Reduktion von Betain erzeugt werden:

$$\begin{array}{l}CH_3 \\ CH_3 \\ CH_3\end{array}\!\!\!\!>\!\!N\!\!-\!\!CH_2\!\!-\!\!CO + 4\,H \longrightarrow \begin{array}{l}CH_3 \\ CH_3 \\ CH_3\end{array}\!\!\!\!>\!\!NOH\!\!-\!\!CH_2\!\!-\!\!CH_2OH.$$

Betain entsteht aber zweifellos aus Glycocoll (S. 383):

$$NH_2.CH_2.COOH + 3\,CH_3OH = \begin{array}{l}CH_3 \\ CH_3 \\ CH_3\end{array}\!\!\!\!>\!\!N\!\!-\!\!CH_2\!\!-\!\!CO + 3\,H_2O.$$

Man könnte also annehmen, daß Phosphatide zum Teil aus Kohlenhydraten, zum Teil aber aus Eiweißspaltungsprodukten synthesiert werden. Doch widerspricht TRIER[6]) der Annahme, daß Betain die Muttersubstanz von Cholin darstellt und glaubt vielmehr schließen zu

---

[1]) TRIER: a. a. O.

[2]) SCHULZE, E. u. STEIGER: Zeitschr. f. physiol. Chem. Bd. 13, S. 365. 1889. — SCHULZE, E. u. FRANKFURT: Landwirtschaftl. Versuchs-Stationen Bd. 43, S. 307. 1899. — SCHULZE, E.: Ebenda Bd. 49, S. 203. 1899; Bd. 73, S. 89. 1910.

[3]) STOKLASA, J.: Sitzungsber. d. Akad. Wien Bd. 104, S. 617. 1896.

[4]) SCHULZE, E. u. STEIGER: a. a. O. — SCHULZE, E.: Zeitschr. f. physiol. Chem. Bd. 17, S. 207. 1892; Bd. 40, S. 116. 1903. — PRIANISCHNIKOW: Über Eiweißabbau bei der Samenkeimung 1895. (Russisch.) — ZALESKI, W.: Umwandlung und Rolle der Phosphorverbindungen in den Pflanzen 1912. (Russisch.)

[5]) STOKLASA, J.: Zeitschr. f. physiol. Chem. Bd. 25, S. 398. 1898. — Ders.: Ber. d. Dtsch. Chem. Ges. Bd. 29, S. 2761. 1896.

[6]) TRIER: Über einfache Basen 1912.

dürfen, daß sowohl Glycocoll als Cholin bei der Photosynthese gleichzeitig entstehen (S. 370).

Die physiologische Rolle der Phosphatide ist noch nicht klargelegt, obwohl viele Hypothesen darüber existieren. Einige Forscher nehmen an, daß die Plasmahaut zum großen Teil aus Phosphatiden besteht. Außerdem besitzen die Phosphatide die merkwürdige Eigenschaft, verschiedene wenig lösliche Stoffe in die Lösung zu bringen[1]). Auch hat man auf die wahrscheinliche Bedeutung der Phosphatide bei den Oxydationsvorgängen[2]) und bei der Photosynthese[3]) hingewiesen. Schließlich ist die Annahme nicht ausgeschlossen, daß namentlich Phosphatide diejenigen Molekülkomplexe zusammenfügen, die dem lebenden Plasma eigentümlich sind. Oben wurde bereits darauf aufmerksam gemacht, daß die Plasmaeiweiße nicht im freien Zustande verbleiben, sondern mit anderen molekularen Komplexen vereinigt sind; auf diese Weise wäre das gesamte Plasma der lebenden Zelle eine Art von einem enormen chemischen Molekül, da sämtliche Bestandteile des lebenden Plasmas miteinander verbunden zu sein scheinen. Nun könnten Phosphatide bei derartigen Vorgängen der Bildung von komplexen Molekülen eine wichtige Rolle spielen, da sie in hohem Grade reaktionsfähig sind.

Zum Schluß ist der Umstand zu betonen, daß Lecithine in Samenpflanzen als synthetische Produkte entstehen. Die Samenpflanzen sind nämlich nicht imstande[4]), Lecithin aus seinen wässerigen Lösungen durch Wurzeln aufzunehmen.

Analytische Methoden. Phosphatide sind ebenso wie Fette in verschiedenen organischen Solventien löslich, am wenigsten in Aceton. Darauf gründet sich die Darstellung der Phosphatide aus dem Pflanzenmaterial. Man extrahiert das fein zerkleinerte und getrocknete Material mit Aceton zur Beseitigung von Fetten und Phytosterinen, dann zieht man den Rückstand mit Äther aus. Man scheidet Phosphatide aus dem Ätherextrakt mit Aceton ab, löst den Niederschlag wiederum in Äther und fällt die Phosphatide mit Wasser, dem man eine kleine Menge von Schwefelsäure, Natriumsulfat oder Natriumchlorid hinzusetzt[5]). Die Methoden der Trennung von verschiedenen Phosphatiden sind noch nicht ausgearbeitet worden. Zur quantitativen Bestimmung der Phosphatide dient die Phosphorermittelung im Äther- oder Alkoholauszug. Bei quantitativen Bestimmungen ist eine vorläufige Bearbeitung des Materials mit Aceton nicht möglich, da ein Teil der Phosphatide in Aceton übergeht. Dieselbe ist aber in diesem Falle auch nicht notwendig, da weder anorganische Phosphate, noch Nucleinsäuren in Alkohol oder Äther löslich sind. Das Material extrahiert man

---

[1]) WINTERSTEIN, E. u. STEGMANN: a. a. O. — MICHAELIS u. RONA: Biochem. Zeitschr. Bd. 2, S. 219. 1906; Bd. 3, S. 109. 1906; Bd. 4, S. 11. 1907. — REISS: Hofmeisters Beitr. z. chem. Physiol. u. Pathol. Bd. 7, S. 151. 1905 u. a.

[2]) PALLADIN, W.: Ber. d. botan. Ges. Bd. 28, S. 120. 1910. — Ders. u. STANEWITSCH: Biochem. Zeitschr. Bd. 26, S. 351. 1910. — KORSAKOW, M.: Ebenda Bd. 28, S. 121. 1910.

[3]) OSTWALD, Wo.: Kolloid-Zeitschr. Bd. 33, S. 356. 1923.

[4]) SCHULOW, I.: Untersuchungen auf dem Gebiete der Ernährungsphysiologie der höheren Pflanzen S. 157. 1913. (Russisch.)

[5]) SCHULZE, E.: Zeitschr. f. physiol. Chem. Bd. 55, S. 338. 1906. — Ders.: Landwirtschaftl. Versuchs-Stationen Bd. 73, S. 89. 1910. — ZALESKI, W.: Umwandlung und Rolle der Phosphorverbindungen in den Pflanzen 1912. (Russ.)

im Soxhletschen Apparate zuerst 5—6 Stunden mit wasserfreiem Äther, dann 2—3 Stunden mit absolutem Alkohol. Man entfernt die Lösungsmittel durch Destillation und bestimmt im Rückstande den Phosphor nach Neumann.

Phytosterine. Mit Äther und siedendem Alkohol werden aus dem Pflanzenmaterial zugleich mit Fetten und Phosphatiden Stoffe extrahiert, die nach ihren physikalischen Eigenschaften den Phosphatiden nahe stehen, in chemischer Hinsicht aber mit denselben nichts zu tun haben. Es sind dies die sogenannten Phytosterine, die dem Cholesterin der Leber nahe stehen. Die Phytosterine sind meistens hochmolekulare zyklische Alkohole, die weder Stickstoff, noch Phosphor enthalten. Die Konstitution der Phytosterine ist noch nicht klar gelegt[1]. Das Sitosterin aus Weizen- und Roggenkeimlingen hat wahrscheinlich die Zusammensetzung $C_{27}H_{45}OH$, und das Rübenphytosterin ist ein Alkohol von der empirischen Formel $C_{28}H_{45}OH$. Im Cholesterin ist nur eine doppelte Bindung vorhanden[2]. Obgleich Phytosterine in chemischer Hinsicht von den Phosphatiden durchaus verschieden sind, scheinen sie denselben in physiologischer Hinsicht nahe zu stehen. Beide Stoffgruppen vereinigt man unter dem Begriff „Lipoide“. Die Phytosterinmenge steigt bedeutend bei der Samenkeimung im Dunkeln[3]. Dagegen ist der Phytosteringehalt in grünen Keimpflanzen sehr gering. Doch sind Phytosterine, ebenso wie Phosphatide in kleinen Mengen allgemein verbreitet. Sie wurden auch in Bakterien und Pilzen gefunden.

Analytische Methoden. Zur präparativen Darstellung der Phytosterine extrahiert man das Pflanzenmaterial am besten mit Äther und verseift den Extrakt mit alkoholischer Kalilauge, um Fette und Phosphatide zu zerstören. Alsdann extrahiert man die Phytosterine wiederum mit Äther und führt sie in kochenden Alkohol über. Nach dem Erkalten scheiden sich die Phytosterine in krystallinischer Form aus[4]. Phytosterine liefern verschiedene scharfe farbige Proben, unter denen folgende zu erwähnen sind.

1. Beim Schütteln einer Lösung von Phytosterin in Chloroform mit dem gleichen Volumen konzentrierter Schwefelsäure entsteht eine blutrote Färbung[5].

2. Setzt man einer Lösung von Phytosterin in Essiganhydrid tropfenweise Schwefelsäure hinzu, so entsteht eine violette Färbung, die nach einiger Zeit in eine grüne Färbung übergeht[6].

3. Eine essigsaure Lösung liefert nach dem Erhitzen mit Acetylchlorid und Chlorzink eine rote Färbung mit orangegelber Fluoreszenz[7].

Wachs ist ein Gemenge von verschiedenen Fetten, Säuren, Phytosterinen, Kohlenwasserstoffen und anderen Substanzen und kann also nur als ein Sam-

---

[1] Die neuesten Angaben über die Konstitution der Sterine findet man bei: Windaus: Ber. d. Dtsch. Chem. Ges. Bd. 52, S. 162. 1918. — Ders.: Nachr. v. d. Kgl. Ges. d. Wiss., Göttingen, Math.-physik. Kl. S. 237. 1919. — Ders. u. Rahlen: Zeitschr. f. physiol. Chem. Bd. 101, S. 223. 1918.

[2] Tschugajew, L. u. Kock: Liebigs Ann. d. Chem. Bd. 385, S. 352. 1911.

[3] Schulze, E. u. Barbieri: Journ. f. prakt. Chem. Bd. 25, S. 159. 1882.

[4] Schulze, E. u. Barbieri: a. a. O. — Ritter, E.: Zeitschr. f. physiol. Chem. Bd. 34, S. 430. 1902.

[5] Salkowski, E.: Pflügers Arch. f. d. ges. Physiol. Bd. 6, S. 207. 1872. — Hesse, O.: Liebigs Ann. d. Chem. Bd. 211, S. 273. 1878.

[6] Liebermann, C.: Ber. d. Dtsch. Chem. Ges. Bd. 18, S. 1803. 1885.

[7] Tschugajew, L.: Zeitschr. f. angew. Chem. S. 617. 1900.

melbegriff gelten. Der Schmelzpunkt von pflanzlichen Wachsarten. liegt höher als derjenige der übrigen Lipoide. Auch die physiologische Rolle der Wachsarten hat mit derjenigen von Phosphatiden und Phytosterinen nichts zu tun. Wachs bildet sich gewöhnlich auf der Oberfläche der Hautgewebe, und die Wachsbildung hat vielleicht mit der Bildung von cuticularen Stoffen und Kork Ähnlichkeit. Überhaupt sind die chemischen Umwandlungen der inkrustierenden Stoffe noch sehr lückenhaft untersucht worden.

Organische Carbonsäuren. In Fetten und Phosphatiden sind Carbonsäuren zum größten Teil mit Alkoholen verestert. Doch sind außerdem in Pflanzen .verschiedene Säuren sowohl in freiem Zustande, als in Form von Salzen sehr verbreitet. Sie sind zwar keine unentbehrlichen Bestandteile des lebenden Plasmas, spielen dennoch oft eine wichtige physiologische Rolle.

Unter den flüchtigen Säuren sind in biochemischer Hinsicht Ameisensäure, Essigsäure und Buttersäure beachtenswert.

Ameisensäure $HCOOH$. Eine bewegliche Flüssigkeit von stechendem Geruch. Schmelzpunkt $+9°$; Siedepunkt $101°$. Zeichnet sich durch ihre Aldehydeigenschaften aus: sie reduziert Silbersalze und liefert rote Färbung mit fuchsinschwefliger Säure. Zersetzt sich bei der Oxydation. Das Bleisalz ist schwer löslich in Wasser. Einige Forscher betrachten die Ameisensäure als ein intermediäres Produkt der Photosynthese, welches als Übergangsstufe von Kohlensäure zu Formaldehyd dient, (Vgl. Kap. II.)

Essigsäure $CH_3.COOH$. Schmelzpunkt $16,5°$, Siedepunkt $118°$. Wird schwer oxydiert. Das Silbersalz ist in Wasser wenig löslich. Essigsäure wurde in verschiedenen Früchten und Pflanzensäften gefunden, spielt aber eine besonders wichtige Rolle als das Hauptprodukt der Essigsäuregärung (Kap. VIII).

Buttersäure $CH_3.CH_2.CH_2.COOH$. Siedepunkt $162°$. Wurde ebenfalls in einigen Pflanzen aufgefunden, ist aber als Hauptprodukt der Buttersäuregärung besonders beachtenswert (Kap. VIII). Bei starker Oxydation verwandelt sich in Essigsäure. Das gelbliche Silbersalz ist in Wasser schwer löslich.

Glykolsäure $CH_2OH.COOH$. Findet sich in verschiedenen zuckerreichen Pflanzen. Schmelzpunkt $78—80°$. Bildet ein schwer lösliches Kupfersalz.

Glyoxylsäure $CHO.COOH$ wurde in verschiedenen Pflanzen entdeckt. Besitzt Aldehydeigenschaften. Phenylhydrazon, Zersetzungspunkt $137°$. Die freie Säure ist sirupartig, liefert aber ein sehr charakteristisches basisches Calciumsalz $(C_4H_5O_8)_2Ca_3$[1]).

dl-Milchsäure $CH_3.CHOH.COOH$. Sirup. Siedepunkt $119°$ bei 14 mm. Löslich in Wasser, Alkohol und Äther. Charakteristisch ist das schwerlösliche Zinksalz $(CH_3.CHOH.COO)_2Zn+3H_2O$. Die drei Moleküle Krystallisationswasser unterscheiden das Zinksalz der dl-Gärungsmilchsäure von demjenigen der d-Milchsäure, welches mit zwei Molekülen Wasser auskrystallisiert. Die Milchsäure wurde in vielen Pflanzen gefunden. In Brombeerenblättern sind ziemlich bedeutende Mengen von

---

[1]) Böttinger: Liebigs Ann. d. Chem. Bd. 198, S. 206. 1879.

Milchsäure enthalten[1]). Besonders beachtenswert ist aber Milchsäure als Hauptprodukt der Milchsäuregärung.

Brenztraubensäure $CH_3.CO.COOH$. Sirup. Siedepunkt $60-65°$ bei 14 mm. Löslich in Äther. Das Zinksalz hat dieselben Eigenschaften wie dasjenige der Milchsäure und enthält ebenfalls drei Moleküle Krystallisationswasser. Doch unterscheidet sich die Benztraubensäure von der Milchsäure scharf durch ihre Ketoneigenschaften. Sie reduziert Silbersalze, geht Verbindungen mit Sulfiten ein[2]) und liefert mit Phenylhydrazin das Phenylhydrazon, Schmelzpunkt 192°. Besonders charakteristisch ist das schwerlösliche Brenztraubensäure-p-nitrophenylhydrazon; $NO_2.C_6H_4.NH.N:C(CH)_3.COOH$, von schwefelgelber Farbe, Schmelzpunkt 219—220°[3]).

Die Brenztraubensäure ist wahrscheinlich ein intermediäres Produkt der alkoholischen Gärung und der anderweitigen physiologischen Zuckerumwandlungen. Das Ferment Carboxylase spaltet Brenztraubensäure zu Acetaldehyd und Kohlendioxyd, und zwar ohne Wasseranlagerung (S. 70).

$$CH_3.CO.COOH = CH_3.CHO + CO_2.$$

Die ungesättigten einbasischen Carbonsäuren stellen meistens Spaltungsprodukte von Fetten und Alkaloiden dar. Hier ist nur die eine von ihnen zu erwähnen, und zwar

Sorbinsäure $CH.CH:CH.CH:CH.COOH$. Schmelzpunkt 134°. In Vogelbeeren.

Die soeben beschriebenen einbasischen Carbonsäuren spielen allem Anschein nach eine hervorragende Rolle als Produkte des intermediären Stoffwechsels, häufen sich aber in Samenpflanzen in großen Mengen nicht an. Die zweibasischen Säuren wurden dagegen in Samenpflanzen oft in großen Mengen gefunden; auch einige Schimmelpilze können unter Umständen sehr erhebliche Säuremengen erzeugen. Die in Pflanzen verbreiteten zweibasischen Säuren sind meistens feste krystallinische Stoffe und lösen sich leicht in Wasser; meistens auch in Alkohol und Äther. Sie liefern schwer lösliche Blei- und Calciumsalze und sind nicht flüchtig.

Oxalsäure $COOH.COOH + 2H_2O$. Schmelzpunkt 98°; die wasserfreie Säure schmilzt bei 189°. Oxydiert sich in wässeriger Lösung leicht zu CO_2 und Wasser. Besonders charakteristisch ist das Calciumsalz, welches nicht nur in Wasser, sondern auch in Essigsäure praktisch unlöslich ist. Es löst sich nur in Mineralsäuren. Die Oxalsäure ist sowohl in freiem Zustande, als in Form von ihren Salzen (Oxalaten) in der Pflanzenwelt sehr verbreitet. Krystalle des unlöslichen Calcium-

---

[1]) Franzen, H. u. Keyssner, E.: Zeitschr. f. physiol. Chem. Bd. 115, S. 270. 1921; Bd. 116, S. 166. 1921. — Franzen, H. u. Stern, E.: Ebenda Bd. 121, S. 195. 1922.

[2]) Clewing: Journ. f. prakt. Chem. (2), Bd. 17, S. 241. 1878. — Böttinger: Ber. d. Dtsch. Chem. Ges. Bd. 15, S. 892. 1882.

[3]) Bamberger: Ber. d. Dtsch. Chem. Ges. Bd. 32, S. 1806. 1899. — Hyde: Ebenda Bd. 32, S. 1813. 1899.

oxalats sind in vielen Pflanzen zu finden. Sie sind oft in speziell dazu angepaßten Zellen abgelagert. Diese Krystalle haben oft die Form von Drusen oder von Raphiden. Als Raphiden nennt man Büschel von langen nadelförmigen Krystallen. Oft trifft man auch einzelne größere Krystalle sowie den Krystallsand. Sehr reich an Calciumoxalat sind Rinden von einigen Bäumen[1] und viele Succulenten. Auch in Flechten fand man bis zu 65 vH. Calciumoxalat[2]). Dieses Salz ist auch in höheren Pilzen und in Algen gefunden[3]). Oft trifft man Krystalle von Calciumoxalat in Zellwandungen. Die Oxalsäurebildung durch Schimmelpilze wird weiter unten besprochen.

Bernsteinsäure $COOH.CH_2.CH_2.COOH$. Schmelzpunkt 185°. Wurde in geringen Mengen in vielen Pflanzen, namentlich aber in Johannisbeeren gefunden[4]). Bei der alkoholischen Hefegärung entstehen beträchtliche Mengen von Bernsteinsäure durch Desaminierung von Glutaminsäure (S. 382).

Korksäure $COOH.CH_2.CH_2.CH_2.CH_2.CH_2.CH_2.COOH$ wurde aus Kork isoliert.

l-Äpfelsäure $COOH.CH_2.CHOH.COOH$. Schmelzpunkt 100°; $[\alpha]_D = -5,17°$. Zersetzt sich leicht in wässeriger Lösung, namentlich im Lichte. Das Silbersalz zersetzt sich beim Erwärmen unter Abscheidung von metallischem Silber. Äpfelsäure reduziert auch Palladiumchlorid. Die in der Natur nicht vorkommenden d-Äpfelsäure und dl-Äpfelsäure sind ebenfalls bekannt. Merkwürdigerweise schien die in Succulenten entstehende Äpfelsäure mit keiner der sterioisomeren Formen identisch zu sein. Die neusten Untersuchungen ergaben jedoch, daß diese „Crassulaceenäpfelsäure" nicht existiert: sie erwies sich als die unreine gewöhnliche Äpfelsäure[5]). Namentlich in nördlichen Breiten tritt Äpfelsäure quantitativ in den Vordergrund. So wurde in Vogelbeeren nur Äpfelsäure gefunden[6]). Sie kommt in überwiegender Menge auch in Preiselbeeren, Moosbeeren[7]), Kirschen[8]), Pflaumen[9]),

---

[1]) HEINDRICK, J.: The Analist Bd. 32, S. 14. 1907; vgl. auch SMITH: Proc. of the roy. soc. of N. S. Wales 1905.

[2]) BRACONNOT: Ann. de chim. et de physique (2), Bd. 28, S. 318. 1825; vgl. auch ERRERA: Bull. de l'acad. roy. de Belgique (3), Bd. 26. 1893.

[3]) v. BAMBEKE CH.: Bull. de l'acad. roy. de Belgique S. 167. 1914. — PATOUILLARD, N.: Rev. mycol. Bd. 4, S. 87, 208 u. 213. 1882; Bd. 5, S. 167. 1886. — WORONIN: Botan. Zeit. Bd. 38, S. 425. 1880. — LEITGEB: Sitzungsber. d. Akad. Wien, Mathem.-naturw. Kl. (I), Bd. 96, S. 13. 1888 u. a.

[4]) FRANZEN, H. u. HELWERT, F.: Zeitschr. f. physiol. Chem. Bd. 124, S. 65. 1922.

[5]) FRANZEN, H. u. OSTERTAG, R.: Ber. d. Dtsch. Chem. Ges. Bd. 55, S. 2995. 1922. — Dies.: Zeitschr. f. physiol. Chem. Bd. 122, S. 263. 1922.

[6]) FRANZEN, H. u. OSTERTAG, R.: Zeitschr. f. physiol. Chem. Bd. 119, S. 150. 1922; vgl. aber auch LIPPMANN, E. O.: Ber. d. Dtsch. Chem. Ges. Bd. 55, S. 3038. 1922.

[7]) ROCHLEDER, F.: Ber. d. Dtsch. Chem. Ges. Bd. 3, S. 238. 1870. — FRANZEN, H. u. HELWERT, F.: Zeitschr. f. physiol. Chem. Bd. 122, S. 46. 1922.

[8]) FEDER, E.: Pharmakol. Zentralbl., Halle Bd. 53, S. 1321. 1912.

[9]) MERCADANTE, M.: Ber. d. Dtsch. Chem. Ges. Bd. 8, S. 822. 1875.

Tomaten[1]) und anderen Früchten vor. Große Mengen von Äpfelsäure sind auch in vegetativen Organen verschiedener Pflanzen, namentlich der Succulenten enthalten. Bei der Agave ist der Äpfelsäuregehalt gleich 8 vH. des Trockengewichts[2]). Bei Sedum azureum hat man folgende Mengen von Oxalsäure und Äpfelsäure in Prozenten der Trockensubstanz ermittelt[3]):

Datum	Oxalsäure	Äpfelsäure
25. Mai	1,82 vH.	7,62 vH.
17. Juni	0,48 „	8,73 „
27. Juni	2,07 „	8,42 „
8. Juli	0,74 „	10,13 „
29. Juli	0,35 „	7,72 „

Die übrigen zweibasischen Säuren sind in Succulenten in ganz geringen Mengen enthalten.

Unter den säurebildenden Pflanzen unserer Breiten sind keine zu nennen, in denen Äpfelsäure vermißt wurde.

d-Weinsäure COOH.CHOH.CHOH.COOH. Schmelzpunkt 168 bis 170°; $[\alpha]_D = +15,06°$. Charakteristisch sind das schwerlösliche saure Kaliumsalz und das neutrale Calciumsalz, welches zum Unterschied vom Calciumoxalat sich in Essigsäure leicht löst.

Die Weinsäure ist vorwiegend in Pflanzen der südlichen Gegenden verbreitet; sie findet sich z. B. in Weintrauben, Aprikosen und anderen saftigen Früchten. Sie wurde auch, ebenso wie Äpfelsäure, bei höheren Pilzen in kleinen Mengen gefunden[4]). In Weintrauben ist außerdem die dl-Weinsäure oder die sogenannte Traubensäure enthalten. Schmelzpunkt 205—206°.

Mesoxalsäure

$$COOH—C(OH)_2—COOH \text{ oder } COOH—CO—COOH + H_2O.$$
Schmelzpunkt 115°. Hat Ketoneigenschaften: reduziert Silbersalze und liefert mit Phenylhydrazin das Phenylhydrazon, Schmelzpunkt 165 bis 167° unter Zersetzung. Die Mesoxalsäure wurde mit Glykol- und Glyoxylsäure aus Medicago sativa isoliert und spielt wahrscheinlich die Rolle eines intermediären Atmungsproduktes[5]).

Fumarsäure COOH.CH:CH.COOH. Schmelzpunkt 286° in geschmolzener Kapillare. Das Silbersalz ist in kaltem Wasser wenig löslich. Die Fumarsäure wurde in verschiedenen Fumariaceen und

[1]) Bot: Militär-med. Journ. Bd. 154. 1885. (Russisch.)
[2]) Zellner, J.: Zeitschr. f. physiol. Chem. Bd. 104, S. 2. 1918.
[3]) André, G.: Cpt. rend. hebdom. des séances de l'acad. des sciences Bd. 140, S. 1708. 1905; vgl. auch Branhofer u. Zellner: Zeitschr. f. physiol. Chem. Bd. 109, S. 12. 1920.
[4]) Ordonneau: Bull. de la soc. de chim. (3), Bd. 6, S. 261. 1891. — Heckel et Schlagdenhaufen: Journ. de pharmacie et de chim. Bd. 19, S. 11. 1889. — Husemann-Hilger: Pflanzenstoffe. 2. Aufl. S. 262. — Franzen, H. u. Kaiser, H.: Zeitschr. f. physiol. Chem. Bd. 129, S. 80. 1923.
[5]) v. Euler, H. u. Bolin, I.: Zeitsch. f. physiol. Chem. Bd. 61, S 1. 1909.

Papaveraceen, Flechten und Pilzen gefunden. Der Schimmelpilz Aspergillus fumaricus verwandelt Zucker in verschiedene Säuren, unter denen die Fumarsäure 60—70 vH. ausmacht[1]). Die stereoisomere Maleinsäure wurde in Pflanzen nicht gefunden und ist zur Ernährung der Mikroorganismen unbrauchbar.

$$\text{Citronensäure} \quad COOH—COH<^{CH_2—COOH}_{CH_2—COOH} + H_2O.$$ Schmelzpunkt 153°. Das Calciumsalz ist in kaltem Wasser löslicher als in heißem Wasser.

Die Citronensäure ist in Pflanzen sehr verbreitet, namentlich aber in südlichen Gegenden. In Citronen erreicht der Citronensäuregehalt 9 vH. der Trockensubstanz[2]). Die Citronensäure ist auch im Safte der Maulbeeren[3]) und einiger anderen saftigen Früchte enthalten, desgleichen in vielen höheren Pilzen. Die „Citronensäuregärung“ der Schimmelpilze wird weiter unten besprochen.

Die Verwandlungen und die physiologische Bedeutung der Carbonsäuren. In Samenpflanzen ist der Prozentgehalt an organischen Säuren großen Schwankungen unterworfen. In jungen Blättern findet man in der Regel größere Säuremengen als in älteren Blättern[4]). Bei den Succulenten ist der Äpfelsäuregehalt durchaus nicht konstant. Er nimmt zu in der Nacht, wogegen am Tage eine Abnahme der Säuremenge zu verzeichnen ist[5]). Dies hängt damit zusammen, daß Äpfelsäure im Lichte zu Kohlensäure oxydiert und letztere bei der Photosynthese verbraucht wird.

Es ist also ersichtlich, daß Äpfelsäure in Pflanzenzellen zu CO_2 oxydiert werden kann. Noch leichter vollzieht sich die Oxydation der Oxalsäure. Es wurde ein Oxalsäure oxydierendes Ferment in Pflanzen gefunden[6]), das sich als im Pflanzenreiche sehr verbreitet erwies[7]).

Obwohl die Pflanzensäuren unter geeigneten Verhältnissen zweifellos zu CO_2 und H_2O verbrannt werden können, wäre es dennoch voreilig, hieraus den Schluß zu ziehen, daß der genannte Oxydationsvorgang eine Teilstufe der normalen Pflanzenatmung darstellt, wie es verschiedene Forscher annahmen, und zwar zu einer Zeit, wo das Wesen der Oxydationsvorgänge in den Pflanzenzellen noch völlig rätselhaft zu sein schien und der Zusammenhang der alkoholischen Gärung mit

---

[1]) WEHMER, C.: Ber. d. Dtsch. Chem. Ges. Bd. 51, S. 1663. 1918.

[2]) LÜHRIG, H.: Zeitschr. f. Untersuch. d. Nahrungs- u. Genußmittel Bd. 11, S. 441. 1906. — ZOLLER: Journ. of Ind. and Eng. chem. Bd. 10, S. 364. 1918.

[3]) WRIGHT und PATTERSON: Ber. d. Dtsch. Chem. Ges. Bd. 11, S. 152. 1878.

[4]) KRAUS, G.: Abh. d. Naturforscherges. Halle Bd. 16. 1884. — ASTRUC, A.: Cpt. rend. hebdom. des séances de l'acad. des sciences Bd. 133, S. 491. 1902. — CHARABOT et HÉBERT: Ebenda Bd. 136, S. 1009. 1903.

[5]) KRAUS, G.: a. a. O. — LANGE, P.: Diss. Halle 1886. — PURIEWITSCH, K.: Aufbau und Abbau der organischen Säuren in Samenpflanzen 1893 (Russisch) u. a.

[6]) ZALESKI, W. u. REINHARD: Biochem. Zeitschr. Bd. 33, S. 449. 1911. — PALLADIN, W. u. LOWTSCHINOWSKY: Mitt. d. russ. Akad. d. Wiss. S. 937. 1916. (Russisch.)

[7]) STAHELIN, M.: Biochem. Zeitschr. Bd. 96, S. 1. 1919.

der Sauerstoffatmung noch kein Gegenstand der experimentellen Untersuchungen war. Derartige Theorien sind vom gegenwärtigen Standpunkte aus weder theoretisch noch experimentell begründet; vor Jahren haben sie jedoch viel Anklang gefunden und werden daher auch in moderne Handbücher aufgenommen. So findet man eine Besprechung der physiologischen Umwandlungen der Pflanzensäuren auch in der neuen Auflage des grundlegenden Handbuches „Biochemie der Pflanzen" von F. CZAPEK[1]) im Abschnitt der Pflanzenatmung. Aus Nachfolgendem ist jedoch ersichtlich, daß diese Darstellung kaum als einwandfrei bezeichnet werden kann.

A. MAYER[2]) hat sich schon vor längerer Zeit dahin ausgesprochen, daß bei der Pflanzenatmung unter Umständen nicht Kohlendioxyd, sondern Äpfelsäure und Oxalsäure entstehen könne. Daß die Ausführungen A. MAYERS auf überwundenen Anschauungen fußen, ist daraus ersichtlich, daß er auch den umgekehrten Vorgang annahm, d. i. eine direkte photosynthetische Zuckerbildung aus Pflanzensäuren, wobei Kohlendioxyd nicht einmal vorübergehend entstehen soll. A. MAYERS Theorie wurde alsdann von WARBURG[3]) und PURIEWITSCH[4]) ergänzt und erweitert. Die genannten Forscher nahmen an, daß Zucker allmählich unter Bildung von immer sauerstoffreicheren Pflanzensäuren oxydiert werde; schließlich soll Oxalsäure als Vorstufe der totalen Verbrennung entstehen. Oxalsäure hielt man zu jener Zeit irrtümlicherweise für diejenige Pflanzensäure, die in überwiegender Menge angehäuft wird. In Wirklichkeit ist aber Äpfelsäure das hauptsächlichste saure Produkt des Stoffwechsels von fleischigen Früchten und Succulenten, wie es bereits oben dargelegt worden war.

Seitdem die Desaminierung als ein weitverbreiteter Vorgang erkannt worden ist, wissen wir, daß die Spaltungsprodukte der Eiweißstoffe als Muttersubstanzen verschiedener stickstofffreier Pflanzenstoffe anzusehen sind. Der Verfasser dieses Buches glaubt in der Tat annehmen zu dürfen, daß die verbreiteten Pflanzensäuren entweder Umwandlungsprodukte von Aminosäuren, oder normale Produkte bzw. Nebenprodukte der unvollständigen Verarbeitung von Zucker zu Aminosäuren beim Aufbau von Eiweißstoffen repräsentieren.

Eine so stark oxydierte Substanz wie Oxalsäure kann selbstverständlich sowohl aus Zucker als aus Eiweiß hervorgehen. Es ist u. a. festgestellt worden, daß bei der Bearbeitung von Eiweißstoffen mit Salpetersäure eine bedeutende Menge von Oxalsäure entsteht. WEHMER[5]) hat dargetan, daß einige Schimmelpilze enorm große Oxalsäuremengen auf Kosten von Zucker erzeugen, doch weist der genannte Forscher aus-

---

[1]) CZAPEK, F.: Biochemie der Pflanzen. 2. Aufl. Bd. 3, S. 65—110. 1921.
[2]) MAYER, A.: Landwirtschaftl. Versuchs-Stationen Bd. 34, S. 127. 1887.
[3]) WARBURG, O.: Untersuch. a. d. botan. Inst. Tübingen Bd. 2, S. 53. 1886.
[4]) PURIEWITSCH, K.: a. a. O.
[5]) WEHMER, C.: Botan. Zeit. Bd. 49, S. 233. 1891. — Ders.: Ber. d. dtsch. botan. Ges. Bd. 24, S. 381. 1906. — Ders.: Zentralbl. f. Bakteriol., Parasitenk. u. Infektionskrankh. (II), Bd. 3, S. 102. 1907.

drücklich darauf hin, daß ein Teil von Oxalsäure nicht aus Zucker, sondern aus Eiweißstoffen gebildet wird. Es ergab sich denn auch, daß Oxalsäure in Pilzkulturen auch bei alleiniger Ernährung mit Pepton gebildet wird[1]); auf einzelnen Aminosäuren als Kohlenstoffquellen wurde dasselbe Produkt nachgewiesen. BENECKE[2]) hat festgestellt, daß beim Eiweißaufbau aus Nitraten oft Oxalsäure entsteht. Nach eigenen, noch unveröffentlichten Versuchen produziert auch Aspergillus niger bei der Eiweißsynthese aus Zucker und Nitraten Oxalsäure. Die reichliche Oxalsäurebildung bei der Eiweißregeneration aus Asparagin in Samenpflanzen ist nach PETROW[3]) nichts anderes als das Resultat einer Oxydation des Kohlenstoffgerüstes von Asparagin.

Ist eine Entstehung von Oxalsäure sowohl aus Zucker als aus Eiweiß denkbar, so erscheint die Möglichkeit der Bildung von anderen organischen Säuren aus Spaltungsprodukten des Eiweißes noch naheliegender. Es wurde noch niemals eine Bildung von Bernsteinsäure aus Zucker verzeichnet, wogegen die Bildung von Bernsteinsäure aus Glutaminsäure außer Zweifel gestellt ist[4]).

Bei der Verarbeitung der Asparaginsäure durch Hefe entsteht keine stickstofffreie Säure; eine Erklärung dieses Sachverhaltes ist auf S. 373 zu finden. In den Versuchen von S. KOSTYTSCHEW und L. FREY[5]) ist es gelungen, auch Äpfelsäurebildung durch Hefe zu erzielen, was auf folgende Weise zu erklären wäre:

I. $COOH.CH_2.CH(NH_2).COOH + O = COOH.CH_2.CO.COOH + NH_3$.

II. $COOH.CH_2.CO.COOH + 2H = COOH.CH_2.CHOH.COOH$.

Diese Reaktionen scheinen nämlich bei einigen Schimmelpilzen zustandezukommen und sind vielleicht auch in Samenpflanzen möglich. Auf diese Weise sind wir wohl berechtigt anzunehmen, daß sowohl Oxalsäure als Äpfelsäure aus Asparaginsäure bzw. Asparagin hervorgehen könnten. Doch entsteht die Hauptmenge der Äpfelsäure wahrscheinlich aus Zucker, was aber nicht eine Zwischenphase des normalen Atmungsvorganges, sondern eine Teilstufe der Asparaginbildung darstellt. Es wurde in der Tat eine gesteigerte Bildung von Äpfelsäure bzw. Äpfelsäuremonoamid in keimenden Samenpflanzen durch SCHULOW und PETROW[6]) nachgewiesen; auch haben PRIANISCHNIKOW und seine Schüler[7]) eine bedeutende Zunahme der Asparaginmenge in Keimpflanzen nach künstlicher Ernährung mit äpfelsauren Salzen wahrgenommen. Noch interessanter sind in dieser Beziehung die bahnbrechenden tierphysiologischen Untersuchungen von EMBDEN und seinen

---

[1]) BUTKEWITSCH, W.: Biochem. Zeitschr. Bd. 129, S. 445. 1922.

[2]) BENECKE: Botan. Zeit. Bd. 61, S. 79. 1903.

[3]) PETROW, G. G.: Stickstoffassimilation durch Samenpflanzen im Lichte und im Dunkeln 1907. (Russisch.)

[4]) EHRLICH, F.: Biochem. Zeitschr. Bd. 18, S. 391. 1909.

[5]) KOSTYTSCHEW, S. u. FREY, L.: Zeitschr. f. physiol. Chem. 1925.

[6]) SCHULOW, J.: Untersuchungen auf dem Gebiete der Ernährungsphysiologie höherer Pflanzen 1913. (Russisch.) — PETROW, G. G.: a. a. O.

[7]) PRIANISCHNIKOW, D.: Tageb. d. 1. Kongr. d. russ. Botaniker S. 65. 1921. (Russisch.) — SMIRNOW, A.: Biochem. Zeitschr. Bd. 137, S. 1. 1923.

Mitarbeitern[1]), die in Durchblutungsversuchen eine regelmäßige Umwandlung der Ammoniumsalze von α-Keton- bzw. α-Oxysäuren durch isolierte Leber in Aminosäuren von entsprechender Konstitution dargetan haben. Hierdurch ist der Weg der biologischen Synthese von Aminosäuren angezeigt.

Nach dem soeben Erörterten ist es also höchstwahrscheinlich, daß der größte Teil der Äpfelsäure bei Samenpflanzen im Vorgange der Asparaginbildung bzw. Asparagindesaminierung entsteht. Oft kann vielleicht wegen Stickstoffmangels nicht die Gesamtmenge der Äpfelsäure zu Asparagin verarbeitet werden. Der Überschuß von Äpfelsäure wird dann durch Oxydationsvorgänge unter CO_2-Bildung zerstört, doch ist dies kein direkter und normaler Atmungsvorgang; die Oxydation von Pflanzensäuren ist vielmehr der sogenannten „Eiweißatmung" ähnlich, die in Pflanzen bei Zuckermangel in Gang gesetzt wird (vgl. Kap. VIII). In diesem Zusammenhänge sei an die „Extrakohlensäurebildung" von Chlorella bei der Nitratassimilation[2]) erinnert. Es ist die Annahme nicht ausgeschlossen, daß in diesem Falle eine Oxydation von Pflanzensäuren vorliegt, welche mit der Eiweißbildung zusammenhängt.

Bei niederen Pflanzen trifft man höchstens nur geringe Mengen von Äpfelsäure; es ist auch zu beachten, daß in Pilzen und Bakterien keine Asparaginbildung zustande kommt.

Was nun die Citronensäure mit ihrer verzweigten Kette anbelangt, so ist eine Bildung dieser Säure aus Zucker durch einfache Oxydation ausgeschlossen. Es muß hier entweder eine Synthese aus Spaltungsprodukten des Zuckers oder eine intramolekulare Umlagerung vor sich gehen. So nimmt z. B. BUTKEWITSCH[3]) an, daß folgende Reaktionen der Citronensäurebildung aus Zucker zugrunde liegen:

```
HOHC—CHOH        HOHC—CHOH          HOHC—CHOH         HOOC   COOH
  |   |            |    |              |    |            |      |
OCH  CHOH  →   HOHC    CHOH   →     H₂C    CH₂    →     H₂C    CH₂
      \            \    /              \    /              \    /
     CHOH           COH                 COH                 COH
      |              |                   |                   |
    CH₂OH          CH₂OH               COOH                COOH
    Hexose                                               Citronensäure
```

Der Verfasser dieses Buches hält eine andere Bildungsweise der Citronensäure für wahrscheinlicher. Citronensäure könnte nämlich durch simultane Oxydation und intramolekulare Umlagerung aus Zucker hervorgehen. Auf dieselbe Weise, wie bei der Bildung der Benzylsäure aus Benzyl und bei der Bildung der Glycolsäure aus Glyoxal ein Phenyl bzw. ein Wasserstoff zum anderen Kohlenstoff hinüberwandert:

---

[1]) EMBDEN, G. u. SCHMITZ, E.: Biochem. Zeitschr. Bd. 29, S. 423. 1910; Bd. 38, S. 393. 1912. — KONDO, K.: Ebenda Bd. 38, S. 407. 1912. — FELLNER: Ebenda Bd. 38, S. 414. 1912.

[2]) WARBURG, O. u. NEGELEIN: Biochem. Zeitschr. Bd. 110, S. 66. 1920.

[3]) BUTKEWITSCH, W.: Biochem. Zeitschr. Bd. 145, S. 442. 1924.

$$C_6H_5\text{—}CO\text{—}CO\text{—}C_6H_5 + H_2O = {}^{C_6H_5}_{C_6H_5}\!\!>\!COH\text{—}COOH$$

bzw.
$$H\text{—}CO\text{—}CO\text{—}H + H_2O = {}^{H}_{H}\!\!>\!COH\text{—}COOH,$$

kann sich auch die Carboxylgruppe der Glukon- bzw. Zuckersäure bei der Glukoseoxydation umlagern.

Dagegen wäre die Citronensäurebildung aus einigen Spaltungsprodukten des Eiweißmoleküls durch einfache Oxydation möglich. Es ist z. B. im Auge zu behalten, daß das Kohlenstoffgerüst von Isoleucin mit demjenigen der Citronensäure identisch ist:

$$CH_3\text{—}CH{\big<}^{CH(NH_2)\text{—}COOH}_{CH_2\text{—}CH_3} \qquad COOH\text{—}COH{\big<}^{CH_2\text{—}COOH}_{CH_2\text{—}COOH}$$
$$\text{Isoleucin} \qquad\qquad\qquad\qquad \text{Citronensäure}$$

Es ist also ersichtlich, daß Citronensäure aus Spaltungsprodukten der Eiweißstoffe nach deren Desaminierung entstehen könnte. Der größte Teil der Citronensäure entsteht aber wohl aus Zucker, doch nicht durch Vermittlung respiratorischer Vorgänge, sondern als Nebenprodukt bei der Bildung von Bausteinen der Eiweißstoffe. Es ist gewiß wenig wahrscheinlich, daß die Zuckeroxydation bei der normalen Pflanzenatmung unter Anteilnahme solcher Umlagerungen, wie sie zur Bildung der Citronensäure notwendig sind, zustandekommt.

Zusammenfassend können wir also den Schluß ziehen, daß die in großen Mengen entstehenden Pflanzensäuren, wie Äpfelsäure, Citronensäure usw. keine normale Zwischenprodukte der Zuckerveratmung sind. Findet unter Umständen eine vollkommene Oxydation der Pflanzensäuren zu Kohlendioxyd und Wasser statt, so liegt hier allem Anschein nach ein Vorgang vor, bei welchem Stoffe zerstört werden, die ihre physiologische Bedeutung eingebüßt haben. Auf diese Weise ist z. B. die Verbrennung des Kohlenstoffgerüstes von Asparagin bei der Eiweißregeneration zu deuten. Diese Anschauung könnte durch Untersuchungen über Bildung und Verarbeitung der organischen Säuren bei Samenkeimung und Reifung der fleischigen Früchte geprüft werden. Die Umwandlungen der stickstoffhaltigen Stoffe bei der Samenkeimung sind ausführlich untersucht worden, dagegen wird eine analoge Erforschung der Umwandlungen der Säuren erst eingeleitet[1]). Bei der Reifung der fleischigen Früchte wurde im Gegenteil nur die Bildung und das Verschwinden der organischen Säuren verfolgt. Der Stickstoffumsatz in fleischigen Früchten ist uns noch vollkommen unbekannt.

Was nun die Schwankungen des Säuregehaltes in fleischigen Früchten anbelangt, so hat dieser Vorgang mit dem in Succulenten vor sich gehenden große Ähnlichkeit[2]). Beim Reifen der Früchte ist in der Regel eine Abnahme des Säurengehaltes nebst Steigerung des Zucker-

---

[1]) Windisch u. Dietrich: Wochenschr. f. Brauer Bd. 35, S. 159. 1918. — Lüers, H.: Biochem. Zeitschr. Bd. 104, S. 30. 1920.

[2]) Warburg, O.: Untersuch. a. d. botan. Inst. Tübingen Bd. 2, S. 53. 1886.

gehaltes bemerkbar. Nach den neueren Anschauungen sind es aber zwei miteinander nicht verbundene Vorgänge: in einigen Fällen sind gleichzeitig sowohl Zuckerzunahme als Säurenzunahme zu verzeichnen[1]. Zucker entsteht also nicht aus Säuren, sondern aus der vorrätigen Stärke und den aus dem Stamm zugeführten Stoffen. Was die Carbonsäuren anbelangt, so werden dieselben beim Reifen oft verbrannt, wie es aus dem Verhältnis der Gase beim respiratorischen Gaswechsel der reifenden Früchte zu schließen ist[2]. Es ist leider nicht bekannt, aus welchem Material der größte Teil der Carbonsäuren in reifenden Früchten entsteht.

Die organischen Carbonsäuren spielen auch eine wichtige Rolle im Stoffwechsel der Schimmelpilze. Fast alle Schimmelpilze erzeugen bei Zuckerernährung eine bestimmte Menge von Carbonsäuren, namentlich von Oxal- und Citronensäure. Die bei Samenpflanzen überwiegende Äpfelsäure wird von Schimmelpilzen nicht in nennenswerten Mengen produziert. Setzt man einer Zuckerkultur des gewöhnlichen Schimmelpilzes Aspergillus niger zur Neutralisation der entstehenden Säure Calciumcarbonat hinzu, so verwandelt der Pilz enorme Zuckermengen in Oxalsäure[3]; doch entsteht immer eine gewisse Menge der Oxalsäure aus den Spaltungsprodukten der Eiweißstoffe. Außerdem hat man schon längst den Umstand hervorgehoben, daß einige Spezies von Penicillium bei bestimmten Kulturverhältnissen große Mengen von Citronensäure produzieren[4]. Man hat daher diese Pilze als Citromyces-Arten bezeichnet. Neuerdings ergab es sich jedoch, daß die Gattung Citromyces hinfällig ist, da die verschiedenartigen Schimmelpilze unter bestimmten Ernährungsverhältnissen Citronensäure produzieren[5]. Die Citronensäure scheint oft die Zwischenstufe der Oxalsäurebildung aus Zucker darzustellen. BUTKEWITSCH[6] glaubt schließen zu dürfen, daß Citronensäure in Pilzkulturen ausschließlich aus Zucker hervorgeht, und zwar nicht nur bei Stickstoffmangel, wie es CURRIE (a. a. O.) angibt, sondern auch bei normaler Ernährung mit stickstoffhaltigen Stoffen. Hieraus zieht BUTKEWITSCH den Schluß, daß Citronensäure ein normales Produkt der Zuckerverarbeitung durch Schimmel-

---

[1] FAMINZYN, A.: Ann. Oenol. Bd. 2. 1872.

[2] GERBER, C.: Cpt. rend. hebdom. des séances de l'acad. des sciences Bd. 124, S. 1160. 1897. — Ders.: Ann. des sciences nat., botanique (8), Bd. 4, S. 1. 1896.

[3] WEHMER, C.: Botan. Zeit. Bd. 49, S. 233. 1891. — Ders.: Ber. d. dtsch. botan. Ges. Bd. 24, S. 381. 1906. — Ders.: Zentralbl. f. Bakteriol., Parasitenk. u. Infektionskrankh. (II), Bd. 3, S. 102. 1897. — BENECKE: Botan. Zeit. (II), Bd. 65, S. 73. 1907.

[4] WEHMER, C.: Ber. d. botan. Ges. Bd. 11, S. 333. 1893. — Ders.: Zentralbl. f. Bakteriol., Parasitenk. u. Infektionskrankh. (II), Bd. 15, S. 427. 1906.

[5] CURRIE, N.: Journ. of biol. chem. Bd. 31, S. 15. 1917. — MOLLIARD: Cpt. rend. hebdom. des séances de l'acad. des sciences Bd. 168, S. 360. 1919. — ELFVING, F.: Oefvers. af vetenskaps soc. förh. A. math. o. naturw. Bd. 61, S. 1. 1920.

[6] BUTKEWITSCH: Biochem. Zeitschr. Bd. 31, S. 327 u. 338. 1922; Bd. 136, S. 224. 1923; Bd. 142, S. 195. 1923; Bd. 145, S. 442. 1924.

pilze darstellt. Andere Forscher[1]) behaupten dagegen, daß Citronensäure vorwiegend aus verschiedenen Spaltungsprodukten der Plasmaeiweiße synthesiert sei. Es ist nicht gelungen eine Citronensäurebildung durch abgetötete Mycelien hervorzurufen[2]). Bei Mangel an mineralischen Nährstoffen erzeugt Aspergillus niger reichlich Gluconsäure, das erste Produkt der Zuckeroxydation[3]):

$$CH_2OH.(CHOH)_4.CHO + O = CH_2OH.(CHOH)_4.COOH.$$

Es ist kaum statthaft, die Vorgänge der Säurenbildung als „Oxalsäuregärung", „Citronensäuregärung" usw. zu bezeichnen. Nach der modernen Auffassung sind echte Gärungen selbständige Systeme von gekoppelten Reaktionen, die vom lebenden Plasma getrennt werden können und, als Energiequellen, mit einer Verarbeitung von enormen Mengen des Betriebsmaterials verbunden sind. Unsere gegenwärtigen Kenntnisse über die Produktion der Carbonsäuren durch Schimmelpilze sind mit diesen Vorstellungen schwerlich in Einklang zu bringen.

Analytische Methoden. Zum qualitativen Nachweis empfiehlt sich[4]), folgende Fraktionen der Säuren herzustellen: 1. Flüchtige Säuren. 2. Säuren, die aus neutraler Lösung mit Bleiessig gefällt werden. 3. Ätherlösliche Säuren, die mit Bleiessig nicht gefällt werden.

Der Auszug aus dem Pflanzenmaterial wird mit Natronlauge neutral gemacht und auf dem Wasserbade (am besten unter vermindertem Druck) eingeengt. Dann setzt man etwas Schwefel- oder Phosphorsäure hinzu und destilliert unter Wasserdampfdurchleitung. In Gegenwart von Milch- oder Brenztraubensäure gehen Spuren der genannten Säuren mit den flüchtigen Säuren ins Destillat über. Das neutral gemachte und vorsichtig eingeengte Destillat prüft man auf Ameisensäure (Aldehydreaktionen und Bildung des unlöslichen Bleisalzes). Dann zersetzt man die Ameisensäure durch Kochen mit Quecksilberoxyd und destilliert abermals mit Wasserdampf. Das zweite Destillat wird neutral gemacht, möglichst eingeengt und mit Silbernitrat stufenweise gefällt. Das Fraktionieren wird dadurch erleichtert, daß Silberacetat rein weiß, Silberbutyrat aber gelblich ist. Ein anderes Verfahren besteht darin, daß man Essigsäure in Gegenwart von Äthylalkohol in Form von Natriumsalz ausfällt und abfiltriert. Im Filtrat fällt man die Buttersäure in Form von Silbersalz.

Zur quantitativen Bestimmung der flüchtigen Säuren verwendet man zwei aliquote Portionen des Destillats. In der einen Portion bestimmt man die Ameisensäure nach den im Kap. II beschriebenen Methoden. In der anderen Portion zerstört man die Ameisensäure nach dem soeben beschriebenen Verfahren und ermittelt die Mengen der Essig- und Buttersäure auf folgende Weise. Man titriert die Lösung genau mit 0,1 n Barytwasser, verdampft die Lösung und bestimmt den Prozentgehalt des Bariums im Salzgemisch. Hieraus berechnet man die Mengen der Essig- und Buttersäure nach den Angaben von WINDISCH[5]).

Oxalsäure, Weinsäure, Citronensäure und Äpfelsäure sind mit Bleiessig fällbar. Man zerlegt den Bleiniederschlag mit Schwefelwasserstoff und verdampft

---

[1]) MAZÉ, P. et PERRIER: Ann. de l'inst. Pasteur Bd. 18, S. 553. 1905 u. Bd. 23, S. 830. 1909. — BUCHNER, H. u. WÜSTENFELD: Biochem. Zeitschr. Bd. 17, S. 395. 1909.

[2]) BUCHNER, H. u. WÜSTENFELD, a. a. O.

[3]) MOLLIARD: Cpt. rend. hebdom. des séances de l'acad. des sciences Bd. 174, S. 881. 1922; Bd. 178, S. 41. 1924.

[4]) KOSTYTSCHEW, S., eine unveröffentlichte Arbeit.

[5]) WINDISCH, K.: Zeitschr. f. Untersuch. v. Nahrungs- u. Genußmitteln Bd. 8, S. 470. 1904.

das Filtrat vom Schwefelblei auf dem Wasserbade (in Gegenwart von Ameisensäure ist es besser, das Filtrat mit Wasserdampf zu destillieren, um die Ameisensäure abzutrennen). Dann führt man qualitative Prüfungen auf einzelne Säuren aus, um festzustellen, welche von ihnen fehlen. Die Probe auf Oxalsäure besteht darin, daß man blankes Kalkwasser oder, nach Neutralisation, Chlorcalciumlösung zusetzt. Calciumoxalat ist in Essigsäure unlöslich. Weinsäure liefert eine lilarote Färbung mit einer Lösung von 1 g Resorcin in 100 g konzentrierter Schwefelsäure bei 125°. Citronensäure wird durch Permanganat zu Acetondicarbonsäure $COOH-CH_2-CO-CH_2-COOH$ oxydiert. Letztere gibt einen charakteristischen Niederschlag mit Quecksilbersulfat[1]). Äpfelsäure reduziert Palladiumchlorid.

Eine scharfe Trennung der nicht flüchtigen Säuren zur quantitativen Bestimmung der einzelnen Stoffe sowie zur Darstellung von charakteristischen Derivaten bereitet oft große Schwierigkeiten, namentlich wenn ein Gemisch von mehreren Säuren vorliegt. Folgende Methode von FRANZEN[2]) ist zweifellos die allerbeste: Man fraktioniert die Säuren in Form von Äthylestern oder von Dihydraziden. SCHMALFUSS[3]) empfiehlt, sämtliche Säuren aus dem Pflanzenextrakt bzw. Pflanzenpreßsaft in Gegenwart von etwa 20 vH. Schwefelsäure in Äther überzuführen und dann in Form von Äthylestern zu trennen. Der genannte Forscher hat ausgezeichnete Mikroproben auf Pflanzensäuren ausgearbeitet, die in der zitierten Mitteilung ausführlich beschrieben sind. Bei Untersuchungen über Schimmelpilze kommen Weinsäure und Äpfelsäure praktisch nicht in Betracht; sehr wichtig ist es dagegen, Citronensäure von der Oxalsäure quantitativ zu trennen. Dies kann leidlich nach den beiden von BUTKEWISCH[4]) angegebenen Methoden geschehen: Man löst die Calciumsalze der beiden Säuren in verdünnter Salzsäure und fällt alsdann Oxalsäure als Calciumsalz mit Natriumacetat. Die andere Methode besteht darin, daß man beide Säuren in Form von Calciumsalzen fällt und dann Calciumcitrat in 2—2,5 proz. Salzsäure auflöst. In so verdünnter Salzsäure soll Calciumoxalat wenig löslich sein. Andererseits gelingt es nicht, Calciumcitrat in Gegenwart von Calciumoxalat mit Essigsäure quantitativ in Lösung zu bringen.

Was speziell die Äpfelsäure anbelangt, so gelingt es ziemlich leicht, dieselbe von anderen Säuren zu trennen, da Calciumamalat in Wasser verhältnismäßig löslich ist. Nach der Trennung von anderen Säuren bestimmt man Äpfelsäure quantitativ nach der Reduktion des Palladiumchlorids[5]). 0,294 g Palladium entspricht 1 g Äpfelsäure.

Zur Bestimmung der Bernsteinsäure zerlegt man zunächst die Oxysäuren durch Kochen mit Permanganat in schwefelsaurer Lösung. Dann extrahiert man die Bernsteinsäure mit Äther, führt sie in die wässerige Lösung über, neutralisiert genau, fällt mit 0,1 n Silbernitratlösung und titriert das überschüssige Silber. 1 ccm Silberlösung entspricht 0,0059 g Bernsteinsäure.

Fällt man das Säurengemisch mit Bleiessig, so bleiben die löslichen Bleisalze der Milch- und Brenztraubensäure in der Lösung. Es ist daher empfehlenswert, diese Säuren nach der Estermethode zu isolieren. Die Milchsäure führt man am besten ins Zinksalz über. Ist die Lösung stark gefärbt, so kocht man sie mit Bleihydroxyd und filtriert durch einen Heißwassertrichter. Das Filtrat wird mit Schwefelwasserstoff entbleit und Bleisulfid abfiltriert. Das neue Filtrat wird stark eingeengt und mit Zinkcarbonat versetzt, wonach bald schwerlösliches

---

[1]) DENIGÈS, G.: Ann. de chim. et de physique (VII), Bd. 18, S. 382. 1899.

[2]) FRANZEN, H. u. HELWERT, F.: Zeitschr. f. physiol. Chem. Bd. 122, S. 46. 1922.

[3]) SCHMALFUSS, H. u. KEITEL, K.: Zeitschr. f. physiol. Chem. Bd. 138, S. 156. 1924.

[4]) BUTKEWITSCH, W.: Biochem. Zeitschr. Bd. 131, S. 327 u. 338. 1922. Vgl. auch SOMMER, H. M. and Hart, E. B.: Journ. of biol. chem. Bd. 35, S. 313. 1918.

[5]) HILGER, A. u. LEY, H.: Zeitschr. f. Untersuch. v. Nahrungs- u. Genußmitteln Bd. 2, S. 795. 1899. — HILGER, A.: Ebenda Bd. 4, S. 49. 1901.

Zinklactat ausfällt. Zur quantitativen Bestimmung[1]) zerlegt man Milchsäure mit Permanganat in schwefelsaurer Lösung und destilliert gleichzeitig den hierbei entstehenden Acetaldehyd ab. Im Destillat wird Acetaldehyd mit Bisulfit gebunden und jodometrisch titriert[2]). Die Brenztraubensäure ist ihren Eigenschaften nach der Milchsäure ähnlich, unterscheidet sich aber scharf von derselben durch die Anwesenheit der Carbonylgruppe. Sie reduziert Silbersalze und liefert schon in der Kälte das charakteristische p-Nitrophenylhydrazon. In dieser Form kann die Brenztraubensäure auch quantitativ bestimmt werden.

Terpene, Harze und Kautschuk. Als Terpene bezeichnet man alizyklische methylierte Stoffe von angenehmem Geruch, die mit Wasserdampf flüchtig sind und einen großen Teil der sogenannten ätherischen Öle ausmachen. Sie entstehen in spezifischen Sekretbehältern (Drüsen).

Die Terpene bilden eine große chemisch gut definierte Stoffgruppe. Man teilt sie in einige Typen ein, die leicht ineinander übergehen. Auch sind einige aliphatische Stoffe ihren Eigenschaften nach den Terpenen beizuzählen. Diese Stoffe können leicht in zyklische Terpene übergeführt werden[3]). Als typische aliphatische Terpene sind folgende Stoffe zu erwähnen:

$$\textbf{Geraniol} \qquad \begin{matrix} CH_2 \\ \diagdown \\ CH_3 \diagup \end{matrix} C-CH_2-CH_2-CH_2-\underset{\underset{CH_3}{|}}{C}=CH-CH_2OH$$

$$\text{oder} \qquad \begin{matrix} CH_3 \\ \diagdown \\ CH_3 \diagup \end{matrix} C=CH-CH_2-CH_2-\underset{\underset{CH_3}{|}}{C}=CH-CH_2OH.$$

Siedepunkt 230°. Ist im ätherischen Öl einiger **Andropogon**-Arten und in vielen anderen Pflanzen enthalten. Sein Essigsäureester bildet den Hauptbestandteil des **Eucalyptus**-Öls und kommt auch in anderen Pflanzen vor.

$$\textbf{Citronellol} \qquad \begin{matrix} CH_2 \\ \diagdown \\ CH_3 \diagup \end{matrix} C-CH_2-CH_2-CH_2-\underset{\underset{CH_3}{|}}{CH}-CH_2-CH_2OH$$

$$\text{oder} \qquad \begin{matrix} CH_3 \\ \diagdown \\ CH_3 \diagup \end{matrix} C=CH-CH_2-CH_2-\underset{\underset{CH_3}{|}}{CH}-CH_2-CH_2OH.$$

Siedepunkt 225°, kommt im Rosenöl, Pelargonienöl und anderen Pflanzensekreten vor.

$$\textbf{Nerol} \qquad \begin{matrix} CH_3 \\ \diagdown \\ CH_3 \diagup \end{matrix} C=CH-CH_2-CH_2-\underset{\underset{CH_3}{|}}{C}=CH-CH_2OH,$$

---

[1]) v. Fürth, O. u. Charnass, D.: Biochem. Zeitschr. Bd. 26, S. 207. 1910.
[2]) Ripper: Monatsh. f. Chem. Bd. 21, S. 1079. 1900.
[3]) Semmler, F. W.: Ber. d. Dtsch. Chem. Ges. Bd. 23, S. 1098, 2965 u. 3556. 1890; Bd. 24, S. 201 u. 682. 1891 u. a.

eine stereoisomere Form des Geraniols. Siedepunkt 225°. Im Cytrusöl, Rosenöl usw.

$$\text{Linalool} \quad \begin{matrix} CH_2 \\ \diagdown \\ CH_3 \diagup \end{matrix} C-CH_2-CH_2-CH_2-\underset{\underset{CH_3}{|}}{COH}-CH=CH_2.$$

Siedepunkt 197—200°. In vielen ätherischen Ölen.

$$\textbf{Citral} \quad \begin{matrix} CH_2 \\ \diagdown \\ CH_3 \diagup \end{matrix} CH-CH_2-CH_2-CH_2-\underset{\underset{CH_3}{|}}{C}=CH-CHO$$

$$\text{oder} \quad \begin{matrix} CH_3 \\ \diagdown \\ CH_3 \diagup \end{matrix} C=CH-CH_2-CH_2-\underset{\underset{CH_3}{|}}{C}=CH-CHO.$$

Siedepunkt 224°, ist der dem Alkohol Geraniol entsprechende Aldehyd. Findet sich im Orangenöl und in vielen anderen ätherischen Ölen.

Die zyklischen Terpene werden in verschiedene Gruppen eingeteilt. Hier werden folgende Gruppen Erwähnung finden:

1. Dipentengruppe, 2. Pinengruppe, 3. Thujongruppe.

Die allgemeine Formel der zyklischen Kohlenwasserstoffe aus der Terpenklasse ist $C_{10}H_{16}$. Diese Stoffe enthalten einen sechsgliederigen oder doppelten Ring nebst Seitenketten. Mit den Terpenen sind die sogenannten Hydroterpene $C_{10}H_{18}$ und $C_{10}H_{20}$ nahe verwandt. Die in Terpenen häufig vorkommende Gruppierung $CH_3-C\diagup^{\diagdown}$ ist in einigen Substanzen durch die isomere Gruppierung $CH_2=C\diagup^{\diagdown}$ ersetzt. Beide isomere Formen kommen in Naturprodukten oft nebeneinander vor. Die Terpene oxydieren und verharzen sich sehr leicht.

Aus der Dipentengruppe sind folgende Stoffe zu erwähnen:

Dipenten oder **dl-Limonen**

$$
\begin{matrix}
 & CH_3 & \\
 & | & \\
 & C & \\
H_2C \diagup & \diagdown & CH \\
H_2C \diagdown & \diagup & CH_2 \\
 & CH & \\
 & | & \\
 & C & \\
H_2C \diagup & & \diagdown CH_3
\end{matrix}
$$

Dipenten

außerdem die beiden optisch aktiven Limonene. Siedepunkt 175—176°. $\alpha]_D = \pm\,123°40'$. Die Konstitution des Dipentens, der Limonene und der anderen denselben nahestehenden Stoffe wurde durch die ausgezeichneten Synthesen von PERKIN jun.[1] klargelegt. Sowohl Dipenten als die beiden Limonene sind in großen Ausbeuten aus verschiedenen ätherischen Ölen darstellbar.

α-Phellandren

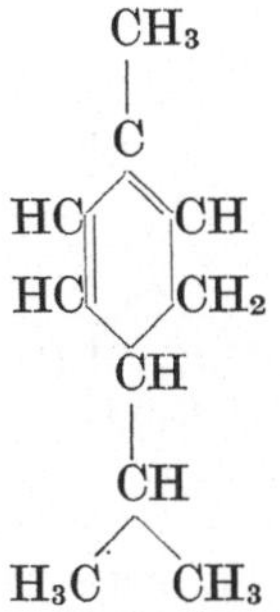

$$\begin{array}{c} CH_3 \\ | \\ C \\ HC \quad CH \\ HC \quad CH_2 \\ CH \\ | \\ CH \\ H_3C \quad CH_3 \end{array}$$

α-Phellandren

Siedepunkt 173—176°. Optisch aktiv. Ist in vielen ätherischen Ölen enthalten. In Naturprodukten findet man immer eine Mischung von beiden isomeren Stoffen: der eine von ihnen wird durch die nebenstehende Formel dargestellt, der andere ist die „Pseudoform", in wel-

cher die Gruppierung
$$\begin{array}{c} CH_3 \\ | \\ C \\ HC \quad CH \end{array}$$
durch
$$\begin{array}{c} CH_2 \\ \| \\ C \\ HC \quad CH_2 \end{array}$$
ersetzt ist.

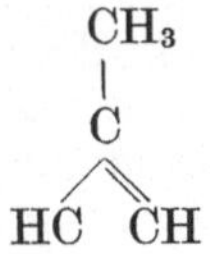

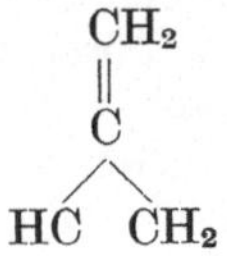

Silvestren. Siedepunkt 175—176°.

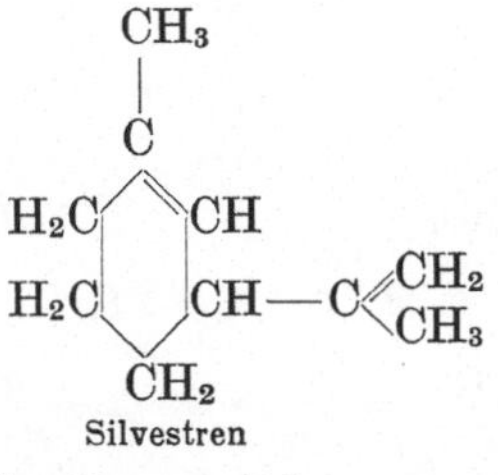

$$\begin{array}{c} CH_3 \\ | \\ C \\ H_2C \quad CH \\ H_2C \quad CH - C \begin{array}{c} CH_2 \\ CH_3 \end{array} \\ CH_2 \end{array}$$

Silvestren

Im ätherischen Öl der Coniferen. Löst man Silvestren in Essigsäureanhydrid und setzt einen Tropfen der konzentrierten Schwefelsäure hinzu, so entsteht eine intensiv blaue Färbung. Die Synthese des Silvestrens hat PERKIN[2] ausgeführt.

---

[1] PERKIN jun.: Journ. of the chem. soc. (London) Bd. 85, S. 654. 1904; Bd. 93, S. 1416 u. 1871. 1908. Vgl. auch DEUSSEN u. HAHN: Ber. d. Dtsch. Chem. Ges. Bd. 43, S. 519. 1910. — WAGNER, G.: Ebenda Bd. 27, S. 1653 u. 2270. 1894. — WALLACH: Liebigs Ann. d. Chem. Bd. 281, S. 127. 1894 u. a.

[2] PERKIN jun. and TATTERSALL: Journ. of the chem. soc. (London) Bd. 91, S. 480. 1907.

Carvon. Siedepunkt 230°. $[\alpha]_D = \pm\, 62{,}1°$.

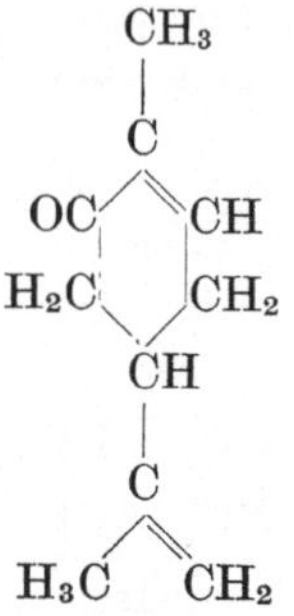

$$CH_3$$
$$|$$
$$C$$
$$OC \diagup \diagdown CH$$
$$H_2C \diagdown \diagup CH_2$$
$$CH$$
$$|$$
$$C$$
$$\diagup \diagdown$$
$$H_3C \quad CH_2$$

Carvon

Carvon ist ein Keton der Dipentengruppe und kommt in Form von beiden optisch-aktiven Formen vor. Riecht stark nach Kümmel. Verwandelt sich beim Erhitzen in das isomere Carvacrol (siehe S. 429), woraus die Leichtigkeit erhellt, mit der einige Terpenarten in Benzolderivate übergehen. Carvon ist im ätherischen Öl von Carum und anderen Umbelliferen enthalten. In einigen Pflanzen ist Carvon mit verschiedenen molekularen Komplexen verbunden.

In betreff der anderen zahlreichen Stoffe der Dipentengruppe sei auf die speziellen Handbücher verwiesen.

In die Pinengruppe gehören Terpene mit der sogenannten „Brückenbindung", die den einfachen Sechsring in einen Sechsring und einen Vierring teilt. Weiter unten wird dargelegt werden, daß die „Brücke" leicht gelöst werden kann, was den Übergang von der Pinengruppe zur Dipentengruppe ermöglicht.

Pinen

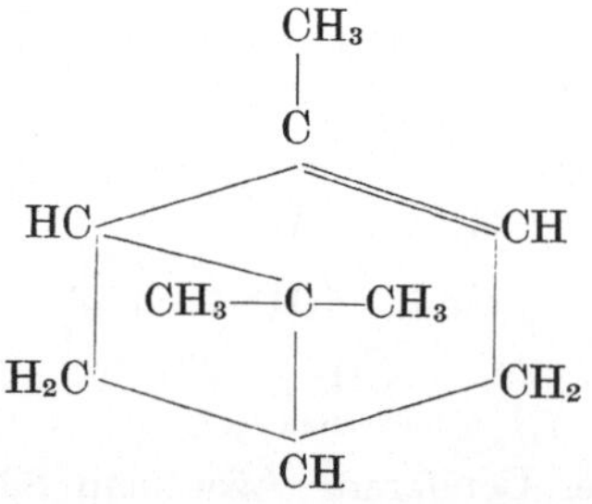

$$CH_3$$
$$|$$
$$C$$
$$HC \diagup \diagdown CH$$
$$CH_3 - C - CH_3$$
$$H_2C \diagdown \diagup CH_2$$
$$CH$$

ist der Hauptbestandteil des gewöhnlichen Terpentinöls aus verschiedenen Pinus-Arten. In Naturprodukten sind die beiden optisch-isomeren Formen, d. i. d- und l-Pinen, enthalten. Siedepunkt 156°; $[\alpha]_D = \pm\, 45°$. Die Konstitution des Pinens ist sicher festgetellt[1]. Der eigenartige Geruch des Terpentinöls hängt von einem aldehydartigen Oxydationsprodukt des Pinens ab[2].

---

[1] WAGNER, G.: Ber. d. Dtsch. Chem. Ges. Bd. 27, S. 1636. 1894. — v. BAEYER, A.: Ebenda Bd. 29, S. 3. 1896.

[2] SCHIFF, H.: Chem. Zeit. Bd. 20, S. 361. 1896.

Borneol

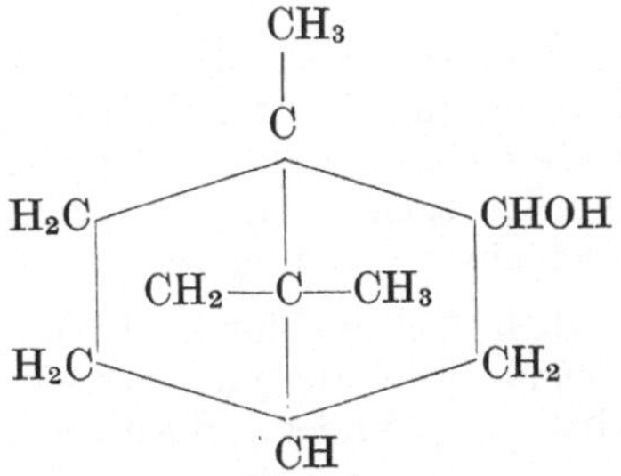

$$\begin{array}{c}
CH_3 \\
| \\
C \\
H_2C \diagup \quad \diagdown CHOH \\
CH_2\!-\!C\!-\!CH_3 \\
H_2C \diagdown \quad \diagup CH_2 \\
CH
\end{array}$$

Borneol

hat, zum Unterschied vom Pinen, eine gerade „Brücke" und besteht
also aus zwei Fünfringen. Schmelzpunkt 203°, Siedepunkt 212°. Kommt
in vielen ätherischen Ölen vor, teils in freiem Zustande, teils in Form
von verschiedenen Estern. Sehr flüchtig.

Campher

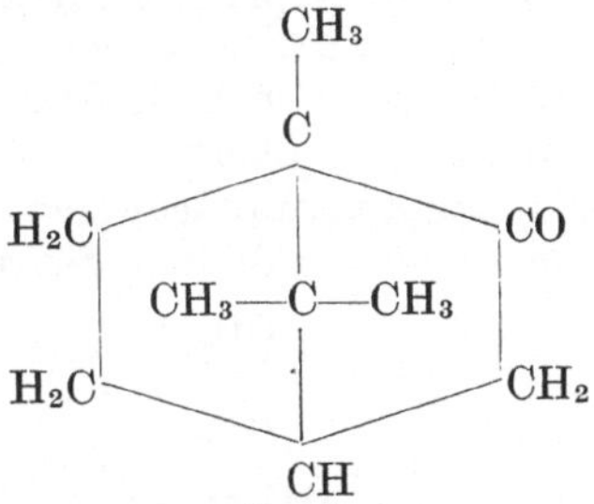

$$\begin{array}{c}
CH_3 \\
| \\
C \\
H_2C \diagup \quad \diagdown CO \\
CH_3\!-\!C\!-\!CH_3 \\
H_2C \diagdown \quad \diagup CH_2 \\
CH
\end{array}$$

Campher

ist wohl die wichtigste Verbindung der Borneolgruppe. Die Konstitution des Camphers ist vollkommen sichergestellt[1]. Der Campher ist
ebenso wie Borneol ein fester Körper. Schmelzpunkt 178°, Siedepunkt
204°; $[\alpha]_D = +45°$. Ist nur in gelöstem und flüssigem Zustande optisch-aktiv. Der Campher wurde früher nur aus dem Drüsensekret von
Laurus camphora dargestellt. Gegenwärtig bereitet man ihn künstlich aus verschiedenen Terpenen (siehe unten).

Unter den Terpenen der Thujongruppe sind folgende interessant:

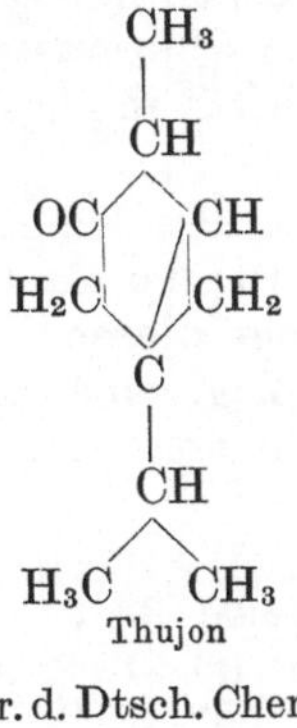

$$\begin{array}{cc}
\begin{array}{c}
CH_3 \\ | \\ CH \\ OC \diagup \diagdown CH \\ H_2C \diagdown \diagup CH_2 \\ C \\ | \\ CH \\ H_3C \diagdown CH_3 \\ \text{Thujon}
\end{array}
&
\begin{array}{c}
CH_2 \\ || \\ C \\ HOHC \diagup \diagdown CH \\ H_2C \diagdown \diagup CH_2 \\ C \\ | \\ CH \\ H_3C \diagdown CH_3 \\ \text{Sabinol}
\end{array}
\end{array}$$

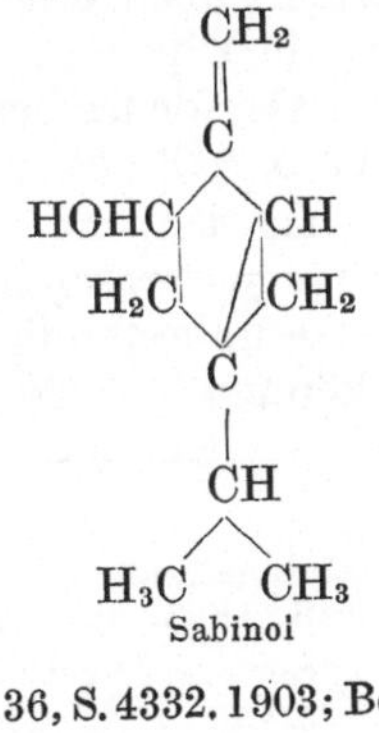

---

[1] Komppa: Ber. d. Dtsch. Chem. Ges. Bd. 36, S. 4332. 1903; Bd. 41, S. 4470. 1908.

Thujon. Siedepunkt 202°. $[\alpha]_D = + 76,16°$[1]). Im ätherischen Öl von **Thuja, Salvia, Tanacetum, Matricaria** usw. Wie aus den obenstehenden Formeln ersichtlich, unterscheidet sich die Thujongruppe von der Dipentengruppe dadurch, daß die Doppelbindung des Dipentens im Thujon durch eine Brückenbindung ersetzt ist, die den Sechsring in einen Fünfring und einen Dreiring teilt.

Sabinol ist der dem Keton Thujon entsprechende Alkohol der „Pseudoklasse" (vgl. oben). Er wurde im ätherischen Öl von **Cupressus** und **Juniperus sabina**[2]) gefunden. Rechtsdrehend; Siedepunkt 208 bis 212°.

In die Klasse der Terpene gehören auch zahlreiche andere Stoffe; hier genügt es aber, die oben beschriebenen typischen Verbindungen zu nennen. Es muß darauf hingewiesen werden, daß sämtliche Formen der Terpene leicht ineinander übergehen; besonders wichtig ist der Umstand, daß aliphatische Terpene leicht zu Ringen geschlossen werden. Es ist dies möglicherweise eine der allgemeinen Arten der physiologischen Bildung von zyklischen Stoffen, da zyklische Terpene ihrerseits leicht in Benzolderivate übergehen.

Sowohl Linaool als Geraniol verwandeln sich durch Einwirkung von saurem Kaliumsulfat bzw. von verdünnten Säuren in Dipenten:

Geraniol	Dipenten	Terpineol

Anderseits erfährt auch Pinen beim Kochen mit verdünnten Säuren eine Umwandlung in Dipenten. Trockener Chlorwasserstoff lagert den Pinenkern durch „Gerademachen der Brücke" in den Borneolkern um (siehe Formel auf S. 423 oben).

Die Bildung der Terpene in den Pflanzen hängt wohl mit wichtigen Lebensvorgängen zusammen. Es ist die Annahme nicht ausgeschlossen, daß die unbeständigsten Formen dieser Verbindungen nicht isoliert werden können, da sie im physiologischen Stoffwechsel sofort weiter verarbeitet werden und sich also in nennenswerten Mengen nie

---

[1]) WALLACH: Liebigs Ann. d. Chem. Bd. 272, S. 99. 1892; Bd. 275, S. 159. 1893; Bd. 277, S. 159. 1893; Bd. 286, S. 90. 1895; Bd. 323, S. 333. 1902 u. a.

[2]) FROMM, E.: Ber. d. Dtsch. Chem. Ges. Bd. 31, S. 2025. 1898; Bd. 33, S. 1191. 1900. — SEMMLER: Ebenda S. 33, S. 1459. 1900.

$$CH_3.CHO + CH_3.CO.CH_3 \longrightarrow \begin{matrix} CH_3 \\ {} \\ CH_3 \end{matrix}\!\!\!\diagdown\!\!\!\diagup C{=}CH{-}CHO + H_2O.$$

anhäufen. Nach dieser Auffassung sind uns nur die besonders stabilen und daher weniger lebenswichtigen Stoffe dieser Klasse bekannt. Die Terpene wurden in allen Gruppen der Samenpflanzen und gar in Lebermoosen gefunden. Sie scheinen jedoch in chlorophyllfreien Pflanzen nicht vorzukommen.

Die physiologische Rolle der Terpene ist nicht klargelegt. An dieser Stelle wäre nur die leichte Oxydierbarkeit dieser Stoffe hervorzuheben. Die Verteilung der ätherischen Öle in verschiedenen Teilen einer und derselben Pflanze scheint in erster Linie von der Einwirkung des Sauerstoffs auf die Terpenbildung abhängig zu sein[1]).

Einige Forscher nehmen an, daß Terpene aus den Spaltungsprodukten der Eiweißstoffe hervorgehen; andere neigen sich dagegen zur Ansicht, daß Zucker die Muttersubstanz der Terpene darstellt. Es ist wohl möglich, daß Terpene ebenso wie die Carbonsäuren sowohl aus Zucker als aus Eiweiß entstehen können.

v. EULER[2]) nimmt an, daß Terpene aus Zucker entstehen, und zwar auf dem Wege über Acetaldehyd, der sich mit Aceton verkettet. Letztere Verbindung wurde in Pflanzen gefunden[3]) und könnte aus Triosen hervorgehen, die auf den ersten Stufen der alkoholischen Gärung als intermediäre Produkte auftreten. Aus Acetaldehyd und Aceton entsteht nach v. EULER zunächst β-Methylcrotonaldehyd.

Durch Kondensation von zwei Molekülen des Methylcrotonaldehyds und Reduktion des entstandenen Produkts bildet sich Geraniol:

---

[1]) PIGULEWSKI, G.: Journ. d. russ. chem. Ges. Bd. 54, S. 262. 1923.

[2]) v. EULER, H.: Grundlagen und Ergebnisse der Pflanzenchemie Bd. 3, S. 219. 1904.

[3]) PALLADIN, W. u. KOSTYTSCHEW, S.: Zeitschr. f. physiol. Chem. Bd. 48, S. 214. 1906. — Dies.: Ber. d. dtsch. botan. Ges. Bd. 24, S. 273. 1906.

$$2 \begin{array}{c} CH_3 \\ \diagdown \\ CH_3 \diagup \end{array} C{=}CH{-}CHO + 4H =$$

$$\begin{array}{c} CH_3 \\ \diagdown \\ CH_3 \diagup \end{array} C{=}CH{-}CH_2{-}CH_2{-}\underset{\underset{CH_3}{|}}{C}{=}CH{-}CH_2OH + H_2O.$$

Noch wahrscheinlicher scheint die Auffassung zu sein, laut welcher die Methylgruppen der Terpene im speziellen Methylierungsvorgange entstehen. Bei Verarbeitung einiger Aminosäuren und Purinderivate findet zweifellos eine Methylierung statt. So entsteht Betain aus Glykokoll durch Anlagerung von Methylgruppen. Nur auf diese Weise wird die Caffein- und Theobrominbildung aus Xanthin begreiflich. Auch die Synthesen vieler Alkaloide finden unter Anteilnahme einer direkten Methylierung statt. Möglicherweise entstehen auch die Methylgruppen des Valins bzw. Leucins auf dieselbe Weise. PICTET[1]) hält Formaldehyd für den Methylierungsfaktor in Pflanzengeweben. TRIER[2]) glaubt dagegen schließen zu dürfen, daß namentlich Methylalkohol, das erste Reduktionsprodukt des Formaldehyds, die Rolle des methylierenden Agens spielt. Wahrscheinlich sind in Pflanzen auch spezifische Methylierungsfermente vorhanden.

Auf Grund des soeben Dargelegten ist die Annahme nicht ausgeschlossen, daß auch die Methylierung der Terpene auf eine analoge Weise vor sich geht. Ist doch der Umstand im Auge zu behalten, daß Terpene namentlich in chlorophyllhaltigen Pflanzen in großen Mengen entstehen. Im Lichte erzeugt die Pflanze allem Anschein nach den Formaldehyd, den Methylierungsfaktor. Direkte Beobachtungen zeigen denn auch, daß Licht die Bildung der ätherischen Öle in Pflanzen befördert[3]).

Die Begriffe „Terpene" und „ätherische Öle" sind keine Synonymen, da in ätherischen Ölen außer den Terpenen noch verschiedene andere Stoffe, in erster Linie die sogenannten **Harze**, gefunden wurden. Die Harzlösungen bezeichnet man oft als **Balsame**. Harze sind keine einheitlichen chemischen Verbindungen, sondern vielmehr Gemische von verschiedenartigen Komponenten. Daher ist die Systematik der Pflanzenharze nicht auf deren chemische Zusammensetzung gegründet[4]). Harze sind immer amorphe, oft gefärbte Stoffe, die sich bei Sauerstoffzutritt leicht oxydieren. Besonders auffallend ist der sogenannte pathologische Harzfluß. Ebenso wie die in vorigem Kapitel erwähnte Gummibildung

---

[1]) PICTET, A.: Arch. sc. phys. et nat., Genève. S. 329. 1905. — Ders.: Arch. de pharmacie Bd. 244, S. 389. 1906. — PICTET, A. und COURT: Ber. d. Dtsch. Chem. Ges. Bd. 40, S. 377. 1907.

[2]) TRIER: Über einfache Pflanzenbasen 1912.

[3]) LUBIMENKO, W.: Mitt. a. d. botan. Garten in Petersburg Bd. 16. 1916. (Russisch.) — Ders. u. FICHTENHOLZ, S.: Mitt. a. d. wiss. Inst. v. LESHAFT Bd. 1. 1920. (Russisch.)

[4]) TSCHIRCH: Die Harze. 2. Aufl. 1906.

ist der Harzfluß eine vom biochemischen Standpunkt aus sehr interessante Erscheinung, die leider nur äußerst lückenhaft untersucht worden war.

Viele Harze spielen eine wichtige Rolle in der Medizin und Technik; daher haben verschiedene Forscher nach den in den Harzen enthaltenen einheitlichen chemischen Verbindungen gefahndet. Man hat aus Harzen verschiedene Alkohole, Gerbstoffe, Säuren und eigenartige stabile „Resene" isoliert. Unter den Resinolen, d. i. Harzalkoholen sind die den Terpenen ähnlichen **Amyrine**[1]), und zwar α-Amyrin, Schmelzpunkt 180—181°, und β-Amyrin, Schmelzpunkt 193 bis 194°, zu erwähnen. Die den Amyrinen nahestehenden Stoffe wurden aus dem technisch wichtigen Guttapercha isoliert.

Resinotannole sind wahrscheinlich Kondensationsprodukte der Phenolderivate, von gelber oder brauner Farbe. Bei der Oxydation mit Salpetersäure liefern einige Resinotannole Pikrinsäure.

Harz- oder **Resinolsäuren** scheinen mit den Terpenen verwandt zu sein. Bei der Destillation von Resinolsäuren erhält man gewöhnlich den Kohlenwasserstoff Reten, ein Phenantrenderivat:

$$\text{Reten}$$

Reten ist ein wichtiger Bestandteil des Nadelholzteers; Schmelzpunkt 98,5°; wenig löslich in Alkohol, leicht löslich in Äther. Charakteristisch ist Tetrabromreten $C_{18}H_{14}Br_4$. Wir sind wohl berechtigt anzunehmen, daß Resinolsäuren Retenderivate sind. **Abiëtinsäure** ist ein Muster von Harzsäuren. Sie bildet den Hauptbestandteil des amerikanischen Kolophoniums und der Harze verschiedener Coniferen. Die Abietinsäure enthält eine Carboxylgruppe und den Retenring mit seiner Isopropylgruppe. Die chemische Konstitution der **Resene** ist völlig unbekannt.

Kautschuk ist im Milchsaft verschiedener Pflanzen enthalten. Zu technischen Zwecken verwendet man den Milchsaft einiger tropischen Bäume, wie z. B. Hevea braziliensis, Manihot Glaziovii, M. dichotoma, M. heptaphylla usw. Im Milchsaft soll ein kolloider Kautschuk bereits vorgebildet sein; es ist allerdings kaum zweifelhaft, daß derselbe ein Polymerisationsprodukt von bestimmten anderen Bestandteilen des Milchsaftes darstellt.

Kautschuk steht in chemischer Hinsicht den Terpenen nahe und ist ein zyklischer Kohlenwasserstoff. Der sogenannte künstliche Kautschuk[2]) entsteht bei der Kondensation des Isoprens $CH_2{=}CH{-}C(CH_3){=}CH_2$ unter der Einwirkung von konzentrierter Essigsäure im geschmolzenen

---

[1]) VESTERBERG: Ber. d. Dtsch. Chem. Ges. Bd. 20, S. 1242. 1887; Bd. 23, S. 3186. 1890; Bd. 24, S. 3834 u. 3836. 1891.

[2]) HOFFMANN, F.: Chem. Zeit. Bd. 36, S. 946. 1912. — HARRIES, C.: Gummi-Zeitschr. Bd. 24, S. 850. 1910. — Ders.: Ber. d. Dtsch. Chem. Ges. Bd. 48, S. 863. 1915. — PERKIN jun., W. H.: Journ. of the soc. of chem. ind. Bd. 31, S. 616. 1912.

Rohr bei 100°. Nach OSTROMYSLENSKY[1]) erhält man leicht den Kautschuk aus β-Myrcen, einem aliphatischen Terpen, das in manchen Pflanzen vorkommt und auch synthetisch aus Isopren dargestellt werden kann.

$$2\,CH_2\!:\!CH.C(CH_3)\!:\!CH_2 \longrightarrow CH_2\!=\!CH\!-\!\underset{\underset{CH_3}{|}}{C}\!=\!CH\!-\!CH_2\!-\!CH_2\!-\!C\!\!\Big\langle{\!\!\!\!\!{}^{CH_2}_{CH_3}}$$

β-Myrcen

Beim Erwärmen von β-Myrcen mit Natrium und Benzoylperoxyd erhält man den „künstlichen Kautschuk".

Die meisten Forscher schreiben dem Kautschuk ein sehr großes Molekulargewicht zu. Nach HARRIES[2]) spielt im Kautschuk die Gruppierung $=C(CH_3)\!-\!CH_2\!-\!CH_2\!-\!CH=$ eine wichtige Rolle. Sehr wahrscheinlich sind im Kautschuk Dimethylcyclooctadienkomplexe enthalten.

1,5-Dimethylcyclooctadien

OSTROMYSLENSKY nimmt an, daß Kautschuk ein Kondensationsprodukt von β-Myrcen ist. Der genannte Forscher kommt auf Grund verschiedener Erwägungen zu dem Schluß, daß das Molekulargewicht von Kautschuk nicht so hoch liegt, wie es andere Verfasser annehmen.

Guttapercha kommt wohl dem Kautschuk sehr nahe. Diese wichtige Substanz ist im Milchsaft einiger Sapotaceen, Asclepiadaceen und Apocyneen enthalten. Nach der Ansicht von HARRIES ist Guttapercha eine stereoisomere Form des Kautschuks.

Die Kautschukbildung in Pflanzen ist allem Anschein nach ein der Terpenbildung sehr nahestehender Vorgang. Es ist nicht möglich, die Bildungsweise von Kautschuk in Pflanzen näher zu besprechen, da die unmittelbare Muttersubstanz des Kautschuks, deren Polymerisation das natürliche Produkt ergibt, nicht bekannt ist.

Hydroaromatische Verbindungen. Diese Stoffe sind Derivate des Hexahydrobenzols (Hexamethylens) C_6H_{12}. Sie wurden bereits bei der

---

[1]) OSTORMYSLENSKY, A.: Journ. d. russ. chem. Ges. Bd. 47, S. 1910, 1928, 1932 u. 1941. 1915. (Russisch.) Vgl. auch LUFF: Journ. of the soc. of chem. ind. Bd. 35, S. 983. 1916.

[2]) HARRIES, C.: Ber. d. Dtsch. Chem. Ges. Bd. 38, S. 3985. 1905.

Besprechung der Zuckerarten erwähnt, da die mehrwertigen hydroaromatischen Alkohole sich in lebenden Zellen mit überraschender Geschwindigkeit in Zuckerarten verwandeln. Auch der umgekehrte Vorgang der Umlagerung der Zuckerarten in zyklische mehrwertige Alkohole scheint leicht von statten zu gehen. Die theoretische Bedeutung dieses Vorganges erhellt daraus, daß einige hydroaromatische Stoffe auch außerhalb der lebenden Zelle leicht in Phenolderivate übergehen. Auf diese Weise ist also eine Synthese der in Pflanzen sehr verbreiteten aromatischen Stoffe aus Zucker über die Zwischenstufe der hydroaromatischen Verbindungen denkbar.

d-Quercit $C_6H_7(OH)_5$ (Pentaoxyhexahydrobenzol). Schmelzpunkt 234°; $[\alpha]_D = + 24{,}2^\circ$. Süße Prismen. Zuerst in Eicheln gefunden[1]), kommt Quercit auch in verschiedenen anderen Pflanzen vor. Isomer mit Quercit ist **Polygalit** aus **Polygala amara**[2]).

i-Inosit $C_6H_6(OH)_6$ [3]) (Hexaoxyhexahydrobenzol) kommt seinen Eigenschaften nach den Hexosen so nahe, daß es eine Zeitlang als „zyklischer Zucker" bezeichnet wurde. Die empirische Formel des Inosits $C_6H_{12}O_6$ ist mit derjenigen der Hexosen identisch. Besonders interessant ist Phytin, der Hexaphosphorsäureester des Inosits $C_6H_6-(O-H_2PO_3)_6$ (vgl. S. 270).

Die in Pflanzen vorkommenden Inositäther sind: **Bornesit**, der Monomethyläther, **Dambonit**, der Dimethyläther (beide im Kautschuk gefunden), **Pinit**, der optisch aktive Methyläther des d-Inosits (im Cambialsaft der Coniferen), **Quebrachit**, der optisch aktive Äther des l-Inosits (im Milchsaft des Kautschukbaumes Hevea brasiliensis).

Die hydroaromatischen isomeren Ketone **Iron** und **Jonon** sind zähflüssige Öle. Iron ist die Ursache des Veilchenduftes[4]). Siedepunkt 144° bei 16 mm. Jonon hat denselben Geruch, ist aber ein künstliches synthetisches Produkt, das durch Kondensation von Citral mit Aceton[5]) dargestellt wird.

$$\begin{array}{cc}
\begin{array}{c}
H_3C \quad CH_3 \\
\diagdown / \\
C \\
HC \diagup \diagdown CH.CH:CH.CO.CH_3 \\
HC \diagdown \diagup CH.CH_3 \\
CH_2 \\
\text{Iron}
\end{array}
&
\begin{array}{c}
H_3C \quad CH_3 \\
\diagdown / \\
C \\
H_2C \diagup \diagdown CH.CH:CH.CO.CH_3 \\
H_2C \diagdown \diagup C.CH_3 \\
CH \\
\text{Jonon}
\end{array}
\end{array}$$

Chinasäure (Hexahydrotetraoxybenzoësäure). Schmelzpunkt $161{,}5^\circ$; $[\alpha]_D = - 43{,}8^\circ$.

---

[1]) BRACONNOT: Ann. de chim. et de physique (3), Bd. 27, S. 392. 1849.

[2]) CHODAT, R.: Ann. sc. phys. et nat., Genève. S. 590. 1888.

[3]) MAQUENNE, L.: Cpt. rend. hebdom. des séances de l'acad. des sciences Bd. 104, S. 1719. 1887; Bd. 109, S. 811. 1889. — MAQUENNE et TANRET: Ebenda Bd. 110, S. 86. 1889.

[4]) TIEMANN u. KRÜGER: Ber. d. Dtsch. Chem. Ges. Bd. 26, S. 2675. 1893.

[5]) BARBIER et BOUVEAULT: Bull. de la soc. chim. (3), Bd. 15, S. 1002. 1896. — TIEMANN: Ber. d. Dtsch. Chem. Ges. Bd. 31. S. 808. 1898.

$$\begin{array}{c}\mathrm{CHOH}\\[-2pt]\mathrm{HOHC}\diagup\quad\diagdown\mathrm{CHOH}\\[-2pt]\mathrm{H_2C}\diagdown\quad\diagup\mathrm{CH_2}\\[-2pt]\mathrm{COH}\\[-2pt]|\\[-2pt]\mathrm{COOH}\end{array}$$

Ist in großen Mengen in Kaffeebohnen, in Chinarinden, in Heidelbeeren und in vielen anderen Pflanzen enthalten. Diese interessante Substanz ist einerseits ein Material der Zuckerbildung durch Mikroorganismen[1]), andererseits verwandelt sie sich leicht in Hydrochinon und Protocatechussäure:

$$C_7H_{12}O_6 + O = C_6H_6O_2 + CO_2 + 3\,H_2O.$$
Hydrochinon

Nach den neuesten Angaben ist eine Bildung von Protocatechussäure, Brenzcatechin und Hydrochinon in Kulturen des Schimmelpilzes Aspergillus niger auf Chinasäure bemerkbar[2]). Es liegt also die Annahme nahe, daß Chinasäure manchmal als eine Übergangsstufe von Zucker zu den Benzolderivaten und namentlich Gerbstoffen dient:

Phenole und andere aromatische Verbindungen. Phenole besitzen, wie bekannt, saure Eigenschaften und bilden ziemlich beständige Verbindungen mit Metallen (Phenolate). Die Phenolester verseifen sich leicht. Beachtenswert ist die Fähigkeit des Phenolats, CO_2 anzulagern und in die Carboxylgruppe zu verwandeln:

$$C_6H_5ONa + CO_2 = C_6H_5O.COONa = C_6H_4(OH).COONa.$$
Phenolat Na-Salz der Salicylsäure

Die Phenolsäuren spalten leicht CO_2 ab. Die mehrwertigen Phenole oxydieren sich leicht, namentlich in alkalischer Lösung, und der Benzolkern wird nach Anlagerung von mehreren Hydroxylen ziemlich leicht gesprengt.

Thymol (1-Methyl-4-isopropyl-3-phenol). Schmelzpunkt 50°.

$$\begin{array}{c}\mathrm{CH_3}\\[-2pt]|\\[-2pt]\diagup\diagdown\\[-2pt]|\quad\;\;|\mathrm{OH}\\[-2pt]\diagdown\diagup\\[-2pt]|\\[-2pt]\mathrm{CH}\\[-2pt]\diagup\;\diagdown\\[-2pt]\mathrm{H_3C}\quad\mathrm{CH_3}\end{array}$$
Thymol

[1]) Kostytschew, S.: Zeitschr. f. physiol. Chem. Bd. 111, S. 236. 1920.
[2]) Butkewitsch, W.: Biochem. Zeitschr. Bd. 145, S. 442. 1924.

In verschiedenen ätherischen Ölen enthalten[1]). Ist vielleicht ein Zwischenglied zwischen den Terpenen der Dipentengruppe und den aromatischen Stoffen. Die Seitenketten des Thymols sind mit denjenigen der Terpene identisch.

Carvacrol (1-Methyl-4-isopropyl-2-phenol) ist mit Thymol isomer. Flüssig; Siedepunkt 236°. Findet sich ebenfalls in vielen ätherischen Ölen[2]).

Brenzcatechin $C_6H_4(OH)_2$ (1, 2-Dioxybenzol). Schmelzpunkt 105°. Reduziert Silbernitrat in der Kälte. Oxydiert sich leicht in alkalischer Lösung unter Bildung von braunen Stoffen. Ist namentlich in Salix-Arten sehr verbreitet. Der Methyläther des Brenzcatechins **Guajacol** $C_6H_4(OH).O.CH_3$, Schmelzpunkt 31°, ist noch leichter oxydierbar.

Hydrochinon $C_6H_4(OH)_2$ (1, 4-Dioxybenzol). Schmelzpunkt 172°. Oxydiert sich zu rotem Chinon. Hydrochinon ist im Glucosid Arbutin enthalten und in dieser Form im Pflanzenreiche sehr verbreitet.

Phloroglucin $C_6H_3(OH)_3$ (1, 3, 5-Trioxybenzol). Schmelzpunkt 207°. Ist in sehr vielen Glucosiden und Gerbstoffen enthalten. Oxydiert sich leicht unter Ringsprengung. Als Derivate des Phoroglucins sind die verschiedenen **Farnsäuren** anzusehen. Diese Stoffe enthalten keine Carboxylgruppen und ihre sauren Eigenschaften sind von den Phenolgruppen abhängig. In Farnsäuren wie in sämtlichen Phloroglucinderivaten bilden sich leicht Ketongruppen durch intramolekulare Umlagerung nebst Verwandlung des Benzolringes in den Hexamethylenring.

Unter den aromatischen Kohlenwasserstoffen ist nur
Cymol

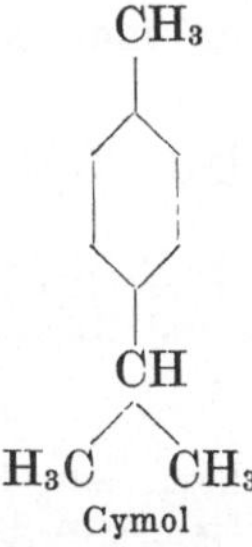

in Pflanzen verbreitet. Flüssig; Siedepunkt 175°. Ist in vielen ätherischen Ölen der Pflanzen enthalten[3]). Der Zusammenhang des Cymols mit den Terpenen ist naheliegend. Sowohl Cymol selbst, als seine

---

[1]) Vgl. GOULDING, E. and PELLY: Proc. of the chem. soc. Bd. 24, S. 63. 1908. — DOVERI, L.: Ann. de chim. et de physique (3), Bd. 20, S. 174. 1847. — RODIÉ, J.: Bull. de la soc. chim. de France (4), Bd. 1, S. 492. 1907.

[2]) UMNEY, J. C. and BENNETT, C. T.: Pharm. journ. (4), Bd. 21, S. 860. 1905. — HOLMES, E. M.: Ebenda Bd. 79, S. 378. 1907. — PICKLES: Journ. of the chem. soc. (London) Bd. 93, S. 862. 1908 u. a.

[3]) PICKLES: a. a. O. — WAKEMAN: Chem. abstr. of the Americ. chem. soc. S. 1170. 1912. — RODIÉ: a. a. O. u. a.

Phenole, Carvacrol und Thymol können leicht aus verschiedenen Terpenen erhalten werden.

Die aromatischen Alkohole und Ketone sind in verschiedenen pflanzlichen Sekreten, Balsamen und Harzen verbreitet.

Benzylalkohol C_6H_5—CH_2OH. Siedepunkt 206°. Findet sich als Essigsäureester im ätherischen Öl der Jasminblüten[1]); als Benzoesäureester und Zimtsäureester im Perubalsam und anderen Balsamen[2]).

Zimtalkohol (Styron) C_6H_5—$CH=CH$—CH_2OH.[3]). Schmelzpunkt 33°. Bildet als Zimtsäureester den Hauptbestandteil des wertvollen Balsams aus der Rinde von Liquidambar styracifluum und L. orientale; findet sich auch im Perubalsam.

Saligenin C_6H_4OH—CH_2OH (2-Oxybenzylalkohol). Schmelzpunkt 82°. Als Glucosid Salicin in der Rinde verschiedener Salix- und Populus-Arten[4]) enthalten.

Benzaldehyd C_6H_5—CHO. Siedepunkt 179°. Ein stark lichtbrechendes Öl. Findet sich in dem sehr verbreiteten Glucosid Amygdalin und kommt auch als Spaltungsprodukt des genannten Glucosids in freiem Zustande vor[5]).

Zimtaldehyd C_6H_5—$CH=CH$—CHO. Siedepunkt 252°. Ein mit Wasserdampf flüchtiges Öl. Ist in ätherischen Ölen verbreitet. Verwandelt sich wahrscheinlich nach Cannizzaro in den Ester von Zimtalkohol und Zimtsäure (vgl. oben).

Vanillin $C_6H_4(OH)(O.CH_3)$—CHO (3-Methyläther des 3,4-Dioxybenzaldehyds). Schmelzpunkt 87°[6]). Ist in verschiedenen Glucosiden verbreitet und in den Schoten von Vanilla planifolia in großer Menge enthalten.

Die aromatischen Carbonsäuren sind in Pflanzen meistens in Form von Estern und Lactonen enthalten, kommen aber auch in freiem Zustande vor. Sie sind krystallinische Stoffe, die nicht alle leicht in Wasser löslich, aber in Alkohol und Äther immer gut löslich sind. Beachtenswert sind die Lactone der ungesättigten 1,2-Oxysäuren, man nennt sie Cumarine. Diese Stoffe kann man aus Phenolen und Äpfelsäure synthetisch darstellen.

$$C_6H_5OH + COOH.CH_2.CHOH.COOH + O = C_6H_4\diagdown\begin{matrix}O-CH\\ |\\ CH=CH\end{matrix} + 3H_2O + CO_2.$$

Benzoësäure C_6H_5—$COOH$. Schmelzpunkt 121°. Als Ester verschiedener Alkohole in ätherischen Ölen und Harzen verbreitet[7]). Wenig löslich in kaltem Wasser.

---

[1]) Hesse, A.: Ber. d. Dtsch. Chem. Ges. Bd. 32, S. 2611. 1899.

[2]) Kachler, J.: Ber. d. Dtsch. Chem. Ges. Bd. 2, S. 512. 1869. — Busse, E.: Ebenda Bd. 9, S. 830. 1876 u. a.

[3]) Gössmann: Liebigs Ann. d. Chem. Bd. 99, S. 376. 1856.

[4]) Leroux: Ann. de chim. et de physique (2), Bd. 43, S. 440. 1830. — Bridel: Journ. de pharmacie et de chim. (7), Bd. 19, S. 429. 1919; Bd. 20, S. 14. 1919. — Irvine, J. C. and Rose, R. E.: Proc. of the chem. soc. Bd. 22, S. 113. 1906. — Dies.: Journ. of the chem. soc. (London) Bd. 89, S. 814. 1906 u. a.

[5]) Wahlbaum, H.: Journ. f. prakt. Chem. Bd. 68, S. 325 u. 424. 1903. — Dodge: Journ. of Ind. and Eng. chem. Bd. 10, S. 1005. 1918.

[6]) Tiemann u. Haarmann: Ber. d. Dtsch. Chem. Ges. Bd. 7, S. 608. 1874; Bd. 8, S. 1175. 1875. — Busse: Arb. a. d. Reichs-Gesundheitsamte Bd. 15, S. 1. 1899.

[7]) Die erste Angabe bei Mason, G. F.: Journ. of the Americ. chem. soc. Bd. 27, S. 613. 1905.

Zimtsäure $C_6H_5—CH=CH—COOH$. Schmelzpunkt 133°. In vielen Balsamen, auch in Blättern verschiedener Pflanzen. Das Calciumsalz ist in Wasser wenig löslich[1]).

Salicylsäure $C_6H_4(OH)—COOH$ (2-Oxybenzoësäure). Schmelzpunkt 155 bis 156°. Die salicylsauren Salze der einwertigen Metalle sind wasserlöslich, die Salze der zweiwertigen Metalle sind aber meistens schwer löslich. Die Salicylsäure ist in Pflanzen sehr verbreitet, und zwar vorwiegend in Form von Estern und Glucosiden[2]). Läßt sich von den aliphatischen Säuren durch Chloroform leicht trennen.

Unter den übrigen allgemein verbreiteten Säuren sind noch die o-Oxyzimtsäuren zu erwähnen, die teils in freiem Zustande, meistens aber in Form von Cumarinen (siehe oben) vorkommen.

Cumarsäure $C_6H_4(OH)—CH=CH—COOH$ (2-Oxyzimtsäure). Schmelzpunkt 207—208°. Meistens in Form ihres Lactons, des sogenannten Cumarins in verschiedenen Pflanzen enthalten[3]).

Cumarin

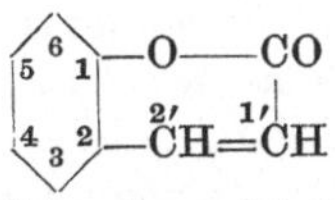

$$\begin{array}{c} \overset{6}{\underset{5\ \ \ 1}{}} \ \\ \text{(Benzolring 1-6)} \end{array} \begin{cases} 1\text{—}O\text{——}CO \\[4pt] 2\text{—}\underset{2'}{CH}\text{=}\underset{1'}{CH} \end{cases}$$

ist ein duftiger, fester Stoff. Schmelzpunkt 67°. Bildet den Hauptbestandteile der Geruchstoffe einer großen Anzahl von Pflanzen, sowohl in Europa als in den Tropen, wie z. B. von **Anthoxanthum odoratum** und anderen Gräsern, von **Asperula odorata**, **Galium**- und **Melilotus**-Arten, Farnen, **Phoenix** usw.

Kaffeesäure $C_6H_3(OH)_2—CH=CH—COOH$ (3,4-Dioxyzimtsäure). Schmelzpunkt 195°. Ist ein Bestandteil des unter dem Namen Kaffeegerbsäure bekannten Gerbstoffes und bildet in Verbindung mit Chinasäure die sogenannte Chlorogensäure (siehe unten).

Cumarinderivate sind in Pflanzen sehr verbreitet. Darunter seien hier nur **Daphnetin** (3, 4-Dioxycumarin) und **Äsculetin** (4, 5-Dioxycumarin) erwähnt. Ersterer findet sich als Glucosid Daphnin in einigen **Daphne**-Arten, letzterer ist als Glucosid Äsculin in vielen Pflanzen enthalten.

Das Problem der Bildung der aromatischen Stoffe in Pflanzen ist noch nicht gelöst. Die große Mannigfaltigkeit der Benzolderivate im Pflanzenreich ist überraschend; in den Tieren sind keine so zahlreichen aromatischen Stoffe zu verzeichnen. Es liegt also die Annahme nahe, daß Benzolderivate in Samenpflanzen in erster Linie aus dem Überschuß der im Lichte aufgebauten Zuckerarten entstehen, der nicht zu den allgemeinen Zwecken des Bau- und Betriebsstoffwechsels verwertet worden war. Der Übergang von den Zuckerarten zu den aromatischen Verbindungen ist sowohl über Terpene[4]) als über hydroaromatische Stoffe denkbar. Oben wurde der mögliche Übergang der Zuckerarten in die genannten Stoffe angezeigt. Was nun die Dehydrie-

---

[1]) Schering, K.: Pharm. Weekbl. Bd. 44, S. 984. 1907.

[2]) Griffiths, G.: Chem. news Bd. 60, S. 59. 1889. — Power, F. B. and Salway: Americ. journ. of pharmacy Bd. 83, S. 1. 1911 u. a.

[3]) Schiff: Ber. d. Dtsch. Chem. Ges. Bd. 5, S. 665. 1872. — Tiemann u. Herzfeld: Ebenda Bd. 10, S. 283. 1877 u. a.

[4]) Campher verwandelt sich z. B. in Cymol unter der Einwirkung von P_2O_5. Vgl. Dumas et Delalande: Ann. de chim. et de pharmacie Bd. 38, S. 342. 1841. Ebenso leicht ist eine Cymolbildung aus Sabinol und einigen anderen Terpenen zu erzielen. Dies ist die übliche Methode der Cymoldarstellung.

rungsvorgänge anbelangt, die von den Terpenen bzw. Hexamethylen-
derivaten zu den Phenolderivaten führen, so kommen derartige Reaktionen in lebenden Pflanzenzellen glatt zustande.

Auch aromatische Aminosäuren können durch Abspaltung der Seiten-
ketten nebst Desaminierung verschiedene aromatische Alkohole und
Säuren ergeben. So verläuft die Desaminierung des Tyrosins nach
F. Ehrlich (S. 381) auf folgende Weise[1]:

$$C_6H_4(OH) . CH_2 . CH(NH_2) . COOH + H_2O =$$
Tyrosin

$$C_6H_4(OH) . CH_2 . CH_2OH + NH_3 + CO_2.$$
Tyrosol

Es ist aber im Auge zu behalten, daß die Kohlenstoffgerüste der
aromatischen Säuren selbst aus Zucker synthesiert werden.

Gerbstoffe. Als Gerbstoffe bezeichnet man eine Gruppe von Pflanzenstoffen, die einen herben Geschmack haben, mit Eisensalzen schwarze
Niederschläge liefern, auch mit Kaliumbichromat, Eiweiß und Alkaloiden
schwer lösliche Verbindungen eingehen und sich bei der Oxydation in
rotbraune amorphe Stoffe, die sogenannten Phlobaphene, verwandeln.
Eine derartige Farbenraktion tritt z. B. auf der Schnittfläche eines
zerschnittenen Apfels und einiger anderen saftigen Früchten ein[2].

Die bisher untersuchten Gerbstoffe enthalten immer Phenolsäuren;
sie sind in den Pflanzen weit verbreitet, befinden sich aber gewöhnlich
nicht im Plasma, sondern im Zellsaft. Nach Freudenberg[3] sind Gerbstoffe in zwei große Gruppen einzuteilen. In die erste Gruppe gehören
hydrolysierbare Stoffe, namentlich Ester und Glucoside, in die zweite
Gruppe sind nicht hydrolysierbare Stoffe mit komplizierten Ringen zu
zählen. Die einen von ihnen enthalten Phloroglucin, die anderen sind
phloroglucinfrei. Als die verbreitetsten Komponenten der Gerbstoffe
sind folgende zu erwähnen:

Protocatechusäure (3, 4-Dioxybenzoesäure). Schmelzpunkt 194 bis
195°. Reduziert ammoniakalische Silberlösung und liefert mit Eisen-
chlorid eine blaugrüne Färbung. Protocatechusäure ist in vielen Gerbstoffen enthalten. In freiem Zustande kommt sie in der Weinrebe vor.

Protocatechusäure   Gallussäure $+ H_2O$

---

[1] Ehrlich, F.: Biochem. Zeitschr. Bd. 79, S. 232. 1917; vgl. auch Yukawa,
M.: Journ. of the coll. of agricult. of Tokyo Bd. 5, S. 291. 1915.

[2] Literatur über Gerbstoffe: Perkin and Everest: The natural colouring
Matters 1918. — Fischer, E.: Untersuchungen über Depside und Gerbstoffe
1919. — Freudenberg, K.: Die Chemie der natürlichen Gerbstoffe 1920. —
Lloyd, F.: Journ. of the Americ. leather-chem. assoc. Bd. 17, Sd. 436. 1922.

[3] Freudenberg, K.: a. a. O.

Gallussäure (3, 4, 5-Trioxybenzoesäure. Schmelzpunkt 240°. Oxydiert sich leicht an der Luft unter Bildung von braunen Produkten. Ist in vielen „Depsiden"[1]), d. i. glucosidartigen hydrolysierbaren Gerbstoffen enthalten.

Tannin, ein Depsid von nicht sichergestellter Konstitution[2]), ist ein typischer Vertreter dieser Gruppe der Gerbstoffe. Tannin liefert eine Anzahl von charakteristischen Farbenreaktionen[3]) und wird durch die Fermente von einigen Pilzen unter Bildung von Gallussäure hydrolysiert[4]). Es ist in Pflanzen sehr verbreitet.

Ellagsäure

$$\text{Ellagsäure-Formel}$$

Gelbliches Pulver[5]). Schmilzt nicht, sondern sublimiert, teilweise unter Zersetzung. Ellagsäure bildet sich aus Gallussäure bei schwacher Oxydation, und zwar beim Stehenlassen in alkoholischer Lösung[6]). Diese Reaktion zeigt, wie leicht die Kondensation der aromatischen Bestandteile der Gerbstoffe zustande kommt. Ellagsäure ist in vielen Gerbstoffen enthalten.

Chlorogensäure

$$HO-C_6H_3-CH=CH-CO-O-C_6H_7(OH)_3-COOH$$

Kaffeesäurerest   Chinasäurerest

ist ein Depsid[7]), dessen Spaltung durch dieselben Fermente hervorgerufen wird, welche Tannin hydrolysieren. Chlorogensäure ist ein Bestandteil der Kaffeegerbsäure und findet sich in dieser Form in Kaffeebohnen, in Samen von Strychnos usw.

Catechin

$$\text{Catechin-Formel}$$

---

[1]) FISCHER, E.: Ber. d. Dtsch. Chem. Ges. Bd. 51, S. 1804. 1918; Bd. 52, S. 7, 809 u. 829. 1919. — Ders.: Untersuchungen über Depside u. Gerbstoffe 1919.

[2]) ILJIN: Journ. d. russ. chem. Ges. Bd. 45, S. 157. 1914. — FISCHER, E. u. FREUDENBERG, K.: Ber. d. Dtsch. Chem. Ges. Bd. 47, S. 2485. 1914 u. a.

[3]) YOUNG, S.: Chem. news Bd. 48, S. 31. 1883. — HARNACK: Arch. d. Pharm. Bd. 234, S. 537. 1900 u. a.

[4]) FERNBACH: Cpt. rend. hebdom. des séances de l'acad. des sciences Bd. 131, S. 1214. 1900. — MANÉA, S.: Thèse, Genève 1904.

[5]) GRAEBE, C.: Ber. d. Dtsch. Chem. Ges. Bd. 36, S. 212. 1903 u. a.

[6]) FREUDENBERG, K.: Ber. d. Dtsch. Chem. Ges. Bd. 53, S. 232. 1920; vgl. auch KEEGAN: Chem. news Bd. 110, S. 211. 1914; Bd. 113, S. 85. 1916.

[7]) FREUDENBERG, K. u. VOLLBRECHT, E.: Zeitschr. f. physiol. Chem. Bd. 116, Bd. 277. 1921.

dessen Konstitution durch die nebenstehende neue Formel von FREUDENBERG[1]) dargestellt wird, ist ein wertvoller Stoff. In einigen kostbaren tropischen Hölzern verbreitet. Leicht löslich in Alkohol, schwer löslich in Wasser.

Die Entstehung der Gerbstoffe in den Pflanzen ist im großen ganzen auf die Bildung von einzelnen aromatischen Verbindungen zurückzuführen. Wir sind also wohl berechtigt, anzunehmen, daß namentlich Zuckerarten als Muttersubstanzen der Gerbstoffe dienen. Im Lichte bildet sich eine weit größere Menge der Gerbstoffe als im Schatten[2]).

Der Nährwert der Benzolringe für Mikroorganismen ist sehr gering und es liegt also die Annahme nahe, daß Gerbstoffe, Phenole und andere aromatische Stoffe auch bei höheren Pflanzen kein Nährmaterial darstellen. Die leichte Oxydierbarkeit der Phenolgruppen macht die Annahme wahrscheinlich, daß aromatische Stoffe als Acceptoren im Atmungsvorgange sowie bei anderen physiologischen Oxydationen fungieren. Nach der Anschauung von PALLADIN[3]) sind Gerbstoffe und Glucoside eigenartige Reservestoffe, die bei der Hydrolyse leicht oxydierbare Chromogene liefern. Diese Chromogene spielen nach PALLADIN eine wichtige Rolle bei der Pflanzenatmung (vgl. Kap. VIII).

Hierdurch wird aber die Bedeutung der Gerbstoffe wohl nicht erschöpft. Diese Stoffe scheinen eine wichtige Rolle bei den Permeabilitätsänderungen der Plasmahaut zu spielen. Interessant, aber zu wenig erforscht sind die Verwandlungen der Gerbstoffe im Kork. Auch die Bildung der Holzsubstanz findet möglicherweise unter Anteilnahme der Gerbstoffe statt. Die von einigen älteren Verfassern geäußerte Ansicht, daß Gerbstoffe Abfallsprodukte darstellen, ist höchst unwahrscheinlich.

Stickstofffreie Stoffe mit kombinierten Ringen. Es sind dies verschiedene Pflanzenfarbstoffe, welche Derivate des Antracens, Xanthons und Flavons darstellen. Sie kommen in einigen Pflanzen in freiem Zustande vor, sind aber meistens Komponente verschiedener Glucoside. In dieser Form bleiben nämlich manche leicht oxydierbare Farbstoffe vor der Oxydation bewahrt.

Das Anthracenmolekül ist, wie bekannt, eine Kombination von drei Benzolringen. Ein p-Diketon des Anthracens ist **Anthrachinon,** dessen Derivate in Pflanzen besonders verbreitet sind. Xanthon und Flavon sind Produkte einer Kondensation der Benzolringe mit dem heterozyklischen Pyronring. Die Konstitution aller der soeben genannten Stoffe wird durch folgende Formeln erläutert:

---

[1]) FREUDENBERG: Ber. d. Dtsch. Chem. Ges. Bd. 53, S. 1416. 1920. Die Stellung der einzigen sekundären Hydroxylgruppe (nicht der Phenolgruppen!) ist noch nicht sichergestellt.

[2]) KRAUS, GR.: Sitzungsber. d. Naturforscher, Halle 1884. — HENRY: Ann. de la soc. agron. 1887. — BÜSGEN, M.: Beobachtungen über das Verhalten der Gerbstoffe 1889. — DANIEL: Rev. gén. de botanique Bd. 2, S. 391. 1890. — GORIS: Cpt. rend. hebdom. des séances de l'acad. des sciences Bd. 136, S. 902. 1903 u. a.

[3]) PALLADIN, W.: Ber. d. botan. Ges. Bd. 26a, S. 125, 378 u. 379. 1908; Bd. 27, S. 101. 1909; Bd. 29, S. 472. 1911; Bd. 30, S. 104. 1912. — Ders.: Biochem. Zeitschr. Bd. 27, S. 442. 1910. — Ders.: Rev. gén. de botanique Bd. 23, S. 225. 1911. — Ders.: Zeitschr. f. Gärungsphysiol. Bd. 1, S. 91. 1912. — PALLADIN, W. u. LWOW, S.: Ebenda Bd. 2, S. 326. 1913 u. a.

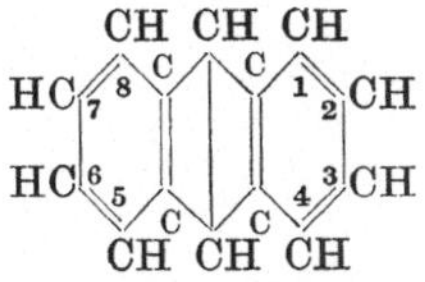

CH CH CH
HC 7 8 C C 1 2 CH
HC 6 5 C C 4 3 CH
CH CH CH
Anthracen $C_{14}H_{10}$

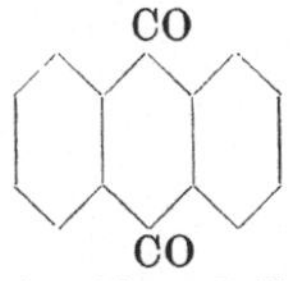

CO
Anthrachinon $C_{14}H_8O_2$

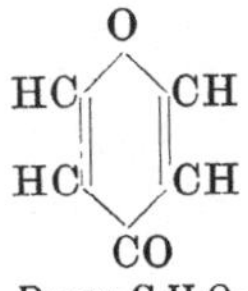

O
HC CH
HC CH
CO
Pyron $C_5H_4O_2$

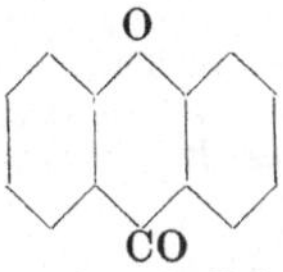

O
CO
Xanthon $C_{13}H_8O_2$

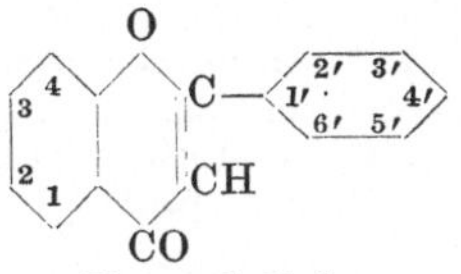

O
C—
CH
CO
Flavon $C_{15}H_{10}O_2$

Die Bildung von Anthrachinon in den Pflanzen ist noch nicht klargelegt. Die wahrscheinlichste Annahme besteht darin, daß zwei Benzolringe sich durch Seitenketten zusammenfügen. Unter den vielen Farbstoffen der Antrachinongruppe mögen folgende genannt werden.

Chrysophansäure $C_{14}H_5O_2(OH)_2$—CH_3 [1]) (1, 8-Dioxy-3-methylantrachinon). Gelbe Blättchen. Schmelzpunkt 196°. In der Wurzel von Rheum, Rumex und von vielen anderen Pflanzen.

Emodin $C_{14}H_4O_2(OH)_3$—CH_3 [2]) (3, 6, 7-Trioxy-2-methylantrachinon). Orangerote Nadeln. Schmelzpunkt 250°. In der Rhabarberwurzel, in Form von Glucosiden in der Wurzel der Rhamnus-Arten, der Cascara sagrada und anderer Pflanzen.

Aloine sind gefärbte Anthracenderivate; wahrscheinlich glucosidartiger Natur; sie finden sich in Aloeblättern. Sind leicht oxydierbar. Ihre Konstitution ist noch nicht bekannt [3]).

Alizarin $C_{14}H_6O_2(OH)_2$ [4]) (1, 2-Dioxyanthrachinon). Rote Nadeln. Schmelzpunkt 290°. Alizarin ist der wichtigste Farbstoff von Rubia tinctorum, wo ein Glucosid, namentlich Rubierythrinsäure, enthalten ist, das bei der Hydrolyse Alizarin und Glucose liefert:

$$C_{26}H_{28}O_{14} + 2H_2O = 2C_6H_{12}O_6 + C_{14}H_8O_4.$$

Rubierythrin-
säure   Alizarin

Verschiedene andere Farbstoffe der Anthracengruppe sind noch sehr ungenügend erforscht und bieten ein interessantes Material für chemische Untersuchungen dar.

Unter den Farbstoffen der Xanthongruppe ist

Euxanthon besonders interessant. Gelbe Krystalle; Schmelzpunkt 240°. In den Blättern von Mango und anderen Pflanzen als Glucuronid (Euxanthinsäure) enthalten [5]).

---

[1]) LIEBERMANN, C. u. FISCHER, O.: Ber. d. Dtsch. Chem. Ges. Bd. 8, S. 1102. 1875. — LÉGER: Cpt. rend. hebdom. des séances de l'acad. des sciences Bd. 154, S. 281. 1912. — Ders.: Journ. de pharmacie et de chim. (7), Bd. 5, S. 281. 1912.

[2]) TUTIN, F. and CLEWER: Proc. of the chem. soc. Bd. 25, S. 200. 1910. — Ders.: Journ. of the chem. soc. (London) Bd. 97, S. 1. 1910.. — FISCHER, O., FALKO u. GROSS: Journ. f. prakt. Chem. Bd. 83, S. 208. 1911; Bd. 84, S. 369. 1911.

[3]) Vgl. dazu LÉGER: Journ. de pharmacie et de chim. (6), Bd. 25, S. 476 u. 513 (1907).

[4]) COLIN et ROBIQUET: Ann. de chim. et de physique (2), Bd. 34, S. 225. 1827. — GRAEBE u. LIEBERMANN: Ber. d. Dtsch. Chem. Ges. Bd. 2, S. 332. 1869.

[5]) STENHOUSE: Liebigs Ann. d. Chem. Bd. 51, S. 423. 1844. — ULLMANN, F. u. PANCHAUD, L.: Ebenda Bd. 350, S. 108. 1906.

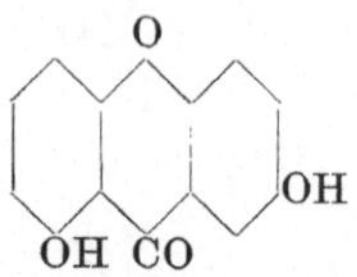

Euxanthon

Die in den Pflanzen äußerst verbreiteten Flavonderivate kommen meistens als Glucoside vor und wurden daher im vorigen Kapitel besprochen.

Die aus dem roten und blauen Holz verschiedener Caesalpiniaceen darstellbaren, wichtigen Farbstoffe sind Derivate des Benzylchromens oder des sogenannten Rufens[1]), und zwar:

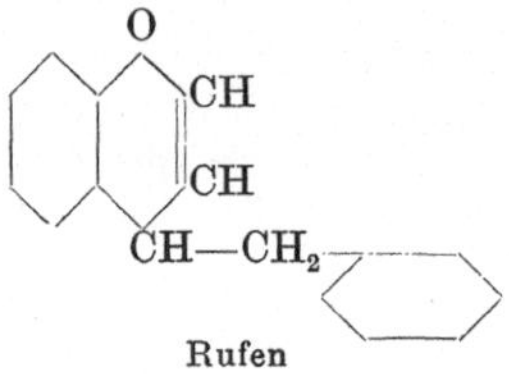

Rufen

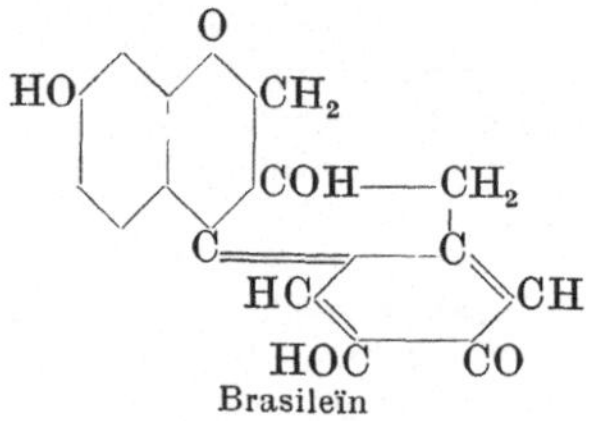

Brasileïn

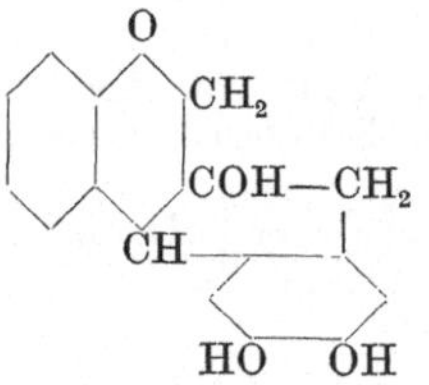

Hämatoxylin[2])

Stickstoffhaltige Stoffe, welche den Spaltungsprodukten des Eiweißes nahe stehen. Im vorigen Kapitel wurde darauf hingewiesen, daß ein Teil der Aminosäuren und anderen Eiweißspaltungsprodukten nach der Eiweißhydrolyse weiter verarbeitet und also nicht zur Eiweißregeneration, sondern zur Bildung von ganz anderen Substanzen verwertet wird. In erster Linie entstehen hierbei die sogenannten „einfachen Basen", d. i. Stoffe, welche den Aminosäuren, Purin- und Pyrimidinderivaten so nahe stehen, daß ihre Bildungsweise ziemlich durchsichtig ist. Die weitere Verarbeitung der einfachen Basen führt zur Bildung von Alkaloiden, die oft eine komplizierte Konstitution aufweisen und den Eiweißspaltungsprodukten nicht ähnlich sind.

Im vorstehenden Kapitel wurde darauf hingewiesen, daß Aminosäuren oft CO_2 abspalten und in die entsprechenden Amine übergehen.

[1]) Kostanecki u. Lampe: Ber. d. Dtsch. Chem. Ges. Bd. 35, S. 1667. 1902. — Ballina, Kostanecki u. Tambor: Ebenda Bd. 35, S. 1675. 1902. — Kostanecki u. Paul: Ebenda Bd. 35, S. 2608 u. 4285. 1901. — Kostanecki u. Lloyd: Ebenda Bd. 36, S. 2193. 1903. — Kostanecki u. Rost: Ebenda Bd. 36, S. 2202. 1903.

[2]) Perkin and Engels: Proc. of the chem. soc. Bd. 22, S. 132. 1906. — Perkin and Robinson: Ebenda Bd. 22, S. 160. 1906; Bd. 23, S. 149. 1907. — Dies.: Journ. of the chem. soc. (London) Bd. 91, S. 1073. 1907; Bd. 93, S. 489 u. 1115. 1908: Bd. 95, S. 381. 1909.

Dies ist wohl die Anfangsstufe der Bildung von stickstoffhaltigen basischen Pflanzenstoffen.

Methylamin $CH_3.NH_2$ entsteht aus Glycocoll $CH_2(NH_2).COOH$ durch CO_2-Abspaltung. Ein fester Körper verwandelt sich also dabei in zwei Gase, da Methylamin gasförmig ist. Siedepunkt $-6,7°$. Methylamin entsteht bei der bakteriellen Eiweißfäulnis und wurde auch in der Samenpflanze Mercurialis gefunden[1].

Die anderen einfachen Amine entstehen auf dieselbe Weise aus den entsprechenden Aminosäuren, und zwar **Äthylamin** $CH_3.CH_2.NH_2$ aus Alanin, **Tetramethylendiamin** (Putrescin) $NH_2.CH_2.CH_2.CH_2.CH_2.NH_2$ aus Ornithin, **Isobutylamin** $(CH_3)_2.CH.CH_2.NH_2$ aus Valin, **Isoamylamin** $(CH_3)_2.CH.CH_2.CH_2.NH_2$ aus Leucin. Alle diese Amine wurden auch in Samenpflanzen gefunden[2]. Außerdem entsteht eine ganze Reihe von analogen Stoffen bei der Eiweißfäulnis unter der Einwirkung von Mikroorganismen. Hierzu gehören **Pentamethylendiamin** (Cadaverin) $NH_2.CH_2.CH_2.CH_2.CH_2.CH_2.NH_2$ aus Lysin, **Agmatin** $\genfrac{}{}{0pt}{}{NH}{NH_2}\!\!\searrow\!\!C.NH$ $.CH_2.CH_2.CH_2.CH_2.NH_2$ aus Arginin usw. Auch diese Amine bilden sich wahrscheinlich in Samenpflanzen, werden aber sofort weiter verarbeitet: Die aus Aminosäuren hervorgehenden Amine können leicht durch direkte Desaminierung in Fuselöle übergehen[3].

Colamin (Aminoäthylalkohol) $CH_2(NH_2)-CH_2OH$ entspricht der Aminosäure Serin und nimmt insofern eine Sonderstellung ein, als nach den Angaben von TRIER[4] eine primäre photosynthetische Colaminbildung in Samenpflanzen die Zwischenstufe der Cholinsynthese darstellen könnte.

Die weitere Umwandlung der einfachen Amine ist oft nichts anderes als die uns bereits bekannte Methylierung (vgl. S. 424). So ist Cholin ein Methylierungsprodukt von Colamin:

$$\genfrac{}{}{0pt}{}{H}{H}\!\!\searrow\!\!N-CH_2-CH_2OH \longrightarrow \genfrac{}{}{0pt}{}{CH_3}{CH_3}\genfrac{}{}{0pt}{}{}{}\!\!\searrow\!\!N(OH)-CH_2-CH_2OH.$$

Im vorigen Kapitel wurde dargelegt, daß auch Aminosäuren unter Umständen methyliert werden. So entsteht aus Glycocoll **Betain**[5], aus Prolin **Stachydrin** (S. 383). **Hypaphorin** ist das Betain des Tryptophans[6] (S. 383).

[1] MÖRNER, C. TH.: Zeitschr. f. physiol. Chem. Bd. 22, S. 514. 1897. — HASEBROCK: Ebenda Bd. 12, S. 148. 1888 u. a.

[2] ERDMANN, E. u. H.: Ber. d. Dtsch. Chem. Ges. Bd. 32, S. 1217. 1899. — CIAMICIAN e RAVENNA: Arch. di fisiol. Bd. 9, S. 504. — Dies.: Atti d. Reale accad. dei Lincei, rendiconto (5), Bd. 20 (I), S. 614. — THOMS, H. u. THÜMEN: Ber. d. Dtsch. Chem. Ges. Bd. 44, S. 3325 u. 3727. 1911.

[3] EHRLICH, T. u. PISTSCHIMUKA, P.: Ber. d. Dtsch. Chem. Ges. Bd. 45. S. 1006. 1912.

[4] TRIER, G.: Zeitschr. f. physiol. Chem. Bd. 73, S. 383. 1911; Bd. 76, S. 496. 1912; Bd. 80, S. 409. 1912. — Ders.: Über einfache Basen 1912.

[5] STOLZENBERG, H.: Zeitschr. f. physiol. Chem. Bd. 92, S. 445. 1914.

[6] ROMBOURGH and BARGER: Transact. of the chem. soc. Bd. 99. S. 2068. 1911.

In einigen Fällen kommt auf einmal sowohl Decarbonylierung als Methylierung zustande. So entsteht z. B.

Hordenin $C_6H_4(OH).CH_2.CH_2.N(CH_3)_2$[1] (Dimethyl-p-oxyphenylathyl-amin) aus Tyrosin durch CO_2-Abspaltung und Ersatz der zwei mit Stickstoff verbundenen Wasserstoffatome durch zwei Methylgruppen. Schmelzpunkt 118°. In analoger Weise entsteht aus Ornithin

Tetramethylputrescin $(CH_3)_2N.CH_2.CH_2.CH_2.CH_2.N(CH_3)_2$[2].

Andere Stickstoffbasen entstehen durch komplizierte Verwandlungen der Aminosäuren, doch ist der Zusammenhang zwischen diesen beiden Stoffgruppen immerhin durchsichtig. So ist z. B. **Muscarin**[3], der Giftstoff des Fliegenpilzes, mit Cholin und Betain sowohl chemisch als genetisch verwandt. Die Konstitution des Muscarins ist noch nicht endgültig festgestellt[4].

Trigonellin

$$\begin{array}{c}
CH \\
HC \diagup\!\!\diagdown C\!-\!CO \\
HC \diagdown\!\!\diagup CH \\
CH_3\!-\!N
\end{array}$$

Trigonellin

ist die einzige in Pflanzen verbreitete einfache Pyridinbase[5].

Ergothionin

$$\begin{array}{c}
NH \quad CH \qquad\qquad CO\!-\!O \\
HS\!-\!C\diagup\!\!\diagdown C\!-\!CH_2\!-\!CH\!-\!N\diagdown\!\begin{array}{l}CH_3\\CH_3\\CH_3\end{array} \\
N
\end{array}$$

Ergothionin

ist das schwefelhaltige Histidinbetain[6]. Die Bildung dieses Stoffes aus Histidin dürfte wohl kaum zweifelhaft sein.

Indoxyl, eine mit Tryptophan verwandte Substanz, findet sich in den sogenannten Indigopflanzen als Glucosid Indican (in Verbindung mit einem Glucosemolekül). Hellgelbe Krystalle. Schmelzpunkt 85°. Nach der Glucosidspaltung oxydiert sich Indican an der Luft[7] und liefert den

---

[1]) LÉGER, E.: Cpt. rend. hebdom. des séances de l'acad. des sciences Bd. 142, S. 108. 1906); Bd. 143, S. 234 u. 916. 1906; Bd. 144, S. 208. 1907.

[2]) WILLSTÄTTER, R. u. HEUBNER: Ber. d. Dtsch. Chem. Ges. Bd. 40, S. 3869. 1907.

[3]) FISCHER, E.: Ber. d. Dtsch. Chem. Ges. Bd. 27, S. 166. 1894.

[4]) Vgl. dazu KÜNG: Zeitschr. f. physiol. Chem. Bd. 91, S. 241. 1914 u. a.

[5]) JAHNS, E.: Ber. d. Dtsch. Chem. Ges. Bd. 18, S. 2518. 1885. — SCHULZE, E.: Zeitschr. f. physiol. Chem. Bd. 47, S. 507. 1906; Bd. 60, S. 155. 1909; Bd. 67, S. 52. 1910. — Ders.: Landwirtschaftl. Versuchs-Stationen Bd. 59, S. 340. 1904.

[6]) TANRET: Cpt. rend. hebdom. des séances de l'acad. des sciences Bd. 149, S. 222. 1909. — BARGER and EVANS: Transact. of the chem. soc. Bd. 99, S. 2336. 1911.

[7]) NENCKI: Ber. d. Dtsch. Chem. Ges. Bd. 9, S. 299. 1876. — BRÉAUDAT: Cpt. rend. hebdom. des séances de l'acad. des sciences Bd. 127, S. 769. 1898; Bd. 128, S. 1478. 1899 u. a.

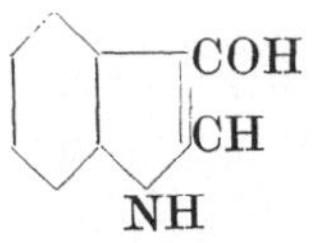

$$\text{Indoxyl}\quad \begin{array}{c} \text{COH} \\ \text{CH} \\ \text{NH} \end{array}$$

prächtigen blauen Farbstoff, das sogenannte Indigo. Indigopflanzen nennt man die an Indikan bzw. Isatin reichen Gewächse (**Indigofera tinctoria, Polygonum tinctorium, Nerium tinctorium** und viele andere). Andere Pflanzen enthalten Isatin (**Isatis tinctoria** u. a.). PALLADIN (vgl. S. 434) nimmt an, daß Indoxyl ein Atmungschromogen, Indican aber ein Atmungsprochromogen ist.

Indigo (Indigotin) entsteht aus zwei Indoxylmolekülen, unter oxydativer Abspaltung von vier Wasserstoffatomen[1]). Ein blauer Farbstoff mit rotem, metallischem Schimmer. Sublimiert als rotvioletter, feuriger

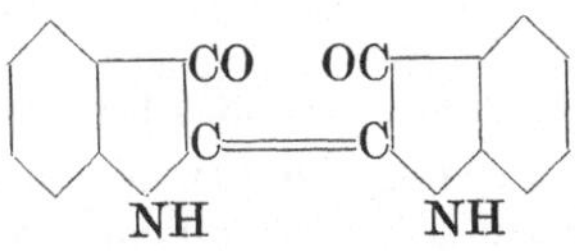

$$\begin{array}{ccc} \text{CO} & & \text{OC} \\ \text{C} & = & \text{C} \\ \text{NH} & & \text{NH} \end{array}$$

Dampf. Zersetzungspunkt 390—392°. Nicht löslich in Wasser, Alkokol und Äther, Löslich in Chloroform, Ölen, Terpentinöl, Paraffin. Geht bei der Reduktion, unter Anlagerung von zwei Wasserstoffatomen, in

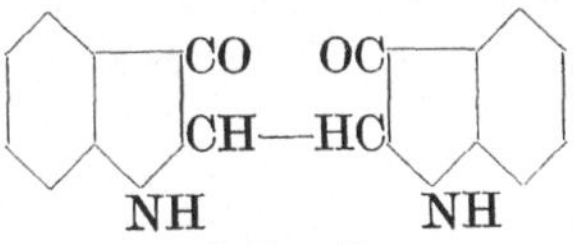

$$\begin{array}{ccc} \text{CO} & & \text{OC} \\ \text{CH} & - & \text{HC} \\ \text{NH} & & \text{NH} \end{array}$$

Indigweiß

eine Leukoverbindung, das sogenannte **Indigweiß**[2]) über. Bei der Oxydation von Indigo durch Salpetersäure erhält man **Isatin**[3]). Früher

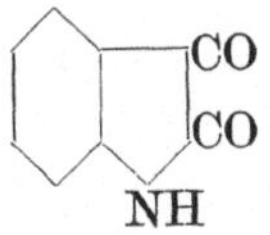

$$\begin{array}{c} \text{CO} \\ \text{CO} \\ \text{NH} \end{array}$$

Isatin

wurde Indigo nur aus den Indigopflanzen isoliert. Gegenwärtig stellt man den Farbstoff synthetisch dar[4]) und im Handel trifft man nur das synthetische Produkt.

---

[1]) NENCKI: a. a. O. Das erste Produkt der Indoxyloxydation ist wohl nicht Indigo, sondern eine andere Substanz.

[2]) DUMAS: Ann. de chim. et de pharmacie Bd. 48, S. 257. 1843. — v. BAEYER: Ber. d. Dtsch. Chem. Ges. Bd. 15, S. 54. 1882.

[3]) v. BAEYER: Ber. d. Dtsch. Chem. Ges. Bd. 11, S. 1228. 1878.

[4]) v. BAEYER u. EMMERLING: Ber. d. Dtsch. Chem. Ges. Bd. 3, S. 515. 1870. — v. BAEYER: Ebenda Bd. 13, S. 2254. 1880. — v. BAEYER u. DREWSEN: Ebenda Bd. 15, S. 2856. 1882.

Indol,

die Stammsubstanz von allen mit Tryptophan genetisch verbundenen
Produkten wurde zuerst in Jasminblüten[1]) und in einigen ätherischen
Ölen gefunden. Ist in Pflanzen überhaupt sehr verbreitet. Eine gute
Indolausbeute erhält man aus den Blüten von Robinia Pseud-
acacia[2]). Farblos. Schmelzpunkt 52°.

Scatol (β-Methylindol).

Schmelzpunkt 95°. Wurde im Holz verschiedener Bäume gefunden[3]). Sehr
wenig löslich in Wasser. Entsteht gewöhnlich bei der Eiweißfäulnis.

Durch einfache Methylierung der oxydierten Purinbasen bilden sich
in Pflanzen einfache Basen alkaloidähnlicher Natur. Die in Nucleinsäuren enthaltenen Purinderivate, nämlich Adenin und Guanin, verwandeln sich unter der Einwirkung der spezifischen Oxydationsfermente, der sogenannten Xanthoxydasen, in Hypoxanthin und Xanthin, unter NH_3-Abspaltung[4]).

Adenin $+ H_2O \longrightarrow$ Hypoxanthin $+ NH_3$.

Guanin $+ H_2O \longrightarrow$ Xanthin $+ NH_3$.

Theobromin (3, 7-Dimethylxanthin) stellt die wirksame Substanz der
Kakaobohnen dar (bis 4 vH.)[5]). Sehr wenig löslich in Wasser; schmilzt
nicht; sublimiert bei 290—295°.

---

[1]) v. Soden, H.: Journ. f. prakt. Chem. (2), Bd. 69, S. 256. 1904.

[2]) Elze, F.: Chem. Zeit. Bd. 34, S. 814. 1910 u. a.

[3]) Dunstan, R.: Proc. of the roy. soc. of London Bd. 46, S. 211. 1890. —
Ders.: Chem. news Bd. 59, S. 291. 1889 u. a.

[4]) Jones, W. u. Austrian, C. R.: Zeitschr. f. physiol. Chem. Bd. 48, S. 110.
1906. — Winternitz u. Jones: Ebenda Bd. 60, S. 180. 1909. — Jones: Ebenda
Bd. 65, S. 383. 1910.

[5]) Woskressensky: Journ. f. prakt. Chem. Bd. 23, S. 394. 1841. — Ders.:
Liebigs Ann. d. Chem. Bd. 41, S. 125. 1842. — Fischer, E.: Synthesen in der
Purin- und Zuckergruppe 1903.

Theophyllin (1, 3 - Dimethylxanthin) ist mit Theobromin isomer. In Teeblättern [1]).   Schmelzpunkt 264°.

Kaffein (1, 3, 7-Trimethylxanthin), die wirksame Substanz von Thee und Kaffee [2]).   Schmelzpunkt 235°.

Alkaloide nennt man stickstoffhaltige Basen, die giftige Eigenschaften besitzen und für verschiedene Pflanzengruppen eigentümlich sind. Die Konfiguration der Alkaloide kann sehr verschiedenartig sein. Oft faßt man als Alkaloide sehr verschiedenartige, stickstoffhaltige, basische Stoffe zusammen, darunter auch die soeben beschriebenen einfachen Basen. Als eigentliche Alkaloide sind aber heterocyclische Stoffe, in denen der Stickstoff sich im Ring selbst befindet, zu bezeichnen. So sind z. B. folgende Ringe für Alkaloide besonders charakteristisch:

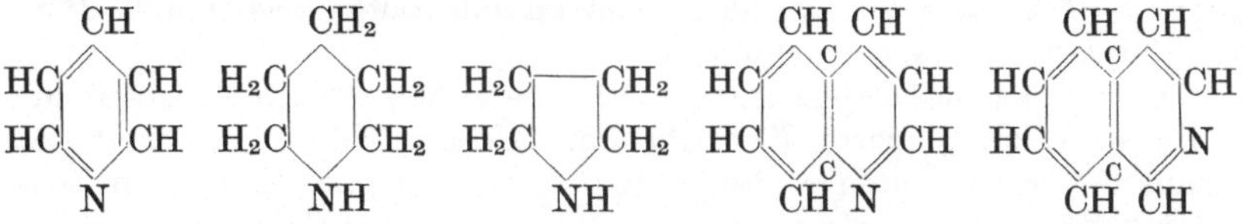

Pyridin	Piperidin	Pyrrolidin	Chinolin	Isochinolin

Die meisten Alkaloide sind sauerstoffhaltig. Mit dem Alkaloidstickstoff ist als Seitenkette nur Methyl CH_3 in einigen Alkaloiden verbunden. Den Stickstoff kann man gewöhnlich nur nach völliger Zertrümmerung des Alkaloidmoleküls abspalten. Fast alle Alkaloide sind farblos; sie üben eine starke toxische Wirkung auf den tierischen Organismus aus. In Pflanzen sind Alkaloide gewöhnlich an verschiedene Säuren gebunden.

Unter den zahlreichen Pyridinalkalviden sind folgende zu erwähnen:

Piperin (Piperidin-Piperinsäure) bedingt den brennenden Geschmack

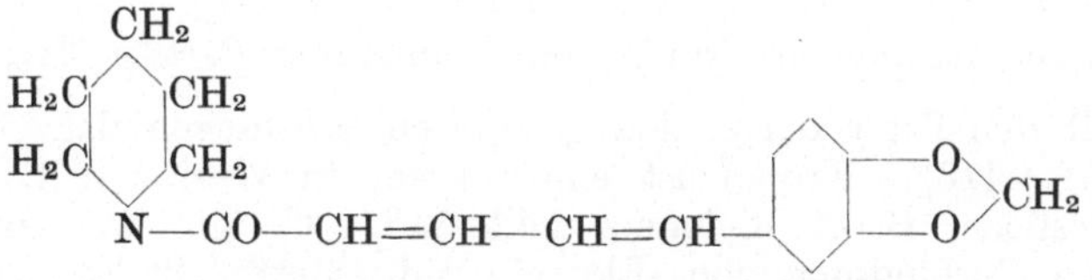

von **Piper-Arten**. Schmelzpunkt 128° [3]). Bei der Hydrolyse durch Alkalien erhält man aus Piperin Piperidin und Piperinsäure:

$$C_6H_3(O_2CH_2).CH:CH.CH:CH.COOH,$$

die in Wasser und den üblichen organischen Solventien schwer löslich ist. Schmelzpunkt 212°.

---

[1]) KOSSEL, A.: Ber. d. Dtsch. Chem. Ges. Bd. 21, S. 2164. 1888. — Ders.: Zeitschr. f. physiol. Chem. Bd. 13, S. 298. 1888.

[2]) PELLETIER: Journ. de pharmacie (2), Bd. 12, S. 244. — FISCHER, E.: a. a. O.

[3]) OERSTEDT: Schweigg. Journ. Bd. 29, S. 80. 1820. — KÖNIGS: Ber. d. Dtsch. Chem. Ges. Bd. 12, S. 2341. 1879; Bd. 14, S. 1856. 1881. — FITTIG: Liebigs Ann. d. Chem. Bd. 152, S. 35 u. 56. 1869; Bd. 159, S. 129. 1871; Bd. 168, S. 94. 1873; Bd. 216, S. 171. 1883; Bd. 227, S. 31. 1885.

d-Coniin (d-Propylpiperidin) wurde in Conium maculatum und einigen anderen Pflanzen gefunden[1]). Schon längst auch synthetisch dargestellt[2]). Farblose Flüssigkeit; Siedepunkt 166°. $[\alpha]_D = +15{,}7°$.

```
      CH₂                         CH     H₂C┌──┐CH₂
    /     \                      /   \\     │    │
 H₂C       CH₂              HC      C──HC   │    CH₂
    │       │                 ‖      │       \   /
 H₂C       CH─CH₂─CH₂─CH₃   HC      CH        N
    \     /                    \   //         │
      NH                        N            CH₃
     Coniin                               Nicotin
```

Nicotin (1-Methyl-2-β-pyridylpyrrolidin). In Tabaksblättern an Äpfelsäure und Citronensäure gebunden. Synthetisch dargestellt[3]). Farbloses Öl. Oxydiert und verharzt sich an der Luft. Siedepunkt 246° bei 730 mm. $[\alpha]_D = -166{,}39°$.

Die in pharmakologischer Hinsicht besonders wichtigen Alkaloide haben eine komplizierte Konstitution. Unsere Kenntnisse über das chemische Wesen einiger Stoffe aus dieser Gruppe sind noch sehr lückenhaft.

Atropin und **Cocain** sind Ester der Alkohole Tropin und Ekgonin[4]):

```
 H₂C     CH      CH₂          H₂C     CH      CH─COOH
  │    ┌───────┐   \           │    ┌───────┐     \
  │    │ N─CH₃ │    >CHOH      │    │ N─CH₃ │      >CHOH
  │    └───────┘   /           │    └───────┘     /
 H₂C     CH      CH₂          H₂C     CH      CH₂
       Tropin                        Ekgonin
```

Atropin, ein starker Giftstoff, findet sich in einigen Solanaceen, z. B. in Atropa Belladonna und Datura stramonium. Bei der Hydrolyse zerfällt Atropin in Tropin und Tropasäure $C_6H_5-CH{<}^{COOH}_{CH_2OH}$ und stellt den Ester der beiden genannten Substanzen dar. Schmelzpunkt 115—116°. Tropin ist eine starke, in Wasser, Alkohol und Äther lösliche Base. Schmelzpunkt 63°. Cocain ist eine ätheresterartige Verbindung von Ekgonin mit Methylalkohol und Benzoesäure[5]):

---

[1]) FARR and WRIGHT: Pharm. journ. Bd. 18, S. 185. 1904. — LEPAGE: Journ. de chim. et de pharmacie (5), Bd. 11, S. 10. 1885.

[2]) HOFFMANN, A. W.: Ber. d. Dtsch. Chem. Ges. Bd. 14, S. 705. 1881; Bd. 15, S. 2313. 1882; Bd. 16, S. 558. 1883; Bd. 17, S. 825. 1884; Bd. 18, S. 5 u. 109. 1885. — LADENBURG, A.: Ebenda Bd. 19, S. 439 u. 2578. 1886; Bd. 39, S. 2486. 1906; Bd. 40, S. 3734. 1907.

[3]) PICTET, A. et ROTSCHY, A.: Cpt. rend. hebdom. des séances de l'acad. des sciences Bd. 137, S. 860. 1904. — Ders.: Ber. d. Dtsch. Chem. Ges. Bd. 37, S. 1225. 1904.

[4]) WILLSTÄTTER, R.: Liebigs Ann. d. Chem. Bd. 317, S. 307. 1901. — Ders.: Ber. d. Dtsch. Chem. Ges. Bd. 30, S. 2679. 1897; Bd. 31, S. 1534 u. 2498. 1898. — WILLSTÄTTER, R. u. MÜLLER: Ebenda Bd. 31, S. 1212 u. 2655. 1898.

[5]) LOSSEN, W.: Liebigs Ann. d. Chem. Bd. 133, S. 351. 1861.

$$C_{27}H_{21}NO_4 + 2\,H_2O = C_6H_5 . COOH + CH_3OH + C_9H_{15}NO_3.$$

Cocain   Ekgonin

In Blättern von Erythroxylon Coca und anderen Erythro-xylon-Arten[1]). Hat starke anästetische Eigenschaften. Schmelzpunkt 98°.

Die Alkaloide der Chinarinde sind an Chinasäure gebunden und haben folgende Konfiguration[2]):

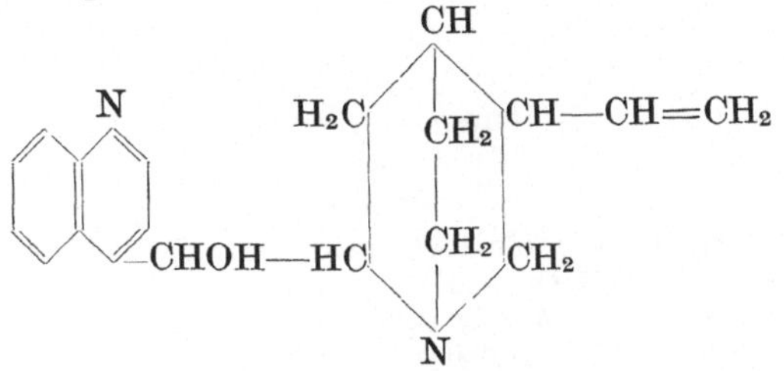

Cinchonin

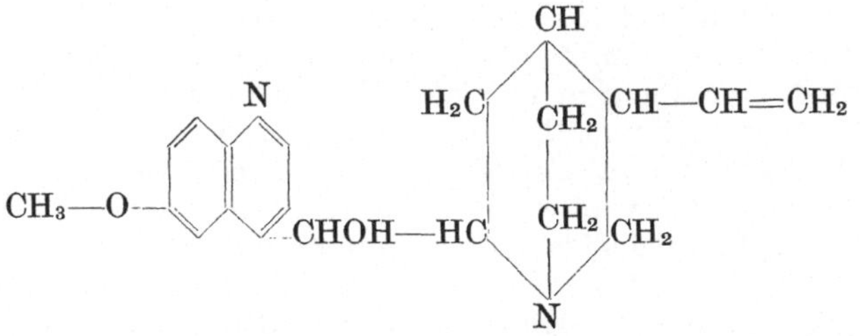

Chinin

Cinchonin ist in Wasser sehr wenig löslich. Schmelzpunkt 225°[3]).

Chinin ist stark linksdrehend. Schmelzpunkt 177°. Die Chininsalze fluoreszieren in gelöstem Zustande[4]).

Der Isochinolinring ist in einigen Opiumalkaloiden enthalten. Der wichtigste Stoff dieser Gruppe ist **Morphin**, dessen Konstitution noch nicht endgültig festgestellt ist, aber am wahrscheinlichsten durch die nebenstehende Formel dargestellt wird[5]). Schmelzpunkt 247°; dreht stark nach rechts. Dem Morphin stehen **Codeïn** und **Thebain** sehr nahe. Im Codeïn ist die Phenolgruppe des Morphins mit Methylalkohol ätherartig gebunden.

---

[1]) NIEMANN: Liebigs Ann. d. Chem. Bd. 114, S. 213. 1860. — POZZI-ESCOT: Rev. gén. de chim. pure et appl. Bd. 16, S. 225. 1913.

[2]) KÖNIGS: Ber. d. Dtsch. Chem. Ges. Bd. 27, S. 900 u. 1501. 1894; Bd. 28, S. 1986 u. 3150. 1895; Bd. 30, S. 1328. 1897; Bd. 35, S. 1349. 1902; Bd. 37, S. 3244. 1904. — Ders.: Liebigs Ann. d. Chem. Bd. 347, S. 143. 1906.

[3]) GERHARD: Liebigs Ann. d. Chem. Bd. 44, S. 279. 1842. — BUTLEROW u. WYSCHNEGRADSKY: Ber. d. Dtsch. Chem. Ges. Bd. 11, S. 1253. 1878.

[4]) DÉNIGES, G.: Bull. de la soc. pharm., Bordeaux Bd. 49, S. 385. 1911.

[5]) PSCHORR, R.: Ber. d. Dtsch. Chem. Ges. Bd. 33, S. 1810. 1900; Bd. 35, S. 4412. 1902; Bd. 37, S. 1926. 1904; Bd. 39, S. 3124. 1906. — BRAUN u. AUST: Ebenda Bd. 50, S. 43. 1917. — KAUFMANN u. DÜRST: Ebenda Bd. 50, S. 1630. 1917

$$\text{Morphin}$$

Wichtige Alkaloide von unbekannter Konstitution sind:

Strychnin $C_{21}H_{22}N_2O_2$ aus Strychnos nux vomica[1]). Linksdrehend. Schmelzpunkt 269°. In Wasser sehr wenig löslich.

Brucin $C_{23}H_{26}N_2O_4$ begleitet Strychnin und ist wahrscheinlich dessen Dimethyläther[2]).

Die Zahl der in Pflanzen gefundenen Alkaloide ist sehr groß. Es ist interessant, daß bestimmte Alkaloide in bestimmten Pflanzenfamilien bzw. Gattungen vorkommen und also als exakte systematische Merkmale dienen können. Namentlich in Rubiaceen, Apocynaceen, Solanaceen, Papaveraceen und Leguminosen sind viele Alkaloide gefunden worden. Pflanzen, welche reich an Terpenen sind, enthalten entweder gar keine Alkaloide oder höchstens nur sehr geringe Mengen von diesen Stoffen. Bei alkaloidführenden Pflanzen sind namentlich junge, kräftig wachsende Organe besonders alkaloidreich.

PICTET[3]) sucht nachzuweisen, daß Alkaloide aus zyklischen Spaltungsprodukten des Eiweißmoleküls hervorgehen. Es wurden in der Tat in verschiedenen Pflanzen flüchtige Pyrrol- und Pyrrolidinbasen gefunden, die als Übergangsstufen von den Spaltungsprodukten der Eiweißstoffe zu den Alkaloiden dienen könnten[4]). Andere wahrscheinliche Übergangsstufen wurden auf den vorstehenden Seiten erwähnt. PICTET hat gefunden, daß man den Pyrrolring durch Methylierung nebst nachfolgender Oxydation in Pyridinring verwandeln kann:

---

[1]) PELLETIER et CAVENTOU: Ann. de chim. et de physique (2), Bd. 10, S. 142. 1819; Bd. 12, S. 113. 1819 u. a.

[2]) PELLETIER et CAVENTOU: a. a. O.

[3]) PICTET, A.: Ann. des sciences phys. et nat., Genève (4), Bd. 19, S. 329. 1905. — Ders.: Ber. d. Dtsch. Chem. Ges. Bd. 38, S. 1946. 1905.

[4]) PICTET, A. et GOURT, G.: Bull. de la soc. chim. de France (4), Bd. 1,

Pyridin kann auch aus einigen aliphatischen Verbindungen entstehen. So schließt sich Lysin unter CO_2-Abspaltung über Pentamethylendiamin und Piperidin zu Pyridinring zu[1]):

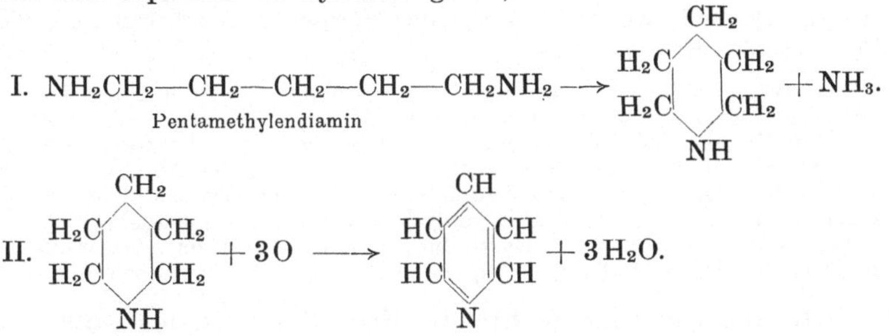

$$\text{I. } NH_2CH_2\text{—}CH_2\text{—}CH_2\text{—}CH_2\text{—}CH_2NH_2 \longrightarrow \underset{\text{Pentamethylendiamin}}{} \quad \begin{matrix} CH_2 \\ H_2C \quad CH_2 \\ H_2C \quad CH_2 \\ NH \end{matrix} + NH_3.$$

$$\text{II. } \begin{matrix} CH_2 \\ H_2C \quad CH_2 \\ H_2C \quad CH_2 \\ NH \end{matrix} + 3\,O \longrightarrow \begin{matrix} CH \\ HC \quad CH \\ HC \quad CH \\ N \end{matrix} + 3\,H_2O.$$

In analoger Weise entsteht aus Tetramethylendiamin Pyrrolidin und
alsdann Pyrrol.

Der Umstand, daß einzelne Alkaloide nur in einer beschränkten
Anzahl der Pflanzen zu finden sind, könnte davon abhängen, daß die
Bildung verschiedener Alkaloide mit komplizierten Stoffumwandlungen
verbunden ist. Es ist einleuchtend, daß die aus Eiweißspaltungsprodukten
durch einfache und allgemein vorkommende Reaktionen entstehenden
Stoffe sehr verbreitet sein müssen. Handelt es sich z. B. nur um einfache Methylierung, so ist zu erwarten, daß die Produkte eines so verbreiteten chemischen Vorganges in verschiedenartigen Pflanzen enthalten sind. Man findet in der Tat Kaffein, Betain und analoge, den
Eiweißspaltungsprodukten nahestehenden Stoffe bei zahlreichen Pflanzen aus den verschiedenartigsten Familien. Die Alkaloide der Cin-
chonin- oder Morphingruppe trifft man dagegen nur in wenigen Gattungen einer einzigen Familie.

Es ist zur Zeit nicht möglich, die physiologische Rolle der Alkaloide
näher zu präzisieren. Es ist bekannt, daß der Alkaloidgehalt in alkaloidführenden Pflanzen verschiedenen Schwankungen unterworfen ist. Nach
den Perioden einer Alkaloidanhäufung folgen Perioden des Alkaloid-
verbrauchs[2]). Die ziemlich verbreitete Ansicht, daß Alkaloide Abfalls-
stoffe darstellen, stützt sich auf keine experimentelle Tatsachen. Noch
weniger wahrscheinlich ist die teleologische Erklärung, laut welcher
Alkaloide als Schutzgifte fungieren sollen. Eine ganze Reihe von zuverlässigen Beobachtungen zeigt, daß Cuscuta und andere parasitische
Pflanzen in verschiedene alkaloidreiche Wirtspflanzen eindringen[3]);
auch Vögel und Insekten weisen oft Immunität gegenüber verschiedenen

---

S. 1001. 1907. — Dies.: Ber. d. Dtsch. Chem. Ges. Bd. 40, S. 3771. 1907. —
PICTET: Arch. de pharmacie Bd. 244, S. 384. 1906.

[1]) Vgl. besonders ROBINSON: Journ. of the chem. soc. (London) Bd. 111,
S. 876. 1917.

[2]) CLAUTRIAU: Bull. de la soc. belge microscop. Bd. 18. 1894. — TORQUATI:
Arch. di farmacol. sperim. e scienze aff. Bd. 10, S. 62. 1911.

[3]) D'IPPOLITO, G.: Stat. sperim. agr. Ital. Bd. 46, S. 540. 1913 u. a.

Pflanzengiften auf[1]). Neuerdings wurde die Anschauung entwickelt, daß
Alkaloide in lebenden Zellen als Reizstoffe und Hormone wirksam sind[2]).
Die Bedeutung der Alkaloide wird möglicherweise durchsichtiger wer-
den zu der Zeit, wo die Chemie der Fermente und Vitamine größere
Fortschritte aufweisen wird.

Analytische Methoden. Man fällt gewöhnlich Alkaloide aus ihren Lösungen mit Phosphormolybdensäure bzw. Jodwismutlösung. Gut eignen sich
zu diesem Zwecke auch Nitrophenole und Pikrolonsäure. Letztere ist auch zu
quantitativen Bestimmungen brauchbar. Die Isolierung der Alkaloide im reinen
Zustande bereitet gewöhnlich keine erheblichen Schwierigkeiten, da diese Stoffe in
Wasser und Alkohol in der Kälte wenig löslich sind und gut auskrystallisieren.
In betreff der Methoden der Darstellung und quantitativen Bestimmung der
einzelnen Alkaloide muß auf die spezielle Fachliteratur verwiesen werden[3]).

Vitamine und analoge Stoffe. Neuerdings hat man interessante
Stoffe entdeckt, die an Fermente und Toxine erinnern, doch mit denselben zweifellos nicht identisch sind. Diese Stoffe nennt man Vitamine[4]). Klinische Untersuchungen haben festgestellt, daß verschiedene
Erkrankungen des Menschen und der Tiere, deren Ätiologie früher als
rätselhaft erschien, durch Mangel an bestimmten Stoffen hervorgerufen
werden, die im Organismus nur in winzigen Mengen vorkommen, aber
durchaus unentbehrlich sind. In die Kategorie der genannten Erkrankungen gehören Xerophthalmie, eine schwere Augenkrankheit, die
oft tödlichen Ausgang hat, Beriberi, eine schwere, namentlich in China
und Japan verbreitete Krankheit, die eine starke Störung der Nahrungs-
assimilation herbeiführt, Skorbut und einige andere Krankheiten, deren
Zahl wahrscheinlich nach kurzer Zeit sich vermehren wird[5]).

Direkte Versuche zeigten, daß Tiere nicht imstande sind, Vitamine
zu synthesieren; sie erhalten diese wie auch viele andere ihnen notwendige Stoffe von den Pflanzen. Nicht in allen Pflanzenteilen ist die
zur normalen Ernährung der Tiere notwendige Vitaminmenge enthalten; viele Vitamine werden außerdem beim Kochen zerstört; darin
liegt die Hauptursache von Avitaminosen. Man unterscheidet gewöhnlich drei Vitamine, oder vielleicht drei Gruppen der Vitamine: Vitamin A, fettlöslich, antirachytisch, Vitamin B, wasserlöslich, vor Beriberi schützend, und Vitamin C, wasser- und alkohollöslich, antiskor-
butisch. Einige Forscher beschreiben noch Vitamin D, wachstum-
fördernd.

Wir haben es also hier, ebenso wie bei der Fermentforschung, mit
Stoffen zu tun, die eine ganz spezifische Wirkung ausüben; wir können

---

[1]) van Leersum, B. P.: Pharm. weekbl. Bd. 46, S. 369. 1909 u. a.

[2]) Ciamician e Ravenna: Sul signific. biol. degli alcaloidi nelle piante 1921.

[3]) Vgl. z. B. Grafe, V.: Handb. d. biochem. Arbeitsmethoden von Abderhalden Bd. 6, S. 108. 1912.

[4]) Funk, C.: Ergebn. d. Physiol. Bd. 13, S. 129. 1913.

[5]) Vgl. dazu Funk, C.: Die Vitamine 1914; auch 2. Aufl. 1920. — Eykmann:
Virchows Arch. f. pathol. Anat. u. Physiol. Bd. 148, S. 523. 1897. — Suzuki,
Shimamura and Odake: Journ. of the coll. of agricult. of Tokyo 1913. — Funk
u. Macallum: Zeitschr. f. physiol. Chem. Bd. 92, S. 13. 1914 u. a.

die Anwesenheit der betreffenden Stoffe nur nach deren physiologischer Wirkung feststellen, da Vitamine bisher in reinem Zustande noch nicht isoliert wurden und ihre chemische Natur unbekannt bleibt. Auch hier tauchen dieselben präparativen Schwierigkeiten auf wie bei der Fermentdarstellung, und zwar ist auch hier eine Isolierung von winzigen Substanzmengen aus der Mischung mit bedeutenden Mengen verschiedener Kolloide notwendig. Die Pflanzen sind zwar imstande, Vitamine zu synthesieren, und können also einer Avitaminose künstlich nicht unterzogen werden, doch spricht eine ganze Reihe von Beobachtungen zugunsten der Annahme, daß Vitamine auch für den normalen Stoffwechsel der Pflanzen selbst notwendig sind. Bei Abwesenheit bestimmter Stoffe von nicht sichergestellter Natur wird die Entwicklung von einigen Pflanzen stark gehemmt. Es wurde z. B. darauf hingewiesen, daß bei der Impfung eines normalen Nährmediums mit einer äußerst geringen Hefemenge kein Hefewachstum zu verzeichnen sei. Nach Zusatz einer geringen Menge von Hefeextrakt oder von wässerigem Auszug aus einigen anderen Pflanzen erfolgt aber eine üppige Hefeentwicklung[1]. Die unbekannte wachstumfördernde Substanz erhielt den Namen „Bios". Einige Forscher nehmen an, daß Bios mit dem in Hefezellen reichlich vorhandenen Vitamin B identisch ist[2], andere behaupten dagegen, daß wachstumfördernde Vitamine oder die sogenannten Auximone eine selbständige Stoffgruppe bilden[3]. Neuerdings wurden Angaben darüber gemacht, daß Bios mindestens aus zwei verschiedenen Stoffen zusammengesetzt ist und mit den eigentlichen Vitaminen nichts zu tun hat[4]. Dem Bios analoge Stoffe scheinen auch in anderen Pflanzen wirksam zu sein. So soll z. B. Lemna minor in einer rein mineralischen Lösung zum guten Wachstum nicht zu bringen sein. Ein Zusatz des durch Bakterien verarbeiteten Torfs, wo bakterielle Vitamine enthalten sind, stimuliert sehr stark das Wachstum von Lemna. Die Ernte wird 62mal größer in Gegenwart von 0,000368 Volumen des Torfextraktes[5]. Dieselbe Wirkung übt Torfextrakt auf das Wachstum der jungen Weizenkeimlinge[6], sowie auf einige bio-

---

[1] VILDIER: La cellule Bd. 18, S. 313. 1907. — KOSSOWICZ, A.: Zeitschr. f. landwirtschaftl. Versuchswesen Österr. Bd. 6. 1903; Bd. 9, S. 688. 1906.

[2] WILLIAMS, R. J.: Journ. of biol. chem. Bd. 38, S. 465. 1919. — BACHMANN, F. M.: Ebenda Bd. 39, S. 235. 1919. — EDDY, W. H., HEFT, H. K. and STEVENSON, H. C.: Ebenda Bd. 51, S. 83. 1922; auch BOTTOMLEY: Proc. of the roy. soc. of London (B) Bd. 88, S. 237. 1914. — MOCKERIDGE: Ebenda (B) Bd. 89, S. 508. 1917. — AGULLON et LEGROUX: Cpt. rend. hebdom. des séances de l'acad. des sciences Bd. 167, S. 597. 1918.

[3] FULMER, E. J. and NELSON, V. E.: Journ. of biol. chem. Bd. 51, S. 77. 1922. — LUMIÈRE: Cpt. rend. hebdom. des séances de l'acad. des sciences Bd. 171, S. 271. 1920.

[4] LUCAS, G. H. W.: Proc. a. transact. of the roy. soc. of Canada Bd. 17, S. 157. 1923. — FULMER, E., DUCKER, W. W. and NELSON, V. E.: Journ. of the Americ. chem. soc. Bd. 46, S. 723. 1924.

[5] BOTTOMLEY, W. B.: Proc. of the roy. soc. of London (B) Bd. 89, S. 481. 1917. — MOCKERIDGE, FL. A.: Biochem. journ. Bd. 14, S. 432. 1920.

[6] BOTTOMLEY, Proc. of the roy. soc. of London (B) Bd. 88, S. 237. 1914.

chemische Vorgänge, z. B. auf die alkoholische Gärung und auf die N-Bindung durch Azotobacter chroococcum[1]) aus.

Es ist einleuchtend, daß Vitamine mit Fermenten, d. i. mit den einfachen Katalysatoren der einzelnen chemischen Reaktionen nicht identisch sind. Die Wirkung der Vitamine ist eine sehr komplizierte: diese Stoffe sind physiologische Stimulatoren von zusammenhängenden verschiedenartigen Stoff- und Energieverwandlungen[2]). Auch den später zu besprechenden Hormonen sind Vitamine nicht ähnlich. Die Hormone sind sozusagen chemische Signale, denn sie sind an dem eigentlichen physiologischen Stoffumsatz nicht beteiligt. Nun spricht namentlich die Unfähigkeit des tierischen Organismus, Vitamine durch andere Stoffe zu ersetzen, unzweideutig dafür, daß Vitamine an den biochemischen Stoffumwandlungen unmittelbar beteiligt sind. Das biochemische Wesen der Avitaminosen ist noch nicht klargelegt. Einige Verfasser neigen sich zur Annahme, daß bei den Avitaminosen eine ungenügende Produktion von Fermenten stattfindet. Im einzelnen hat man sowohl einen Mangel an oxydierenden Fermenten[3]) als an solchen Fermenten vermutet, welche zyklische Verbindungen aus aliphatischen Ketten aufbauen[4]). Es scheint, daß das molekulare Gewicht der Vitamine nicht sehr hoch ist. Verschiedene indirekte Tatsachen deuten darauf hin, daß Vitamine, ebenso wie z. B. Purinderivate und Alkaloide, eine besondere Klasse von stickstoffhaltigen Stoffen bilden[5]). Neuerdings hat aber BEZSONOFF[6]) die überraschende Angabe gemacht, daß Vitamin C stickstofffrei ist und den Polyphenolen sehr nahe steht.

Vitamin A ist in großen Mengen in vegetativen Organen verschiedener Samenpflanzen enthalten. Getreidesamen und andere Samen sind sehr arm an Vitamin A. Vitamin A ist löslich in verschiedenen Fetten. Zur Isolierung extrahiert man das Material mit Alkohol oder trocknet es bei 60° im Luftstrome. Dann extrahiert man die Substanz mit Äther. Bei 100° und Luftzutritt zersetzt sich Vitamin A durch Oxydation.

Vitamin B. Sehr große Mengen dieses Stoffes sind in Hefe enthalten. Man autolysiert vorerst die Hefemasse und bearbeitet sie dann mit wässerigem Alkohol. Vitamin B ist gut löslich in Wasser und in verdünntem Alkohol. Zersetzt sich leicht beim Kochen im alkalischen

---

[1]) BOTTOMLEY: a. a. O. — KURONO, K.: Journ. of the coll. of agricult. of Tokyo Bd. 5, S. 305. 1915. — GOY, P.: Cpt. rend. hebdom. des séances de l'acad. des sciences Bd. 172, S. 242. 1921. — ABDERHALDEN, E. u. SCHAUMANN, H.: Fermentforsch. Bd. 2, S. 120. 1918; Bd. 3, S. 44. 1919. — v. EULER, H. u. KARLSON: Biochem. Zeitschr. Bd. 130, S. 550. 1922.

[2]) HOPKINS: Journ. of physiol. Bd. 44, S. 425. 1912.

[3]) HESS, W. R.: Zeitschr. f. physiol. Chem. Bd. 117, S. 284. 1921.

[4]) TSCHIRCH, A.: Schweiz. med. Wochenschr. Bd. 50, S. 221. 1920.

[5]) WILLIAMS, R. J.: Journ. of biol. chem. Bd. 25, S. 437. 1916; Bd. 26, S. 431. 1916; Bd. 29, S. 495. 1917.

[6]) BEZSONOFF, N.: Cpt. rend. hebdom. des séances de l'acad. des sciences Bd. 173, S. 917. 1921. — Ders.: Bull. de la soc. de chim.-biol. Bd. 4, S. 83. 1922. — Ders.: Biochem. journ. Bd. 17, S. 420. 1923. — Ders.: Cpt. rend. hebdom. des séances de l'acad. des sciences 1925.

Medium, ist aber viel beständiger bei neutraler Reaktion. Bei 120°
tritt nach 1¹/₂ Stunden eine totale Zersetzung ein.

Vitamin C ist sehr leicht zersetzlich, doch in hygienischer Hinsicht
sehr wichtig, da Skorbut eine von den verbreitesten Avitaminosen ist.
Findet sich in grünen Pflanzenteilen, auch in vielen Beeren und süßen
Früchten (entgegen den früher verbreiteten Ansichten ist Chlorophyll
selbst kein antiskorbutisches Mittel). In Samen und Getreidemehl
fehlt Vitamin C, in Milch ist sein Gehalt sehr gering. Das Reagens
von Bezsonoff[1]), $17\,WO_3(MoO_3)(P_2O_5)\,25\,H_2O$, liefert die Möglichkeit,
selbst geringe Mengen des Vitamins C nachzuweisen. Vitamin C ist
löslich in Wasser und Alkohol. Bereits bei 60° zersetzt sich der größte
Teil der Substanz (80 vH. und darüber). In einem sauerstofffreien Medium ist Vitamin C viel beständiger.

Die Entdeckung der Vitamine zeigt, daß rohes Obst und Gemüse
eine wichtige Rolle bei der normalen Ernährung spielen[2]).

Immunochemie. Die Immunitätsforschung ist ein großer Zweig der
experimentellen Wissenschaften, dessen ausführliche Darlegung hier
durchaus nicht möglich ist. Doch sind die Grundlagen der Immunochemie vielleicht auch für einige Untersuchungen auf dem Gebiete der
Pflanzenphysiologie von Bedeutung.

Wenn Bakterien oder deren giftige Stoffwechselprodukte in den
Körper eines lebenden Organismus eindringen, so rufen sie die Bildung
von spezifischen „Antikörpern" hervor. Letztere entstehen allerdings
nicht nur bei einer bakteriellen Infektion, sondern überhaupt beim Einführen verschiedenartiger fremder, tierischer oder pflanzlicher Eiweißstoffe. Die „Antikörper" müssen nämlich fremde Eiweißstoffe beseitigen[3]); eben darin besteht das chemische Wesen der Immunität. Es
sind nicht viele Fälle bekannt, in denen Pflanzen einwandfrei immu-
nisiert wurden[4]); das bereits vorhandene Material läßt jedoch keinen
Zweifel darüber bestehen, daß zwischen der Immunität der Tiere und
derjenigen der Pflanzen kein prinzipieller Unterschied zu verzeichnen
ist. Eine Immunität war bisher nur gegenüber den Eiweißstoffen und
bakteriellen eiweißartigen Ausscheidungen zu verzeichnen. Alle Eiweißstoffe, die eine Bildung von Antikörpern hervorrufen, bezeichnet man
als Antigene; unter denselben verdienen die sogenannten Toxine[5]) besondere Beachtung. Toxine sind stark adsorbierbare kolloide Eiweißkörper, welche bedeutend giftiger als sämtliche anorganische bzw. organische nicht eiweißartige Giftstoffe sind. Meerschweinchen werden
z. B. durch 0,000 000 001 Gewichtsteil von Starrkrampftoxin, 0,000 003

---

[1]) Bezsonoff, N.: a. a. O.
[2]) Osborne, T. B. and Mendel, L. B.: Journ. of biol. chem. Bd. 37, S. 187. 1919.
[3]) Diese Theorie setzt also voraus, daß ein jeder Organismus seine spezifische
Eiweißstoffe hat. Oben (S. 350) wurde bereits darauf hingewiesen, daß eine derartige Annahme nicht unwahrscheinlich ist.
[4]) Vgl. dazu Picato, C.: Ann. de l'inst. Pasteur Bd. 35, S. 893. 1921.
[5]) Roux et Jersin: Ann. de l'inst. Pasteur Bd. 2, S. 629. 1888; Bd. 3, S. 273.
1889 u. a.

Gewichtsteil Diphtherietoxin, 0,00003 Gewichtsteil Pest- und Cholera-
toxin getötet[1]). Die Giftigkeit der Toxine ist von den Bedingungen
der Kultur, der betreffenden Mikroben und der Gegenwart verschiedener Stoffe im Substrat in hohem Grade abhängig[2]). Viele Mikroben
erzeugen auch die sogenannten Hämolysine, welche Blutkörperchen der
Tiere auflösen. Unter den Samenpflanzen sind Euphorbiaceen und
Leguminosen auf die Anwesenheit der Toxine eingehend untersucht
worden. Es erwies sich, daß auch die Toxine der Samenpflanzen eiweißartige Stoffe darstellen. Die pflanzlichen Toxine rufen oft eine Agglutination der Blutkörperchen hervor[3]); anderseits können oft die von
dem tierischen Organismus erzeugten Agglutinine (S. 18) eine Agglutination der ganzen Zellen von Mikroben bewirken. N. Bernard[4])
nimmt an, daß bei der Verdauung der Wurzelpilze durch Samenpflanzen
(S. 249 ff.) vorerst eine Agglutination der Pilzzellen zustande kommt. Es
ist zu beachten, daß die Ausflockung der eingeführten fremden Eiweißstoffe eine allgemeine physiologische Reaktion darstellt. Dieselbe wird
durch die sogenannten Präzipitine hervorgerufen[5]). Diese termolabilen
Stoffe werden nur beim Einführen von fremdartigen Eiweißstoffen erzeugt.
Daher kann die Präzipitinreaktion als ein Hilfsmittel bei der Klassifikation der Pflanzen dienen. Bei nahe verwandten Arten fehlt die
Präzipitinreaktion. Dieselbe nimmt zu bei der Verminderung der genetischen Verwandtschaft[6]).

Obige Vorgänge sind durchaus verschieden von den Fermentreaktionen: erstens werden die bei der Immunität stattfindenden chemischen
Vorgänge direkt durch die an ihnen beteiligten spezifischen Stoffe hervorgerufen, indes die Fermente nur die Reaktionsgeschwindigkeiten
verändern; zweitens werden die bei der Immunität wirksamen Stoffe
zweifellos verbraucht und sind also nicht als Katalysatoren zu bezeichnen. Es ist zur Zeit noch nicht klargelegt, ob bei der Immunität
rein chemische oder physikalische Vorgänge die Hauptrolle spielen.

P. Ehrlich[7]) behauptet, daß namentlich rein chemische Vorgänge die
Grundlage der Immunität bilden. Nach Ehrlichs Anschauung besitzen die
Toxine eine „toxophore Gruppe", die eine spezifische giftige Wirkung auf das
Zellplasma ausübt und außerdem eine „haptophore Gruppe", welche die Fähigkeit
hat, sich mit den Seitenketten der Plasmaeiweiße zu binden. Solange diese
Bindung nicht zustande gekommen ist, kann eine Plasmavergiftung nicht er-

<hr>

[1]) Kruse: Allgemeine Mikrobiologie S. 860. 1910.

[2]) Pasteur, L., Chamberland et Roux: Cpt. rend. hebdom. des séances de
l'acad. des sciences Bd. 92, S. 429. 1881 u. v. a.

[3]) Michaelis, L. u. Steindorff: Biochem. Zeitschr. Bd. 2, S. 43. 1906 u. a.

[4]) Bernard, N.: Ann. de l'inst. Pasteur Bd. 7, S. 369. 1909.

[5]) Bordet: Ann. de l'inst. Pasteur Bd. 13, S. 240. 1899.

[6]) Magnus, W. u. Friedenthal: Ber. d. botan. Ges. Bd. 24, S. 601. 1906;
Bd. 25, S. 242 u. 337. 1907; Bd. 26 a, S. 532. 1908. — Dies.: Landwirtschaftl. Jahrb.
Bd. 38, Erg. V, S. 207. 1909. — Relander, L. Kr.: Zentralbl. f. Bakteriol.,
Parasitenk. u. Infektionskrankh. (II), Bd. 20, S. 518. 1908. — Wells, H. G.
and Osborne, T. B.: Journ. of infect. dis. Bd. 8, S. 66. 1911. — Galli-Valerio
u. Bornand: Zeitschr. f. Immunitätsforsch. u. exp. Therapie (I), Bd. 15, S. 229.
1912.

[7]) Ehrlich, P.: Ges. Arb. z. Immunitätsforsch. 1904.

folgen[1]). Die mit den Toxinen sich verbindenden Seitenketten der Eiweißstoffe nennt EHRLICH Receptoren. Infolge einer Plasmareizung bei der Receptorenbindung sollen die genannten Seitenketten in einer übermäßigen Menge entstehen; sie spalten sich infolgedessnn vom Eiweißmolekül ab und können in diesem Zustande eine bedeutende Menge von Toxinen binden, wodurch die Plasmavergiftung vermindert wird. Das Blut der immunisierten Tiere enthält nach EHRLICH eine große Menge von freien Receptoren.

Andere Forscher nehmen an, daß bei der Toxinentgiftung[2]) Adsorptionserscheinungen die Hauptrolle spielen. Es ist zu beachten, daß das lebende Plasma nicht nur Toxine, sondern auch lebende Bakterien zu entgiften vermag. Auch in diesem Falle sind jedoch mindestens zwei Faktoren wirksam[3]). Der eine von ihnen heißt Amboceptor und übt insofern eine spezifische Wirkung aus, als er bestimmte Mikroben auffängt, wonach dieselben unter der Einwirkung des zweiten Faktors gelöst werden. Dieser zweite Faktor heißt Komplement und ist als eine thermolabile kolloide Substanz in jedem Blutplasma enthalten. Das Komplement kann die Bakterien nur nach deren Bearbeitung mit Amboceptor vernichten, Amboceptor erscheint aber im Blut nur nach der Infektion mit bestimmten Bakterien. Es liegt hier also eine vollkommene Analogie mit der Wirkung von Receptoren auf Toxine vor, doch ist eine rein chemische Erklärung im vorliegenden Falle kaum zulässig, da sich die Wirkung auf ganze Bakterienkörper erstreckt.

Es liegt die Annahme nahe, daß Amboceptor einen von den Blutzellen leicht adsorbierbaren Körper darstellt[4]), oder daß eine Vereinigung des Amboceptors mit den bakteriellen Zellen einen Körper mit Eigenschaften eines hydrophoben Kolloids ergibt. Was nun die chemische Natur des Komplementes anbelangt, so wäre es sehr intersesant, dieselbe näher zu untersuchen, da Komplement in jedem Blut der gesunden Tiere enthalten ist. ARRHENIUS[5]) weist darauf hin, daß die Reaktion zwischen Toxin und Antitoxin von einem neuen Standpunkte aus zu untersuchen wäre, indem dieselbe dem Vorgange der Neutraliastion einer Base durch schwache Säuren durchaus ähnlich ist. In beiden Fällen soll ein leicht hydrolysierbares Produkt entstehen.

Über andere hypothetische Stoffe, die bei der Immunisierung wirksam sein sollen, vgl. die Fachliteratur.

Zum Schluß der vorliegenden Betrachtung der Pflanzenstoffe ist nochmals die große Bedeutung der Capillar- und der Kolloidchemie für die Fortschritte der chemischen Pflanzenphysiologie zu betonen. Es ist die Zeit nahe, wo die genannten Wissenschaftszweige die Grundlage sämtlicher Untersuchungen über die Stoffumwandlungen in der lebenden Zelle bilden werden. Außerdem muß auch die präparative Chemie die Aufgabe der Reindarstellung der Kolloide aus ihren Mischungen lösen, da die Feststellung der chemischen Natur der Fermente, Vitamine, Toxine und ähnlicher Stoffe bald für irgendwelche prinzipiell neue Untersuchungen auf dem Gebiete der Biochemie unerläßlich werden wird.

---

[1]) Nach einigen Theorien ist das gesamte Zellplasma gleichsam ein riesiges Molekül (vgl. S. 386).

[2]) FIELD, C. W. and TEAGUE, O.: Journ. of exp. med. Bd. 9, S. 86. 1907. — JACQUÉ, L. et ZUNZ: Arch. internat. de physiol. Bd. 8, S. 227. 1909. — ZUNZ, E.: Bull. de l'acad. roy. de Belgique 1910 u. a.

[3]) BORDET, J.: Ann. de l'inst. Pasteur Bd. 10, S. 193. 1895; Bd. 14, S. 257. 1900; Bd. 15, S. 289. 1901.

[4]) ARRHENIUS, S.: Immunochemie 1907. — Ders.: Ergebn. d. Physiol. Bd. 7, S. 480. 1908. — Ders. u. MADSEN: Zeitschr. f. physikal. Chem. Bd. 44, S. 7. 1903.

[5]) ARRHENIUS. S.: a. a. O.

Achtes Kapitel.

Atmung und Gärung.

Der allgemeine Begriff der Pflanzenatmung. Oben wurden verschiedene Stoffumwandlungen beschrieben, die mit Energieverbrauch verbunden sind. In der physikalischen Physiologie werden noch die Vorgänge des Pflanzenwachstums, der koordinierten Gewebedifferenzierung und der verschiedenartigen Energieauslösungen erläutert werden. Die genannten Lebenserscheinungen erheischen ebenfalls eine beständige Energiezufuhr.

Unter allen in lebenden Pflanzenzellen stattfindenden endothermen chemischen Reaktionen findet nur der photosynthetische Aufbau der organischen Stoffe im Chlorophyllkern direkt auf Kosten der Sonnenenergie statt; sonst dienen als Energiequellen immer bestimmte spezifische chemische Reaktionen, die mit Wärmebildung verbunden sind. Unter allen diesen Vorgängen ist die sogenannte Sauerstoffatmung oder. normale Atmung der Pflanzen am meisten verbreitet.

Die Sauerstoffatmung ist ihrem Wesen nach ein dem photosynthetischen Aufbau der Kohlenhydrate antagonistischer Vorgang. Die bei der Photosynthese. aufgespeicherte Sonnenenergie wird bei der Atmung wieder frei. Dieser Energieaufwand geht zwar allmählich, doch ununterbrochen vor sich; sämtliche Lebensfunktionen werden hierdurch in Gang gesetzt. Chlorophyllfreie Pflanzen ernähren sich ebenfalls mit Stoffen, die von grünen Pflanzen am Lichte erzeugt worden waren; auch in diesem Falle wird also im Atmungsvorgang die von Chlorophyllkörnern aufgefangene Sonnenenergie wieder frei gemacht.

Bereits LAVOISIER hat dargetan, daß die Atmung der Tiere nichts anderes als eine langsame Verbrennung ist, wobei Sauerstoffverbrauch und Kohlendioxydbildung zustande kommen. Die klassischen Untersuchungen TH. DE SAUSSURES[1] ergaben, daß die Pflanzenatmung mit der Atmung der Tiere im wesentlichen identisch ist, da bei der Pflanzenatmung derselbe Gasaustausch wie der tierischen Atmung zustande kommt.

Da die Atmung während des Lebens der Pflanze ununterbrochen fortbesteht, ist sie mit einem bedeutenden Verbrauch des organischen Betriebsmaterials verbunden. Die ausgewachsenen grünen Pflanzen decken diesen Verlust im Vorgange der Photosynthese, die chlorophyllfreien niederen Pflanzen ersetzen das verbrauchte Material durch die

---

[1] DE SAUSSURE, TH.: Ann. de chim. Bd. 24, S. 135 u. 227. 1797. — Ders.: Recherches chimiques sur la végétation S. 8 u. 60. 1804.

von außen aufgenommenen Nährstoffe; in keimenden Samen, die auf
Kosten der Reservestoffe atmen, ist aber der respiratorische Substanz-
verlust direkt bemerkbar. Das Trockengewicht der Keimpflanzen ist
immer bedeutend geringer als dasjenige der Samen, wie es z. B. aus
folgender Tabelle von BOUSSINGAULT[1]) zu ersehen ist:

Pflanzenobjekt	Trockengewicht der Samen	Trockengewicht der Keimpflanzen	Gewichtsverlust bei der Keimung	
	g	g	g	vH.
46 Weizensamen	1,665	0,712	0,953	57
1 Maissame „Géant" . .	0,5292	0,290	0,239	45
10 Erbsensamen	2,237	1,076	1,161	52

Die von BOUSSINGAULT ausgeführten Elementaranalysen haben außer
Zweifel gestellt, daß der Gewichtsverlust sich nur auf Kohlenstoff,
Wasserstoff und Sauerstoff bezieht. Es steht gegenwärtig fest, daß
namentlich Zuckerarten das normale Atmungsmaterial bilden und der
gesamte Atmungsvorgang also durch folgende Gleichung dargestellt
werden kann:

$$C_6H_{12}O_6 + 6\,O_2 = 6\,CO_2 + 6\,H_2O + 674\,\text{Cal.},$$

indes sich die Photosynthese durch folgende summarische Gleichung
ausdrücken läßt:

$$6\,CO_2 + 6\,H_2O + 674\,\text{Cal.} = C_6H_{12}O_6 + 6\,O_2.$$

Es ist also ersichtlich, daß im Falle einer totalen Zuckeroxydation die
Sauerstoffatmung, im Einklang mit den LAVOISIERschen Auseinander-
setzungen, als eine langsame Verbrennung aufzufassen ist. Bei dieser
Analogie müssen wir allerdings im Auge behalten, daß die Zuckerverbrennung in lebender Pflanzenzelle nicht etwa einem mitten im Felde
brennenden Scheiterhaufen, sondern vielmehr einer Verbrennung des
Heizmaterials in einer Dampfmaschine ähnlich ist. Nur im letzteren
Falle wird nämlich die Verbrennungswärme nicht total zerstreut, son-
dern durch Vermittelung der sinnreichen planmäßigen Apparaturen zum
Teil in mechanische Energie umgeformt. Auch die vitale Verbrennung
in einer Pflanzenzelle bewirkt mannigfaltige Energieumwandlungen und
setzt geheimnisvolle Apparaturen des lebenden Plasmas in Betrieb.
Eben deshalb betrachten wir die Atmung als ein Wahrzeichen des
Lebendigen.

Gasaustausch und Wasserbildung bei der Atmung. Obwohl die
Atmungsenergie nur einen geringen Bruchteil des Wertes der photosynthetischen Energie der grünen Pflanzen ausmacht[2]), ist dennoch

---

[1]) BOUSSINGAULT, J. B.: Agronomie, chimie agric. et physiol. Bd. 4. S. 245.
1868.

[2]) Vgl. z. B. WILLSTÄTTER, R. u. STOLL, A.: Untersuchungen über Assimilation der Kohlensäure 1918. — KOSTYTSCHEW, S.: Ber. d. botan. Ges. Bd. 39,
S. 319. 1921.

der Umstand von Wichtigkeit, daß der respiratorische Gaswechsel Tag
und Nacht fortbesteht; auf diese Weise ist der Verbrauch des Atmungsmaterials, auf die Einheit der lebenden Substanz berechnet, ein recht
beträchtlicher. Die Atmungsenergie ist in hohem Grade abhängig
von dem Entwicklungsstadium und der Menge des lebenstätigen Plasmas. In schnell wachsenden und plasmareichen Pflanzenorganen steht
der respiratorische Stoffwechsel demjenigen des tierischen Organismus
kaum nach.

Als Maß der Atmungsenergie dient diejenige CO_2-Menge, die von
der Einheit der lebenden Substanz in Zeiteinheit abgeschieden wird.
Gewöhnlich begnügt man sich damit, die CO_2-Produktion auf 1 g
Trokensubstanz zu berechnen; es ist jedoch einleuchtend, daß bei dieser Art der Berechnung keine große Genauigkeit zu erzielen ist. Der
Prozentgehalt des Plasmas ist in verschiedenen Pflanzen und Pflanzenteilen ein ungleicher, der respiratorische Gaswechsel hängt aber einzig
und allein von der Tätigkeit des lebenden Plasmas ab. Nun sind die
Zellen der embryonalen Gewebe mit Plasma gefüllt, indes in Zellen
der differenzierten Gewebe das Plasma meistens nur eine innere Wand-
belegung bildet. Auch bestehen einige Gewebe, wie z. B. Holz und
Kork, zum größten Teil aus toten Zellen, welche überhaupt nicht atmen. Darum haben einige Forscher den Versuch gemacht, genauere
Methoden zur Bestimmung der Atmungsintensität zu ermitteln.

PALLADIN[1]) suchte die Abhängigkeit der Atmung von der Menge
des tätigen Plasmas dadurch zu erläutern, daß er die N-Menge der
im Magensaft unverdaulichen Eiweißstoffe des Versuchsmaterials bestimmte. Diesen Stickstoff betrachtete er als den Stickstoff der Nucleine, die den Hauptbestandteil des Plasmagerüstes bilden. Die Größe
CO_2/N, d. i. die vom Versuchsmaterial abgeschiedene CO_2-Menge, be-
zogen auf die Stickstoffmenge der unverdaulichen Proteine, ist, PAL-
LADINs Meinung nach, das richtigere Maß der Atmungsintensität, d. i.
derjenigen CO_2-Menge, die von der Gewichtseinheit des Protoplasmas
produziert wird.

Auch diese Art der Berechnung ist jedoch mit unvermeidlichen
Fehlerquellen verbunden. Der Magensaft läßt nämlich nicht nur Nucleine, sondern auch einige Reserveproteine, z. B. Prolamine, unver-
daut. Jedenfalls ist aber die PALLADINsche Methode, trotz den Ein-
wänden seitens verschiedener Forscher, immerhin genauer, als die einf-
fache Berechnung des Kohlendioxydes auf Frisch- oder Trockengewicht
des Versuchsmaterials.

Eine noch genauere Berechnung wäre allerdings wohl möglich. Zu
diesem Zwecke sollte man die Atmungskohlensäure auf Nucleinphos-
phor oder Purinstickstoff beziehen; doch wurden derartige Bestimmungen
noch nie ausgeführt. Dieselben sind übrigens technisch so umständ-

---

[1]) PALLADIN, W.: Rev. gén. de botanique Bd. 8, S. 225. 1896; Bd. 11, S. 81.
1899; Bd. 13, S. 18. 1901. — HETTLINGER, A.: Ebenda Bd. 13, S. 248. 1901. —
BURLAKOFF: Arb. d. naturforsch. Ges. in Charkow Bd. 31. 1897 (Russisch) u. a.

lich, daß sie für zahlreiche quantitative Versuche wohl nicht in Betracht kommen. Anderseits ist die einfache Berechnung auf Gesamtgewicht doch zulässig in dem Falle, wo man mit Objekten zu tun hat, die keine bedeutenden Mengen der toten Zellen enthalten und auch keinen sehr großen Cellulosegehalt aufweisen; so liefern z. B. derartige Resultate brauchbares Vergleichsmaterial bei Untersuchungen über niedere Organismen oder über embryonale Organe der Samenpflanzen. Die Atmungsintensität verschiedener Pflanzen und Pflanzenteile wird durch folgenden Tabelle erläutert, die aus Versuchsergebnissen verschiedener Forscher zusammengestellt ist. Die Menge des abgeschiedenen Kohlendioxydes bzw. des aufgenommenen Sauerstoffs ist durchweg auf 1 g Trockengewicht berechnet.

Pflanzenobjekt	Atmungsintensität in 24 Stunden
Ganz junge Weizenwurzeln[1]) bei 15—18°	67,9 ccm O_2 absorb.
Ältere Weizenwurzeln[1]) bei 15—18°	82,8 „ „ „
Ganz junge Reiswurzeln[1]) bei 14—17°	44,4 „ „ „
Ältere Reiswurzeln[1]) bei 14—17°	55,1 „ „ „
Wurzeln von Lamium album[1]) bei 18—19°. . . .	62,5 „ „ „
„ „ Mentha aquatica[1]) bei 18—19° . . .	37,2 „ „ „
„ „ Caltha palustris[1]) bei 18—19° . . .	19,1 „ „ „
Blätter von Phleum pratense[1]) bei 20—21° . . .	27,2 „ „ „
„ „ Lolium italicum[1]) bei 19—20°. . . .	24,8 „ „ „
„ „ Phragmites communis[1]) bei 19—20° .	12,8 „ „ „
„ „ Veronica Beccabunga bei 16—17° . .	24,8 „ „ „
Blattknospen von Syringa vulgaris[2]) bei 15°. . .	35 „ CO_2 abgesch.
„ „ Ribes nigrum[2]) bei 15°	48 „ „ „
„ „ Tilia europaea[2]).	66 „ „ „
Sphagnum cuspidatum (Moos)[3])	32,9 „ „ „
Hyphnum cupressiforme (Moos)[3]).	17,2 „ „ „
Keimende Samen von Sinapis nigra[2]) bei 16°. . .	58,0 „ „ „
„ „ „ Lactuca sativa[2]) bei 16° . .	82,5 „ „ „
„ „ „ Papaver somniferum bei 16°	122,0 „ „ „
Azotobacter chroococcum[4]).	709,5 „ „ „
Aspergillus niger 4tägige Kultur auf Chinasäure[5])	276,1 „ „ „
„ „ 3tägige Kultur auf Chinasäure[5])	682,0 „ „ „
„ „ 2tägige Kultur auf Chinasäure[5])	1751 „ „ „
„ „ 2tägige Kultur auf Chinasäure[5])	1800 „ „ „
„ „ 2tägige Kultur auf Chinasäure[5])	1874 „ „ „
Bacillus mesentericus vulgatus[6])	1164,3 „ O_2 absorb.

Aus dieser Tabelle ist ersichtlich, daß in einigen Fällen die Energie der Pflanzenatmung derjenigen der Tieratmung nicht nachsteht. Be-

---

[1]) FREYBERG: Landwirtschaftl. Versuchs-Stationen Bd. 23, S. 463. 1879.

[2]) GARREAU: Ann. des sciences nat. (3) Bd. 15, S. 1. 1851.

[3]) JÖNSSON, B.: Cpt. rend. des séances de l'acad. des sciences Bd. 119, S. 440. 1894.

[4]) STOKLASA, J.: Ber. d. botan. Ges. Bd. 24, S. 22. 1906. — Ders.: Zentralbl. f. Batkteriol., Parasitenk. u. Infektionskrankh., Abt. II, Bd. 21, S. 484. 1908.

[5]) KOSTYTSCHEW, S.: Jahrb. f. wiss. Botanik Bd. 40, S. 563. 1904.

[6]) VIGNAL, M.: Contribution à l'étude des Bactériacées 1889.

sonders intensiv ist die Atmung der Mikroorganismen während der
Periode einer schnellen Entwicklung. Der Schimmelpilz Aspergillus
niger ist durch seine fabelhafte Wachstumsgeschwindigkeit bekannt:
in 2—3 Tagen entwickeln sich auf geeigneten Nährlösungen üppige
zusammenhängende Pilzdecken. Dementsprechend ist auch die Atmungsintensität von Aspergillus niger eine auch unter den niederen Organismen außergewöhnliche.

Auch bei Samenpflanzen ist die Atmungsintensität von der Wachstumsgeschwindigkeit in hohem Grade abhängig. Ruhende Samen zeigen zwar eine Gewichtsabnahme, die teils auf Wasserverlust, teils auf
Atmung zurückzuführen ist, doch ist aus direkten quantitativen Bestimmungen von KOLKWITZ[1]) ersichtlich, daß der Atmungsumsatz von
ruhenden Samen äußerst geringfügig ist. Die Atmungsintensität von
1 kg Samen ist gleich 1 ccm CO_2 bei einem Wassergehalt von 10 bis
11 vH. Beachtenswert ist der Umstand, daß eine Steigerung des Wasser-
gehaltes der Samen auf 33 vH. bereits einen Aufschwung der CO_2-
Bildung auf 1200 cmm pro 1 kg zur Folge hat. Es bleibt freilich
dahingestellt, ob dieser Vorgang als eigentliche Atmung, oder bloß als
eine spontane Autoxydation verschiedener in der Samenschale enthaltenen labilen Stoffe anzusehen ist[2]). Die vollkommen gequollenen Samen scheiden schon ganz beträchtliche CO_2-Mengen aus.

Im Verlaufe der Samenkeimung steigt während der ersten Tage
die Geschwindigkeit des Wachstums; alsdann wird sie allmählich geringer. Die graphische Darstellung dieses Vorganges ergibt die sogenannte Kurve der großen Wachstumsperiode. Verfolgt man nun den
Verlauf der Atmung während der großen Wachstumsperiode, so erhält
man die sogenannte große Atmungskurve der keimenden Samen[3]); dieselbe ist derjenigen der großen Wachstumsperiode durchaus ähnlich.
In den ersten Tagen der Keimung nimmt die Atmungsintensitä allmählich zu, erreicht schließlich ein Maximum und sinkt dann wieder
am Ende der Keimung. Dieser Zusammenhang der beiden Kurven
ist leicht begreiflich. Die für architektonische Wachstumsvorgänge notwendige mechanische Energie entwickelt sich im Atmungsvorgange;
eine Zunahme des Energieverbrauches bedingt also eine entsprechende
Steigerung der Energieproduktion. Eingehende Untersuchungen ergaben, daß embryonale wachsende Organe stärker atmen als Endosperme[4]).

----

[1]) KOLKWITZ, R.: Ber. d. botan. Ges. Bd. 19, S. 285. 1901; vgl. auch MUNTZ:
Cpt. rend. hebdom. des séances de l'acad. des sciences Bd. 92, S. 97 u. 137. 1881.

[2]) BECQUEREL, P.: Cpt. rend. hebdom. des séances de l'acad. des sciences
Bd. 138, S. 1347. 1904; Bd. 143, S. 974 u. 1177. 1906. — Ders.: Ann. des sciences
nat., sér. botanique (9), Bd. 5, S. 193. 1907.

[3]) MAYER, A.: Landwirtschaftl. Versuchs-Stationen Bd. 18, S. 245. 1875. —
RISCHAWI: Ebenda Bd. 19, S. 321. 1876. Die ersten Bestimmungen der Atmung
keimender Samen verdanken wir DE SAUSSURE: Mém. de la soc. phys. de
Genève Bd. 6, S. 557. 1833.

[4]) BURLAKOFF: Arb. d. Naturforsch.-Ges. Charkow Bd. 31, Suppl. 1. 1897.
(Russisch.)

Bei der Samenreife wird die Intensität der Samenatmung nach und nach schwächer und erreicht einen minimalen Wert zur Zeit des vollkommenen Trockenwerdens der reifen Samen[1].

Sehr intensiv ist die Atmung der Blüten[2], die sich im allgemeinen schnell entwickeln und deren Existenz eine ephemere ist. Nach den Angaben DE SAUSSURES[3] atmen Geschlechtsorgane energischer als Hüllblätter. Nach der Bestäubung wird die Atmung des Fruchtknotens sehr stark, was offenbar mit den Gestaltungsvorgängen bei der Bildung des Embryos zusammenhängt[4].

Die Analysen DE SAUSSURES zeigen, daß die Atmungsenergie von Blüten den $2-4^1/_2$ fachen Wert von derjenigen der Laubblätter erreicht[5]; nach neuesten Angaben zeichnen sich anthocyanreiche Blätter durch eine besonders starke Atmung aus; namentlich soll bei ihnen die Sauerstoffaufnahme sehr ergiebig sein[6]. Die chlorophyllfreien parasitischen Phanerogamen atmen, nach älteren Untersuchungen verschiedener Forscher, ziemlich stark. Auch ist die Atmungsintensität der mit Zucker ernährten etiolierten Blätter ziemlich groß[7].

Das Verhältnis des abgeschiedenen Kohlendioxydes zum absorbierten Sauerstoff wird als Atmungsquotient bezeichnet und durch $\dfrac{CO_2}{O_2}$ ausgedrückt. Die Größe von $\dfrac{CO_2}{O_2}$ ist verschiedenen Schwankungen unterworfen, die beim antagonistischen Vorgange der photosynthetischen CO_2-Assimilation durch grüne Blätter nicht zu verzeichnen sind. Die chematische Gleichung der Sauerstoffatmung

$$C_6H_{12}O_6 + 6\,O_2 = 6\,CO_2 + 6\,H_2O.$$

lautet zwar auf Grund des AVOGADROSCHEN Gesetzes dahin, daß die Volumina von CO_2 und O_2 beim Gaswechsel einander gleich sein sollen, was auch in manchen Fällen zutrifft, doch sind verschiedenartige Abweichungen von dieser Regel möglich. Dies kann von folgenden Ursachen herrühren:

I. Gleichzeitig mit der Sauerstoffatmung findet auch eine selbständige Sauerstoffaufnahme zu anderweitigen Zwecken statt. Der überschüssige Sauerstoff wird zur Bildung von organischen Carbonsäuren

---

[1] APPLEMAN and ARTHUR: Americ. journ. of botany Bd. 5, S. 207. 1918. — Dies.: Journ. of agricult. research Bd. 17, Nr. 4. 1919.

[2] DE SAUSSURE: Rech. chim. sur la végétation 1804. — Ders.: Ann. de chim. et de physique (2), Bd. 21, S. 279. 1822.

[3] DE SAUSSURE: a. a. O. — CAHOURS: Cpt. rend. hebdom. des séances de l'acad. des sciences Bd. 51, S. 496. 1864. — MAIGE, A.: Ebenda Bd. 142, S. 104. 1906. — Ders.: Rev. gén. de botanique Bd. 19, S. 9. 1907. — MAIGE, G.: Bd. 21, S. 32. 1909.

[4] WHITE, J.: Annals of botany Bd. 21, S. 487. 1907.

[5] DE SAUSSURE: a. a. O.

[6] NICOLAS, G.: Cpt. rend. hebdom. des séances de l'acad. des sciences Bd. 165, S. 130. 1918.

[7] PALLADIN, W.: Revue générale de botanique Bd. 5, S. 49. 1893; Bd. 6, S. 201. 1894.

und sonstigen sauerstoffreichen Stoffen verwendet. In allen derartigen Fällen ist also $\dfrac{CO_2}{O_2} < 1$. Als allgemeine Beispiele dieser Art können diejenigen Atmungsvorgänge dienen, die bei der Samenkeimung [1]), ebenso wie überhaupt beim starken Wachstum und vegetativer Entwicklung [2]) stattfinden, Auch die Speicherung der organischen Säuren in reifenden fleischigen Früchten und in Succulenten bewirkt eine Herabsetzung des Wertes von $\dfrac{CO_2}{O_2}$ [3]).

II. In anderen Fällen wird im Gegenteil eine überschüssige CO_2-Menge durch Vorgänge gebildet, die ohne Sauerstoffaufnahme erfolgen; besonders verbreitet ist der Fall, wo Sauerstoffatmung und alkoholische Gärung simultan zustande kommen. Hierbei ist $\dfrac{CO_2}{O_2} > 1$. In den Anfangsstadien der Keimung von einigen Samen, deren derbe Schale für Sauerstoff wenig durchlässig ist, tritt alkoholische Gärung als normaler Keimungsvorgang hervor, solange die Samenschale vom Würzelchen nicht durchbohrt ist [4]). Analoge Erscheinungen sind bei der Atmung von Hefepilzen [5]) und einigen Mucoraceen [6]) zu verzeichnen. Es ist hier sowohl Sauerstoffatmung, als alkoholische Gärung im Gange, und $\dfrac{CO_2}{O_2}$ ist größer als 1.

III. Verschiedenartige Schwankungen der Größe von $\dfrac{CO_2}{O_2}$ können davon herrühren, daß das vorrätige Atmungsmaterial eine andere prozentische Zusammensetzung hat als Zucker. Dies ist der verbreitetste Grund der „abnormen“ Größe von $\dfrac{CO_2}{O_2}$. So fängt z. B. die Pflanze an, nach vollständigem Verbrauch der Zuckerarten und Mangel an genügendem Ersatz, die Eiweißstoffe des Plasmagerüstes zu verbrennen, wobei $\dfrac{CO_2}{O_2}$ auf 0,70—0,80 sinkt: Eiweiß ist nämlich sauerstoffärmer als Zucker und verbraucht also bei totaler Verbrennung zu CO_2, H_2O und N_2 auf die Gewichtseinheit eine größere Menge von Luftsauer-

---

[1]) BONNIER, G. et MANGIN: Ann. des sciences nat. (6), Bd. 18, S. 364. 1886.

[2]) PALLADIN, W.: Ber. d. botan. Ges. Bd. 4, S. 322. 1886. — CONSTAMM: Rev. gén. de botanique Bd. 25 bis, S. 539. 1914.

[3]) AUBERT: Rev. génér. de botan. Bd. 4, S. 378. 1892. — GERBER: Comptes rendus hebdomaires des séances de l'académie des sciences Bd. 124, S. 1160. 1897. — Ders.: Ann. de sciences natur. Botan. (8) Bd. 4, S. 1. 1896.

[4]) POLOWZOW, V.: Untersuchungen über Pflanzenatmung 1901. — KOSTYTSCHEW, S.: Biochem. Zeitschr. Bd. 15, S. 164. 1908. — Ders.: Physiol.-chemische Untersuchungen über Pflanzenatmung 1910. (Russisch.)

[5]) BUCHNER, E., BUCHNER, H. u. HAHN, M.: Die Zymasegärung 1903. 350. — KOSTYTSCHEW, S. u. ELIASBERG, P.: Zeitschr. f. physiol. Chem. Bd. 111, S. 141. 1920.

[6]) KOSTYTSCHEW, S.: Zentralbl. f. Bakteriol., Parasitenk. u. Infektionskrankh., Abt. II, Bd. 13, S. 490. 1904.

stoff. In anderen Fällen wird der vorher unter eventuell ungünstigen Aërationsverhältnissen (s. oben) aufgespeicherte Äthylalkohol verbrannt. Die totale Alkoholverbrennung ist mit einem niedrigen Werte von $\dfrac{CO_2}{O_2}$ verbunden:

$$CH_3 . CH_2OH + 3\,O_2 = 2\,CO_2 + 3\,H_2O.$$

$$\frac{CO_2}{O_2} = \frac{2}{3} = 0{,}66.$$

Dieser Vorgang tritt als normale Erscheinung bei der Keimung von Erbsensamen hervor, und zwar zu der Zeit, wo die derbe Samenschale gesprengt wird. Der in den ersten Keimungsstufen (s. oben) aufgespeicherte Alkohol wird unter bedeutendem Sauerstoffkonsum verbrannt[1]. Hierbei ist die Größe von $\dfrac{CO_2}{O_2}$ sehr gering.

In anderen Fällen können jedoch sauerstoffreiche Stoffe, wie z. B. organische Säuren, einer totalen Verbrennung anheimfallen, was eine bedeutende Steigerung der Größe von $\dfrac{CO_2}{C_2}$ herbeiführt. So ist der Atmungsquotient bei der totalen Verbrennung von Oxalsäure theoretisch gleich 4:

$$2\,COOH . COOH + O_2 = 4\,CO_2 + 2\,H_2O.$$

$$\frac{CO_2}{O_2} = \frac{4}{1} = 4.$$

Bei dieser Verbrennung ist die Wärmetönung gewiß unbedeutend. Bei der Verbrennung von Weinsäure ist $\dfrac{CO_2}{O_2} = 1{,}6$:

$$2 . COOH . CHOH . CHOH . COOH + 5\,O_2 = 8\,CO_2 + 6\,H_2O.$$

$$\frac{CO_2}{O_2} = \frac{8}{5} = 1{,}6.$$

Weiter unten wird der Beweis dafür erbracht werden, das sämtliche vorrätige stickstofffreie Stoffe beim Verbrauche am Atmungsvorgange durch die Zwischenstufe von Zucker verbrannt werden. Hierdurch wird natürlich die theoretische Größe des Atmungsquotienten obiger Stoffe nicht beeinflußt. Es ist einleuchtend, daß bei der Umwandlung eines Nichtzuckerstoffs in Zucker genau dieselbe Sauerstoffmenge abgeschieden bzw. verbraucht wird, die bei einer direkten Verbrennung die „abnorme" Größe von $\dfrac{CO_2}{O_4}$ bewirkt. So wurden bei der Atmung von Ölsamen niedrige Werte von $\dfrac{CO_2}{O_2}$ erhalten[2], was damit zusammenhängt, daß Fette in Zuckerarten übergehen[3]. Ernährt man Fettsamen mit

---

[1] KOSTYTSCHEW, S.: Physiologisch-chemische Untersuchungen über Pflanzenatmung 1910. (Russisch.)

[2] GODLEWSKI, E.: Jahrb. f. wiss. Botanik Bd. 13, S. 491. 1882.

[3] LIASKOWSKI, N.: Chemische Untersuchungen über die Keimung von Kürbissamen 1874. (Russisch.)

fertigem Zucker, so erreicht $\dfrac{CO_2}{O_2}$ die normale Größe 1, da unter den genannten Verhältnissen eine direkte Zuckerverbrennung einsetzt und die Fettveratmung sistiert wird[1]). Bei der Reifung von Ölsamen ist dagegen $\dfrac{CO_2}{O_2} > 1$, da Kohlenhydrate sich in Fett verwandeln, wobei eine gewisse Sauerstoffmenge disponibel wird; infolgedessen muß die Aufnahme des Luftsauerstoffs bei der Atmung abnehmen, da ein Teil des Kohlenstoffs durch den bei der Fettbildung übrig gebliebenen Sauerstoff zu CO_2 oxydiert wird[2]).

Für experimentelle Untersuchungen über $\dfrac{CO_2}{O_2}$ bilden die schnell wachsenden und energisch atmenden Schimmelpilze ein sehr geeignetes Versuchsmaterial. Die mit denselben ausgeführten Versuche haben in der Tat dargetan, daß $\dfrac{CO_2}{O_2}$ auf verschiedenen Kohlenstoffquellen nicht gleich groß ist[3]). Bei sehr ausgiebiger Atmung von Aspergillus niger gelingt es auf verschiedenen organischen Nährstoffen, die denselben entsprechenden theoretischen Werte von $\dfrac{CO_2}{O_2}$ analytisch festzustellen[4]).

Auf Grund des vorstehend Dargelegten ist der Schluß zu ziehen, daß man die Wärmetönung der Atmung nicht immer auf eine direkte Zuckerverbrennung zurückführen darf. Dies ist nämlich nur in dem Falle zulässig, wo $\dfrac{CO_2}{O_2} = 1$ ist, wogegen $\dfrac{CO_2}{O_2} > 1$ als Merkmal einer niedrigeren Wärmetönung gilt. Was nun $\dfrac{CO_2}{O_2} < 1$ anbelangt, so sind in diesem Falle keine bestimmten Schlußfolgerungen möglich, da die geringe Größe des Atmungsquotienten von verschiedenen Ursachen abhängen kann. Findet totale Verbrennung eines sauerstoffarmen Atmungsmaterials (z. B. der Fette) statt, so ist selbstverständlich die Wärmetönung sehr groß, kommt aber nur eine Sauerstoffbindung zustande, die keine totale Verbrennung herbeiführt, so kann die Wärmetönung unter Umständen recht niedrig bleiben.

Die Wasserbildung bei der Pflanzenatmung ist leider unzureichend untersucht worden. Dies ist um so mehr zu bedauern, als namentlich die Ausgiebigkeit der Wasserbildung in manchen Fällen als Kennzeichen einer totalen Verbrennung des Atmungsmaterials dienen kann. Direkte analytische Bestimmungen des am Atmungsvorgange gebildeten Wassers findet man in der älteren Arbeit von LIASKOWSKI[5]),

---

[1]) POLOWZOW, V.: Untersuchungen über die Pflanzenatmung 1901. (Russ.)
[2]) GODLEWSKI, E.: a. a. O.
[3]) DIAKONOW, N.: Ber. d. botan. Ges. Bd. 5, S. 115. 1887. — PURIEWITSCH, K.: Jahrb. f. wiss. Botanik Bd. 35, S. 573. 1900.
[4]) KOSTYTSCHEW, S.: Jahrb. f. wiss. Botanik Bd. 40, S. 563. 1904.
[5]) LIASKOWSKI, N.: a. a. O.; vgl. auch Landwirtschaftl. Versuchs-Stationen Bd. 17, S. 219. 1874.

doch wird hierdurch die Frage der Wasserbildung bei der Atmung nicht erledigt, da die bei der Samenkeimung stattfindenden hydrolytischen Vorgänge bedeutende, noch nicht erforschte Schwankungen der Wasserbildung hervorrufen. Experimentelle Untersuchungen über Wasserbildung sind durch mannigfaltige Fehlerquellen erschwert; trotzdem ist es dringend notwendig, diese Lücke auszufüllen.

Produktion von strahlender Energie bei der Pflanzenatmung. Die Pflanzenatmung ist, wie alle langsamen Verbrennungen, mit Wärmebildung verbunden, Die Wärmemenge hängt von dem jeweiligen Atmungsmaterial ab. Da bei der Pflanzenatmung meistens Kohlenhydrate als direktes Verbrennungsmaterial fungieren, so können wir als Ausgangspunkt für theoretische Betrachtungen die Verbrennungswärme von 1 Mol. Traubenzucker wählen. Dieselbe beträgt 674 Calorien[1]. Oben wurde allerdings darauf aufmerksam gemacht, daß wir eine direkte Zuckerverbrennung nur in dem Falle annehmen dürfen, wo $\frac{CO_2}{O_2}$ auf Grund der ausgeführten Gasanalysen gleich 1 ist.

Die Pflanzen verfügen über keine thermoregulatorischen Einrichtungen; deshalb ist die Temperatur des Pflanzenkörpers meistens von derjenigen des umgebenden Mediums kaum verschieden. Auf den ersten Blick scheint es also, daß die Atmung im Pflanzenorganismus keine Wärme erzeugt. In einigen Fällen, wo ziemlich große Pflanzenorgane einen bedeutenden respiratorischen Stoffwechsel zustande bringen, ist aber eine Temperatursteigerung ohne weiteres bemerkbar[2]. So zeigt eine direkte Temperaturmessung, daß in Cereusblüten zwischen den Staubfäden eine Temperaturzunahme von $1,2^\circ$ stattfindet[3]. In Blüten von Victoria regia wurde eine Temperatursteigerung von $12,5^\circ$ wahrgenommen[4], in Blütenkolben von Arum italicum — eine solche von 36°; die Temperatur des Kolbens erreichte nämlich 51° bei einer Lufttemperatur von 15°[5]. Die Wärmeproduktion von Arum kann durch Wundreiz noch gesteigert werden[6]. Auch beim Blühen von Ceratozamia und einigen Palmen wird eine bedeutende Wärmemenge frei[7]. Nun gelingt es leicht, auch bei verschiedenartigen anderen Pflanzen eine bedeutende Wärmeproduktion nachzuweisen, wenn man die Temperaturmessungen in einem DEWARschen Gefäß ausführt,

---

[1] STOHMANN, F.: Journ. f. prakt. Chem. Bd. 19, S. 115. 1879; Bd. 31, S. 273. 1885. — Ders.: Zeitschr. f. Biol. Bd. 13, S. 364. 1894.

[2] DE SAUSSURE: Ann. des sciences nat. Bd. 21, S. 285. 1822. — Ders.: Ann. de chim. et de physique (2), Bd. 21, S. 279. 1822. — DUTROCHET: Cpt. rend. hebdom. des séances de l'acad. des sciences Bd. 8, S. 741. 1839; Bd. 9, S. 613. 1839. — Ders.: Ann. des sciences nat. (2), Bd. 13, S. 1. 1840 u. a.

[3] LEICK, E.: Ber. d. botan. Ges. Bd. 33, S. 518. 1915; Bd. 34, S. 14. 1916.

[4] KNOCH, E.: Untersuchungen über die Morphologie und Biologie der Blüte von Victoria regia 1897. 38.

[5] KRAUS, G.: Abh. d. Naturforsch.-Ges. Halle Bd. 16. 1882. — Ders.: Ann. du jardin botan. de Buitenzorg Bd. 13, S. 217. 1896.

[6] SANDERS, C. B.: Report of the Brit. assoc. York 1906, S. 739.

[7] KRAUS, G.: a. a. O.

oder sonstige ähnliche Kunstgriffe gegen Wärmezerstreung verwendet. Auf diese Weise gelang es z. B., in Laubblättern eine Temperatur von 50° festzustellen[1]); ähnliche Temperaturen hat man auch bei der Atmung der Samen von verschiedenen Getreidearten beobachtet. Die Selbsterhitzung des Heues, welche einen sehr hohen Grad erreicht, wird von verschiedenen Mikroben hervorgerufen, die eine enorme Wärmemenge produzieren[2]). Bei einigen Pflanzen ist die Atmung nicht nur von Wärme-, sondern auch von Lichtbildung begleitet. Bereits der große britische Physiker BOYL bemerkte, daß faules Holz in einem luftfreien Medium nicht leuchtet. Das Leuchten der Pflanzen ist in der Tat eine Folge der Sauerstoffatmung. Zu den leuchtenden Pflanzen gehören einige Pilze, wie Agaricus-, Polyporus-, Auricularia-Arten u. a.[3]); außerdem einige Algen und spezifische Bakterien (Photobacterium u. a.)[4]). Die leuchtenden Bakterien erlöschen bald auf den üblichen Nährmedien; das Leuchten erneuert sich in Kulturen auf Fischbouillon. Erst neuerdings wurde das Leuchten der Bakterien auf künstlichen Substraten von bestimmter Zusammensetzung wahrgenommen[5]). Das Leuchten findet nur innerhalb bestimmter Temperaturgrenzen statt; beachtenswert ist der Umstand, daß leuchtende Bakterien oft zu der Gruppe von Fäulnisspaltpilzen gehören, die mit Eiweißstoffen allein (d. i. bei Ausschluß von Kohlenhydraten) gut auskommen. Die Intensität des bakteriellen Lichtes ist genügend, um Chlorophyllbildung in etiolierten Pflanzen hervorzurufen[6]).

Das Wesen des Leuchtens besteht darin, daß bei der Atmung der leuchtenden Pflanzen bestimmte Stoffe entstehen, die auch nach dem Tode leuchten und als Luciferine bezeichnet werden. Ihre chemische Natur ist noch nicht festgestellt worden, doch ist es sehr wahrscheinlich, daß die Luciferine in die Gruppe von Eiweißstoffen zu zählen sind[7]) und unter dem Einfluß von spezifischen Fermenten entstehen[8]). Es ist

[1]) MOLISCH, H.: Botan. Zeit. Bd. 66, S. 211. 1908. — Ders.: Zeitschr. f. Botanik Bd. 6, S. 305. 1914.

[2]) Literaturangaben bei MIEHE, H.: Die Selbsterhitzung des Heues 1907; vgl. auch GORINI, C.: Atti d. Reale accad. dei Lincei, rendiconto (5), Bd. 23, H. 1, S. 984. 1914. — BURRI, R.: Landwirtschaftl. Jahrb. Bd. 33, S. 23. 1919 u. a.

[3]) SMITH, W. G.: Gardiners Chronicle Bd. 7, S. 83. 1877. — CRIÉ, L.: Cpt. rend. hebdom. des séances de l'acad. des sciences Bd. 93, S. 853. 1884. — KUTSCHER, F.: Zeitschr. f. physiol. Chem. Bd. 23, S. 109. 1897. — ATKINSON: Botan. gaz. Bd. 14, S. 19. 1889 u. a.

[4]) BEIJERINCK: Meddel. Akad. Amsterdam 1890, Nr. 2, S. 7. — MOLISCH, H.: Leuchtende Pflanzen. 2. Aufl. 1912.

[5]) CHODAT, R. et DE COULON: Arch. des sciences phys. et nat. Genève (4), Bd. 41, S. 237. 1916.

[6]) ISSATSCHÉNKO, B.: Abh. d. botan. Gartens in St. Petersburg Bd. 11, S. 31 u. 44. 1911. (Russisch.)

[7]) DUBOIS, R.: Cpt. rend. hebdom. des sciences de l'acad. des sciences Bd. 111, S. 363. 1890; Bd. 123, S. 653. 1896; Bd. 153, S. 690. 1911; Bd. 165, S. 33. 1917; Bd. 166, S. 578. 1918. — Ders.: Cpt. rend. des séances de la soc. de biol. Bd. 81, S. 317. 1918; Bd. 82, S. 840. 1919.

[8]) DUBOIS, R.: a. a. O. — HARVEY, E. N.: Americ. journ. of physiol. Bd. 44, S. 449. 1916; Bd. 42, S. 318, 342 u. 349. 1917 — Ders.: Journ. of gen. physiol. Bd. 5, S. 275. 1923.

übrigens wohl bekannt, daß etliche organische Stoffe bei langsamer Oxydation leuchten.

Verschiedene Forscher haben sich bemüht, die von der Pflanze ausgenutzte Atmungsenergie quantitativ zu bestimmen. Es ist von vornherein einleuchtend, daß der Bruchteil der Gesamtenergie der Atmung, die nicht in Form von strahlender Energie zerstreut, sondern im Protoplasma zu verschiedenen vitalen Zwecken verwertet wird, unter Umständen ziemlich gering sein kann; wissen wir doch, wie unbedeutend der ökonomische Quotient unserer Dampfmaschinen und anderer Heizapparate ist. Erste calorimetrische Bestimmungen wurden mit ruhenden Organen ausgeführt[1]); kein Wunder, daß hierbei die bei der Atmung erzeugte strahlende Energie der Gesamtwärme der Zuckerverbrennung ziemlich gleich war. Folgende Tabelle von RODEWALD zeigt, welche Wärmemenge der Abgabe von 1 ccm CO_2 bzw. der Aufnahme von 1 ccm Sauerstoff entspricht.

CO_2 abgeschieden	O_2 absorbiert	$\dfrac{CO_2}{O_2}$	Wärme produziert in Calorien	Auf je 1 ccm CO_2 Wärme in Calorien	Auf je 1 ccm O_2 Wärme in Calorien
6,175	5,842	1,06	30,3	4,91	5,19
4,883	4,354	1,12	19,7	4,03	4,53
4,625	4,507	1,03	19,6	4,24	4,35

Die Bestimmungen von BONNIER[2]), ergaben sogar eine größere Wärmeproduktion, als sie der gesamten Zuckerverbrennung entspricht (die Atmung ist auch, wie bekannt, nicht die einzige Energiequelle der lebenden Zelle). Die neueren eingehenden Untersuchungen von L. C. DOYER[3]) lieferten jedoch andere Resultate. Es ergab sich, daß während der Perioden, wo gewaltige Wachstums- und Gestaltungsvorgänge zustande kommen, wie es z. B. in den ersten Tagen der Samenkeimung der Fall ist, der größte Teil der Atmungsenergie zu vitalen Zwecken verwendet wird und nur wenig Energie in Form von Wärme entweicht. So z. B.

Weizenkeimlinge.

Tag der Keimung	Atmungsenergie auf 1 kg bei 25° (nach CO_2-Abscheidung) in Calorien	Unmittelbar als Wärme gemessene Energie auf 1 kg bei 25° in Calorien
2. Tag	2135	363
3. Tag	3802	540
4. Tag	6277	2938
5. Tag	6886	3216
6. Tag	8837	4341

[1]) RODEWALD: Jahrb. f. wiss. Botanik Bd. 18, S. 263. 1887; Bd. 19, S. 221. 1888; Bd. 20, S. 261. 1889.

[2]) BONNIER, G.: Ann. des sciences nat. (7), Bd. 18, S. 1. 1893.

[3]) DOYER, L. C.: Meddel. Akad. Wet. Amsterdam Bd. 17, S. 62. 1914. — Dies.: Recueil des travaux botan. néerland. Bd. 12, S. 372. 1915.

Es ist also ersichtlich, daß am zweiten Tage der Keimung nur 12 vH. der gesamten Energie als Wärme zerstreut wird; der größte Teil der chemischen Energie wird zu den Gestaltungsvorgängen verwertet. Selbst am sechsten Tage wurde nur die Hälfte der Gesamtenergie als Wärme wiedergefunden.

Nach den neuesten Bestimmungen scheiden Schimmelpilze den größten Teil der Atmungsenergie in Form von Wärme ab[1]). Auch in diesem Falle wurden jedoch allem Anschein nach ältere Pilzdecken zu den Versuchen verwendet. Es ist kaum zweifelhaft, daß ganz junge, kräftig wachsende Pilzdecken andere Resultate liefern könnten.

Analytische Methoden zur Bestimmung der Sauerstoffatmung. Die qualitative Bestimmung der CO_2-Abscheidung durch Pflanzen bietet wenig Interesse dar; nur quantitative Bestimmungen der Pflanzenatmung haben aktuelle physiologische Bedeutung, da sie die Möglichkeit geben, Schwankungen der Atmungsenergie und des Wertes von $\dfrac{CO_2}{O_2}$ unter verschiedenen Verhältnissen zu verfolgen. Die quantitativen Bestimmungen beziehen sich also entweder auf die Ermittlung des in Zeiteinheit abgeschiedenen Kohlendioxydes (Bestimmung der Atmungsintensität), oder auf die gasanalytischen Ermittlungen der Größe von $\dfrac{CO_2}{O_2}$, wozu simultane CO_2- und O_2-Bestimmungen notwendig sind.

Bei Bestimmungen der Atmungsintensität wird das Versuchsmaterial in einem geeigneten Gefäß mit je einem Zu- und Ableitungsrohr abgesperrt und eine Zeitlang im Strome CO_2-freier Luft belassen. Das gebildete Kohlendioxyd fängt man in Absorptionsapparaten auf. Um die durchstreichende Luft von atmosphärischem CO_2 vollkommen zu befreien, schaltet man vor dem Pflanzenbehälter einen mit Natronkalk gefüllten Trockenturm ein. Die in der Tierphysiologie gebräuchliche Methode von BARCROFT nebst deren neueren Modifikationen ist in der Pflanzenphysiologie nur zu Untersuchungen über Photosynthese brauchbar. Bei Versuchen über Pflanzenatmung und Gärung dürfte sie besser ausbleiben. Nur zu oft resorbieren verschiedene Pflanzen bedeutende Sauerstoffmengen nicht zur glatten Verbrennung des Betriebsmaterials, sondern zu anderen Zwecken. Die Intensität der Pflanzenatmung darf daher nur auf Grund der CO_2-Abgabe, keineswegs aber auf Grund der Sauerstoffaufnahme gemessen werden. Die überaus starken Änderungen von P_H, die bei Pflanzen, namentlich aber bei den Mikroorganismen zustande kommen, können außerdem in Manometerversuchen erhebliche Fehler verursachen. So schnelle Reaktionsänderungen sind im Tierblut gewiß ausgeschlossen und daher von der BARCROFTschen Methode nicht berücksichtigt. Bei den Untersuchungen über Pflanzenatmung sind also nur chemische Bestimmungsmethoden von CO_2 und O_2 zuverlässig.

---

[1]) MOLLIARD, M.: Cpt. rend. des séances de la soc. de biol. Bd. 87, S. 219. 1922.

Ist ein öfterer Wechsel der Absorptionsapparate nicht erforderlich, die entwickelten CO_2-Mengen aber beträchtlich, so wendet man zur CO_2-Absorption mit Vorteil GEISSLERsche Kaliapparate oder Natronkalkröhren an, die man vor und nach dem Versuche auswiegt. Bei dieser Methode der CO_2-Bestimmung muß das Gas in vollkommen trockenem Zustande in die Absorptionsapparate gelangen.

Will man dagegen durch rasch nacheinander folgende CO_2-Bestimmungen den Verlauf der Atmung ausführlich untersuchen und eventuell graphisch darstellen, so erweist sich ein öfterer Wechsel der obigen Absorptionsapparate nebst zahlreichen Wägungen als ziemlich zeitraubend. Bei derartigen Untersuchungen wendet man meistens die sogenannten PETTENKOFERschen Rohre[1]) an, die in mannigfaltigen Formen angefertigt werden; das zweckmäßigste Modell ist auf Abb. 36 dargestellt. Zu jedem Versuchsgefäß gehören zwei Rohre, die man mit titriertem Barytwasser beschickt und in geneigter Lage befestigt, wie

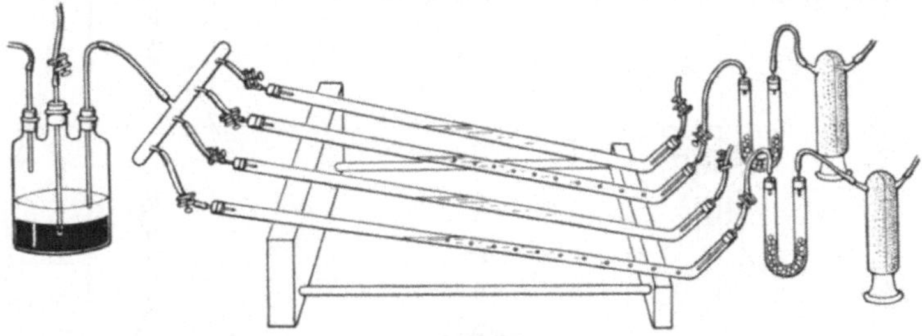

Abb. 36.   PETTENKOFERsche Rohre.   Erklärung im Text.

es auf der Abbildung zu ersehen ist. Die CO_2-freie Luft gelangt ins Versuchsgefäß (auf der Abbildung dient ein U-Rohr als Pflanzenbehälter) und alsdann ins PETTENKOFERsche Rohr, wo das abgeschiedene Kohlendioxyd absorbiert wird. Das zweite Rohr bleibt vorläufig außer Tätigkeit. Nach Ablauf einer bestimmten Zeit wird das erste Rohr ausgeschaltet und der Pflanzenbehälter mit dem anderen frischen PETTENKOFERschen Rohr sofort in Verbindung gebracht. Das ausgeschaltete Rohr entleert man nach Umschütteln in eine trockene Glasflasche mit eingeschliffenem und eingefettetem Glasstöpsel. Nachdem sich der Niederschlag abgesetzt hat, titriert man die abgegossene Lösung und ermittelt auf diese Weise die Menge des absorbierten Kohlendioxydes. Es ist also ersichtlich, daß man auf die soeben beschriebene Weise unter beständigem Röhrenwechsel im Verlaufe einer beliebig langen Zeit arbeiten, und zwar die Atmungsintensität durch rasch nacheinander folgende Bestimmungen messen kann. Die Pflanzenbehälter haben je nach dem Versuchsmaterial verschiedene Form und Größe. Das Volumen des Versuchsgefäßes muß ein derartiges sein, daß bei der üblichen Ge-

---

[1]) PETTENKOFER, M.: Abh. d. bayer. Akad. (II), Bd. 9, S. 231. 1862. — PFEFFER, W.: Untersuch. aus d. botan. Inst. Tübingen Bd. 1, S. 636. 1881—1885.

schwindigkeit der Luftdurchleitung (etwa 2 Liter pro Stunde) gar keine CO_2-Anhäufung im Pflanzenbehälter stattfinden kann.

Für Bestimmungen der Größe von $\dfrac{CO_2}{O_2}$ sperrt man das Versuchsmaterial in solchen Gefäßen ab, die eine Entnahme der Gasproben ermöglichen. In letzteren bestimmt man gasanalytisch den CO_2- und den O_2-Gehalt. Bei genauem Experimentieren muß die innere Atmosphäre von der äußeren lediglich durch Glas und Quecksilber getrennt bleiben. Kleine Objekte verschließt man in graduierten Analysenröhren auf dieselbe Weise, wie es in Versuchen über Photosynthese geschieht; für größere Mengen des Versuchsmaterials ist der auf Abb. 37 dargestellte Kolben empfehlenswert.

Der mit Versuchsmaterial versetzte Kolben wird auf folgende Weise luftdicht verschlossen: man füllt die Erweiterung C am

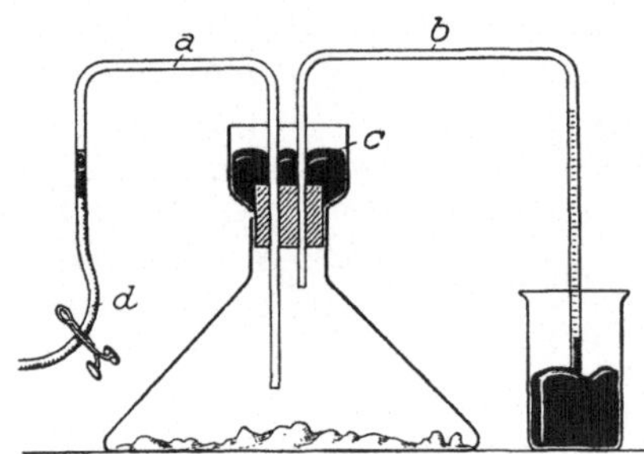

Abb. 37. Kolben von KOSTYTSCHEW.
Erklärung im Text.

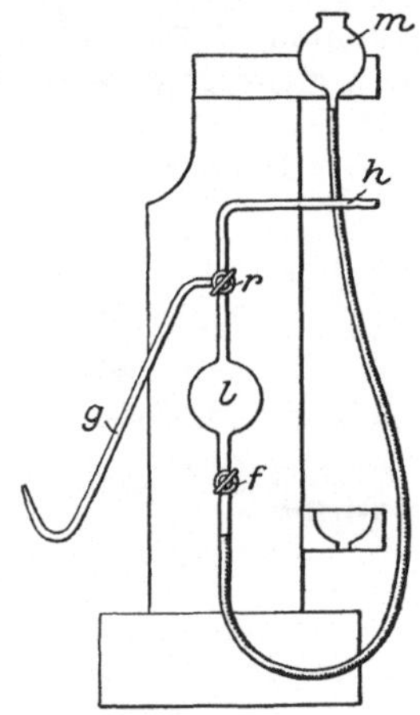

Abb. 38. Gaspipette von KOSTYTSCHEW.
Erklärung im Text.

Halse des Kolbens oberhalb des Stopfens mit Quecksilber, taucht das Manometerrohr b ins Quecksilber und füllt das Zuleitungsrohr a samt dem daran angebrachten Gummischlauch d mit Quecksilber, wobei man zunächst durch Entnahme einer entsprechenden Gasportion, das Quecksilber im Manometer auf eine bestimmte Höhe gebracht hat. Zur Entnahme der Gasproben aus dem Pflanzenbehälter dient die spezielle Gaspipette (Abb. 38).

Mit Hilfe des Dreiweghahnes r kann die Kugel l der Pipette entweder mit dem Rohr g oder mit dem Rohr h in Verbindung gebracht werden. Der einfache Hahn f setzt die Kugel l mit der Birne m in Verbindung. Die Pipette ist auf eine standfeste Holzfassung geschraubt.

Mit Hilfe der Birne m füllt man die Kugel l und die beiden Röhren g und h mit Quecksilber. Zu diesem Zwecke hebt man die Birne, verbindet die Kugel l mit dem Rohr g und öffnet den Hahn f. Sobald die Kugel und das ganze Rohr bis zu seiner äußeren Mündung mit Quecksilber gefüllt ist und aus der Mündung ein Tropfen Quecksilber herausragt, dreht man den Hahn r so um, daß nunmehr das Rohr h

mit der Kugel kommuniziert und füllt auch dieses Rohr mit Quecksilber, wonach man den einfachen Hahn f schließt.   Alsdann taucht man das gebogene Ende des Rohres g in ein mit Quecksilber gefülltes dickwandiges Gefäß und verbindet das Rohr h mit dem Gummischauch d (Abb. 37) des eben für den Versuch ausgerüsteten Atmungskolbens. Man entnimmt dem Kolben eine gewisse Gasmenge dadurch, daß man die Birne m senkt und den Glashahn f öffnet.   Infolgedessen steigt das Quecksilber im Manometerrohr b des Versuchskolbens auf eine gewisse Höhe.   Nun schließt man den Hahn f, setzt durch eine entsprechende Drehung des Dreiweghahnes r die Kugel l mit dem Rohr g in Verbindung, hebt die Birne m, öffnet den einfachen Hahn f und verdrängt das Gas aus der Kugel und dem Rohr g bis auf die letzten Spuren. Nach Schließen des Hahnes f verbindet man die Kugel l wieder mit dem Rohr h und füllt dieses Rohr und den angeschlossenen senkrechten Schenkel a des Kolbenrohres mit Quecksilber; die hierzu notwendigen Manipulationen sind aus obiger Darlegung verständlich: man hebt die Birne m und öffnet den Hahn f.   Jetzt ist der Versuchskolben luft= dicht verschlossen, wie es auf der Abbildung zu sehen ist.   Nun notiert man den Barometerstand und das Quecksilberniveau im Manometerrohr und beginnt damit den Versuch.   Dieses Absperren des Kolbeninhaltes ist eigentlich sehr einfach: nach geringer Übung ist es leicht und sicher in kürzerer Zeit ausführbar, als sie zum Durchlesen obiger Beschreibung notwendig ist.

Der eigentliche Versuch besteht darin, das man von Zeit zu Zeit Gasproben auf die oben beschriebene Weise dem Versuchskolben entnimmt und durch das Rohr g in die mit Quecksilber vollständig gefüllten Analysenröhren überführt.   Dieses Verfahren ist dem ursprünglichen Schließen des Versuchskolbens vollkommen analog, nur braucht man im letzteren Falle die Gasportion nicht aufzubewahren und zu analysieren.

Die dem Versuchsgefäß entnommenen Gasproben analysiert man in einem von den für diese Zwecke gebräuchlichen Apparate.   Nach eigenen Erfahrungen ist für biochemische Gasanalysen der Apparat von POLOWZOW-RICHTER (Abb. 39) empfehlenswert, da derselbe sehr genaue Resultate liefert, eine Analyse von ganz kleinen Gasmengen ermöglicht und von einem einigermaßen erfahrenen Glasbläser zu mäßigem Preis angefertigt werden kann[1]).   Das zu analysierende Gas überführt man aus der Gaspipette (Abb. 38) in ein kleines Analysenröhrchen mit eingeschmolzenem Halter (Abb. 40 R).   Das Analysenrohr überträgt man in die Queksilberwanne C des Apparates von POLOWZOW-RICHTER über, setzt es unter dem Quecksilber auf das Ende A''' des Meßrohres $A A' A'' A'''$ auf und saugt das Gas durch Senken der Birne H und Öffnen des Hahnes a ins Meßrohr ein, wo mit Hilfe eines Kathetometers das Gesamtvolumen des zu analysierenden Gases genau ermittelt wird.   Als-

---

[1]) Genauere Angaben über die Behandlung des Apparates von POLOWZOW-RICHTER findet man bei KOSTYTSCHEW, S.: Pflanzenatmung 1924.

dann vertreibt man das Gas über das Analysenrohr in die mit Kalilauge gefüllte Absorptionspipette D; zu diesem Zweck setzt man das Analysenrohr unterm Quecksilber auf das Ende der Pipette auf, senkt die Birne G und öffnet den Hahn n. Nach Ablauf von etwa 10 Minuten treibt man das Gas aus der Pipette ins Meßrohr zurück und mißt es wieder. Die Differenz der beiden Ablesungen ergibt die Menge des durch Kalilauge absorbierten Kohlendioxydes. Nun setzt man dem Rest eine im Meßrohr genau gemessene Menge von reinem elektrolytisch dargestellten Wasserstoff hinzu und verpufft das Gemenge in der Explosionspipette E. Ein Drittel der gesamten Volumenverminderung nach der Explosion fällt auf den im analysierten Gas enthaltenen Sauerstoff. Die in Quecksilber getauchten Schrauben e und f ermöglichen feine Verschiebungen des Gases bzw. des Quecksilbers in den angeschlossenen Kapillarröhren. Die Schraube e erleichtert die Einstellung auf den Nullpunkt im Meßrohr, die Schraube f verhütet eine Verunreinigung des Analysenrohres mit Kalilauge beim Verdrängen des Gases aus der Pipette D ins Analysenrohr nach stattgefundener CO_2-Absorption. Die Glasbirne G ist durch Gummischläuche

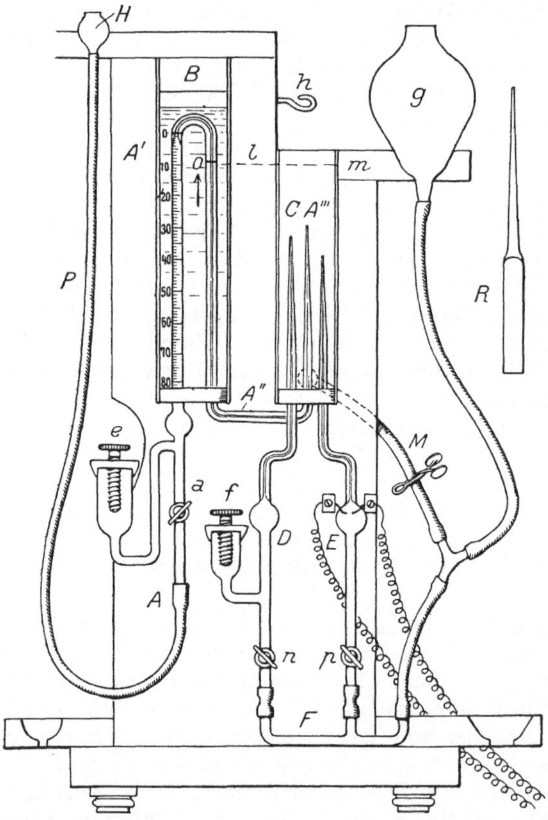

Abb. 39. Apparat von POLOWZOW-RICHTER. Erklärung im Text.

und ein T-Rohr sowohl mit der Quecksilberwanne C, als mit beiden kleinen Pipetten D und E verbunden. Es ist also möglich, mittels dieser Birne sowohl die Wanne C mit Quecksilber zu füllen bzw. zu entleeren, als auch das Gas in die Pipetten einzusaugen bzw. aus denselben zu verdrängen.

Die Gasanalysen ergeben den Prozentgehalt, nicht aber die absoluten Mengen der einzelnen Bestandteile der zu untersuchenden Gasmischung. Dies genügt aber für die Ermittlung der Größe von $\dfrac{CO_2}{O_2}$.

Der Berechnung der Größe von $\dfrac{CO_2}{O_2}$ liegt die Tatsache zugrunde, daß bei der Atmung weder Absorption noch Ausscheidung von Stickstoff stattfindet. Nehmen wir an, daß a der Prozentgehalt an CO_2, b der Prozentgehalt an Sauerstoff und c der Prozentgehalt an Stickstoff und anderen inerten Gasen in der analysierten Gasmischung ist. Der Sauerstoffgehalt der atmosphärischen Luft sei O_2 und der Stickstoffgehalt der atmosphärischen Luft sei N_2. Hat sich das Gesamtvolumen der Gasmischung im Laufe des Versuches verändert, so ist die Menge des absorbierten Sauerstoffs gleich $\dfrac{O_2 \cdot c}{N_2} - b$. Wenn wir $\dfrac{O_2}{N_2}$ durch q ausdrücken, so ergibt sich die folgende Gleichung:

$$\frac{CO_2}{O_2} = \frac{a}{cq - b}.$$

In einigen Versuchen muß man jedoch auch die absoluten Mengen des absorbierten Sauerstoffs und des abgeschiedenen Kohlendioxydes bestimmen. Zu diesem Zwecke ist es notwendig, außer dem Prozentgehalte der einzelnen Bestandteile auch das Gesamtvolumen der Gasmischung im Pflanzenbehälter zu ermitteln. Da ein direktes Kalibrieren des Versuchsgefäßes samt dem darin enthaltenen Versuchsmaterial in den meisten Fällen nicht ausführbar ist, so bestimmt man das Volumen des geschlossenen Raumes auf folgende Weise. Man entnimmt dem Versuchskolben vor Anfang des Versuches eine Gasportion v, die man beim atmosphärischen Drucke H in einem kalibrierten Meßrohr mißt. Dann notiert man mit Hilfe des Manometerrohres die durch Entnahme der Gasportion im Kolben entstandene Druckverminderung. Es sei h der Gasdruck im Kolben vor und h' — der Gasdruck nach der Entnahme der Portion v. Aus diesen Daten berechnet man das gesuchte Gesamtvolumen x des Gases im Kolben auf Grund des Gesetzes von BOYLE-MARIOTTE:

$$x = \frac{vH}{h - h'}.$$

Denn $xh = xh' + vH$.

Kennt man nun die Volumina des aufgenommenen Sauerstoffs und des abgeschiedenen Kohlendioxyds, so erhält man durch einfache Berechnung auch die Gewichtsmengen der beiden Gase.

Verwendet man sehr große Pflanzenmengen zum Versuch oder ist man nicht imstande, das Versuchsmaterial in den Hals des Kolbens ohne Beschädigung einzuführen, so ersetzt man den Kolben durch eine Glasglocke, deren obere Öffnung mit einem doppelt durchbohrten Kautschukstopfen verschlossen ist. In die Bohrungen des Stopfens führt man dieselben Röhren ein, von denen bei Beschreibung des Atmungskolbens die Rede war. Der untere Rand der Glasglocke muß einer angeschliffenen Glasplatte mittels Vakuumfett luftdicht angepaßt sein.

Bei genauen Versuchen stellt man die Glocke samt der Glasplatte in eine Krystallisierschale mit Quecksilber, um einen vollkommen tadellosen Verschluß zu erzielen.

Bei Anwendung sehr geringer Mengen des Versuchsmaterials bedient man sich mit Vorteil der dickwandigen Reagensgläser. Das Material führt man in den oberen Teil des Rohres ein und fixiert seine Lage mit Glaswolle. Weiterhin verfährt man nach den allgemeinen Grundsätzen der gasometrischen Methoden.

Der Einfluß von verschiedenen Außenfaktoren auf die Sauerstoffatmung. Oben wurde darauf hingewiesen, daß die Atmung als ständige Begleiterin des Lebens ein Kriterium des Lebenszustandes der Zelle ist. Die Veränderungen des Atmungsvorganges unter dem Einflusse von äußeren Faktoren können also oft als ein direktes Maß der Reaktion des lebenden Plasmas auf verschiedene Reize gelten. Deshalb wurden verschiedenartige Untersuchungen über die Einwirkung der äußeren Reize auf die Atmung von manchen Forschern ausgeführt.

Der Einfluß der Temperatur auf die Atmung. Viele Pflanzen atmen noch bei Temperaturen, die weit unter $0°$ liegen[1]. So dauert die Atmung der Blätter von Coniferen und Viscum bei $-20°$[2], allerdings in einem sehr langsamen Tempo, fort. Temperatursteigerung bewirkt immer eine Zunahme der Atmungsintensität, wobei meistens die van t'Hoffsche Regel gilt[3], daß der Temperaturquotient, wie bei allen Reaktionen organischer Stoffe, gleich 2—3 bleibt. Entgegen der Meinung verschiedener älterer Forscher kann gegenwärtig als festgestellt gelten, daß für die Pflanzenatmung keine optimale Temperatur zu verzeichnen ist. Die Menge des abgeschiedenen Kohlendioxydes nimmt regelmäßig zu bei allmählicher Temperatursteigerung, erreicht schließlich ihren Grenzwert und verbleibt dann auf demselben Niveau bis zum Tode der Pflanze von der übermäßig hohen Temperatur[4] (etwa bei $50°$). Starke Temperaturschwankungen bewirken eine Zunahme der Atmungsintensität[5]; es ist kaum zweifelhaft, daß wir es hier mit einer komplizierten Reizwirkung zu tun haben. Dieselbe Erklärung gilt auch dem Einfluß des warmen Bades auf die Atmung[6]; das Warmbad ist eine starke Reizwirkung, die in der gärtnerischen Praxis mit Erfolg zur Kürzung der Periode der Winterruhe verwendet wird.

---

[1] Kreusler, M.: Landwirtschaftl. Jahrb. Bd. 17, S. 161. 1888.

[2] Maximow, N.: Botan. Journ. d. Naturforscherges. in Petersburg S. 23. 1908. (Russisch.)

[3] Matthaei, G. L. C.: Philosoph. transact. of the roy. soc. (B) Bd. 197, S. 47. 1904. — Blackman, F. F. and Matthaei: Proc. of the roy. soc. of London (B) Bd. 76, S. 402. 1905. — Smith, A. M: Proc. of the Cambridge philosoph. soc. Bd. 14, S. 296. 1907 u. a.

[4] Bonnier, G. et Mangin: Ann. des sciences nat., sér. botanique (6), Bd. 17, S. 210. 1884; Bd. 19, S. 217. 1884.

[5] Palladin, W.: Rev. gén. de botanique Bd. 11, S. 241. 1899.

[6] Iraklionoff: Jahrb. f. wiss. Botanik Bd. 51, S. 515. 1912. — Ders.: Arb. d. Petersb. Naturforscherges. Bd. 42, S. 241. 1911. (Russisch.)

Kommt beim respiratorischen Gaswechsel eine totale Verbrennung des Atmungsmaterials zustande, so bleibt $\dfrac{CO_2}{O_2}$ bei verschiedenen Temperaturen vollkommen konstant [1]). Nicht so verhalten sich die Succulenten, die bei niederen Temperaturen eine unvollkommene Zuckeroxydation bewirken und einen Sauerstoffüberschuß aufnehmen, der zur Bildung von organischen Säuren dient. Bei höheren Temperaturen wird der Zucker restlos verbrannt und $\dfrac{CO_2}{O_2}$ ist gleich 1 [2]).

Der Einfluß des Lichtes auf die Atmung. Die stimulierende Wirkung des Lichtes auf die Atmung der chlorophyllhaltigen Pflanzenteile [3]) ist zweifellos darauf zurückzuführen, daß namentlich am Lichte Kohlenhydrate entstehen, die alsdann als Atmungsmaterial dienen. Die Atmung der chlorophyllfreien Pflanzen und Pflanzenteile wird vom Lichte entweder gar nicht beeinflußt [4]), oder ein wenig herabgesetzt [5]). Es muß jedoch darauf aufmerksam gemacht werden, daß sämtliche Untersuchungen über den Einfluß des Lichtes auf die Pflanzenatmung in Abwesenheit von lichtempfindlichen Stoffen ausgeführt worden waren. Es wäre daher höchst interessant, Experimente über die Einwirkung von lichtempfindlichen Katalysatoren auf den respiratorischen Gaswechsel bei intensiver Beleuchtung anzustellen. Auch wurde bei der Erforschung der Lichtwirkung nicht immer der Einfluß der Erwärmung des Objekts durch direkte Lichtstrahlen berücksichtigt. A. MAYER und DELEANO [6]) haben eine tägliche Periodizität der Atmungsintensität unter natürlichen Verhältnissen notiert. Interessant ist die Annahme von SPOEHR [7]), daß am Tage die Atmung der Gewächse dadurch gesteigert wird, daß unter dem Einflusse der Sonnenstrahlen eine Ionisation des atmosphärischen Sauerstoffs stattfindet, und infolgedessen die Autoxydationen im Plasma befördert werden.

Der Einfluß der Sauerstoffkonzentration auf die Atmung. Bereits SAUSSURE [8]) hat hervorgehoben, daß eine Verminderung des Sauerstoffgehaltes auf die Hälfte der normalen Konzentration in der um-

---

[1]) PURIEWITSCH, K.: Ann. des séances nat., sér. botanique (8), Bd. 1, S. 1. 1905.

[2]) AUBERT, E.: Rev. gén. de botanique Bd. 4, S. 203. 1892.

[3]) BORODIN, J.: Physiologische Untersuchungen über die Atmung der Laubsprosse 1876. (Russisch.)

[4]) MAXIMOW, N.: Zentralbl. f. Bakteriol., Parasitenk. u. Infektionskrankh., Abt. II, Bd. 9, S. 193. 1902.

[5]) BONNIER et MANGIN: Cpt. rend. hebdom. des séances de l'acad. des sciences Bd. 96, S. 1075. 1883; Bd. 99, S. 160. 1884; Bd. 102, S. 123. 1886. — Ders.: Ann. des sciences nat., sér. botanique (6), Bd. 17, S. 210. 1884; Bd. 18, S. 293. 1884; Bd. 19, S. 217. 1884. — ELFVING: Studien über die Einwirkung des Lichtes auf die Pflanze 1890. — LEWSCHIN, A.: Beih. z. botan. Zentralbl. Bd. 23, H. 1, S. 54. 1907.

[6]) MAYER, A. u. DELEANO: Zeitschr. f. Botanik Bd. 3, S. 657. 1911.

[7]) SPOEHR, H. A.: Botan. gaz. Bd. 59, S. 366. 1916.

[8]) DE SAUSSURE, TH.: Mém. de la soc. phys. de Genève Bd. 6, S. 552. 1833.

gebenden Luft keinen Einfluß auf die Pflanzenatmung ausübt. WILSON[1]) hat späterhin dargetan, daß Pflanzen in einem künstlichen Gemisch von 0,2 Teilen atmosphärischer Luft und 0,8 Teilen Wasserstoff normal atmen, und zwar dieselbe Atmungsintensität aufweisen, wie in gewöhnlicher Luft. Selbst bei einem Sauerstoffgehalt von 1 vH. war keine Hemmung der Pflanzenatmung zu verzeichnen. Das Verhältnis $\dfrac{CO_2}{O_2}$ vergrößert sich ebenfalls nur bei einem sehr niedrigen Sauerstoffgehalt (1—2 vH.)[2]). In reinem Sauerstoff atmen die Pflanzen mit gesteigerter Energie, gehen aber alsbald ein[3]).

Im Anschluß daran wurde die Frage aufgeworfen, ob sich im Innern großer Pflanzenteile unter natürlichen Verhältnissen wegen der unzureichenden Aeration kein Sauerstoffmangel geltend macht? Ältere Forscher[4]) haben sich dahin ausgesprochen, daß die planmäßige Einrichtung der Pflanzenorgane einen Sauerstoffmangel ausschließt, doch ergab es sich nachträglich, daß diese Frage komplizierter ist, als sie zunächst erschien. Es wurde nämlich dargetan, daß lebende Holzparenchymzellen[5]), Wurzeln[6]) und keimende Samen mit derber gequollenen Schale[7]) unter natürlichen Verhältnissen an Sauerstoffmangel leiden. Auch in großen Früchten ist die prozentische Zusammensetzung der Gasmischung im inneren Hohlraume nicht dieselbe wie diejenige der atmosphärischen Luft. Eine Analyse der im Hohlraume eines großen Kürbis enthaltenen Gase ergab folgendes Resultat: $CO_2 = 2,52$ vH., $O_2 = 18,29$ vH.[8]). In diesem Falle kann allerdings von Sauerstoffmangel nicht die Rede sein[9]). Es ist die Annahme nicht ausgeschlossen, daß einige Pflanzen über ziemlich bedeutende Mengen des locker gebundenen Sauerstoffs verfügen. Dieser Sauerstoff wird je nach Bedarf in aktivem Zustande freigemacht und zur Oxydation des Atmungsmaterials verwendet.

---

[1]) WILSON: Untersuch. a. d. botan. Inst. Tübingen Bd. 1, S. 685. 1885.

[2]) JOHANNSEN, W.: Untersuch. a. d. botan. Inst. Tübingen Bd. 1, S. 716. 1885. — STICH, C.: Flora Bd. 74, S. 1. 1891.

[3]) BORODIN, J.: Botan. Zeitschr. Bd. 39, S. 127. 1881. — DÉHÉRAIN et LANDRIN: Cpt. rend. hebdom. des séances de l'acad. des sciences Bd. 78, S. 1488. 1874.

[4]) PFEFFER, W.: Abh. d. mathem.-physik. Kl. d. sächs. Ges. d. Wiss. Bd. 15, S. 449. 1889. — CELAKOWSKI: Flora Bd. 76, S. 194. 1892.

[5]) DEVAUX: Cpt. rend. hebdom. des séances de l'acad. des sciences Bd. 128, S. 1346. 1899. — Ders.: Mém. de la soc. des sciences phys. et nat. Bordeaux, 15. juin 1899.

[6]) STOKLASA, J. u. ERNEST, A.: Jahrb. f. wiss. Botanik Bd. 46, S. 55. 1909.

[7]) KOSTYTSCHEW, S.: Biochem. Zeitschr. Bd. 15, S. 164. 1908. — Ders.: Physiol.-chemische Untersuchungen über die Pflanzenatmung 1910. (Russisch.)

[8]) DEVAUX, H.: Ann. des sciences nat., sér. botanique (7), Bd. 14, S. 297. 1891. — Ders.: Rev. gén. de botanique Bd. 3, S. 49. 1891.

[9]) GERBER: Ann. des sciences nat. (8), Bd. 4, S. 1. 1896 sucht jedoch nachzuweisen, daß im Inneren der fleischigen Früchte oft bedeutender Sauerstoffmangel herrscht, weshalb auch alkoholische Gärung als normaler Vorgang in Früchten eingeleitet wird.

Der Einfluß der CO_2-Konzentration auf die Atmung. Grüne Pflanzen können ohne Schaden große CO_2-Konzentrationen am Lichte vertragen; sonst übt aber, nach DE SAUSSURE, bereits ein 40proz. Gehalt an Kohlendioxyd schädliche Wirkung auf Pflanzen aus. Bei hohem CO_2-Gehalte wird die Samenkeimung gehemmt[1]), jedoch nach Herstellung der normalen Zusammensetzung der umgebenden Atmosphäre wieder in Gang gesetzt[2]). Auch Protoplasmaströmungen werden durch CO_2 sistiert[3]). Beachtenswert ist der Umstand, daß $\dfrac{CO_2}{O_2}$ selbst in Gegenwart von 40 vH. CO_2 nicht verändert wird[4]).

Der Einfluß der Nährstoffe auf die Atmung. BORODIN[5]) hat zuerst darauf hingewiesen, daß die in grünen Pflanzenteilen am Lichte entstehenden Kohlenhydrate die Atmungsintensität steigern. Späterhin wurde die große Bedeutung der Zuckerarten für die Atmung durch verschiedene Forscher außer Zweifel gestellt. Besonders instruktiv sind in dieser Beziehung die Versuche von PALLADIN[6]) der grüne und etiolierte junge Blätter verschiedener Pflanzen mit Lösungen von Zuckerarten und anderen organischen Nährstoffen ernährte und alsdann die Atmungsintensität der Versuchsobjekte maß. Es ergab sich, daß Blätter, die einen sehr geringen Vorrat an Kohlenhydraten haben, im allgemeinen ganz schwach atmen; Zuckergabe bewirkt bei solchen Blättern immer einen sehr deutlichen Aufschwung der Atmungsintensität. Die Schwankungen von $\dfrac{CO_2}{O_2}$ unter dem Einflusse der prozentischen Zusammensetzung der organischen Nährstoffe wurde bereits oben besprochen.

Der Einfluß von Konzentrationen verschiedener Lösungen auf die Atmung. Für Schimmelpilze und andere auf Lösungen verschiedener organischer Stoffe wachsende niedere Pflanzen ist die Konzentration der Lösung von hervorragender Bedeutung. Auf konzentrierten Zuckerlösungen ist die Atmung meistens schwächer, als auf verdünnten Lösungen[7]). Dieselbe Regel wurde auch für junge Blätter der Samenpflanzen festgestellt, wenn dieselben künstlich mit Zucker ernährt werden[8]). Die hemmende Wirkung der hohen Zuckerkonzentrationen ist

---

[1]) BERNARD, CL.: Leçons sur les effets des subst. toxiques S. 200. 1883.

[2]) KIDD, F.: Proc. of the roy. soc. of London (B) Bd. 87, S. 609. 1914; (B) Bd. 89, S. 136 u. 612. 1915.

[3]) LOPRIORE: Jahrb. f. wiss. Botanik Bd. 28, S. 571. 1895.

[4]) DÉHÉRAIN et MAQUENNE: Ann. de science agron. franç. et étrangère Bd. 12. 1886.

[5]) BORODIN, J.: Physiologische Untersuchungen über die Atmung der Laubsprosse 1876. (Russisch.)

[6]) PALLADIN, W.: Rev. gén. de botanique Bd. 5, S. 449. 1893; Bd. 6, S. 201. 1894; Bd. 13, S. 18. 1901. — MAIGE, A. et NICOLAS, G.: Cpt. rend. hebdom. des séances de l'acad. des sciences Bd. 147, S. 139. 1908. — Dies.: Rev. gén. de botanique Bd. 22, S. 409. 1910.

[7]) KOSINSKI: Jahrb. f. wiss. Botanik Bd. 34, S. 137. 1902.

[8]) PALLADIN, W. et KOMLEW: Rev. gén. de botanique Bd. 14, S. 497. 1902.

wahrscheinlich auf osmotische Reizung zurückzuführen: auch Lösungen der Mineralsalze rufen dieselbe Erscheinung hervor[1]). Übrigens ist die Einwirkung von Mineralstoffen auf die Sauerstoffatmung der Pflanzen[2]) ein ziemlich komplizierter Vorgang. Hier spielt u. a. der Antagonismus der Kationen eine wichtige Rolle. Die Plasmavergiftung durch nicht ausgeglichene Lösungen offenbart sich sofort durch Herabsetzung der Atmungsintensität. Ausgeglichene Lösungen üben dagegen keine schädliche Wirkung aus, und die Atmungsintensität bleibt normal[3]).

Der Einfluß von chemischen und mechanischen Reizwirkungen auf die Atmung. Es ist bekannt, daß die Reaktion des lebenden Plasmas auf verschiedene Reizwirkungen bestimmten Gesetzen unterworfen ist. Schwache Reizungen bewirken eine gesteigerte Plasmatätigkeit, welche diejenige des nicht gereizten Plasmas oft weit überholt. Etwas stärkere Reize rufen dieselbe Wirkung hervor; nach Ablauf einer bestimmten Zeit erfolgt aber ein Zustand der Plasmaermüdung, und die Lebenstätigkeit steht dann derjenigen des normalen Zustandes nach. Sehr starke Reizwirkungen haben sofort eine bedeutende Herabsetzung der Lebenstätigkeit zur Folge.

Die Resultate der Reizwirkungen auf die lebende Zelle können bequem nach den Veränderungen des Atmungsvorganges verfolgt werden. So ruft z. B. Wundreiz eine gesteigerte Plasmatätigkeit hervor, zwecks Heilung der Wunde. Hierbei bemerkt man eine bedeutende Zunahme der Atmungsintensität[4]) und der abgeschiedenen Wärme. Da in diesem Falle lebhafte Wachstums- und Gestaltungsvorgänge stattfinden, so tritt eine Verminderung der Größe von $\dfrac{CO_2}{O_2}$ ein.

Chemische Reizwirkungen werden am besten durch schwache Vergiftungen hervorgerufen. Die Stärke des Reizes kann in diesem Falle durch Verabreichung verschiedener Giftmengen je nach Wunsch verändert werden. Die Einwirkungen von Giftstoffen auf die Sauerstoffatmung der Pflanzen ergaben daher in den Versuchen verschiedener Forscher nicht dieselben Resultate[5]). Bei ganz schwacher Narkose steigt die Atmungsintensität und verbleibt eine längere Zeit hindurch im stimu-

---

[1]) INMAN, O. L.: Journ. of gen physiol. Bd. 3, S. 533. 1921.

[2]) KRZEMIENIEWSKI, S.: Bull. de l'acad. de Cracovie 1902. — ZALESKI, W. u. REINHARD: Biochem. Zeitschr. Bd. 23, S. 193. 1909. — LYON, CH. J.: Journ. of gen. physiol. Bd. 6, S. 299. 1924.

[3]) GUSTAFSON, F. G.: Journ. of gen. physiol. Bd. 2, S. 17. 1919. — MOLDENHAUER-BROOKS, M.: Ebenda Bd. 3, S. 337. 1921.

[4]) BOEHM: Botan. Zeitschr. Bd. 45, S. 671. 1887. — STICH, C.: Flora Bd. 74, S. 1. 1891. — SMIRNOFF: Rev. gén. de botanique Bd. 15, S. 26. 1903. — TSCHERNIAEFF: Ber. d. botan. Ges. Bd. 23, S. 207. 1905. — RICHARDS: Ann. of botany Bd. 10, S. 531. 1896; Bd. 11, S. 29. 1897. — ZALESKI, W.: Ber. d. botan. Ges. Bd. 19, S. 331. 1901. — DOROFEIEFF: Ebenda Bd. 20, S. 396. 1902. — KRASNOSELSKY, T.: Ebenda Bd. 24, S. 134. 1906 u. a.

[5]) ELFVING: Ofvers. af Finska vet. soc. Bd. 28. 1886. — JOHANNSEN: Botan. Zentralbl. Bd. 68, S. 337. 1896. — MORKOWIN, N.: Der Einfluß von anästhetischen und giftigen Stoffen auf die Pflanzenatmung 1901. (Russisch.) — JACOBI, B.: Flora Bd. 86, S. 289. 1899.

lierten Zustande, wonach schließlich wieder normale Verhältnisse zurückkehren[1]). Bei stärkeren Vergiftungen ist die Steigerung der Atmung
von einer nachfolgenden Hemmung begleitet[2]). Starke Gifte, in genügend großen Mengen verwendet, bewirken sogleich eine bedeutende
Hemmung der Atmung[3]). Unter dem Einflusse des Cyanwasserstoffs
wird die CO_2-Ausscheidung in einigen Fällen vollkommen eingestellt,
ohne daß der Tod erfolgt; die Sauerstoffaufnahme dauert in geringem
Umfange fort, und nach Abscheidung des Giftes wird allmählich der
normale Zustand wieder hergestellt[4]). Nach einem dauernden Verweilen im sauerstofffreien Medium wird der Schimmelpilz Aspergillus
niger durch die Produkte des anaeroben Stoffwechsels so stark vergiftet, daß der Gaswechsel gleich Null wird, obgleich der Pilz noch
nicht zugrunde gegangen ist[5]).

Folgende, der umfangreichen Monographie von MORKOWIN[6]) entnommene Tabelle kann die stärksten Steigerungen der Atmungsenergie
durch Giftstoffe erläutern.

Pflanzenobjekt	Nicht gereizt CO_2 in mg	Gereizt CO_2 in mg	Reizstoff
Etiol. Blätter von Lupinus luteus	124,9	242,6	Paraldehyd
„ „ „ Vicia faba . .	160,4	296,3	Äther
„ „ „ „ „ . . .	189,9	229,5	Pyridin
„ „ „ „ „ . . .	82,5	178,2	Cocain
„ „ „ „ „ . . .	49,3	89,3	Morphin
„ „ „ „ „ . . .	39,7	105,6	Chinin
„ „ „ „ „ . . .	45,6	97,8	Solanin

Unter den allgemeinen Erklärungen der Giftwirkungen sind folgende
beachtenswert.

PALLADIN[7]) nimmt an, daß unter dem Einfluß von Giften eine
starke Produktion von Atmungsfermenten in der gereizten Zelle stattfindet. Dies ist, PALLADINs Meinung nach, eine allgemeine Folge von
schwachen Vergiftungen. Es ist festgestellt worden, daß fermentative
Oxydations- und Gärungsvorgänge durch Alkaloide und andere Reizstoffe
außerhalb der Zelle nicht gesteigert werden können. Nun ist auch eine
Fermentbildung außerhalb des lebenden Plasmas bisher nicht bekannt.

WARBURG[8]) hat sich dahin ausgedrückt, daß beim Atmungsvorgange Grenzflächenerscheinungen eine wichtige Rolle spielen. Nun

---

[1]) IRVING, A.: Ann. of botany Bd. 25, S. 1077. 1911. — THODAY, D.: Ebenda.
Bd. 27, S. 697. 1913. — HAAS: Botan. gaz. Bd. 67, S. 347. 1919.
[2]) ZALESKI, W.: Zur Frage der Einwirkung von Reizstoffen auf die Pflanzenatmung 1907. (Russisch.)
[3]) WARBURG, O.: Zeitschr. f. physiol. Chem. Bd. 79. S. 421. 1912.
[4]) SCHROEDER, H.: Jahrb. f. wiss. Botanik Bd. 44, S. 409. 1907.
[5]) KOSTYTSCHEW, S.: Untersuchungen über die anaerobe Atmung der
Pflanzen 1907. (Russisch.)
[6]) MORKOWIN, N.: Der Einfluß von anästhetischen und giftigen Stoffen auf
die Pflanzenatmung 1901. (Russisch.)
[7]) PALLADIN, W.: Jahrb. f. wiss. Botanik Bd. 47, S. 431. 1910.
[8]) WARBURG, O.: Zeitschr. f. Elektrochem. Bd. 28, S. 70. 1922.

sind manche Gifte stark oberflächenaktiv und greifen daher in den Atmungsvorgang gewaltig ein. Beide Theorien sind wohl als Arbeitshypothesen höchst wertvoll.

Weiter unten wird dargelegt werden, daß die meisten bei der Atmung stattfindenden Vorgänge auch außerhalb der lebenden Zelle fortbestehen, wenn man das lebende Plasma auf eine solche Weise abtötet, daß die meisten darin enthaltenen Gärungs- und Oxydationsfermente nicht zerstört sind. Nun ergab es sich, daß manche Giftstoffe, die auf das lebende Plasma vernichtend wirken (Toluol, Äther u. a.), die Tätigkeit der Fermente nur unbedeutend beeinflussen. Solche Stoffe werden als plasmatische Gifte bezeichnet[1]). Andere Giftstoffe wirken ungefähr gleich störend sowohl auf das lebende Plasma, als auf die daraus isolierten Fermente. Diese sind die sogenannten Fermentgifte; dahin gehören Sublimat, Natriumfluorid und ähnliche Giftstoffe. Zunächst wäre es freilich sehr wichtig, den Mechanismus der Einwirkung von Fermentgiften klarzulegen.

Auch chemisch scheinbar indifferente Stoffe können unter Umständen merkwürdige Reizwirkungen hervorrufen. So hat ZALESKI[2]) dargetan, daß die Atmungsintensität der Zwiebeln von Gladiolus nach kurzdauerndem Verweilen in reinem Wasser stark zunimmt. Möglicherweise ist hier die temporäre Sauerstoffentziehung als wirksame Ursache anzusehen. Es wird später der auffallenden Steigerung der Atmung nach zeitweiliger Anaerobiose gedacht werden, deren Erklärung mit den modernen Theorien der Atmung zusammenhängt. Nach Angaben von KOSTYTSCHEW ist eine schwach-alkalische Reaktion der umgebenden Lösung von stimulierendem Einflusse auf den Atmungsvorgang[3]). Dies könnte mit dem Umstand zusammenhängen, daß die fermentativen biochemischen Oxydationsvorgänge schwach-alkalische Reaktion erheischen.

Der Einfluß von Hefeextrakten und durch Hefe angegorenen Zuckerlösungen auf die Atmung der Pflanzen. Nach den Angaben KOSTYTSCHEWS und seiner Mitarbeiter wird die Sauerstoffatmung der Pflanzen ganz auffallend gesteigert durch Hefeextrakte und namentlich durch die von Hefe angegorenen Zuckerlösungen[4]). Dieser Umstand

---

[1]) PALLADIN, W.: a. a. O. — v. EULER, H. u. AF UGGLAS: Zeitschr. f. physiol. Chem. Bd. 70, S. 279. 1911.

[2]) ZALESKI, W.: Zur Frage der Einwirkung von Reizstoffen auf die Pflanzenatmung 1907. (Russisch.)

[3]) KOSTYTSCHEW, S. u. SCHELOUMOW, A.: Jahrb. f. wiss. Botanik Bd. 50, S. 157. 1911; vgl. auch LOEB, J. and WASTENEYS, H.: Biochem. Zeitschr. Bd. 37, S. 410. 1911. — Dies.: Journ. of biol. chem. Bd. 14, S. 335, 459, 469 u. 517. 1913; Bd. 21, S. 153. 1915.

[4]) KOSTYTSCHEW, S.: Biochem. Zeitschr. Bd. 15, S. 164. 1908; Bd. 23, S. 137. 1909. — Ders.: Physiol.-chemische Untersuchungen über Pflanzenatmung 1910. (Russisch.) — Ders. u. SCHELOUMOW, A.: a. a. O. — Dies.: Ber. d. botan. Ges. Bd. 31, S. 422. 1913. — KOSTYTSCHEW, S., BRILLIANT, W. u. SCHELOUMOW, A.: Ebenda Bd. 31, S. 432. 1913.

wird uns noch später beschäftigen, und zwar im Zusammenhange mit der Besprechung des chemischen Wesens der normalen Pflanzenatmung. Da die alkoholische Gärung als eine der ersten Stufen der physiologischen Zuckerverbrennung anzusehen ist, so könnte im obigen Falle eine stürmische Oxydation der durch Hefe vorgebildeten oxydablen Zwischenprodukte der Zuckerveratmung stattfinden[1]). Anderseits ist auch die Annahme plausibel, daß die in Hefeextrakten enthaltenen Vitamine und ähnliche Reizstoffe eine gewaltige Stimulierung der Atmung herbeiführen.

Jedenfalls ist der Umstand von Wichtigkeit, daß die Steigerung der Atmungsintensität unter dem Einflusse von angegorenen Zuckerlösungen eine ganz außergewöhnliche ist. Eine derartige Steigerung wird durch Darbieten der Nährstoffe oder gar durch Giftwirkungen auch nicht annähernd erreicht. Obige MORKOWINsche Tabelle zeigt, daß die Atmungsintensität der durch Giftstoffe gereizten Pflanzen höchstens 266 vH. der normalen Atmungsintensität ausmacht (Chininwirkung). Durch angegorene Lösungen erzielt man aber CO_2-Produktionen, die 400—600 vH. der normalen CO_2-Produktion der untersuchten Objekte übersteigen. Bei Beurteilung der folgenden Tabelle ist in Betracht zu ziehen, daß die Atmungsintensität der Kontrollportionen (auf 5 proz. Zuckerlösung) bereits etwa 150 vH. der normalen Atmungsintensität der Weizenkeime (ohne Zuckergabe) ausmacht. Die Tabelle ist einer Mitteilung von S. KOSTYTSCHEW und A. SCHELOUMOW entnommen.

CO_2-Produktion von eingeweichten Weizenkeimen in mg.

A. Auf 5 proz. Zuckerlösung	B. Auf dem Hefeextrakte mit 5 vH. Zucker versetzt	B. Auf angegorener 5 proz. Zuckerlösung
37,4	120,8	138,4
63,0	132,0	143,8
22,2	80,6	92,4
26,4	80,2	96,4

Diese Tabelle zeigt, daß angegorene Zuckerlösungen immer eine größere Steigerung der Atmungsintensität bewirken, als zuckerhaltige Hefeextrakte. Aus folgenden Analysenzahlen ist ersichtlich, daß Zuckergabe an und für sich die CO_2-Produktion von Weizenkeimen befördert:

CO_2-Produktion von eingeweichten Weizenkeimen in mg.

A. Auf Wasser	B. Auf 5 proz. Zuckerlösung
86,4 mg	133,9 mg

[1]) Hefe bewirkt eine starke alkoholische Gärung, aber geringfügige Oxydation. Sie ist also nicht imstande auch bei tadellosem Sauerstoffzutritt die Gesamtmenge der gebildeten Gärungsprodukte selbständig zu verbrennen.

Die Atmung auf Kosten von mineralischen Stoffen. Auf Grund
des oben Dargelegten ist es einleuchtend, daß alle verbrennliche Stoffe
die Rolle des Atmungsmaterials spielen können, falls nur die lebende
Zelle imstande ist, eine Oxydation der genannten Stoffe herbeizuführen.
Da die physiologische Bedeutung der Atmung nur im Freiwerden der
Energie besteht, so ist es gleichgültig, was für Vorgänge die kinetische
Energie liefern. Infolgedessen sind wir vollkommen berechtigt, alle
diejenigen Oxydationsvorgänge als Atmung zu bezeichnen, welche die
Grundlage der Chemosynthese bei verschiedenen Bakterien bilden. Die
Schwefelbakterien oxydieren nicht Zucker, sondern Schwefelwasserstoff
und erzeugen nicht Kohlendioxyd und Wasser, sondern Schwefelsäure.
Nitrifizierende Mikroben atmen auf Kosten des Ammoniaks, Wasserstoffbakterien — auf Kosten des Wasserstoffs. Im Kap. III wurde dargetan, daß bei den nitrifizierenden Mikroben keine echte, mit CO_2-
Bildung verbundene Atmung existiert. Dies ist auch theoretisch begreiflich. Die einfachen Oxydationen der mineralischen Stoffe, die keine
komplizierten, aus mehreren Teilstufen bestehenden Vorgänge bilden
und als Ionenreaktionen mit einer unmeßbar großen Geschwindigkeit
verlaufen, sind besonders dazu geeignet, die ungemein großen Energiemengen zu liefern, die für das Zustandekommen der Chemosynthese
notwendig sind.

Der allgemeine Begriff der Gärungen. Die der lebenden Zelle
notwendige Betriebsenergie kann selbstverständlich nicht nur von Oxydationsvorgängen, sondern von verschiedenen anderen exothermen chemischen Reaktionen herrühren. Sind derartige Reaktionen bei Sauerstoffabschluß ausführbar, so bezeichnet man sie als Gärungen.

Das Wesen der Gärungen wurde vom großen französischen Chemiker L. Pasteur klargelegt. Pasteur drückte sich dahin aus, daß
„Gärung ein Leben ohne Sauerstoff" ist. Die Gärungsorganismen können in der Tat bei Sauerstoffabschluß leben, indem sie die Betriebsenergie nicht den Oxydationsvorgängen, sondern den einfachen Spal-
tungsvorgängen entnehmen und also einer eigentlichen Atmung nicht
bedürfen. Oben wurde erwähnt, daß die Atmung lange Zeit als ein
Wahrzeichen des Lebendigen galt; diese Ansicht muß nun insoweit
erweitert werden, als entweder Atmung oder Gärung die Betriebsenergie liefert.

Die uns bekannten echten Gärungen (d. i. Spaltungsvorgänge,
die ohne jegliche Anteilnahme des Luftsauerstoffs zustandekommen)
können wir in drei große Gruppen einteilen: I. Alkoholische Gärung,
II. Milchsäuregärung und III. Buttersäuregärung. Alle diese Gärungstypen hat zuerst Pasteur sowohl von chemischer als von biologischer
Seite aus durch zuverlässige Methoden untersucht. Außer den echten
Gärungen kennen wir noch die sogenannten oxydativen Gärungen,
die eine Zwischenstellung zwischen der Sauerstoffatmung und den
echten Gärungen einnehmen. Die oxydativen Gärungen kommen zwar
nur bei Sauerstoffzutritt zustande, besitzen aber nichtsdestoweniger

einige wichtige Merkmale der echten Gärungen. In die Zahl der oxydativen Gärungen sind Essigsäuregärung, Vergärung von Äthylalkohol zu Methan, Vergärung von mehratomigen Alkoholen zu Ketonalkoholen und andere ähnliche Vorgänge einzureihen. Wir wollen uns in erster Linie mit den echten Gärungen befassen.

Echte Gärungen sind nichts anderes als die unter Wärmebildung verlaufenden Zuckerspaltungen. Die alkoholische Gärung besteht darin, daß einfache Zuckerarten (Hexosen) in Äthylalkohol und Kohlendioxyd zerfallen:

$$C_6H_{12}O_6 = 2\,CH_3.CH_2OH + 2\,CO_2 + 28\;Cal.$$

Bei der reinen Milchsäuregärung zerfällt ein Hexosemolekül in zwei Moleküle Milchsäure:

$$C_6H_{12}O_6 = 2\,CH_3.CHOH.COOH + 18\;Cal.$$

Die theoretische Gleichung der Buttersäuregärung lautet so:

$$C_6H_{12}O_6 = CH_3.CH_2.CH_2.COOH + 2\,CO_2 + 2\,H_2 + 15\;Cal.$$

Es ist interessant, mit obigen Wärmetönungen diejenige der Sauerstoffatmung zu vergleichen:

$$C_6H_{12}O_6 + 6\,O_2 = 6\,CO_2 + 6\,H_2O + 674\;Cal.$$

Es ist also ersichtlich, daß ein Mol Traubenzucker bei totaler Verbrennung ebenso viel Energie liefert, wie 25 Mole im Vorgange der alkoholischen Gärung, 37 Mole im Vorgange der Milchsäuregärung und 42 Mole im Vorgange der Buttersäuregärung. Dies ist leicht begreiflich. Bei der Sauerstoffatmung wird die gesamte Bildungswärme von Traubenzucker frei gemacht, da die Produkte der Sauerstoffatmung, und zwar CO_2 und H_2O, nicht verbrennlich sind. Gärungsprodukte sind dagegen verbrennlich, daher wird bei den Gärungen nur ein Bruchteil der Bildungswärme von Zucker frei gemacht. So beträgt bei alkoholischer Gärung die in Gärungsprodukten enthaltene, also nicht frei gemachte Wärme 646 Cal., da die Verbrennungswärme von 1 Mol. Äthylalkohol gleich 325 Cal., die Verbrennungswärme von CO_2 gleich 0 und die Lösungswärme von 2 Mol. Alkohol gleich 4 Cal. ist.

Diese Zahlen erklären die auffallende Tatsache, daß Gärungsorganismen immer gewaltige Zuckermengen zerlegen. Dies ist notwendig, um eine Energiemenge zu liefern, die derjenigen der totalen Zuckerveratmung ungefähr gleich wäre. Infolgedessen verarbeiten die Gärungsorganismen oft an einem Tage solche Zuckerquantitäten, die ihr eigenes Gewicht mehrfach übersteigen.

Eine jede Gärungsart wird nur von spezifischen Mikroorganismen hervorgerufen; wir haben es hier also, ebenso wie bei den Chemosynthesen, mit biochemischen Anpassungen zu tun. Die Gärungsorganismen spielen in der Tat eine wichtige geochemische Rolle auf der Erde, indem sie große Mengen der organischen Stoffe, und zwar namentlich bei Sauerstoffabschluß, zerstören und hierdurch den Kreislauf des Kohlenstoffs ermöglichen. Die größte Bedeutung kommt in

der Natur der Buttersäuregärung zu, die sich hauptsächlich in solchen
Böden und Gewässern entwickelt, wo Oxydationsvorgänge wegen Sauer-
stoffmangels ausgeschlossen sind.

Historische Übersicht. Alkoholische Gärung und Milchsäuregärung
wurden schon im Altertum bekannt, da diese Vorgänge zur Erzeugung
der alkoholischen Getränke und der verschiedenen Molkereiprodukte
benutzt wurden. Trotzdem ist es im Verlaufe von mehreren Jahrhunderten keinem Forscher eingefallen, die genannten Gärungen als
biologische Vorgänge aufzufassen. Auf diese Weise ist Hefe zwar wohl
eine der ältesten Kulturpflanzen, doch hatte der Mensch keine Ahnung
davon, daß er mikroskopisch kleine Pilzarten in unzähligen Generationen züchtet. Es gibt Anweisungen darauf, daß bereits Demokrites
die Alkoholdestillation ausfindig gemacht hat; der wasserfreie Alkohol
wurde aber zuerst nur im Jahre 1796 vom russischen Chemiker Lowitz
erhalten.

Die biologische Natur der Hefe hat Cagniard-Latour[1] klargelegt. Alsdann ergab es sich, daß Hefen in die Gruppe der ascomy-
ceten Pilze zu zählen sind[2]. Trotzdem verstrich eine lange Zeit, bevor richtige Ansichten über Gärungen das Übergewicht erlangt haben:
noch in der Mitte des XIX. Jahrhunderts waren im Gebiete der
Gärungsfragen die Theorien von Traube und namentlich von Liebig
ausschlaggebend. Der letztgenannte Forscher[3] behauptete, daß verschiedene Stoffe bei ihrer chemischen Zersetzung eigenartige molekulare Schwingungen erfahren, die auch auf andere Körper übergehen und eine Spaltung derselben hervorrufen. Auf Grund dieser
Annahme erklärte Liebig den Vorgang der alkoholischen Gärung auf
folgende Weise. Die Gärung wäre durch eine spontane Eiweißspaltung in der umgebenden Lösung hervorgerufen. Die molekularen
Schwingungen der Eiweißmoleküle sollen eine auflockernde Wirkung
auf Zuckermoleküle ausüben und letztere in Alkohol- und CO_2-Moleküle
spalten. Liebig betonte ausdrücklich, daß derselbe Vorgang auch in
Gegenwart von Hefezellen von statten gehe. Lebende Hefezellen sollen
nach Liebigs Ansicht keine alkoholische Gärung bewirken; nur abgestorbenen Hefezellen schrieb Liebig eine Gärungskraft zu, und zwar
namentlich deswegen, weil aus toten Zellen Eiweißstoffe herausdiffun-
dieren, bei ihrer Spaltung molekulare Schwingungen ausführen und
hierdurch Zuckerspaltung hervorrufen. Diese Theorie fußte selbstverständlich auf keinen experimentell festgestellten Tatsachen. Wenn
also neuerdings angenommen wird[4], daß diese von Pasteur ange-

---

[1] Cagniard-Latour: Cpt. rend. hebdom. des séances de l'acad des sciences
Bd. 4, S. 905. 1837. — Ders.: Ann. de chim. et de physique Bd. 68, S. 206. 1838.
[2] Rees, M.: Botan. Zeit. Bd. 27, S. 105. 1869. — Ders.: Botanische Untersuchungen über die Alkoholgärungspilze 1870.
[3] v. Liebig, J.: Liebigs Ann. d. Chem. Bd. 29, S. 100. 1839.
[4] Derartige Auseinandersetzungen trifft man leider selbst im grundlegenden
Handbuch von F. Lafar; vgl. Lafar: Handb. d. techn. Mycologie Bd. 4, S. 346.
1906.

griffene Theorie etwas Richtiges enthält, so liegt hier zweifellos ein Mißverständnis vor, das wohl auf eine ungenügende Kenntnis der Originalmitteilungen LIEBIGs zurückzuführen ist[1]). Auch TRAUBE[2]) hielt die alkoholische Gärung für keinen biologischen Vorgang, desgleichen auch die Essigsäuregärung, die an eine Oxydation von Äthylalkohol durch Platinschwarz erinnerte, da in der deutschen Essigindustrie Buchenhobelspäne als Körper mit großer Oberflächenentwicklung Verwendung finden, wodurch die Essigbildung bedeutend beschleunigt wird.

Ein Zusammenbruch obiger abstrakter Annahmen ließ nicht lange auf sich warten. Die experimentellen Untersuchungen PASTEURS, deren Genauigkeit selbst zu unserer Zeit Staunen erregt, ergaben eine ganz andere Deutung der geheimnisvollen Gärungsvorgänge. Bereits in seinen ersten Arbeiten über Milchsäuregärung hat PASTEUR[3]) neue Ideen entwickelt, die bis auf die letzte Zeit hin ausschlaggebend sind und die Grundlage der Lehre von den Gärungen bilden. Alsdann befaßte sich PASTEUR mit der alkoholischen Gärung; sein zusammenfassendes Werk über diesen Gegenstand[4]) bildet wohl die großartigste Schöpfung auf dem gesamten Gebiete der Biochemie und Physiologie der Pflanzen. Die neue Gärungstheorie wurde durch musterhafte, sinnreiche Versuche bekräftigt. PASTEUR wies nach, daß Hefe als ein spezifischer Gärungsorganismus zu bezeichnen ist, der bei Sauerstoffabschluß zu leben und sich zu vermehren vermag; ferner zeigte PASTEUR, daß bei Abwesenheit von Hefezellen keine alkoholische Gärung möglich ist. Alle diese Tatsachen haben LIEBIG und seine Anhänger zunächst in Abrede gestellt und erst späterhin als richtig anerkannt. Für die Widerlegung der irrigen Ansichten LIEBIGs und seiner Schule war folgender klassische Versuch PASTEURS von hervorragender Bedeutung. Er hat eine Zuckerlösung mit Ammoniumsalz als einziger Stickstoffquelle versetzt und mit einer minimalen Hefemenge geimpft, wonach sich allmählich eine energische alkoholische Gärung entwickelte und die Hefemenge sich bedeutend vermehrte, so daß die Bestimmung von Eiweiß-N eine starke Zunahme der Eiweißstoffe im Verlaufe der Gärung außer Zweifel gestellt hat. Es ist also ersichtlich, daß alkoholische Gärung nicht durch Eiweißspaltung in Gang gesetzt wird.

[1]) Späterhin hat LIEBIG unter dem Einfluß der schlagenden Beweisführungen PASTEURS seinen ursprünglichen Standpunkt gründlich verändert, und zwar angenommen, daß Hefe die Zuckervergärung durch Bildung eines Ferments bewirkt (siehe unten). Da dieser neue Standpunkt nichts anderes als einen Anschluß an die von PASTEUR entwickelte biologische Gärungstheorie bedeutete, so lag es PASTEUR ferne, die neuen Ansichten LIEBIGs zu bekämpfen; er begrüßte sie vielmehr als eine willkommene Erledigung der langen Polemik.

[2]) TRAUBE, M.: Poggend. Ann. Bd. 171, S. 331. 1858.

[3]) PASTEUR, L.: Cpt. rend. hebdom. des séances de l'acad. des sciences Bd. 45, S. 2 u. 913. 1857; Bd. 48, S. 337. 1859. — Ders.: Ann. de chim. et de physique (3), Bd. 52, S. 404. 1858.

[4]) PASTEUR, L.: Ann. de chim. et de physique (3), Bd. 58, S. 323. 1860. — Ders.: Cpt. rend. hebdom. des séances de l'acad. des sciences Bd. 48, S. 640. 1859; Bd. 52, S. 1260. 1861; Bd. 75, S. 754 u. 1054. 1872. — Ders.: Etudes sur la bière 1876.

Durch diesen Versuch wurde auch die Unentbehrlichkeit der Mineralstoffe für niedere Pflanzen zuerst dargetan. Derartige Erfolge waren selbstverständlich nur durch Experimentieren mit reinen Kulturen ermöglicht, da das Wachstum der Hefe in unreinen Kulturen bei Abwesenheit von stickstoffhaltigen organischen Stoffen durch Entwicklung von anderen rein mineralischer Stickstoffnahrung besser angepaßten Mikroben immer unterdrückt wird. Da nun PASTEUR als Erster die Methoden der reinen Kulturen ausgearbeitet hat, so war er imstande, auch andere wichtige Fragen zu lösen. So hat er z. B. außer Zweifel gestellt, daß eine jede Gärungsart durch die ihr eigenen spezifischen Mikroben hervorgerufen wird. Reine Kulturen waren PASTEUR außerdem ein unschätzbares Hilfsmittel beim Lösen des Problems der spontanen Erzeugung der Mikroorganismen [1]); hierauf gründen sich die weiteren unsterblichen Entdeckungen PASTEURs, welche die ganze Medizin umgebildet und Millionen Menschenleben gerettet haben.

Zu jener Zeit war jedoch die Wissenschaft nicht genügend reif, um sich die neuen Ideen PASTEURs ohne Kampf anzueignen. Das Schicksal der großen Männer, welche ihre Epoche zu weit überholen, ist meistens tragisch. Es genügt, auf den großen J. R. MAYER hinzuweisen, der zu seinem Unglück viel „zu früh" mit dem ersten Grundsatz der Thermodynamik auftrat. Auch PASTEUR gehört zu derselben Kategorie der großen Männer, bildet aber insofern eine Ausnahme von der allgemeinen Regel, als er die Anerkennung seiner Entdeckungen mit Gewalt eroberte, die veraltete Wissenschaft zertrümmerte und ganz neue Ansichten zur Geltung brachte. Dies konnte nur dank seiner experimentellen Meisterschaft gelingen. Tatsache ist, daß er keinen einzigen experimentellen Fehler beging; es wäre denn auch selbst ein winziger Fehler zu jener Zeit des Mißtrauens und Argwohns für die ganze neue Lehre verhängnisvoll geworden.

In diesem schweren Kampfe hat PASTEUR die überraschende Entdeckung der Buttersäuregärung gemacht. Während namentlich Botaniker (die PASTEUR für einen Laien auf ihrem Forschungsgebiete hielten) die angekündigte Möglichkeit eines Lebens ohne Sauerstoffzutritt in Zweifel zogen, entdeckte PASTEUR die Buttersäuregärungserreger und vergewisserte sich davon, daß Sauerstoff für diese Organismen ein starkes Gift ist. Nicht nur erscheint also ein Leben ohne Sauerstoffzutritt als möglich, sondern ist auch in einigen Fällen ein Leben bei Sauerstoffzutritt unmöglich. Dieser hervorragenden Entdeckung wurde zunächst mit Hohn und Verschmähung begegnet, nach einiger Zeit hat jedoch PASTEUR durch mustergültige Versuche die eigentümlichen Merkmale der Buttersäuregärung außer Zweifel gestellt. Schließlich haben sich BREFELD und TRAUBE, zwei hervorragende Gegner PASTEURs, seinen Ansichten angeschlossen; auch LIEBIG [2]) war genötigt, seinen Standpunkt

---

[1]) PASTEUR, L.: Ann. de chim. et de physique (3), Bd. 64, S. 5. 1862.
[2]) v. LIEBIG, J.: Verhandl. d. bayer. Akad. d. Wiss. Bd. 2, S. 323. 1869. — Ders.: Liebigs Ann. d. Chem. Bd. 153, S. 1 u. 137. 1870.

wiederholt zu ändern und schloß sich zuletzt der Pasteurschen Gärungstheorie an, indem er annahm, daß alkoholische Gärung nicht durch vermeintliche Eiweißspaltung, sondern durch die in lebender Hefe entstehenden Fermente in Gang gesetzt wird. Da auch Pasteur dieselben Ansichten entwickelte, so war damit der langjährige Streit beendet[1]). Den größten Teil seiner Untersuchungen über Gärungen hat Pasteur in drei berühmten Werken zusammengefaßt: 1. „Untersuchungen über Essig", 2. „Untersuchungen über Wein" und 3. „Untersuchungen über Bier". 100 Jahre sind verflossen, seitdem der große Forscher auf die Welt kam, und gegenwärtig noch haben seine Entdeckungen aktuelle wissenschaftliche Bedeutung.

Alkoholische Gärung. Als typische Erreger der alkoholischen Gärung sind verschiedene Pilze aus der Gattung Saccharomyces zu bezeichnen; aus dem Nachfolgenden wird jedoch ersichtlich werden, daß die Fähigkeit, alkoholische Gärung zu erregen, den meisten Pflanzen und einzelnen Pflanzenzellen eigen ist. Energische Gärungserreger sind auch einige Pilzarten aus den Gattungen Oidium, Monilia, Mucor, Allescheria u. a. Verschiedene Rassen der Hefepilze sind nicht gleich stark als Gärungserreger.

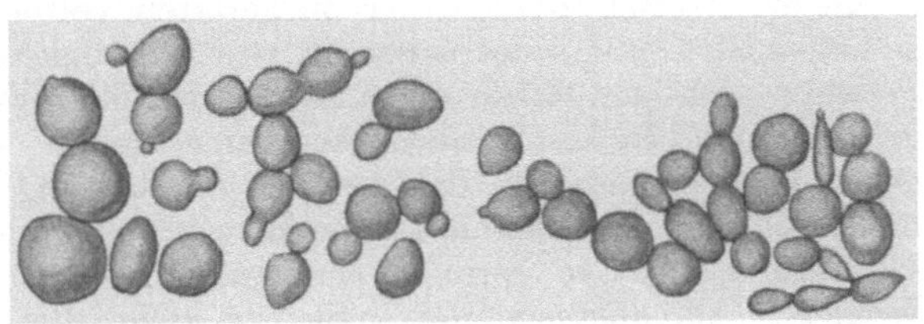

Abb. 40. Bierhefe, Saccharomyces Cerevisiae I. Vergr. 650. (Nach Hansen).

Das Wesen der alkoholischen Gärung wurde von Pasteur[2]) klargelegt. Außer den Hauptprodukten — Alkohol und CO_2 — entstehen bei der Gärung auch verschiedene Nebenprodukte, und zwar Acetaldehyd, Essigsäure, Glycerin, Bernsteinsäure und Fuselöle[2]); außerdem ganz geringe Mengen der nicht bestimmt identifizierten Ester, die die sogenannte Blume des Weines und den eigentümlichen Geschmack des Bieres bedingen und daher von großer praktischer Bedeutung sind. Bernsteinsäure und Fuselöl sind Produkte einer Verarbeitung von Aminosäuren (vgl. S. 380ff.) und haben also mit der eigentlichen Gärung nichts zu tun; Acetaldehyd, Essigsäure und Glycerin bilden sich dagegen aus Zwischenprodukten der alkoholischen Gärung, von denen noch später die Rede sein wird.

Die alkoholische Gärung kann durch folgende summarische Gleichung dargestellt werden:

$$C_6H_{12}O_6 = 2\,CO_2 + 2\,CH_3 . CH_2OH.$$

---

[1]) Vgl. Pasteur, L.: Ann. de chim. et de physique (4), Bd. 25, S. 145. 1872.— Ders.: Etudes sur la bière 1876.

[2]) Pasteur, L.: Ann. de chim. et de physique (3), Bd. 58, S. 323. 1860.

Nicht alle Zuckerarten werden durch Hefe vergoren: als gärungsfähig erwiesen sich d-Glucose, d-Fructose, d-Mannose und d-Galaktose; außerdem auch die Disaccharide Saccharose (Rohrzucker) und Maltose. Es wurde neuerdings darauf hingewiesen, daß Maltose selbst ohne vorhergehende Hydrolyse vergoren wäre[1]), diese Angabe wurde aber alsdann nicht bestätigt[2]). Rohrzucker wird vor der Vergärung durch Hefe mit bedeutender Energie hydrolysiert, da in Hefezellen eine überaus große Menge von Invertase enthalten ist. Die durch Hefe nicht hydrolysierbaren Disaccharide (wie z. B. Milchzucker) werden selbst in dem Falle nicht vergoren, wo sie aus gärungsfähigen Komponenten bestehen. Einfache Zucker (Monosen) sind nicht mit gleicher Geschwindigkeit vergärbar: d-Glucose und d-Fructose bilden das normale Material der alkoholischen Gärung und werden von der Hefe energisch angegriffen, d-Maltose gärt schwächer und d-Galaktose noch bedeutend schwächer. Es gelingt jedoch, gewöhnliche Hefe in mehreren Generationen an die Galaktosevergärung insofern zu gewöhnen, als der genannte Zucker in Parallelversuchen ebenso schnell vergoren wird wie Traubenzucker[3]), in einem Gemisch der beiden Zuckerarten verschwindet aber immer Traubenzucker mit einer größeren Geschwindigkeit[4]).

Diese wichtigen Erfahrungen zeigen, daß die räumliche Isomerie eine hervorragende Rolle am Gärungsvorgange spielt. Es wurden zwar Angaben darüber gemacht, daß bei der Bearbeitung der Zuckerlösungen durch Alkalien Äthylalkohol ohne Mitwirkung von Gärungspilzen bzw. Gärungsfermenten in geringen Mengen entsteht[5]), doch waren die betreffenden Alkoholausbeuten so winzig klein, daß sie für theoretische Auseinandersetzungen wohl nicht in Betracht kommen. Wir müssen uns also vorläufig die Tatsache gefallen lassen, daß eine künstliche, also mit rein chemischen Mitteln ausführbare alkoholische Gärung bisher nicht erzielt wurde. Es ist die Annahme nicht unwahrscheinlich, daß die Anfangsstufen der alkoholischen Gärung nicht früher erklärlich sein sollen, als wir uns mit dem wahren Wesen der räumlichen Isomerie vertraut gemacht haben.

Die Wärmeentwicklung bei der alkoholischen Gärung ist allgemein bekannt, da gärende Lösungen sich im Verlaufe des Vorganges stark

---

[1]) WILLSTÄTTER, R. u. STEIBELT: Zeitschr. f. physiol. Chem. Bd. 111, S. 157. 1920.

[2]) v. EULER, H. u. JOSEPHSON, K.: Zeitschr. f. physiol. Chem. Bd. 120, S. 42. 1922.

[3]) DIENERT, F.: Ann. de l'inst. Pasteur Bd. 14, S. 139. 1900. — HARDEN, A. and NORRIS, R. v.: Proc. of the roy. soc. of London Bd. 82, S. 645. 1910. — v. EULER, H., LAURIN, L. u. PETTERSON, A.: Biochem. Zeitschr. Bd. 114, S. 277. 1921.

[4]) WILLSTÄTTER, R. u. SABOTKA, H.: Zeitschr. f. physiol. Chem. Bd. 123, S. 164, 170 u. 176. 1922. Nach Angaben dieser Forscher ist selbst α-Glucose leichter vergärbar als β-Glucose. So groß ist die Bedeutung der räumlichen Anordnung der Atome im Zuckermolekül!

[5]) DUCLAUX, E.: Ann. de l'inst. Pasteur Bd. 7, S. 751. 1893. — Bd. 10, S. 168. 1896. — BUCHNER, E. u. MEISENHEIMER, J.: Ber. d. Dtsch. Chem. Ges. Bd. 38, S. 626. 1905.

erwärmen. Die Temperaturerhöhung läßt sich in einem DEWARschen Gefäß bequem beobachten: Direkte experimentelle Bestimmungen der Wärmetönung bei alkoholischer Gärung ergaben einen Wert von 24 Cal. auf 1 Mol. Traubenzucker[1]), was mit den theoretischen Berechnungen (vgl. S. 479) im Einklange steht.

Für gute Entwicklung und Gärungstüchtigkeit der Hefe ist selbstverständlich eine geeignete mineralische Nahrung und Stickstoffgabe notwendig. Den Stickstoff assimiliert Hefe am besten in Form von Pepton oder Aminosäuren[2]). Es wurde wiederholt darauf hingewiesen, daß die Bildung der Gärungsfermente in erster Linie von der Zusammensetzung und der Menge der stickstoffhaltigen Nährstoffe abhängt[3]), diese Annahme wurde aber nicht bestätigt[4]). Die Umwandlungen der stickstoffhaltigen Stoffe beim normalen Verlaufe der Zuckervergärung bestehen darin, daß Eiweißstoffe der Hefezellen allmählich in Aminosäuren zerfallen, letztere aber namentlich bei unzureichender Stickstoffzufuhr in Fuselöl übergehen. Dieser Vorgang wurde im Kap. VI besprochen.

Selbstgärung der Hefe. Bei Mangel an Gärmaterial tritt eine Vergärung des vorrätigen Glykogens in Hefezellen ein; merkwürdig ist der Umstand, daß Hefegummi hierbei nicht angegriffen wird[5]). Gleichzeitig geht eine energische Autolyse der Hefezellen vonstatten, welche bei genügender Dauer den Tod der Hefe herbeiführt. Diese Gärung im hungernden Zustande bezeichnet man als Selbstgärung. Mit welcher Energie die Fermente der Hefezellen beim Hungern arbeiten, ist daraus ersichtlich, daß die gesamte Glykogenmenge in hungernden Zellen im Verlaufe von 3 bis 4 Stunden bei $34-45^{\circ}$ verschwindet[6]). Bei hohen Zuckerkonzentrationen ist im Gegenteil eine fermentative Glykogensynthese bemerkbar, die auch außerhalb der lebenden Zelle vor sich geht[7]). Die chemische Seite der Kohlenhydratspaltung ist allerdings bei der Selbstgärung genau dieselbe wie bei der Zuckervergärung[8]); in Anbetracht der leichten Bildung bzw. Spaltung des

---

[1]) RUBNER, M.: Arch. f. Hyg. Bd. 49, S. 355. 1904 u. a.

[2]) LINDNER, RÖLKE u. HOFFMANN: Wochenschr. f. Brauer Bd. 22, S. 528. 1905. — LINDNER u. STOCKHAUSEN: Ebenda Bd. 23, S. 519. 1916. — RUBNER, M.: Die Ernährungsphysiologie der Hefezelle bei alkoholischer Gärung 1913 u. a.

[3]) IWANOWSKI, D.: Untersuchungen über alkoholische Gärung 1894. (Russisch.) — Ders.: Zentralbl. f. Bakteriol., Parasitenk. u. Infektionskrankh., Abt. II, Bd. 10, S. 151, 180 u. 209. 1903.

[4]) v. RICHTER, A.: Zentralbl. f. Bakteriol., Parasitenk. u. Infektionskankh., Abt. II, Bd. 8, S. 787. 1902). — Ders.: Kritische Beitr. zur Gärungstheorie 1903. (Russisch.)

[5]) v. EULER, H. u. MYRBÄCK, K.: Zeitschr. f. physiol. Chem. Bd. 129, S. 195. 1923.

[6]) BUCHNER, E. u. MITSCHERLICH: Zeitschr. f. physiol. Chem. Bd. 47, S. 554. 1904.

[7]) HARDEN, A. and YOUNG: Biochem. Journ. Bd. 7, S. 630. 1913.

[8]) PALLADIN, W. u. KOSTYTSCHEW, S.: Zeitschr. f. physiol. Chem. Bd. 48, S. 214. 1906 u. a.

Hefeglykogens nimmt Grüss[1]) an, daß in beiden Fällen die Gesamtmenge des vergorenen Zuckers sich vorübergehend in Glykogen verwandelt. Ein Nachweis dieser Annahme ist allerdings bisher nicht erbracht worden. Ein Wahrzeichen der Selbstgärung ist die gleichzeitig stattfindende äußerst energische Eiweißspaltung, die so weit geht, daß etwa 90 vH. Eiweißstickstoff in krystallinische stickstoffhaltige Stoffe übergeht[2]). Außerdem sind noch andere interessante Vorgänge bei der Selbstgärung bemerkbar, wie z. B. eine Spaltung bzw. Inaktivierung eines Teils der Hefefermente durch andere Fermente[3]). Es ist daher zu bedauern, daß nur ältere Untersuchungen[4]) über die chemischen Vorgänge bei der Hefeautolyse vorliegen. Alle äußeren Einwirkungen, die eine Plasmolyse der Hefezellen hervorrufen, erhöhen die Energie des Selbstgärung und der damit zusammenhängenden autolytischen Vorgänge[5]).

Die zellfreie alkoholische Gärung. Sehr wichtig war die Entdeckung der extrazellularen Gärung[6]): es ergab sich, daß Zuckerlösungen durch vorsichtig abgetötete Hefe bzw. durch Hefepreßsaft in Gegenwart von Antiseptica vergoren werden. Dies beweist, daß Zuckerspaltung in CO_2 und Alkohol einen fermentativen Vorgang darstellt[6]). Es ist für die schnelle Entwicklung der Biochemie bezeichnend, daß diesem vom gegenwärtigen Standpunkte aus durchaus natürlichen Resultat noch vor 25 Jahren mit großem Mißtrauen begegnet wurde; alsdann trat lauter Jubel ein, obgleich durch Entdeckung der Gärungsfermente kein Einblick in die chemische Natur der alkoholischen Gärung gewonnen wurde.

Der Grund zu diesem Geräusch ist für den gegenwärtigen Leser vielleicht nicht recht begreiflich. Es ist aber im Auge zu behalten, daß vor der Entdeckung der zellfreien Gärung nur solche Fermente bekannt waren, welche einfache, außerhalb der lebenden Zelle durch rein chemische Mittel ausführbare Stoffumwandlungen bewirken. Nun stellt die fermentative alkoholische Gärung eine Reaktion dar, die ein Chemiker zwar nicht hervorbringen kann, die aber außerhalb der lebenden Zelle glatt vor sich geht, also nicht eine Resultante der heterogenen Stoffumwandlungen im Plasma, sondern einen selbständigen einheitlichen Vorgang darstellt. Erst nach der Entdeckung der zellfreien Gä-

---

[1]) Grüss: Zeitschr. f. d. ges. Brauwesen S. 27. 1904. — v. Euler, H.: Zeitschr. f. physiol. Chem. Bd. 89, S. 337. 1914.

[2]) Kostytschew, S. u. Brilliant, W.: Zeitschr. f. physiol. Chem. Bd. 91, S. 372. 1914. — Dies.: Mitt. d. Akad. d. Wiss. in Petersburg S. 953. 1916. (Russ.)

[3]) Buchner, E., Buchner, H. u. Hahn, M.: Die Zymasegärung 1903. — Grigoriew u. Gromow: Zeitschr. f. physiol. Chem. Bd. 42, S. 299. 1904 u. a.

[4]) Salkowski, E.: Zeitschr. f. physiol. Chem. Bd. 13, S. 506. 1889. — Kutscher, F.: Ebenda Bd. 32, S. 59. 1901. — Buchner, E., Buchner, H. u. Hahn, M.: Zymasegärung 1903.

[5]) Harden, A. and Paine: Proc. of the chem. soc. Bd. 27, S. 103. 1911. — Harden, A.: Proc. of the roy. soc. of London (B), Bd. 84, S. 488. 1912.

[6]) Buchner, E.: Ber. d. Dtsch. Chem. Ges. Bd. 30, S. 112. 1897. — Buchner, E., Buchner, H. u. Hahn, M.: Die Zymaesgärung 1903.

rung sind wir eigentlich berechtigt, die bekannte einfache Gleichung der alkoholischen Gärung zu schreiben: früher war die Ansicht verbreitet, daß die üblichen Gärungsprodukte durch Verarbeitung verschiedenartiger Stoffe entstehen. Die Leistungsfähigkeit der organischen Chemie wurde zu jener Zeit überschätzt und man glaubte, daß eine chemisch nicht erklärbare Reaktion nicht als ein einheitlicher Vorgang zu deuten wäre. Die Entdeckung der fermentativen Natur der alkoholischen Gärung bewirkte einen Umschwung der genannten Betrachtungsweise; sie war die Veranlassung zu Bestrebungen nach einer chemischen Erforschung der Gärung und der anderen physiologisch wichtigen Stoffumwandlungen. Es ist auch einleuchtend, daß nur selbständige chemische Vorgänge, nicht aber zufällige Kombinationen verschiedenartiger Stoffumwandlungen für den Biochemiker Interesse gewähren. Auf diese Weise ist die chemische Erforschung von komplizierten biologischen Vorgängen eine direkte Folge der Entdeckung der fermentativen Natur der alkoholischen Gärung, wenngleich letztere an und für sich keine Aufhellung des geheimnisvollen Gärungsvorganges lieferte.

Das Ferment der alkoholischen Gärung wurde Zymase genannt. Zur Zymasedarstellung wurde zuerst folgende Methode empfohlen: Man zerrieb Hefezellen mit Quarzsand, feinen Glassplittern oder Kieselgur zu einer klebrigen homogenen Masse, die alsdann in einer hydraulischen Presse bei 300—400 Atmosphären abgepreßt wurde[1]). Der filtrierte Preßsaft diente als Material zu Versuchen über zellfreie Gärung. Gegenwärtig wird aber der Preßsaft selten dargestellt, da sich eine andere Methode als bequemer erwies: Man trocknet die Hefe bei mäßiger Temperatur (etwa bei 30°), digeriert sie alsdann mit destilliertem Wasser bei 25—30° und filtriert[2]). Das blanke Filtrat, der sogenannte Macerationssaft, enthält zum Unterschied vom Preßsaft kein Glykogen weist daher keine Selbstgärung auf, besitzt jedoch die Fähigkeit, den zugesetzten Zucker energisch zu vergären. Eine dritte Methode besteht darin, daß Hefe durch Aceton abgetötet wird, wobei die Zellfermente in aktivem Zustande verbleiben[3]). Diese Präparate werden als „Zymin“ oder „Hefanol“ in den Handel geliefert.

Sowohl Hefesäfte als „Dauerhefe“ entwickeln eine nur schwache und kurzdauernde alkoholische Gärung, da bei der Darstellung dieser Präparate ein Teil des Ferments zerstört, ein anderer Teil aber nicht ausgezogen wird. Außerdem findet in lebenden Zellen fortwährend eine Neubildung von Zymase statt, in abgetöteten Hefezellen unterbleibt aber die Fermentbildung und die bereits vorhandene Fermentmenge wird allmählich zerstört. Die chemische Natur der Zymase ist völlig

---

[1]) BUCHNER, E., BUCHNER, H. u. HAHN, M.: Die Zymasegärung 1903.

[2]) v. LEBEDEW, A.: Cpt. rend. hebdom. des séances de l'acad. des sciences Bd. 152, S. 49 u. 1129. 1911. — Ders.: Zeitschr. f. physiol. Chem. Bd. 73, S. 447. 1911.

[3]) ALBERT, BUCHNER u. RAPP: Ber. d. Dtsch. Chem. Ges. Bd. 35, S. 2376. 1902. — Dies.: Zymasegärung 1903.

unbekannt[1]); einige Gärungstheorien nehmen an, daß Zymase ein Gemenge von verschiedenen Fermenten darstellt. Die Kinetik der alkoholischen Gärung war Gegenstand von eingehenden Untersuchungen[2]) und es kann als festgestellt gelten, daß hier wohl ein fermentativer Vorgang sensu stricto vorliegt.

Der Einfluß von Außenfaktoren auf alkoholische Gärung. Die alkoholische Gärung ist von den äußeren Einwirkungen in analoger Weise abhängig wie die Sauerstoffatmung. Weiter unten wird dargetan werden, daß hier nicht eine zufällige Analogie vorliegt. Interessant ist die neueste Entdeckung des rhythmischen Verlaufes der alkoholischen Gärung: dieser Vorgang geht nicht gleichmäßig, sondern stoßweise vor sich[3]): nach kurzen Lähmungsperioden folgen ebenso kurze Perioden der gesteigerten Gärungsenergie (die Messungen wurden nach je 10 Sekunden ausgeführt). Es sind verschiedenartige Erklärungen dieser Erscheinung möglich; alle bleiben aber freilich rein hypothetisch, solange die chemische Seite der Gärung nicht klargelegt ist.

Der Einfluß der Temperatur auf alkoholische Gärung stellt einen komplizierten Vorgang dar. Wir müssen den direkten Einfluß der Temperatur auf die chemische Reaktion der Zuckervergärung von dem indirekten Einflusse scharf unterscheiden. Letzterer kann deshalb zustandekommen, weil die Vermehrung der Hefezellen von der Temperatur in hohem Grade abhängig ist; eine größere Hefemenge muß aber selbstverständlich auch eine schnellere Zuckervergärung bewirken. Analoge Betrachtungen sind bei allen Untersuchungen über den Einfluß von Außenfaktoren auf Hefegärung zu berücksichtigen. Will man nur die chemische Reaktion sensu stricto untersuchen, so stellt man ganz kurzdauernde Versuche mit beträchtlichen Hefemengen an. Bei derartigen Verhältnissen spielt die Hefevermehrung praktisch keine Rolle.

Die obere Temperaturgrenze der Hefegärung liegt bei etwa 50°, die untere bei etwa 0°; praktisch ist eine Temperatur von $25-35^\circ$ die günstigste. Beim Experimentieren über zellfreie Gärung ist es empfehlenswert bei Zimmertemperatur zu arbeiten, da bei $25-35^\circ$ eine schnellere Zerstörung der Zymase stattfindet[4]). Der Temperaturkoeffizient der Gärung ist etwa 2, was mit der van t'Hoffschen Regel (S. 35) im Einklange steht[5]).

---

[1]) Annahmen über die chemische Natur der Zymase findet man bei Herlitzka, A.: Zentralbl. f. Bakteriol., Parasitenk. u. Infektionskrankh., Abt. II, Bd. 11, S. 412. 1904.

[2]) Herzog, K. O.: Zeitschr. f. physiol. Chem. Bd. 37, S. 149. 1902. — v. Euler, H.: Ebenda Bd. 44, S. 53. 1905; Bd. 73, S. 85. 1911 u. a.

[3]) Köhler, E.: Biochem. Zeitschr. Bd. 106, S. 194. 1920; Bd. 108, S. 235. 1920; Bd. 110, S. 128. 1920.

[4]) Buchner, E., Buchner, H. u. Hahn, M.: Die Zymasegärung 1903. — Petruschewsky, A.: Zeitschr. f. physiol. Chem. Bd. 50, S. 251. 1907. — Kostytschew, S. u. Zubkowa, S.: Journ. d. russ. botan. Ges. Bd. 3, S. 40. 1918. (Russisch.)

[5]) Herzog: Zeitschr. f. physiol. Chem. Bd. 37, S. 149. 1902. — Slator, A.: Wochenschr. f. Brauerei Bd. 28, S. 141. 1911.

Der Einfluß des Lichts auf alkoholische Gärung. Alkoholische Gärung wird ebenso wie die Sauerstoffatmung durch grelles Licht etwas gehemmt, was wahrscheinlich auf eine Herabsetzung der Hefevermehrung zurückzuführen ist[1]). Um so interessanter ist der neueste Hinweis darauf, daß ultraviolette Strahlen die Gärungsenergie außerordentlich stark steigern[2]). Nach 6 stündiger Belichtung ist die CO_2-Bildung 9 mal größer, nach 23 stündiger Belichtung gar 23 mal größer geworden als diejenige des nicht belichteten Ansatzes.

Der Einfluß von Zucker und von Gärungsprodukten. Lebende Hefe vermag außerordentlich konzentrierte Zuckerlösungen (bis 60 vH.) in Gärung zu versetzen[3]). Da Invertase durch hohe Zuckerkonzentrationen stärker gehemmt wird als Zymase, so ist der Grenzwert der Konzentration für Rohrzucker niedriger als für Traubenzucker[4]). In der Praxis vergärt man oft 25 proz. Zuckerlösungen; eine Anwendung von konzentrierteren Lösungen ist nicht zu empfehlen, da eine totale Vergärung in diesem Falle wegen eines zu großen Alkoholgehaltes ausgeschlossen bleibt. Zwischen 5 vH. und 20 vH. übt die Konzentrationsänderung praktisch keinen Einfluß auf die Gärung aus[5]). Der Preßsaft liefert eine größere Menge von Gärungsprodukten bei hohen Zuckerkonzentrationen (30—40 vH.), da hierbei die Zymase langsamer zerstört wird[6]).

Gegenüber Äthylalkohol ist Hefe weniger empfindlich als die meisten anderen Pflanzen. Ein Alkoholgehalt von 3 vH. übt noch gar keine hemmende Wirkung auf Hefevermehrung aus[7]). Als Grenzkonzentration, bei welcher die Gärung nicht mehr möglich ist, gilt meistens ein Alkoholgehalt von 10—14 vH.[8]). In konzentrierteren Zuckerlösungen ist die Hefe dem hohen Alkoholgehalte gegenüber relativ empfindlicher. Auch Temperatursteigerung erhöht die schädliche Wirkung des Alkohols[9]).

---

[1]) KNY: Ber. d. botan. Ges. Bd. 2, S. 129. 1884. — LOHMANN: Diss. Rostock 1896. — LUBIMENKO, W.: Cpt. rend. hebdom. des séances de l'acad. des sciences Bd. 154, S. 226. 1911.

[2]) LINDNER, P.: Wochenschr. f. Brauerei Bd. 39, S. 166. 1922.

[3]) LAURENT: Ann. de l'inst. Pasteur Bd. 2, S. 603. 1888.

[4]) BOKORNY: Chem. Zeit. Bd. 27. 1903. — Ders.: Zentralbl. f. Bakteriol., Parasitenk. u. Infektionskrankh., Abt. II, Bd. 12, S. 119. 1904.

[5]) BROWN: Journ. of the chem. soc. Bd. 61, S. 369. 1892; vgl. auch DUMAS: Ann. de chim. et de physique (5), Bd. 3, S. 57. 1874.

[6]) „Zymasegärung" 1903.

[7]) BROWN, A. J.: Journ. of the chem. soc. (London) Bd. 87, S. 1395. 1905. — HAYDUCK, M.: Zeitschr. f. Spiritusind. Bd. 4, S. 173 u. 341. 1881; Bd. 5, S. 183. 1882.

[8]) HAYDUCK, M.: a. a. O. — BREFELD, O.: Landwirtschaftl. Jahrb. Bd. 5, S. 281. 1876. — MÜLLER-THURGAU, H.: 3. Jahresber. d. Versuchsst. Wädensweil Bd. 73. 1892—1893. — YABE, K.: Bull. of the coll. of agricult. of Tokyo Bd. 2, S. 219. 1896 gibt für eine japanische Heferasse Wachstumsgrenze bei 24 vH. Alkohol an.

[9]) MÜLLER-THURGAU, H.: Ber. d. Generalvers. d. dtsch. Weinbau-Vereins S. 50. 1884.

Kohlendioxyd übt ebenfalls nur eine schwache Wirkung auf alkoholische Gärung aus: letztere geht oft in den mit CO_2 gesättigten Lösungen vonstatten. Doch empfiehlt es sich, im Brauwesen Kohlendioxyd aus der Lösung mittels Luftdurchleitung zu verdrängen, wodurch eine Beförderung der Gärung und Hefevermehrung erzielt wird[1]. Andererseits wird alkoholische Gärung selbst bei einem CO_2-Druck von mehreren Atmosphären nicht zum Stillstand gebracht[2]; nach neueren Angaben ist die alkoholische Gärung bei einem CO_2-Druck von 60 Atmosphären, also in Gegenwart von flüssigem Kohlendioxyd möglich[3].

Der Einfluß von mechanischen und chemischen Reizwirkungen auf alkoholische Gärung. Im Betrieb der Brauereien wird eine Luftdurchleitung durch die gärende Würze nicht nur aus dem Grunde gebräuchlich, weil hierdurch CO_2 vertrieben und das Hefewachstum befördert, sondern auch, weil Hefe durch Luftstrom in eine langsame gleitende Bewegung versetzt wird und infolgedessen die Nährstoffe vollkommen ausnutzt. Ein kräftiges und dauerhaftes Schütteln hemmt dagegen die Gärung[4].

Geringe Mengen von Säuren und Alkalien haben einen deutlichen Einfluß auf alkoholische Gärung. Es ist schon längst bekannt, daß alkoholische Gärung durch schwach alkalische Reaktion befördert, durch schwach saure Reaktion aber gehemmt wird. In Wahrheit liegt hier ein verwickelter Vorgang vor, da die Gärung durch eine sumultane Arbeit von mehreren Fermenten bedingt ist; unter diesen Fermenten sind die einen in schwach-saurem, die anderen aber in schwach-alkalischem Medium wirksamer. Außerdem müssen wir den direkten Einfluß von P_{II} auf den Gärungsvorgang im engeren Sinne vom indirekten Einfluß auf die Hefevermehrung unterscheiden. Das Hefewachstum wird durch schwach-saure Reaktion befördert. Im Verlaufe der Gärung wird die Lösung nach und nach saurer, da Hefe verschiedene organische Säuren (in erster Linie Bernsteinsäure und Essigsäure) erzeugt. Folgende Tabelle von Lüers[5] zeigt, daß die saure Reaktion der Lösung bei der Gärung unter Umständen einen hohen Wert erreicht.

Gärungsdauer bei 8° in Stunden	Wasserstoffionenkonzentration
0	$3,39 \cdot 10^{-6}$
25	$3,24 \cdot 10^{-5}$
50	$4,37 \cdot 10^{-4}$
89	$1,29 \cdot 10^{-3}$
160	$1,86 \cdot 10^{-3}$

[1] Foth: Wochenschr. f. Brauerei Bd. 4, S. 73. 1887.

[2] Cerles et Cochin: Cpt. rend. des séances de la soc. de biol. (8), Bd. 1, S. 639. 1884. — Foth: a. a. O. — Evans: Journ. of the feder. inst. of brewing Bd. 4, S. 249. 1898. — Matthews, Ch. G.: Wochenschr. f. Brauerei Bd. 4, S. 380. 1887, Ref.

[3] Kolkwitz, R.: Ber. d. botan. Ges. Bd. 39, S. 219. 1921.

[4] „Zymasegärung" 1903.

[5] Lüers, Zeitschr. f. d. ges. Brauwesen Bd. 37, S. 79. 1914.

Das Wesen der Einwirkung der sauren Reaktion auf die alkoholische Gärung ist noch nicht klargelegt[1]). Verschiedene Säuren bringen die Gärung nicht bei einer und derselben Wasserstoffionenkonzentration zum Stillstand[2]). Die stimulierende Wirkung der schwach alkalischen Reaktion auf alkoholische Gärung ist möglicherweise auf eine Beförderung der Zuckerspaltung zurückzuführen[3]). Bei $P_H = 8$ bleibt das molekulare Verhältnis von Alkohol zu CO_2 normal[4]); bei einer stärkeren alkalischen Reaktion treten Änderungen des chemischen Wesens der Gärung hervor, von denen noch später die Rede sein wird.

Salze der Schwermetalle und organische Gifte wirken in ganz analoger Weise auf Atmung und Gärung ein: ganz kleine Mengen stimulieren die Gärung, größere Mengen üben sofort eine hemmende Wirkung aus[5]). Wichtig ist der Umstand, daß die zellfreie alkoholische Gärung durch Giftwirkung nicht gesteigert werden kann: eine Stimulierung durch Reizstoffe gelingt nur bei direkter Einwirkung auf das lebende Plasma. Dies ist eine Stütze der Ansicht, daß Reizwirkungen als Energieauslösungen zu qualifizieren sind. Außerdem ist in Betracht zu ziehen, daß im lebenden Plasma nach der Reizung eine Neubildung von Fermenten stattfindet[6]); darauf ist vielleicht die Steigerung der verschiedenen biochemischen Vorgänge durch Reizstoffe zurükzuführen. Da nun die Fermente außerhalb des Plasmas nicht entstehen, so ist auch eine Stimulierung der zellfreien Gärung durch Reizstoffe ausgeschlossen.

Es werden zwar noch immer Stimmen laut, die behaupten, daß kein Unterschied zwischen Giftwirkung auf das Plasma und auf die Fermente besteht[7]), dieser Standpunkt ist aber bereits unhaltbar geworden. Es existieren zwar Giftstoffe, welche die Fermentwirkung lähmen, wie z. B. Sublimat, Natriumfluorid u. a., und diese Stoffe vergiften selbstverständlich auch das lebende Plasma, doch sind ebenfalls andere Gifte bekannt, die das Plasma schnell töten, aber die Fermentwirkung nur unbedeutend hemmen. Hierzu gehören Phenol, Toluol,

---

[1]) PAUL, BIRSTEIN u. REUSS: Biochem. Zeitschr. Bd. 29, S. 202. 1910. — JOHANNESOHN: Ebenda Bd. 47, S. 97. 1912.

[2]) HÄGGLUND, E.: Hefe und Gärung in ihrer Abhängigkeit von Wasserstoff und Hydroxylionen 1914.

[3]) „Zymasegärung" 1903. — v. EULER, H. u. THOLIN: Zeitschr. f. physiol. Chem. Bd. 97, S. 269. 1916. — v. EULER, H. u. HALDEN: Ebenda Bd. 100, S. 69. 1917.

[4]) v. EULER, H. u. SVANBERG, O.: Zeitschr. f. physiol. Chem. Bd. 105, S. 187. 1919.

[5]) HÜNE: Zentralbl. f. Bakteriol., Parasitenk. u. Infektionskrankh., Abt. I, Bd. 48, S. 135. 1909. — BROWN FRED.: Ebenda, Abt. II, Bd. 31, S. 185. 1911. — BOKORNY: Biochem. Zeitschr. Bd. 50, S. 1. 1913. — KAYSER, E. et MARCHAND: Cpt. rend. hebdom. des séances de l'acad. des sciences Bd. 144, S. 574 u. 714. 1907; Bd. 152, S. 1279. 1911. — NATHAN, L.: Zentralbl. f. Bakteriol., Parasitenk. u. Infektionskrankh., Abt. II, Bd. 14, S. 289. 1905. — KOCH: Ebenda, Abt. II, Bd. 31, S. 175. 1911. — v. EULER, H. u. SAHLÉN: Zeitschr. f. Gärungsphysiol. Bd. 3, S. 225. 1913 u. a.

[6]) PALLADIN, W.: Jahrb. f. wiss. Botanik Bd. 47, S. 431. 1910. — v. EULER, H. u. AF UGGLAS, Zeitschr. f. physiol. Chem. Bd. 70, S. 279. 1911.

[7]) Vgl. z. B. DORNER: Zeitschr. f. physiol. Chem. Bd. 81, S. 99. 1912.

Chloroform und ähnliche Stoffe [1]). Verarbeitet man lebende Hefezellen mit Toluol, so sterben dieselben ab und eine Gärung ist somit ausgeschlossen; setzt man jedoch Toluol dem Hefepreßsaft, Zymin oder anderen Präparaten, die zwar kein lebendes Plasma, wohl aber wirksame Fermente enthalten, hinzu, so wird hierdurch die Gärung nicht abgebrochen. Wir müssen daher mit PALLADIN und v. EULER plasmatische Gifte von Fermentgiften scharf unterscheiden. Zunächst wäre es freilich sehr wichtig, den Mechanismus der Einwirkung von Fermentgiften klarzulegen.

Wird also die zellfreie alkoholische Gärung durch bestimmte chemische Wirkungen gesteigert, so liegt hier gewiß keine Reizwirkung vor; eine eingehende Untersuchung zeigt immer, daß alle derartige Fälle entweder auf eine Beförderung der chemischen Dissoziation des zu verarbeitenden Materials oder auf die Wirkung der Kofermente bzw. des günstigen Milieus zurückzuführen sind. Ebenso ist z. B. der Einfluß der alkalischen Reaktion, der Phosphate und der Arsensalze zu erklären [2]). Merkwürdig ist der Umstand, daß nur die zellfreie Gärung durch Phosphate stark stimuliert wird, indes lebende Hefe sich Phosphaten gegenüber indifferent verhält. Es ist bekannt, daß Phosphate mit Zucker die für das Zustandekommen der Gärung notwendige Hexosediphosphorsäure bilden; außerdem wurde die Annahme gemacht, daß auch das bisher nicht genügend untersuchte Koferment der Gärung unter Anteilnahme von Phosphaten entsteht.

Die Gärung wird durch wässerige Auszüge aus lebender und getöteter Hefe sehr gesteigert. Auch in diesem Falle wird die Wirkung eines Kofermentes herangezogen [3]). Es ist freilich die Annahme nicht ausgeschlossen, daß die Gärung durch die im Auszuge enthaltenen Vitamine stimuliert wird [4]). Es liegen auch direkte Angaben über die starke Stimulierung der alkoholischen Gärung durch Vitamin B, und zwar in Gegenwart einer genügenden Menge des Kofermentes [5]) vor. Es ist anderseits kaum wahrscheinlich, daß die Wirkung des Hefeextraktes nichts anderes als Vitaminwirkung sei: folgende Versuche

---

[1]) „Zymasegärung" 1903. — v. EULER, H. u. AF UGGLAS: a. a. O. — v. EULER, H. u. KULLBERG: Zeitschr. f. physiol. Chem. Bd. 73, S. 85. 1911. — DUCHACEK: Biochem. Zeitschr. Bd. 18, S. 211. 1909 u. a.

[2]) „Zymasegärung" 1903. — BUCHNER, E. u. ANTONI: Zeitschr. f. physiol. Chem. Bd. 46, S. 136. 1905. — HARDEN, A. and YOUNG: Proc. of the roy. soc. of London Bd. 77, S. 405. 1906; Bd. 78, S. 369. 1906; Bd. 80, S. 299. 1908; Bd. 83, S. 451. 1911. — Dies.: Zentralbl. f. Bakteriol., Parasitenk. u. Infektionskrankh., Abt. II, Bd. 26, S. 178. 1910. — Ders.: Proc. of the chem. soc. Bd. 22, S. 283. 1906.

[3]) HARDEN, A. and YOUNG: a. a. O. — Dies.: Wochenschr. f. Brauerei Bd. 22, S. 712. 1905.

[4]) ABDERHALDEN, E. u. SCHAUMANN, H.: Fermentforschung Bd. 2, S. 120. 1918; Bd. 3, S. 44. 1919. Die genannten Forscher stellen mit Recht die Forderung auf, die gegenwärtigen Vorstellungen vom geheimnisvollen „Koferment" einer Revision zu unterziehen.

[5]) KURONO, K.: Journ. of the coll. of agricult. of Tokyo Bd. 5, S. 305. 1915. — v. EULER, H. u. KARLSON, S.: Biochem. Zeitschr. Bd. 130, S. 550. 1922.

von HARDEN und YOUNG widersprechen dieser Annahme. Eine Lösung des Gärungsfermentes ohne Koferment ist vollkommen inaktiv; desgleichen auch eine zymasefreie Kofermentlösung. Mischt man jedoch beide Lösungen zusammen, so entsteht eine intensive alkoholische Gärung. Es ist also ersichtlich, daß hier nicht eine Stimulierung der bereits vorhandenen Zymasewirkung vorliegt: der Versuch zeigt vielmehr, daß Zymase bei Abwesenheit der bisher nicht identifizierten Bestandteile des Hefeextraktes ihre Wirkung gar nicht ausüben kann. Es bleibt freilich dahingestellt, ob das vermeintliche Koferment eine einheitliche chemische Substanz darstellt; es ist wohl die Annahme nicht ausgeschlossen, daß im betreffenden Falle Oberflächenerscheinungen eine Hauptrolle spielen. Es wurde neuerdings dargetan, daß fein zerriebene Tierkohle die alkoholische Gärung noch stärker als Phosphate und Hexosediphosphorsäure stimuliert[1]. Auffallenderweise üben Talk, Kaolin und Kieselgur keine ähnliche Wirkung aus. Auch beschränkt sich die Wirkung der Tierkohle nicht nur auf die quantitative Steigerung der Zuckerspaltung, sondern ruft auch eine Bildung von neuen Produkten hervor; dieser Umstand wird weiter unten ausführlich besprochen werden. Einige organische Stoffe, namentlich aber Brenztraubensäure und Acetaldehyd, die wahrscheinlich Zwischenprodukte der alkoholischen Gärung sind, steigern ebenfalls die Gärungsintensität[2].

Der Einfluß von Sauerstoff auf alkoholische Gärung muß separat besprochen werden, da wir es hier mit einer Erscheinung zu tun haben, die im engen Zusammenhange mit den modernen Gärungs- und Atmungstheorien steht. Auf den ersten Blick scheint es, daß Sauerstoffatmung für Hefezellen überflüssig ist, da letztere dem Vorgange der alkoholischen Gärung ihre Betriebsenergie entnehmen. Auf Grund verschiedener Erwägungen hat jedoch PASTEUR den Schluß gezogen, daß Hefe bei Sauerstoffzutritt normal atmet und nur bei Sauerstoffabschluß alkoholische Gärung als Energiequelle benutzt.

Die ersten Versuche PASTEURS[3] zeigten, daß Hefe bei Sauerstoffzutritt geringere Zuckermengen verbraucht als bei Sauerstoffabschluß; außerdem ergab es sich, daß Sauerstoffzutritt das Wachstum und die Vermehrung von Hefezellen ungemein befördert.

Späterhin hat sich diese Frage verwickelt, da verschiedene Forscher zu auseinandergehenden Resultaten gelangten. So wurde z. B. darauf hingewiesen, daß alkoholische Gärung durch Sauerstoffzutritt nicht ge-

---

[1] ABDERHALDEN, E.: Fermentforschung Bd. 5, S. 89, 110 u. 255. 1921. — Ders. u. FODOR: Ebenda Bd. 5, S. 138. 1921. — ABDERHALDEN, E. u. WERTHEIMER: Ebenda Bd. 6, S. 1. 1922. — ABDERHALDEN, E. u. GLAUBACH: Ebenda Bd. 6, S. 143. 1922. — ABDERHALDEN, E.: Ebenda Bd. 6, S. 149 u. 162. 1922.

[2] OPPENHEIMER, M.: Zeitschr. f. physiol. Chem. Bd. 93, S. 235. 1914. — HARDEN, A. and HENLEY, F. R.: Biochem. journ. Bd. 14, S. 642. 1920; Bd. 15, S. 175. 1921. — NEUBERG, C.: Biochem. Zeitschr. Bd. 86, S. 145. 1918. — NEUBERG, C. u. SANDBERG, M.: Ebenda Bd. 126, S. 153. 1921 u. a.

[3] PASTEUR, L.: Cpt. rend. hebdom. des séances de l'acad. des sciences Bd. 52. S. 1260. 1861. — Ders.: Etudes sur la bière S. 243. 1876.

hemmt, sondern vielmehr gesteigert werde[1]). In diesen Untersuchungen wurde aber der Einfluß von Sauerstoff auf Hefevermehrung nicht berücksichtigt. Es ist ja einleuchtend, daß eine Steigerung der Hefemenge eine Zunahme der Alkoholproduktion bewirkt; dies ist aber freilich nur eine indirekte Wirkung des Luftsauerstoffs (vgl. S. 488 u. 490).

Andere Forscher behaupteten dagegen, daß alkoholische Gärung durch Sauerstoffzutritt gehemmt wird[2]). Auch diese Angaben erwiesen sich aber als nicht stichhaltig[3]). Schließlich wurde die Ansicht ausgesprochen[4]) und bald darauf durch exakte Versuche gestützt[5]), daß Hefe sowohl bei Sauerstoffzutritt als bei Sauerstoffabschluß gleiche Zuckermengen spaltet. Dieses Resultat wurde zugunsten der Annahme interpretiert, daß alkoholische Gärung vom Luftsauerstoff auf keinerlei Weise abhänge; Hefepilze sollen sowohl bei Sauerstoffzutritt als bei Sauerstoffabschluß ihre Betriebsenergie im Vorgange der alkoholischen Gärung gewinnen.

Ziehen wir die bei Sauerstoffatmung einerseits und bei alkoholischer Gärung anderseits frei werdenden Energiemengen in Betracht (vgl. S. 479), so kommen wir zum Schluß, daß obige Ansicht solange unbewiesen bleibt, bis nicht ermittelt worden ist, auf welche Art der Zucker bei Sauerstoffzutritt zersetzt wird. Wissen wir doch, daß 1 Mol Traubenzucker bei vollkommener Verbrennung eine 25fache Energiemenge liefert im Vergleich zu der Leistung der alkoholischen Gärung. Wenn also auch nur $^1/_{25}$-er Bruchteil der verschwundenen Zuckermenge im Atmungsvorgange verbrennt, so erscheint der Schluß als naheliegend, daß Hefe die Hälfte ihrer Betriebsenergie im Vorgange der Sauerstoffatmung gewinnt und sich also dem Luftsauerstoff gegenüber durchaus nicht indifferent verhält.

Durch gleichzeitige Bestimmungen des verbrauchten Zuckers und der gebildeten Gärungsprodukte (d. i. Alkohol und Kohlendioxyd) kann man die veratmete und vergorene Zuckermenge auf folgende Weise ermitteln. Auf Grund der Gleichung der alkoholischen Gärung und der zahlreichen genauen Analysen von PASTEUR und nachfolgenden Forschern ist festgestellt worden, daß bei totaler Zuckervergärung auf je 100 Gewichtsteile CO_2 100—102 Gewichtsteile Alkohol entstehen. Wir können also annehmen, daß die der gesamten Alkoholausbeute äquivalente CO_2-Menge im Vorgange der alkoholischen Gärung entstand,

<hr>

[1]) v. NÄGELI, C.: Theorie der Gärung 1879. 18. — BROWN, A.: Journ. of the chem. soc. (London) Bd. 1, S. 369. 1892.

[2]) HOPPE-SEYLER: Über die Einwirkung des Sauerstoffs auf Gärungen 1881. — PEDERSEN: Meddel. frå Carlsberg laborat. Bd. 1, S. 72. 1878. — HANSEN: Ebenda Bd. 2, S. 133. 1879. — CHUDIAKOW, N.: Landwirtschaftl. Jahrb. Bd. 23, S. 391. 1894.

[3]) Vgl. RAPP, R.: Ber. d. Dtsch. Chem. Ges. Bd. 20. S. 1983. 1896. — BUCHNER H. u. RAPP, R.: Ber. d. Dtsch. Chem. Ges. Bd. 29, S. 1983. 1896. — BUCHNER, H. u. RAPP, R.: Zeitschr. f. Biol. Bd. 37, S. 82. 1899.

[4]) MAYER, A.: Ber. d. Dtsch. Chem. Ges. Bd. 13, S. 1163. 1880. — Ders.: Landwirtschaftl. Versuchs-Stationen Bd. 25, S. 301. 1880.

[5]) IWANOWSKY, D.: Untersuch. über alkoholische Gärung 1894. (Russisch.)

indes der etwa vorhandene CO_2-Überschuß auf Sauerstoffatmung zurückzuführen ist.

Die ersten nach diesem Verfahren ausgeführten Versuche ergaben schwankende Resultate[1]), indem 5—25 vH. Zucker auf Sauerstoffatmung zu beziehen war. Doch muß bei derartigen Versuchen ein tadelloser Sauerstoffzutritt gesichert werden, was nur in neueren Untersuchungen der Fall war[2]). Hierbei ergab es sich, daß bei vollkommen guter Aeration etwa ein Drittel des gebildeten Kohlendioxyds auf Sauerstoffatmung kommt. Folgende vom Verfasser dieses Buches auf Grund der Analysen von H. BUCHNER und RAPP berechneten Zahlen erläutern die Größe von $\dfrac{CO_2}{C_2H_5OH}$ sowohl bei vollkommener Aeration als bei Sauerstoffmangel. Diese Zahlen beziehen sich selbstverständlich auf alkoholische Gärung der lebenden Hefezellen.

$\dfrac{CO_2}{C_2H_5OH}$ bei guter Aeration	$\dfrac{CO_2}{C_2H_5OH}$ bei Sauerstoffmangel
100 : 66	100 : 105
100 : 68	100 : 108
100 : 67	100 : 97
100 : 59	100 : 90
100 : 68	100 : 100
100 : 66	100 : 97
100 : 65	100 : 107

Es ist also ersichtlich, daß die Sauerstoffatmung der Hefe bei guter Aeration bedeutend mehr Energie liefert als der gesamte Gärungsvorgang. Es scheint also, daß alkoholische Gärung für Hefe bei Sauerstoffzutritt keine physiologische Bedeutung hat. Diese Frage wird auf nachfolgenden Seiten ausführlicher besprochen; vorläufig genügt es, die Tatsache zu betonen, daß die gesamte Betriebsenergie der Hefezelle im Einklange mit der PASTEURschen Theorie bei Sauerstoffzutritt durch den Vorgang der Sauerstoffatmung geliefert werden kann.

Die Frage nach dem Einfluß von Sauerstoff auf alkoholische Gärung wurde hier deshalb so ausführlich behandelt, weil sie große theoretische Bedeutung hat, namentlich für die Betrachtungen über den Mechanismus der Sauerstoffatmung (s. unten). Das vorstehend Dargelegte unterscheidet sich gründlich von den laufenden Ansichten. Doch trägt das praktische Brauwesen schon längst dem Umstande Rechnung, daß bei reichlicher Sauerstoffzufuhr eine beträchtliche Zuckermenge durch Hefe

---

[1]) GILTAY u. ABERSON: Jahrb. f. wiss. Botanik Bd. 26, S. 543. 1894.

[2]) BUCHNER, H. u. RAPP, R.: Zeitschr. f. Biol. Bd. 37, S. 82. 1899. — Dies.: „Zymasegärung" 1903. — KOSTYTSCHEW, S. u. ELIASBERG, P.: Zeitschr. f. physiolog. Chem. Bd. 111, S. 141. 1920. Auch IWANOWSKY arbeitete bei tadelloser Aeration (a. a. O.), führte aber keine gleichzeitigen Bestimmungen von CO_2 und Alkohol aus; daher sind seine Versuche für die Lösung der hier aufgeworfenen Frage unzureichend.

verbrannt wird und also in Alkohol nicht übergeht. Bildet Preßhefe
das Hauptprodukt des Betriebs, so versetzt man das Gärgut mit viel
Luft, um die Hefevermehrung zu befördern, ist aber Äthylalkohol das
Hauptprodukt, so muß der Luftzutritt dermaßen eingeschränkt werden,
daß zwar die Hauptmenge von Kohlendioxyd aus der Lösung entweicht, doch auch die Hefeatmung keine große Intensität hat.

Die alkoholische Gärung der Mucoraceen. Das Verhalten der
Gärungsorganismen bei Sauerstoffzutritt wird durchsichtiger, wenn man
außer Hefe noch andere gärfähige Pilze in Betracht zieht. Darunter
sind verschiedene Mucoraceen besonders interessant. In dieser Familie treffen wir sowohl energische Gärungserreger als typisch aerobe
Pilze; beide Kategorien sind durch eine Reihe von intermediären Arten
verbunden. Als gute Gärungserreger sind Mucor circinelloides,
M. javanicus, M. erectus zu nennen. Eine etwas schwächere Gä-
rung wird von M. Rouxii, M. racemosus, Rhizopus tonkinensis,
Rh. japonicus hervorgerufen. Noch schwächer gären M. spinosus,
M. piriformis, M. hiemalis, M. fragilis u. a. Sehr schwache Gärungserreger sind Mucor Mucedo und Rhizopus nigricans (M. stolonifer).
Die Morphologie der genannten Pilze entspricht ihrem physiologischen
Verhalten. Schwache Gärungserreger wie M. Mucedo und Rhizopus
nigricans bilden ein typisches Mycelium aus unzergliederten Hyphen.
Energische Gärungserreger entwickeln sich dagegen wenigstens zum Teil
in Form von Mucorhefen, die an echte Saccharomyceten lebhaft erinnern. Infolge der Bildung von schweren hefeartigen Gebilden ist
die Pilzdecke dieser Pilzarten immer in die Flüssigkeit getaucht.

Verschiedene Mucoraceen können als eine deutliche Erläuterung
des PASTEURschen Satzes „Gärung ist Leben ohne Sauerstoff" dienen.
Es ergab sich[1]), daß Mucor racemosus, ein starker Gärungserreger,
sich bei vollem Sauerstoffabschluß entwickeln kann. Mucor Mucedo
ist zwar nicht imstande, sich ohne Sauerstoffzutritt zu entwickeln, doch
können ausgewachsene Pilzdecken eine längere Zeit hindurch bei Sauerstoffabschluß vegetieren; was nun Rhizopus nigricans anbelangt, so
vermag diese Art ihr Leben bei Sauerstoffschluß selbst in Form einer
fertigen Pilzdecke nur eine kurze Zeit zu fristen. Beachtenswert ist
jedoch der Umstand, daß alle drei genannten Mucorarten bei Sauerstoffzutritt nicht nur Sauerstoffatmung, sondern auch alkoholische Gärung entwickeln[2]). Auch Rhizopus nigricans bildet Alkohol bei
tadellosem Luftzutritt[3]), obgleich dieser Pilz auf Kosten der alkoholischen Gärung zweifellos nicht vegetieren kann. Es ergab sich hierbei,

---

[1]) KOSTYTSCHEW, S.: Zentralbl. f. Bakteriol., Parasitenk. u. Infektionskrankh., Abt. II, Bd. 13, S. 490. 1904.

[2]) KOSTYTSCHEW, S. u. ELIASBERG, P.: Zeitschr. f. physiol. Chem. Bd. 111,
S. 141. 1920.

[3]) Die Alkoholbildung bei Luftzutritt durch die tüchtigsten Gärungserreger
aus den Mucoraceen hat bereits früher WEHMER festgestellt. Vgl. WEHMER, C.:
Zentralbl. f. Bakteriol., Parasitenk. u. Infektionskrankh., Abt. II, Bd. 14, S. 556.
1905.

daß die morphologisch identischen Geschlechtsrassen + und — der Mucorpilze nicht gleich starke Gärungserreger sind und innerhalb einer und derselben Pilzart sich durch andere physiologische Eigentümlichkeiten voneinander unterscheiden[1]).

Das Verhalten der Mucoraceen bei der Gärung ist von demjenigen der Hefe etwas verschieden. Die Mucoraceen ernähren sich, ebenso wie andere Schimmelpilze, in befriedigender Weise mit Ammoniumsalzen und sind imstande, sich in stark sauren Lösungen zu entwickeln. Auch sind sie den hohen Alkoholkonzentrationen gegenüber empfindlicher als die Saccharomyceten. Die Grenzkonzentrationen des Alkohols übersteigen bei der Mucoraceengärung nicht 7 vH.; zahlreiche Untersuchungen verschiedener Forscher ergaben im Durchschnitt folgende Maximalausbeuten[2]):

Pilzart[3])	Alkohol in vH.	Pilzart	Alkohol in vH.
Mucor Mucedo. . . .	1	Mucor alternans. . .	3—3,5
Rhizopus nigricans. .	1	„ Rouxii	3—4
„ chinensis. .	1—2	„ javanicus . . .	4
„ tonkinensis.	1—2	„ circinelloides .	4—5
Mucor racemosus. . .	3	Rhizopus japonicus .	4—5

Die Mucoraceen können sich, im Gegensatz zur Hefe, mit verschiedenen organischen Stoffen ernähren; eine ausgiebige alkoholische Gärung findet aber nur auf denselben Zuckerlösungen statt, die durch Hefe vergoren werden. Rohrzucker wird nur durch die Rasse + von Mucor racemosus invertiert und vergoren[4]). Dagegen vermögen einige Mucoraceen Stärke zu verzuckern; besonders starke diastatische Eigenschaften weist die ostasiatische Art Mucor Rouxii auf[5]). Auch Rhizopus Oryzae, Chlamydomucor Oryzae und einige andere Arten sind diastatisch wirksam[6]). Diese Eigenschaft der genannten Mucoraceen

<hr>

[1]) KOSTYTSCHEW, S. u. ELIASBERG, P.: Zeitschr. f. physiol. Chem. Bd. 118, S. 233. 1921.

[2]) FITZ: Ber. d. Dtsch. Chem. Ges. Bd. 8, S. 1540. 1875. — PASTEUR, L.: Etudes sur la bière 1876. 126. — BREFELD, O.: Landwirtschaftl. Jahrb. Bd. 5, S. 281. 1876. — GAYON: Mém. de la soc. des sciences de Bordeaux (2), Bd. 2, S. 249. 1878. — Ders. et. DUBOURG: Ann. de l'inst. Pasteur Bd. 1, S. 532. 1887. — HANSEN, E. CHR.: Meddel. frå Carlsberg laborat. Bd .2, S. 143. 1888; Bd. 5, S. 68. 1902. — CALMETTE: Ann. de l'inst. Pasteur Bd. 6, S. 605. 1892. — SANGUINETI: Ebenda Bd. 11, S. 264. 1897. — HENNEBERG: Zeitschr. f. Spiritusindustrie Bd. 25, S. 205. 1902. — SITNIKOFF: Ebenda Bd. 23, S. 391. 1900. — SAITO: Zentralbl. f. Bakteriol., Parasitenk. u. Infektionskrankh., Abt. II, Bd. 13, S. 158. 1904. — WEHMER, C.: Ebenda Abt. II, Bd. 14, S. 556. 1905.

[3]) Diese Tabelle ist dem Aufsatze von C. WEHMER in LAFARS Handb. d. techn. Mykologie Bd. 4, S. 519. 1905—1907 entnommen.

[4]) KOSTYTSCHEW, S. u. ELIASBERG, P.: Zeitschr. f. physiol. Chem. Bd. 118, S. 233. 1921.

[5]) CALMETTE: Ann. de l'inst. Pasteur Bd. 6, S. 605. 1892. — SANGUINETI: Ebenda Bd. 11, S. 264. 1897 u. a.

[6]) WENT u. PRINSEN-GEERLIGS: Verh. Akad. v. wet. Amsterdam 1895. — COLLETTE et BOIDIN: Bull. de l'assoc. de sucr. et de distill. Bd. 16, S. 862. 1896. — HENNEBERG: Zeitschr. f. Spiritusindustrie Bd. 25, S. 205. 1902 u. a.

ist auch für technische Zwecke mit Erfolg anwendbar: durch eine gemischte Kultur von Saccharomyceten und diastatisch wirksamen Mucoraceen gelingt es, Kartoffelbrei ohne Bearbeitung mit Malz direkt zu Alkohol zu vergären. Die Zymase der Mucoraceen ist allem Anschein nach mit derjenigen der Hefepilze vollkommen identisch[1]. Auch der gärungerregende Pilz Monilia bildet kein echtes Mycelium: die Pilzkultur besteht immer zum Teil aus hefeartigen Gebilden. Monilia candida vergärt Rohrzucker und Maltose[2]; außerdem auch Dextrine[3]. Dieser Pilz gedeiht am besten bei der außerordentlich hohen Temperatur von 40° und erzeugt Alkohol in einer Menge von 6,7 vH. Aus Monilia candida wurde eine echte Zymase isoliert[4]. Ein anderer Gärungspilz von eigentümlichem Verhalten ist Oidium lactis, der Milchzucker viel besser als Rohrzucker vergärt, aber nur wenig Alkohol bildet. In betreff von anderen interessanten Gärungspilzen vgl. LAFARS Handbuch der technischen Mykologie.

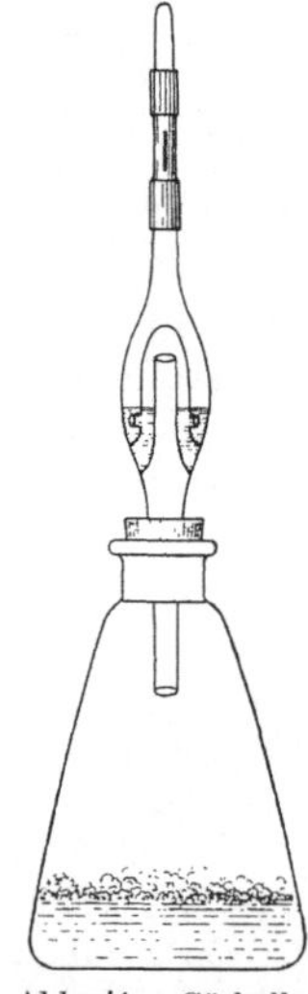

Abb. 41. Gärkolben mit dem MEISSLschen Verschluß. Im erweiterten Teil des Rohres befindet sich konzentrierte Schwefelsäure. Oben ist das Rohr mit einem Gummiventil verschlossen.

Analytische Methoden zur Bestimmung der alkoholischen Gärung. Die Bestimmung des bei der Gärung entwickelten Kohlendioxyds kann durch Methoden stattfinden, die oben für Bestimmung der Pflanzenatmung angegeben sind. Doch sind in manchen Fällen auch einfachere Methoden anwendbar, da die Gärungsintensität diejenige der Sauerstoffatmung bedeutend übersteigt. So ist z. B. die CO_2-Bestimmung nach MEISSL[5] sehr zu empfehlen. Ein konisches Gärkölbchen versetzt man mit dem MEISSLschen Ventil (Abb. 41), dessen Prinzip darin besteht, daß die dem Kölbchen entweichenden Gase durch konzentrierte Schwefelsäure streichen und auf diese Weise des Wasserdampfes beraubt werden. Oben ist ein fein geschlitzter Gummischlauch angebracht; derselbe ist mit einem Glasstab verschlossen, so daß die Gase auf keinem anderen Wege als durch den Schlitz entweichen können; hierdurch wird der Wasserdampfabsorption aus der umgebenden Luft vorgebeugt. Vor Anfang je eines Versuchs wird das Kölbchen mit einer Genauigkeit von 0,01 g gewogen. Eine zweite Wägung nach dem Versuche läßt die Menge des abgeschiedenen Kohlendioxydes ermitteln. Die Bestimmungen sind freilich genauer in dem Falle, wo die Luft aus dem Kölbchen bereits vor der ersten Wägung durch CO_2 vollkommen verdrängt ist.

[1] KOSTYTSCHEW, S.: Zentralbl. f. Bakteriol., Parasitenk. u. Infektionskrankh., Abt. II, Bd. 13, S. 490. 1904.

[2] FISCHER, E. u. LINDNER, P.: Ber. d. Dtsch. Chem. Ges. Bd. 28, S. 3037. 1895. — BUCHNER, E. u. MEISENHEIMER, J.: Zeitschr. f. physiol. Chem. Bd. 40, S. 167. 1903.

[3] BAU, A.: Wochenschr. f. Brauerei Bd. 9, S. 1185. 1892.

[4] BUCHNER, E. u. MEISENHEIMER, J.: a. a. O.

[5] „Zymasegärung" 1903. 80.

Eine andere Methode besteht darin, daß man die Druckzunahme in dem mit einem Quecksilbermanometer verbundenen Gärkolben ermittelt[1]). Für rasche Bestimmungen, wie solche z. B. bei Untersuchungen über die Kinetik eines fermentativen Vorganges notwendig sind, ist es empfehlenswert, CO_2 in einer mit CO_2-gesättigtem Wasser gefüllten Glasbürette zu messen. Für orientierende Schätzungen wendet man mit Vorteil kleine gebogene graduierte Röhrchen an, bei denen der eine Schenkel oben zugeschmolzen ist, der andere aber offen bleibt[2]). Man versetzt das Röhrchen mit einer geringen Menge zuckerhaltiger Hefeaufschwemmung; das gebildete Gas wird im geschlossenen Schenkel gemessen.

Alkoholbestimmungen dürfen nur in blanken Destillaten vorgenommen werden. Man destilliert das Gärgut solange, bis etwa die Hälfte des Gesamtvolumens in die Vorlage übergegangen ist. Übersteigt der Alkoholgehalt nicht 5 vH., so genügt es, ein Drittel oder gar ein Viertel des Gesamtvolumens im Destillat zu erhalten. Ist das erste Destillat sauer, so rektifiziert man es unter Zusatz von Calciumcarbonat. Alsdann schreitet man zu qualitativen und quantitativen Alkoholbestimmungen.

Als qualitative Alkoholprobe wendet man häufig Jodoformbildung an. Nach Zusatz von krystallinischem fein gepulverten Jod bilden sich in schwach alkalischer Lösung hexagonale Jodoformkrystalle, dessen charakteristische Form unter dem Mikroskop leicht zu erkennen ist[3]). Diese Probe ist zwar empfindlich, aber nicht sehr zuverlässig, da Jodoform bei obigen Verhältnissen nicht nur aus Äthylalkohol, sondern auch aus Acetaldehyd, Aceton, Milchsäure und einigen anderen Stoffen entsteht. Zuverlässiger ist daher die Bildung von Benzoesäureäthylester[4]). Man schüttelt das zu prüfende Destillat mit ein paar Tropfen Benzoylchlorid und Überschuß von Kalilauge. In Gegenwart von Äthylalkohol entwickelt sich der charakteristische Geruch des Benzoesäureäthylesters $C_6H_5CO.O.C_2H_5$. Eine andere empfindliche Probe besteht darin, daß man den Äthylalkohol durch vorsichtige Oxydation in Acetaldehyd überführt; letzterer liefert viele charakteristische Proben[5]). Als Alkoholprobe kann auch das Auftreten von öligen Streifen im oberen Teil des Kühlers am Beginn der Destillation empfohlen werden. Nach einiger Übung ist man imstande, die Anwesenheit des Äthylalkohols daran sicher zu erkennen[6]). Die zuverlässigsten Methoden der Identifizierung

---

[1]) SLATOR, A.: Journ. of the chem. soc. (London) Bd. 89, S. 128. 1906. — IWANOFF, L.: Zentralbl. f. Bakteriol., Parasitenk. u. Infektionskrankh., Abt. II, Bd. 24, S. 429. 1909.

[2]) TOLLENS, B.: Handb. d. biochem. Arbeitsmethoden von ABDERHALDEN Bd. 2, S. 142. 1910.

[3]) LIEBEN: Ber. d. Dtsch. Chem. Ges. Bd. 2, S. 549. 1869; das empfindlichste Verfahren wurde von MUNTZ angegeben. Vgl. MUNTZ, A.: Ann. de chim. et de physique (5), Bd. 13, S. 543. 1878.

[4]) BERTHELOT, M.: Cpt. rend. hebdom. des séances de l'acad. des sciences Bd. 73, S. 496. 1871.

[5]) DENIGES, G.: Bull. de la soc. chim. (4), Bd. 7, S. 951. 1910.

[6]) PASTEUR, L.: Cpt. rend. hebdom. des séances de l'acad. des sciences Bd. 52, S. 1260. 1861. — HANSEN, A.: Meddel. frå Carlsberg laborat. Bd. 1, S. 175. 1881.

des Äthylalkohols sind aber die folgenden. Man überführt den Alkohol entweder in p-Nitrobenzoesäureäthylester $C_6H_4(NO_2)CO.O.C_2H_5$ [1]) oder in Äthylen $CH_2:CH_2$ [2]). Die erhaltenen Produkte analysiert man nach den allgemein üblichen Methoden.

Quantitativ bestimmt man den Alkohol entweder durch physikalische oder durch chemische Methoden. Im großen Betrieb ist die areometrische Bestimmung des spezifischen Gewichtes der Alkohollösungen gebräuchlich; für feinere Bestimmungen bedient man sich eines genauen Pyknometers. Nach dem spezifischen Gewichte berechnet man den Alkoholgehalt mit Hilfe der dazu angefertigten Tabellen. Noch bequemer ist vielleicht die kryoskopische Methode: man ermittelt den Alkoholgehalt nach der Gefrierpunktserniedrigung der wässerigen Alkohollösung, die im BECKMANNschen Apparate gemessen wird [3]). Auch die stalagmometrische Methode ist vielleicht empfehlenswert. Sie gründet sich darauf, daß Alkohol die Oberflächenspannung des Wassers stark erniedrigt. Diese Methode ist noch nicht vollkommen ausgearbeitet.

Die chemischen Methoden der Alkoholbestimmung verdienen den Vorzug in dem Falle, wo man es mit ganz geringen Alkoholmengen zu tun hat. Besonders empfehlenswert ist die Alkoholoxydation mit Bichromat und Schwefelsäure nach NICLOUX [4]). Man bringt in ein Reagenzrohr aus Jenenser Glas 5 ccm des zu untersuchenden Destillates, darauf etwa 6 ccm konzentrierter Schwefelsäure und titriert die Lösung in der Siedehitze mit einer geeichten Kaliumbichromatlösung, bis die Farbe von Blaugrün in Gelbgrün umschlägt. Nach der Menge der verbrauchten Bichromatlösung berechnet man leicht den Alkoholgehalt. Die Oxydation des Alkohols zu Essigsäure erfolgt nach der Gleichung:

$$2K_2Cr_2O_7 + 8H_2SO_4 + 3CH_3.CH_2OH =$$
$$= 2K_2SO_4 + 2Cr(SO_4)_3 + 3CH_3.COOH + 11H_2O.$$

Eine andere Methode besteht darin, daß Alkohol durch Kaliumpermanganat in alkalischer Lösung beim wallenden Sieden zu CO_2 und H_2O verbrannt wird:

$$12KMnO_4 + 12KOH + CH_3.CH_2OH = 12K_2MnO_4 + 9H_2O + 2CO_2.$$

Nähere Angaben über diese ziemlich komplizierte Methode findet man in der Originalmitteilung BARENDRECHTS [5]).

Bei den quantitativen Alkoholbestimmungen muß das Destillat höchstens 0,01 vH. Acetaldehyd enthalten, sonst sind Fehler nicht ausgeschlossen, da Acetaldehyd durch obige Oxydationsmethoden auf dieselbe Weise wie Äthylalkohol verarbeitet wird. Die Abscheidung des Acetaldehyds ist auf zweierlei Weise möglich. Nach der ersten Methode [6]) versetzt man das Destillat mit konzentrierter Natriumbisulfitlösung und destilliert das Gemenge bei etwa 15 mm Druck und 30—35° am Wasserbade. Die Vorlage kühlt man mit Eis. Der

[1]) BUCHNER, E. u. MEISENHEIMER, J.: Ber. d. Dtsch. Chem. Ges. Bd. 38, S. 624. 1905.

[2]) BERTHELOT, M.: Cpt. rend. hebdom. des séances de l'acad. des sciences Bd. 128, S. 1366. 1899.

[3]) GAUNT, R.: Zeitschr. f. analyt. Chem. Bd. 44, S. 106. 1905.

[4]) NICLOUX, M.: Bull. de la soc. chim. Bd. 35, S. 330. 1906.

[5]) BARENDRECHT, H. P.: Zeitschr. f. analyt. Chem. Bd. 52, S. 167. 1913; vgl. auch KOSTYTSCHEW, S.: Mitt. d. Akad. d. Wiss. Petersburg S. 327. 1915.

[6]) KOSTYTSCHEW, S.: a. a. O.; auch Biochem. Zeitschr. Bd. 64, S. 237. 1914.

Alkohol geht in Destillat über, indes Acetaldehyd in Form von Bisulfitverbindung zurückbleibt:

$$CH_3 . CHO + NaHSO_3 = CH_3 . CH{<}^{OH}_{O.SO_2Na}$$

Alsdann rektifiziert man das Destillat bei schwach alkalischer Reaktion, da immer eine geringe Menge der schwefligen Säure in die Vorlage übergeht.

Eine andere Methode der Aldehydabscheidung besteht darin, daß man den Aldehyd mit Metaphenylendiamin bindet. Die erhaltene Verbindung ist nicht flüchtig und geht also nicht ins Destillat über[1]).

Technische Verwendung der alkokolischen Gärung. Bis auf die letzte Zeit hin bildete die alkoholische Hefegärung das einzige Verfahren der industriellen Alkoholerzeugung. Die Gärung dient ferner zur Bereitung der alkoholischen Getränke (Wein, Bier, Obstweine, Kefir, Kumys) und der für Bäckereigewerbe notwendigen Preßhefe. Über alle diese wichtigen Gebiete der technischen Chemie existiert eine umfangreiche Fachliteratur; es ist also durchaus unmöglich, hier auf die Einzelheiten der genannten gewerblichen Vorgänge einzugehen. Das Verhalten der Mikroorganismen in Gärungsgewerben ist aber in einigen Beziehungen auch für die theoretische Pflanzenphysiologie von Bedeutung; diesem Gegenstande wollen wir nunmehr unsere Aufmerksamkeit widmen.

Die Weinbereitung ist wohl das älteste Gärungsgewerbe. Sie besteht darin, daß man aus Weintrauben den süßen traubenzuckerhaltigen[2]) Most auspreßt und der alkoholischen Gärung unterzieht. Ist der Most verhältnismäßig zuckerarm, so wird der Zucker total vergoren, und man erhält den sogenannten trockenen Wein, ist aber der Zuckergehalt so beträchtlich, daß die Gärung bereits vor der totalen Zuckervergärung durch den hohen Alkoholgehalt abgebrochen wird, so erhält man zuckerhaltige süße Weine. Sehr starke Weine (mit einem Alkoholgehalt von 16 vH. und darüber) bereitet man mittels Alkoholzusatz nach stattgefundener Zuckervergärung. Schaumige Weine läßt man in verschlossenen Flaschen noch eine Zeitlang gären; infolgedessen wird der Wein mit CO_2 übersättigt. Der Geschmack oder die sogenannte Blume der Weine hängt von verschiedenen esterartigen Stoffen ab, deren Natur noch nicht klargelegt ist. Diese Stoffe entstehen zum Teil bei der Gärung selbst; außerdem häufen sie sich aber beim Reifen der Weintrauben und bei der Aufbewahrung der Weine im Keller an. Die besten Weinsorten aus Krym enthalten, nach eigenen Analysen, folgende Mengen von Traubenzucker, Alkohol, flüchtigen und nicht flüchtigen Säuren:

Weinsorte	Alkohol in vH.	Trauben-zucker in vH.	Flüchtige Säuren (Essigsäure u. a.) in vH.	Nicht flüchtige Säuren (Wein-säure u. a.) in vH.
Tischwein, weiß . . .	9,05	0,11	0,15	0,33
„ rot	7,85	0,14	0,14	0,43
Cabernet, rot	10,11	0,26	0,13	0,50
Pineau-Chardonnet, weiß	11,40	0,19	0,12	0,34
Muskatwein, rot . . .	8,47	26,71	0,11	0,45
„ weiß . . .	7,06	37,28	0,06	0,56
Cabernet-Portwein . . .	14,74	3,99	0,07	0,54
Portwein, rot	16,50	10,93	0,09	0,43
„ weiß	13,78	12,82	0,16	0,49
Pineaux gris-Portwein .	14,02	13,67	0,12	0,42

[1]) NEUBERG, C. u. HIRSCH, J.: Biochem. Zeitschr. Bd. 98, S. 111. 1919.

[2]) Der Traubenmost enthält keine Spur von Rohrzucker. Findet man Rohrzucker im Weine, so wurde letzterer bei der Weinbereitung zugesetzt.

In obiger Tabelle sind Weinsorten von einem besonders niedrigen Gehalte an flüchtigen Säuren angeführt. Kaukasische Weine enthalten z. B. immer bedeutend größere Mengen von flüchtigen Säuren.

Vor der Veröffentlichung der PASTEURschen epochemachenden Arbeiten herrschte die Ansicht, daß Traubensaft spontan in Gärung gerät. Nur die exakten Versuche des genannten Forschers haben dargetan, daß auf allen Traubenbeeren, namentlich aber auf Traubenstielen, eine große Menge von Hefepilzen immer zu finden ist. Weinhefe bildet die Art Saccharomyces ellipsoideus. Noch heute bereitet man Weine meistens ohne künstlichen Hefezusatz, da die Qualität des Weines hauptsächlich vom Weinbau und Kellerwirtschaft abhängt.

Das Brauwesen bildet ebenso wie Weinbau eine großartige Gewerbeart. Im allgemeinen bereitet man Biere auf folgende Weise. Als Material dienen keimende Gersten- bzw. Weizensamen. Auf einem bestimmten Keimungsstadium, wo die Amylasemenge in Samen ihr Maximum erreicht, tötet man die Samen durch vorsichtiges Trocknen ab und erhält auf diese Weise das sogenannte Malz, das man mit Wasser bei der für Amylase optimalen Temperatur von 50—70° in aller Ruhe stehen läßt. Die Stärke wird dabei zu Maltose hydrolysiert, und es entsteht eine tiefbraune süße Lösung, die sogenannte Würze. Man kocht die Würze mit Hopfen, um dem Bier einen guten Geschmack beizugeben, erkältet sie rasch und versetzt sie mit einer genügenden Hefemenge. Die Hefe vergärt die in der Würze enthaltenen Zuckerarten (hauptsächlich Maltose) zu Alkohol und CO_2. Nicht alle Heferassen gären auf eine und dieselbe Weise: vor allem unterscheidet man zwei Gärungsarten: die obere und die untere Gärung. Erstere verläuft stürmisch bei Zimmertemperatur und ist nach 2—3 Tagen beendet; die Würze schäumt sich stark, große Hefemassen steigen mit dem Schaum hinauf und schwimmen in Gestalt schleimiger Inseln auf der Oberfläche. Die Temperatur erreicht 21°: eine größere Temperatursteigerung ist ungünstig und wird durch Eiskühlung verhütet. Die untere Gärung wird durch andere Heferassen hervorgerufen. Durch Eiskühlung wird einer Temperatursteigerung über 5—6° vorgebeugt; die Hefe verbleibt auf dem Boden des Gefäßes, die Zuckervergärung geht langsam vonstatten und ist meistens eine unvollkommene. Ein auf diese Weise bereitetes Bier muß also fortwährend bei niedriger Temperatur verbleiben, sonst ist ein Verderben des Produktes nicht ausgeschlossen. Diese für Handel und Transport empfindliche Schwierigkeit wird durch den vorzüglichen Geschmack des untergärigen Bieres ausgeglichen; haben doch untergärige Biere die obergärigen in allen Ländern mit Ausnahme von England verdrängt. Eine interessante Eigentümlichkeit der obergärigen Hefe besteht darin, daß sie nach Zerreibung und Abpressen keinen wirksamen Preßsaft liefert.

Für manche Biersorten ist die sogenannte sekundäre Gärung von hervorragender Bedeutung. Die sekundäre Gärung findet bereits in verschlossenen Fässern statt und ist im Vergleich zu der Hauptgärung als schwach zu bezeichnen. Bei der Bierbereitung wird der Geschmack und die Blume des Produktes in hohem Grade von der Art und Weise der Gärung abhängig. Es ist also begreiflich, daß beim Weinbau die größte Aufmerksamkeit den Traubenrassen, der Ernährung und Düngung der Weintraube und der Kellerwirtschaft gewidmet wird, während im Brauwesen die Heferassen eine wichtige Rolle spielen.

Bei der sekundären Gärung erhält das Bier einen guten Geschmack, wird blank und mit CO_2 gesättigt; ein CO_2-freies Bier ist ungenießbar. Besonders wichtig ist die sekundäre Gärung für obergärige Biere. Bei der sekundären Gärung werden nämlich Dextrine vergoren, die im Verlaufe der Hauptgärung so gut wie intakt bleiben.

Es sind gegenwärig mehrere Bierheferassen bekannt, die sich durch verschiedene biochemische Eigentümlichkeiten voneinander unterscheiden. Die Beschreibung aller dieser Rassen, ihre Isolierung in Reinkulturen, sowie die allgemeinen Methoden der Isolierung und Reinzüchtung verschiedener Hefen verdanken wir HANSEN. Der genannte Forscher trat außerdem energisch dafür auf, daß der große Brauereibetrieb auf reinen Hefekulturen fußt. Nur bei Anwendung von reinen Kulturen ist in der Tat ein Produkt von beständigen Eigenschaften erhältlich und ein Verderben des Bieres ausgeschlossen. Das Verderben des Produktes besteht meistens darin, daß das Bier bitter wird infolge der Entwicklung von wilden Heferassen, die freilich nur in unreinen Hefekulturen vorkommen. HANSEN hat die folgende einfache Methode zum Nachweis von wilden Heferassen vorgeschlagen. Auf Gipsplatten schreiten alle Heferassen wegen Wassermangels zur Bildung von Ascosporen, die unterm Mikroskop gut zu erkennen sind. Bei Zimmertemperatur (etwa bei 15°) liefert Wildhefe bereits nach drei Tagen fertige Ascosporen, indes keine Kulturrasse in so kurzer Zeit Ascosporen zu bilden vermag.

Die HANSENsche Methode der Reinkulturen im großen Betrieb hat schnell in Dänemark und verschiedenen deutschen Betrieben Anhänger erworben, stieß aber in England auf hartnäckigen Widerstand. Gegen das HANSENsche Verfahren wurde eingewendet, daß die Eigenschaften einiger berühmter Biere auf die Tätigkeit eines Gemenges verschiedener Heferassen zurückzuführen sind, indem z. B. die eine Heferasse für die Hauptgärung, die anderen aber für die sekundäre Gärung von Belang sind. Die britischen Forscher BROWN und MORRIS, die im Verlaufe langer Zeit die Leitung eines großen Brauereibetriebes hatten, waren nach einigen Prüfungsjahren genötigt, auf Reinkulturen zu verzichten, da dieselben eine Darstellung von Bieren mit altbekannten „normalen" Eigenschaften nicht ermöglichten. Mikrobiologische Prüfungen ergaben denn auch, daß die Zusammensetzung der für alte bewährte Biersorten gebräuchlichen Hefegemengen überraschend konstant bleibt. Es ist dies eine Genossenschaft von den im Verlaufe langer Jahre aneinander angepaßten Heferassen. BROWN und MORRIS haben auf diesem Gebiete interessante Versuche ausgeführt, unter denen folgender erwähnt werden kann. Durch das Hefegemenge, welches zur Darstellung des Burtonale dient, wurde die Hauptgärung zustande gebracht. Dann wurde der Alkohol abdestilliert und die Würze wiederum mit demselben Hefegemenge geimpft. Hierbei haben sich ausschließlich Rassen entwickelt, welche die sekundäre Gärung hervorrufen; die Hauptrasse Saccharomyces cerevisiae hat kein Wachstum aufgewiesen. Auf diese Weise ergab es sich, daß Hauptgärung und Nebengärung durch verschiedene Heferassen hervorgerufen werden. Auf Grund dieser Tatsachen behaupten einige Fachmänner, daß reine Hefekulturen unter Umständen nicht brauchbar sind. Die Anhänger der HANSENschen Ansichten widersprechen diesen Auseinandersetzungen, und die ganze Frage ist noch nicht endgültig gelöst. Da in der Bierwürze keine große Zuckermenge enthalten ist und die Gärung meistens langsam verläuft, so kann der Alkoholgehalt im Biere keinen hohen Grad erreichen. Folgende Tabelle erläutert den Gehalt einiger Biere an Zucker und Gärungsprodukten.

	Alkohol in vH.	CO$_2$ in vH.	Zucker in vH.
Sommerbier	3,21	0,23	0,44
Porter	5,35	0,22	1,34
Weißbier (Weizenbier)	2,51	0,28	0

Die Darstellung von Alkohol und starken alkoholischen Getränken ist im Prinzip der Bierbereitung analog, doch wird die Flüssigkeit mit Kohlenhydraten stark angereichert. Die Eigentümlichkeiten verschiedener Heferassen spielen bei diesem Betrieb keine große Rolle; man muß nur Heferassen verwenden, die hohen Alkoholkonzentrationen gegenüber wenig empfindlich sind. Als Material für Spiritusindustrie dient Korngetreide (Roggen!) und Kartoffel. Letztere ist vorteilhaft, da 1 ha Kartoffeln fast dreimal mehr Stärke liefert als 1 ha Roggen; zu Genußzwecken muß aber der Kartoffelsprit sorgfältiger gereinigt werden, da derselbe viel Fuselöl enthält.

Das Material wird zerkleinert und mit Wasser bei hohem Druck gekocht. Durch plötzliches Öffnen des Hahnes am Kessel bewirkt man eine stürmische

Dampfbildung, wodurch die Zellwandungen des Materials gesprengt werden; infolgedessen geht die nachfolgende Verzuckerung der Stärke schneller vor sich. Nun setzt man der zerriebenen heißen Masse Malz hinzu und behandelt weiter das Gemenge wie bei der Bierbereitung. Hierbei wird nicht nur Malzstärke, sondern auch die Stärke des zerriebenen Materials in Zucker verwandelt. Man vergärt den Zucker durch obergärige Hefe und destilliert das Gärgut. Der erhaltene Rohspiritus ist gewöhnlich etwa 80° stark und reich an Fuselöl. Die Spiritusreinigung bewerkstelligt man in besonderen Rektifikationsapparaten, wo zugleich auch der Alkoholgehalt bis auf 96° gesteigert wird. Dies ist der höchste Alkoholgehalt, der ohne chemische Bearbeitung durch einfache Destillation erreichbar ist.

Die für den Bäckereibetrieb notwendige obergärige Preßhefe bildet ein übliches Nebenprodukt der Spiritusindustrie. Man setzt der Hefe gewöhnlich etwa 20 vH. Kartoffelstärke hinzu, um eine zusammenhängende Masse zu erhalten und preßt das Gemenge zu Tafeln zusammen. In der letzten Zeit bereitet man gute Preßhefe auch ohne Stärkezusatz. Je nach den Anforderungen des Marktes wird unter Umständen Preßhefe zum Hauptprodukt, Alkohol aber zum Nebenprodukt eines Spiritusbetriebs. Im letzteren Falle läßt man einen starken Luftstrom durch die gärende Tätigkeit streichen, da hierdurch die Hefemenge bedeutend zunimmt. Starke Alkoholgetränke bereitet man aus dem Spiritus, den man mit verschiedenen Substanzen versetzt. Rum und Arak bereitet man aus dem vom Fuselöl nicht gereinigten Spiritus; desgleichen Kognak aus Weinspiritus. Im Rum erreicht der Alkoholgehalt 77,5 vH.

Obstweine bereitet man auf dieselbe Weise wie Traubenweine, versetzt aber den Saft mit Rohrzucker, da das Obst meistens zuckerarm ist. Hefe setzt man gewöhnlich nicht zu, da auf fleischigen Früchten sich immer verschiedene Hefearten spontan ansiedeln.

Kefir und Kumys sind Produkte der alkoholischen Milchgärung, die durch verschiedene spezifische Mikroorganismen hervorgerufen wird. Diese Organismen sind imstande, Milchzucker zu hydrolysieren. Gleichzeitig findet auch Milchsäuregärung in der Milch statt. Als Resultat der beiden simultan verlaufenden Gärungen entstehen alkoholische saure Getränke von hervorragender diätetischer Bedeutung. Sowohl Kefir als Kumys wurden von asiatischen Völkern in Anwendung gebracht. Zur Darstellung von Kefir dient Kuhmilch, die durch Torula kephir[1]) vergoren wird; der Alkoholgehalt erreicht darin nur 0,7—0,8 vH. Kumys bereitet man aus Stutenmilch durch Vergärung mittelst Torula Kumys[1]). Der Alkoholgehalt steigt im Kumys bis auf 2 vH. und darüber.

Milchsäuregärung. Oben wurde bereits darauf hingewiesen, daß bei der Milchsäuregärung ein Zuckermolekül in zwei Moleküle Milchsäure zerfällt. Die Milch ist ein besonders günstiges Substrat für die Milchsäuregärung.

Pasteur[2]) hat als Erster nachgewiesen, daß Milchsäuregärung ein biologischer Vorgang ist. Zuerst wird Milchzucker durch spezifische Bakterien zu einem Gemisch von gleichen Mengen Glucose und Galaktose hydrolysiert, dann zerfallen die genannten Hexosen zu Milchsäure. Die Bakterien der Milchsäuregärung kann man in zwei Gruppen einteilen: Als typischer Vertreter der ersten Gruppe kann Bacterium lactis acidi Leichm. (Abb. 42) dienen. Dieser Organismus ist vom Luftsauerstoff vollkommen unabhängig; er vergärt Milchzucker in

---

[1]) Duclaux, E.: Ann. de l'inst. Pasteur Bd. 1, S. 573. 1887; Bd. 3, S. 201. 1889.

[2]) Pasteur, L.: Cpt. rend. hebdom. des séances de l'acad. des sciences Bd. 45, S. 913. 1857; Bd. 47, S. 224. 1858; Bd. 48, S. 337. 1859.

der Tiefe der Milch quantitativ zu Milchsäure[1]). Die Gleichung dieser
Art von Milchsäuregärung ist also sehr einfach:

$$C_6H_{12}O_6 = 2\,CH_3.CHOH.COOH.$$

Direkte Analysen zeigen in der Tat, daß die gebildete Milchsäure-
menge bei dieser Art von Milchsäuregärung 98 vH. der theoretisch
möglichen Ausbeute ausmacht. Ein anderer, in der Milch sehr verbreiteter Mikrobe, Bact. acidi lactici HUEPPE, bildet dagegen nicht
nur Milchsäure, sondern auch bedeutende Mengen von Äthylalkohol
und Essigsäure[2]). Es ist dies ein Vertreter der zweiten Art von Milchsäuregärungserregern, die sich mit Vorliebe bei Sauerstoffzutritt entwickeln, obere Milchschichten vergären und hierbei außer Milchsäure
andere Gärungsprodukte erzeugen. Der extreme Typus ist Bact. lactis aerogenes, das eine große Menge von verschiedenen Gasen, namentlich CO_2, Wasserstoff (52 proz.) und Methan abscheidet und außer-

dem Essigsäure, Milchsäure und
Äthylalkohol erzeugt. Bei dieser
Gärung ist die Essigsäureausbeute
oft größer als die Milchsäureaus-
beute; man wäre danach eigentlich berechtigt, im vorliegenden
Falle von einer essigsauren Zuckergärung zu sprechen[3]); doch führen
verschiedene, später zu erläuternde
chemische Gründe zur Annahme
von nur drei Typen der echten
Gärungen, und zwar der Alkoholgärung, Milchsäuregärung und Buttersäuregärung.

Überblicken wir das über Milchsäuregärung Erörterte, so kommen
wir zu dem Schluß, daß dieselbe in
reine und unreine Milchsäuregärung

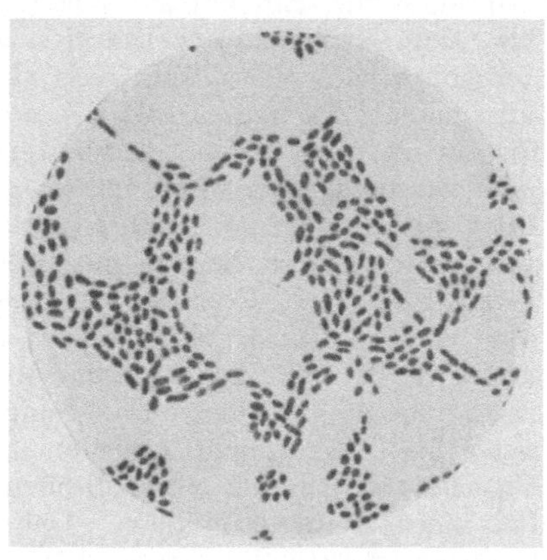

Abb. 42. Bact. lactis acidi LEICHM. Vergrößerung 1000. (Nach OMELIANSKY.)

einzuteilen ist. Im ersteren Falle verläuft die Zuckerspaltung nach
der theoretischen Gleichung der Milchsäuregärung, im zweiten Falle
bilden sich außer Milchsäure andere Produkte in solchen Ausbeuten,
daß Milchsäure oft in den Hintergrund tritt.

Es wurden mehrere Arten von Milchsäuregärungserregern in reinen
Kulturen isoliert und studiert. Die einen produzieren die optisch inaktive dl-Milchsäure, die anderen bilden Rechtsmilchsäure, die dritten
aber Linksmilchsäure. Einige aerobe Rassen verbrauchen die gebildete Säure; die chemische Seite dieser Milchsäureverarbeitung ist noch
nicht klargelegt. Auch bleibt es dahingestellt, weshalb verschiedene
optisch isomere Milchsäuren entstehen. Auf diesem Gebiete stieß

---

[1]) LEICHMANN: Milchzeit. Bd. 25, S. 67. 1896. — KAYSER, E.: Ann. de l'inst.
Pasteur Bd. 8, S. 737. 1894.
[2]) HAACKE, P.: Arch. f. Hyg. Bd. 42, S. 16. 1902.
[3]) BAGINSKI, A.: Zeitschr. f. physiol. Chem. Bd. 12, S. 434. 1888.

man auf gegenseitig widersprechende Tatsachen. Es ist auffallend, daß eine und dieselbe Bakterienart, z. B. das am meisten verbreitete Bac. lactis acidi, auf Kuhmilch gezogen, inaktive Milchsäure erzeugt, in Reinkulturen auf künstlichen Nährmedien aber Rechtsmilchsäure bildet[1]). Andere Bakterien bilden dagegen nur Linksmilchsäure[2]). Man versuchte die Bildung der optisch inaktiven Milchsäure dadurch zu erklären, daß verschiedene Mikroben zu gleicher Zeit die beiden optischen Isomere erzeugen, doch erwies sich eine derartige Erklärung als nicht stichhaltig. Diese Frage könnte vielleicht auch ein allgemeines Interesse darbieten, indem die einschlägigen Untersuchungen zur Klarlegung des Mechanismus der Bildung von optisch-aktiven Stoffen in lebenden Zellen beitragen könnten, doch bleibt eine zielbewußte, planmäßige Untersuchung über diesen Gegenstand noch aus.

In bezug auf stickstoffhaltige Nahrung sind Milchsäuremikroben anspruchsvoll. Ein gutes Wachstum ist nur in Gegenwart von Pepton bzw. von löslichen Eiweißstoffen zu erzielen[3]). Die Bakterien vom Aërogenestypus entwickeln sich allerdings auf einzelnen Aminosäuren oder gar auf Ammoniumsalzen[4]), doch sind sie durchaus nicht imstande, Nitrate zu verarbeiten. Auf festen Nährböden gelingt die Kultur von Milchsäurebakterien nicht immer gut. Das beste Wachstum wurde auf Milch wahrgenommen, doch eignen sich auch künstliche flüssige zucker- und peptonhaltige Medien gut zur Kultur. Alle Milchsäuremikroben vergären Glucose, Fructose, Mannose, Galaktose und Maltose; die meisten vergären auch Milchzucker, dagegen greifen nur wenige Rohrzucker an[5]); auch der wichtige Mikrobe Bact. lactis acidi LEICHM. enthält keine Invertase. Das Temperaturoptimum liegt meistens nicht unter 30°; es erreicht zuweilen 40°. Die Milchsäuregärung ist zum Unterschied von der alkoholischen Gärung bei einer Temperatur unter 12° meistens nicht möglich. Daß Milchsäuregärung ein fermentativer Vorgang ist, erhellt daraus, daß aus Milchsäurebakterien aktiver Preßsaft und Acetondauerpräparate dargestellt werden, die keine lebenden Zellen enthalten, aber die Fähigkeit besitzen, Zucker in Milchsäure zu verwandeln[6]).

<hr>

[1]) GÜNTHER, C. u. THIERFELDER, H.; Arch. f. Hyg. Bd. 25, S. 164. 1895. — Dies.: Hyg. Rundschau Bd. 10, S. 769. 1900. — KOZAI: Zeitschr. f. Hyg. Bd. 31, S. 337. 1899; Bd. 38, S. 386. 1901. — LEICHMANN: Michzeit. Bd. 25, S. 67. 1896. — PÉRÉ: Ann. de l'inst. Pasteur Bd. 7, S. 737. 1893; Bd. 12, S. 63. 1898. — POTTEVIN: Ebenda Bd. 12, S. 49. 1898. — UTZ: Zentralbl. f. Bakteriol., Parasitenk. u. Infektionskrankh., Abt. II, Bd. 11, S. 600. 1904 u. a.

[2]) SCHARDINGER: Monatsh. f. Chem. Bd. 11, S. 545. 1900. — LEICHMANN: a. a. O. — KOZAI: a. a. O. — UTZ: a. a. O. — LEICHMANN: Zentralbl. f. Bakteriol., Parasitenk. u. Infektionskrankh., Abt. II, Bd. 5, S. 344. 1899 u. a.

[3]) KAYSER, E.: Ann. de l'inst Pasteur Bd. 8, S. 737. 1894. — MARSHALL, CH. E.: Zentralbl. f. Bakteriol., Parasitenk. u. Infektionskrankh., Abt. II, Bd. 11, S. 739. 1904. — JENSEN: Ebenda Bd. 4, S. 196. 1898.

[4]) HÜEPPE: Mitt. d. Reichs-Gesundheitsamtes Bd. 2, S. 309. 1884. — FRAENKEL, C.: Hyg. Rundschau Bd. 4, S. 769. 1894. — KOZAI: a. a. O.

[5]) Vgl. WEIGMANN: Handb. d. techn. Mykol. von LAFAR Bd. 2, S. 92. 1905.

[6]) HERZOG, R.: Zeitschr. f. physiol. Chem. Bd. 37, S. 381. 1903. — BUCHNER, E. u. MEISENHEIMER, J.: Ber. d. Dtsch. Chem. Ges. Bd. 36, S. 634. 1903.

Ebenso wie alkoholische Gärung durch Alkoholanhäufung zum Stillstand gebracht wird, ist auch Milchsäuregärung nur unter einem bestimmten Säuregehalt möglich. Die Grenzkonzentration ist bei verschiedenen Mikroben nicht gleich, doch im allgemeinen niedrig. So kann Bact. acidi lactici HUEPPE nur 0,58—0,8 vH. freie Säure vertragen, für Bact. lactis acidi LEICHM. ist die Grenzkonzentration 0,54—1,25 vH. usw.[1]). Geht aber die Milchsäuregärung in Gegenwart von Calciumcarbonat vor sich, so wird immer die Gesamtmenge von Zucker vergoren, da saure Reaktion in diesem Falle ausgeschlossen ist.

Einige Forscher weisen darauf hin, daß viele Milchsäurebakterien dem Luftsauerstoff gegenüber nicht ganz indifferent sind, da die Gärung immer besser bei Sauerstoffabschluß verläuft[2]). Nach eigenen, Versuchen ist beim vollkommenen Sauerstoffabschluß ein gutes Wachstum von Bact. lactis acidi LEICHM. und von Bact. caucasicum auf festen Nährböden zu erzielen, indes dies bei Sauerstoffzutritt nicht gelingt. Bei gehemmtem Sauerstoffzutritt scheidet Bact. lactis acidi LEICHM. keine Gase aus[3]), ist also durchaus auf die Gärung angewiesen. Nach neuesten eigenen Versuchen ist bei Bact. caucasicum bzw. Bact. lactis acidi LEICHM. selbst bei tadelloser Aeration höchstens nur eine ganz geringfügige Sauerstoffatmung zu verzeichnen[4]). Hier liegt also ein scharfer Unterschied vom Verhalten der Hefepilze vor: letztere gewinnen die Betriebsenergie bei Sauerstoffzutritt durch die Sauerstoffatmung (S. 294 ff.), wogegen die Erreger der reinen Milchsäuregärung sowohl bei Sauerstoffabschluß, als bei Sauerstoffzutritt auf Kosten des Gärungsvorganges vegetieren.

Im Molkereibetrieb benutzt man Milchsäuregärung zur Darstellung der sauren Milch und der sämtlichen daraus zu bereitenden Produkte. (Die Käsereifung stellt allerdings einen komplizierten Vorgang dar, an welchem u. a. auch Buttersäuremikroben beteiligt sind.) Die Milchsäuremikroben spielen auch eine wichtige Rolle bei der Bereitung des Sauerkrautes, des sauren Teiges usw.

Buttersäuregärung. Diese dritte und letzte Art der echten Gärungen wurde ebenfalls von PASTEUR[5]) entdeckt. PASTEUR hat auch zuerst festgestellt, daß Buttersäuregärungserreger in die Kategorie der obligaten Anaeroben zu zählen sind; mit anderen Worten, sie stellen Lebewesen dar, die sich nur bei vollem Sauerstoffabschluß normal ent-

---

[1]) HUEPPE, F.: Mitt. d. Kais.-Gesundheitsamtes Bd. 2, S. 309. 1884. — ADERHOLD: Zentralbl. f. Bakteriol., Parasitenk. u. Infektionskrankh., Abt. II, Bd. 5, S. 511. 1899 u. a.

[2]) KAYSER, E.: Ann. de l'inst. Pasteur Bd. 8, S. 737. 1894. — MC DONNELL: Diss. Kiel 1899. — TROILI-PETERSON: Zeitschr. f. Hyg. Bd. 32, S. 361. 1899. — HENNEBERG, W.: Zeitschr. f. Spiritusind. Bd. 26, S. 226. 1903 u. a.

[3]) v. EULER, H. u. SVANBERG, O.: Zeitschr. f. physiol. Chem. Bd. 102, S. 176. 1918.

[4]) KOSTYTSCHEW, S. u. AFANASSIEWA, M.: Comptes rendus hebdomaires des séances de l'acad. des sciences 1925, Juliheft.

[5]) PASTEUR, L.: Cpt. rend. hebdom. des séances de l'acad. des sciences Bd. 52, S. 344 u. 1260. 1861; Bd. 56, S. 416 u. 1189. 1863.

wickeln können[1]). Es sind also folgende Typen von Mikroorganismen zu unterscheiden: I. Aerobe Mikroben, die nur bei Sauerstoffzutritt zum Wachstum zu bringen sind[2]), II. Fakultativ anaerobe Mikroben, die sowohl bei Sauerstoffzutritt, als bei Sauerstoffabschluß leben können, und III. Obligate anaerobe Mikroben, die sich nur bei Sauerstoffabschluß entwickeln[3]).

In die Gruppe der Buttersäurebakterien sind verschiedene Arten zu zählen. PRAZMOWSKI[4]) hat die Gattung Clostridium aufgestellt und unter dem Namen Clostridium butyricum allem Anschein nach dieselbe Form beschrieben, die zuerst PASTEUR bei seiner Entdeckung der Buttersäuregärung isoliert hat. Im Kap. III wurde die ebenfalls obligat anaerobe Art Clostridium Pasteurianum besprochen, die Buttersäuregärung hervorruft und molekularen Stickstoff bindet. Nach einigen Autoren ist die Fähigkeit zur Stickstoffbindung in mehr oder weniger starkem Grade allen Arten der Gattung Clostridium eigen. In der letzten Zeit teilt man die Art Clostridium butyricum in drei Arten, und zwar in Cl. butyricum I, II und III ein[5]). Einige Forscher fassen verschiedene Clostridium-Arten unter dem Namen Granulobacter zusammen[6]); überhaupt hat sich die Systematik der Buttersäuremikroben etwas verwickelt:

Sehr verbreitet ist der unbewegliche Bac. butyricus BOTK.[7]), eine streng anaerobe Form. Es wurden aber auch Bakterien beschrieben, die bei Sauerstoffzutritt leben können[8]). Dahin gehören auch einige pathogene Mikroorganismen. Die theoretische Gleichung der Buttersäuregärung ist:

$$C_6H_{12}O_6 = CH_3 . CH_2 . CH_2 . COOH + 2\,CO_2 + 2\,H_2.$$

[1]) CHUDIAKOW, N.: Zentralbl. f. Bakteriol., Parasitenk. u. Infektionskrankh., Abt. II, Bd. 4, S. 389. 1898; Zur Lehre der Anaerobiose (1896, russisch) hat dargetan, daß die Buttersäuregärung bei Sauerstoffzutritt in der Tat deswegen sistiert wird, weil die obligat anaeroben Gärungserreger dabei absterben.

[2]) In diesem Buch wird außerdem zwischen „streng aeroben" und „gärungsfähigen aeroben" Mikroorganismen ein Unterschied gemacht. Letztere vermögen im ausgewachsenen Zustande eine Zeitlang ohne Sauerstoff zu leben, indes streng aerobe Mikroben selbst im ausgewachsenen Zustand bei Sauerstoffabschluß schnell absterben.

[3]) Der Unterschied zwischen fakultativen und obligaten Anaeroben ist eigentlich ein quantitativer, da es kaum Organismen gibt, die sich gegenüber Sauerstoff vollkommen indifferent verhalten.

[4]) PRAZMOWSKI, A.: Untersuchungen über Entwicklung und Fermentwirkung einiger Bakterienarten 1880. — PASCHUTIN: Pflügers Arch. f. d. ges. Physiol. Bd. 8, S. 352. 1874.

[5]) GRUBER, M.: Zentralbl. f. Bakteriol., Parasitenk. u. Infektionskrankh., Bd. 1, S. 367. 1887.

[6]) BEIJERINCK: Über die Butylalkoholgärung und das Butylferment 1893.— BREDEMANN: Ber. d. botan. Ges. Bd. 26a, S. 362. 1908. — Ders.: Zentralbl. f. Bakteriol., Parasitenk. u. Infektionskrankh., Abt. II, Bd. 23, S. 1. 1909. — KEMP: Ebenda, Abt. I, Bd. 48, S. 54. 1908. — KIROW: Ebenda, Abt. II, Bd. 3, S. 535. 1911.

[7]) BOTKIN, S.: Zeitschr. f. Hyg. Bd. 11, S. 421. 1892.

[8]) HUEPPE: Mitt. d. Kais-Gesundheitsamtes Bd. 2, S. 353. 1884. — LOEFFLER: Berlin. klin. Wochenschr. Bd. 24, Nr. 33. 1887 u. a.

Ein Zuckermolekül zerfällt demnach in 1 Molekül Buttersäure, 2 Moleküle Kohlendioxyd und 2 Moleküle Wasserstoff. Doch entstehen dabei verschiedene Nebenprodukte in noch größerer Menge, als bei der Milchsäuregärung. Aus obigen Auseinandersetzungen ist ersichtlich, daß einige Mikroben reine Milchsäuregärung hervorrufen, dagegen wurde bisher noch kein einziger Buttersäuregärungserreger isoliert, der die Zuckerspaltung genau nach der theoretischen Gleichung bewirkt. Die üblichen Nebenprodukte der Buttersäuregärung sind Äthylalkohol, Essigsäure und Milchsäure. In einigen Abarten der Gärung werden Buttersäure und Wasserstoff durch Butylalkohol und Wasser ersetzt[1]):

$$C_6H_{12}O_6 = CH_3 . CH_2 . CH_2 . CH_2OH + 2\,CO_2 + H_2O.$$

Milchsäure entsteht bei der Buttersäuregärung sehr häufig; daher ist es nicht immer leicht zu entscheiden, ob eine vorliegende Gärung als Milchsäuregärung oder als Buttersäuregärung zu bezeichnen ist, falls verschiedenartige Nebenprodukte bei der Zuckerspaltung entstehen. Auch wird bei der Buttersäuregärung oft ein bestimmtes Nebenprodukt, z. B. Essigsäure, nur am Anfang des Prozesses angehäuft; überhaupt ist Buttersäuregärung ein nicht so gut regulierter Vorgang wie alkoholische Gärung oder gar Milchsäuregärung. Dagegen sind Buttersäurebakterien anspruchslos in betreff des Gärungsmaterials: sie vergären nicht nur Zuckerarten, sondern auch Stärke, Milchsäure und in einigen Fällen sogar Glycerin[2]). In der Natur ist Buttersäuregärung ungemein verbreitet. Sie findet in jedem sauerstofffreien Schlamm statt; namentlich wird sie in Moorböden nie vermißt. Im Vorgange der Buttersäuregärung wird die Hauptmenge der organischen Stoffe unter anaeroben Verhältnissen gespalten.

Eine höchst interessante Abart der Buttersäuregärung ist die Cellulosegärung, die durch spezifische Mikroben hervorgerufen wird. Cellulose stellt eine besonders beständige Form der Polysaccharide dar: sie wird durch Säuren und Alkalien in der Kälte nicht angegriffen und durch Mikroben im allgemeinen äußerst schwer gespalten. Daher wird der Inhalt der toten Pflanzenzellen durch Bodenmikroben schnell vergriffen, wogegen die Zellwandungen längere Zeit hindurch intakt bleiben, wie es z. B. an abgefallenen Laubblättern zu ersehen ist. Bei Sauerstoffzutritt sind allerdings einige Schimmelpilze und Bakterien imstande, Cellulose zu oxydieren, bei Sauerstoffabschluß wird aber die genannte Substanz ausschließlich durch den eigenartigen Gärungsvorgang ver-

---

[1]) Béchamp: Bull. de la soc. de chim. (3), Bd. 11, S. 531. 1894. — Emmerling: Ber. d. Dtsch. Chem. Ges. Bd. 30, S. 451. 1897. — Meth, R.: Ebenda Bd. 40, S. 695. 1907. — Buchner, E. u. Meisenheimer, J.: Ebenda Bd. 41, S. 1410. 1908 u. a.

[2]) v. Iterson, C.: Zentralbl. f. Bakteriol., Parasitenk. u. Infektionskrankh., Bd. 11, S. 689. 1904. — Pringsheim, H.: Zeitschr. f. physiol. Chem. Bd. 78, S. 282. 1912. — Ders.: Zentralbl. f. Bakteriol., Parasitenk. u. Infektionskrankh. Bd. 23, S. 300. 1909; Bd. 26, S. 222. 1910. — Christensen: Ebenda Bd. 27, S. 449. 1910. — Kroulik: Ebenda Bd. 36, S. 339. 1912 u. a.

arbeitet. Reine Kulturen der Cellulosemikroben hat zuerst OMELIANSKY[1]) mit Hilfe der elektiven Kultur von WINOGRADSKY[2]) (S. 187) isoliert: als Kohlenstoffnahrung diente in diesen Versuchen das Filtrierpapier. Es ergab sich, daß zwei Arten der Cellulosegärung existieren, und zwar die Methangärung und die Wasserstoffgärung. Bei der ersteren wird CO_2, Methan, viel Essigsäure und Buttersäure gebildet. Die Menge der Gase ist derjenigen der Säuren ungefähr gleich. Die Wasserstoffgärung entsteht in dem Falle, wo man eine der ersten Impfungskulturen auf 75° erwärmt. Die Gasmenge ist in diesem Falle geringer; das Gas besteht aus CO_2 und Wasserstoff; außer Essig- und Buttersäure entstehen geringe Mengen von Ameisensäure und Baldriansäure. Der Erreger der Methangärung wurde als Bacillus cellulosae methanicus, derjenige der Wasserstoffgärung als Bacillus cellulosae hydrogenicus bezeichnet. Beide sind dünne Stäbchen, die auf einem Ende die Spore bilden und dabei die Form der Trommelschlägel einnehmen (Abb. 43).

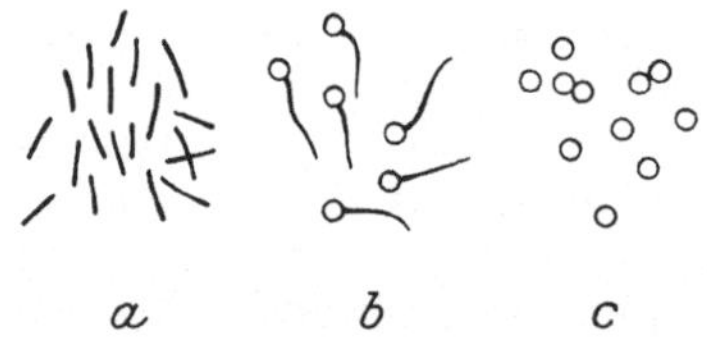

Abb. 43. Bakterien der Cellulosegärung. a) junge Zellen, b) „Trommelschlägel“, c) reife Sporen. Vergrößerung 1000. (Nach OMELIANSKY.)

Pektinstoffe zerfallen unter dem Einfluß von spezifischen Mikroben, welche die Zellwandungen nicht angreifen. Dieser Vorgang bewerkstelligt sich ebenfalls entweder durch Oxydationsreaktionen oder durch eine Abart der Buttersäuregärung. Ein Erreger der Pektingärung erhielt den Namen Granulobacter pectinovorum. Die sogenannte Flachsröste besteht darin, daß unter dem Einfluß der Pektingärung eine Maceration der Bastfasern erfolgt. Die Flachsröste kann entweder aerob oder anaerob vor sich gehen. Im ersten Falle wird der Flachs auf der Erde ausgebreitet; die Intracellularsubstanz erfährt dann eine langsame Zerstörung unter dem Einfluß von verschiedenen aeroben Mikroben. Im zweiten Falle taucht man den Flachs in stehendes Wasser, wo Pektingärung einsetzt. In der letzten Zeit verbreitet sich die Ansicht, daß Flachsröste unbedingt durch reine Kulturen der Pektingärungsmikroben auszuführen ist; sonst kann immer ein Teil der Flachsbastfasern durch Cellulosegärung zersetzt werden, da beide Gärungen in der Natur oft simultan verlaufen.

Es ist nicht möglich, an dieser Stelle die große Menge von Mikroben zu beschreiben, die verschiedene Gärungen hervorrufen, welche

---

[1]) OMELIANSKY, W.: Cpt. rend. hebdom. des séances de l'acad des sciences Bd. 121, S. 653. 1895; Bd. 125, S. 970 u. 1131. 1897. — Ders.: Zentralbl. f. Bakteriol., Parasitenk. u. Infektionskrankh., Abt. II, Bd. 8, S. 193. 1902; Bd. 11, S. 370 u. 703. 1903; Bd. 15, S. 673. 1906; Bd. 36, S. 339. 1912. — Ders.: Arch. des sciences biol. Bd. 7, S. 411; Bd. 9. 1900; Bd. 12. 1905.

[2]) WINOGRADSKY, S. u. FRIEBES: Cpt. rend. hebdom. des séances de l'acad. des sciences Bd. 121, S. 742. 1895. — BEHRENS, J.: Zentralbl. f. Bakteriol., Parasitenk. u. Infektionskrankh., Abt. II, Bd. 8. 1912; Bd. 10, S. 524. 1903. — BEIJERINCK u. VAN DELDEN: Arch. néerland. de physiol. de l'homme et des anim. (2), Bd. 9, S. 418. 1905. — SCHARDINGER: Zentralbl. f. Bakteriol., Parasitenk. u. Infektionskrankh., Abt. II, Bd. 19, S. 161. 1907.

als intermediäre Stufen zwischen Milchsäuregärung und Buttersäuregärung anzusehen sind. Es ist nämlich zu betonen, daß verschiedene Gärungen, die auf den ersten Blick als ganz eigenartig erscheinen, in Wahrheit Abarten oder Kombinationen der drei oben beschriebenen Gärungstypen darstellen. So entwickelt sich z. B. auf Zuckerfabriken oft mit erstaunlicher Geschwindigkeit der Mikrobe Leuconostoc mesenterioides, der gewaltige Zuckermengen in einen aus Polysacchariden bestehenden geschmacklosen Schleim verwandelt[1]). Diesen Vorgang bezeichnet man oft als schleimige Gärung, was aber prinzipiell nicht richtig ist, da die Zuckerpolymerisation keinen exothermen Vorgang darstellt und also nicht als Energiequelle dienen kann. Sie bildet auch in der Tat bloß einen Nebenvorgang, da Leuconostoc Milchsäuregärung vom Aerogenestypus unter Bildung von Milchsäure, Essigsäure, Ameisensäure, Äthylalkohol und CO_2 hervorruft. Diese Gärung liefert dem Leuconostoc die Betriebsenergie. Auch verschiedene andere Milchsäurebakterien bilden oft einen aus Polysacchariden bestehenden Schleim[2]).

Die sogenannte Ameisensäuregärung scheint auf den ersten Blick ebenfalls eine besondere Gärungsart zu sein. Sie verläuft nach der Gleichung[3]):

$$Ca(COOH)_2 + H_2O = CaCO_3 + CO_2 + 2\,H_2.$$

Die Wärmetönung dieser eigentümlichen Reaktion ist aber gleich 0 (sie wird eigentlich gar durch eine geringe negative Größe ausgedrückt). In natürlichen Verhältnissen erzeugt der betreffende Mikrobe unreine Milchsäuregärung unter Bildung von Milchsäure, Essigsäure, Ameisensäure, Äthylalkohol, CO_2 und Wasserstoff. Diese Gärung führt die „ameisensaure Bakterie" (Bacterium formicicum) auf Kosten von verschiedenartigen Zuckerarten aus. Die weitere Spaltung der Ameisensäure ist bloß ein Nebenvorgang.

Oxydative Gärungen. Auf Grund des oben Dargelegten sind alle echten Gärungen auf drei Haupttypen, nämlich auf alkoholische Gärung, Milchsäuregärung und Buttersäuregärung nebst Zwischenstufen zurückzuführen. Als echte Gärungen bezeichnen wir nun Spaltungsvorgänge, die bei vollkommenem Sauerstoffabschluß stattfinden können. Ganz anders sind oxydative Gärungen aufzufassen, die eine Zwischenstellung zwischen echten Gärungen und Sauerstoffatmung einnehmen. Sie stellen Oxydationen dar, die auf Kosten von Luftsauerstoff stattfinden und in diesem Sinne der Sauerstoffatmung analog sind. Es

---

[1]) CIENKOWSKI: Arb. d. Naturforscherges. zu Charkow Bd. 12. 1878. — VAN TIEGHEM: Ann. des sciences nat. (6), Bd. 7, S. 180. 1878.

[2]) PANEK, K.: Bull. de l'acad. de Cracovie S. 5. 1905. — LAXA, O.: Zentralbl. f. Bakteriol., Parasitenk. u. Infektionskrankh., Abt. II, Bd. 8, S. 154. 1902. — SMITH and STEEL: Ebenda, Abt. II, Bd. 8, S. 596. 1902. — SCHARDINGER, F.: Ebenda, Abt. II, Bd. 8, S. 144. 1902. — EMMERLING, O.: Ber. d. Dtsch. Chem. Ges. Bd. 33, S. 2478. 1910 u. a.

[3]) OMELIANSKY, W.: Zentralbl. f. Bakteriol., Parasitenk. u. Infektionskrankh., Abt. II, S. 11, B. 177. 1903.

findet aber hierbei keine vollkommene Verbrennung statt: die Produkte der oxydativen Gärungen sind immer noch organische verbrennliche Stoffe. Infolgedessen ist bei oxydativen Gärungen ein beträchtlicher Materialverbrauch zu verzeichnen. In dieser Beziehung sind letztere also den echten Gärungen analog.

Die am meisten bekannte und verbreitete oxydative Gärung ist die technisch verwendbare Essigsäuregärung. Als Material dieser Gärung dient Äthylalkohol, der durch spezifische Mikroben zu Essigsäure oxydiert wird. Auch dieser wichtige Vorgang wurde zuerst von PASTEUR[1]) richtig erklärt. Die Gärungserreger gehören in verschiedene Bakterienspecies. Zuerst wurden die sehr verbreiteten Arten Bacterium aceti (Abb. 44) und Bacterium Pasteurianum festgestellt[2]); mit diesen Mikroben hat PASTEUR seine klassischen Untersuchungen ausgeführt. Späterhin wurden die ebenfalls sehr verbreiteten Arten Bact. xylinum[3]) und Bact. Kützingianum[4]) beschrieben. Gegenwärtig sind mehrere Essigsäuregärungserreger bekannt, darunter selbst ein Schimmelpilz[5]). Als der kräftigste Gärungserreger gilt Bact. orleanense[6]). Die Gleichung der Essigsäuregärung ist sehr einfach:

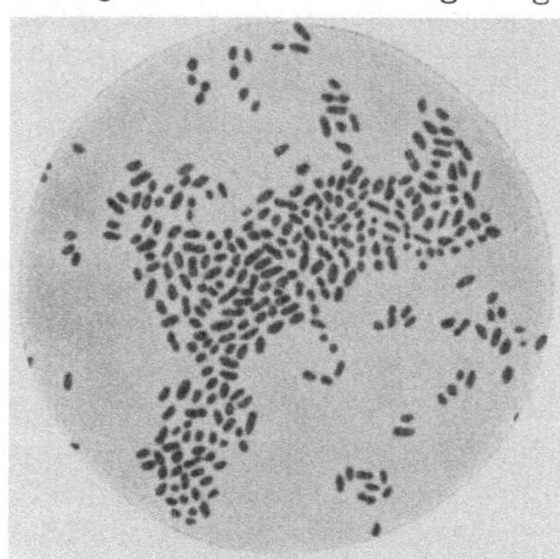

Abb. 44. Bacterium aceti HANS. Vergrößerung 1000. (Nach OMELIANSKY.)

$$CH_3.CH_2OH + O_2 = CH_3.COOH + H_2O + 117 \text{ Cal.}$$

Diese Reaktion können wir, zum Unterschied von den echten Gärungen, durch rein chemische Mittel leicht ausführen. Sie liefert fast dreimal weniger Energie als die totale Alkoholverbrennung zu CO_2 und H_2O.

Nach PASTEURS Angaben ist die Intensität der Gärung und der Vermehrung der Essigbakterien sehr groß. Eine jede Zelle vermag in ein paar Tagen eine Alkoholmenge zu oxydieren, die das 10 000fache Gewicht des Gärungserregers ausmacht, wenn nur die Grenzkonzentration der Essigsäure, bei welcher die Gärung sistiert wird, noch nicht erreicht ist. Diese Grenzkonzentration liegt aber meistens ziemlich hoch.

---

[1]) PASTEUR, L.: Comptes rendus hebdomaires des séances de l'acad. des sciences Bd. 54, S. 265. 1862. — Ders.: Etudes sur le vinaigre (1868).

[2]) HANSEN, E. CHR.: Meddel. frå Carlsberg labor. Bd. 1. 1870.

[3]) BROWN, A. J.: Journ. of the chem. soc. (London) Bd. 49, S. 432. 1886.

[4]) HANSEN, E. CHR.: Meddel. fra Carlsberg laborat. Bd. 4, S. 265. 1894.

[5]) LAFAR, F.: Zentralbl. f. Bakteriol., Parasitenk. u. Infektionskrankh., Bd. 13, S. 687. 1893.

[6]) HENNEBERG, W.: Zentralbl. f. Bakteriol., Parasitenk. u. Infektionskrankh. Abt. II, Bd. 3, S. 223. 1897. — Ders.: Dtsch. Essigind. Bd. 10, S. 89. 1906.

Bei Bact. aceti und Bact. Kützingianum ist sie gleich 6,6 vH., bei Bact. Pasteurianum gleich 6,2 vH.[1]). In einigen Fällen wurden gar Säuregehälte von 10 vH. bzw. 14 vH. verzeichnet[2]).

Bei echten Gärungen befinden sich die Gärungsorganismen auf dem Boden des Gefäßes in der Tiefe der gärenden Lösung. Essigbakterien bilden dagegen eine zusammenhängende Kahmhaut auf der Oberfläche der Lösung. Diese Haut absorbiert Sauerstoff aus der Luft und verwendet denselben zur Alkoholoxydation. Die fabelhafte Vermehrungsgeschwindigkeit der Essigbakterien wird am besten dadurch erläutert, daß eine Impfung der geeigneten Nährlösung mit einer minimalen Bakterienmenge bereits nach 24 Stunden eine Haut von 1 qm ergibt. Diese Haut besteht selbstverständlich aus einer ungeheuren Zahl der einzelnen Bakterien.

Die französische oder die sogenannte Orléanssche Essigbereitung gründet sich auf der Bildung einer derartigen Bakterienhaut. Man füllt breite, aber vor Licht geschützte, gut ventilierte Kübel mit verdorbenem, ungenießbarem Wein und läßt sie bei 20—30° in aller Ruhe stehen. Auf der Oberfläche der Flüssigkeit entsteht bald eine aus Essigbakterien bestehende Haut, welche Alkohol in Essigsäure verwandelt. Der Weinessig wird bedeutend höher geschätzt als der gewöhnliche Essig, der durch einfache Verdünnung der Essigsäure dargestellt wird: ersterer enthält nämlich verschiedene esterartige aromatische Stoffe, die zum Teil im Weine vorgebildet sind, zum Teil aber im Verlaufe der Gärung entstehen und dem Weinessig seinen eigenartigen Geschmack verleihen. Die Essigindustrie bildet ein wichtiges, mit Weinbau zusammenhängendes landwirtschaftliches Gewerbe: mißgelungener bzw. verdorbener Wein wird zu Essig verarbeitet.

Die Orleanssche Essigindustrie ist sehr alt, doch wurde sie nur durch PASTEURS bahnbrechende Arbeiten zu einem wissenschaftlich begründeten Verfahren erhoben. Vor der Feststellung der biologischen Natur der Essigsäuregärung war die Hautbildung nur einer spontanen Impfung zu verdanken, und alles war somit ein Spiel des Zufalls. So entstand z. B. unter Umständen nicht Essigsäure, sondern Acetaldehyd, eine giftige Substanz von stechendem Geruch. Gegenwärtig wissen wir, daß derselbe beim pathologischen Zustande der Bakterien erzeugt wird. Das beste Mittel, den genannten Übelstand zu beseitigen, ist also Wegschaffen der kranken Haut nebst neuer Impfung, was eine minimale Zeit in Anspruch nimmt. Da aber die künstliche Herstellung einer Haut damals nicht ausführbar war, wurde eine Zerstörung der bereits vorhandenen Haut nach Möglichkeit vermieden; man ließ sich daher in der Erwartung einer Besserung im Verhalten der kostbaren Haut einen Verlust an Rohmaterial gefallen. Aus demselben Grunde war es nicht möglich, die Essigproduktion zu regulieren; oft mußte man auch bei mangelndem Bedarf die Arbeit der Haut in großem Maße ausnutzen, oder, umgekehrt, im Falle des Absterbens der Haut bei günstigen Marktverhältnissen eine harte Geduldprobe bestehen.

Erst nachdem die Untersuchungen PASTEURS das theoretische Wesen der Essigsäuregärung klargelegt haben, trat eine neue Epoche der Essigindustrie ein. Kann eine frische Haut im Verlaufe von 24 Stunden leicht und sicher durch Impfung erhalten werden, so ist der Betrieb vor obigen zufälligen Vorfällen gut gesichert.

Die deutsche Essigindustrie unterscheidet sich in mancher Hinsicht von der französischen, da in Deutschland nicht nur Wein, sondern in erster Linie Bier als Material der Essigbereitung benutzt wird. Man füllt gewöhnlich eine

---

[1]) HENNEBERG, W.: a. a. O.

[2]) STEINMETZ, O.: Chem. Zeit. 1892. 1723. — BOKORNY, TH.: Zentralbl. f. Bakteriol., Parasitenk. u. Infektionskrankh., Abt. II, Bd. 12, S. 484. 1904. — JANKE: Ebenda Bd. 45, S. 145 u. 534. 1916; Bd. 46, S. 545. 1916.

hohle, hohe, hölzerne, gut ventilierte Pyramide mit Buchenhobelspänen und gießt durch die obere Öffnung tropfenweise eine alkoholhaltige Flüssigkeit hinzu. Da Essigbakterien die gesamte Oberfläche der Buchenspäne besiedeln, so wird der Alkohol beim Hinuntertröpfeln der Lösung total zu Essigsäure oxydiert. In Rußland hält man sich meistens an die Orléanssche Methode.

Eine interessante Oxydation der höherwertigen Alkohole wird durch einige Essigbakterien ausgeführt. So oxydiert Bact. aceti Mannit zu Fructose; eine weitere Oxydation findet so lange nicht statt, bis die Gesamtmenge von Mannit unverbraucht ist[1]). Noch merkwürdiger sind Oxydationswirkungen von Bact. xylinum[2]). Dieser Mikrobe vermag in je einem Alkoholmolekül nur eine sekundäre Alkoholgruppe in Ketongruppe zu verwandeln. So entsteht Sorbose aus Sorbit, Fructose aus Mannit, Dioxyaceton aus Glycerin. Letztere Reaktion ist für präparative Chemie von Bedeutung, indem sie die einzige Möglichkeit bietet, die genannte Triose in vollkommen reinem Zustande darzustellen:

$$CH_2OH.CHOH.CH_2OH + O = CH_2OH.CO.CH_2OH + H_2O.$$

Bei rein chemischen Oxydationen entsteht immer ein Gemisch von Dioxyaceton $CH_2OH.CO.CH_2OH$ und Glycerinaldehyd $CH_2OH.CHOH.$ $.CHO$, bei der biologischen Oxydation durch Essigbakterien wird dadagegen die primäre Hydroxylgruppe der mehratomigen Alkohole nicht angegriffen.

Bei der Oxydation der sechsatomigen Alkohole greifen Essigbakterien immer nur die sekundäre α-Hydroxylgruppe im Molekül an, und zwar nur in dem Falle, wo die sekundäre β-Hydroxylgruppe dieselbe räumliche Anordnung der Atome wie die α-Hydroxylgruppe hat[3]). Auf diese Weise sind diese Bakterien nach BERTRAND nicht imstande Dulcit zu oxydieren, obgleich sie Sorbit leicht in Sorbose überführen.

Alle Essigbakterien schreiten zu einer Verbrennung der Essigsäure zu CO_2 und H_2O, falls der Alkohol vollkommen verbraucht ist. Diese Säureverbrennung kommt in Gegenwart von Alkohol nicht zustande.

Unter natürlichen Verhältnissen hängt die Essigsäuregärung selbstverständlich mit der alkoholischen Gärung zusammen. Hier haben wir es wieder mit der im vorliegenden Buch schon mehrmals erwähnten Genossenschaft von Mikroorganismen zu tun. Die Gärungsmikroben haben sich so streng spezialisiert, daß sie in keine Konkurrenz miteinander treten und vielmehr unter Umständen gegenseitig nützlich sein können. So ist es auch im vorliegenden Falle. Die Hefe wird durch Gegenwart von Essigbakterien vor einer übermäßigen Alkohol-

---

[1]) BROWN, A.: Journ. of the chem. soc. (London) Bd. 51, S. 638. 1887. — SEIFERT, W.: Zentralbl. f. Bakteriol., Parasitenk. u. Infektionskrankh., Abt. II, Bd. 3, S. 337. 1897.

[2]) BERTRAND, G.: Cpt. rend. hebdom. des séances de l'acad. des sciences Bd. 122, S. 900. 1896; Bd. 126, S. 653, 762, 842 u. 984. 1898; Bd. 127, S. 124 u. 728. 1898; Bd. 130, S. 1330. 1900. — Ders.: Bull. de la soc. chim. (3), Bd. 19, S. 302 u. 347. 1898. — Ders.: Ann. de l'inst. Pasteur Bd. 12, S. 385. 1898. — Ders.: Ann. de chim et de physique (8), Bd. 3, S. 181. 1904. — BERTRAND bezeichnet die von ihm studierten Mikroben als „Sorbosebakterien".

[3]) BERTRAND, G.: a. a. O.

anhäufung geschützt, die nach dem Massenwirkungsgesetz die alkoholische Gärung hemmen könnte. Essigbakterien benutzen ihrerseits den durch Hefe gebildeten Alkohol zur Gewinnung der Betriebsenergie im Vorgange der Essigsäurebildung. Es ist also einleuchtend, daß Essigsäuregärung keineswegs früher als alkoholische Gärung auf der Erde entstehen konnte.

Es wurden Mikroben beschrieben, die eine eigenartige Zuckervergärung zu Gluconsäure bewirken[1]):

$$CH_2OH.(CHOH)_4.CHO + O = CH_2OH.(CHOH)_4.COOH.$$

In diesem Falle beschränkt sich also die Oxydation darauf, daß nur ein Sauerstoffatom mit je einem Zuckermolekül verbunden wird. Nach neuesten Angaben vermag selbst der gewöhnliche Schimmelpilz Aspergillus niger Zucker zu Gluconsäure zu oxydieren[2]).

Es wurde auch ein spezifischer Mikroorganismus entdeckt, der Äthylalkohol in Methan und CO_2 spaltet[3]). Die Gleichung dieser Gärung ist zwar noch nicht festgestellt, doch liegt hier zweifellos eine oxydative Gärung vor.

Zum Schluß ist der Umstand hervorzuheben, daß Essigsäuregärung, ebenso wie andere Gärungen, einen fermentativen Vorgang darstellt. Die zellfreie Essigsäuregärung geht aber nur ganz schwach vor sich[4]). Überhaupt wird die Wirksamkeit der oxydierenden Fermente durch das Abtöten des lebenden Plasmas im Durchschnitt stärker beeinträchtigt, als die Wirksamkeit derjenigen Fermente, welche anaerobe Spaltungsvorgänge zustande bringen.

Der Zusammenhang der chemischen Vorgänge bei den Gärungen und der Sauerstoffatmung. Alle oben beschriebenen energetischen Vorgänge der Pflanzen sind auf den ersten Blick sehr verschiedenartig. Die Stoffumwandlungen bei verschiedenen Gärungen scheinen in keinem Zusammenhang miteinander zu stehen. Echte Gärungen sind außerdem durch rein chemische Mittel, d. i. ohne Anteilnahme von Mikroorganismen, oder den aus denselben isolierten Fermenten nicht ausführbar. Bis auf die letzte Zeit hin waren die Gärungen auch in chemischer Hinsicht vollkommen geheimnisvolle Reaktionen. Der Vorgang der Sauerstoffatmung war ebenfalls nicht begreiflich, da eine vollkommene Zuckerverbrennung zu CO_2 und H_2O bei der Temperatur der umgebenden Luft auf den ersten Blick als paradox erscheint.

---

[1]) Boutroux: Cpt. rend. hebdom. des séances de l'acad. des sciences Bd. 91, S. 236. 1880.

[2]) Molliard, M.: Cpt. rend. hebdom. des séances de l'acad. des sciences Bd. 174, S. 881. 1922; Bd. 178, S. 41. 1924.

[3]) Omeliansky, W.: Ann. de l'inst. Pasteur Bd. 30, S. 56. 1916.

[4]) Buchner, E. u. Meisenheimer, J.: Ber. d. Dtsch. Chem. Ges. Bd. 36, S. 634. 1903. — Buchner, E. u. Gaunt, K.: Liebigs Ann. d. Chem. Bd. 349, S. 140. 1906. — Rothenbach, F. u. Eberlein, L.: Dtsch. Essigind. Bd. 9, S. 233. 1905. — Rothenbach u. Hoffmann: Ebenda Bd. 11, S. 41 u. 422. 1907. — Dies.: Zeitschr. f. Spiritusind. Bd. 30, S. 368. 1907.

Die neueren biochemischen Untersuchungen über Stoffumwandlungen bei den Gärungen und bei der Sauerstoffatmung haben jedoch einen beachtenswerten Zusammenhang von sämtlichen auf Kosten des Zuckers stattfindenden energetischen Vorgängen ans Tageslicht gebracht. Aus nachfolgender Darlegung wird allerdings ersichtlich werden, daß zur Zeit nur ein geringer Teil der einschlägigen Reaktionen klargelegt ist, doch gestatten die erhaltenen Resultate bereits ein zusammenhängendes Bild zu entwerfen; daher sind wir berechtigt, nicht von Gärungen, sondern von einer einheitlichen Gärung zu sprechen. Andererseits ist auch ein Zusammenhang zwischen Gärung und Atmung festgestellt worden: die Gärung bildet die erste Phase der gewöhnlichen Sauerstoffatmung.

Unter allen diesen Errungenschaften war chronologisch die Entdeckung des genetischen Zusammenhanges zwischen Sauerstoffatmung und alkoholischer Gärung zuerst gelungen. Die Feststellung der intermediären Phasen des Gärungsvorganges, wie überhaupt Untersuchungen über die chemische Seite der alkoholischen Gärung, wurden erst durch den Befund ermöglicht, daß die Gärung sich als ein fermentativer Vorgang erwies. Bald darauf wurden auch andere Fermente entdeckt, die verschiedene, vom chemischen Standpunkte aus unerklärbare Stoffumwandlungen bewirken. Sobald nun letztere vom lebenden Plasma getrennt wurden, konnte kein Zweifel mehr darüber bestehen, daß hier einheitliche chemische Vorgänge vorliegen, deren Erforschung wichtig und lohnend ist. Auf diese Weise trat die biochemische Untersuchung der physiologisch wichtigen Vorgänge in den Vordergrund, und es entstand die neue moderne Richtung der Pflanzenphysiologie, worüber auf vorstehenden Seiten schon mehrmals die Rede war.

Es war durchaus naheliegend, vor allem die alkoholische Gärung in Angriff zu nehmen, da viele günstige Momente eine derartige Untersuchung zu befördern schienen. Die wichtige technische Bedeutung der Gärung, die große Intensität dieses Vorganges, die Leichtigkeit der Darstellung von bedeutenden Hefemassen und der Isolierung von wirksamen Hefefermenten; alle diese Verhältnisse haben die Aufmerksamkeit der Biochemiker zunächst auf die alkoholische Gärung gelenkt, doch waren die errungenen Ergebnisse bis auf die letzte Zeit hin geringer, als auf einigen anderen Gebieten, die erst später der biochemischen Forschung erschlossen sind. Die Ursache der so langsamen Fortschritte besteht darin, daß alkoholische Gärung, wie bereits oben erwähnt, einen überraschend gut koordinierten und regulierten Vorgang darstellt. Es entstehen bei der Gärung nur winzige Mengen der Nebenprodukte, die das Wesen der Zuckerspaltung erläutern könnten. Beim schnellen Verlauf der Gärung wird Zucker quantitativ in Alkohol und Kohlendioxyd verwandelt, so daß sich darauf eine quantitative Methode der Zuckerbestimmung nach der Menge des durch Hefe gebildeten Kohlendioxyds gründet. Die chemische Erforschung der Gärung hat infolgedessen nur seitdem wirkliche Fortschritte zu verzeichnen, als die neue Methode der künstlichen Eingriffe zwecks Insolierung der intermediären Gärungsprodukte (S. 80) in Anwendung kam.

Obschon der genetische Zusammenhang von Atmung und Gärung bereits zu der Zeit dargetan ist, wo der Chemismus der Gärung noch nicht erforscht wurde, wollen wir der Übersichtlichkeit wegen zunächst die chemische Seite der Gärungen besprechen, und erst später die bei der Sauerstoffatmung stattfindenden Vorgänge ausführlicher erläutern.

Die intermediären Produkte der alkoholischen Gärung. Die ersten Versuche, die anfänglichen Umgestaltungen des Zuckermoleküls bei der alkoholischen Gärung klarzulegen, waren nicht erfolgreich, da Traubenzucker auf verschiedenartige Arten dissoziieren kann[1]), wobei wahrscheinlich die räumliche Anordnung der Atome im Zuckermolekül eine wichtige Rolle spielt. Dies bereitet wohl große Schwierigkeiten, da das innere Wesen der räumlichen Isomerie noch völlig unbekannt bleibt. Durchaus neue Erfolge gelang es zu erhalten, nachdem der experimentellen Forschung folgende Erwägungen zugrunde gelegt waren: 1. Muß man sich vorerst mit den intermediären Produkten befassen, die nicht dem Gärungsmaterial (Zucker), sondern den Endprodukten der Gärung nahe stehen. 2. Ist ein künstlicher Eingriff in den Gärungsvorgang unerläßlich, da nur auf diese Weise eine nennenswerte Anhäufung der intermediären Gärungsproduke gelingen kann[2]). In dieser Richtung bewegte sich zuerst der Verfasser dieses Buches, indem er Versuche veröffentlichte[3]), deren Leitgedanke darin bestand, daß Äthylalkohol bei der Gärung durch Reduktion von Acetaldehyd entsteht; letzterer wäre daher als das vorletzte Produkt der alkoholischen Gärung zu bezeichnen. Es wurde die Beobachtung gemacht, daß Zink- und Cadmiumsalze bereits in niedrigen Konzentrationen die Wirkung der reduzierenden Hefefermente stark hemmen; auf Grund dieses Befundes wurde eine Gärung von abgetöteter Hefe in Gegenwart der genannten Salze in Gang gesetzt, und es ergab sich in der Tat, daß die Ausbeuten an Acetaldehyd bis zu $^1/_3$ von derjenigen des Alkohols erreichten. Dieses Verhalten der Zink- und Cadmiumsalze ist zweifellos auf Ionenreaktionen zurückzuführen[4]). Daß Acetaldehyd in der Tat ein intermediäres Produkt und kein Nebenprodukt der Gärung darstellt, ist daraus ersichtlich, daß derselbe durch Hefe energisch zu Äthylalkohol reduziert wird[5]). Diese Reduktion erfolgt ent-

---

[1]) NEF, J. U.: Liebigs Ann. d. Chem. Bd. 403, S. 204. 1914.

[2]) KOSTYTSCHEW, S.: Ber. d. Dtsch. Chem. Ges. Bd. 45, S. 1289. 1912. — Ders.: Zeitschr. f. physiol. Chem. Bd. 79, S. 130. 1912; Bd. 83, S. 93. 1913.

[3]) KOSTYTSCHEW, S. u. SCHELOUMOW, A.: Ebenda Bd. 85, S. 493. 1913. — KOSTYTSCHEW, S. u. BRILLIANT, W.: Ebenda Bd. 85, S. 493. 1913. — KOSTYTSCHEW, S. u. FREY, L.: Ebenda Bd. 111, S. 126. 1920. — KOSTYTSCHEW, S. u. ZUBKOWA, S.: Ebenda Bd. 111, S. 132. 1920. — Dies.: Journ. d. russ. botan. Ges. Bd. 1, S. 47. 1916; Bd. 3, S. 40. 1918. (Russisch.) — KOSTYTSCHEW, S.: Biochem. Zeitschr. Bd. 64, S. 237. 1914.

[4]) KOSTYTSCHEW, S. u. ZUBKOWA, S.: a. a. O.

[5]) KOSTYTSCHEW, S. u. HÜBBENET, E.: Zeitschr. f. physiol. Chem. Bd. 79, S. 359. 1912. — KOSTYTSCHEW, S.: Ebenda Bd. 85, S. 408. 1913.

weder durch direkte Wasserstoffanlagerung[1]) oder durch Transmutation in Äthylalkohol und Essigsäure nach CANNIZZARO[2]):

$$2\,CH_3.CHO + H_2O = CH_3.COOH + CH_3.CH_2OH.$$

Die im Pflanzenreiche bei dieser Gelegenheit zuerst nachgewiesene CANNIZZAROsche Reaktion macht das häufige Vorkommen der Essigsäure als Nebenprodukt leicht begreiflich. Es wurde alsdann dargetan, daß Hefe sämtliche Aldehyde in entsprechende Alkohole zu reduzieren vermag[3]). Es ist dies also eine von den allgemeinen Aldehydreaktionen.

Neuerdings wurden andere schlagende Beweise der intermediären Bildung von Acetaldehyd bei der alkoholischen Gärung geliefert. Bereits im zweiten Jahre des Weltkrieges haben CONNSTEIN und LÜDECKE[4]) eine Methode der Glycerindarstellung aus Zucker durch Hefewirkung patentiert. Dieses Verfahren gründet sich auf den Gedanken, daß der unter normalen Verhältnissen zur Aldehydreduktion notwendige aktive Wasserstoff beim Herausgreifen des Acetaldehyds einen auf früheren Phasen der Gärung entstehenden „Dreikohlenstoffkörper" (s. unten) zu Glycerin reduzieren kann. Um dies zu erreichen, setzt man dem Gärgut Natriumsulfit hinzu; der Aldehyd wird dabei in Form von Bisulfitverbindung gebunden und es entsteht eine äquimolekulare Glycerinmenge. Erst nach dem Weltkriege wurde das Wesen der neuen Methode der Glycerindarstellung veröffentlicht und der Vorgang der „Sulfitgärung" näher untersucht. Nach den neueren quantitativen Bestimmungen[5]) kann folgende Gleichung der Silfitgärung als richtig gelten:

$$C_6H_{12}O_6 = CH_2OH.CHOH.CH_2OH + CH_3.CHO + CO_2.$$

Die Einwirkung von Sulfiten und Bisulfiten auf die Anhäufung des Acetaldehyds im Gärungsvorgange wurde außerdem sowohl im Laboratorium des Verfassers dieses Buches[6]). als auch von einigen anderen Forschern[7]) selbständig entdeckt und beschrieben. Die Grundlage der Sulfitmethode ist von derjenigen der Einwirkung von Zink- und Cadmiumsalzen prinzipiell verschieden, da die Salzwirkung auf reduzierende Fermente, die Sulfitwirkung aber auf den Aldehyd selbst gerichtet ist. In diesem Falle wird also die reduzierende Kraft der Hefe nicht ab-

---

[1]) KOSTYTSCHEW, S.: Zeitschr. f. physiol. Chem. Bd. 92, S. 402. 1914.

[2]) KOSTYTSCHEW, S.: Zeitschr. f. physiol. Chem. Bd. 89, S. 367. 1914.

[3]) NEUBERG, C. u. STEENBOCK: Biochem. Zeitschr. Bd. 52, S. 494. 1913; Bd. 59, S. 188. 1914. — NEUBERG, C. u. NORD, F.: Ebenda Bd. 67, S. 24. 1914. — NEUBERG, C. u. SCHWENK: Ebenda Bd. 71, S. 114. 1915. — MAYER, P. u. NEUBERG, C.: Ebenda Bd. 71, S. 174. 1915 u. a.

[4]) CONNSTEIN, W. u. LÜDECKE, K.: Ber. d. Dtsch. Chem. Ges. Bd. 52, S. 1385. 1919. — ZERNER, E.: Ebenda Bd. 53, S. 325. 1920.

[5]) NEUBERG, C. u. HIRSCH, J.: Biochem. Zeitschr. 100, S. 304. 1919. — NEUBERG, C., HIRSCH, J. u. REINFURTH, E.: Ebenda Bd. 105, S. 307. 1920.

[6]) ELIASBERG, P.: Journ. des landwirtschaftl. Inst. in Petersburg S. 74. 1921. (Russisch.)

[7]) MÜLLER-THURGAU, H. u. OSTERWALDER, A.: Schweiz. landwirtschaftl. Jahrb. S. 408. 1915. — SCHWEIZER, K.: Helv. chim. acta Bd. 2, S. 167. 1919.

geschwächt, sondern nur auf anderweitige Stoffe gelenkt[1]). Die gesteigerte Aldehydbildung in Gegenwart von Sulfiten findet nicht nur bei Glucose- bzw. Rohrzuckergärung, sondern auch bei Galaktosegärung statt[2]).

Die dritte Methode der Aldehydanhäufung besteht darin, daß man den Gärungsvorgang durch Zusatz von Methylenblau verändert[3]), da letzteres den aktiven Wasserstoff bindet. Infolgedessen wird ein Teil des intermediär gebildeten Aldehyds nicht reduziert und es entsteht sowohl freier Acetaldehyd, als auch Essigsäure bzw. Essigester (wahrscheinlich durch Transmutation).

Die vierte Methode der Aldehydanhäufung gründet sich auf die Einwirkung der schwach alkalischen Reaktion auf Hefefermente[4]). Hierbei verwandelt sich ein bedeutender Teil der entstandenen Aldehydmenge in Essigsäure und Alkohol nach CANNIZZARO. Die Gärung der alkalischen Gärung wird so geschrieben[5]):

$$2\,C_6H_{12}O_6 + H_2O = 2\,CO_2 + CH_3.COOH +$$
$$CH_3.CH_2OH + 2\,CH_2OH.CHOH.CH_2OH.$$

Es entsteht also hierbei ebenfalls Glycerin.

Sehr interessant ist die fünfte Methode, die im allgemeinen dasselbe Resultat wie die Sulfitmethode ergibt, aber eine intensivere Gärung ermöglicht. Eine Anhäufung von Acetaldehyd und Glycerin erfolgt in Gegenwart einer bedeutenden Menge von Tierkohle[6]). Merkwürdig ist der Umstand, daß andere Adsorbentien, wie z. B. Kieselgur, Talk, Caolin unwirksam bleiben. Der Mechanismus der Wirkung von Tierkohle ist noch nicht aufgehellt.

Es ist also ersichtlich, daß verschiedenartige Ergebnisse keinen Zweifel darüber bestehen lassen, daß Acetaldehyd ein intermediäres Gärungsprodukt darstellt. Dieser Erfolg ist insofern wichtig, als es dabei zuerst gelungen ist, ein intermediäres Produkt von einem solchen

---

[1]) Da die Wirkung der Zink- und Cadmiumsalze sich nur auf getötete, diejenige der Sulfite aber auch auf lebende Hefe erstreckt, so ist die Aldehydausbeute in letzterem Falle bedeutend größer. Die etwas giftigen Sulfite können durch Dimethylcyclohexandion

$$OC\underset{CH_2}{\overset{H_2C \qquad CO}{\diagdown\!\diagup}}\,C\underset{CH_3}{\overset{CH_2}{<}}\,{<}\!\!{\overset{CH_3}{\underset{CH_3}{}}}$$

ersetzt werden. Vgl. NEUBERG, C. u. REINFURTH, E.: Biochem. Zeitschr. Bd. 106, S. 281. 1920.

[2]) TOMITA, M.: Biochem. Zeitschr. Bd. 121, S. 164. 1921.

[3]) KOSTYTSCHEW, S.: Zeitschr. f. physiol. Chem. Bd. 83, S. 93. 1913.

[4]) WILENKO, G. G.: Zeitschr. f. physiol. Chem. Bd. 98, S. 255. 1917; Bd. 100, S. 225. 1917. — OELSNER, A. u. KOCH, A.: Ebenda Bd. 104, S. 175. 1919.

[5]) NEUBERG, C. u. HIRSCH, J.: Biochem. Zeitschr. Bd. 100, S. 304. 1919. — NEUBERG, C., HIRSCH, J. u. REINFURTH, E.: Ebenda Bd. 105, S. 307. 1920.

[6]) ABDERHALDEN, E.: Fermentforschung Bd. 5, S. 89, 110 u. 225. 1921—1922; Bd. 6, S. 162. 1922. — ABDERHALDEN, E. u. FODOR: Ebenda Bd. 5, S. 138. 1919. — ABDERHALDEN, E. u. GLAUBACH, S.: Ebenda Bd. 6, S. 143. 1922.

biochemischen Vorgang zu isolieren, der durch rein chemische Mittel nicht ausführbar ist. Es ist jedoch einleuchtend, daß der genannte Erfolg dazu nicht ausreicht, um das Wesen der alkoholischen Gärung vollkommen verständlich zu machen. Es taucht selbstverständlich die Frage auf, wie kann der Acetaldehyd im Verlaufe der alkoholischen Gärung entstehen? Der Verfasser dieses Buches hat angenommen, daß Acetaldehyd aus Brenztraubensäure hervorgeht[1]); die Anteilnahme der genannten Säure am Gärungsvorgange wurde allerdings bereits früher als wahrscheinlich erklärt[2]), obgleich zu jener Zeit noch keine experimentellen Ergebnisse zugunsten dieser Annahme angeführt werden konnten. Diese experimentellen Beweise sind nunmehr erbracht worden, indem Neuberg und seine Mitarbeiter dargetan haben, daß Brenztraubensäure durch Hefe glatt zu Acetaldehyd und CO_2 gespalten wird[3]):

$$CH_3.CO.COOH = CH_3.CHO + CO_2.$$

Aus dieser Gleichung ist ersichtlich, daß die Brenztraubensäurespaltung keine Hydrolyse darstellt. Als Carboxylase bezeichnet man das Hefeferment, welches die genannte Brenztraubensäurespaltung bewirkt. Neuerdings wurde darauf hingewiesen, daß Carboxylase kein eigentliches Ferment ist; dieser Umstand ist allerdings von nebensächlicher Bedeutung: Hauptsache ist, daß Hefearten die Brenztraubensäure mit großer Geschwindigkeit in CO_2, das Endprodukt der Gärung, und Acetaldehyd, die Vorstufe des Alkohols, zerlegen.

Versuche, ein Abfangen der Brenztraubensäure aus dem Gärgut durch $CaCO_3$ und ähnliche Stoffe zu erzielen[4]), erwiesen sich als nicht erfolgreich[5]), was auch leicht begreiflich ist, da sowohl die Salze als die Bisulfitverbindung der Brenztraubensäure durch Hefe auf dieselbe Weise wie die freie Säure zerlegt werden, wobei allerdings nicht CO_2 und Aldehyd, sondern ein Carbonat bzw. die Bisulfitverbindung des Acetaldehyds entsteht. Erst neuerdings ist es gelungen, die Bildung der Brenztraubensäure bei der Gärung auf folgende Weise nachzuweisen: die Brenztraubensäure wurde in Cinchoninsäurederivate verwandelt, die in Gegenwart von Acetaldehyd und Anilin bzw. β-Naphtylamin entstehen[6]), und zwar nach der Gleichung:

$$CH_3.CO.COOH + CH_3.CHO + C_6H_5NH_2 = \begin{array}{c} CH_3.C{=}N \\ | \qquad\quad \diagdown \\ HC{=}C.COOH \end{array}\!\!\!\!\!\diagup\!\!\!C_6H_4 + 2H_2O + H_2.$$

[1]) Kostytschew, A.: a. a. O.

[2]) Neubauer u. Fromherz: Zeitschr. f. physiol. Chem. Bd. 70, S. 350. 1910.

[3]) Neuberg, C. u. Karczag: Biochem. Zeitschr. Bd. 36, S. 68. 1911. — Neuberg, C. u. Rosenthal: Ebenda Bd. 51, S. 128. 1912.

[4]) Fernbach et Schoen: Cpt. rend. hebdom. des séances de l'acad. des sciences Bd. 157, S. 1478. 1913; Bd. 170, S. 764. 1920.

[5]) Kerb, J.: Ber. d. Dtsch. Chem. Ges. Bd. 52, S. 1795. 1919. — Ders.: Biochem. Zeitschr. Bd. 100, S. 3. 1919. — v. Grab, M.: Ebenda Bd. 123, S. 69. 1921. — Kerb, J. u. Zeckendorf: Ebenda Bd. 122, S. 307. 1921.

[6]) Döbner, O.: Liebigs Ann. d. Chem. Bd. 242, S. 265. 1887. — Ders.: Ber. d. Dtsch. Chem. Ges. Bd. 27, S. 352 u. 2020. 1894.

Diese spezifische Reaktion der Brenztraubensäure wurde zum Abfangen auf folgende Weise verwendet: der gärende Hefesaft wurde mit β-Naphthylamin versetzt; ein Zusatz von Acetaldehyd war überflüssig, da letzterer bei der Gärung selbst entsteht. Bei diesen Verhältnissen ist es gelungen, die Methylnaphtocinchoninsäure aus dem Gärgut zu isolieren[1]):

$$CH_3\!-\!C\!=\!N$$
$$\mid \qquad\quad \diagdown C_{10}H_6$$
$$HC\!=\!C \diagup$$
$$\mid$$
$$COOH$$

Die Bildung der genannten Säure ist kaum anders als über die Vorstufe der Brenztraubensäurebildung erklärbar.

Die beiden letzten gekoppelten Reaktionen des Gärungsvorganges sind also nunmehr durchsichtig, und der gesamte Vorgang zerfällt in folgende Teilstufen:

1. . . . $C_6H_{12}O_6 = 2\,CH_3.CO.COOH + 4\,H.$

Dies ist selbstverständlich eine summarische Gleichung, die den ersten bisher noch nicht erforschten Teil der alkoholischen Gärung zusammenfaßt und höchstwahrscheinlich selbst aus mehreren Teilstufen besteht. Weiter folgen aber schon einfache chemische Reaktionen:

2. . . . $2\,CH_3.CO.COOH = 2\,CH_3.CHO + 2\,CO_2$ und

3. . . . $2\,CH_3.CHO + 4\,H = 2\,CH_3.CH_2OH.$

Was nun die ersten Phasen der Gärung anbelangt, so sind wir berechtigt anzunehmen, daß in einem bestimmten Moment das Hexosemolekül in der Mitte gesprengt wird unter Bildung von einem noch nicht identifizierten „Dreikohlenstoffkörper", aus dem sowohl Brenztraubensäure als auch unter Umständen Glycerin hervorgehen. Dieser Annahme entspricht auch der Umstand, daß nur Zuckerarten mit 3, 6 oder 9 Kohlenstoffatomen gärfähig sind. Sehr wichtig wäre es, die Bildung der sowohl im Acetaldehyd, als bereits in Brenztraubensäure vorhandenen Methylgruppe klarzulegen. Es ist nicht unwahrscheinlich, daß die Lösung dieser Frage den Schlüssel zum gesamten Problem des Gärungsvorganges liefern wird. Bisher ist es nur gelungen, die Ursache der Gärfähigkeit bzw. der Nichtgärfähigkeit der verschiedenen Zuckerarten gewissermaßen aufzuhellen. Die gärfähigen Zuckerarten bilden nämlich mit zwei Molekülen Phosphorsäure oder Phosphat eine ersterartige Verbindung, die sogenannte Hexosediphosphorsäure, die für die Zuckervergärung angeblich notwendig ist und unter dem Einfluß des Hefefermentes Phosphatase entsteht.

Es wurde schon längst hervorgehoben, daß Phosphate die Zuckervergärung außerordentlich befördern[2]). Alsdann haben HARDEN und

<hr>

[1]) v. GRAB, M.: Biochem. Zeitschr. Bd. 123, S. 69. 1921.
[2]) WROBLEWSKI: Journ. f. prakt. Chem. Bd. 64, S. 1. 1901. — Ders.: „Zymasegärung" 1903 u. a.

Young[1]) nachgewiesen, daß die Zunahme an CO_2 und Alkoholausbeute im direkten Verhältnis zu der zugesetzten Phosphatmenge steht. Hierbei verwandeln sich die anorganischen Phosphate in eine phosphororganische Verbindung[2]), die zuerst als Triosemonophosphorsäure[3]), dann als Hexosemonophosphorsäure[4]) galt und schließlich als Hexosediphosphorsäure identifiziert wurde[5]). Die Lage der Phosphorsäurereste im Molekül ist bisher noch nicht festgestellt. Die Hexosediphosphorsäure reduziert alkalische Kupferoxydlösung und liefert schwer lösliches Blei- und Kupfersalz. Da die Bildung der Hexosephosphorsäure für die Zuckervergärung notwendig zu sein scheint, so schreiben Harden und Young[6]) die allgemeine Gleichung der alkoholischen Gärung auf folgende Weise:

1. $2 C_6H_{12}O_6 + 2 R_2HPO_4 = 2 CO_2 + 2 C_2H_5OH + 2 H_2O + C_6H_{10}O_4(R_2PO_4)_2$,
2. $C_6H_{10}O_4(R_2PO_4)_2 + 2 H_2O = 2 R_2HPO_4 + CH_2OH.(CHOH)_3.CO.CH_2OH.$
Fructose

Es muß nämlich darauf aufmerksam gemacht werden, daß man nach der Spaltung der aus verschiedenen Zuckerarten gebildeten Hexosediphosphorsäure immer nur die d-Fructose erhält[7]). Auf diese Weise scheint es, daß die Gärfähigkeit je einer Zuckerart davon abhängt, ob die Umwandlung dieses Zuckers in d-Fructose über die Hexosephosphorsäure möglich ist. Vergleichen wir nun die Konfigurationen von verschiedenen Aldohexosen mit derjenigen der d-Fructose, so ist es leicht zu ersehen, daß sowohl d-Glucose als d-Mannose sich unmittelbar in d-Fructose verwandeln, sobald nur die Carbonylgruppe zum vorletzten Kohlenstoffatom übergeht. Die analoge Umwandlung der Galaktose erfordert außerdem eine Änderung der räumlichen Anordnung von H und OH an dem mit * angezeigten Kohlenstoffatom. Im Zusammenhange damit ist Galaktose schwerer vergärbar als Glukose oder Fructose. Die übrigen Hexosen können nur durch tiefgreifende Konfigurationsänderungen in d-Fructose übergeführt werden, sind auch nicht vergärbar. Schwerer ist der auffallende Unterschied zwischen α- und β-Glucose zu erklären: erstere läßt sich nämlich durch Hefe leichter vergären[8]).

---

[1]) Harden, A. and Young: Proc. of the roy. soc. of London Bd. 77, S. 405. 1906; Bd. 78, S. 369. 1906; Bd. 80, S. 299. 1908.

[2]) Harden, A. and Young: Proc. of the chem. soc. Bd. 21, S. 189. 1905; Bd. 22, S. 283. 1906. — Iwanoff, L.: Arb. d. Naturforscherges. in Petersburg Bd. 34. 1905. (Russisch.) — Ders.: Zeitschr. f. physiol. Chem. Bd. 50, S. 281. 1907.

[3]) Iwanoff, L.: a. a. O. — v. Euler, H. u. Fodor: Biochem. Zeitschr. Bd. 36, S. 401. 1911.

[4]) v. Lebedew, A.: Biochem. Zeitschr. Bd. 28, S. 213. 1910.

[5]) Harden, A. u. Young: Biochem. Zeitschr. Bd. 32, S. 173. 1911. — Young, W. J.: Ebenda Bd. 32, S. 177. 1911. — v. Lebedew, A.: Untersuchungen über die zellfreie alkoholische Gärung 1913. (Russisch.) — Neuberg, C., Färber, E., Levite, A. u. Schwenk, E.: Biochem. Zeitschr. Bd. 83, S. 244. 1917. — Neuberg, C.: Ebenda Bd. 88, S. 432. 1918.

[6]) Harden, A. u. Young: Proc. of the roy. soc. of London Bd. 77, S. 405. 1906 u. a.

[7]) Harden, A. u. Young: a. a. O. — Neuberg, C.: Biochem. Zeitschr. Bd. 88, S. 432. 1918.

[8]) Willstätter, R. u. Sabotka, H.: Zeitschr. f. physiol. Chem. Bd. 123, S. 164. 1922.

$$
\begin{array}{cccc}
\mathrm{CH_2OH} & \mathrm{CHO} & \mathrm{CHO} & \mathrm{CHO} \\
| & | & | & | \\
\mathrm{C{=}O} & \mathrm{H{-}C{-}OH} & \mathrm{HO{-}C{-}H} & \mathrm{H{-}C{-}OH} \\
| & | & | & | \\
\mathrm{HO{-}C{-}H} & \mathrm{HO{-}C{-}H} & \mathrm{HO{-}C{-}H} & \mathrm{HO{-}C{-}H} \\
| & | & | & | \\
\mathrm{H{-}C{-}OH} & \mathrm{H{-}C{-}OH} & \mathrm{H{-}C{-}OH} & \mathrm{HO{-}C^{*}{-}H} \\
| & | & | & | \\
\mathrm{H{-}C{-}OH} & \mathrm{H{-}C{-}OH} & \mathrm{H{-}C{-}OH} & \mathrm{H{-}C{-}OH} \\
| & | & | & | \\
\mathrm{CH_2OH} & \mathrm{CH_2OH} & \mathrm{CH_2OH} & \mathrm{CH_2OH} \\
\text{d-Fructose} & \text{d-Glucose} & \text{d-Mannose} & \text{d-Galaktose}
\end{array}
$$

Der Mechanismus von allen oben beschriebenen intramolekularen Umlagerungen bei der Bildung der Phosphorsäureester ist nicht klargelegt worden. Möglicherweise kann auch die lockere Bindung mit Aminosäuren (S. 372 u. 384) analoge Wirkungen hervorbringen. Da die Hexosephosphorsäure namentlich die Gärung der abgetöteten Hefe erheblich stimuliert, so wurde die physiologische Bedeutung der genannten Substanz neuerdings in Abrede gestellt[1]); diese Meinung stieß aber auf starken Widerstand[2]); die wichtige Rolle der Phosphorsäureester bei der alkoholischen Gärung, scheint in der Tat außer Zweifel zu stehen, zumal die Hexosephosphorsäure auch bei der Gärung der lebenden Hefe entsteht[3]). Nach den neueren Untersuchungen[4]) erscheint bei der Hefegärung auch die unbeständige leicht vergärbare Hexosemonophosphorsäure, der die Hauptrolle bei der Gärung zukommen soll. Es muß allerdings hervorgehoben werden, daß die Rolle der Hexosephosphorsäure nicht näher präzisiert werden kann. Die Gleichung von HARDEN und YOUNG kann zwar die Bedeutung der räumlichen Isomerie von verschiedenen Hexosen erläutern, doch ist sie nicht imstande eine Erklärung der Steigerung der Gärungsintensität durch Phosphatzusatz zu liefern. Auch die Vergärung von d-Fructose, wobei, nach obigen Annahmen, keine Konfigurationsänderung stattfindet, wird durch Phosphatzusatz stimuliert. Es wurde die Annahme gemacht, daß Hexosephosphorsäure ein Koferment der Zymase darstelle; diese Meinung erwies sich in der Folge als unhaltbar: das im Hefeextrakt enthaltene Koferment ist eine Substanz von unbekannter Zusammensetzung, die mit Hexosephosphorsäure nicht identisch ist. Die Hexosephosphorsäure wird vielmehr selbst durch ein spezifisches Ferment, die sogenannte Phosphatase zerlegt und synthesiert[5]).

---

[1]) NEUBERG, C., FÄRBER, LEVITE, SCHWENK: Biochem. Zeitschr. Bd. 83, S. 244. 1917. — NEUBERG, C.: Ebenda Bd. 88, S. 432. 1918.

[2]) Vgl. v. EULER, H. u. HEINZE, H.: Zeitschr. f. physiol. Chem. Bd. 102, S. 252. 1918.

[3]) v. EULER, H. u. JOHANSSOHN: Zeitschr. f. physiol. Chem. Bd. 80, S. 175. 1912.

[4]) ROBINSON, R.: Biochem. Journ. Bd. 16, S. 809. 1923. — LEBEDEW, A.: Zeitschr. f. physiol. Chem. Bd. 132, S. 275. 1924.

[5]) IWANOFF, L.: Zeitschr. f. physiol. Chem. Bd. 59, S. 281. 1907. — v. EULER, H. u. OHLSÈN: Biochem. Zeitschr. Bd. 37, S. 313. 1911. — v. EULER, H.: Ebenda

Überblicken wir die experimentellen Ergebnisse auf dem Gebiete der Isolierung von intermediären Gärungsprodukten, so kommen wir zum folgenden Schluß. Es ist gelungen, die intermediäre Bildung von Brenztraubensäure und Acetaldehyd im Gärungsvorgange festzustellen:

$$C_6H_{12}O_6 = 2\,CH_3.CO.COOH + 4\,H,$$
$$2\,CH_3.CO.COOH = 2\,CH_3.CHO + 2\,CO_2,$$

und außerdem die Reduktion von Acetaldehyd zu Äthylalkohol nachzuweisen:

$$2\,CH_3.CHO + 4\,H = 2\,CH_3.CH_2OH.$$

Auf den ersten Stufen der alkoholischen Gärung entsteht die Hexosephosphorsäure, deren physiologische Rolle noch nicht bekannt ist. Von den übrigen angeblichen Gärungsprodukten und deren wahrscheinlichen Umwandlungen wird bei der Darlegung der modernen Gärungstheorien die Rede sein.

Die reduzierenden Vorgänge bei der alkoholischen Gärung. Äthylalkohol, das Endprodukt der alkoholischen Gärung, entsteht aus Acetaldehyd durch Anlagerung von zwei Wasserstoffatomen. In vorstehenden Kapiteln wurden auch verschiedenartige andere Reduktionsvorgänge beschrieben; es ist daher geboten, das innere Wesen der biologischen Reduktionen etwas näher kennen zu lernen, wozu namentlich der Vorgang der alkoholischen Gärung eine besonders günstige Gelegenheit bietet.

Die reduzierenden Wirkungen der Hefe sind schon längst bekannt. Die Hefe reduziert Nitrate zu Nitriten, molekularen Schwefel zu Schwefelwasserstoff[1]), außerdem Selensalze[2]), Methylenblau[3]), Nitrobenzol (zu Anilin)[4]), alle Aldehyde zu Alkoholen usw. Die Reduktion von Methylen-

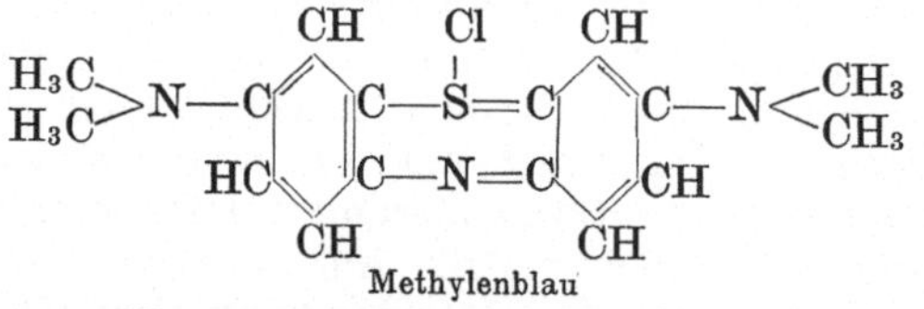

$$(H_3C)_2N-C\cdots S(Cl)\cdots C-N(CH_3)_2$$

Methylenblau

blau, einer sauerstofffreien Verbindung und von molekularem Schwefel zeigt, daß die biologische Reduktion sich nicht auf Sauerstoffabspaltung, sondern auf Wasserstoffaktivierung gründet.

Die Intensität der H-Anlagerung kann dadurch quantitativ ermittelt werden, daß man die Menge der reduzierten „Wasserstoffakzeptoren"

Bd. 41, S. 215. 1912. — v. EULER, H. u. KULLBERG: Zeitschr. f. physiol. Chem. Bd. 74, S. 15. 1911. — v. EULER, H. u. FUNKE: Ebenda Bd. 77, S. 488. 1912. — v. EULER, H.: Ebenda Bd. 79, S. 375. 1912. — HARDEN, A. and YOUNG: Proc. of the roy. soc. of London Bd. 82, S. 327. 1910. — Ders.: Zentralbl. f. Bakteriol., Parasitenk. u. Infektionskrankh., Abt. II, Bd. 26, S. 178. 1910.
[1]) DUMAS: Ann. de chim et de physique Bd. 3, S. 57. 1874.
[2]) PALLADIN, W.: Zeitschr. f. physiol. Chem. Bd. 56, S. 81. 1908.
[3]) „Zymasegärung" S. 343. 1903.
[4]) POZZI-ESCOT: Oxydases et reductases 1902. — NEUBERG, C. u. WELDE, E.: Biochem. Zeitschr. Bd. 60, S. 472. 1914.

(Stoffen, die den Wasserstoff leicht anlagern) von hohem Molekulargewicht, wie z. B. Methylenblau[1]) oder m-Dinitrobenzol[2]), bestimmt. (Methylenblau wird bequem mit Chlortitan titriert.) Auf diese Weise ist es gelungen, einen Zusammenhang der Reduktion mit dem Vorgange der alkoholischen Hefegärung nachzuweisen. Wird der Wasserstoff durch Methylenblau aus der gärenden Lösung abgefangen, so vermindert sich die CO_2- und Alkoholausbeute auf folgende Weise: ein Defizit von 1 Mol. Wasserstoff ruft einen Verlust von 1 Mol. CO_2 bzw. Alkohol hervor[3]). Interessant ist es, daß 1 Mol. Phosphorsäure eine Anlagerung von 1 Atom Wasserstoff an Methylenblau bewirkt; hieraus ist ersichtlich, daß Phosphate namentlich an den Reduktionsvorgängen bei der Gärung teilnehmen. Bemerkenswert ist auch der Umstand, daß Mannit, eine an und für sich nicht vergärbare Substanz, in Gegenwart von Methylenblau durch Hefe zu CO_2 und Alkohol vergoren wird[4]). Es liegt die Annahme nahe, daß Methylenblau durch den Wasserstoff des Mannits reduziert wird, wobei letzterer sich in eine Hexose verwandelt.

Es ist also ersichtlich, daß bei den Reduktionsvorgängen der Hefe eine Umlagerung des Wasserstoffs stattfindet. Schon längst hat man angenommen[5]), daß die Reduktionsvorgänge in Hefezellen durch spezifische Fermente hervorgerufen und reguliert werden. Gegenwärtig stellt BACH[6]) den Mechanismus der Wirkung der reduzierenden Fermente oder der sogenannten Reduktasen auf folgende Weise dar. Diejenige Substanz, die den Wasserstoff abspaltet, bezeichnet BACH als Reduktor RH_2, die den Wasserstoff anlagernde Substanz erhielt den Namen „Wasserstoffakzeptor". Als Kofermente dienen nach BACH Aldehyde, da die Reduktion oft durch den Wasserstoff des Wassers zustandegebracht wird, indem der Sauerstoff des Wassers den Aldehyd oxydiert, und der Wasserstoff durch das Ferment Perhydridase aktiviert wird. Eine andere Theorie, nämlich diejenige von WIELAND, wird weiter unten besprochen werden, da dieselbe für das Wesen der Sauerstoffatmung von Belang ist. Als Wasserstoffquelle dient angeblich oft die Sulfhydryl-

<hr>

[1]) Lwow, S.: Mitt. d. russ. Akad. d. Wiss. S. 241. 1913; S. 1171. 1915. (Russisch.) — Ders.: Biochem. Zeitschr. Bd. 66, S. 440. 1914. — Ders.: Tageb. d. 1. Kongr. d. russ. Botaniker S. 61 u. 62. 1921.

[2]) LIPSCHITZ, W. u. GOTTSCHALK, A.: Pflügers Arch. f. d. ges. Physiol. Bd. 191, S. 1 u. 51. 1921.

[3]) Lwow, S.: a. a. O.

[4]) Lwow, S.: Tageb. d. 1. Kongr. d. russ. Botaniker S. 62. 1921.

[5]) REY-PAILHADE: Cpt. rend. hebdom. des séances de l'acad. des sciences Bd. 106, S. 1683. 1888. — Ders.: Bull. de la soc. chim. de France (3), Bd. 23, S. 666. 1900. — POZZI ESCOT: Oxydases et reductases 1902. — SCHARDINGER: Zeitschr. f. Untersuch. d. Nahrungs- u. Genußmittel Bd. 5, S. 22. 1902.

[6]) BACH, A.: Arch. des sciences phys. et nat., Genève (4), Bd. 32, S. 27. 1911. — Ders.: Biochem. Zeitschr. Bd. 31, S. 433. 1911; Bd. 33, S. 282. 1911; Bd. 38, S. 154. 1911; Bd. 52, S. 412. 1913; Bd. 58, S. 205. 1913. — Ders.: Arch. des sciences phys. et nat., Genève (4), Bd. 43, S. 307. 1917. — Ders.: Cpt. rend. hebdom. des séances de l'acad. des sciences Bd. 164, S. 248. 1917.

gruppe — SH[1]), indem alle Verbindungen, welche diese Gruppe enthalten, zu einer Polymerisation fähig sind; letztere besteht darin, daß zwei Moleküle der betreffenden Substanz sich durch ihre Schwefelatome verketten und dabei den Wasserstoff abspalten. So bildet sich z. B. ein Molekül Cystin aus zwei Molekülen Cystein:

$$2\,HS.CH_2.CHNH_2.COOH =$$
$$HOOC.CHNH_2.CH_2.S.S.CH_2.CHNH_2.COOH + 2\,H.$$

Auch die CANNIZZAROsche Reaktion ist ihrem Wesen nach eine Übertragung des atomistischen Wasserstoffs; nach der Ansicht des Verfassers dieses Buches ist zwischen der Aldehydreduktion sensu stricto und der Transmutation nach CANNIZZARO keine scharfe Grenze zu ziehen. Andererseits ist die CANNIZZAROsche Reaktion (I) sowohl der Umlagerung des Glyoxals zu Glycolsäure (II), als der Bildung von Benzylsäure aus Benzyl (III) durchaus analog. Alle drei Reaktionstypen sind mit einem „Überspringen" von Wasserstoff bzw. von einem Radical zum benachbarten C-Atom verbunden und könnten also von einem und demselben Ferment bewirkt werden.

$$
\text{(I)}\quad
\begin{array}{c}
CH_3 \\ | \\ CHO \\ + \\ CHO \\ | \\ CH_3
\end{array}
\;\xrightarrow{+\,H_2O}\;
\begin{array}{c}
CH_3 \\ | \\ CH_2OH \\ + \\ COOH \\ | \\ CH_3
\end{array}
\qquad
\text{(II)}\quad
\begin{array}{c}
H \\ | \\ C=O \\ | \\ C=O \\ | \\ H
\end{array}
\;\xrightarrow{+\,H_2O}\;
\begin{array}{c}
H\;\;\;H \\ \diagdown\!\diagup \\ C-OH \\ | \\ C=O \\ | \\ OH
\end{array}
$$

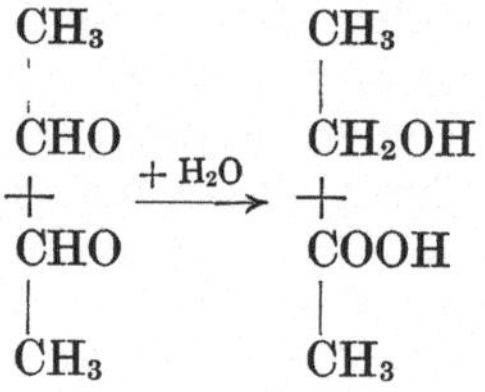

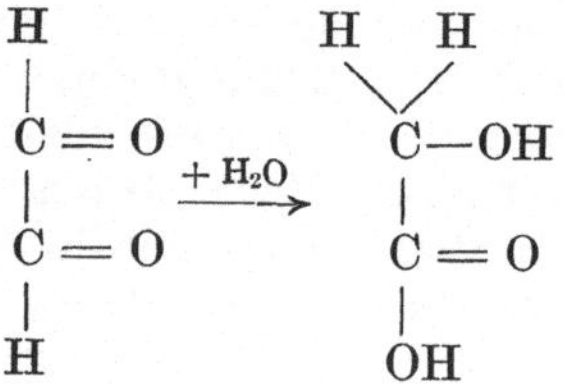

$$
\text{(III)}\quad
\begin{array}{c}
C_6H_5 \\ | \\ C=O \\ | \\ C=O \\ | \\ C_6H_5
\end{array}
\;\xrightarrow{+\,H_2O}\;
\begin{array}{c}
H_5C_6\;\;\;C_6H_5 \\ \diagdown\!\diagup \\ C-OH \\ | \\ C=O \\ | \\ OH
\end{array}
$$

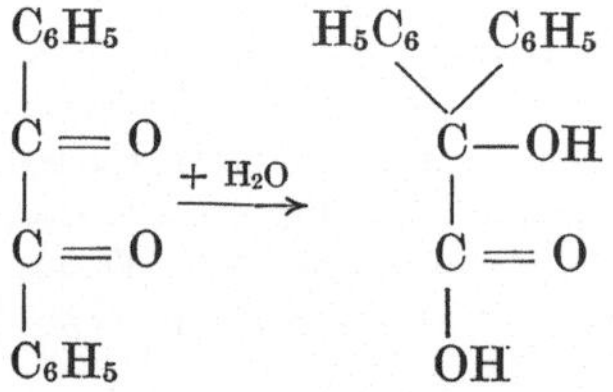

Auf Grund des oben Dargelegten ist ersichtlich, daß die Reduktionsvorgänge der Hefe mit der alkoholischen Gärung zusammenhängen und auf eine Übertragung des atomistischen Wasserstoffs zurückzuführen sind. Die Hefe enthält außerdem eine große Menge von Katalase, einem Ferment, welches Hydroperoxyd zu Wasser und Sauerstoff zerlegt[2]):

$$2\,H_2O_2 = 2\,H_2O + O_2.$$

---

[1]) HEFFTER: Arch. f. exp. Pathol., Festschr. f. SCHMIEDEBERG S. 253. 1908. — STRASSNER: Biochem. Zeitschr. Bd. 29, S. 295. 1910. — MEYERHOF: Pflügers Arch. f. d. ges. Physiol. Bd. 169. 1917; Bd. 170, S. 367 u. 428. 1918; Bd. 175. 1919. — Ders.: Zeitschr. f. physiol. Chem. Bd. 101, S. 165. 1918; Bd. 102, S. 1. 1918.

[2]) LOEW, O.: Rep. of the U. S. departm. of agricult. Nr. 68. 1901. — ISSAJEW: Zeitschr. f. physiol. Chem. Bd. 42, S. 102. 1904; Bd. 44, S. 546. 1905.

Die Bedeutung von Katalase ist aber nicht recht begreiflich; es ist selbst nicht festgestellt worden, ob Katalase ein selbständiges Ferment darstellt; es ist ja die Annahme nicht ausgeschlossen, daß die Zersetzung des Hydroperoxyds nichts anderes ist als eine Nebenreaktion bei der Wirkung von anderen Fermenten. Hypothesen über die Rolle der Katalase am Gärungsvorgange aufzubauen ist daher wohl kaum ratsam.

Die Theorien der alkoholischen Gärung. Bei Untersuchungen über alkoholische Gärung sind verschiedene Arbeitshypothesen sehr willkommen; daher ist hier eine kurze Darlegung der wichtigsten Gärungstheorien geboten. Einige ältere Theorien sind im ganzen als überholt anzusehen, doch enthalten sie einige fruchtbare Gedanken, die auch heute Beachtung verdienen. Die Bedeutung der zusammenhängenden Gärungstheorien wird durch den Umstand erhöht, daß verschiedene physiologisch wichtige Stoffumwandlungen, wie z. B. die Fettbildung aus Zucker, wahrscheinlich zum Teil durch die Fermente der alkoholischen Gärung hervorgebracht werden.

Die älteste chemische Gärungstheorie ist diejenige von A. v. Baeyer[1]. Sie besteht darin, daß im Glucosemolekül wiederholte Wasseranlagerungen und Wasserabspaltungen zustande kommen, wobei schließlich eine sechsgliedrige Kette mit oxydierten Kohlenstoffatomen in ihrer Mitte entsteht. Dieselbe ist nicht widerstandsfähig und wird entweder an einer Stelle oder an drei verschiedenen Stellen gesprengt; im ersteren Falle bilden sich zwei Moleküle Milchsäure, sonst entsteht aber Alkohol und Kohlendioxyd. Folgende Gleichungen stellen die allmähliche Veränderung des Zuckermoleküls nach v. Baeyer dar:

$$\text{I. } CH_2OH—CHOH—CHOH—CHOH—CHOH—CH(OH)_2 \text{ (Glucosehydrat)},$$
$$\text{II. } CH_3—CHOH—C(OH)_2—C(OH)_2—C(OH)_2—CH_3,$$
$$\text{III. } CH_3—CHOH—CO—O—CO—CHOH—CH_3,$$
$$\text{IV. } CH_3—CH_2—O—CO—O—CO—O—CH_2—CH_3.$$

Diese Theorie stützt sich zwar auf keine experimentellen Untersuchungen, enthält aber den richtigen Gedanken, daß alkoholische Gärung und Milchsäuregärung auf ihren ersten Stadien miteinander identisch sind.

Die Theorie von Buchner und Meisenheimer[2] nimmt an, daß Alkohol über die Zwischenstufe von Milchsäure entsteht. Die genannten Forscher glauben also schließen zu dürfen, daß Milchsäuregärung die Vorstufe der alkoholischen Gärung bildet. Die Milchsäure entsteht nach Buchner und Meisenheimer aus Zuckerarten über die Zwischenstufen von Triose und Methylglyoxal $CH_3 . CO . CHO$, und zwar auf folgende Weise[3]:

$$\text{I. } CH_2OH . (CHOH)_4 . CHO =$$
$$CH_2OH . CHOH . CHOH . CH:COH . CHO + H_2O,$$
$$\text{II. } CH_2OH . CHOH . CHOH . CH:COH . CHO =$$
$$CH_2OH . CHOH . CHOH . CH_2 . CO . CHO,$$
$$\text{III. } CH_2OH . CHOH . CHOH . CH_2 . CO . CHO =$$
$$CH_2OH . CHOH . CHO + CH_3 . CO . CHO,$$

                     Glycerinaldehyd   Methylglyoxal

$$\text{IV. } CH_2OH . CHOH . CHO = CH_2OH . CO . CH_2OH,$$

        Glycerinaldehyd   Dioxyaceton

---

[1] v. Baeyer, A.: Ber. d. Dtsch. Chem. Ges. Bd. 3, S. 63. 1870.

[2] Buchner, E. u. Meisenheimer, J.: Ber. d. Dtsch. Chem. Ges. Bd. 37, S. 417. 1904; Bd. 38, S. 620. 1905.

[3] Wohl: Biochem. Zeitschr. Bd. 5, S. 45. 1907; vgl. auch Nef: Liebigs Ann. d. Chem. Bd. 335, S. 247. 1904.

$$\text{V.}\quad CH_2OH.CO.CH_2OH = CH_3.CO.CHO + H_2O,$$
Methylglyoxal

$$\text{VI.}\quad 2\,CH_3.CO.CHO + 2\,H_2O = 2\,CH_3.CHOH.COOH,$$
Milchsäure

$$\text{VII.}\quad 2\,CH_3.CHOH.COOH = 2\,CH_3.CH_2OH + 2\,CO_2.$$

Auch diese Theorie ist experimentell nicht begründet, da es bisher nicht gelang, Triosen und Methylglyoxal aus den gärenden Zuckerlösungen zu isolieren; was nun Milchsäure anbelangt, so wird sie durch Hefe nicht vergoren[1]). Methylglyoxal ist ebenfalls nicht gärfähig[2]), und Dioxyaceton gärt bedeutend schwächer als Zucker[3]). Etwas intensiver verläuft die Vergärung von Glycerinaldehyd durch Hefe[4]), doch gärt Glycerinaldehyd immerhin schwächer als Zucker; daher ist der Einwand möglich, daß der Vergärung von Glycerinaldehyd eine Umwandlung dieser Substanz in gärungsfähige Zuckerarten durch Hefe vorangeht. Sollte es in der Tat der Fall sein, so wäre die Annahme wenig wahrscheinlich, daß Glycerinaldehyd ein intermediäres Produkt der alkoholischen Gärung ist.

Noch weniger wahrscheinlich ist die Annahme von BOYSEN-JENSEN[5]), daß Glucose in zwei Moleküle von Dioxyaceton zerfällt, und letzterer direkt Alkohol und CO_2 liefert. Die experimentellen Beweise BOYSEN-JENSENS wurden durch andere Forscher nicht bestätigt[6]). W. LOEB nimmt an, daß bei der alkoholischen Gärung ein der Aldolbildung antagonistischer Vorgang der Depolymerisation stattfindet, wobei aus Zucker Triosen, Glykolaldehyd und schließlich selbst Formaldehyd hervorgehen[7]). Die genannten Stoffe sollen alsdann Äthylalkohol und Kohlendioxyd durch intramolekulare Verschiebungen verschiedener Atome ergeben. Auch diese Theorie ist experimentell nicht begründet.

Erst nachdem Acetaldehyd und Brenztraubensäure als intermediäre Gärungsprodukte erkannt worden waren, hat man Gärungstheorien aufgestellt, die den genannten experimentellen Ergebnissen Rechnung tragen. Der Verfasser dieses Buches zerlegt den Gärungsvorgang in folgende Teilstufen[8]):

---

[1]) SLATOR, A.: Journ. of the chem. soc. (London) Bd. 93, S. 217. 1908. — Ders.: Ber. d. Dtsch. Chem. Ges. Bd. 40, S. 123. 1907. — BUCHNER, E. u. MEISENHEIMER: Landwirtschaftl. Jahrb. Bd. 38, Erg.-Bd. V, S. 265. 1909. — Dies.: Ber. d. Dtsch. Chem. Ges. Bd. 43, S. 1773. 1910.

[2]) BUCHNER, E.: Ber. d. Dtsch. Chem. Ges. Bd. 39, S. 3201. 1906. — MAYER, P.: Biochem. Zeitschr. Bd. 2, S. 435. 1907.

[3]) BERTRAND, G.: Ann. de chim. et de physique (8), Bd. 3, S. 181. 1904. — BUCHNER, E. u. MEISENHEIMER, J.: Ber. d. Dtsch. Chem. Ges. Bd. 43, S. 1773. 1910; Bd. 45, S. 1633. 1912. — v. LEBEDEW, A.: Ann. de l'inst. Pasteur Bd. 25, S. 847. 1911. — Ders.: Ber. d. Dtsch. Chem. Ges. Bd. 44, S. 2932. 1910; Bd. 45, S. 3258. 1912.

[4]) v. LEBEDEW, A. u. GRIASNOW: Ber. d. Dtsch. Chem. Ges. Bd. 45, S. 3258. 1912.

[5]) BOYSEN-JENSEN, P.: Ber. d. deutsch. botan. Ges. Bd. 26a, S. 666. 1908. — Ders.: Diss. Kopenhagen 1910.

[6]) KARAUSCHANOW: Ber. d. deutsch. botan. Ges. Bd. 29, S. 322. 1911. — v. EULER, H. u. FODOR: Biochem. Zeitschr. Bd. 36, S. 401. 1911. — CHICK, FR.: Ebenda Bd. 40, S. 479. 1912. — BUCHNER, E. u. MEISENHEIMER: Ber. d. Dtsch. Chem. Ges. Bd. 45, S. 1635. 1912.

[7]) LOEB, W.: Zeitschr. f. Elektrochem. Bd. 13, S. 511. 1907. — Ders.: Biochem. Zeitschr. Bd. 29, S. 311. 1910.

[8]) KOSTYTSCHEW, S.: Ber. d. Dtsch. Chem. Ges. Bd. 45, S. 1239. 1912. — Ders.: Zeitschr. f. physiol. Chem. Bd. 79, S. 130 u. 359. 1912; Bd. 83, S. 93. 1913; Bd. 111, S. 132. 1920. — Biochem. Zeitschr. Bd. 64, S. 237. 1914 u. a.

I. $C_6H_{12}O_6 = 2\,CH_3.CO.COOH + 4\,H$ (summarischer, noch nicht erforschter Vorgang),

II. $2\,CH_3.CO.COOH = 2\,CH_3.CHO + 2\,CO_2$,

III. $2\,CH_3.CHO + 4\,H = 2\,CH_3.CH_2OH$.

Dies ist eigentlich fast nur eine Zusammenfassung der experimentellen Ergebnisse. Der theoretische Teil beschränkt sich auf die Annahme, daß die Reduktion von Acetaldehyd zu Äthylalkohol durch den atomistischen Wasserstoff bewerkstelligt wird. Hierdurch wurde zum erstenmal den reduzierenden Eigenschaften der Hefe in einer Gärungstheorie Rechnung getragen. In dieser Theorie findet man aber keine Annahmen über den Vorgang der Brenztraubensäurebildung aus Zucker. Derselbe wird in folgenden Theorien erläutert. A. v. LEBEDEW[1]) hat zuerst die Annahme gemacht, daß das Hexosemolekül auf der ersten Gärungsphase in ein Molekül Glycerinaldehyd und ein Molekül Dioxyaceton zerfällt:

$$CH_2OH.(CHOH)_4.CHO = CH_2OH.CHOH.CHO + CH_2OH.CO.CH_2OH.$$

Weiterhin soll Glycerinaldehyd nach der obigen Theorie von KOSTYTSCHEW Alkohol und CO_2 liefern:

$$CH_2OH.CHOH.CHO = CH_3.CO.COOH + 2\,H,$$
$$CH_3.CO.COOH = CH_3.CHO + CO_2,$$
$$CH_3.CHO + 2\,H = CH_3.CH_2OH.$$

Dioxyaceton verbindet sich dagegen nach v. LEBEDEW mit Phosphorsäure und es entsteht die Triosemonophosphorsäure, die sich alsdann zu Hexosediphosphorsäure kondensiert; aus letzterer soll sich Zucker regenerieren, und der gesamte Vorgang sich solange wiederholen, bis der gesamte Zucker über Glycerinaldehyd in CO_2 und Alkohol zerlegt ist. In dieser Theorie wurde zuerst der Versuch gemacht, die Rolle der Zuckerphosphorsäure zu erläutern. Die experimentelle Grundlage dieser Theorie wurde aber in Zweifel gezogen, indem sich herausgestellt hat, daß bei der Vergärung von Dioxyaceton keine Triosemonophosphorsäure entsteht[2]). Daher hat auch der Verfasser selbst seine erste Theorie aufgegeben und eine andere vorgeschlagen[3]). Die neue Theorie gründet sich darauf, daß nach Verfassers Versuchen sowohl Glycerinaldehyd, als auch Glycerinsäure vergärbar sind. v. LEBEDEW nimmt an, daß die Zuckervergärung über die Zwischenstufen von Glycerinaldehyd, Glycerinsäure und Brenztraubensäure stattfindet. Eine Prüfung dieser nicht unwahrscheinlichen Theorie wurde noch nicht vorgenommen.

[1]) v. LEBEDEW, A.: Cpt. rend. hebdom. des séances de l'acad. des sciences Bd. 153, S. 136. 1911. — Ders.: Bull. de la soc. chim. de Erance (40), Bd. 9, S. 678. 1911. — Ders.: Ber. d. Dtsch. Chem. Ges. Bd. 45, S. 3240. 1912. — Ders.: Untersuchungen über die zellfreie alkoholische Gärung 1913. (Russisch.)

[2]) NEUBERG, C., FÄRBER, E., LEVITE, A., SCHWENK, E.: Biochem. Zeitschr. Bd. 83, S. 244. 1917.

[3]) v. LEBEDEW, A.: Zeitschr. f. physiol. Chem. Bd. 132, S. 275. 1924.

Neuberg[1]) hat eine Theorie vorgeschlagen, in der die bei Hefe von Kostytschew zuerst wahrgenommene Cannizzarosche Reaktion eine hervorragende Rolle spielt. Nach dieser Theorie entstehen bei der Gärung keine Triosen, und das Zuckermolekül zerfällt in zwei Moleküle Methylglyoxal. Alsdann bildet sich Brenztraubensäure durch die Transmutation des Methylglyoxals nach Cannizzaro. Weiterhin erfolgt eine Spaltung der Brenztraubensäure zu Acetaldehyd und CO_2, zum Schluß aber eine „gemischte" Cannizzarosche Reaktion zwischen Methylglyoxal und Acetaldehyd, wobei Äthylalkohol entsteht und Brenztraubensäure regeneriert wird. Diese verwickelten Vorgänge können durch folgende Gleichungen erläutert werden:

$$\text{I. } C_6H_{12}O_6 = C_6H_8O_4 \text{ (Methylglyoxalaldol)} + 2\,H_2O,$$

$$\text{II. } C_6H_8O_4 = 2\,CH_2\!:\!COH.CHO, \text{ bzw. } 2\,CH_3.CO.CHO \text{ (Methylglyoxal)},$$

$$\text{III. } 2\,CH_2\!:\!COH.CHO + 2\,H_2O =$$
$$\underset{\text{Glycerin}}{CH_2OH.CHOH.CH_2OH} + \underset{\text{Brenztraubensäure}}{CH_3.CO.COOH},$$

$$\text{IV. } CH_3.CO.COOH = CH_3.CHO + CO_2,$$

$$\text{V. } CH_3.CO.CHO + CH_3.CHO + H_2O =$$
$$CH_3.CO.COOH + CH_3.CH_2OH.$$

Diese Theorie bestrebt sich in erster Linie, die Bildung der Methylgruppe im Gärungsvorgange klarzulegen. Im Methylglyoxalmolekül sind verschiedene intramolekulare Atomenumlagerungen möglich, und die Formel dieser Verbindung wird verschiedenartig geschrieben, z. B. $CH_3.CO.CHO$; $CH_2\!:\!COH.CHO$; $CH_2\!:\!COH.CH(OH)_2$ usw. Doch enthält die Neubergsche Theorie einige schwache Punkte und drückt also kaum den wahren Sachverhalt aus. Sämtliche Reduktionen erfolgen nach dieser Theorie ausschließlich durch die Transmutation der Aldehyde nach Cannizzaro, und zwar sollen gleichzeitig zwei Cannizzarosche Reaktionen zustandekommen: die eine zwischen zwei Molekülen von Methylglyoxal (unter Aufnahme von zwei Wassermolekülen), woraus Glycerin und Brenztraubensäure hervorgehen:

$$2\,CH_3.CO.CHO + 2\,H_2O = CH_2OH.CHOH.CH_2OH + CH_3.CO.COOH,$$

die andere aber zwischen einem Molekül Methylglyoxal und einem Molekül Acetaldehyd, und zwar nur in der einen Richtung:

$$CH_3.CO.CHO + CH_3.CHO + H_2O = CH_3.CO.COOH + CH_3.CH_2OH.$$

Ein so regelmäßiger Verlauf des Vorganges könnte nur dadurch erklärt werden, daß außer den reinen Fermentvorgängen ein regulatorisches Prinzip sämtliche Reaktionen beherrscht. Wissen wir doch, daß Hefe den Acetaldehyd allein glatt zu Essigsäure und Äthylalkohol verwandelt[2]), und daß die Cannizzarosche Reaktion zwischen zwei Aldehyden vier und nicht zwei Produkte liefert[3]), wobei die ein-

---

[1]) Neuberg, C. u. Kerb: Biochem. Zeitschr. Bd. 53, S. 406. 1913; Bd. 58, S. 158. 1913.

[2]) Kostytschew, S.: Zeitschr. f. physiol. Chem. Bd. 89, S. 367. 1914.

[3]) Nord, F. F.: Biochem. Zeitschr. Bd. 106. S. 275. 1920.

fache CANNIZZAROsche Reaktion mit größerer Intensität als die gemischte vor sich geht. Der glatte Verlauf der gemischten Reaktion außerhalb der lebenden Zelle (im Hefesafte) ist also kaum denkbar.

Außerdem ist im Auge zu behalten, daß Methylglyoxal nicht gärfähig ist; dieses experimentelle Resultat kann selbstverständlich durch theoretische Auseinandersetzungen nicht zurückgewiesen werden. Was nun die Glycerinbildung anbelangt, so könnte sie durch einfache Reduktion der Triosen zustandekommen. Die Sulfitgärung bildet keine Stütze der NEUBERGschen Theorie: dieser Vorgang kann durch verschiedenartige Theorien erklärt werden, da die Annahme der intermediären Bildung von einem „Dreikohlenstoffkörper" in allen modernen Gärungstheorien zu finden ist. Nun ist Glycerin wahrscheinlich ein Reduktionsprodukt von diesem „Dreikohlenstoffkörper".

Auf Grund des Dargelegten können wir die Bildung sämtlicher Nebenprodukte der alkoholischen Gärung leicht begreifen. Glycerin entsteht entweder aus Triosen, oder aus Methylglyoxal bzw. aus einem anderen „Dreikohlenstoffkörper"; Milchsäure ist entweder ein Reduktionsprodukt der Benztraubensäure:

$$CH_3 . CO . COOH + 2 H = CH_3 . CHOH . COOH$$

oder ein Umwandlungsprodukt von Methylglyoxal:

$$CH_3 . CO . COH + H_2O = CH_3 . CHOH . COOH.$$

Essigsäure entsteht aus Acetaldehyd durch die Transmutation nach CANNIZZARO.

Allein ist keine der vorhandenen Gärungstheorien einwandfrei; alle widersprechen entweder den experimentellen Ergebnissen verschiedener Forscher, oder den laufenden chemischen Grundsätzen. Dies scheint darauf hinzuweisen, daß zur Lösung des Gärungsproblems noch eine experimentelle Entdeckung notwendig ist, die möglicherweise ebenso unerwartet sein wird wie die Bildung von Acetaldehyd oder von Hexosephosphorsäure. Gegenwärtig reichen unsere Kenntnisse zur Klarlegung des Gärungsvorganges noch nicht aus.

Folgender Umstand ist bei der Untersuchung des Gärungsproblems zu beachten. Oben wurde von der Notwendigkeit eines regulatorischen Prinzips gesprochen. Ist die sogenannte „Zymase" tatsächlich ein Gemenge von verschiedenen Fermenten, so erscheint der glatte Verlauf der zellfreien Gärung als verwunderlich. Entweder ist eine Regulierung und Koordination der fermentativen Vorgänge außerhalb des lebenden Plasmas möglich (eine kaum wahrscheinliche Annahme!), oder nimmt am Gärungsvorgange nur ein einziges Ferment sensu stricto teil. Es wurde in der Tat die Meinung ausgesprochen, daß z. B. Carboxylase kein Ferment darstellt, da die Brenztraubensäure durch Chinolin, Pyridin und ähnliche Stoffe stürmisch zerlegt wird[1]. Der Verfasser dieses Buches nimmt an, daß die vermeintlichen Reduktase, Carboxy-

---

[1] BREDIG, G.: Zeitschr. f. Elektrochem. Bd. 24, S. 285. 1918.

lase, Mutase usw. nicht existieren und daß ein einheitliches Ferment die gesamte Zuckerspaltung im Gärungsprozesse bewirkt (nur Phosphortase dürfte ein besonderes Ferment sein).

Die intermediären Produkte und das chemische Wesen der übrigen Gärungen. Auf Grund des oben Dargelegten ist der Chemismus und der Zusammenhang der übrigen Gärungen ziemlich durchsichtig. Auf vorstehenden Seiten wurde darauf hingewiesen, daß BUCHNER und MEISENHEIMER[1]) eine geringe Milchsäurebildung bei der alkoholischen Gärung entdeckten und daher Milchsäuregärung als die Vorstufe der alkoholischen Gärung betrachteten. Späterhin wurde gefunden, daß bei der Triosevergärung durch Hefe sehr erhebliche Mengen von Milchsäure und Methylglyoxal entstehen[2]). PALLADIN[3]) erzielte eine Vergärung von geringen Milchsäuremengen durch Hefe zu CO_2 und Alkohol und schließt sich danach der Theorie von BUCHNER und MEISENHEIMER im allgemeinen an. Auch wurden Mikroorganismen beschrieben, die Milchsäure zu Brenztraubensäure oxydieren[4]).

Wahrscheinlicher ist jedoch die entgegengesetzte Annahme, daß Brenztraubensäure das gemeinsame intermediäre Produkt sowohl der alkoholischen Gärung, als der Milchsäuregärung darstellt, wogegen Milchsäure durch die Fermente der alkoholischen Gärung unangreifbar ist. Sowohl bei der alkoholischen Gärung, als bei der Milchsäuregärung könnte eine und dieselbe Zuckerspaltung zu Brenztraubensäure und aktivem Wasserstoff stattfinden. Weiterhin wäre die Brenztraubensäure im Vorgange der alkoholischen Gärung zu CO_2 und Acetaldehyd zerlegt; bei der Milchsäuregärung aber durch den aktiven Wasserstoff sofort zu Milchsäure reduziert. Die Mikroben der reinen Milchsäuregärung sind kaum imstande, Brenztraubensäure zu spalten[5]). Deshalb reduziert der Wasserstoff nicht die Carboxylgruppe des Acetaldehyds, sondern diejenige der Brenztraubensäure:

I. . . $C_6H_{12}O_6 = 2\,CH_3 . CO . COOH + 4\,H$.

II. . . $2\,CH_3 . CO . COOH + 4\,H = 2\,CH_3 . CHOH . COOH$.

Noch durchsichtiger ist der Zusammenhang der Milchsäuregärung mit der alkoholischen Gärung, wenn außer Milchsäure auch andere Gärungsprodukte entstehen. So erzeugt z. B. Bacterium lactis aerogenes beträchtliche Mengen von Essigsäure und Äthylalkohol. Diese

---

[1]) BUCHNER, E. u. MEISENHEIMER, J.: Ber. d. Dtsch. Chem. Ges. Bd. 37, S. 417. 1904; Bd. 38, S. 620. 1905. Vgl. auch FERNBACH, A. et SCHOEN, M.: Cpt. rend. des séances de la soc. de biol. Bd. 89, S. 475. 1923.

[2]) OPPENHEIMER, M.: Zeitschr. f. physiol. Chem. Bd. 89, S. 45 u. 63. 1914; vgl. auch EMBDEN, G., SCHMITZ u. BALDES: Biochem. Zeitschr. Bd. 45, S. 174. 1912.

[3]) PALLADIN, W., SABININ, D. u. LOWTSCHINOWSKY: Mitt. d. russ. Akad. d. Wiss. S. 701. 1915. (Russisch.) — PALLADIN, W. u. SABININ, D.: Ebenda S. 187. 1916. (Russisch.) — Dies.: Biochem. journ. Bd. 10, S. 185. 1916.

[4]) MAZÉ, P.: Bull. de la soc. de biol. Bd. 81, S. 1150. 1918.

[5]) KOSTYTSCHEW, S. u. AFANASSJEWA, M.: Comptes rendus hebd. des séances de l'acad. des sciences, Juliheft 1925.

beiden Produkte gehen wohl aus Acetaldehyd hervor, und es ist in der Tat gelungen, bei der Sulfitgärung des genannten Organismus eine bedeutende Aldehydausbeute zu erzielen[1]). Bei der unreinen Milchsäuregärung wird also ein Teil der gebildeten Brenztraubensäure nicht reduziert, sondern durch Carboxylase gespalten. Bei der Beurteilung des Zusammenhanges zwischen der alkoholischen Gärung und der Milchsäuregärung ist allerdings der Umstand in Betracht zu ziehen, daß die typische Milchsäurebakterie Bact. lact. acidi LEICHM. nach den neuesten Angaben weder zur Bildung, noch zur Spaltung von Hexosephosphorsäure befähigt ist[2]).

Ein anderes Bild gewährt uns die Buttersäuregärung. Es wurde schon längst die Annahme gemacht, daß Buttersäure ein sekundäres synthetisches Produkt darstellt und zwar aus zwei Molekülen Acetaldehyd über Aldol entsteht[3]):

$$2\,CH_3.CHO = CH_3.CHOH.CH_2.CHO\ (Aldol),$$
$$CH_3.CHOH.CH_2.CHO = CH_3.CH_2.CH_2.COOH\ (Buttersäure).$$

Die Umwandlung von Aldol in Buttersäure wurde durch rein chemische Mittel, und zwar durch stille elektrische Entladungen erzielt[4]).

Als Nebenprodukte entstehen bei der Buttersäuregärung hauptsächlich Milchsäure, Essigsäure und Äthylalkohol, die den genetischen Zusammenhang der Buttersäuregärung mit der alkoholischen Gärung und der Milchsäuregärung ans Tageslicht bringen. Mit Hilfe der Sulfitmethode ist es gelungen, den Acetaldehyd bei der Buttersäuregärung abzufangen[5]); andererseits entsteht Buttersäure bei der Vergärung von Brenztraubensäurealdol durch die Buttersäuregärungsmikroben[6]).

Auf Grund der soeben beschriebenen Ergebnisse ist es möglich, folgendes einfaches, zusammenhängendes Bild der chemischen Einheitlichkeit von allen drei echten Gärungen aufzuwerfen, wenn wir uns der Annahme des Verfassers dieses Buches über die Bedeutung des aktiven Wasserstoffes am Gärungsvorgange anschließen. Zuerst erfolgt immer eine und dieselbe Zuckerspaltung zu Brenztraubensäure und aktivem Wasserstoff; weiterhin kommt es darauf an, ob Wasserstoffanlagerung oder andere simultane Vorgänge mit größerer Geschwindigkeit verlaufen: je nach dem Verhältnis der Reaktionsgeschwindigkeiten wird dann entweder die Milchsäuregärung oder die alkoholische Gärung bzw. die Buttersäuregärung in Gang gesetzt.

---

[1]) NEUBERG, C., NORD, F. F. u. WOLFF, E.: Biochem. Zeitschr. Bd. 112, S. 144. 1920. — NAGAI, K.: Ebenda Bd. 141, S. 261. 1923.

[2]) VIRTANEN, A. J.: Zeitschr. f. physiol. Chem. Bd. 134, S. 300. 1924; Bd. 138, S. 136. 1924.

[3]) FITZ, A.: Ber. d. Dtsch. Chem. Ges. Bd. 9, S. 1348. 1876; Bd. 11, S. 42. 1878. — BUCHNER, E. u. MEISENHEIMER, J.: Ebenda Bd. 41, S. 1410. 1908.

[4]) LOEB, W.: Biochem. Zeitschr. Bd. 20, S. 126. 1909.

[5]) NEUBERG, C. u. NORD, F. F.: Biochem. Zeitschr. Bd. 96, S. 143. 1919.

[6]) NEUBERG, C. u. ARINSTEIN, B.: Biochem. Zeitschr. Bd. 117, S. 269. 1921.

Erster Fall. Nach der summarischen Reaktion

$$C_6H_{12}O_6 = 2\,CH_3.CO.COOH + 4\,H$$

ist die Geschwindigkeit der Brenztraubensäurespaltung bedeutend geringer als diejenige der Wasserstoffanlagerung. Hieraus resultiert die Brenztraubensäurereduktion oder, mit anderen Worten, es findet die Milchsäuregärung statt:

$$2\,CH_3.CO.COOH + 4\,H = 2\,CH_3.CHOH.COOH.$$

Die Milchsäure könnte eventuell auch aus Methylglyoxal entstehen:

$$C_6H_{12}O_6 = 2\,CH_3.CO.CHO + 2\,H_2O$$

und weiterhin:

$$2\,CH_3.CO.CHO + 2\,H_2O = 2\,CH_3.CHOH.COOH.$$

Zweiter Fall. Nach der summarischen Reaktion

$$C_6H_{12}O_6 = 2\,CH_3.CO.COOH + 4\,H$$

ist die Geschwindigkeit der Brenztraubensäurespaltung bedeutend größer als diejenige der Wasserstoffanlagerung. Infolgedessen wird durch den aktiven Wasserstoff nicht Brenztraubensäure, sondern Acetaldehyd reduziert, und der gesamte Vorgang ist also nichts anderes, als die alkoholische Gärung:

I. . . . $2\,CH_3.CO.COOH = 2\,CH_3.CHO + 2\,CO_2,$

II. . . . $2\,CH_3.CHO = 2\,CH_3.CH_2OH.$

Dritter Fall. Nach der summarischen Reaktion

$$C_6H_{12}O_6 = 2\,CH_3.CO.COOH + 4\,H$$

verlaufen die Reduktionsvorgänge mit einer ganz geringen Geschwindigkeit. Bevor die vorhandenen Carbonylgruppen eine Reduktion erfahren, findet nicht nur eine Brenztraubensäurespaltung, sondern auch eine Polymerisation des gebildeten Acetaldehyds zu Aldol nebst Verwandlung des Aldols in Buttersäure im weiten Umfange statt[1]. Ist es es nun aber einmal geschehen, so ist die Wasserstoffanlagerung nicht mehr möglich, da keine freien Carbonylgruppen nunmehr zur Verfügung stehen. Infolgedessen erfolgt eine Abscheidung des molekularen Wasserstoffes:

I. . . $2\,CH_3.CO.COOH = 2\,CH_3.CHO + 2\,CO_2,$

II. . . $2\,CH_3.CHO = CH_3.CHOH.CH_2.CHO,$

III. . . $CH_3.CHOH.CH_2.CHO = CH_3.CH_2.CH_2.COOH,$

IV. . . $4\,H = 2\,H_2.$

Die sogenannten unreinen Gärungen, von denen oben die Rede war, bilden verschiedene Übergänge zwischen den drei soeben geschilderten Reaktionstypen. Eine so einfache Zusammenfassung der bei sämtlichen Gärungen stattfindenden Reaktionen ist nur dann möglich,

---

[1] Durch Einwirkung von Carboligase (S. 71) sollte nicht Aldol $CH_3.CHOH.CH_2.CHO$, sondern Methylacetylcarbinol $CH_3.CHOH.CO.CH_3$ entstehen. Diese Substanz läßt sich in Buttersäure nicht überführen.

wenn man im Einklang mit den Ansichten des Verfassers dieses Buches ein Überspringen des Wasserstoffes am Gärungsvorgange (S. 526) annimmt. Nimmt man dagegen mit NEUBERG an, daß sämtliche Reduktionen der Carbonylgruppen nichts anderes als CANNIZZAROsche Reaktionen sind, so gelingt es nicht, die Einheitlichkeit des Gärungsvorganges durch die im obigen Schema angegebenen einfachen Gleichungen darzustellen.

Auch bei der Essigsäuregärung wird Acetaldehyd erzeugt, wie es bereits PASTEUR hervorgehoben hat. Mit Hilfe der Sulfitmethode ist es gelungen, erhebliche Mengen von Acetaldehyd bei der Gärung von B. orleanense, B. ascendens und B. Pasteurianum abzufangen[1]). Nach den laufenden Vorstellungen erfolgt die Alkoholoxydation zu Acetaldehyd nicht durch Sauerstoffaktivierung, sondern durch Wasserstoffaktivierung. Daher besteht der gesamte Vorgang wahrscheinlich aus drei Teilstufen:

$$\text{I.} \quad 2\,CH_3.CH_2OH = 2\,CH_3.CHO + 4\,H,$$
$$\text{II.} \quad 2\,CH_3.CHO + H_2O = CH_3.CH_2OH + CH_3.COOH,$$
$$\text{III.} \quad 4\,H + O_2 = 2\,H_2O.$$

Daß eine derartige Erklärung richtig ist, zeigt folgender Umstand: es ist möglich, die Essigsäuregärung in Gegenwart von einem geeigneten Wasserstoffacceptor, z. B. von Methylenblau, bei Sauerstoffabschluß in Gang zu setzen[2]). Hieraus ist ersichtlich, daß der Sauerstoff lauter als Wasserstoffacceptor fungiert.

Die anaerobe Atmung. Der auf den vorstehenden Seiten dargelegte genetische Zusammenhang sämtlicher Gärungsarten wird noch bedeutsamer, wenn man in Betracht zieht, daß die normale Sauerstoffatmung der Pflanzen sich ebenfalls in einem genetischen Zusammenhange mit der Gärung befindet. Um diese Frage eingehender zu erläutern, ist es notwendig, einige schon längst entdeckte, aber erst neuerdings richtig interpretierte Tatsachen zu beschreiben.

Bei seinen Untersuchungen über alkoholische Gärung hat PASTEUR[3]) eine wichtige Entdeckung gemacht, deren volle Bedeutung nur im laufenden Jahrhundert klargelegt wurde. Es ergab sich, daß verschiedene Pflanzen und gar einzelne Pflanzenteile bei Sauerstoffabschluß regelmäßig CO_2 produzieren und eine gewisse Alkoholmenge erzeugen. PASTEUR zog hieraus den Schluß, daß anaerobe Vorgänge auch bei normal atmenden Lebewesen unter Umständen eine wichtige Rolle spielen; ein tieferer Einblick ins Wesen der betreffenden Erscheinungen war aber damals nicht möglich.

---

[1]) NEUBERG, C. u. NORD, F. F.: Biochem. Zeitschr. Bd. 96, S. 158. 1919.

[2]) WIELAND: Ber. d. Dtsch. Chem. Ges. Bd. 46, S. 3327. 1913.

[3]) PASTEUR, L.: Cpt. rend. hebdom. des séances de l'acad. des sciences Bd. 75, S. 784. 1872. — Ders.: Etudes sur la bière 1876; vgl. auch LECHARTIER et BELLAMY: Cpt. rend. hebdom. des séances de l'acad. des sciences Bd. 69, S. 356 u. 466. 1869; Bd. 75, S. 1203. 1872; Bd. 79, S. 1006. 1874.

Diese CO_2-Abscheidung bei Sauerstoffabschluß durch normal atmende Pflanzen, die neuerdings als anaerobe Atmung bezeichnet wurde[1]), war Gegenstand von zahlreichen experimentellen Untersuchungen. Vor allem ist der Umstand zu beachten, daß die Intensität der anaeroben Atmung meistens bedeutend geringer ist, als diejenige der Sauerstoffatmung. Nun macht die Energieausbeute der Gärung bei gleichem Zuckerverbrauch nur einen geringen Bruchteil der Atmungsenergie aus (S. 479); infolgedessen gehen die meisten aeroben Pflanzen bei Sauerstoffabschluß wegen Mangels an Betriebsenergie schnell ein.

Folgende Tabelle von WILSON[2]) illustriert das Verhältnis der Intensität der anaeroben Atmung zu derjenigen der Sauerstoffatmung bei verschiedenen Pflanzen. Dieses Verhältnis wird gewöhnlich durch $\frac{I}{N}$ ausgedrückt.

	$\frac{I}{N}$
Keimpflanzen von Triticum vulgare . . .	0,49
„ „ Sinapis alba	0,18
„ „ Brassica napus	0,25
„ „ Helianthus annuus . .	0,35
Stengel von Orobanche ramosa	0,32
Laubsprosse von Abies excelsa	0,08
Fruchtkörper von Lactarius piperatus . .	0,32

Es ist einleuchtend, daß eine so schwache Gärung nur ganz geringe Energieausbeuten liefern kann, wie es auch in der Tat experimentell festgestellt ist[3]). Andererseits ergab es sich, daß die anaerobe Atmung im Pflanzenreiche allgemein verbreitet ist: sie findet sowohl bei Samenpflanzen, als bei aeroben Schimmelpilzen und anderen normal atmenden niederen Organismen statt[4]).

Bei der Beurteilung der physiologischen Rolle der anaeroben Atmung haben einige Forscher die Annahme gemacht, daß der genannte Vorgang eine biologische Anpassung vorstelle. Durch die anaerobe Atmung soll dem momentanen Tode der Pflanzen bei zufälliger Sauerstoffentziehung vorgebeugt werden. Ist nämlich die anaerobe Atmung als eine beständige Energiequelle unzureichend, so könnte sie nach dieser Annahme das Leben der Pflanze im Verlaufe von einigen Stunden oder gar tagelang unterhalten, was unter Umständen von der größten Bedeutung sein könne.

---

[1]) KOSTYTSCHEW, S.: Untersuchungen über die anaerobe Atmung der Pflanzen 1907. (Russisch.)

[2]) WILSON: Flora Bd. 65, S. 93. 1882; vgl. auch MÖLLER: Ber. d. dtsch. botan. Ges. Bd. 2, S. 306. 1884.

[3]) ERIKSSON: Untersuch. a. d. botan. Inst. Tübingen Bd. 1, S. 636. 1881—1885.

[4]) MUNTZ: Ann. de chim et de physique (5), Bd. 8, S. 56. 1876; Bd. 13, S. 543. 1878. — BREFELD, O.: Landwirtschaftl. Jahrb. Bd. 5, S. 281. 1876. — DE LUCA: Ann. des sciences nat. (6), Bd. 6, S. 286. 1878.

Diese Auffassung muß als unzureichend und überwunden abgelehnt werden. Abgesehen davon, daß biologisch-teleologische Betrachtungen in biochemischen Fragen überhaupt unstatthaft sind, ist auch an und für sich die Voraussetzung kaum plausibel, daß ein physiologischer Vorgang nur gelegentlich als eine Vorsichtsmaßregel auftreten könnte. Wissen wir doch, daß anaerobe Atmung allgemein verbreitet ist; es wurde bisher noch keine einzige Pflanze gefunden, die nicht befähigt wäre, CO_2 bei Sauerstoffabschluß zu bilden. Andererseits findet anaerobe Atmung nur höchst selten unter natürlichen Lebensverhältnissen statt. Auf welche Weise könnte nun ein sehr selten zustande kommender Vorgang als Anpassungserscheinung so allgemeine Verbreitung erlangen? Schließlich ist in Betracht zu ziehen, daß Pflanzen auch ohne CO_2-Bildung nicht augenblicklich absterben; der energetische Wert der anaeroben Atmung erscheint jedoch oft als so unbedeutend, daß ihm keine biologische Zweckmäßigkeit zugesprochen werden kann. Es ist in der Tat fraglich, ob der winzige Energiegewinn, der durch anaerobe Atmung geliefert wird, den Tod der Pflanze selbst auf kurze Zeit aufhalten könnte.

Der Einfluß von Außenfaktoren auf die anaerobe Atmung ist derselbe wie bei der normalen Atmung[1]). Die anaerobe Atmung ist auch oft mit der alkoholischen Gärung identisch; oben wurde aber dargetan, daß die Außenfaktoren eine und dieselbe Einwirkung sowohl auf die Sauerstoffatmung als auf die alkoholische Gärung ausüben. Eine quantitative Bestimmung der Bilanz der anaeroben Atmung wurde jedoch erst neuerdings ausgeführt, und zwar zuerst bei keimenden Samen[2]); es ergab sich, daß das Verhältnis CO_2 : Alkohol bei Erbsensamen der theoretischen Gleichung der alkoholischen Gärung ungefähr entspricht. Durch die Sulfitmethode ist es gelungen, Acetaldehyd bei der anaeroben Atmung der Erbsensamen abzufangen[3]). Dasselbe Ergebnis lieferten auch die bei Sauerstoffzutritt normal atmenden Schimmelpilze nach dem Absperren in einem sauerstofffreien Medium[4]). Erst nach Ausführung von diesen quantitativen Bestimmungen sind wir berechtigt, von einer Identität der anaeroben Atmung mit der alkoholischen Gärung zu sprechen.

Späterhin ergab es sich[5]) allerdings, daß die Größe von CO_2 : Alkohol bei der anaeroben Atmung mit der Gleichung der alkoholischen

---

[1]) AMM: Jahrb. f. wiss. Botanik Bd. 25, S. 1. 1893. — DETMER: Ber. d. dtsch. botan. Ges. Bd. 10, S. 201. 1892. — CHUDIAKOW: Landwirtschaftl. Jahrb. Bd. 23, S. 333. 1894. — PALLADIN: Rev. gén. de botanique Bd. 6, S. 201. 1894. — FERNANDES, D. S.: Recueil des travaux botan. néerland. Bd. 20, S. 107. 1923.

[2]) GODLEWSKI, E. u. POLZENIUSZ: Bull. de l'acad. des sciences de Cracovie 1897. S. 267; 1901. S. 227.

[3]) NEUBERG, C. u. GOTTSCHALK, A.: Biochem. Zeitschr. Bd. 151, S. 167. 1924.

[4]) KOSTYTSCHEW, S.: Ber. d. botan. Ges. Bd. 25, S. 44. 1907. — Ders. u. AFANASSJEWA, M.: Journ. d. russ. botan. Ges. Bd. 2, S. 77. 1917. (Russisch.) — Dies.: Jahrb. f. wiss. Botanik Bd. 60, S. 628. 1921.

[5]) KOSTYTSCHEW, S.: Ber. d. botan. Ges. Bd. 26a, S. 167. 1908. — Ders.: Zeitschr. f. physiol. Chem. Bd. 65, S. 350. 1910. — Ders.: Ber. d. botan. Ges. Bd. 31, S. 125. 1913; vgl. auch PALLADIN, W. u. KOSTYTSCHEW, S.: Ebenda Bd. 25, S. 51. 1907. — Dies.: Zeitschr. f. physiol. Chem. Bd. 48, S. 214. 1906.

Gärung nicht immer in Einklang zu bringen ist, und zwar wird oft
ein bedeutender CO_2-Überschuß produziert. Bei einigen Pflanzen ist
gar keine Alkoholbildung bei Sauerstoffabschluß zu verzeichnen; diese
extremen Fälle lassen sich auf zweierlei Weise erklären. Entweder
liegt hier ein besonderer Typus der anaeroben Atmung vor, der mit
alkoholischer Gärung nichts zu tun hat und ohne Anteilnahme der
Gärungsfermente zustande kommt, oder wird der etwa entstehende
Alkohol, bzw. seine Vorstufe, sofort nach der Bildung wieder verbraucht, und eine Anhäufung von Alkohol findet nicht statt. Folgende
Tabelle von KOSTYTSCHEW kann das Gesagte erläutern:

Pflanzenobjekt	CO_2 in mg	Alkohol in mg	$\dfrac{CO_2}{C_2H_5OH}$
Mucor racemosus	696	688	100 : 99
Aspergillus niger	530	500	100 : 94
Blüten von Acer platanoides	736	786	100 : 107
Wurzel von Daucus carota	318	324	100 : 102
Süße Äpfel „Sinap"	379	301	100 : 80
Apfelsinen	142	99	100 : 70
Keimpflanzen von Lepidium sativum	487	277	100 : 57
Blätter von Acer platanoides	287	167	100 : 58
„ „ Syringa vulgaris	308	171	100 : 56
„ „ Prunus padus	456	232	100 : 51
Wurzel von Brassica rapa	230	114	100 : 49
Saure Äpfel „Anton"	277	117	100 : 42
Kartoffelknollen Magnum bonum	90	6	100 : 7
Fruchtkörper von Champignon (Psalliota campestris)	1563	0	100 : 0

Besonders merkwürdig ist das Verhalten der Kartoffeln[1]) und des
Champignons[2]), die bedeutende CO_2-Mengen ausscheiden, aber den Alkohol nicht erzeugen. Es ist wohl die Annahme nicht ausgeschlossen,
daß im vorliegenden Falle der Alkohol bzw. der Acetaldehyd durch
noch nicht aufgehellte Nebenvorgänge verbraucht wird. Diese Erklärung ist jedoch nicht in allen Fällen wahrscheinlich. So erzeugen
zuckerfreie Peptonkulturen von Aspergillus niger nicht die geringste
Menge von Äthylalkohol und enthalten auch keine Zymase[3]), da sie
nicht imstande sind, den zugesetzten Zucker zu vergären. Hier liegt
also ein ganz eigentümlicher Typus der anaeroben Atmung vor, wovon noch weiter unten die Rede sein wird.

Das chemische Wesen der ohne Alkoholbildung verlaufenden anaeroben Atmung ist noch unbekannt; was nun die alkoholische Gärung
der Samenpflanzen anbelangt, so ist dieser Vorgang mit der alkoholischen Gärung der Hefepilze identisch; derselbe verläuft aber in Sa-

---

[1]) KOSTYTSCHEW, S.: Ber. d. botan. Ges. Bd. 31, S. 127. 1913; vgl. auch
BOYSEN-JENSEN, P.: Biol. meddel. af det danske vidensk. selskab. Bd. 4, S. 1.
1923.

[2]) KOSTYTSCHEW, S.: Ber. d. botan. Ges. Bd. 25, S. 44. 1907. — Ders.:
Zeitschr. f. physiol. Chem. Bd. 65, S. 350. 1910.

[3]) KOSTYTSCHEW, S. u. AFANASSIEWA, M.: Jahrb. f. wiss. Botanik Bd. 60,
S. 628. 1921.

menpflanzen meistens mit geringer Intensität. Es wurde aus Samenpflanzen sowohl Zymase[1]), als auch Carboxylase[2]) isoliert; die Hexosephosphatase ist im Pflanzenreiche ebenfalls sehr verbreitet[3]). Bei der anaeroben Atmung verschiedener Schimmelpilze wurde mittels der Sulfitmethode Acetaldehyd abgefangen[4]). Früher war die Meinung verbreitet, daß bei der anaeroben Atmung der mannitführenden Pflanzen molekularer Wasserstoff entsteht, da Mannit unter Wasserstoffabspaltung in Zucker übergehen soll[5]). Diese Annahme erwies sich aber als irrig[6]): nur bei bakterieller Infektion findet Mannitvergärung statt, wobei in der Tat Wasserstoff entsteht. Es ist dies aber ein Vorgang, der mit den physiologischen Stoffumwandlungen in mannitführenden Pflanzen nichts zu tun hat.

Der genetische Zusammenhang der anaeroben Atmung mit der Sauerstoffatmung. PFLÜGER[7]) hat die anaerobe CO_2-Abscheidung bei Fröschen wahrgenommen und auf Grund dieser Beobachtung den fruchtbaren Gedanken ausgesprochen, daß die anaerobe Atmung weder eine pathologische Erscheinung, noch eine biologische Anpassung darstellt, sondern die wichtige Teilstufe der normalen Atmung bildet. Bei der anaeroben Atmung entstehen, PFLÜGERs Ansicht nach, leicht oxydierbare Stoffe, die alsdann durch den atmosphärischen Sauerstoff angegriffen werden. Da die oxydierende Fermente zu jener Zeit noch nicht bekannt waren, so vermochte PFLÜGER seine Theorie nicht näher zu präzisieren.

Die PFLÜGERsche Theorie wurde alsdann von PFEFFER und WORTMANN[8]) auf die Pflanzenatmung erweitert, da aber dieser Vorgang der Hefegärung sehr ähnlich ist, so mußte die Alkoholbildung in Betracht gezogen werden; vor allem tauchte die Frage auf, warum in Samenpflanzen bei vollem Luftzutritt keine

---

[1]) STOKLASA, J. u. CERNY: Ber. d. Dtsch. Chem. Ges. Bd. 36, S. 622. 1903. — STOKLASA, JELINEK u. VITEK: Hofmeisters Beitr. z. chem. Physiol. u. Pathol. Bd. 3, S. 460. 1903. — Dies.: Zentralbl. f. Physiol. Bd. 16, S. 652. 1903; Bd. 17, S. 465. 1903. — Dies.: Pflügers Arch. f. d. ges. Physiol. Bd. 101, S. 311. 1904. — KOSTYTSCHEW, S.: Ber. d. botan. Ges. Bd. 22, S. 207. 1904. — Ders.: Zentralbl. f. Bakteriol., Parasitenk. u. Infektionskrankh., Abt. II, Bd. 13, S. 490. 1904. — Ders.: Untersuchungen über anaerobe Atmung 1907. (Russisch.) — PALLADIN, W. u. KOSTYTSCHEW, S.: Zeitschr. f. physiol. Chem. Bd. 48, S. 214. 1906. — Dies.: Ber. d. dtsch. botan. Ges. Bd. 24, S. 273. 1906.

[2]) ZALESKI, W. u. MARX: Biochem. Zeitschr. Bd. 47, S. 184. 1912; Bd. 48, S. 175. 1913. — ZALESKI, W.: Ber. d. dtsch. botan. Ges. Bd. 32, S. 457. 1914. — BODNAR, J.: Biochem. Zeitschr. Bd. 73, S. 193. 1916.

[3]) NEMEC, A. u. DUCHON, F.: Bioch. Zeitschr. Bd. 119, S. 73. 1921.

[4]) COHEN, CLARA: Biochem. Zeitschr. Bd. 112, S. 139. 1920. — NEUBERG, C. u. COHEN, C.: Ebenda Bd. 122, S. 204. 1921. — ELIASBERG, P.: Journ. d. landwirtschaftl. Inst. in Petersburg 1921. 74. (Russisch.)

[5]) MUNTZ: Cpt. rend. hebdom. des séances de l'acad. des sciences Bd. 80, S. 178. 1875. — Ders.: Ann. de chim. et de phys. (5), Bd. 8, S. 56. 1876. — DE LUCA: Ann. des sciences nat. (6), Bd. 6, S. 286. 1878.

[6]) KOSTYTSCHEW, S.: Ber. d. dtsch. botan. Ges. Bd. 24, S. 436. 1906; Bd. 25, S. 178. 1907. — Ders.: Physiol.-chemische Untersuchungen über Pflanzenatmung 1910. (Russisch.)

[7]) PFLÜGER; Pflügers Arch. f. d. ges. Physiol. Bd. 10, S. 251. 1875.

[8]) PFEFFER, W.: Landwirtschaftl. Jahrb. Bd. 7, S. 805. 1878. — WORTMANN, J.: Arb. aus d. botan. Inst. Würzburg Bd. 2, S. 500. 1880.

Alkoholanhäufung zu verzeichnen ist. PFEFFER hat angenommen, daß Alkohol
ein intermediäres Atmungsprodukt darstellt und also bei Luftzutritt total verbrannt wird. WORTMANN glaubte schließen zu dürfen, daß Alkohol zur Zuckersynthese dient. Diese Annahmen erwiesen sich in der Folge als unhaltbar; sie
waren auch experimentell nicht begründet. Verschiedene andere Forscher behaupteten, daß die anaerobe Atmung nichts anderes sei als eine pathologische
prämortale Erscheinung[1]).

Die experimentellen Untersuchungen über anaerobe Atmung waren zunächst
nicht zugunsten der Theorie des genetischen Zusammenhanges der anaeroben
mit der normalen Atmung ausgefallen. Die Theorien von PFEFFER und WORT-
MANN waren so aufgebaut, daß sie ein Konstantbleiben der Größe von $\dfrac{I}{N}$ bei
allen Pflanzen verlangten, in Wahrheit erwies es sich aber, daß die genannte
Größe innerhalb weiter Grenzen schwankt[2]). Andererseits zeigten die eingehenden Untersuchungen DIAKONOWS[3]), daß bei Schimmelpilzen die anaerobe Atmung nur bei Zuckerernährung möglich ist; sie unterbleibt vollkommen, wenn
andere organische Stoffe als Kohlenstoffquellen dienen, obgleich dieselben oft
ein gutes Wachstum und ausgiebige Sauerstoffatmung ermöglichen. Hieraus
wurde der Schluß gezogen, daß Sauerstoffatmung ohne Mitwirkung der anaeroben Spaltungsvorgänge zustande kommt.

Nachdem DIAKONOW[4]) und bald darauf PALLADIN[5]) auch bei Samenpflanzen eine Steigerung der anaeroben Atmung nach Zuckergabe wahrgenommen
und dieselbe im Sinne der DIAKONOWschen Theorie interpretiert haben, sah sich
auch PFEFFER selbst genötigt, seine frühere Theorie aufzugeben[6]). Die Ansichten der Gegner der Theorie des genetischen Zusammenhanges, nämlich von
DIAKONOW, PALLADIN und GODLEWSKI waren eine Zeitlang vorherrschend.

Im Anfang des laufenden Jahrhunderts wurde jedoch die Theorie des genetischen Zusammenhanges der anaeroben mit der normalen Atmung so umgebaut,
daß die Schwankungen der Größe von $\dfrac{I}{N}$ nicht mehr ins Gewicht fielen[7]). Der
erste Einwand wurde also beseitigt. Bald darauf wurde auch der andere wichtige Einwand überwunden: es ergab sich, daß die DIAKONOWschen Versuche
unrichtig interpretiert waren und daher zu fehlerhaften Schlußfolgerungen
führten; in Wahrheit findet die anaerobe Atmung auf allen Nährlösungen
statt, die eine Entwicklung der Schimmelpilze ermöglichen[8]). Späterhin ergab es

---

[1]) NÄGELI, C.: Theorie der Gärung 1879. — BREFELD, O.: Landwirtschaftl.
Jahrb. Bd. 5, S. 281. 1876. — SACHS, J.: Vorlesungen über Pflanzenphysiologie
1882. — BORODIN, J.: Botan. Zeit. Bd. 39, S. 127. 1881. — GODLEWSKI, E.: Jahrb.
f. wiss. Botanik Bd. 13, S. 524. 1882. — REINKE, J.: Botan. Zeit. Bd. 41, S. 65. 1883.

[2]) WILSON: Flora Bd. 65, S. 93. 1882. — MÖLLER: Ber. d. dtsch. botan. Ges.
Bd. 2, S. 306. 1884.

[3]) DIAKONOW, N.: Arch. slaves de biol. Bd. 1, S. 531. 1886; Bd. 4, S. 31 u.
121. 1887. — Ders.: Ber. d. dtsch. botan. Ges. Bd. 4, S. 411. 1886. In einer späteren
Arbeit behauptete DIAKONOW, daß die anaerobe Atmung bei einigen Schimmelpilzen selbst auf Zuckerlösungen nicht zu verzeichnen ist. Vgl. DIAKONOW:
Arb. d. Naturforscherges. Petersburg Bd. 23, S. 1. 1893.

[4]) DIAKONOW, N.: Arch. slaves de biol. Bd. 3, S. 6. 1887. — Ders.: Ber. d.
dtsch. botan. Ges. Bd. 4, S. 1. 1886.

[5]) PALLADIN, W.: Bull. de la soc. des natural. de Moscou Bd. 62, S. 44. 1886.
(Russisch.) — Ders.: Rev. gén. de botanique Bd. 6, S. 201. 1894.

[6]) PFEFFER, W.: Untersuch. aus d. botan. Inst. Tübingen Bd. 1, S. 105. 1881
bis 1885. — Ders.: Lehrbuch der Pflanzenphysiologie Bd. 1. 1897.

[7]) KOSTYTSCHEW, S.: Journ. f. experim. Landwirtschaft Bd. 2, S. 580. 1901.
(Russisch.) — Ders.: Jahrb. f. wiss. Bot. Bd. 40, S. 563. 1904 u. a.

[8]) KOSTYTSCHEW, S.: a. a. O.; außerdem Ber. d. dtsch. botan. Ges. Bd. 20,
S. 327. 1902. — Ders.: Untersuchungen über die anaerobe Atmung der Pflanzen
1907. (Russisch.)

sich sogar, daß gut assimilierbare stickstofffreie Nichtzuckerstoffe, wie z. B. Weinsäure, Chinasäure, Milchsäure, Glycerin, Mannit u. a., durch Einwirkung der Pilze in Zucker übergehen, der alsdann in üblicher Weise vergoren wird[1]). Endlich war die Entdeckung der Zymase und die Klarlegung ihrer Wirkungsweise ausschlaggebend; hierdurch wurden die letzten Zweifel beseitigt. PALLADIN und GODLEWSKI, zwei hervorragende Gegner der Theorie des genetischen Zusammenhanges haben nach der Entdeckung der Zymase ihre Ansichten verändert und viele zugunsten der genannten Theorie sprechenden Tatsachen und Erwägungen hervorgebracht. Gegenwärtig gewann die Theorie des genetischen Zusammenhanges der anaeroben mit der normalen Atmung allgemeine Anerkennung, und nur wenige vereinzelte Stimmen erheben sich neuerdings gegen diese Auffassung[2]).

Erst nachdem die Identität der anaeroben Atmung der meisten Pflanzen mit der alkoholischen Gärung dargetan[3]) und Zymase aus verschiedenen Pflanzengeweben isoliert worden war, ist es möglich geworden, den Zusammenhang der anaeroben mit der normalen Atmung näher zu präzisieren. Es ergab sich, daß oxydierende Vorgänge nach der Abtötung des Zellplasmas in höherem Grade abgeschwächt werden, als die Zymasewirkung; auf diese Weise gelingt es, eine Alkoholproduktion durch getötete aerobe Pflanzen beim vollen Luftzutritt darzutun[4]). Da nun die Zymasewirkung durch Luftsauerstoff nicht gehemmt wird[5]), so scheint nur eine Erklärung der Nichtbildung von Alkohol bei den normalen Lebensverhältnissen der aeroben Pflanzen möglich zu sein. Diese Erklärung besteht darin, daß die Produkte der Zymaseeinwirkung auf Zucker durch oxydierende Fermente verbrannt werden. Diese Annahme wird noch dadurch gestützt, daß bei der temporären Anaerobiose eine Bildung von leicht oxydablen Stoffen nachgewiesen wurde. Nach einem Verweilen im sauerstofffreien Raume findet oft ein gewaltiger Aufschwung der Sauerstoffatmung statt[6]). Beachtenswert ist auch der Umstand, daß sowohl die Hefezymase, als die Atmungsfermente der höheren Pflanzen und der Tiergewebe eine und dieselben Kofermente verlangen. Einerseits wird die alkoholische Gärung der Hefepilze durch Pflanzen- und Muskelextrakte stark stimuliert; anderseits steigt die Intensität der fermentativen Atmung der

---

[1]) KOSTYTSCHEW, S.: Zeitschr. f. physiol. Chem. Bd. 111, S. 236. 1920. — KOSTYTSCHEW, S. u. AFANASSIEWA, M.: Journ. d. russ. botan. Ges. Bd. 2, S. 77. 1917. (Russisch.) — Dies.: Jahrb. f. wiss. Botanik Bd. 60, S. 628. 1921.

[2]) POLOWZOW, V.: Untersuchungen über die Pflanzenatmung 1901. (Russisch.) — MAQUENNE, L. et DEMOUSSY, E.: Cpt. rend. hebdom. des séances de l'acad. des sciences Bd. 123, S. 373. 1921. — BOYSEN-JENSEN, P.: Biol. meddel. af det danske vidensk. selskab Bd. 4, S. 1. 1923.

[3]) GODLEWSKI, E. u. POLZENIUSZ: Bull. de l'acad. des sciences de Cracovie 1897. S. 267; 1901. S. 227. — KOSTYTSCHEW, S.: Ber. d. dtsch. botan. Ges. Bd. 25, S. 44. 1907. — KOSTYTSCHEW, S. u. AFANASSIEWA, M.: a. a. O.

[4]) Vgl. besonders PALLADIN, W. u. KOSTYTSCHEW, S.: Zeitschr. f. physiol. Chem. Bd. 48, S. 214. 1906.

[5]) „Zymasegärung" 1903.

[6]) MAQUENNE, L.: Cpt. rend. hebdom. des séances de l'acad. des sciences Bd. 119, S. 100 u. 697. 1904. — PALLADIN, W.: Zentralbl. f. Bakteriol., Parasitenk. u. Infektionskrankh., Abt. II, Bd. 11, S. 146. 1904.

tierischen Gewebe unter dem Einfluß des Hefeextraktes[1]). Außerdem ist für die fermentative Atmung der Tiergewebe dieselbe Hexosediphosphorsäure notwendig, die auch bei der alkoholischen Gärung eine hervorragende Rolle spielt[2]). Alle diese Ergebnisse lassen sich zugunsten der Annahme deuten, daß eine Steigerung der alkoholischen Gärung, d. i. der ersten Teilstufe des Atmungsvorganges, die gesamte Atmungsintensität erhöht.

Die Atmung ist also, ebenso wie die alkoholische Gärung, nichts anderes als eine Kombination von fermentativen Vorgängen, doch ist die Atmung noch komplizierter als die Gärung, da letztere nur die erste Phase des Atmungsvorganges darstellt. Außer den Gärungsvorgängen ist bei der Atmung eine oxydierende Apparatur wirksam, welche die Gärungsprodukte zu CO_2 und Wasser verbrennt. Es ist nunmehr begreiflich, weshalb Samenpflanzen so geringe Zymasemengen enthalten: dieses Ferment bewirkt in ihnen die alkoholische Gärung nicht in einem für den gesamten Betriebswechsel notwendigen Umfange, sondern nur in dem Maße, um das Material für die Tätigkeit der oxydierenden Fermente zu bereiten. Wir wissen aber schon (vgl. S. 479), daß im Atmungsvorgange bei der gleichen Energieausbeute viel weniger Zucker zerlegt wird, als im Vorgange der alkoholischen Gärung. Zahlreiche Resultate verschiedener Forscher zeigen, daß oxydierende Fermente der Pflanzen nicht imstande sind, Zucker direkt anzugreifen; eine vorhergehende Bearbeitung des Zuckers durch Gärungsfermente ermöglicht aber die nachfolgende Oxydation.

Nun fragt es sich, was für Gärungsprodukte der Einwirkung von oxydierenden Fermenten anheimfallen? Direkte Versuche haben dargetan, daß Äthylalkohol kein intermediäres Atmungsprodukt darstellt[3]). dieses Resultat ist leicht begreiflich, da Äthylalkohol überhaupt weniger oxydationsfähig ist als Zucker. Dagegen enthalten angegorene Zuckerlösungen noch nicht identifizierte Stoffe, die durch oxydierende Fermente der Samenpflanzen unter CO_2-Bildung verbrannt werden[4]). Auf Grund dieser Ergebnisse hat der Verfasser dieses Buches eine Theorie vorgeschlagen, die darin besteht, daß Zucker vorerst durch Gärungsfermente angegriffen wird, doch kommt es zur Bildung der Endprodukte der alkoholischen Gärung nur bei einem Überschuß von Gärungs-

---

[1]) MEYERHOF, O.: Pflügers Arch. f. d. ges. Physiol. Bd. 170, S. 367 u. 428. 1918. — Ders.: Zeitschr. f. physiol. Chem. Bd. 101, S. 165. 1918; Bd. 102, S. 1. 1918.

[2]) EMBDEN, G. u. LAQUEUR: Zeitschr. f. physiol. Chem. Bd. 93, S. 94. 1914; Bd. 98, S. 181. 1916; vgl. auch EMBDEN, GRIESBACH u. SCHMITZ: Ebenda Bd. 93, S. 1. 1914. — EMBDEN, GRIESBACH u. LAQUEUR: Ebenda Bd. 93, S. 124. 1914.

[3]) KOSTYTSCHEW, S.: Biochem. Zeitschr. Bd. 15, S. 164. 1908. — Ders.: Journ. d. russ. botan. Ges. Bd. 1, S. 182. 1916. (Russisch.) — Ders.: Physiol.-chemische Untersuchungen über die Pflanzenatmung 1910. (Russisch.)

[4]) KOSTYTSCHEW, S.: a. a. O.; außerdem Zeitschr. f. physiol. Chem. Bd. 67, S. 116. 1910. In diesen Versuchen ist es zum ersten Male gelungen, Pflanzenstoffe durch Pflanzenfermente außerhalb der lebenden Zelle zu anorganischen Produkten zu oxydieren.

fermenten, wie es z. B. bei Hefe und den energisch gärenden Muco-raceen der Fall ist. Bei typisch-aeroben Organismen sind dagegen so große Mengen der oxydierenden Fermente vorhanden, daß die labilen intermediären Gärungsprodukte glatt oxydiert werden, bevor es zur Alkoholbildung kommt. Dieser Zusammenhang von Gärung und Atmung kann auf folgende Weise schematisch dargestellt werden:

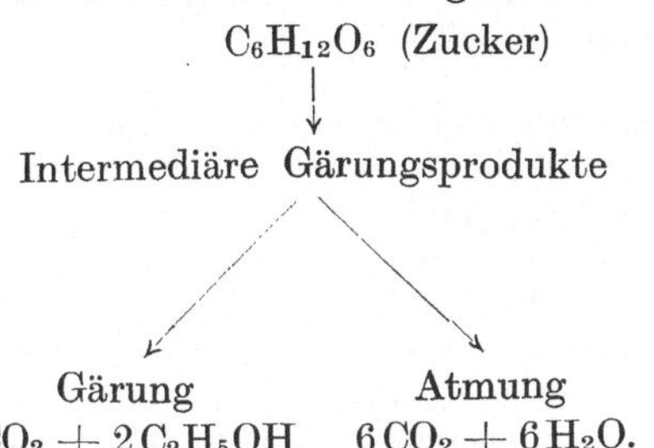

Diese Anschauung wird dadurch gestützt, das Acetaldehyd als ein intermediäres Produkt der alkoholischen Gärung erkannt worden war. Sollte Zucker über die Zwischenstufe von Äthylalkohol veratmet werden, so hätten wir ein folgendes Bild: durch den Eingriff der Gärungs-fermente verwandelt sich der Zucker über die Zwischenstufe von Acetal-dehyd in Äthylalkohol. Weiterhin oxydiert sich letzterer wiederum über die Zwischenstufe von Acetaldehyd, da eine andere Art der Alkohol-oxydation kaum denkbar ist. Eine derartige unnötige Wiederholung der Aldehydbildung ist aber jedenfalls sehr wenig wahrscheinlich.

Es ist bisher nicht bekannt, welche intermediäre Gärungsprodukte als normale intermediäre Atmungsprodukte dienen. Wahrscheinlich greifen die oxydierenden Fermente solche Stoffe an, die noch vor der Brenztraubensäurebildung im Laufe des Gärungsvorganges entstehen. Die anaerobe Atmung der Tiergewebe ist, allem Anschein nach, nicht der alkoholischen Gärung, sondern der Milchsäuregärung analog[1]. Doch bildet sie ebenfalls wahrscheinlich die Vorstufe der Sauerstoffatmung und ist ebenso wie die alkoholische Gärung und die normale Atmung mit der Bildung von Hexosediphosphorsäure verbunden. Dies zeigt, daß in Tiergeweben Stoffe oxydiert werden, die noch vor der Gabelung des Gärungsvorganges in die alkoholische Gärung und die Milchsäuregärung aus Zucker gebildet werden. Merkwürdig ist der Umstand, daß durch Bearbeitung von Glycerinaldehyd durch isolierte Leber die optisch-aktive l-Milchsäure entsteht, indes Dioxyaceton unter analogen Ver-hältnissen die optisch-inaktive Milchsäure liefert[2]. Diese Tatsachen sind vielleicht auch für die Beurteilung der Bildung verschiedener stereo-isomeren Milchsäuren bei der Milchsäuregärung von Belang.

<hr>

[1] EMBDEN, G. u. KRAUS, F.: Biochem. Zeitschr. Bd. 45, S. 1. 1912. — EMBDEN, KALBERLOH u. ENGEL: Ebenda Bd. 45, S. 45. 1912. — OPPENHEIMER, S.: Ebenda Bd. 45, S. 30. 1912. — KONDO, K.: Ebenda Bd. 45, S. 63 u. 88. 1912.

[2] EMBDEN, G., BALDES, K. u. SCHMITZ, E.: Biochem. Zeitschr. Bd. 45, S. 108. 1912.

Aus obiger Darlegung ist ersichtlich, daß die Zuckerveratmung sowohl bei Pflanzen als bei Tieren in engem Zusammenhange mit den Gärungen steht.

Es bleibt jetzt noch die oxydativen Endphasen des Atmungsvorganges zu beschreiben. Zunächst ist es aber notwendig, Autoxydationen im allgemeinen und speziell die oxydierenden Fermente und deren Wirkungen kennen zu lernen.

Autoxydationen und oxydierende Fermente. Wie bekannt, hat LAVOISIER als Erster nachgewiesen, daß Oxydationen auf Sauerstoffanlagerung zurückzuführen sind. Spätere Untersuchungen verschiedener Forscher ergaben jedoch, daß Autoxydationen auf Kosten des molekularen Sauerstoffs oft komplizierte Vorgänge darstellen, da die Aufnahme des Luftsauerstoffs durch autoxydable Stoffe nicht selten von einer Oxydation solcher Verbindungen begleitet ist, die an und für sich den molekularen Sauerstoff gar nicht oder nur sehr langsam anlagern. So oxydieren sich Phosphine schnell durch Luftsauerstoff; hierbei findet leicht eine simultane Oxydation von Indigweiß statt, die an und für sich nur langsam und unvollkommen verläuft. Analoge Erscheinungen wurden auch bei der Autoxydation von Aldehyden und anderen Stoffen wahrgenommen.

Es ist also ersichtlich, daß die Autoxydation nicht direkt zur Bildung von Oxyden führt, wie es nach den klassischen Versuchen LAVOISIERS der Fall zu sein schien. Die Autoxydationsvorgänge sind vielmehr als instruktive gekoppelte Reaktionen anzusehen; erst nach deren Erforschung wurde die physiologische Bedeutung der chemischen Induktion richtig erkannt.

Der Grundgedanke sämtlicher Theorien der Autoxydation besteht darin, daß der inaktive molekulare Sauerstoff unter dem Einfluß verschiedener Stoffe in aktiven Zustand übergeht und sodann auch einige andere Stoffe oxydieren kann, die für den molekularen Sauerstoff schwerer angreifbar sind. Den aktiven Zustand des Sauerstoffs stellten sich verschiedene Autoren nicht auf eine und dieselbe Weise vor: SCHÖNBEIN[1] hat z. B. eine intermediäre Ozonbildung, andere Forscher aber eine intermediäre Hydroperoxydbildung[2] bzw. Ionisation des Sauerstoffs[3] angenommen. An dieser Stelle werden nun die Theorien von BACH-ENGLER, WARBURG und WIELAND ausführlicher besprochen.

---

[1] SCHÖNBEIN, C. F.: Verhandl. d. Naturforscherges., Basel Bd. 3, S. 516. 1863. — Ders.: Journ. f. prakt. Chem. Bd. 105, S. 198. 1868. — Ders.: Zeitschr. f. Biol. Bd. 4, S. 367. 1868.

[2] TRAUBE, M.: Ber. d. Dtsch. Chem. Ges. Bd. 15, S. 222, 659 u. 2491. 1882; Bd. 16, S. 123 u. 463. 1883; Bd. 18, S. 1877, 1887, 1890 u. 1894. 1885; Bd. 19, S. 1111. 1886; Bd. 26, S. 1471. 1894 u. a.

[3] VAN T' HOFF: Zeitschr. f. physikal. Chem. Bd. 16, S. 471. 1897. — Ders.: Chem. Zeit. Bd. 20, S. 807. 1896. — JORISSEN: Ber. d. Dtsch. Chem. Ges. Bd. 30, S. 1951. 1897 u. a.

BACH[1]) nimmt an, daß der Sauerstoff bei Audoxydationsvorgängen in Form von ungesättigten Molekülen —O—O— tätig ist; es findet also immer eine Anlagerung von zwei Sauerstoffatomen statt, unter Bildung von sogenannten Moloxyden, welche die Eigenschaften von Peroxyden besitzen:

$$A + —O—O— \longrightarrow A\!\!<\!\!\begin{array}{c} O \\ | \\ O \end{array}$$

Dieselbe Theorie hat vollkommen unabhängig von BACH auch A. ENGLER[2]) vorgeschlagen.

Es wurde in der Tat experimentell dargetan, daß z. B. bei der Autoxydation von Triäthylphosphin $P(C_2H_5)_3$ ein Moloxyd entsteht:

$$P(C_2H_5)_3 + O_2 = \begin{array}{c} O \\ | \\ O \end{array}\!\!\!>\!\!P(C_2H_5)_3\ [3]).$$

Auch bei der Autoxydation von Aldehyden bilden sich labile Moloxyde. So oxydiert sich Benzaldehyd auf folgende Weise:

$$C_6H_5.CHO + O_2 = C_6H_5CH\!\!<\!\!\begin{array}{c} O \\ \diamond \\ O \end{array}\!\!\!>\!\!O\ [4]).$$

Selbst Wasserstoff wird sowohl in der Flamme, als unter dem Einfluß von Platinschwarz zunächst nicht zu Wasser, sondern zu Hydroperoxyd oxydiert:

$$H + H + O_2 = \begin{array}{c} HO \\ | \\ HO \end{array}\ [5]).$$

Die bei der Autoxydation entstehenden Moloxyde sind immer kräftigere Oxydationsmittel als molekularer Luftsauerstoff; infolgedessen können nicht nur überschüssige Mengen des Autoxydators, sondern auch anderweitige Stoffe durch Moloxyde oxydiert werden; hierbei spielen die Geschwindigkeiten der betreffenden Reaktionen eine leitende Rolle. So ist die Oxydation von Indigweiß bei der Autoxydation von Triäthylphosphin oder Benzaldehyd auf folgende Teilvorgänge zurückzuführen:

---

[1]) BACH, A.: Cpt. rend. hebdom. des séances de l'acad. des sciences Bd. 124, S. 951. 1897. — Ders.: Moniteur scient. (4), Bd. 11, II, S. 479. 1897. — Ders.: Arch. des sciences phys. et nat. (Genève) (4), Bd. 35, S. 240. 1913.

[2]) ENGLER, A. u. WILD: Ber. d. Dtsch. Chem. Ges. Bd. 30, S. 1669. 1897. — ENGLER: Ebenda Bd. 33, S. 1090 u. 1109. 1900. — ENGLER u. WEISSBERG: Ebenda Bd. 31, S. 3055. 1898; Bd. 33, S. 1097. 1900. — Dies.: Kritische Studien über die Vorgänge der Autoxydation 1904. — ENGLER u. HERZOG: Zeitschr. f. physiol. Chem. Bd. 59, S. 327. 1909. — ENGLER: Zeitschr. f. Elektrochem. Bd. 18, S. 945. 1912 u. a.

[3]) ENGLER, A. u. WEISSBERG: Ber. d. Dtsch. Chem. Ges. Bd. 31, S. 3055. 1898.

[4]) BACH, A.: Moniteur scient. (4), Bd. 11, II, S. 479. 1897. — LUTHER u. SCHILOW: Zeitschr. f. physikal. Chem. Bd. 46, S. 811. 1903.

[5]) TRAUBE, M.: Ber. d. Dtsch. Chem. Ges. Bd. 18, S. 1897. 1885; Bd. 19, S. 1111. 1886. — ENGLER, A.: Ebenda Bd. 33, S. 1109. 1900.

$$\mathrm{I.} \quad \mathrm{P(C_2H_5)_3 + O_2 = PO_2(C_2H_5)_3}$$

$$\mathrm{II.} \quad \mathrm{PO_2(C_2H_5)_3 + C_6H_4}\!\!<\!\!{\overset{\mathrm{CO}}{\underset{\mathrm{NH}}{}}}\!\!>\!\!\mathrm{CH-HC}\!\!<\!\!{\overset{\mathrm{CO}}{\underset{\mathrm{NH}}{}}}\!\!>\!\!\mathrm{C_6H_4} =$$

$$\mathrm{PO(C_2H_5)_3 + H_2O + C_6H_4}\!\!<\!\!{\overset{\mathrm{CO}}{\underset{\mathrm{NH}}{}}}\!\!>\!\!\mathrm{C\!=\!C}\!\!<\!\!{\overset{\mathrm{CO}}{\underset{\mathrm{NH}}{}}}\!\!>\!\!\mathrm{C_6H_4}$$

oder

$$\mathrm{I.} \quad \mathrm{C_6H_5.CHO + O_2 = C_6H_5.CH}\!\!<\!\!{\overset{\mathrm{O}}{\underset{\mathrm{O}}{}}}\!\!>\!\!\mathrm{O}$$

$$\mathrm{II.} \quad \mathrm{C_6H_5.CH}\!\!<\!\!{\overset{\mathrm{O}}{\underset{\mathrm{O}}{}}}\!\!>\!\!\mathrm{O + C_6H_4}\!\!<\!\!{\overset{\mathrm{CO}}{\underset{\mathrm{NH}}{}}}\!\!>\!\!\mathrm{CH-HC}\!\!<\!\!{\overset{\mathrm{CO}}{\underset{\mathrm{NH}}{}}}\!\!>\!\!\mathrm{C_6H_4} =$$

$$\mathrm{C_6H_5.COOH + H_2O + C_6H_4}\!\!<\!\!{\overset{\mathrm{CO}}{\underset{\mathrm{NH}}{}}}\!\!>\!\!\mathrm{C\!=\!C}\!\!<\!\!{\overset{\mathrm{CO}}{\underset{\mathrm{NH}}{}}}\!\!>\!\!\mathrm{C_6H_4}.$$

Es sind dies Beispiele der sogenannten gekoppelten Reaktionen. Der
leicht durch Moloxyde oxydierbare, aber vom Luftsauerstoff schwerer
angreifbare Körper wird als Acceptor bezeichnet. Die allgemeine schematische Darstellung der gekoppelten Oxydationsvorgänge ist also die
folgende:

$$\mathrm{I.} \quad \mathrm{A + O_2 = AO_2} \quad \text{(Bildung von Moloxyd),}$$

$$\mathrm{II.} \quad \mathrm{AO_2 + B = AO + BO} \quad \text{(Oxydation des Acceptors).}$$

Ist kein besonderer Acceptor an der Reaktion beteiligt, so spielt
der Überschuß des Autoxydators die Rolle des Acceptors, und der Gesamtvorgang wird auf folgende Weise dargestellt:

$$\mathrm{I.} \quad \mathrm{A + O_2 = AO_2}$$

$$\mathrm{II.} \quad \mathrm{AO_2 + A = 2\,AO,}$$

so z. B.

$$\mathrm{I.} \quad \mathrm{C_6H_5.CHO + O_2 = C_6H_5.CH}\!\!<\!\!{\overset{\mathrm{O}}{\underset{\mathrm{O}}{}}}\!\!>\!\!\mathrm{O}$$

$$\mathrm{II.} \quad \mathrm{C_6H_5.CH}\!\!<\!\!{\overset{\mathrm{O}}{\underset{\mathrm{O}}{}}}\!\!>\!\!\mathrm{O + C_6H_5.CHO = 2\,C_6H_5.COOH,}$$

oder

$$\mathrm{I.} \quad \mathrm{H_2 + O_2 = H_2O_2}$$

$$\mathrm{II.} \quad \mathrm{H_2O_2 + H_2 = 2\,H_2O.}$$

In einigen speziellen Fällen ist der Gesamtvorgang der Autoxydation nicht als chemische Induktion, sondern als Katalyse zu bezeichnen, indem der Autoxydator die Gesamtmenge des aus der Luft
aufgenommenen Sauerstoffs an den Acceptor überträgt:

$$\text{I.} \quad \ldots \ldots \quad A + O_2 = AO_2$$
$$\text{II.} \quad \ldots \ldots \quad AO_2 + B = AO + BO$$
$$\text{III.} \quad \ldots \ldots \quad AO + B = A + BO,$$

oder zusammengezogen:

$$A + 2B + O_2 = A + 2BO.$$

Beachtenswert ist der Umstand, daß die Steigerung des Oxydationspotentials, die bei der Autoxydation durch Bildung von Moloxyden hervorgerufen wird, auch weiter schreiten kann, indem sich neue peroxydartige Stoffe mit kräftigen oxydierenden Eigenschaften bilden. Auch im lebenden Plasma findet wohl oft eine aus mehreren Teilstufen bestehende chemische Induktion statt.

Wenn wir uns z. B. zur Aufgabe stellen, Weinsäure durch Luftsauerstoff zu oxydieren, so können wir zunächst durch oben beschriebene Induktionsvorgänge den molekularen Sauerstoff in Hydroperoxyd verwandeln. Hydroperoxyd ist zwar imstande Indigweiß zu oxydieren, greift aber die Weinsäure nicht an. In Gegenwart von einem Ferrosalz wird aber Weinsäure durch das sekundäre Ferroperoxyd Fe_2O_5 oxydiert[1]), da das Oxydationspotential von Ferroperoxyd weit höher liegt, als dasjenige von Hydroperoxyd[2]):

$$\text{I.} \quad \ldots \quad 3\,H_2O_2 + Fe_2O_2 = Fe_2O_5 + 3\,H_2O$$
$$\text{II.} \quad Fe_2O_5 + 2\,COOH.CHOH.CHOH.COOH =$$
$$Fe_2O_3 + 2\,H_2O + 2\,COOH.COH:COH.COOH.$$

Das rote Ferroperoxyd Fe_2O_5 enthält zwei Atome aktiven Sauerstoffs, nach deren Abspaltung es in braunes Ferrioxyd Fe_2O_3 übergeht.

Nach Bach und Chodat[3]) vollzieht sich die physiologische Oxydation in Pflanzenzellen nach demselben Schema, welches von Bach, Engler und deren Mitarbeiter für die Vorgänge der langsamen Oxydation in vitro aufgestellt worden war. Die sogenannten oxydierenden Fermente zeigen Wirkungen, die an die soeben dargelegten Vorgänge der Aktivierung von molekularem Sauerstoff sowie von Moloxyden lebhaft erinnern. Als erstes oxydierendes Ferment wurde Laccase aus japanischem Lackbaum dargestellt[4]). Sie oxydiert verschiedene Phenole und Gerbstoffe und färbt Guajakharz tiefblau. Alsdann hat man oxydierende Fermente aus dem Milchsaft verschiedener Kautschukbäume

[1]) Fenton: Journ. of the chem. soc. (London) Bd. 65, S. 899. 1895.

[2]) Manchot u. Wilhelms: Ber. d. Dtsch. Chem. Ges. Bd. 34, S. 2479. 1901. — Luther u. Schilow: Zeitschr. f. physikal. Chem. Bd. 46, S. 777. 1903.

[3]) Bach u. Chodat: Ber. d. Dtsch. Chem. Ges. Bd. 35, S. 1275, 2466 u. 3943. 1902; Bd. 36, S. 600 u. 606. 1903. — Dies.: Arch. des sciences phys. et nat. (Genève) Bd. 17, S. 477. 1904 u. a.

[4]) Yoshida: Journ. of the chem. soc. (London) Bd. 43, S. 472. 1883. — Bertrand, G.: Cpt. rend. hebdom. des séances de l'acad. des sciences Bd. 118, S. 1215. 1894; Bd. 120, S. 266. 1895; Bd. 121, S. 166. 1895; Bd. 122, S. 1132. 1896; Bd. 145, S. 340. 1907. — Ders.: Bull. de la soc. chim. de France (4), Bd. 1, S. 1120. 1907. — Hérissey et Doby: Journ. de pharmacie et de chim. Bd. 30, S. 289. 1909.

isoliert[1]) und schließlich erwiesen sich diese Fermente als allgemein verbreitete Stoffe[2]). Es ist aber nicht leicht, einzelne Fermente voneinander nach ihren Wirkungen zu unterscheiden, da die fermentativen Oxydationen außerhalb der lebenden Zelle von Kondensationen und Verharzungen begleitet sind, also von Vorgängen, die in lebender Zelle sicherlich nicht vor sich gehen. Als einzelne Fermente wurden außer der Laccase noch Önoxydase aus Weintrauben[3]), die Gerbstoffe oxydiert und Tyrosinase[4]), die Tyrosin oxydiert, beschrieben, doch fehlen strenge Beweise zugunsten der Spezifität der genannten Fermente. Zum Nachweis der oxydierenden Fermente wurden verschiedene Farbenreaktionen vorgeschlagen, wie z. B. Blaufärbung mit Guajakharz, braune Färbung mit Guajacol, rote Färbung mit Aloinen usw. Alle diese Proben sind jedoch nicht zuverlässig; sie können oft nicht nur bei Autoxydationen, sondern auch bei der Übertragung des atomistischen Sauerstoffs zustandekommen, indes oxydierende Fermente nur als Autoxydatoren Interesse darbieten. Infolgedessen kann nur der Nachweis der Sauerstoffabsorption aus der umgebenden Luft als eine zuverlässige Probe auf oxydierende Fermente gelten[5]).

Nach der Theorie von BACH und CHODAT bestehen sämtliche oxydierende Fermente aus zwei Komponenten: aus einem organischen Peroxyd, der sogenannten Oxygenase, und aus einem Stoffe, der das Oxydationspotential der Peroxyde erhöht und als Peroxydase bezeichnet wird[6]). Ebenso wie Ferrosalze, aktiviert Peroxydase nicht nur die aus Pflanzen isolierten organischen Peroxyde, sondern auch das Hydro-

---

[1]) SPENCE, D.: Biochem. journ. Bd. 3, S. 165 u. 351. 1908. — CAYLA, V.: Bull. de la soc de biol. Bd. 65, S. 128. 1908 u. a.

[2]) Literatur über oxydierende Fermente bis 1905 bei PORODKO: Beih. z. botan. Zentralbl. Bd. 16, S. 1. 1904; die neuere Literatur bei BEGEMANN, O.: Zeitschr. f. allgem. Physiol. Bd. 16, S. 603. 1914. — Ders.: Pflügers Arch. f. d. ges. Physiol. Bd. 161, S. 45. 1915.

[3]) CAZENEUVE: Cpt. rend. hebdom. des séances de l'acad. des sciences Bd. 124, S. 406 u. 781. 1907. — BOUFFARD: Ebenda Bd. 124, S. 706. 1907. — LABORDE: Ebenda Bd. 126, S. 536. 1898.

[4]) BOURQUELOT, E. et BERTRAND, G.: Journ. de pharmacie et de chim. (6), Bd. 3, S. 177. 1896. — Dies.: Bull. de la soc. mycol. S. 18 u. 27. 1896; S. 65. 1897. — GESSARD: Cpt. rend. des séances de la soc. de biol. (10), Bd. 5, S. 1033. 1898. — BEIJERINCK: Verslagen d. Afdeeling Natuurkunde, Königl. Akad. d. Wiss., Amsterdam S. 932. 1912. — Ders.: Chem. weekbl. Bd. 16, S. 1894. 1919. — KRAINSKY: Zentralbl. f. Bakteriol., Parasitenk. u. Infektionskrankh., Abt. II, Bd. 41, S. 669. 1914. — BERTRAND, G.: Cpt. rend. hebdom. des séances de l'acad. des sciences Bd. 122, S. 1215. 1896; Bd. 123, S. 463. 1896. — CHODAT et STAUB: Arch. des sciences phys. et nat. (4), Bd. 23, S. 265. 1907. — BACH, A.: Ber. d. Dtsch. Chem. Ges. Bd. 39, S. 2126. 1906. — BERTRAND, G. et MUTERMILCH: Cpt. rend. des séances de l'acad. des sciences Bd. 144, S. 1285. 1907. — Dies.: Ann. de l'inst. Pasteur Bd. 21, S. 833. 1907. — ZERBAN, F. W.: Journ. of the Ind. and Eng. chem. Bd. 10, S. 814. 1918 u. a.

[5]) KOSTYTSCHEW, S.: Physiol.-chemische Untersuchungen über Pflanzenatmung 1910. (Russisch.)

[6]) BACH, A.: Ber. d. Dtsch. Chem. Ges. Bd. 37, S. 3787. 1904; Bd. 38, S. 1878. 1905; Bd. 40, S. 3185. 1907. — WOLFF: Contribution à la connaissance de divers phénomènes oxydasiques naturels et artificiels 1910.

peroxyd. Es ist nicht unwahrscheinlich, daß der Mechanismus der Peroxydasewirkung demjenigen der Wirkung des Ferroions analog ist und auf der Bildung eines sekundären Peroxydaseperoxyds beruht. In diesem Zusammenhange sei daran erinnert, daß Präparate der oxydierenden Fermente gewöhnlich erhebliche Mengen von Eisen oder Mangan[1]) enthalten. Doch sind die reinsten neuerdings erhaltenen Präparate der oxydierenden Fermente frei von anorganischen Bestand·teilen[2]). Daß die Gegenwart von einem Metall nicht ausschlaggebend sein kann, ist daraus ersichtlich, daß verschiedene organische Peroxyde sehr kräftige oxydierende Wirkungen ausüben und als Oxydationsmittel den Eisen- bzw. Manganperoxyden nicht nachstehen. Vom Standpunkte der BACH-ENGLERschen Theorie aus besteht der allgemeine Mechanismus der physiologischen Oxydationsvorgänge darin, daß der Luftsauerstoff durch spezifische Autoxydatoren, die sogenannten Oxydasen[3]) gebunden wird, wobei als erste Produkte organische Peroxyde oder Oxygenasen entstehen. Möglicherweise kommt unter Umständen eine direkte Oxydation verschiedener Stoffe durch die Oxygenase zustande, meistens wird aber das Oxydationspotential der Oxygenasen durch Eingreifen von Peroxydase erhöht, und zwar mittels Bildung von sekundären Peroxyden. Es ist die Annahme nicht ausgeschlossen, daß in einigen Fällen eine mehrmalige Steigerung des Oxydationspotentials erfolgt, wobei immer neue Peroxyde entstehen[4]). Unter allen obigen Stoffen dürfen nur die Peroxydasen als Fermente angesehen werden. Nach der Analogie mit den langsamen Oxydationen aus dem Gebiete der allgemeinen Chemie sind wir übrigens wohl berechtigt in manchen Fällen nicht Katalyse, sondern Induktion anzunehmen. Es ist also ziemlich wahrscheinlich, daß namentlich die gekoppelten Reaktionen, deren Bedeutung in physiologischen Vorgängen wohl nicht genügend gewürdigt ist, oft eine Hauptrolle bei den biologischen Oxydationen spielen. v. EULER und BOLIN[5]) haben die chemische Zusammensetzung der Laccase aus Medicago sativa ermittelt und gefunden, daß letztere nichts anderes als ein Gemisch von Salzen einiger organischen Säuren ist. Unter diesen Säuren sind Glykolsäure $CH_2OH.COOH$, Glyoxylsäure $CHO.COOH$ und Mesoxalsäure $COOH.CO.COOH$ in großen Mengen vorhanden.

---

[1]) BERTRAND, G.: Ann. de chim. et de physique (7), Bd. 12, S. 115. 1897. — Ders.: Cpt. rend. hebdom. des séances de l'acad. des sciences Bd. 124, S. 1032 u. 1355. 1897. — SARTHOU: Journ. de pharmacie et de chim. (6), Bd. 11, S. 583. 1900; Bd. 13, S. 464. 1902 u. a.

[2]) Vgl. WILLSTÄTTER und seine Mitarbeiter, S. 59; auch VAN DER HAAR: Ber. d. Dtsch. Chem. Ges. Bd. 43, S. 1327. 1910; Bd. 50, S. 672. 1917. — GALLAGHEA, P. H.: Biochem. journ. Bd. 17, S. 515. 1924; Bd. 18, S. 29. 1924.

[3]) KOSTYTSCHEW, S.: Physiol.-chemische Untersuchungen über Pflanzenatmung 1910. (Russisch.)

[4]) Nach den neuesten Angaben bilden einige Pflanzen auch Ozon. Vgl. COUPIN, H.: Cpt. rend. hebdom. des séances de l'acad. des sciences Bd. 178, S. 1572. 1924.

[5]) v. EULER, H. u. BOLIN, J.: Zeitschr. f. physiol. Chem. Bd. 61, S. 1. 1909.

Oben wurde bereits darauf hingewiesen, daß BACH[1]) auch den Mechanismus der biologischen Reduktionen auf dieselbe Weise, wie denjenigen der Oxydationsvorgänge darstellt. Er nimmt an, daß bei sämtlichen Reduktionen Stoffe mit aktivem Wasserstoff und das Ferment Perhydridase tätig sind. Perhydridase soll den Wasserstoff auf dieselbe Weise aktivieren, wie Peroxydase das Oxydationspotential der Peroxyde erhöht. BACH betrachtet das Wasser als eine ungesättigte Verbindung des vierwertigen Sauerstoffs und nimmt an, daß die freien Valenzen des Sauerstoffs durch die Ionen des dissoziierten Wassers gesättigt werden:

$$\begin{array}{c}H\\H\end{array}\!\!>\!O\!<\!\!\begin{array}{c}OH\\OH\end{array} \quad \text{und} \quad \begin{array}{c}H\\H\end{array}\!\!>\!O\!<\!\!\begin{array}{c}H\\H\end{array} \ \text{(Perhydrid)}.$$

Perhydrid wird durch Perhydridase aktiviert und kann hierbei verschiedene Stoffe durch seinen überschüssigen Wasserstoff reduzieren.

O. WARBURG[2]) hat eine bemerkenswerte physikalisch-chemische Theorie der Zellatmung vorgeschlagen, die jedoch vorläufig nur durch Versuche mit Tierzellen und anorganischen Modellen gestützt wird und erst mit einigen Ergänzungen auf die Pflanzenatmung anwendbar wäre. Aus einer Reihe von Versuchen an Vogelblutzellen und Seeigeleiern einerseits, sowie an verschiedenen Kohlepulvern anderseits zieht WARBURG den Schluß, daß „die Zellatmung ein kapillarchemischer Vorgang ist, der an den eisenhaltigen Oberflächen der festen Zellbestandteile abläuft". Es ergab sich, nämlich, daß verschiedene Aminosäuren an Kohle adsorbiert zu NH_3, CO_2 und H_2O verbrennen, und zwar sind dabei die Geschwindigkeiten und die Beschleunigungen der Oxydationsvorgänge genau dieselben, wie bei der echten Zellatmung. Besonders überzeugend sind Versuche über die Einwirkung verschiedener Narcotica. Dieselbe kann bei gleich starker Hemmung der Atmung durch folgende Gleichung ausgedrückt werden:

$$x \cdot F = K,$$

wo x die Zahl der absorbierten Moleküle des Narcoticums und F die von einem jeden Molekül beanspruchte Fläche auf der Oberfläche des Adsorbens bedeutet. Auf diese Weise ergibt es sich, daß die chemische Natur der verschiedenen Narcotica keine Rolle spielt, und die Hemmung der Oxydation nur darauf zurückzuführen ist, daß die zu oxydierenden Stoffe, z. B. die Aminosäuren durch die stärker adsorbierbaren Narcotica von der Oberfläche verdrängt werden, in der Lösung aber keiner Oxydation unterzogen werden. Folgende Tabelle von WARBURG zeigt, daß $x \cdot F$ bei gleich starker Hemmung sich in der Tat nur wenig verändert und also beinahe eine Konstante ist.

---

[1]) BACH, A.: Ber. d. Dtsch. Chem. Ges. Bd. 42, S. 4463. 1909. — Ders.: OPPENHEIMERS Handb. d. Biochem., Erg.-Bd. S. 151. 1913.

[2]) WARBURG, O.: Biochem. Zeitschr. Bd. 119, S. 134. 1921; Bd. 136, S. 266. 1923; Bd. 142, S. 518. 1923. — Ders.: Zeitschr. f. Elektrochem. S. 70. 1922.

Substanz	K'[1])
Dimethylharnstoff . . .	9,0
Diäthylharnstoff	6,9
Phenylharnstoff	8,7
Acetamid.	7,3
Valeramid	6,9
Aceton	8,3
Methylphenylketon . . .	8,0
Amylalkohol	7,9
Acetonitril	7,7

Nur Blausäure nimmt insofern eine Sonderstellung ein, als eine Hemmung der Oxydation bereits durch so geringe Mengen von diesem Giftstoff hervorgerufen wird, die praktisch keine nennenswerte Verdrängung der zu oxydierenden Substanz von der Oberfläche bewirken können. Dies sei aber dadurch erklärlich, daß Blausäure mit Eisenionen Verbindung eingeht und infolgedessen eine elektive Verdrängung des Atmungsmaterials gerade von den Oxydationsorten herbeiführt, da Eisenionen für die Oxydation unentbehrlich sein sollen.

Es ist gewiß sehr zu begrüßen, daß endlich doch physikalisch-chemische Atmungstheorien auf die Welt kommen. Zweifellos ist nur durch Heranziehung der kapillaren Erscheinungen eine erschöpfende Erklärung verschiedener physiologisch wichtiger Vorgänge zu erzielen. Auch spricht WARBURG selbst[2]) sich dahin aus, „daß die Auffassung der Atmung als Oberflächenreaktion den Weg zeigen wird, auf dem die Energieumwandlung in der lebenden Zelle erfolgt", da die Kräfte der Oberflächenspannung Arbeit leisten. Außerdem ist die Annahme nicht ausgeschlossen, daß verschiedene vermeintliche „Fermentwirkungen" manchmal darauf zurückzuführen wären, daß der betreffende Vorgang eine Grenzflächenerscheinung darstellt, wobei die Konzentration der an der Reaktion beteiligten Stoffe eine ungemein hohe ist[3]). Auf dem Gebiete der Pflanzenatmung sind aber einige Tatsachen mit verschiedenen Punkten der WARBURGschen Theorie vorläufig noch nicht in Einklang gebracht worden. So sind Eisenionen in Pflanzenzellen meistens nicht nachweisbar, indem das Eisen in ziemlich stabiler organischer Bindung vorliegt. Andererseits wäre es jedenfalls verfrüht, die Anteilnahme der Peroxydasen am Atmungsvorgange in Abrede zu stellen; diese Fermente erwiesen sich aber nach WILLSTÄTTER (S. 59) als vollkommen eisenfrei[4]). Besonders ist aber der Umstand zu betonen, daß als Atmungsmaterial der Pflanzen namentlich Zuckerarten dienen. Nun zeigt eine Wiederholung der WARBURGschen Modellversuche durch MEYERHOF[5]), daß bei diesen Ver-

---

[1]) Eine Konstante, die der Größe von $x \cdot F$ proportional ist.

[2]) WARBURG, O.: a. a. O.

[3]) Es ist hierbei die spezifische Natur von Adsorbens von nebensächlicher Bedeutung; eine Annahme von spezifischen Katalysatoren erscheint also in manchen Fällen als überflüssig.

[4]) Es ist also ersichtlich, daß eine biologische Sauerstoffaktivierung auch ohne Mitwirkung der Eisenionen zustande kommen kann.

[5]) MEYERHOF, O. u. WEBER, H.: Biochem. Zeitschr. Bd. 135, S. 558. 1923.

hältnissen wohl verschiedene Aminosäuren, aber keine Zuckerarten verbrennen. Es wäre gewiß höchst interessant, die angegorenen Zuckerlösungen an einem WARBURGschen Modell zu prüfen. MEYERHOF gibt
an, daß Hexosephosphorsäure angegriffen wird. Vom Standpunkte
der Theorie des genetischen Zusammenhanges der anaeroben mit der
normalen Atmung aus sprechen die von MEYERHOF erhaltenen Resultate durchaus nicht gegen die WARBURGsche Atmungstheorie; sie
könnten vielmehr zugunsten der Annahme verwertet werden, daß eine
primäre anaerobe Zuckerspaltung für die glatte Zuckerveratmung notwendig ist [1]).

Eine ganz andere Theorie der Oxydationsvorgänge wurde von WIE-
LAND [2]) entwickelt. Nach WIELANDs Ansichten wird für sämtliche biologische Oxydationen der Sauerstoff des Wassers verwertet; der Luftsauerstoff dient nur dazu, den Wasserstoff des Wassers zu binden.
Überhaupt nimmt WIELAND an, daß Oxydationen immer von simultanen Reduktionswirkungen begleitet sind, da immer nur Wasserstoff
und nicht molekularer Sauerstoff aktiviert sei. Letzterer soll sich durchaus passiv verhalten und keine ungesättigten Moleküle bilden. Die
Oxydation ist nach WIELAND einzig und allein auf Bildung von aktivem
atomistischen Wasserstoff zurückzuführen. Wird der aktive Wasserstoff des Wassers von einem Wasserstoffacceptor gebunden, so kann
der übriggebliebene ungesättigte Sauerstoff des Wassers mit verschiedenen Stoffen Verbindungen eingehen; als Wasserstoffacceptoren können
entweder Luftsauerstoff oder verschiedene andere Stoffe dienen. In
letzterem Falle ist es möglich, verschiedene Oxydations- und Reduktionswirkungen bei Luftabschluß auszuführen. So hat WIELAND dargetan, daß Essigsäuregärung, die gewöhnlich als eine Oxydation des
Äthylalkohols durch Luftsauerstoff aufgefaßt wird, in Gegenwart von
Methylenblau oder m-Dinitrobenzol bei vollkommenem Sauerstoffabschluß glatt vor sich geht. Ein Gleichgewichtszustand ist bei diesen
Verhältnissen nach WIELAND deshalb ausgeschlossen, weil der aktive
Wasserstoff fortwährend gebunden wird. Was nun die Wirkungsweise
von Peroxydasen anbelangt, so nimmt WIELAND an, daß diese Fermente nur den Wasserstoff der Polyphenole aktivieren und seine Oxydation durch Luftsauerstoff ermöglichen. Es muß in der Tat darauf
aufmerksam gemacht werden, daß die bisher aus Pflanzen dargestellten
Peroxydasepräparate nur den Wasserstoff der Phenole oxydieren, aber
nicht imstande sind, Kohlenstoffketten zu sprengen und überhaupt
den Sauerstoff der Peroxyde mit Kohlenstoff zu binden. Die Theorie

---

[1]) Interessant ist der neueste Befund von WARBURG und YABUSOE, laut
welchem Fructose in Gegenwart von Phosphaten eine Autoxydation erfährt.
Vgl. WARBURG, O. u. YABUSOE, M.: Biochem. Zeitschr. Bd. 146, S. 380. 1924. —
SPOEHR: Journ. of the Americ. chem. soc. Bd. 46, S. 1494. 1924. Diese Oxydation
ist aber so geringfügig, daß sie kaum eine Grundlage der normalen Atmung
bilden kann. Vgl. dazu MEYERHOF, O. u. MATSUOKA, K.: Biochem. Zeitschr.
Bd. 150, S. 1. 1924.

[2]) WIELAND, H.: Ber. d. Dtsch. Chem. Ges. Bd. 45, S. 2606. 1912; Bd. 46,
S. 3327. 1913; Bd. 47, S. 2085. 1914; Bd. 55, S. 3639. 1922.

von WIELAND ist mit Erfolg auf solche Fälle anzuwenden, wo die
Oxydation ganz oder teilweise auf Wasserstoffabspaltung zurückzuführen
ist. Sie leistet dann gute Dienste und vermag Vorgänge zu erklären,
die der Theorie von BACH-ENGLER Schwierigkeiten bereiten. Hierzu
gehört z. B. folgende von THUNBERG[1]) beschriebene merkwürdige Oxydation. Bernsteinsäure wird in Gegenwart von Muskelextrakt und
Methylenblau (M) als Wasserstoffacceptor glatt in Fumarsäure übergeführt:

$$COOH.CH_2.CH_2.COOH + M = COOH.CH:CH.COOH + MH_2.$$

Weiterhin kann Fumarsäure durch Wasseranlagerung in Äpfelsäure
übergehen.

$$COOH.CH:CH.COOH + H_2O = COOH.CH_2.CHOH.COOH.$$

Auf diese Weise ist es möglich, eine ganze Reihe von biochemischen
Reaktionen zu erläutern, die mit einer Umlagerung von Wasserstoff
bzw. Sauerstoff verbunden sind. Es muß aber im Auge behalten werden,
daß die WIELANDsche Theorie kaum imstande ist, sämtliche Oxydationsvorgänge in Pflanzenzellen einwandfrei zu erklären. WIELAND[2])
selbst drückt sich jedoch dahin aus, daß seiner Theorie eine allgemeine Gültigkeit zukomme und die BACH-ENGLERsche Theorie als
überwunden aufzugeben sei.

Doch ist der Umstand nicht außer acht zu lassen, daß zugunsten der Theorie
von BACH-ENGLER zwei experimentell festgestellte wichtige Tatsachen
sprechen, und zwar: I. Bildung von Moloxyden bei der Autoxydation einiger
organischen Stoffe und II. Aktivierung von Hydroperoxyd und verschiedenen
anderen Peroxyden durch Peroxydasen. Die WIELANDsche Theorie kann dagegen einige Fälle der Sauerstoffanlagerung nur problematisch erläutern.
So versucht z. B. WIELAND die Autoxydation der Aldehyde zu Carbonsäuren
auf Kosten des Wassersauerstoffs durch Wasserstoffabspaltung von den Aldehydhydraten zu erklären:

$$CH_3.CHO + H_2O = CH_3.CH(OH)_2$$
$$CH_3.CH(OH)_2 = CH_3.COOH + 2H$$
$$2H + O = H_2O.$$

Diese Erklärung begründet WIELAND darauf, daß Essigsäurebakterien bei
Sauerstoffabschluß Äthylalkohol über die Zwischenstufe von Acetaldehyd zu
Essigsäure oxydieren, wenn der abgespaltene aktive Wasserstoff durch Methylenblau gebunden wird. Die erste Stufe (Oxydation von Äthylalkohol zu Acetaldehyd) wäre in der Tat bei Sauerstoffabschluß durch Wasserstoffaktivierung
verständlich zu machen:

$$CH_3.CH_2OH = CH_3.CHO + H + H.$$

Auch die zweite Stufe (Oxydation von Acetaldehyd zu Essigsäure) ist,
WIELANDs Meinung nach, darauf zurückzuführen, daß zuerst Aldehydhydrat
entsteht, der alsdann infolge der Wasserstoffaktivierung atomistischen Wasserstoff abspaltet und in Essigsäure übergeht. Da unter seinen Versuchsbedingungen
kein Luftsauerstoff in Mitleidenschaft gezogen werden konnte, so behauptet
WIELAND, daß die von ihm gegebene Erklärung der Essigsäurebildung die
einzige mögliche ist. Nicht nur möglich, sondern wahrscheinlicher als die

---

[1]) THUNBERG: Skandinav. Arch. f. Physiol. Bd. 30, S. 285. 1913.
[2]) WIELAND, H.: Ber. d. Dtsch. Chem. Ges. Bd. 55, S. 3639. 1922.

Wieland sche Hydratspaltung ist jedoch die Umwandlung des Acetaldehyds nach Cannizzaro:

$$2\,CH_3.CHO + H_2O = CH_3.COOH + CH_3.CH_2OH.$$

Der Äthylalkohol geht wieder in Acetaldehyd über und schließlich kann die Gesamtmenge von Alkohol sich in Essigsäure verwandeln.

Aus oben Dargelegtem ist ersichtlich, daß die Wasserstoffabspaltung von den Aldehydhydraten bei der Oxydation von Aldehyden nicht wahrscheinlich ist, um so mehr, als bei Sauerstoffzutritt nachweislich Aldehydperoxyde als intermediäre Produkte entstehen. Bei Sauerstoffabschluß finden allem Anschein nach ganz andere Vorgänge statt als bei Sauerstoffzutritt: Aldehyde verwandeln sich in Alkohole und Säuren nach Cannizzaro.

Obige Einwände verfolgen nicht den Zweck, die Wieland sche Theorie abzulehnen; sie sollen nur zeigen, daß in einigen Fällen die Bach-Englersche Theorie den Vorzug verdient. Bei biologischen Oxydationsvorgängen kommt wahrscheinlich sowohl Wasserstoffaktivierung als Sauerstoffaktivierung zustande und in einigen Fällen verläuft die Oxydation nach dem Bach-Englerschen, in anderen Fällen aber nach dem Wieland schen Schema.

Die Gesamtheit der chemischen Vorgänge bei der Pflanzenatmung. Nun müssen wir alle oben dargelegte Tatsachen und Gesetzmäßigkeiten zusammenstellen, um eine richtige Vorstellung vom chemischen Wesen der Pflanzenatmung zu erlangen. Vor allem ist es wichtig zu entscheiden, welche Stoffe als Atmungsmaterial dienen. Auf Grund der modernen Anschauungen gelten gärungsfähige Zuckerarten als normales Atmungsmaterial. Bereits Boussingault[1]) hat dargetan, daß bei der Atmung der Keimpflanzen namentlich Kohlenhydrate verschwinden. Eine Zuckergabe steigert immer die Atmungsintensität der lebenden Zellen[2]), und in einigen besonders stark atmenden Organen kann man durch direkte Analyse einen enormen Zuckerverbrauch nachweisen[3]). Früher betrachtete man die Eiweißstoffe als einen besonders tätigen Bestandteil des lebenden Plasmas und es erschien als unwahrscheinlich, daß ein so wichtiger Lebensprozeß wie die Atmung ohne Anteilnahme der Eiweißstoffe stattfinden könnte. Man nahm daher an, daß nur die Plasmaeiweißstoffe unmittelbar oxydiert seien; den Kohlenhydraten wurde nur eine Mitwirkung an der Regenerierung der durch Oxydation zerstörten Eiweißstoffe zugemutet[4]). Gegenwärtig ist aber bekannt, daß die Atmung nichts anderes ist, als eine Kombination von verschiedenen fermentativen Vorgängen, daß Eiweißstoffe sich schwerer als Zucker oxydieren lassen, daß eine Zuckerverbrennung durch Induktion der oxydativen Vorgänge auch bei niedriger Temperatur aus-

---

[1]) Boussingault: Agronomie, chimie agric. et physiol. Bd. 4, S. 245. 1868.

[2]) Borodin, J.: Physiologische Untersuchungen über die Atmung der Laubsprosse 1876. (Russisch.) — Palladin, W.: Rev. gén. de botanique Bd. 5, S. 449. 1893.

[3]) Kraus, G.: Ann. du jardin botan. de Buitenzorg Bd. 13, S. 217. 1896 u. a.

[4]) Detmer: Jahrb. f. wiss. Botanik Bd. 12, S. 287. 1879. — Ders.: Ber. d. dtsch. botan. Ges. Bd. 10, S. 201 u. 442. 1892. — Ders.: Lehrbuch der Pflanzenphysiologie S. 153. 1893.

führbar ist. Daher ist die alte Vorstellung von einer Eiweißspaltung bei der normalen Atmung als überwunden anzusehen. Es wird heute einstimmig behauptet, daß als Atmungsmaterial freie Zuckermoleküle dienen, die keinen Bestandteil des Plasmagerüstes bilden.

In den Samenpflanzen sind fast alle lebende Zellen mit einem Vorrat von Zuckerarten oder anderen Kohlenhydraten versehen. Sämtliche Polysaccharide, wie Stärke, Hemicellulosen, Inulin, sowie die Glucoside zerfallen leicht im Plasma durch Einwirkung von spezifischen Fermenten unter Bildung von einfachen Zuckern, namentlich von Glucose und Fructose, die als direktes Atmungsmaterial einer oxydativen Spaltung unterzogen werden.

Zuckerarten und Polysaccharide sind auch in verschiedenen niederen Pflanzen in großen Mengen vorhanden. Stärke ist in höheren Pilzen oft durch Glykogen ersetzt, von den Disacchariden ist in Pilzen Trehalose besonders verbreitet. Auch in diesen Pflanzen fehlt also nie ein Vorrat an Atmungsmaterial, das durch hydrolytische Spaltung gärungsfähige Hexosen liefert.

Sowohl in chlorophyllhaltigen als in chlorophyllfreien Pflanzen ist das vorrätige Atmungsmaterial außerdem oft in Form von Fett abgelagert. Der Übergang von Fett in Zucker ist ein Vorgang, der zwar künstlich noch nicht ausgeführt worden ist, aber in lebenden Pflanzenzellen glatt von statten geht[1]. Die Fettveratmung ist mit einem verhältnismäßig niedrigen Werte von $\dfrac{CO_2}{O_2}$ verbunden[2] und vollzieht sich zweifellos über die Zwischenstufe von Zucker.

Verschiedene niedere Pflanzen können auf Kosten von verschiedenartigen organischen Stoffen gut gedeihen und intensiv atmen. Oben (S. 226 ff.) wurde aber bereits dargetan, daß die stickstofffreien organischen Nährstoffe durch omnivore Schimmelpilze in Zucker verwandelt werden[3]. Die chemische Seite dieser Stoffumwandlungen ist zwar noch nicht bekannt, doch unterliegt es keinem Zweifel, daß die Veratmung des aus verschiedenen organischen Stoffen gebildeten Zuckers auf genau dieselbe Weise vor sich geht, wie bei der normalen Zuckerernährung.

Nun scheint aber noch eine andere Art der Pflanzenatmung zu existieren, die namentlich in hungernden Zellen zum Vorschein kommt. Es ist die Atmung auf Kosten des Plasmaeiweißes. Es ist ausdrücklich zu betonen, daß diese Atmung keinen normalen Typus darstellt und nur in Ausnahmefällen stattfindet. Es ist schon längst be-

---

[1] LECLERC DU SABLON: Cpt. rend. hebdom. des séances de l'acad. des sciences Bd. 117, S. 524. 1893; Bd. 119, S. 610. 1894. — MAQUENNE, L.: Ebenda Bd. 127, S. 625. 1908. Über Fettveratmung durch niedere Pilze vgl. FLIEG, O.: Jahrb. f. wiss. Botanik Bd. 61, S. 24. 1922.

[2] GODLEWSKI, E.: Jahrb. f. wiss. Botanik Bd. 13, S. 524. 1882.

[3] KOSTYTSCHEW, S.: Zeitschr. f. physiol. Chem. Bd. 111, S. 236. 1920. — Ders. u. AFANASSIEWA, W.: Journ. d. russ. botan. Ges. Bd. 2, S. 77. 1917. (Russisch.) — Dies.: Jahrb. f. wiss. Botanik Bd. 60, S. 628. 1921.

kannt, daß bei dauerndem Hunger Nucleoproteide zerfallen und eine Zerstörung des Plasmagerüstes zum Vorschein kommt[1]). Diese Atmung auf Kosten des Plasmas hat selbstverständlich mit derjenigen hypothetischen Atmung, die von alten Theorien angenommen wurde, durchaus nichts zu tun. Die genannten Theorien sprachen von einer Dissoziation und Oxydation des Plasmaeiweißes gerade in den Fällen, wo eine direkte Analyse nur den Zuckerverbrauch aufzeigt. In Wahrheit findet aber eine Veratmung der Eiweißstoffe lauter bei Zuckermangel statt, wie z. B. in etiolierten Bohnenblättern[2]). Hierbei ist die Atmung immer bedeutend schwächer als bei der normalen Zuckeratmung. Eingehende Versuche mit Schimmelpilzen zeigen, daß, so lange diese Organismen auf Kosten von Zucker atmen, gar keine Eiweißspaltung bzw. Verarbeitung der Aminosäuren in ihnen zu verzeichnen ist: die genannten Vorgänge werden nur beim Hungern in Abwesenheit von Zucker in Gang gesetzt[3]).

Schimmelpilze bilden ein auch in anderer Beziehung wertvolles Versuchsmaterial: diese omnivoren Organismen kommen mit Pepton als einziger Kohlenstoffquelle gut aus. Solche Peptonkulturen ermöglichen eine Untersuchung der Eiweißatmung, ohne daß der betreffende Organismus in den hungernden Zustand versetzt zu werden braucht. Bei Sauerstoffabschluß entsteht in Peptonkulturen weder Zucker noch Alkohol; diese Kulturen sind allem Anschein nach überhaupt zymasefrei, da sie auch den zugesetzten Zucker nicht vergären[4]). Oben wurde bereits darauf hingewiesen, daß Zymase in diesen Kulturen erst nach kurzdauerndem Verweilen an der Luft in Gegenwart von Zucker entsteht.

Da Peptonkulturen von Aspergillus niger bei Sauerstoffabschluß CO_2 abscheiden, aber weder Zucker noch Alkohol bilden, so liegt die Annahme nahe, daß die Sauerstoffatmung dieser Kulturen eigenartig ist und sich von der gewöhnlichen Zuckerveratmung prinzipiell unterscheidet. Auf Grund dieser Ergebnisse nimmt KOSTYTSCHEW an, daß zwei Arten der Pflanzenatmung existieren, nämlich „Zuckeratmung" und „Eiweißatmung". Erstere stellt die allgemein verbreitete Atmung dar und vollzieht sich unter Anteilnahme der Fermente der alkoholischen Gärung. Letztere wird nur nach Erschöpfung des Vorrates an Kohlenhydraten in Betrieb gesetzt und findet ohne Betätigung der Gärungsfermente statt. Die chemische Seite der hierbei verlaufenden Stoffumwandlungen ist zur Zeit völlig unbekannt.

Etwas besser ist die Zuckerveratmung untersucht, obgleich auf diesem Gebiete ebenfalls große Lücken zu verzeichnen sind. Die Zucker-

---

[1]) Vgl. darüber: ZALESKI, W.: Umwandlung und Rolle der Phosphorverbindungen in der Pflanze 1912. (Russisch.)

[2]) PALLADIN, W.: Rev. gén. de botanique Bd. 5, S. 449. 1893.

[3]) BUTKEWITSCH, W.: Jahrb. f. wiss. Botanik Bd. 38, S. 147. 1902. — Ders.: Festschr. f. K. A. TIMIRIAZEFF S. 495. 1916. (Russisch.) — KOSTYTSCHEW, S. u. TSWETKOWA, E.: Zeitschr. f. physiol. Chem. Bd. 111, S. 171. 1920.

[4]) KOSTYTSCHEW, S.: Zeitschr. f. physiol. Chem. Bd. 111, S. 236. 1920. — Ders. u. AFANASSIEWA, M.: Jahrb. f. wiss. Botanik Bd. 60, S. 628. 1921.

verarbeitung zerfällt in zwei große Teilstufen: die primäre anaerobe Zuckerspaltung durch Gärungsfermente und die sekundäre Oxydation der Spaltungsprodukte. Das Oxydationspotential der oxydierenden Pflanzenfermente ist zu einer direkten Zuckeroxydation und überhaupt zu einer Sprengung von Kohlenstoffketten viel zu niedrig: die bisher untersuchten oxydierenden Fermente sind imstande, nur den Wasserstoff der Polyphenole und der anderen aromatischen Verbindungen mit Sauerstoff zu binden; eine Oxydation des Kohlenstoffes kann durch eine direkte Wirkung dieser Fermente nicht herbeigeführt werden. Dagegen hat der Verfasser dieses Buches dargetan[1]), daß die aus Weizenkeimen isolierte Peroxydase in Gegenwart von Hydroperoxyd angegorene Zuckerlösungen unter ausgiebiger CO_2-Bildung oxydiert. Dieselbe Peroxydase ist nicht imstande, reine Glucose durch Hydroperoxyd unter CO_2-Bildung zu spalten. Diese Ergebnisse zeigen, daß die aus Pflanzen isolierten oxydierenden Faktoren Pflanzenstoffe zu CO_2 verbrennen können, und daß namentlich die intermediären Gärungsprodukte als Atmungsprodukte fungieren könnten[2]).

Unter diesen Produkten dürften vielleicht sowohl Acetaldehyd, als Brenztraubensäure einer Oxydation anheimfallen. Wissen wir doch, daß durch Einwirkung von Salpetersäure auf Acetaldehyd hauptsächlich Glyoxal $CHO.CHO$ entsteht. Eine glatte Verbrennung von Glyoxal zu CO_2 und H_2O über Glyoxylsäure $CHO.COOH$ bzw. Oxalsäure $COOH.COOH$ ist leicht ausführbar. Auch Brenztraubensäure könnte auf analoge Weise oxydiert werden. Doch scheint die Annahme plausibler zu sein, daß als normale Zwischenprodukte der Sauerstoffatmung die auf früheren Stufen der Gärung entstehenden Stoffe dienen. Es ist ja einleuchtend, daß aus der Reihe der intermediären Gärungsprodukte die am meisten oxydable Substanz vor allen anderen der Oxydation unterzogen werden soll. Nun enthält diese Substanz wahrscheinlich noch keine Methylgruppe, da letztere die biologische Oxydation nachweislich hemmt. Es liegt die Annahme nahe, daß namentlich der „Dreikohlenstoffkörper", dessen Bildung derjenigen der Brenztraubensäure vorangeht, durch oxydierende Atmungsfermente angegriffen und als normales Zwischenprodukt verbrannt wird.

Je nach dem Verhältnis der relativen Geschwindigkeiten der primären Spaltung und der nachfolgenden Oxydation kann der energetische Vorgang in toto etwas verschiedenartig verlaufen, wie es aus Nachfolgendem zu ersehen ist.

Erster Fall. Die Zymasemenge ist in den Pflanzenzellen übermäßig groß im Vergleich zur Menge der oxydierenden Fermente; daher ist auch die Geschwindigkeit der primären Zuckerspaltung größer als diejenige der nachfolgenden Oxydation. Infolgedessen kann ein Teil des durch die Gärungsfermente angegriffenen Zuckers selbst bei tadellasem Sauerstoffzutritt nicht glatt verbrennen; die labilen Zwischen-

---

[1]) Kostytschew, S.: Zeitschr. f. physiol. Chem. Bd. 67, S. 116. 1910.
[2]) Kostytschew, S.: Biochem. Zeitschr. Bd. 15, S. 164. 1908.

produkte der alkoholischen Gärung verwandeln sich unter aeroben Bedingungen in die stabile Form von Alkohol und CO_2, da die Tätigkeit der Oxydationsfermente zu einer vollkommenen Oxydation der Gesamtmenge der Gärungsprodukte nicht ausreicht.

Zweiter Fall. Die Mengen der Oxydationsfermente und der Gärungsfermente sind in den Pflanzenzellen so koordiniert, daß die Geschwindigkeit der primären Zuckerspaltung immer geringer ist, als die Geschwindigkeit der nachfolgenden Oxydation. Infolgedessen kommt es bei Luftzutritt nie zur Alkoholbildung, da die Gesamtmenge der intermediären Gärungsprodukte in die Endprodukte der Sauerstoffatmung übergeht. Dies ist die gewöhnliche Atmung der Samenpflanpflanzen und der streng aeroben Mikroorganismen, in denen selbst bei niedrigem Sauerstoffgehalte eine totale Zuckerverbrennung zustande kommt[1]. Folgende Beobachtung kann als Illustration des ungleichen Verhaltens von streng aeroben Pilzen, wie Aspergillus niger einerseits, und zwar ebenfalls aeroben, aber zymasereichen Gärungspilzen, wie Hefearten und Mucoraceen andererseits, bei etwas gehemmtem Sauerstoffzutritt dienen. Wird Aspergillus niger in eine Zuckerlösung getaucht, so erzeugt er keine Spur von Alkohol, falls die Oberfläche der Lösung mit Luft in Berührung bleibt; die oxydierende Wirkung dieses Pilzes ist so mächtig, daß selbst die in der Lösung enthaltene geringe Sauerstoffmenge zu einer vollkommenen Oxydation des Atmungsmaterials ausreicht[2]. Ganz anders verhalten sich gärungstüchtige Hefepilze und Mucoraceen; sie entwickeln unter den gleichen Versuchsverhältnissen eine lebhafte alkoholische Gärung, und die Zuckerverbrennung wird eingestellt.

Dritter Fall. Die Pflanzenzellen enthalten eine unzureichende Menge von Gärungsfermenten; daher sind die oxydierenden Fermente nicht nur imstande, die Gesamtmenge der intermediären Gärungsprodukte total zu verbrennen, sondern greifen darüber hinaus auch den unzersetzten Zucker an, da ihre Wirkungsfähigkeit an der geringfügigen Menge der Gärungsprodukte nicht erschöpft wird. Ein allerdings nicht vollkommen sichergestelltes Beispiel dieser Art stellt die Gluconsäurebildung durch Aspergillus niger dar. M. Molliard[3] hat gefunden, daß Aspergillus niger bei Mangel an mineralischen Nährstoffen Traubenzucker zu Gluconsäure oxydiert:

$$2\,CH_2OH.(CHOH)_4.CHO + O_2 = 2\,CH_2OH.(CHOH)_4.COOH.$$

Es ist nämlich für oxydierende Pflanzenfermente bezeichnend, daß sie weder Kohlenstoffketten sprengen, noch Kohlenstoffatome mit Sauerstoff zu binden vermögen. Davon war schon oben die Rede.

---

[1] Stich: Flora Bd. 74, S. 1. 1891. — Amm: Jahrb. f. wiss. Botanik Bd. 25, S. 1. 1893. — Johannsen: Untersuch. a. d. botan. Inst. Tübingen Bd. 1, S. 716. 1885.

[2] Kostytschew, S. u. Afanassjewa, M.: Journ. d. russ. botan. Ges. Bd. 2, S. 77. 1917. (Russisch.)

[3] Molliard, M.: Cpt. rend. hebdom. des séances de l'acad. des sciences Bd. 174, S. 881. 1922; Bd. 178, S. 41. 1924.

Die auf vorstehenden Seiten dargelegten Gesetzmäßigkeiten wurden zuerst dadurch begründet, daß die aus verschiedenen Pflanzen dargestellten Gemische der Atmungsfermente[1] sehr ungleiche Zusammensetzung aufwiesen. Dies hat KOSTYTSCHEW[2] bald nach der Entdeckung der Zymase festgestellt. Es gelang ihm, aus gärungsfähigen Schimmelpilzen trockene Präparate darzustellen, die in jeder Beziehung der abgetöteten Hefe (Zymin und Hefanol) ähnlich waren. Streng aerobe Schimmelpilze lieferten dagegen Präparate von Fermentgemengen, die außerhalb der lebenden Zelle einen der Atmung vollkommen analogen Gaswechsel bewirken, was auf ein entsprechendes quantitatives Verhältnis der Spaltungs- und der Oxydationsfermente zurückzuführen ist. Streng aerobe Pilze enthalten nämlich eine große Menge von oxydierenden Induktoren. Durch diese Versuche wurde zuerst dargetan, daß die Sauerstoffatmung einen fermentativen Vorgang darstellt. Präparate von Dauerhefe, die aus abgetöteten Hefezellen bestehen, üben keine oxydierende Wirkung aus. Solange nur solche Präparate bekannt waren, hatte es den Anschein, als ob die Fähigkeit, molekularen Sauerstoff zu einer mit CO_2-Ausscheidung verbundenen Oxydation organischer Stoffe zu verwenden, nur dem lebenden Plasma eigen wäre. Danach erschien die Atmung nicht als ein einheitlicher chemischer Vorgang, sondern als eine Resultante der heterogenen, sich im lebenden Plasma abspielenden Stoffumwandlungen, um so mehr, als inzwischen erkannt worden war, daß oxydierende Fermente nur den Wasserstoff, aber nicht den Kohlenstoff organischer Stoffe mit Sauerstoff binden können. Erst nachdem gefunden worden war, daß der respiratorische Gaswechsel auch durch abgetötete Zellen bewirkt wird, konnte von einem Mechanismus der Zuckerverbrennung die Rede sein.

Die glatte Verbrennung der labilen intermediären Gärungsprodukte kann, wie wir es bereits gesehen haben, entweder durch Sauerstoffaktivierung oder durch Wasserstoffaktivierung bewerkstelligt werden. Es ist die Annahme nicht ausgeschlossen, daß die Peroxydase, sowie andere Induktoren der Oxydationsvorgänge in lebenden Pflanzenzellen das Oxydationspotential allmählich so stark erhöhen, daß nicht nur der gesamte Wasserstoff des Atmungsmaterials zu Wasser oxydiert, sondern auch der gesamte Kohlenstoff zu CO_2 verbrannt wird. Wie gesagt, ist diese einfache Annahme nicht unwahrscheinlich, doch verdienen auch andere Theorien Beachtung. So hat PALLADIN[3] eine interessante

---

[1] Diese Bezeichnung wurde zuerst von KOSTYTSCHEW, S.: Botan. Ber. Bd. 22, S. 207. 1904 eingeführt.

[2] KOSTYTSCHEW, S.: Ber. d. dtsch. botan. Ges. Bd. 22, S. 207. 1904. — Ders.: Zentralbl. f. Bakteriol., Parasitenk. u. Infektionskrankh., Abt. II, Bd. 13, S. 490. 1904; vgl. auch MAXIMOW, N.: Ber. d. dtsch. botan. Ges. Bd. 22, S. 225. 1904.

[3] PALLADIN, W.: Ber. d. botan. Ges. Bd. 26a, S. 125, 378 u. 389. 1908; Bd. 27, S. 101. 1909; Bd. 29, S. 472. 1911; Bd. 30, S. 104. 1912. — Ders.: Zeitschr. f. physiol. Chem. Bd. 55, S. 207. 1908. — Ders.: Rev. gén. de botanique Bd. 23, S. 225. 1911. — Ders.: Zeitschr. f. Gärungsphysiol. Bd. 1, S. 91. 1912. — PALLADIN, W. u. Lwow, S.: Ebenda Bd. 2, S. 326. 1913. — PALLADIN, W. u. TOLSTOI, Z.: Mitt. d. Akad. d. Wiss. Petersburg S. 93. 1913. (Russisch.)

Theorie zur Erklärung der Oxydation von intermediären Gärungsprodukten vorgeschlagen. Diese Theorie stellt eine Kombination derjenigen von BACH-ENGLER und WIELAND dar. Nach PALLADIN spielen die sogenannten Atmungschromogene eine sehr wichtige Rolle im respiratorischen Vorgange. Als Atmungschromogene bezeichnet PALLADIN verschiedene Stoffe, die bei Autoxydation Wasserstoff abspalten und in entsprechende Pigmente übergehen; so wird z. B. Hydrochinon durch die Vermittelung der Peroxydase zu rotem Chinon, Indigweiß zu blauem Indigotin oxydiert. Alle derartigen Oxydationen sind auf eine Abspaltung von zwei Wasserstoffatomen unter Wasserbildung zurückzuführen:

$$RH_2 + O = R + H_2O.$$

Vorrätige Atmungschromogene sind nach PALLADIN in Form von Prochromogenen abgelagert. Als Prochromogene bezeichnet PALLADIN viele Gerbstoffe, Glucoside und ähnliche Verbindungen, die nach Hydrolyse oxydable Chromogene freimachen.

Die Atmungspigmente R, die aus Chromogenen durch Oxydation hervorgehen, sind nach PALLADIN als Wasserstoffakzeptoren wirksam, indes die Kohlenstoffoxydation durch den Sauerstoff des Wassers nach WIELAND stattfinden soll. In lebenden Geweben wird der Atmungsvorgang nach PALLADIN durch die katalytische Wasserdissoziation eingeleitet. Der Sauerstoff des Wassers oxydiert den Kohlenstoff der intermediären Gärungsprodukte, der Wasserstoff des Wassers und des Atmungsmaterials wird hierbei von Atmungspigmenten, d. i. oxydierten Chromogenen, vorübergehend gebunden. Diese erste Phase der Atmung läßt sich durch folgende summarische Gleichung ausdrücken (da die chemische Natur der intermediären Gärungsprodukte unbekannt ist, so wird in der Gleichung das Atmungsmaterial durch die empirische Zuckerformel dargestellt):

$$C_6H_{12}O_6 + 6H_2O + 12R = 6CO_2 + 12RH_2.$$

Hieraus ist ersichtlich, daß die Gesamtmenge von CO_2 bei der Sauerstoffatmung PALLADINs Meinung nach anaerober Herkunft ist: der Kohlenstoff des Atmungsmaterials wird durch den Sauerstoff des Wassers und des Atmungsmaterials oxydiert. Die zweite Phase der respiratorischen Oxydationsvorgänge besteht nach PALLADIN darin, daß die Atmungschromogene durch Peroxydase auf Kosten des Luftsauerstoffs (natürlich durch die Zwischenstufe der Peroxydbildung) oxydiert werden, wobei der gesamte dem Atmungsmaterial entnommene Wasserstoff in Wasser übergeht.

$$12RH_2 + 6O_2 = 12H_2O + 12R.$$

Die Wasserstoffakzeptoren (Chromogene) regenerieren sich auf diese Weise vollkommen und können bei der Oxydation neuer Mengen des Atmungsmaterials wirksam sein. Der Luftsauerstoff oxydiert also nach PALLADIN nur den labilen Wassersoff der Atmungspigmente. Dieser unter Betätigung der Peroxydase stattfindende Vorgang hat mit der CO_2-Bildung nichts zu tun, was auch der laufenden Vorstellung über das Wesen der Peroxydasewirkung durchaus entspricht: oben wurde bereits darauf hingewiesen, daß Peroxydasepräparate allem Anschein nach lauter Phenolgruppen oxydieren können.

Auch ist gewiß die Annahme nicht ausgeschlossen, daß die Resultate der oben erwähnten Versuche KOSTYTSCHEWs, in denen gegorene Zuckerlösungen nach Zusatz von Peroxydase und Hydroperoxyd CO_2 entwickelten, darauf zurückzuführen sind, daß in gegorenen Zuckerlösungen nicht nur das Atmungsmaterial. sondern auch geeignete Wasserstoffakzeptoren enthalten sind; auch diese Resultate könnten also nach dem PALLADINschen Schema erklärt werden.

PALLADIN hat experimentell nachgewiesen, daß die Umwandlung der Atmungschromogene in Pigmente mit Sauerstoffabsorption aus der umgebenden Luft verbunden ist[1]). Die oben erwähnten Untersuchungen WIELANDs über die Essigsäuregärung sprechen wohl auch zugunsten der PALLADINschen Theorie. Als eine besonders anschauliche Illustration der PALLADINschen Theorie kann folgender interessante Befund von OPARIN[2]) dienen. Der genannte Forscher hat aus Sonnenblumensamen eine Substanz isoliert, die mit Chlorogensäure identisch zu sein scheint und durchaus im Sinne der PALLADINschen Darstellung die oxydative Desaminierung der Aminosäuren herbeiführt. Hierbei verwandelt sich die fragliche Substanz infolge Wasserstoffoxydation in ein grünes Pigment. Chlorogensäure $C_{16}H_{18}O_9$ ist ein Depsid und Bestandteil des unter dem Namen Kaffeegerbsäure bekannten Gerbstoffes[3]). Kaffeegerbsäure wäre also als ein Prochromogen zu bezeichnen.

Die PALLADINsche Theorie ist eine wichtige Arbeitshypothese, deren weitere Nachprüfung als höchst wünschenswert erscheint[4]).

Überblicken wir die bisher bekannt gewordenen Tatsachen aus dem Gebiete der chemischen Vorgänge, welche bei der Sauerstoffatmung stattfinden, so kommen wir zu dem Schluß, daß die experimentelle Forschung im Laufe der letzten Jahre durchaus neue Ziele verfolgt. Früher war meistens nur die äußere Seite der Atmung (Einfluß der verschiedenen Reizwirkungen, des Entwicklungsstadiums usw.) Gegenstand der Untersuchung. Gegenwärtig entwickelt sich aber die eigentliche Biochemie der Atmung, die vorläufig zwar nur vereinzelte Resultate zu verzeichnen hat, doch erlauben die bereits errungenen Ergebnisse eine zusammenhängende Theorie der Atmung aufzustellen, die für weitere Untersuchungen als Arbeitshypothese dienen kann. Auch ist nun-

---

[1]) PALLADIN, W. u. TOLSTOI, Z.: Mitt. d. Akad. d. Wiss. Petersburg 1913. S. 93. (Russisch.)

[2]) OPARIN, A.: Biochem. Zeitschr. Bd. 124, S. 90. 1921.

[3]) FREUDENBERG, K.: Ber. d. Dtsch. Chem. Ges. Bd. 53, S. 232. 1920. — FREUDENBERG, K. u. VOLLBRECHT, E.: Zeitschr. f. physiol. Chem. Bd. 116, S. 277. 1921.

[4]) Vgl. dazu THUNBERG: Skandinav. Arch. f. Physiol. Bd. 30, S. 285. 1913. — MEYERHOF: Pflügers Arch. f. d. ges. Physiol. Bd. 170, S. 367 u. 428. 1918; Bd. 175. 1919. — Ders.: Zeitschr. f. physiol. Chem. Bd. 101, S. 165. 1918; Bd. 102, S. 1. 1918.

mehr einleuchtend, daß die weitere Entwicklung der Lehre vom Che
mismus der Pflanzenatmung mit den chemischen Untersuchungen über
die alkoholische Gärung in engem Zusammenhange steht. In erster
Linie wäre es höchst wichtig, diejenige Verbindung zu identifizieren,
die als intermediäres Produkt der Sauerstoffatmung und zugleich der
alkoholischen Gärung dient, die also aus Zucker unter Anteilnahme
der Gärungsfermente gebildet und alsdann durch oxydierende Agentien
zu den Endprodukten der Atmung verbrannt wird.

Die neuesten Errungenschaften auf dem Gebiete der Chemie der
Gärung und der Pflanzenatmung bieten auch für die allgemeine Chemie
großes Interesse dar, da nunmehr neue Typen der chemischen Reaktionen entdeckt worden sind, die höchst eigentümlich verlaufen und
in der organischen Chemie bisher nicht beachtet waren.

Sachverzeichnis.

Die Pflanzenalkaloide. Von Dr. **Richard Wolffenstein,** a. o. Professor an der Technischen Hochschule zu Berlin. Dritte, verbesserte und vermehrte Auflage. (514 S.) 1922. Gebunden 18 Goldmark

Pflanzenphysiologie. Von Dr. **W. Palladin,** Professor an der Universität St. Petersburg. Mit 180 Textfiguren. Bearbeitet auf Grund der 6. russischen Auflage. (316 S.) 1911. 8 Goldmark

Die Reizbewegungen der Pflanzen. Von Dr. **Ernst G. Pringsheim,** Privatdozent an der Universität Halle a. S. Mit 96 Abbildungen. (334 S.) 1912. 12 Goldmark

Die Variabilität niederer Organismen. Eine deszendenztheoretische Studie. Von Dr. **Hans Pringsheim.** (224 S.) 1910. 7 Goldmark

Synthese der Zellbausteine in Pflanze und Tier. Zugleich ein Beitrag zur Kenntnis der Wechselbeziehungen der gesamten Organismenwelt. Von Professor Dr. **Emil Abderhalden,** o. ö. Professor und Direktor des Physiologischen Instituts der Universität Halle a. S. Zweite, vollständig neu verfaßte Auflage. (66 S.) 1924. 2,40 Goldmark

Grundzüge der chemischen Pflanzenuntersuchung. Von Dr. **L. Rosenthaler,** a. o. Professor an der Universität Bern. Zweite, verbesserte und vermehrte Auflage. (119 S.) 1923. 4 Goldmark

Beispiele zur mikroskopischen Untersuchung von Pflanzenkrankheiten. Von Geh. Regierungsrat Dr. **Otto Appel,** Direktor der Biologischen Reichsanstalt für Land- und Forstwirtschaft, Hon.-Professor an der Landwirtschaftlichen Hochschule Berlin. Dritte, vermehrte und verbesserte Auflage. Mit 63 Textabbildungen. (58 S.) 1922. 1,65 Goldmark

Planta. Archiv für wissenschaftliche Botanik. Unter Mitwirkung von W. Benecke-Münster, A. Ernst-Zürich, H. v. Guttenberg-Rostock, K. Linsbauer-Graz, E. Pringsheim-Prag, G. Tischler-Kiel, F. v. Wettstein-Göttingen herausgegeben von **Wilhelm Ruhland**-Leipzig und **Hans Winkler**-Hamburg. (Zeitschrift für wissenschaftliche Biologie, Abteilung E.)

Erscheint zwanglos, in einzeln berechneten Heften, die zu Bänden von 40 bis 50 Bogen Umfang vereinigt werden.